材料研究与应用丛书

MXene材料的制备、性能及应用

Preparation, Properties and Applications of MXenes

朱振业　王　静　严　明　编著

哈爾濱工業大學出版社
HARBIN INSTITUTE OF TECHNOLOGY PRESS

内 容 简 介

MXene 是继石墨烯后的一种新型二维材料，近几年发展迅速并成为国内外学者的研究热点，但国内全面阐述 MXene 的图书不多。鉴于此，本书将全面论述 MXene 及其相关材料的结构、制备、性能和应用，是一部全面介绍 MXene 材料概念、应用和最新进展的教材。本书共分为 7 章，第 1 章概括了本书的主要内容；第 2 章介绍了 MXene 和 MAX 的种类、成分及结构，MXene、MXene 衍生物、MXene 复合材料以及三维 MXene 多孔材料的制备方法，MXene 的性能及其表征手段；第 3 章介绍了 MXene 的储能优势，MXene、MXene基复合材料和 MXene 多孔材料在电池和超级电容器领域的应用；第 4 章介绍了 MXene 在电磁屏蔽领域的应用，包括 MXene 薄膜、MXene/聚合物复合材料以及 MXene 多孔材料；第 5 章介绍了 MXene 和 MXene 基复合材料在光催化和电催化领域的应用；第 6 章介绍了 MXene 基气体传感器和 MXene基环境传感器；第 7 章介绍了 MXene 在生物医学领域应用的优势与不足，MXene 在再生医学、感染治疗、癌症诊断与治疗和生物传感等方面的应用及 MXene 的生物安全性。

本书可作为材料科学与工程专业高年级本科生和研究生的教材，也可为相关领域的研究人员提供借鉴和指导。

图书在版编目(CIP)数据

MXene 材料的制备、性能及应用/朱振业，王静，严明编著. —哈尔滨：哈尔滨工业大学出版社，2023.10
(材料研究与应用丛书)
ISBN 978-7-5767-1122-6

Ⅰ.①M…　Ⅱ.①朱…　②王…③严…　Ⅲ.①纳米材料-研究　Ⅳ.①TB383

中国国家版本馆 CIP 数据核字(2023)第 215536 号

策划编辑　许雅莹
责任编辑　张　颖
封面设计　刘长友
出版发行　哈尔滨工业大学出版社
社　　址　哈尔滨市南岗区复华四道街 10 号　邮编 150006
传　　真　0451-86414749
网　　址　http://hitpress.hit.edu.cn
印　　刷　哈尔滨博奇印刷有限公司
开　　本　787 mm×1 092 mm　1/16　印张 32.25　字数 761 千字
版　　次　2023 年 10 月第 1 版　2023 年 10 月第 1 次印刷
书　　号　ISBN 978-7-5767-1122-6
定　　价　138.00 元

前　　言

自21世纪以来，以石墨烯为代表的二维材料研究迅猛发展，已成为材料领域的前沿和热点。美国德雷塞尔大学尤里·高果奇教授（Professor Yury Gogotsi）在2011年首次合成了MXene材料，随后MXene在储能、催化、环境、电子、传感器、生物医学等领域的研究突飞猛进，展示了其重要的科学价值和巨大的应用潜力，为解决能源、环境和医疗等重大战略性问题提供了新的机遇。MXene材料近年来成为关注热点，离不开中国学者以及研究人员的大力支持，可以说MXene起源于美国，发展于中国。到目前为止，关于MXene材料的中文著作很少，本书可以作为材料学科与工程专业高年级本科生和研究生教材，也可以为研究人员提供借鉴和指导。

本书是一部全面介绍MXene材料概念、应用和最新进展的教材，涵盖了MXene所涉及的理论和实验等各方面的内容和知识。本书将促进我国MXene材料相关知识的普及和研究，以及各领域之间的相互交流和合作。

本书系统地介绍了国内外MXene在基础和应用研究方面的研究现状和发展趋势，贯穿MXene材料的制备、性能和应用，详细介绍了MXene材料的结构、制备及其在储能、电磁屏蔽、催化、传感器以及生物医学等方面的研究现状。作为教材，本书侧重于基础并通俗地阐述MXene材料的研究方法、发展趋势以及存在的问题，使读者能够及时了解和把握MXene材料的基础知识和科学前沿。全书共分为7章，第1章概括了本书的主要内容。第2章介绍了MXene和MAX的种类、成分及结构，MXene的制备方法，主要包括自上而下、自下而上及大规模制备方法；MXene的稳定性和存储、MXene衍生物制备方法、MXene基复合材料制备方法、三维MXene多孔结构制备方法以及MXene的性能及其表征。第3章介绍了MXene的储能优势，MXene在电池正极和电池负极的应用，MXene基复合材料和MXene多孔材料在电池领域的应用，MXene、MXene衍生物和MXene基复合材料在超级电容器领域的应用。第4章介绍了电磁屏蔽基本概念和原理、MXene自身特性在电磁屏蔽中的优势以及MXene薄膜、MXene/聚合物复合材料、MXene多孔材料在电磁屏蔽中的应用。第5章介绍了MXene和MXene基复合材料在光催化（包括光催化分解水产氢、光催化降解水体污染物、光催化CO_2还原、光催化氮气还原）和电催化（包括电催化分解水析氢、电催化分解水产氧及双功能产气系统、电催化CO_2还原、电催化氮还原制氨）领域的应用。第6章介绍了MXene基气体传感器和MXene基环境传感器。第7章介绍了MXene在生物医学领域应用的优势与不足，MXene在再生医学、感染治疗、癌症诊断与治疗等方面的应用，MXene的生物安全性以及MXene在生物传感方面的应用。

本书作者从事 MXene 材料在储能、环境和生物医学领域的研究，具有较好的研究基础以及教学经验。本书由朱振业、王静、严明撰写，其中第 1 章、第 2 章和第 7 章由朱振业撰写，第 3 章、第 4 章由严明撰写，第 5 章、第 6 章由王静撰写，全书由朱振业统稿。

感谢参与本书撰写的各位同仁，他们的艰辛劳动和共同努力，使本书得以顺利问世，在此谨向他们表示感谢；感谢硕士研究生李光磊、陈盛敏、岳亚朋、张豪、黄江涛、朱宇、陈浩宇、张玲、谭露、赵艺翔和王祯在本书相关内容的文字编排和表述方面提出的宝贵意见。

由于 MXene 研究涉及众多领域的知识、技术和方法，其广度和深度远非作者能力所及，作者的才识不足以准确地把握 MXene 的全貌，所以在某些基础知识的阐述、资料取舍、内容编排和文字的表述等方面出现疏漏和不足在所难免，敬请读者指正。

作　者

2023 年 5 月

目　　录

第 1 章　概论 …… 1
1.1　MXene 的特性、合成和性能 …… 1
1.2　MXene 的储能性能 …… 4
1.3　MXene 的电磁屏蔽性能 …… 8
1.4　MXene 的催化性能 …… 11
1.5　MXene 传感器的性能 …… 15
1.6　MXene 的生物性能 …… 18
第 2 章　MXene 结构、制备及其性能 …… 24
2.1　MXene 的结构 …… 24
2.2　MXene 的合成 …… 34
2.3　MXene 的性能 …… 108
2.4　MXene 的表征 …… 112
2.5　功能化 …… 118
总结与展望 …… 121
参考文献 …… 122
第 3 章　MXene 在储能领域的应用 …… 140
3.1　MXene 的储能优势 …… 140
3.2　MXene 在电池领域的应用 …… 141
3.3　MXene 在超级电容器领域的应用 …… 172
总结与展望 …… 204
参考文献 …… 205
第 4 章　MXene 在电磁屏蔽领域的应用 …… 221
4.1　电磁屏蔽材料演变 …… 221
4.2　电磁屏蔽的机理 …… 222
4.3　MXene 自身特性在电磁屏蔽的优势 …… 226
4.4　MXene 薄膜作为电磁屏蔽干扰材料 …… 240
4.5　MXene/聚合物复合材料在电磁屏蔽中的应用 …… 255
4.6　MXene 多孔材料在电磁屏蔽中的应用 …… 272
总结与展望 …… 289
参考文献 …… 289

第 5 章　MXene 在催化领域的应用 …… 303
5.1　MXene 在光催化领域的应用 …… 304
5.2　MXene 在电催化领域的应用 …… 357
总结与展望 …… 371
参考文献 …… 372
第 6 章　MXene 在传感器中的应用 …… 384
6.1　MXene 基气体传感器 …… 385
6.2　MXene 基环境传感器 …… 400
总结与展望 …… 413
参考文献 …… 413
第 7 章　MXene 的生物医学应用 …… 420
7.1　MXene 的优势与不足 …… 421
7.2　MXene 在再生医学方面的应用 …… 423
7.3　MXene 在感染治疗方面的应用 …… 434
7.4　MXene 在癌症诊断与治疗方面的应用 …… 444
7.5　MXene 的生物安全性 …… 466
7.6　MXene 在生物传感方面的应用 …… 478
总结与展望 …… 492
参考文献 …… 492

第1章 概　　论

20世纪以来，过渡金属碳化物一直被人们认为是高温、坚硬、化学稳定性好的耐磨材料，直到20世纪70年代，人们才开始研究其储能及催化性能，此后，人们提出了纳米结构设计来改善过渡金属碳化物的表面积和性能。2011年，第一种二维（2D）碳化钛（$Ti_3C_2T_x$）被成功合成，此后合成了一系列二维过渡金属碳化物和氮化物，掀起了该领域的研究热潮，并把该类型材料命名为MXenes（发音为“maxines”）。目前，MXene已经快速增长为一类重要的二维材料大家族。

1.1　MXene的特性、合成和性能

MXene的公式为 $M_{n+1}X_nT_x$，其中M是过渡金属（Sc、Y、Ti、Zr、Hf、V、Nb、Ta、Cr、Mo或W），X是碳或氮，$n=1\sim3$，如图1.1元素周期表中蓝色标记所示。图中T表示表面终端原子，主要为—O、—F以及—OH，T_x 中的 x 表示表面原子的数量。此外 $Ti_3C_2T_x$-MXene表面原子也可以是—Cl、—I等卤素元素，如图1.1中黄色标记所示。2D MXene的厚度在1 nm左右，可通过将MXene中的 n 从 M_2XT_x 更改为 $M_3X_2T_x$ 和 $M_4X_3T_x$ 来控制厚度。

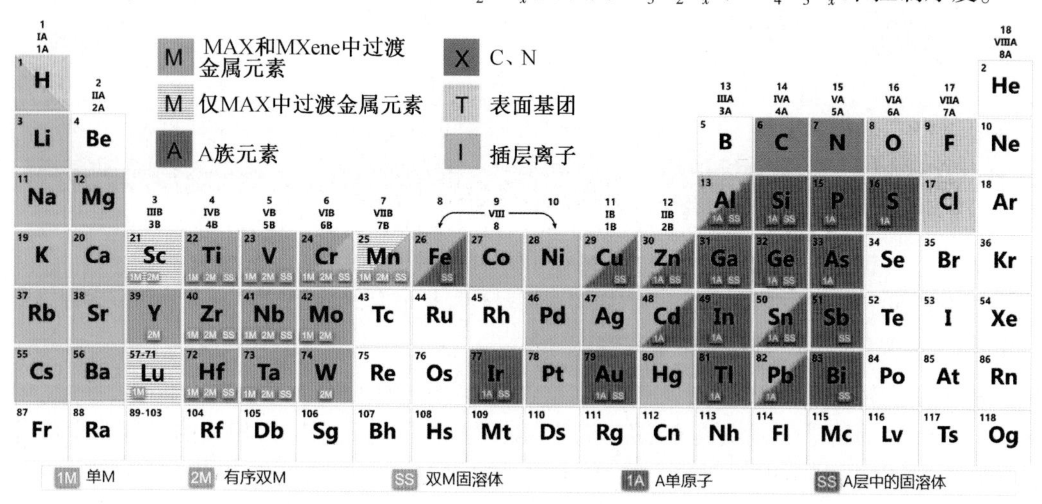

图1.1　元素周期表

图1.1元素周期表显示了基于实验研究的MAX和MXene中的元素。被报道过的MAX和MXene的过渡金属元素（TMs）用纯蓝色标记，仅在MAX相中被报道的TMs用带有水平条纹蓝色标记（Sc、Lu和Mn）。MXene的表面终端原子被标记为黄色，MAX相的A族元素被标记为红色。绿色标记原子为迄今为止插层到MXene中的阳离子

迄今为止，大多数MXene都是通过从MAX相选择性刻蚀A层制成的（图1.2）。MAX相为层状三元碳化物和氮化物，其中 $M_{n+1}X_n$ 层与A元素层结合在一起。A元素是

元素周期表的第 13 ~ 16 族。最近的研究表明，元素周期表第 8 ~ 12 族的过渡金属（Fe、Cu、Zn、Cd、Ir 和 Au）也可以成为 MAX 相的 A 层，其形式可以是固溶体或纯 A 元素。图 1.1 中，MAX 相中所有实验探索的 A 元素均被标记为红色。MAX 相在 20 世纪 30—60 年代被首次报道，然后在 20 世纪 90 年代末重新被发现并标记为 MAX，M—A 层之间的金属键将 $M_{n+1}X_n$ 层联系在一起，通常比 M—X 键弱，这使得选择性刻蚀 A 层成为可能。图 1.1 显示了迄今为止报道的 MAX 相和 MXene 的 M、X、A 和 T 元素。虽然已报道了含锰的 MAX 相，但以纯 Mn 为 M 的 MXene 尚未从 MAX 相中合成。

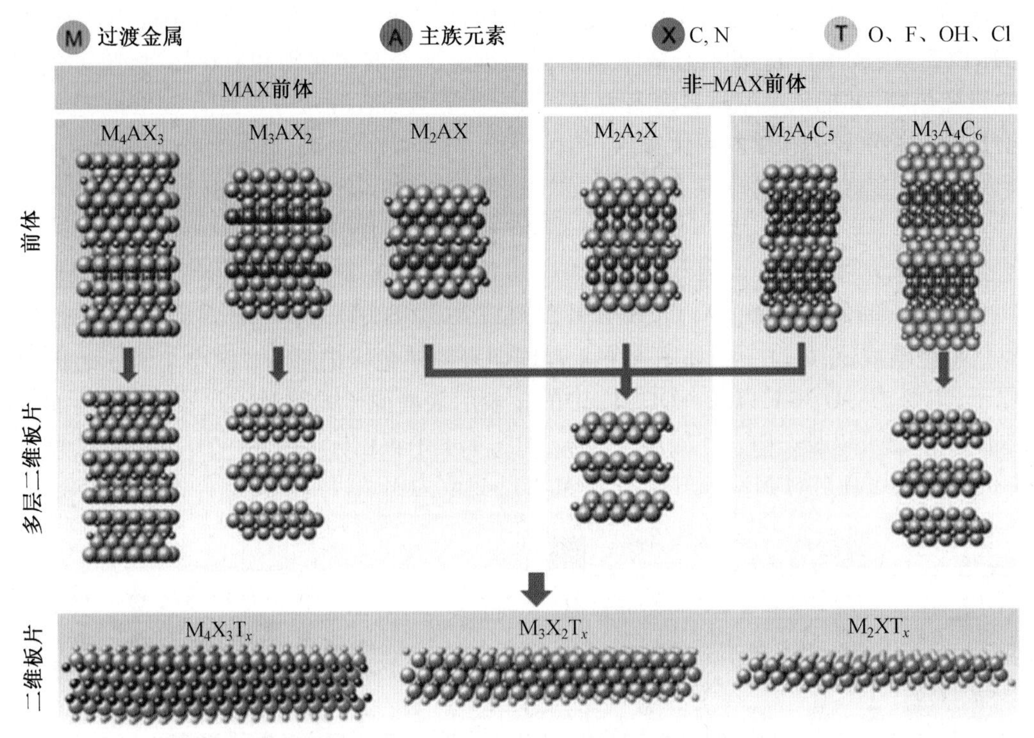

图 1.2　通过选择性刻蚀从 MAX 和非 MAX 前体自上而下合成 MXene

三种类型的 M_2XT_x、$M_3X_2T_x$、$M_4X_3T_x$ 可以以 2D 多层粉末（标记为多层 2D）和 2D 薄片的形式合成，2D 多层粉末的表面终端类似于 2D 薄片

MXene 结构的灵活性和表面可调化学性质的多样性使其成为储能、催化、环境、电子、传感器、生物医学等领域具有广泛应用前景的材料。与元素“M”相关的各种化学成分使 MXene 适用于各种应用。例如，V 基 MXene 具有极好的储能特性和低离子扩散势垒。相比之下，Nb 基 MXene 由于其抗磁行为而表现出磁相变，而 Mo 基 MXene 在电催化和热电领域具有较好的潜力。根据密度泛函数理论（DFT）计算，“X”成分不同的二维过渡金属碳化物表现出不同的特征。例如，过渡金属碳化物与氮化物相比具有更优异的稳定性，而后者则具有更强的表面活性。即使成分相似，结构差异也会严重影响 MXene 的性能。理论计算证实了低分子质量的 MXene，即 Ti_2C、Nb_2C、V_2C 和 Sc_2C 在储能中的应用前景。预测 M_2X 将显示出比 M_3X_2 和 M_4X_3 更高的理论容量。例如，V_2C 单层纳米片具有 940 mAh/g的高理论锂存储容量，而 V_3C_2 的理论容量为606.4 mAh/g。此外，MXene 的表

面终端对其物理和化学特性有显著影响,这些终端通过其低能轨道使过渡金属的非成键价电子饱和,从而有助于结构稳定。表面功能化对 MXene 的电子状态有直接影响。没有终端的 MXene 表现出类似金属的导电性,而表面功能化将诱导半导体行为并影响功函数。理论分析证实了—OH 功能化 MXene 的极低功函数。MXene 表面可调性以及终端固有的化学活性使其成为一种具有广泛应用的多功能材料。

MXene 是一种结构类似于石墨烯的二维纳米材料,但制备方法却不同于石墨烯。石墨烯是通过天然产物石墨剥离得到的,而 MXene 在自然界中没有直接的前驱体。本书主要将 MXene 的制备方法分为自上而下法和自下而上法两种。自上而下法是选择性刻蚀 MAX 相中的 A 原子层而获得的 M 和 X 交替排列的层片状材料。由于 A 原子与 M 原子的金属键结合力与 MX 的化学键(共价键、离子键和金属键的混合)结合力相比较弱，为 A 元素的剥离提供了可能。值得注意的是，即使 M—A 之间的键合力小于 M—X 之间的键合力，也只有采用适当的处理手段才能不破坏 M—X 的结构。例如采用高温加热的方法,虽然能够将 A 元素蒸发出来，但是这样也破坏了 M—X 的结构，结果会形成三维(3D)MX 的结构。采用腐蚀性很强的氯气刻蚀 MAX 相,会将 A 原子和 M 原子全部刻蚀掉。MAX 相是一个拥有超过 60 种化合物的大家族，因此找到一种通用的、温和的、环境友好型的刻蚀方法是现阶段亟须解决的问题。目前自上而下法制备 MXene 的方法主要有 HF 刻蚀法、氟盐刻蚀法、熔融盐刻蚀法、电化学刻蚀法、碱辅助刻蚀法和其他刻蚀方法。自下而上法是从结合生成纳米结构的前驱体原子(或分子)开始进行的,主要包括复合气相沉积、原子层沉积、模板合成方法、等离子体增强脉冲激光沉积等,由自下而上工艺合成的材料,尤其是由化学气相沉积合成的材料具有比选择性刻蚀(自上而下法)形成的材料更高的结晶质量。但目前报道的 MXene 大多采用自上而下法制备,采用自下而上法的报道很少。主要原因是自上而下法对 MXene 表面化学、物理结构和缺陷的控制较差,而自下而上法虽然能够有效控制以上参数,但其合成极为困难,产率低,对设备要求高。

将 MXene 从实验室推进到工业规模的应用是材料科学家的首要任务之一。目前,可用于制备石墨烯等二维材料的方法很少。二维材料大规模生产的挑战通常来自于大多数二维材料是使用自下而上法获得的,这限制了衬底尺寸的制备规模。对于其他途径,如热液,产物的形貌和性质会随着反应规模的变化而变化。相比之下,MXene 是通过自上而下法刻蚀前体而产生的,这使得它们的合成可以很容易地扩大规模。

MXene 的稳定性较差,主要是由于其抗氧化能力较差,在常温无保护环境中,由于水和氧气等氧化因子的存在,MXene 会缓慢地被氧化并降解失效。MXene 氧化的发生与其合成过程中形成的结构缺陷、表面的官能团以及所处的环境密不可分。目前对于 MXene 的储存主要通过控制储存环境、改进合成方法、对 MXene 进行退火处理、基于表面电性调控以及非金属元素掺杂等方式。控制存储环境,MXene 的存储时间可以显著延长,但其氧化稳定性并没有从根本上得到改善。改进后的合成方法可以通过降低片层表面缺陷密度来提高 MXene 的氧化稳定性,但是它只能减缓氧化速率,而不能从根本上解决氧化问题。通过在气氛中退火来调节表面官能团的方法,不仅操作不方便,而且会对 MXene 的形貌,如层的堆积等产生不利影响。基于 MXene 表面电荷加载离子的方法,其作用原理类似于控制储存环境,它可以延长 MXene 的储存时间;基于表面电荷差异进行化学反应可以从根本上提高 MXene 的稳定性,但其导电性会有所降低。掺杂可从根本上提高 MXene 的稳定性,但会严重破坏 MXene 的形貌,并引入孔洞缺陷。因此,基于以上方法的特点,可采用缺陷较少的方法合成掺杂的 MXene,然后在 MXene 上沉积稳定性高的高导电性材料以保护 MXene 免于氧化,最后将其储存在低温、无氧的有机溶液中,且在其中添加抗氧化剂延长其储存时间。

随着制备工艺和后处理的不同,MXene 的晶格结构发生变化,呈现不同的形貌。原料 MXene 粉末最常见的形貌是通过选择性刻蚀合成的多层手风琴状(片状)结构。通过改变合成方法也可以获得 MXene 的量子点、纳米线、纳米花等形貌。已经报道了许多制造零维到三维 MXene 的技术,它们的尺寸、形貌都是可控的。本书总结了不同维度 MXene 的特征,这些 MXene 通常是通过多种合成方法制备的,以获得适合各种实际应用的性能。

氢氟酸刻蚀的 MXene 表面具有亲水基团(—F、—OH 和—O),这会导致表面带负电。带负电的表面可以促进 MXene 与其他带正电材料的复合,并防止 MXene 与一些带负电物质聚集,从而促进稳定分散体的形成。由于协同效应,MXene 基复合材料比两种前体具有更好的电化学性能。本书阐述并讨论了 MXene 基复合材料的发展,并总结了制备 MXene 基复合材料的各种方法。碳基材料具有许多优异的物理和化学性能,如良好的电子、光学和机械性能,在 MXene 中复合碳基材料可以提高 MXene 的导电性、柔韧性、电化学性能等;金属氧化物/MXene 复合材料与硫化物/MXene 复合材料较 MXene 具有更优异的储能性能;MXene 和聚合物化合物的结合可以提高材料的性能,例如热稳定性、力学性能、电导率等。

MXene 具有高导电性、优异的亲水性和丰富的表面化学性质,因此在各种应用中具有巨大的潜力。然而,由于超薄纳米片的团聚,MXene 的表面积利用率较低,而将二维 MXene 纳米片组装到三维多层架构中是解决这一问题的有效方法。在组装过程中,MXene 与其他纳米材料的结合可以合理调整 MXene 的比表面积、孔隙率和表面化学性质。MXene 和纳米材料之间的互补和协同效应可以扩大其优势并弥补其缺点,从而提高三维多孔 MXene 复合材料的性能。

1.2 MXene 的储能性能

MXene 具有二维层状结构、类金属的导电性、高密度、可调控的表面终端和插层赝电容特性等性质,是一类很有前景的新型储能材料。正是因为 MXene 的以上特性,MXene 在储能领域的应用得到了众多关注。目前研究者们围绕 MXene 的结构与形貌调控、化学改性、复合材料的合成以及储能机理等方面进行了大量的探索,显示出了 MXene 在电池以及超级电容器等储能器件方面的良好应用前景。

1.2.1 MXene 基复合电极材料

MXene 电极的锂存储量在很大程度上取决于几个结构参数,如化学成分、表面官能团、掺杂原子和多孔结构。纯 MXene 具有良好的电导率、大比表面积和优异的化学稳定性,可作为锂离子电池的电极材料。MXene 可以作为负极材料,具有高的锂离子储存能力和优异的循环稳定性;同时也可以作为正极材料,具有高的电导率和电化学反应活性。通过对多种合成方法制备的相同 $Ti_3C_2T_x$ 成分的 MXene 阳极进行测试,发现制备参数、官能团、热处理和化学氧化是影响 MXene 阳极电化学性能的主要因素,其中许多因素高度相关。制备参数,如刻蚀剂的种类、浓度或反应温度等也会影响 MXene 阳极的最终性能,从而形成具有不同官能团和不同层间距的 MXene。官能团的种类是影响锂离子储存能力和不可逆反应的另一个因素。由于 MXene 的表面官能团对锂离子的储存能力和不可逆反应有很大影响,因此研究者们对其表面官能团的去除或改变做了大量研究。此外,热处理和化学氧化方法可以通过去除或改变 MXene 的官能团来显著影响 MXene 阳极的电化学性能。MXene 家族庞大、组成多样、性质各异,目前大多数研究仍集中于 $Ti_3C_2T_x$ 上,钒、钼、铌等非钛基 MXene 作为碱金属离子电池负极材料时同样具有一定的电化学性能。对于各类非钛基 MXene 作为碱金属离子电池负极材料的应用研究将会进一步推动 MXene 在储能领域的发展。

由于质子交换膜燃料电池(PEMFCs)具有较慢的动力学,其阴极发生的氧还原反应(ORR)是其主要问题。探索合适的材料作为阴极催化剂是具有挑战性的,因为材料应该具有化学活性,但必须在燃料电池的极端腐蚀环境中保持稳定。自石墨烯成功引入以来,二维材料由于其催化剂分散的大表面积,在用作阴极催化剂支撑材料方面获得了广泛的研究。近年来,基于二维 MXene 催化剂载体的研究开始增多。优异的电子性能、导电性、亲水性、化学和热稳定性是 MXene 作为催化剂载体的关键性能。

MXene 表面丰富的官能团使其在水、N,N-二甲基甲酰胺(DMF)、聚碳酸酯(PC)等多种溶剂中具有良好的分散性,因此可以通过原位生长、自组装、真空抽滤等方法负载各类高容量活性物质,构筑 MXene 基复合材料以改善这些活性物质作为碱金属离子电池负极材料的电化学性能。作为基底材料,高导电的 MXene 不仅可以改善复合材料的导电性和倍率性能,而且可以缓冲活性物质因嵌入锂、钠、钾而产生的体积膨胀,改善材料的循环性能。此外 MXene 表面终端可以吸附碱金属离子及多硫化物等副产物,降低离子扩散的势垒。当 MXene 与过渡金属氧化物(TMO)结合形成 3D 多孔网络时,可以有效地适应 TMO 的体积膨胀。反过来,MXene 夹层中的 TMO 可以抑制 MXene 的自堆积,并最大限度地发挥 MXene 的优势。基于以上优势,金属氧化物、硫化物、硒化物聚合物等活性物质均已实现与 MXene 的复合,制备了许多高性能的 MXene 基复合材料电极材料。

1.2.2 MXene 基复合超级电容器材料

超级电容器由于其高功率密度、快速充电/放电能力和长循环寿命等优点,成为许多电子系统中必不可少的电源部件。与传统碳质材料相比,已证明 MXene 是一种超高容量超级电容器,可以用作存储电荷的活性材料和传输电子的集电器。$Ti_3C_2T_x$ 是超级电容器电极中最常研究的 MXene,它具有大的比表面积,独特的表面化学性质,较高的电导率和热导率,以及高弹性模量。据报道,与碳材料相比,$Ti_3C_2T_x$ MXene 具有更高的电容(400 ~ 1 500 F/cm^3),而碳化物衍生的碳(180 F/cm^3)、石墨烯(3 ~ 270 F/cm^3)、石墨烯/碳纳米管(CNT)复合材料(165 ~ 305 F/cm^3)和 CNTs(100 ~ 150 F/cm^3)的电容更小。$Ti_3C_2T_x$

MXene 的优异电容主要归因于其优点，包括赝电容行为、丰富的表面化学、高电导率和高质量密度；大多数碳材料仅依赖于电解质离子在电极和电解质之间界面处的快速物理吸附/解吸，而没有明显的氧化还原反应。

对于纯 $Ti_3C_2T_x$ MXene 超级电容器电极，形貌对其电化学性能有一定的影响。从 MAX 相位刻蚀 A 层之后，MXene 堆叠会存在二维狭缝，如果水分子能被限制在这些狭缝中，电容就有可能大大增强。原因是受限水分子的偶极极化，减小 $Ti_3C_2T_x$ 纳米片的横向尺寸从而提高比电容。更多的离子扩散路径和由此产生的更好的离子导电性是其原因。另外，尺寸越大的纳米片界面接触电阻越小，电子导电性越高。较小的横向尺寸的层可以促进离子扩散并增加电容。除此之外，MXene 可以被调控成特定的形态。

$Ti_3C_2T_x$ MXene 的表面基团对电化学储能性能有很大的影响，研究表明更多的—O 官能团和更少的—F 官能团有助于提高电容，特别是在酸性电解质中，这可能是因为质子和 $Ti_3C_2T_x$ 表面终端—O 之间键合较为容易。控制 $Ti_3C_2T_x$ 电极表面官能团的种类和含量对于获得最佳的电化学性能具有重要意义。相较于高浓度（15 mol/L）HF 的 $Ti_3C_2T_x$ 赝电容（在 2 mV/s 时约为 208 F/g），低浓度（6 mol/L）HF 处理的 $Ti_3C_2T_x$ 表现出较高的赝电容（在 2 mV/s 时约为 400 F/g），电容的增强可能归因于表面端—O 含量的增加，以及 $Ti_3C_2T_x$ 中间层之间存在的高迁移率 H_2O 分子，更多的氢离子能够进入电化学表面。$Ti_3C_2T_x$ 表面基团的阳离子已被证明是提高电化学性能的有效方法，例如通过用碱性或有机试剂处理来去除—F 和增加终端—O 部分。

$Ti_3C_2T_x$ MXene 因纳米片之间存在较强的范德瓦耳斯力，在实际应用中遇到了一些挑战，如纳米片的重新堆叠和聚集，这大大降低了可接触的表面积和可用的电化学活性位点，这一问题阻碍了 $Ti_3C_2T_x$ 在电化学储能器件中的应用进程。为了解决这个问题，大量研究集中于优化 $Ti_3C_2T_x$ 电极的结构，如垂直排列结构、3D 开放网络、多孔气凝胶和皱褶结构的合成。$Ti_3C_2T_x$ 基电极结构的设计策略主要分为冷冻干燥法、模板法和隔膜法。构建 3D 多孔或分级电极结构可以有效地防止 $Ti_3C_2T_x$ 纳米片的重新堆积，增强电解质离子的可及性并扩大活性表面积，从而在高充电/放电倍率下增加电容并提高电容保持率。

MXene 的二维层状结构使其具有插层赝电容特性和大量的活性位点，但在将 MXene 加工成独立薄膜时，由于 MXene 片的叠置，阻碍了 MXene 基电极材料的电化学性能，为了解决这个问题，利用导电聚合物对 MXene 进行表面改性，从而制备出具有高度可达结构和高比表面积（SSA）的独立式电极。使用导电聚合物制备的 MXene/聚合物复合材料用于电化学储能具有成本低、结构灵活、无毒和赝容性等优点。值得一提的是，将共轭聚合物作为电化学活性材料与 MXene 结合的想法非常吸引人，因为共轭聚合物提供了一组独特的特性，包括可控激子、电荷输运、可变的带隙、在水中的溶解性和可加工性。不同形状 MXene 基复合材料具有高导电性、结合反应性和亲水性，为合成形貌、厚度、导电性和力学性能可控的 MXene/聚合物复合材料提供了导电和机械方面的强大支持。

MXene 基复合材料在超级电容器领域也有广阔的应用，MXene 基纳米复合材料具有更好的电化学性能。将 $Ti_3C_2T_x$ MXene 与碳、聚合物和过渡金属化合物等材料相结合，形成协同效应，其中 MXene 具有突出的电子传导性，这归因于快速的电子转移，增加了可用的表面积，并稳定了复合材料的结构。此外，这些材料可作为间隔物并扩大层间距，从而防止 MXene 纳米片的重新堆叠，离子运输发生得更快，离子可及性增加。因此，与纯 MXene 相比，MXene 基纳米复合材料具有更好的电化学性能。过渡金属氧化物/MXene 复合材料可以获得良好的质量和体积能力，由于过渡金属氧化物被夹在中间，它将提供一个额外的近表面氧化还原位点，增加赝电容。将导电聚合物与 MXene 结合可以改善它们的电化学性能，并赋予其优越的力学性能、理论容量、比表面积、质量负载、柔韧性和机械性能。将金属有机框架与 MXene 结合则提供了更好的电化学性能和灵活性。

具有金属导电性、较宽层间距的二维过渡金属碳化物和氮化物与具有氧化还原活性的金属氧化物的复合，能够表现出赝电容行为，因此显示出作为储能电极材料的卓越潜力。二维材料有很强的重新堆积和聚合的倾向，这是由于它们之间强烈的范德瓦耳斯力相互作用降低了表面利用率并抑制了电化学性能。为了克服这些问题，人们将二维材料组装成三维多孔宏观结构。3D 结构可以防止团聚，增加比表面积，改善离子扩散，同时还可以增加化学和机械稳定性。使用基于胶体的方法构建二维材料的三维结构主要涉及自定向组装（通常涉及片-片相互作用和界面组装）或模板辅助方法（例如，使用牺牲相在更大的尺度上控制孔隙率和二维材料的组织）。通常情况下，加工路线将包括两种方法的结合，以形成稳定的薄膜或微结构和孔隙率可控的宏观结构。所制备样品的宏观结构设计（即形状）和微观结构（即孔隙大小、形态和分布）都取决于制备方法，并可通过其加工参数进行调整。二维 MXene 组装成三维多孔宏观结构的各种技术可分为诱导凝胶组装、冷冻铸造、增材制造等。

电解质有不同类型：有机电解质、水电解质、离子电解质和固体电解质，所有这些都会对超级电容器的质量产生多方面的影响。酸性电解质中 $Ti_3C_2T_x$ 的赝电容性质对水分子起着至关重要的作用。H_2O 分子可以触发 Ti 的氧化还原活性，从而通过扩散质子来补偿电荷。将其应用于 MXene（如 $Nb_2C_3T_x$、$V_2C_2T_x$ 等）有助于能量储存。基于水性电解质，与碱性和中性电解质相比，H_2SO_4 水性电解质具有更高的电化学电容（1 500 F/cm^3），这是由于其优异的导电性以及作为最小阳离子的质子。Wang 等研究了含锂亚砜和碳酸锂的影响，以及 Ti_3C_2 电荷存储中的腈基含锂电解质。他们发现碳酸盐电解质是其中最有效的一种，Ti_3C_2 中分子或离子的排列随每种溶剂的化学差异而变化，这会影响存储电荷量。因此，这进一步证实了电极电解质的适当配对对于促进电荷存储机制以及获得高电化学性能具有重要作用。其中，二吡啶酸水解产生的氢离子嵌入 MXene 层中并由此产生法拉第电容，因此它比酸性电解质性能更好，在这一插层过程中，电解质的反离子吸附也有助于提升电容。钛基 MXene 通常在有机和离子液体电解质中表现出更好的电容。离子液体电解质中的电荷储存机制是由于 1-乙基-3-甲基咪唑离子（EMI^+）脱嵌的空间效应以及带正电的 $Ti_3C_2T_x$ 和双（三氟甲基磺酰）亚胺（TFSI）之间的吸引力吸引阴离子。通过总体电荷存储机制发现，层间距因正电势而减小，而负电势增大是由于 EMI^+ 的嵌入。聚合物基固体电解质是用于柔性超级电容器的最新型电解质。用于不对称超级电容器的聚乙烯醇（PVA）基 KOH 固体电解质显示出优异的能量密度和稳定性。固体电解质的主要优点是，它对于具有高柔性的所有固体超级电容器都至关重要，即使在弯曲位置，它们也有助于保持稳定的电化学性能。

MXene 在从块状前体 MAX 刻蚀后具有清晰的层状结构，其横向尺寸可达到 100 nm

以上,且单片厚度通常小于 5 nm。此外,刻蚀后获得的 MXene 可以通过超声处理或插层剂进一步剥离成单个纳米片,其原子较薄且具有足够的可接触表面,这为支持其他纳米材料的生长提供了完美的基底,MXene 衍生材料具有各种纳米结构,包括超薄纳米带、纳米颗粒、纳米片、纳米花等,这些纳米结构与 MXene 前体的独特 2D 结构有关。将 Ti_3C_2MXene 同时氧化和碱化,合成钛酸钠(MNTO,$NaTi_{1.5}O_{8.3}$)和钛酸钾(MKTO,$K_2Ti_4O_9$)的超薄纳米带,M-KTO 在 50 mA/g 时显示出 151 mAh/g 的优异可逆容量,在 300 mA/g 的高倍率下显示出 88 mAh/g 的优异容量,长期稳定循环能力超过 900 倍,这优于迄今报道的性能最优的钛基层状材料。

1.3 MXene 的电磁屏蔽性能

由于电子和无线通信技术的不断发展,电磁辐射从电缆到集成电路、从手机到卫星无处不在。过多的电磁干扰(EMI)效应不仅会影响电子仪器的性能,还会干扰设备正常工作,导致设备故障和环境污染。电磁波是现代军事行动重要的信息传输载体,因此有必要防止可能危及信息安全的电磁攻击。此外,长期暴露于电磁辐射范围内也会对人类健康造成影响,包括眼睛和神经系统疾病以及癌症风险增加。为了减少来自电磁辐射源的干扰,必须对入射电磁波进行反射或吸收,电磁屏蔽干扰材料的研制十分重要。2016 年,$Ti_3C_2T_x$ MXene 被报道在 45 μm 厚度下表现出 92 dB 的 EMI 屏蔽效果(SE),使其成为一种非常有前途的屏蔽材料。几乎在同一时间,$Ti_3C_2T_x$ 经过适度的表面改性也被证明是在千兆赫兹频率下高效的微波吸收剂。本节结合 MXene 在电磁屏蔽干扰方面的优点,比较和优化 MXene 反射和吸收的有效性。

1.3.1 MXene 自身特性在电磁屏蔽的优势

MXene 优异的性能在电磁屏蔽干扰领域显示出巨大潜力,该材料一般由两种类型组成:既能反射又能吸收电磁波的电磁干扰屏蔽材料(如金属)和以吸收为主的电磁波吸收材料(如铁氧体)。金属材料所制备的护罩一直是对抗 EMI 的首选材料,但由于金属材料高密度、难加工性和高腐蚀敏感性等特性限制了其在高度集成的现代移动电子产品中的应用。随着人们对轻量化和频率选择的需求不断增长,碳材料(石墨烯、纳米管、纤维、炭黑等)在过去 20 年中被广泛用于电磁防护。特别是低维碳,如还原氧化石墨烯和碳纳米管,具有各向异性电荷传输和可修饰的表面,促进了微波衰减结构的设计。然而由于导电性有限,用碳制成的薄膜屏蔽效果较差。MXene 具有高效电磁屏蔽材料必需的所有基本特性,包括广泛的表面积、轻质、导电性,最重要的是由 MXene 制备而成的电磁屏蔽材料易于加工。MXene 在 EMI 屏蔽中利用其特性用于屏蔽的材料可衰减/阻止电磁能量在屏蔽扇区之间的扩散,逐渐被研究者们关注。

MXene 的高弹性强度、高导电特性、磁性能和稳定性在电磁屏蔽中具有优异的表现。MXene 的力学性能很大程度上取决于其表面基团。研究表明,含氧终端(—O)的 MXene 具有较高的强度,MXene 的弹性性能得到相应的提高,柔韧性和抗拉抗压强度也可以得到不同程度的增强。导电性能方面,密度泛函理论表明纯 MXene 具有类金属导电性。由于成分、表面官能化和厚度的多样性，MXene 具有从金属、半导体到拓扑绝缘的各种电学性能。理论计算表明，未表面功能化的 MXene 具有金属特性；经过表面功能化后，部分 MXene 是半导体。实验进一步证明当 A 层原子被刻蚀时，M 层原子周围的电子发生重排，从而改变 MXene 的电子性质。MXene 的电导率根据合成和分层方法的不同，从小于 1 S/cm到数千 S/cm 不等。一般来说，较温和的刻蚀和分层条件通常能得到导电性较高的 MXene。对于轻度腐蚀和交替真空过滤膜，$Ti_3C_2T_x$ 的电导率可以达到 4 600 S/cm，甚至高于溶液处理石墨烯的电导率。与纯 MXene 相比，各种聚合物的 MXene 复合薄膜具有更高的机械强度和环境稳定性。磁性能方面，大多数 MXene 是无磁性的，这主要是由于 MXene 上有大量的官能团。磁性 MAX 相主要由 Cr 和 Mn 组成，如 M_2X、M_2MnC_2、Mo_3N_2F 等。无论是否携带官能团，只有 Cr_2C 和 Cr_2N 表现出良好的铁磁性，其中 Ti_2N、Ti_2C 和 Cr_2C 为顺铁磁性，Cr_2N 和 Mn_2C 具有反铁磁性。$Ti_{n+1}X_n$ 晶体一端的钛原子具有顺铁磁性，另一端的钛原子为反铁磁，内部的钛原子始终是非磁性的。MXene 在电磁干扰屏蔽领域的应用大多是利用其优异的导电性引起的电损耗来达到屏蔽电磁波的目的。如何在保持优良导电性的同时提高 MXene 的磁性能，利用电损耗和磁损耗的协同效应来提高 MXene 的 EMI 屏蔽性能是一个主要的研究方向。虽然可调谐结构使 MXene 具有多样的性能，但 MXene 在空气中容易氧化，这会严重影响其导电性。将 MXene 溶液置于黑暗环境中，并在惰性气体保护下使用，可以降低 MXene 的氧化。

1.3.2 MXene 薄膜作为电磁屏蔽干扰材料

MXene 可以使用各种方法组装成分层薄膜，其中最常见的方法是真空辅助过滤（VAF）。2016 年，Shahzad 等采用原位 HF 刻蚀（LiF 与 Ti_3AlC_2 的摩尔比为 7.5∶1）制备 $Ti_3C_2T_x$ 纳米片，再通过真空过滤制备柔性 $Ti_3C_2T_x$ 薄膜；除了 $Ti_3C_2T_x$ 薄膜外，他们还通过真空过滤法制备了 $Mo_2TiC_2T_x$ 和 $Mo_2Ti_2C_3T_x$ 两种 MXene 薄膜。$Ti_3C_2T_x$ 薄膜的电导率为 4 600 S/cm，远高于 $Mo_2TiC_2T_x$ 和 $Mo_2Ti_2C_3T_x$。三种材料对应的电磁干扰 SE 与电导率成正比。当 $Ti_3C_2T_x$ 薄膜厚度为 45 μm 时，EMI SE 值可达 92 dB，可屏蔽 99.999 999 94% 的入射电磁辐射。因此，其性能几乎超过了以往所有的合成电磁屏蔽材料。大部分电磁波到达高导电性 $Ti_3C_2T_x$ 片材表面后立即被反射，这是由于空气和 $Ti_3C_2T_x$ 薄膜之间的界面有许多自由电子，并且具有高阻抗失配。结果，剩余电磁波穿过 $Ti_3C_2T_x$ 晶格结构，它们与 $Ti_3C_2T_x$ 相互作用，产生感应涡流，导致欧姆损失，电磁波能量急剧衰减。经过 $Ti_3C_2T_x$ 的第一层后，剩余的电磁波进入下一层，继续重复相同的电磁波反射和衰减模式。

在真空辅助过滤、滴铸等制备 MXene 复合薄膜的方法中，当 MXene 填充量减少时，电导率急剧下降。因此，需要一种新的可扩展的方法来制备导电透明的 MXene 基复合薄膜。逐层组装（LBL）是一种具有“-a-b-a-”交替结构的纳米复合材料制备技术。这一过程依赖于纳米厚单层对带相反电荷化合物的吸附。两相不同阻抗的 LBL 可以在内部界面产生较大的内部散射，有助于衰减入射电磁辐射，如界面组装、喷涂和旋转涂层可以构建 LBL 结构薄膜。MXene 表面丰富的官能团使其具有亲水性，易于在水和有机溶剂中稳定分散。因此，可以采用溶液处理方法制备 LBL 结构的 MXene 和聚合物复合薄膜。

由于电子产品的微型化需要纳米级尺寸的电磁干扰屏蔽。接下来阐述了二维

$Ti_3C_2T_x$ MXene 单层薄膜在广泛的薄膜厚度范围内的 EMI 屏蔽行为。理论模型被用来解释表面深度以下的屏蔽机制,多重反射变得很重要,同时还有电磁辐射的表面反射和体积吸收。虽然单层组装的薄膜提供了约 20% 的电磁波屏蔽,但厚度约为 55 nm 的薄膜显示了 99% 的屏蔽(20 dB),揭示了一个特别大的绝对屏蔽效果(3.89×10^6 dB/($cm^2\cdot g$))。纳米级可加工 MXene 的这一显著性能为轻质、便携和紧凑的下一代电子设备的屏蔽提出了一个范式的转变。

1.3.3 MXene 聚合物复合材料在电磁屏蔽的应用

MXene 聚合物复合材料在电磁屏蔽中也有广泛应用。聚苯胺(PANI)是一种典型的赝电容导电聚合物,由于其易于合成、优异的热稳定性、环境稳定性、低成本、具有吸引力的氧化还原和简单的酸/碱掺杂/去掺杂等特性,被用作与 MXene 复合。两者有机结合,在界面极化、偶极取向极化、多个导电路径、改进的阻抗匹配和增加的介电损耗等方面协同合作,有助于 EM 波的衰减,有效进行电磁屏蔽干扰。随着人们对可穿戴设备的需求不断增长,具有电磁屏蔽功能的可穿戴纺织材料也受到了研究者的关注。将 MXene 与织物结合,可以在保留其电磁屏蔽能力的同时,大大提高复合薄膜的柔韧性和拉伸性能,从而促进 MXene 的商业应用,MXene 纳米片与纺织物纤维结合方法有浸涂法、真空辅助过滤法、嵌入法和喷涂法,最终得出复合性纺织物,并具有自灭火性能。随着涂层中 $Ti_3C_2T_x$ 含量的增加,棉织物逐渐获得电磁屏蔽性能,并且棉织物作为一种柔性材料,在实际应用过程中容易受到外力的作用而发生损耗。因此,确定改性材料在持续外力作用下能否保持较高的电磁干扰 SE 是非常重要的。最后,通过采用真空脉冲浸渍法将多层或少层 $Ti_3C_2T_x$ 纳米片插入多孔木结构中。$Ti_3C_2T_x$ 纳米片涂覆在三维木质骨架上后电导率可显著提高。厚度为 2 mm 的导电木材在 X 波段频率范围内的电磁干扰 SE 为 27.3~28.2 dB,有望为制备轻质绿色木基电磁干扰屏蔽材料提供一条可行的途径。

MXene 泡沫气凝胶屏蔽材料由于其高导电性和多孔结构,具有优异的电磁屏蔽能力。MXene 泡沫气凝胶屏蔽材料具有极低的密度,因此成为目前研究的重点。2017 年,Liu 等首次报道了一种采用肼诱导发泡方法制备的具有适宜强度的疏水柔性 MXene 泡沫。他们首先用原位 HF 法制备了 $Ti_3C_2T_x$ 分散体,然后用真空过滤法制备了柔性 $Ti_3C_2T_x$ 薄膜,将压实的 MXene 薄膜浸泡在 90 ℃的联氨溶液中。这种方法扩大了 MXene 堆叠片材,形成了低密度的泡沫结构。与 MXene 薄膜的亲水性形成鲜明对比的是,生成的气凝胶去除了含氧官能团,因此得到的 MXene 泡沫表面具有明显的疏水性。与其他 MXene 薄膜相比,MXene 泡沫的电导率由 40 000 S/m 上升到 58 000~62 500 S/m。当气凝胶的壁/(孔)的方向与入射波的电场方向垂直时,电磁干扰 SE 达到最小值。此外,超轻气凝胶具有显著的绝对屏蔽效能(SSE/t)和比屏蔽效率(SSE),分别达到 189 400 dB/($cm^2\cdot g$)和 30 660 dB/($cm^3\cdot g$)。因此,这种新型的屏蔽调节模式为实现最大的屏蔽性能提供了可能,并在不改变样本量、结构的框架材料或入射波传播方向的情况下提供了广泛的可定制的 SE。最后,解释了 Ag-金属氧化物/MXene 三元化合物的 EMI 屏蔽机理:表面附着的金属纳米银颗粒在不破坏二维层流形态的情况下,对提高 MXene 的 EMI 屏蔽效果做出了额外的贡献。在 MXene 悬浮液存在下硝酸银自还原后,杂化纳米结构的导电性显著提高。自组装的纳米银粒子不仅提供了更大的体积、界面和金属导电网络,而且还充当了衰减入射 EM 能量的接收天线。

1.4 MXene 的催化性能

1.4.1 MXene 基复合材料在光催化领域的应用

MXene 基复合材料具有优异的导电性能、较大的界面接触面积、较短的电荷传输路径和较多的活性位点,自 2011 年首次报道以来便在催化等诸多领域被寄予厚望。迄今为止,大量半导体材料被应用于光催化领域,然而很多催化剂仅在紫外光范围有响应,太阳能利用率低,同时催化剂内部光生载流子复合严重,很大程度上限制了光催化的大规模实际应用。诸多研究表明,MXene 能与半导体光催化剂复合形成紧密的异质结,使得电子能够从半导体转移到 MXene 表面进而促进电子转移过程。通过精准调控界面处的化学、电子和结构等,能够提高载流子浓度并构筑有效的电荷传输通道,促进光生电子和空穴的分离和转移,最终提高光催化效率。MXene 基复合材料已被应用于光催化分解水制氢、降解水体有机污染物、二氧化碳还原和氮气还原等。

首先,随着传统化石燃料被大量消耗,全球正面临着日益严峻的能源危机。世界各国都在积极改变能源结构,大力发展可再生绿色能源以减少对化石能源的依赖。氢能是一种清洁的能源载体,具有较高的能量密度值,燃烧使用后仅产生水,被认为是 21 世纪的"终极能源"。光催化分解水制氢是一种理想的获取氢能的方法。MXene 因其独特的二维层状纳米片结构,可与半导体光催化剂进行组装形成具有异质结的二元乃至三元复合材料,进而提高光催化制氢性能。根据结构尺寸的维度,可将材料分为零维/二维、一维/二维、二维/二维甚至三维/二维的异质结。零维纳米材料的三维空间尺度均处于纳米尺度范围,具有显著的量子尺寸效应,常见的如一些纳米颗粒、量子点等。由于零维纳米材料尺寸较小,极易团聚,将其负载在二维纳米片上不仅能够提升零维材料的分散性,而且能够有效促进电荷分离和转移,提高光催化活性。2019 年,孙剑辉等采用简单的溶剂热法合成了一种 ZnS/Ti_3C_2MXene 复合光催化剂,利用 Ti_3C_2 纳米片原位修饰 ZnS 纳米颗粒以提高光催化制氢效率,产氢速率高达 502.6 μmol/(g·h),较单独的 ZnS 提高了 4 倍。乔世璋团队将零维 CdS 量子点引入 Ti_3C_2 中以替代昂贵的贵金属 Pt,负载量为 0.25% 时光催化产氢速率高达 14 342 μmol/(g·h)。借助密度泛函理论计算发现 CdS/Ti_3C_2 两者之间形成肖特基结,可用作电子陷阱有效捕获光生电子,促进电子从 CdS 转移至 Ti_3C_2 表面,提升光催化制氢性能。金属有机骨架(MOFs)中的有机配体很可能与 Ti_3C_2 中的 Ti 配位形成一种相互作用模式,促进光生载流子的分离。黄柏标等采用简单的溶剂热法成功制备了 Ti_3C_2@MIL-NH_2 复合材料,在 Ti_3C_2MXene 纳米片表面上原位生长 MIL-NH_2。优化后的 Ti_3C_2@MIL-NH_2-1.6 呈现最高效率(4 383.1 μmol/(h·g)),约为 MIL-NH_2 的 6 倍。其他如 UiO-66-NH_2 等 MOFs 与 MXene 复合提升光催化分解水制氢的工作也被报道。一维纳米材料在空间上有两个维度处于纳米尺度,具有长径比及各向异性,因此光生载流子可以沿轴向转移,减小光生电子-空穴对的复合。将一维纳米材料与 MXene 复合构建1D/2D异质结复合材料，可以提高体系中光生载流子的分离和电子迁移率。CdS一维纳米棒常被报道。比如杨小飞等借助原位组装溶剂热法在Ti_3C_2MXene纳米片上原位生长CdS纳米棒，成功制备了CdS/Ti_3C_2异质结复合材料。当CdS纳米棒中的电子被激发时，光生电子从CdS通过肖特基结快速迁移到MXene表面，在光照下与质子反应生成氢气。1D/2D磷掺杂的管状g-C_3N_4/MXene也被报道。二维材料具有独特的层状结构和较大的比表面积，能提供更多的活性位点。然而单一的二维材料中光生电子和空穴复合率高，表现出较低的光催化产氢活性。借助二维MXene优异的电子传输性能等特性，将其与其他二维半导体材料构建异质结形成2D/2D结构，促使光生电子更容易从半导体转移到MXene表面，进而加快光生载流子的转移，最终提高光催化产氢活性。石墨相氮化碳(g-C_3N_4)是一种常见的二维材料，可与Ti_3C_2MXene复合用于可见光响应的光催化制氢，比单独CN和PCN的产氢速率分别高5.5倍和2.7倍。其他被报道的二维材料还有TiO_2纳米片、$ZnIn_2S_4$纳米片、CdS纳米片、铋基卤素化合物纳米片等。二维MXene还能够与三维材料进行复合，不仅保留了原本二维材料的优异特性，避免了层状之间的堆积，而且还被赋予更大的比表面积和丰富的孔结构，有利于增大接触面积。比如石锋等通过水热法制备了具有独特球状/片状结构的3D/2D MoS_2/Ti_3C_2催化剂。MoS_2的球状结构具有较大的表面积，可为光催化产氢提供大量的活性位点。二元复合材料仍存在比表面积相对较小、量子产率低等问题，研究者们拟通过构建MXene基三元材料以解决这一问题。比如2D-2D-2D结构的Ti_3C_2@TiO_2@MoS_2复合材料中，电子从TiO_2的(001)面迁移到(101)面及Ti_3C_2上，而在TiO_2的(101)面上，电子传输到MoS_2。因此，在Ti_3C_2和MoS_2的平面上获得了富含电子的环境，有利于H_2O被还原产生H_2。

其次，大量工业废水和生活污水的过度排放，造成了严重的水污染。光催化技术可以将水体中的有机污染物降解为低毒性小分子，甚至是二氧化碳和水，被认为是解决环境污染问题的有效手段之一。本章重点介绍了MXene与金属氧化物、金属硫化物、无机盐类材料、g-C_3N_4等复合，实现光催化降解性能的提升。在金属氧化物方面，余皓等通过简单的水热氧化法制备了(001)TiO_2/Ti_3C_2复合材料。在160 ℃水热温度下制备的(001)TiO_2/Ti_3C_2复合材料对Mo的降解速率最高，因为在较高温度下Ti_3C_2氧化减少，TiO_2纳米片不断增加，有利于异质结的形成。其他金属氧化物如Fe_2O_3、CeO_2、Nb_2O_5、Co_3O_4等也被报道。在金属硫化物方面，刘磊等利用水热法在Ti_3C_2上生长垂直排列的MoS_2层，通过控制MoS_2的含量合成了一系列MoS_2@Ti_3C_2纳米杂化物，30%负载量时光催化活性最佳。其他无机盐类半导体也被报道，如铋基半导体材料等。曹阳等通过水热法成功地将$Bi_2O_2CO_3$(BOC)负载在高导电性的Ti_3C_2表面，形成了独特的BOC/Ti_3C_2异质结构复合材料。两种二维片状复合材料具有较大的比表面积，有利于暴露更多的活性位点。在可见光照射120 min后，BOC/Ti_3C_2复合材料对钛合金(TC)的降解效率达到81%。其他铋基半导体如Bi_2MoO_6、Bi_2WO_6、BiOBr等也被报道。

再次，随着化石能源的过度使用，大量CO_2被排放到大气中，造成温室效应等气候变化问题。光催化技术可将CO_2还原为有价值的碳氢化合物燃料，被认为是解决日益严重的能源危机和环境问题最有前途的策略之一。CO_2的分子结构十分稳定，C=O双键结合能为750 kJ/mol，因此通过光催化CO_2还原在热力学上属于吸能反应，需要吸收大量的能量来破坏C ═O键。光催化 CO_2 还原的机理,包括光吸收、电荷吸收、电荷分离、电荷吸附、表面氧化还原反应和产物解吸等五个步骤。目前报道的用于光催化 CO_2 还原的常用 MXene 基复合材料,包括金属氧化物(如 TiO_2、Cu_2O)、$g-C_3N_4$、金属卤化物钙钛矿、层状双氢氧化物等。比如 Low 等通过简单的煅烧方法使 TiO_2 纳米颗粒在 Ti_3C_2MXene 上原位生长,形成了具有较大比表面积的稻壳状结构,复合材料的 CH_4 产率比商业 TiO_2(P25)高 3.7 倍。光催化技术可被用于氨合成工艺中,具有绿色、低能耗、原料来源广泛、工艺成本低、设备简单等优点。MXene 对 N_2 具有优异的吸附活性,因此可将其作为助催化剂与半导体材料复合,构建 MXene 基材料用于光催化固氮反应。比如刘宝军等在 Ti_3C_2 纳米片表面原位生长不同比例的 $AgInS_2$ 纳米颗粒,得到 0D/2D $AgInS_2/Ti_3C_2$ 异质结复合材料,两者之间形成的肖特基结可以用作电子陷阱,有效地捕获和聚集在 Ti_3C_2 表面的电子,有利于 N_2 还原反应的发生。

1.4.2 MXene 基复合材料在电催化领域的应用

MXene 基复合材料由于导电性良好、比表面积大等优势,也被成功应用于电催化反应中,包括电解析氢反应、电催化析氧反应、电催化二氧化碳还原和电催化氮还原等。

首先,电解水析氢反应可以分为三个基元反应步骤,分别为 Volmer 步骤、Heyrovsky 步骤和 Tafel 步骤,其中前两个步骤受溶液中氢离子浓度的影响,在酸性和碱性条件下表现有所不同。对电解水来说,理论电位仅为 1.23 V,但实际上电解纯水所需的电势总是远大于理论值,常高于 1.70 V。电解水包括析氢(Hydrogen Evolution Reactions, HER)和析氧(Oxygen Evolution Reactions, OER)两个半反应,分别涉及两个和四个电子的转移过程,在热力学和动力学上必须克服较大的活化能势垒(即过电位)才能发生,通常需要借助电催化剂来提高反应速率。贵金属 Pt 和稀有金属氧化物(如 IrO_2、RuO_2)是目前活性最高的 HER 和 OER 电催化剂。资源匮乏和价格昂贵限制了两者的大规模应用,因此开发低成本和高活性的电催化剂是实现高效电催化制氢的关键。MXene 基复合材料由于导电性良好、比表面积大、催化性强等优势,被成功应用于电催化分解水。最早被应用于 HER 催化领域的是各种 M 金属不同、终端各异的 MXene。由 HF 刻蚀法制得的含 F 终端 MXene 如 Ti_2CT_x 能有效降低析氢反应的电子转移阻抗,减少反应所需的活化能。然而,单 F 终端 MXene 无法稳定存在的弊端使其无法应用于实际生产。随着新型制备方法的出现,人们对一些其他终端 MXene 的催化能力进行了测试以及密度泛函理论计算,发现某些空终端、H 终端以及 O 终端的 MXene 也能大大降低该反应的过电位。除了终端调控之外,杂原子掺杂法也是常用的改性方法之一,根据掺入元素种类不同可以分为非金属掺杂和金属掺杂。常见的非金属元素有 N、S、P 等。Le 等通过氨热处理法对 $Ti_3C_2T_x$ 进行氮掺杂,利用 N 将其中的 C 部分取代,他们发现经过 600 ℃煅烧退火的 $N-Ti_3C_2T_x$ 具有很好的 HER 催化活性。辅以 DFT 计算发现,在合适的煅烧温度下,该材料氢吸附吉布斯自由能有接近于 0 的趋势,证明 N 掺杂具有较好的应用前景。Wang 等通过对 O 终端 Ti_2CO_2MXene 分别进行 S 掺杂和 P 掺杂,将 O 终端部分取代,得到的复合材料相比 Ti_2CO_2 具有更好的催化效果。金属掺杂根据作用方式不同也可分为两种类型:一类是向 MXene 中掺入其他过渡金属元素(如 Co 等)通过调节氢键强度以提高析氢反应的效率,其作用原理与非金属掺杂类似;另一类是向MXene中掺入贵金属(如Pt)以形成贵金属/MXene复合材料。这种方法将MXene作为高比表面积载体,使贵金属催化剂与水分子充分接触,改变电子分布结构,降低氢吸附和解吸的能阻,进而提升催化效果。MXene还可与其他半导体催化材料复合提升电催化性能。如Huang等将HER催化剂MoS_2纳米片与Ti_3C_2结合,利用MXene载体以及异质结结构良好的导电性加速MoS_2纳米片的电荷转移。经过计算,该材料在过电位为400 mV的条件下的HER效率是单独MoS_2纳米片的6.2倍。电催化分解水析氧反应与此类似。然而电解水反应是一个统一的电解池反应,其阴、阳极两个半反应具有高度的整体性,无论两个电极材料的理论催化效率差距如何,总反应产气量始终保持为V(氢气):V(氧气)=2:1,而催化效率较差的一极会严重限制整体反应速率。因此,要想实现电解反应的高效进行,提高产气效率,需要为阴阳两极都配备催化效率良好的电催化剂,形成高效的双功能产气系统。许多科研工作者致力于研发和生产成本低的双功能分解水催化材料。如Guo等以双活性异质结Co-CoO为催化材料,利用Co的HER催化活性以及CoO的OER催化活性,使之与导电性能良好、高活性表面积的MXene协同耦合,得到的复合催化剂不但具有媲美Pt/C电极的HER催化效率,还具有高于RuO_2的OER催化效率。

其次,电催化反应外加电流的特性使其具有很强的给电子能力,非常适合用于强稳态物质的还原,是一种极具应用潜力的CO_2还原手段。由于CO_2还原过程中需要形成各种中间产物,仅将单个CO_2分子还原为CH_4就需要经过8个电子转移,因此还原难度较大,目前MXene基复合材料电催化还原CO_2仍以DFT计算为主。最早被认定具有电催化CO_2还原反应(CO_2RR)能力的MXene是一系列过渡金属碳化物,即无终端MXene。Li等利用DFT对各种过渡金属碳化物进行了理论分析,发现其中M_3C_2型的Ⅳ~Ⅵ族前过渡金属碳化物,尤其是Cr_3C_2与Mo_3C_2展现出了极具潜力的电催化CO_2RR效果。Chen等通过DFT计算及第一性原理假设对十余种—OH终端MXene的CO_2RR电催化性能进行了测试,发现$Sn_2C(OH)_2$与$Y_2C(OH)_2$具有极其理想的电催化CO_2RR能力。在实验方面,以MXene为衬底制备CO_2RR复合催化材料的可行性也得到了初步证实。Kannan等利用热液处理等手段制得了具有六边形排列状的ZnO/Fe/MXene复合材料。循环伏安法分析表明,该材料具有良好的CO_2RR催化效率,在一个大气压的CO_2环境下具有高达18.75 mA/cm^2的电流密度。作者认为,Fe的存在降低了材料的阻抗,使电子得以在ZnO层与MXene之间快速转移。

最后,在环境保护日益得到重视的今天,人们迫切希望寻找一种高效、清洁的新型制氨手段代替高污染的哈伯法(Haber-Bosch)法。随着近年来电催化技术的不断成熟,电化学合成氨已经在实验室得到了初步实现。电催化合成氨工艺机理的研究目前还处于早期探索阶段,其中受到大多数人认可的是一种分步断裂N≡N键并在电极上逐个形成氨分子的反应机理。电化学制氨反应是一个6电子的反应,每还原一个氮分子伴随6个电子的转移,同时产出2个氨分子。该反应最主要的难题仍然在于N≡N键的断裂,由于其键能高达946 kJ/mol,即使采用分步手段也很难在温和的反应条件下断开,因此电催化NRR的速控反应通常为第一个质子化过程。许多研究者发现M_2XT_x型MXene对NRR具有良好的催化效率,其中Mo_2C作为目前催化效率最佳的纯MXene,具有极低的活化势垒。随后，Wang 等通过 DFT 计算对比活化势垒，分析了一系列ⅢB、ⅣB、VB 族过渡金属 MXene 的电催化 NRR 效果，发现一些 MXene 如 Mn_2C 和 Fe_2C 等金属良好的电子排列，具有比 Mo_2C 更低的活化势垒，电催化 NRR 效率更高。一些元素掺杂或具有缺陷的 MXene 基复合材料也被发现在 NRR 领域具有广阔的应用前景。

尽管取得了长足的发展，MXene 基复合材料在催化领域仍面临诸多挑战。首先，大多数 MXene 仅由理论计算获得，并未实际合成成功，研究焦点仍是 $Ti_3C_2T_x$ 等少数 MXene。因此，拓展 MXene 的种类、设计不同原子的比例和排列等不仅能够扩充 MXene 家族的成员，而且有望提升催化性能。其次，MXene 的催化应用仍处于实验室阶段，可通过构建异质结、元素掺杂、形貌调控和缺陷工程等手段进一步提升 MXene 基复合材料的催化性能以及长期稳定性。再次，目前仍缺乏普适性机理来阐明 MXene 在催化反应中的表面过程、活性位点等，可以借助模拟性强、体系完整的密度泛函理论来深入探究其催化机制。

1.5 MXene 传感器的性能

二维 MXene 材料具有独特的层状结构、较大的比表面积、优良的电子传输特性、丰富的表面终端基团以及特殊的活性位点，是一类极具潜力的敏感材料。相对于其他二维材料，如石墨烯和过渡金属硫族化合物而言，MXene 具有合成工艺简单、易于表面官能化和更丰富的组合类型等巨大优势，在传感器领域受到极大关注。尽管刚刚兴起，MXene 已被证实对多种气体表现出高灵敏度，包括容易得失电子的无机气体以及醇类、酮类与醛类等挥发性有机化合物（VOCs），因此近几年来得到了快速发展。本节主要介绍 MXene 基复合材料在传感器中的应用，主要分为气体传感器和环境污染物传感器两个部分。

1.5.1 MXene 基复合材料在气体传感器中的应用

在气体传感器部分，首先讨论 MXene 的气敏机理，主要是基于电荷的转移过程，取决于待测气体分子和 MXene 之间的电子电荷转移能力。同时，MXene 表面带有丰富的终端基团，能与一些气体尤其是有机气体通过氢键发生相互作用，使得 MXene 的电阻或电导发生改变，进而达到检测气体的目的。这一部分主要讨论 MXene 基复合材料对氨气（NH_3）、二氧化氮（NO_2）和 VOCs 的传感性能。

1. MXene 基复合材料对氨气的传感性能

NH_3 是人类生产生活中最重要的化工原料之一，广泛应用于化工、制药、轻工、合成纤维等领域。NH_3 对环境和人体都会造成不利影响，严重时会危害人体健康。在诸多 MXene 中，$Ti_3C_2T_x$ 由于稳定性较高，最先被应用在气体传感器上。Lee 等通过滴镀法将 HCl/LiF 刻蚀得到的 $Ti_3C_2T_x$ MXene 集成在柔性聚酰亚胺膜上，制得性能优异的气体传感器，在室温下即可检测四种极性气体，包括乙醇、甲醇、丙酮和 NH_3 等。作者将检测机理归因于 $Ti_3C_2T_x$ 二维纳米片对所测气体表现出有效的吸附（脱附）行为，使得表面的电气条件发生变化。通过适当的表面改性调控 $Ti_3C_2T_x$ 的末终端团，或者将其与其他材料如金属氧化物、导电聚合物等复合，能够增强气体传感性能，提高选择性。MXene 的—O

和—OH终端可以用作气体吸附和反应的活性位点，但—F终端会削弱气体传感性能。Yang等通过NaOH碱性处理增加了$Ti_3C_2T_x$的—O终端并减少—F终端以优化气敏性能。与原始$Ti_3C_2T_x$传感器相比，碱化的$Ti_3C_2T_x$传感器对100 mg/L NH_3的响应是纯$Ti_3C_2T_x$的两倍，响应时间低至1 s。由于$Ti_3C_2T_x$ MXene外部Ti层不稳定，$Ti_3C_2T_x$表面容易发生氧化原位生成TiO_2，$Ti_3C_2T_x$和TiO_2之间存在协同效应，能够有效地形成肖特基势垒，显著改进气体传感器的性能。Zhang等通过水热法在多层$Ti_3C_2T_x$上原位生长TiO_2纳米片，得益于$Ti_3C_2T_x$与TiO_2之间形成的肖特基势垒，该传感器在检测低浓度NH_3时表现出高灵敏度。其他半导体金属氧化物如WO_3、CuO和SnO也可被用来构建肖特基结或异质结以改善MXene基气体传感器的性能。除了金属氧化物之外，高柔性的导电聚合物，如PANI、聚吡咯(PPy)和聚噻吩(PTh)及其衍生物等也被用于构建MXene基柔性气体传感器。比如Li等报道了通过原位自组装方法制备的PANI/$Ti_3C_2T_x$复合材料，基于PANI/$Ti_3C_2T_x$的传感器显示出优异的机械柔性，即使在弯曲不同角度500个循环后，传感器对NH_3的响应也未显著降低。Wang等将由PANI和Nb_2CT_x组成的复合材料Nb_2CT_x/PANI制成传感器，由简单的摩擦纳米发生器驱动，比原始PANI表现出更好的气体敏感性。Xiao等研究了NH_3与具有不同电荷的—O终端MXene(M_2CO_2，M = Sc、Ti、Zr和Hf)之间的相互作用。他们发现，NH_3分子吸附在M_2CO_2表面时发生明显的电子转移，通过控制电荷注入可以容易地实现NH_3释放，表明这些MXene具有可重复使用的潜力。

2. MXene基复合材料对二氧化氮的传感性能

人为产生的NO_2主要来自高温燃烧过程的释放，比如机动车尾气、锅炉废气的排放等。NO_2是酸雨的成因之一，其所带来的环境效应多种多样。Zhang等通过NaOH处理制备了由层间膨胀驱动的V_2CT_x传感器。经碱化处理后，适量的Na^+被引入V_2CT_x夹层中，使得传感器在暴露于NO_2时显示出电阻的正变化，与由表面吸附驱动的原始V_2CT_x传感器不同。同时，碱化处理还在MXene表面增加了—OH终端，可将水分子吸附到V_2CT_x的表面和层间，被吸附的水分子可以容易地与NO_2反应形成NO，从而促进NO_2分子的吸附和层间的溶胀效应。而为了增大传感器的比表面积，Yang等将MXene基复合材料制备成具有波纹形貌的三维球体结构。三维$Ti_3C_2T_x$球体对NO_2的响应达到27.27%，二维$Ti_3C_2T_x$纳米片的响应低于1%。类似地，一些金属氧化物、金属二醇化物等也被用于NO_2检测中。比如Guo等采用环保、简便的水热法成功制备了$Ti_3C_2T_x$/CuO纳米复合材料。实验结果表明，$Ti_3C_2T_x$/CuO纳米复合材料具有介孔结构，比$Ti_3C_2T_x$具有更高的比表面积，能够提供更多的气体吸附/扩散区域。同时，$Ti_3C_2T_x$/CuO纳米复合材料具有丰富的氧空位和吸附氧，这将降低气体吸附所需的能量。更为重要的是，$Ti_3C_2T_x$和CuO之间能够形成异质结，提供载流子迁移通道以加速氧化还原反应。因此，在室温下$Ti_3C_2T_x$/CuO传感器对500 mg/L NO_2的响应(56.99%)是$Ti_3C_2T_x$(11.17%)传感器的5倍。

3. MXene基复合材料对VOCs的传感性能

空气中VOCs气体过量排放会引起雾霾天气，并对人体有致畸性、致癌性。MXene表面官能团以—O和—OH等为主，可以通过强氢键与许多VOCs发生反应。2017年，Lee等首次报道了一种MXene基VOCs气体传感器，他们发现$Ti_3C_2T_x$ MXene对丙酮、甲醇、乙醇及氨气等均有响应。由于缺乏对某种气体的特异性吸附，MXene表现出低选择性和低灵敏度。因此，研究者通过表面改性和结构调控等手段提升MXene基VOCs检测传感器的选择性和灵敏度。如Li等通过在叉指电极表面沉积$Ti_3C_2T_x$薄膜制作虚拟传感器，能够准确地探测和识别不同的VOCs以及预测目标VOCs在不同情景下的浓度。元素掺杂可以帮助MXene解决层间距不足的问题。Shuvo研究了硫原子掺杂对$Ti_3C_2T_x$ MXene的性能影响以及其在电导、化学电阻传感配置中对VOCs气体的传感能力。掺杂后的$Ti_3C_2T_x$ MXene对甲苯表现出独特的选择性，对500 μg/L甲苯有明显的响应及长期稳定性。另外，随着可穿戴电子设备的出现，人们非常希望将柔性传感器集成到可穿戴电子设备中，从而能够实时监测有害气体，新兴可穿戴电子产品需要满足可逆的机械变形，能够经常拉伸而不失去其功能。Tang等报道了一种基于MXene/聚氨酯(PU)芯鞘纤维制造的可拉伸、可穿戴式气体传感器。二维MXene纳米片具有超过其他纳米材料的固有金属电导率，可以提供较低的电噪声。同时，具有高拉伸性的PU纤维芯能够适应可穿戴电子设备大的机械变形。电荷转移和膨胀引起的拉伸的协同效应为MXene/PU纤维传感器提供了对丙酮的高灵敏度、宽传感范围和高信噪比。

1.5.2 MXene基复合材料在环境污染传感器中的应用

主要讨论MXene基复合材料用于检测重金属离子和农药等。随着工业的发展，大量的重金属污染物被排放到环境中。重金属离子无法被微生物分解，经由食物链在动物和人体内大量积聚，如果累积超过一定程度将对人类健康产生巨大危害，比如一些类镉金属则会导致人类患上癌症。MXene被证实对多种金属离子具有良好的检测能力，包括Cd^{2+}、Pb^{2+}、Hg^{2+}等。比如Chen等开发了一种氨基官能化的多层$Ti_3C_2T_x$电化学传感器，并将其应用于测定食品样品中的Cd^{2+}和Pb^{2+}，检出限分别为0.41 μg/L和0.31 μg/L。他们发现复合材料中富电子的氨基能与金属离子形成配位效应，促进金属离子的积累。另外，农药能长期残留于环境中，随着空气流动和水循环遍布地球的各个角落，包括富集于人类体内，对生态和人类健康带来威胁。相关报道已证实MXene基复合材料可用于农药的检测，包括有机磷农药、多菌灵、噻菌灵等。比如，Yu等提出了一种基于钴掺杂Ti_3C_2MXene纳米酶的均质电化学传感器，用于有机磷农药高灵敏度检测，检出限为0.02 ng/mL。尽管如此，MXene基传感器仍存在诸多挑战。首先是MXene稳定性的问题。MXene二维结构易于堆叠和团聚，影响其作为传感材料的性能。因此，必须开发新型、高效且绿色的制备方法或采用有效的策略对MXene进行改性，保证二维层状结构的稳定性。其次，MXene对许多气体都具有强吸附能力，存在交叉干扰问题，这对气敏性能非常不利，容易造成对气体的错误识别。因此，如何提升MXene基传感器的选择性还有待深入研究。最后，MXene的气敏机理、检测机理等尚未研究透彻，目前主要归因于MXene较好的表面吸附和优秀的电子转移能力，而MXene多与气体半导体材料组装形成二元乃至三元复合材料，因此机理更为复杂。今后，可以借助理论模拟计算手段，协助探究MXene基传感器的作用机制。

1.6 MXene 的生物性能

MXene 能够表现出良好的生物特性，具有高的药物装载（递送）表面积、良好的生物相容性、亲水性，以及优异的抗菌性能和促进组织再生等与生物相关的特性。由于具有诱人的物理化学和生物相容性，人们对新型 MXene 基复合材料在生物医学和生物技术中的应用产生了越来越多的研究兴趣。尽管最近已经探索了 MXene 在生物医学中的一些潜在应用，但从生物医学工程和生物医学的角度来看，MXene 的应用类型仅限于 MXene 的碳化钛和碳化钽家族。本节主要介绍 MXene 二维材料在生物医学中的应用，主要包括 MXene 在再生医学、感染治疗、抗菌应用、癌症的诊断和治疗以及生物传感、生物安全性等方面的应用。

1.6.1 MXene 在再生医学方面的应用

2011 年，Annunziata 的研究团队首次证实了钛等离子体在植入物表面上喷涂 TiN 涂层，以提高牙科植入物的美观和机械性能的可能性，这是首次将 MXene 应用于组织工程的研究。随后在概念验证阶段，Huang 的实验团队报道了 Ti_3C_2MXene 纳米片与 3D 打印生物活性玻璃支架的成功复合，通过同时使用光子热疗和生物活性玻璃支架的骨组织再生实现骨肿瘤抑制。他们还通过将 Nb_2C MXene 与 S-亚硝基硫醇接枝介孔二氧化硅和 3D 打印生物活性玻璃支架通过一定的方法复合，以实现按需 NO 释放、肿瘤热消融和骨组织再生。MXene 除了在骨组织工程方面有了极大的进步之外，还在加速伤口愈合方面具有极大的潜在应用价值。例如，Mao 等在 Ti_3C_2MXene 和再生细菌纤维素的基础上制备了多功能水凝胶，可以加速皮肤组织的修复。最近，Wang 等发现二维 Ti_3C_2MXene 具有非遗传的、光学的、更高时空分辨率的远程调节神经元电活动的能力，可以进行从单细胞到组织工程的添加剂制造的电生理调节。MXene 由于具有优异的生物相容性，并且具有一系列特定的机械性能，因此同样可以应用到生物医学的组织工程中。Zhang 等在体外和体内研究中发现多层 $Ti_3C_2T_x$ MXene 薄片具有优异的骨诱导性和引导骨再生能力。Huang 等通过静电纺丝和掺杂制备了含 MXene 的复合纳米纤维，它可以为骨髓间充质干细胞（BMSC）的生长提供良好的微环境，大大提高了生物细胞的活性。Pan 等研究了由 Ti_3C_2MXene 和生物玻璃组成的 3D 基质对成骨细胞成骨潜能的影响，发现其可以有效地促进新生骨组织的生长。MXene 在通过骨诱导性引导骨再生和防止骨流失方面发挥着重要作用。如 $Ti_3C_2T_x$ 等 MXene 可有效提高聚乳酸（PLA）支架的细胞增殖率和成骨分化能力，Lee 等报道了使用 $Ti_3C_2T_x$ MXene 颗粒作为细胞黏附剂可以增强间充质干细胞球体的生成等。MXene 也可应用于改善心脏组织的再生。通过设计和制造导电心脏贴片，促进心脏贴片与宿主组织的电生理耦合来达到改善心脏组织的效果。在一项研究中报道了使用气溶胶喷射打印（AJP）方法制备 MXene 复合材料作为人心脏贴片，将导电性的 $Ti_3C_2T_x$ MXene 以预先设计的图案印刷在聚乙二醇（PEG）水凝胶上，并研究了人为诱导的多能干细胞衍生的心肌细胞（iCMs）在工程化导电心脏贴片上的排列，从而达到更好地治疗心脏组织病变的效果。

1.6.2 MXene 在抗菌方面的应用

每年,世界各地都有许多人死于传染病,如腹泻和肺炎。医生使用多种抗生素来控制或减少微生物的生长。然而,过度使用抗生素会导致细菌耐药性。因此,研究人员更加偏向致力于开发新型杀菌纳米材料。人们发现用纳米颗粒修饰氧化石墨烯等二维材料能够显著提升其抗菌性能,其中主要的机制就是纳米片锋利边缘引起细胞膜的应力,从而导致细胞膜的物理损伤。MXene 锐利的边缘、亲水性和细胞膜脂多糖的氢键作用可以提高细胞膜的通透性,使得细菌细胞膜破裂,破坏 DNA,从而起到较好的抑菌作用。MXene 官能团也曾被报道通过阻止营养物质的摄入而抑制细菌的生长,导致细胞失活。MXene 的抗菌性能机理主要有四个方面:

(1)MXene 纳米片表面的负电荷及其高亲水性将增强细菌与膜表面的接触,这将导致黏附细菌的失活。

(2)MXene 纳米片的含氧基团和细胞膜的脂多糖链之间的氢键可以通过阻止营养物质的摄入来抑制细菌的生长。

(3)具有锐边的单层 MXene 具有吸附微生物的能力,锐边上的细菌细胞暴露可能导致膜损伤。

(4)MXene 纳米片还可以与微生物细胞壁和细胞质中的一些分子发生反应,从而破坏细胞结构并导致细菌死亡。

Rasool 等首次引入 MXene 作为一种新兴的抗菌生物材料,并验证了其对革兰氏阴性大肠杆菌(*E. coli*)和革兰氏阳性枯草芽孢杆菌(*B. subtilis*)的优异抗菌性能。在实验中他们发现与氧化石墨烯(GO)相比,$Ti_3C_2T_x$ MXene 纳米片显示出更高的抗菌功效,并且具有明显的浓度依赖性杀菌能力。后来,Rasool 等进一步构建了微米厚的涂有聚偏氟乙烯(PVDF)载体的 $Ti_3C_2T_x$ MXene 纳米片,并证明了纳米片与 TiO_2 纳米晶的协同作用,展现了优异的抗生物污染效率。除了寻找高效抑菌的 MXene 基质材料外,MXene 与其他抗菌剂的“强强联合”也是制备高性能抑菌材料的研究途径之一。Pandey 等合成了一种具有超快净水能力的 Ag 修饰的 $Ti_3C_2T_x$-MXene 基复合膜。Li 等阐述了一种利用 Bi_2S_3 和 $Ti_3C_2T_x$ 之间的接触电势差,由 $Bi_2S_3/Ti_3C_2T_x$ 纳米复合材料的界面肖特基结组成的环保光电材料。除了 $Ti_3C_2T_x$ MXene 之外,Yang 等在 Nb_2C MXene 钛板的基础上构建了一种具有多模式抗感染功能的临床植入物,该植入物可以通过抑制生物膜形成、下调细菌能量代谢途径和增强形成的生物膜分离来破坏生物膜,从而直接杀死细菌。特别的是,Zada 等发现,强大的近红外吸收和显著的光热转换能力使 V_2C MXene 成为一种出色的杀灭细菌的光热剂。同时,Jastrzebska 等发现,MXene 的抗菌效果可能受到化学计量的影响。此外,Shamsabadi 等证明,$Ti_3C_2T_x$ MXene 显示出与暴露时间和尺寸相关的抗菌活性。MXene 与金属氧化物、聚合物、纳米颗粒和噬菌体结合也因其增强的抗菌性能而引起了人们广泛的研究兴趣。Pei 等报道了一种有趣的情况,即 $Ti_3C_2T_x$ 的固有抗菌特性与噬菌体的高特异性相结合,显著提高了对细菌靶标的抗菌效果。静电纺丝天然聚合物绷带也受到关注,因为它们具有抗菌、可生物降解、无毒和低成本的特性。Mayerberg 等通过静电纺丝 $Ti_3C_2T_x$ MXene 壳聚糖开发了具有抗菌性能的生物可降解医用绷带。Mahmoud 等报道了 PVDF 支撑的 $Ti_3C_2T_x$ 用于抗菌应用。研究人员开展了大肠杆菌和枯草芽孢杆菌与不同质量浓度的 MXene(2 ~200 μg/mL)反应 4 h 的实验。通过与 MXene 直接接触,从而在细菌膜中诱导氧化应激使这些材料具有抗菌性能,可用于健康和环境领域,包括公共卫生和水处理。研究人员还比较了 MXene 与 GO 的效果,实验表明 MXene-纤维素膜的抗菌性能优于还原氧化石墨烯(rGO)膜。为了进一步研究 MXene 与细菌之间的相互作用,研究人员还制备了 PVDF 支撑的 $Ti_3C_2T_x$ 用于暴露在细菌悬浮液中,暴露于 $Ti_3C_2T_x$ 膜的细菌的密度和存活率均低于对照组。研究还发现,$Ti_3C_2T_x$ 表面上细菌的细胞膜受到极大的破坏并变得粗糙,远不如 PVDF 组表面上的光滑和完整。MXene 及其复合材料对大肠杆菌、金黄色葡萄球菌和枯草芽孢杆菌具有显著的抗菌活性。MXene 和细胞膜之间的直接接触会使细菌分散,并发生实质性损伤,导致细菌死亡。此外,具有更多尖锐边缘的较小 MXene 纳米片会穿透胞质溶胶和切割细菌细胞壁以渗透胞质溶胶并破坏膜完整性,从而释放胞质成分。这种不可逆细胞损伤机制的进一步研究对于实现 MXene 在生物医学中的抗菌作用具有重要意义。

1.6.3 MXene 在抗癌方面的应用

与传统的抗癌方式,如化疗和放疗相比,依赖光的疗法可以提供更高的空间特异性和操作可控性,这可能会提高治疗的效果,同时最大限度地减少对健康细胞的附带损害。由于优异的光热转换性能,新型的二维纳米材料 MXene 已经被开发出来并用于癌症的光疗,表现出强大的优势。由于量子束缚效应,二维纳米材料具有独特的电子结构,因此显示出独特的光子相互作用模式,其中一些对肿瘤的光治疗非常有用。二维纳米材料介导的光疗一般通过两种不同的方法实现,即光热治疗(PTT)和光动力治疗(PDT)。PTT 指的是利用光来治疗肿瘤,目的是通过热消融来物理地去除肿瘤组织,通常需要外源性光热传感器将入射光转换为热,从而利用过高热杀死肿瘤细胞。PDT 是联合应用光敏剂以及相应光源,通过光动力学反应,选择性破坏靶组织的一种治疗方法。由于 MXene 具有优异的导电性和薄膜的分层结构,其产生电磁干扰屏蔽机制,说明 MXene 具有高效的电磁波吸收能力,能够有效吸收光能。Chaudhuri 等利用连续 MXene 膜的光学特性,通过数值模拟的方法评估了 $Ti_3C_2T_x$ 纳米结构的性能,发现在 TM/TE 偏振光的激发下,$Ti_3C_2T_x$ MXene 纳米结构中表现出了对偏振光的宽带吸收和明显的局域表面等离子共振(LSPR)效应。多项实验结果表明:MXene 对光的强吸收能力及其 LSPR 效应,使其表现出优异的光热转换性能,此外,再加上其金属性、窄带隙特性和高度非辐射性质,使得 MXene 能够作为光热治疗的高效光热剂。无氟 Ti_3C_2 量子点在非常低的质量浓度(1×10^{-5} mg/L)下可实现将光能快速转换为热能,光热转换效率可以达到 52.2%,高于大多数的 PTT 试剂。与用于乳腺癌的经典 Ti_3C_2 和 Ta_4C_3 相比,Nb_2C、V_2C 和 Mo_2C 不仅作为 PTT 的新型有效光热转换剂,而且能够实现无害降解和生物相容性。许多实验已经证明,基于石墨烯衍生物的纳米系统的一个共同优势是,可以使用具有低生物侵入性和高组织渗透性的近红外光远程进行发热。这一过程可以最大限度地提高深埋肿瘤的光热转换效率,同时减少激光治疗引起的附带损伤。独特的光热转换效率促进了 MXene 在癌症 PTT 中的应用。MXene 及其纳米复合物可在癌细胞中有效积累,用于精确靶向治疗。此外,各种表面修饰有助于改善光热特性。MXene 实现肿瘤消除的能力突出了其作为优秀光热试剂的潜力,将促进 PTT 在肿瘤治疗中的应用进展。与使用热能杀死肿瘤细胞的 PTT 相比,PDT 可以通过释放单线态氧引起肿瘤细胞死亡,单线态氧是一种活性氧(ROS),对肿瘤细胞具有高度的细胞毒性。然而,缺氧的肿瘤微环境会导致不良的治疗结果。在自由基介导的 PDT 中,ROS 的产生取决于局部氧含量。同样,如果内源性肿瘤过氧化氢浓度不足,则不会诱导羟基自由基。为了实现肿瘤的光动力治疗,基本上需要一类特殊的化合物来启动光化学反应,这就是光敏剂(PSs)。二维纳米材料作为 PSs 可以有效地规避对紫外线照射的依赖、快速地光漂白和低水溶性等问题。将二维纳米材料用于 PDT 的另一个优点是,因为它们独特的光电特性,许多二维纳米结构可以与现有的有机 PSs 协同作用进一步提高光动力效率。二维纳米材料在药物递送应用方面具有许多优势,包括高载药量和易改性,可通过递送小分子抗癌药物、酶和治疗基因来增强肿瘤治疗的效果。因为 MXene 二维纳米材料具有独特的片层结构,其也是一种理想的药物载体,可以携载抗肿瘤治疗药物到达肿瘤部位,从而在影像指导下实现精准的肿瘤药物治疗。纳米载体的药物递送分为三个阶段:注射前、血液循环和细胞摄取后。药物递送纳米载体的重点在于设计纳米载体初步治疗策略,通过使用聚合物或靶向功能化剂提高其在生物环境中的稳定性和特定的靶向能力,增加体内化学疗法的稳定性。保证血液循环过程在足够长的血液循环时间内,能够增强纳米载体在肿瘤部位的蓄积,并且避免不必要的副作用,即减少对正常组织的有害影响。另外,通过靶向功能化剂或多刺激响应药物释放策略,增加纳米载体在药物肿瘤部位的释放量,保证在被细胞摄取后杀死癌细胞。将 MXene 应用于药物传递的主要挑战之一是其结构中缺乏受限空间,无法承受药物分子的高负荷。

1.6.4 MXene 在生物安全性方面的应用

对于 MXene 的生物安全性的研究主要是其毒性机理和其在生物体内及体外的表现。先前的研究表明 MXene 的细胞毒性是由于 ROS 的产生和直接接触。MXene 毒性的主要机制与细胞内 ROS 的产生有关,ROS 会对蛋白质和 DNA 造成损害,从而导致细胞死亡。当 MXene 在水存在下穿过细胞膜时,会导致 ROS 的产生。MXene 悬浮液中的水分子会分裂成一个自由基氢氧化物基团(OH)、超氧化物阴离子(O^{2-})和氢离子(H^+)。接下来,超氧阴离子与电子反应,得到过氧化氢自由基(HO_2)。该自由基会与电子反应生成过氧化氢阴离子,进而与氢离子反应生成过氧化氢。H_2O_2 和 O^{2-} 自由基破坏细胞膜,过氧化氢穿透细胞膜并导致细胞死亡。MXene 毒性的另一机制是由于 MXene 与细胞膜之间的强附着。MXene 和细胞膜通过离子相互作用、疏水性、范德瓦耳斯力和受体配体结合直接相互作用,导致膜失稳和细胞完整性丧失。MXene 和细胞膜之间的直接接触也导致 MXene 积累,最终细胞死亡。除了 MXene 的氧化状态外,MXene 的大小也被认为对活生物体(如微生物)具有细胞毒性。在体外实验中观察到的 MXene 对细菌和动物细胞毒性的主要机制中,主要分为氧化应激和具有尖锐纳米片的边缘对细胞膜的机械损伤。同时,MXene 的生物特性与其碳或氮含量有关,而碳或氮是所有生物的基本组成部分。虽然钛、钽和铌等早期过渡金属被认为基本无害,但越来越多的证据表明它们可能是有害的。在对 MXene 的体内毒性研究中,MXene 对人类和动物细胞培养物毒性的实验数据极为有限。现有研究表明,Ti_3C_2 具有负的 Zeta 电位,这与═O、—OH 和—F 等终端以及 TiO_2 表面钝化层的存在有关。带负电荷的 MXene 可能与细胞表面膜上的可用阳离子位点结合,导致膜破裂。除此之外,MXene 表面带负电和带正电的磷脂酰胆碱脂质之间的强静电相互作用导致细胞膜完整性受损。基于 MXene 制剂的毒性取决于剂量、治疗持续时间和给药方式(静脉内、腹膜内、口服肺给药和玻璃体内注射)。目前静脉给药模式是研究 MXene 制剂体内毒性的最常用方法。研究 MXene 制剂体内毒性仍有很大的调查空间,特别是与其他药物实施的模式有关的调查。在各种小鼠体内 MXene 的毒性研究中发现与 Ti_3C_2 纳米片相比,MXene 碳化铌(Nb_2C)纳米片在生物降解和代谢方面具有更好的性能。Nb_2C 纳米片在体内和体外的研究中都表现出了极为优异的生物降解和可被人体排出的性能。同时,研究人员还发现除了 Ti_3C_2 和 Nb_2C 之外,碳化钽(Ta_4C_3)纳米片显示出独特的优势。具有高原子序数($Z=73$)的生物相容性的 Ta 元素使 Ta_4C_3 纳米片成为一种有前途的计算机断层扫描(CT)造影剂。但是与 Nb_2C 相比,在临床应用前还需要做许多的工作,以了解 Ta_4C_3 纳米片的降解和代谢。因此,大多数研究表明 MXene 没有体内毒性。然而,长期研究的结果尚不清楚。

1.6.5 MXene 在生物传感方面的应用

近年来,生物传感已成为一个重要的研究领域,目前是传感器领域的主要焦点之一。生物传感器具有易于使用、定点监测和快速现场检测等优点,是耗时且昂贵的实验室分析的良好替代品。对具有低检测限的高效且灵敏的生物传感器使用低维材料来制造用于传感组件的生物认知元件的有效换能器和有效载体。在追求新型生物传感纳米平台的过程中,必须研究具有良好生物相容性、内在锚固位点和更好分散能力的新材料。最佳传感器的主要特性是高电导率和大表面积。鉴于此,MXene 是一种适用于生物传感器应用的优良材料,其氧化还原性质和形态产生高信号输出,具有更快的电子传输速度,负表面基团可以产生检测下限和分析物范围较宽的信号输出。本小节主要讲述了葡萄糖传感器、H_2O_2 传感器、金属离子传感器、农药检测传感器、基于酶的生物传感器、电化学免疫传感器和基于核酸的电化学生物传感器上的应用。葡萄糖生物传感器的主要特点是低成本、高灵敏度和使用简单。葡萄糖传感器的传感机制是葡萄糖被氧化,并通过使用葡萄糖氧化酶作为催化剂将其转化为葡萄糖内酯和过氧化氢。H_2O_2 传感器的线性范围为 0.1 ~ 380 μmol/L,具有非常低的检测限,该生物传感器具有良好的稳定性。金属离子传感器主要是电极界面处的氧化还原探针抑制了电子转移动力学。农药检测传感器主要是一种应对马拉硫磷等有害的有机磷农药的传感器。Zhou 等使用 MXene 纳米片制备了基于酶的生物传感器,然后在基于酶的 MXene 纳米片材上制备了壳聚糖,用于测定马拉硫磷。在基于酶的电化学传感器中具有快速催化能力、高特异性和稳定性的酶已经可以用作电化学生物传感器的识别元件,并且大量基于酶的生物传感器已经用于商业分析。基于酶的生物传感器由两个模块组成,酶扮演识别元件和生物受体的角色,传感器能够产生光信号或电信号。根据基于酶的生物传感器的工作原理,酶能够特异性地识别系统中何时存在目标分析物,经历颜色、物质、质量、光吸收或发射的变化。这些变化可导致生物传感器的电信号或光信号的变化。电化学免疫传感器结合了免疫测定的高选择性和电化学测定的高灵敏度,在过去几年中得到了迅速发展。电化学免疫传感器主要依赖抗原抗体结合的特异性识别,导电 MXene 纳米材料作为生物传感元件载体在免疫传感器中的成功应用归因于由活性基团官能化的表面、大表面积和有利于电子转移的高导电性的优点。在基于核酸的电化学生物传感器中关于使用核酸(DNA 或 RNA)作为识别元件,使用核酸探针可以特异性地识别目标并释放信号。核酸是一种稳定且廉价的聚合物,易于处理,使其成为电化学生物传感器的绝佳策略。

第2章　MXene的结构、制备及其性能

2.1　MXene的结构

2.1.1　MXene简介

二维材料的结构和化学多功能性使其区别于其他材料。自2004年成功从大块石墨中剥离出二维石墨烯纳米片以来[1]，各种二维材料已经成为了研究热点，如过渡金属二氢化物（TMDs）、黑磷（BP）和层状双氢氧化物（LDHs），这些材料具有优异的电、光和磁学性能[2]。在这些二维材料中，过渡金属碳化物、氮化物和碳氮化物（MXene）于2011年首次报道（$Ti_3C_2T_x$），并且在过去十多年中，它们的合成和应用获得了快速的发展[3]。

MXene结构的灵活性、表面可调和化学性质的多样性使其成为储能、催化、环境、电子、传感器、生物医学等方面广泛应用的材料。与元素“M”相关的各种化学成分使MXene适用于各种应用。例如，V基MXene具有极好的储能特性和低离子扩散势垒；Nb基MXene由于其抗磁性而表现出磁相变；Mo基MXene在电催化和热电领域具有较好的潜力。根据DFT计算，“X”成分不同的二维过渡金属碳化物表现出不同的特性。例如，过渡金属碳化物与氮化物相比具有显著的晶格常数和稳定性，而后者则具有更强的表面活性[4]。即使成分相似，结构差异也会显著影响MXene的性能。理论计算证实了低分子质量的MXene，即Ti_2C、Nb_2C、V_2C和Sc_2C在储能中具有良好的应用前景。预计M_2X将显示出比M_3X_2和M_4X_3更高的理论容量。例如，V_2C单层纳米片具有940 mAh/g的高理论锂存储容量[5]，而V_3C_2的理论容量为606.4 mAh/g[6]。此外，MXene的表面终端对其物理和化学特性有显著影响。这些终端通过其低能轨道使过渡金属的非成键价电子饱和，从而有助于结构稳定。表面功能化对MXene的电子状态有直接影响，没有终端的MXene表现出类似金属的导电性，而表面功能化将诱导半导体行为并影响功函数。理论分析证实了—OH功能化的MXene具有极低的功函数。MXene表面可调性以及终端固有的化学活性使其成为在多领域具有广泛应用的多功能材料。

2.1.2　结构与成分

MXene的合成方式大致按照下列的阶段发展：$M_{n+1}AX_n$阶段→MAX面内外有序相（MXene衍生物）→MXene无MAX相初期阶段→自上而下的MXene合成（选择性刻蚀）→自下而上的MXene合成（二维过渡金属碳化物和氮化物）。

1. $M_{n+1}AX_n$阶段

（1）概况。

20世纪60年代，Hans Nowotny团队发现了100多个新的碳化物和氮化物[7]，包括H

相及其相关材料 Ti_3SiC_2 和 Ti_3GeC_2，但是这些相基本上都没有被深入研究。直到 20 世纪 90 年代中期，Barsoum 和 El Raghy 合成了相对纯净的 Ti_3SiC_2 样品[8]，发现它是一种具有金属和陶瓷特性的材料，具有良好的导电性、导热性、可加工性、抗热冲击以及抗氧化性。后续他们又发现了 Ti_4AlN_3，明确了这些相具有相同的基本结构，并引入了术语"$M_{n+1}AX_n$ 相"（$n=1$、2 或 3）或"MAX 相"，其中 M 是过渡金属元素，A 是 A 族元素，X 是 C 或 N[9]。

MAX 相的显著特性来源于其层状结构以及强 M—X 键与相对较弱的 M—A 键的混合金属共价性质。由于这种不寻常的性能组合，MAX 相被广泛应用于各种场合，如高温结构应用、保护涂层、传感器、电触点、微电子机械系统等。

2011 年，研究者们证明了可以从 MAX 相选择性刻蚀 A 层，形成一种新型二维材料，称为 MXene，以强调与 MAX 相的关系[10]。在第一份报告发表后的几年内，MXene 已经成为一类二维材料，具有显著的成分变化和性能可调性。

本节将介绍 MAX 相，即 MXene 的前驱体。

（2）MAX 相的晶体结构。

根据 Barsoum 的定义[9]，MAX 相的一般公式为 $M_{n+1}AX_n$（$n=1$、2 或 3）。不同的最大化学计量通常被称为 211（$n=1$）、312（$n=2$）和 413（$n=3$）。M 元素主要来自第三族（Sc）、第四族（Ti、Zr、Hf）、第五族（V、Nb、Ta）和第六族（Cr、Mo、W）的过渡金属元素。A 元素主要来自周期表的第 13 族至第 16 族（Al、Ga、In、Tl、Si、Ge、Sn、Pb、P、As、S 等），X 元素是 C 或 N。图 2.1 为元素周期表中 MAX 中对应的元素。

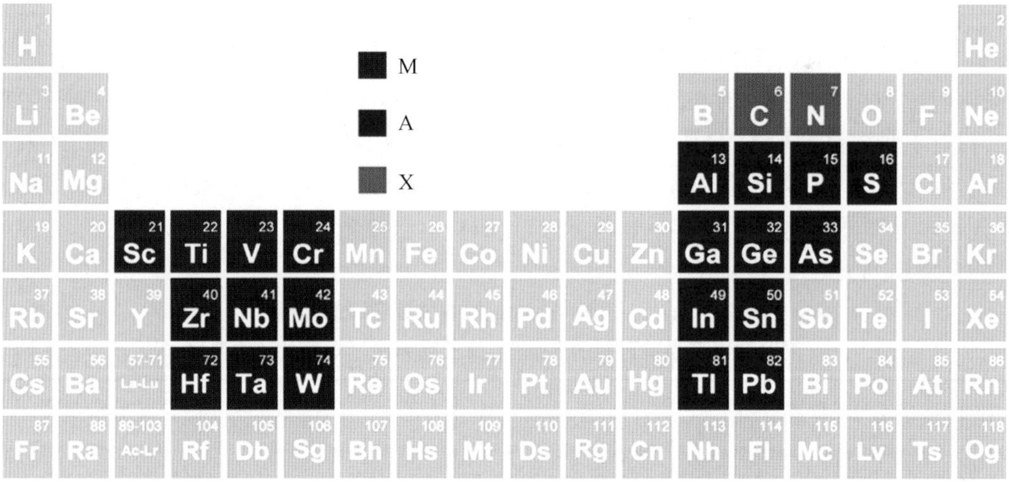

图 2.1　元素周期表中 MAX 中对应的元素[11]

图 2.2（a）、（b）、（c）是 MAX 相位的六边形单元。每个单元由 M_6X 八面体组成（例如 Ti_6C），与 A 元素层（例如 Si 或 Ge）交错。211 相、312 相和 413 相之间的区别在于分隔 A 层的 M 层数量不同。MAX 相中的 M_6X 分棱八面体与岩盐二元碳化物和氮化物 MX 相同。在 312 和 413 MAX 结构中，有两个不同的 M 位置，即与 A 相邻的位置和不相邻的位置。这些位置分别称为 M(1) 和 M(2)。在 413 结构中，还有两个不等效的 X 位点：X(1) 和 X(2)。在所有情况下，MX 层相互成对，并由作为镜像平面的 A 层分隔。

图 2.2(d)显示了孪晶和 MAX 相的“锯齿”堆积特征。MAX 结构是各向异性的:晶格参数通常为 $a\approx3$ Å(1 Å=0.1 nm)和 $c\approx13$ Å(对于 211 相)、$c\approx18$ Å(对于 312 相)、$c\approx$ 23~24 Å(对于 413 相)。

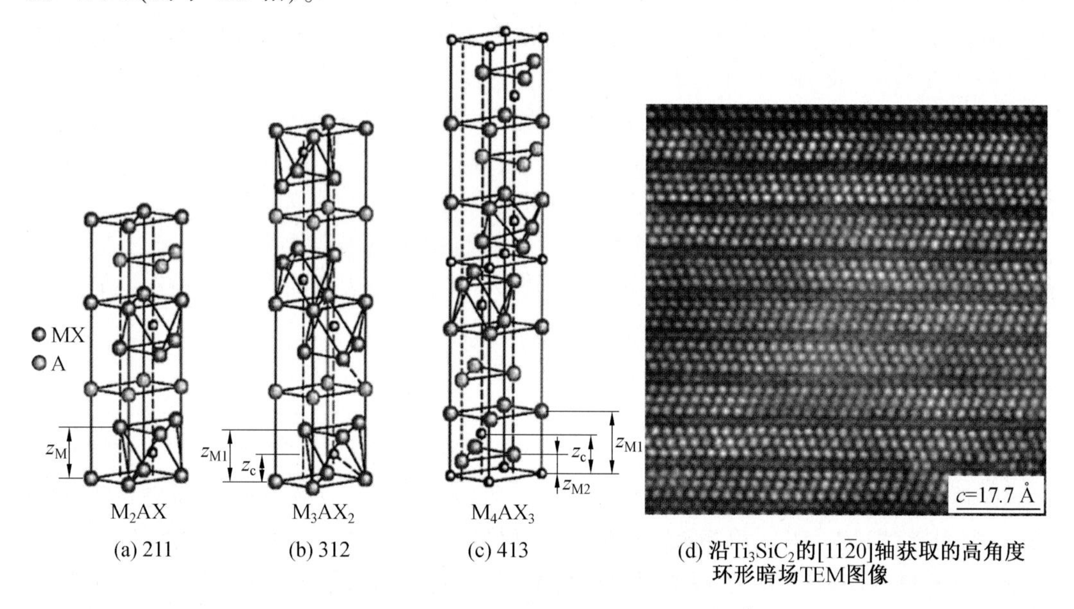

(a) 211　(b) 312　(c) 413　(d) 沿 Ti_3SiC_2 的[11$\bar{2}$0]轴获取的高角度环形暗场TEM图像

图 2.2　MAX 相晶体结构及沿 Ti_3SiC_2 的[11$\bar{2}$0]轴获取的高角度环形暗场 TEM 图像[9,12]

表 2.1 列出了 $n=1\sim3$ 时 $M_{n+1}AX_n$ 相的位置和理想坐标。空间群为 $P6_3/mmc$。表 2.2列出了当前已知 MAX 相及其密度和晶格参数的列表。在参考文献[13]中有更全面的列表。对于 211 相,有 3 种独特的原子;312 相中有 4 种;413 相中有 5 种。对于 211 相,只有 1 种多晶型(图 2.2(a))。在 312 相中,有 2 种多晶型:α(图 2.2(b))和 β(未显示)。对于 413 相,有 3 种多晶型:α(图 2.2(c))、β(未显示)和 γ(未显示)。表 2.1 列出了各种多晶型的所有原子坐标。根据表 2.1,211 相、312 相和 413 相中最常见的 α 多晶型的叠加序列见表 2.3。

表 2.1　$n=1\sim3$ 时 $M_{n+1}AX_n$ 相的位置和理想坐标[14]

(同时列出了当前已知的多晶型,第五列列出了规范的 z 位置)

原子	Wyckoff 位置	x	y	z_i(典型)	z_M 的范围	注释与参考
A	2d	1/3	2/3	3/4		
M	4f	2/3	1/3	1/12(0.083)	0.07~0.1	图 2.2(a)中的 z_M
X	2a	0	0	0		
α-M_3AX_2/Ti_3SiC_2						
A	2b	0	0	4/16		
M_1	4f	1/3	2/3	2/16(0.125)	0.131~0.138	图 2.2(b)中的 z_{M1}

续表2.1

原子	Wyckoff 位置	x	y	z_i(典型)	z_M的范围	注释与参考
M_{II}	2a	0	0	0		
X_{I}	4f	2/3	1/3	1/16(0.062 5)	0.072 2	图 2.2(c)中的 z_C
β-M_3AX_2/Ti_3SiC_2						
A	2d	1/3	2/3	4/16		
M_{I}	4f	1/3	2/3	2/16(0.125)	0.135 5	性能应与α-M_3AX_2非常相似
M_{II}	2a	0	0	0		
X_{I}	4f	2/3	1/3	1/16(0.062 5)	0.072	
α-M_4AX_3/Ti_4AlN_3						
A	2c	1/3	2/3	5/20		
M_{I}	4e	0	0	3/20(0.15)	0.155 ~ 0.158	图 2.2(c)中的 z_{M1}
M_{II}	4f	1/3	2/3	1/20(0.05)	0.052 ~ 0.055	图 2.2(c)中的 z_{M2}
X_{I}	2a	0	0	0		
X_{II}	4f	2/3	1/3	2/20	0.103 ~ 0.109	图 2.2(c)中的 z_C
β-M_4AX_3/Ta_4AlC_3						
A	2c	1/3	2/3	5/20		
M_{I}	4e	1/3	2/3	12/20(0.6)	0.658	
M_{II}	4f	1/3	2/3	1/20	0.055	
X_{I}	2a	0	0	0		
X_{II}	4e	2/3	1/3	2/20	0.103	
γ-M_4AX_3/Ta_4GaC_3						
A	2c	1/3	2/3	5/20		
M_{I}	4e	0	0	3/20(0.15)	0.156	
M_{II}	4f	1/3	2/3	1/20	0.056	
X_{I}	2a	0	0	0		
X_{II}	4f	2/3	1/3	2/20	0.106 5	

表 2.2　当前已知 MAX 相及其密度和晶格参数的列表
(包括面内有序(i-MAX)和面外有序(o-MAX)四元相的示例)

原子	Al	Si	P	S
MAX 坐标	Ti_2AlC,**4.11**(3.04, 13.60) V_2AlC,**4.87**(2.91, 13.10) Cr_2AlC,**5.24**(2.86, 12.8) Nb_2AlC,**6.50**(3.10, 13.8) Ta_2AlC, **11.82**(3.07, 13.8) Ti_2AlN, **4.31**(2.99, 13.61) Zr_2AlC, **5.3**(3.32, 14.56) Hf_2AlC, **9.94**(3.28, 14.36) Ti_3AlC_2, **4.5**(3.07, 18.58) Ta_3AlC_2, **12.2**(3.09, 19.16) Zr_3AlC_2, **5.77**(3.33, 19.95) Hf_3AlC_2, **10.65**(3.28, 19.66) Ti_4AlN_3, **4.76**(2.99, 23.37) α-Ta_4AlC_3, **12.92**(3.1, 24.1) β-Ta_4AlC_3, **13.4**(3.09, 23.7) Nb_4AlC_3, **7.06**(3.13, 24.12) V_4AlC_3, **5.16**(2.93, 22.74)	Ti_3SiC_2, **4.52**(3.07, 17.67) Ti_4SiC_3, **4.59**(3.07, 22.6)	V_2PC **5.38** (3.08, 10.9) Nb_2PC **7.09** (3.28, 11.5)	Ti_2SC, **4.62** (3.21, 11.22) Zr_2SC, **6.20** (3.40, 12.13) Nb_2SC,**0.4** (3.27, 11.4) Hf_2SC, (3.36, 11.99)
原子	Ga	Ge	As	
MAX 坐标	Ti_2GaC, **5.53**(3.07, 13.52) V_2GaC, **6.39**(2.93, 12.84) Cr_2GaC, **6.81**(2.88, 12.61) Nb_2GaC, **7.73**(3.13, 13.56) Mo_2GaC, **8.79**(3.01, 13.18) Ta_2GaC, **13.05**(3.10, 13.57) Ti_2GaN, **5.75**(3.00, 13.3) Cr_2GaN, **6.82**(2.87, 12.70) V_2GaN, **5.94**(3.00, 13.3) Mn_2GaC, **6.96**(2.90, 12.55) Cr_2GaN, **6.82**(2.87, 12.70) V_2GaN, **5.94**(3.00, 13.3) Ta_4GaC_3, **13.99**(3.07, 23.44)	Ti_2GeC, **5.68**(3.07, 12.93) V_2GeC, **6.49**(3.00, 12.25) Cr_2GeC, **6.88**(2.95, 12.08) Nb_2GeC, **7.7**(3.24, 12.82) Ti_3GeC_2, **5.55**(3.07, 17.76) Ti_4GeC_3 ,**4.49**(3.1, 22.85)	V_2AsC **6.63** (3.11, 11.3) Nb_2AsC **8.025** (3.31, 11.9)	

续表 2.2

原子	Cd	In	Sn	
MAX 坐标	Ti_2CdC, **9.71** (3.1, 14.41)	Sc_2InC Ti_2InC, **6.2**(3.13, 14.06) Zr_2InC, **7.1**(3.34, 14.91) Nb_2InC, **8.3**(3.17, 14.37) Hf_2InC, **11.57**(3.30, 14.73) Ti_2InN, **6.54**(3.07, 13.97) Zr_2InN, **7.53**(3.27, 14.83)	Ti_2SnC, **6.4**(3.16, 13.68) Zr_2SnC, **7.2**(3.36, 14.6) Nb_2SnC, **8.4**(3.2, 13.8) Hf_2SnC, **11.8**(3.3, 14.4) Hf_2SnN, **7.7**(3.3, 14.3) Ti_3SnC_2, **5.95**(3.14, 18.6) Zr_3SnC_2, **7.55**(3.36, 19.88) Hf_3SnC_2, **12.3**(3.32, 19.61)	
原子	Tl	Pb		
MAX 坐标	Ti_2TlC, **8.63**(3.15, 13.98) Zr_2TlC, **9.17**(3.36, 14.78) Hf_2TlC, **13.65**(3.32, 14.62) Zr_2TlN, **9.60**(3.3, 14.71)	Ti_2PbC, **8.55**(3.20, 13.81) Zr_2PbC, **9.2**(3.38, 14.66) Hf_2PbC, **12.13**(3.55, 14.46)		

注:理论密度(g/cm^3)以粗体字母表示。在括号中显示了 a 和 c 晶格参数。此列表是参考文献[7,9,12,14]中早期列表的更新版本。

表 2.3　α 多晶型的叠加序列

B γ A c A γ B a B γ A c A γ B…	M_2AX
A γ BaB γ A β CaC β A γ BaB γ A…	α-M_3AX_2
α BaB α C β A γ BcB γ A β C α BaB α C…	α-M_4AX_3

在这些排列中,大写字母和小写字母分别对应于 M 层和 A 层。希腊字母是指对应于罗马字母对应物的 X 位置,即 α 是 A 位点,β 是 B 位点等。应该注意的是,原则上 n 的值可能大于 3,形成 514 相或更高。然而,此类相的例子较少,例如$(Ti_{0.5}, Nb_{0.5})_5AlC_4$,但迄今为止没有以纯形式合成任何相。

(3)MAX 相的合成方式。

Barsoum 和 El-Raghy 于 1996 年发表的论文[8]中使用热等静压(HIP)获得了大于 95% 的纯块体 Ti_3SiC_2。尽管 HIP 仍然是大批量合成的重要方法,但现在,无压烧结更具商业可行性。其他处理块体 MAX 相的方法有自蔓延高温合成和固液反应合成。Bulk 合成的更多方法还包括 3D 打印。铝和锡分别用作 Ti_3SiC_2 和 Ti_3AlC_2 生长的催化剂以及固相反应合成用的结晶前驱体。就 MXene 而言,首选的技术是简单地将粉末进行合适的化学计量比混合,并在真空或惰性气氛中加热,最好是使用氩气,同时根据所需的 MAX 相,将温度控制在 1 350 ~ 1 600 ℃之间并尽量保持氧气含量尽可能低。由于用于制造 MXene 的绝大多数 MAX 相是基于铝的,并且铝在这些高温下有蒸发的倾向,因此在初始混合中通常需要过量的铝。铝过量在不同的 MAX 相之间会有所不同,但通常在 10% 左右。反应后,会生成一个轻微烧结的多孔坯料,该坯料通常经过铣削或压碎以制成 MAX 粉末,并使用细网进行筛分,以确保去除较大颗粒。

2. MAX 面内外有序相

(1)概述。

2014 年,科学家发现了第一种化学有序的 MAX 相合金[15]。它是一种 M_3AX_2 结构,其中两个 M 元素以 2 : 1 的物质的量比通过仅由一种 M 元素组成的交替层形成具有平面外化学有序的相。2017 年,在 M_2AX 阶段发现了相同 2 : 1 物质的量比的 M 元素之间的有序性,但此次为平面内化学有序[16]。为区分这两组材料,启用了 o-MAX 与 i-MAX 的符号。这两组材料都允许新的元素组合,并引入了之前未用于 MAX 相的元素。最重要的是,通过化学刻蚀,创造了一种新型的 MXene,具有相应的元素平面外和平面内有序,以及空位有序(图 2.3),扩大了可获得材料特性的参数空间。

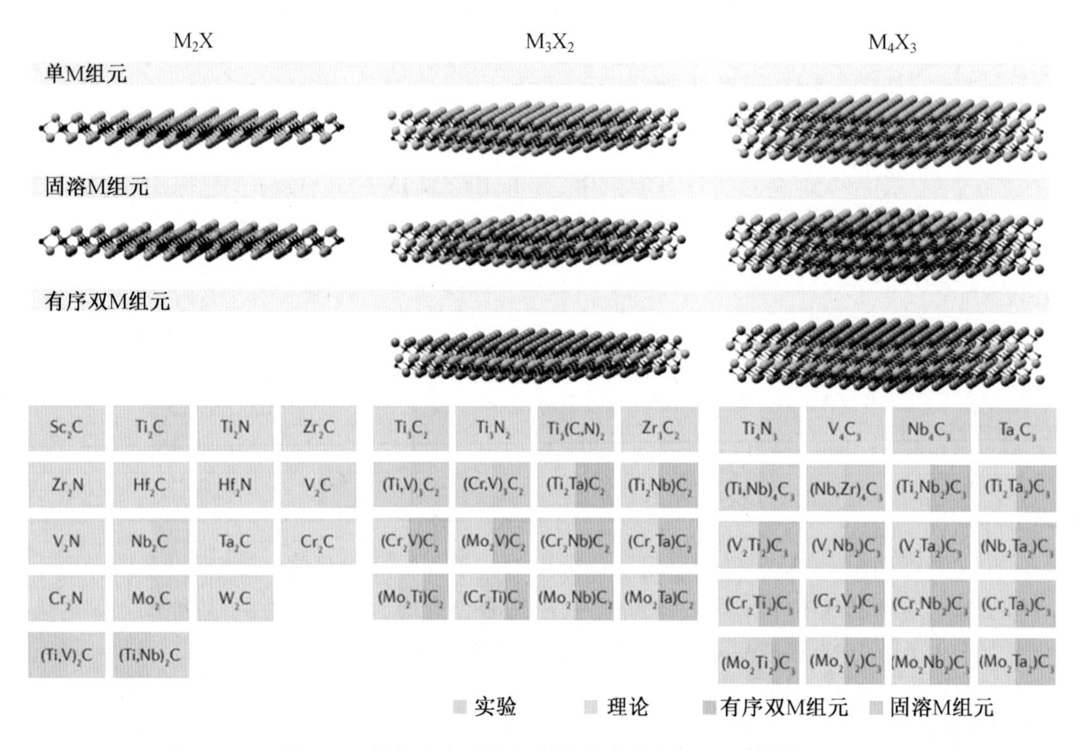

图 2.3　模拟和实验中报道的化学有序 MXene[17-18]

(2)o-MAX 相的结构与成分。

科学家在 Cr_2TiAlC_2 中的 M 元素合金化时发现了第一个 o-MAX 相,该相为 M_3AX_2 结构,Ti 层夹在两个外部 Cr 碳化物层之间[15]。紧接着,很快合成了 Mo_2TiAlC_2、Mo_2ScAlC_2 和 Ti_2ZrAlC_2(M_3AX_2 结构),以及 $Mo_2Ti_2AlC_2$(M_4AX_3 结构)[19],如图 2.3 所示。在 $n=2$ 和 $n=3$ 的$(Cr_{0.5}V_{0.5})_{n+1}AlC_n$系统中,进一步的有序已被证明,而 $n=1$ 显示出 Cr 和 V 之间的完全无序。然而,由于 M 元素的比例不同,观察到的有序性并不完整,中子衍射分析表明存在部分混合。

M_3AX_2 和 M_4AX_3 o-MAX 中显示的平面外化学有序(图 2.4)特定于 M 元素。对于 M_3AX_2,第一个 M 元素(Mo、Ti、Cr)占据 Wyckoff 的 4f 位置,紧邻 Al 层,而第二个 M 元素

(Ti、Sc、Zr、V)占据Wyckoff的2a位置。o-MAX的形成被认为是由于第二个M元素破坏了第一个M元素能量的不利堆叠,其二元碳化物不会在岩盐结构(Mo和Cr)中结晶,从而避免了中心层的占据。此解释对某些o-MAX相有效,但对 Mo_2ScAlC_2 和 Ti_2ZrAlC_2 无效。Mo_2ScAlC_2 的形成可能由Mo促进,Mo是最靠近Al的M元素,具有比Al更大的电负性,导致用于填充高能量的Al—Al反键轨道的电子更少。

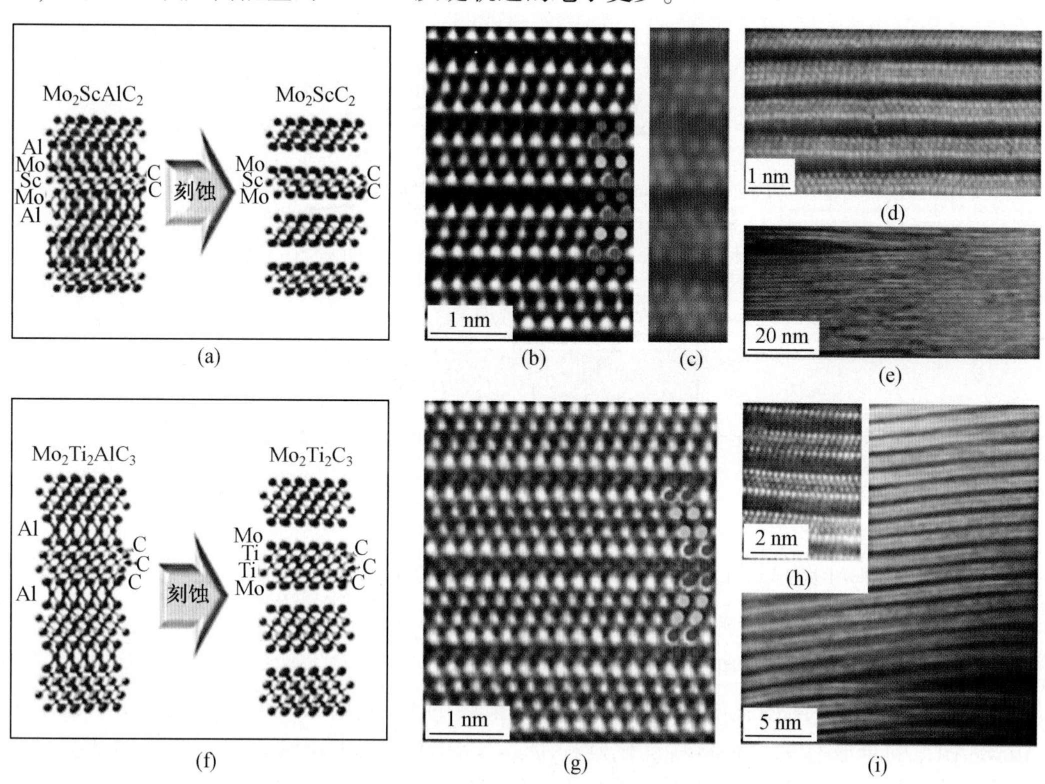

图2.4　具有平面外化学有序的o-MAX和o-MXene

在寻找新的化学有序双过渡金属MXene的过程中,Anasori等研究了 $17M'_2M''C_2$ 和 $15M'_2M''_2C_3$ MXene的相对稳定性,它们源自假设的o-MAX相具有完全有序和部分有序构型形式的不同化学有序[20]。他们预测,在0 K下,26个有序的双过渡金属MXene相对于无序的对应物应该是稳定的。后来,Tan等通过使用高通量计算映射有序度与温度的关系,探索了八种MXene合金体系的结构稳定性关系[21]。对于富钼MXene,Mo原子更倾向于占据表面层,有序性持续到高温,而与Nb或Ta合金化的Ti基MXene显示出对富钛MXene的Ti表面原子的偏好,而富Nb和Ta MXene的Ti仅占据一个表面层。应注意,MXene的固有化学性质取决于其母MAX相,通常在1 500 K以上的温度下合成。在这种温度下,合金元素之间通常会发生某种程度的混合。此外,新型MXene的发现高度依赖于新MAX相的发现,或MAX相以外的前驱体的出现。对新型MXene稳定性的评估依赖于对MXene和潜在前驱体稳定性以及对表面终端类型及其表面覆盖影响的讨论。

o-MAX中MXene的性质(电子、电化学、磁性等)可以通过选择M元素和终端元素(T)来调整。应注意的是,理论研究的结果受到MXene终端选择的强烈影响,其示例为图

2.5[22]所示的优选磁性基态的金属或半导体行为。根据使用的刻蚀路线,可能存在多种终端浓度和配置。

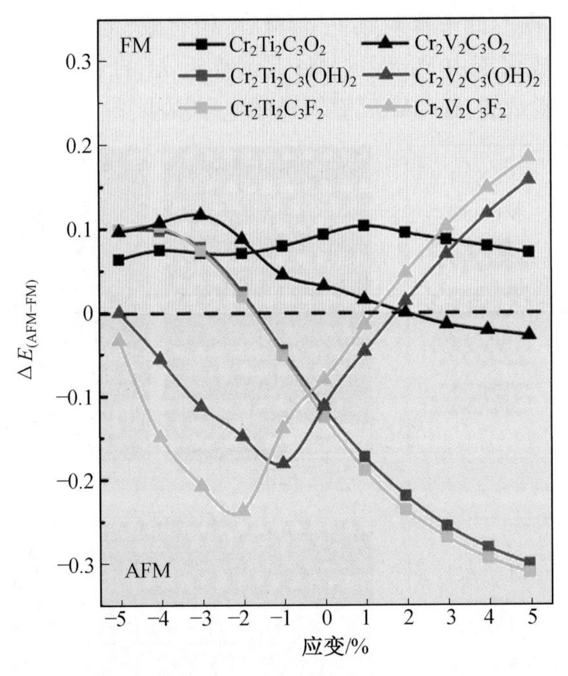

图 2.5 以 T=O、OH 和 F 为终端的 $Cr_2Ti_2C_3T_2$ 和 $Cr_2V_2C_3T_2$ 反铁磁(AFM)与铁磁(FM)基态能量差随应变的变化关系[22]

(3)i-MAX 相的结构和组成。

MAX 相显示平面内化学有序是 MAX 相家族的最新成员。这一发现与 o-MAX 相 Mo_2ScAlC_2 的合成有关。在材料优化过程中,从 XRD 谱图中得到 211 相存在的证据。考虑到 Mo_2AlC 和 Sc_2AlC 都不存在(基于理论预测和缺乏实验观测),假设 $(Mo,Sc)_2AlC$ 已经形成了固溶体。通过反复的理论和实验努力,特别是高分辨率扫描透射电子显微镜(STEM)分析,很快发现了 M 元素显示出平面内的化学有序(图 2.6)。由于 Mo 和 Sc 之间的相对原子质量较大,过渡金属碳化物层中存在两亮一暗的图案,这意味着理想的成分必须是 $(Mo_{2/3}Sc_{1/3})_2AlC$[16]。由于具有强烈的单斜畸变,该相的晶体结构被描述为单斜($C2/c$)结构,而正交($Cmcm$)结构在能量上几乎简并。基于 Rietveld 方法的 XRD 精修和中子衍射[16]证实了该结构。

随后发现了一系列类似的平面内化学有序 MAX 相。迄今为止,文献中发现了 8 个 i-MAX 相:$(Mo_{2/3}Sc_{1/3})_2AlC$、$(Mo_{2/3}Y_{1/3})_2AlC$、$(V_{2/3}Zr_{1/3})_2AlC$、$(Cr_{2/3}Sc_{1/3})_2AlC$、$(Cr_{2/3}Y_{1/3})_2AlC$、$(Cr_{2/3}Zr_{1/3})_2AlC$、$(W_{2/3}Sc_{1/3})_2AlC$、$(W_{2/3}Y_{1/3})_2AlC$,在这些材料中引入传统 MAX 相元素的路径,进而增加了可获得的性能范围[23]。迄今为止合成的所有 i-MAX 结构都以空间群对称的 $C/2c$(#15)、$Cmcm$(#63)和 $C/2m$(#12)中的一种或多种形式,一些密切相关的各种对称结构在理论上已被证明在能量中几乎简并[23]。i-MAX 结构的主要特征是少数 M 元素(M2=Sc、Y、Zr)从 M 层(M1=Mo、V、Cr、W)向 A 层延伸,依次显示出近似 Kagomé 结构(一种由六边形网络交错而成的三维结构)。M(M1+M2)、A、X 和

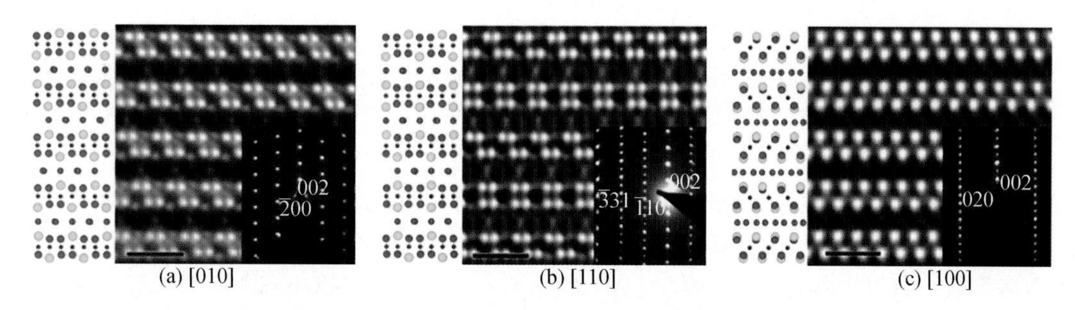

图 2.6　i-MAX 相$(Mo_{2/3}Sc_{1/3})_2AlC$ 的 STEM 图像[16]

M1+M2+X的各个层如图 2.7(a) ~ (d)所示,其中包括 MAX(上行)和 i-MAX 相(下行)的结构。为了进行详细的结构比较,MAX 和 i-MAX 都显示了相同的组成,这里以$(V_{2/3}Zr_{1/3})_2AlC$ 为例。对于 MAX 相位,所有层都显示六边形图案;而对于 i-MAX 结构,六边形图案则只存在于碳层中(图 2.7(c))。M 层(M1+M2)的俯视图也形成了一个六边形的图案(图 2.7(a));然而,从图 2.7(e)中 M2X 层的侧视图可以看出,V(M1)和 Zr(M2)并没有形成单层,取而代之的是 Zr(M2)在 Al 层的上面。这是迄今为止发现的所有 i-MAX 相的典型情况,即 M2 原子越大,越接近 A 层。M1 层是蜂窝状晶格,M2 层位于每个六边形的中心。i-MAX 相和 MAX 相的主要结构差异出现在 A 层(图 2.7(b)),MAX 相为六边形,而 i-MAX 相则近似 Kagomé 晶格,因此 A—A 配位数从 6 减少到 4。

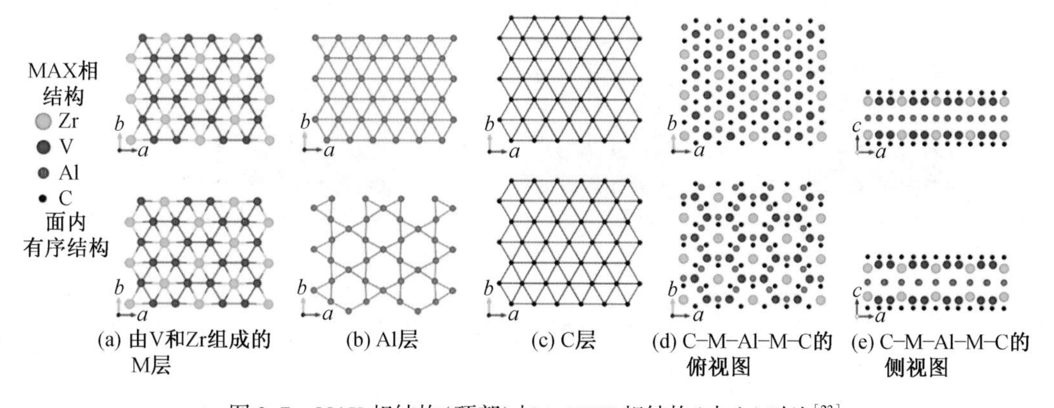

图 2.7　MAX 相结构(顶部)与 i-MAX 相结构(中心)对比[23]

3. MXene 无 MAX 相初期阶段

作为一个新的二维材料家族,MXene 自 2011 年被发现以来一直受到广泛关注。迄今为止,有 50 多个 MXene 是稳定的,利用选择性刻蚀方法合成了 20 多个成员。选择性刻蚀的成功归因于 $M_{n+1}AX_n$ 相交替亚层之间的反应性和稳定性差异。由于铝的高化学活性,大多数 MXene 是从含铝的 MAX 相合成的。因此,人们对合成含铝的前驱体材料特别感兴趣。

然而,各种过渡金属,如 Sc、Zr 和 Hf,倾向于形成新型层状化合物$(MC)_n[Al(A)]_mC_{m-1}$代替含 Al 的 $M_{n+1}AlC_n$相(其中 n 值在 MAX 中相似,m 通常等于 3、4 等,A 通常是 Si 或 Ge)。这些层状化合物由交替的 NaCl 型 M-C 和 Al_4C_3 型 Al(A)-C 亚层组成。基于立方 MC 和 Al_4C_3 晶胞之间的晶格失配,提出了形成的层状碳化物与过渡金属种类之间的关系:

$(MC)_n[Al(A)]_mC_{m-1}$化合物优先具有小的晶格失配；否则形成 $M_{n+1}AlC_n$ 相。图 2.8 给出了 $M_{n+1}AlC_n$、$(MC)_n[Al(A)]_mC_{m-1}$（$n=3$；$m=3,4$）结构的图像。$M_{n+1}AlC_n$ 相由强结合的 $M_{n+1}X_n$ 子层与弱金属结合的 Al 原子层夹层组成。对于$(MC)_nAl_3C_2$ 和$(MC)_n[Al(A)]_4C_3$ 化合物，在图 2.8(b)、(c)中，它们可以被识别为使用 Al_3C_3 或$[Al(A)]_4C_4$ 替代相应 $M_{n+1}AlC_n$ 相中的 Al 原子层。碳原子层由 M—C 和 Al(A)—C 子层在其耦合边界处共享。与$(MC)_nAl_3C_2$ 相比，$(MC)_n[Al(A)]_4C_3$ 单元在 c 轴上通常具有较低的空间群数和较大的晶格参数。这种层状化合物$(MC)_n[Al(A)]_mC_{m-1}$也可用作 MXene 的前体。基于对这些非 MAX 化合物的选择性刻蚀，开发了两种 MXene $Zr_3C_2T_x$ 和 $Hf_3C_2T_x$ 及一种新的二维 ScC_xOH 结构。

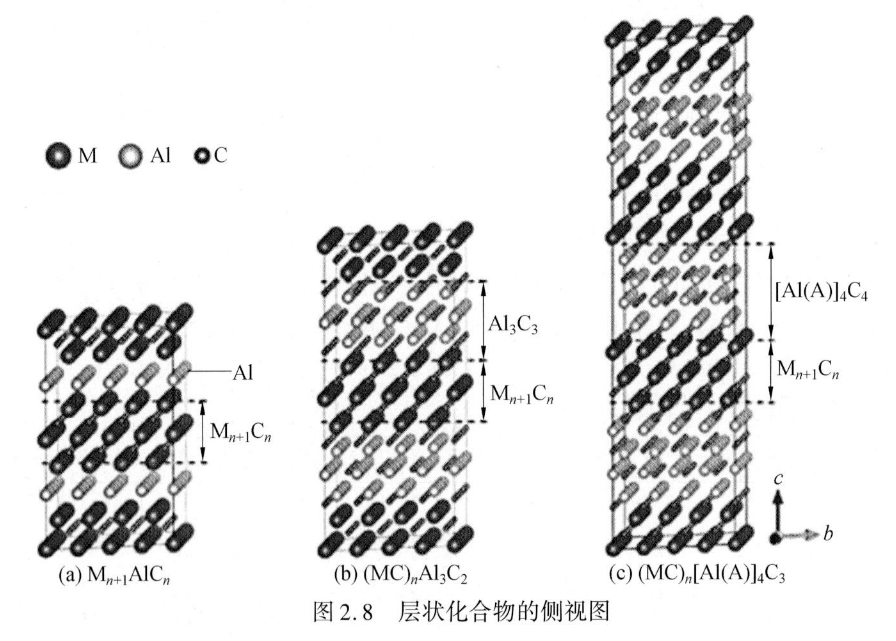

图 2.8 层状化合物的侧视图

2.2 MXene 的合成

MXene 是一种结构类似于石墨烯的二维纳米材料，但制备方法却不同于石墨烯。石墨烯是通过天然产物石墨剥离得到的，而 MXene 在自然界中没有直接的前驱体。目前主要将 MXene 的制备方法分为自上而下法和自下而上法两种。本节简要讨论 MXene 的大规模制备方法，并介绍其稳定性和储存方法，以及其各种衍生材料的制备。

2.2.1 自上而下法

自上而下法是选择性刻蚀掉 MAX 相中的 A 原子层而获得的 M 和 X 交替排列的层片状材料。由于 M—A 原子的金属键结合力与 M—X 的化学键（共价键、离子键和金属键的混合）结合力相比较弱，为 A 元素的剥离提供了可能。值得注意的是，即使 M—A 之间的键合力小于 M—X 之间的键合力，也只有采用适当的处理手段才能不破坏 M—X 的结构。例如采用高温加热的方法，虽然能够将 A 元素蒸发出来，但是这样也破坏了 M—X 的结构,结果会形成三维 M—X 结构。采用腐蚀性很强的氯气刻蚀 MAX 相,会将 A 和 M 原子全部刻蚀掉。MAX 相是一个拥有超过 60 种化合物的大家族,因此找到一种通用的、温和的、环境友好型的刻蚀方法是现阶段亟须解决的问题。目前根据刻蚀方法的不同,主要分为 HF 刻蚀法、氟盐刻蚀法、熔融盐刻蚀法、电化学刻蚀法、碱辅助水热刻蚀法和其他刻蚀方法。[24-26]

1. HF 刻蚀法

通过使用 HF 选择性刻蚀 MAX 材料中的 A 层是最典型的 MXene 制备方法。在 MAX 材料中 M—A 键是金属键,其化学活性较高;而 M—X 键同时具有金属键和共价键,比 M—A 键更稳定,因此可以通过 HF 选择性刻蚀掉 MAX 材料中的 A 层。

2011 年,Gogotsi 和 Barsoum 等发现,由于含铝 MAX 相与 F 离子之间的高反应性,Ti_3AlC_2 中的铝原子层可以使用 50% 的 HF 选择性刻蚀,从而形成具有范德瓦耳斯力的手风琴状 $Ti_3C_2T_x$ 粉末,并且每层之间的表面基团形成氢键[3]。刻蚀原理如图 2.9(a)所示。

除铝原子层外,所得 $Ti_3C_2T_x$ 粉末的化学计量比和晶体结构与相应的 Ti_3AlC_2MAX 基本一致。刻蚀过程具体如下:

$$Ti_3AlC_2+3HF \xlongequal{} AlF_3+\frac{3}{2}H_2+Ti_3C_2 \tag{2.1}$$

$$Ti_3C_2+2HF \xlongequal{} Ti_3C_2(F)_2+H_2 \tag{2.2}$$

$$Ti_3C_2+2H_2O \xlongequal{} Ti_3C_2(OH)_2+H_2 \tag{2.3}$$

$$Ti_3C_2+2H_2O \xlongequal{} Ti_3C_2(O)_2+2H_2 \tag{2.4}$$

图 2.9(b)为刻蚀前后样品的 X 射线衍射(XRD)谱图(产物特性)。与 HF 刻蚀剂反应后,以 39°为中心的 Ti_3AlC_2 相的特征峰消失,(002)峰向下移动了一个更小的角度,根据布拉格方程,Ti_3AlC_2 相的层间距增加。这项工作宣告了新型二维过渡金属碳化物的诞生,为探索二维材料带来了新的可能性。

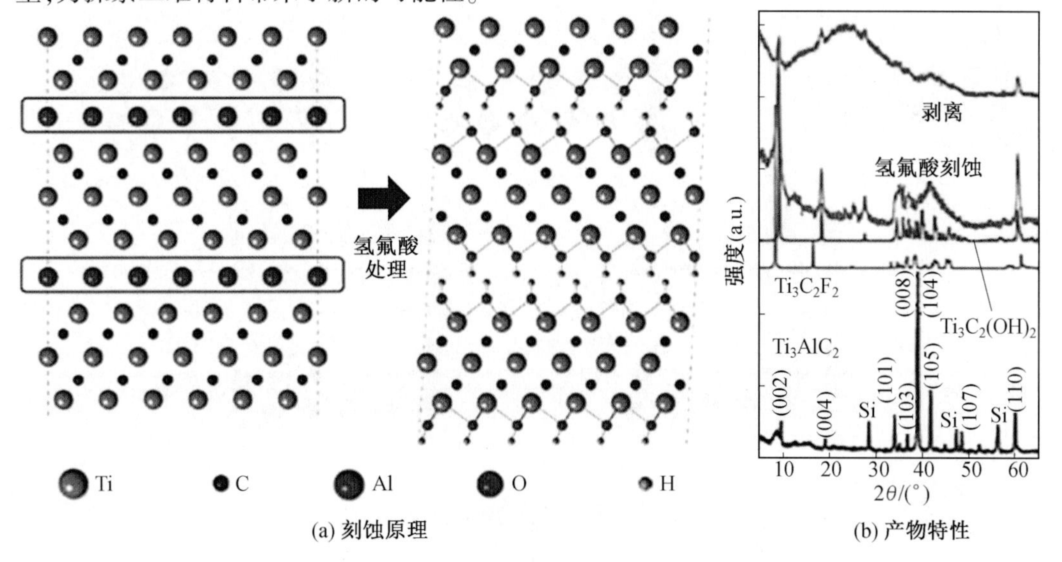

(a) 刻蚀原理　　(b) 产物特性

图 2.9　HF 刻蚀法的原理和产物特性[10,28]

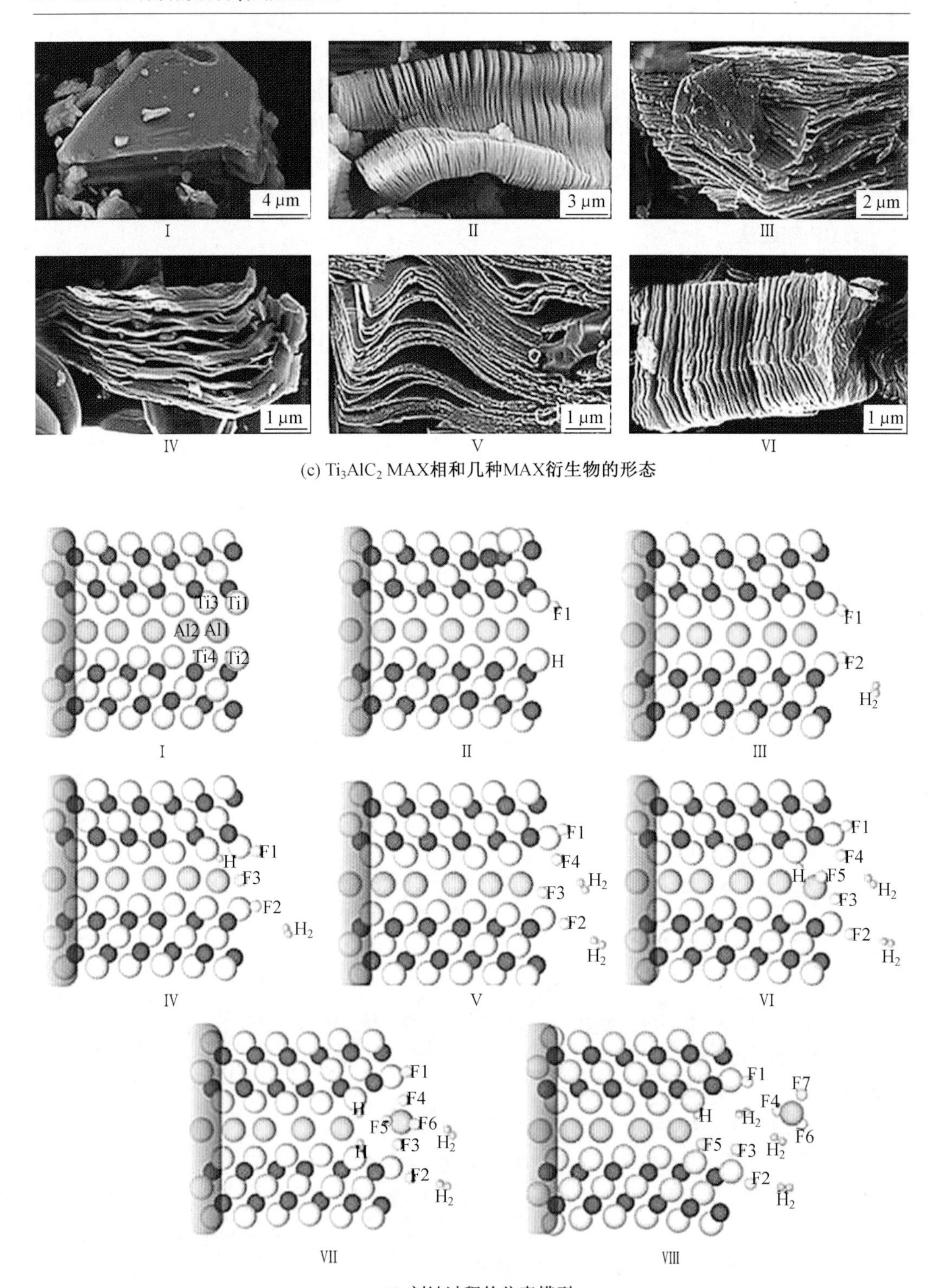

(c) Ti_3AlC_2 MAX相和几种MAX衍生物的形态

(d) 刻蚀过程的仿真模型

续图 2.9

图2.9(c)显示了 Ti_3AlC_2MAX 相和几种 MAX 衍生物的形态，即 $Ti_3C_2T_x$、Ti_2CT_x、$Ta_4C_3T_x$、$TiNbCT_x$ 和 Ti_3CNT_x。如图所示，所有产物均显示出一种类似于手风琴的多层结构，表明 HF 在刻蚀含铝 MAX 相时的普适性。因此，更多的含铝 MAX 相，例如 V_4AlC_3、V_2AlC、Mo_2TiAlC_2、Ta_4A1C_3 和 Nb_2AlC 被 HF 刻蚀剂成功刻蚀，获得了相应的 MXene。HF 刻蚀法制备的 MXene 在 M 层末端具有高表面能，通过吸附溶液中的—OH、—O 或—F 等基团或离子形成稳定的表面官能团，从而降低 M 层的末端表面能。此外，通过二甲基亚砜、四甲基氢氧化铵等有机试剂对制备的 MXene 进行处理，并在液相超声作用下可制备单层或少层 MXene 纳米片。

Srivastava 等利用第一性原理计算进一步探索了 HF 的腐蚀机理[27]。刻蚀过程的仿真模型如图2.9(d)所示。他们认为，在 Ti 原子表面功能化之后，当 HF 插入 MAX 相边缘时，MXene 开始剥落。进一步插入 HF 导致氟化 MXene 层间距扩大，伴随着 AlF_3 和 H_2 的持续形成。在水体系中，全氟化 MXene 可以转化为具有相近吉布斯自由能的混合功能化 MXene。

HF 刻蚀法操作简单，反应温度低，最适合刻蚀含醇 MAX 相和部分非 MAX 相。然而，HF 刻蚀剂的腐蚀性、毒性、操作风险以及对环境的不利影响令人担忧。此外，刻蚀产物表面含有大量的—F 基团，对储能不利。因此，有必要探索和开发新的刻蚀方法，以更温和、毒性更小和环境友好的方法取代 HF 刻蚀法。

2. 氟盐刻蚀法

(1)氟盐/强酸刻蚀。

将氟化物盐(如 NaF、KF 或 LiF)与硫酸或盐酸混合，可取代具有强腐蚀性的 HF，其制备机理与 HF 刻蚀法相同。为避免 MXene 制备反应后处理危险的 HF，Ghidiu 等[29]于 2014 年首次报道了在 40 ℃下使用 HCl/LiF 溶液刻蚀 Ti_3AlC_2，该方法成功地制备了具有强塑性的 $Ti_3C_2T_x$ 导电黏土，并可通过辊压机加工成薄膜，轧制的 MXene 黏土表现出极好的柔性、高韧性和良好的亲水性，可以很容易弯曲成“M”形，电导率保持在 1 500 S/cm。与 HF 刻蚀类似，HCl/LiF 刻蚀过程也会产生多层手风琴状 MXene。轧制的 MXene 黏土可以直接用作超级电容器的工作电极，无须任何修改，比容量为900 F/cm^3 和10 000 次循环后小的容量损失。在这种情况下，诸如 Li^+之类的阳离子将插入 MXene 层之间，从而扩大整个层间距。对于 MXene，特征(002)峰从 MAX 阶段的 9.5°移动到约 8.6°，对应于 10.35 Å 的扩展层间距。夹层中存在水分子可进一步扩大夹层间距，使其大于 12 Å。增大的层间距说明层间范德瓦耳斯力减弱，这有利于随后的分层。

目前，将氟化物盐与酸混合已成为一种成熟的刻蚀 MAX 相的方法。氟盐的变化可以调节 MXene 的层间距，以满足所需的应用要求。除氟化锂外，其他氟化物盐也被用作刻蚀剂。Liu 等[30]将 HCl 与各种氟化物盐(LiF、NaF、KF、NH_4F)混合，用于刻蚀 Ti_3AlC_2 的混合溶液。结果表明，在不同的时间和温度下，每种混合刻蚀剂都可用于制备 MXene。HCl/NH_4F 混合物可将 Ti_3AlC_2 相完全刻蚀成 $Ti_3C_2T_x$，刻蚀时间最短为 24 h，最低温度为 30 ℃。FeF_3 与 HCl 混合用于刻蚀 Ti_3AlC_2，其中 Fe^{n+}可以嵌入 MXene 夹层，导致层间距增大。研究表明，过渡金属离子可以在刻蚀过程中插入 MXene 层。然而，在刻蚀过程中，使用 Fe^{3+}可能会导致 MXene 氧化和产率较低。将氟化物盐与其他酸混合也可以制备

MXene。Guo 等[31]认为,用 H_2SO_4 替代 HCl 可以增加 $Ti_3C_2T_x$ 表面的 SO_4 基团。当采用 H_2SO_4/LiF 刻蚀策略刻蚀 Ti_3AlC_2 时—SO_4 终端扩大了层间距,而不影响制备的 MXene 的导电性。应用于超级电容器的电极时,—SO_4 的静电效应可以驱动电解液离子渗入,使其在 1 mV/s 时的面积电容达到 1 399.0 mF/cm^2。

与 HF 刻蚀过程类似,原位 HF 刻蚀过程也会使 MXene 具有表面功能化,即—F、—OH和—O。后一种方法得到的 MXene 通常伴有水分子的插入,因此需要较长的干燥时间。原位 HF 刻蚀产生的 MXene 干燥后,由于层间水分子消失,层间距显著减小。表面终端的类型也影响层间距。由于—F 基团具有较强的疏水性,因此—F 基团与水分子数量和层间距呈现明显的负相关关系,即随着—F 基团含量的增加,层间水分子和层间距减小。

氟盐/强酸刻蚀法比 HF 刻蚀法更温和、安全。此外,通过 HCl/LiF 法得到的手风琴状 MXene 可通过超声处理或手摇直接分层为单层 MXene 纳米片,简化了二维 MXene 纳米片的制备过程。但这一过程会导致未刻蚀的 MAX 相残留,因此需要一个系统的方法来提高成品率。

(2)二氟盐刻蚀。

2014 年首次报道了 NH_4HF_2 作为刻蚀剂用于溅射沉积外延 Ti_3AlC_2 薄膜的室温刻蚀(图 2.10(a))[32]。STEM 图像证实了 Ti 原子层和 C 原子层的规则排列,表明从 Ti_3AlC_2 前驱体中成功提取了 Al 原子层。在刻蚀过程中,从氟化氢盐中分离出来的水合阳离子可以吸附到 MXene 的负电荷表面,从而增大层间距。刻蚀机理总结如下:

$$Ti_3AlC_2+3NH_4HF_2 \longrightarrow (NH_4)_3AlF_6+\frac{3}{2}H_2+Ti_3C_2 \tag{2.4}$$

$$Ti_3C_2+aNH_4HF_2+bH_2O \longrightarrow (NH_3)_c(NH_4)_dTi_3C_2(OH)_xF_y \tag{2.5}$$

氟化氢盐的刻蚀范围已经从外延 Ti_3AlC_2 薄膜扩展到 Ti_3AlC_2 粉末。Karlsson 等[33]将 Ti_3AlC_2 浸泡在 1 mol/L NH_4HF_2 溶液中 5 天,并在室温下洗涤、过滤和干燥后获得 $Ti_3C_2T_x$ MXene。在这种情况下,NH_4^+ 和水分子嵌入 MXene 夹层,从而扩大了层间距。除 NH_4HF_2 外,还报道了其他一些氟化氢盐,即 $NaHF_2$ 和 KHF_2,作为刻蚀剂刻蚀 Ti_3AlC_2 并获得 $Ti_3C_2T_x$[34]。图 2.10(b)显示了 Ti_3AlC_2 与氟化氢之间的反应过程。图 2.10(c)~(e)显示了分别使用 $NaHF_2$、KHF_2 和 NH_4HF_2 刻蚀 Ti_3AlC_2 时随反应时间增加而记录的 XRD 图,表明随着刻蚀时间的延长,MAX 相的峰逐渐减小。K^+ 和 NH_4^+ 的插入使 $Ti_3C_2T_x$ 的层间距为 24.8 Å,而由于 Na^+ 半径较小,用 $NaHF_2$ 刻蚀时,层间距降至 21.4 Å。Natu 等[35]在无水的情况下使用含有碳酸丙烯酯的 NH_4HF_2 刻蚀 Ti_3AlC_2,生成具有良好稳定性的 MXene 分散液(图 2.10(f))。刻蚀过程如图 2.10(g)所示,反映了在 NH_4HF_2 存在下各种有机溶剂刻蚀 Ti_3AlC_2 的可能性。这种合成策略对于水敏应用中 MXene 的合成非常有用。由于氟化氢盐在室温下是固体,因此它们比使用 HF 提供了更高的操作安全性。目前,该方法仅用于刻蚀 Ti_3AlC_2,对其他 MAX 相的适用性尚未探索。

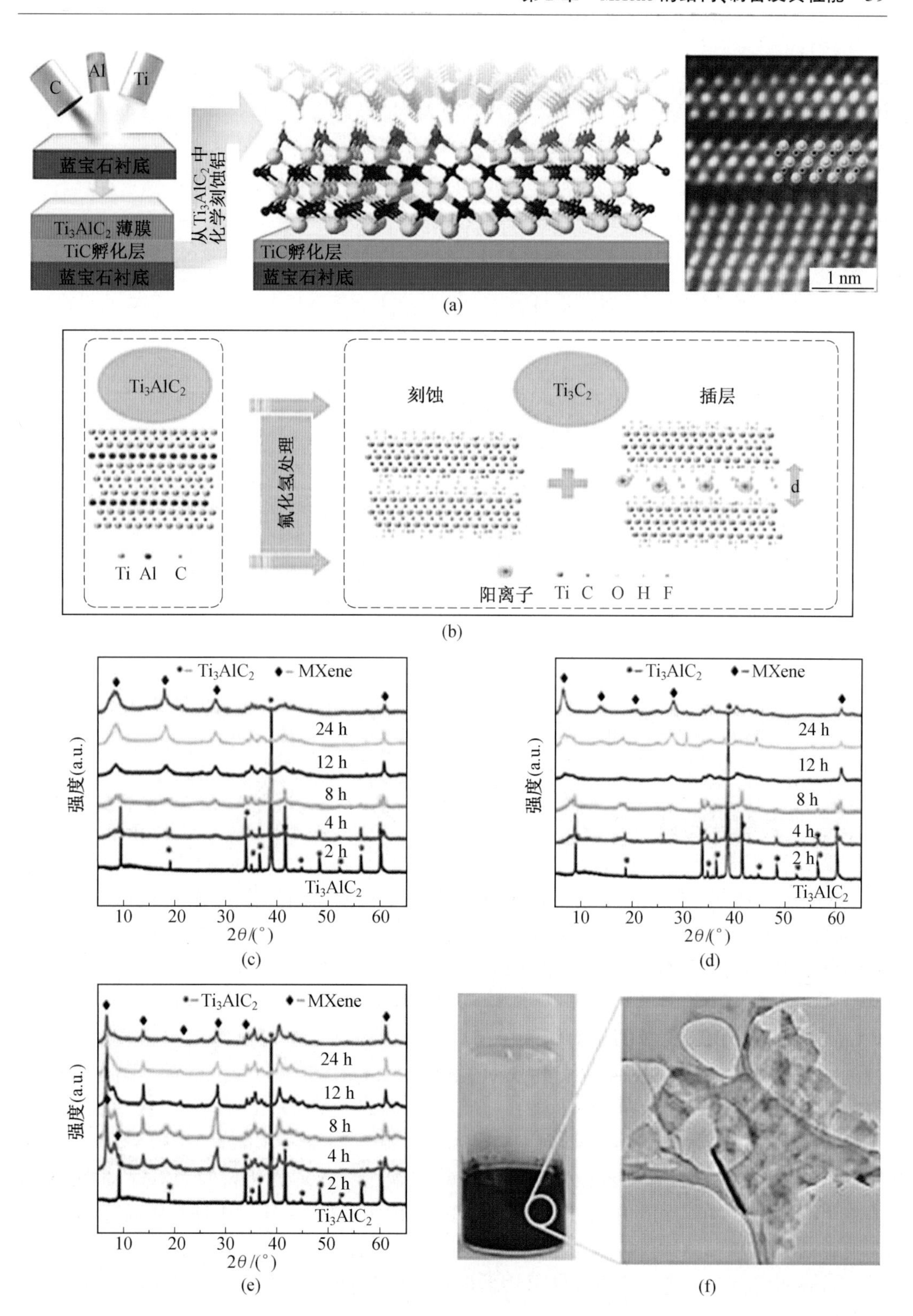

图2.10　二氟化盐刻蚀的原理和产品特性[32,34-35]

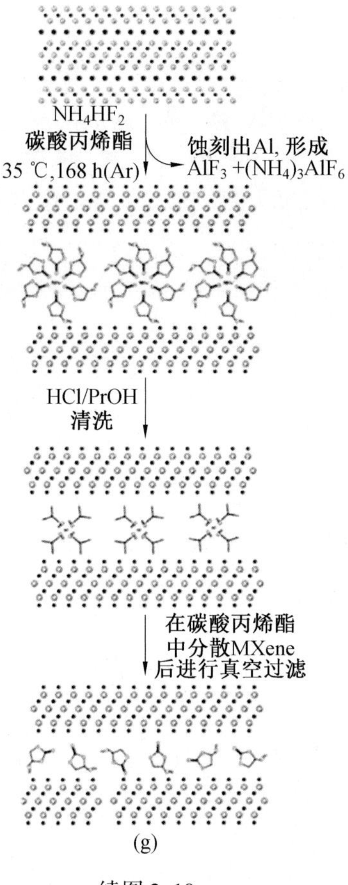

续图 2.10

(3)其他氟盐刻蚀。

除了上述两种原位 HF 刻蚀法外,其他一些报道也使用了类似的原理来刻蚀 MAX 相。Wu 等[36]报道,通过将 NH_4F 与氯化胆碱和草酸的低共晶混合溶剂混合,得到了一种新型混合刻蚀剂,可在 100 ~ 180 ℃的不同温度下通过水热过程刻蚀 MAX 相 24 h。在此刻蚀体系中,草酸与 NH_4F 反应生成 HF,破坏 Ti_3AlC_2 中的 Ti—Al 键,形成多层 $Ti_3C_2T_x$ MXene。而氯离子可以插入 MXene 的层间,增加层间距。该方法可以改善所制备的 MXene 基锂离子电池负极的动力学和可逆容量。虽然该方法可以避免使用酸性溶液进行刻蚀,但该过程的整体动力学依赖于水中解离的有机阴离子的酸性以及与离子液体中解离的 F^- 的相互作用[29]。

3. 熔融盐刻蚀法

虽然 HF 刻蚀法和氟盐刻蚀法可以成功制备碳化物或碳氮化物的 MXene,但无法制备氮化物 MXene。$Ti_{n+1}AlN_n$ 中的 Ti—Al 键比 $Ti_{n+1}AlC_n$ 中的 Ti—Al 键更加牢固,制备 $Ti_{n+1}N_n$ 需要更高的能量。此外,$Ti_{n+1}N_n$ 的内聚能低于其相应的碳化物,表明其结构稳定性差,容易在含氟水溶液中溶解。熔融盐法采用低熔点盐作为助熔剂,在合成过程中有液相出现,可以提高离子扩散速率。

(1)含氟熔融盐。

Urbankowski另辟蹊径，首次利用熔融氟盐(如KF、LiF和NaF)从$Ti_4N_3T_x$中剥离出Al原子，从而制备出二维层状材料$Ti_4N_3T_x$，并且经过四丁基氢氧化铵(TBAOH)插层后在超声条件下成功分层(图2.11)，表明熔盐具有合成高形成能MXene的能力[33,37]。

其具体制备方法如下：采用氟盐(质量分数为59%的氟化钾、质量分数为29%的氟化锂、质量分数为12%的氟化钠)和Ti_4AlN_3的混合物在氩气气氛保护下于550 ℃保温30 min，然后将混合物在稀硫酸(H_2SO_4)中反应1 h，最后清洗、离心，即得到二维层状材料$Ti_4N_3T_x$。

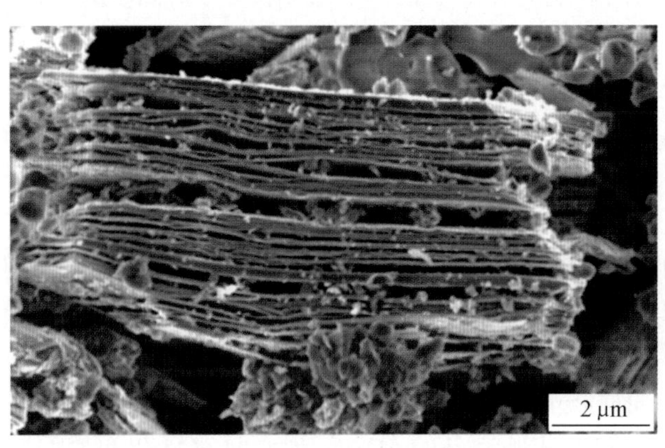

图2.11　熔融盐处理的$Ti_4N_3T_x$在550 ℃下的Ar气流动下0.5 h的扫描电镜图[37]

需要指出的是，虽然通过该方法成功获得了MXene，但是引入了氟化物杂质，即使采用硫酸可以将氟化物去除，但是增加了工作量。此外，在剥离MXene纳米片时，XRD结果显示可能会出现金红石型二氧化钛，这也会影响MXene的应用。含氟熔融盐还会在MXene表面引入含氟官能团，而理论计算表明含氟官能团的存在会降低MXene的吸附和储能性能。因此，寻求不含氟的刻蚀剂是获取高性能MXene的关键。

(2)无氟熔融盐。

过渡金属卤化物在熔融状态下可以和MAX相的A层反应，因为它们是电子受体。在此背景下，Li等[38]在氮保护环境下，在混合$ZnCl_2$/NaCl/KCl熔盐体系中刻蚀了Ti_3AlC_2、Ti_2AlC、Ti_2AlN和V_2AlC MAX相。在该熔盐体系内，$ZnCl_2$被用作刻蚀MAX相的刻蚀剂，而用摩尔比为1∶1的NaCl和KCl形成熔盐浴，降低共晶体系的熔点。在刻蚀过程中，Zn^{2+}与MAX相的A原子发生反应，弱键合的Al原子转变为Al^{3+}。随后，还原的锌原子占据A层位置，形成新的Zn-MAX相，即Ti_3ZnC_2。过量的$ZnCl_2$刻蚀Zn-MAX相的层间Zn原子生成MXene。以Ti_3AlC_2为刻蚀样品，刻蚀过程可以描述如下：

$$Ti_3AlC_2+1.5ZnCl_2 = Ti_3ZnC_2+0.5Zn+AlCl_3 \tag{2.6}$$

$$Ti_3ZnC_2+ZnCl_2 = Ti_3C_2Cl_2+2Zn \tag{2.7}$$

在这种情况下，$ZnCl_2$和含Al的MAX相的比例显著影响最终产物。当Al-MAX和$ZnCl_2$的摩尔比为1∶1.5时，形成Zn-MAX相；当摩尔比为1∶6时，形成MXene相。由于该过程是无氟和非水的，$ZnCl_2$刻蚀的MXene表面充满—Cl端，而不是—F、—O和—OH端。

Li 等[39]受到熔融 $ZnCl_2$ 对 MAX 相刻蚀成功的启发，提出了一种通用的 Lewis 酸刻蚀路线，该路线遵循的原理是，具有较高电化学氧化还原电位的熔融卤化物可以刻蚀电化学氧化还原电位较低的 A 位元素的 MAX 相。熔融刻蚀剂的种类扩大到 Lewis 酸盐，而可刻蚀的 MAX 相从含 Al 的 MAX 相扩展到非 Al 的 MAX 相（如 Si、Zn 和 Ga）。

例如，由于 Cu^{2+}/Cu 的氧化还原电位（-0.43 V，vs. Cl_2/Cl^-）高于 Si^{4+}/Si 的氧化还原电位（-1.38 V，vs. Cl_2/Cl^-），熔融 $CuCl_2$ 可以实现 Ti_3SiC_2MAX 的刻蚀，从而得到$Ti_3C_2T_x/Cu$混合粉末。过硫酸铵可以进一步去除形成的 Cu 颗粒，使最终 $Ti_3C_2T_x$ 粉末具有—Cl 和—O 的表面终端。由于表面终端的性质依赖于熔盐阴离子，MXene 的表面化学可以通过不同类型的熔盐来调节。Li 等[40]使用 $CuCl_2/CuBr_2/CuI_2$ 合成了 $Ti_3C_2T_x$（T = Cl、Br、I），通过调整刻蚀剂中三种盐的比例，相应卤素基团的比例可以得到控制。

使用熔融盐或含卤素的有机刻蚀剂能够合成具有—Cl 或—Br 终端的 MXene，并且熔融盐法制备 MXene 不会产生溶剂污染等问题，是一种新的环境友好的制备方法，因此是一种非常适合工业化生产的技术。

虽然熔融盐刻蚀法刻蚀范围更广，化学安全性更高，但仍处于早期阶段，需要对合成的 MXene 的物理和化学特性，如电导率、亲水性或机械性能进行深入研究。此外，所制备的 MXene 呈手风琴状结构，使它们不适合形成纳米级络合物。

基于 MXene 的表面终端和电子特性，有可行的理论 MXene 模型可以预测 MXene 在某些应用中的性能。然而，实验制备的 MXene 通常具有复杂的表面基团组合，导致理论预测的性能与实际存在很大差距。因此，获得所需构型的表面基团已成为制造被理论模型预测到的、性能增强的 MXene 的关键表面工程课题。

4. 电化学刻蚀法

大多数刻蚀方法依赖于刻蚀剂，但刻蚀剂会在一定程度上影响刻蚀结果。电化学刻蚀不使用刻蚀剂，减少了刻蚀剂的不良影响。电化学刻蚀路线制备 MXene 是使用 MAX 相作为电极，在一定电压下选择性去除铝原子层。电化学方法可以使用 NaCl、HCl 或 HF 作为电解体系来处理 MAX 相中的碳化物衍生碳（CDC）。

在典型的电化学刻蚀过程中，通过 0 ~ 2.5 V 之间的循环伏安加载，M—A 键的断裂使得 A 层从 MAX 相中去除。电压的逐渐升高进一步去除 M 层，从而形成非晶碳材料。因此，通过将刻蚀电位控制在 A 层和 M 层之间的反应电位范围内，并控制适当的刻蚀时间，可以实现 A 原子的选择性去除，从而可以精确控制合成的 MXene。由于工作电极通常由 MAX 相组成，刻蚀过程首先在 MAX 电极表面进行，这通常会导致表面 CDC 的形成，阻碍后续刻蚀过程。因此，刻蚀电压的调制是 MAX 相有效刻蚀的关键因素。

Green 等[41]使用三电极系统在 0.6 V（Ag/AgCl）电压下对 MAX 相进行电化学刻蚀。将大块 Ti_2AlC 切割成薄薄的长方体块作为工作电极，而 Ag/AgCl、Pt 和 HCl 分别用作参比电极、对电极和电解系统。Ti_2AlC 转变为 Ti_2CT_x 和 CDC 层，其中 Ti_2AlC 表面的 CDC 层限制了刻蚀速率，形成了 MXene 覆盖的 MAX，进一步电化学刻蚀逐渐将 MAX 相完全转变为 CDC。作者还研究了电解液浓度和电化学刻蚀时间对产物的影响。结果表明，在 1 mol/L HCl 电解液的条件下，刻蚀不完全。当刻蚀剂的浓度和刻蚀时间优化为 2 mol/L HCl 和 120 h 时，产物的形貌发展为手风琴状结构。当刻蚀时间延长到 14 天时，观察到典型的CDC形貌，表明大部分Ti_2AlC转化为CDC。

Yang等[42]研究出一种在电解质中制备MXene的无氟电化学方法，实现MXene纳米片的高效制备。虽然无氯酸如H_2SO_4和HNO_3可以很好地腐蚀铝箔，但这些酸不能从电化学系统的MAX相中腐蚀铝原子层。相反，Al和含Cl电解质之间的强相互作用使Al层在MAX相中被充分刻蚀。所以Yang等选择由1.0 mol/L氯化铵和0.2 mol/L四甲基氢氧化铵(TMAOH)组成的pH大于9的水溶液作为电解质，通过Cl^-去除Al层，并在此过程中将NH_4^+阳离子插入MXene层间，促进了表面下的进一步刻蚀，制备的MXene形貌和性能比HF和LiF+HCl刻蚀的效果好。虽然这种方法可以减少CDC层在刻蚀过程中的干扰，但插层的毒性是一个实验安全问题。

Pang等[43]报道了一种新的热辅助电化学刻蚀方法，它也可以在不添加插层的情况下实现高效刻蚀。采用三电极系统，分别以1 mol/L盐酸为电解质、Pt和甘汞电极分别为对电极和参比电极，刻蚀不同的MAX相(即Ti_2AlC、V_2AlC和Cr_2AlC)。在9 h的刻蚀时间内，CDC层的生产率最小，并提高了效率。

电化学刻蚀实现了室温下MXene的快速合成，反应温度低、能耗低、腐蚀性酸用量最小，且剥离的$Ti_3C_2T_x$薄片由于无氟刻蚀而不包含任何F终端，这为MXene在电化学中的应用拓宽了道路，但仍因MXene上伴随CDC层所以产率较低，不适合大规模制备。

5. 碱辅助水热刻蚀法

以上所述的大多数方法都使用酸来刻蚀A原子层。实际上，碱也有望实现对MAX相的选择性刻蚀。Xie等[44]报道了一种两步刻蚀工艺，将Ti_3AlC_2在1 mol/L NaOH溶液中浸泡100 h，然后在1 mol/L H_2SO_4溶液中浸泡2 h，温度为80 ℃，使MAX相表面刻蚀成$Ti_3C_2T_x$。该过程的示意图和MXene覆盖的MAX相的最终形貌如图2.12所示。在此过程中，使用碱从MAX相层中去除Al原子，其中H_2SO_4负责去除表面暴露的Al原子。

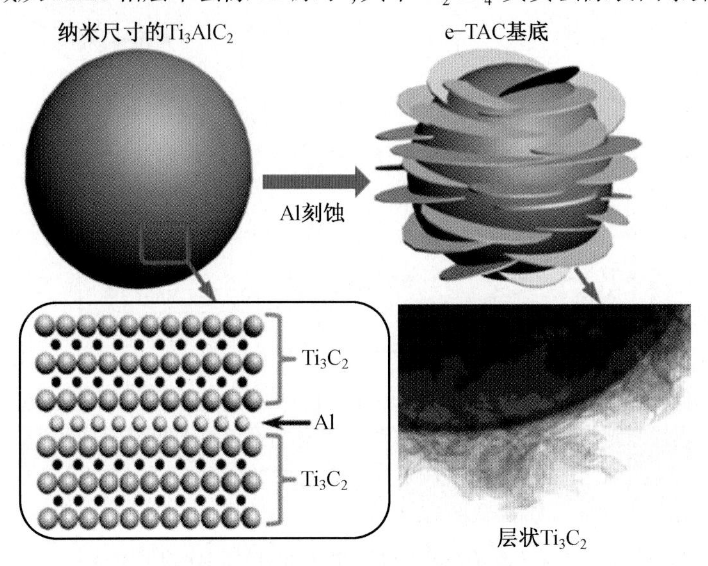

图2.12　层状$Ti_3C_2T_x$的形成示意图[45]

该工艺虽然允许用低浓度的碱作为刻蚀剂对MAX相进行有效刻蚀，但只能以极低的 MXene 产率刻蚀 MAX 相的表面层。此外，从 MAX 相前驱体中分离刻蚀的 MXene 仍具有挑战性。在 MAX 相上形成一些氧化物/氢氧根层是碱刻蚀的另一个障碍。当使用 2 mol/L KOH在 200 ℃下通过水热反应刻蚀 Ti_3SiC_2 时，形成了核-壳 MAX@ $K_2Ti_8O_{17}$ 复合材料，而使用 NaOH 导致在 MAX 相表面形成 $Na_2Ti_7O_{15}$，阻碍了制备纯 MXene 的过程。

当碱浓度和温度提高到一定程度时，碱与 MAX 相之间的反应将发生质变。例如，在 270 ℃使用 27.5 mol/L NaOH 条件下，Al 层可以成功地从 Ti_3AlC_2 去除，得到 $Ti_3C_2T_x$，产率为 92%。对应的反应及具有代表性的 XRD 谱示意图如图 2.13、图 2.14 所示。反应的主要途径是 Al 转化为 Al(氧化物)氢氧化物，然后在碱性介质中溶解。

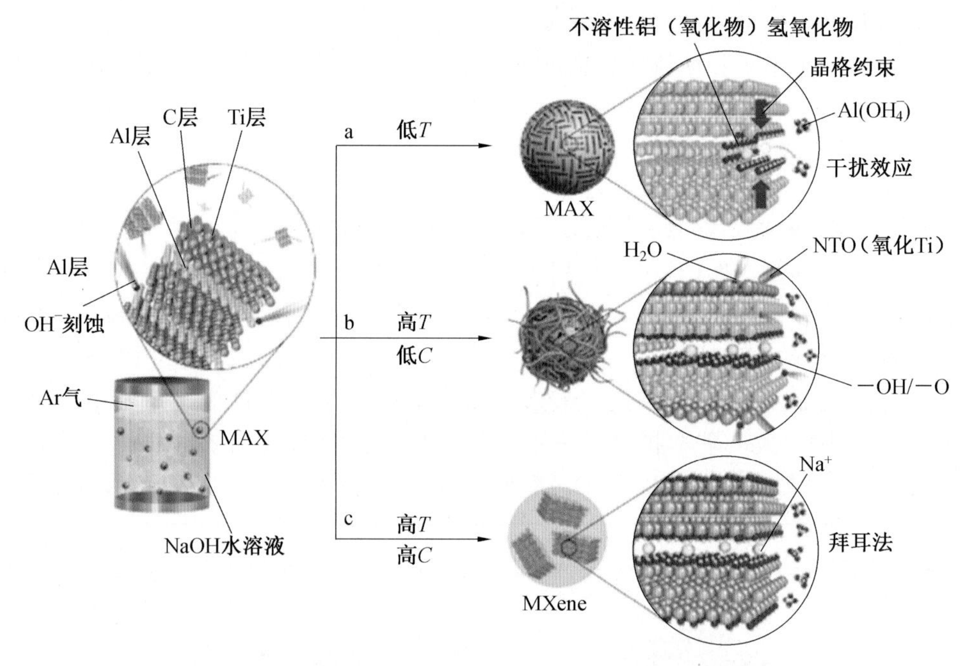

图 2.13　Ti_3AlC_2 与氢氧化钠在不同条件下的反应[46]

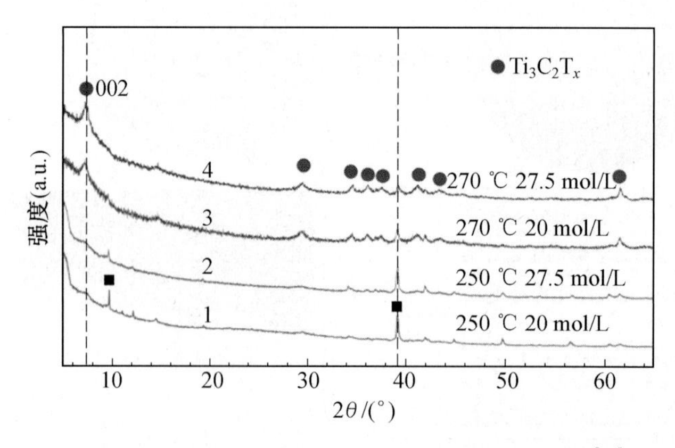

图 2.14　不同刻蚀条件下 $Ti_3C_2T_x$ 的 XRD 结果[46]

在这种情况下，高温和浓缩的 NaOH 可以很容易地溶解铝(氧化物)氢氧化物，形成无氟 MXene。相应的 MXene 组织具有典型的多层叠状结构。无氟性质提供了更多的

—OH和—O 端，这有助于提升超级电容器的整体性能。

使用浓碱刻蚀 MAX 相是有效的，可以得到高度亲水性和无氟的产物。然而，使用高浓度碱和高温的危险限制了它在大规模制备 MXene 的适用性。此外，得到的产物通常是多层 MXene，具有手风琴状的形貌，需要进一步的插层和分层才能得到单层 MXene 纳米片。

6. 其他刻蚀方法

为了追求 MXene 的绿色、高效、安全合成，对各种合成路线不断探索，近年来出现了一些新的方法。

（1）含卤素和卤素化合物的有机溶剂法。

Shi 等[47] 利用 I_2 在 100 ℃ 无水乙腈（CH_3CN）中刻蚀 Ti_3AlC_2，生成了手风琴状 $Ti_3C_2I_x$。随后用 1 mol/L HCl 对产物进行处理，以去除刻蚀过程中产生的 AlI_3。表面基团的不稳定性使得—I 基在 HCl 溶液中转变为—OH 和—O。因此，可以制备出无氟 $Ti_3C_2T_x$（—O、—OH）。Jawaid 等[48] 在含卤素和卤素间化合物的有机溶剂中实现了 Ti_3AlC_2 的刻蚀，合成的 MXene 上具有均匀的 Cl、Br 或 I 端。由于刻蚀过程是在手套箱中进行的，而最终产品是存储在四氢呋喃溶剂中，表面的卤素基团没有发生任何转变。然而，使用包括 ICl 或 IBr 在内的活性卤间化合物会产生新的问题。这种刻蚀过程是在 CS_2 环境下实现的，而 CS_2 废气高毒、易燃、易爆，对环境和人体健康危害极大。

（2）机械波法和电磁波法。

Mei 等[49] 将 Mo_2Ga_2C 在紫外光（100 W）下在磷酸溶液中刻蚀 3 ~ 5 h 生成 Mo_2C。该方法效率高，避免使用有害和强腐蚀性的酸。但生成的 MXene 表面并不光滑，含有丰富的介孔。

Ghazaly 等[50] 利用表面声波在低浓度（约 0.05 mol/L）的 LiF 溶液中实现了 Ti_3AlC_2 到 $Ti_3C_2T_x$ 的超快（毫秒级）转化，而无须任何酸的参与。这里的表面声波是振幅为 10 nm、阶数为 MHz 的瑞利波，产生并限制在单晶压电基板表面，并具有沿表面传播的能力。该装置由压电基板（$LiNbO_3$）和单相单向换能器（SPUDT）组成，压电基板中强的机电耦合特性可以驱动原子和分子尺度的动态极化现象，使大块的 MAX 相剥离成单层或几层纳米片。除了避免酸，由于超快反应过程，该方法也被确认为具有大规模 MXene 制备的潜力。

（3）Ar/H_2 热还原法。

Mei 等[51] 提出了用 Ar/H_2 热还原制备 Ti_2C MXene。这项工作在 MAX 相上进行了创新，其中 Ti、TiS_2 和商用石墨烯被用于合成具有 S 基 A 层的新的 Ti_2SC MAX 相。

Ti_2C-MXene 是通过弱键硫原子在高温下解离生成的。该方法对含硫 MAX 相的依赖性很强，常常导致 MAX 相的不完全刻蚀。此外，当温度超过 700 ℃时，TiO_2 会成核，影响 MXene 的产率。

（4）藻类有机酸刻蚀法。

已有研究表明，藻类可以从层状三元前驱体中剥离 MXene 纳米片。Zada 等[52] 使用藻类产生的有机酸刻蚀 MAX 相中的 Al 原子，其中生物活性化合物可作为插层剂实现 MAX 相的分层和裂解。在室温下刻蚀一整天后，合成的 V_2CT_x-MXene 横向尺寸为 50 ~

100 nm,平均厚度约为 1.8 nm。

(5)i-MAX 相作为 MXene 合成的前驱体。

i-MAX 也可以作为 MXene 合成的前驱体。由于 M2 元素位于元素周期表中传统的 M 元素和 A 元素之间,通过控制从 i-MAX 相转化为 MXene 的刻蚀条件,可以将 M2 元素与 A 层一起去除。这为合成具有面内化学有序或空位有序的二维材料提供了一种方法。Tao 等[16]用质量分数为 48% 的 HF 或 LiF/HCl 选择性地刻蚀了面内化学有序$(Mo_{2/3}Sc_{1/3})_2AlC$ 中的 Al 和 Sc 原子。前者在室温下需要 24 h 的刻蚀时间,而后者在更高的温度(35 ℃)下需要更长的刻蚀时间(48 h)。分层后,获得了具有有序金属空位的二维 $Mo_{1.33}CT_x$ 纳米片。然而,并不是所有的 i-MAX 相都可以刻蚀成 MXene。例如,$(V_{2/3}Sc_{1/3})_2AlC$ 被发现可以溶解在多种刻蚀剂中,包括 48% HF、HCl/LiF 和 HCl/NaF,而 Sc 含量较低的固溶体在相同条件下可以刻蚀成 $V_{2-x}C$[53]。事实上,已经报道了十多种 i-MAX 相,包括 $(Cr_{2/3}Sc_{1/3})_2AlC$、$(Cr_{2/3}Y_{1/3})_2AlC$、$(Mo_{2/3}Sc_{1/3})_2GaC$、$(Mo_{2/3}Y_{1/3})_2GaC$、$(Cr_{2/3}Zr_{1/3})_2AlC$ 等。通过探索 i-MAX 相的刻蚀,可以实现 MXene 在原子尺度上的结构设计,并为二维材料的性能带来新的扩展。

2.2.2 自下而上法

除了上述自上而下法外,自下而上法也可用于合成 MXene, 如原子层沉积(ALD)和化学气相沉积(CVD)等。Halim 等[32]使用直流磁控溅射将 Ti、Al 和 C 元素沉积到绝缘蓝宝石衬底上来制造 MAX-Ti_3AlC_2 薄膜,在选择性刻蚀 Al 层后,得到的 Ti_3C_2 薄膜(19 nm)在可见光范围内的透光率为 90%。CVD 也是无氟条件下的刻蚀方法之一,通常用于二维纳米片的生产。Xu 等[54]通过 CVD 制备了大面积、高质量的二维超薄 α-Mo_2C 晶体。改变相关 CVD 生长条件可以调整 α-Mo_2C 的二维结构,高温有助于厚度增长,低温有助于横向尺寸增长。值得注意的是,通过 CVD 刻蚀获得的 α-Mo_2C 晶体在环境条件下非常稳定,超薄 α-Mo_2C 晶体的超导电性由于其优异的热稳定性和化学稳定性而具有高度的重现性。此外,这种 CVD 生长方法用途广泛,所得 MXene 具有较大的横向尺寸。这种多功能策略允许制造各种各样的高质量二维 MXene,为 MXene 的未来研究开发提供了更多可能性。

目前报道的 MXene 大多采用自上而下法制备,采用自下而上法的报道很少。制备条件对 MXene 的物理结构和表面基团产生深刻的影响,自上而下法对 MXene 表面化学、物理结构和缺陷的控制较差,而自下而上法虽然能够有效控制以上参数,但其合成极为困难,产率低,对设备要求高。

2.2.3 MXene 大规模合成

将 MXene 从实验室推进到工业规模的应用是该领域研究人员的主要任务之一。目前,可用于制备石墨烯等二维材料的方法很少。二维材料大规模生产的挑战通常来自于大多数二维材料是使用自下而上的方法获得的。对于其他途径,如热液,产物的形貌和性质会随着反应规模的变化而变化。相比之下,MXene 是通过自上而下的过程刻蚀前驱体而产生的,这使得它们可以很容易地放大规模。

制备的 MXene 纳米片的形貌和固有特性的均匀性是其合成方法向大规模推进的主要挑战。HF 刻蚀法作为研究最早的刻蚀剂，已被证明是大规模制备 MXene 的潜在途径，具有广阔的工业生产前景。Shuck 等[55]证明了 HF/HCl 混合刻蚀剂可以将 MAX 相的刻蚀放大到 50 g/次。如图 2.15(a)所示，在室温条件下，HF/HCl 混合物可刻蚀不同数量的 MAX 相，即 1 g 和 50 g，随后可被 LiCl 插层，产生稳定的单层 MXene 分散体。结果表明，大规模的刻蚀并不影响 MXene 的物理特性。图 2.15(b)显示了支持 MXene 大规模生产的设备。XRD 谱图(图 2.15(c))证实了 1 g-$Ti_3C_2T_x$ 和 50 g-$Ti_3C_2T_x$ 测得的典型峰位不变，反映了放大后晶体结构的一致性。SEM 图像(图 2.15(d))进一步证实了 1 g $Ti_3C_2T_x$ 和 50 g $Ti_3C_2T_x$ 横向尺寸的一致性。然而，超过 50 g 的刻蚀技术仍然存在争议。在此，应考虑温度和机械梯度随反应器尺寸变化的影响。除了搅拌不均匀可能导致刻蚀不完全，局部过热也可能导致过刻蚀。同时容器腐蚀和 HF 相关的环境污染也亟须解决。

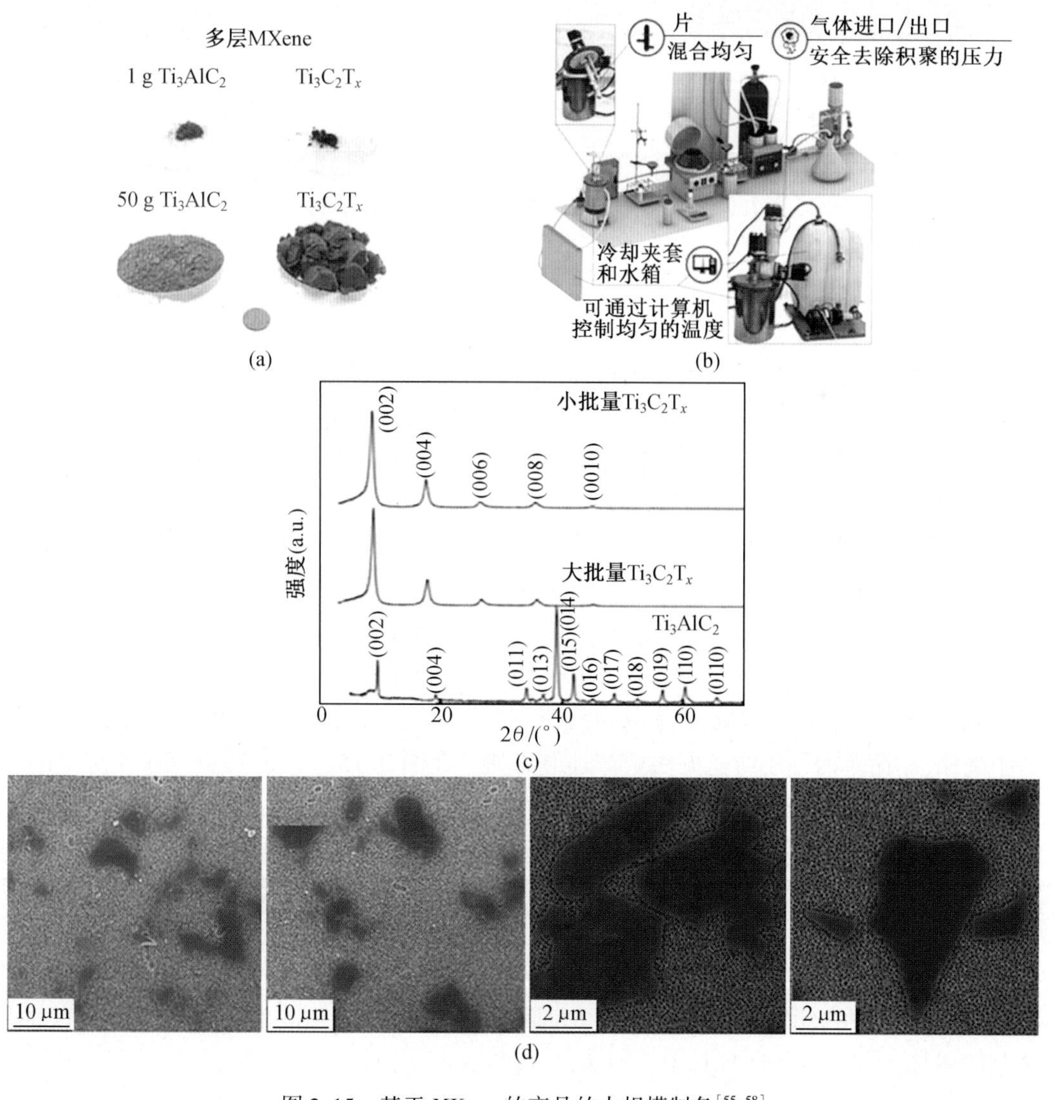

图 2.15　基于 MXene 的产品的大规模制备[55-58]

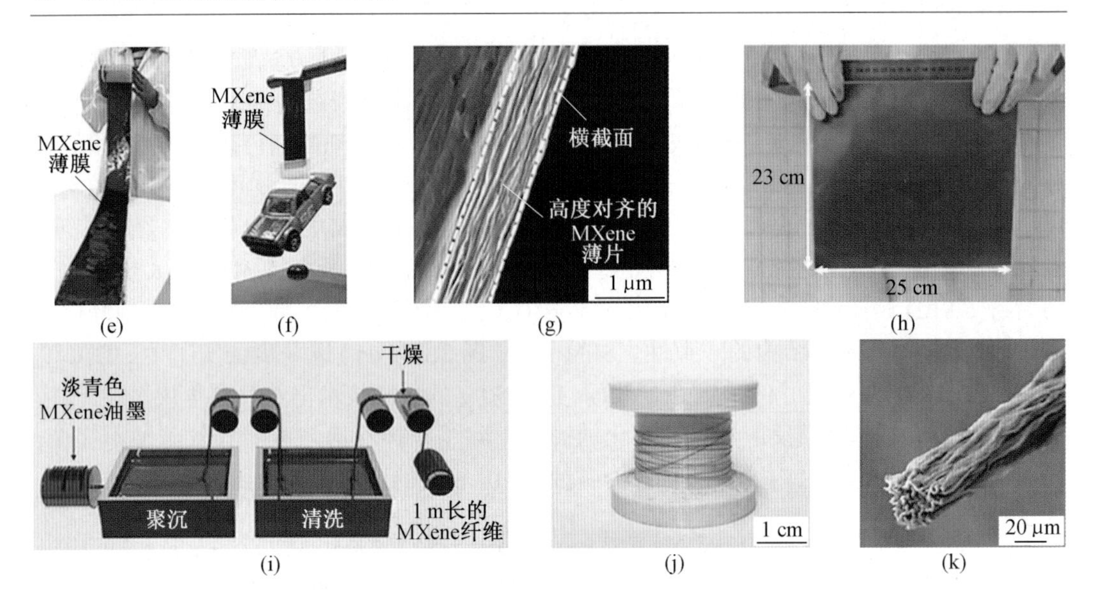

续图 2.15

柔性独立式膜是通过真空过滤单层 MXene 胶体溶液得到的 MXene 的重要衍生物。MXene 纳米片横向尺寸大、堆积密集,使 MXene 膜具有良好的力学性能、柔韧性和导电性,在储能、水处理、电磁干扰屏蔽、传感器等应用领域具有潜力。由于 MXene 膜的直径受到过滤器尺寸的限制,生产具有大表面积的 MXene 膜仍然是一个挑战。因此,除真空过滤外,还探索了制备大尺寸 MXene 膜的方法。Zhang 等[56]筛选均匀粒径前驱体 MAX 相,然后通过刻蚀工艺生产大尺寸 MXene 纳米片,使用刮刀法实现具有高机械强度和导电性的大尺寸 MXene 膜(图 2.15(e))。膜可以承受 40 g 的物体,而不会出现任何结构断裂(图 2.15(f)),这反映了该膜具有极好的拉伸性能和抗拉强度。MXene 纳米片的高度有序排列使膜在 214 nm 的厚度上具有 15 100 S/cm 的高导电性(图 2.15(g))。Deng 等[57]通过使用不锈钢网作为阳极的电化学沉积过程实现了柔性 MXene 膜的大规模生产,该方法可以在几分钟内制备出面积为 500 cm^2 的柔性膜(图 2.15(h))。该膜对小尺寸金属离子具有优异的离子排斥能力,可用于环境或水处理应用。

与石墨烯和其他二维材料类似,MXene 的高度剥离/分层和凝胶化对连续纤维的制造至关重要。将制备的 MXene 分散体挤压到含有 NH_4^+ 的混凝液中,然后通过滚筒在水浴中洗涤,用简单的湿法纺丝方法生产连续纤维[58](图 2.15(i))。在空气中干燥 24 h,获得了沿轴线方向的长的、连续的 MXene 纤维。通过连续纺纱,大规模生产的长 MXene 纤维被缠绕在一个线轴上(图 2.15(j))。该 MXene 纤维的横截面显示出具有高度紧凑的纳米片的片状结构(图 2.15(k))。

在进行 MXene 的大规模制备时,应考虑前驱体粒径的影响,因为它会影响刻蚀动力学和最终产品的质量。Mashtalir 等[59]用筛网将 Ti_3AlC_2 颗粒分成三个部分,当这三部分的 Ti_3AlC_2 颗粒在室温下在 HF 中浸泡 2 h 后,尺寸为 38 ~ 53 μm 的 Ti_3AlC_2 颗粒可以完全刻蚀成 $Ti_3C_2T_x$,得到的 $Ti_3C_2T_x$ 最大的晶格参数 c 为 19.64 Å。此外,Naguib 等发现,一旦预先研磨 V_2AlC 前驱体,其在室温下 50% HF 下的刻蚀时间从 90 h(产率约为 60%)缩短到8 h(产率约为55%),得到的MXene层间距从19.73 Å增加到23.96 Å,可以得出结论,前驱体的粒径直接影响MXene的尺寸。小尺寸(100~200 nm)的MAX相使相应的MXene具有较小的横向尺寸,甚至被过度腐蚀或直接溶解在刻蚀剂中,而大尺寸的MAX相会导致不完全刻蚀。因此考虑到刻蚀动力学和MXene纳米片的横向尺寸,具有微米级粒度的MAX最适合刻蚀。

目前,大规模制备技术仅应用于$Ti_3C_2T_x$ MXene,由于目前高阶结构MXene的刻蚀通常需要高浓度HF(约为50%)和长刻蚀时间(>69 h),因此很难扩大到大规模生产。

2.2.4　MXene的稳定性及储存

1. MXene的稳定性

MXene稳定性较差的原因主要是其抗氧化能力较差,其在常温无保护环境中由于水和氧气等氧化因子的存在,会缓慢地氧化并降解失效。其氧化的发生与合成过程中形成的结构缺陷、表面官能团以及所处环境密不可分。因此,MXene的稳定性与其所处环境、材料本身缺陷和表面官能团等因素密切相关。

(1)环境因素。

在气体介质中,气体的类型和环境的湿度会严重影响MXene的氧化稳定性。Lotfi等[61]利用分子动力学研究了$Ti_3C_2T_x$在干燥空气、潮湿空气中的氧化行为。他们发现在反应时间为100 ps和环境温度为727 ℃的条件下,当MXene暴露于干燥空气中时,MXene的结构没有变化。然而当暴露在潮湿空气中时,一些Ti原子会迁移到MXene片层的表面,并被—O和—OH官能团氧化。在液体介质中,MXene的氧化与液体类型密切相关。

众所周知,MXene薄片的水溶液暴露于空气中时很容易被氧化,图2.16(a)展示了典型的纯$Ti_3C_2T_x$薄片的透射电子显微镜(TEM)图像,从图中可以观察到MXene片层干净的表面和边缘。在其对应的高分辨率TEM图像中观察到明显的晶格条纹(图2.16(d)),插图中的选区电子衍射(SAED)图样为衍射斑点,表明该纳米片是单晶。在室温和空气环境中保存一周后,薄片边缘处形成了一些“枝杈”,表面也出现了纳米颗粒(图2.16(b)和(e))。表面上的纳米颗粒大小为2~3 nm,远小于边缘处的“枝杈”(最大可达100 nm)。这些“枝杈”是晶体线,其快速傅里叶变换图像(FFT)与锐钛矿二氧化钛相匹配(图2.16(e))。胶体溶液在室温和空气环境中继续保存30天,材料完全分解为锐钛矿结构和无序碳,如图2.16(c)和(f)所示。胶体溶液的颜色在老化过程中也由绿色变为白色。TEM表征结果表明,MXene片层的边缘位置比表面更脆弱,更容易被氧化。在氧化过程中,这些“枝杈”以一种类似于“剪刀效应”的方式从边缘位置向表面生长,最终将纳米片“剪碎”成小颗粒。

当把MXene储存在无水有机溶液中时,其稳定性得到显著提高。Huang和Mochalin[62]将制备好的Ti_2CT_x储存在异丙醇中,发现其3天后仍可稳定存在。但是当把MXene储存在一个腐蚀性液体环境中时,MXene的氧化会急速加剧。如Ahmed等[63]将Ti_2CT_x置于H_2O_2中,5 min内MXene就被氧化成氧化钛纳米晶。

在固体介质中,由于分子运动的减缓,MXene也变得更加稳定。Chae等[65]研究

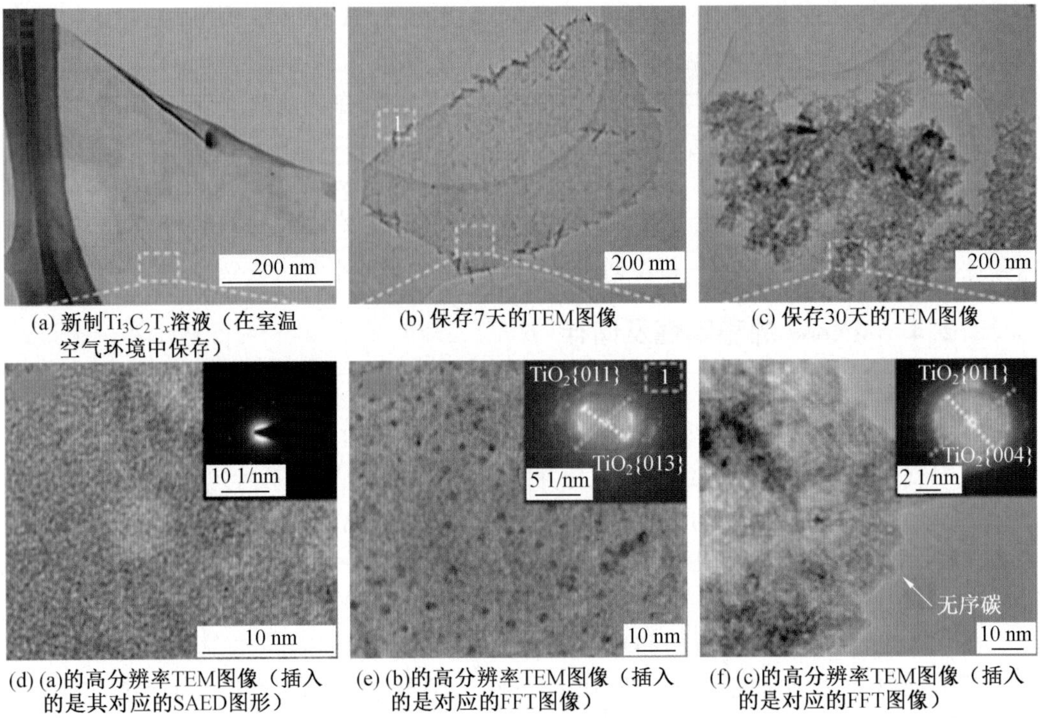
200 nm
1
200 nm
200 nm
(a) 新制$Ti_3C_2T_x$溶液（在室温空气环境中保存）
(b) 保存7天的TEM图像
(c) 保存30天的TEM图像
10 1/nm
10 nm
TiO_2{011}
1
TiO_2{013}
5 1/nm
10 nm
TiO_2{011}
TiO_2{004}
2 1/nm
无序碳
10 nm
(d) (a)的高分辨率TEM图像（插入的是其对应的SAED图形）
(e) (b)的高分辨率TEM图像（插入的是对应的FFT图像）
(f) (c)的高分辨率TEM图像（插入的是对应的FFT图像）

图 2.16 室温空气对于 $Ti_3C_2T_x$ MXene 稳定性的影响[64]

$Ti_3C_2T_x$ 在水及冰中的稳定性。将 $Ti_3C_2T_x$ 水溶液置于冰箱中，控制温度为 5 ℃、-18 ℃和-80 ℃。发现新合成的 $Ti_3C_2T_x$ 溶液为黑色，在 5 ℃、-18 ℃和-80 ℃下保存 5 周后，在-18 ℃和-80 ℃条件下保存的溶液仍保持深色，表明其氧化作用最小；而 5 ℃下的溶液颜色已经开始发生变化，说明氧化已经开始。

在一些特殊环境中，MXene 也易发生氧化。Tang 等[66]在 $Ti_3C_2T_x$ 电极上进行了非原位 XRD 实验，$Ti_3C_2T_x$ 薄片在 0.1 V 下进行 9 次循环后发生氧化，在结构中引入孔洞，表面变得多孔和粗糙。在水热条件或者紫外光照射等氧化环境中，MXene 的氧化也会有所加剧。

（2）缺陷。

如上所述，MXene 合成过程中带来的缺陷是其稳定性较差的重要因素之一。据 Alhabeb 等[67]报道，当采用 HF 刻蚀 MAX 相时，无法直接获得单层或少层 MXene，在刻蚀后还需进行超声，而超声会在 MXene 片层表面留下很多孔洞缺陷，致使 MXene 稳定性降低，如图 2.17（a）所示。采用 LiF/HCl 作为刻蚀剂，原位生成 HF 合成 MXene 可有效减少表面缺陷数量，但如果 LiF 浓度选择不当，也会在 MXene 表面引入缺陷。Lipatov 等[68]研究了 LiF 与 MAX 相的摩尔比为 5∶1 合成 MXene 时 MXene 的形貌，发现合成的 MXene 片层破碎，同时在 MXene 表面有孔洞缺陷产生，如图 2.17（b）和（c）所示。因此 MXene 合成过程中需严格控制刻蚀条件，以减少孔洞缺陷的产生。

（3）表面官能团。

MXene 表面基团的存在状态对其稳定性具有重要影响。DFT 研究发现 $Ti_3C_2T_x$ 中有

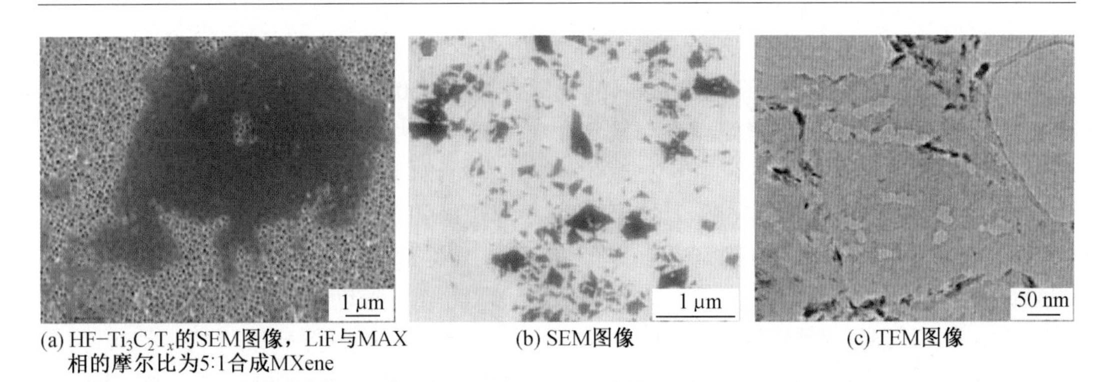

(a) HF-$Ti_3C_2T_x$的SEM图像，LiF与MAX相的摩尔比为5:1合成MXene　(b) SEM图像　(c) TEM图像

图 2.17　缺陷对于 $Ti_3C_2T_x$ MXene 稳定性的影响[67-68]

两种在能量上对 T 基团有利的取向，导致了 C1 和 C2 这两种截然不同的构型（图2.18）。在构型 C1 中，T 基团位于三个相邻的 C 原子之间的中空位置上方，或者说 T 基团直接指向 Ti_3C_2 层两侧的 Ti 原子；在构型 C2 中，T 基团位于 Ti_3C_2 层两侧的 C 原子上方。还有一种混合构型，片层其中一侧为构型 C1，另一侧为构型 C2，也被称作构型 $C3_1$。总的来说，通过比较它们的相对 DFT 总能量，以—F 和—OH 为官能团的结构其稳定性从高到低依次为 C1>$C3_1$>C2。然而当其表面官能团为—O 时，其构型稳定性就有所不同。如果 MXene 薄片中的 M 元素是钪或钇，—O 端在构型 $C3_1$ 中的稳定性比在构型 C1 中的稳定性更高。

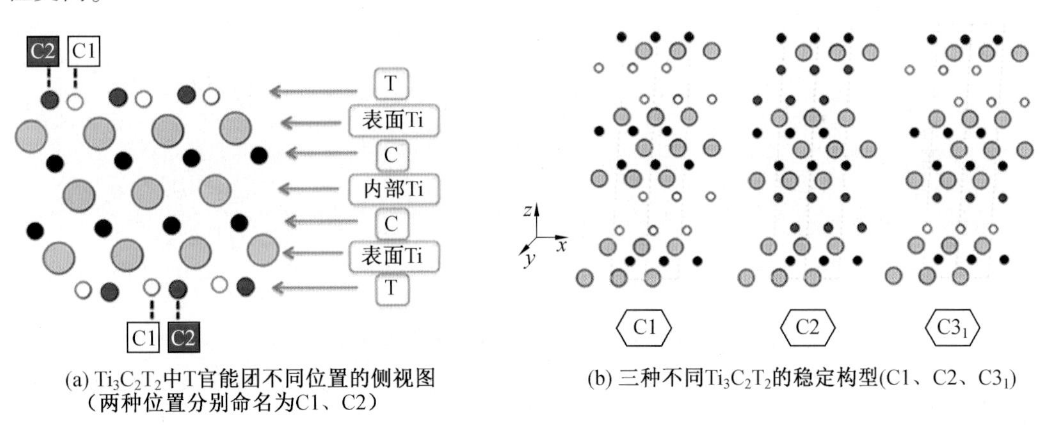

(a) $Ti_3C_2T_2$中T官能团不同位置的侧视图（两种位置分别命名为C1、C2）　(b) 三种不同$Ti_3C_2T_2$的稳定构型(C1、C2、$C3_1$)

图 2.18　MXene 表面基团的存在状态[69]

2. MXene 的储存

(1) 储存环境。

①低温。Chae 等[65]的研究表明较低储存温度有利于减缓 MXene 薄片氧化。即使在空气环境中，新制备的 MXene 在−80 ℃下保存 10 周后，其溶液颜色仍能保持如初，且导电性几乎与新制备的 MXene 相同。Zhang 等[70]采用低温冷冻的方式长时间储存 MXene，为了检验低温储存下 MXene 的稳定性，他们分别监测了在室温和−20 ℃下分散体溶液（0.5 mg/mL）的颜色变化，如图 2.19（a）和（b）所示。MXene 分散体的氧化会导致在 MXene 薄片的边缘和表面形成 TiO_2 晶体，其溶液颜色会由黑色或极低浓度时的半透明绿色逐渐褪色，所以溶液颜色的变化能表示 MXene 氧化的发生。室温下储存的 MXene 第 4

天就能明显观察到溶液颜色变浅,第 7 天时颜色继续变浅,说明 MXene 在逐渐氧化(图 2.19(a));而在-20 ℃下储存的 MXene 溶液即使到第 650 天溶液颜色仍无明显变化,说明 MXene 低温储存时能够稳定存在。图 2.19(c)~(e)为新制 MXene、在-20 ℃下保存 650 天的 MXene 以及在室温下保存 2 天的 MXene 的 TEM 图像,图 2.19(c)和(d)显示新制 MXene 和在-20 ℃下保存 650 天的 MXene 薄片边缘和表面都十分干净;而室温下保存 2 天的 MXene 表面和边缘均观察到小黑点,表明在 MXene 薄片上形成了纳米颗粒,意味着氧化的发生(图 2.19(e))。综上说明,在储存 MXene 时,温度是一个关键因素。

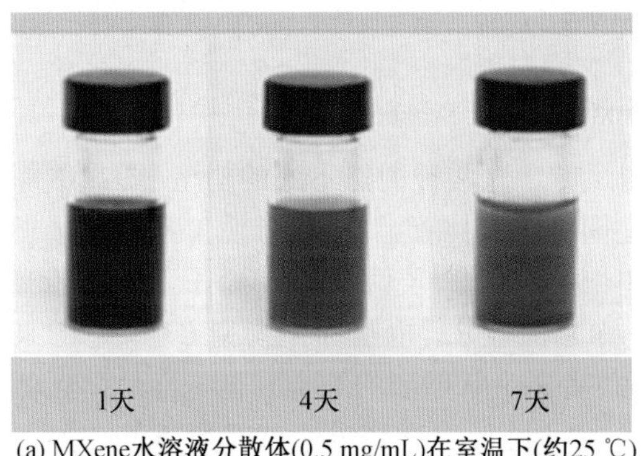

(a) MXene水溶液分散体(0.5 mg/mL)在室温下(约25 ℃) $Ti_3C_2T_x$储存的照片

(b) MXene水溶液分散体(0.5 mg/mL)在-20 ℃ $Ti_3C_2T_x$储存的照片

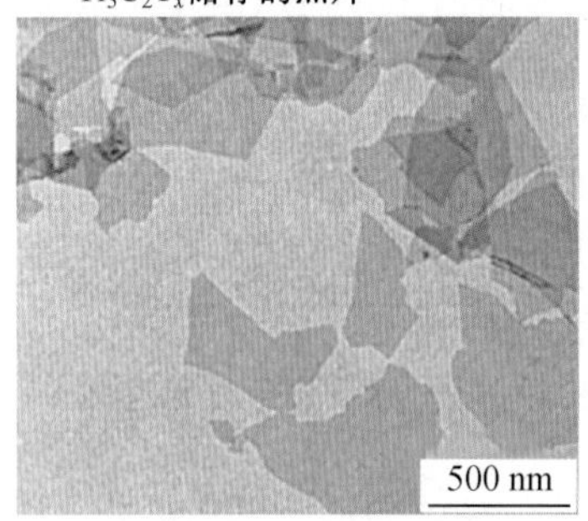

(c) 新制MXene的TEM图像

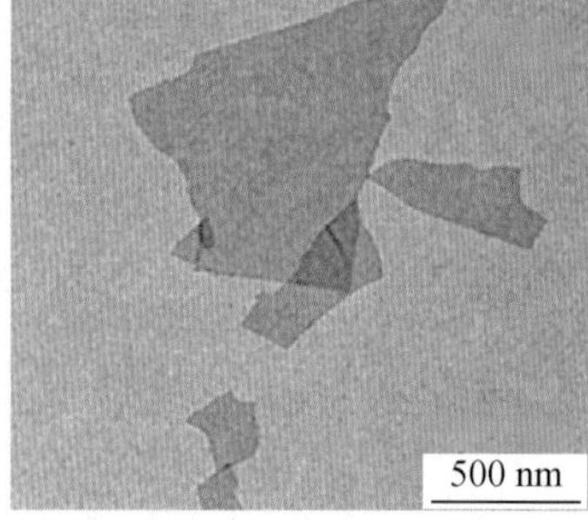

(d) 在-20 ℃下保存650 天的MXene的TEM图像

(e) 在室温下保存2 天的MXene的TEM图像

图 2.19 温度对于 MXene 储存的影响[70]

②无水。Chae 等[65]研究了水对 $Ti_3C_2T_x$ 氧化的影响,发现水的存在也会影响 MXene 的氧化,因此他们采用无水有机溶剂乙醇(EtOH)来储存 $Ti_3C_2T_x$。保存在 EtOH 中的 $Ti_3C_2T_x$ 的薄膜电阻能够保持 10 周不变,其原因是在无水有机溶剂中水含量可以忽略不计,且有机溶剂中氧气含量少,促使 MXene 氧化程度大幅降低。图 2.20(a)为 $Ti_3C_2T_x$ 薄膜在不同温度和湿度下储存 8 周后,通过真空抽滤所得薄膜测得的归一化电阻。图中表明即使样品在相同温度下保存,如果湿度不同,氧化过程也会不同,湿度越高氧化过程越严重,其电阻也会越大。图 2.20(b)为 $Ti_3C_2T_x$ 薄膜在 D@-80、D@-18、D@5 以及 E@5 条件下储存 5 周后的光学照片,其中 D@-80、D@-18 和 D@5 分别代表在-80 ℃、-18 ℃和 5 ℃的去离子水中储存的 MXene,而 E@5 为在 5 ℃和无水有机溶剂 EtOH 条件下储存的 MXene,可以看出 5 周后 E@5 条件下储存的 MXene 仍然保持着新制备时的颜色和形状,而在同样温度条件下的去离子水中的样品已经变为白色,说明无水环境也是保证

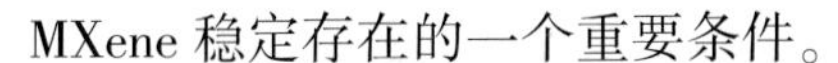
MXene 稳定存在的一个重要条件。

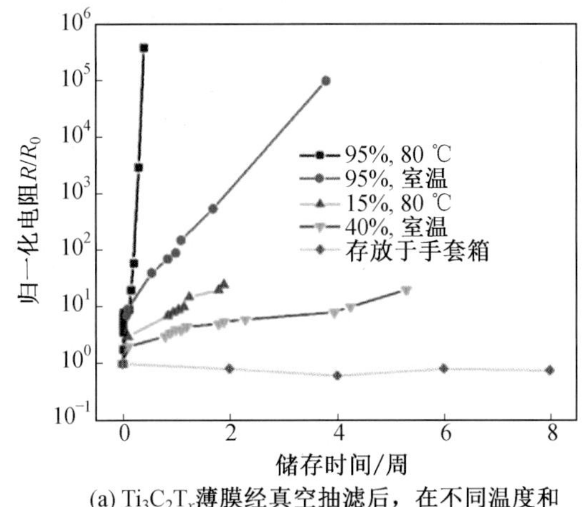

(a) $Ti_3C_2T_x$薄膜经真空抽滤后，在不同温度和湿度下储存8周后的归一化电阻

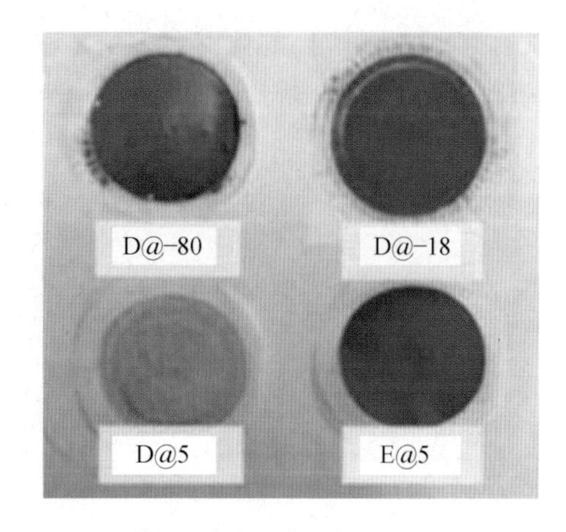

(b) MXene溶液经真空过滤后在D@-80、D@-18、D@5和E@5条件下储存5周后获得的$Ti_3C_2T_x$薄膜光学图像

图 2.20　水对 MXene 储存的影响[66]

③隔氧。隔氧也是储存 MXene 的一个重要基本原则。Zhang 等[70]研究了 MXene 水溶液在空气环境和氩气环境中的氧化行为，发现将 MXene 水溶液储存在氩气环境中可有效减缓 MXene 的氧化。图 2.21(a)为在氩气环境中储存 12 h 后 MXene 的 TEM 图像，从图中可以看出 MXene 片层表面和边缘均十分干净，未发现纳米氧化颗粒，表明 MXene 水溶液在氩气环境中储存较为稳定。图 2.21(b)为 $Ti_3C_2T_x$ 胶体在不同环境下的稳定性曲线，实线是根据经验方程 $A=A_{unre}+A_{re}e^{-t/\tau}$ 拟合的结果，其中 A_{unre} 和 A_{re} 分别代表稳定、不反应的 MXene 纳米片和反应、不稳定的 MXene 纳米片的数量；e 为自然常数；τ 为时间常数(天)，即拟合曲线的斜率；t 为储存时间。图中 Ar-LT、Ar-RT、Air-LT 和 Air-RT 分别代表在低温氩气、室温氩气、低温空气和室温空气环境中的稳定性曲线，从图中可以明显地看出在 Ar 环境中，即使在常温下 MXene 也能稳定存在，说明隔氧也是有效减缓 MXene 氧化的一种方法。

(2)改进合成方法。

①刻蚀剂种类及浓度。由上述可知，MXene 的氧化易从片层边界和表面缺陷处开始，因此改变刻蚀剂种类及浓度，优化合成方法，降低 MXene 片层表面缺陷密度，是降低 MXene 层氧化的有效途径之一。

现阶段研究者们多采用 LiF/HCl 作为原位 HF 刻蚀剂来合成 MXene。图 2.22(a)为采用 LiF/HCl 作为刻蚀剂的 MILD 法合成的 MXene 的 SEM 图像，从图中可以看出 MXene 片层边缘和表面均十分光滑，未发现任何缺陷。Feng 等[71]发现用 NH_4HF_2 刻蚀 Ti_3AlC_2 得到的面间距较大的 $Ti_3C_2T_x$ 比用 HF 刻蚀的样品更稳定。用 NH_4HF_2 刻蚀的 $Ti_3C_2T_x$ 彻底转变为锐钛矿型 TiO_2 的温度在 500 ℃以上。在 900 ℃热处理后，$Ti_3C_2T_x$ 的多层结构仍能很好地保留，而用 HF 刻蚀的 $Ti_3C_2T_x$ 的转变温度小于 350 ℃。这可能是因为吸附在 $Ti_3C_2T_x$ 上丰富的 NH_4^+ 基团阻止了 O_2 和 $Ti_3C_2T_x$ 的接触，减缓了氧化过程，而氧化过程从 NH_4^+ 吸收热量产生还原气体 NH_3，进一步提高了 $Ti_3C_2T_x$ 的稳定性。

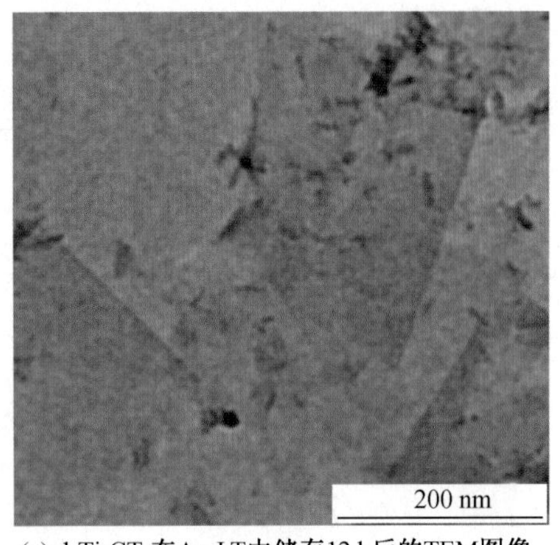

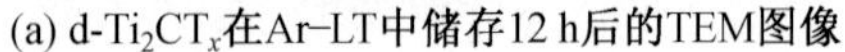

(a) d-Ti_2CT_x在Ar-LT中储存12 h后的TEM图像

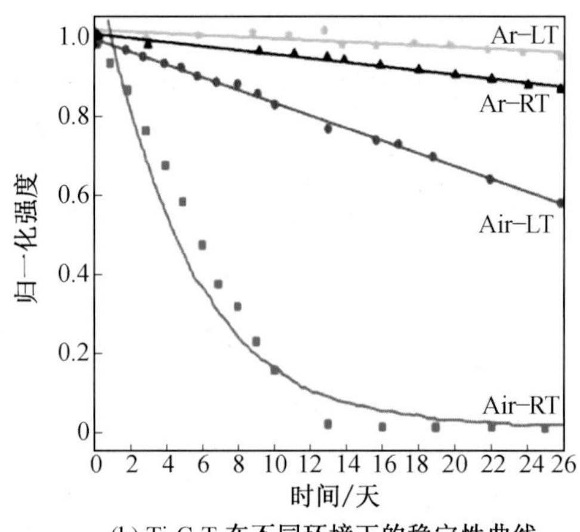

(b) $Ti_3C_2T_x$在不同环境下的稳定性曲线

图 2.21　氩气对 MXene 储存的影响[70]

刻蚀剂的浓度也会影响合成 MXene 的效果。Lipatov 等[68]研究了不同 LiF/HCl 浓度对合成 MXene 形貌的影响，合成路线 1 中 LiF 与 MAX 相的摩尔比为 5∶1，合成路线 2 中 LiF 与 MAX 相的摩尔比提高到 7.5∶1。合成路线 1 所产生的薄片大部分直径为 200～500 nm，尽管它们的尺寸很小，但一些薄片并没有完全剥离，且表面可以观察到明显的缺陷。相比之下，合成路线 2 中 MXene 薄片要大得多，尺寸为 4～15 μm（图 2.22(b)），它们看起来很均匀，表面很干净，无明显缺陷（图 2.22(c)），在图像中亮度相同，这表明它们可能有相同的厚度。高质量的 $Ti_3C_2T_x$ 薄片相当稳定，即使在潮湿的空气中暴露 70 h 后仍保持高导电性。

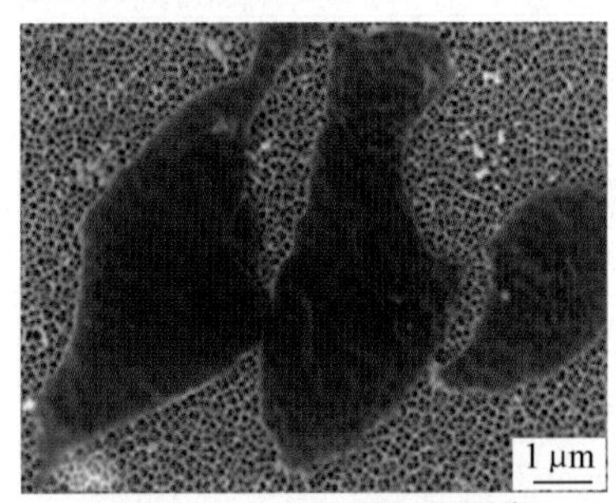

(a) MILD－$Ti_3C_2T_x$的SEM图像

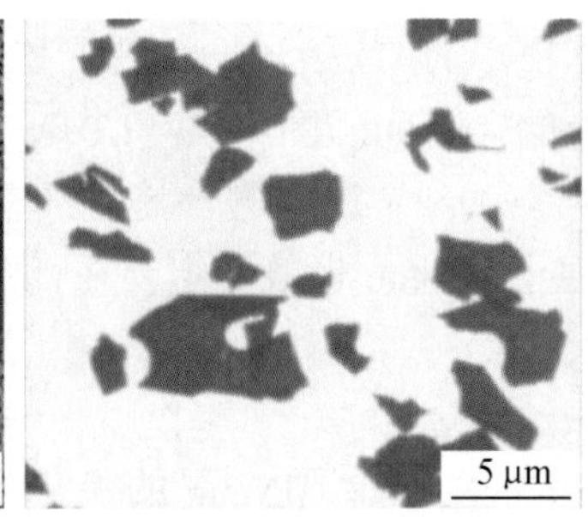

(b) 使用合成路线2制备的$Ti_3C_2T_x$薄片的SEM图像

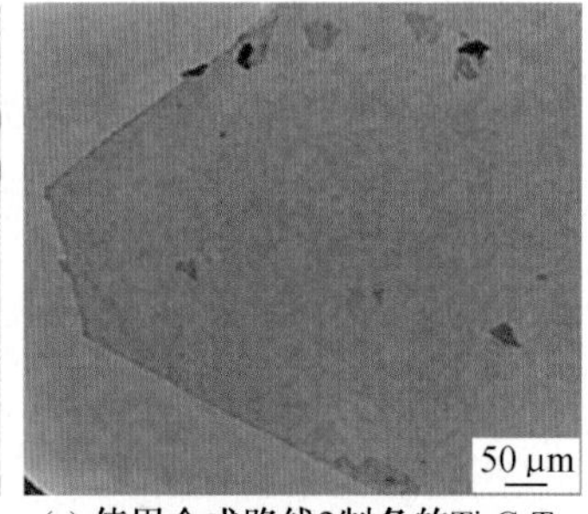

(c) 使用合成路线2制备的$Ti_3C_2T_x$薄片的TEM图像

图 2.22　刻蚀剂浓度对于 MXene 合成的影响[68]

②改进原料 MAX 相。除了改进 MAX 相刻蚀过程中的反应条件，还可以通过改进原料 MAX 相的晶体结构来改进 MXene 的稳定性。Mathis 等[72]通过在合成 MAX 相前驱体的过程中加入过量铝的方法来提高 Ti_3AlC_2 的结晶度，这种 Ti_3AlC_2 被命名为 Al－Ti_3AlC_2。通过刻蚀 Al－Ti_3AlC_2 得到的 MXene 被证实具有更好的质量，即导电性和稳定性更好，即使储存在湿润空气中其仍能稳定存在。图 2.23(a)和(b)分别为不同储存时间的 MXene 薄片的电导率和拉曼光谱，从图 2.23(a)中可以看出储存 4 个月后，MXene 的电导率仍超过 10 000 S/cm，6 个月后 MXene 电导率大幅下降，但仍超过 6 000 S/cm。而其拉曼光谱没有明显的荧光背景出现，说明在储存过程中没有氧化钛的形成。图 2.23

(c)和(d)分别为新制的 Al-$Ti_3C_2T_x$ 薄片和储存10个月后溶液中的 Al-$Ti_3C_2T_x$ 薄片的TEM图像,从图中可以看出即使储存10个月后,MXene薄片的表面仍然光洁,只在表面发现少量孔洞缺陷,表明 Al-Ti_3AlC_2 十分的稳定。

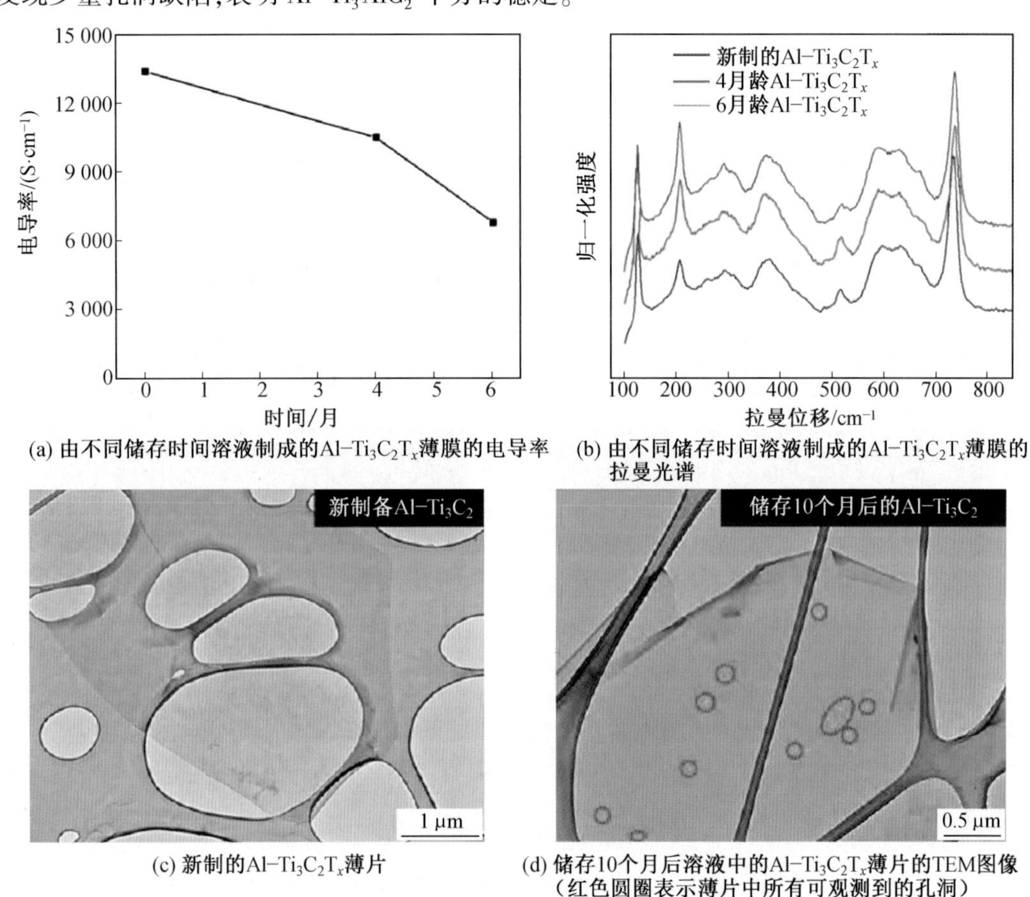

(a) 由不同储存时间溶液制成的Al-$Ti_3C_2T_x$薄膜的电导率　(b) 由不同储存时间溶液制成的Al-$Ti_3C_2T_x$薄膜的拉曼光谱

(c) 新制的Al-$Ti_3C_2T_x$薄片　(d) 储存10个月后溶液中的Al-$Ti_3C_2T_x$薄片的TEM图像(红色圆圈表示薄片中所有可观测到的孔洞)

图2.23　改进原料MAX相的晶体结构以改进MXene的稳定性[72]

(3)对MXene进行退火处理。

①氢气退火。Lee等[73]发现将MXene置于氢气中退火,可有效提高MXene稳定性。图2.24为不同条件下退火的MXene薄膜在70 ℃和100%相对湿度(Relative Humidity,RH)的恶劣氧化条件下电阻随时间的变化。对于新制备的 $Ti_3C_2T_x$ 薄膜,其归一化电阻(R/R_0)随时间急速增加,在8.5 h内提高了162.7倍,在13 h内提高了10^5倍;在恶劣条件下氧化1天后测量结果“超出范围”(图2.24(a))。图2.24(b)中的X射线衍射图显示,经过1天的剧烈氧化后,新制备的 $Ti_3C_2T_x$ 转化为二氧化钛(金红石相和锐钛矿相的混合物)。而在900 ℃下经氢气退火的薄膜,经过剧烈氧化后,其电阻几乎没有增加;特别是在氧化2天后,R/R_0仅为1.9。此外,在XRD图中没有检测到相变。因此,在MXene非常容易被氧化的情况下,900 ℃的氢气退火赋予 $Ti_3C_2T_x$ 薄膜极强的稳定性。退火后的 $Ti_3C_2T_x$ 薄膜在水中具有较好的氧化稳定性,薄膜在水中浸泡1天后,薄膜的电阻几乎没有变化。如图2.24(c)和(d)所示,在70 ℃和100% RH环境中1天后,氢气退火过的氧

化膜表面非常光滑,且保留了原有的纹理,而未退火过的膜表面非常粗糙,薄膜碎裂,表面大部分转化为二氧化钛。

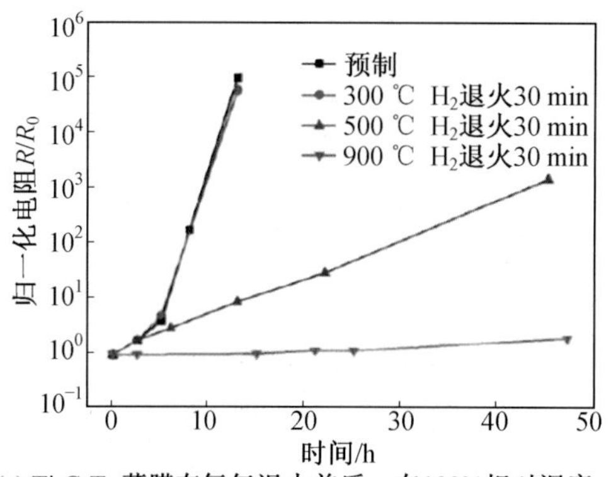

(a) $Ti_3C_2T_x$ 薄膜在氢气退火前后,在100%相对湿度和70 ℃下进行氧化稳定性试验时,薄片电阻随时间变化的曲线

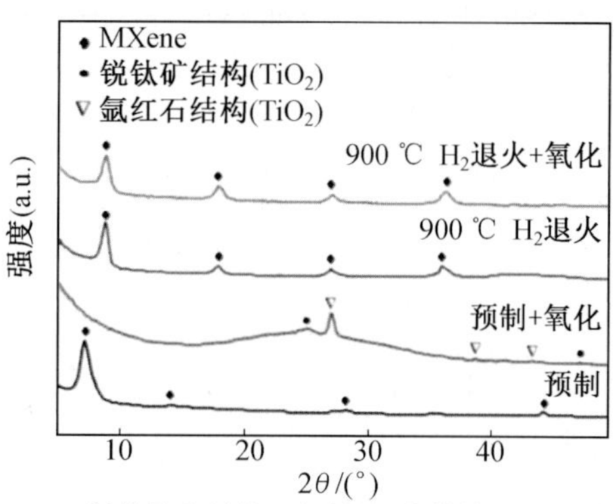

(b) 氧化前和氧化1天后氢退火样品(900 ℃)的XRD谱图

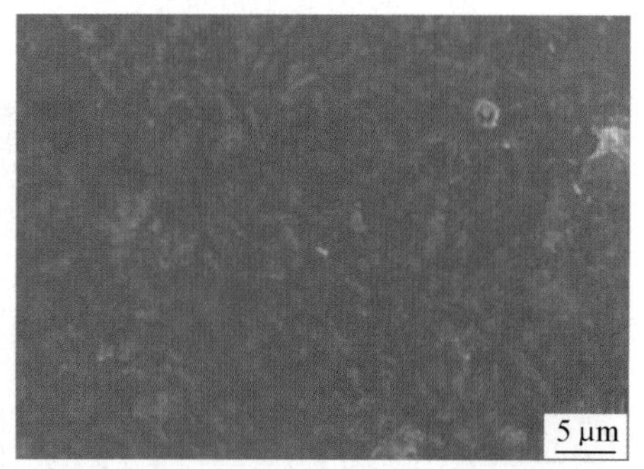

(c) 氢退火后的样品在70 ℃和100%RH下保存1天后的SEM图像

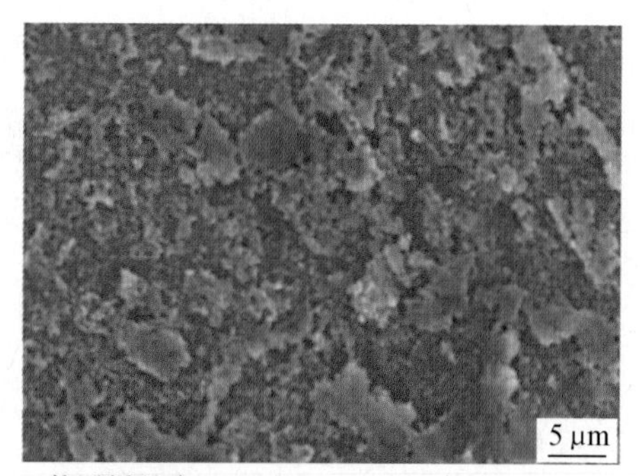

(d) 普通样品在70 ℃和100%RH下保存1天后的SEM图像

图 2.24 氢气退火以改进 MXene 的稳定性[73]

②氩气退火。高温氩气退火可以有效地去除 MXene 表面的—O、—OH 等含氧基团,同时这些含氧基团在退火过程中会与 MXene 表面的 Ti 原子发生氧化反应,并在表面形成一层疏水的 TiO_2 层,进一步隔绝氧,从而使 MXene 的稳定性得到巨大的提升。Zhao 等[74]通过 $Ti_3C_2T_x$ 薄膜在高温(约 600 ℃)氩气中退火后,其表面官能团发生变化,并在薄膜最外层形成 TiO_2 保护层,在热处理过程中引起的化学和结构的变化阻止了 MXene 的氧化,其原理示意图如图 2.25(a)所示。图 2.25(b)为经氩气退火处理后的 MXene 和未处理的 MXene 在水中储存 10 个月后的 XRD 谱图,可以观察到处理后的 MXene 在水中储存 10 个月后仍有(002)峰,说明 Ti_3C_2 仍然稳定存在,其储存 10 个月后的光学照片如图 2.25(c)所示,同样证明了 MXene 的稳定存在。而未处理的 MXene 储存 10 个月后其(002)峰消失,且出现(101)和(110)峰,说明 MXene 已被完全氧化成 TiO_2。

(4)基于表面电性调控。

①层间电荷调控。由于 MXene 片层表面呈负电性,因此,可以基于其表面电荷,在 MXene 层间加载阳离子,增加层间范德瓦耳斯力,以此提高 MXene 的稳定性。如 Lao 等[75]采用微流控技术在 MXene 片层间加载金属阳离子(如 Na^+、K^+)增强 MXene 的稳定性(图 2.26(a))。如图 2.26(b)所示,MXene 薄片中加载阳离子后,在暴露于空气中的水

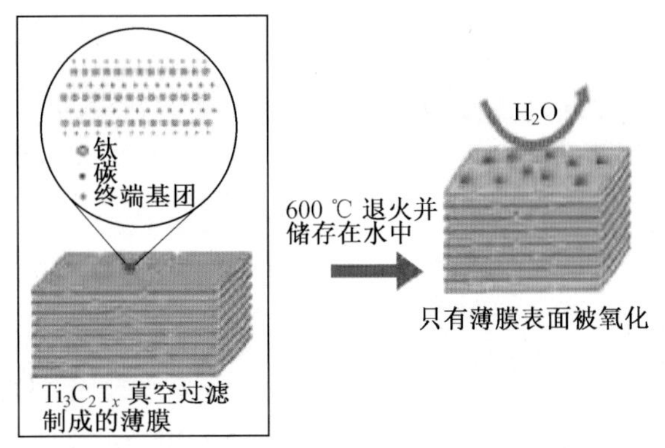

(a) $Ti_3C_2T_x$ 薄膜制备原理图

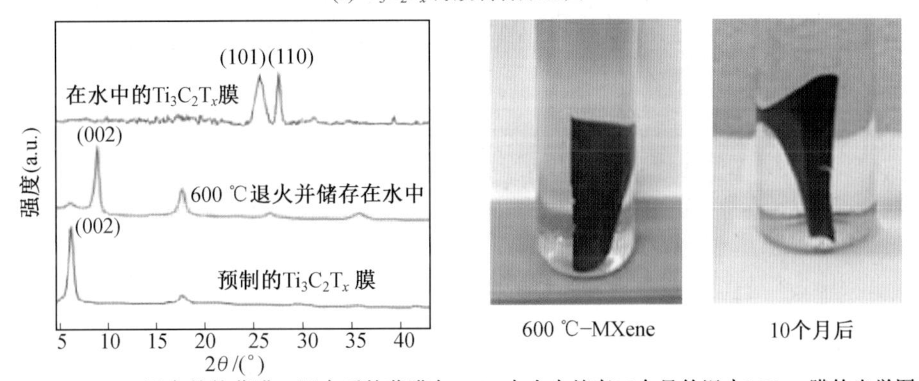

(b) $Ti_3C_2T_x$、退火前的薄膜、退火后的薄膜在水中储存10个月后的XRD谱图　(c) 在水中储存10个月的退火MXene膜的光学图像

图 2.25　氩气退火以改进 MXene 的稳定性[74]

中放置 72 h 仍能稳定存在。图 2.26(c)为 MXene 薄片在加载阳离子前后的 XRD 谱图,从图中可以看出在加载阳离子后,其仍然保持着层状结构。这一方法是基于二维薄膜在水中的稳定性主要取决于纳米薄片之间范德瓦耳斯力和静电斥力的竞争,呈负电性的 MXene 片层间注入阳离子后,可增大纳米薄片间的范德瓦耳斯力,使其片层间连接更紧密,稳定性得以提高。

②片层边缘电荷调控。如上所述,MXene 表面为负电性,而其片层边缘为正电性,且氧化总是从 MXene 片层的边缘开始。因此,Natu 等[76]在 MXene 胶体中添加聚磷酸、聚山梨醇酯或聚硅酸等无机钠盐来减缓 MXene 的氧化过程。选择这些钠盐,是因为它们的大分子阴离子会被吸附在 MXene 片层的边缘,起到封装 MXene 片层的作用,以此来减缓从 MXene 边界开始的氧化,图 2.27(a)为 MXene 薄片加载聚阴离子封装 MXene 薄片边界的原理示意图。为了证实聚磷酸阴离子可以封装 MXene 的边缘,研究者对储存在聚磷酸盐中的样品中的单个 $Ti_3C_2T_x$ 薄片进行了电子能量损失谱(EELS)和 STEM 分析,如图 2.27(b)所示。Ti、C 和 P 的信号从真空移动到 MXene 薄片的平均总距离为 150 nm,边缘位置设置为 0 nm。图 2.27(b)中的线轮廓图 c 和 d,及图 2.27(c)表明 P 信号恰好在边缘处达到最大值,从而证实了假设。Zhao 等用类似的抗氧化剂,如 L-抗坏血酸钠来提高 MXene 的稳定性。抗氧化剂使 $Ti_3C_2T_x$ 纳米片即使在水中储存 21 天后仍能保持其晶体结构、形

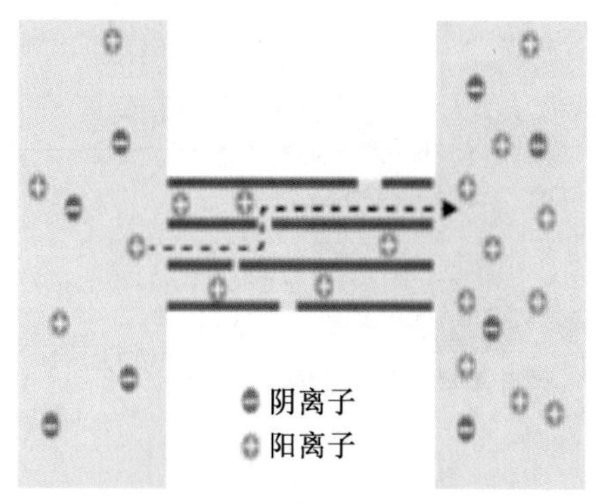

(a) 微流控装置示意图

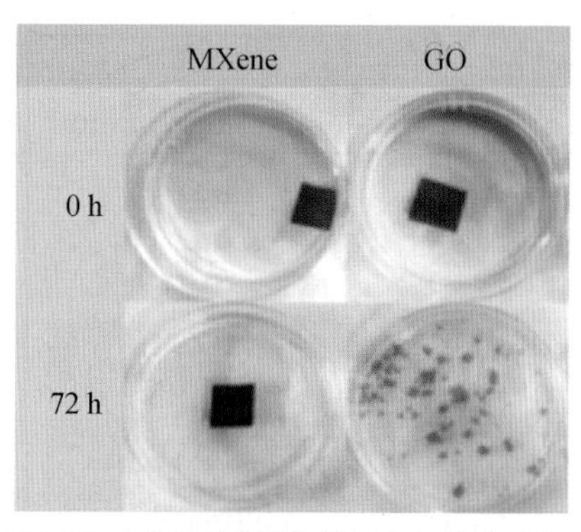

(b) MXene膜72 h后在去离子水中保持稳定，而GO膜则不稳定

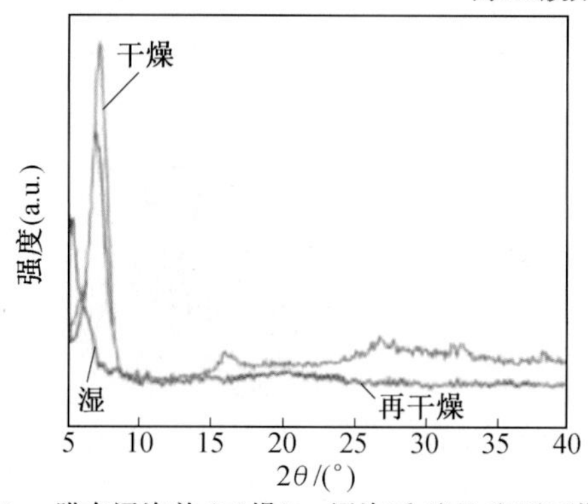

(c) MXene 膜在浸泡前（干燥）、浸泡后（湿）和再干燥后的XRD谱图

图 2.26 层间电荷调控以改进 MXene 的稳定性[75]

貌、稳定性、化学成分和电导率。

③片层电荷调控。大分子有机物同样可以通过电荷差异与 MXene 片层表面发生化学反应，沉积在其表面以增强 MXene 的稳定性。

Lee 等[77]使用聚多巴胺来封装 MXene 薄片表面，提高薄片间的相互作用和有序性，以提高 MXene 稳定性。多巴胺通过自发的界面电荷转移，在 MXene 薄片表面进行原位聚合和结合，产生超薄的黏附层，其聚合和结合的原理示意图如图 2.28(a)所示。所合成的纳米复合材料具有高度对齐的致密层结构，可获得约 7 倍的抗拉强度增强，同时延伸率增加。通过对氧和水分的有效屏蔽，大大提高了 MXene 薄膜的环境稳定性。图 2.28(b)为不同 MXene 样品在空气中加热(170 ℃)，电阻随时间变化的曲线。其中 PDTM5 和 PDTM10 分别为用 MXene 与聚多巴胺分子比为 100 ∶ 5 和 100 ∶ 10 的聚多巴胺处理后的 MXene 样品。可以看出用聚多巴胺处理后，即使经过 13 h 加热后，PDTM10 的电阻基本没有变化，说明 MXene 的稳定相较未处理前显著提高。

除了使用聚多巴胺外，Ding 等[78]在 MXene 表面接枝离子聚氨酯链，以阻止 MXene 被氧化。接枝离子聚氨酯链后的 MXene 在水中储存 33 天后仍能稳定存在。类似地，基于 MXene 表面呈负电性这一特性，Wu 等[79]报道了一种简单的在 MXene 表面镀纳米碳方法，可以有效地提高 MXene 稳定性，防止自发氧化而引起结构降解。在这一过程中，葡萄糖分子优先吸附在 MXene 表面，通过其含氧基团之间的氢键作用降低其表面自由能。它

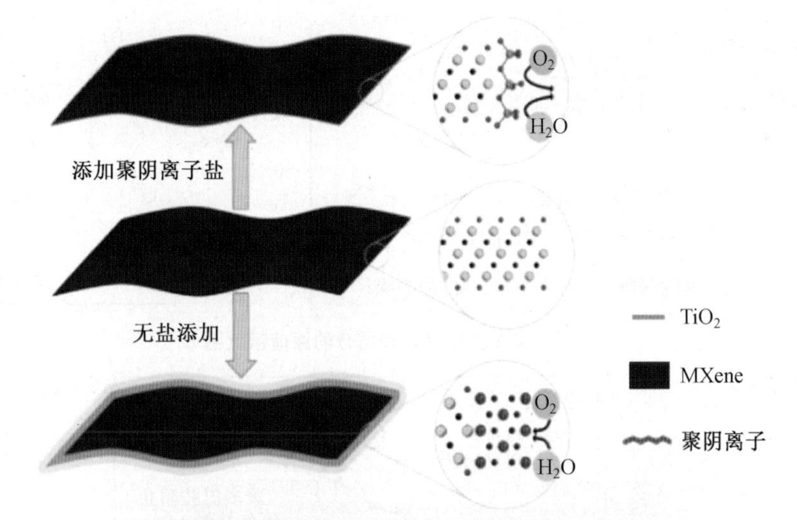

(a) MXene 薄片加载聚阴离子封装 MXene 薄片边界的原理示意图

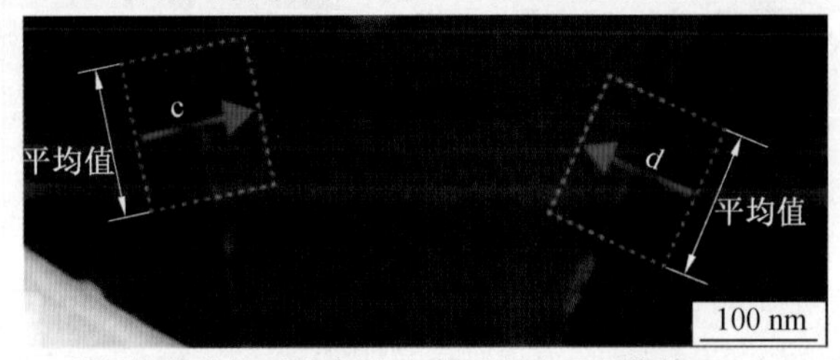

(b) 用于EELS分析的薄片的环形暗场-扫描透射电子显微镜(STEM-ADF)图像

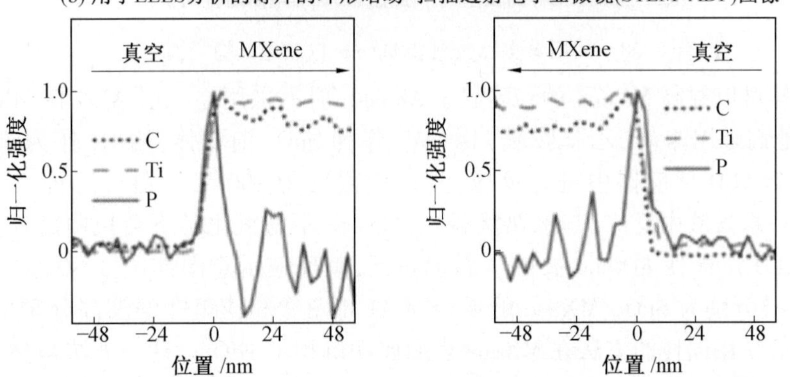

(c) Ti、C和P的EELS信号沿着图(b) 中c和d处标记箭头从真空走向MXene薄片边缘的归一化强度

图 2.27　片层边缘电荷调控以改进 MXene 的稳定性[76]

们随后在水热条件下通过分子间聚合转化为水热碳，并在 MXene 表面原位转化为导电性能更好的碳层，随后进行高温热碳化，在 MXene 表面生成纳米碳，生成镀纳米碳的稳定 $Ti_3C_2T_x$ 反应示意图如图 2.29(a)所示。他们利用葡萄糖在 160 ℃水热碳化的方法在 $Ti_3C_2T_x$ 表面成功实现了镀纳米碳，镀纳米碳 $Ti_3C_2T_x$-MXene 的 SEM 和 TEM 图像如图 2.29(b)和(c)所示，纳米碳可以有效阻止氧原子向内扩散到 MXene 晶格中，使 MXene 的稳定性得到显著提高。

MXene 的表面带电性使其具有很高的活性，故在 MXene 表面沉积一层性质稳定的金

(a) 聚多巴胺聚合和结合的原理示意图

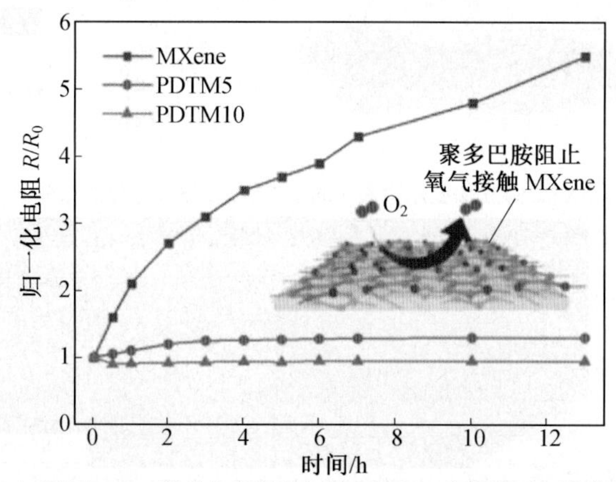

(b) 不同MXene样品在空气中加热(170 ℃), 电阻随时间变化的曲线

图 2.28 使用聚多巴胺封装 MXene 以改进其稳定性[77]

属氧化物同样可以提高 MXene 的稳定性。Ahmed 等[80]采用原子层 ALD 在 MXene 表面沉积 SnO_2,他们采用四(二乙基胺基)锡(IV)作为 SnO_2 前驱体,用 O_3 作为氧化剂,与 MXene 在一个 ALD 反应器中进行反应,其反应温度为 200 ℃。通过这种方法沉积的 MXene 不会在水溶液中反应,与水热法相比,MXene 不易氧化且不会扭曲破坏。而与喷镀法相比,ALD 法能使 MXene 被更全面地包裹,其反应示意图如图 2.30(a)所示。图 2.30(b)和(c)分别为 SnO_2/MXene 的低分辨 TEM 图像和傅里叶滤波高分辨率 RGB 图像。Ahmed 等采用同样的方法在 MXene 表面成功沉积了 HfO_2。这一方法虽然能够有效地提高 MXene 的稳定性,但大多金属氧化物导电性较差,严重影响 MXene 的电化学性能,故更佳的方法是在 MXene 表面沉积能兼具稳定性和导电性的材料,如氮氧化钛(TiO_xN_y)。TiO_xN_y 作为一种金属氮氧化物,兼具了金属氮化物的导电性和金属氧化物的稳定性,且 TiO_xN_y 与 $Ti_3C_2T_x$ 晶格相匹配,是修饰保护 MXene 表面的上佳材料,但具体的复合过程还需进一步研究。

(5)掺杂。

在 MXene 中掺入某些非金属元素,可有效提高材料中原子间的键能,从而达到提高 MXene 稳定性的目的。如 Bao 等[81]利用三聚氰胺作为氮源向 MXene 中掺入氮元素。如图 2.31(a)所示,在 MXene 溶液中加入三聚氰胺后,由于 MXene 表面呈负电性,呈正电性的三聚氰胺在 MXene 表面发生自聚集,再将其在 550 ℃下退火,便可得到褶皱的氮掺杂

(a) 镀纳米碳$Ti_3C_2T_x$的合成示意图

(b) 镀纳米碳$Ti_3C_2T_x$ MXene的SEM图像

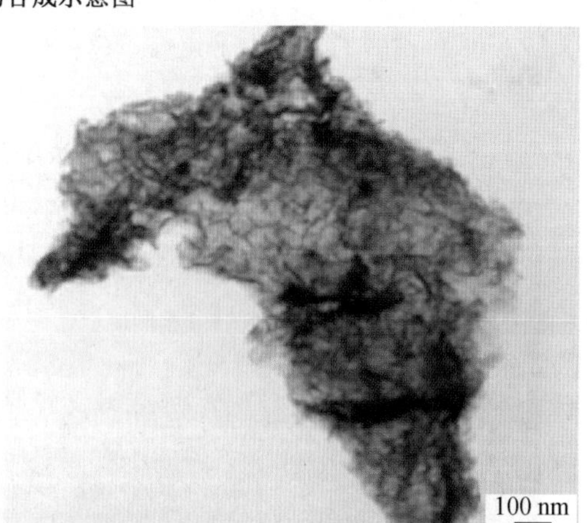

(c) 镀纳米碳$Ti_3C_2T_x$ MXene的TEM图像

图 2.29　MXene 表面镀纳米碳以提高其稳定性[79]

MXene,其扫描电镜下的形貌如图 2.31(b)和(c)所示。为检验 N-$Ti_3C_2T_x$ 的稳定性,Bao 等对 N-$Ti_3C_2T_x$ 和未掺杂的 $Ti_3C_2T_x$ 进行了连续多次的循环伏安检测,其检测结果如图 2.31(d)所示。从图中可以看出经过 1 000 次循环伏安检测后,N-$Ti_3C_2T_x$ 的比容量从 825 mAh/g 降低至 610 mAh/g,比容量保有率为 74%;而未掺杂 N 的 $Ti_3C_2T_x$ 的比容量大幅下降,从 401 mAh/g 降低至 43 mAh/g,比容量保有率仅有 11%,说明在 MXene 中掺入氮元素后,其稳定性得到大幅提升。Jiang 等同样在超薄 MXene 纳米片中掺入 N 原子,以作为稳定的锂硫电池电极材料,经 500 次循环伏安测试后,电极仍然保持着较高的比电容。

调控存储环境,MXene 的存储时间可以显著延长,但其氧化稳定性并没有从根本上得到改善。

通过改进合成方法可以降低片层表面缺陷密度,从而提高 MXene 的氧化稳定性,但是它只能减缓氧化速率,而不能从根本上解决氧化问题。

通过在气氛环境中退火来调节表面官能团的方法,不仅操作不方便,而且会对 MXene 的形态产生如层的堆积等不利影响。

基于 MXene 表面电荷加载离子的方法,其作用原理类似于控制储存环境,它可以延长 MXene 的储存时间;基于表面电荷差异进行化学反应可以从根本上提高 MXene 的稳定性,但其导电性会有所降低。

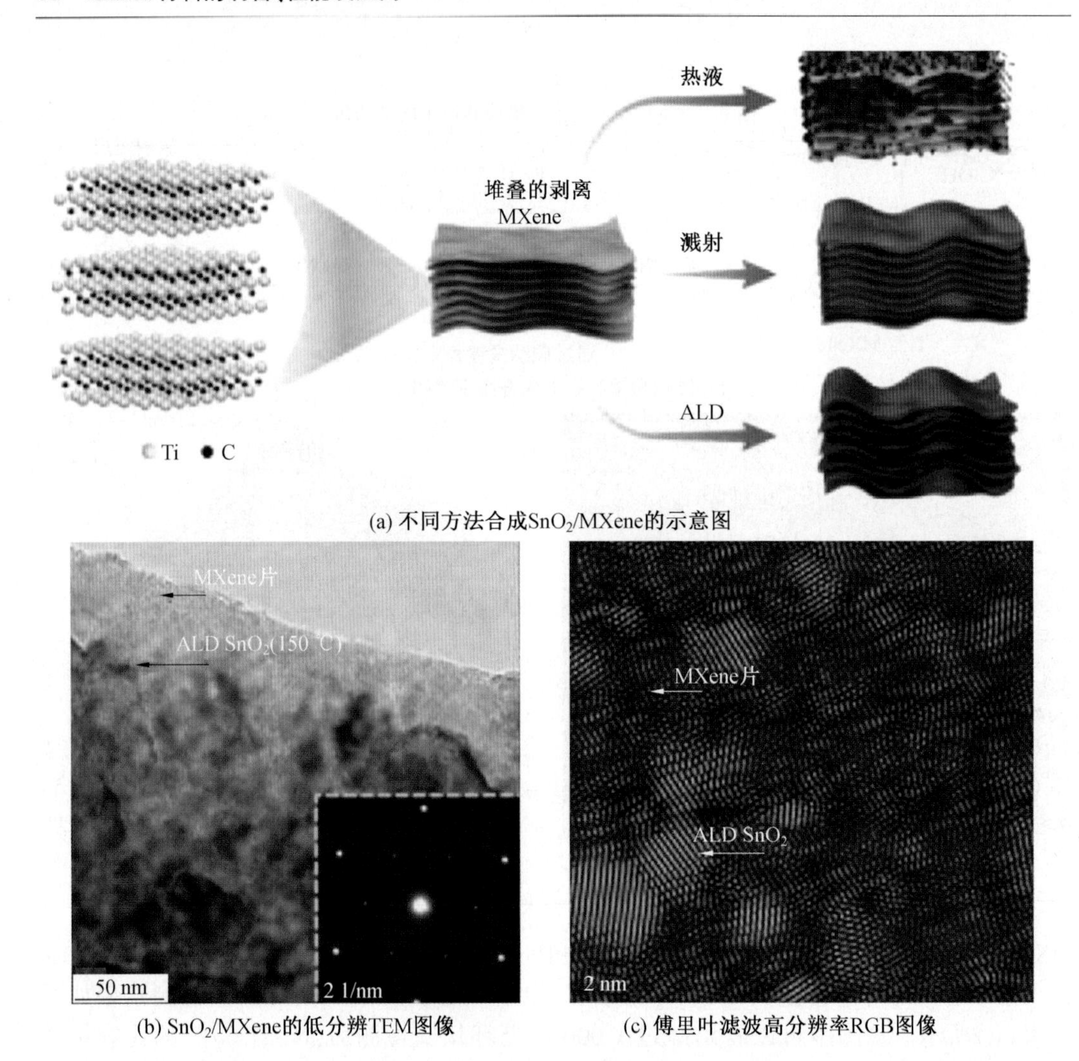

(a) 不同方法合成SnO_2/MXene的示意图

(b) SnO_2/MXene的低分辨TEM图像

(c) 傅里叶滤波高分辨率RGB图像

图 2.30 采用 ALD 法在 MXene 表面沉积 SnO_2 以提高其稳定性[80]

掺杂可从根本上提高 MXene 的稳定性,但会严重破坏 MXene 的形貌,并引入孔洞缺陷。

因此,基于以上方法的特点,可采用缺陷较少的方法合成掺杂的 MXene,然后在 MXene 上沉积稳定性高的高导电性材料保护 MXene 免于氧化,最后将其储存在低温无氧有机溶液中,且在其中添加抗氧化剂延长其储存时间。

2.2.5 MXene 衍生物合成

随着制备工艺和后处理工艺的不同,MXene 晶格结构发生变化,呈现出不同的形貌。原料 MXene 粉末最常见的形貌是通过选择性刻蚀合成的多层手风琴片状结构。通过改变合成方法,也可以获得 MXene 的量子点、纳米线、纳米片、纳米花等形貌。目前已经报道了许多制备零维至三维 MXene 的技术,它们的尺寸、形貌都是可控的。本节描述了 MXene 不同维度的特征,这些 MXene 通常是通过多种合成方法制备的,以获得适合各种

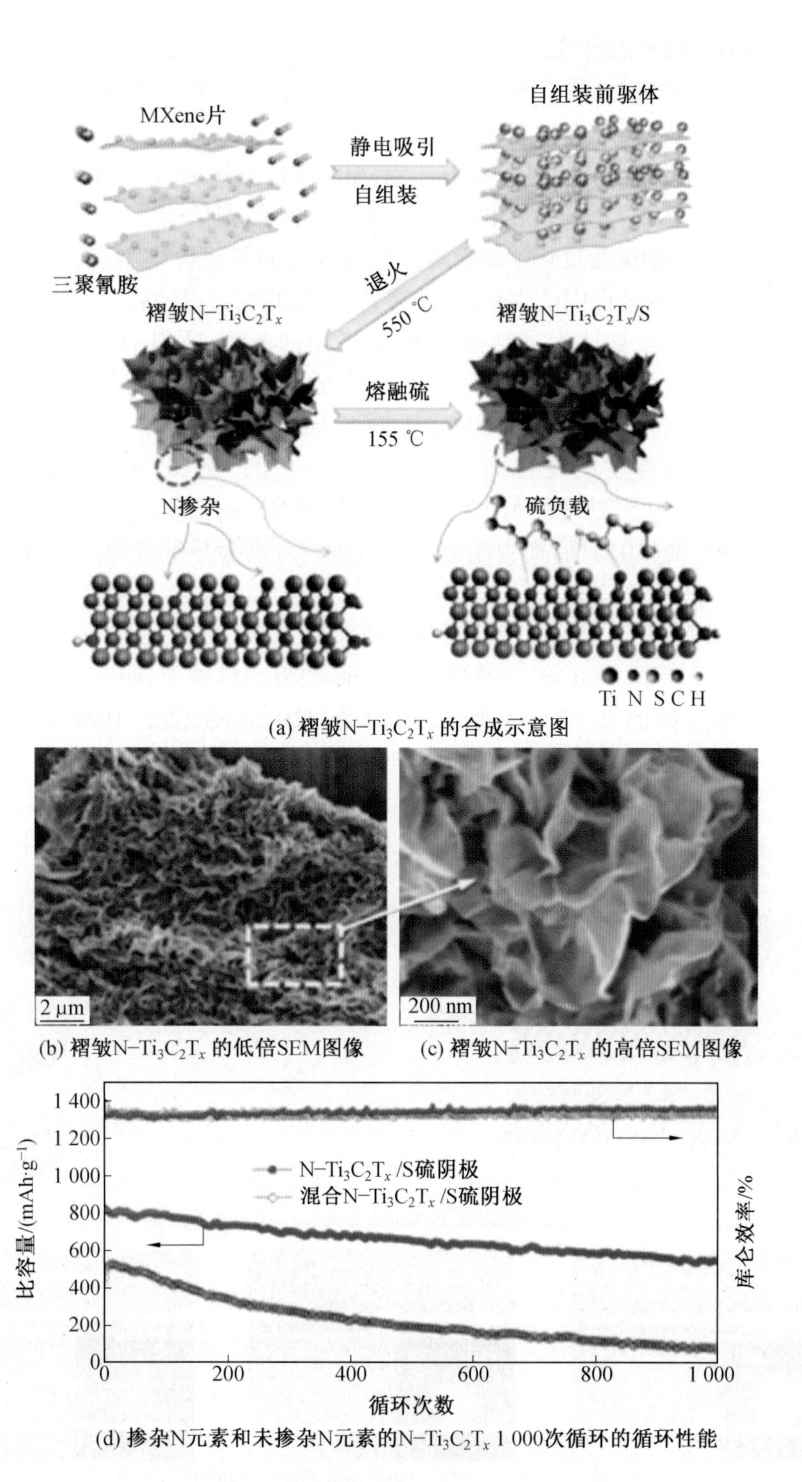

图 2.31　N 元素掺杂以提高 MXene 的稳定性[81]

实际应用的性能。

1. 零维 MXene 量子点合成

零维量子点是一种常见的二维材料衍生物，由于量子约束和边界效应而具有尺寸优势和独特的光学性质。在过去的几十年里，成功制备了许多不同的二维材料（如石墨烯和二硫化钼）衍生出的量子点。MXene 量子点（MQD）是由 Xue 等[82]于 2017 年首次制备成功的。该 MQD 显示出与 MAX 相相同的六边形晶格，但直径较小，小于 10 nm。

一般来说，零维 MQD 通过化学或物理方法从选定的前驱体中剥离，如水热/溶剂热、超声处理和回流。在该过程中产生缺陷，并将其作为切割点，以便将层片切割成较小的量子点。目前为止，水热法被认为是制备 MQD 最常用的方法，所得的 MQD 在水和乙醇中表现出良好的溶解性。Xue 等[82]利用水热法合成了单层 MQD，量子产率为 10%（图 2.32(a)）。当温度从 100 ℃上升到 150 ℃时，平均横向粒径从 2.9 nm 变化到6.2 nm。同时晶体结构也随反应温度的变化而变化。由 MXene 的(0110)晶面分配的晶格间距(0.266 nm)确定在 100 ℃处理的 MQD 表现出相同的 MXene 结构。当温度升高至 120 ℃时可以观察到 TiO_2 的(101)面，而更高的温度(150 ℃)则会导致钛原子的强烈刻蚀和非晶态碳点的形成（图 2.32(b)）。

除水热法外，溶剂热法是通过改变反应介质制备 MQD 的另一种有效方法，它决定了 MQD 的尺寸和量子产率。Xu 等[83]通过对 MXene 的溶剂热处理，研究了溶剂和 MQD 性质之间的相关性。如图 2.32(c)所示，MQD 在 120 ℃的乙醇、DMF 和二甲基亚砜(DMSO)中反应6 h。结果表明，在 DMF 中处理的 MQD 具有最大的平均直径(3.3±0.2) nm 和最高量子产率 10.7%，而用乙醇和 DMSO 处理的 MQD 的量子产率分别只有 6.9% 和 4.1%（图 2.32(d)）。因此溶剂的物理性质，如极性、氧化和沸点的共同作用，会对 MQD

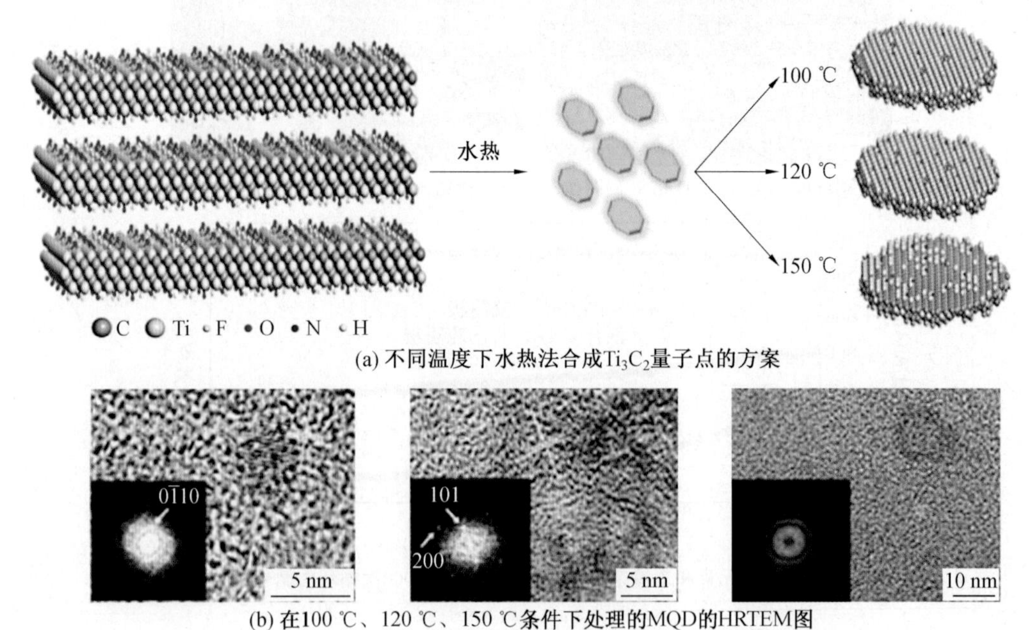

(a) 不同温度下水热法合成Ti_3C_2量子点的方案

(b) 在100 ℃、120 ℃、150 ℃条件下处理的MQD的HRTEM图

图 2.32 水热法及溶剂热法合成 MQD[82-83]

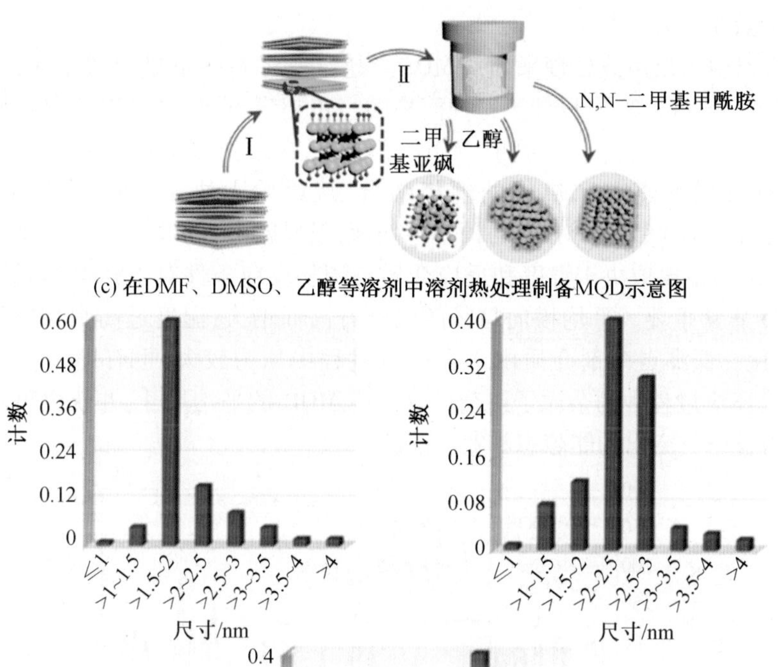

(c) 在DMF、DMSO、乙醇等溶剂中溶剂热处理制备MQD示意图

(d) DMF、DMSO、乙醇处理的MQD的尺寸分布

续图 2.32

的尺寸和光学性质产生影响。具体而言，高极性溶剂会导致溶剂分子与 MXene 片产生强烈的相互作用，低沸点溶剂则会导致反应过程中压力较高。在这样的实验条件下，两种方法都能得到体积更小、产率更高的 MQD。此外，在水热/溶剂热处理过程中杂原子掺杂可以显著改善量子点的电子性质，在表面诱导更多的活性位点，并获得更高的产率。

Feng 等[84]设计了一种二乙烯三胺（DETA）辅助溶剂热方法，以在 DMF 溶液中原位获得氮掺杂 MQD。N 可以增加表面缺陷，因此 N-MQD 显示出比 MQD 更小的颗粒尺寸。N-MQD 具有较好的荧光发射特性，这可能是由于 N-MQD 具有较强的给电子效应。Xu 等[85]使用乙二胺作为氮源，通过水热工艺开发出 N- MQD，量子产率为 18.7%。使用 O 端 Ti_3C_2 的 DFT 计算进一步验证了氮掺杂对量子产率的影响。从计算结果来看，明显的能隙态和较大的能隙解释了载流子寿命的增加和量子产率的提高（图 2.33（a））。此外，氮掺杂引入了靠近最低未占有分子轨道（LUMO）的能隙态，即 MQD 的氮掺杂可以加速电子迁移，并最终增加载流子寿命。含氮溶剂也可以作为氮源，Lu 等[86]使用 DMF 作为溶剂和掺杂添加剂制备了高荧光 N-MQD，其量子产率达到 11.13%，显著高于乙醇

(1.09%)和水(0.34%)体系。

此外,可以引入超声波处理来制备 MQD。超声波将 MXene 破碎成小块,并暴露出更多边缘和部位。Zhang 等[87]设计了一种简易的一步超声方法,将分层的 MXene 超声10 h 以获得 MQD(图 2.33(b))。得到的 MQD 呈球形,单分散均匀分布(图 2.33(c))。Yu 等[88]将 TBAOH 辅助剥离和机械处理相结合,从原始大块 Ti_3AlC_2 中制备 MQD。在 TBAOH 刻蚀过程中,采用 Ti_3AlC_2 的预超声处理,以暴露出更多的新边缘和表面。

MQD 的大小主要取决于温度和反应介质。调整反应条件对于获得不同尺寸和更高产量的 MQD 非常重要。平均横向粒径随温度升高而增大,温度过高则会导致晶体结构发生不良变化。低沸点溶剂介质由于在反应过程中压力较大,也有助于获得小尺寸的 MQD。此外,反应过程中的杂原子掺杂可以减小 MQD 的平均尺寸,并获得更高的量子产率,这主要得益于其突出的能隙态和宽的能隙。

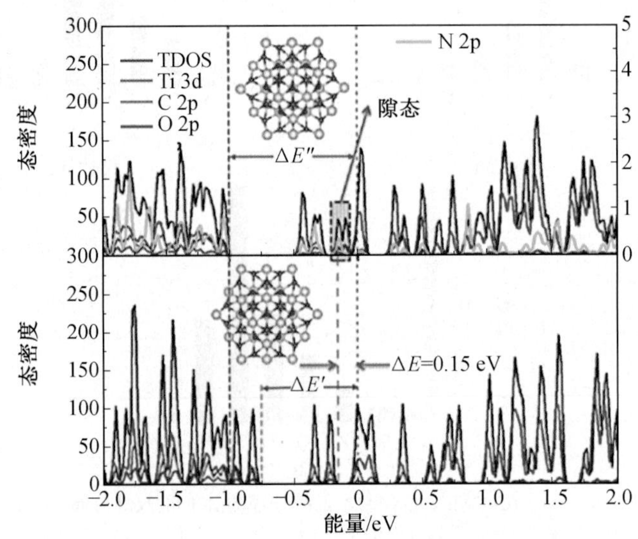

(a) 通过DFT计算(上)N掺杂Ti_3C_2 QD(下)Ti_3C_2量子点的总态密度和投影态密度

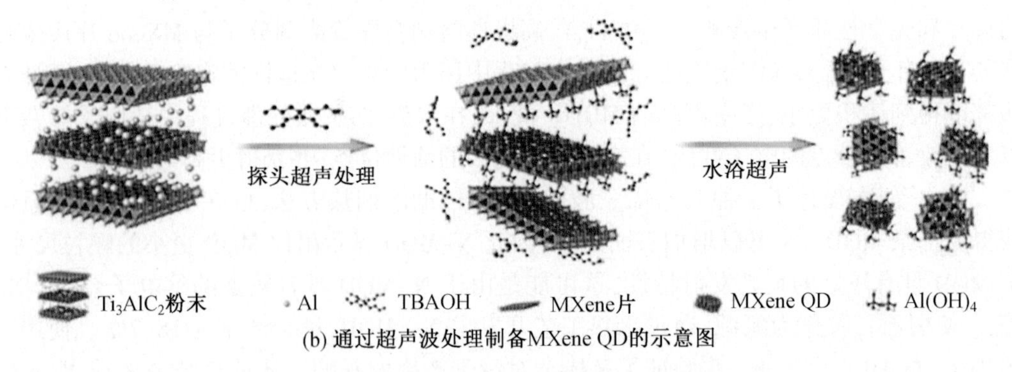

(b) 通过超声波处理制备MXene QD的示意图

图 2.33　量子点态密度计算及超声波法制备 MQD[85,88]

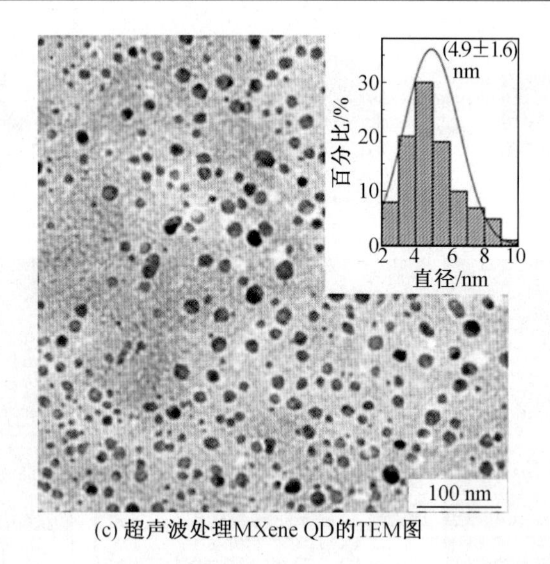

(c) 超声波处理MXene QD的TEM图

续图 2.33

2. 一维 MXene 纳米线合成

一维纳米材料,如碳纳米管,由于其高比表面积、丰富的暴露活性位点和良好的机械可靠性,被广泛应用于储能和穿戴设备。受其特殊性质的启发,由石墨烯等二维材料制成的纳米线通过破坏化学键成功被合成。

MXene 纳米线(MNR)的首次制备是通过在室温下将 HF 刻蚀的 Ti_3C_2 在 6 mol/L KOH 水溶液中连续振荡处理 72 h(图 2.34(a))获得的[89]。前 1 h MNR 产量很少,但 MNR 的长度随着反应时间的延长而延长。该方法获得的 MNR 宽度较窄,为 6 ~ 22 nm。通过 XPS 谱图证实,碱化后 F 的 1s 信号几乎不可见,但出现了 Ti—O 基团的可分辨信号,这表明—F 基团向—OH 基团的转变。XRD 谱图显示 Ti_3C_2 的(002)峰由 8.9 移至 7.1,说明 K^+的层间插入导致层间距扩大(图 2.34(b))。鉴于目前对 MNR 的研究很少,Lian 等提出了一种可能的 MNR 形成机制。碱处理最初促进了表面基团从—F 到—OH 的转化,强化了 K^+的快速吸附和插层。随后,机械振动处理增强了 OH^-和 K^+沿层间通道的扩散,促进了 O 端 MNR 的形成,从而使 MNR 从分层片中分离。Li 等用不同浓度的 KOH 溶液(6 mol/L、12 mol/L 和 24 mol/L)处理 MXene 2 h、10 h 和 20 h,以确定 KOH 溶液的浓度和反应时间对 MNR 形态和数量的影响。结果表明,纳米线的直径和数量与 KOH 浓度成正比,而反应时间过长则会导致纳米线的团聚。Yuan 等通过 KOH 辅助处理从 MAX 相直接合成 MNR(图 2.34(c))。首先将 Ti_3AlC_2 粉末加入 6 mol/L KOH 中,在室温下搅拌 96 h,经过 HF 刻蚀处理后,获得宽度为 50 nm 的 MNR(未被破坏或坍塌)(图 2.34(d))。在这一过程中,OH^-破坏 Ti_3AlC_2 中的 Ti—C 键,形成了扩展到边缘的裂纹。同时碱溶液预处理缩短了离子转移路径并增加表面积,使后续刻蚀更有效。在这项研究的启发下,Zhang 等[90]开发了一种不使用含氟刻蚀剂一步碱化处理从 Ti_3AlC_2 中生成 MNR 的方法。采用不同配比 MAX 和 KOH 粉,加入少量水,水热处理后形成甘蔗状过渡腐蚀产物。随着 KOH 含量的增加和反应时间的延长,最终得到宽度较窄的 MNR。

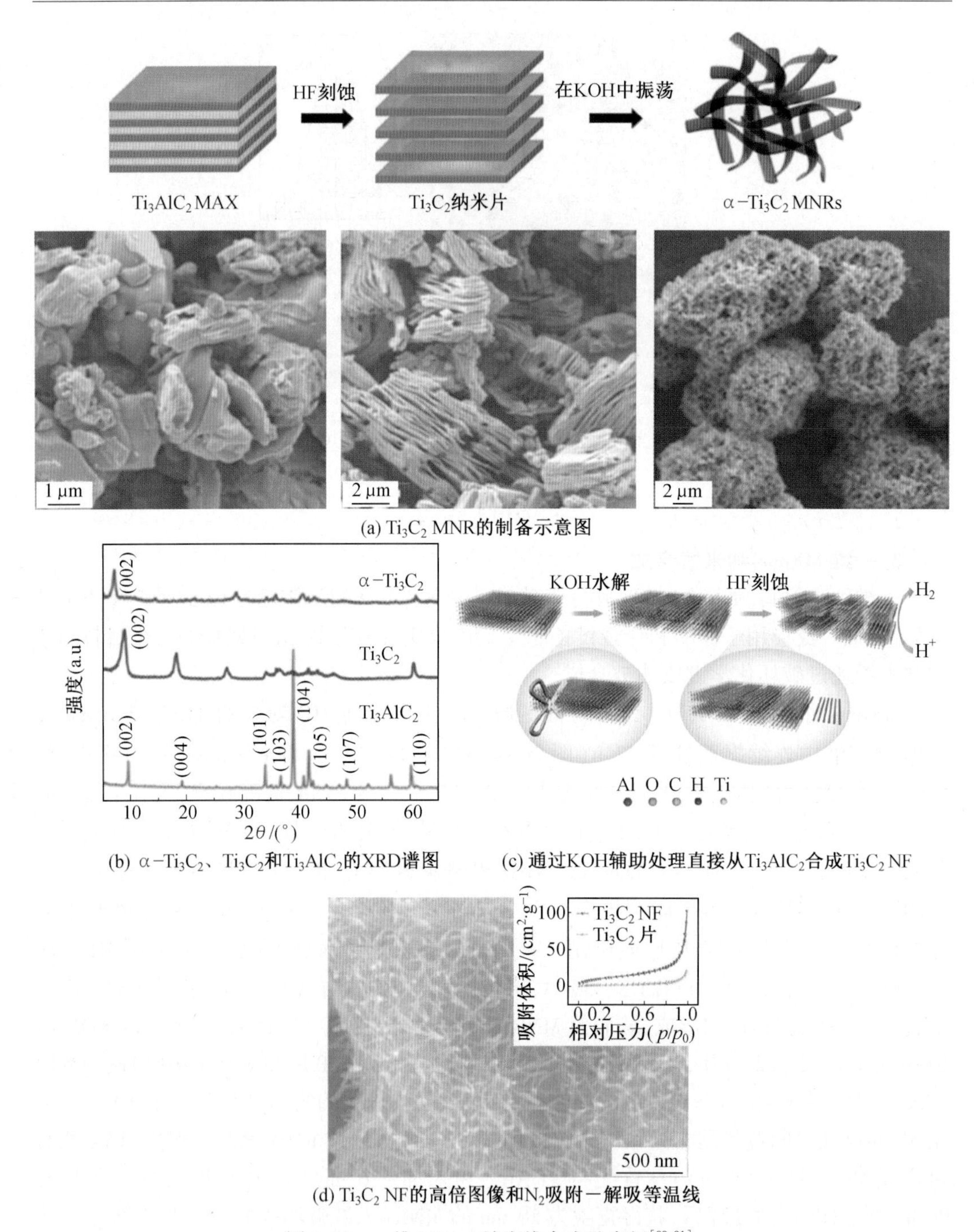

(a) Ti_3C_2 MNR的制备示意图

(b) α-Ti_3C_2、Ti_3C_2和Ti_3AlC_2的XRD谱图

(c) 通过KOH辅助处理直接从Ti_3AlC_2合成Ti_3C_2 NF

(d) Ti_3C_2 NF的高倍图像和N_2吸附-解吸等温线

图 2.34 一维 MXene 纳米线合成及表征[89,91]

3. 二维 MXene 纳米片合成

$Ti_3C_2T_x$ 片因其在二维平面结构中的高比表面积和高导电性而成为极有前途的能量转换和储存(ECS)候选材料。而 $Ti_3C_2T_x$ 由于大量钛原子暴露在表面,氧化稳定性不理想[79]。根据快速傅里叶变换(FFT),在室温下暴露于室外后,锐钛矿型 TiO_2 纳米颗粒仅

在一周内就可在边缘位置形成。然而富钛原子也可以作为成核位点，在氧化过程中控制 TiO_2 在 Ti_3C_2 层上的原位生长。与单组分相比，TiO_2 的独特性质和异质结构中不同组分之间的界面提高了ECS的性能，特别是在光催化方面。根据以往的报道，通过MXene的部分氧化或完全氧化的方法制备了杂化纳米片结构。

所得MXene杂化物的氧化程度取决于合成的方法。$Ti_3C_2T_x$ MXene的可控氧化是制备功能性 TiO_2/MXene杂化物的一种很有前景的方法。目前水热处理是在相对较低温度下获得部分氧化MXene的常用方法。Yang等[92]通过水热法构建了分层的手风琴状 TiO_2/Ti_3C_2 混合物。TiO_2 纳米颗粒均匀地覆盖在MXene片上，扩大了层间空间。同时反应溶剂也决定了 TiO_2 纳米颗粒的大小。据报道，减小 TiO_2 颗粒的大小可以减少光催化过程中孔洞的路径，有助于提高光催化效率。此外，较小的颗粒具有较大的比表面积，也可增加 TiO_2 和MXene的接触面积。Zhang等[93]指出在水热条件下加入适量乙醇可以有效减小 TiO_2 纳米颗粒的尺寸。乙醇由于相对较高的黏度和分子量，减弱了 TiO_2 与水的接触，导致形成较小尺寸的 TiO_2。此外，杂化物增加了层间距离，改善了电化学性能。同时可以通过添加形态导向剂来控制 TiO_2 的暴露面。为了设计 TiO_2 的有利生长，Peng等[94]通过 Ti_3C_2 的水热处理，在1.0 mol/L HCl溶液中合成 TiO_2/Ti_3C_2 异质结纳米复合材料（图2.35(a)）。通过添加0.1 mol/L $NaBF_4$ 作为形态导向试剂，选择性地控制锐钛矿型 TiO_2 的暴露(001)面，而无须任何额外的钛源（图2.35(c)）。这种改性方法已被广泛用于控制 Ti_3C_2 片材上具有特定暴露面的 TiO_2 的良好生长。原位生成的 TiO_2 纳米颗粒在表面和层间也显示出聚集分布，这有助于形成三明治结构（图2.35(b)）。随着反应时间的延长，纳米粒子的尺寸也逐渐增大。

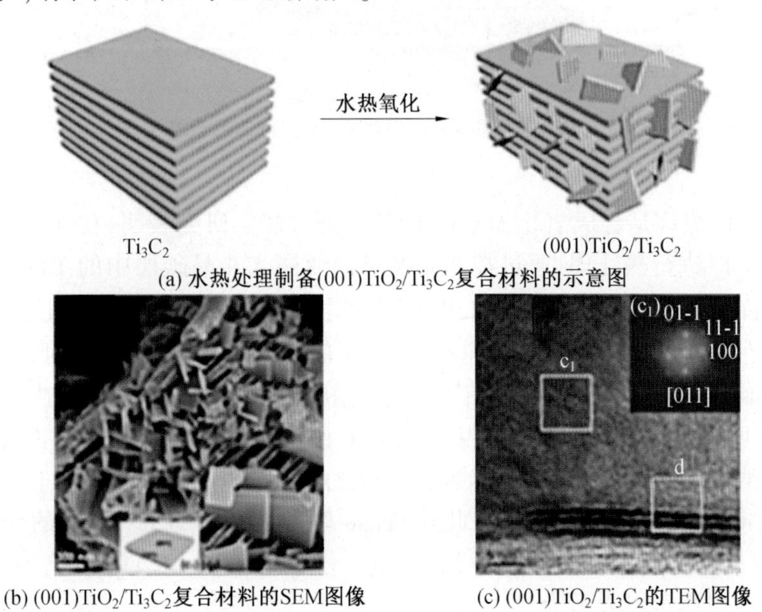

(a) 水热处理制备(001)TiO_2/Ti_3C_2 复合材料的示意图

(b) (001)TiO_2/Ti_3C_2 复合材料的SEM图像　(c) (001)TiO_2/Ti_3C_2 的TEM图像

图2.35 二维MXene纳米片合成及表征[94,96,97]

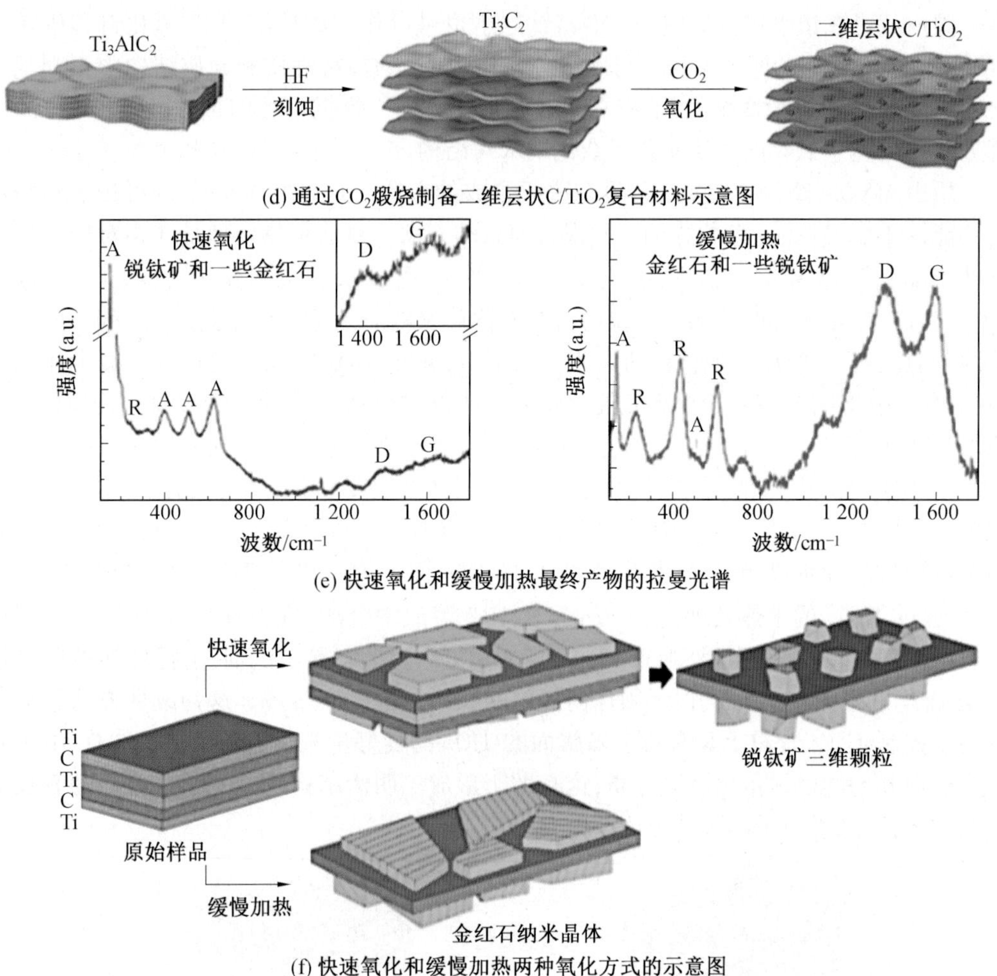

(d) 通过CO_2煅烧制备二维层状C/TiO_2复合材料示意图

(e) 快速氧化和缓慢加热最终产物的拉曼光谱

(f) 快速氧化和缓慢加热两种氧化方式的示意图

续图 2.35

除水热法外,煅烧是合成氧化 MXene 的另一种方法。研究表明,在空气或流动 CO_2 气氛中对 $Ti_3C_2T_x$ 进行热处理,通过控制温度可以使嵌入非晶碳层中的 TiO_2 完全氧化。Naguib 等[95]首先研究了 $Ti_3C_2T_x$ 在 1 150 ℃、空气气氛下 30 s 快速闪光氧化制备 TiO_2@C 复合材料,但在剧烈氧化过程中很难控制反应。Ghassemi 等[96]探索了两种氧化方式,包括快速氧化和缓慢加热过程,以确认不同的氧化机制(图 2.35(d))。在快速氧化过程中,表面的 Ti 原子首先被氧化成平面锐钛矿薄膜(图 2.35(e))。随着更多内部的钛原子迁移到表面,纳米片上形成了垂直纳米颗粒。相比之下,缓慢的加热过程仅仅导致表面上形成金红石 TiO_2 薄片(图 2.35(f))。此外,Yuan 等[97]报道了通过 Ti_3C_2 的一步 CO_2 氧化 1 h 形成的二维层状 TiO_2/C 复合材料。CO_2 分子破坏 Ti—C 键,形成 Ti—O 键(图 2.35(g))。反应过程可以表示为

$$Ti_3C_2+3CO_2 \longrightarrow 3TiO_2+5C \tag{2.6}$$

生成的 TiO_2 片固定在碳层上,形成完好的二维层状结构。在这个过程中加热温度对 TiO_2/C 复合材料结构有很大影响。当加热温度达到 800 ℃时,TiO_2 倾向于形成表面能较

低的颗粒而不是片状，碳层会因为氧化而变薄。当温度继续升高时，碳被完全氧化，在900 ℃焙烧时碳层完全消失。

此外，在不同的气氛下煅烧也有助于形成不同类型钛化合物。Guo等在750 ℃和NH_3气氛下，一步氮化制备了二维层状的C@TiN。NH_3分子首先通过破坏Ti—C键形成Ti—N键，NH_3提供的H原子与C原子反应生成CH_4分子，CH_4分子再次分解为C原子和H原子。这些C原子沉积在TiN片的表面，形成了C@TiN复合结构。Huang等[98]通过在H_2S/Ar气氛下对PDA覆盖的$Ti_3C_2T_x$前驱体退火合成了TiS_2@NSC纳米片，为设计高效锂硫电池正极材料提供了一种方法。

4. 三维MXene纳米花合成

MNR在室温碱性溶液中搅拌可组装成三维多孔骨架，这大大缩短了离子扩散长度。Dong等[99]设计了一个连续氧化和碱化工艺，通过水热处理，在1 mol/L KOH和NaOH溶液中添加少量的质量分数为30%的H_2O_2，生成MXene纳米花(图2.36(a))。与KOH溶液中形成的MNR相比，Ti_3C_2在XRD谱图中的典型衍射峰完全消失。在24.3°和48°处观察到新的峰，对应于新产物$NaTi_{1.5}O_{8.3}$和$K_2Ti_4O_9$(图2.36(b))。此外，几乎不变的层间空隙消除了插层的可能性。XRD结果表明，TiO_2先被氧化，然后在水热条件下的碱性环境促进了钛酸钠或钛酸钾的形成。制备的长曲线MNR形成并组装成海胆样结构。此外碱金属离子在酸性溶液中浸泡一段时间后可被H^+取代，进一步煅烧也可生成TiO_2纳米花。Li等[100]报道了Ti_3C_2到Ti_3C_2/TiO_2纳米花的成功转化，并提高了光催化性能(图2.36(c))。在0.1 mol/L HCl溶液中进行离子转换，然后在不同温度下退火，得到Ti_3C_2/TiO_2复合材料。随着加热温度的升高，锐钛矿型TiO_2的含量越来越高，从SEM图像可以看出，“花瓣”逐渐变宽变短(图2.36(e)和(f))。此外，通过控制水热条件，可以得到完全氧化的纳米花，而不是二维纳米片。值得注意的是，通过对溶剂的改性来控制F含量可以有效地控制晶格平面的生长。表面的—F基团可以通过调节晶面生长来改变TiO_2/C复合物的取向。

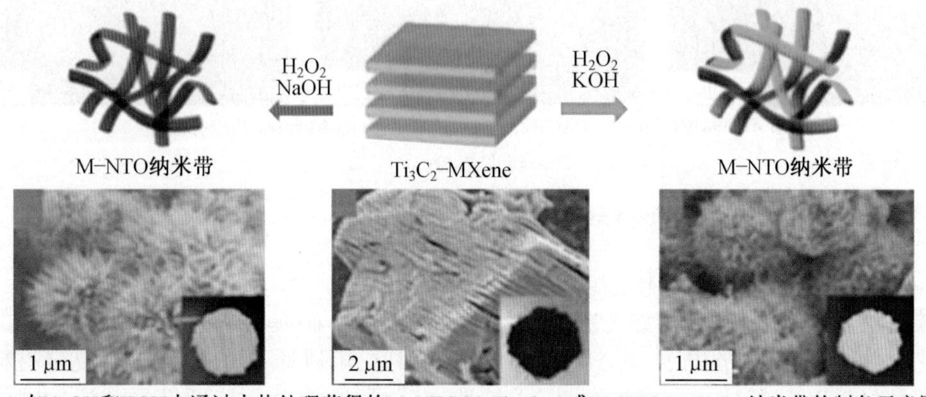

(a) 在NaOH和KOH中通过水热处理获得的M-NTO($NaTi_{1.5}O_{8.3}$)或M-KTO($K_2Ti_4O_9$)纳米带的制备示意图

图2.36　三维MXene纳米花合成及表征

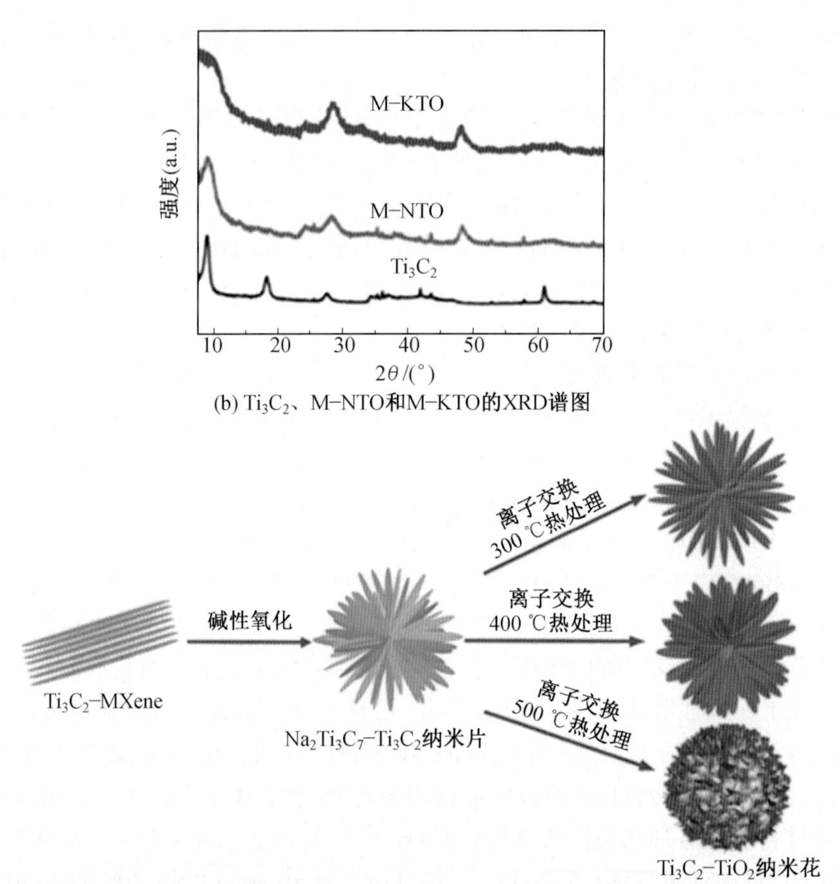

(b) Ti_3C_2、M-NTO和M-KTO的XRD谱图

(c) 不同加热温度下Ti_3C_2/TiO_2纳米花的制备示意图

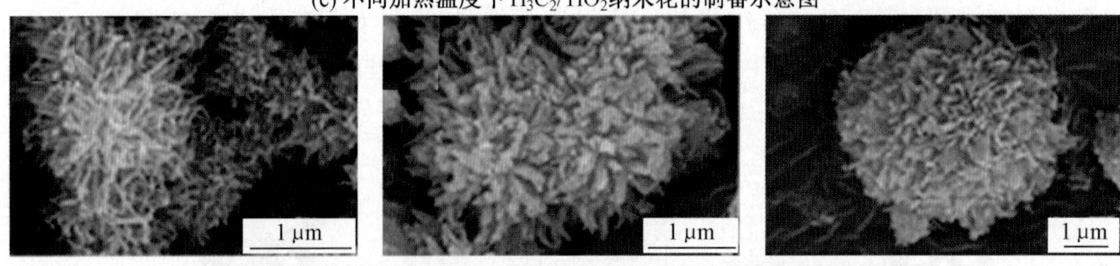

(d) 不同温度(300 ℃、400 ℃、500 ℃)下Ti_3C_2/TiO_2纳米花的SEM照片

续图 2.36

2.2.6 MXene 基复合材料合成

1. MXene-碳材料复合材料

碳基材料拥有多种形式,如无定形、石墨、金刚石等。碳基材料显示出许多优异的物理和化学性能,如良好的电子、光学和机械性能。因此,可以通过在 MXene 基复合材料中引入碳基材料以提高 MXene 的导电性、柔韧性、电化学性能等。最近最受关注的碳材料包括石墨烯(G)、CNT 和介孔碳等。

(1)MXene-石墨烯复合材料。

由于石墨烯的优异性能(例如高导电性、优异柔韧性、大表面积(LSA)等),石墨烯基复合材料已被大量研究。石墨烯基复合材料不仅具有优异的性能,而且倾向于保持石墨烯的结构，这进一步提高了性能。例如，在石墨烯纳米颗粒复合材料中插入的纳米颗粒能够阻止石墨烯纳米薄膜的堆积，且不会减少较大的表面积或降低其电性能。Aierken等[101]通过理论计算研究了MXene/石墨烯复合材料，并证明了其优异的稳定性。该复合材料可以通过原位生长法或非原位混合法合成。

二维Mo_2C MXene可通过CVD方法合成。在这个过程中，熔融铜作为基底，流动甲烷(CH_4)用作渗碳剂。此外，石墨烯可以通过CVD方法在相同条件下合成。由此，Xu等[102]通过CVD方法成功地制备了Mo_2C石墨烯复合材料(图2.37(a))。在反应过程中，二维层Mo_2C在石墨烯层表面原位生长。Mo_2C石墨烯复合材料显示出石墨烯和超导二维层Mo_2C MXene的优异性能。此外，Fan等[103]还报道了一种在垂直分布的石墨烯上生长二维层Mo_2C的方法，首先垂直排列的石墨烯纳米带(VA-GNR)由垂直排列的碳纳米管(VA-CNT)通过热丝化学气相沉积(HW-CVD)工艺制成。为了在石墨烯表面均匀沉积Mo_2C，先在石墨烯的表面喷涂钼金属，然后用气态碳源碳化钼基前驱体，形成二维层Mo_2C。图2.37(b)显示了掺杂Mo_2C/N的石墨烯(N-G)复合材料的制备工艺示意图。通过用特定氮源(双氰胺)烧结MoO_3/石墨烯氧化物复合材料(MoO_3/GO)获得了Mo_2C/N-G复合材料。此外，Yan等[104]发现，使用特定氮源(NH_3)的烧结方法，MoO_3/GO复合材料可以转变为Mo_2C-Mo_2N异质结多孔石墨烯复合材料。

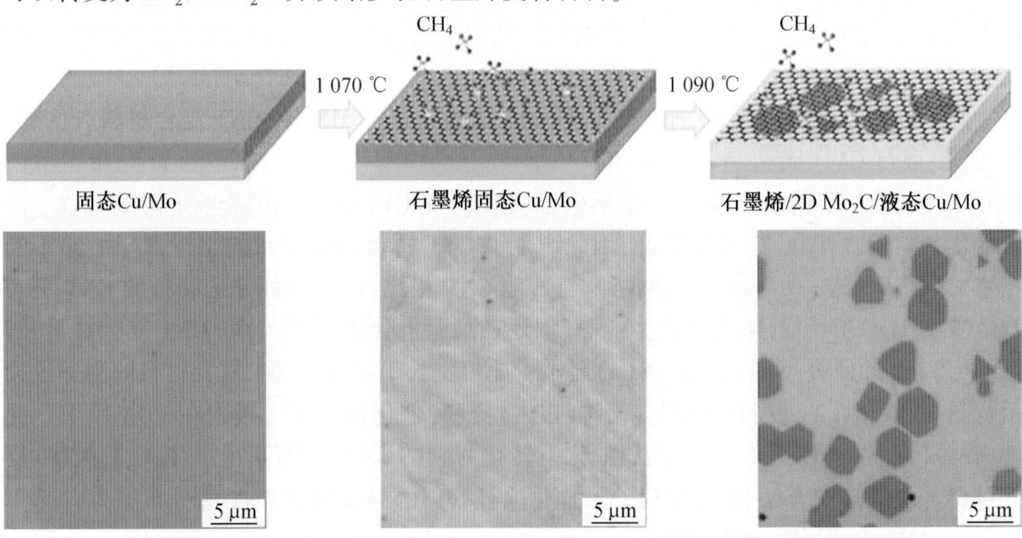

(a) 气相原位生长Mo_2C/G复合材料的制备工艺示意图及每个步骤中获得的样品的光学图像

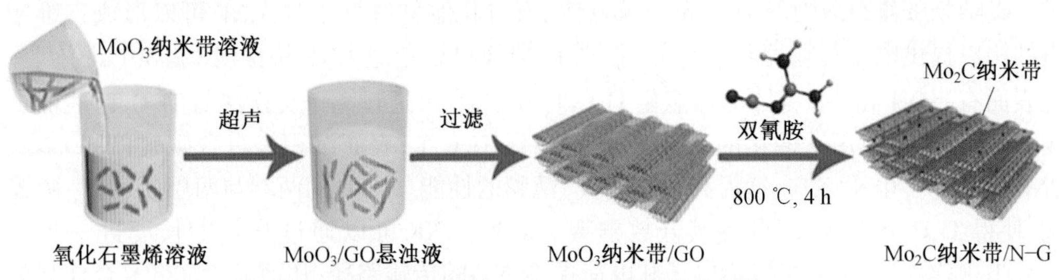

(b) 液相原位生长法制备Mo_2C/N-G复合材料的示意图

图2.37　MXene-石墨烯复合材料的合成[106-107]

非原位法混合包括交替沉积和溶液混合。在交替沉积过程中,含有两种前驱体溶液的两个雾化喷嘴交替地将样品喷射到基底上,然后干燥产物以形成夹层结构的 MXene 基复合材料。在溶液混合过程中,两种前驱体需在溶液中搅拌或使用超声波混合。溶液混合是制备 MXene/还原氧化石墨烯复合材料(MXene/rGO)最常用的方法。MXene 可通过溶液混合法分别与 rGO 和 GO 形成 MXene/rGO 复合材料和 MXene/GO 复合材料,其中 GO 可被还原形成 MXene/rGO 复合材料。Bao 等[105]通过溶液混合直接合成 $Ti_3C_2T_x$/rGO 复合材料,并成功地将硫渗透到 $Ti_3C_2T_x$/rGO 复合材料中。

(2)MXene-碳纳米管复合材料。

CNT 由于其良好的力学特性、化学稳定性和导电性而受到广泛的研究。研究发现碳纳米管可以控制石墨烯的重新堆积。CNT 用于与 MXene 复合时作为 MXene 层之间的插层剂插入,以防止 MXene 膜重新黏合。溶液混合是形成 MXene-CNT 复合材料的最常用方法。迄今为止,$Ti_3C_2T_x$/CNT 复合材料和 Nb_2CT_x/CNT 复合材料是最常见的 MXene-CNT 材料。这些官能化 MXene 的表面带负电,CNT 不带电或带正电,这便于在溶液混合时合成官能化 MXene 和 CNT。如果用带正电的表面对 CNT 进行改性,则反应比不带电的 CNT 更容易。MXene-CNT 复合材料可以吸附其他功能材料,例如 $Ti_3C_2T_x$/CNT/S 复合材料,其中硫是锂硫电池的正极材料。Ti_2CT_x 与 $Ti_3C_2T_x$ 相似,也可以在超声搅拌下直接生成含有 CNT 的 Ti_2CT_x/CNT 复合材料。类似的复合材料也可以通过交替过滤两种前驱体溶液来制备,并呈现出明显有序的交替结构。

除了非原位混合方法外,原位生长方法也被用于制备 MXene/CNT 复合材料。例如,Li 等[108]通过 CVD 成功制备了 $Ti_3C_2T_x$/CNT 复合材料。在合成过程中,首先在剥落的 $Ti_3C_2T_x$ 表面沉积催化剂(Ni^{2+})。然后碳源(C_2H_4)在 CVD 催化剂的影响下形成 CNT。由于催化剂附着在 $Ti_3C_2T_x$ 片的表面,因此产生了 CNT 桥接广泛分布的 $Ti_3C_2T_x$ 片,并不断产生交联,从而进一步构建多孔网络。与其他 CNT 相比,通过这种方法制备的 CNT 更有效地限制 $Ti_3C_2T_x$ 层的重新堆叠。Li 等[109]还在高温下合成了 $Ti_3C_2T_x$/CNT 复合材料,其性能与 Li 等的研究不同。图 2.38(a)显示了原位生长 $Ti_3C_3T_x$/CNT 复合材料的制备过程示意图。在 $Ti_3C_2T_x$ 表面形成聚多巴胺(PDA)掩膜,催化剂(Co^{2+})吸附在 PDA 膜上。此外,碳源(尿素)不断引入,并在高温催化下转化为碳纳米管,进而获得了 $Ti_3C_2T_x$/CNT 复合材料。与溶液混合法相比,通过 Co^{2+}催化途径获得的络合物中 CNT 的分布更为广泛。

(3)MXene/其他碳复合材料。

碳纳米纤维(CNF)具有优异的导电性,当与其他材料复合时,CNF 可以形成三维网络结构以提供电子传输路径。此外,$Ti_3C_2T_x$ 薄膜可以通过 CNF 桥接(图 2.39(a))[110]。在表面有—OH 和—F 基团的功能化 $Ti_3C_2T_x$ 中,Co^{2+}可通过离子交换法与 $Ti_3C_2T_x$ 表面连接。之后,通过使用钴催化的 CVD 方法可以在 $Ti_3C_2T_x$ 表面沉积来自含碳气体的 CNF。CNF 包含许多电子空穴,这提高了 $Ti_3C_2T_x$ 薄膜的性能。CNF 的两端与两层 $Ti_3C_2T_x$ 膜连接,使得 $Ti_3C_2T_x$ 膜可以保持其开放框架。此外,CNF 可以通过其长链长度进一步与 $Ti_3C_2T_x$ 膜连接。CNF 可以为电子和电荷提供更多的传输路径,从而显著降低复合样品的电阻(图 2.39(b))。纤维材料独特的三维网络结构导致存在大量空隙。因此,MXene 纳米片可以通过滤膜过滤悬浮液与纤维混合,以制备 MXene/纤维复合材料。

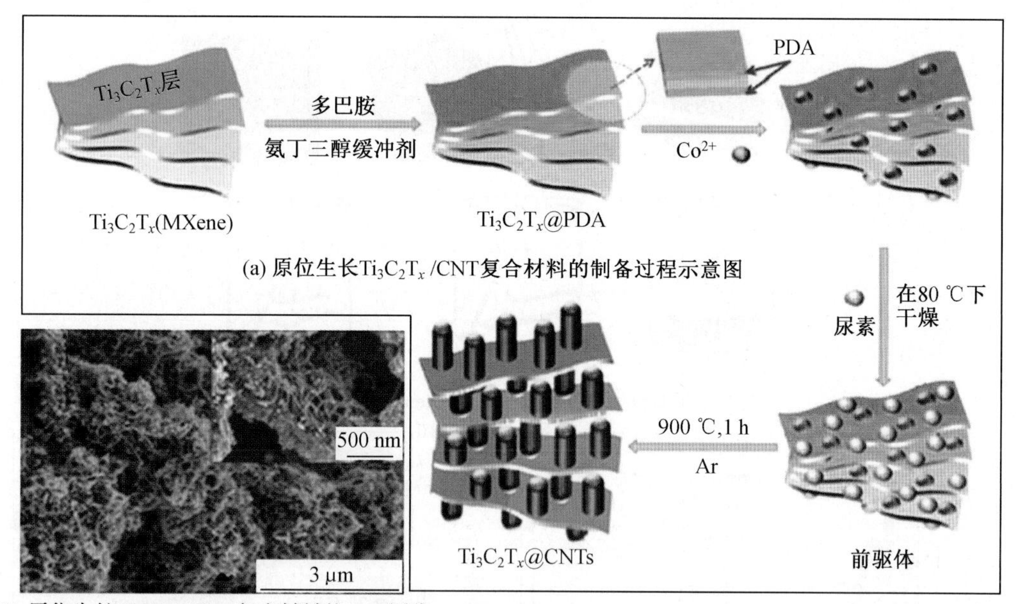

图 2.38 MXene/碳纳米管复合材料的合成及表征[108]

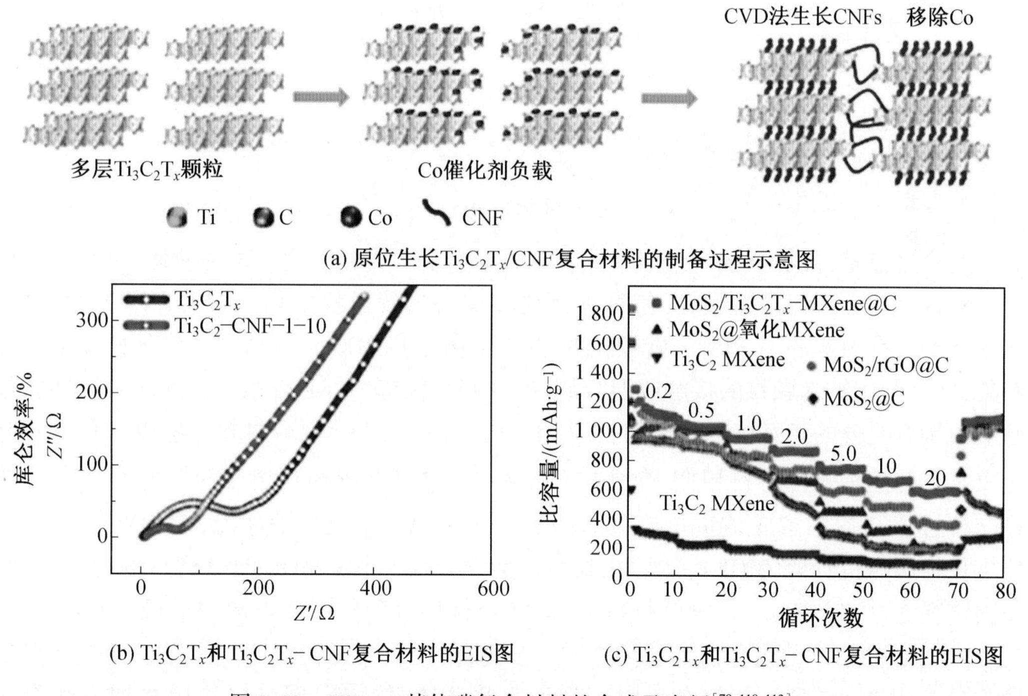

图 2.39 MXene/其他碳复合材料的合成及表征[79,110,113]

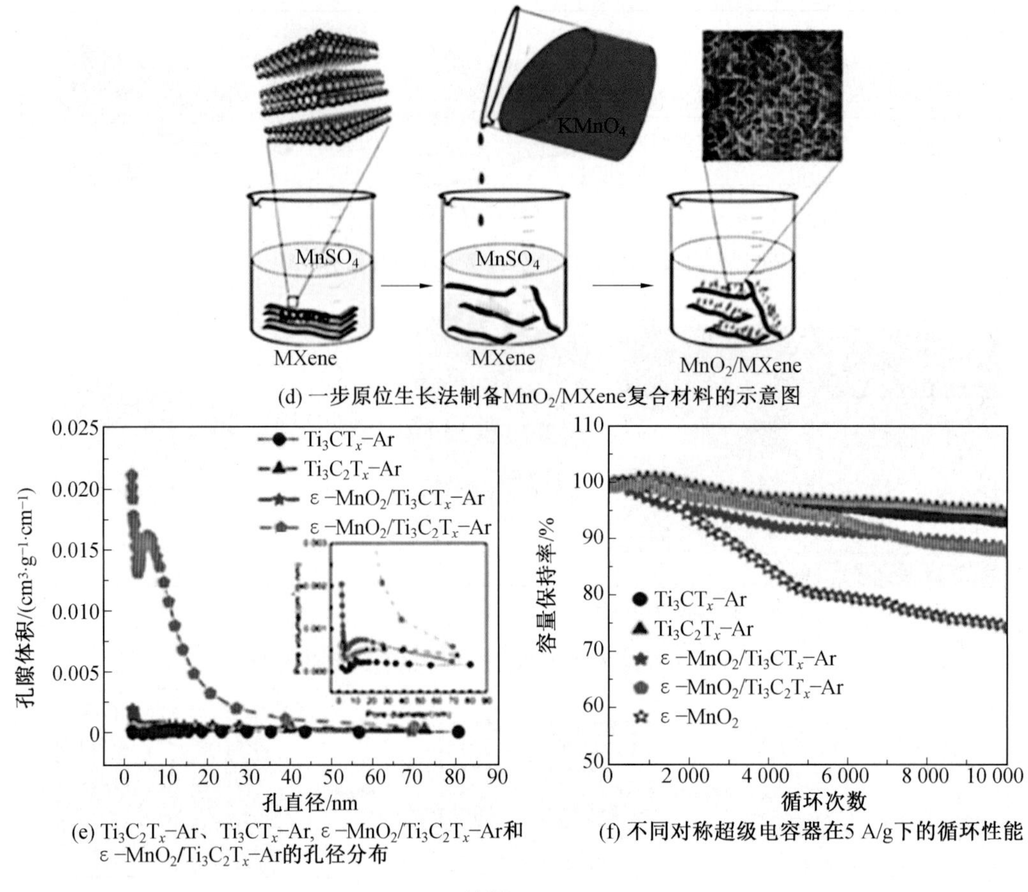

(d) 一步原位生长法制备 MnO_2/MXene复合材料的示意图

(e) $Ti_3C_2T_x$-Ar、Ti_3CT_x-Ar, ε-MnO_2/$Ti_3C_2T_x$-Ar和ε-MnO_2/$Ti_3C_2T_x$-Ar的孔径分布

(f) 不同对称超级电容器在5 A/g下的循环性能

续图 2.39

交替过滤是合成 MXene/碳纳米颗粒复合材料的最直接方法。两种液体悬浮液,一种是 MXene 片,另一种是碳颗粒,使每种物质在交替过滤过程中相互附着在对方的表面。如果制备含有 MXene 片和所需碳颗粒的单一悬浮液,则 MXene 片倾向于在彼此顶部重新聚集,并且与碳纳米颗粒的接触或混合最少。因此,优选两种悬浮液才能在尽可能薄的过滤层中具有充分的相互接触。例如,$Ti_3C_2T_x$ 类离子碳(OLC)复合材料已经以这种方式制造出来。与这种复合材料相似,介孔碳(Meso-C)可以形成相互连接的导电网络[111],通过交替过滤制备 $Ti_3C_2T_x$/Meso-C 复合材料。为了添加更具体的功能,在 MXene 表面原位生长金属有机骨架(MOF),然后在高温下碳化 MOF,保留 MOF 的结构。最后,将硫颗粒固定在 $Ti_3C_2T_x$/Meso-C 复合材料上,该复合材料可用作锂硫电池的电极。在图 2.38(a)中,显示的第一种化合物是 $Ti_3C_2T_x$/PDA 复合材料,其可在惰性气体保护下在高温下转化为 $Ti_3C_2T_x$/N 掺杂 C 复合材料。除了这些传统方法外,还可以使用热解方法合成 MXene/C 复合材料。例如,Wu 等使用 NaCl 作为模板,热解四水合钼酸铵和柠檬酸的混合物,然后移除模板,以获得分布在 N-C 纳米片上的独特片状 Mo_2C 材料[112]。

总之,MXene/碳复合材料经常通过原位混合方法制备。由于碳材料的大多数合成工艺抑制了结构均匀的 MXene 的存在,因此溶液混合法是一种常用的方法,它可以更好地保持 MXene 的结构。MXene 表面的负 T 基团与一些带正电的材料发生静电作用,从而获得所需的复合物,但分布效果可能仍然不佳。也可通过交替过滤获得 MXene/碳复合材料,在此过程中,将含 MXene 的溶液滴到碳材料上并干燥以获得复合材料。原位生长方法主要是石墨烯和碳纳米管分别通过 CVD 和高温催化来完成。当进行 CVD 时,可以在石墨烯表面原位生长超薄 Mo_2C。在高温催化过程中,催化的 CNT 可以均匀分布在 MXene 表面,并通过静电相互作用和离子交换将金属离子催化剂均匀附着到 MXene 表面。然而,两种原位生长方法的合成条件相对复杂。

2. MXene/金属氧化物/硫化物复合材料

金属氧化物与硫化物的结合可以提高 MXene 基材料储能的理论容量。MXene 可以抑制金属氧化物和硫化物结构的坍塌。MXene 层的重新堆积可以通过插层来抑制。因此,大量金属氧化物和硫化物被用于制备 MXene 基复合材料,主要有 TiO_2、SnO_2、MnO_2、MoO_3、Cu_2O、Sb_2O_3、Fe_2O_3、Co_3O_4、$NiCo_2O_4$、Nb_2O_5、ZnO、MoS_2、ZnS 和 SnS。

(1) MXene/金属氧化物复合材料。

迄今为止,所报道的复合材料主要通过四种方式合成:①非原位混合;②自氧化混合;③一步原位生长;④多步原位转化。根据目标材料及其前驱体的不同选择适当的方法。不同的合成方法导致不同的产物结构和性能。在混合之前,需要从 MAX 相制备 MXene,有时需要保持分层结构,以便为要沉积的金属或金属化合物提供更多的空腔。

在 MXene/金属氧化物复合材料合成中,非原位混合方法使用较少。交替过滤法是一种物理和直接的方法,通过这种方法,夹层结构相互叠加。Zhao 等[114]用这种方法合成了 $Ti_3C_2T_x/Co_3O_4$,MXene 和金属氧化物由两个喷嘴提供。然而,交替排列的复合材料应具有支撑复合材料的基底(例如聚合物膜)。例如,Zhao 等[114]以这种方式制造了 $Ti_3C_2T_x/NiCo_2O_4$ 薄片。干燥处理后,聚合物膜的基质被剥离,复合材料保持柔韧的层状结构,厚度约为 3 μm,合成的复合材料薄膜显示出无序结构。除了上述非原位混合方法外,Yang 等[115]还通过球磨的方法制备了聚乙烯醇缩丁醛/$Ba_3Co_2Fe_{24}O_{42}/Ti_3C_2$ 复合材料。

根据氧化程度的不同,自氧化混合可分为局部和大面积两种。Karlsson 等[33]研究了 MXene 片的表面基团,发现 MXene 片显示出 O 基团的不均匀分布,这部分影响了其化学活性。此外,还发现局部表面化学反应也受到点缺陷的影响。因此,MXene 片可以通过局部氧化达到与化合物相似的效果。(001) $TiO_2/Ti_3C_2T_x$ 复合材料通过 $Ti_3C_2T_x$ 的局部水热氧化获得(图 2.40(a)、(b)),从而形成具有最小缺陷的界面。图 2.40(c)显示了(001) TiO_2 的形成。这种特殊的 TiO_2 可以有效地生成电子-空穴对,这使得 MXene 能够作为空穴阱存储更多空穴[94]。(001) $TiO_2/Ti_3C_2T_x$ 复合材料依赖于形态引导剂 $NaBF_4$。在没有特殊试剂的情况下,$Ti_3C_2T_x$ 片转变为 TiO_2NPs/$Ti_3C_2T_x$ 复合物[94],如果特殊试剂 $NaBF_4$ 被 NH_4F 取代,则反应生成(111) $TiO_2/Ti_3C_2T_x$ 复合物[116]。因此,形态引导试剂在局部水热氧化过程中起着重要作用[94]。类似地,$TiO_2/Ti_3C_2T_x$ 复合材料可以被部分还原。例如,(111) $TiO_2/Ti_3C_2T_x$ 复合材料可以转化为(111) $TiO_{2-y}/Ti_3C_2T_x$ 复合材料[117]。此外,如果在室温下用 H_2O_2 处理 Ti_2C 薄膜,Ti_2C 层之间的距离会扩大并形成 TiO_2 NP。Ahmed 等[63]发现,复合材料的空间结构和成分主要受 H_2O_2 处理时间和 H_2O_2 量的影响。

Zhu 等[118]通过水解将 Ti—F 转化为 Ti—OH,并通过热处理将 Ti—OH 转化为 TiO_2,以获得 $TiO_2/Ti_3C_2T_x$ 复合材料。

MXene 膜在相对温和条件下会被部分氧化,但在强烈的条件下会发生大面积氧化。在高温下流动的 CO_2 中,MXene 层的表面会被严重氧化(图 2.40(d))。比较图 2.40(b)与图 2.40(e)可以明显看出,高温会严重影响金属氧化物的结构。氧化过程非常彻底,导致二维过渡金属碳化物的表面金属元素转化为同质过渡金属氧化物,MXene 的碳元素和一些 CO_2 转化为薄纱状无序碳膜,充当“键”以保持框架完整。图 2.40(f)显示即使在短的氧化时间内也会形成 Nb_2O_5[96,119]。此外,为了形成 $Ti_3C_2T_x/Na_{0.23}TiO_2$ 复合材料,将 $Ti_3C_2T_x$ 用氢氧化钠处理 120 h,以将其表面氧化为 $Na_{0.23}TiO_2$[120]。

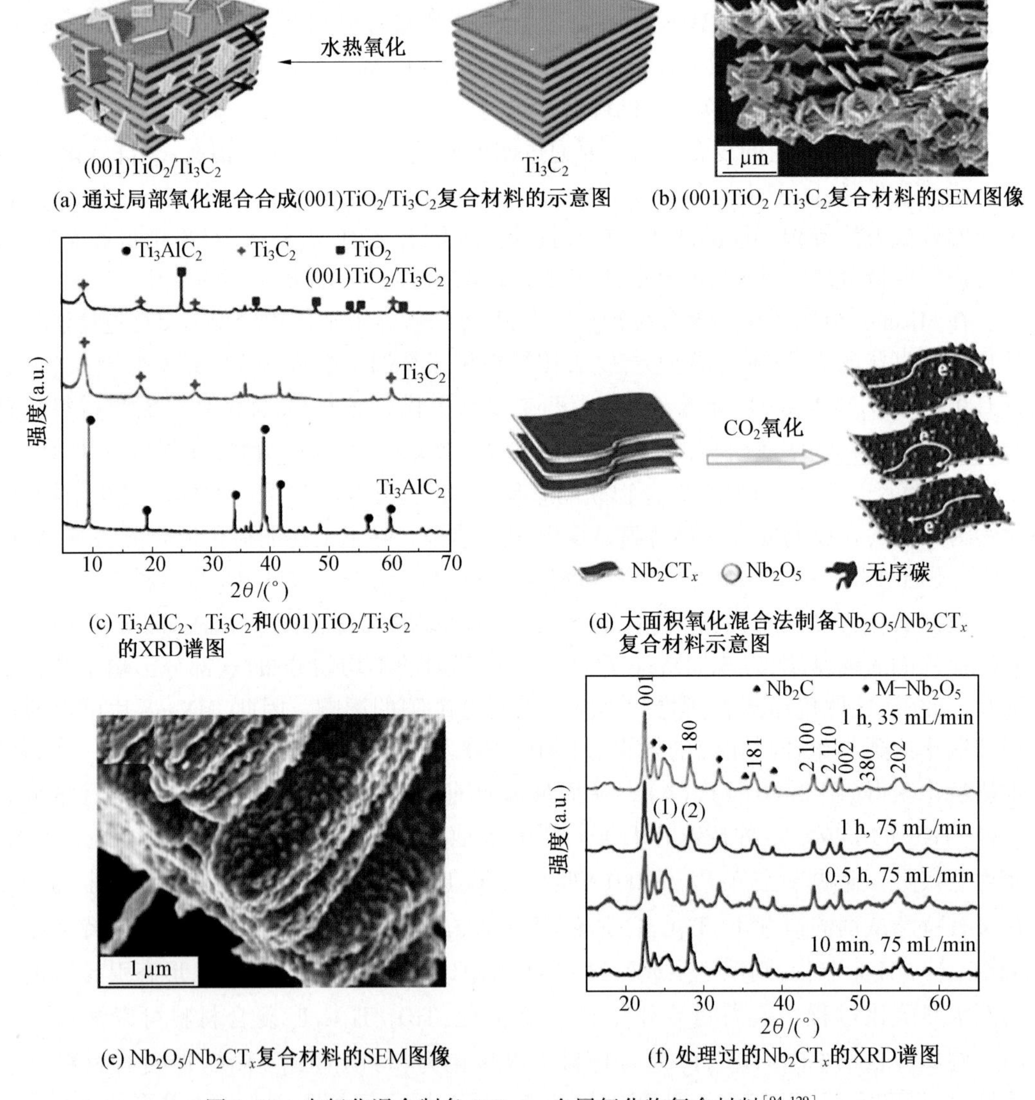

图 2.40 自氧化混合制备 MXene-金属氧化物复合材料[94,129]

一步原位生长方法包括原位氧化生长法和原位水解生长法。原位氧化生长依赖于氧化还原反应以生成沉积在MXene表面上的金属氧化物。关于通过氧化还原反应合成的MnO_2/MXene复合材料,图2.39(d)显示了MnO_2是纳米晶须的结构,从图2.39(e)可以清楚地看出,$\varepsilon-MnO_2$的引入显著增加了样品的孔径,尤其是$Ti_3C_2T_x$[113]。此外,Tian等[121]将Mn^{2+}附着在MXene表面,并将Mn^{2+}转化为MnO_x。Dai等[122]控制还原反应,在MXene表面产生小的片状MnO_x区域,原位氧化生长主要在液相中实现。迄今为止,许多金属氧化物已通过原位液相氧化生长成功沉积在MXene表面,包括Cu_2O、$Co_3O_4T_x$、MoO_3、TiO_2等。

原位氧化生长不仅可以在液相中实现,而且可以在气相中实现。Ahmed等通过原子层沉积制备了$SnO_2/Ti_3C_2T_x$复合材料和$HfO_2/SnO_2/Ti_3C_2T_x$复合材料。Sn在MXene表面经历原位氧化生长,Hf也被氧化以覆盖其复合物。这种生长方法是在高温下进行的,并且这些过程并不是每一种都以液体形式反应。在原子层沉积法中,金属元素前驱体气体与O_3氧化剂混合以沉积在MXene膜的表面,金属氧化物的沸点必须在前驱体的沸点和处理温度之间。此外,与水热氧化或喷涂相比,ALD技术可以获得性能优越的氧化层分布。

在特定温度下,原位水解生长是通过控制pH将金属离子转化为相应的金属氧化物。Guo等[123]通过这种方法合成了$Sb_2O_3/Ti_3C_2T_x$复合材料。通过分散Sb^{3+}并将其锚定在$Ti_3C_2T_x$表面,然后用NaOH将pH调整到8以上,这导致Sb^{3+}转化为Sb_2O_3-NP。表征表明,Sb_2O_3纳米粒子的平均直径小于50 nm,在MXene表面的固定化均匀。同时复合材料具有三维网络结构,在两种材料之间具有许多空隙空间,这导致复合材料具有显著的电化学性能。此外,Wang等[124]通过原位水解生长合成了$TiO_2/Ti_3C_2T_x$复合材料,该复合材料的光催化活性是TiO_2的400倍。

原位水解生长主要将金属离子转化为相应的金属氢氧化物,无论是来自多个离子还是单个金属离子物质。Wang等基于这种方法合成了具有多孔结构的MXene镍铝层状双氢氧化物(MXene/LDH)(图2.41(a))。多步原位转化需要在MXene表面预生成和化学转移前驱体,以获得所需的复合物。例如,通过原位水解生长法合成的MXene/多种金属氢氧化物经过热处理以获得相应的氧化物(图2.41(b))[125-126]。使用该方法,Wang等制备了$TiO_2/Ti_3C_2T_x$复合材料,该复合材料可作为生物传感器材料,并对H_2O_2表现出优异的灵敏度。此外,在该复合材料中,TiO_2以均匀分布的纳米颗粒的形式存在[127]。Zhang等[128]通过这种方法合成了$Ti_3C_2T_x/FeO_x$复合材料,形成了稳定的夹层结构,显示出很强的结合磷酸盐的能力,并显示出优异的净水能力。

综上所述,不同的合成方法导致不同的产品结构和性能。根据目标材料及其前驱体的不同,优化适当的方法可为沉积金属或金属化合物提供更多的空腔,以实现分层结构。

(2)MXene/金属硫化物复合材料。

层状金属硫化物由于其快速离子导电性被广泛研究。例如,Su等[133]发现WS_2在钠离子电池中显示出高库仑效率,并且可以均匀地固定在石墨烯表面。MoS_2是一种具有二

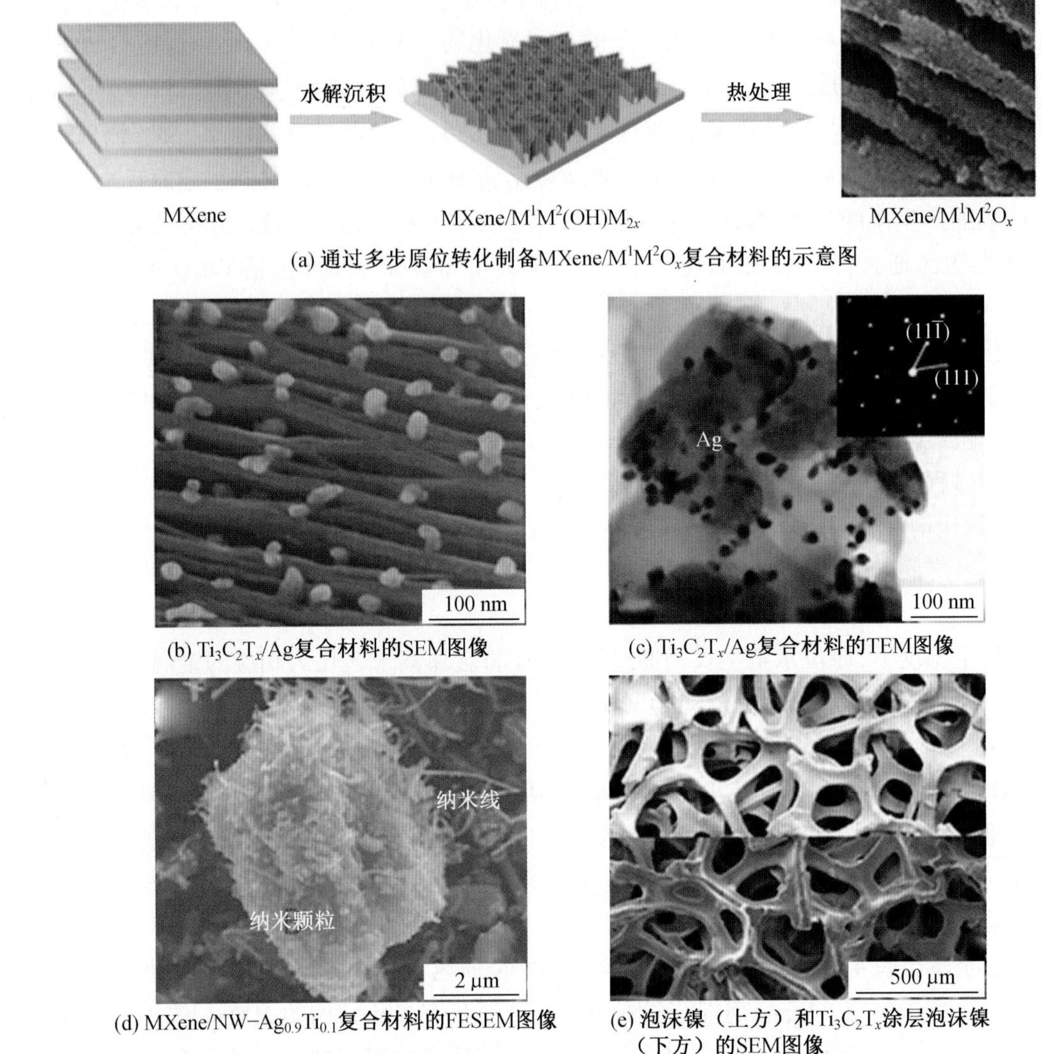

(a) 通过多步原位转化制备MXene/$M^1M^2O_x$复合材料的示意图

(b) $Ti_3C_2T_x$/Ag复合材料的SEM图像

(c) $Ti_3C_2T_x$/Ag复合材料的TEM图像

(d) MXene/NW-$Ag_{0.9}Ti_{0.1}$复合材料的FESEM图像

(e) 泡沫镍（上方）和$Ti_3C_2T_x$涂层泡沫镍（下方）的SEM图像

图 2.41 原位法制备 MXene/金属氧化物及金属复合材料[125-126,130-132]

硫化物结构的典型材料，理论研究发现 MXene/MoS_2 复合材料具有间接带隙半导体特性。MXene/金属硫化物复合材料的合成通常使用原位水热法。

一些金属硫化物可以通过一步水热法从其前驱体制备，然后沉积在 MXene 表面，例如 ZnS 和 MoS_2。但一些硫化物也需要连续热处理才能从其组成元素获得，例如 SnS。MoS_2/$Ti_3C_2T_x$ 复合材料可以通过水热法合成，并通过固相烧结处理显示出与未经热处理的复合材料相似的电化学性能。Wu 等[79]使用水热法和热处理合成 MoS_2/$Ti_3C_2T_x$@ C，该复合材料拥有很强的结构稳定性，所得 MoS_2 纳米片的厚度非常小(<10 nm)。除了水热法，机械转移技术也被用于制备 MoS_2/$Ti_3C_2T_x$ 异质结构和 WSe/$Ti_3C_2T_x$ 异质结构。

当通过简单的原位方法获得金属氧化物(MO)、金属硫化物(MS)/MXene 复合材料时，氧化物和硫化物的均匀分布受到限制。使用球磨法不容易控制形貌，通过交替过滤法合成的复合材料形态比通过球磨法更好,但层间的距离更大。此外,通过在夹层中插入特殊材料调控 MXene 溶液的分散,有利于形成“滤膜”形态。在局部自氧化混合时,MXene 依靠其表面缺陷实现局部氧化效应,从而在 MXene 表面形成多孔结构。在大面积自氧化混合时,金属氧化物可以达到非常均匀的分布,但这种方法的缺点是它只能依靠 MXene 自身的金属元素生成金属氧化物或硫化物。原位一步生长可以在体系中引入新的化合物。由于—T 基团的作用,氧化物和硫化物可以均匀地分布。然而,在反应过程中,氧化物或硫化物的溶液和前驱体可能会影响 MXene 形态。多步原位转化法通常基于相应的一步原位生长法,前驱体在 MXene 表面原位生成,并在特殊条件下转化为氧化物或硫化物。

总之,层状金属硫化物由于其快速的离子导电性而被广泛研究。一系列具有间接带隙半导体特性的金属硫化物/MXene 化合物已被广泛用作钠离子电池电极的候选材料,并显示出良好的电化学性能。

3. MXene/有机聚合物复合材料

聚合物具有结构灵活、成本低、毒性低等优点,因而得到了广泛的应用。MXene 和聚合物化合物的复合可以提高材料的性能,例如热稳定性、力学性能、电导率等。MXene/聚合物复合材料可以通过物理混合、表面改性和原位混合等方法制备。

(1)物理混合法。

MXene 与聚合物直接物理混合是制备 MXene/聚合物复合材料的最常用方法。由于 MXene 表面含有丰富的官能团,特别是羟基(—OH),可与聚合物的亲水官能团(例如羧基、羟基和氨基)形成氢键,因此可以通过物理混合制备 MXene/聚合物复合材料。氢键可以帮助 MXene 均匀稳定地分散在 MXene/聚合物复合材料中,并构建具有三维结构的 MXene/聚合物复合材料。例如,黄原胶是一种含有丰富含氧官能团的亲水多糖,可以通过与 MXene 的物理混合制备复合膜(图 2.42(a))[134]。由于 MXene 和黄原胶之间的氢键很强,MXene 可以均匀地分布在黄原胶基质中。此外,MXene/黄原胶复合膜的拉伸强度和断裂应变分别是纯 MXene 膜的 2.0 倍和 6.4 倍。He 等的研究证实了 MXene 与聚合物之间的氢键作用有助于 MXene 的稳定分散和复合材料机械强度的提高。氢键还可以帮助 MXene 和聚合物构建具有特殊结构的复合材料。例如,MXene 纳米片可以通过氢键吸附在聚多巴胺(PDA)微球上,形成核壳 PDA@ MXene 复合微球(图 2.42(b))[135]。过滤后,这些微球可以加工成具有三维互连通道的薄膜,PDA/MXene 薄膜可被用于太阳能蒸汽发电系统。

此外,MXene 表面的—OH 和—O 基团使 MXene 表面带负电,通过静电相互作用使带正电的聚合物(如聚二甲基二烯丙基氯化铵(PDDA)和聚乙烯亚胺(PEI))与其牢固结合。Boota 等[136]引入了聚(9,9-二辛基芴-2,7-二基)(PFO)的三种衍生物(P1、P2 和 P3),以嵌入 MXene 层(图 2.42(c))。结果表明,带电氮基(P3)的 PFO 与 MXene 的结合强度最强。这可能归因于 P3 链和 MXene 表面之间的静电相互作用。此外,通过静电相互作用,P3 链嵌入 MXene 层中,导致 MXene 纳米片排列整齐,层间距扩大,显著促进了 MXene/P3 复合材料的快速电子-离子转移和高的能量容量。与氢键类似,MXene 与聚合物之间静电相互作用也可用于组装具有特定结构的 MXene/聚合物复合材料。Shi 等[137]使用胺官能化笼型聚倍半硅氧烷（POSS－NH_2）作为模型材料，通过静电相互作用将 MXene 组装成名为 MXene－表面活性剂（MXene－Surfactants，MXS）的纳米球。如图 2.42(d)所示，在界面张力驱动下，$Ti_3C_2T_x$ 与 POSS－NH_2 组装，在液－液界面快速形成 MXS。

总之，氢键和静电相互作用为 MXene 和聚合物的物理混合提供了可行性。由于强相互作用，MXene/聚合物复合材料显示出改良的机械性能和良好的结构，这使得它们更适合于实际应用，如传感、EMI 屏蔽和纳米发电机。

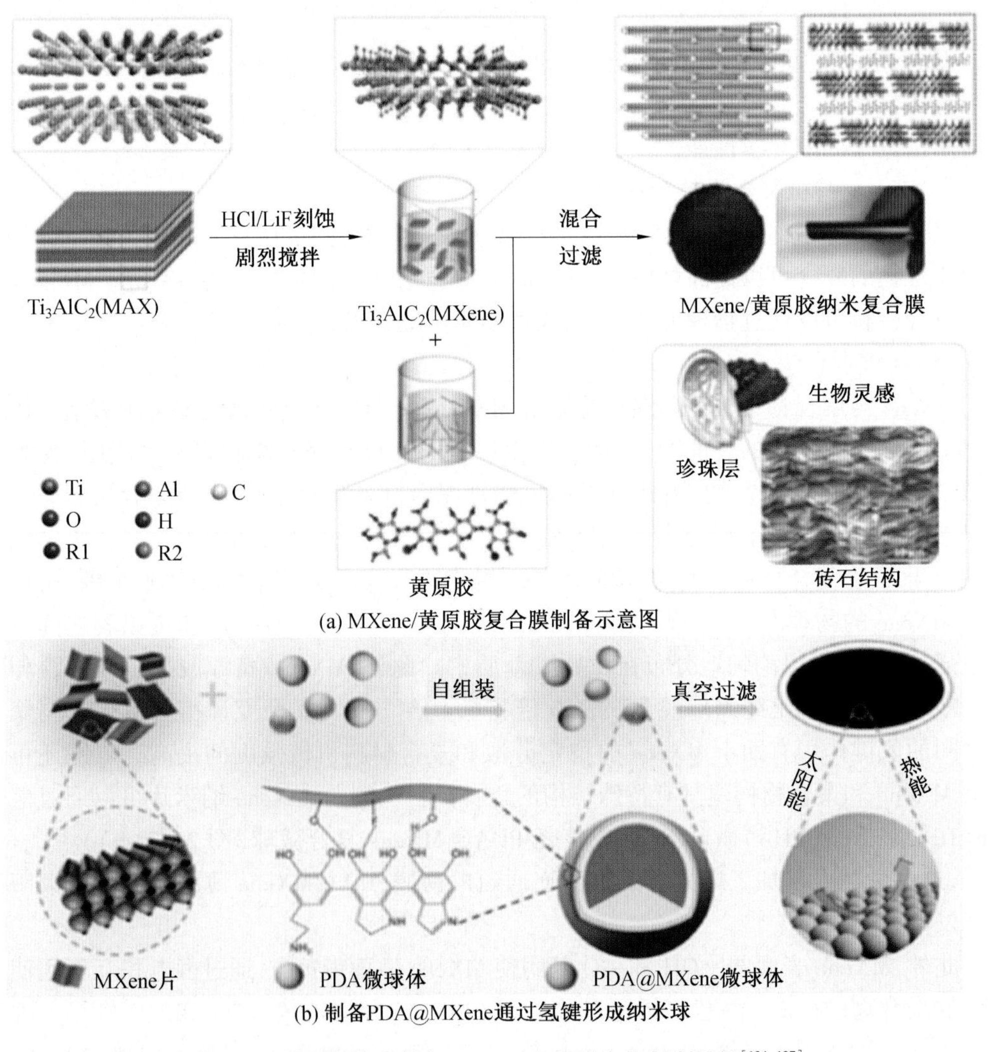

图 2.42　物理混合法制备 MXene/有机聚合物复合材料[134-137]

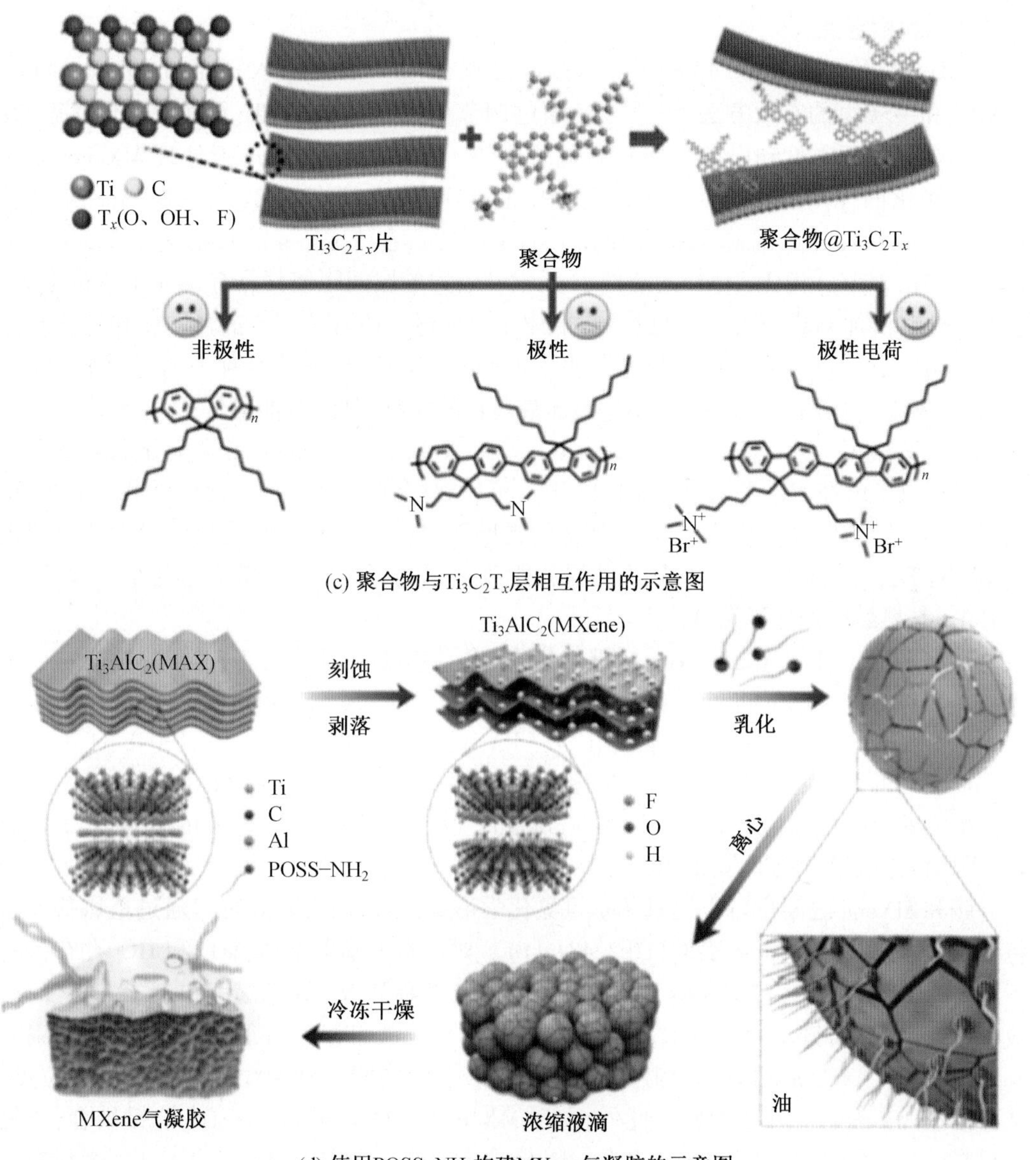

(c) 聚合物与$Ti_3C_2T_x$层相互作用的示意图

(d) 使用$POSS-NH_2$构建MXene气凝胶的示意图

续图 2.42

(2)表面改性法。

虽然可以通过直接物理混合 MXene 和聚合物轻松获得 MXene/聚合物复合材料,但仍有一些问题需要解决。这些物理相互作用(包括氢键和静电相互作用)在维持 MXene/聚合物复合材料结构方面表现出弱稳定性,而这一特性对于储能装置的循环稳定性至关重要。此外,MXene 表面的亲水特性导致与一些疏水性聚合物(如环氧树脂、聚二甲基硅氧烷(PDMS)和聚偏氟乙烯(PVDF))的兼容性较差。表面改性可以调节 MXene 表面的亲水/疏水性,使 MXene 纳米片可以分布在亲水或疏水聚合物网络中。此外,表面改性还可以在 MXene 和聚合物之间提供化学交联位点,进一步提高 MXene/聚合物复合材料的力学性能和稳定性。

①Ti—N 和 Ti—O—C 键锚固。氮掺杂是在 MXene 表面引入官能团(例如—NH_2、—NO_2、和—SO_3)的有效方法[138-139,140]。通过调节 Ti_3C_2MXene 中 Ti 元素的氧化状态,在提高 MXene 的导电性和电容方面具有显著优势。Zhang 等[141]用尿素处理 MXene,以获得 N 功能化的 MXene(HND),并证明 MXene 与尿素之间存在 Ti—N 键。Ti—N 键为 MXene 提供了 Ti 元素的氧化状态和较大的层间距。在 5 mV/s 的扫描速率下,与原始 $Ti_3C_2T_x$(76.1 F/g)相比,HND 的活性 Ti 元素和较大的层间距使其具有 84.6 F/g 的电容。从电荷转移机理来看,MXene 可以与胺形成 Ti—N 键。Chen 等[142]通过实验和计算验证了胺和 MXene 之间 Ti—N 键的形成。如图 2.43(a)所示,N 原子面对 Ti 原子的构型(图 2.43(a)左上方)是甘氨酸在 $Ti_3C_2O_2$ 表面最稳定的构型,其结合能最低,为-0.75 eV。然后,N 原子的电子从甘氨酸转移到 $Ti_3C_2O_2$,导致 N 原子和 Ti 原子的价位分别降低和升高。通过电子电荷密度差轮廓(图 2.43(b))可以观察到 N 和 Ti 原子之间的共享电子,这表明 Ti—N 键的形成。此外,在 Ti—N 键的帮助下,$Ti_3C_2T_x$/甘氨酸表现出较大的层间距 14.06 Å($Ti_3C_2T_x$ 为 12.87 Å),较大的层间距改善了离子传输,提高了充电速率,改善了 $Ti_3C_2T_x$/甘氨酸的循环稳定性。

受 MXene 和小分子之间 Ti—N 键的启发,聚合物还可以通过 Ti—N 链为 MXene/聚合物复合材料提供稳定的网络结构。如图 2.43(c)所示,通过共价键连接到 MXene 表面的苯胺原位聚合制备了聚苯胺/$Ti_3C_2T_x$(PANI/$Ti_3C_2T_x$)复合材料。PANI 的氨基和 MXene 表面的羟基之间形成了 Ti—N 键。由于共价 Ti—N 键,三维 PANI/$Ti_3C_2T_x$ 网络获得了扩展的层间距和稳定的结构耐久性,从而产生了快速的电子-离子转移,降低了电荷转移阻力,并增强了能量存储性能。

胺和 MXene 之间也可以通过芳基重氮化学形成共价键。例如,可以通过重氮盐方法将苯磺酸基接枝到 MXene 表面(图 2.43(d))。对氨基苯磺酸在 $NaNO_2$ 和 HCl 存在条件下与 Na^+插层的 $Ti_3C_2T_x$ MXene 反应,生成重氮盐,并释放 N_2,在苯磺酸和 $Ti_3C_2T_x$ 之间形成 Ti—O—C 共价键。通过芳基重氮化学方法,对苯二胺可以通过形成 Ti—O—C 键引入 $Ti_3C_2T_x$ 表面。苯二胺可以为苯胺单体在 MXene 表面的嵌入和原位聚合提供反应位点,从而形成 MXene/PANI 复合物。此外,由于 MXene 和 PANI 通过 Ti—O—C 键结合,该复合材料的界面结合强度得到有效提高。因此,与纯 MXene 相比,MXene/PANI 复合材料的电容容量增加了 32 倍,循环稳定性良好(1 000 次循环后保持 85%)。

②酯化绑定法。MXene 表面的羟基提供了通过酯化反应引入一些官能团的可能性,例如胺基和长链烷烃。它可以增加 MXene 和聚合物之间的相互作用,并调整 MXene 的表面化学。氨基酸是可以与 MXene 发生酯化反应的典型物质。例如,Guo 等[143]通过酯化反应制备了具有分离结构(图 2.44(a)、(b))的丝氨酸改性 MXene 橡胶基弹性体复合物(丝氨酸改性 MXene(S-MXene)及丝氨酸接枝环氧化天然橡胶(S-ENR))。在这种复合物中,S-MXene 上的羟基和氨基可以与 S-ENR 上的羟基及氨基形成氢键。氢键不仅有助于构建三维隔离导电网络,而且有助于 S-MXene/S-ENR 复合材料在室温下具有良好的自愈能力(图 2.44(c))。S-MXene 和 S-ENR 之间的氢键使 MXene 能够均匀地分布在 S-ENR 橡胶基体中,为 MXene 纳米片提供了更多的接触点,以便有效构建三维隔离导电

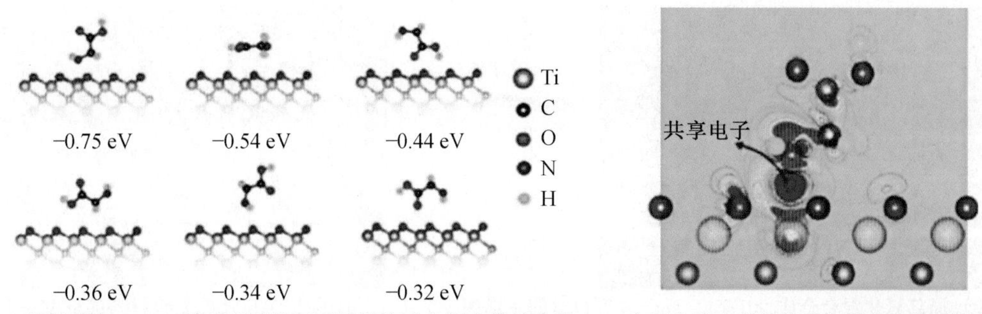

(a) 甘氨酸在$Ti_3C_2O_2$模型表面的不同吸附构型和相应的结合能　(b) 电子电荷密度差轮廓为最稳定的吸附构型

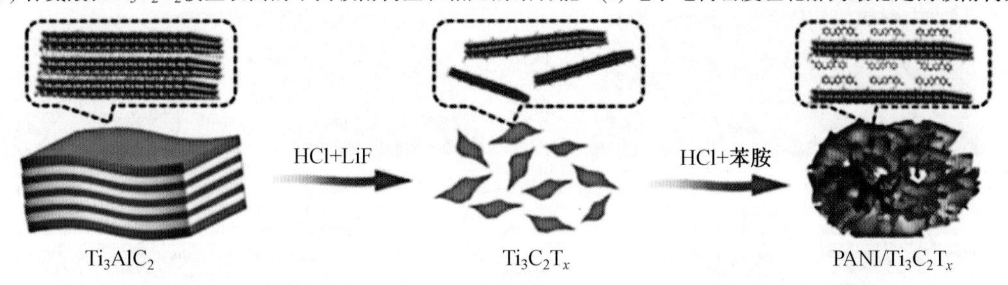

(c) 通过自组装方法形成三维PANI/$Ti_3C_2T_x$网络的示意图

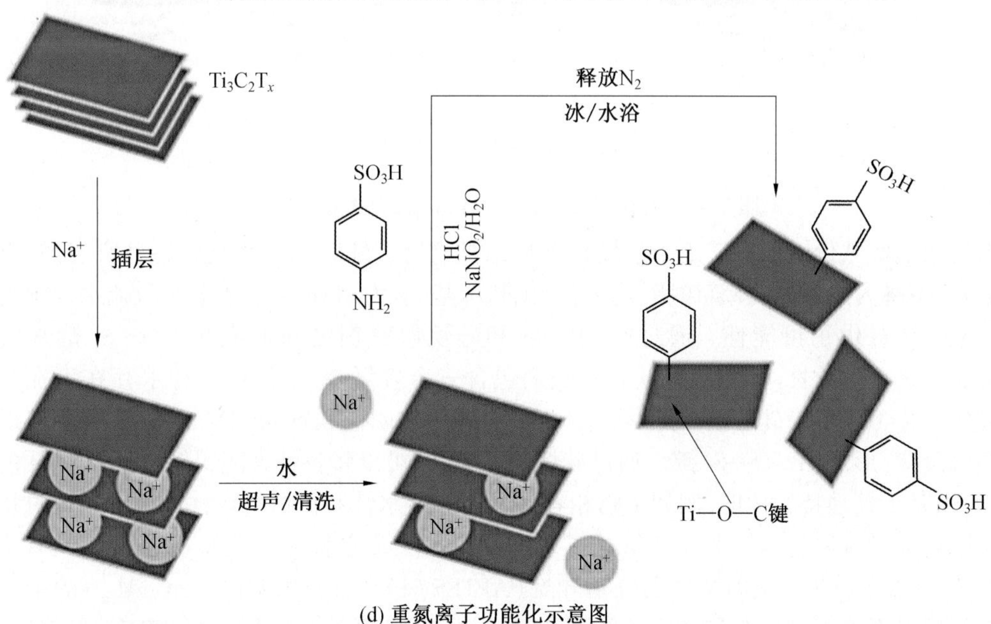

(d) 重氮离子功能化示意图

图 2.43　通过胺和 MXene 形成共价键制备 MXene/聚合物复合材料[139,140,142]

网络。酯化反应也可用于调整 MXene 表面化学，并增加其在亲水或疏水聚合物中的兼容性。例如，Yi 等[144]通过酯化反应用硬脂酸改性 MXene，以增加 MXene 表面的疏水性。增加的疏水性和相容性允许硬脂酸改性 MXene，并均匀地并入 PLA 基质中，形成 MXene/PLA 复合材料。正如预期的那样，良好的分布导致 MXene/PLA 复合材料的机械延伸率增加（131.6%），而纯 PLA 的伸长率仅为 22.4%。

③通过 Ti—O—Si 键接枝功能烷氧基硅烷。功能性烷氧基硅烷通过在有机和无机材

(a) 通过局部氧化混合合成(001)TiO_2/Ti_3C_2复合材料的示意图

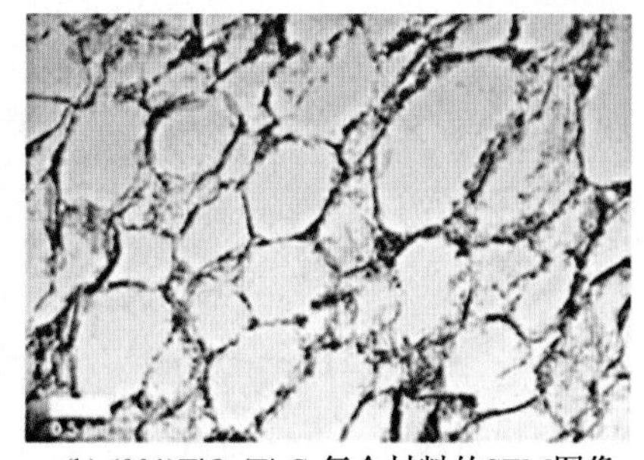

(b) (001)TiO_2/Ti_3C_2复合材料的SEM图像

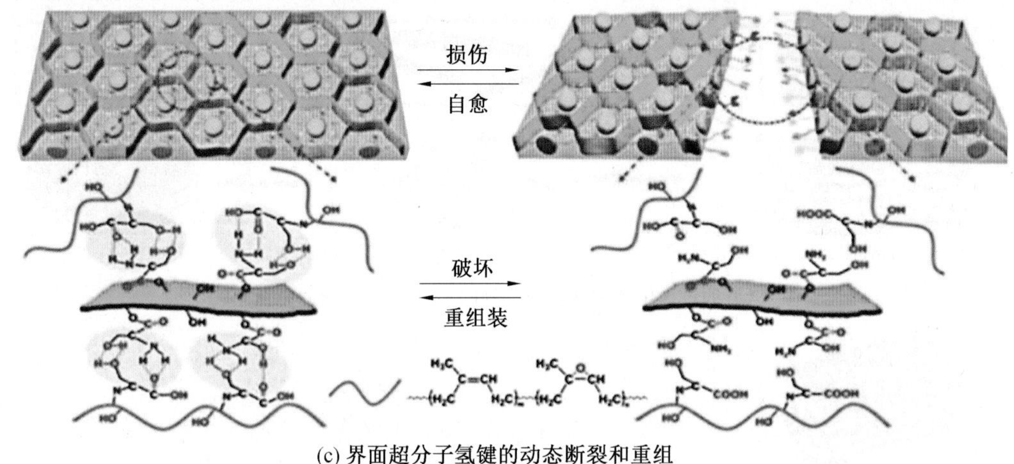

(c) 界面超分子氢键的动态断裂和重组

图 2.44 酯化绑定法制备 MXene/聚合物复合材料[143]

料之间形成共价键而广泛用于连接有机和无机物质。硅烷偶联剂具有各种官能团,例如氨基、甲基丙烯酸酯、环氧树脂、乙烯基、氯和苯基,这为 MXene 与亲水性和疏水性聚合物相互作用提供了可能性。通过在 MXene 和硅烷偶联剂之间形成 Ti—O—Si 键来实现 MXene 表面的改性。简言之,硅烷偶联剂包含三个烷氧基,它们可以在水存在下在酸或碱的催化下水解为硅醇基。然后得到硅烷的硅醇基团偶联剂与 MXene 表面的羟基发生缩合反应,形成 Ti—O—Si 键。通过硅烷偶联方法,可以将各种官能团接枝到 MXene 的表面,以赋予其独特的性能,例如生物相容性、亲水/疏水性和机械稳定性。还可以通过接枝不同功能的烷氧基硅烷来调整 MXene 表面的亲水性或疏水性。例如,分别使用具有亲水基团(—NH_2)的 3-氨丙基三乙氧基硅烷(APTES)和具有疏水基团(—$C_{12}H_{26}$)的十二烷基三甲氧基硅氧烷(DCTES)来修饰 MXene 表面。改性后,MXene/APTES 和 MXene/DCTES 可分别均匀分布在亲水的聚氮杂环丙烷(PEI)和疏水的 PDMS 基质中(图 2.45(a)、(b)。独特的性能归因于 MXene/APTES 和 MXene/DCTES 表面的不同亲水性/疏水性。可调节的表面性质使 MXene 能够与聚合物基质表现出良好的兼容性。

④其他改性方法。除了上述表面改性方法外,还有一些其他方法可以修改 MXene 表面,调整表面化学,并进一步赋予 MXene/聚合物复合材料的更多功能(例如温度响应)。

烷基膦酸配体($C_{12}PA$)可以通过 Ti—O—P 键与 MXene 的亲核加成和缩合反应来调节 MXene 表面化学[146]。如图 2.46(a)所示,MXene 上的羟基在酸性水介质中质子化,然

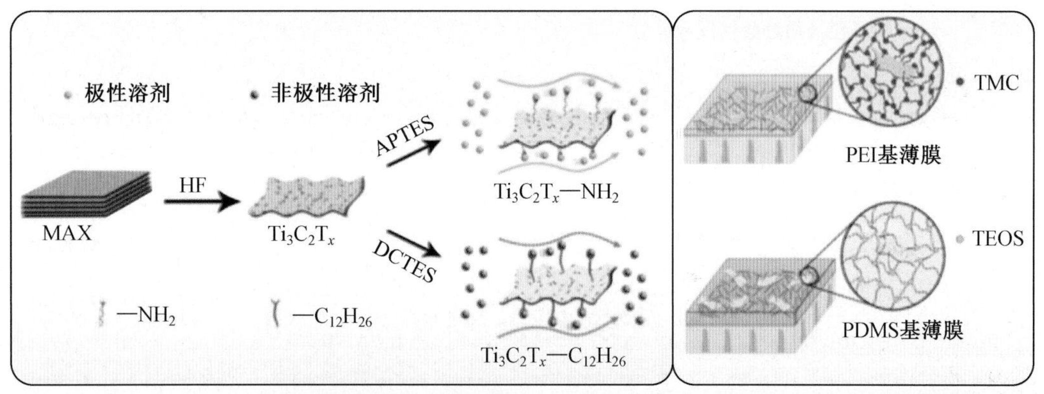

(a) APTES、DCTES改性$Ti_3C_2T_x$分布在PEI和PDMS基质中

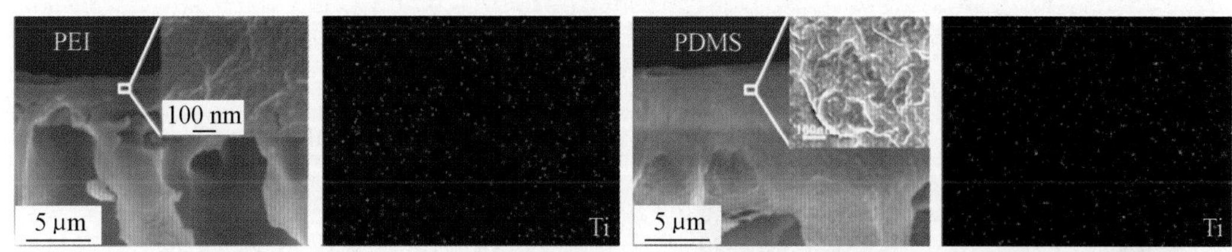

(b) PEI/$Ti_3C_2T_x$—NH_2（左1、左2）和PDMS/$Ti_3C_2T_x$—$C_{12}H_{26}$（右1、右2）膜的SEM图像和EDS谱图

图2.45　通过Ti—O—Si键表面改性制备MXene/聚合物复合材料[145]

后被膦酸基团取代以生成中间体B。随后,在中间体C中通过缩合反应形成Ti—O—P键。$C_{12}PA$与MXene的进一步缩合反应形成了双齿磷酸盐D和三齿磷酸盐E(称为$Ti_3C_2T_x$-$C_{12}PA$)。在Ti—O—P共价键键合$C_{12}PA$的作用下,MXene表面由亲水性转变为疏水性。疏水性的增加促进了$Ti_3C_2T_x$-$C_{12}PA$纳米片在疏水性苯乙烯-乙烯-丁烯雌酚(SEBS)聚合物膜中的均匀分布(图2.46(b))。良好的相容性使复合材料中的$Ti_3C_2T_x$-$C_{12}PA$纳米片具有平行于衬底表面的有序层状结构。

MXene表面的羟基可以作为光活性中心,通过无引发剂的自引发光接枝或光聚合(SIPGP)诱导接枝聚合物的形成。通过这种方法,可以在MXene表面形成聚合物涂层和结构化自组装单分子膜[139]。SIPGP过程基于自由基机制,单体吸收光子达到三重态,具有高能量和高反应性。三重态与双自由基平衡,双自由基可以从羟基中提取氢自由基,并为自由基聚合创造表面自由基位置。聚甲基丙烯酸N,N-二甲氨基乙酯(PDMAEMA)通过SIPGP方法接枝到V_2CT_x MXene表面。PDMAEMA和MXene之间的共价键(Ti—C)可以形成稳定的杂化结构(图2.46(c))。由于PDMAEMA的温度和CO_2响应特性,MXene的透射率和电导率可以通过温度和CO_2浓度进行调节。

总之,表面改性使MXene具有更多功能,以实现更好的性能。首先,共价键为MXene提供了更大的层间距和稳定的结构,这使得MXene在促进电子-离子传输、降低界面电阻和保持结构稳定性方面具有巨大优势,特别是在储能装置中。其次,表面改性可以调节MXene的表面化学,因此MXene可以均匀、稳定地分散在亲水/疏水介质中。第三,通过表面改性,功能聚合物被接枝到MXene表面,以便改性的MXene可以将两者结合起来,使其同时具有MXene和聚合物的优点,如金属导电性、温度响应和塑性。

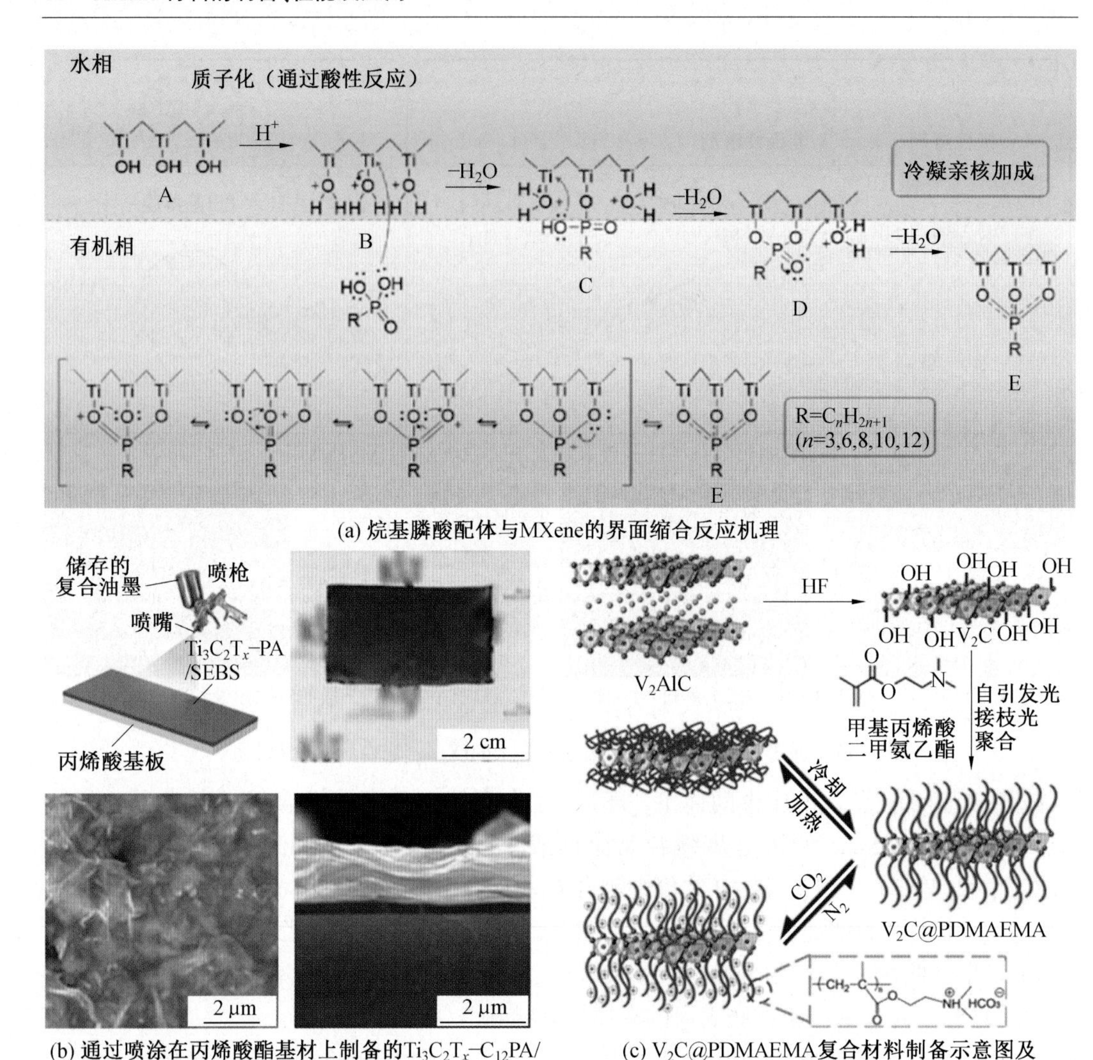

(a) 烷基膦酸配体与MXene的界面缩合反应机理

(b) 通过喷涂在丙烯酸酯基材上制备的$Ti_3C_2T_x$–C_{12}PA/SEBS复合膜的照片和SEM图像

(c) V_2C@PDMAEMA复合材料制备示意图及其对CO_2和温度的响应

图 2.46　通过 Ti—O—P 键和光接枝反应表面改性制备 MXene/聚合物复合材料[138,146]

(3)原位聚合法。

在 MXene 表面原位形成聚合物是制备 MXene/聚合物复合材料的有效途径。原位聚合程序首先通过氢键或静电相互作用在 MXene 表面组装单体，然后通过不同的聚合方法聚合单体以形成聚合物层。该方式可以诱导 MXene 在聚合物基体中均匀分布，并改善 MXene 的层间距。此外，在 MXene 上引入功能性聚合物可以提高 MXene 的电容量，使其能够应用于储能领域。

①引发剂存在下的原位自由基聚合法。导电聚合物，如 PANI、PPy 和聚(3,4-乙基二氧基噻吩)(PEDOT)可以与 MXene 通过原位聚合提高其电化学性能。例如，PANI@ TiO_2 通过苯胺在 MXene 表面的原位聚合，合成了具有分层结构的 $Ti_3C_2T_x$ 复合材料。如图 2.47(a)所示，$Ti_3C_2T_x$ 通过水热反应转化为 TiO_2 后，苯胺单体被吸附并在 MXene 表面自组装，然后通过过硫酸铵(APS)作为引发剂聚合成 PANI，得到 PANI@ TiO_2/$Ti_3C_2T_x$ 复合

材料。由于 PANI 良好的赝电容特性和 MXene 大的比表面积，PANI@ $TiO_2/Ti_3C_2T_x$ 复合材料的电容量是纯 $Ti_3C_2T_x$ 的两倍。还可以通过原位聚合合成 MXene 聚合物复合水凝胶。例如，吡咯（PPy）可以通过氢键嵌入 MXene/聚乙烯醇（PVA）水凝胶网络中，然后使用 $FeCl_3$ 作为引发剂，通过原位聚合形成 PPy 纳米纤维（图 2.47（b）、（c））。MXene/PPy 水凝胶表现出 614 F/g 的电容，高于 MXene 水凝胶。这种优异的储能性能可归因于 PPy 提供了替代电子转移路径并连接 MXene 纳米片。此外，PPy 的加入扩大了 MXene 纳米片的层间距，从而实现了有效的离子交换和优异的电容保持率。

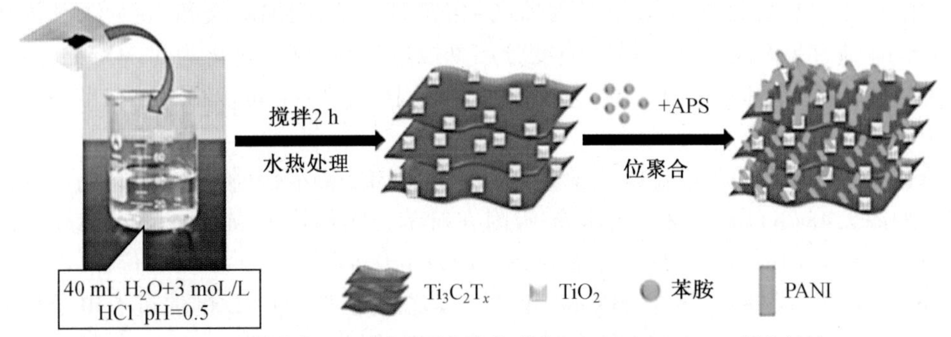

(a) 聚苯胺在MXene表面原位聚合形成PANI@$TiO_2/Ti_3C_2T_x$复合材料

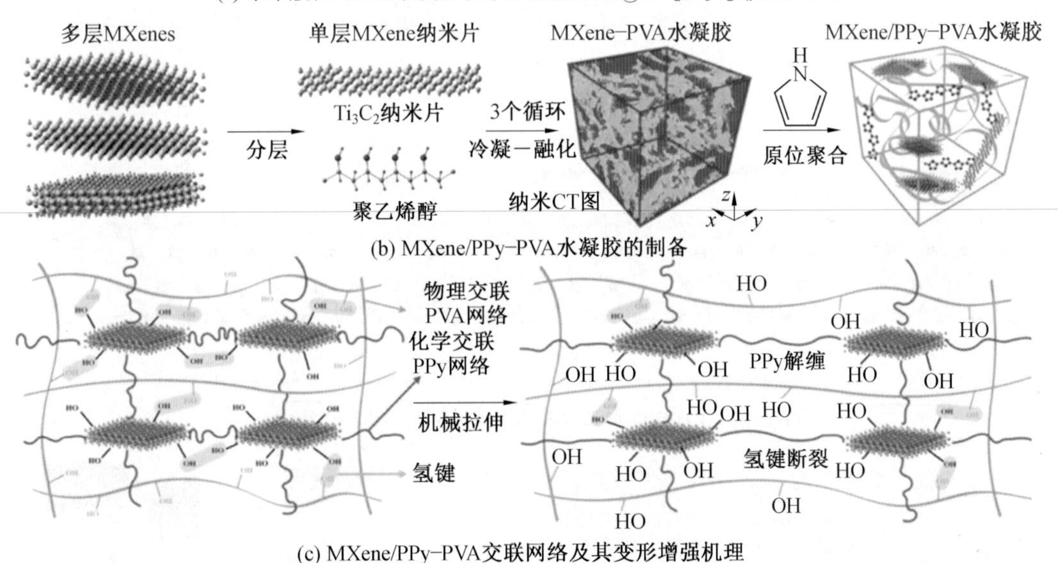

(b) MXene/PPy-PVA水凝胶的制备

(c) MXene/PPy-PVA交联网络及其变形增强机理

图 2.47　引发剂存在下的原位自由基聚合法制备 MXene/聚合物复合材料[147-148]

②无引发剂的原位自由基聚合法。在没有任何引发剂的情况下，也可以在 MXene 表面原位形成聚合物，其机理可以通过聚合物和 MXene 之间的电荷转移来解释[149]。图 2.48（a）显示了被 MXene 表面吸收的 3,4-乙基二氧基噻吩（EDOT）的五种可能构型。第一种构型主要是 EDOT 在 MXene 表面的平行吸附，这是最稳定的构型，结合能最低 -1.02 eV。EDOT 被 MXene 表面吸收后 EDOT 的 π 电子可以转移到 MXene 表面 Ti 原子的 p 轨道上，这导致 EDOT 和 MXene 之间的能级降低，从而降低聚合所需的能量。EDOT 聚合的降低能级促进了 MXene/EDOT 杂化纳米结构的形成。然后，MXene 表面上的

—OH和—O 可作为氧化剂，生成 EDOT 阳离子自由基或中性自由基，以进行 EDOT 聚合，生成二聚体和 PEDOT 聚合物。在原位聚合过程中，EDOT 可以在 MXene 纳米片上形成一个对齐且均匀的层。值得注意的是，PEDOT 的聚合度小于 APS 引发的聚合度。吡咯和苯胺也可以在 MXene 表面聚合，类似于 EDOT 的表面。在 MXene 表面原位聚合后，这些导电聚合物可以充当“桥梁”，以连接 MXene 片，提供额外的导电路径，并扩大 MXene 层间距，以促进电子-离子传输。因此，所制备的 MXene/聚合物复合材料的导电性和电容量显著提高。除导电聚合物外，Tao 等[140]报道，过氧化物修饰的 MXene(p-MXene)也可以引发丙烯酸单体的原位聚合，例如甲基丙烯-2-羟乙基乙酯、丙烯酰胺和 N-异丙基丙烯酰胺。MXene 通过超声波辅助的最小强度分层刻蚀方法预处理，转化为对 MXene，然后生成两种自由基(羟基和过氧自由基)来引发聚合。因此，MXene 可以稳定地分散在聚合物基体中。

③原位电化学聚合法。原位电化学聚合也是制备 MXene/聚合物复合材料的一种简便方法。如图 2.48(b)所示，苯胺单体被吸附在对苯二胺修饰的 MXene(N-MXene)表面，其中 $Ti_3C_2T_x$ 表面的对苯二胺为苯胺单体的原位电化学聚合提供了反应位点，以形成 N-MXene/PANI 复合材料。此外，MXene 和苯二胺之间的 Ti—O—C 键促进了电子传输和导电性，提高了 N-MXene/PANI 复合材料的稳定性，因此 N-MXene/PANI 超级电容器的比容量和循环稳定性显著提高。通过原位电化学聚合，Tong 等[150]制备了一种 PPy/$Ti_3C_2T_x$ 复合膜电极(图 2.48(c))。由于 PPy 层的存在，具有三明治结构(上下两层为

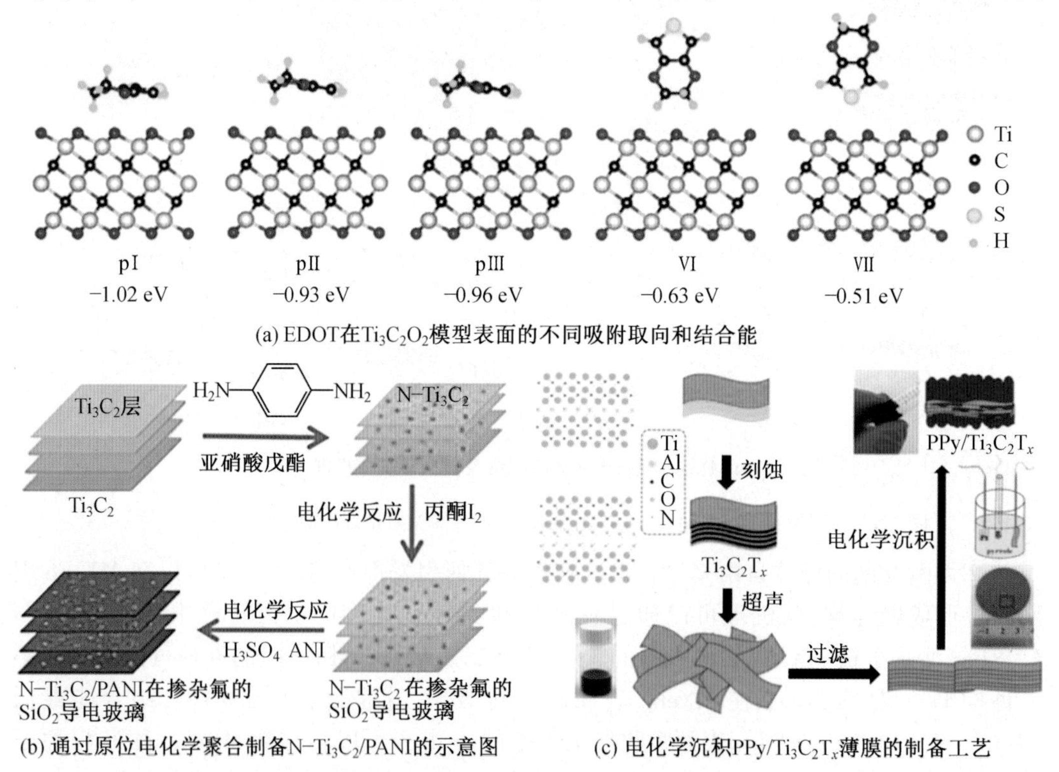

(a) EDOT在$Ti_3C_2O_2$模型表面的不同吸附取向和结合能

(b) 通过原位电化学聚合制备N-Ti_3C_2/PANI的示意图

(c) 电化学沉积PPy/$Ti_3C_2T_x$薄膜的制备工艺

图 2.48 原位电化学聚合法制备 MXene/聚合物复合材料[148-150]

PPy,中间层为 $Ti_3C_2T_x$)的 PPy/$Ti_3C_2T_x$ 复合膜表面粗糙,这增加了比表面积。此外,MXene 上对齐的 PPy 层显示出比 PPy 纳米粒子更高的电导率。由于较大的比表面积和较高的电导率协同作用,PPy/$Ti_3C_2T_x$ 复合膜显示出大的电容和快速储能的有效离子传输路径。

总之,原位聚合为 MXene/聚合物复合材料的构建提供了一种直接的策略。通过原位聚合,可以实现以下目标。首先,MXene/聚合物复合电极可以获得电导率更高、容量更大、循环稳定性好的材料和电解质。聚合物组分通常是导电的,例如 PANI、PEDOT 和 PPy,它们可以提供导电网络并扩大 MXene 纳米片的层间距。其次,柔性电子产品(例如传感器、柔性电池和 EMI 屏蔽装置)可以通过原位聚合来制造。一般来说,聚合物组件为柔性电子器件提供软基片,MXene 在聚合物网络中形成导电通路,由于纳米增强效应和氢键,所产生的柔性电子器件具有良好的机械性能。

(4)MXene/金属复合材料。

金属具有优异的导电性和催化性能,并已被用作材料改性的成分。例如,Wang 等用银纳米粒子(Ag-NP)修饰了聚邻苯二胺(PoPD),以形成作为葡萄糖传感器的 PoPD/Ag 复合材料。大量的活性 Ag-NP 使得该传感器的检测性能得到提高[151]。Zhang 等[152]使用 DFT 研究了 Ti/Ti_2CO_2 复合材料的性能,该复合材料在催化 CO 氧化方面表现出比贵金属更好的活性,将该复合材料与相应的前驱体进行比较,其稳定性明显提高。原位还原是制备 MXene/金属复合材料最常用的方法。通过这种方法,金属 NP 可以从其相应的前驱体如 $AgNO_3$、$HAuCl_4$、$PdCl_2$、$HPtCl_6$、$RuCl_3$、$NiCl_2$、$CoCl_2$ 等沉积到 MXene 的表面上。

在原位还原法中,金属离子可以通过还原剂辅助还原或自还原沉积在 MXene 表面。$AgNO_3$ 前体可以还原成 Ag-NP。图 2.41(c)、(d)显示了 Ag 颗粒如何均匀分布在 $Ti_3C_2T_2$ 层的表面上[130]。Ag 的质量分数为 5% ~15%,这使得 Ag NP 的尺寸从 10 nm 扩大到 100 nm。除了用于修饰 MXene 的零维金属纳米颗粒外,金属纳米线也被用于改善 MXene 的性能。例如,$Ag_{0.9}Ti_{0.1}$ 纳米线已用于与 $Ti_3C_2T_x$ 复合以增强电催化性能[131]。在制备过程中,将 $AgNO_3$ 和碱化 $Ti_3C_2T_x$ 的前驱体混合,并由聚乙烯吡咯烷酮(PVP)引发反应,从而产生特定的复合物。通过不同的沉积时间,可以在 MXene 表面形成纳米颗粒或纳米线(图 2.41(e))。随着时间的推移,纳米线相互交织以覆盖表面[131]。此外,贵金属的许多空轨道为形成配位键提供了条件,导致金属纳米颗粒的改性,从而改善了最终复合材料的相应性能。例如,使用官能化鲁米诺基团来修饰 Au/Mo_2C 复合材料,使得该复合材料能够应用于提供强电化学发光的传感器[153]。

原位辅助还原已成为多种金属同时沉淀的常用方法。例如,MXene/多金属复合材料主要通过 AB 催化辅助获得[154]。另外,该方法也可用于制备纯金属。例如,可以用 $NaBH_4$ 还原 $HAuCl_4$ 以获得纯 Au[155]。除了原位还原外,MXene 还可以吸附在金属表面,形成独特的复合材料。例如,将 $Ti_3C_2T_x$ 溶液注入泡沫镍中,并在适宜温度下干燥以形成 $Ti_3C_2T_x$/Ni 复合材料。在此过程中,最初的白色镍泡沫变黑,表明一层 $Ti_3C_2T_x$ 已成功黏合形成复合材料(图 2.41(f))[132]。

M/MXene 复合材料主要通过原位还原法获得。MXene 表面基团呈现负电荷,这促进了复合材料金属离子的分布。此外,表面—OH 基团可以与金属离子结合形成—OM 基团,使金属离子更均匀地分布在表面上。非原位混合法比原位混合法更简单,在金属基底上干燥含 MXene 的溶液即可获得复合材料。然而,这种方法的分布均匀性不如原位复合方法。除上述两种方法外,还可以通过多步转化法制备 M/MXene 复合材料。由于某些金属离子在液相中不容易转化为纯金属,因此可以通过合成它们的氧化物或硫化物等,然后在氢气气氛下还原它们来制备相应的 M/MXene 复合材料。

(5)其他 MXene 基复合材料。

除了金属、碳基材料、金属氧化物、金属硫化物和聚合物之外,许多其他材料也被用来与 MXene 复合,例如金属有机骨架、金属有机物、金属氢化物、硫、玻璃纤维、$g-C_3N_4$ 等。

例如,Zhao 等[156]在 MXene 表面生长 MOF。在 Co^{2+}、$Ti_3C_2T_x$ 和 1,4-苯二羧酸盐(BDC)的混合物中,吸附在 $Ti_3C_2T_x$ 表面上的官能团导致 $Ti_3C_2T_x$ 带负电,Co^{2+}被吸附到 $Ti_3C_2T_x$ 上,使得 BDC 与吸附的 Co^{2+}连续反应形成 MOF,从而形成 $Ti_3C_2T_x$/Co BDC 复合物。类似的,Luo 等[157]合成了 $Ti_3C_2T_x$/PVP-Sn(Ⅳ)复合材料。此外,Luo 等还合成了 $Ti_3C_2T_x$/十六烷基三甲基溴化铵-Sn(Ⅳ)(CTAB-Sn(Ⅳ))。他们将 CTAB 插入 $Ti_3C_2T_x$ 层中,然后引入 Sn^{4+}。由于 Sn^{4+}与 CTAB 形成配位键并与 $Ti_3C_2T_x$ 层静电相互作用,两种材料通过 Sn^{4+}有效地连接在一起。

$g-C_3N_4$ 的纳米层结构和 π 电子离域特性推动了 $g-C_3N_4$ 在 MXene 基复合材料中的应用。例如,通过溶液混合法成功地合成了 $Ti_3C_2T_x/g-C_3N_4$ 复合材料[158]。将两种原材料分散在混合溶液中,并在 N_2 中进行超声处理。由于 $Ti_3C_2T_x$ 和 $g-C_3N_4$ 的两个表面具有不同的电势,它们不会聚集或沉淀,而是形成稳定的胶体溶液。两个纳米片之间有空隙,提供了电化学电容。此外,亲水性或氧终端基团牢固地附着在复合材料的表面,其接触角为 14.1°,从而有利于无机电解质的转化能量储备。

MgH_2 和 $NaAlH_4$ 都具有可逆储氢特性,因此 Liu 等[159]和 Wu 等[160]通过球磨将 $Ti_3C_2T_x$ 与这些金属氢化物结合,以获得具有优异储氢性能的复合材料。此外,该复合材料含有一些钛基颗粒,有助于 MgH_2 和金属氢化物的还原。MXene 还可用作锂硫电池的隔膜或用作与硫混合的电极材料。Lin 等[161]通过玻璃纤维(GF)膜过滤 $Ti_3C_2T_x$ 悬浮液,形成 $Ti_3C_2T_x$/GF 膜,该膜可用作锂硫电池的隔膜。$Ti_3C_2T_x$ 不仅提高了隔膜的导电性,而且防止了锂多硫化物的穿梭。Liang 等[162]制作了 Ti_2C/S 复合材料并用作锂硫电池的电极,显示出优越的电化学性能。

2.2.7 二维 MXene 多孔结构合成

1. 插层法

由于高表面能和分子间作用力的影响,MXene 片材容易聚集,这使得 MXene 片材的表面积未得到充分利用。为了解决这个问题,可以在 MXene 片材之间引入插层剂以增加层间距。最常用的层间插层剂是碳材料、聚合物、金属氧化物和表面活性剂等。在这些情况下,通过堆叠不同类型和尺寸的材料形成明显的孔或间隙,从而使离子或电子在这些间隙中快速传输。此外,由 MXene 和插层物质组成的杂化材料可以扩大其优势,并通过协同效应弥补彼此的劣势。

(1)碳材料插层。

通过水热处理或化学还原剂还原氧化石墨烯可以很容易地形成三维大孔石墨烯网络,在此过程中,各种纳米材料可以被纳入石墨烯混合复合材料的框架中。从这个角度来看,石墨烯可以用作插层剂来辅助其他材料的组装,特别是对于其他具有结构相似性的二维材料。Ma 等[163]制备了多孔 MXene 电极材料,其中 GO 作为插层剂和搭建材料。首先,GO 与 MXene 混合,通过两种溶液之间的强静电排斥力形成稳定的络合物溶液。然后,添加碳酸氢铵破坏静电平衡,进而形成 Ti_3C_2/GO 混合微簇。在随后的真空过滤脱水过程中,杂化微团簇逐渐交联,得到三维多孔 MXene/Ti_3C_2-GO 复合膜。通过冷冻干燥期间的直接脱水来维持三维多孔结构。最后,用肼蒸气处理杂化膜以将 GO 还原为还原氧化石墨烯,从而提高杂化膜的导电性。与纯 MXene 膜和纯石墨烯膜(图2.49(a))相比,可以发现 GO 层有助于制备三维多孔复合膜,从而防止 MXene 层形成强堆积。

除了石墨烯,一维碳纳米管也经常被用作插层剂。制备多孔 MXene/CNT 膜的一般方法是通过溶液的真空过滤。在此过程中,由于表面活性剂,CNT 通常带正电荷,通过静电作用诱导其与带负电的 $Ti_3C_2T_x$ MXene 自组装。例如,Xie 等[164]通过将带负电的 $Ti_3C_2T_x$ MXene 片及作为插层剂的带正电的 CTAB 锚定的 CNT(CNT-CTAB)进行自组装,制备了多孔的 MXene/CNT 混合薄膜。比表面积测试(BET)结果表明,纯 $Ti_3C_2T_x$ 的表面积只有 19.6 m^2/g,而自组装 $Ti_3C_2T_x$/CNT($Ti_3C_2T_x$/CNT-SA)薄膜的表面积为 185.4 m^2/g。同时,自组装的 $Ti_3C_2T_x$/RGO($Ti_3C_2T_x$/RGO-SA)薄膜的 BET 表面积为 169.1 m^2/g,高于前驱体 MXene,但与 $Ti_3C_2T_x$/CNT-SA 相比较小,表明 CNT 能够比石墨烯更有效地减少层间的重堆积。MXene/CNT 复合材料产生具有多孔结构的层状膜,从而增加 MXene 层与电解质的接触面积,大大提高其电化学性能。当它直接被用作钠离子存储的独立电极时,多孔 MXene/CNT 膜具有高容量、良好的恒速能力和长循环性能。Ma 等[165]还通过 NH_2-CNT 和 $Ti_3C_2T_x$ MXene 的自组装开发了多孔 MXene/NH_2-CNT 膜(图 2.49(b))。使用 NH_2-CNT 作为插层剂可抑制 MXene 片材的重新堆叠,并形成明显的多孔结构,进一步增加有效表面积。Wang 等[166]的团队制造了一个逐层结构的 MXene/CNT 组件,通过 CNT 和 MXene 薄片的松散堆叠产生了具有三维纳米结构的蓬松薄膜。除了制备二维薄膜外,Yu 等[167]通过将 MXene 纳米片混合到 CNT 支架中,设计了具有开放螺旋结构的 MXene/CNT 混合纤维,这为电解质离子的储存和运输提供了更多空间。

零维碳球也是一种理想的 MXene 片插层候选材料。Qi 等[168]通过静电自组装方法将空心多孔碳球(HPCS)插入导电的剥落 MXene 层(d-Ti_3C_2)中,制备了一种夹层 HPCS@d-Ti_3C_2 复合材料。自组装过程中,带正电荷的 HPCS 通过静电相互作用黏附到d-Ti_3C_2 纳米片的两侧,促进 d-Ti_3C_2 纳米层形成交联的导电骨架。同时,由于 HPCS 的静电排斥力的存在,组装过程中稳定性较好,从而在 HPCS 之间保持明显的空隙。分层结构 HPCS@d-Ti_3C_2 的表面积为 177.0 m^2/g,高于 d-Ti_3C_2 的 20.0 m^2/g。

(2)聚合物插层。

聚合物也是经常使用的插层剂,以减少二维材料的聚集。聚合物的长链或超支化结构可以增加二维纳米片之间的距离,削弱范德瓦耳斯力,从而增加二维纳米片之间的结构障碍以解决堆积相关问题。

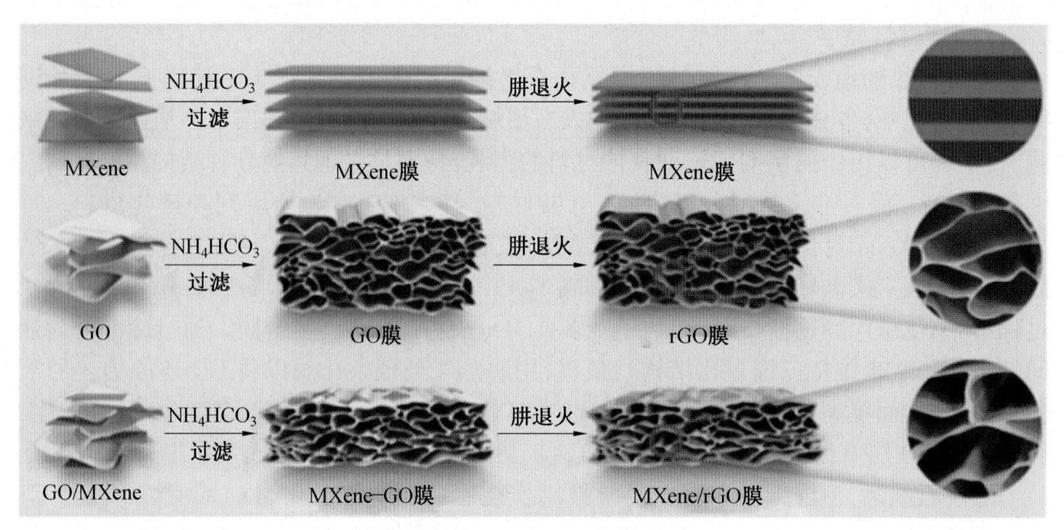

(a) MXene rGO薄膜制备示意图

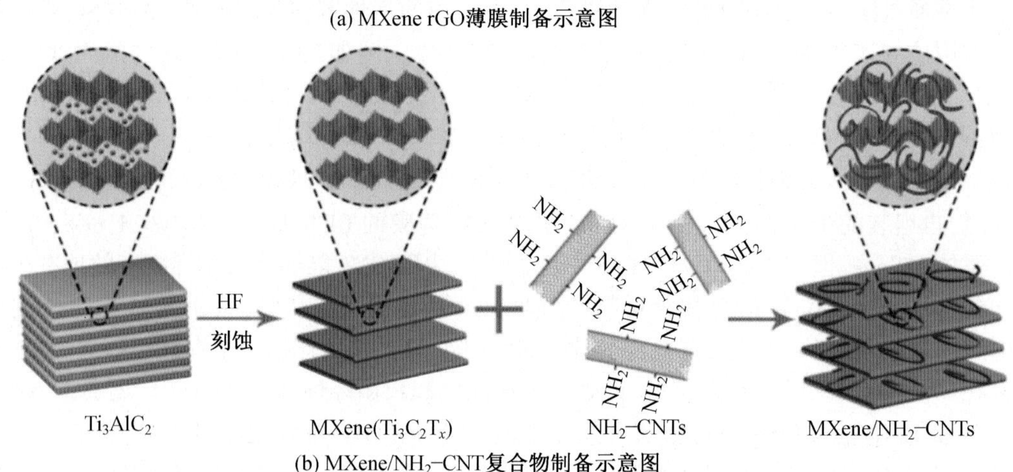

(b) MXene/NH_2-CNT复合物制备示意图

图 2.49 碳材料作为插层剂制备 MXene 复合材料[163,165]

Xu 等[169]使用化学氧化聚合法在 $Ti_3C_2T_x$ MXene 表面修饰 PANI 以制备 MXene/PANI 复合材料。在过硫酸铵的作用下,苯胺单体在 MXene 表面以丰富的官能团(如—O 和—OH)为成核中心进行聚合,在 MXene 片上形成多孔结构。这种多孔结构为电解质离子进入 MXene 片提供通道。得益于 $Ti_3C_2T_x$ 和 PANI 的高电化学活性、开放结构、增强的离子-电子传输,MXene/PANI 电极具有优异的电化学性能。

Qin 等[170]设计了一种通过原位电化学聚合制备二维 MXene 掺杂导电聚合物膜的策略。采用该方法可以快速、简便地合成厚度和形貌可控的 PPy/MXene 复合材料。该复合材料薄膜具有较高的面电容、优异的倍率性能和较低的接触电阻,这使得所制备的固态微型超级电容器具有优异的倍率性能、循环稳定性和超高能量密度。

(3)金属氧化物插层。

具有不同形状、尺寸、结构和特殊功能的金属氧化物是阻碍二维材料聚集的很有前途的插层剂。金属氧化物纳米颗粒(NP)在 MXene 层之间的插入可以填充纳米片之间的接触区域,收缩聚集区域,形成多孔金属氧化物/MXene 复合材料。

Li等[171]开发了各种分层多孔杂化物，其中碳涂层的Fe_3O_4（$C-Fe_3O_4$）用作增强物，以支持少数分层的Ti_3C_2MXene（$f-Ti_3C_2$）。$f-Ti_3C_2$纳米层不断地固定在$C-Fe_3O_4$的表面，形成具有导电性的$f-Ti_3C_2$涂层。$C-Fe_3O_4/Ti_3C_2$复合材料显示出层次分明的孔隙，其中$f-Ti_3C_2$和$C-Fe_3O_4$分别产生微孔和介孔，而发达的孔隙积聚颗粒可能会产生大孔（图2.50）。因此，当使用$C-Fe_3O_4/Ti_3C_2$复合材料作为锂离子电池负极时，可同时改善$f-Ti_3C_2$MXene的自堆积和Fe_3O_4的缓慢电化学反应。

图2.50　金属氧化物插层制备$C-Fe_3O_4/Ti_3C_2$复合材料[171]

Rakhi等[113]使用直接湿法化学在MXene（Ti_2CT_x、$Ti_3C_2T_x$）纳米片表面修饰纳米晶$\varepsilon-MnO_2$晶须（图2.39(d)）。SEM结果表明，MXene薄片之间的间隙填充$\varepsilon-MnO_2$晶须，形成介孔结构，这导致比表面积显著提高。$\varepsilon-MnO_2$纳米晶须可以有效地提高电解液的可接触表面积，从而提高复合电极的比电容，比纯MXene基超级电容器高出三倍。

Li等[172]采用水热法结合后续的煅烧，在$Ti_3C_2T_x$纳米片的内外表面上生长超细一氧化钴。作为导电基底，层状MXene可以提高电子转移反应的速率，并通过限制粒子聚集来提高纳米CoO的电化学性能。BET结果表明，$CoO/Ti_3C_2T_x$存在介孔结构，比表面积达到38.034 m^2/g，而纯$Ti_3C_2T_x$为7.345 m^2/g。$CoO/Ti_3C_2T_x$纳米材料由于其独特的层状和介孔结构，在$Li-O_2$电池中表现出优异的比容量。

（4）表面活性剂插层。

通常，可以使用长链表面活性剂作为添加剂制备具有单轴排列的大尺寸介孔膜。在之前的工作中，不同的表面活性剂如CTAB、十二烷基三甲基溴酸铵（DTAB）、十二烷基硫酸钠（SDS）、六乙二醇月桂基醚（$C_{12}E_6$）、聚氧乙烯十二烷基醚（POLE）已被用作二维材料的插层剂，并且由于表面活性剂的自发插层，二维纳米片之间的层间距可以通过插层剂来调整。通过MXene和表面活性剂之间的静电相互作用或氢键，可以调节MXene的自组装。

Xia等[173]通过机械剪切$Ti_3C_2T_x$的盘片状液晶相实现了MXene的垂直取向。在这个过程中，作为非离子表面活性剂的六乙二醇月桂基醚的—OH基团和MXene表面的—F

或—O 基团之间形成强氢键,增强了纳米片之间的分子相互作用,这大大增加了堆叠对称性。制备的电极膜具有厚度无关的特性,是一种极具吸引力的能量收集材料。

Xu 等[174]通过在剥离的 d-$Ti_3C_2T_x$ 片材中预插阳离子表面活性剂 CTAB 来扩大二维 MXene 的层间距。为了制备 $Ti_3C_2T_x$/CTAB 膜,在制备的 $Ti_3C_2T_x$ 滤膜上过滤 CTAB 溶液后,过滤等量的 d-$Ti_3C_2T_x$ 混合物,通过将 CTA^+的长链尾部插入 $Ti_3C_2T_x$ 片材中,介孔显著减少,但同时也显著降低了 $Ti_3C_2T_x$/CATAB 膜的比表面积。

2. 发泡法

插层剂的引入可以在一定程度上避免再堆叠问题,但插层剂通常会导致导电性降低,这使得性能的改善非常有限。在平面薄膜中嵌入多孔结构也被证明是克服堆叠问题的有效方法。三维网络的形成将提高表面利用率,并保持二维 MXene 纳米片的独特性能和结构优势。此外,三维多孔结构形成了理想的传质通道,不仅为离子或电子的储存和转移提供了有效的空间,而且有效地抑制了材料的体积变化,防止了材料的团聚。与石墨烯泡沫的制备类似,伴随气体释放的一些还原或分解反应也会促进 MXene 的孔发泡过程。

Fang 等[175]通过 GO 的高温下宏观爆炸设计了柔性交联多孔 $Ti_3C_2T_x$ MXene rGO 膜。由于突如其来的巨大热量,GO 被还原为 rGO,同时伴随着含氧官能团消除过程中产生的气体,所产生的气体扩大了层间通道并引发 MXene GO 膜的自膨胀反应,因此在 MXene 片之间产生了大量的交联多孔结构。rGO 成功地防止了 MXene 层的自堆积,并且可以在层之间容纳少量电解质,这可以进一步导致封闭反应,避免复杂的离子传输通道,增强快速离子存储能力。

Liu 等[176]用肼诱导发泡工艺处理组装好的 MXene 膜,以获得独立的、柔性的和疏水的 MXene 泡沫。肼可以减少 MXene 上的含氧基团,伴随着快速释放的大量气态物质,进一步在 MXene 层之间形成巨大压力,以获取范德瓦耳斯相互作用,将这些层结合在一起。因此,平行片之间会出现大量微孔,从而形成清晰的多孔 MXene 泡沫。

尿素由于其在高温下的热解特性,一直被用作发泡剂。Zhu 等[177]对 MXene/尿素复合材料进行热解,通过这种成孔方法制备了 MXene 泡沫。尿素分子作为分子间隔物或模板夹在层间,阻止 MXene 片材的重新堆积。由于酸性介质中带负电的 MXene 层强烈吸收阳离子质子化的尿素,因此即使在固体状态下 MXene 层也能有效地保持一定间隔。层中的多个大孔隙是通过 MXene/尿素混合物的热解产生的。最后制备的三维结构显示了复杂的泡沫状结构。

3. 面内造孔法

与原始的 MXene 组件相比,通过发泡方法制备的具有起皱形态的多孔 MXene 组件的性能有了很大提高,但大多数电化学活性位点位于材料的外表面。因此,离子可以沿着二维片材的水平方向快速扩散,而在垂直于片材方向上,离子扩散仍然沿着 MXene 片材边缘扩散。在 MXene 片中开孔可以有效地解决上述困难,并且密集分布的面内孔提供了更多的表面官能团,这也增加了活性中心的数量。比表面积和离子扩散速率的增加将大大提高相应的电化学性能。

Ren 等[178]开发了一种使用过渡金属盐($CuSO_4$、$CoSO_4$ 或 $FeSO_4$ 等)水溶液作为刻蚀剂的化学刻蚀方法,以在室温下制备多孔二维 $Ti_3C_2T_x$MXene。以 $CuSO_4$ 为例,$Ti_3C_2T_x$ 薄片中的 Ti 在 Cu^{2+}的催化下被溶解在水中的 O_2 选择性氧化为 TiO_2 纳米颗粒，从而形成孔隙。随后对 TiO_2 进行酸处理，产生介孔 MXene(p-MXene)薄片。p-$Ti_3C_2T_x$ 的孔体积比纯 $Ti_3C_2T_x$ 的孔体积大一个数量级，并且比表面积增加到 93.6 m^2/g，而原始 $Ti_3C_2T_x$ 的比表面积为 19.6 m^2/g。过滤后，p-$Ti_3C_2T_x$ 薄片转化为柔性膜。

Ming 等[179]通过用 HCl/LiF 从 V_2AlC-MAX 选择性刻蚀 Al 制备的 V_2C-MXene，经 KOH 处理制备三维多孔手风琴状 V_2C-MXene。MXene 由于嵌入的 K^+而剥落，进一步形成非常薄的 MXene 层，并产生 K-V_2C MXene。K-V_2C MXene 显示出大量的孔隙和裂纹，这可能是由腐蚀性极强的 KOH 刻蚀造成的。剥离后 K-V_2C 片的比表面积为 28.4 m^2/g，高于原始 V_2C(14.26 m^2/g)。因此，用酸碱处理的样品可以显著提高 K^+在非水电解质中的储存。此外在碱处理过程中不仅可以使用 KOH，还可以使用其他碱，包括 LiOH 和 NaOH，以实现 MXene 的相同孔隙率和结构形态。

总之，上述合成方法可以有效地解决 MXene 层的重新堆积问题。

2.2.8 三维 MXene 多孔结构合成

1. 交联法

如上所述，MXene 表面的官能团具有优异的亲水性，并且由于表面官能团的静电排斥作用，在 MXene 胶体溶液中存在力平衡，因此难以实现 MXene 的三维组装。然而，一旦交联剂被添加到 MXene 溶液中破坏了力平衡，就会实现相分离以触发凝胶化。在典型的交联过程中，添加凝胶形成剂以打破 MXene 的亲水性和疏水性的平衡，然后进行包括凝胶化和干燥的一系列操作，以获得 MXene 片的三维组装。通常，交联剂可以是具有特定表面官能团的材料，如氧化石墨烯、阳离子或胺等，它们可以与 MXene 的表面官能团交联并破坏 MXene 的静电平衡。

①石墨烯交联法。石墨烯作为自组装过程中的交联剂通常经历以下三个阶段，即水热处理、还原和冷冻干燥。MXene/rGO 杂化气凝胶的组装机理可以描述如下：首先通过还原剂或水热处理将 GO 还原为 rGO，这可以部分去除 GO 上的亲水性含氧基团，并增强其疏水性和 π-共轭结构。这些相互作用促使 GO 薄片组装成一个三维框架。同时，由于强极性相互作用，MXene 层也被吸引并锚定在 rGO 的外表面上，然后被并入 rGO 框架中，并产生了 rGO-MXene 混合结构。冷冻干燥后，得到具有互连多孔网络结构的 MXene/rGO 凝胶。按照这一策略，Chen 等[180]在温和条件下借助 GO 辅助自转化过程将 $Ti_3C_2T_x$ MXene 组装成三维宏观水凝胶。通过 $Ti_3C_2T_x$ 的还原能力，GO 被还原为 rGO，并组装成三维 rGO 框架(图 2.51(a))。然后通过 $Ti_3C_2T_x$ 的自会聚生成 $Ti_3C_2T_x$ 基水凝胶，通过紧密的界面相互作用将其整合到 rGO 网络中。这种 rGO/$Ti_3C_2T_x$(RTiC)水凝胶显示出具有随机开孔和薄孔壁的互连多孔网络结构。

Shao 等[181]通过添加抗坏血酸作为还原剂，在室温下静置并冷冻干燥，设计了一种独立的多孔 MXene/rGO 气凝胶。由于 π-π 共轭作用、螯合作用以及 $Ti_3C_2T_x$ 和 GO 纳米片之间的氢键相互作用的合力，较大的 rGO 层将连续组装成三维水凝胶，较小的二维层状 MXene 嵌入该骨架中。如图 2.51(b)所示，在大气压力下，垂直力大于水平力，甚至上层和下层的片层都非常接近。得到的穿梭型三维互连多孔结构与水热过程中获得的结构不同。同时,所制备的结构可以绕过空穴缺陷,进一步实现电子和离子的快速有效转移。Zhang 等[182]通过使用 GO 将 Ti_3C_2 纳米片组装成气凝胶,提出了一种三维多孔 MXene 气凝胶合成方法。气凝胶是通过使用水凝胶碘(HI)交联 Ti_3C_2 和 GO 的纳米层来制备的,水凝胶碘也减少了 GO 纳米片。所制备的 MXene/rGO 气凝胶继承了 rGO 气凝胶的孔隙率,Ti_3C_2 纳米片均匀分散在 rGO 骨架上。

Zhao 等[183]还使用水热组装,在 GO 的帮助下构建具有高导电性的三维 $Ti_3C_2T_x$ 多孔纳米结构,然后进行冷冻干燥。图 2.51(c)显示了获得的具有排列整齐的蜂窝微结构的复合气凝胶,其中内骨架由石墨烯层组成,外壳由完全锚固的 $Ti_3C_2T_x$ 层组成。Wang 等[184]采用水热方法,然后采用简单的冷冻干燥方法制备独特的三维多孔 MXene $Ti_3C_2T_x$ @ rGO 复合气凝胶。MXene 和 rGO 结合的网络状三维异质结构可以减少堆叠。Liu 等[185]使用原位还原和热退火的工艺设计并制备了各种 Co_3O_4 掺杂的三维 MXene/rGO 复合多孔气凝胶。通过还原 $CoCl_2$ 在 $Ti_3C_2T_x$ MXene 表面上生成 Co_3O_4 纳米颗粒,然后通过

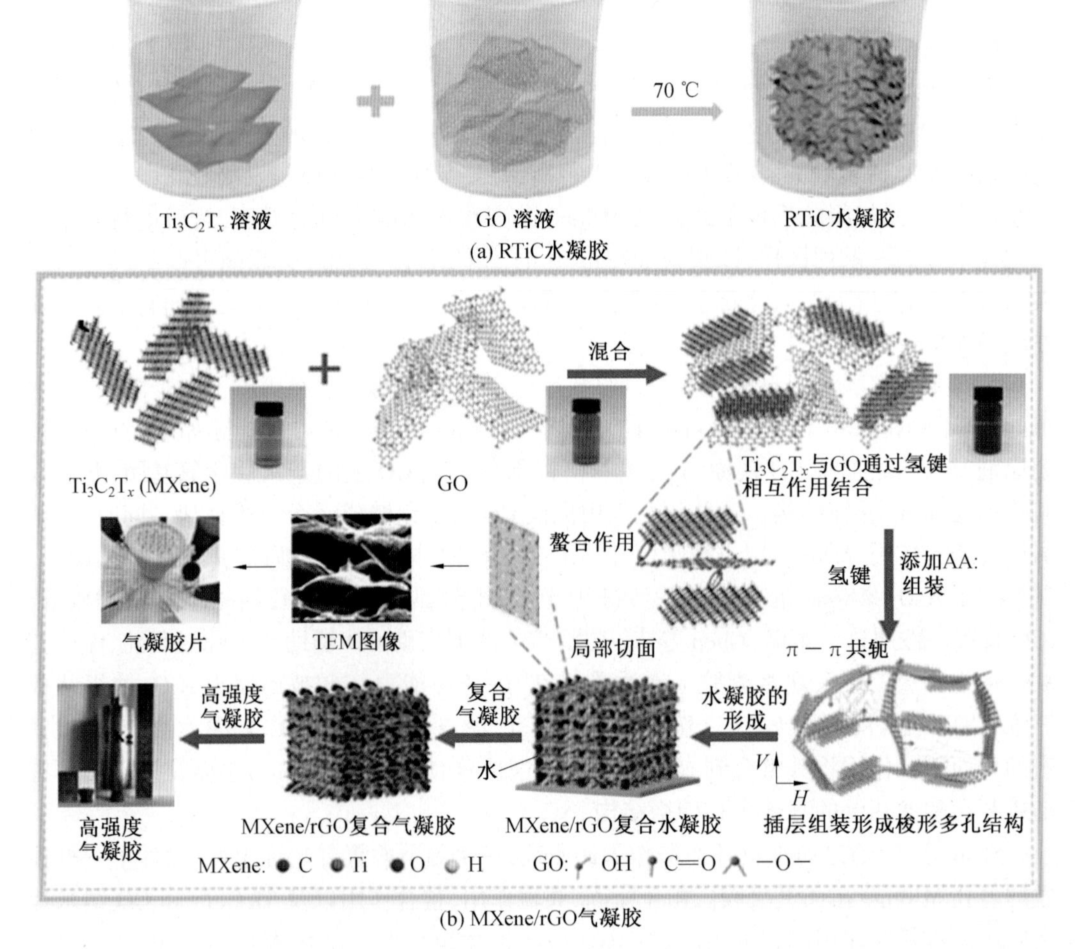

图 2.51　石墨烯交联法制备三维 MXene 多孔结构[180,181,183]

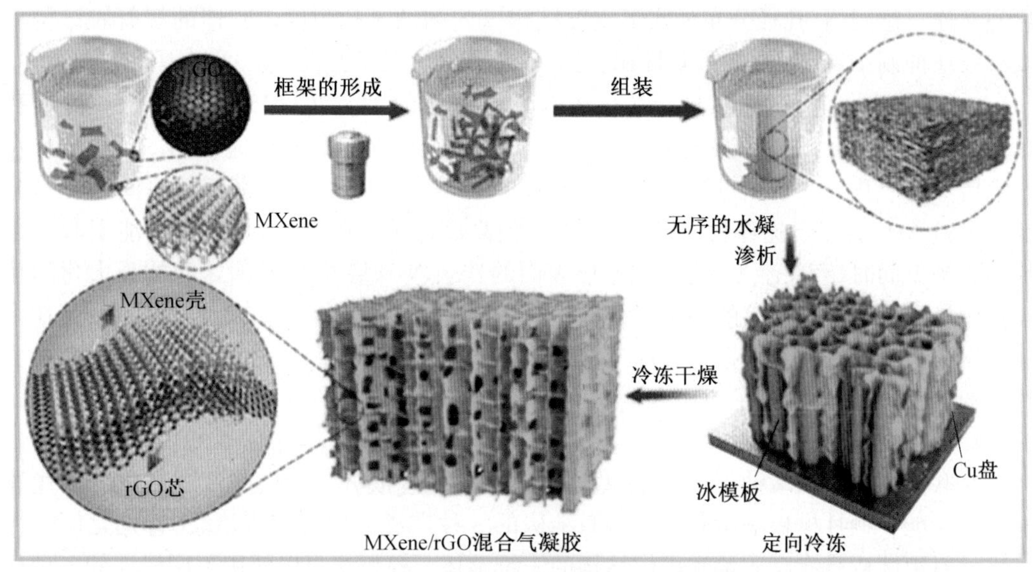

(c) $Ti_3C_2T_x$MXene/rGO混合气凝胶的制备过程

续图 2.51

混合具有不同质量比的 Co_3O_4 MXene 和 GO 分散体获得 Co_3O_4 MXene/GO 分散体。采用冷冻干燥和热退火的方法制备了 Co_3O_4 MXene/rGO 复合多孔气凝胶。嵌入的 Co_3O_4 MXene 可以通过 π-π 堆叠相互作用抑制 rGO 纳米片的自团聚，导电的 rGO 网络可以电连接分离的 Co_3O_4MXene 纳米片，从而形成多孔结构。

②金属阳离子或胺交联法。作为交联剂，金属阳离子可以快速凝胶化 MXene，形成具有三维网络的 MXene 组装体。Deng 等[186]首次报道了由二价金属（Fe^{2+}、Mg^{2+}、Co^{2+}、Ni^{2+}）和三价离子（Al^{3+}）在水分散体中引发的 MXene 凝胶化。金属离子与 MXene 表面上的—OH官能团之间的强相互作用使 MXene 纳米层有效地互连，形成三维网络。例如，将 Fe^{2+}添加到 MXene 溶液中可以破坏 MXene 纳米层之间的静电排斥力，螯合作用将 MXene 片连接在一起，从而形成三维 MXene 结构（图 2.52（a））。所获得的水凝胶可以极大地防止 MXene 纳米层之间的重新堆积，并提高表面使用率，从而全面提高 MXene 电极的倍率性能。

此外，还可以使用表面活性剂或具有胺基团的聚合物来制备基于 MXene 的三维结构，胺基团作为连接剂可以实现 MXene 纳米层的并排连接。Wang 等[187]通过使用聚酰胺酸（PAA）和 MXene 混合物的冷冻干燥方法，然后进行热亚胺化，制备了聚酰亚胺（PI）/MXene 三维纳米结构。通过 MXene 纳米片和 PI 链之间的静电相互作用，生成具有互连、高度多孔和疏水性三维结构的坚固、轻质和疏水 PI/MXene 气凝胶，从而改善机械特性、吸油能力和实现有效的油水分离。

类似地，Li 等[188]采用乙二胺（EDA）作为交联剂，并通过常见的 EDA 辅助自组装方法合成了三维 Ti_3C_2 气凝胶。EDA 分子通过与含氧官能团的相互作用交联相邻的 Ti_3C_2 层促进了自组装过程。此外，当 Ti_3C_2 层垂直堆叠并形成可观察到的开孔时，可获得圆柱形结构（图 2.52（b））。同时，由于 EDA 和边缘上的官能团的交叉作用，形成了 Ti_3C_2 薄片的互连三维网络,孔径分布证实了空隙结构壁内的纳米孔隙度。互连的气凝胶结构可以有效地抑制 Ti_3C_2 薄片的重新堆积,进一步改善其电化学性能。

Wang 等[189]通过热处理与二氧化硫脲和氨混合的 $Ti_3C_2T_x$ 悬浮液制备了三维多孔 $Ti_3C_2T_x$ 气凝胶。由于二氧化硫脲在碱性介质中具有良好的还原性能,$Ti_3C_2T_x$ 纳米片在水解后不易氧化。在水热过程中,位于 $Ti_3C_2T_x$ 纳米片之间的氨在极短的时间内迅速分解。大量 NH_3 分子迅速释放,导致纳米层受到高度冲击。此外,氮掺杂也可能引起纳米片的起皱。同时,存在于 $Ti_3C_2T_x$ 纳米层表面的残余 N 和终端 O 基团之间的强大化学相互作用易于形成相互连接的纳米层结构。图 2.52(c)显示了多孔 $Ti_3C_2T_x$ 气凝胶,其在冷冻干燥过程后具有相互连接的分层三维结构,表面有褶皱。最终这种结构成功地减少了片材的重新堆叠,并加速了电子和电解质离子的传输。

2. 牺牲模板法

交联法通常引入多种添加剂,这些添加剂中的一些成分可能会降低材料本身的优异电化学性能。牺牲模板法是获得所需微结构的一种广泛使用的直接策略,特别是用于将二维材料组装成具有高质量和可控结构的三维整体。模板法可以使用不同尺寸的各种材料作为硬模板或软模板,从而精确控制孔的形状和尺寸。常用的模板可分为三种类型,即硬模板、软模板和冰模板。

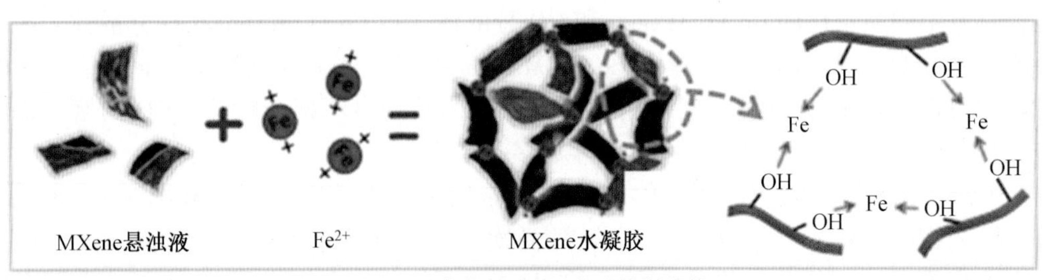

(a) 由 Fe^{2+} 引发的MXene纳米片的凝胶化

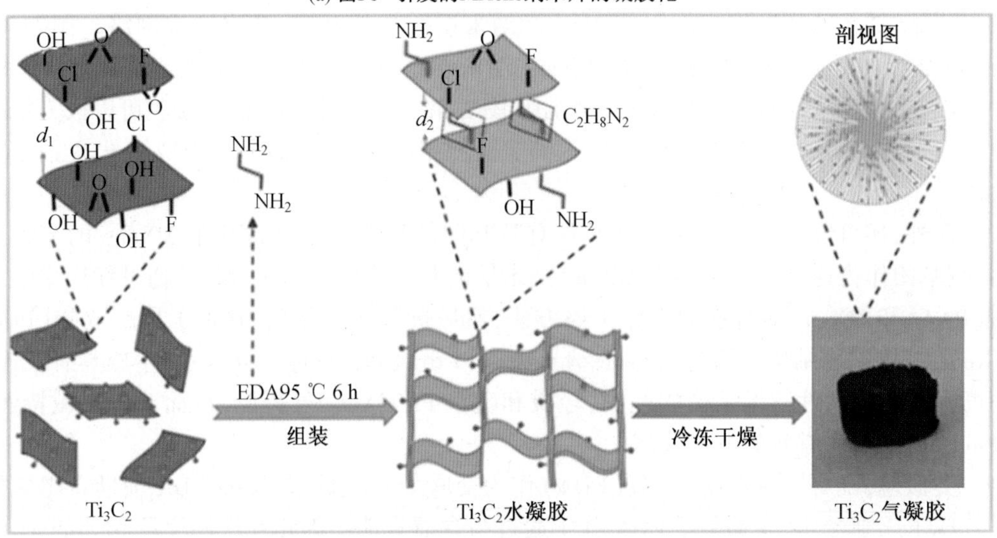

(b) 使用EDA作为交联剂形成 Ti_3C_2 气凝胶的示意图

图 2.52 金属阳离子或胺交联法制备三维 MXene 多孔结构[186,188-189]

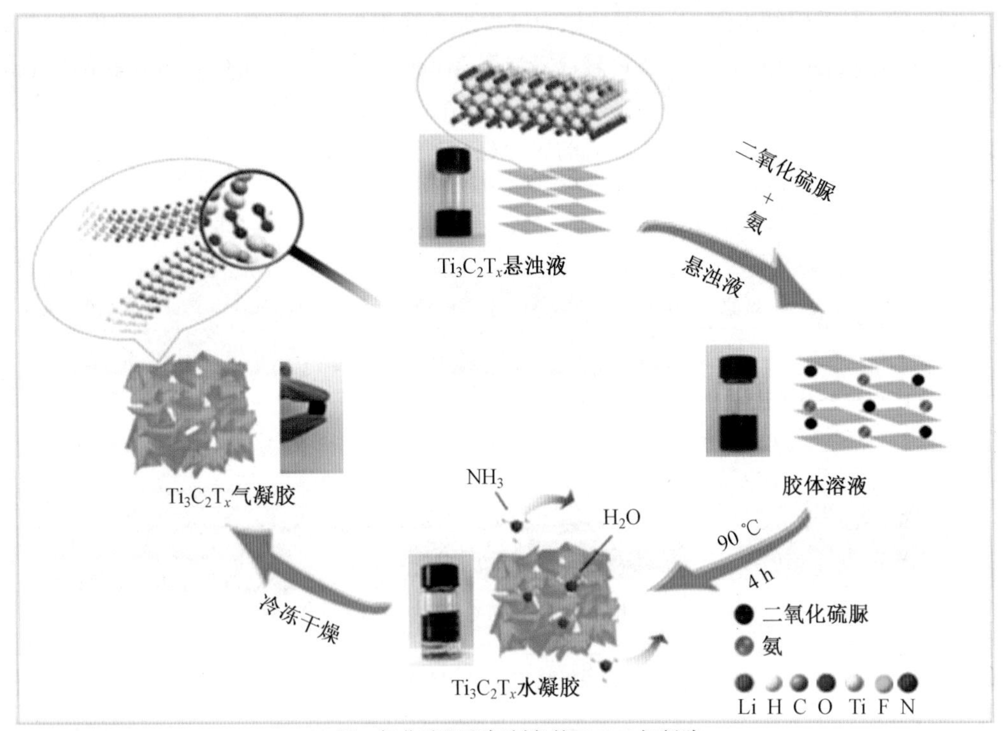

(c) 用二氧化硫脲和氨制备的$Ti_3C_2T_x$气凝胶

续图 2.52

(1)硬模板法。

硬模板法是制备微米和纳米级多孔材料的最常见和最有效的方法。它依靠于在二维材料表面预沉积硬模板,然后移除硬模板。聚苯乙烯(PS)和三聚氰胺甲醛(MF)是构建三维多孔结构最常用的模板,因此也适用于构建三维多孔 MXene。Li 等[190]以 PS 球为模板,制备了三维多孔 $Ti_3C_2T_x$(M- $Ti_3C_2T_x$)薄膜,用于沉积 PANI。带负电荷的 $Ti_3C_2T_x$ MXene 薄片与表面带正电荷的 PS 球发生静电相互作用,因此很容易包裹在其表面。通过真空辅助过滤,在 PS 球表面制备了 $Ti_3C_2T_x$ MXene 薄片包裹的柔性 PS@ $Ti_3C_2T_x$ 薄膜。然后通过热退火将 PS 球完全去除,在独立的柔性 $Ti_3C_2T_x$ 薄膜中保持开放和相互连接的结构(图 2.53(a))。同样,Song 等[191]采用 MF 作为牺牲模板设计多孔 N 掺杂 Ti_3C_2MXene(P-NTC)。具体而言,MXene 薄片是带负电和带正电的物质,由于存在静电力,因此会自动包裹在 MF 球体上,以进行 MXene/MF 组装。热退火 MF 纳米球可用于制备具有充足孔隙率的最终 P-NTC 产品(图 2.53(b))。得益于丰富的氮掺杂、优异的导电性和孔隙率,所制备的 P-NTC 纳米结构在 Li-S 电池可以作为极好的电极材料。

为了克服重堆叠的缺点并充分发挥 MXene 纳米片的潜力,Zhao 等[192]使用硫模板法合成具有高度多孔结构的三维 MXene 泡沫(图 2.53(c))。硫模板的粒度和含量决定了多孔结构。即使在低温下,硫模板的去除也可以非常容易,从而进一步产生具有改善的电解质润湿性的 S 掺杂官能团。制备的基于 MXene 泡沫的电极是独立的、柔性的,并且具有很强的导电性,可以直接用于锂离子电池。

Zhu 等[177]采用纳米级 MgO 颗粒作为硬模板来抑制 $Ti_3C_2T_x$ MXene 层的重堆叠，并通过过滤均匀的 MgO 和 $Ti_3C_2T_x$ 薄片悬浮液制备 MXene/MgO 膜。MgO 纳米颗粒随机且均匀地分布在 MXene 膜之间。然后通过加入乙酸溶液除去 MgO 颗粒。扩展的 MXene 显示出基于褶皱层的开放形态。由此形成的由导电壁和互连通道构成的开孔三维结构，促进了整个材料中离子扩散和电子渗透。

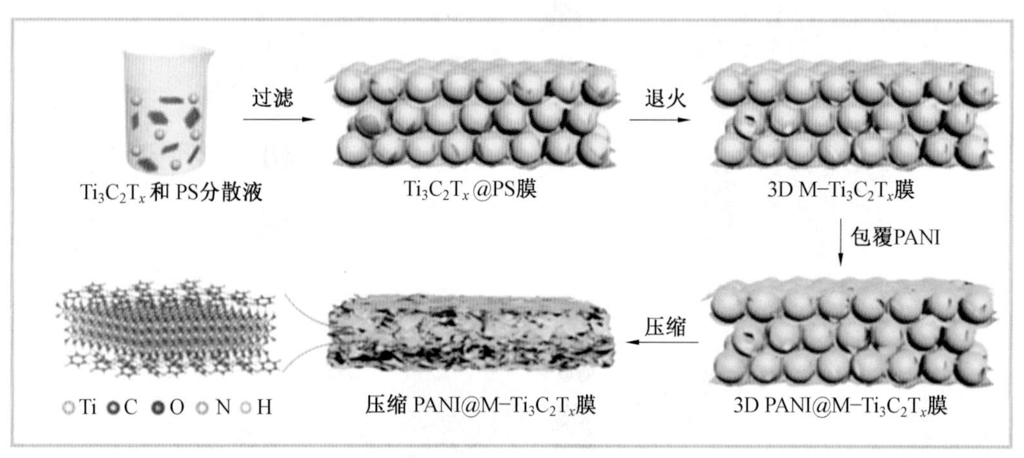

(a) PS模板制备PANI@M-$Ti_3C_2T_x$

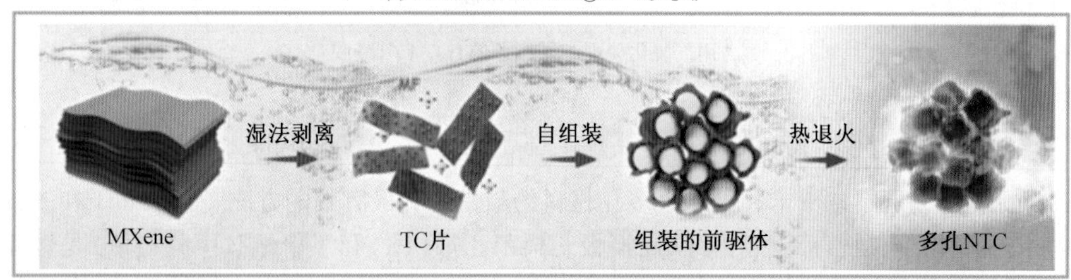

(b) MF模板制备P-NTC

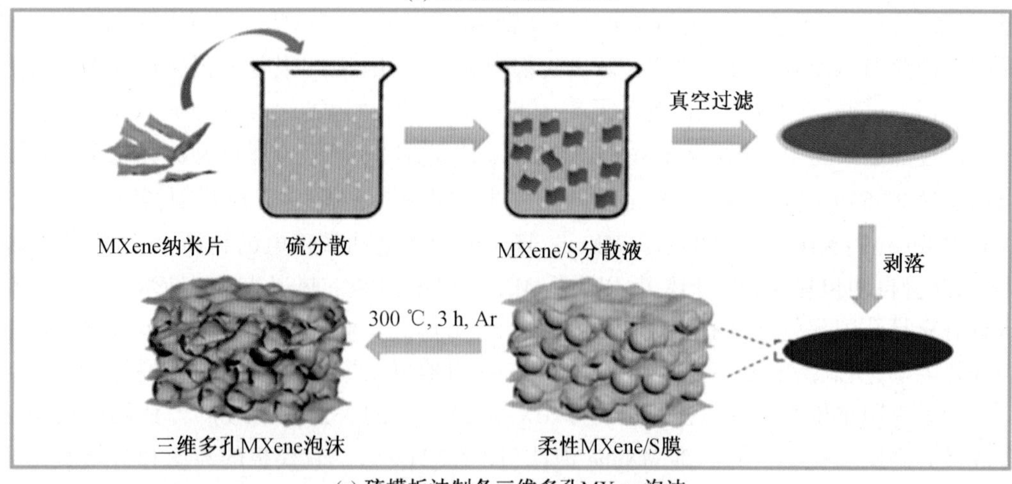

(c) 硫模板法制备三维多孔MXene泡沫

图 2.53　硬模板法制备三维 MXene 多孔结构[190-192]

(2)软模板法。

由于在高温等环境中移除模板的过程中,硬模板法可能对 MXene 片状结构产生不可逆的影响,因此软模板法是促进三维 MXene 组装合成的替代方法。由于存在两亲性的表面活性剂,乳液是形成中空结构软模板的非常好的方法,它们能够在水-油界面上进行有组织的自组装。以浓缩乳状液滴为模板,冷冻干燥后可制备具有结构可调性的轻质各向同性 MXene 气凝胶,为采用界面组装策略制备三维多孔 MXene 结构开辟了一条新途径。

Bian 等[193]使用 CTAB 修改 MXene 纳米片的表面性质,通过在水-油界面上自组装来制造三维 Ti_3C_2MXene 结构。CTAB 可以通过与 MXene 表面带正负电荷的—$N(CH_3)_3$ 和—O 基团的结合来调整 MXene 的亲水/疏水平衡,进一步在中性或碱性条件下生成稳定的油包水乳液,从而制备了由 CTAB 掺杂的 MXene 稳定的高内相乳液(HIPE)。冷冻干燥后,获得基于 MXene 的三维结构化材料(图 2.54(a))。

类似地,Shi 等[194]使用油溶性胺官能化的笼型聚倍半硅氧烷($POSS-NH_2$)作为表面活性剂,在油-水界面制备 $Ti_3C_2T_x$ MXene 表面活性剂(MXS)纳米颗粒。调整油相中 $POSS-NH_2$ 的浓度可以有效地控制 MXene 纳米层的重叠程度,从而实现 MXS 的可调性。浓缩乳液液滴冷冻干燥后,通过自下而上的方法制备疏水、轻质和各向同性 MXene 气凝胶,其中孔径和形状与乳液液滴的孔径和形状相称(图 2.54(b))。

Zhao 等[195]通过将 PS 选择性接枝到 MXene 纳米片的一侧,合成了一种新型的两亲性表面活性剂 MXene 纳米片(MNS),也称为 Janus-MXene 纳米片(JMN)。将制备的 JMN 分散在水或油中后,可在水-油界面进行自发组装,降低界面张力,这使其成为稳定乳液的良好固体表面活性剂。如图 2.54(c)显示,具有结构可调性的轻质各向同性 MXene 气凝胶可在冷冻干燥后使用乳液液滴作为模板制备。

(3)冰模板法。

冰模板法是一种通过冻结溶剂促进分散或溶解颗粒相分离的方法。溶剂的升华留下三维大孔网络,进一步加热所得产物可以改善多孔结构的性能。

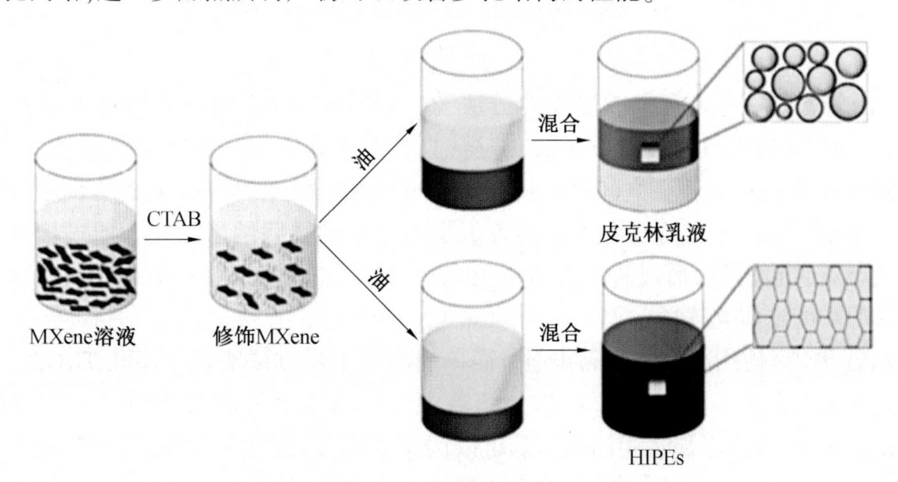

(a) HIPE稳定的Ti_3C_2 MXene的制备示意图

图 2.54　软模板法制备三维 MXene 多孔结构[193-195]

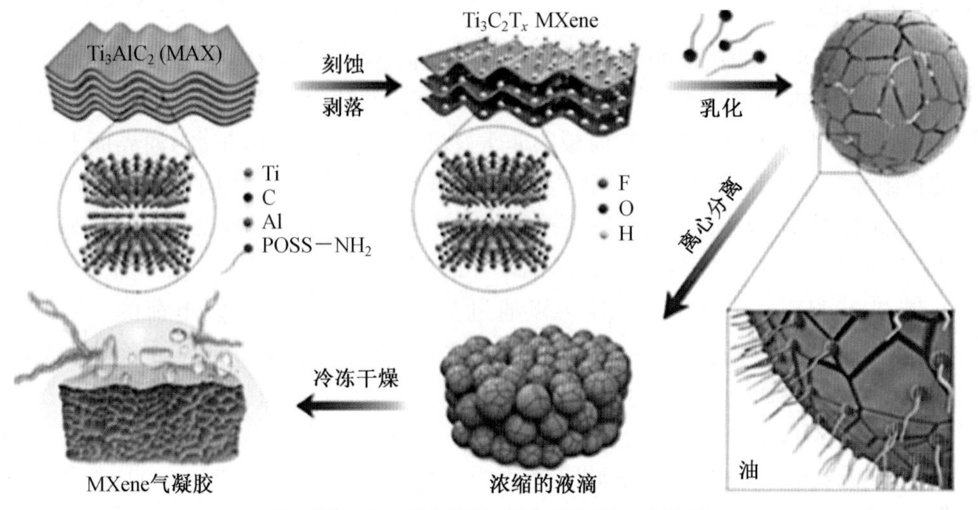

(b) 通过MXene表面活性剂制备的MXene气凝胶

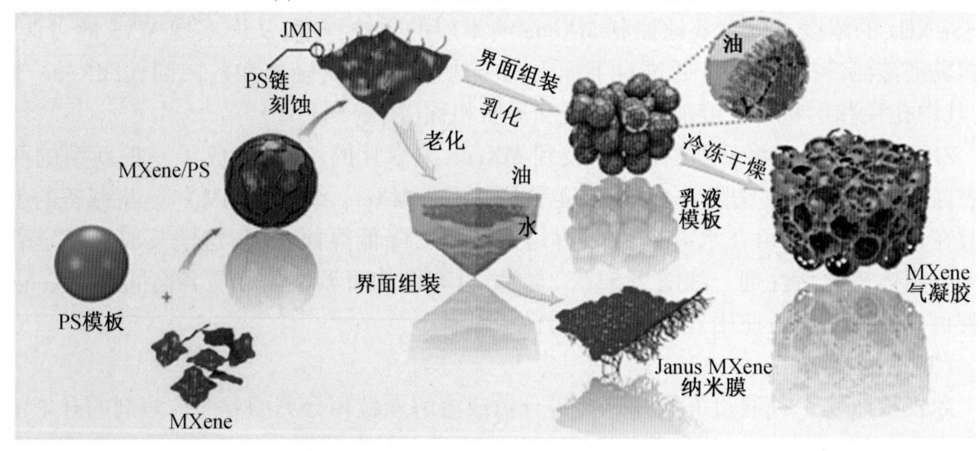

(c) 通过MXene表面活性剂制备的MXene气凝胶

续图 2.54

Han 等[196]采用双向冷冻浇注的方法,在不使用任何添加剂的情况下制备了几种 MXene 气凝胶,这些气凝胶非常整齐、分层,且具有大孔网络。在冷冻浇注法中,由于在铜板和 MXene 胶体悬浮液之间存在具有斜角的 PDMS 楔,在水平和垂直方向上同时产生双温度梯度。通过冰晶的双向生长制备了排列良好的层状纳米结构。通过增加 MXene 胶体悬浮液的起始量,形成进一步连接相邻水平片的垂直 MXene 片"桥"。最后,形成 MXene 的高度定向互连桥。

Yang 等[197]使用冰作为间隔物通过简单的冷冻干燥方法实现了多孔 $Ti_3C_2T_x$ 纳米结构的无添加剂合成。由于 $Ti_3C_2T_x$ 胶体溶液中的结晶冰间隔物,部分防止了纳米层的重新堆积。此外,冷冻干燥法中的冰结晶可以调整 $Ti_3C_2T_x$ 的化学特性,进一步改善电化学性能。多孔 $Ti_3C_2T_x$ 结构中存在大量的大孔和介孔,因此该结构具有超大 $Ti_3C_2T_x$ 层状壁的三维网络。

Yue 等[198]和 Ma 等[199]选择冰模板冷冻技术来制备具有三维分层有序结构的

MXene/rGO 复合气凝胶。当 MXene 和 GO 混合溶液冻结时，MXene 和 GO 纳米层通过 π—π键交联，这些层沿着冰晶边界缓慢排列以形成多孔结构（图 2.55（a）、（b））。

Tang 等[200]通过用液氮冷冻细菌纤维素（BC）和 MXene 的混合溶液，然后冷冻干燥，生产了三维多孔 BC/MXene 混合气凝胶。通过具有大纵横比的 BC 以非常小的浓度构建三维多孔支撑骨架。然后将三维 BC 骨架嵌入具有优异光吸收能力的 MXene，以提高光热转换能力。之后，将气凝胶置于 PEG 中，并将 PEG 沉积在气凝胶上，以制备具有良好综合性能的复合相变材料 PCM（图 2.55（c））。制备的复合相变材料具有良好的形状稳定性、高效的光热转换能力和显著提高的储能能力。

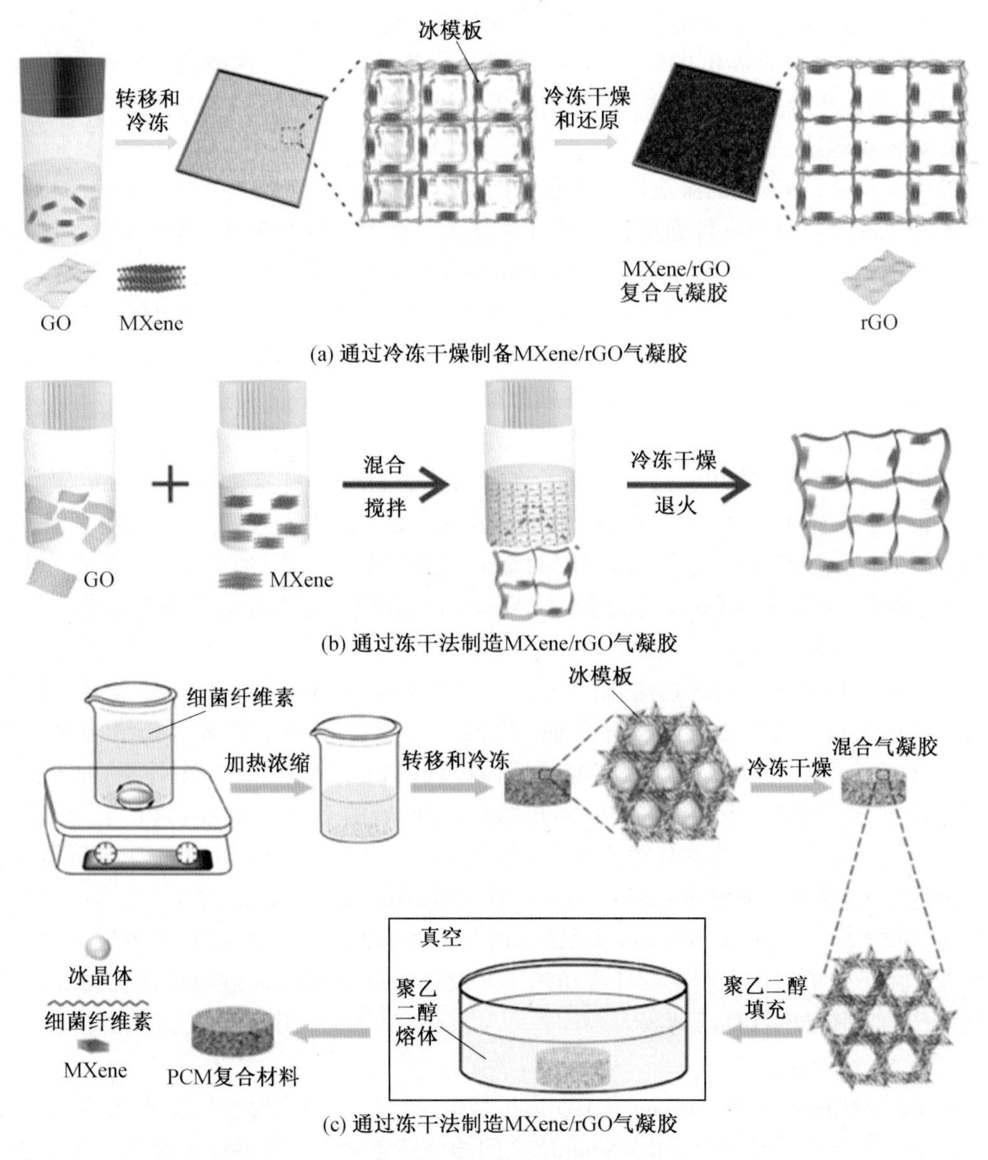

图 2.55　冰模板法制备三维 MXene 多孔结构[198-200]

3. 超临界 CO_2 干燥法

超临界干燥法是近年来合成具有特定微观结构气凝胶的一种相对新颖的技术。在超临界流体(CO_2、N_2 等)的帮助下,该干燥过程可以将湿凝胶的高开放孔隙率和优异的纹理特性保持在干燥状态,且没有任何液相的残留物。与传统的环境空气干燥或冷冻干燥方法不同,该干燥过程可以避免凝胶孔中存在任何中间的气液转变和表面张力,防止凝胶结构在溶剂消除过程中出现孔坍塌现象。作为一种新的新兴方法,超临界 CO_2 干燥法也可用于制备 MXene 气凝胶。Li 等[201]通过 MXene 纳米片的溶胶-凝胶纺丝和随后的超临界 CO_2 干燥处理,制备了纯 $Ti_3C_2T_x$ MXene 气凝胶纤维。MXene 气凝胶纤维具有孔径为 1 ~ 10 μm的连续多孔网络结构、可调孔隙率(96.5% ~ 99.3%)、高比表面积(高达 142 m^2/g)、低密度(低至 0.035 g/cm^3)、超高电导率(104 S/m),这使其在柔性可穿戴设备、智能织物和便携式设备应用中表现出巨大的潜力。

4. 纤维纺丝法

纤维纺丝法,如传统的湿法纺丝和静电纺丝,已被确定为制备具有有序和完美排列结构的微纳米纤维材料的一种通用且易可行的方法。对于二维纳米片,通常在纺丝过程中实现纤维的多孔微结构。纯 MXene 纤维的制造通常需要高浓度的稳定 MXene 胶体,若没有 MXene 悬浮液无法纺成连续纤维。因此,通常会引入添加剂或黏合剂以促进 MXene 杂化纤维的形成。大多数情况下,添加剂为 GO 或聚合物,包括热塑性聚氨酯(TPU)、芳纶和聚(3,4-亚乙基二氧噻吩):聚苯乙烯磺酸酯(PEDOT:PSS)等。

(1)湿法纺丝法。

目前,通过使用湿法纺丝已经开发了许多的导电 MXene 纤维基器件。Shin 等[202]开发了一种直接、连续控制、无添加剂(黏合剂)的方法,通过大规模湿法纺丝制备了纯 MXene 纤维。该小组还通过使用高浓度 MXene 胶体(25 mg/mL)的湿法纺丝生产了具有三维网络结构的自支撑 MXene 水凝胶。MXene 凝胶表现出随机定向的网络结构。

Zhou 等[203]报道了通过湿法纺丝工艺制备 MXene/rGO 混合纤维。SEM 图像表明, MXene/rGO 纤维显示出层状结构,由于较小尺寸的 MXene 片引入了更多的晶界,因此具有更多的褶皱和多孔性质。Wu 等[204]通过湿法纺丝技术制备了具有多孔结构的 CNT/MXene-TPU 杂化纤维。热塑性聚氨酯弹性体橡胶(TPU)分子链充当主骨架,而 CNT 和 MXene 构成导电网络。由于纤维中的多孔结构,拉伸后的 CNT/MXene-TPU 混合纤维显示出优异的电化学性能,体积比电容可达 8.8 F/cm^3。此外,它可以用作应变传感器来监测人体运动,这使得它非常有希望成为下一代智能纺织品。Seyedin 等[205]使用可扩展的湿法纺丝技术生产 $Ti_3C_2T_x$ MXene/聚氨酯(PU)复合纤维,该纤维既具有导电性又具有高拉伸性。由于这项工作中使用的纤维纺丝工艺没有针对纯 MXene 进行优化,因此所得纤维是多孔的且其导电性低于薄膜。

(2)静电纺丝法。

Li 等[206]使用 $Ti_3C_2T_x$ MXene 和 GO 通过静电纺丝技术构建混合气凝胶微球,随后在液氮浴中快速冷冻干燥。GO 和 MXene 层之间的氢键驱动它们巧妙地组装成一个异构的三维网络结构。SEM 结果表明,$Ti_3C_2T_x$ MXene 可以影响孔结构的尺寸和晶胞形状。向 GO 中添加 $Ti_3C_2T_x$ MXene 使孔洞更规则、侧壁更直,这与纯氧化石墨烯和 MXene 气凝胶微球的形态不同。

Xu 等[207]将 MXene 和阿莫西林(AMX)溶解到 PVA 溶液中,然后将混合物电纺成具有三维网络结构的抗菌纳米纤维膜。MXene 可以将近红外激光转化为热量,导致局部过热以促进 AMX 释放,这使得 MXene/AMX/PVA 纳米纤维膜表现出高抗菌和加速伤口愈合的能力。

Fu 等[208]通过静电纺丝技术,以 $Ti_3C_2T_x$ 和聚(偏二氟乙烯-共三氟乙烯)(P(VDF-TrFE))为前驱体,制备了三维互连纳米纤维膜。得益于 $Ti_3C_2T_x$ 的良好导电性以及三维导电纤维网络,所制备的光纤应变传感器具有显著的应变感应传感性能。

5. 模板沉积法

模板沉积的关键是构建可以支撑 MXene 纳米片的三维多孔结构模板。商用海绵、泡沫镍、泡沫碳、石墨烯气凝胶和具有三维网络结构的聚合物纤维是常用的模板。Yue 等[209]通过在三聚氰胺海绵上通过简单浸渍涂覆的方法制备了 MXene 海绵。清洁的三聚氰胺海绵被 MXene 溶液浸泡,以吸收其表面的 MXene 纳米片。完全浸没后,将海绵在 80 ℃下真空干燥 24 h。最后,形成具有薄片和三维网络的 MXene 海绵。该 MXene 海绵显示出典型的三维结构,在压阻传感领域显示出巨大的应用潜力。Wang 等[210]采用 rGO 气凝胶作为载体合成 MXene/rGO 气凝胶。采用普通水热处理和冷冻干燥方法制备了多孔 rGO 气凝胶,并显示出三维多孔层状形貌。随后,将 rGO 气凝胶浸入 MXene 纳米层溶液中,并进行冷冻干燥,以获得 MXene/rGO 气凝胶,该气凝胶具有多孔结构,孔径比 rGO 气凝胶小得多。

Liang 等[211]使用木材衍生多孔碳(WPC)骨架作为模板构建三维 MXene 气凝胶/WPC 复合材料。WPC 由天然木材碳化而成,沿树木生长方向保留了笔直而规则的多孔通道。这些规则的多孔通道充当无数的小反应器,为二维 MXene 纳米层到三维 MXene 气凝胶的自组装提供了大量的容器。获得的 MXene 气凝胶/WPC 复合材料表现出类似于墙的"砂浆-砖"结构,WPC 骨架是"砂浆",MXene 气凝胶是"砖"。这种特殊结构有效地解决了 MXene 气凝胶结构不稳定的问题,并进一步显著延长了电磁波的传输路径。此外,这些"砖"以热能和电能的形式消散入射电磁波,从而显示出卓越的 EMI 屏蔽效果。

6. 3D 打印

3D 打印技术被称为增材制造方法,它可以从通过计算机辅助设计获得的虚拟模型中直接制造三维组件。该技术的基础是连续挤压具有特殊流变行为的悬浮液或油墨。Li 等[212]介绍了一种使用由 $Ti_3C_2T_x$ MXene 纳米层、MnO_2 纳米线、Ag 纳米线和富勒烯组成的伪塑料纳米复合凝胶进行 3D 打印和单向冷冻的简单方法,以构建具有厚蜂窝多孔叉指式电极的基本可拉伸微型超级电容器(MSC)。这些纳米结构使用厚电极、具有高孔隙率和电导率的三维支架以及交互的材料特性,实现了活性材料的高负载、大表面积和快速离子传输,从而显著提高面能量和功率密度(图 2.56(a))。

Fan 等[213]通过牺牲模板法,采用三聚氰胺甲醛(MF)作为模板,制备了多孔氮掺杂 MXene($N-Ti_3C_2T_x$)。通过静电作用,$N-Ti_3C_2T_x$ 片自发地包裹在 MF 纳米球上,形成了均匀的聚集。在 500 ℃退火后,MF 球分解为气体,从而获得具有高度均匀和明确多孔骨架的 $N-Ti_3C_2T_x$(图 2.56(b))。得益于多孔 $N-Ti_3C_2T_x$ 的开孔结构和平滑的氮掺杂,所制备

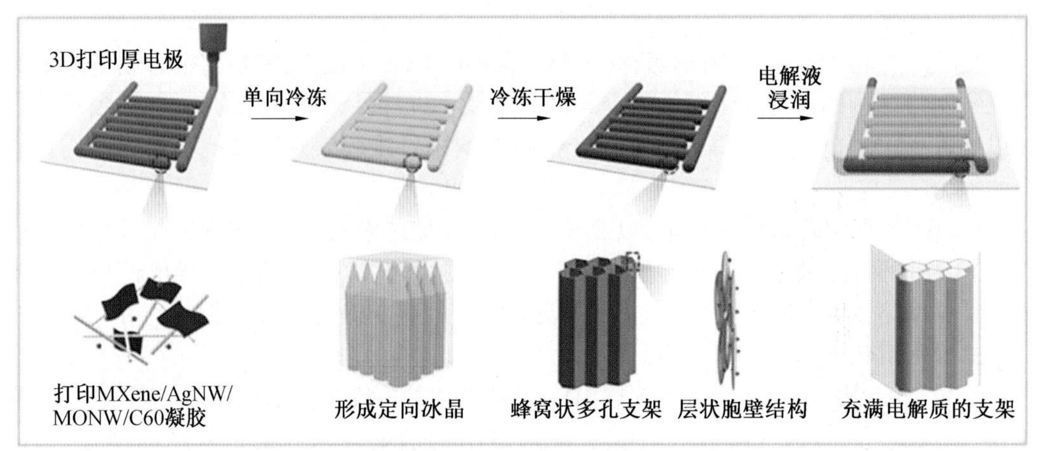

(a) 通过3D打印和单向冷冻制备基本可拉伸MSC

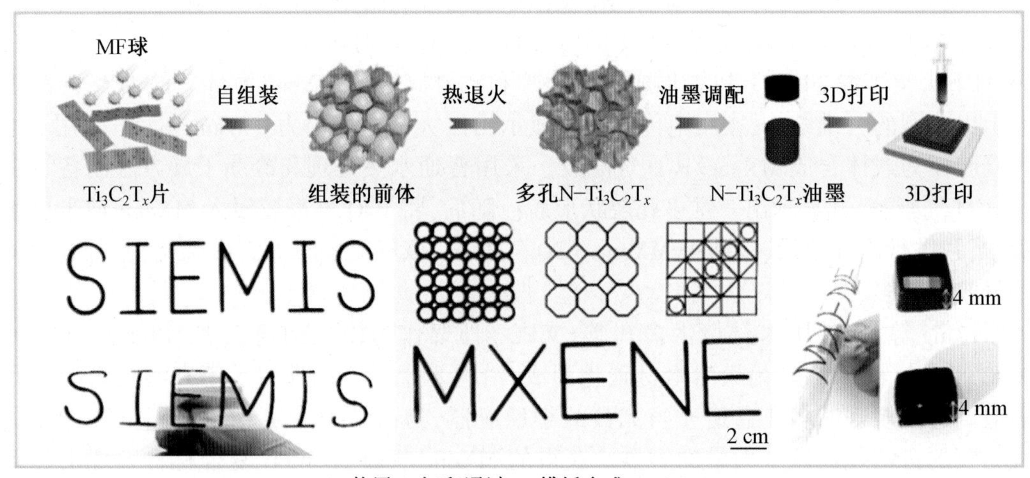

(b) 使用3D打印通过MF模板合成N-$Ti_3C_2T_x$

图 2.56　3D 打印法制备三维 MXene 多孔结构[212-213]

的纳米结构实现了快速的电子和离子传输和电化学反应动力学,从而实现了优异的钠离子存储能力。

2.3　MXene 的性能

MXene 性能的总结如图 2.57 所示。

2.3.1　理论容量

由于大量的赝电容位点,$Ti_3C_2T_x$ MXene 具有较高的比容量。由于氧官能团的质子化,键合到氧表面基团的 Ti 价态不断变化,导致 MXene 在酸性电解质中具有显著的赝电容电荷存储特性,电化学反应可以表示为

$$Ti_3C_2O_x(OH)_yF_z+\delta H^++\delta e^- \longleftrightarrow Ti_3C_2O_{x-\delta}(OH)_{y+\delta}F_z \tag{2.7}$$

根据法拉第定律,在 $-0.6\sim0$ V 的电位范围内,$Ti_3C_2T_x$ 的最大理论容量估计为

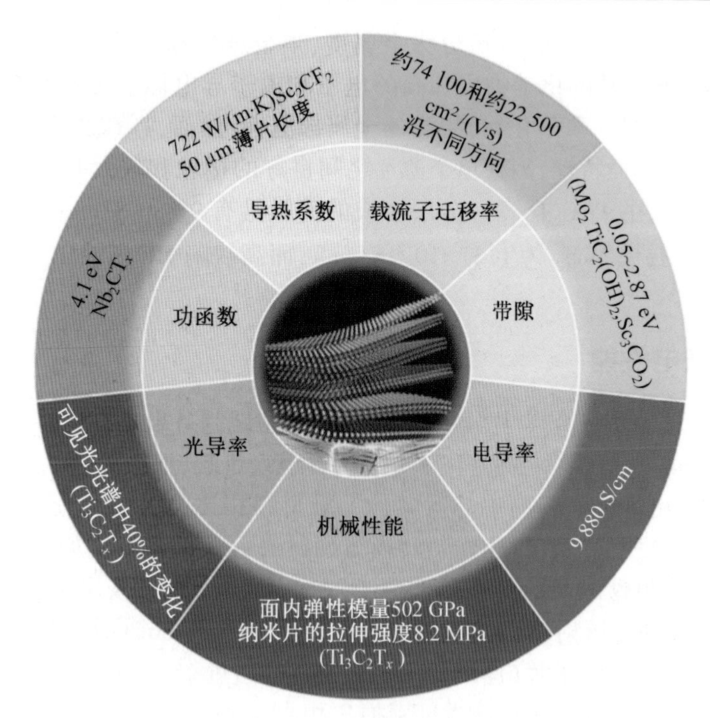

图 2.57　MXene 性能的总结[69]

615 C/g,然而,对于 0.55 V 的电压窗口,实验测量值约为 135 C/g,远低于理论容量。可能的原因是活性位点的利用率低,或者是受窄电位范围限制导致的不完全氧化还原反应。通常,对于 MXene 的电化学评估,铂或金被用作集流体。然而,重复的充放电过程可能会在感兴趣的潜在范围内分解水,并降低库仑效率。为了避免这种情况,Lukatskaya 等[214]使用玻璃碳作为 MXene 电极的集流体,并实现了 1 V 的宽电势窗口。这是因为玻璃碳对析氢反应具有特殊的超电势,从而能够在感兴趣的电势范围内探测不同材料的固有容量,而不会分解水。因此,在 90 nm 厚的电极中实现了高达 450 F/g 的比电容以及优异的倍率性能,相当于约 1 500 F/cm^3 的超高容量电容。通过改变表面化学和/或掺杂原子,MXene 的理论电容可以进一步提高。例如,Yang 等[215]通过溶剂热处理成功地制备了柔性的 N 掺杂 $Ti_3C_2T_x$ 薄膜,所得氮掺杂 $Ti_3C_2T_x$ 薄膜在 3 mol/L H_2SO_4 电解液中在 5 mV/s 下表现出 2 836 F/cm^3(927 F/g)的超高电容,这是所有已知 MXene 基材料的最高记录。

2.3.2　电子能带结构

MXene 最重要的性质之一是在费米能级附近具有良好的电子密度的金属特性,类似于 MAX 相。金属特性可以通过形成额外的 Ti—X 键来调节。通过调整功能端基团,MXene 可以表现出窄带隙半导体行为。除了 $Sc_2C(OH)_2$ 具有直接带隙外,大多数 MXene 具有间接带隙。MXene 表面的电子结构受到表面功能化的影响,对其电子性能起着关键作用。因为—F 和—OH 基团的氧化态相当,并允许接受单个电子,—F 和—OH 基团对 MXene 的电子结构有相似的影响。然而,—O 基团的行为不同,因为它们接受两个处于平衡态的电子。根据自旋-轨道耦合,MXene 可以显示能带结构拓扑。

此外,根据其电导率,MXene 可分为金属型、半金属型和半导体型。与石墨烯相比,$Ti_3C_2T_x$ 过滤膜具有丰富的化学物质和高的电子和离子导电性。实验上,$Ti_3C_2T_x$ 膜具有比其他二维金属硫化物(氢氧化物)更高的金属导电性;然而,$Ti_3C_2T_x$ 的导电性很大程度上取决于其形态和表面特性,因为单个薄片之间良好的接触和较大的薄片尺寸通常会导致高导电性。例如,由 $Ti_3C_2T_x$ 薄片分层而成的薄膜具有 9 880 S/cm(作为比较,石墨烯约为 6 000 S/cm,叠层 MoS_2 为 1.37×10^{-2} S/cm),而高缺陷 HF 刻蚀 $Ti_3C_2T_x$ 粉末的值小于 1 000 S/cm。

2.3.3 光电性能

通过溶液处理 MXene 纳米片分散体,可以很容易地制备出具有良好电子导电性和机械柔韧性的 MXene 基薄膜。此外,不需要沉积后退火过程,溶液处理后的薄膜能自然干燥,具有良好的光电性能。与石墨烯等其他二维材料相比,MXene 的这些优点表明它们在透明导电涂层、透明储能装置和光热转换方面具有巨大前景。例如,利用 MXene 水溶液的旋涂制备高导电性的 MXene 基透明薄膜,在 4 nm 厚度时表现出 93% 的光学透过率。随着薄膜厚度的增加,透射率相应降低,当透过率降低到 86% 时,薄膜电阻也降低到 330 Ω/sq。事实上,一层纳米片(厚度约为 1.2 nm)的透过率损失约为 3%,这与石墨烯纳米片(每层约为 2.3%,0.34 nm)的透过率损失相当。值得一提的是,薄膜的制备工艺路线非常重要;与喷涂或溅射透明 MXene 薄膜相比,旋涂 $Ti_3C_2T_x$ MXene 通常表现出更好的光电性能。例如,品质因子 FoM_e(定义为直流电导率与光学电导率之比)在大薄片排列的旋涂层 $Ti_3C_2T_x$ 薄膜中达到 15,而在喷塑膜中为 0.5 ~0.7。此外,旋涂薄膜具有非常小的光学吸收,这对实现高性能显示器和光伏电池至关重要。迄今为止,与其他类型的 MXene 相比,$Ti_3C_2T_x$ 表现出最好的光电性能。例如 V_2CT_x 的 FoM_e 为 6.5,而 Ti_2CT_x 的 FoM_e 为 5。

另一个必须考虑的问题是高透明导电薄膜的渗透问题。通常,当薄膜厚度变薄到一定阈值,即渗透阈值时,薄膜会遇到一个急剧增加的薄片电阻。在实际情况中,渗漏问题是不可避免且不可取的。然而,旋涂的 MXene 膜显示出与膜厚度几乎成反比的薄层电阻,如图 2.58(a)所示。这种行为通常在大面积的薄膜中观察到,表明没有明显的渗透问题。这种优异的光电性能使得 MXene 基透明薄膜足够薄,而不影响太多的电子导电性。正因为如此,MXene 可以作为透明的超级电容器工作电极,而不需要额外的集流体。

2.3.4 机械性能

分层 MXene 纳米片具有优异的机械柔韧性,尤其是 MXene 单分子层。虽然通过真空过滤薄片状的 MXene 溶液可以很容易地测量独立 MXene 薄膜的弹性模量,但测量单层或双层纳米片的机械性能已被证明是相当具有挑战性的。Lipatov 等[217] 利用原子力显微镜尖端辅助的纳米压痕实验测量了单层和双层 $Ti_3C_2T_x$ 的弹性性能(图 2.58(c))。在测试过程中,记录了力-位移曲线,据此确定单层 $Ti_3C_2T_x$ 的有效弹性模量为 0.33 TPa。实际上,该实测值与单层 Ti_3C_2 的本征面内弹性模量(502 GPa)的预测值很接近。由于 Ti—C 键的拉伸和收缩,裸露的二维 Ti_3C_2 在双轴拉伸下可以保持 9.5% 的应变,而在单轴拉伸

下沿 x 方向和 y 方向分别保持 18% 和 17% 的应变。在表面氧功能化后，二维 Ti_2CO_2 的断裂应变增加到 20%、28% 和 26.5%，这是由于 Ti 原子与表面基团之间有较强的共价键。也就是说，键强度是维持纳米片弹性刚度的关键因素。另外，引入壳聚糖和聚乙烯等聚合物可以改善 $Ti_3C_2T_x$ 薄膜的力学特性[218]。壳聚糖的引入可以扩大 $Ti_3C_2T_x$ 纳米片的位移，并将薄膜的抗拉强度从 8.2 MPa 提高到 43.5 MPa[218]。通过在 MXene 基体中引入聚乙烯醇(PVA)，该复合材料的机械强度得到了很大的提高。例如，Ling 等[219]将 PVA 插入 $Ti_3C_2T_x$，复合薄膜显示出良好的电子导电性和优异的力学性能，可承受 5 000 倍自身质量。

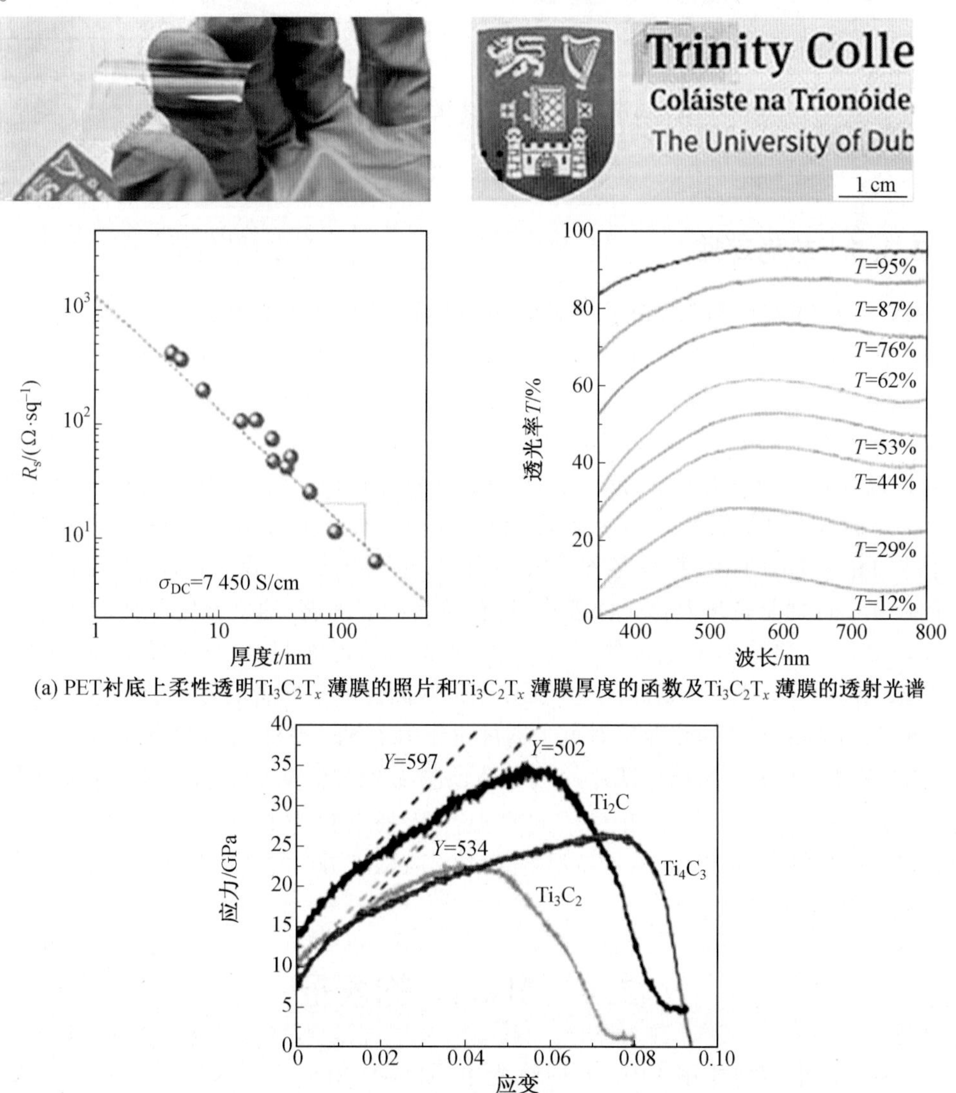

(a) PET衬底上柔性透明 $Ti_3C_2T_x$ 薄膜的照片和 $Ti_3C_2T_x$ 薄膜厚度的函数及 $Ti_3C_2T_x$ 薄膜的透射光谱

(b) Ti_2C、Ti_3C_2 和 Ti_4C_3 样品拉伸变形过程中的应力－应变曲线

图 2.58　MXene 的光电性能[216-217]

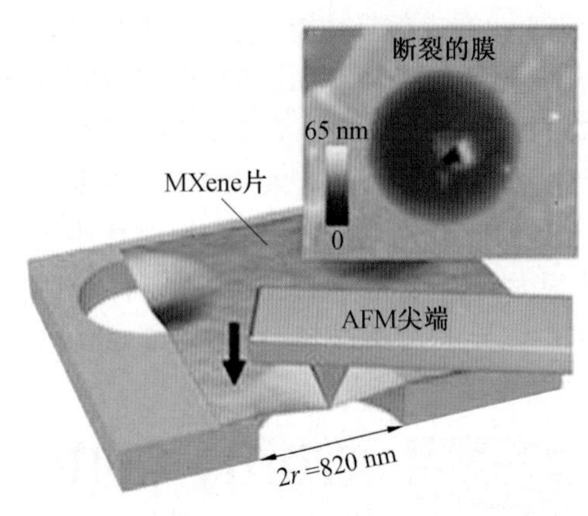

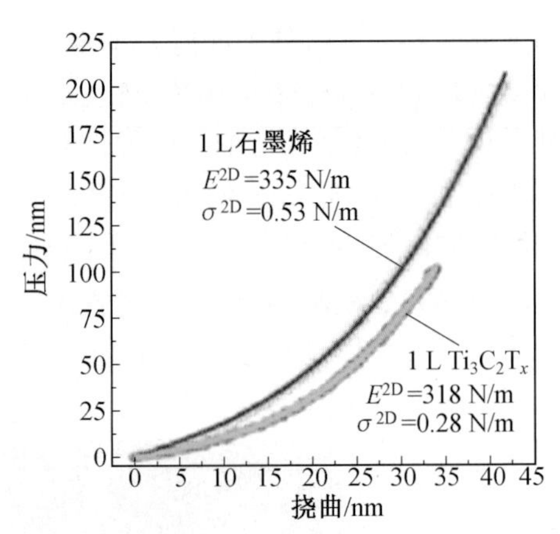

(c) AFM针尖悬浮$Ti_3C_2T_x$膜的纳米压痕方案和断裂膜的AFM图像及单层石墨烯和$Ti_3C_2T_x$膜的实验F-d曲线比较

续图 2.58

2.3.5　热稳定性

MXene 的热重和质谱分析发现 MXene 的热稳定性对其化学成分和环境有很强的依赖性。最近的一项研究表明，$Ti_3C_2T_x$（T_x = F 或 OH）在 500 ℃下是稳定的，即使在 800 ℃的 Ar 气氛中 Ti_3C_2 六方晶体结构也保持不变[220]。根据热重分析，$Ti_3C_2T_x$ 在 Ar 气氛中，在高于 800 ℃时，由于转化为 TiC，其质量损失很大。另外，当在氧气气氛中退火时，$Ti_3C_2T_x$ MXene 在 200 ℃时部分氧化为锐钛矿 TiO_2 纳米晶，在 1 000 ℃时完全转化为金红石 TiO_2。通过控制加热速率、退火温度和氧化时间，$Ti_3C_2T_x$ MXene 可以转化为具有不同晶体结构和形态的 TiO_2，形成各种 MXene 基的杂合物或衍生物。然而，表面有暴露金属原子的 MXene 通常是热力学亚稳态的，具有较高的表面能，通常在空气中自发氧化。对于 Ti_2C MXene，原始 Ti_2C 表面的不饱和 Ti 3d 轨道与近邻的 O_2 分子发生强烈的相互作用，导致有效的 O_2 解离。因此，O 在 Ti_2C 上的吸附影响了后者的热力学稳定性。

此外，MXene 出色的热导率对电子器件也十分有利。MXene 的热导率与横向尺寸有关，例如室温下 5 μm Hf_2CO_2 薄片的热导率预测为 86.25 W/(m · K)，100 μm 薄片增加到 131.2 W/(m · K)[221]。Hf_2CO_2 的室温热膨胀系数为 $6.094\ 9\times10^{-6}\ K^{-1}$。通过对 MXene 进行 N 掺杂，单层 Mo_2C 在室温下沿着“Armchair”方向的热导率由 48.4 W/(m · K)提高到 64.7 W/(m · K)。

2.4　MXene 的表征

本节将讨论如何使用 XRD、X 射线光电子能谱(XPS)、拉曼光谱、扫描电子显微镜(SEM)、原子力显微镜(AFM)和核磁共振(NMR)对 MXene 进行分析。这些方法可用于确认前驱体(MAX 相)是否适用于 MXene 合成，并验证 MXene 的有效合成及其形貌、性质等。

MXene 光学评估是最初始的表征方法。从 MAX 到 MXene 的转化会出现明显的、外观清晰的色调变化。虽然 MAX 相通常为灰色,但所有 MXene 都有与其光学性质相关的颜色,这取决于它们的结构和排列(图 2.59)。MXene 颜色比正常颜色有任何变化,都意味着 MXene 正在退化。为了获得所需的 MXene 外部特性,必须使用仪器方法对材料进行适当表征。用于 MXene 检测的典型表征技术是 SEM 和 XRD。在相当长的一段时间里,其他表征方法也用于 MXene 研究,如傅里叶变换红外光谱(FT-IR)、拉曼光谱和原子力显微镜等。

图 2.59　MXene 的光学图像[55]

图像左侧显示 1 g 和 50 g MAX 相 Ti_3AlC_2 的颜色(灰色)和合成的 $Ti_3C_2T_x$ 的颜色(黑色),右侧显示 MXene(10 mg/mL)$Ti_3C_2T_x$ 分层溶液的视觉图像

2.4.1　扫描电子显微镜

SEM 可以实现 MXene 结构的可视化,验证是否成功合成 MXene;然而,刻蚀后的 MXene 的形貌图案并不一样。通过浓缩氢氟酸合成的 MXene 的手风琴结构被认为 MXene 成功合成。Naguib 等[222]所讨论的手风琴状形貌可以在 SEM 图像中清晰看到,在一段时间内,SEM 图像被视为 MXene 合成成功的明确标志。然而,进一步的研究表明,所有多层 MXene 都不具有手风琴结构。随着氢氟酸浓度的降低,手风琴结构变得不那么明显,多层 MXene 更接近传统 MAX 结构,这种形貌转变取决于所用刻蚀剂的浓度。Alhabeb 等[67]通过 SEM 图像描述了碳化钛 MXene 合成后的形貌(图2.60)。随着刻蚀剂 HF 浓度的下降,手风琴结构最终变得不那么明显或不那么突出,MAX 相和 MXene 图像在某种程度上看起来相似。

2.4.2　X 射线衍射

X 射线衍射是最早和最直接确认 MXene 产生的表征方法之一。准确确认 MAX 相纯度的最有效方法是 X 射线衍射。在分析 MXene 前,应保证其前驱体材料 MAX 相的纯度,因为在大多数可用的商业或研究样品中,不同的多个 MAX 相可以共存,这使得很多数据

(a) 具有致密结构的Ti_3AlC_2 MAX相

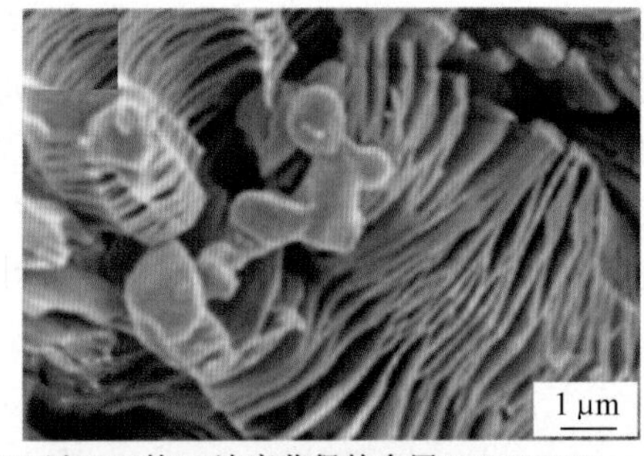

(b) 以30 %的HF浓度获得的多层$Ti_3C_2T_x$ MXene

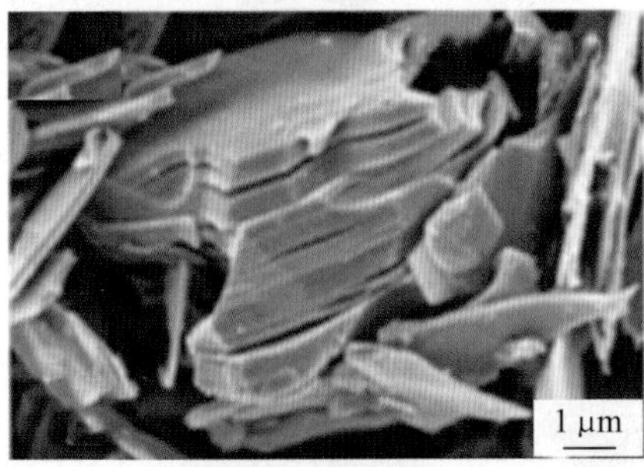

(c) 以10 %的HF浓度获得的多层$Ti_3C_2T_x$ MXene

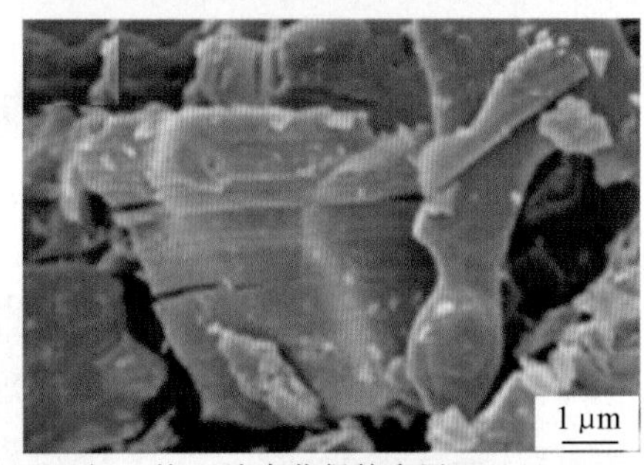

(d) 以5 %的HF浓度获得的多层$Ti_3C_2T_x$ MXene

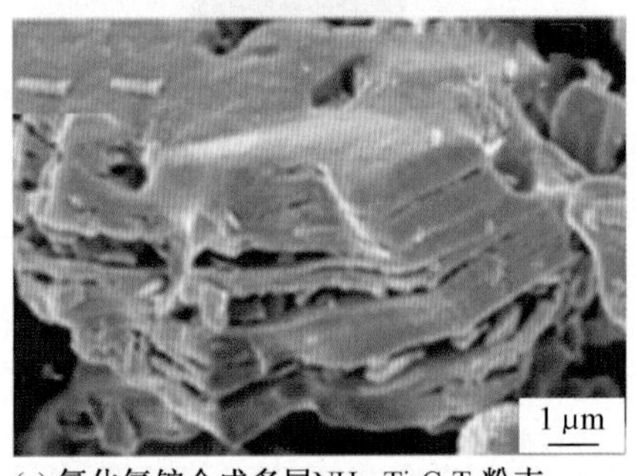

(e) 氟化氢铵合成多层NH_4-$Ti_3C_2T_x$粉末（MXene片层开口）

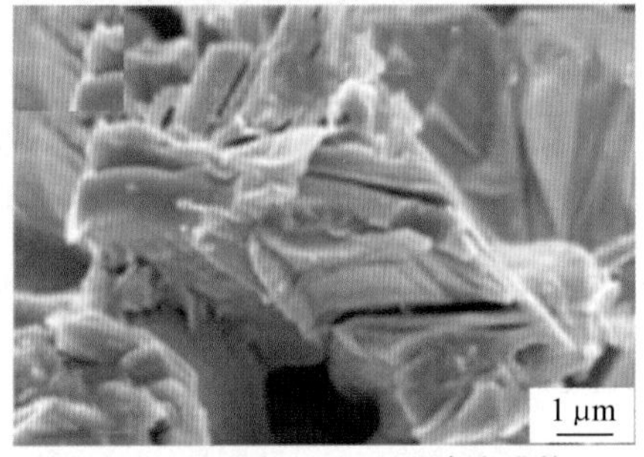

(f) 在9 mol/L HCl和10 mol/L LiF中合成的$Ti_3C_2T_x$（MXene片层开口））

图 2.60　MAX 相和采用不同刻蚀路线合成的 MXene 的 SEM 图像[67]

无法解释。因此,母体材料的表征对于确认衍生材料十分重要。每当一个 MAX 完全变成 MXene 时,除了 XRD 图案中的(002)峰外,其他峰都会减少或完全消失。同时(002)峰不仅变宽,还向下移动到较低的角度,层间距 d 也会增加,这证明了更大晶格参数 c。Naguib 等合成的第一个 MXene($Ti_3C_2T_x$),XRD 数据显示,主峰的位置从 40°转移到 10°。

此外,XRD 还用于分析各种刻蚀技术在无水刻蚀中发生所需的复杂溶解机制,从而更好地研究 MXene 的性质(图 2.61)。目前还进行了其他与 XRD 相关的研究,例如评估刻蚀参数对 MXene 后续设计和性能的影响。根据 Ti_3C_2-MXene 和 Ti_3AlC_2 的 XRD 谱图(图 2.61),经 HF 和超声波处理后,Ti_3AlC_2 在 33° ~ 43°范围内的特征峰消失。由于从 Ti_3AlC_2 中有效地提取到铝原子,与 Ti_3AlC_2 相比,Ti_3C_2-MXene 的(002)峰倾向于向较小的角度移动并加宽。39°的(104)峰的消失表明 Ti_3AlC_2 耗尽,并验证生成的 MXene 是纯相的。

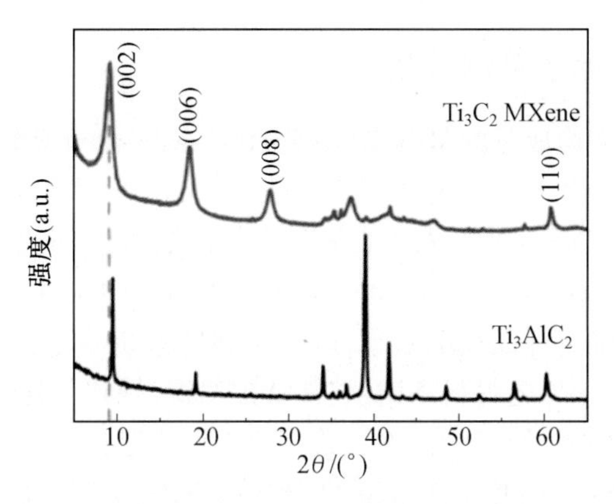

图 2.61　Ti_3C_2MXene 和 Ti_3AlC_2 的 XRD 谱图[223]

2.4.3　原子力显微镜

AFM 允许以亚纳米分辨率对纳米颗粒进行三维表征。利用 AFM 对纳米颗粒进行表征比电子显微镜和光学表征方法更具优势。由于 AFM 提供了关于侧面薄片尺寸及其厚度的数据,因此它已成为二维材料研究的一个重要方面。在进行 AFM 实验时,应考虑到决定二维单层厚度的限制条件,二维单层厚度可能会因不同表面吸附物和捕获的界面分子的存在以及图像处理而发生显著变化。同样,通过估计相邻层(第二层)的高度,例如样品的折叠部分,可以非常准确地估计特定二维材料层的厚度。例如,$Ti_3C_2T_x$ 的第二层预计具有 1.6 nm 的高度,而直接沉积在基底上的 MXene 层则高达 3.0 nm(图 2.62)[217]。

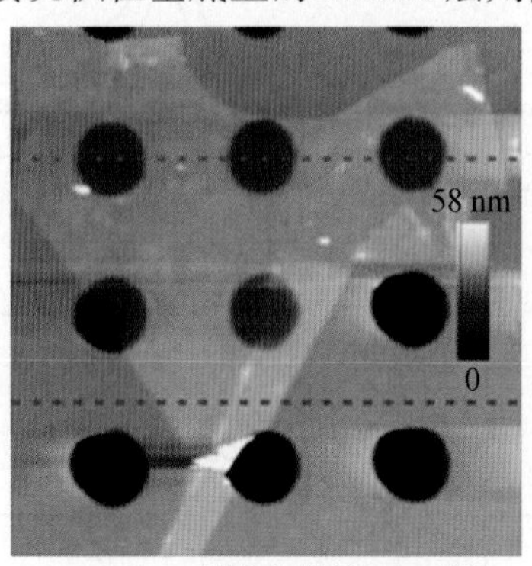

(a) $Ti_3C_2T_x$膜的非接触AFM图像

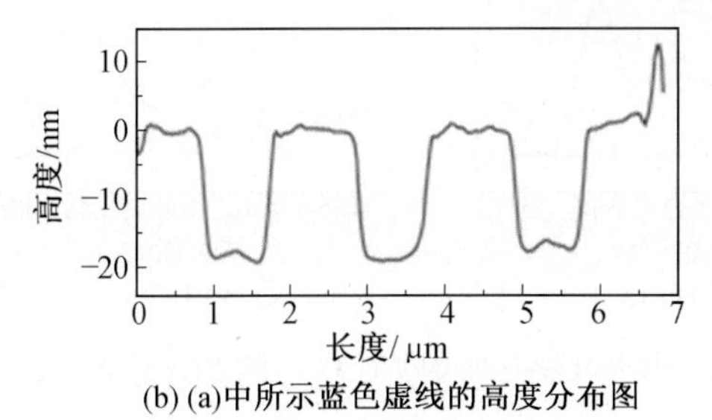

(b) (a)中所示蓝色虚线的高度分布图

(c) (a)中所示红色虚线的高度分布图

图 2.62　MXene 的 AFM 图像及剖面图[217]

2.4.4 X 射线电子能谱分析

XPS 是测定材料平均成分的最复杂光谱方法。XPS 由于其较低的渗透深度、表面灵敏度以及获取化学成分和元素氧化状态信息的能力，在表面检测方面更具吸引力。通过 XPS 已经研究了各种 MXene 的组成和表面化学、插层过程及材料表面基团的热稳定性。虽然 XPS 功能强大，但它也有一些在 MXene 表征中明显的缺点。该方法的主要缺陷之一是在光谱采集时无法确定样品充电状态，这可能导致系统峰值偏移。尽管这种影响对绝缘样品特别重要，但对于导电材料来说，它常常被忽视，导致与化学位移相当的峰值变化，使峰值分配和解释更加困难，且结论不一致。由于可能存在多种氧化状态、复杂峰分裂和不对称峰，因此很难检查过渡金属及其化合物的 XPS 光谱。例如，许多组分通常适合 $Ti_3C_2T_x$ 的 Ti 2p 区域，这涉及 Ti 的不同氧化状态（Ti、Ti^{2+}、Ti^{3+}）。因此，MXene 成分的 XPS 分析受到多种参数的影响。图 2.63 展示了在不同温度下对 F、O 和 Ti 区域进行原位真空退火期间获得的 $Ti_3C_2T_x$ 的 XPS 光谱。

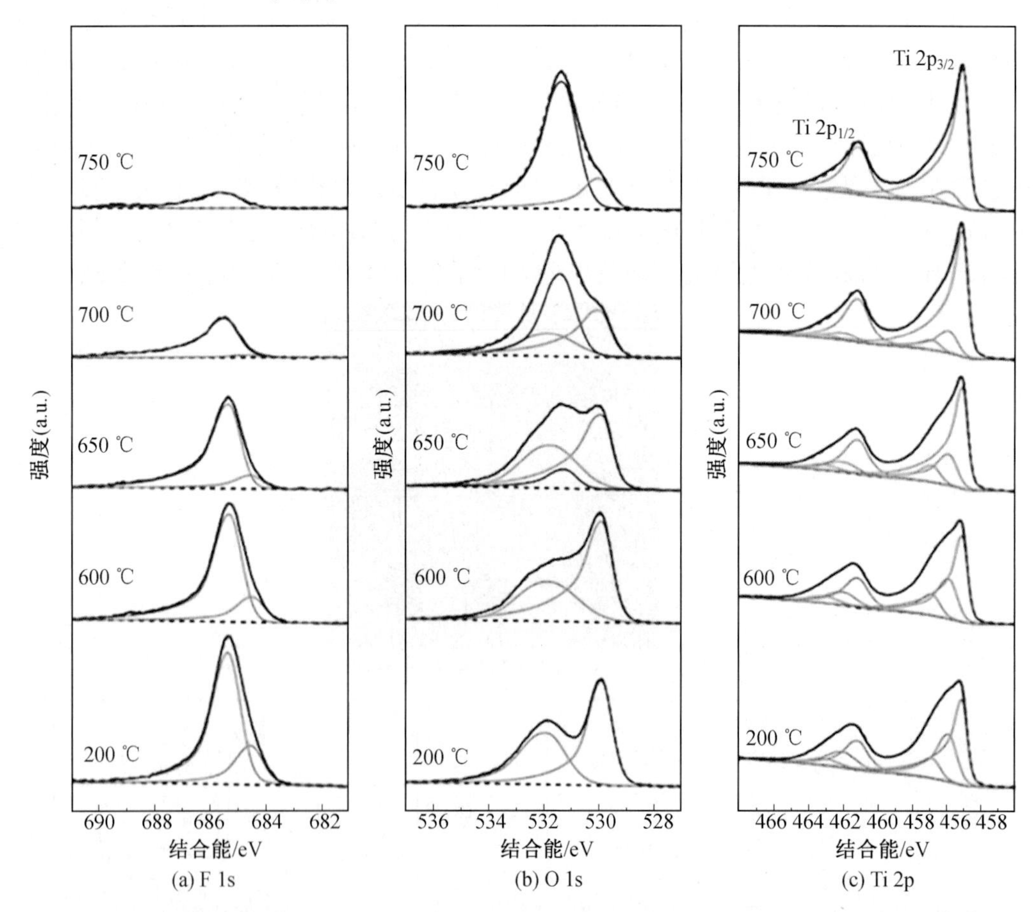

图 2.63 在不同温度下对 F、O 和 Ti 区域原位真空退火过程中获得的 $Ti_3C_2T_x$ 的 XPS 光谱[224]

2.4.5 核磁共振

精确计算氧基(—O)和羟基(—OH)之间比例是理解 MXene 表面化学最困难的问题之一。氟化物副产品,如氟化铝,也使得对氟终端的定量研究变得困难。因此,MXene 的合成工艺对表面终端的种类有着很大的影响。Hope 等[154]发表的一项研究表明,HF 合成 MXene 的终端基团—F 几乎是 LiF/HCl 工艺的 4 倍(图 2.64)。为了确保研究的是“纯”MXene $Ti_3C_2T_x$ 片,研究人员在研究中排除了来自不同副产品的 F 贡献。核磁共振也证实了 MXene 中含氢,在 MXene 的外层,结合水和体积水可以看到—H 与—OH 结合。MAX-MXene 转变对 13C 合成位移特别敏感。例如,Ti_3AlC_2 和 $Ti_3C_2T_x$ 之间 13C 位移的差异在某个范围内大于 V_2CT_x。Ti 体系比 V 体系具有更高的 13C 化学位移,这可归因于 Ti 和 C 之间更大的重叠。因此,NMR 被视为有助于比较 MXene 化学结构的潜在方法。

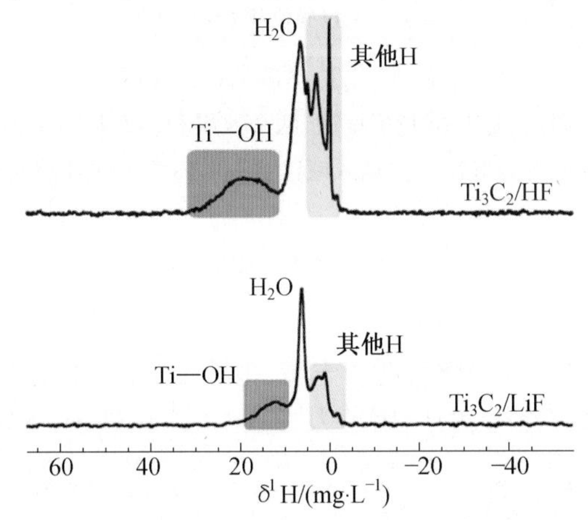

图 2.64 使用 LiF/HCl 技术和纯 HF 溶液生成的 $Ti_3C_2T_x$ H 区的 NMR 光谱[154]

2.4.6 拉曼光谱

拉曼光谱是测定分子指纹的有力方法,已广泛应用于研究二维材料的结构。在解释振动光谱时,必须解决材料的对称性问题。MXene 的结构为变形的 $P6_3/mmc$。表面基团引起畸变,从而导致振动带的拓宽。材料的声子弥散决定了能带的位置。DFT 模拟经常会对其产生影响,并且已经对许多 MXene 进行了检查,包括 Ti_2CT_x、V_2CT_x、$Ti_3C_2T_x$ 等(图 2.65)。现有的预测依赖于结构,因为模拟只考虑一个单元,所以它接受统一的表面单元。然而实际上,受限于制备技术,MXene 表面有各种基团,且在薄片上随机分布。这导致表面基团振动的叠加、峰值变宽和重叠,使得拉曼光谱的解释变得困难。

拉曼光谱证实了 MXene 在复合材料中的存在。该技术独特的指纹和高分辨率使绘制光谱特征成为可能。即使使用了多种合成工艺,该方法的灵敏度也允许对表面基团和结构进行监测。目前拉曼光谱已用于跟踪材料氧化和研究 MXene 退化的影响。许多参数,包括材料成分、薄片取向、薄片大小和插层材料种类,都对峰位有影响。例如,电化学插层过程中的拉曼峰位移可归因于表面基团变化和层间距变化。值得注意的是,如果激光强度高到足以氧化物质,则可能会发生样品降解。因此在进行拉曼光谱分析时,应适当选择激光功率、放大倍数及激光波长。

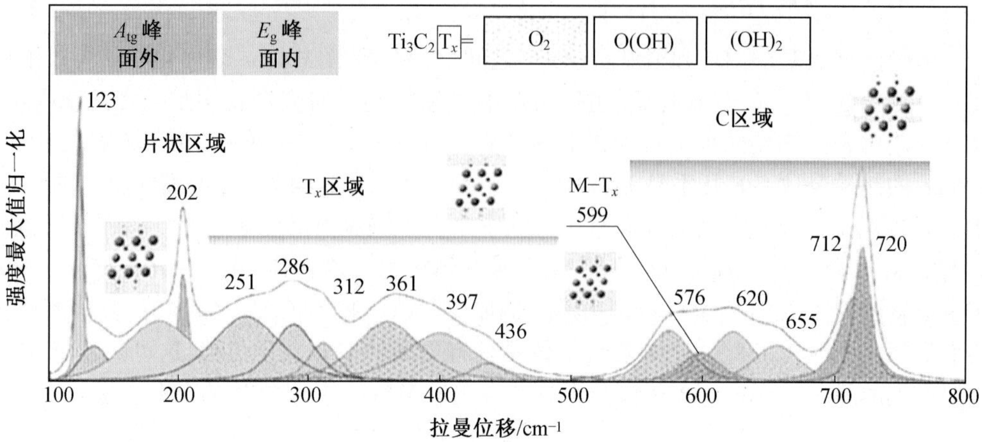

图 2.65 $Ti_3C_2T_x$ 薄膜的拉曼光谱[225]

薄片区域与碳基团振动、两个钛层和表面基团相关

T_x 区包括表面群振动。碳区域包含平面内和平面外碳原子振动

2.5 功能化

MXene 具有比表面积大,表面官能团丰富,电子、光学、机械、磁性和物理化学性能优异等优点,在各个领域具有巨大的应用潜力,通过功能化处理的 MXene 性能可以进一步优化。

2.5.1 控制表面终端

对 Ti_3C_2 电子结构的测量表明,Ti_3C_2 的 Ti—O 键具有高的(超过 1 eV)色散。由于—OH终端、污染物和水的解吸,真空 380 ℃退火使功函数从 3.9 eV 增加到 4.8 eV。在 500 ~ 750 ℃的高温下,氟的解吸作用使功函数降至 4.1 eV。此外,利用 DFT 评价表面终端基团对电子电导率的影响,发现 MXene 的费米能级态密度(DOS)受表面终端基团的影响。由图 2.66(a)原位电子能量损失谱测量结果可得,对 Ti_3C_2 从 300 ~ 775 ℃进行退火,终端基团—F 的浓度下降。在 700 ~ 775 ℃退火过程中,电子电导率的显著增强归因于终端基团—F 减少(图 2.66(b))。此外,Zhang 等[226]研究了 H_2 退火条件下 Ti_3C_2 通过 Ti—C 空位产生的饱和磁化。在 100 ~ 500 ℃的 H_2 中退火后,它们表现出相似水平的—O 浓度,而 C—Ti—OH 官能团转变为 O—Ti—O 和 C—Ti—O。在退火过程中形成 Ti—C 空位和 C、Ti 空位(图 2.66(c))。Ti_3C_2MXene 理论上是非磁性的,而 Ti_3C_2 则是铁磁性的。通过 DFT 计算和磁化增强,明确了 Ti—C 空位对饱和磁化强度改善的影响(图 2.66(d))。

2.5.2 小分子功能化

MXene 的机械稳定性、电学性能和溶液稳定性等性能特征可以通过用各种小分子对 MXene 进行表面改性而进一步增强,这些小分子易于加工且价格低廉。为了说明这一

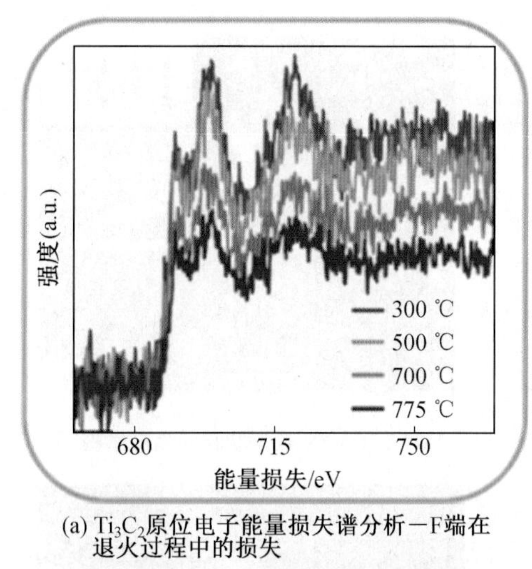

(a) Ti_3C_2原位电子能量损失谱分析－F端在退火过程中的损失

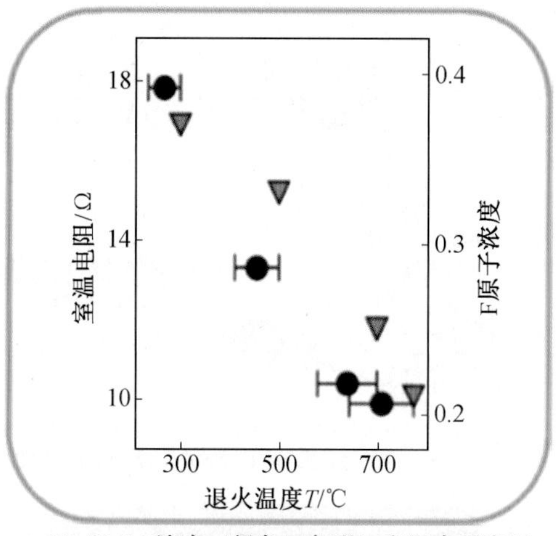

(b) Ti_3C_2F浓度（绿色三角形）和退火后室温电阻（黑色圆形）的比较

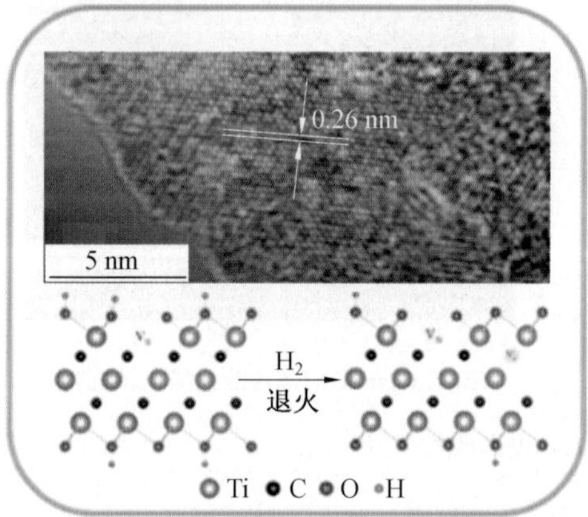

(c) 在H_2中退火后结构演变和高分辨率透射电镜图像

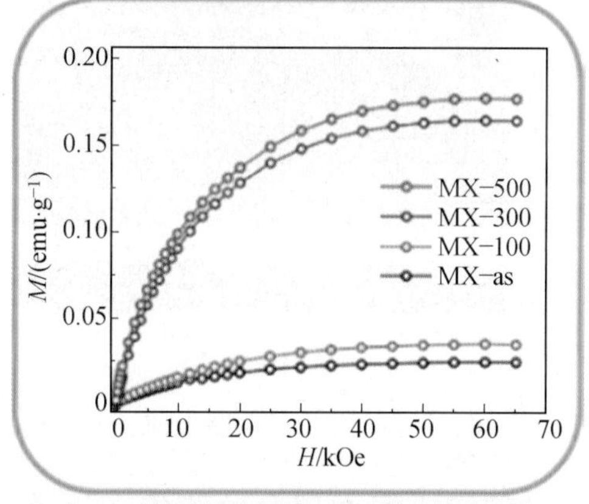

(d) 在2 K下测量的外加场H的函数磁性的比较

图2.66 表面终端对MXene电导率的影响(1 emu=10 V)[226]

点，Xia等[173]在Ti_3C_2MXene($C_{12}E_6$@Ti_3C_2)表面引入了一种非离子表面活性剂六乙二醇单十二烷基醚($C_{12}E_6$)，以改善分子间的相互作用，从而增强了排列对称性(图2.67(a))。在$C_{12}E_6$@Ti_3C_2合成物中，MXene表面的—O或—F基团与$C_{12}E_6$的—OH基团之间形成了强氢键。在光学显微镜下，使用一种新的扇形结构来证实MXene纳米片之间引入了$C_{12}E_6$(图2.67(b))。此外，Lei等[228]报道了Ti_3C_2片与重氮盐的一步直接反应，制备了磺化MXene，记为Ti_3C_2—SO_3H。EMS表征结果表明，原始Ti_3C_2MXene具有堆积的层状层状结构。相比之下，Ti_3C_2—SO_3H的表面可以看到颗粒结构(图2.67(c)和(d))。Jin等[229]使用一种简单的溶剂热/水热方法对Nb_2C MXene的表面进行修饰，以发展其吸收电磁波(EMW)的性能。在溶剂热处理过程中使用去离子水(DI)或乙醇(Et)代替DMF。结果表明，Et处理的Nb_2C MXene由于表面官能团增加，层间距增大，介电损耗提高，EMW性能优越。较大的层间距可导致Nb_2C片间的多次反射，从而增强EMW吸收。此外，Nb_2C边缘和表面的官能团可以作为极化位点衰减EMW的能量。

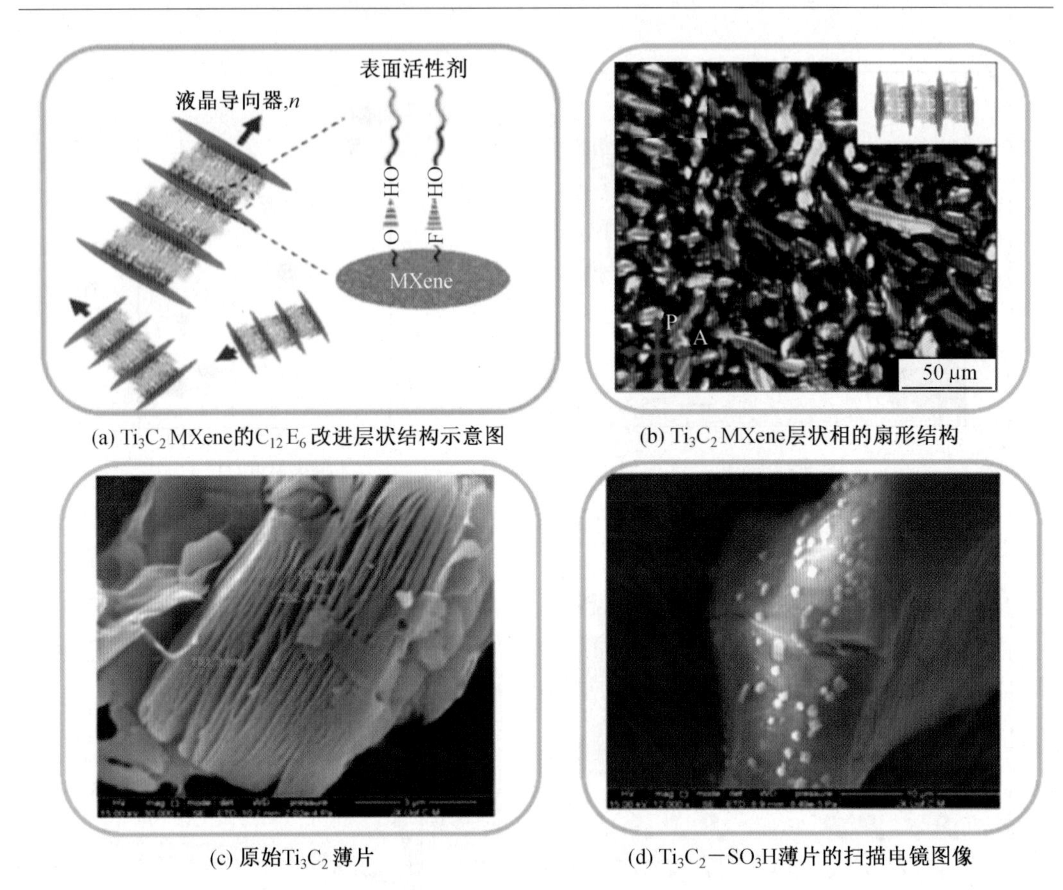

(a) Ti_3C_2 MXene的$C_{12}E_6$改进层状结构示意图　(b) Ti_3C_2 MXene层状相的扇形结构

(c) 原始Ti_3C_2薄片　(d) $Ti_3C_2-SO_3H$薄片的扫描电镜图像

图 2.67　小分子对 MXene 表面改性[173,228]

2.5.3　表面聚合功能化

MXene 表面的众多活性官能团允许聚合物进行原位共混或原位聚合。MXene/聚合物复合材料通常采用非原位共混方法生产,该方法具有良好的聚合物结构和可调成分等优点。因此,通过氢键和静电相互作用可以有效地改善聚合物与 MXene 的相互作用。

科学家使用静电组装正极 PS 和负极 MXene 纳米片,然后进行压缩成型,生产了高导电性的 MXene@ 聚苯乙烯纳米复合材料(MXene@ PS)[230]。图 2.68(a)、(b)显示出完美而干净的微结构核壳 MXene@ PS 杂化。MXene 表面丰富的官能团(—F、—O 和—OH)使它们可以通过范德瓦耳斯力、氢键和静电相互作用在 PS 上组装。在含量较低时,Ti_3C_2 MXene 通过静电相互作用组装,而在含量较高时,范德瓦耳斯力和氢键是 Ti_3C_2MXene 在 PS 表面组装的主要驱动力。此外,Ling 等报道了两种 Ti_3C_2/聚合物复合材料的制备:Ti_3C_2/PVA 和 Ti_3C_2/PDDA(图 2.68(c))。由于 PVA 结构上有丰富的水凝胶基团,PVA/Ti_3C_2 复合材料很容易通过氢键获得。由于 Ti_3C_2MXene 是带负电荷的薄片,而 PDDA 是阳离子聚合物,因此 PDDA/Ti_3C_2 复合材料很容易通过静电相互作用形成。PVA/Ti_3C_2 复合材料的高分辨率 TEM 图像(2.68(e))清晰地显示了 PVA 层的嵌层,图 2.68(d)显示了真空辅助过滤形成 PDDA/Ti_3C_2 复合材料有序的叠层。

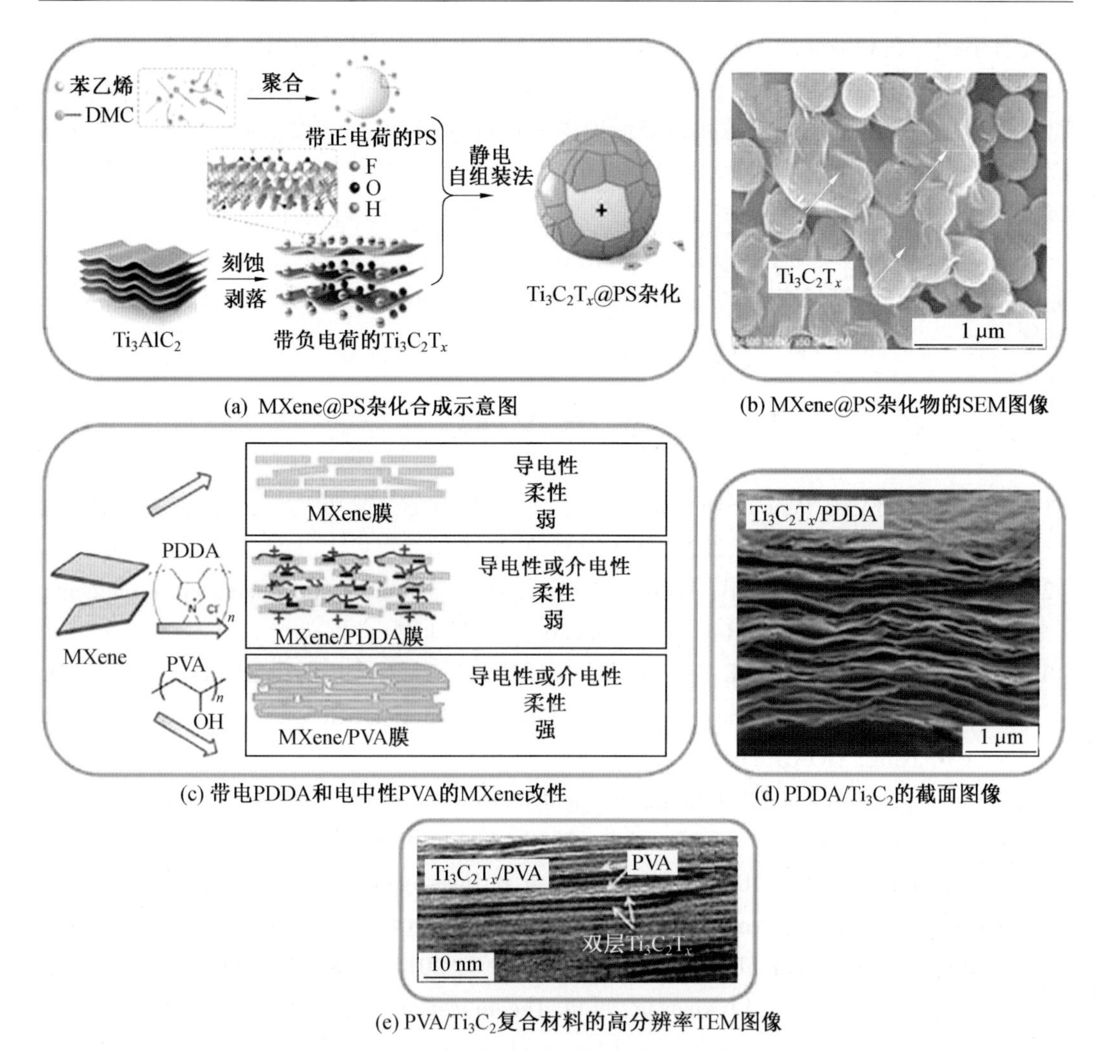

(a) MXene@PS杂化合成示意图

(b) MXene@PS杂化物的SEM图像

(c) 带电PDDA和电中性PVA的MXene改性

(d) PDDA/Ti_3C_2的截面图像

(e) PVA/Ti_3C_2复合材料的高分辨率TEM图像

图 2.68　表面聚合功能化 MXene[219,230]

总结与展望

MXene 自发现以来,由于其结构的灵活性、表面可调和化学性质的多样性,因而被广泛地应用于储能、催化和传感器等多种领域。经过十多年的广泛研究,包括前驱体 MAX,MXene 及其衍生材料在制备、结构和应用方面已经取得了较大的进展,但仍然存在着很多问题需要在未来进一步研究。

首先,需要深化理论模拟的计算能力,通过理论模拟来设计更多潜在的 MAX 和 MXene 相材料,并且通过大量的实验进行验证。其次,目前以 HF 为主的刻蚀技术危险性较高,因此需要继续探索绿色、安全、可控的 MXene 制备方法。在这方面,CVD 技术可能是未来潜在的一种制备特定官能团和高纯度的 MXene 的方法。再次,目前制备的 MXene 层片较厚,单层或少层 MXene 产率很低,所以需要寻求更加高效的制备或者分离方法,合成具有不同层数和性能的 MXene。最后，虽然 MXene 在许多领域都极具前景，由于高表面能和分子间作用力，MXene 片材容易聚集，极大影响其性能。虽可以通过在二维纳米材料片层之间引入插层剂等方式来降低纳米片层的自聚，增加活性反应位和提高电解质离子在电极材料中的传输速率，但是随着电极材料厚度的增加，离子的传输速率会呈指数级下降。因此，需要探索更加有效的方式，以促进 MXene 的实际应用。

MXene 作为集多种优异性能于一身的新型二维材料，在其发展和研究过程中，不仅需要开发更多高效制备方法，也需要发现更多其他的性能，同时不断发掘更多的潜在应用领域。

参考文献

[1] WEI Yi, ZHANG Peng, SOOMRO R A, et al. Advances in the synthesis of 2D MXenes [J]. Advanced Materials, 2021, 33(39): 2103148.

[2] MANNIX A J, KIRALY B, HERSAM M C, et al. Synthesis and chemistry of elemental 2D materials[J]. Nature Reviews Chemistry, 2017, 1(2):14.

[3] ANASORI B, LUKATSKAYA M R, GOGOTSI Y. 2D metal carbides and nitrides (MXenes) for energy storage[J]. Nature Reviews Materials, 2017, 2(2):1-17.

[4] ZHANG Ning, HONG Yu, YAZDANPARAST S, et al. Superior structural, elastic and electronic properties of 2D titanium nitrideMXenes over carbide MXenes: a comprehensive first principles study[J]. 2D Materials, 2018, 5(4): 45004.

[5] HU Junping, XU Bo, OUYANG Chuying, et al. Investigations on V_2C and V_2CX_2 (X = F, OH) monolayer as a promising anode material for Li ion batteries from first-principles calculations[J]. The Journal of Physical Chemistry C, 2014, 118(42): 24274-24281.

[6] FAN Ke, YING Yiran, LI Xiaoyan, et al. Theoretical investigation of V_3C_2MXene as prospective high-capacity anode material for metal-ion(Li, Na, K, and Ca) batteries[J]. The Journal of Physical Chemistry C, 2019, 123(30): 18207-18214.

[7] NOWOTNY V. Strukturchemie einiger verbindungen der übergangsmetalle mit den elementen C, Si, Ge, Sn[J]. Progress in Solid State Chemistry, 1971, 5: 27-70.

[8] BARSOUM M W, EL-RAGHY T. Synthesis and characterization of a remarkable ceramic: Ti_3SiC_2[J]. Journal of the American Ceramic Society, 1996, 79(7): 1953-1956.

[9] BARSOUM M W. The $M_{n+1}AX_n$ phases: a new class of solids[J]. Progress in Solid State Chemistry, 2000, 28(1-4): 201-281.

[10] NAGUIB M, KURTOGLU M, PRESSER V, et al. Two-dimensional nanocrystals produced by exfoliation of Ti_3AlC_2[J]. Advanced Materials, 2011, 23(37): 4248-4253.

[11] CAO Maosheng, CAI Yongzhu, HE Peng, et al. 2D MXenes: electromagnetic property for microwave absorption and electromagnetic interference shielding [J]. Chemical Engineering Journal, 2019, 359: 1265-1302.

[12] EKLUND P, BECKERS M, JANSSON U, et al. The $M_{n+1}AX$ phases: materials science

and thin-film processing[J]. Thin Solid Films, 2010, 518(8): 1851-1878.

[13] SOKOL M, NATU V, KOTA S, et al. On the chemical diversity of the MAX phases[J]. Trends in Chemistry, 2019, 1(2): 210-223.

[14] BARSOUM M W. MAX phases[Z]. Wiley-VCH Verlag GmbH & Co. KGaA. 2013.

[15] LIU Zhimou, WU Erdong, WANG Jiemin, et al. Crystal structure and formation mechanism of$(Cr_{2/3}Ti_{1/3})_3AlC_2$MAX phase[J]. Acta Materialia, 2014, 73: 186-193.

[16] TAO Quanzheng, Dahlqvist M, LU Jun, et al. Two-dimensional $Mo_{1.33}C$ MXene with divacancy ordering prepared from parent 3D laminate with in-plane chemical ordering [J]. Nature Communications, 2017, 8(1): 1-7.

[17] ANASORI B, LUKATSKAYA M R, GOGOTSI Y. 2D metal carbides and nitrides(MXenes) for energy storage[J]. Nature Reviews Materials, 2017, 2(2): 1-17.

[18] DAHLQVIST M, ROSEN J. Order and disorder in quaternary atomic laminates from first-principles calculations [J]. Physical Chemistry Chemical Physics, 2015, 17 (47): 31810-31821.

[19] ANASORI B, DAHLQVIST M, HALIM J, et al. Experimental and theoretical characterization of ordered MAX phases $Mo_2TiAlC_2$and $Mo_2Ti_2AlC_3$ [J]. Journal of Applied Physics, 2015, 118(9): 094304.

[20] ANASORI B, XIE Yu, BEIDAGHI M, et al. Two-dimensional, ordered, double transition metals carbides(MXenes)[J]. ACS Nano, 2015, 9(10): 9507-9516.

[21] TAN T L, JIN Hongmei, SULLIVAN M B, et al. High-throughput survey of ordering configurations in MXene alloys across compositions and temperatures[J]. ACS Nano, 2017, 11(5): 4407-4418.

[22] YANG Jianhui, LUO Xuepiao, ZHOU Xumeng, et al. Tuning magnetic properties of $Cr_2M_2C_3T_2$(M = Ti, V) using extensile strain [J]. Computational Materials Science, 2017, 139: 313-319.

[23] DAHLQVIST M, LU Jun, MESHKIAN R, et al. Prediction and synthesis of a family of atomic laminate phases with Kagomé-like and in-plane chemical ordering[J]. Science Advances, 2017, 3(7): e1700642.

[24] GUO Jianxin, PENG Qiuming, FU Hui, et al. Heavy-metal adsorption behavior of two-dimensional alkalization-intercalated MXene by first-principles calculations [J]. The Journal of Physical Chemistry C, 2015, 119(36): 20923-20930.

[25] BARSOUM M W, EL-RAGHY T, FARBER L, et al. The topotactic transformation of Ti_3SiC_2into a partially ordered cubic Ti($C_{0.67}Si_{0.06}$) phase by the diffusion of Si into molten cryolite [J]. Journal of The Electrochemical Society, 1999, 146 (10): 3919-3923.

[26] KORENBLIT Y. Electrochemical characterization of ordered mesoporous carbide-derived carbons[D]. Atlanta: Georgia Institute of Technology, 2009.

[27] SRIVASTAVA P, MISHRA A, MIZUSEKI H, et al. Mechanistic insight into the chemical ex-

foliation and functionalization of Ti_3C_2MXene [J]. ACS Applied Materials & Amp; Interfaces, 2016, 8(36): 24256-24264.

[28] NAGUIB M, MASHTALIR O, CARLE J, et al. Two-dimensional transition metal carbides[J]. ACS Nano, 2012, 6(2): 1322-1331.

[29] GHIDIU M, LUKATSKAYA M R, ZHAO Mengqiang, et al. Conductive two-dimensional titanium carbide 'clay' with high volumetric capacitance [J]. Nature, 2014, 516 (7529): 78-81.

[30] LIU Fanfan, ZHOU Aiguo, CHEN Jinfeng, et al. Preparation of Ti_3C_2 and Ti_2C MXenes by fluoride salts etching and methane adsorptive properties[J]. Applied Surface Science, 2017, 416: 781-789.

[31] GUO Miao, GENG Wenchao, LIU Chengbin, et al. Ultrahigh areal capacitance of flexible MXene electrodes: electrostatic and steric effects of terminations[J]. Chemistry of Materials, 2020, 32(19): 8257-8265.

[32] HALIM J, LUKATSKAYA M R, COOK K M, et al. Transparent conductive two-dimensional titanium carbide epitaxial thin films[J]. Chemistry of Materials, 2014, 26 (7): 2374-2381.

[33] KARLSSON L H, BIRCH J, HALIM J, et al. Atomically resolved structural and chemical investigation of single MXene sheets[J]. Nano Letters, 2015, 15(8): 4955-4960.

[34] FENG Aihu, YU Yun, WANG Yong, et al. Two-dimensional MXene Ti_3C_2 produced by exfoliation of Ti_3AlC_2[J]. Materials & Amp, 2017, 114: 161-166.

[35] NATU V, PAI R, SOKOL M, et al. 2D $Ti_3C_2T_z$ MXene synthesized by water-free etching of Ti_3AlC_2 in polar organic solvents[J]. Chem, 2020, 6(3): 616-630.

[36] WU Junbiao, WANG Yu, ZHANG Yaopeng, et al. Highly safe and ionothermal synthesis of Ti_3C_2 MXene with expanded interlayer spacing for enhanced lithium storage [J]. Journal of Energy Chemistry, 2020, 47: 203-209.

[37] URBANKOWSKI P, ANASORI B, MAKARYAN T, et al. Synthesis of two-dimensional titanium nitride Ti_4N_3(MXene)[J]. Nanoscale, 2016, 8(22): 11385-11391.

[38] LI Mian, LU Jun, LUO Kan, et al. Element replacement approach by reaction with lewis acidic molten salts to synthesize nanolaminated MAX phases and MXenes[J]. Journal of the American Chemical Society, 2019, 141(11): 4730-4737.

[39] LI Youbing, SHAO Hui, LIN Zifeng, et al. A general lewis acidic etching route for preparing MXenes with enhanced electrochemical performance in non-aqueous electrolyte [J]. Nature Materials, 2020, 19(8): 894-899.

[40] LI Mian, LI Xinliang, QIN Guifang, et al. Halogenated Ti_3C_2MXenes with electrochemically active terminals for high-performance zinc ion batteries[J]. ACS Nano, 2021, 15(1): 1077-1085.

[41] GREEN M J, SHAH S A, CHEN Yexiao, et al. Electrochemical etching of Ti_2AlC to

Ti_2CT_x(MXene) in low-concentration hydrochloric acid solution[J]. J Mater Chem A, 2017, 5(41): 21663-21668.

[42] YANG Sheng, ZHANG Panpan, WANG Faxing, et al. Fluoride-free synthesis of two-dimensional titanium carbide (MXene) using a binary aqueous system[J]. Angewandte Chemie International Edition, 2018, 57(47): 15491-15495.

[43] PANG Sinyi, WONG Yuenting, YUAN Shuoguo, et al. Universal strategy for HF-free facile and rapid synthesis of two-dimensional MXenes as multifunctional energy materials [J]. Journal of the American Chemical Society, 2019, 141(24): 9610-9616.

[44] XIE Xiaohong, XUE Yun, LI Li, et al. Surface Al leached Ti_3AlC_2 as a substitute for carbon for use as a catalyst support in a harsh corrosive electrochemical system[J]. Nanoscale, 2014, 6(19): 11035-11040.

[45] GUO Xun, ZHANG Xitong, ZHAO Shijun, et al. High adsorption capacity of heavy metals on two-dimensionalMXenes: an ab initio study with molecular dynamics simulation [J]. Physical Chemistry Chemical Physics, 2016, 18(1): 228-233.

[46] LI Tengfei, YAO Lulu, LIU Qinglei, et al. Fluorine-free synthesis of high-purity $Ti_3C_2T_x$ (T=OH, O) via alkali treatment[J]. Angewandte Chemie International Edition, 2018, 57(21): 6115-6119.

[47] SHI Huanhuan, ZHANG Panpan, LIU Zaichun, et al. Ambient-stable two-dimensional titanium carbide (MXene) enabled by iodine etching [J]. Angewandte Chemie International Edition, 2021, 60(16): 8689-8693.

[48] JAWAID A, HASSAN A, NEHER G, et al. Halogen etch of Ti_3AlC_2MAX phase for MXene fabrication[J]. ACS Nano, 2021, 15(2): 2771-2777.

[49] MEI Jun, AYOKO G A, HU Chunfeng, et al. Two-dimensional fluorine-free mesoporous Mo_2C MXene via UV-induced selective etching of Mo_2Ga_2C for energy storage[J]. Sustainable Materials and Technologies, 2020, 25: e00156.

[50] GHAZALY A E, AHMED H, REZK A R, et al. Ultrafast, one-step, salt-solution-based acoustic synthesis of Ti_3C_2MXene[J]. ACS Nano, 2021, 15(3): 4287-4293.

[51] MEI Jun, AYOKO G A, HU Chunfeng, et al. Thermal reduction of sulfur-containing MAX phase for MXene production [J]. Chemical Engineering Journal, 2020, 395: 125111.

[52] ZADA S, DAI Wenhao, KAI Zhang, et al. Algae extraction controllable delamination of vanadium carbide nanosheets with enhanced near-infrared photothermal performance[J]. Angewandte Chemie International Edition, 2020, 59(16): 6601-6606.

[53] THÖRNBERG J, HALIM J, LU Jun, et al. Synthesis of $(V_{2/3}Sc_{1/3})_2AlC$ i-MAX phase and $V_{2-x}C$ MXene scrolls[J]. Nanoscale, 2019, 11(31): 14720-14726.

[54] XU Chuan, WANG Libin, LIU Zhibo, et al. Large-area high-quality 2D ultrathin Mo_2C superconducting crystals[J]. Nature Materials, 2015, 14(11): 1135-1141.

[55] SHUCK C E, SARYCHEVA A, ANAYEE M, et al. Scalable synthesis of $Ti_3C_2T_x$ MXene

[J]. Advanced Engineering Materials, 2020, 22(3): 1901241.

[56] ZHANG Jizhen, KONG Na, UZUN S, et al. Scalable manufacturing of free-standing, strong $Ti_3C_2T_x$ MXene films with outstanding conductivity [J]. Advanced Materials, 2020, 32(23): 2001093.

[57] DENG Junjie, LU Zong, DING Li, et al. Fast electrophoretic preparation of large-area two-dimensional titanium carbide membranes for ion sieving[J]. Chemical Engineering Journal, 2021, 408: 127806.

[58] EOM W, SHIN H, AMBADE R B, et al. Large-scale wet-spinning of highly electroconductive MXene fibers[J]. Nature Communications, 2020, 11(1): 2825.

[59] MASHTALIR O, NAGUIB M, DYATKIN B, et al. Kinetics of aluminum extraction from Ti_3AlC_2 in hydrofluoric acid [J]. Materials Chemistry and Physics, 2013, 139 (1): 147-152.

[60] NAGUIB M, HALIM J, LU Jun, et al. New two-dimensional niobium and vanadium carbides as promising materials for Li-ion batteries[J]. Journal of the American Chemical Society, 2013, 135(43): 15966-15969.

[61] LOTFI R, NAGUIB M, YILMAZ D E, et al. A comparative study on the oxidation of two-dimensional Ti_3C_2MXene structures in different environments [J]. Journal of Materials Chemistry A, 2018, 6(26): 12733-12743.

[62] HUANG Shuohan, MOCHALIN V N. Hydrolysis of 2D transition-metal carbides(MXenes) in colloidal solutions[J]. Inorganic Chemistry, 2019, 58(3): 1958-1966.

[63] AHMED B, ANJUM D H, HEDHILI M N, et al. H_2O_2assisted room temperature oxidation of Ti_2C MXene for Li-ion battery anodes[J]. Nanoscale, 2016, 8(14): 7580-7587.

[64] ZHAO Xiaofei, VASHISTH A, PREHN E, et al. Antioxidants unlock shelf-stable $Ti_3C_2T_x$(MXene)nanosheet dispersions[J]. Matter, 2019, 1(2): 513-526.

[65] CHAE Y, KIM S J, CHO S Y, et al. An investigation into the factors governing the oxidation of two-dimensional Ti_3C_2MXene[J]. Nanoscale, 2019, 11(17): 8387-8393.

[66] TANG Jun, MATHIS T S, KURRA N, et al. Tuning the electrochemical performance of titanium carbide MXene by controllable in situ anodic oxidation[J]. Angewandte Chemie International Edition, 2019, 58(49): 17849-17855.

[67] ALHABEB M, MALESKI K, ANASORI B, et al. Guidelines for synthesis and processing of two-dimensional titanium carbide($Ti_3C_2T_x$ MXene)[J]. Chemistry of Materials, 2017, 29(18): 7633-7644.

[68] LIPATOV A, ALHABEB M, LUKATSKAYA M R, et al. Effect of synthesis on quality, electronic properties and environmental stability of individual monolayer Ti_3C_2MXene flakes[J]. Advanced Electronic Materials, 2016, 2(12): 1600255.

[69] PENG Jiahe, CHEN Xingzhu, ONG Weejun, et al. Surface and heterointerface engineering of 2D MXenes and their nanocomposites: insights into electro-and photocatalysis[J]. Chem, 2019, 5(1): 18-50.

[70] ZHANG Chuanfang, PINILLA S, MCEVOY N, et al. Oxidation stability of colloidal two-dimensional titanium carbides (MXenes) [J]. Chemistry of Materials, 2017, 29(11): 4848-4856.

[71] FENG Aihu, YU Yun, JIANG Feng, et al. Fabrication and thermal stability of NH_4HF_2-etched Ti_3C_2MXene[J]. Ceramics International, 2017, 43(8): 6322-6328.

[72] MATHIS T S, MALESKI K, GOAD A, et al. Modified MAX phase synthesis for environmentally stable and highly conductive Ti_3C_2MXene [J]. ACS Nano, 2021, 15(4): 6420-6429.

[73] LEE Yonghee, KIM S J, KIM Y J, et al. Oxidation-resistant titanium carbide MXene films[J]. Journal of Materials Chemistry A, 2020, 8(2): 573-581.

[74] ZHAO Xiaofei, HOLTA D E, TAN Zeyi, et al. Annealed $Ti_3C_2T_z$ MXene films for oxidation-resistant functional coatings[J]. ACS Applied Nano Materials, 2020, 3(11): 10578-10585.

[75] LAO Junchao, LV Ruijing, GAO Jun, et al. Aqueous stable Ti_3C_2MXene membrane with fast and photoswitchable nanofluidic transport [J]. ACS Nano, 2018, 12(12): 12464-12471.

[76] NATU V, HART J L, SOKOL M, et al. Edge capping of 2D-MXene sheets with polyanionic salts to mitigate oxidation in aqueous colloidal suspensions[J]. Angewandte Chemie International Edition, 2019, 58(36): 12655-12660.

[77] LEE Gangsan, YUN Taeyeong, KIM H, et al. Mussel inspired highly aligned $Ti_3C_2T_x$ MXene film with synergistic enhancement of mechanical strength and ambient stability [J]. ACS Nano, 2020, 14(9): 11722-11732.

[78] DING Yue, XIANG Shanglin, ZHI Weiqiang, et al. Realizing ultra-stable Ti_3C_2-MXene in aqueous solution via surface grafting with ionomers[J]. Soft Matter, 2021, 17(18): 4703-4706.

[79] WU Xianhong, WANG Zhiyu, YU Mengzhou, et al. Stabilizing theMXenes by carbon nanoplating for developing hierarchical nanohybrids with efficient lithium storage and hydrogen evolution capability[J]. Advanced Materials, 2017, 29(24): 1607017.

[80] AHMED B, ANJUM D H, GOGOTSI Y, et al. Atomic layer deposition of SnO_2on MXene for Li-ion battery anodes[J]. Nano Energy, 2017, 34: 249-256.

[81] BAO Weizhai, LIU Lin, WANG Chengyin, et al. Facile synthesis of crumpled nitrogen-doped MXene nanosheets as a new sulfur host for lithium-sulfur batteries[J]. Advanced Energy Materials, 2018, 8(13): 1702485.

[82] XUE Qi, ZHANG Huijie, ZHU Minshen, et al. Photoluminescent Ti_3C_2MXene quantum dots for multicolor cellular imaging[J]. Advanced Materials, 2017, 29(15): 1604847.

[83] XU Gengfang, NIU Yusheng, YANG Xuecheng, et al. Preparation of $Ti_3C_2T_x$ MXene-derived quantum dots with white/blue-emitting photoluminescence and electrochemiluminescence[J]. Advanced Optical Materials, 2018, 6(24): 1800951.

[84] FENG Yefeng, ZHOU Furong, DENG Qihuang, et al. Solvothermal synthesis of in situ nitrogen-doped Ti_3C_2MXene fluorescent quantum dots for selective Cu^{2+} detection[J]. Ceramics International, 2020, 46(6): 8320-8327.

[85] XU Quan, DING Lan, WEN Yangyang, et al. High photoluminescence quantum yield of 18.7% by using nitrogen-doped Ti_3C_2MXene quantum dots[J]. Journal of Materials Chemistry C, 2018, 6(24): 6360-6369.

[86] LU Qiaoyun, WANG Jing, LI Bingzhi, et al. Dual-emission reverse change ratio photoluminescence sensor based on a probe of nitrogen-doped Ti_3C_2quantum Dots@DAP to detect H_2O_2 and xanthine[J]. Analytical Chemistry, 2020, 92(11): 7770-7777.

[87] ZHANG Qiuxia, SUN Yan, LIU Meiling, et al. Selective detection of Fe^{3+} ions based on fluorescence MXene quantum dots via a mechanism integrating electron transfer and inner filter effect[J]. Nanoscale, 2020, 12(3): 1826-1832.

[88] YU Xinghua, CAI Xingke, CUI Haodong, et al. Fluorine-free preparation of titanium carbide MXene quantum dots with high near-infrared photothermal performances for cancer therapy[J]. Nanoscale, 2017, 9(45): 17859-17864.

[89] LIAN Peichao, DONG Yanfeng, WU Zhongshuai, et al. Alkalized Ti_3C_2MXene nanoribbons with expanded interlayer spacing for high-capacity sodium and potassium ion batteries[J]. Nano Energy, 2017, 40: 1-8.

[90] ZHANG Biao, ZHU Jianfeng, SHI Pei, et al. Fluoride-free synthesis and microstructure evolution of novel two-dimensional $Ti_3C_2(OH)_2$nanoribbons as high-performance anode materials for lithium-ion batteries[J]. Ceramics International, 2019, 45(7): 8395-8405.

[91] YUAN Wenyu, CHENG Laifei, AN Yurong, et al. MXene nanofibers as highly active catalysts for hydrogen evolution reaction[J]. ACS Sustainable Chemistry & Amp; Engineering, 2018, 6(7): 8976-8982.

[92] YANG Chao, LIU Yang, SUN Xuan, et al. In-situ construction of hierarchical accordion-like TiO_2/Ti_3C_2 nanohybrid as anode material for lithium and sodium ion batteries[J]. Electrochimica Acta, 2018, 271: 165-172.

[93] ZHANG Xuefeng, LIU Yong, DONG Shangli, et al. One-step hydrothermal synthesis of a TiO_2-$Ti_3C_2T_x$ nanocomposite with small sized TiO_2 nanoparticles[J]. Ceramics International, 2017, 43(14): 11065-11070.

[94] PENG Chao, YANG Xianfeng, LI Yuhang, et al. Hybrids of two-dimensional Ti_3C_2 and TiO_2 exposing [001] facets toward enhanced photocatalytic activity[J]. ACS Applied Materials & Amp, 2016, 8(9): 6051-6060.

[95] NAGUIB M, MASHTALIR O, LUKATSKAYA M R, et al. One-step synthesis of nanocrystalline transition metal oxides on thin sheets of disordered graphitic carbon by oxidation of MXenes[J]. Chem Commun, 2014, 50(56): 7420-7423.

[96] GHASSEMI H, HARLOW W, MASHTALIR O, et al. In situ environmental transmission

electron microscopy study of oxidation of two-dimensional Ti_3C_2 and formation of carbon-supported TiO_2[J]. Journal of Materials Chemistry A, 2014, 2(35): 14339.

[97] YUAN Wenyu, CHENG Laifei, ZHANG Yani, et al. Hydrogen evolution: 2D-layered Carbon/TiO_2 hybrids derived from Ti_3C_2 MXenes for photocatalytic hydrogen evolution under visible light irradiation[J]. Advanced Materials Interfaces, 2017, 4(20): 1700577.

[98] HUANG Xia, TANG Jiayong, LUO Bin, et al. Sandwich-like ultrathin TiS_2 nanosheets confined within N, S codoped porous carbon as an effective polysulfide promoter in lithium-sulfur batteries[J]. Advanced Energy Materials, 2019, 9(32): 1901872.

[99] DONG Yanfeng, WU Zhongshuai, ZHENG Shuanghao, et al. Ti_3C_2 MXene-derived sodium/potassium titanate nanoribbons for high-performance sodium/potassium ion batteries with enhanced capacities[J]. ACS Nano, 2017, 11(5): 4792-4800.

[100] LI Yujie, DENG Xiaotong, TIAN Jian, et al. Ti_3C_2 MXene-derived Ti_3C_2/TiO_2 nanoflowers for noble-metal-free photocatalytic overall water splitting[J]. Applied Materials Today, 2018, 13: 217-227.

[101] AIERKEN Y, SEVIK C, GÜLSEREN O, et al. MXenes/graphene heterostructures for Li battery applications: a first principles study[J]. Journal of Materials Chemistry A, 2018, 6(5): 2337-2345.

[102] XU Chuan, SONG Shuang, LIU Zhibo, et al. Strongly coupled high-quality graphene/2D superconducting Mo_2C vertical heterostructures with aligned orientation[J]. ACS Nano, 2017, 11(6): 5906-5914.

[103] FAN Xiujun, LIU Yuanyue, PENG Zhiwei, et al. Atomic H-induced Mo_2C hybrid as an active and stable bifunctional electrocatalyst[J]. ACS Nano, 2017, 11(1): 384-394.

[104] YAN Haijing, XIE Ying, JIAO Yanqing, et al. Holey reduced graphene oxide coupled with an Mo_2N-Mo_2C heterojunction for efficient hydrogen evolution[J]. Advanced Materials, 2017, 30(2): 1704156.

[105] BAO Weizhai, XIE Xiuqiang, XU Jing, et al. Confined sulfur in 3-DMXene/reduced graphene oxide hybrid nanosheets for lithium-sulfur battery[J]. Chemistry - A European Journal, 2017, 23(51): 12613-12619.

[106] XU Chuan, WANG Libin, LIU Zhibo, et al. Large-area high-quality 2D ultrathin Mo_2C superconducting crystals[J]. Nature Materials, 2015, 14(11): 1135-1141.

[107] GAO Jian, CHENG Zhihua, SHAO Changxiang, et al. A 2D free-standing film-inspired electrocatalyst for highly efficient hydrogen production[J]. Journal of Materials Chemistry A, 2017, 5(24): 12027-12033.

[108] LI Xinliang, YIN Xiaowei, HAN Meikang, et al. Ti_3C_2 MXenes modified with in situ grown carbon nanotubes for enhanced electromagnetic wave absorption properties[J]. Journal of Materials Chemistry C, 2017, 5(16): 4068-4074.

[109] LI Xuelin, ZHU Jianfeng, WANG Lei, et al. In-situ growth of carbon nanotubes on two-dimensional titanium carbide for enhanced electrochemical performance[J].

Electrochimica Acta, 2017, 258: 291-301.

[110] LIN Zongyuan, SUN Dongfei, HUANG Qing, et al. Carbon nanofiber bridged two-dimensional titanium carbide as a superior anode for lithium-ion batteries[J]. Journal of Materials Chemistry A, 2015, 3(27): 14096-14100.

[111] LIU Jian, LIU Hao, YANG Tianyu, et al. Mesoporous carbon with large pores as anode for Na-ion batteries[J]. Chinese Science Bulletin, 2014, 59(18): 2186-2190.

[112] WU Can, LI Jinghong. Unique hierarchical Mo_2C/C nanosheet hybrids as active electrocatalyst for hydrogen evolution reaction[J]. ACS Applied Materials & Amp 2017, 9(47): 41314-41322.

[113] RAKHI R B, AHMED B, ANJUM D, et al. Direct chemical synthesis of MnO_2 nanowhiskers on transition-metal carbide surfaces for supercapacitor applications[J]. ACS Applied Materials & Amp, 2016, 8(29): 18806-18814.

[114] ZHAO Mengqiang, TORELLI M, REN C E, et al. 2D titanium carbide and transition metal oxides hybrid electrodes for Li-ion storage[J]. Nano Energy, 2016, 30: 603-613.

[115] YANG Haibo, DAI Jingjing, LIU Xiao, et al. Layered PVB/$Ba_3Co_2Fe_{24}O_{41}$/Ti_3C_2 MXene composite: enhanced electromagnetic wave absorption properties with high impedance match in a wide frequency range[J]. Materials Chemistry and Physics, 2017, 200: 179-186.

[116] PENG Chao, WANG Hongjuan, YU Hao, et al. (111)TiO_{2-x}/Ti_3C_2: synergy of active facets, interfacial charge transfer and Ti^{3+} doping for enhance photocatalytic activity[J]. Materials Research Bulletin, 2017, 89: 16-25.

[117] XU Shengjie, LI Dian, WU Peiyi. One-pot, facile, and versatile synthesis of monolayer MoS_2/WS_2 quantum dots as bioimaging probes and efficient electrocatalysts for hydrogen evolution reaction[J]. Advanced Functional Materials, 2015, 25(7): 1127-1136.

[118] ZHU Jianfeng, TANG Yi, YANG Chenhui, et al. Composites of TiO_2 nanoparticles deposited on Ti_3C_2 MXene nanosheets with enhanced electrochemical performance[J]. Journal of the Electrochemical Society, 2016, 163(5): A785-A791.

[119] SU Tongming, PENG Rui, HOOD Z D, et al. One-step synthesis of Nb_2O_5/C/Nb_2C (MXene) composites and their use as photocatalysts for hydrogen evolution[J]. Chem Sus Chem, 2018, 11(4): 688-699.

[120] HUANG Jimei, MENG Ruijin, ZU Lianhai, et al. Sandwich-like $Na_{0.23}TiO_2$ nanobelt/Ti_3C_2 MXene composites from a scalable in situ transformation reaction for long-life high-rate lithium/sodium-ion batteries[J]. Nano Energy, 2018, 46: 20-28.

[121] TIAN Yapeng, YANG Chenhui, QUE Wenxiu, et al. Flexible and free-standing 2D titanium carbide film decorated with manganese oxide nanoparticles as a high volumetric capacity electrode for supercapacitor[J]. Journal of Power Sources, 2017, 359: 332-339.

[122] DAI Chen, LIN Han, XU Guang, et al. Biocompatible 2D titanium carbide(MXenes) composite nanosheets for pH-responsive MRI-guided tumor hyperthermia[J]. Chemistry of Materials, 2017, 29(20): 8637-8652.

[123] GUO Xin, XIE Xiuqiang, CHOI S, et al. Sb_2O_3/MXene ($Ti_3C_2T_x$) hybrid anode materials with enhanced performance for sodium-ion batteries[J]. Journal of Materials Chemistry A, 2017, 5(24): 12445-12452.

[124] WANG Hui, PENG Rui, HOOD Z D, et al. Titania composites with 2D transition metal carbides as photocatalysts for hydrogen production under visible-light irradiation[J]. Chem Sus Chem, 2016, 9(12): 1490-1497.

[125] WANG Ya, DOU Hui, WANG Jie, et al. Three-dimensional porous MXene/layered double hydroxide composite for high performance supercapacitors[J]. Journal of Power Sources, 2016, 327: 221-228.

[126] LI Youbing, ZHOU Xiaobing, WANG Jing, et al. Facile preparation of in situ coated $Ti_3C_2T_x/Ni_{0.5}Zn_{0.5}Fe_2O_4$ composites and their electromagnetic performance[J]. RSC Advances, 2017, 7(40): 24698-24708.

[127] WANG Fen, YANG Chenhui, DUAN M, et al. TiO_2 nanoparticle modified organ-like Ti_3C_2MXene nanocomposite encapsulating hemoglobin for a mediator-free biosensor with excellent performances[J]. Biosensors and Bioelectronics, 2015, 74: 1022-1028.

[128] ZHANG Qingrui, TENG Jie, ZOU Guodong, et al. Efficient phosphate sequestration for water purification by unique sandwich-likeMXene/magnetic iron oxide nanocomposites [J]. Nanoscale, 2016, 8(13): 7085-7093.

[129] ZHANG Chuanfang, BEIDAGHI M, NAGUIB M, et al. Synthesis and charge storage properties of hierarchical niobium pentoxide/carbon/niobium carbide (MXene) hybrid materials[J]. Chemistry of Materials, 2016, 28(11): 3937-3943.

[130] ZOU Guodong, ZHANG Zhiwei, GUO Jianxin, et al. Synthesis of MXene/Ag composites for extraordinary long cycle lifetime lithium storage at high rates[J]. ACS Applied Materials & Amp, 2016, 8(34): 22280-22286.

[131] ZHANG Zhiwei, LI Hanning, ZOU Guodong, et al. Self-reduction synthesis of new MXene/Ag composites with unexpected electrocatalytic activity[J]. ACS Sustainable Chemistry & Amp, 2016, 4(12): 6763-6771.

[132] HU Minmin, LI Zhaojin, ZHANG Hui, et al. Self-assembled $Ti_3C_2T_x$ MXene film with high gravimetric capacitance[J]. Chemical Communications, 2015, 51(70): 13531-13533.

[133] SU Dawei, DOU Shixue, WANG Guoxiu. WS_2@graphene nanocomposites as anode materials for Na-ion batteries with enhanced electrochemical performances[J]. Chemical Communications, 2014, 50(32): 4192.

[134] SUN Yan, DING Ruonan, HONG Sungyong, et al. MXene-xanthan nanocomposite films with layered microstructure for electromagnetic interference shielding and Joule heating

[J]. Chemical Engineering Journal, 2021, 410: 128348.

[135] ZHAO Xing, ZHA Xiangjun, TANG Lisheng, et al. Self-assembled core-shell polydopamine@MXene with synergistic solar absorption capability for highly efficient solar-to-vapor generation[J]. Nano Research, 2020, 13(1): 255-264.

[136] BOOTA M, PASINI M, GALEOTTI F, et al. Interaction of polar and nonpolar polyfluorenes with layers of two-dimensional titanium carbide (MXene): intercalation and pseudocapacitance[J]. Chemistry of Materials, 2017, 29(7): 2731-2738.

[137] SHI Shaowei, QIAN Bingqing, WU Xinyu, et al. Self-assembly of MXene-surfactants at liquid-liquid interfaces: from structured liquids to 3D aerogels[J]. Angewandte Chemie International Edition, 2019, 58(50): 18171-18176.

[138] CHEN Jing, CHEN Ke, TONG Dingyi, et al. CO_2 and temperature dual responsive "Smart" MXene phases[J]. Chemical Communications, 2015, 51(2): 314-317.

[139] XIAO Peng, GU Jincui, CHEN Jing, et al. Micro-contact printing of graphene oxide nanosheets for fabricating patterned polymer brushes[J]. Chemical Communications, 2014, 50(54): 7103.

[140] TAO Na, ZHANG Depan, LI Xilong, et al. Near-infrared light-responsive hydrogels via peroxide-decorated MXene-initiated polymerization[J]. Chemical Science, 2019, 10(46): 10765-10771.

[141] ZHANG Xinlu, LI Junfeng, LI Jiabao, et al. 3D TiO_2@nitrogen-doped carbon/Fe_7S_8 composite derived from polypyrrole-encapsulated alkalized MXene as anode material for high-performance lithium-ion batteries[J]. Chemical Engineering Journal, 2020, 385: 123394.

[142] CHEN Chi, BOOTA M, URBANKOWSKI P, et al. Effect of glycine functionalization of 2D titanium carbide (MXene) on charge storage[J]. Journal of Materials Chemistry A, 2018, 6(11): 4617-4622.

[143] GUO Quanquan, ZHANG Xinxing, ZHAO Fengyuan, et al. Protein-inspired self-healable Ti_3C_2 MXenes/rubber-based supramolecular elastomer for intelligent sensing [J]. ACS Nano, 2020, 14(3): 2788-2797.

[144] YI Zhuwu, YANG Jian, LIU Xiaochao, et al. Enhanced mechanical properties of poly (lactic acid) composites with ultrathin nanosheets of MXene modified by stearic acid [J]. Journal of Applied Polymer Science, 2019, 137(17): 48621.

[145] HAO Lan, ZHANG Haoqin, WU Xiaoli, et al. Novel thin-film nanocomposite membranes filled with multi-functional $Ti_3C_2T_x$ nanosheets for task-specific solvent transport[J]. Composites Part A: Applied Science and Manufacturing, 2017, 100: 139-149.

[146] KIM D, KO T Y, KIM H, et al. Nonpolar organic dispersion of 2D $Ti_3C_2T_x$ MXene flakes via simultaneous interfacial chemical grafting and phase transfer method[J]. ACS Nano, 2019, 13(12): 13818-13828.

[147] LU Xiao, ZHU Jianfeng, WU Wenling, et al. Hierarchical architecture of PANI@TiO_2/

$Ti_3C_2T_x$ ternary composite electrode for enhanced electrochemical performance [J]. Electrochimica Acta, 2017, 228: 282-289.

[148] ZHANG Wei, MA Jing, ZHANG Wenjuan, et al. A multidimensional nanostructural design towards electrochemically stable and mechanically strong hydrogel electrodes [J]. Nanoscale, 2020, 12(12): 6637-6643.

[149] CHEN Chi, BOOTA M, XIE Xiuqiang, et al. Charge transfer induced polymerization of EDOT confined between 2D titanium carbide layers[J]. Journal of Materials Chemistry A, 2017, 5(11): 5260-5265.

[150] TONG Liang, JIANG Cong, CAI Kefeng, et al. High-performance and freestanding PPy/$Ti_3C_2T_x$ composite film for flexible all-solid-state supercapacitors[J]. Journal of Power Sources, 2020, 465: 228267.

[151] ZHANG Jinqiang, ZHAO Yufei, GUO Xin, et al. Single platinum atoms immobilized on an MXene as an efficient catalyst for the hydrogen evolution reaction [J]. Nature Catalysis, 2018, 1(12): 985-992.

[152] ZHANG Xu, LEI Jincheng, WU Dihua, et al. A Ti-anchored Ti_2CO_2 monolayer (MXene) as a single-atom catalyst for CO oxidation[J]. Journal of Materials Chemistry A, 2016, 4(13): 4871-4876.

[153] ZHU Xiaoqing, ZHAI Qingfeng, GU Wenling, et al. High-sensitivity electrochemilu-minescence probe with molybdenum carbides as nanocarriers for α-fetoprotein sensing[J]. Analytical Chemistry, 2017, 89(22): 12108-12114.

[154] HOPE M A, FORSE A C, GRIFFITH K J, et al. NMR reveals the surface functionalisation of Ti_3C_2MXene[J]. Physical Chemistry Chemical Physics, 2016, 18(7): 5099-5102.

[155] RAKHI R B, NAYAK P, XIA Chuan, et al. Novel amperometric glucose biosensor based on MXene nanocomposite[J]. Sci Rep, 2016, 6: 36422.

[156] ZHAO Li, DONG Biliang, LI Shaozhou, et al. Interdiffusion reaction-assisted hybridization of two-dimensional metal-organic frameworks and $Ti_3C_2T_x$ nanosheets for electrocatalytic oxygen evolution[J]. ACS Nano, 2017, 11(6): 5800-5807.

[157] LUO Jianmin, TAO Xinyong, ZHANG Jun, et al. Sn^{4+} ion decorated highly conductive Ti_3C_2MXene: promising lithium-ion anodes with enhanced volumetric capacity and cyclic performance[J]. ACS Nano, 2016, 10(2): 2491-2499.

[158] MA Tianyi, CAO Jianliang, JARONIEC M, et al. Interacting carbon nitride and titanium carbide nanosheets for high-performance oxygen evolution [J]. Angewandte Chemie International Edition, 2015, 55(3): 1138-1142.

[159] WU Ruyan, DU Hufei, WANG Zeyi, et al. Remarkably improved hydrogen storage properties of $NaAlH_4$ doped with 2D titanium carbide[J]. Journal of Power Sources, 2016, 327: 519-525.

[160] LIU Yongfeng, DU Hufei, ZHANG Xin, et al. Superior catalytic activity derived from a

two-dimensional Ti_3C_2 precursor towards the hydrogen storage reaction of magnesium hydride[J]. Chemical Communications, 2016, 52(4): 705-708.

[161] LIN Chong, ZHANG Weikun, WANG Lei, et al. A few-layered Ti_3C_2 nanosheet/glass fiber composite separator as a lithium polysulphide reservoir for high-performance lithium-sulfur batteries [J]. Journal of Materials Chemistry A, 2016, 4(16): 5993-5998.

[162] LIANG Xiao, GARSUCH A, NAZAR L F. Sulfur cathodes based on conductive MXene nanosheets for high-performance lithium-sulfur batteries [J]. Angewandte Chemie International Edition, 2015, 54(13): 3907-3911.

[163] MA Zhiying, ZHOU Xufeng, DENG Wei, et al. 3D porous MXene(Ti_3C_2)/Reduced graphene oxide hybrid films for advanced lithium storage[J]. ACS Applied Materials & Interfaces, 2018, 10(4): 3634-3643.

[164] XIE Xiuqiang, ZHAO Mengqiang, ANASORI B, et al. Porous heterostructured MXene/carbon nanotube composite paper with high volumetric capacity for sodium-based energy storage devices[J]. Nano Energy, 2016, 26: 513-523.

[165] MA Xue, TU Xiaolong, GAO Feng, et al. Hierarchical porous MXene/amino carbon nanotubes-based molecular imprinting sensor for highly sensitive and selective sensing of fisetin[J]. Sensors and Actuators B: Chemical, 2020, 309: 127815.

[166] WANG Ruochong, LUO Shaohong, XIAO Chen, et al. MXene-carbon nanotubes layer-by-layer assembly based on-chip micro-supercapacitor with improved capacitive performance[J]. Electrochimica Acta, 2021, 386: 138420.

[167] YU Chenyang, GONG Yujiao, CHEN Ruyi, et al. A solid-state fibriform supercapacitor boosted by host-guest hybridization between the carbon nanotube scaffold and MXene nanosheets[J]. Small, 2018, 14(29): 1801203.

[168] QI Qi, ZHANG Heng, ZHANG Peigen, et al. Self-assembled sandwich hollow porous carbon sphere @ MXene composites as superior LiS battery cathode hosts [J]. 2D Materials, 2020, 7(2): 025049.

[169] XU Huizhong, ZHENG Dehua, LIU Faqian, et al. Synthesis of an MXene/polyaniline composite with excellent electrochemical properties[J]. Journal of Materials Chemistry A, 2020, 8(12): 5853-5858.

[170] QIN Leiqiang, TAO Quanzheng, LIU Xianjie, et al. Polymer-MXene composite films formed by MXene-facilitated electrochemical polymerization for flexible solid-state microsupercapacitors[J]. Nano Energy, 2019, 60: 734-742.

[171] LI Qiang, ZHOU Jian, LI Fan, et al. Novel MXene-based hierarchically porous composite as superior electrodes for Li-ion storage[J]. Applied Surface Science, 2020, 530: 147214.

[172] LI Xingyu, WEN Caiying, LI Huifeng, et al. In situ decoration of nanosized metal oxide on highly conductive MXene nanosheets as efficient catalyst for Li-O_2 battery[J]. Journal

of Energy Chemistry, 2020, 47: 272-280.

[173] XIA Yu, MATHIS T S, ZHAO Mengqiang, et al. Thickness-independent capacitance of vertically aligned liquid-crystalline MXenes[J]. Nature, 2018, 557(7705): 409-412.

[174] XU Min, LEI Shulai, QI Jing, et al. Opening magnesium storage capability of two-dimensional MXene by intercalation of cationic surfactant[J]. ACS Nano, 2018, 12(4): 3733-3740.

[175] FANG Yongzheng, YANG Bowen, HE Dongtong, et al. Porous and free-standing $Ti_3C_2T_x$-rGO film with ultrahigh gravimetric capacitance for supercapacitors [J]. Chinese Chemical Letters, 2020, 31(4): 1004-1008.

[176] LIU Ji, ZHANG Haobin, SUN Renhui, et al. Hydrophobic, flexible, and lightweight MXene foams for high-performance electromagnetic-interference shielding[J]. Advanced Materials, 2017, 29(38): 1702367.

[177] ZHU Yachao, RAJOUÂ K, LE V S, et al. Modifications of MXene layers for supercapacitors[J]. Nano Energy, 2020, 73: 104734.

[178] REN C E, ZHAO MENGQIANG, MAKARYAN T, et al. Porous two-dimensional transition metal carbide(MXene) flakes for high performance Li-ion storage[J]. Chem Electro Chem, 2016, 3(5): 689-693.

[179] MING Fangwang, LIANG Hanfeng, ZHANG Wenli, et al. Porous MXenes enable high performance potassium ion capacitors[J]. Nano Energy, 2019, 62: 853-860.

[180] CHEN Yan, XIE Xiuqiang, XIN Xin, et al. $Ti_3C_2T_x$-based three-dimensional hydrogel by a graphene oxide-assisted self-convergence process for enhanced photoredox catalysis [J]. ACS Nano, 2018, 13(1): 295-304.

[181] SHAO Liang, XU Juanjuan, MA Jianzhong, et al. MXene/rGO composite aerogels with light and high-strength for supercapacitor electrode materials [J]. Composites Communications, 2020, 19: 108-113.

[182] ZHANG Xinyue, LV Ruijing, WANG Aoxuan, et al. MXene aerogel scaffolds for high-rate lithium metal anodes[J]. Angewandte Chemie International Edition, 2018, 57(46): 15028-15033.

[183] ZHAO Sai, ZHANG Haobin, LUO Jiaqi, et al. Highly electrically conductive three-dimensional $Ti_3C_2T_x$ MXene/reduced graphene oxide hybrid aerogels with excellent electromagnetic interference shielding performances [J]. ACS Nano, 2018, 12(11): 11193-11202.

[184] WANG Linbo, LIU Hui, LV Xuliang, et al. Facile synthesis 3D porousMXene $Ti_3C_2T_x$@rGO composite aerogel with excellent dielectric loss and electromagnetic wave absorption [J]. Journal of Alloys and Compounds, 2020, 828: 154251.

[185] LIU Rui, ZHANG Aitang, TANG Jianguo, et al. Fabrication of cobaltosic oxide nanoparticle-doped 3D MXene/graphene hybrid porous aerogels for all-solid-state supercapacitors[J]. Chemistry - A European Journal, 2019, 25(21): 5547-5554.

[186] DENG Yaqian, SHANG Tongxin, WU Zhitan, et al. Fast gelation of $Ti_3C_2T_x$ MXene initiated by metal ions[J]. Advanced Materials, 2019, 31(43): 1902432.

[187] WANG Ningning, WANG Hao, WANG Yuying, et al. Robust, lightweight, hydrophobic, and fire-retarded polyimide/MXene aerogels for effective oil/water separation[J]. ACS Applied Materials & Amp, 2019, 11(43): 40512-40523.

[188] LI Lu, ZHANG Mingyi, ZHANG Xitian, et al. New Ti_3C_2 aerogel as promising negative electrode materials for asymmetric supercapacitors[J]. Journal of Power Sources, 2017, 364: 234-241.

[189] WANG Xinyu, FU Qishan, WEN Jing, et al. 3D $Ti_3C_2T_x$ aerogels with enhanced surface area for high performance supercapacitors[J]. Nanoscale, 2018, 10(44): 20828-20835.

[190] LI Ke, WANG Xuehang, LI Shuo, et al. An ultrafast conducting polymer@ MXene positive electrode with high volumetric capacitance for advanced asymmetric supercapacitors[J]. Small, 2019, 16(4): 1906851.

[191] SONG Yingze, SUN Zhongti, FAN Zhaodi, et al. Rational design of porous nitrogen-doped Ti_3C_2MXene as a multifunctional electrocatalyst for Li-S chemistry[J]. Nano Energy, 2020, 70: 104555.

[192] ZHAO Qian, ZHU Qizhen, MIAO Jiawei, et al. Flexible 3D porous MXene foam for high-performance Lithium-ion batteries[J]. Small, 2019, 15(51): 1904293.

[193] BIAN Renji, LIN Ruizhi, WANG Guilin, et al. 3D assembly of Ti_3C_2-MXene directed by water/oil interfaces[J]. Nanoscale, 2018, 10(8): 3621-3625.

[194] SHI Shaowei, QIAN Bingqing, WU Xinyu, et al. Self-assembly of MXene-surfactants at liquid-liquid interfaces: from structured liquids to 3D aerogels[J]. Angewandte Chemie International Edition, 2019, 58(50): 18171-18176.

[195] ZHAO Sai, LI Lulu, ZHANG Haobin, et al. Janus MXene nanosheets for macroscopic assemblies[J]. Materials Chemistry Frontiers, 2020, 4(3): 910-917.

[196] HAN Meikang, YIN Xiaowei, HANTANASIRISAKUL K, et al. Anisotropic MXene aerogels with a mechanically tunable ratio of electromagnetic wave reflection to absorption[J]. Advanced Optical Materials, 2019, 7(10): 1900267.

[197] YANG Yue, WU Lili, LI Lu, et al. Additive-free porous assemblies of $Ti_3C_2T_x$ by freeze-drying for high performance supercapacitors[J]. Chinese Chemical Letters, 2020, 31(4): 1034-1038.

[198] YUE Yang, LIU Nishuang, MA Yanan, et al. Highly self-healable 3D microsupercapacitor with MXene-graphene composite aerogel[J]. ACS Nano, 2018, 12(5): 4224-4232.

[199] MA Yanan, YUE Yang, ZHANG Hang, et al. 3D synergistical MXene/reduced graphene oxide aerogel for a piezoresistive sensor[J]. ACS Nano, 2018, 12(4): 3209-3216.

[200] TANG Lisheng, ZHAO Xing, FENG Changping, et al. Bacterial cellulose/MXene hybrid

aerogels for photodriven shape-stabilized composite phase change materials[J]. Solar Energy Materials and Solar Cells, 2019, 203: 110174.

[201] LI Yuzhen, ZHANG Xuetong. Electrically conductive, optically responsive, and highly orientated $Ti_3C_2T_x$ MXene aerogel fibers[J]. Advanced Functional Materials, 2022, 32(4): 2107767.

[202] SHIN H, EOM W, LEE K H, et al. Highly electroconductive and mechanically strong $Ti_3C_2T_x$ MXene fibers using a deformable MXene gel[J]. ACS Nano, 2021, 15(2): 3320-3329.

[203] ZHOU Xu, QIN Yi, HE Xuexia, et al. $Ti_3C_2T_x$ nanosheets/$Ti_3C_2T_x$ quantum dots/rGO (reduced graphene oxide) fibers for an all-solid-state asymmetric supercapacitor with high volume energy density and good flexibility[J]. ACS Applied Materials & Amp, 2020, 12(10): 11833-11842.

[204] WU Guiqing, YANG Zhipeng, ZHANG Zhenyi, et al. High performance stretchable fibrous supercapacitors and flexible strain sensors based on CNTs/MXene-TPU hybrid fibers[J]. Electrochimica Acta, 2021, 395: 139141.

[205] SEYEDIN S, UZUN S, LEVITT A, et al. MXene composite and coaxial fibers with high stretchability and conductivity for wearable strain sensing textiles[J]. Advanced Functional Materials, 2020, 30(12): 1910504.

[206] LI Ying, MENG F, MEI Yuan, et al. Electrospun generation of $Ti_3C_2T_x$ MXene@graphene oxide hybrid aerogel microspheres for tunable high-performance microwave absorption[J]. Chemical Engineering Journal, 2020, 391: 123512.

[207] XU Xia, WANG Shige, WU Hang, et al. A multimodal antimicrobial platform based on-MXene for treatment of wound infection[J]. Colloids and Surfaces B: Biointerfaces, 2021, 207: 111979.

[208] FU Xiyao, LI La, CHEN Shuai, et al. Knitted $Ti_3C_2T_x$ MXene based fiber strain sensor for human-computer interaction[J]. Journal of Colloid and Interface Science, 2021, 604: 643-649.

[209] YUE Yang, LIU Nishuang, LIU Weijie, et al. 3D hybrid porous MXene-sponge network and its application in piezoresistive sensor[J]. Nano Energy, 2018, 50: 79-87.

[210] WANG Qiang, WANG Siliang, GUO Xiaohui, et al. MXene-reduced graphene oxide aerogel for aqueous zinc-ion hybrid supercapacitor with ultralong cycle life[J]. Advanced Electronic Materials, 2019, 5(12): 1900537.

[211] LIANG Chaobo, QIU Hua, SONG Ping, et al. Ultra-light MXene aerogel/wood-derived porous carbon composites with wall-like "mortar/brick" structures for electromagnetic interference shielding[J]. Science Bulletin, 2020, 65(8): 616-622.

[212] LI Xiran, LI Hongpeng, FAN Xiangqian, et al. 3D-printed stretchable micro-supercapacitor with remarkable areal performance[J]. Advanced Energy Materials, 2020, 10(14): 1903794.

[213] FAN Zhaodi, WEI Chaohui, YU Lianghao, et al. 3D Printing of porous nitrogen-doped Ti_3C_2MXene scaffolds for high-performance sodium-ion hybrid capacitors [J]. ACS Nano, 2020, 14(1): 867-876.

[214] LUKATSKAYA M R, KOTA S, LIN Zifeng, et al. Ultra-high-rate pseudocapacitive energy storage in two-dimensional transition metal carbides[J]. Nature Energy, 2017, 2 (8): 1-6.

[215] YANG Chenhui, TANG Yi, TIAN Yapeng, et al. Flexible nitrogen-doped 2D titanium carbides(MXene) films constructed by an ex situ solvothermal method with extraordinary volumetric capacitance[J]. Advanced Energy Materials, 2018, 8(31): 1802087.

[216] ZHANG Chuanfang, ANASORI B, SERAL A A, et al. Transparent, flexible, and conductive 2D titanium carbide (MXene) films with high volumetric capacitance [J]. Advanced Materials, 2017, 29(36): 1702678.

[217] LIPATOV A, LU HAIDONG, ALHABEB M, et al. Elastic properties of 2D $Ti_3C_2T_x$ MXene monolayers and bilayers[J]. Science Advances, 2018, 4(6): 0491.

[218] HU Chunfeng, SHEN Fei, ZHU Degui, et al. Characteristics of Ti_3C_2X-chitosan films with enhanced mechanical properties[J]. Frontiers in Energy Research, 2017, 4: 41.

[219] LING Zheng, REN C E, ZHAO Mengqiang, et al. Flexible and conductive MXene films and nanocomposites with high capacitance[J]. Proceedings of the National Academy of Sciences, 2014, 111(47): 16676-16681.

[220] WANG Kun, ZHOU Youfu, XU Wentao, et al. Fabrication and thermal stability of two-dimensional carbide Ti_3C_2nanosheets [J]. Ceramics International, 2016, 42 (7): 8419-8424.

[221] ZHA Xianhu, HUANG Qing, HE Jian, et al. The thermal and electrical properties of the promising semiconductor MXene Hf_2CO_2 [J]. Scientific Reports, 2016, 6 (1): 1-10.

[222] NAGUIB M, MOCHALIN V N, BARSOUM M W, et al. 25th Anniversary article: MXenes: a new family of two-dimensional materials[J]. Advanced Materials, 2013, 26 (7): 992-1005.

[223] FENG Wanlin, LUO Heng, WANG Yu, et al. Ti_3C_2MXene: a promising microwave absorbing material[J]. RSC Advances, 2018, 8(5): 2398-2403.

[224] NATU V, BENCHAKAR M, CANAFF C, et al. A critical analysis of the X-ray photoelectron spectra of $Ti_3C_2T_z$ MXenes[J]. Matter, 2021, 4(4): 1224-1251.

[225] SARYCHEVA A, GOGOTSI Y. Raman spectroscopy analysis of the structure and surface chemistry of $Ti_3C_2T_x$ MXene [J]. Chemistry of Materials, 2020, 32 (8): 3480-3488.

[226] ZHANG Di, WANG Shuai, HU Riming, et al. Catalytic conversion of polysulfides on single atom zinc implanted MXene toward high-rate lithium-sulfur batteries [J]. Advanced Functional Materials, 2020, 30(30): 2002471.

[227] LI Zilan, ZHUANG Zechao, LV Fan, et al. The marriage of the FeN_4 moiety and MXene boosts oxygen reduction catalysis: Fe 3d electron delocalization matters[J]. Advanced Materials, 2018, 30(43): 1803220.

[228] LEI Yuan, CUI Yi, HUANG Qiang, et al. Facile preparation of sulfonic groups functionalized MXenes for efficient removal of methylene blue [J]. Ceramics International, 2019, 45(14): 17653-17661.

[229] JIN Zhaoyong, FANG Yanfeng, WANG Xiaoxia, et al. Ultra-efficient electromagnetic wave absorption with ethanol-thermally treated two-dimensional Nb_2CT_x nanosheets[J]. Journal of Colloid and Interface Science, 2019, 537: 306-315.

[230] SUN Renhui, ZHANG Haobin, LIU Ji, et al. Highly conductive transition metal carbide/carbonitride(MXene)@polystyrene nanocomposites fabricated by electrostatic assembly for highly efficient electromagnetic interference shielding [J]. Advanced Functional Materials, 2017, 27(45): 1702807.

第 3 章　MXene 在储能领域的应用

3.1　MXene 的储能优势

能源(太阳能、风能和潮汐能)已被广泛用于缓解环境污染和能源短缺。由于可持续能源的间歇性特性,迫切需要电化学储能装置(EESD)转换和存储可再生能源,用于电化学能耗应用。在大规模储能系统中,最有效的 EESD 技术是金属离子电池(MIB)和超级电容器(SC)。作为两种主要的储能技术,由于储能机制不同,MIB 和 SC 在能量/功率密度上是相反的[1]。MIB 提供了更高的能量密度,但较低的功率密度限制了其实际应用;而 SC 可提供更高的功率密度,但其固有的低能量密度不能满足当前和未来电子及电动汽车的需求[2]。因此,探索和构建具有更高能量和功率密度、特殊的物理/化学性能和更好的循环性能的先进纳米材料的趋势日益增加。

MXene 是一种新兴的新材料,它是对二维材料长达十年的研究成果,起源于石墨烯,并扩展到二维聚合物、金属氧化物、过渡金属二卤代化合物等。与其他二维材料不同的是,自 2011 年成立以来,MXene 在很短的时间内就获得了“下一个奇迹材料”的称号[3],被认为是理想的储能材料,并在电化学储能应用中展现出其优越的天赋[4]。MXene 在储能领域应用的优势主要有以下方面。

(1)MXene 具有与多层石墨烯相当的高导电性(2×10^5 S/m)、较大的比表面积[5]。允许离子(H^+、K^+、Li^+、Na^+)在 2D/3D 通道[6]内快速运输,发生氧化还原反应,在电荷存储的电双层模式中添加赝电容组件[7]以及在纳米片水平上平衡的机械灵活性,适用于锂离子电池和钠离子电池[8]。这种多功能特性使 MXene 成为电池和超级电容器的潜在主要活性材料。

(2)MXene 具有优良的过渡金属碳化物的导电性,其能带隙可由表面官能团调节[5]。其表面端点可以影响 MXene 的电子性质,如能带隙。理论上证明 Ti_3C_2 虽然是一种金属导体,但 $Ti_3C_2(OH)_2$ 和 $Ti_3C_2F_2$ 的能带隙分别为 0.05 eV 和 0.1 eV。因此可以通过改变官能团来调节 MXene 的电子结构,从而调节其电化学性能。

(3)MXene 在水以及有机溶剂中具有很好的分散性[9],这得益于 MXene 丰富的表面官能团(—F 基团、—OH 基团、—O 基团),使得 MXene 分散于二甲基亚砜(DMSO)、DMF、*n*-甲基-2-吡咯烷酮(NMP)、碳酸丙烯、乙醇中,表现出与水胶体溶液(H_2O)相似的高稳定性。这种良好的分散性电解液能够很好地渗透到 MXene 中,从而影响其电学性能。

正是因为 MXene 的以上特性,MXene 在储能领域的应用得到了许多人的关注。现在研究者们围绕 MXene 的结构与形貌调控、化学改性、复合材料的合成以及储能机理等方面进行了大量的探索。显示出了 MXene 在电池以及超级电容器等储能器件良好的应用前景。

3.2　MXene在电池领域的应用

3.2.1　电池材料的发展

可充电电池是工业和日常生活中应用最广泛的电子能源技术之一。电池包含两个电极(阳极和阴极),其电解质可以是固体、液体或黏稠状态。电池可以在电能和化学能之间双向转换能量。放电过程中,阳极和阴极同时发生电化学反应。对于外部电路,电子由阳极提供,并在阴极收集。在充电过程中,会发生反向反应,通过对两个电极施加外部电压为电池充电。电池可以广泛应用于不同的应用,如电能质量、能源管理、全程电源和运输系统。现阶段常见的电池种类有碱金属离子电池、锂硫电池、水系锌电池以及其他电池。

在锂离子电池(LIB)中,阴极由锂金属氧化物制成,如 $LiCoO_2$ 和 $LiMO_2$,阳极由石墨碳制成。电解质通常是含有溶解锂盐的非水有机液体,如 $LiClO_4$[10]。锂离子电池是最先进的电池技术之一,是现代数字电子的发动机,为手机、计算机设备、小排量汽车、飞机和家庭配件提供动力。但是,锂离子电池的应用仍然存在很多问题。锂基阴极存在长周期短路、充电率低、寿命短、毒性、电解质不稳定、成本高、自放电高、稳定性差、比能低、电阻率高等问题;石墨、锂金属、软碳和锡等阳极电极存在枝晶、低能量密度、开裂/破裂和波动电压等问题。因此,在当今锂离子储能材料面临诸多挑战的情况下,为这些电池开发更好的电极是必要和迫切的。目前锂离子电池的研究重点包括两个方面:①利用纳米材料提高电池的功率能力;②通过开发先进的电极材料和电解质溶液,提高电池比能。MXene具有比表面积大、导电性好、导热系数可调、化学稳定性好等优点,可作为一种储能材料。

钠是锂的明显替代品,在锂离子电池研究的早期,也有钠离子电池(SIB)的研究。然而,该研究很大程度上被中断了,可能原因是钠离子的研究进展缓慢和锂离子电池的成功[11]。目前,钠离子电池研究的主要目的是希望生产出比锂离子电池更便宜的电池。Faradion Ltd 等公司或法国 RS2E 网络提供的 SIB 原型是令人鼓舞的。从 LIB 到 SIB 的转换看起来很简单。然而,事实并非如此,特定的基体会根据锂或钠的嵌层而发生非常不同的相互作用。Na 离子晶格常数和配位数(r=1.02 Å,CN=6)比 Li 离子(r=0.59 Å,CN=4)[12]大,且极化较小,因此对配位、晶格常数、晶体结构和扩散特性影响较大。电极-电解质界面的过程(电荷转移、脱溶/溶剂化)也会发生变化。据计算,Na 离子在各种有机溶剂中的脱溶能大约比锂离子小 30%,因此电荷转移电阻应该更小,在增强电极动力学方面有重要作用。

从材料方面来看,尽管石墨很容易与锂(或与其他金属如 K、Rb、Cs)形成石墨插层化合物,但钠却不能。铝也只能与锂形成合金,而不能与钠形成合金。因此,锂电池中的铜收集器可能会被更便宜的锂电池中的铝所取代。Komaba 等报道了另一个有趣的例子,证明了离子大小的影响。$LiCrO_2$ 和 $NaCrO_2$ 都具有非常相似的晶体结构,用钠取代锂也是“超越锂离子”系统(如锂-空气和锂-硫)的一个有吸引力的策略[12]。

到目前为止,以钾为基础的可充电电池也具有了竞争力。假设钾可以用作从阴极到阳极的载流子,以类似 LIB 和 SIB 中的碱金属离子的方式,钾化过渡金属化合物作为阴极,碳质材料(如石墨)作为阳极,可以耦合产生钾离子电池(KIB)(图 3.1(a))。KIB 在充放电过程中与 LIB 相同,锂/钾离子在正、负极之间往返嵌入/脱嵌和插入/脱插,其中正极和负极材料都使用拓扑插层化学来储存电荷。除了 KIB,含硫钾[13](K-S)(图 3.1(b))和含氧钾[14]($K-O_2$)(图 3.1(c))电池由于成本低和比能量密度高,已成为有前途的室温可充电金属硫电池和金属氧电池。与 Li-S 和 $Li-O_2$ 电池类似,K-S 和 $K-O_2$ 电池在进行转换反应的同时容纳更多的离子和电子,都具有较高的比容量;然而,K-S 和 $K-O_2$ 体系中 K 的储存机制仍有争议。虽然对 K-S 和 $K-O_2$ 电池的研究有限,但该领域的研究最近在科学界产生了巨大的兴趣(图 3.1(d))。

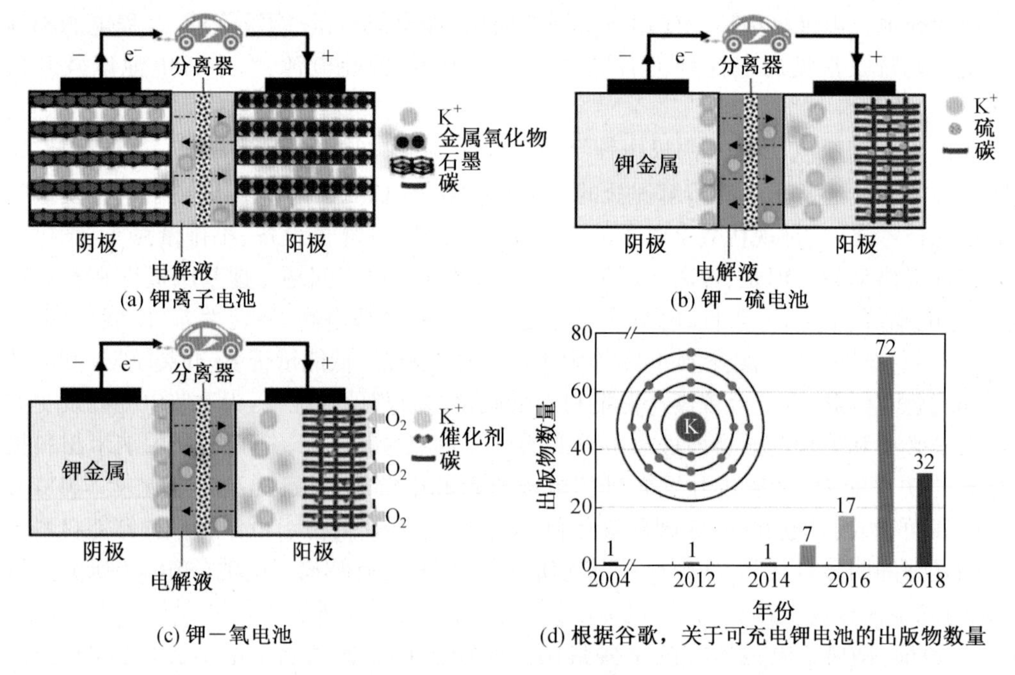

图 3.1 充电钾电池示意图[11]

锂硫电池具有高的能量密度(高达 2 600 Wh/kg),是传统锂离子电池的 3 ~ 5 倍,被认为是最有希望的下一代二次电池[15]。经过研究者的持续努力,当前液态锂硫电池取得了重要进展,如 Nazar 等采用有序介孔碳(CMK-3)作为活性材料硫的载体,显著提升了电池的循环稳定性,该有序介孔碳载体不但加速了离子-电子传输,而且减缓了多硫化锂的穿梭效应。之后研究者将各种碳材料(如中/微孔碳、石墨烯、碳纳米管、中空碳纳米纤维/纳米球)用于复合硫正极。随着对多硫化物研究的深入,利用极性-极性相互作用、路易斯酸碱相互作用,通过杂原子(N、S、B、O 等)掺杂碳材料[16]、纳米结构金属氧化物[17]和硫化物[18]来抑制多硫化物溶解,通过金属锂负极和隔膜的改性与结构设计,使得液态锂硫电池也取得了显著进展,但仍没有从根本上解决多硫化锂穿梭效应和锂枝晶生长问题,实际应用仍面临众多困难[19]。较传统的有机电解液存在泄漏、易燃以及化学性质不稳定等问题,导致液态锂硫电池存在较大安全隐患,采用固态电解质(SSE)代替传统有机电解液,有望开发出高稳定、高安全、高比能固态锂硫电池[20]。与液态锂硫电池比较,固态锂硫电池具有如下显著优点:①可以避免多硫化锂穿梭效应;②固态电解质锂离子迁移数接近1,具有高的机械模量,有利于金属锂的均匀沉积并抑制锂枝晶的形成[21];③固态电解质与电极之间的离子转移不涉及去溶剂化,这可能会降低相关的活化势垒并加速离子迁移[22];④固态电解质的不可燃性显著提高电池的安全性能[23]。凝胶、固态聚合物、陶瓷、复合电解质等固态电解质在锂硫电池中的应用越来越受到研究者们的关注[24]。

对水溶液锌离子电池(ZIB)的早期研究可以追溯到1986年,当时Yamamoto等[25]首次用硫酸锌电解质取代碱性电解质,并开始测试可充电 Zn|$ZnSO_4$|MnO_2 电池的电化学行为。近年来,水性ZIB因其环保、安全、组装方便(在空气中)、低成本和高容量等优点再次引起了人们的极大兴趣,包括对锌阳极、电解质和阴极材料的探索。然而,在电极甚至整个电池系统的发展中也存在着许多挑战,这些都需要考虑。已经发表的关于水性ZIB的综述往往集中在电极材料、电解质和储能机制方面的最新进展,而不是直面水性ZIB的问题并给出潜在的解决方案(阴极溶解、静电相互作用的不良影响、意外副产物、锌枝晶、腐蚀和钝化)。

3.2.2 MXene作为负电极材料的应用

到目前为止,已经生产出不同类型的MXene,如 $Ti_3C_2T_x$、Ti_2CT_x、$Zr_3C_2T_x$、$V_4C_3T_x$、$Ta_4C_3T_x$ 等。$Ti_3C_2T_x$ 是应用最广泛的MXene类型,$Ti_3C_2T_x$ 作为锂离子电池的电极材料引起了广泛的关注。Naguib等[26]首次报道了 Ti_2CO_x MXene作为阳极的锂离子存储能力。结果表明,在0.1 C电流密度下,Ti_2CO_x MXene的可逆容量约为母相 Ti_2AlC MAX的5倍。主要原因是 Ti_2CO_x 与 Ti_2AlC 相比具有开放的结构和更高的表面积以及较高的容量值。另一个例子是Li等[27]报道了LIB用手风琴状 $Ti_3C_2T_x$ 阳极材料的电化学性能。在第一次放电(Li插入)和第一次充电(Li提取)时,0.1 C $Ti_3C_2T_x$ 阳极的容量值分别为450 mAh/g和250 mAh/g。此外,制备的 $Ti_3C_2T_x$ 具有良好的循环稳定性,在5 C条件下经过1 600次循环后,其容量值为119 mAh/g。

通过多种合成方法制备的相同 $Ti_3C_2T_x$ 成分的MXene作为阳极进行测试,发现制备参数、官能团、热处理和化学氧化是影响MXene阳极电化学性能的主要参数(图3.2),其中许多参数高度相关。制备参数如刻蚀剂的种类、浓度或反应温度等会影响MXene阳极的最终性能,从而形成具有不同官能团和不同层间距的MXene。官能团的种类是影响锂离子储存能力和不可逆反应的另一个因素。由于MXene的表面官能团对锂离子的储存能力和不可逆反应有很大影响,因此对其表面官能团的去除或改变已经做了一些努力。此外,热处理和化学氧化方法可以通过去除或改变MXene的官能团来显著影响MXene阳极的电化学性能。作为研究制备参数的一个例子,Sun等[28]研究了用不同方法制备LIB阳极的 $Ti_3C_2T_x$ 的电化学性能。$Ti_3C_2T_x$ 的两个样品中,一个样品仅用HF处理,另一个样品经HF处理后用DMSO插层制备。在1 C条件下,插入DMSO的 $Ti_3C_2T_x$ 和原始的 $Ti_3C_2T_x$ 的首次放电容量分别为264.5 mAh/g和107.2 mAh/g。这些结果表明,通过DMSO的插入增加 $Ti_3C_2T_x$ 的层间距对提高MXene的锂离子存储能力有显著的影响。如前所述,MXene主要有—OH、—O、—F官能团,这些官能团对作为锂离子电池负极材料的MXene的电化学性能有很大影响,不含官能团的MXene具有更高的容量值[29]。为了提

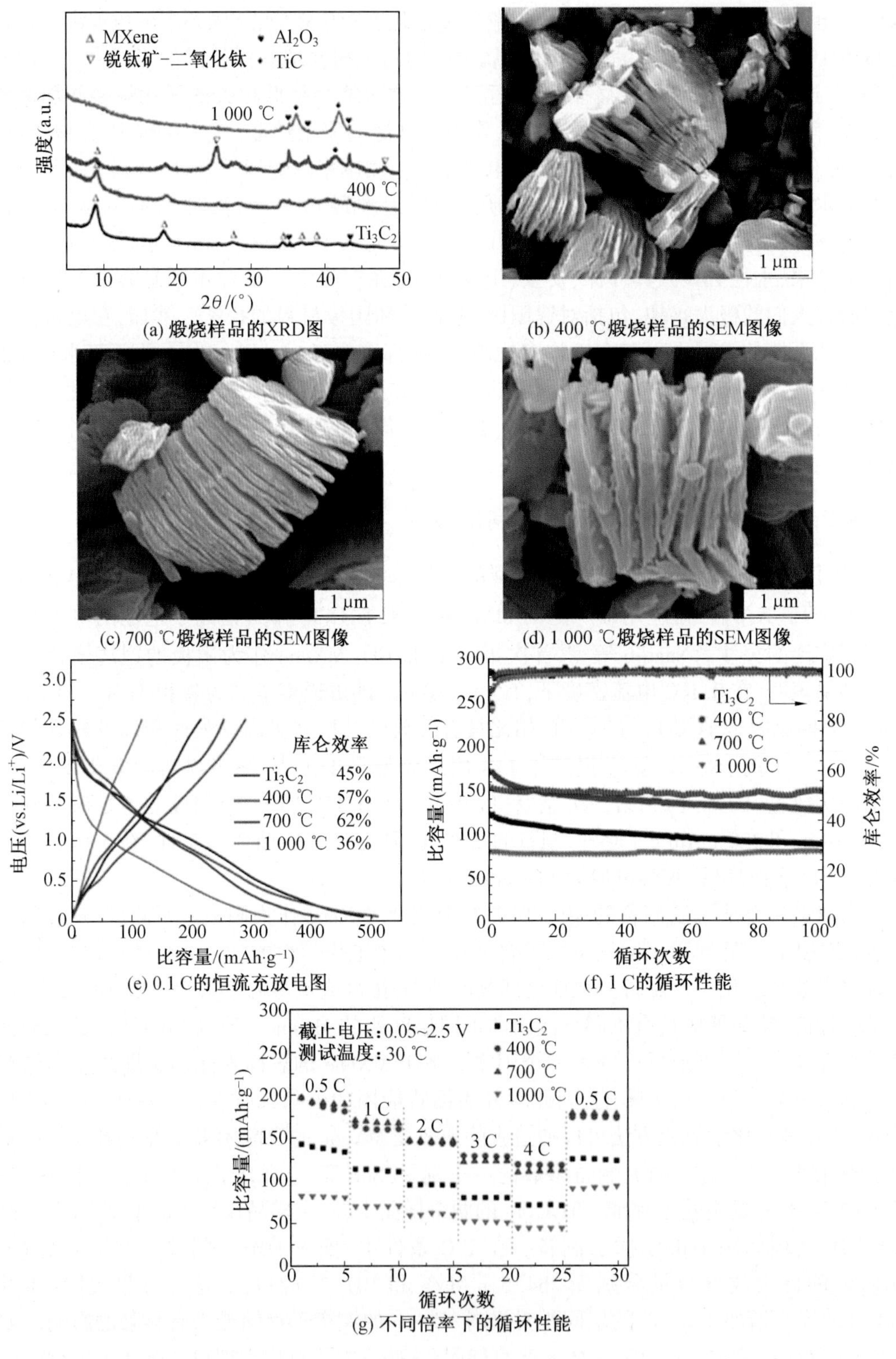

(a) 煅烧样品的XRD图 (b) 400 ℃煅烧样品的SEM图像

(c) 700 ℃煅烧样品的SEM图像 (d) 1 000 ℃煅烧样品的SEM图像

(e) 0.1 C的恒流充放电图 (f) 1 C的循环性能

(g) 不同倍率下的循环性能

图3.2 $Ti_3C_2T_x$ 在不同温度下煅烧后的粉末XRD图、SEM图和电化学性能[29]

高 $Ti_3C_2T_x$ 的电化学性能,已经采用了几种方法去除或改变 $Ti_3C_2T_x$ 的官能团。例如,Xue等通过化学结合球磨法制备无氟 $Ti_3C_2T_x$ MXene 作为锂离子电池负极[30]。对材料的形态评价证明,通过化学/球磨复合方法制备的 $Ti_3C_2T_x$ 形成了多孔结构,无氟 $Ti_3C_2T_x$ 在电流密度为100 mA/g的条件下,经过600次循环后的容量值为310 mAh/g,该值比HF刻蚀法制备的 $Ti_3C_2T_x$(110 mAh/g)高约3倍。在100~1 000 mA/g的电流密度范围内,无氟 $Ti_3C_2T_x$ 的容量均高于HF刻蚀制备的 $Ti_3C_2T_x$。无氟 $Ti_3C_2T_x$ 的循环性能也很好,经过3 000次循环,在电流密度为1 000 mA/g的情况下,容量为97 mAh/g。

合成后热处理和氧化方法是改变MXene阳极表面官能团从而改变其电化学性能的有效方法。Kong等[29]研究了在400 ℃、700 ℃和1 000 ℃下真空煅烧对 $Ti_3C_2T_x$ 作为LIB阳极的电化学性能的影响。如图3.2(a)所示,在700 ℃下,样品的粉末XRD图中,$Ti_3C_2T_x$ 的衍射峰与锐钛矿 TiO_2 的衍射峰同时出现。而当温度进一步升高到1 000 ℃时,出现了 TiC_xO 和 Al_2O_3 的衍射峰。他们的结果表明,与其他样品相比,在400 ℃和700 ℃煅烧样品具有更好的电化学性能(图3.2(e)~(g))。$Ti_3C_2T_x$ 和煅烧样品在400 ℃、700 ℃和1 000 ℃在1 C时的放电容量分别为87.4 mAh/g、126.4 mAh/g、147.4 mAh/g和79.5 mAh/g。在1 000 ℃煅烧的样品的较低容量值可能与致密TiC的形成有关(图3.2(e)),限制了锂离子的存储能力。另外,与未处理的 $Ti_3C_2T_x$ 相比,400 ℃煅烧样品的高速率电化学性能的改善是由于去除了—OH官能团。Lu等[31]使用氢退火工艺制备含有少量—F基团的 $Ti_3C_2T_x$ MXene阳极进行了实验研究,在500 ℃退火30 min,$Ti_3C_2T_x$ 中的F和Ti原子比从0.2下降到0.05。虽然在1 C时制备的 $Ti_3C_2T_x$ 的第一次放电容量高于—F基团较低的 $Ti_3C_2T_x$,但—F基团较低的 $Ti_3C_2T_x$ 的第二次放电容量(136 mAh/g)高于制备的 $Ti_3C_2T_x$(120 mAh/g)。此外,具有较少—F基团的 $Ti_3C_2T_x$ 的速率性能略好于制备的 $Ti_3C_2T_x$。Ahmed等[32]研究了 H_2O_2 氧化对 $Ti_3C_2T_x$ MXene作为锂离子锂负极材料的电化学性能的影响。H_2O_2 处理后,XRD谱图中除了出现 Ti_2CT_x 峰外,还出现锐钛矿型 TiO_2 的尖锐衍射峰。通过将 Ti_2CT_x MXene浸泡在 H_2O_2 溶液中,Ti_2CT_x 氧化形成 TiO_2 并释放CO或 CO_2。TEM图像证实,TiO_2 颗粒生长在 Ti_2CT_x MXene的缺陷部位,它们的化学氧化样品在电流密度为100 mA/g、500 mA/g和1 000 mA/g时,第一次放电容量分别为1 015 mAh/g、826 mAh/g和681 mAh/g;第二次放电时,这些容量值下降到389 mAh/g、337 mAh/g和297 mAh/g。上述容量值比制备的 Ti_2CT_x MXene高约2倍。

3.2.3 MXene作为正极电极材料的应用

由于质子交换膜燃料电池具有较慢的动力学,其阴极发生的氧还原反应是其主要问题。探索合适的材料作为阴极催化剂是具有挑战性的,因为材料应该具有化学活性,但必须在燃料电池的极端腐蚀环境中保持稳定。自石墨烯成功引入以来,2D材料由于其催化剂分散的大表面积,在用作阴极催化剂载体材料方面获得了广泛的研究兴趣。MXene具备的优秀的电子性能、导电性、亲水性、化学和热稳定性,是作为催化剂载体的关键性能。

在催化过程中,催化剂载体被用来获得高度分散的催化剂,在催化活性过程中最大限度地利用催化活性位点。此外,催化剂载体对提高主催化剂的力学性能也很重要。载体材料的高热导率有利于促进反应中所产生的热的传导和扩散,特别是对于高放热反应。

作为质子交换膜燃料电池氧还原反应非碳基催化剂载体的研究,MXene 提高了贵金属和非贵金属催化剂的 ORR 性能。Pt/MXene 的稳定性优于 Pt/C。通过催化剂驱动电荷传输,增加催化剂的电荷转移动力学,促进催化活性。为了保持和提高催化活性,增强电催化剂稳定性,载体材料应满足以下标准:①大的比表面积以提供最大的催化剂分散面积;②高导电性;③高电化学稳定性;④与催化剂材料的强相互作用。图 4.3 是 PEMFC 中 ORR 过程中反应物通过碳载体的转移示意图。

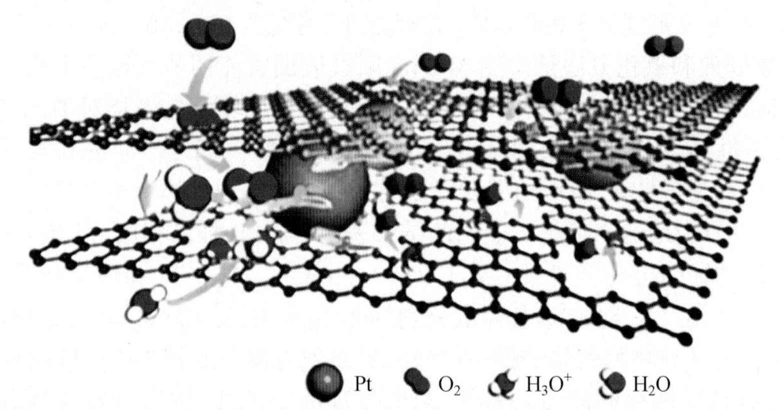

图 3.3 PEMFC 中 DRR 过程中反应物通过碳载体的转移示意图[33]

MXene 作为 ORR 催化剂载体,原始 MXene 具有金属性能。Lin 等发现多层 $Ti_3C_2T_x$ 在 ORR 中具有催化活性,但只有在剥离成单层后才具有显著的 ORR 催化剂活性。将合成的多层 $Ti_3C_2T_x$ 分散到四丁基氢氧化铵(TPAOH)溶液中分层制备单层(SL)$Ti_3C_2T_x$,这种独立的、三明治状的表面层结构由钛原子和端基组成,内层碳原子催化剂是了解这种二维材料 ORR 活性位点的理想代表体系。当测试碱性电解质中的 ORR 时,循环过程中 H_2O_2 的回收率低于 14%,而传统的 Pt/C 比 0.55 ~ 0.70 V 的电位高 3%,SL $Ti_3C_2T_x$ 的 $n=3.7$。这与从旋转圆盘电极(RDE)测量中计算出的 n 值(0.55 ~ 0.70)一致。迄今为止,只有一项研究报道了 MXene 作为碱性 ORR 催化剂使用,这是因为 MXene 中使用的金属不适合用于 ORR。一般来说,对于 ORR 需要贵金属(如 Pt、Pd 和 Ru)或无贵金属(Fe、Co、Ni 等)来催化反应。MXene 的特性使它们更适合用作催化剂载体。

Vahidmohammadi 等[33]报道了 V_2CT_x MXene 作为的 Al^{3+} 插层阴极。V_2CT_x 是一种层状的含钒碳化物,表面有许多不同的官能团,由 V_2AlC MAX 相刻蚀 Al 合成。电流密度为 10 mA/g在 0.1 ~ 1.8 V 电压范围内,第一次放电容量为 178 mAh/g。在放电过程中,V_2CT_x 的(0002)峰强度减弱,(0002)峰强度从 9.211 下降到 9.111,d 间距增加 0.1 Å。高分辨率 TEM 图像显示,放电后 V_2CT_x 的层间距增加 0.2 Å。XPS 谱图显示钒的氧化态在 V^{4+}和 V^{3+}之间发生可逆变化。显然,这些活性钒位点位于 V_2CT_x 表面,使用四丁基氢氧化铵进一步剥离 V_2CT_x MXene 层,使层间距增加 5.73 Å。在电流密度为 100 mA/g 的情况下,脱落的 V_2CT_x 具有 392 mAh/g 的质量比容量这应该是由于含有 V 的表面活性位点富集,具有较高的氧化态。高温下的容量衰退使 $LiMn_2O_4$ 作为锂离子电池阴极电极的优势失效。为了减少 $LiMn_2O_4$ 阴极的容量衰落,Wei 等[34]采用一种简便的方法制备了 $LiMn_2O_4$-$Ti_3C_2T_x$ 纳米复合材料。在 $LiMn_2O_4$ 包装在 2D-$Ti_3C_2T_x$ 制备的 $LiMn_2O_4$-

研究表明 $Fe_3O_4/Ti_3C_2T_x$ 的制备方法对其电化学性能有较大影响。例如 Xu 等[38]通过静电自组装和机械混合两种不同的方法制备了 $Fe_3O_4/Ti_3C_2T_x$ 复合材料。静电自组装法制备的 $Fe_3O_4/Ti_3C_2T_x$ 复合材料的循环性能明显优于机械混合法制备的复合材料。在电流密度为0.1 A/g时,静电自组装法制备的 $Fe_3O_4/Ti_3C_2T_x$ 复合材料的第一放电容量为1 501 mAh/g。在电流密度为1 A/g和5 A/g的情况下,经过1 000次循环后仍能保持90%以上的容量,表明 $Fe_3O_4/Ti_3C_2T_x$ 复合材料具有优异的循环稳定性。采用静电自组装法制备的 $Fe_3O_4/Ti_3C_2T_x$ 复合材料具有较好的电化学性能,XPS分析表明,该复合材料形成了强的Ti—O—Fe共价键,在 Fe_3O_4 和 $Ti_3C_2T_x$ 粒子之间形成相互作用。

Ali 等[39]研究了合成方法对通过水热法、湿超声法和球磨法制备LIB的 $Fe_2O_3/Ti_3C_2T_x$ 阳极的电化学性能的影响。在所有制备的样品中,$Fe_2O_3/Ti_3C_2T_x$ 的比例为1∶3。他们的研究结果表明,通过水热和湿超声法制备的复合材料的循环导致 $Ti_3C_2T_x$ 堆叠和 Fe_2O_3 纳米颗粒的聚集。在球磨法制备的 $Ti_3C_2T_x$ 阳极上观察到均匀沉积的 Fe_2O_3 纳米颗粒。通过水热法、湿超声法和球磨法分别获得了469 mAh/g、471 mAh/g和595 mAh/g的第一放电容量值。50次循环后,水热法、湿超声法和球磨法制备的样品容量分别为198 mAh/g、119 mAh/g和348 mAh/g,速率为1 C。XPS分析表明,球磨法有效地防止了 $Ti_3C_2T_x$ 的氧化。研究表明 $Ti_3C_2T_x$ 经过水热和湿化学作用后,其表面高度氧化形成 TiO_2。因此,TiO_2 的形成降低了 $Ti_3C_2T_x$ 的比表面积,从而使较低的 Fe_2O_3 纳米颗粒能够容纳到MXene的层间距中。如前所述,为了减少多层MXene叠置现象的发生。因此,有必要合成低层MXene和MXene基复合材料。

Yao 等[40]研究了 Fe_2O_3/少层 $Ti_3C_2T_x$ 纳米复合材料的锂离子存储能力。将 $Ti_3C_2T_x$ 粉末在LiF/HCl混合物中选择性刻蚀,然后进行超声处理,制备了层数较少的 $Ti_3C_2T_x$ MXene。Fe_2O_3/少层 $Ti_3C_2T_x$ 纳米复合材料采用 $FeCl_3 \cdot 6H_2O$ 与少层 $Ti_3C_2T_x$(图3.6中表示为 $Fe_2O_3@Ti_3C_2T_x$)的混合物进行水热处理制备。此外,通过简单的机械混合粉末制备了 Fe_2O_3/层数较少的 $Ti_3C_2T_x$ 复合材料。

图3.6(a)和(b)为少量层状 $Ti_3C_2T_x$ 和 Fe_2O_3/少量层状 $Ti_3C_2T_x$ 的SEM图。两种复合材料的 Fe_2O_3 质量分数均为60%。SEM图证实了 Fe_2O_3 在少量层状 $Ti_3C_2T_x$ 表面的合理分布。XPS分析表明,Fe_2O_3 在 $Ti_3C_2T_x$ 纳米片表面的原位生长抑制了氧化生成 TiO_2。从图3.6(c)中电化学阻抗谱(EIS)分析表明,复合材料的制备方法对样品的电荷转移电阻值有显著影响。纯 Fe_2O_3 和少量层状 $Ti_3C_2T_x$ 的电荷转移电阻分别为327 Ω和14.6 Ω。因此,少量层状 $Ti_3C_2T_x$ 与 Fe_2O_3 之间的相互作用较好,导致电荷转移电阻Ω值较低;水热法制备的 Fe_2O_3/少量层状 $Ti_3C_2T_x$ 的相变传递电阻(19.6 Ω)比机械混合法制备的 $Fe_2O_3/Ti_3C_2T_x$ 的相变传递电阻(71 Ω)低72%。循环性能表明,在电流密度为200 mA/g和经过200次循环后,机械混合制备的 Fe_2O_3、少量层状 $Ti_3C_2T_x$、Fe_2O_3/少量层状 $Ti_3C_2T_x$ 的可逆容量分别为198.6 mAh/g、256.4 mAh/g、302.2 mAh/g和701.86 mAh/g。Fe_2O_3 质量分数(50%、60%和70%)对水热法制备的 Fe_2O_3/少层 $Ti_3C_2T_x$ 电化学性能的影响(图3.6(e)),当 Fe_2O_3 从50%增加到60%时,复合样品的循环性能得到改善,而当 Fe_2O_3 质量分数进一步增加时,复合样品的循环性能由于 Fe_2O_3 颗粒的团聚而下降。

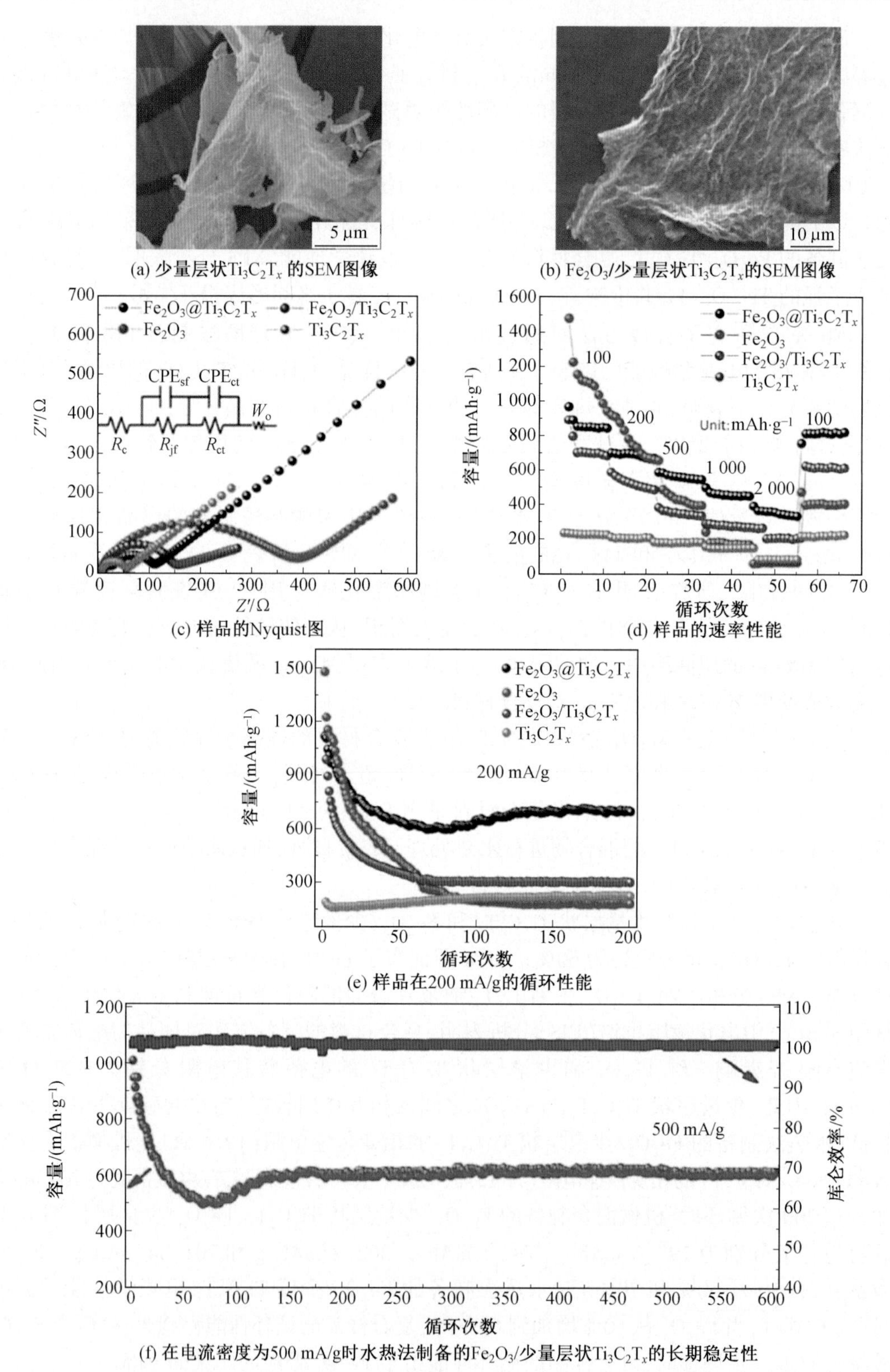

图 3.6 Fe_2O_3/少量层状 $Ti_3C_2T_x$ 复合材料的形貌与电化学性能图[40]

Huang等[41]合成了Fe_2O_3/少量层状$Ti_3C_2T_x$纳米复合材料作为锂离子电池的阳极。对于少量层状$Ti_3C_2T_x$的合成,将HF刻蚀得到的多层$Ti_3C_2T_x$粉末与四甲基氢氧化铵混合,并对混合物进行超声处理。之后在混合物中加入氢氧化铵,静电沉淀得到层数较少的$Ti_3C_2T_x$。为了制备Fe_2O_3/少量层状$Ti_3C_2T_x$纳米复合材料,制备了少量层状$Ti_3C_2T_x$、$FeCl_3 \cdot 6H_2O$和CTAB的混合物。最后,$Ti_3C_2T_x$/Fe纳米复合材料在氩气气氛下300 ℃退火2 h形成,在此过程中形成了Fe_2O_3。此外,由于MXene的部分氧化,复合材料样品的XRD图中存在TiO_2相。XPS分析表明复合材料中铁离子的质量分数为11.61%。电化学研究结果表明,当电流密度为50 mA/g时,$Fe_2O_3/Ti_3C_2T_x$纳米复合材料的首次放电和充电容量分别为795 mAh/g和470 mAh/g。循环实验表明,在电流密度为500 mA/g,循环150次后,Fe_2O_3/少量层状$Ti_3C_2T_x$纳米复合材料的可逆容量值约为535 mAh/g,是少量层状$Ti_3C_2T_x$(142 mAh/g)的3.76倍。

(2)SnO_2/MXene复合材料。

SnO_2是一种具有较高理论电容量(782 mAh/g)的锂离子电池正极材料。在初始周期中,容量将逐渐衰减,巨大的体积变化(约300%)而导致的充放电过程缺陷是锂电池中SnO_2阳极的主要缺点[42]。据报道,SnO_2/MXene复合材料的制备可以显著提高SnO_2的循环性能。MXene的分层形态可以被引入作为容纳SnO_2粒子的合适位置,因此,SnO_2的巨大体积变化而导致的破碎粒子电接触的损失被抑制。MXene的高导电性也可以提高SnO_2的速率性能。从另一个角度来看,SnO_2粒子嵌入MXene的层间距中,也可以防止MXene堆积的发生,提高MXene的锂离子存储能力。与纯SnO_2和$Ti_3C_2T_x$阳极相比,$SnO_2/Ti_3C_2T_x$复合材料的三明治状结构表现出优异的性能。

Li等[43]采用水热法制备了$SnO_2/Ti_3C_2T_x$复合阳极,MXene和SnO_2前驱体的质量比为100∶2,图3.7为$SnO_2/Ti_3C_2T_x$阳极的电化学性能。当电流密度为100 mA/g时,$SnO_2/Ti_3C_2T_x$的首次放电容量为1 030 mAh/g,比纯SnO_2(580.5 mAh/g)和$Ti_3C_2T_x$(718 mAh/g)的负极材料分别提高了77%和43%。经过200次循环,$SnO_2/Ti_3C_2T_x$复合材料的容量下降到360 mAh/g(图3.7(b)),而SnO_2的容量下降到82.3 mAh/g。此外在不同速率下的充放电曲线和EIS分析(图3.7(c)和(d))证明加入$Ti_3C_2T_x$可以改善SnO_2的速率性能和导电性。

研究表明,通过改变前驱体的配比可以获得更好的电化学性能。例如,Sun等[44]利用LIB的水热法制备了三明治状的$SnO_x/Ti_3C_2T_x$复合阳极,$Ti_3C_2T_x$和$SnCl_2 \cdot 2H_2O$的质量比为1∶1。当电流密度为200 mA/g时,$Ti_3C_2T_x$的放电容量为422 mAh/g,而其充电容量为214 mAh/g,表明$Ti_3C_2T_x$的低初始库伦效率ICE(50.7%)。SnO_x的充放电容量为1 350/1 060 mAh/g(ICE=78.6%)。$SnO_x/Ti_3C_2T_x$阳极的放电和充电容量分别为575 mAh/g和337 mAh/g(ICE=58.6%)。虽然$SnO_x/Ti_3C_2T_x$阳极的比容量比SnO_x阳极低68%左右,但它具有更好的循环性能。在电流密度为200 mAh/g的情况下,经过100次循环,SnO_x阳极的比容量从1 350 mAh/g下降到63 mAh/g。然而,经过250次循环后,$SnO_x/Ti_3C_2T_x$的比容量为450 mAh/g。当电流密度从0.1 A/g增加到2 A/g时,$Ti_3C_2T_x$、SnO_x和$SnO_x/Ti_3C_2T_x$的比容量分别下降到约55.3%、26.3%和52.1%。因此可以说,由于$Ti_3C_2T_x$的高导电性,$SnO_x/Ti_3C_2T_x$的速率性能优于SnO_x阳极。

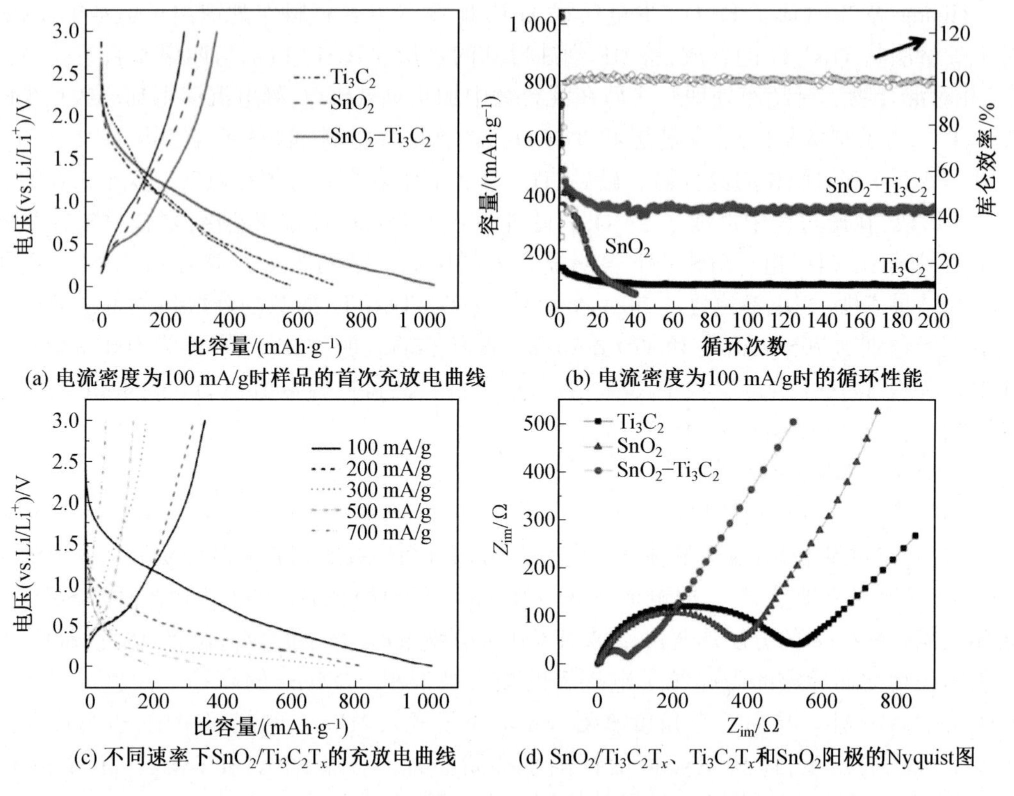

(a) 电流密度为100 mA/g时样品的首次充放电曲线

(b) 电流密度为100 mA/g时的循环性能

(c) 不同速率下$SnO_2/Ti_3C_2T_x$的充放电曲线

(d) $SnO_2/Ti_3C_2T_x$、$Ti_3C_2T_x$和SnO_2阳极的Nyquist图

图 3.7 $SnO_2/Ti_3C_2T_x$ 阳极的电化学性能[43]

(3)$MoS_2/Ti_3C_2T_x$ 复合材料。

MoS_2 因其低廉的成本和较高的理论容量(669 mAh/g)而被认为是一种很有前途的锂离子电池负极材料。然而,MoS_2 在充电过程中体积的巨大变化限制了其应用。最近有报道称,使用 MXene 可以解决 MoS_2 阳极的这个问题。Luan 等[45]报道了使用水热法制备锂离子电池用 $MoS_2/Ti_3C_2T_x$ 阳极,MoS_2 有效地嵌入 $Ti_3C_2T_x$ MXene 的层间。当电流密度为 1 A/g 时,$Ti_3C_2T_x$、MoS_2 和 $MoS_2/Ti_3C_2T_x$ 的首次放电容量分别为 706.6 mAh/g、189 mAh/g和 491.2 mAh/g。循环评价表明,经过 360 次循环后,MoS_2 的容量值下降到 52 mAh/g;而 $MoS_2/Ti_3C_2T_x$ 的容量虽然随着循环次数的增加而下降,但随着循环次数增加到 700 次,其容量又增加到 355 mAh/g。$MoS_2/Ti_3C_2T_x$ 容量值的增加是由于阳极结晶度的降低,为锂离子存储提供了更多合适的位置。在 $Ti_3C_2T_x$ 的层间距中插入 MoS_2,增加了 $Ti_3C_2T_x$ 的锂离子存储能力。此外,$Ti_3C_2T_x$ 的层间距是 MoS_2 体积膨胀的合适位置,提高了循环稳定性。在另一项研究中,Shen 等[46]评价了用固相烧结法制备的 $MoS_2/Ti_3C_2T_x$ 锂离子锂阳极的电化学性能。在他们的工作中,通过选择性刻蚀 MXene 制备 $Ti_3C_2T_x$ MXene 后,制备了 $Ti_3C_2T_x$ 和四硫钼酸铵($(NH_4)_2MoS_4$)的混合物,其质量比为 9 : 1。超声和冷冻干燥后,在 450 ℃煅烧 4 h。在电流密度为 50 mA/g 时,$Ti_3C_2T_x$、MoS_2 和 $MoS_2/Ti_3C_2T_x$ 的首次放电容量分别为 178 mAh/g、1 012.7 mAh/g 和 386.4 mAh/g。$Ti_3C_2T_x$、MoS_2 和 $MoS_2/Ti_3C_2T_x$ 的 ICE 值分别为 53%、83% 和 63%。$MoS_2/Ti_3C_2T_x$ 相对于 MoS_2 较低的 ICE 值可能与在第一个循环中形成更多的 SEI 层有关。在低电流密度下，MoS_2 具有比其他阳极更高的容量。然而，通过增加电流密度和循环次数，$MoS_2/Ti_3C_2T_x$ 具有相对较好的电化学性能。例如，$Ti_3C_2T_x$、MoS_2 和 $MoS_2/Ti_3C_2T_x$ 在电流密度为 1 000 mA/g 的情况下，经过 280 次循环后，容量值分别为 63 mAh/g、3.6 mAh/g 和 131.6 mAh/g。

MoS_2 也能与其他类型的 MXene 复合。例如，Chen 等[47]制备了 MoS_2/Ti_2CT_x 复合材料作为锂离子电池的负极材料。为了制备 MoS_2/Ti_2CT_x，MO_2TiAlC_2 前驱体被用于进一步的 HF 处理。制备 Mo_2TiC_2 后，采用硫化处理合成 MoS_2/Ti_2CT_x。Chen 等[47]研究了在 500 ℃和 700 ℃下真空煅烧对 MoS_2/Ti_2CT_x 阳极的电化学性能的影响，在电流密度为 100 mAh/g的情况下，500 ℃煅烧的 MoS_2/Ti_2CT_9阳极的第一次放电和充电容量值分别为 646 mAh/g 和 554 mAh/g，上述值均高于 Mo_2TiC_2MXene。500 ℃煅烧 MoS_2/Ti_2CT_x 阳极的 ICE 约为 86%，而 Mo_2TiC_2 仅为 50%。MoS_2/Ti_2CT_x 循环性能优异，在 500 ℃煅烧 MoS_2/Ti_2CT_x 阳极的容量值为 509 mAh/g，而 Mo_2TiC_2 的容量值急剧下降到 52 mAh/g，加热到 700 ℃会形成更多的 MoS_2，这导致 MoS_2/Ti_2CT_x 阳极在 700 ℃煅烧的循环性能不良。

2. MXene/聚合物复合材料在电池领域的应用

将 MXene 加工成独立薄膜时，由于 MXene 片的叠置，阻碍了 MXene 基电极材料的电化学性能。克服叠置问题的一个重要方法是用导电聚合物对 MXene 进行表面改性，从而制备出具有高度可达结构和比表面积的独立式电极[48]。使用导电聚合物制备 MXene/聚合物用于电化学储能的一些优点是成本低、结构灵活、无毒和伪容性[49]。共轭聚合物[50]具有可控激子和电荷输运、可变的带隙、在水中的溶解性和可加工成不同形状独特的特性，将共轭聚合物作为电化学活性材料与 MXene 结合的想法非常吸引人。此外，MXene 基复合材料具有高导电性和亲水性，为合成形貌、厚度、导电性和力学性能可控的 MXene/聚合物杂化物提供了导电和机械方面的强大支持[51]。Boota 等[50]报道了极性和非极性聚氟烷与 $Ti_3C_2T_x$ MXene 相互作用的研究(图 3.8)。

观察到 MXene 与聚合物之间的相互作用强度受到聚合物中端官能存在的很大影响，因此，合成具有可控末端功能的聚合物将允许制造具有改进的物理化学和电化学性能的 MXene 聚合物。另外，MXene 与聚合物的结合增加了电极与电解质之间的界面面积，从而通过减少离子扩散长度增强电化学性能。通常，MXene/聚合物的制备方法有两种：原位聚合和非原位溶液混合。下面讨论了各种 MXene/聚合物的合成方法和性能。

许多导电聚合物，如 PEDOT、PANI 和 PPy 已通过原位聚合与 MXene 结合。原位聚合一般采用电化学沉积[48]、轻度物理搅拌[52]或光聚合[53]等方法进行。Qin 等[54]制备了不同类型的 MXene/聚合物，使用了 PPy 和 EDOT 单体，以及通过电化学沉积的 Ti_3C_2 和 $Mo_{1.33}C$ MXene(图 3.9(a))。以 MXene(Ti_3C_2，$Mo_{1.33}C$)与有机单体(PPy 或 EDOT)的混合溶液为电解液，用光刻技术制备的导电衬底 Ag/AgCl、1 mol/L 氯化钾(KCl)和铂片分别作为工作电极、参比电极和对极。在电化学聚合过程中，PPy 或 EDOT 单体在失去电子到电极后形成阳离子自由基，它们进一步相互作用形成聚合物链，而带负电的 MXene 则向工作电极移动并与聚合物链混合，形成复杂的 MXene/聚合物复合膜，形成阳离子自由基耦合过程。电沉积 $Mo_{1.33}C$ 的 PEDOT 和 $Mo_{1.33}C$ 的 PPy 具有纳米球状结构，形成三维多孔结构，如图 3.9(b) ~ (e)所示。这种 MXene/聚合物比原始聚合物薄膜具有更高的导

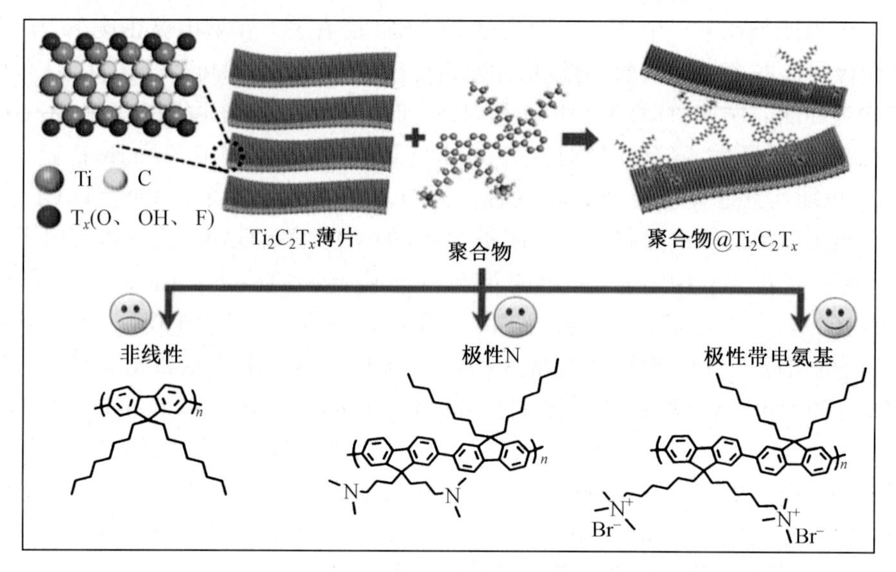

图 3.8 聚合物与 $Ti_3C_2T_x$ 层的相互作用示意图(上)和合成聚合物与非极性、极性和极性氮侧链端的相互作用示意图(下)[50]

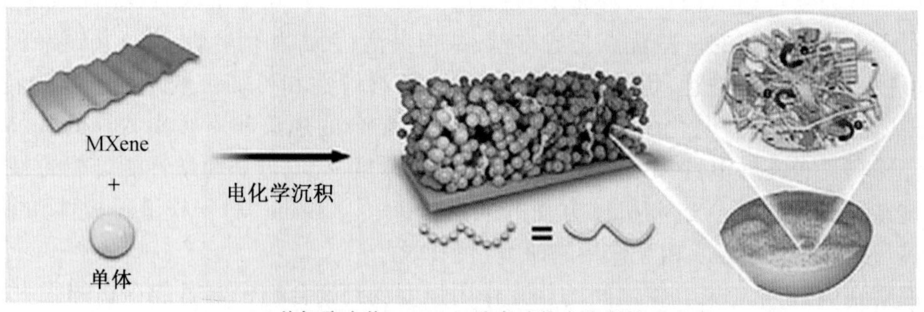

(a) 共轭聚合物—MXene纳米球的电化学聚合方案

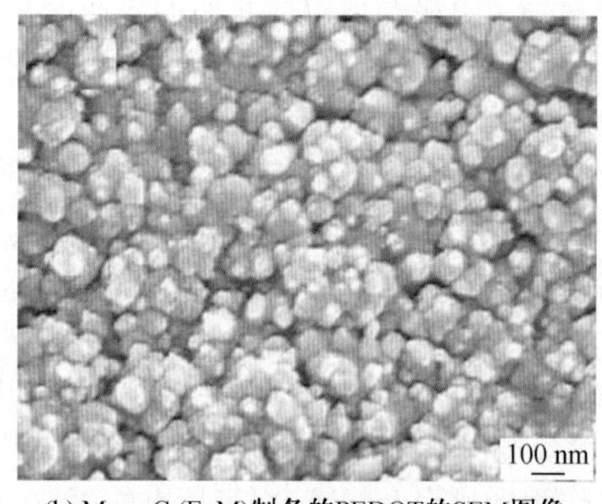

(b) $Mo_{1.33}C$ (E–M)制备的PEDOT的SEM图像

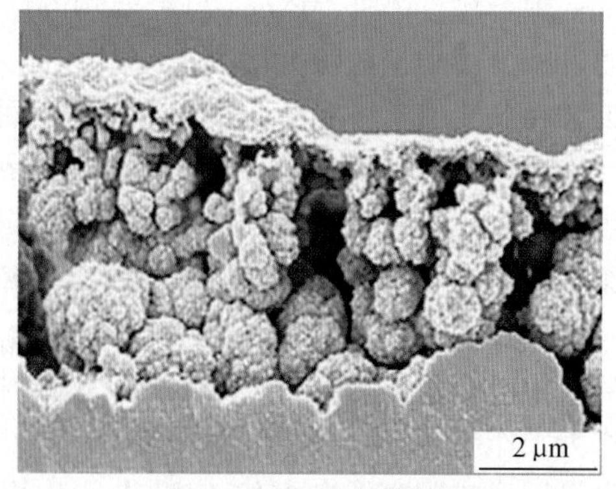

(c) $Moo_{1.33}C$ (P–M)制备的PPy

图 3.9 PEDOT/$Ti_3C_2T_x$ 聚合物的制备与形貌表征图[48]

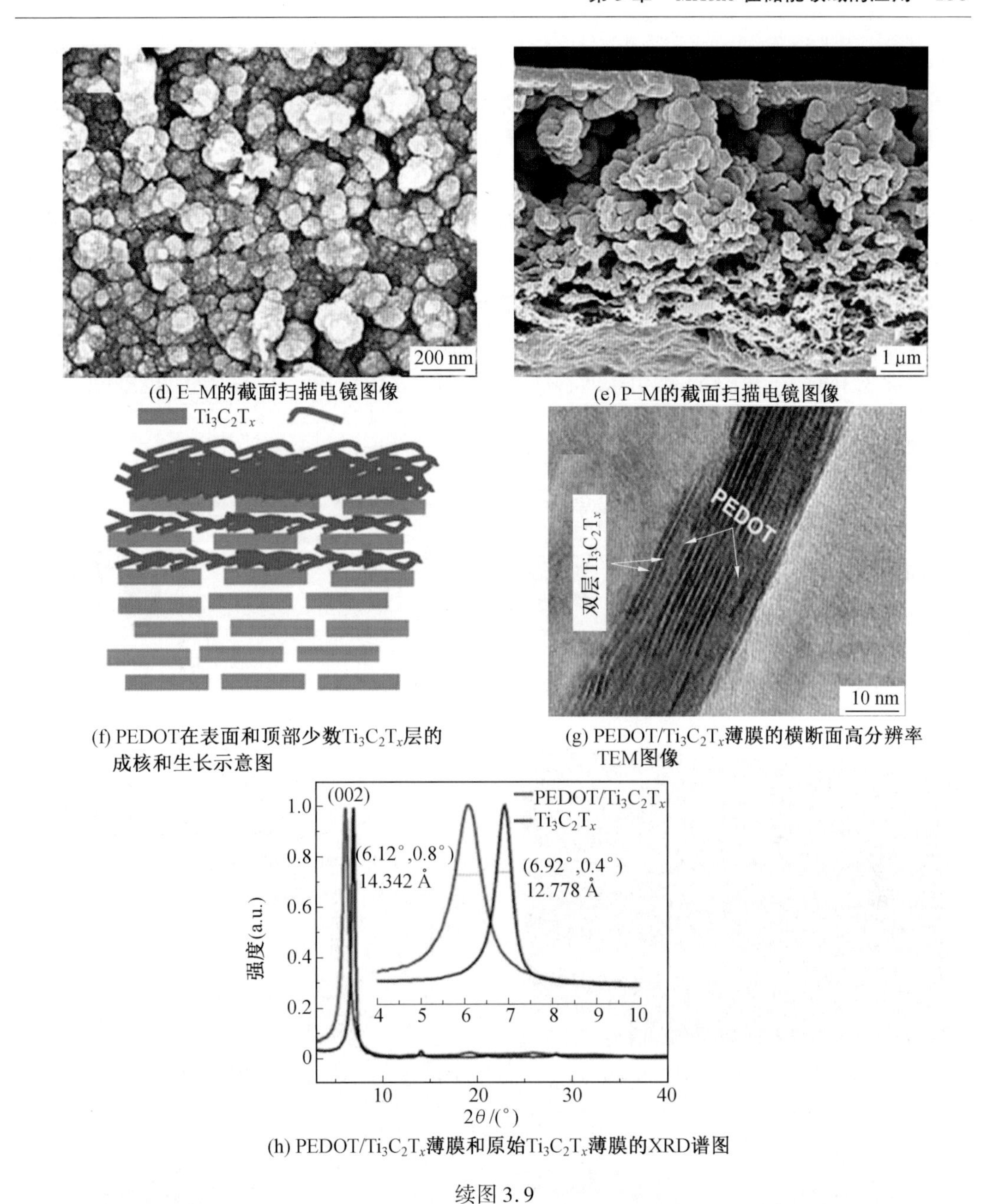

(d) E–M的截面扫描电镜图像

(e) P–M的截面扫描电镜图像

(f) PEDOT在表面和顶部少数$Ti_3C_2T_x$层的成核和生长示意图

(g) PEDOT/$Ti_3C_2T_x$薄膜的横断面高分辨率TEM图像

(h) PEDOT/$Ti_3C_2T_x$薄膜和原始$Ti_3C_2T_x$薄膜的XRD谱图

续图 3.9

电性,电化学性能增强[54]。

Li 等[48]也使用电化学沉积方法开发了 PEDOT/$Ti_3C_2T_x$ 聚合物。在这项工作中,EDOT 单体的电沉积发生在制备好的 $Ti_3C_2T_x$ 镀膜玻璃片上(图 3.9(f)和(g))。通过 XRD 对 PEDOT/$Ti_3C_2T_x$ 的结构分析表明,与裸 $Ti_3C_2T_x$ 相比,$Ti_3C_2T_x$ 的(002)峰向较低的 2θ 角移动,这表明由于溶剂化的 EDOT 单体沉积在 MXene 片的顶层(图 3.9(h)),$Ti_3C_2T_x$ 的层间距增加,这有利于离子在 MXene 层间的储存和更快的传输。拉曼光谱分析表明,电化学沉积在 MXene 和 ITO 上的 PEDOT 的化学性质是相同的。然而,在

MXene/聚合物中,由于 PEDOT 静电吸附在带负电荷的 MXene 上,$C_\alpha=C_\beta$ 拉伸峰发生了偏移。除了电化学聚合,还可以通过轻微的物理搅拌来实现原位聚合[49]。

MXene/PANI 聚合物的制备方法是将苯胺/HCl 溶液混合到 MXene 分散液中,使用不同的 $Ti_3C_2T_x$ 与苯胺的比例搅拌 10 min(图 3.10(a))。苯胺单体被 MXene 吸收,并开始沉淀和弯曲。制备的 MXene/苯胺混合分散溶液在密封容器中 4 ℃保存 5 h。之后溶液被离心,并用去离子水清洗,以去除任何残留的苯胺单体。然后,将 MXene/PANI 分散体在 Celgard®膜过滤器上过滤,以制备独立的 MXene/PANI 杂化膜,如图 3.10(b)所示。在研究中,当 $Ti_3C_2T_x$ 与苯胺的比例为 1∶2 时,MXene/PANI 样品的电化学性能最佳。XRD 图显示(图 3.10(c))当 PANI 被引入时,MXene 层间距 d 值增加。Boota 等[50]也报道了通过

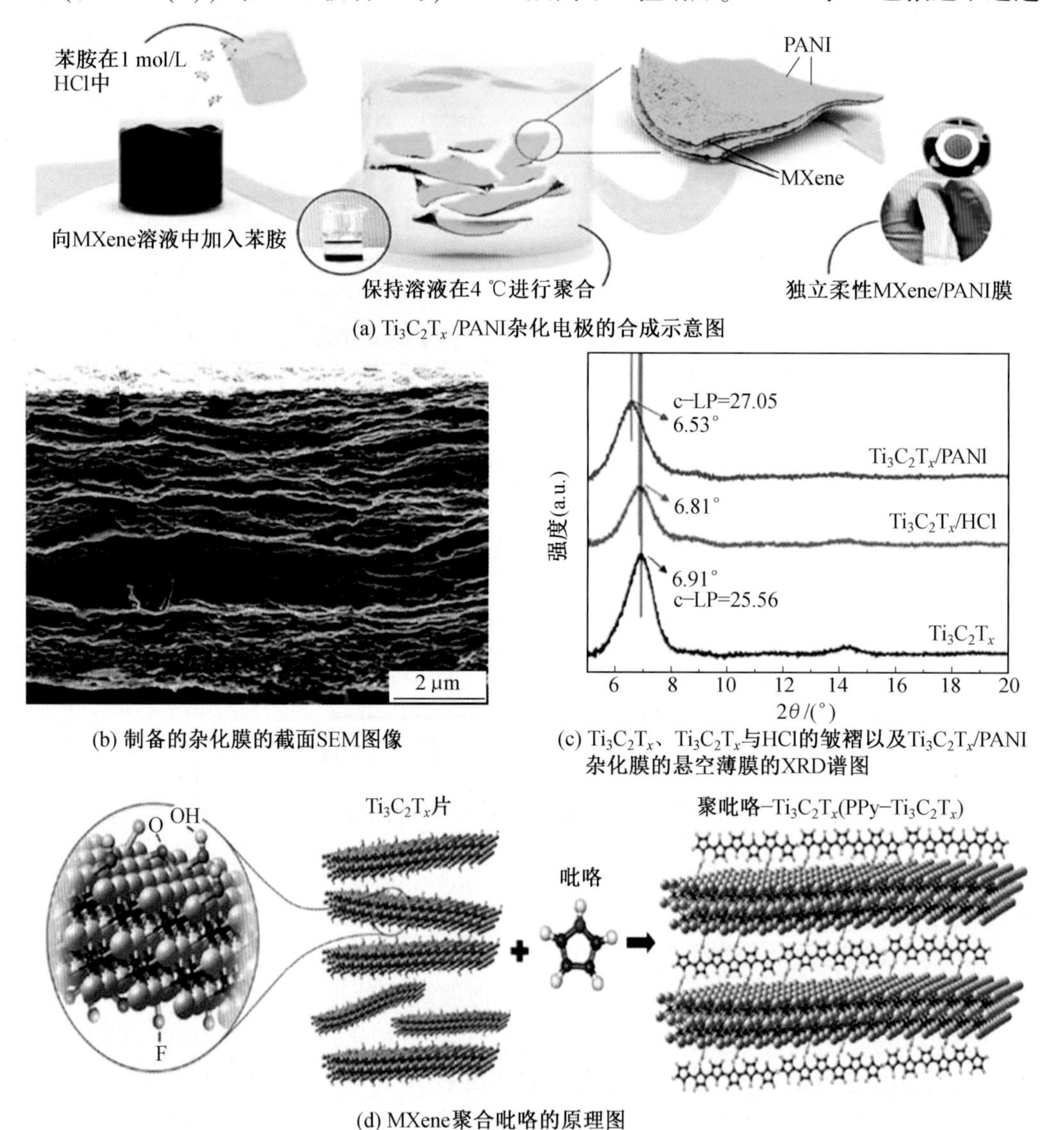

(a) $Ti_3C_2T_x$/PANI杂化电极的合成示意图

(b) 制备的杂化膜的截面SEM图像

(c) $Ti_3C_2T_x$、$Ti_3C_2T_x$与HCl的皱褶以及$Ti_3C_2T_x$/PANI杂化膜的悬空薄膜的XRD谱图

(d) MXene聚合吡咯的原理图

图 3.10 $Ti_3C_2T_x$/PANI 杂化电极制备过程与形貌表征图[49]

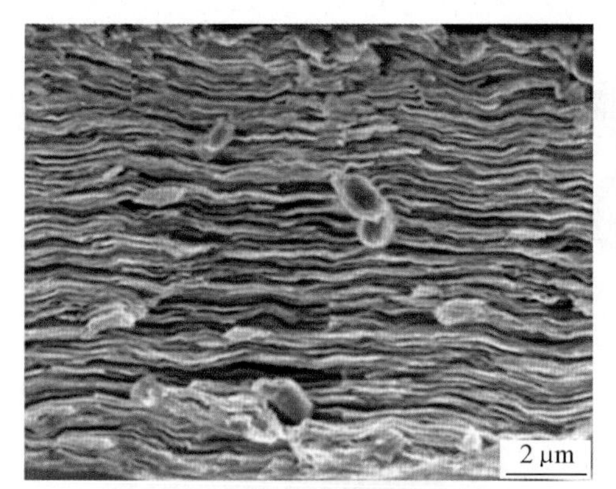

(e) PPy/$Ti_3C_2T_x$薄膜的截面SEM图像

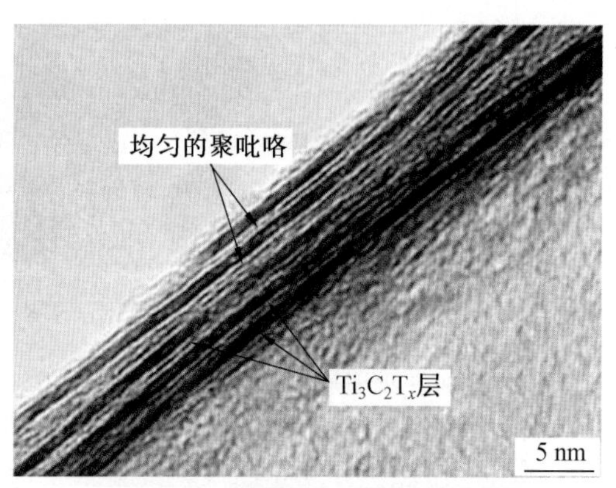

(f) MXene片(较暗层)之间排列的聚吡咯链(较亮层)的横断面TEM图像

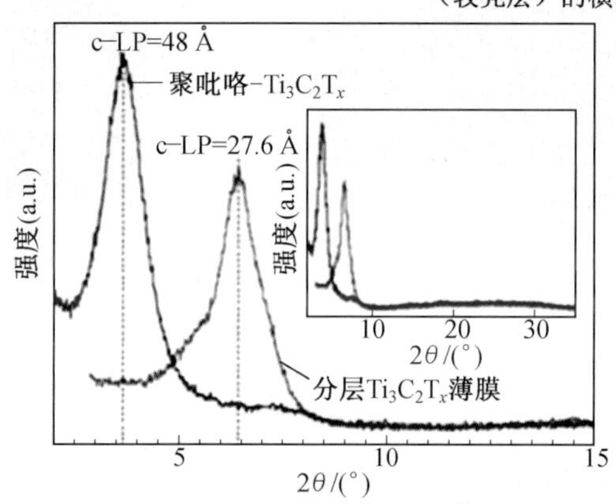

(g) 吡咯插层MXene与脱层MXene膜的XRD谱图

续图3.10

在$Ti_3C_2T_x$层之间进行无氧化剂聚合制备PPy/MXene的方法(图3.10(d)),插入的PPy链在MXene层之间排列良好,形成了如图3.10(e)和(f)所示的SEM图。原始MXene纸和PPy/MXene(1∶2)的XRD谱图显示(002)峰从6.4°明显下降到3.6°,表明$Ti_3C_2T_x$层间距增加了约10 Å(图3.10(g))。

在原位制备方法中,通过溶液混合和过滤制备MXene/聚合物(图3.11(a))。通常,制备两种不同的MXene和聚合物溶液,混合搅拌,然后经过过滤过程,得到独立的柔性MXene/聚合物薄膜。Ling等[51]通过$Ti_3C_2T_x$/Clevios PH1000复合油墨的过滤过程,然后用硫酸进行酸处理,制备了柔性$Ti_3C_2T_x$ PEDOT:PSS薄膜(图3.11(b)~(d))。制备的柔性MXene/PEDOT:PSS薄膜的比表面积比未用硫酸处理的增强4.5倍,容量电容更高。一些报道也表明,将2D材料集成到3D结构中可以改善电极材料中的离子和电子传输,从而获得更高的电化学性能[55]。将MXene薄片加工成空心球,以PMMA球为模板构建用于钠离子存储的3D大孔框架[56],将均匀分散的MXene溶液与PMMA球溶液混合,MXene薄片自发包裹在PMMA球表面(图3.11(e))。对MXene/PMMA球进行真空过滤,然后在450 ℃下进行热蒸发去除PMMA,得到中空MXene球的独立3D微孔膜(图3.11(f)~(h))。良好的导电性和薄膜大孔结构的结合提高了水的润湿性,从而提高了

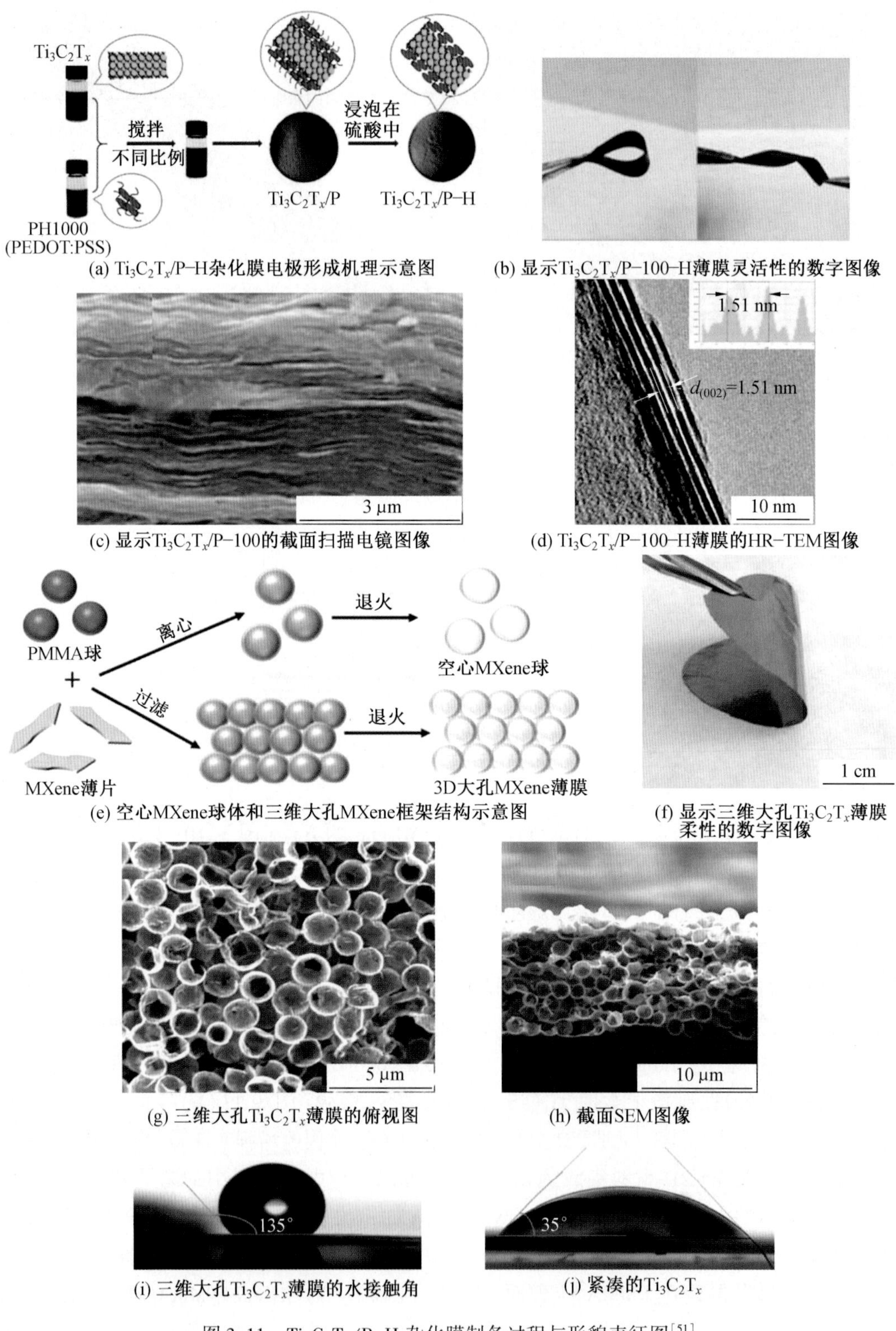

图 3.11 $Ti_3C_2T_x$/P-H 杂化膜制备过程与形貌表征图[51]

钠离子的存储能力(图3.11(i)和(j))。

一项研究报告了非常罕见的锂金属电池用含MXene的聚合物电解质(MCPE)[57],采用如图3.12(a)所示的绿色、简便的水共混方法制备了由$Ti_3C_2T_x$ MXene片均匀分散在聚(环氧乙烷)/双(三氟甲磺酰亚胺)锂(PEO20-LiTFSI)络合物中的MXene/聚合物电解质。首先,制备了含有单层和多层$Ti_3C_2T_x$ MXene薄片的胶体悬浮液。将[EO]/[Li^+]比值为20的PEO和LiTFSI溶解在去离子水中,加入MXene胶态悬浮液。将烧瓶密封,在室温下搅拌24 h,随后超声处理10 min,并浇铸在培养皿上。MXene/聚合物膜在70 ℃下干燥72 h,然后在120 ℃下真空干燥4 h后得到。通过改变MXene与PEO的质量比为0.5∶100、2∶100、5∶100和10∶100制备了4种不同的MCPE。图3.12(b)~(e)分别为PEO20-LiTFSI-MXene 0.005、PEO20-LiTFSI-MXene 0.02、PEO20-LiTFSI-MXene 0.05和PEO20-LiTFSI-MXene 0.1 4种MCPE膜的照片,由于MXene质量分数的增加,膜的颜色变深。二维MXene薄片在PEO上的存在延缓了PEO的结晶,增强了其节段运动,从而获得更高的离子导电性,提高了锂金属电池的性能,这可以归因于MXene薄片对PEO结

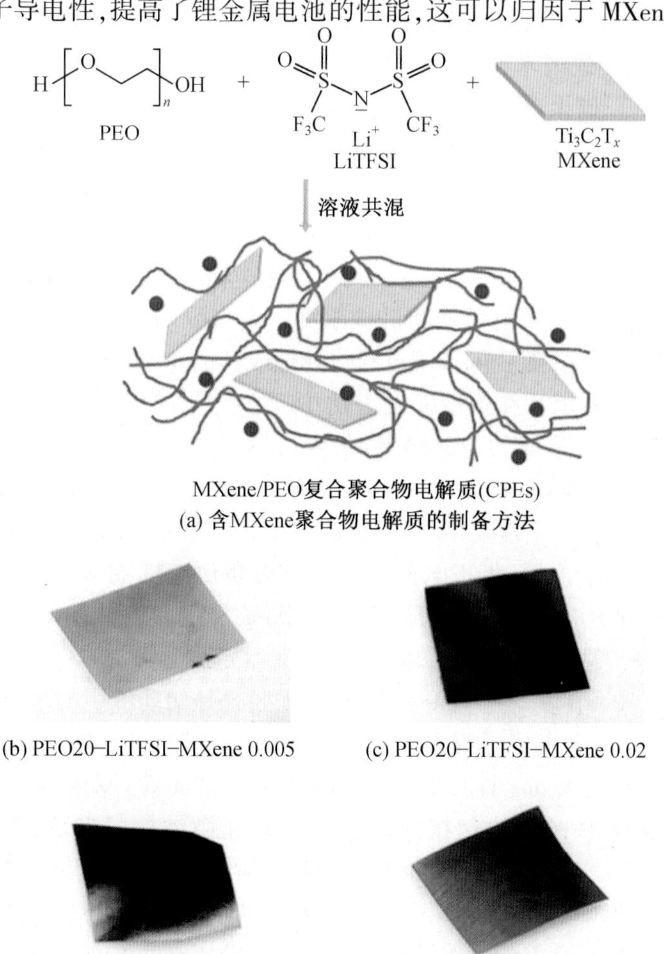

(a) 含MXene聚合物电解质的制备方法

(b) PEO20-LiTFSI-MXene 0.005

(c) PEO20-LiTFSI-MXene 0.02

(d) PEO20-LiTFSI-MXene 0.05

(e) PEO20-LiTFSI-MXene 0.1

图3.12 含MXene的聚合物电解质[57]

晶的竞争成核和纳米限制效应[57]。当 MXene 浓度较低时,复合材料中的 MXene 纳米薄片限制和阻碍了晶体的生长,形成了明显的成核作用。当 MXene 质量分数增加到 0.02 和 0.05 时,由于 MXene 薄片的大量存在,抑制了结晶,成核速度加快。当 MXene 质量分数进一步增加到 0.1 时,大部分聚合物位于填料表面附近,因此,形核效应再次占主导地位,提高了 PEO20-LiTFSI-MXene 0.1 的结晶温度。总之,结合共轭聚合物,特别是 Ppy、PANI、PFDs 和 PEDOT 作为电化学活性材料与 2D MXene,是一种有吸引力的制备技术。电化学活性聚合物增加了 MXene 的电化学性能和层间距。MXene 提供高导电性和机械强度支撑。因此,MXene 与有机聚合物之间的协同作用提高了其物理化学和电化学性能,有利于储能应用。

3. MXene/碳基复合材料在电池领域的应用

碳纳米材料也是一种重要的材料,通常用作 MXene 薄片之间的层间间隔物[58]。为了防止 MXene 薄片的堆积,已经对 MXene/碳聚合物制备进行了广泛的研究,从而提高了其在储能应用中的电化学性能,包括超级电容器[59-60]、LBS[61] 和锂硫(Li -S)电池(LBS)[62]。在这方面,碳纳米材料,如 Gr[63]、CNTs[64]、CNF[65] 和活性炭(AC)[65] 已被用于开发不同的 MXene/碳聚合物,用于储能器件的电极应用。在 MXene-聚合物中使用碳基材料的主要优点是提高了 MXene 的导电性、柔韧性和电化学性能。

氧化石墨烯(Gr)和 rGO 是制备聚合物中研究最多的二维支撑材料,因为它们具有优异的导电性、大的表面积、良好的力学性能和柔韧性[66]。理论计算和实验结果表明,在 MXene 层中插入 Gr 防止了重堆积,促进了离子的快速输运。此外,MXene 与 Gr 的结合提高了材料的导电性、锂离子吸附强度和机械刚度。大多数 MXene/Gr 都是通过非原位溶液混合和过滤技术制备的,随后可采用温和热处理或其他还原方法[67]制备灵活的独立电极材料,如图 3.13(a)所示。在溶液混合方法中,两种不同的 MXene 分散溶液和碳分散溶液在剧烈搅拌下混合,形成均匀的溶液混合物,然后真空过滤,得到 MXene/Gr 膜[68]。通过溶液混合方法制备 MXene/Gr 的一个典型例子是通过静电自组装制备 MXene/Gr 薄膜[63]。静电自组装法的一个重要步骤是用聚(二烯丙二甲基氯化铵)修饰还原氧化石墨烯表面,使其带正电荷。之后,带正电荷的 rGO 和带负电荷的 MXene NSs 通过静电相互作用自组装成柔性导电的 MXene/Gr 薄膜。在 MXene 层之间插入 rGO 纳米片,有效地避免了 MXene 的自叠,增加了层间距,如图 3.13(b)~(e)所示[63]。

在 MXene/GO 中,3D 多孔 MXene/rGO 复合薄膜也是储能应用的重要材料。Ma 等通过电解诱导自组装方法制备了三维多孔 MXene/rGO 杂化膜,然后进行冷冻干燥和还原处理(图 3.14(a))。纯 MXene($Ti_3C_2T_x$)薄膜的形貌致密而薄,厚度约为 2 μm(图 3.14(b)),而 MXene/rGO 中 rGO 的存在导致了三维多孔微结构的形成,其厚度增加到约 30 μm(图 3.14(c))。这种三维 MXene/rGO 多孔结构允许电解质离子在薄膜电极中快速扩散和传输,而不影响其高导电性。XRD 表征显示了一种纯 MXene 膜和一种 MXene/rGO 杂化膜,具有相似且良好的晶体结构(图 3.14(d))。通过拉曼光谱和 XPS 表征证实了 MXene-rGO 中 rGO 的存在(图 3.14(e)和(f))。在另一项研究[69]中,使用不同比例的 $Ti_3C_2T_x$ 和 rGO 制备了 $Ti_3C_2T_x$/rGO,其中 MXene 块由 rGO 连接,rGO 充当导电桥。这种

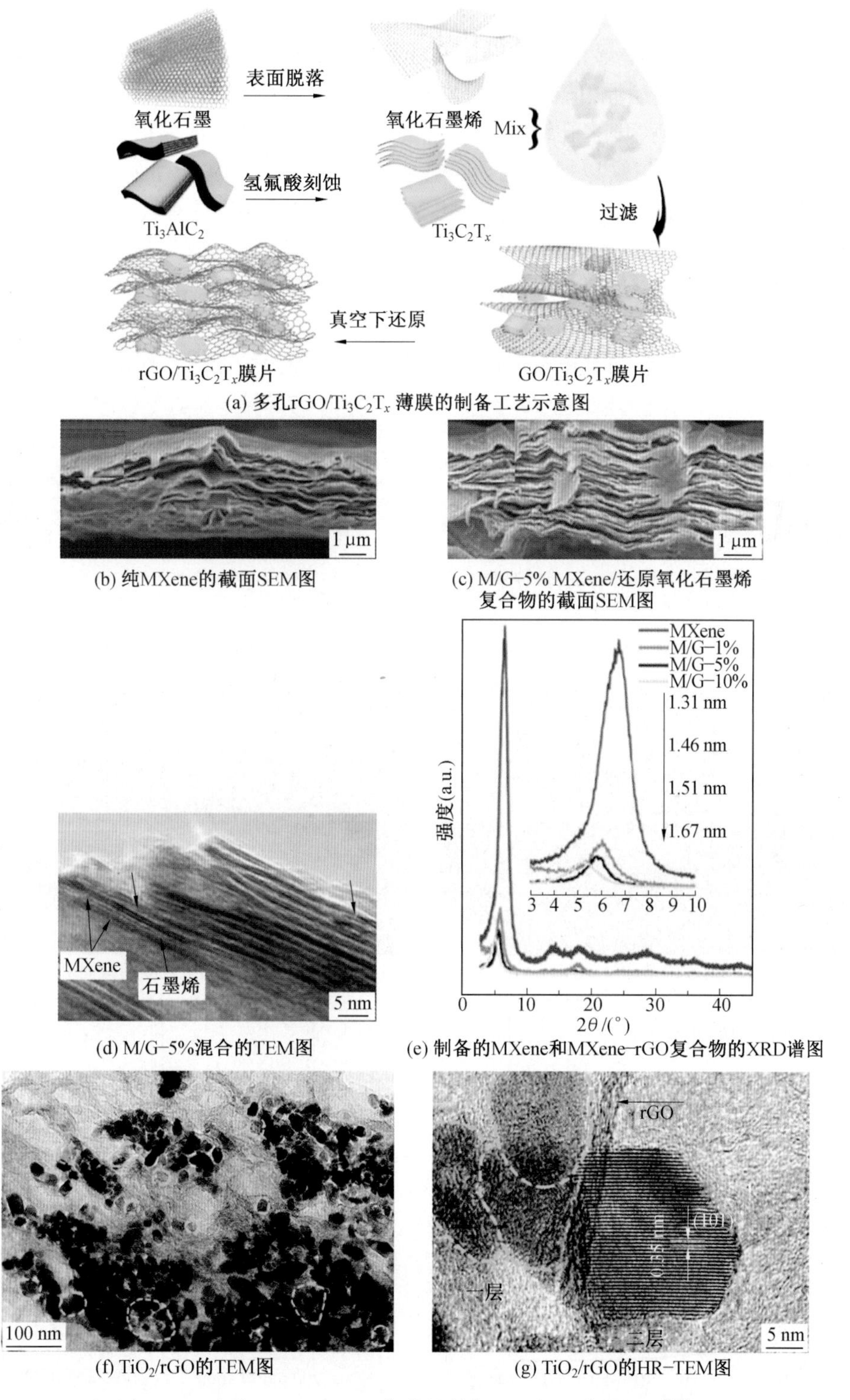

(a) 多孔$rGO/Ti_3C_2T_x$薄膜的制备工艺示意图

(b) 纯MXene的截面SEM图

(c) M/G-5% MXene/还原氧化石墨烯复合物的截面SEM图

(d) M/G-5%混合的TEM图

(e) 制备的MXene和MXene-rGO复合物的XRD谱图

(f) TiO_2/rGO的TEM图

(g) TiO_2/rGO的HR-TEM图

图 3.13　多孔 $rGO/Ti_3C_2T_x$ 薄膜的制备过程与形貌表征图[68]

MXene/rGO 互联结构减少了充放电过程中的体积变化[69]。除了制备 MXene/Gr 薄膜外，Gr，特别是还原氧化石墨烯，还可以与 MXene 有效结合，获得高孔气凝胶结构[68]。Liu 等[68]报道了通过原位还原和热退火工艺制备掺杂钴氧化物的 MXene/rGO 杂化多孔结构。MXene/rGO 具有高度多孔结构，其中导电的 rGO 网络在分离的掺杂 CO_3O_4 的 MXene NSs 之间提供了一个链接，以提高电子导电性。此外，它不仅防止了层状结构的自叠，还有助于抵抗 MXene 的氧化不良[70]。因此 MXene/rGO 气凝胶具有较大的 SSA 和较高的导电性。

大多数 MXene/Gr 已经以薄膜的形式制备，用于储能应用。除了制作薄膜电极[68]，MXene/Gr 还可以加工成纤维形状。Yang 等[71]报道了长而连续的纤维的制备是通过湿纺技术利用 MXene NSs 和氧化石墨烯液晶添加剂（图 3.15（a））。在特殊的湿纺丝方法

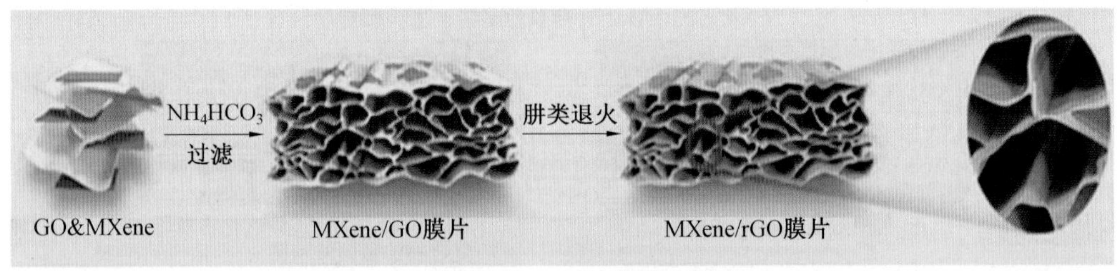

(a) 制备MXene-rGO薄膜示意图

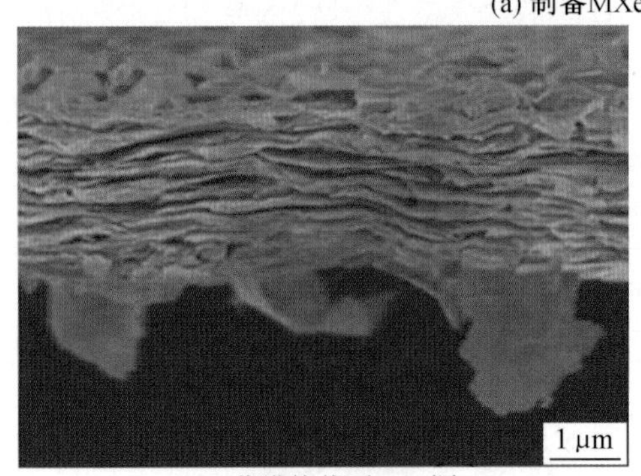

(b) Ti_3C_2薄膜的截面SEM图

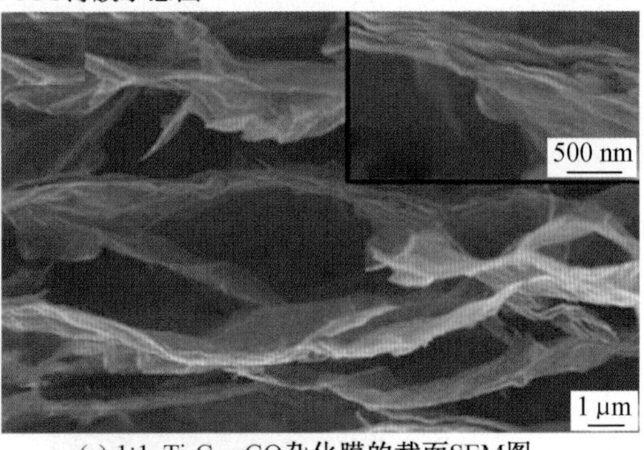

(c) 1:1-Ti_3C_2-rGO杂化膜的截面SEM图

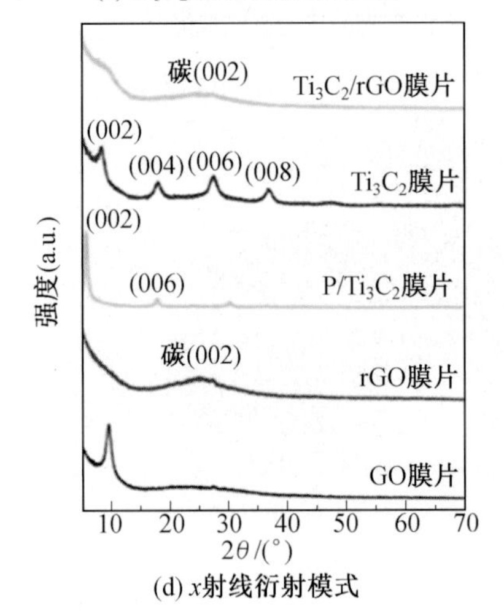

(d) x射线衍射模式

(e) 拉曼光谱

图 3.14 MXene-rGO 薄膜制备过程与形貌表征图[69]

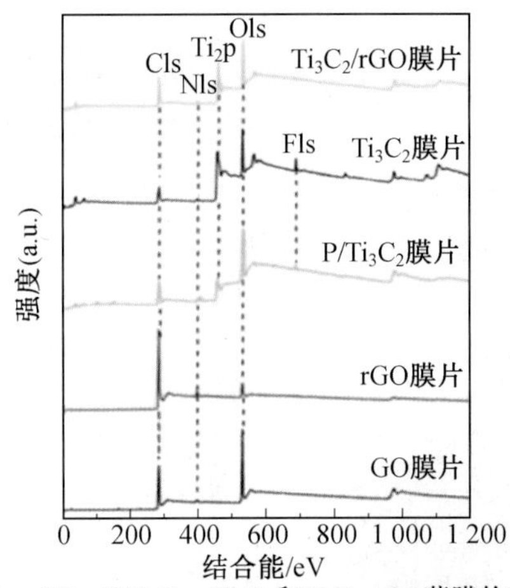

(f) GO、rGO、P/Ti_3C_2、Ti_3C_2和Ti_3C_2-rGO薄膜的XPS光谱

续图 3.14

中,使用含有 $CaCl_2$ 盐的混凝溶剂制备 MXene/GO 悬浮液,溶剂中含有异丙醇(IPA)和水。IPA 被用作一种较差的溶剂来固化 MXene,而水的密度相对较高,有助于抵抗凝胶纤维的引力效应。MXene/GO 混合悬浮液通过狭窄的旋转喷嘴挤出,并在凝固浴中浸泡。带负电荷的 MXene NSs 与氧化石墨烯层之间的库仑力相互作用通过来自 $CaCl_2$ 的 Ca^{2+} 允许获得连续的 MXene/GO 纤维。MXene/GO 纤维中 MXene 的存在通过其暗黑色反映出来(图 3.15(b)),而整齐的氧化石墨烯纤维为浅棕色(图 3.15(c))。混合物中 IPA 的含量越高,溶剂交换速度越快,导致 MXene/GO 的收缩越快,产生更褶皱的表面和致密的内部微观结构(图 3.15(d)~(f))。然而,使用较低的 IPA 与水体积比(1∶3)产生的纤维褶皱较少,且填充松散(图 3.15(g)~(i))。当 MXene 质量分数为 90% 时,MXene/GO 杂化纤维具有良好的内部结构和良好的导电性,可达 2.9×10^4 S/m。这些结果为设计适用于便携式和可穿戴电子设备的储能器件的微结构提供了一个有效的策略。

3.3.5 MXene 多孔材料在电池领域的应用

1. MXene 多孔材料的制备及调控

MXene 由于具有金属导电性、较宽的层间距和氧化还原活性的金属氧化物样表面,能够表现出赝电容行为,因此显示出作为储能电极材料的卓越潜力。二维材料有很强的重新堆积和聚合的倾向,这是由于它们之间强烈的范德瓦耳斯相互作用,降低了它们的表面利用率并抑制了电化学性能。为了克服这些问题,人们将二维材料组装成三维多孔宏观结构。将 2D 材料组装成 3D 可以防止团聚,增加比表面积,改善离子扩散,同时还可以增加化学和机械稳定性。尽管仍处于初级阶段,一些研究已经展示了 3D MXene 结构在储能方面的潜力,加工参数对材料微观结构的影响,以及其对电化学性能的影响仍有待完全量化。

使用基于胶体的方法构建三维结构主要涉及定向自组装(通常涉及片-片相互作用和界面组装)或模板辅助方法。通常情况下,加工路线将包括两种方法的结合,以形成稳定的薄膜或微结构和孔隙率可控的宏观结构。所制备样品的宏观结构设计(即形状)和

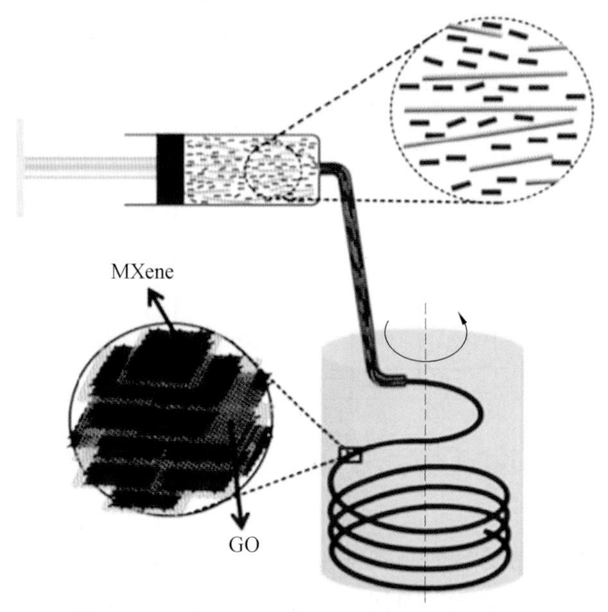

(a) MXene/GO纤维湿纺工艺示意图

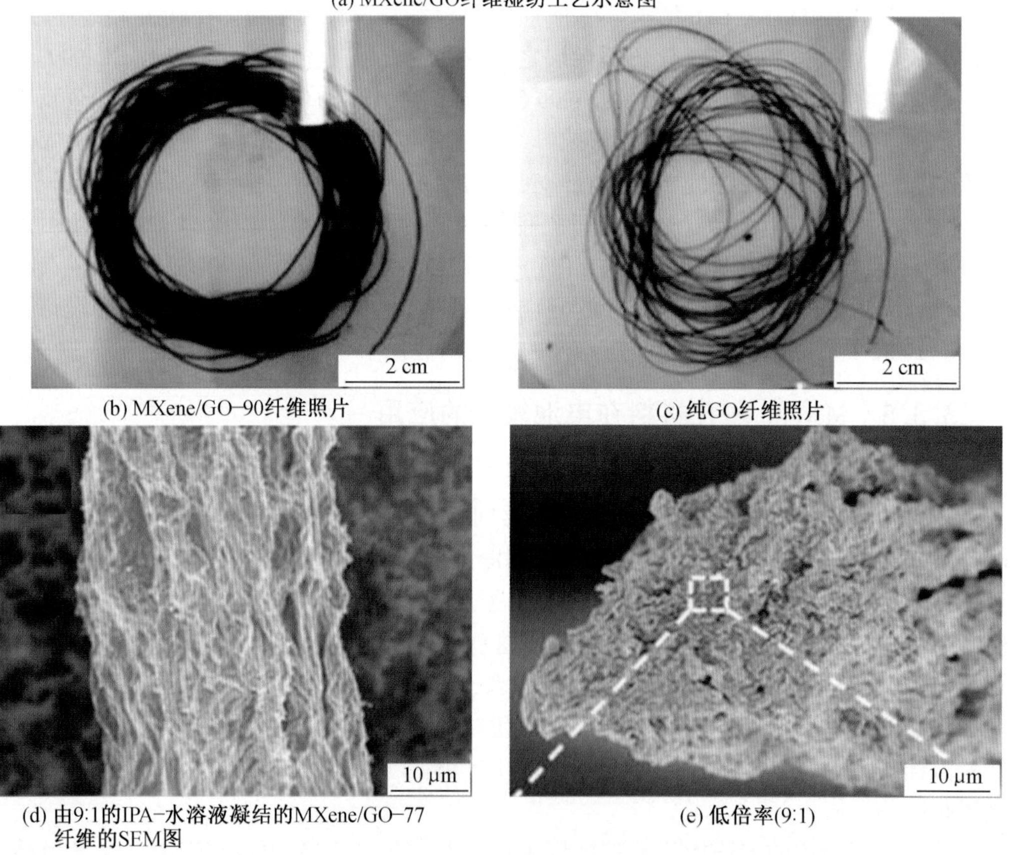

(b) MXene/GO-90纤维照片

(c) 纯GO纤维照片

(d) 由9:1的IPA-水溶液凝结的MXene/GO-77纤维的SEM图

(e) 低倍率(9:1)

图 3.15 MXene/GO 纤维制备过程与形貌表征图[71]

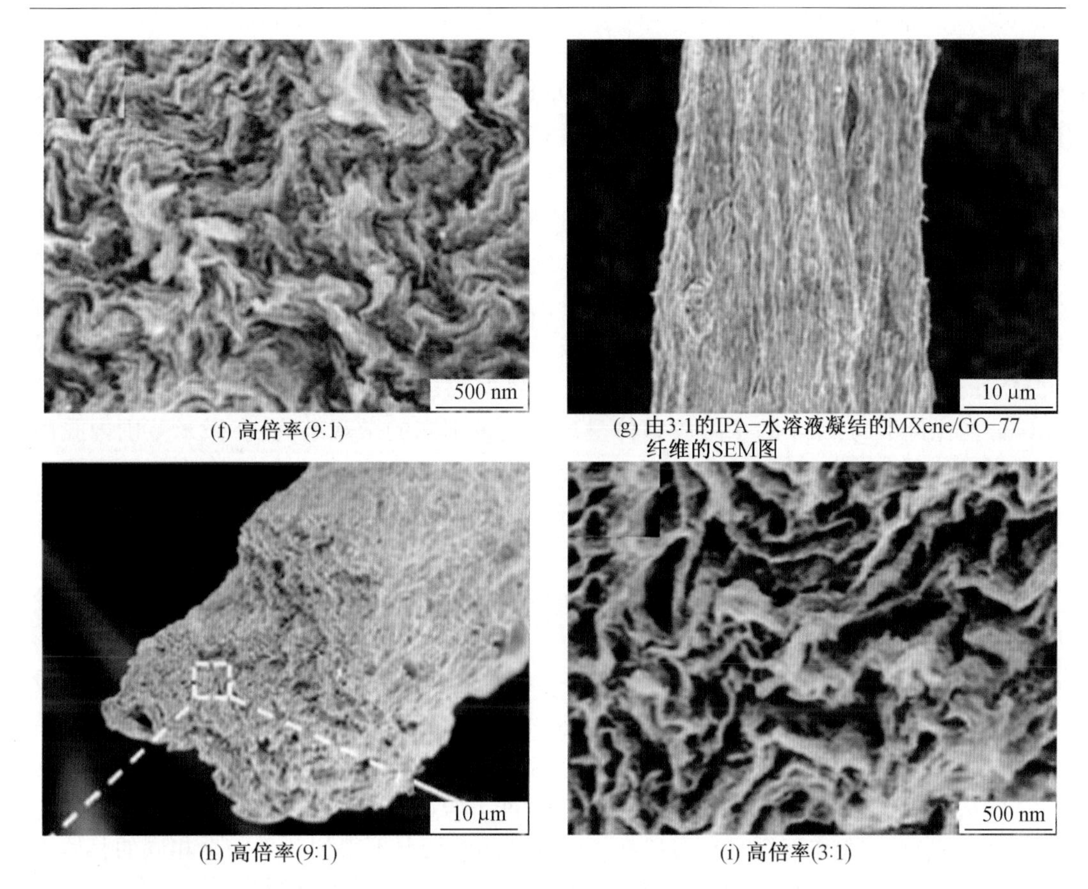

(f) 高倍率(9:1)　(g) 由3:1的IPA-水溶液凝结的MXene/GO-77纤维的SEM图

(h) 高倍率(9:1)　(i) 高倍率(3:1)

续图 3.15

微观结构(即孔隙大小、形态和分布)都取决于制备方法,并可通过其加工参数进行调整。二维 MXene 组装成三维多孔宏观结构的各种技术可分为以下几部分。

(1)诱导凝胶组装。

MXene 体系结构组装的首要问题是其较弱的凝胶能力(参见 GO)[72],这减少了板材之间的连接,阻碍了它们的机械稳定性。因此,如果浓度过低,如冷冻干燥的 MXene 胶体,会坍缩成气凝胶状多孔颗粒的粉末。为了克服这一问题,使用了乙二胺(EDA)[73]、二氧化硫脲(THIOX)、氨、聚胺酸(PAA)和二价金属离子等添加剂对 $Ti_3C_2T_x$ 片进行功能化,并在凝胶化过程中增强它们的连通性。这个凝胶的形成取决于所使用的添加剂,可以通过薄片表面的化学还原(当使用温和的还原剂时,如 EDA、THIOX 或 PAA),或表面官能团和交联剂的简单静电相互作用(例如在二价金属离子的情况下)。通过 EDA 对 MXene 薄片进行功能化,Li 等[73]将 2D MXene 组装成 3D 网络(或 3D 气凝胶),其比表面积为 176.3 m^2/g,用布鲁诺尔-埃米特-特勒(BET)方法[73]测量。尽管一些样品显示有径向孔隙度,归因于悬浮液被冻结的小瓶的形状,但冻结参数没有提供足够的细节(如冷却速度和冻结方向),以重现结果。Wang 等[74]通过双向冷冻铸造得到了类似的结构,并对氧化石墨烯气凝胶进行了更深入的研究,还报道了其他提高凝胶化和机械阻力的功能化策略。使用 THIOX 溶液制备了 $Ti_3C_2T_x$ 气凝胶,以防止水解后的纳米片氧化,并促进相互连接的纳米片的形成。该方法获得的独立气凝胶的密度约为 27 mg/cm^3,XPS 分析显示 N—O 和 N—Ti 键表明 N 被掺入 $Ti_3C_2T_x$ 中。或者,PAA 可以在冷冻干燥过程[75]之前与 MXene 悬浮液混合。将该 MXene/PAA 气凝胶在 300 ℃氩气气氛下进一步热退火,导致 PAA 聚合成聚酰亚胺(PI)大分子桥,形成 MXene/PI 复合材料(图 3.16(a)),不仅连接了 MXene 片,还使复合材料具有超弹性,如 80% 的可逆压缩性、优异的抗疲劳性和 20% 的可逆拉伸性。二价金属离子如 Fe^{2+}、Ni^{2+}和 Co^{2+}也可以通过与—OH 端结合(阳离子诱导凝胶化)阻碍静电排斥力,并作为连接位点促进 MXene 的凝胶化。三价金属离子如 Al^{3+}也能引发凝胶化,但大多数金属离子,如 Fe^{3+}和 Co^{3+},被证明氧化 MXene[72]。单价离子 K^+的使用导致 MXene 凝固,而没有形成稳定的水凝胶。根据离子类型及其与凝胶过程中使用的 MXene 的比例不同,冻干的水凝胶整体呈现出显著不同的微观结构,在微米范围内孔隙大小不同(图 3.16)。用 BET 方法测定的氮吸收等温线显示,与 Fe^{2+}凝胶的 MXene 冻干整体的比表面积为 27 m^2/g,这明显小于具有相似形貌的基于 MXene 的研究报告。

(2)冷冻铸造。

冷冻铸造是一种模板辅助加工技术,用于将溶液或悬浮液变为三维多孔结构,通过冷冻使其保持预先设计的模具的几何形状[76]。如果使用有效,不仅外部设计,而且内部形态,包括内部孔隙的大小和形状都可以调整。当通过加工条件和(或)胶体悬浮液配方设计温度梯度时,该方法可以生成陶瓷、聚合物和最近出现的二维材料的高度各向异性结构[77]。在冷冻过程中,由于生长的晶体排斥颗粒和(或)溶质而形成微观内壁。气孔的最终形状是由冰的形态和去除过程决定的。冷冻干燥可以说是去除晶体模板最有效的方法(特别是当水被用作溶剂时),可以在不破坏结构的情况下得到几乎完全相同的晶体模板。该技术允许通过改变悬浮特性和凝固条件来调整最终的微观组织。尽管水是最常见和研究过的凝固流体,但冷冻铸造也可以与其他液体一起进行,从而可以更广泛地控制孔隙形态。冷冻铸造也可以与凝胶化步骤结合使用,以改善单个颗粒或薄片之间的结合,从而改善机械性能。

冷冻铸造是一种复杂的方法,控制该过程中微观组织形成的基本原理尚未完全了解,一些影响这些原理的参数仍在确定中(例如环境条件、液相组成和模具设计)。许多研究在一定程度上呈现了它们自己独特的一组参数,这使得系统地回顾加工结构-性能的关系变得困难。Bian 等[78]报道了不使用外部支架或交联基团的 $Ti_3C_2T_x$ 悬浮液的冷冻铸造,显示了形成气凝胶的密度与胶体悬浮液中 $Ti_3C_2T_x$ 浓度之间的相关性,当使用 4 mg/mL悬浮液时,其密度可低至 4 mg/cm^3。这些气凝胶(图 3.17)是通过将含有 MXene 悬浮液的小瓶浸泡在干冰浴(-78 ℃)中 30 min,然后冷冻干燥产生的。尽管在冻铸 MXene 气凝胶方面表现出很有前景的结果,但简单地浸入冷冻浴中对冷却过程几乎没有控制,没有真正利用冻铸的微观结构控制能力。定向冷冻铸造(通常诱导胶体悬浮液的单向或双向冷却)提供了对冻结条件的更好控制,并能够制备具有更明确的微结构和性能的细胞结构和气凝胶。单向冻结时,枝晶倾向于在冻结基底附近(即冷指)成核,并大致垂直于冻结基底生长,形成高度垂直于冻结基底的气孔,尺寸分布较窄。相比之下,双向冷冻铸造技术允许在两个方向上同时操纵冰晶排列[79]。

Zhao 等[80]报道了 MXene 单向冷冻铸造的最早研究之一,该研究生产了氧化石墨烯

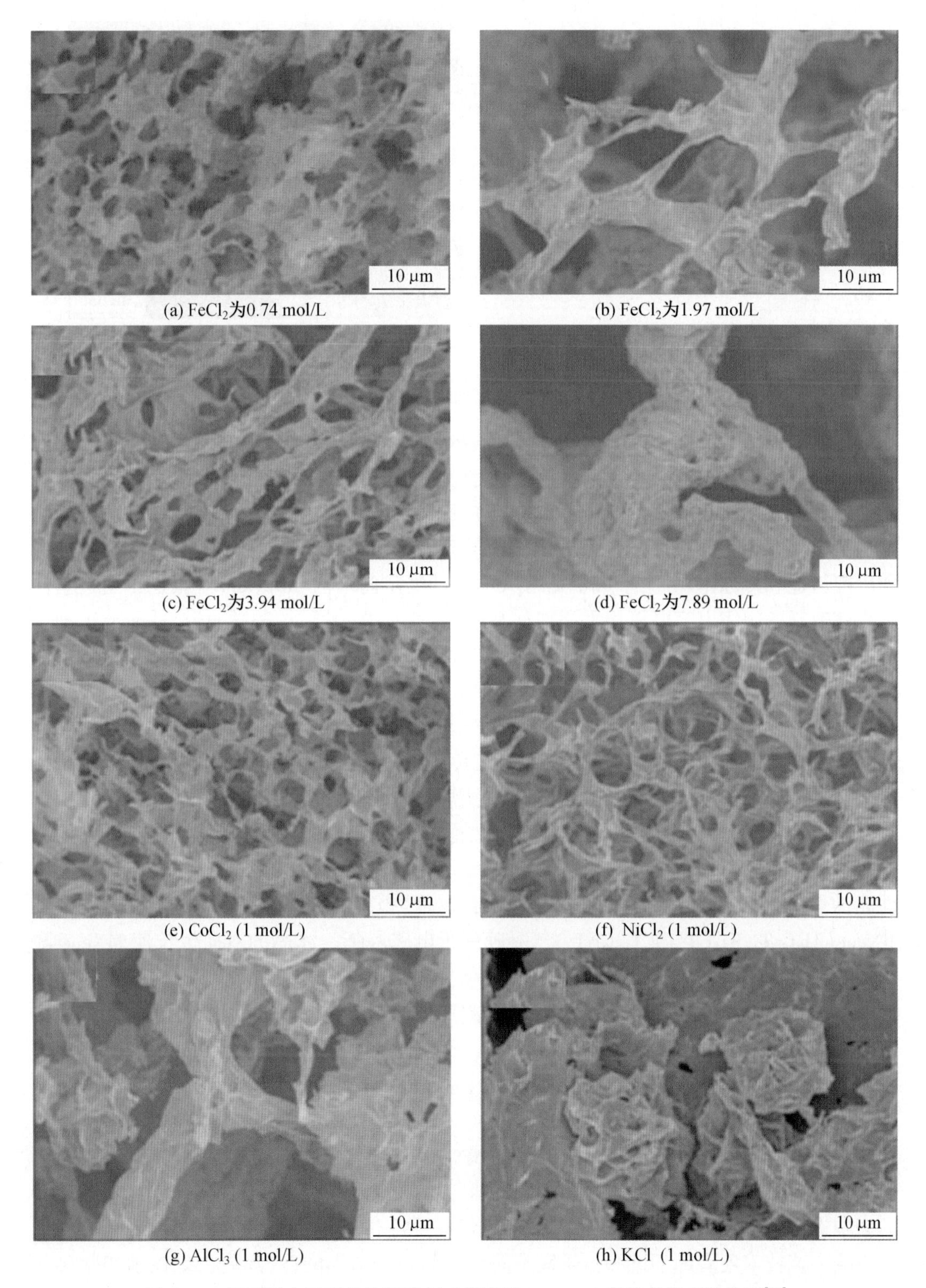

图3.16　用不同金属氯化物溶液制成的冻干MXene水凝胶的微观结构图[74]

(a) 没有交联表面基团的冷冻铸造$Ti_3C_2T_x$气凝胶($35\ cm^3$)的数字图像，位于狐尾草上

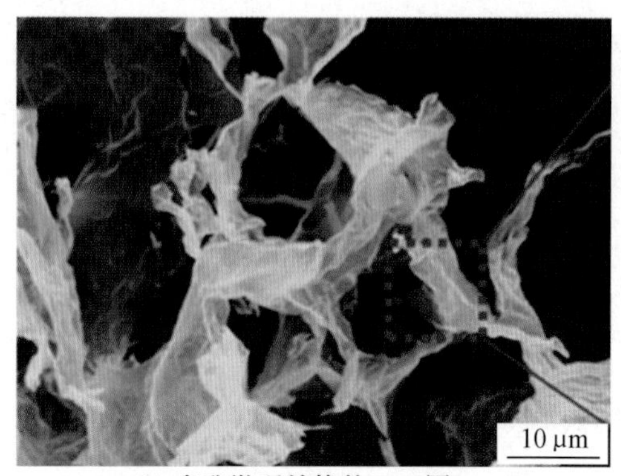

(b) 多孔微观结构的SEM图

图 3.17 冷冻铸造 $Ti_3C_2T_x$ 气凝胶图[78]

辅助组装的 MXene 气凝胶。基于多孔结构,他们提出了如下的组装机制:由于它们的亲和性,形成了稳定的 $Ti_3C_2T_x$/GO 水溶液悬浮液,该悬浮液在高压釜中用抗坏血酸在低温下处理(65 ℃处理 3 h,然后 70 ℃处理 1 h),这导致氧化石墨烯还原形成水凝胶,其中相互连接的还原氧化石墨烯薄片的框架被组装到其表面的 MXene 覆盖。混合水凝胶经单向冷冻铸造和冷冻干燥后,形成了宽约 10 μm 的高定向结构。Bayram 等报道了通过单向冷冻铸造制备超级电容电极用无添加剂 MXene($Ti_3C_2T_x$)片层结构的研究,并研究了加工条件对气凝胶结构的影响及其对电容性能的影响。虽然之前的研究表明氧化石墨烯可以形成层状结构,但本研究仅通过改变凝固参数,如浓度和冷却速率来控制形貌。将 MXene 悬浮液(5 ~ 50 mg/mL)以 5 ℃/min 的速度冷却至-70 ℃,然后进行冷冻干燥,得到的气凝胶具有可调节的体积密度(7 ~ 43 mg/cm^3),片层间距在 28 ~ 48 μm 之间,孔隙率在 99%以上。随着悬浮液浓度的增加,层板壁密度增大(开口减少),桥接作用增强。这项工作还表明,气凝胶的微观结构可以进一步调整,通过压制和轧制(与压延机)储能。同时,通过 SEM 和 X 射线计算机断层扫描(MicroCT)分析形貌的变化,并研究了孔隙结构对电容性能的影响。Han 等[81]利用双向冷冻铸造技术,报道了无添加剂、对齐、片层和大孔 MXene($Ti_3C_2T_x$、Ti_2CT_x 和 Ti_3CNT_x)气凝胶用于电磁屏蔽。冰晶的双向生长使 MXene 薄片形成长范围的层状结构排列(图 3.18)。研究还表明,当胶体 $Ti_3C_2T_x$ 的起始质量浓度从 6 mg/mL 增加到 12 mg/mL 时,生成的气凝胶密度更大(5.5 ~ 11.0 mg/cm^3),相互连接更紧密。当 MXene 质量浓度较低(6 mg/mL)时,生成的片层间距为 100 ~ 150 μm,几乎没有相互连接,而当 MXene 质量浓度较高(12 mg/mL)时,生成的片层间距减小到约 20 μm,片层之间有多个桥接。

冷冻铸造技术已被证明是处理和操纵 MXene 三维大孔结构的有效和通用的方法,但它们仍缺乏对基本机制的更深入和系统的研究。例如,需要对官能团分布对 MXene 表面的影响进行更多的研究,因为这些可能对它们在冷冻过程中的凝胶能力和组装有可测量的影响。该技术还有助于进一步研究不同的溶剂和更精细的冷冻装置,以控制实际尺寸(超过几厘米)的孔隙大小和形状。最后,过程-结构-性能关系的建立将受益于加工与先进的结构表征技术(如显微 CT)和建模的耦合,这将有助于建立冻铸过程中的基本机制。

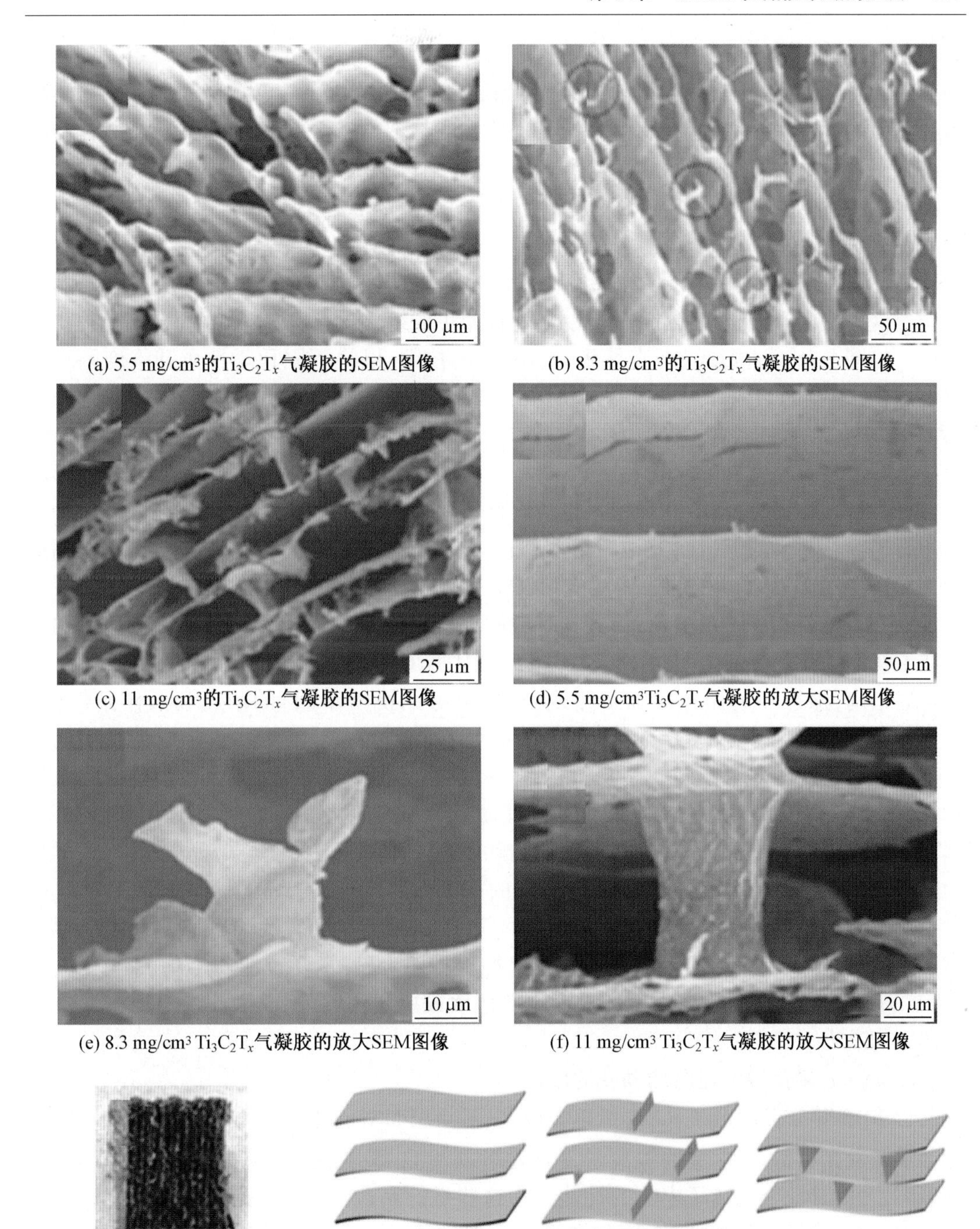

图3.18　通过定向层状结构和不同密度的双向冷冻铸造制备轻质 $Ti_3C_2T_x$ 气凝胶的结构和形态图[81]

2015 年,首次报道了一种自下而上的方法,使用化学气相沉积生产大面积、高质量、超薄的 Mo_2C MXene,其他过渡金属碳化物和氮化物(如 WC、TaC、TaN、MoN)和异质结构也在类似的过程中获得。值得注意的是,这些方法都不能产生单层材料。通过 CVD 和其他自下而上的方法合成 MXene 仍有待探索,然而,作为构建高质量 3D 石墨烯支架的最常见技术之一,这些工作为特定应用加工高质量 3D MXene 结构提供了广阔的潜力。

(3)增材制造。

增材制造(AM)是一种常用的制造方法,根据设计好的计算机模型一层一层地建造结构。这为形状和结构控制带来了优势,为打印集成组件、提高成本效益和自动化提供了机会。特别是基于油墨沉积(直接墨写,DIW)的技术,以将不同化学性质和维度的材料组装成 3D 复杂的结构。当使用基于挤压的 3D 打印方法(如机器人铸造)时,3D 结构的 DIW 尤其有效。自动铸造的第一步是制定具有特定流变特性的胶体墨水,以确保在高剪切应力下流畅流动,以促进印刷过程中材料的挤压,并在低剪切应力下有足够的抗变形能力,以保留印刷对象的形状和结构。自从氧化石墨烯的 3D 打印性首次被证实以来,关于打印石墨烯基油墨的大量研究被报道和评论[82]。与黏土等表面电荷结合的氧化石墨烯和 MXene 在调节胶体油墨的流变性能和可加工性方面特别有效[83-84]。特别是,MXene 表面带高度负电荷和更多正电荷,使其具有类似于某些黏土的静电和插层特性,为胶体加工创造了有用的流变性能。Akuzum 等[83]报道了对 $Ti_3C_2T_x$ 水悬浮液流变特性的系统研究,以建立指南,探索和选择不同加工路线(从电喷雾到挤压印刷)的浓度和操作条件(图 3.19)。他们提出,单层和多层 MXene 应被视为两种不同的胶体体系,因为它们在不同的浓度体系下表现出非常不同的黏性和黏弹性特性。黏度测量显示,即使在最高的测试负载(70%)下,多层 MXene 也有明显的剪切减薄行为和流动性。另外,单层 $Ti_3C_2T_x$ 的分散剂在质量浓度约为 1 mg/mL(质量分数约为 0.1%)的情况下,黏度会出现早期峰值、低强度。作者认为,在非常低的浓度下存在的弹性成分是由于 MXene 的强表面电荷(-45.9 mV)、较低的填充密度和亲水性。尽管 Akuzum 等的研究为 MXene 的可加工性提供了见解,但印刷程序和油墨配方的发展仍处于早期阶段,主要是使用绘画、书写[85]、挤压[86]、丝网印刷和挤压等技术生产平面重叠薄膜或单层印刷阵列,因此没有充分利用三维印刷的潜力。

2. MXene 多孔材料在电池领域的应用

自 2013 年开发脱层 $Ti_3C_2T_x$ 纸电极以来,对新型 MXene 基电池电极的大部分工作都在寻求开发高容量、高功率的锂离子复合材料以及 Li-S 电池,并提高含有较大离子(如 Na^+ 和 K^+)的其他金属离子电池的性能。为这些目的制造的 3D 多孔结构主要使用上述类似的方法进行处理,其中 2D 薄片被组装成 3D 颗粒形态,随后真空过滤以形成具有大孔隙的低密度膜。迄今为止,所研究的形貌分为四大类:纳米带、皱折颗粒、复合材料和孔改性膜。发现当使用通过引入强酸或强碱(HCl、NaOH 或 KOH)而弄皱的 $Ti_3C_2T_x$(c-$Ti_3C_2T_x$)时,阳极具有约 10 倍于使用分层 $Ti_3C_2T_x$ 获得的 Na 容量,或者当 LiOH 用作弄皱剂(Li-c-$Ti_3C_2T_x$)时超过 20 倍。在碱致起皱的研究中,确定使用 NaOH(Na-c-$Ti_3C_2T_x$)或 KOH(K-c-$Ti_3C_2T_x$)弄皱的 MXene 产生的电极具有较低的初始容量,但比用 Li-c-$Ti_3C_2T_x$ 制成的等效电极具有更好的循环稳定性。初始容量差异的原因尚不确定,但循环

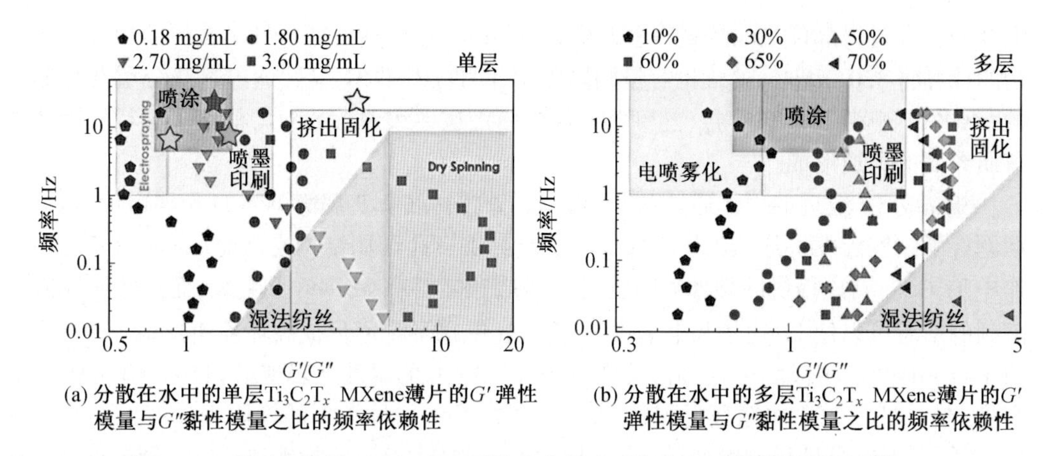

(a) 分散在水中的单层$Ti_3C_2T_x$ MXene薄片的G'弹性模量与G''黏性模量之比的频率依赖性

(b) 分散在水中的多层$Ti_3C_2T_x$ MXene薄片的G'弹性模量与G''黏性模量之比的频率依赖性

图 3.19　单层和多层 MXene 在不同的浓度体系下的黏性和黏弹性特性图[83]

稳定性的改善被认为是由于捕获的 Na^+/K^+ 与多孔结构协同工作的"柱撑效应",以防止薄片重新堆积,保持离子载荷量并减少嵌入体积变化。

在锂硫(Li-S)电池的情况下,MXene 充当硫基阴极的导电支架。尽管 Li-S 电池因其高容量和低成本而备受青睐,但制造不会因硫的低导电性而遭受不良倍率性能的电极仍面临挑战,以及由于阴极体积膨胀和锂多硫化物扩散到阳极并阻挡 Li^+ 吸附位点的"穿梭效应",循环性较差。为了有效解决这两个问题,活性(硫)和导电(MXene)材料必须在整个结构中以高浓度存在,并且硫能够膨胀和收缩而不会损坏电极。为了满足这些标准,使用碱化 $Ti_3C_2T_x$ 纳米带(a-$Ti_3C_2T_x$/S)和皱折的 N-$Ti_3C_2T_x$(c-N-$Ti_3C_2T_x$/S)制备了大孔 MXene/S 复合电极。纳米带的高纵横比和灵活性使硫负载量(68%)升高,同时保持硫纳米颗粒的完全缠结,以提供短的传导路径和大量自由空间,适应硫体积膨胀并促进离子扩散。相比之下,N-$Ti_3C_2T_x$/S 复合材料是通过用熔融硫退火制造的,在 MXene 骨架周围形成了 S(74%)的多孔结构[87]。这些研究中给出的实验选择使得难以量化多孔纳米结构的确切效果,但很明显,与 2D $Ti_3C_2T_x$ 相比,c-N-$Ti_3C_2T_x$ 和 a-$Ti_3C_2T_x$ 形态都能够提高电极循环稳定性,因此这两种形态都可能有效地减少体积膨胀和多硫化物穿梭。

通过比较 $Na_{0.23}TiO_2$@$Ti_3C_2T_x$ 和碳 Nanotubes@$Ti_3C_2T_x$(CNTs@Ti_3C_2)复合材料,可以分析对锂离子电池性能的影响。这两种复合材料都包含小的 1D $Na_{0.23}TiO_2$ 纳米带和 CNT 的聚集组,促进了高度可逆的离子传输,以及大的 2D MXene 薄片,它们为快速电子传输提供了短的传导路径。Tontini 等获得了最佳孔隙率,但对所呈现结果的检查(例如,电化学阻抗数据)发现,几乎没有证据表明增加的 $Na_{0.23}TiO_2$ 纳米带生长(以及通过增大孔隙率)有助于阳离子扩散,这可能意味着这些孔的尺寸比观察到对 Li^+ 或 Na^+ 扩散的显著影响所需的尺寸大得多。为了帮助阐明 CNTs@$Ti_3C_2T_x$,Zheng 等提出的复合材料可与通过过滤混合悬浮液制备的 CNT/$Ti_3C_2T_x$ 进行比较。两种复合材料的循环伏安法表明,它们的储能机制类似于电容性的,尽管 CNTs@$Ti_3C_2T_x$ 能够在充放电曲线中表现出小的电压平台,但他们将其归因于铁的存在(用于原位 CNT 合成)。有这些相似之处 CNTs@$Ti_3C_2T_x$ 显示出明显更好的循环和速率性能。由于这些改进在其他含铁 MXene 复合材料中没有发现,这种差异至少部分归因于 CNTs@$Ti_3C_2T_x$ 复合材料具有高比表面积和良好混合的复合材料部件之间的强物理连接,有助于导电并防止复合材料部件的相分离。最初的计算将 320 mAh/g 的理论容量归因于 $Ti_3C_2T_x$,但不久之后,通过过滤分层薄片制成的"纸电极"就超过了该容量(达到 410 mAh/g),这导致 Mashtalir 等假设了独特的固体电解质界面的可逆形成。

Shen 等[88]最近的工作通过在印刷的 $Ti_3C_2T_x$ 衬底上实现简单的 Li 金属电镀,对这一问题有了一些启发。这项工作不仅证明了当提供多孔印刷结构空间时(也证明了之前工作中 $Ti_3C_2T_x$ 剥离提供的额外片间空间),多层锂能够在 MXene 上生长,而且印刷 MXene 阵列的形态可以使 Li^+ 通量和电场均匀化,防止在循环期间形成破坏性锂枝晶。当在全电池中与 $LiFePO_4$ 阴极配对时,制造的阳极在 1 ~ 30 ℃的温度下表现出 111 ~ 150 mAh/g 的容量,在 1 ℃下 300 次循环后保持 99.4% 的容量。这种类型的锂阳极生产处于起步阶段,实际实现的容量相对较低,但进一步优化这种技术有可能为锂离子电池创造近乎理想的阳极。

3.3　MXene 在超级电容器领域的应用

3.3.1　超级电容器材料的发展

随着能源需求的增长,开发清洁、有效的存储和转换系统已成为全球研发界关注的问题。人均碳排放量的增加不利于实现 2030 年可持续能源目标。现代电子设备在过去的几十年有了显著的发展,在日常生活中起着越来越重要的作用。特别是,消费电子产品如智能手机和可穿戴设备的普及使得高质量的储能配件的设计变得非常重要。利用电化学反应的燃料电池、电池和超级电容器等储能器件是各种储能技术中最重要的器件。在这些储能器件中,超级电容器又称电化学电容器,因其充放电快、功率密度高、循环寿命超长等巨大优势而受到广泛关注[89]。

尽管发展迅速,超级电容器技术仍面临低能量密度的问题[90]。为了解决这个问题,各国政府、制造商和世界各地的组织正在努力为超级电容器应用创造新的高性能电极材料。几个研究团队已经建立了碳和聚合物基材料,用于开发轻质超级电容器[91-92]。此外,还做了一些努力来优化电极以增强其容量[93]。将电池和超级电容器电极结合在一起,以生产具有更高能量密度的混合超级电容器,而不会损害其功率密度。初步研究将继续解决这些障碍,开发更好的超级电容器技术,并最终控制储能市场[94]。

超级电容器的储能机制可分为两类:电双层电容(EDLC)和赝电容[95]。传统的超级电容器通常基于 EDLC,主要通过在电极-电解质界面上快速吸附/解吸电解液离子来存储电荷。这种电容器不受电极内离子扩散过程和界面氧化还原反应步骤的限制,具有优良的速率能力。电容受电解液、电极比表面积和双层有效厚度的影响[96]。赝电容来自电极/电解质界面的电荷转移过程,这是一种快速的、非扩散限制的氧化还原反应[97]。一般来说,赝电容的电荷存储能力超过 EDLC。因此,包括层状双氢氧化物、过渡金属氧化物、过渡金属硫化物和导电聚合物在内的赝电容电极材料在近年来得到了迅速的发展。在非对称超级电容器的科学组合中,这些材料可以表现出更好的能量密度和优异的速率性能[98]。

双层电容遵循非法拉第电荷储存过程,而赝电容电荷储存则遵循法拉第化学过程。在法拉第过程中,电子或离子会在电极上从电解质转移到导电体相,反之亦然。关键要求是进入电极的离子或电子应该在电极反应后离开电极。此外,产品种类将进入外部的散装阶段。只要这个外部体积相是稳定的,成分没有变化,这个过程就可以继续。但在非法拉第过程中,进入电极的物质不会离开电极。在这里,电荷随着电流的流动而储存。大多数情况下,不涉及电极反应,或者电极反应将由作为电极一部分的原子进行,被氧化/还原的反应物质会被锁定在电极内部。从这些材料的电荷和电压输出,可以找到电极的电容(F/g)和容量(C/g)。因此,非法拉第电极过程称为电容过程[99]。循环伏安图的形状有助于识别不同类型材料中的电荷存储机制类型(图 3.20)[100]。在储能装置领域开展研究,通过与不同储能类型的材料配合,实现高能量密度和稳定性。

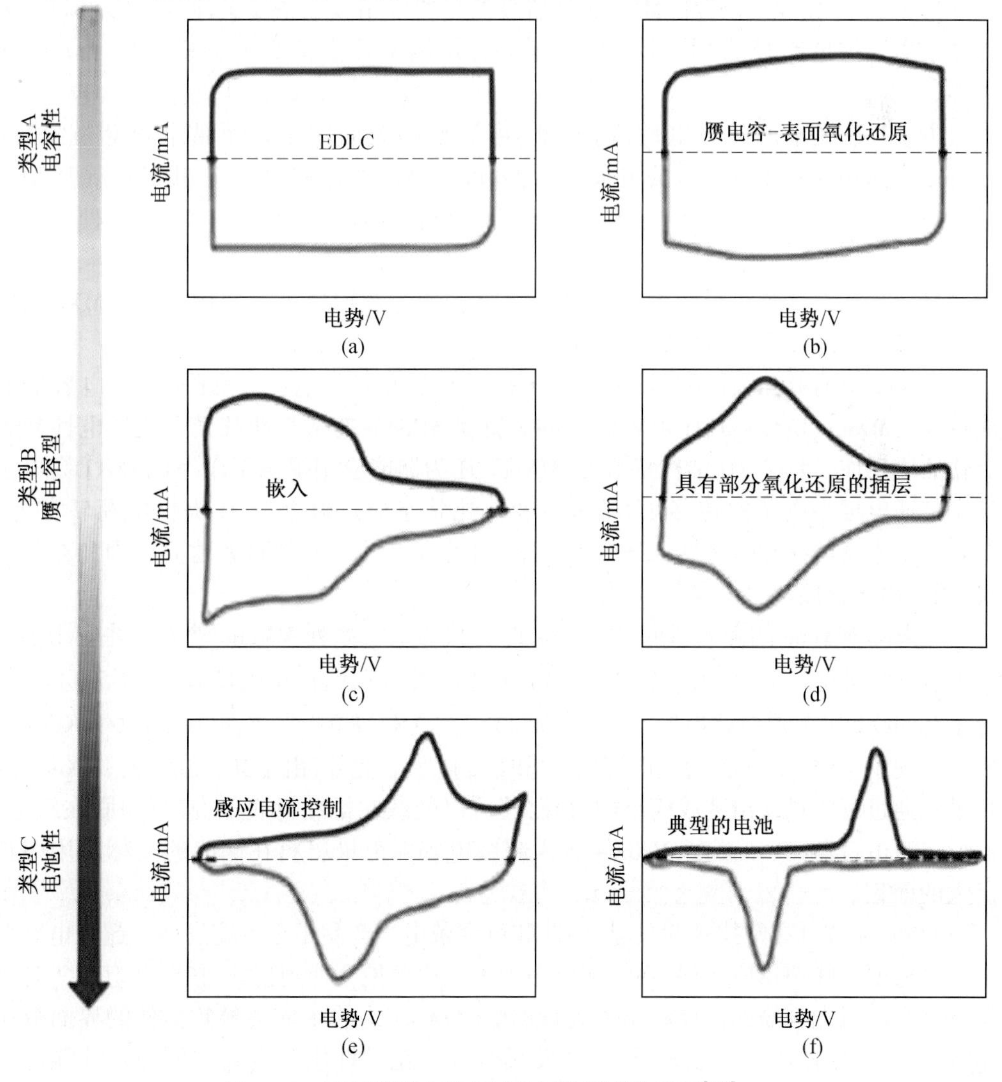

图 3.20 不同类型电荷存储机制的循环伏安图[100]

与传统碳质材料相比,MXene 已证明其是一种超高容量超级电容器,这可归因于其不寻常的特性,如大密度电导率、亲水性和高法拉第赝电容性[101-102]。因此,MXene 可以用作存储电荷的活性材料和传输电子的集电器。这些功能将消除对更密集的铜集电器的需求,并使 MXene 超级电容器装置的结构能够显示出高的面积和体积容量,从而发展智能电子产品。MXene 含有丰富的官能团,因此储能的主要位置被认为是层与层之间以及界面/表面之间的活性基团。在可充电电池中,能量通常以吸附-解吸的方式储存,而在超级电容器中,能量储存是由浅位点或粒子表面的电双层起作用。以前的存储器通过在接口形成电双层来充电电极和电解质,而后来利用快速氧化还原反应。这种差异本身促进了赝电容器的研究,因为它与电极表面积无关。

3.3.2 MXene 用于超级电容器的优势

自 2011 年发现以来,2D MXene 是超级电容器应用领域备受关注的一类材料。与具有复杂离子扩散路径的 3D 碳基材料不同,2D 纳米片直接为电解质提供了大的活性中心。

由于具有类金属的导电性、高密度、可调控的表面端基以及赝电容储能机理,将 MXene 直接用作超级电容器的电极材料,表现出超高的体积比电容、优异的循环和倍率性能;独特的二维结构和高的电导率使 MXene 可作为理想的基底材料,将各种金属氧化物、导电聚合物等负载/原位生长在其上,可获得综合性能优异的复合电极材料;而良好的柔韧性使其在柔性超级电容器和微型超级电容器等领域也极具应用潜力。MXene 的电容应用已成为超级电容器领域的研究热点。

MXene 具有高比表面积、较短的离子扩散路径和高导电性,增强了超级电容器的储能特性。MXene 电极高速赝电容储能的关键是 MXene 的亲水性及其金属导电性和表面氧化还原反应。除了 2D 结构特征外,MXene 还为储能应用提供了以下优势:①高电子电导率加速电极中电子的转移;②具有可变氧化状态的过渡金属 M 提供电荷转移能力;③表面上丰富的终端赋予MXene 亲水表面,并容易与许多其他材料建立牢固和充分的连接,用于离子存储。

随着对 MXene 的深入研究,以 $Ti_3C_2T_x$ 为代表的一系列 MXene 被创建并应用于电化学电容器的研究[103]。例如,在 3 mol/L H_2SO_4 电解质中 $Ti_3C_2T_x$ 电极显示出约 1 500 F/cm^3 的容量和 380 F/g 的质量比电容[104]。$(Mo_{2/3}Y_{(1-x)/3})_2C$ 独立“纸”电极在6 mol/L KOH 电解质中实现了 1 550 F/cm^3 的高电容值(370 F/g)[105]。此外,由于其二维结构,MXene 纳米片不仅通过真空过滤组装成简单的薄膜,还可以装载在柔性衬底上,甚至印刷在纸上,从而形成微电容器[106]。总之,MXene 作为超级电容器电极材料在储能的实际应用中具有巨大的前景。

此外,随着可穿戴技术的兴起,柔性和可穿戴电子产品正在迅速发展。超级电容器作为一种重要的能源供应元件,在实际应用中不可避免地会遇到折叠、扭曲和弯曲等各种变形,因此,超级电容器的设计和制造具有重要的意义,这些变形会导致器件的界面分层和结构断裂,致使器件功能丧失[107]。开发具有高电化学性能和良好的可伸缩性能的超级电容器用新型电极材料满足了可穿戴电子产品日益增长的能源需求。

3.3.3　MXene 作为超级电容器的电极材料

1. 不同种类 MXene 的电容性能

近年来，MXene 以其表面官能团丰富、金属导电性高、高比表面积、亲水性好、热稳定性好等独特特性被证明是极有前景的超级电容器电极材料[108-109]。$Ti_3C_2T_x$ 是二维层状 MXene 的典型代表，由于其具有弹性模量高、层间距大、熔点高、亲水性好、比表面积大、导热系数高等优点，是超级电容电极最常研究的 MXene[110-111]。与其他类型的 MXene 相比，$Ti_3C_2T_x$ 在超级电容器电极的应用中可能具有以下优点：①$Ti_3C_2T_x$ 的 MAX 相前驱体，如 Ti_3AlC_2 和 Ti_3SiC_2，广泛用于各种工业 ELDS，并且很容易获得；②$Ti_3C_2T_x$ 的结构稳定性通常优于含氮 MXene[112]，这有助于实现更好的循环稳定性；③$Ti_3C_2T_x$ 的电导率通常高于其他 MXene 的电导率，例如 $TiNbCT_x$、Ti_2CT_x、$Ta_4C_3T_x$ 和 $Ti_3CN_zT_x$，这有助于长循环寿命和良好的倍率性能。

$Ti_3C_2T_x$ 在 1 mol/L H_2SO_4 中的电荷存储机制是赝容性的。这意味着钛氧化态的变化与电极电位的变化之间存在线性关系。Lukatskaya 等[104]证明了通过使用适当的电极设计策略，MXene 电容可提高到其理论值。真空过滤过程中形成的 MXene 薄片呈水平排列，这可以提供一个优秀的容量电容，限制电荷转移，也减少离子运输。使用 PMMA 微球作为模板来创建开放结构电极，在这些大孔电极中观察到赝电容性材料的最佳速率处理能力，当扫描速率为 10 mV/s 时，测得质量比电容为 310 F/g。模板法主要探索电极结构领域，以提高离子的载荷量。除了大孔结构外，还尝试了水凝胶，预测了通过新型电极结构提高各种现有 MXene 的速率性能的可能性。当以硫酸为电解质时，$Mo_{1.33}C$ 有电压窗限制，即使对于非对称器件，在酸性电解质中也可以达到 1.3 V 的最大值。而在 LiCl 电解液中，$Mo_{1.33}C$ 的电压窗口范围为 -1.2 ~ +0.3 V，电容为 815 F/cm^3[113]。

2. 结构与形貌调控

形貌对 MXene 的电化学性能有一定的影响。从 MAX 相位刻蚀 A 层之后，MXene 堆叠将有二维狭缝(图 3.21)[100]，如果水分子能被限制在这些狭缝中，电容就有可能大大增强[112]。因为在负介电常数下，这些水分子的偶极极化可以屏蔽外部电场，从而增加电容器的电容。较小的横向尺寸的层可以促进离子扩散并增加电容[114]。除此之外，MXene 是一种二维材料，可以被调整成特定的形态。

Naguib 等[115]报道了采用 $Ti_3C_2T_x$ 和 Nb_2CT_x 制备的具有未反应 MXene 核-壳形貌和氧化表面的 $Ti_3C_2T_x$ 和 Nb_2CT_x。他们对前者采用闪光氧化，对后者采用水热氧化，以形成所需的形貌。采用闪光氧化法合成的 $Ti_3C_2T_x$ 得到了双锥体和纳米立方体的组合(图 3.22(b))。基于 Nb 基 MXene 形成了一种随温度变化的羽毛状到桶状表面形态的混合物(图 3.22(c)、(d))。即使在 30 次循环后，它们仍能在 C/18 循环速率下提供 220 mAh/g 的可逆容量(图 3.23)。因此，调整氧化过程是获得理想形貌和提高储能能力的有效途径，这为未来优化形成所需形貌的温度条件、机理和过程的研究提供了极好的参考范围。

Sugahara 等[114]还表明，在二维碳化钛 MXene 纳米片的狭缝中加入水分子可以提高电双层电容。其原因是受限水分子的偶极极化，减小了 $Ti_3C_2T_x$ 纳米片的横向尺寸可以提高比电容，产生了更多的离子扩散路径和更好的离子导电性。另外，尺寸越大的纳米片

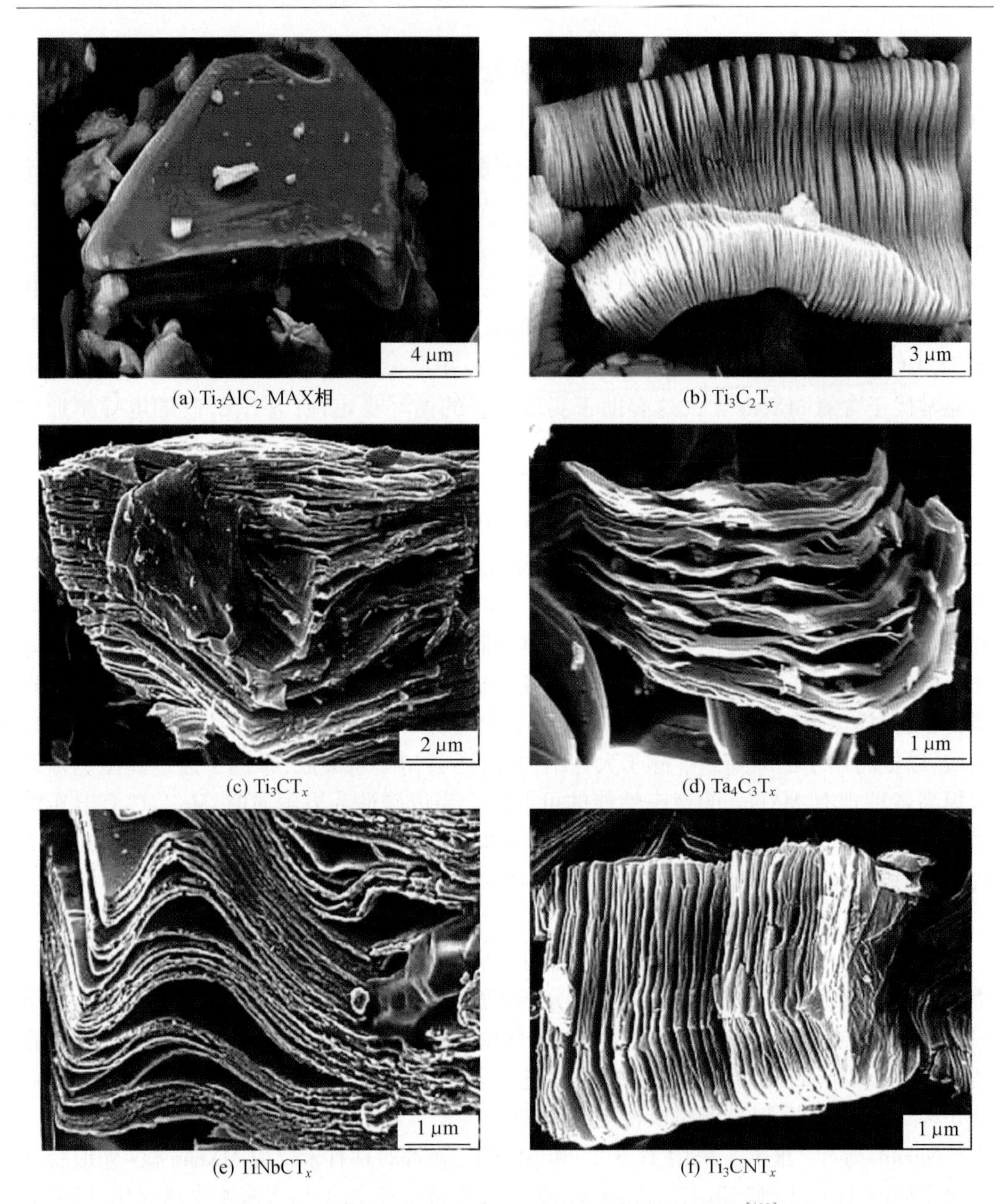

(a) Ti_3AlC_2 MAX相　(b) $Ti_3C_2T_x$
(c) Ti_3CT_x　(d) $Ta_4C_3T_x$
(e) $TiNbCT_x$　(f) Ti_3CNT_x

图 3.21　不同 Al 含 MAX 相 HF 刻蚀后形成的 SEM 图[100]

界面接触电阻越小,电子导电性越高。一些研究报道了材料缺陷和由于超声波引起的界面阻抗的增加会降低 $Ti_3C_2T_x$ 片材的导电性。因此,化合物的选择性掺入和超声等控制剥离技术都可以决定其电化学性能。

3. 表面官能团对性能的影响

已报道的用于超级电容电极的 $Ti_3C_2T_x$ MXene 大多是通过 HF 和氟基盐的刻蚀方法制备的,通常含有大量的官能团(—OH、—F 和—O)。据报道 $Ti_3C_2T_x$ 的表面端基对电化学储能性能有很大的影响。$Ti_3C_2T_x$ 电极在电解质中的储能电容行为可以表现为以下

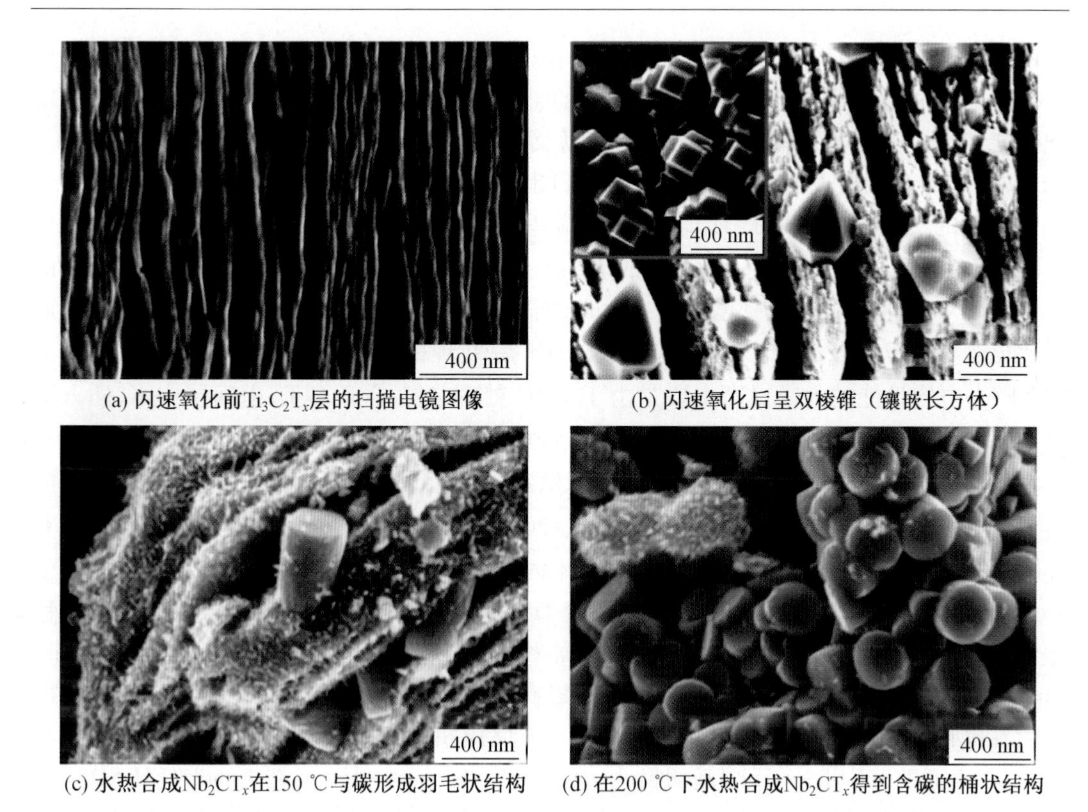

(a) 闪速氧化前$Ti_3C_2T_x$层的扫描电镜图像　(b) 闪速氧化后呈双棱锥（镶嵌长方体）

(c) 水热合成Nb_2CT_x在150 ℃与碳形成羽毛状结构　(d) 在200 ℃下水热合成Nb_2CT_x得到含碳的桶状结构

图 3.22　采用不同方法优化的形貌图[115]

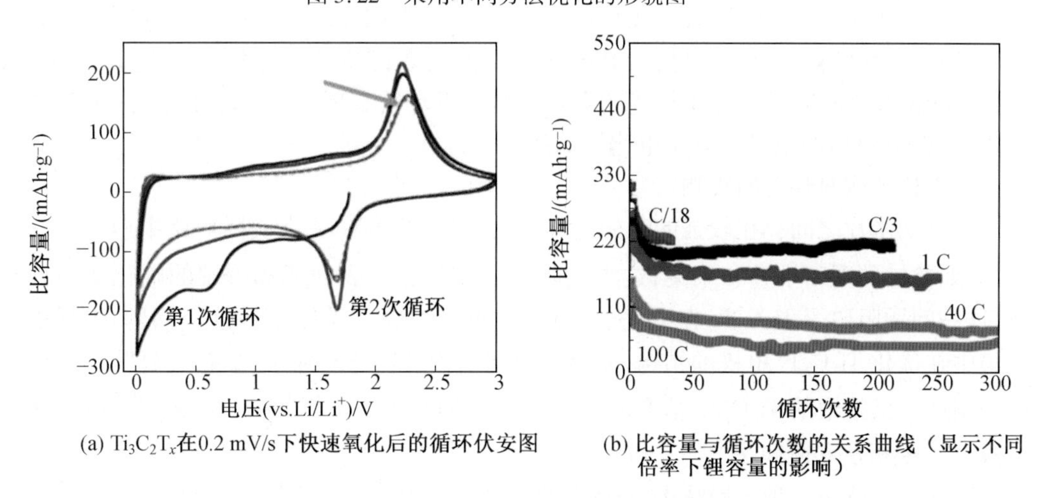

(a) $Ti_3C_2T_x$在0.2 mV/s下快速氧化后的循环伏安图　(b) 比容量与循环次数的关系曲线（显示不同倍率下锂容量的影响）

图 3.23　闪速氧化后 $Ti_3C_2T_x$ 的电化学性能图[115]

反应[104]：

$$Ti_3C_2O_x(OH)yF_z+\delta e^-+\delta H^+\longrightarrow Ti_3C_2O_{x-\delta}(OH)_{y+\delta}F_z \tag{3.1}$$

许多研究表明，更多的—O 官能团和更少的—F 官能团有助于提高电容，特别是在酸性电解质中，因为质子可以与 $Ti_3C_2T_x$ 表面的—O 端成键。控制 $Ti_3C_2T_x$ 电极表面官能团的种类和含量对于获得最佳的电化学性能具有重要意义。Hu 等[116]证明 $Ti_3C_2T_x$ 在 HF

浓度较低(6 mol/L)时表现出较高的赝电容(约 400 F/g 在 2 mV/s),而在高 HF 浓度(15 mol/L)时电容约为 208 F/g(在 2 mV/s)。根据 X 射线光电子能谱的结果,电容的增强可能归因于—O 表面端部含量的增加,以及 $Ti_3C_2T_x$ 中间层之间存在的高迁移率 H_2O 分子(核磁共振能谱表征),使更多的氢离子能够进入电化学表面(图 3.24(a) ~ (c))。

大量的实验数据证实了 $Ti_3C_2T_x$ 表面端基的修饰阳离子可以提高其电化学性能,如去除—F 基团和增加端—O 基团的比例。Li 等[117] 证实了 KOH 后处理制备的 $Ti_3C_2T_x$MXene 在放电电流密度为 1 A/g 时,当在 H_2SO_4 电解液中使用三电极连接时的质量比电容为 517 F/g;相比之下,未经过 KOH 后处理的 $Ti_3C_2T_x$ 电极的质量比电容为 244 F/g。电容性能的大幅提高主要是由于 KOH 处理去除了 $Ti_3C_2T_x$ 中间层中 K^+插入的终端基团(—OH、—F)。Dall' Agnese 等[118] 证明 $Ti_3C_2T_x$ 的端基被 KOH 处理后的含氧基团取代,这是由于 Ti-F 在高 pH 下变得不稳定。在 1 mol/L H_2SO_4 中,经 KOH 处理的 $Ti_3C_2T_x$ 表面化学变化使其电容提高到 450 F/cm^3,而未处理的 $Ti_3C_2T_x$ 电容只有 180 F/cm^3。Chen 等[119] 报道了甘氨酸功能化的柔性自支撑 $Ti_3C_2T_x$ 膜电极具有良好的倍率性能(在 1 V/s 下电容为 140 F/g,是原始 $Ti_3C_2T_x$ 膜的两倍)和 20 000 次以上的循环稳定性,这归因于 $Ti_3C_2T_x$ 纳米片层间距的增加和表面稳定的 Ti—N 键。使用正丁基锂(n-BuLi)作为有机试剂处理 $Ti_3C_2T_x$MXene,可以有效避免退火过程中的氧化,防止形成一般发生在碱性水溶液处理的 $Ti_3C_2T_x$ 纳米带。该反应机理可以简单描述如下:n-BuLi 将 $Ti_3C_2T_x$ 表面的—F 和—OH 端基切换为—O 端基(图 3.24(d))。在 1 mol/L H_2SO_4 中,n-BuLi处理的少层 $Ti_3C_2T_x$(n-F-$Ti_3C_2T_x$)在 2 mV/s 下的质量比电容为 523 F/g(图 3.24(e)),而 LiOH 处理的 $Ti_3C_2T_x$MXene(L-F-$Ti_3C_2T_x$)在 2 mV/s 下的有限电容为 259 F/g。

$Ti_3C_2T_x$ 基材料作为电极材料,其电化学性能与表面特性密切相关。$Ti_3C_2T_x$ MXene 的界面功能化是提高其电化学性能的有效策略。设计具有更多—O 端和更少—F 官能团的 $Ti_3C_2T_x$ 超级电容电极有利于电化学储能。

4. 电极结构对性能的影响

由于纳米片之间存在较强的范德瓦耳斯力,$Ti_3C_2T_x$MXene 在实际应用中遇到了一些挑战,如薄针的重新堆叠和聚集,这大大降低了可接触的表面积和可用的电化学活性位点,这一问题阻碍了 $Ti_3C_2T_x$ 在电化学储能器件中的发展。为了解决这个问题,大量的研究集中在优化 $Ti_3C_2T_x$ 电极的结构,如垂直排列结构、3D 开放网络、多孔气凝胶和皱褶结构的制造。已报道的 $Ti_3C_2T_x$ 基电极结构的设计策略主要分为冷冻干燥法[120]、制造皱缩电极[121]、模板法和隔膜法[122]。

冷冻干燥法是一种干燥技术,首先将样品冷冻成固体,然后除去溶剂,产生干燥的物质或结构。由于在此过程中可以保持一些亚稳态的结构,冷冻干燥法是一种构造高度复杂结构的二维材料的有效方法[123]。溶剂分子在冻干过程中起孔隙形成作用,可有效地防止 $Ti_3C_2T_x$ 薄片的堆积,并产生较大的比表面积。更重要的是,通过调整冻干工艺可以制备具有理想多孔结构的 MXene 薄膜。Bao 等[120] 报道,在 1 mol/L NaCl 电解液中,$Ti_3C_2T_x$ 电极的体积电容为 410 F/cm^3,高于重新堆叠的碳化钛电极(203 F/cm^3)。Xia 等[124] 报道了一种灵活的、独立的和垂直排列的 $Ti_3C_2T_x$ 薄膜电极,该电极是通过机械剪

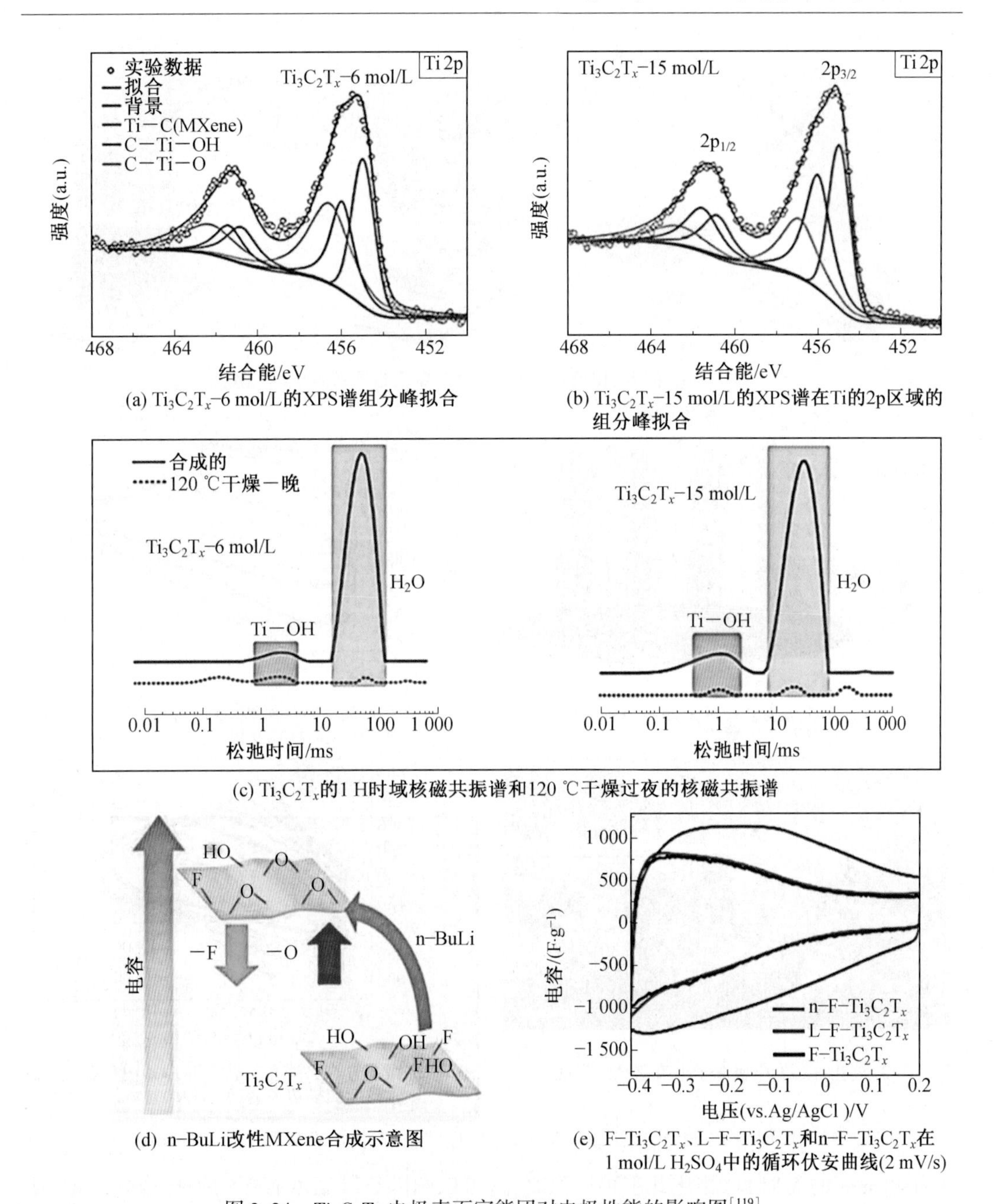

图 3.24　$Ti_3C_2T_x$ 电极表面官能团对电极性能的影响图[119]

切 MXene 薄片的液晶相,然后冷冻干燥去除纳米片中的乙醇而制备的。在他们的工作中,引入了一种非离子表面活性剂六乙二醇单十二烷基醚($C_{12}E_6$),它与 $Ti_3C_2T_x$ 具有强氢键(主要是 $C_{12}E_6$ 的—OH 基团与 $Ti_3C_2T_x$ 纳米片的—F 或—O 基团的相互作用),以增加 MXene 层状液晶的填充对称性(MXLLC)。组装过程通过对 MXLLC 施加单轴平面内机械剪切力来完成,从而形成垂直排列的多孔 MXene 电极(图 3.25(a))。当制备的 $Ti_3C_2T_x$ 薄膜作为超级电容电极时,厚度达到 200 mm 的 MXLLC 氧化还原峰的衰减与厚

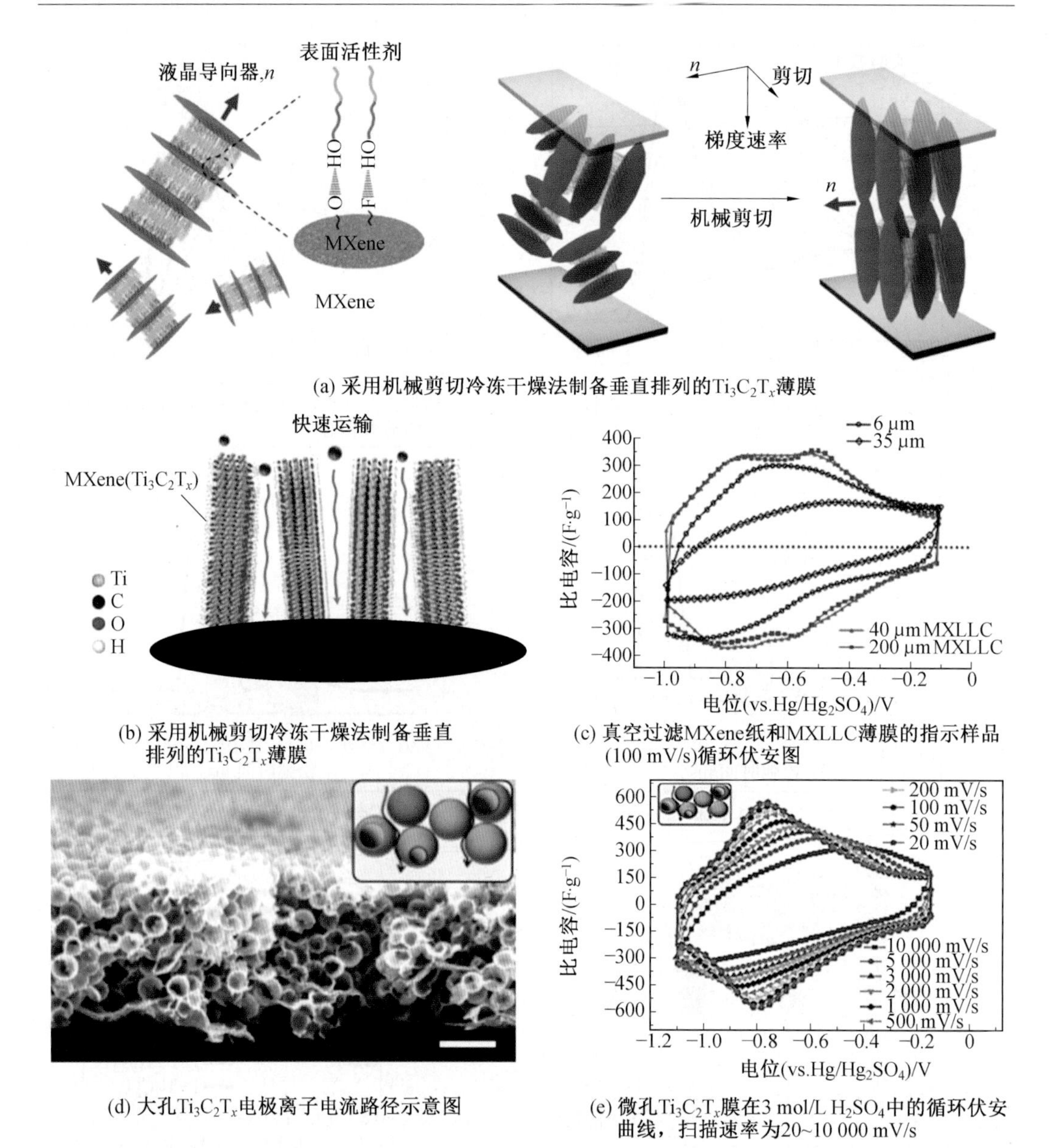

(a) 采用机械剪切冷冻干燥法制备垂直排列的$Ti_3C_2T_x$薄膜

(b) 采用机械剪切冷冻干燥法制备垂直排列的$Ti_3C_2T_x$薄膜

(c) 真空过滤MXene纸和MXLLC薄膜的指示样品(100 mV/s)循环伏安图

(d) 大孔$Ti_3C_2T_x$电极离子电流路径示意图

(e) 微孔$Ti_3C_2T_x$膜在3 mol/L H_2SO_4中的循环伏安曲线，扫描速率为20~10 000 mV/s

图3.25　采用冻干法和模板法制备 $Ti_3C_2T_x$ 电极的制备过程、形貌和电化学性能图[124]

度为40 mm的MXLLC相比几乎可以忽略,这可以归因于其高度有序的平行排列结构,使得离子传输路径更短,可用活性位点数量更多(图3.25(b)、(c))。上述结果表明,冷冻干燥法在构建高性能多孔 $Ti_3C_2T_x$ 电极方面具有巨大潜力。

模板法已被广泛用于制备多孔2D材料,可描述为将模板材料引入2D纳米片层间并去除模板。聚合物通常被用作模板,通过有序组装来设计3D宏观多孔电极材料。Lukatskaya等[104]利用PMMA微球作为牺牲模板,在Ar气氛下退火去除模板,制备了具有开放结构的柔性 $Ti_3C_2T_x$ 电极(图3.25(d))。所获得的大孔电极在3 mol/L H_2SO_4 中以高达10 V/s的扫描速率提供了超过200 F/g的高电容(图3.25(e)),展示了高效离子多孔网络中的传输。Li 等[125]利用聚苯乙烯微球作为模板，制作了具有 3D 多孔结构的 $Ti_3C_2T_x$ 电极，然后在其上浇注一层 PANI 层，通过机械压实形成了柔性正极。柔性正极的体积电容为 1 632 F/cm^3。

多孔电极结构的另一种设计策略是在 $Ti_3C_2T_x$MXene 中生成褶皱薄片，所创造的褶皱结构不仅增加了表面积而不损失 $Ti_3C_2T_x$ 的固有特性，而且还在充放电过程中产生了一个良好的动力学 3D 框架。Zhao 等[121]研究结果表明，$Ti_3C_2T_x$ 胶体悬浮液中加入 LiOH 可以使二维 MXene 薄片产生三维泡沫状和多孔微结构的皱褶。得益于 3D 褶皱的骨架，LiOH 处理的碳化钛电极在用作钠离子电池电极时比多层碳化钛电极（约 80 mAh/g，100 mA/g，循环 300 次）存储了更多的电荷（在 100 mA/g 的电流密度下循环 300 次，比容量约为 160 mAh/g）。Chang 等[126]利用热驱动过程中的表面不稳定性设计了一种具有 3D 褶皱结构的碳化钛 MXene 电极。结果表明，机械弯曲模式比平面 $Ti_3C_2T_x$ 电极的面积电容提高了 13 倍，这主要是由于在多次弯曲过程中弯曲电极的活性物质的高面积密度和比表面积增加。Yu 等[127]通过自组装方法制备了折叠的 $Ti_3C_2T_x$ 纳米片，$Ti_3C_2T_x$ 薄片通过其表面官能团之间的静电相互作用包裹在 MF 球体表面，然后在 550 ℃的氩气气氛中退火 2 h 以去除 MF（图 3.26（a）、（b））。通过优化 $Ti_3C_2T_x$ 纳米片的黏度可以制备出用于丝印和挤压印刷的纳米片油墨。丝网印刷微型超级电容器的 $Ti_3C_2T_x$ 薄片作为电极，PVA/H_2SO_4 作为电解质，其面积电容为 70.1 mF/cm^2，得益于褶皱结构和氮掺杂的氧化还原活性。

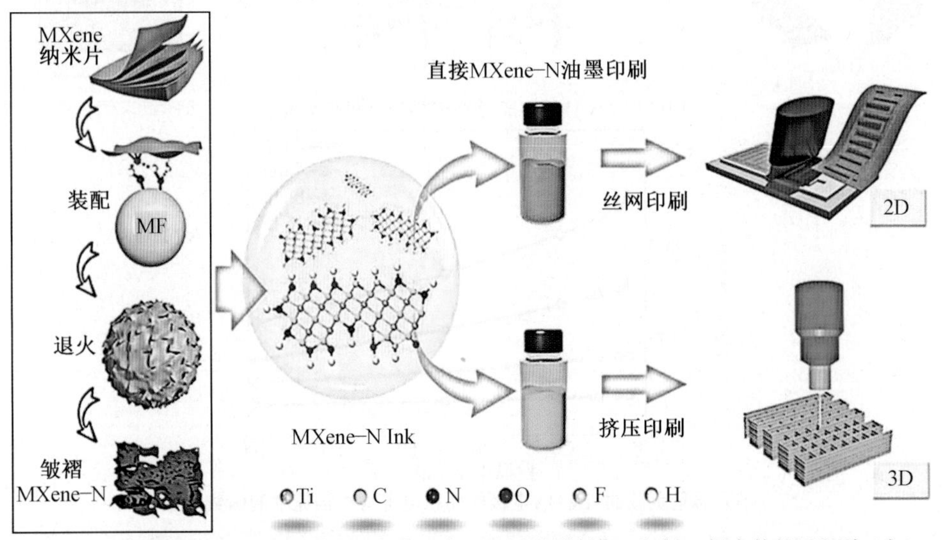

(a) 皱褶 $Ti_3C_2T_x$ MXene的合成工艺，它可以用油墨制作，包括2D图案的丝网印刷（上）和3D建筑的挤压印刷（下）

图 3.26　$Ti_3C_2T_x$ 电极结构制备过程、形貌和电化学性能图[127]

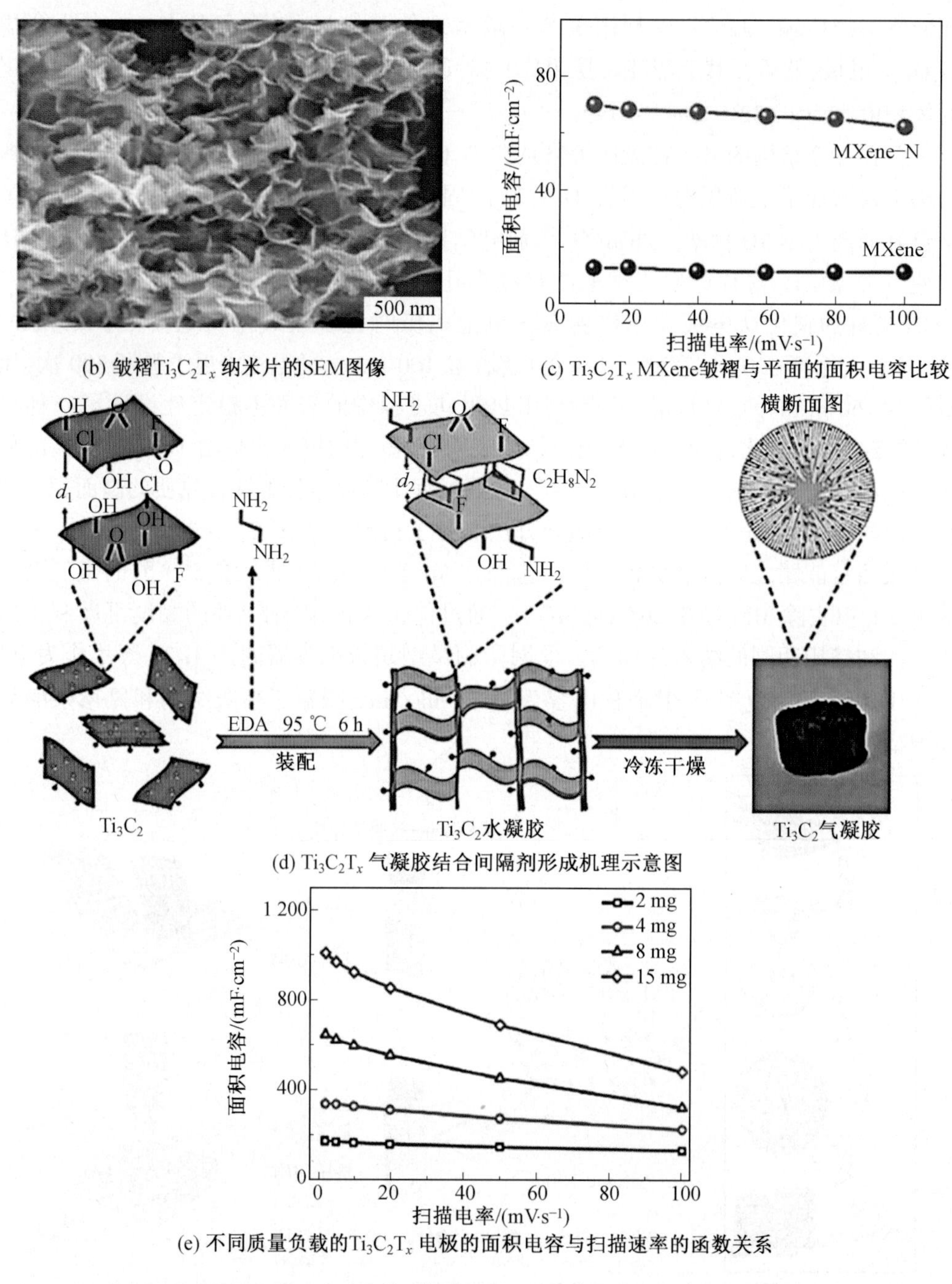

(b) 皱褶$Ti_3C_2T_x$纳米片的SEM图像

(c) $Ti_3C_2T_x$ MXene皱褶与平面的面积电容比较

(d) $Ti_3C_2T_x$气凝胶结合间隔剂形成机理示意图

(e) 不同质量负载的$Ti_3C_2T_x$电极的面积电容与扫描速率的函数关系

续图 3.26

5. 电解质对储能机制的影响

电解质有不同类型:有机电解质、水电解质、离子电解质和固体电解质,所有这些都会对超级电容器的质量产生多方面的影响。有机电解质包括导电盐,如溶解在有机溶剂中的 $TEABF_4$、将溶解在有机溶剂中如碳酸亚丙酯或乙腈。与水性电解质相比,有机电解质可以扩大超级电容器的电压窗口[128]。由于这些电解质具有高挥发性、易燃性、昂贵性和毒性，其实际应用受到限制。较低的比电容以及较差的导电性也是需要解决的两个问题。尽管有机溶剂比其他溶剂能容纳更多的盐，但乙腈会危害环境。碳酸丙烯酯是环保的，它在宽工作温度范围内提供了广泛的电压窗口。无论使用何种电解质，与电解质中离子的大小相比，电极材料的孔径应具有相等或更大的比例，以获得最大比电容。否则，离子将无法接近反应位点。为了获得电容器的最大可能电压输出，电解液的浓度必须更高，水量大于 3 ~5 mg/L 可以显著降低电压。水性电解质可以是碱性、酸性或中性的。与有机电解质相比，它们具有更高的离子浓度和由此产生的高电导率，潜在窗口被限制在 1.2 V 附近的一个非常小的值[129]。

Shao 等[130]使用一种称为多电位步进计时安培法（MUSCA）的独特技术来理解 $Ti_3C_2T_x$MXene 在酸性和碱性电解液中的赝电容性质的动力学。对于碱性和酸性电解质，本体过程在低扫描速率上占主导地位，而表面过程在高扫描速率上占据主导地位（图3.27）。

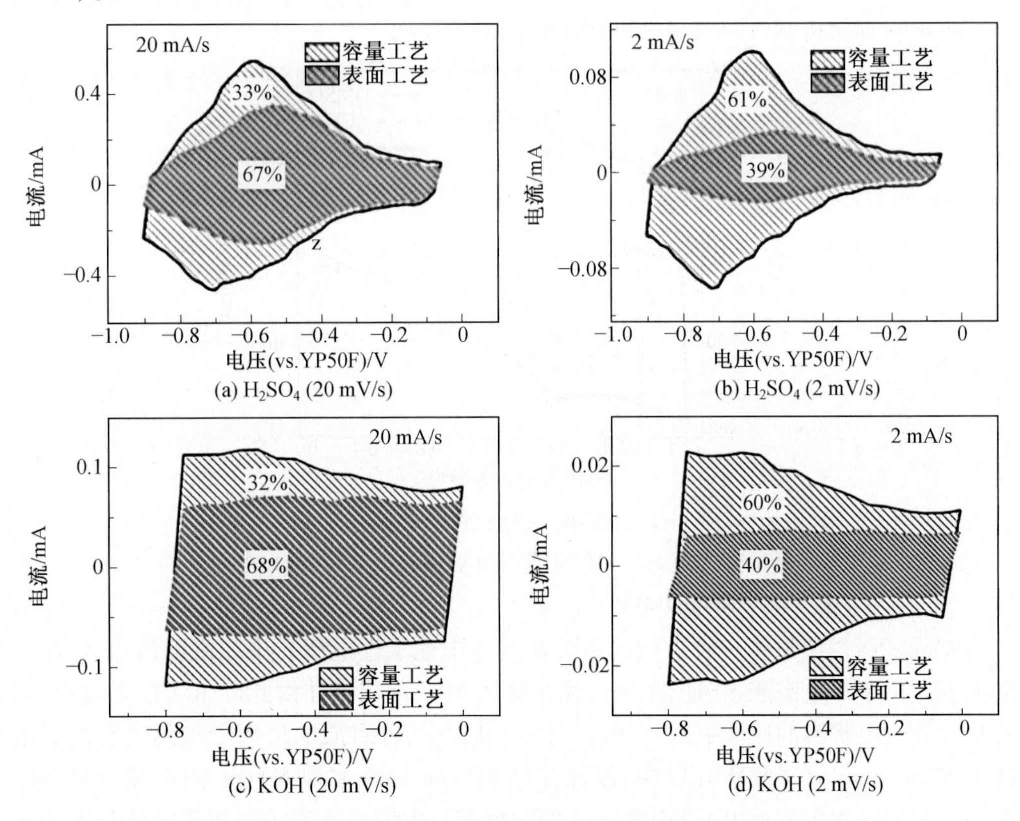

图 3.27　根据 MUSCA 技术计算的电荷（C）与电势（V）图[130]
$Ti_3C_2T_x$ 通过表面和容量工艺的电荷储存贡献

酸性电解质中 $Ti_3C_2T_x$ 的赝电容性质对水分子起着至关重要的作用。H_2O 分子可以触发 Ti 氧化还原活性，从而通过扩散质子来补偿电荷。如在官能团部分的影响中所讨论的，通过 OH 官能团的最佳量使层之间的水嵌入，将其应用于 MXene（如 $Nb_2C_3T_x$、$V_2C_2T_x$ 等）可有助于能量储存[131]。

V_2C 是合成的最轻 MXene 化合物之一,由于钒层而表现出赝电容行为。Shao 等[132]用 H_2SO_4、KOH 和 $MgSO_4$ 水电解质测量了 V_2C 独立层的电容。他们在 1 mol/L H_2SO_4、1 mol/L $MgSO_4$和 1 mol/L KOH 中分别以 2 mV/s 获得了 487 F/g、225 F/g 和184 F/g的比电容。更小具有酸性电解质的阳离子(H^+)显示出比具有中性电解质的二价 Mg^{2+} 和具有碱性电解质的更大 K^+更高的电容。

Wang 等[133]研究了含锂亚砜、碳酸锂和碳酸锂的影响,以及 Ti_3C_2 电荷存储中的腈基含锂电解质,发现碳酸盐电解质是其中最有效的一种。Ti_3C_2 中分子或离子的排列随每种溶剂的化学差异而变化是存储电荷量大小的主要原因。在使用与碳酸丙烯酯混合的双(三氟甲基磺酰基)胺锂(LiTFSI)时,观察到由于主要的赝电容插层而导致电荷存储的显著增加。同时,用二甲基亚砜或乙腈代替 PC 导致电容降低(图 3.28)。他们发现锂离子将溶剂分子拉回 Ti_3C_2 层之间的距离。但在之前的讨论中,由于乙腈在含碳材料中的高离子浓度,最好的结果是从乙腈中获得的。因此,这进一步证实了电极电解质的适当配对对促进电荷存储机制以及获得高电化学性能的重要性。

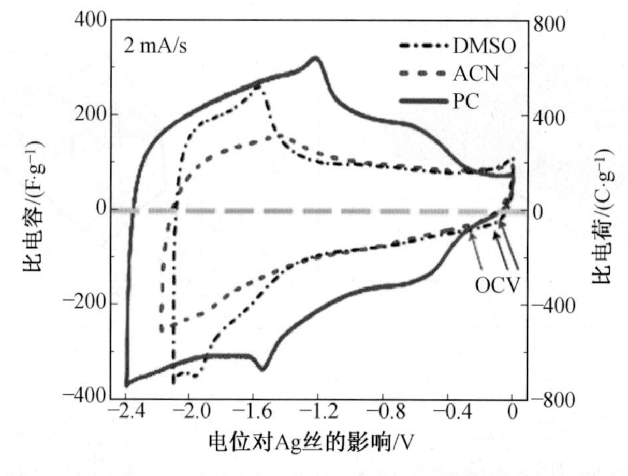

图 3.28 2 mV/s 下的循环伏安图(CV)显示了 PC、ACN 和 DMSO 作为溶剂与 LiTFSI 有机电解质的比电容(和比电荷)与电势曲线的比较[133]

Wang 等[134]尝试了一种不同的方法来测量中性水性电解质中二吡啶酸嵌入 $Ti_3C_2T_x$ 的电容。由于二吡啶酸水解产生的氢离子嵌入 MXene 层中并由此产生法拉第电容,因此它们比酸性电解质的性能更好。在这一插层过程中,电解质的反离子吸附也有助于这种优异的电容。尽管实验研究较少,但氮化物 MXene 比碳化物 MXene 更有效。Ti_2NT_x 在 $MgSO_4$ 水电解质中显示出 1 350 F/cm² 的面电容。他们还证实了电容优越性作为阳离子的函数的理论预测,即 $Mg^{2+}>Al^{3+}>H^+>Li^+>Na^+>K^+$[135]。Qian 等[136]研究了不同电解质中不同阳离子的电容行为,发现阳离子的电容嵌入机制完全依赖于电压窗。当在−1 ~0 V 之间 5 000 次循环后,在 LiCl、KCl 以及 NaCl 电解质中发现明显的电极膨胀。此外,更大尺寸的阳离子导致快速离子传输,从而产生更高的电容(KCl 为 346 F/cm³,NaCl 为 218 F/cm³);而较小尺寸的锂离子可以穿透 MXene 层,与钠离子相比,其电容更高,为320 F/cm³。

钛基MXene通常在有机和离子液体电解质中表现出更好的电容。但为了理解储存机制，Lin等[137]研究了MXene在EMI-TFSI（1-乙基-3-甲基咪唑双三氟甲基磺酰基亚胺）离子液体电解质中的电荷储存机制。对于一个潜在的窗口相对于Ag电极为-1.5~+1.5 V，MXene层显示出电容行为。总体电荷存储机制发现，层间距由于正电势而减小，由于负电势而增大。前者是由于EMI离子脱嵌的空间效应以及带正电的$Ti_3C_2T_x$和TFSI之间的吸引力吸引阴离子；而后者是由于EMI离子的嵌入。Jackel等[138]也对MXene在离子液体中的电荷存储机制进行了类似的观察。

聚合物基固体电解质是用于柔性超级电容器应用的最现代的电解质。用于不对称超级电容器的PVA基KOH固体电解质显示出优异的能量密度和稳定性[139]。固体电解质的主要优点是，它对于具有高柔性的所有固体超级电容器都至关重要，即使在弯曲位置，它们也有助于保持稳定的电化学性能[140]。

3.3.4 MXene衍生物在超级电容器领域的应用

调整柔性层间距可以生产具有不同层间距的MXene，并在特定方向上适当应用。例如，具有扩展层间距的碱化Ti_3C_2MXene纳米带可用于钠或钾离子电池[141]。此外，通常由HF刻蚀的MXene的表面具有大量官能团，这有利于MXene的表面控制，从而优化性能。由于MXene表面上有丰富的官能团，很容易被其他原子掺杂。此外，由于MXene含有金属和碳、氮元素，并且单层厚度为几纳米，含有负的和可调节的官能团，因此它可以用作制备衍生物材料的前体，具有独特的性质，在许多领域显示出巨大的应用潜力。

具有特定2D结构的MXene可以是一种结构导向剂，以形成具有相应明确结构的其他材料。考虑到所有这些特征，MXene具有制造其他MXene衍生材料的潜力，从2013年到2020年，科学网统计的MXene衍生材料的出版物数量显著增加，如图3.29(a)所示，表明研究人员对这些材料的兴趣越来越大。

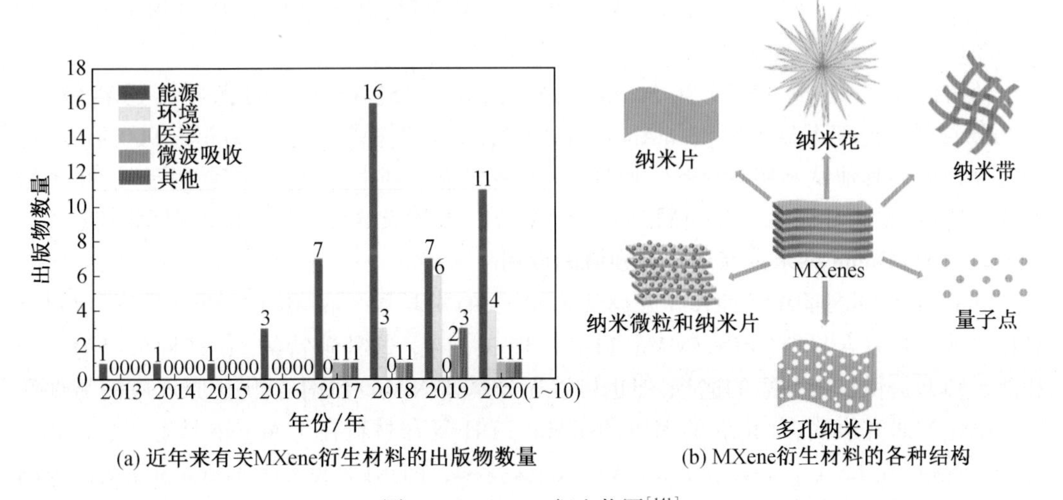

(a) 近年来有关MXene衍生材料的出版物数量
(b) MXene衍生材料的各种结构

图3.29 MXene衍生物图[141]

自2011年Gogotsi小组首次合成新型二维材料以来[142]，MXene因其迷人的结构、化学、机械、电子和磁性特性吸引了科学家的注意。与石墨烯类似，MXene具有特殊的层状结构和二维形态,以及良好的柔韧性。MXene 从块状前体 MAX 刻蚀后具有清晰的层状结构,其横向尺寸可达到 100 nm 以上,且单片厚度通常小于 5 nm。此外,刻蚀后获得的 MXene 可以通过超声处理或插层剂进一步剥离成单个纳米片,其原子薄且具有足够的可接触表面。这为支持其他纳米材料的生长提供了完美的基底,例如零维(0D)纳米颗粒、一维(1D)纳米线,或与 2D 纳米片结合以形成 3D 混合结构。基于 MXene 的结构特征,大量研究人员制备了具有独特形貌的纳米材料,并发现它们在各个领域具有优异的性能和应用前景。

由于纳米级前驱体 MXene 具有许多独特的性质和结构特征,因此衍生材料也具有相应的优势,这对 MXene 衍生材料各个方面的研究都具有重要价值。根据最近的研究,MXene 易氧化,在热处理下易于转化为更稳定的金属氧化物复合材料,其电化学性能得到改善。

此外,作为前驱体,MXene 不仅提供在各种功能材料中起关键作用的碳源,还提供金属源。因此,MXene 具有生产其他材料的巨大潜力。根据最近的研究,MXene 衍生材料具有各种纳米结构,包括超薄纳米带[143]、纳米颗粒[144]、纳米片[145-146]、纳米花等,这些纳米结构与 MXene 前体的独特 2D 结构有关。MXene 衍生材料的各种结构,如图 3.29(b)所示。

1. 超薄纳米带在电容器领域的应用

Dong 等[147]通过 Ti_3C_2MXene 的同时氧化和碱化过程,成功地合成了钛酸钠(M-NTO,$NaTi_{1.5}O_{8.3}$)和钛酸钾(MKTO,$K_2Ti_4O_9$)的超薄纳米带(图 3.30)。首先,通过在 40% HF 中选择性刻蚀 Ti_3AlC_2MAX 相的 Al 来制备 Ti_3C_2MXene;其次,在 140 ℃的 H_2O_2 存在下,用 NaOH 或 KOH 溶液对 Ti_3C_2MXene 进行水热处理 12 h,生成 M-NTO 或 M-KTO 纳米带。得益于合适的层间距(M-NTO 为 0.90 nm,M-KTO 为 0.93 nm)、超薄厚度(<11 nm)、窄宽度的纳米带(<60 nm)和用于增强离子插入提取动力学的开放大孔结构,所得 M-NTO 在 200 mA/g 下表现出 191 mAh/g 的大可逆容量,高于原始 Ti_3C_2(178 mAh/g)和商用 TiC 衍生物(86 mAh/g)。

值得注意的是,M-KTO 在 50 mA/g 时显示出 151 mAh/g 的优异可逆容量,在 300 mA/g的高速率下显示出 88 mAh/g 的优异容量,长期稳定循环能力超过 900 倍,这优于迄今报道的其他钛基层状材料。此外,该策略简单且高度灵活,可扩展用于从 60 多组 MAX 相制备大量 MXene 衍生材料,用于各种应用,如超级电容器、电池和电催化剂。

2. 二维 MXene 纳米片在电容器领域的应用

Zhu 等[145]通过简单的原位生长路线构建了 3D 分层 MXene 衍生的碳/镍锰层状双氢氧化物纳米片复合材料(MDC/NiMn-LDH)(图 3.31)。这种独特的 3D 结构可以为电子和离子转移提供快速和短的途径,但也可以充分暴露 NiMn-LDH 氧化还原反应的活性区域。电化学研究表明,优化后的 MDC/Ni_5Mn-LDH 复合材料在 1 A/g 下具有 228 mAh/g 的高比容量,在 10 A/g 下具有 158 mAh/g 的保持率,并且在 8 A/g 下进行 4 500 次循环测试后,具有 74% 的保持率的优异循环稳定性。此外,基于 MDC/Ni_5Mn-LDH 正极和 3D 有序多孔碳纳米片(aPCNs)负极制造的高性能碱性混合电容器,在功率密度为 802 W/kg 时表现出 45.2 Wh/kg 的高能量密度。

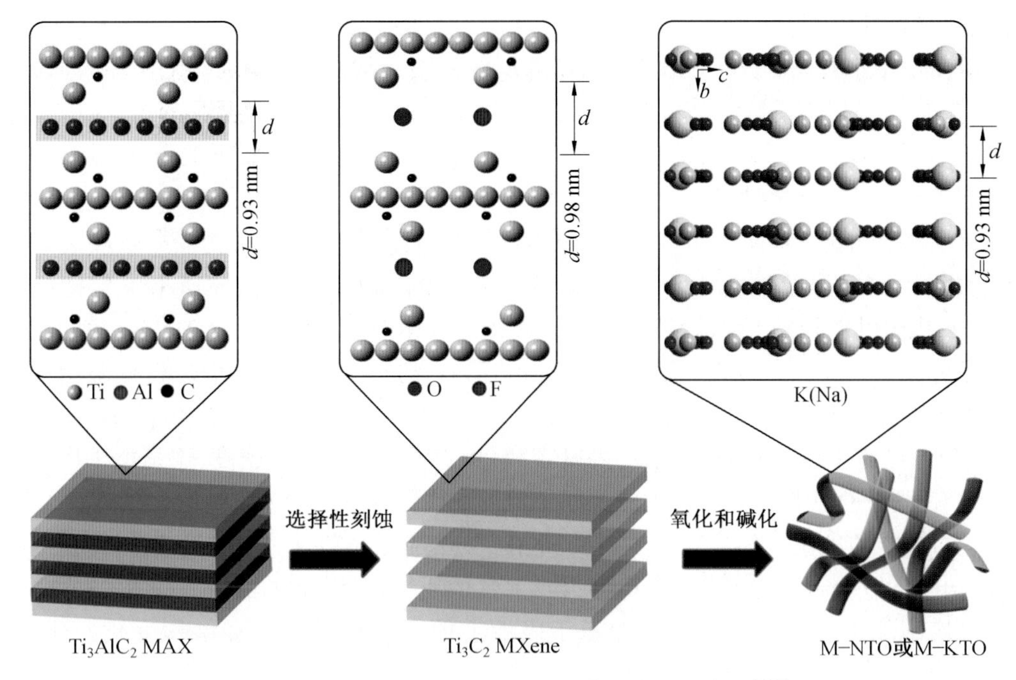

图 3.30　M-NTO 或 M-KTO 纳米带的制造示意图[147]

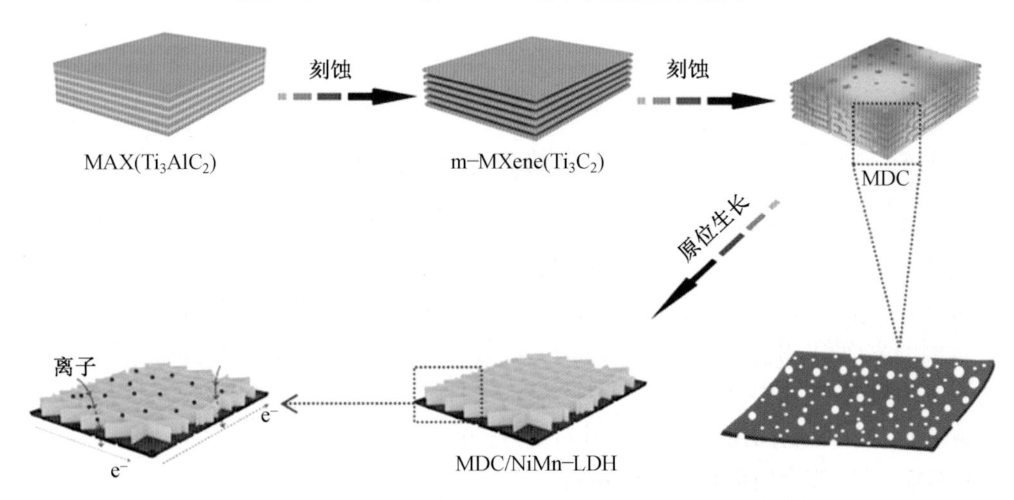

图 3.31　MDC/NiMn-LDH 复合材料的制造路线示意图[145]

3. 二维 MXene 纳米膜在电容器领域的应用

无黏结剂 Ti_3C_2MXene-碳纳米管（Ti_3C_2/CNTs）薄膜采用电泳沉积法在石墨纸上沉积。所得到的电极材料表现出比原始电极材料 CNTs 电容提高约 2.6 倍，与薄膜 Ti_3C_2 相比提高 1.5 倍。Ti_3C_2/CNTs 电极在 0.5 A/g 的电流密度下显示出 55.3 F/g 的比电容和优异的循环稳定性。此外，由 Ti_3C_2/CNTs 电极制成的对称超级电容器（SSC）在功率密度为 311 W/kg 时提供了 2.77 Wh/kg 的最大能量密度。电化学性能的提高是由于引入了 CNT，Ti_3C_2 网络通过扩大 MXene 片层之间的空间来阻止 MXene 重新堆叠[148]。除上述性质外，MXene 在非水电解质和水系酸性电解质中的赝电容行为和快速离子插层使其具有广阔的应用前景。

Gogotsi 小组首先研究了 $Ti_3C_2T_x$ 薄膜的电容性能。在一些电解质(KOH 和 NaOAc)中,$Ti_3C_2T_x$ 膜电极的质量比电容是多层 $Ti_3C_2T_x$(M-$Ti_3C_2T_x$)颗粒电极的两倍。EIS 结果表明,$Ti_3C_2T_x$ 薄膜电容器的电阻小于 M-$Ti_3C_2T_x$ 电容器,这可能是由于 $Ti_3C_2T_x$ 薄膜的超薄厚度和紧密的内部连接[149]。此外,$Ti_3C_2T_x$ 薄膜表现出优异的循环稳定性。之后,他们通过机械剪切盘状层状 $Ti_3C_2T_x$ 液晶相制备了垂直排列的 $Ti_3C_2T_x$ 薄膜。该膜表现出出色的电容性能:当膜厚度小于 200 μm 时,在 2 000 mV/s 的高扫描速率下保持超过 200 F/g,电容性能几乎不受厚度影响[124]。在惰性气体中退火可以提高 MXene 膜的超级电容器特性[150]。Zhang 等[151]提供了一种新的策略,通过在惰性气体中进行低温退火来提高 $Ti_3C_2T_x$ 膜的电容性能(图 3.32(a)~(c))。在 1 mol/L H_2SO_4 电解液中,薄膜在 200 ℃氩气气氛中显示出 429 F/g 的高电容和 29.2 Wh/kg 的能量密度,这是由于形成了更多的 C—Ti—O 活性位点和更大的层间空隙。在惰性气体中通过高温退火提高 $Ti_3C_2T_x$ 薄膜电容性能的过程如图 3.32(d)~(f)所示[152],薄膜在 650 ℃下退火。氩气气氛中的 C 显示出 1 590 F/cm^3 的超高体积电容,442 F/g 的质量值,以及在 20 A/g 下 1 030 F/cm 的良好速率能力。这种优异的性能源于表面上的有益化学成分和结构变化。此外,MXene 膜的超级电容器性能可以通过表面改性来改善。Hu 等[153]通过 γ 射线辐照对 $Ti_3C_2T_x$MXene 薄膜的表面进行了改性,以提高其超级电容器性能。与 $Ti_3C_2T_x$ 相比,改性的 $Ti_3C_2T_x$ 薄膜表现出增强的速率性能和循环稳定性。Tang 等[154]使用浓 H_2SO_4 氧化法来缓解 $Ti_3C_2T_x$ 薄膜的再堆积问题。因此,高容量电容可获得超高速率性能。

3.3.5 MXene 基复合材料在超级电容器领域的应用

为了在实际应用中进一步提高 MXene 的电化学性能和机械性能(强度、柔韧性或拉伸性),将其与其他多种材料(如碳材料、聚合物和金属化合物)结合制备成复合材料。这导致了一种协同效应,其中 MXene 具有突出的电子传导性,这归因于快速的电子转移,增加了可用的表面积,并稳定了材料的结构。此外,这些材料作为间隔物并扩大层间距,从而防止 MXene 纳米片的重新堆叠。因此,离子运输发生得更快,离子载荷量增加。与纯 MXene 相比,MXene 基纳米复合材料具有更好的电化学性能。

1. MXene/过渡金属氧化物复合材料

Zheng 等[155]设计的 $MoO_3/Ti_3C_2T_x$ 阳极,由导电 $Ti_3C_2T_x$ 桥接 MoO_3 纳米带组成,其最大质量能量密度为 31.2 Wh/kg,体积能量密度为 39.2 Wh/L。高能量密度是由于过渡金属氧化物对 MXene 的主要质量贡献。循环 10 000 次后可获得 94.2% 左右的循环稳定性。Li 等[156]采用激光结晶法制备了 Fe_3O_4 夹层 MXene 层电极。全固态超级电容的优点是灵活性。除此之外,由于过渡金属氧化物被夹在中间,它将提供一个额外的近表面氧化还原位点,增加赝电容。在 Li_2SO_4 水溶液电解质中,当电流密度为 0.5 mA/cm^2 时,其面积电容为 46.4 mF/cm^2。在功率密度为 0.176 mW/cm^2 时,其能量密度约为 0.970(μ·Wh)/cm^2,具有良好的循环性。这种结构为改进 MXene 层来开发薄膜超级电容器提供了思路。

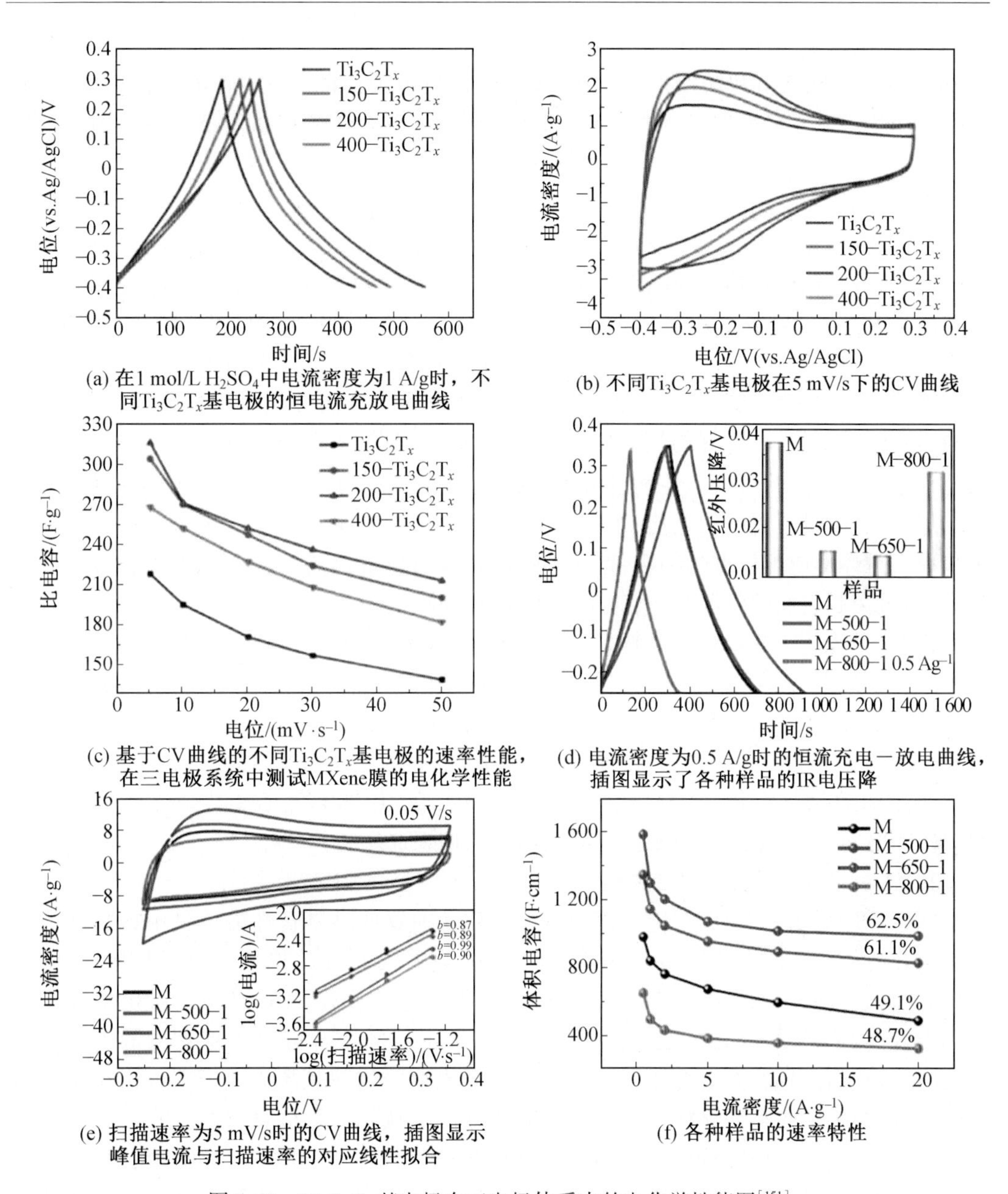

(a) 在1 mol/L H_2SO_4中电流密度为1 A/g时，不同$Ti_3C_2T_x$基电极的恒电流充放电曲线

(b) 不同$Ti_3C_2T_x$基电极在5 mV/s下的CV曲线

(c) 基于CV曲线的不同$Ti_3C_2T_x$基电极的速率性能，在三电极系统中测试MXene膜的电化学性能

(d) 电流密度为0.5 A/g时的恒流充电一放电曲线，插图显示了各种样品的IR电压降

(e) 扫描速率为5 mV/s时的CV曲线，插图显示峰值电流与扫描速率的对应线性拟合

(f) 各种样品的速率特性

图 3.32　$Ti_3C_2T_x$ 基电极在三电极体系中的电化学性能图[151]

过渡金属氧化物 MXene 复合材料可以获得良好的质量和体积能力[157]，但当达到工业规模的要求时，许多都达不到标准。与前面的讨论一样，金属氧化物的主要加载可以在一定程度上提高 MXene 的赝电容。但与此不同的是，Bo 等[158]通过原子位点将均匀分布的 MnO_2 发展成 MXene 片材料。这将最大化原子氧化还原反应，从而可以获得接近工业标准的高频电容。他们通过开发亲水性和官能团充足的 MXene 气凝胶使其成为可能。这种独特的结构将提供三维成核位点，以均匀地附着共价键合的二氧化锰纳米片。由于气凝胶结构，这种独特的分布使赝电容大于 400 F/g，而只需要很少的 MnO_2（要获得相同

的电容,负载比裸 MnO_2 低近 10 倍)。以 MXene 为阴极制成的非对称超级电容器,其能量密度(50.1 Wh/kg)和功率密度(10 kW/kg)是目前报道的 MnO_2 赝电容器中最好的。这项工作为开发一种性能优越、质量载荷较小的有效混合结构提供了清晰的图景。同样的技术可以推广到其他一些过渡金属氧化物 MXene 阳极结构,以满足工业标准[158]。

Zhou 等[140]设计了碳布上的 MnO_2 和 MXene 导电独立电极,MnO_2 纳米棒/碳布的电容仅为 302.3 F/g,而 MnO_2 纳米棒/MXene-碳布的电容为 511.2 F/g。当电流在 1 ~5 A/g 范围内时,其电容值可保持在 60.3%。这项工作的主要吸引力在于,他们用 PVA 和氢氧化钾的凝胶电解质制备了固体柔性超级电容器,获得了 29.58 Wh/kg 的能量密度和 749.92 W/kg的功率密度。这表现出更好的机械强度,可以获得相同的电化学性能。如果电容器弯曲到180°,这项工作为开发一种高度灵活的全固态超级电容器提供了思路。MnO_2 纳米线也是一种较好的复合材料,可与 MXene 杂化以提高电容[159]。

为了获得优异的可变形性和可编辑性,Xie 等[160]提出了将金属有机框架与 MXene 结合的想法,这提供了更好的电化学性能和灵活性。金属有机骨架是一种金属簇或金属离子与有机配体形成配位键的结构,这些独特的框架可以提供高的表面积和可调节的孔隙大小,通过控制它们的骨骼结构,化学性质也可以改变。

Xie 等开发了 $CoFe_2O_4$ 纳米棒,它是由附着在 MXene 纳米片上的金属-有机框架衍生而来的。在这里,Co-Fe 氧化物充当 MXene 层之间的间隔剂,通过增加层间距防止堆叠。带有 MXene 层的 Co-Fe 提高了灵活性,促进了电荷转移。该复合材料在 LiCl 电解液中的容量电容为2 467.6 F/cm^3,用它制成的对称超级电容的比面积电容为 356.4 mF/cm^2。由于它在弯曲后仍具有稳定的电化学存储稳定性,在 10 000 次充放电循环后仍能保持 88.2% 的电容,是未来柔性和便携式储能器件的理想选择。

2. MXene/导电聚合物复合材料

MXene 的亲水性、金属导电性以及表面氧化还原反应是制备性能优良电极材料的关键。但在范德瓦耳斯力的作用下,相邻的 MXene 薄片有很强的聚集或自堆积倾向,降低了比表面积,进而影响了离子在层间的扩散。因此,它严重恶化了 MXene 基电极在实际应用中的性能。[161-162]幸运的是,导电聚合物与 MXene 的结合可以改善它们的电化学性能,并赋予它们优越的力学性能。[163]MXene 和导电聚合物都是超级电容器电极材料的研究热点,这两种不同类型材料的结合可以解决它们单独作为电极材料时存在的缺陷。基于理论容量、比表面积、质量负载、柔韧性和优异的机械性能,MXene/导电聚合物复合材料显示了其成为先进电极材料的潜力,其中最常被研究用于导电聚合物 SCs 器件的有 PANI、PPy、PTh 和 PEDOT,它们具有良好的本征导电性。表 3.1[164]显示了不同导电聚合物在掺杂状态下的典型导电性。与传统聚合物(10 eV)相比,导电聚合物具有更低的带隙(1 ~3 eV),并且这些聚合物具有特定的掺杂/非掺杂行为,多样的形貌和相当快的充放电能力[165]。

自 2015 年以来,MXene 在储能领域的发展迅速,关于 SCs 研究的文献不计其数。例如,Aslam 等[166]讨论了用于钠离子电池储能的 MXene,比较了其电化学性能的理论和实验差异。Nan 等[167]总结了 MXene 在不同储能装置中的应用,并提出了 MXene 在未来储能中的一些挑战。Wu 等[168]通过实例介绍了 MXene 在钾离子电池中的应用,并解释了

MXene 的储钾机理。Nasrin 等[169]阐述了 2D/2D MXene 异质结构对 SCs 性能的改善。关于 MXene 在 SCs 和电池等储能领域的应用综述比较多,但关于 MXene/导电聚合物复合材料在 SCs 中的应用综述相对较少。

表 3.1　典型导电聚合物的导电性[164]

聚合物	聚苯胺	聚吡咯	聚噻吩	聚乙烯二氧噻吩
电导率/($S \cdot cm^{-1}$)	0.1 ~ 5	10 ~ 50	300 ~ 400	300 ~ 500

作为一种高性能的电极材料,MXene 在 SCs 领域显示出了巨大的应用前景[170]。然而,与其他二维材料类似,MXene 制成的薄膜容易重新堆积,从而减少了电极内部的离子传输,严重影响了独立电极的比电容和速率能力[127, 171]。为了克服这一问题,许多研究都集中在设计 MXene 电极结构和提高其离子传输性能上,其中包括制备微孔和水凝胶 $Ti_3C_2T_x$ 薄膜,以及 $Ti_3C_2T_x$ 与碳纳米材料混合电极的设计。[172]虽然其中一些策略可以有效提高电极的离子传输和高速电化学性能,但它们会降低电极密度,导致电极体积电容、速率能力和能量密度降低。[173]近年来的研究表明,在 MXene 片材表面沉积导电聚合物(如 PANI、PPy 和 PEDOT)可以促进独立 MXene 电极的电化学性能。

(1)MXene/PANI 复合材料。

Xu 等[174]提出了在酸性条件下,在 $Ti_3C_2T_x$MXene 纳米片上化学氧化聚合苯胺单体,制备 MXene/PANI 复合材料的新策略。MXene 纳米片表面富含—O、—F、—OH 官能团,可为苯胺在 MXene 表面的沉积提供成核位点。随着过硫酸铵的持续滴入,苯胺单体开始在 MXene 表面官能团上持续聚合。最后,在 MXene 纳米片上形成不规则多孔 PANI,为电解质离子的传输提供通道。随着离子传输通道的增加,MXene/PANI 复合材料的电子传递效率和电化学活性也得到了提高。此外,Zhao 等[175]采用低温原位聚合的方法对 MXene 纳米片表面或之间的 PANI 纳米颗粒进行了合理的修饰,如图 3.33(a)所示。从图 3.33(b)可以看出,MXene/PANI 复合材料中的 PANI 纳米颗粒相对规则,分布相对均匀。该方法有效地减少了对 MXene 纳米片的损伤,尽可能地保证了 PANI 的聚合质量[176]。

Vahidmohammadi 等[177]报道了一种采用无氧化剂聚合法制备 MXene/PANI 复合材料的方法,该方法在不添加额外氧化剂的情况下,利用苯胺单体在 MXene 纳米片的外围原位聚合合成 MXene/PANI 复合材料,如图 3.33(c)所示。MXene 纳米片表面聚合物沉积量是影响电极电化学性能的关键参数。截面 SEM 图像(图 3.33(d))显示,MXene 和 PANI 纳米颗粒紧密结合,形成了致密的带孔层间结构。在不降低电化学性能的前提下,当沉积在 MXene 层表面的 PANI 质量最小时制备的 MXene/PANI 复合电极的质量比电容为 503 F/g,体积电容为 1682.3 F/cm^3。复合方法可以有效地控制 PANI 的用量,使电极具有更高的离子输送能力,提高电极的电化学性能并具有优异的循环性能(10 000 次循环后电容保留率为 98.3%)。与以往报道的 $Ti_3C_2T_x$ 电极相比,该方法可以在不影响电化学性能的情况下制备高质量负载或高厚度的 MXene/PANI 电极。

Wu 等[178]利用两步电化学路线成功制备了手风琴状的氨基-Ti_3C_2(N-Ti_3C_2)/PANI 复合材料。在图 3.34(a)中,N-Ti_3C_2 首先通过电化学反应沉积或涂覆在 FTO-玻璃衬底上。然后以 Ti_3C_2MXene 的有序结构为载体,在恒定电压作用下,通过电化学聚合将 PANI

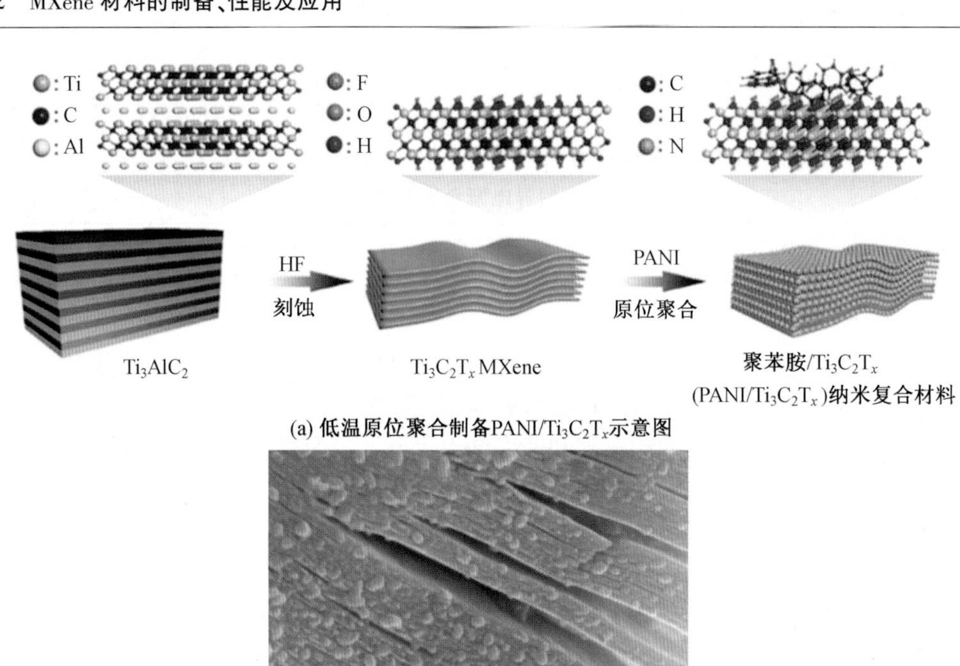

(a) 低温原位聚合制备PANI/$Ti_3C_2T_x$示意图

(b) MXene/PANI复合材料的SEM图像

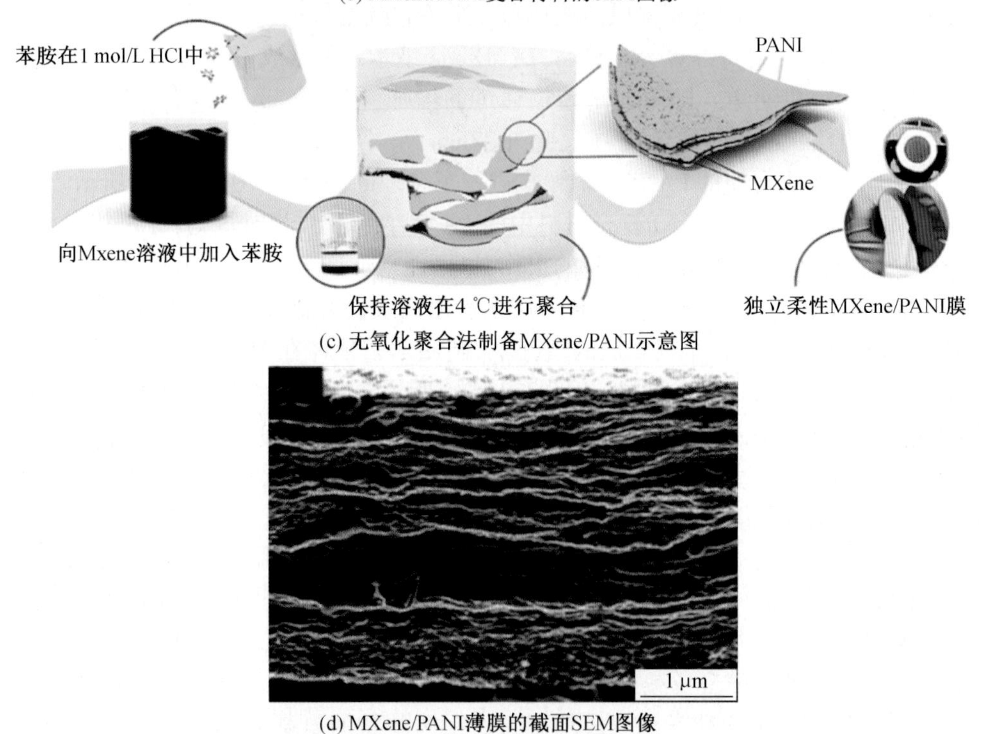

(c) 无氧化聚合法制备MXene/PANI示意图

(d) MXene/PANI薄膜的截面SEM图像

图 3.33 PANI/$Ti_3C_2T_x$ 复合材料的制备过程和形貌图[175]

链连接到FTO玻璃基板上。从图3.34(b)的SEM图和图3.34(c)~(e)的EDS谱图可以看出N-Ti_3C_2与PANI是有效结合的。图3.34(f)显示了N-Ti_3C_2与PANI的特殊结合方式,不同于一般Ti_3C_2直接与PANI结合的方式。PANI链上的胺氮与N-Ti_3C_2所携带的氨基通过化学键紧密结合,增加了Ti_3C_2MXene的间距和可及表面积,有效防止了MXene片材的自堆积。此外,共价接枝形成的手风琴状的N-Ti_3C_2/PANI复合材料还可以为电荷和离子的转移提供精确而快速的通道,使复合材料的电荷转移速率更快。特殊的结构和特殊的键合方法使N-Ti_3C_2/PANI具有良好的电化学性能。在0.5 mol/L H_2SO_4电解液中,5 mV/s条件下,N-Ti_3C_2/PANI的性能最好,其最大表面电容为228 mF/g,是原始Ti_3C_2薄膜的32倍,如图3.34(g)所示。此外,N-Ti_3C_2/PANI复合电极在1 000次循环后电容保留率达到85%。

Li等[179]通过水热法制备了覆盖PANI链的MXene/PANI材料。MXene作为支撑框架,PANI用于连接相邻的MXene层。在制备的复合材料中,MXene可以提高复合材料的柔韧性并形成三维结构网络结构。PANI的引入扩大了MXene层间距,加速了离子和电荷的转移[180]。在6 mol/L KOH溶液中,MXene/PANI复合电极在0.5 A/g时的质量比电容为563 F/g,几乎是纯MXene的2.3倍(图3.35(a)、(b))。此外,在5 A/g的条件下,10 000次循环后的电容保留率高达95.15%。

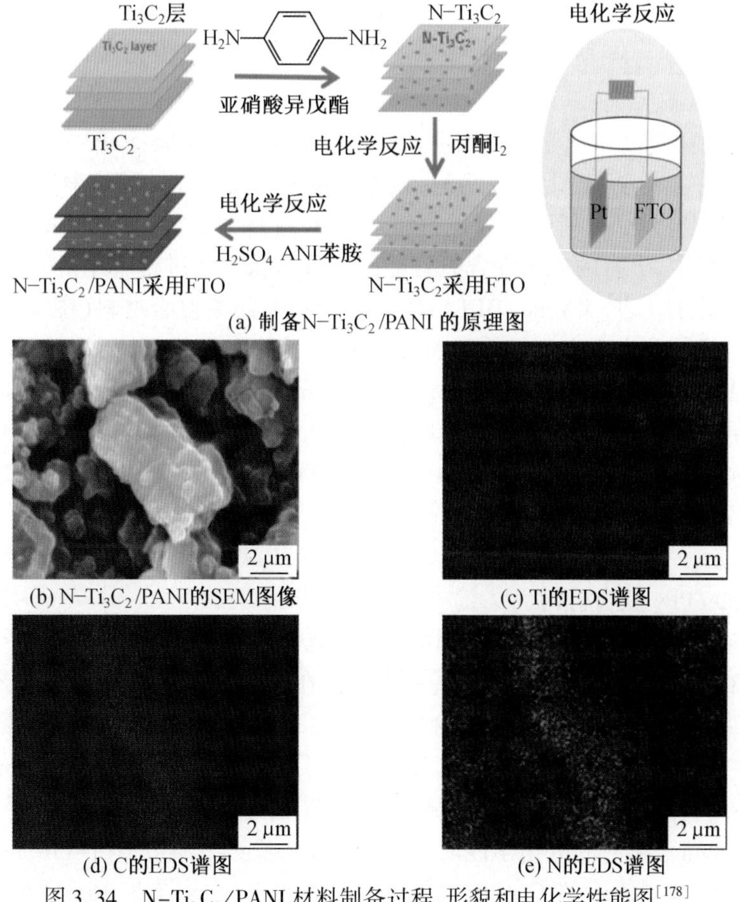

(a) 制备N-Ti_3C_2/PANI的原理图

(b) N-Ti_3C_2/PANI的SEM图像　(c) Ti的EDS谱图

(d) C的EDS谱图　(e) N的EDS谱图

图3.34　N-Ti_3C_2/PANI材料制备过程、形貌和电化学性能图[178]

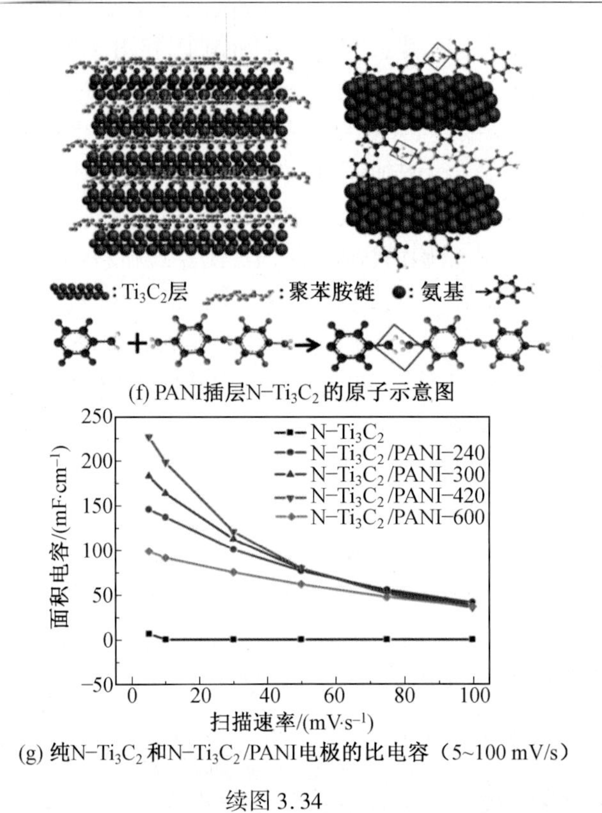

(f) PANI插层$N-Ti_3C_2$的原子示意图

(g) 纯$N-Ti_3C_2$和$N-Ti_3C_2$/PANI电极的比电容（5~100 mV/s）

续图 3.34

Chen 等[181]采用简单化学氧化聚合法研究了一种新型 MXene/PANI 复合材料作为高性能 SCs 电极的合成方法(图 3.35(c))。该方法在 $Ti_3C_2T_x$ MXene 溶液中加入掺杂剂 DL-酒石酸(DLTA)并混合均匀,利用超分子自组装技术将 DLTA 组装在 MXene 的外围。在超分子自组装过程中,丰富的电负性含氧官能团导致苯胺单体进行有序机制聚合,从而得到微观结构满意的 $Ti_3C_2T_x$ MXene-DLTA/PANI(TDP)自组装复合材料(图 3.35(d))。

超分子自组装的实现主要依赖于 MXene 的手性相互作用,以及具有丰富负电荷含氧官能团(—OH、—COOH)的 DLTA 的灵活空间分布。由图 3.35(e)可知,在 1 mol/L H_2SO_4 电解质溶液中,MXene 与苯胺的质量比为 2 : 8 时制备的 TDP 电极材料在 1 A/g 时的比电容为 452 F/g,远高于 MXene(61 F/g)和 PANI(263 F/g)。此外,TDP 电极还具有高达 1.9 V 的电压窗口。在 4 A/g 时,经过 2 000 次循环后,其电容保留率仍为 61%,如图 3.35(f)所示。

(2) MXene/PPy 复合材料。

如图 3.36(a)所示,Jian 等[182]采用一步共电沉积法在 ITO 玻璃上制备 MXene/PPy 复合膜。以 MXene 纳米片为聚合核心,吡咯单体在 MXene 纳米片表面或纳米片之间逐渐聚合,得到三维焦糖状 MXene/PPy 复合膜,如图 3.36(b)所示。引入具有赝电容特性的 PPy 可以产生比纯 MXene 更高的电容。同时,由于 $Ti_3C_2T_x$ 的引入,PPy 在充放电过程中的膨胀问题得到了缓解。值得注意的是,PPy 将 $Ti_3C_2T_x$ 纳米片插入,增加了 $Ti_3C_2T_x$ 的层间距,进一步提高了材料的电化学性能。此外,Zhang 等[183]通过 HCl-LiF 原位刻蚀、电泳沉积和电化学聚合制备了 Ti_3C_2/PPy 薄膜(图 3.36(c))。从图 3.36(d)和(e)的对比可

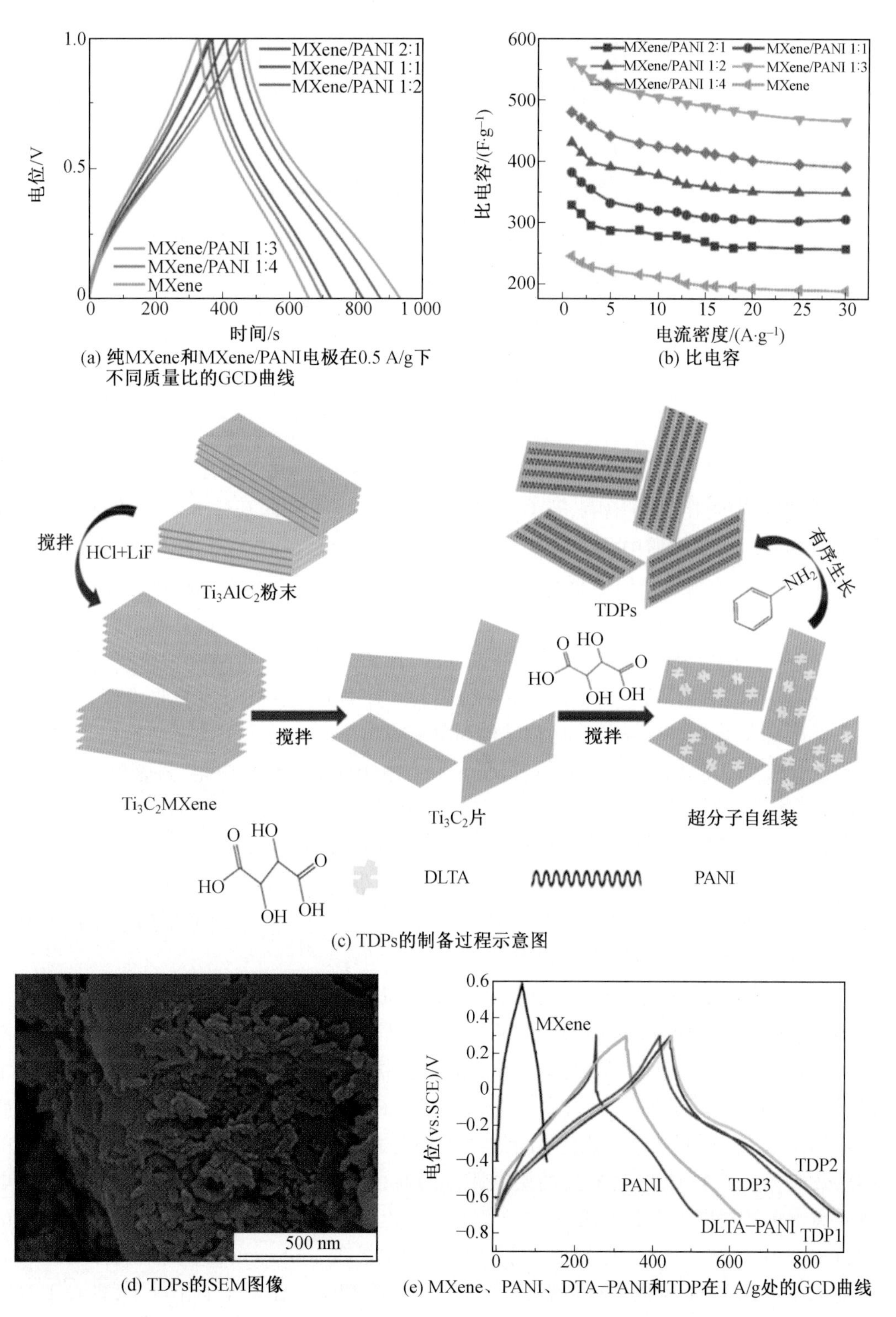

(a) 纯MXene和MXene/PANI电极在0.5 A/g下不同质量比的GCD曲线

(b) 比电容

(c) TDPs的制备过程示意图

(d) TDPs的SEM图像

(e) MXene、PANI、DTA−PANI和TDP在1 A/g处的GCD曲线

图 3.35　MXene/PANI 材料的制备过程、形貌和电化学性能图[179]

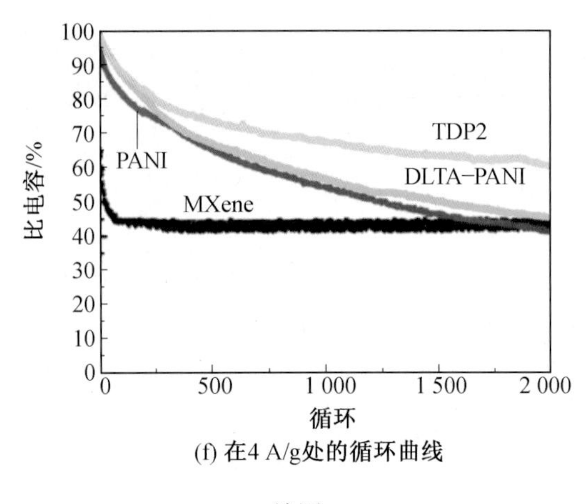

(f) 在4 A/g处的循环曲线

续图 3.35

以清楚地看到，PPy 膜和 Ti_3C_2/PPy 膜的截面有明显的不同。在 1 mA/cm^2 条件下，受 Ti_3C_2 和 PPy 协同作用的影响，Ti_3C_2/PPy 复合膜制备的平面在 2 mol/L H_2SO_4 溶液和 PVA/H_2SO_4 固体电解质中分别具有 109.4 mF/cm^2 和 86.7 mF/cm^2 的面积电容。

Wei 等[184]采用一步原位聚合法制备了 PPy/Ti_3C_2MXene 异质结构纳米复合材料，如图 3.36(f) 所示。通过引入均匀分散的 Ti_3C_2 纳米片悬浮液，将吡罗单体原位聚合，在 MXene 片层外围生成 PPy 纳米球，制备出 PPy/Ti_3C_2MXene 异质结构纳米复合材料。从图 3.36(g) 可以看出，PPy 和 Ti_3C_2 是一种颗粒大小规则、分布均匀的非均相复合材料。PPy/Ti_3C_2MXene 复合材料的非均相结构为电荷或离子转移提供了许多活性位点，加速了离子在电解质中的快速获取和穿透，降低了固有电阻和电荷转移电阻，显著提高了电化学性能。

此外，由于 MXene 纳米片表面的—F、—O、—OH 基团，MXene 纳米片具有良好的亲水性。这些官能团为聚合吡咯单体提供了更多的亲核反应位点。MXene 纳米片与 PPy 骨架通过有利的 π—π 共轭和静电力紧密结合。Ti_3C_2 超片状层与 PPy 纳米球的有效结合可以防止 Ti_3C_2 层的自发团聚和积累。

Wu 等[185]通过低温化学氧化法制备了类有机 $Ti_3C_2T_x$/PPy 纳米复合材料，即在低温下将吡咯单体原位聚合在 $Ti_3C_2T_x$ 纳米片上，形成清晰且分散均匀的 PPy 纳米颗粒，如图 3.37(a) 和 (b) 所示。$Ti_3C_2T_x$ 纳米片作为聚合物骨架，限制了 PPy 的生长，有效地防止了 PPy 的自堆积，提高了 $Ti_3C_2T_x$/PPy 复合材料的结构稳定性。该方法制备的复合材料主要依靠 $Ti_3C_2T_x$ 纳米片与 PPy 链之间的氢键和静电力结合。此外，均匀的 PPy 纳米粒子的插层效应扩大了 $Ti_3C_2T_x$ 纳米片的层间距。同时，高取向聚合物分子链为电荷转移和电解质离子扩散提供了更多的通道，从而提高了比电容，降低了电荷转移阻力。值得注意的是，在图 3.37(c) 中，最佳配比的 $Ti_3C_2T_x$/PPy 复合电极在 2 mV/s 时的比电容为 184.36 F/g，比纯 $Ti_3C_2T_x$ MXene 电极的比电容(133.91 F/g)高 37%。在 1 A/g 条件下，$Ti_3C_2T_x$/PPy 复合电极经过 4 000 次充放电循环后电容保持在 83.33%(图 3.37(d))。$Ti_3C_2T_x$ 纳米片与 PPy 纳米粒子之间的协同作用以及不同的储能机制是提高材料电化学性能和循环稳定

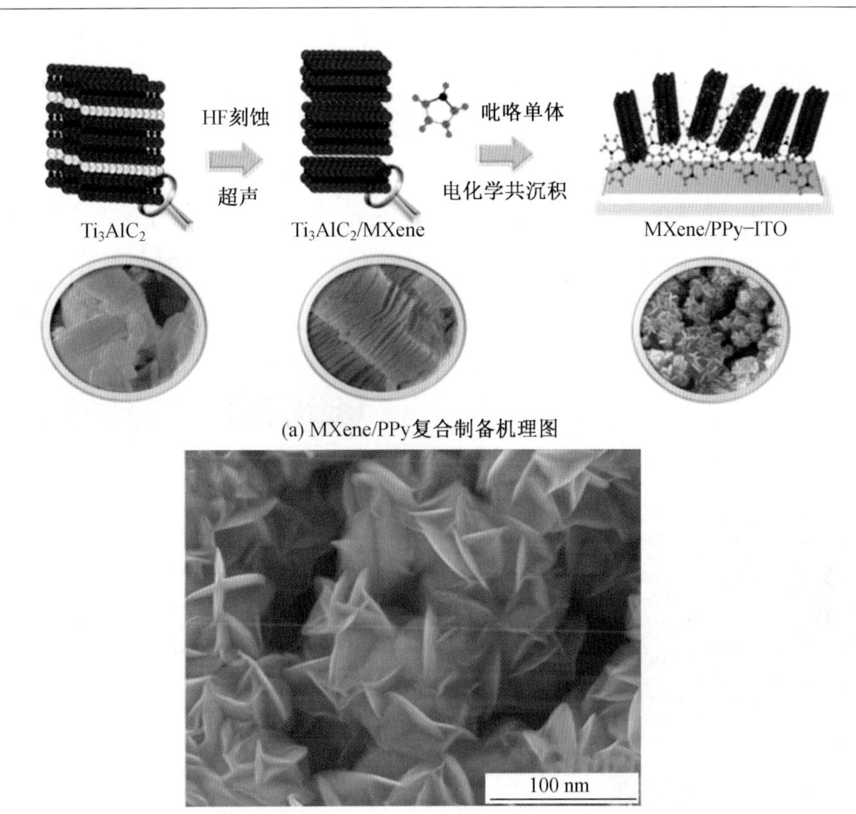

(a) MXene/PPy复合制备机理图

(b) 三维星桃状MXene/PPy复合材料的SEM图像

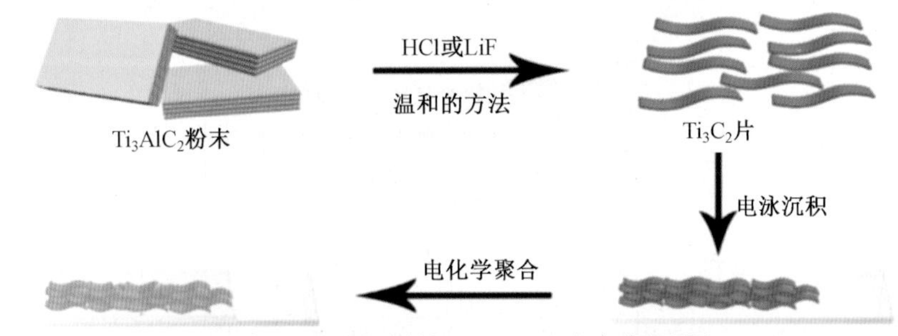

(c) 电化学聚合法制备$Ti_3C_2T_x$/PPy复合膜流程图

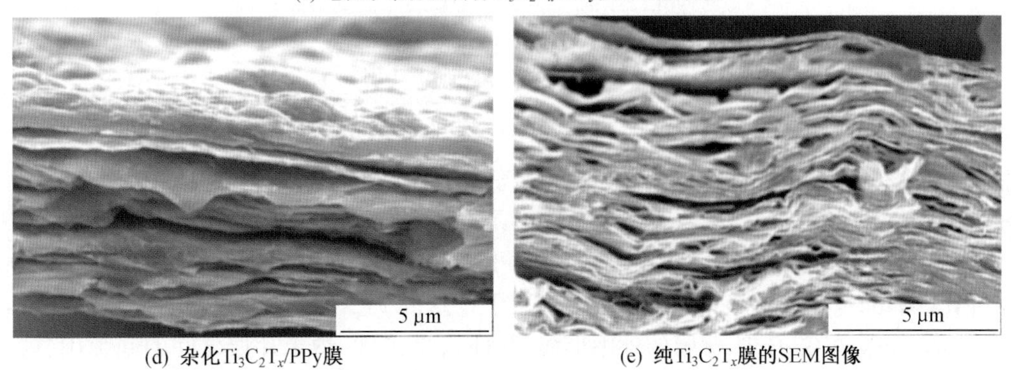

(d) 杂化$Ti_3C_2T_x$/PPy膜　　(e) 纯$Ti_3C_2T_x$膜的SEM图像

图 3.36　MXene/PPy 复合材料制备与形貌表征图[182-184]

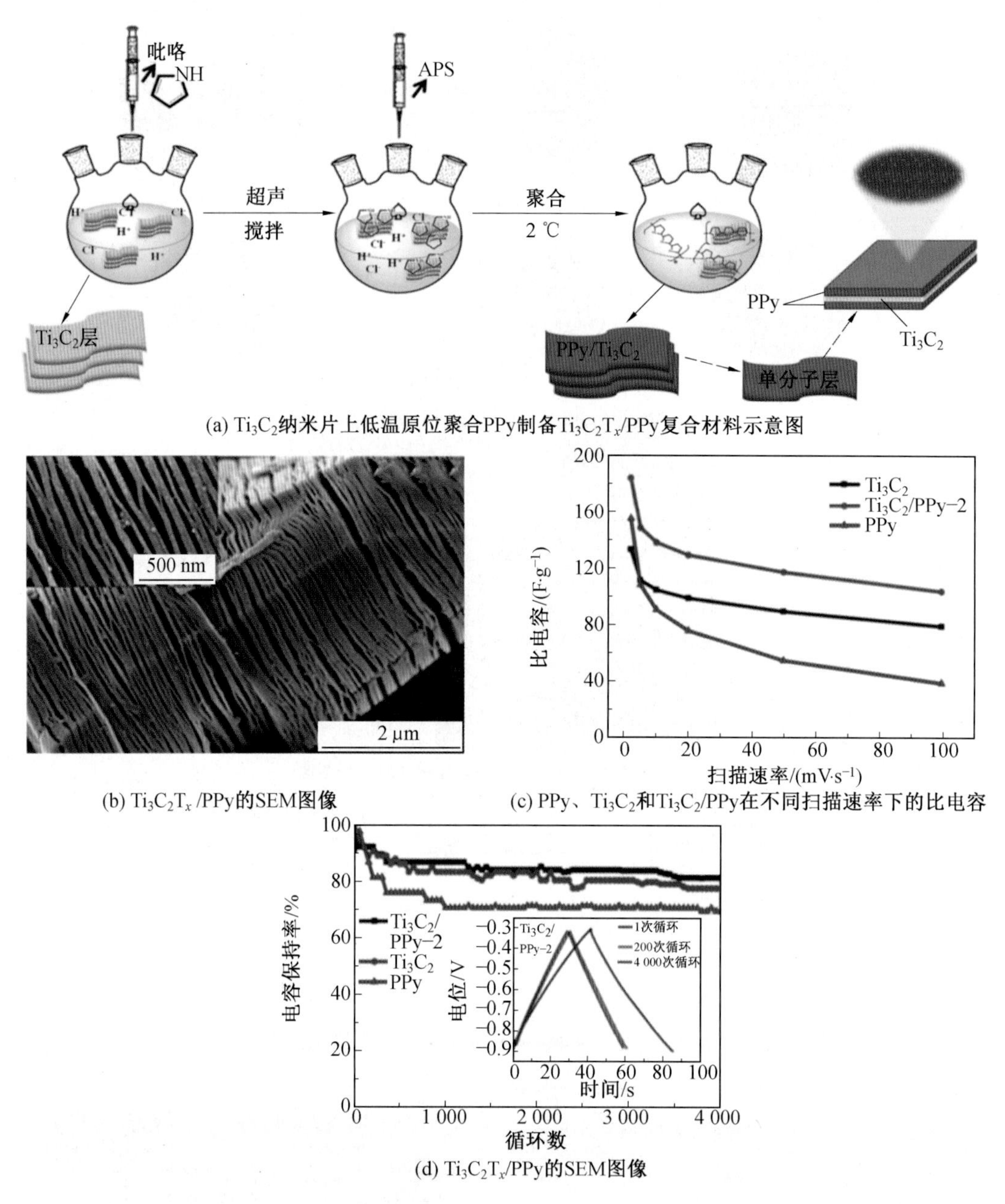

(a) Ti_3C_2纳米片上低温原位聚合PPy制备$Ti_3C_2T_x$/PPy复合材料示意图

(b) $Ti_3C_2T_x$/PPy的SEM图像

(c) PPy、Ti_3C_2和Ti_3C_2/PPy在不同扫描速率下的比电容

(d) $Ti_3C_2T_x$/PPy的SEM图像

图 3.37 低温原位聚合 PPy 制备 $Ti_3C_2T_x$/PPy 复合材料的制备过程、形貌和电化学性能图[185]

性的主要原因。最重要的是,它为大规模制备 $Ti_3C_2T_x$/PPy 复合材料提供了一条低成本、方便的途径。

Tong 等[186]成功制备了独立的 $Ti_3C_2T_x$/PPy 复合膜电极,方法是将 PPy 电化学沉积在通过真空辅助过滤法制备的 $Ti_3C_2T_x$ 膜上(图 3.38(a))。$Ti_3C_2T_x$/PPy 复合薄膜具有特殊的结构,PPy 在 $Ti_3C_2T_x$ 薄膜的外围形成,并插入 $Ti_3C_2T_x$ 纳米片层之间的间隙中,如图 3.38(b) ~ (e)所示。这种特殊的结构导致 $Ti_3C_2T_x$ 与 PPy 之间有效的强结合。$Ti_3C_2T_x$ 与 PPy 的良好结合提高了 $Ti_3C_2T_x$/PPy 薄膜的抗拉强度(48.2 MPa),大大高于原始

$Ti_3C_2T_x$ 电极的 9.9 MPa。更重要的是，由于这种特殊的结构和不同部分的协同作用，最佳 $Ti_3C_2T_x$/PPy 薄膜电极在 1 A/g 时的比电容为 420.2 F/g，远远高于 Ti_3C_2 和 PPy 的比电容(图 3.38(f)和(g))。此外，即使在 20 A/g，经过 10 000 次循环后，$Ti_3C_2T_x$/PPy 薄膜电极的电容保留率仍然达到 86%，表现出良好的电化学稳定性，表明 $Ti_3C_2T_x$/PPy 薄膜可以作为 SCs 电极。

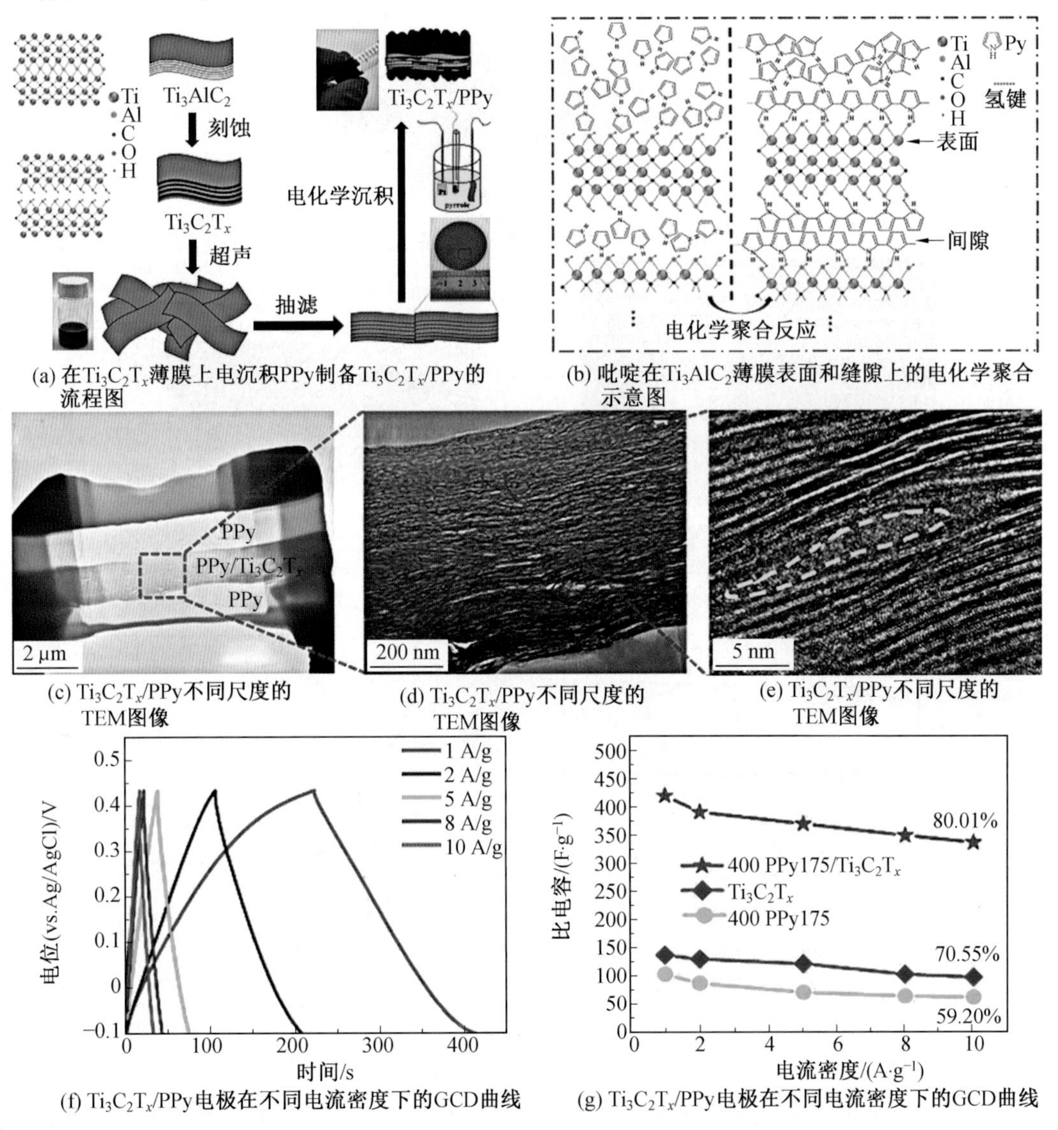

(a) 在 $Ti_3C_2T_x$ 薄膜上电沉积PPy制备 $Ti_3C_2T_x$/PPy的流程图

(b) 吡啶在 Ti_3AlC_2 薄膜表面和缝隙上的电化学聚合示意图

(c) $Ti_3C_2T_x$/PPy不同尺度的TEM图像

(d) $Ti_3C_2T_x$/PPy不同尺度的TEM图像

(e) $Ti_3C_2T_x$/PPy不同尺度的TEM图像

(f) $Ti_3C_2T_x$/PPy电极在不同电流密度下的GCD曲线

(g) $Ti_3C_2T_x$/PPy电极在不同电流密度下的GCD曲线

图 3.38　电沉积法制备 PPy/$Ti_3C_2T_x$ 复合材料的制备过程、形貌和电化学性能图[186]

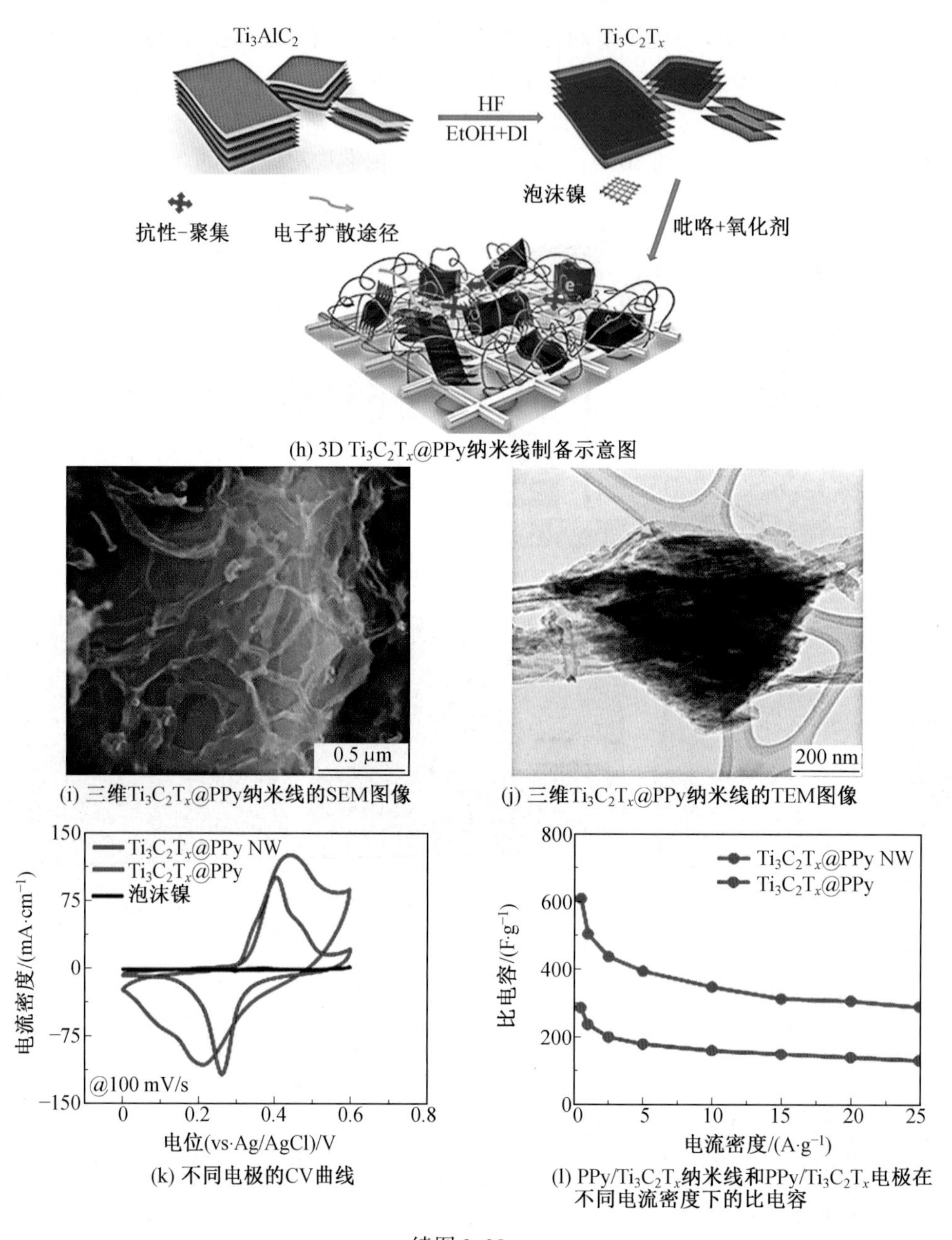

(h) 3D $Ti_3C_2T_x$@PPy纳米线制备示意图

(i) 三维$Ti_3C_2T_x$@PPy纳米线的SEM图像

(j) 三维$Ti_3C_2T_x$@PPy纳米线的TEM图像

(k) 不同电极的CV曲线

(l) PPy/$Ti_3C_2T_x$纳米线和PPy/$Ti_3C_2T_x$电极在不同电流密度下的比电容

续图 3.38

Le 等[187]采用原位合成法制备了 3D $Ti_3C_2T_x$@PPy 纳米复合材料。将多层 MXene 纳米片结构缠绕在三维 PPy 纳米线基体中，形成具有理想三维连通多孔结构和高导电性的 MXene/PPy 复合材料，如图 3.38(h)～(j)所示。MXene 与 PPy 纠缠形成的特殊结构保证了电解质离子的快速扩散和短而连续的电荷转移路径，使活性材料的利用率最大化。此外，多孔互连 3D 网络连接 MXene 片，同时防止它们自堆积。从图 3.38(k)和(l)可以看出，在 0.5 A/g 时，3D $Ti_3C_2T_x$@PPy 的比电容为 610 F/g，而之前报道的 $Ti_3C_2T_x$@PPy 和纯 $Ti_3C_2T_x$ MXene 分别为 298 F/g 和 138 F/g。3D $Ti_3C_2T_x$@PPy 的比电容比之前报道的

$Ti_3C_2T_x$@PPy 增加了一倍以上。值得注意的是，在 4 A/g 条件下，经过 14 000 次循环后，3D $Ti_3C_2T_x$@PPy 电极保持了几乎 100% 的稳定性，优于其他先进的基于 MXene 的 SCs。

（3）MXene/PEDOT 复合材料。

Wan 等[188]采用真空辅助过滤方法制备了柔性 MXene/PEDOT：聚（苯乙烯磺酸盐）（PEDOT：PSS）薄膜，如图 3.39（a）所示。该方法将制备好的 MXene 溶液与 PEDOT：PSS 分散体按比例混合，真空过滤得到 MXene/PEDOT：PSS 复合膜（图 3.39（b））。为了提高

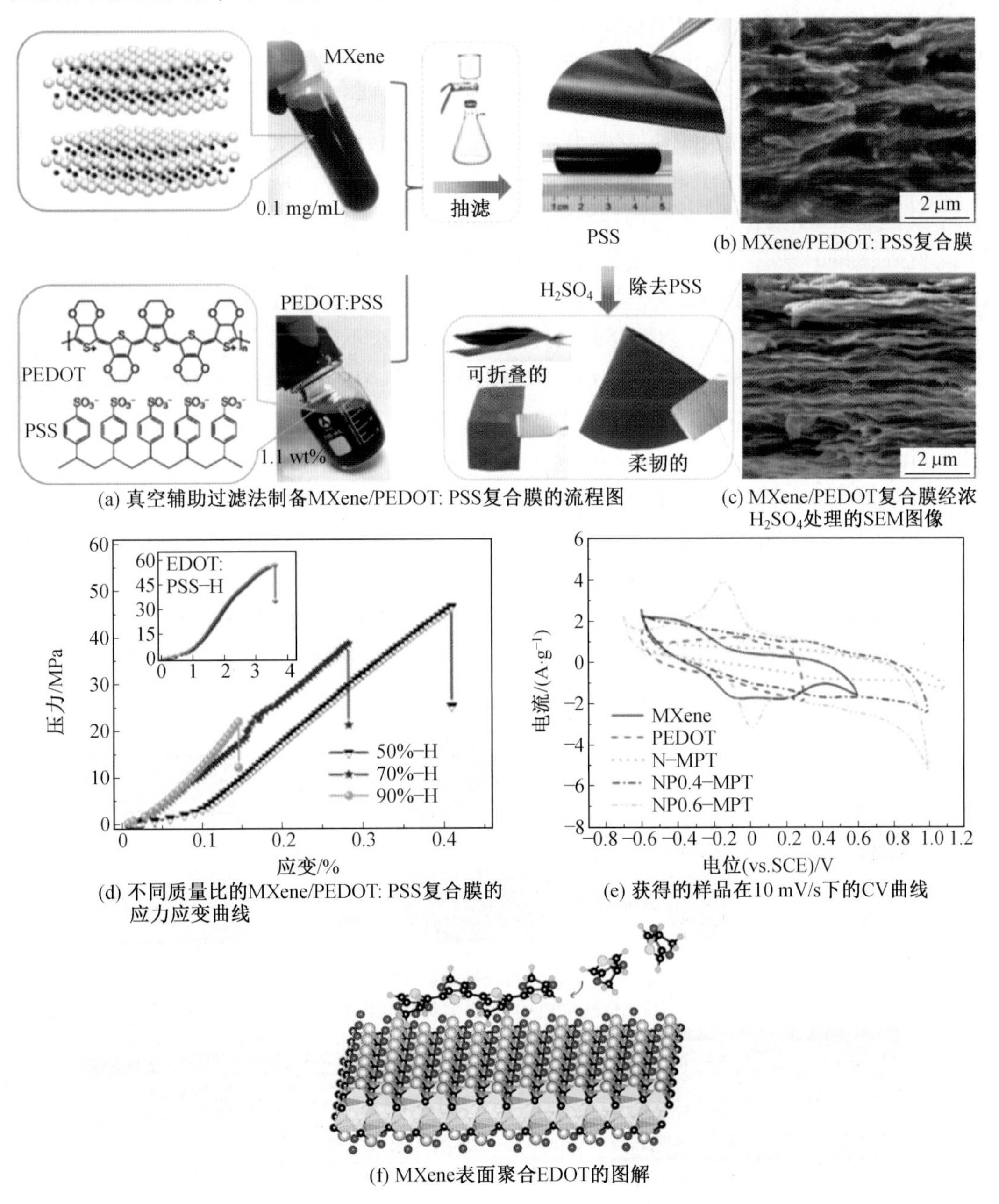

(a) 真空辅助过滤法制备MXene/PEDOT: PSS复合膜的流程图

(b) MXene/PEDOT: PSS复合膜

(c) MXene/PEDOT复合膜经浓H_2SO_4处理的SEM图像

(d) 不同质量比的MXene/PEDOT: PSS复合膜的应力应变曲线

(e) 获得的样品在10 mV/s下的CV曲线

(f) MXene表面聚合EDOT的图解

图 3.39　MXene/PEDOT：PSS 复合膜的制备过程、形貌和电化学性能图[188]

复合膜的导电性,用 H_2SO_4 对 MXene/PEDOT:PSS 复合膜进行处理,去除不导电的 PSS,得到柔性独立的高性能 MXene/PEDOT 复合膜(图 3.39(c))。从两种截面 SEM 图像的对比可以看出复合膜的规律性,用浓硫酸处理后效果较好,这也导致了其性能的提高。如图 3.39(d)所示,从应力-应变曲线可以看出,加入少量 PEDOT: PSS 和 H_2SO_4 后,薄膜的抗拉强度明显提高。此外,与纯 MXene 膜和其他 MXene/聚合物复合膜相比,MXene/PEDOT: PSS 复合膜力学性能大大提高,并保持了良好的导电性。[189] 该方法为制备轻质、柔性、高性能、机械强度高的 MXene/PEDOT 复合材料提供了思路。

Chen 等[190]通过原位化学氧化法制备了 1,5-萘二磺酸掺杂 MXene/PEDOT(MPT)复合材料。采用磷钼酸和蒽醌-2-磺酸盐共掺杂法制备了 NP-MPT 和 NA-MPT 复合材料。其中,NA-MPT 表现出良好的层状复合结构,具有高达 1.8 V 的大电压窗口和 323 F/g 的比电容。后者是纯 PEDOT 和纯 MXene 的两倍多,如图 3.39(e)所示。这种共掺杂方法可用于其他 MXene/聚合物复合材料的应用。[191]

此外,Chen 等[192]模拟了无氧化剂原位聚合制备 MXene/PEDOT 复合材料,如图 3.39(f)所示。与传统的 PEDOT 聚合相比,虽然 EDOT 的氧化程度不够高,但足以达到 PEDOT 在 MXene 中完成掺杂聚合的条件[193],这种方法不需要任何氧化剂,只需要简单地将刻蚀后的 $Ti_3C_2T_x$MXene 溶液与 EDOT 水溶液混合,就可以实现 EDOT 在 MXene 片材外围的聚合。[194] 与 MXene 和纯 PEDOT 相比,复合材料具有良好的循环稳定性和速率性能。$Ti_3C_2T_x$ 和 PEDOT 的有效结合提高了离子和电荷的存储容量。[195-196] Tao 等[197]提出了一种空位 $Mo_{1.33}C$MXene 的制备方法,该空位 MXene 薄膜具有 1 153 F/cm^3 的高容量电容和 29 674 S/m 的高导电性。Qin 等[198]以空 $Mo_{1.33}C$MXene 为基础,通过简单水热法和真空辅助过滤法制备了 $Mo_{1.33}C$MXene/PEDOT:PSS 薄膜。为了进一步优化电化学性能,将 $Mo_{1.33}C$MXene/PEDOT:PSS 膜在浓硫酸中浸泡 24 h,以去除不导电的 PSS(图 3.40(a))。对比图 3.40(b)和(c),很容易看出 MXene/PEDOT:PSS 膜在浓硫酸浸泡前后的差异。浸泡非导电性 PSS 后的 MXene/PEDOT 薄膜具有更明显的层状结构,有利于离子的输运。此

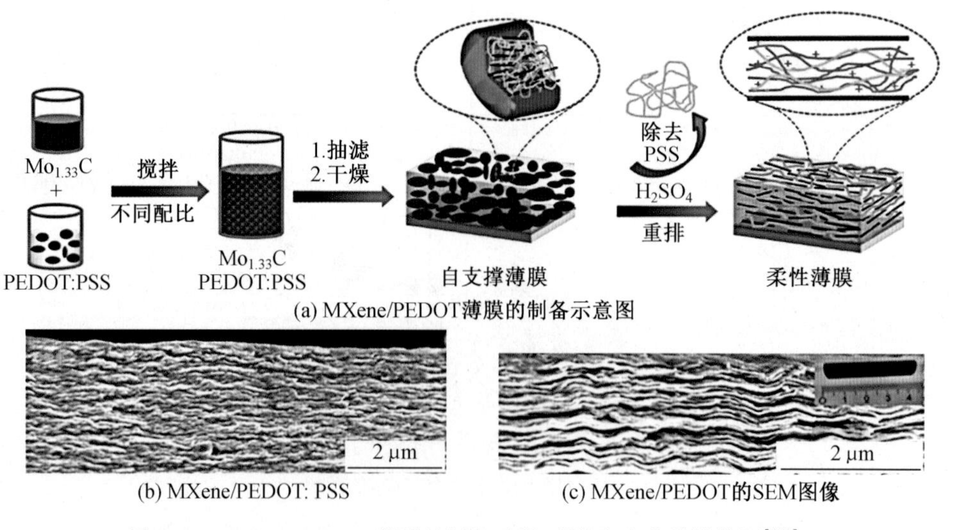

(a) MXene/PEDOT薄膜的制备示意图

(b) MXene/PEDOT: PSS　　(c) MXene/PEDOT的SEM图像

图 3.40　MXene/PEDOT 薄膜的制备过程、形貌和电化学性能图[198]

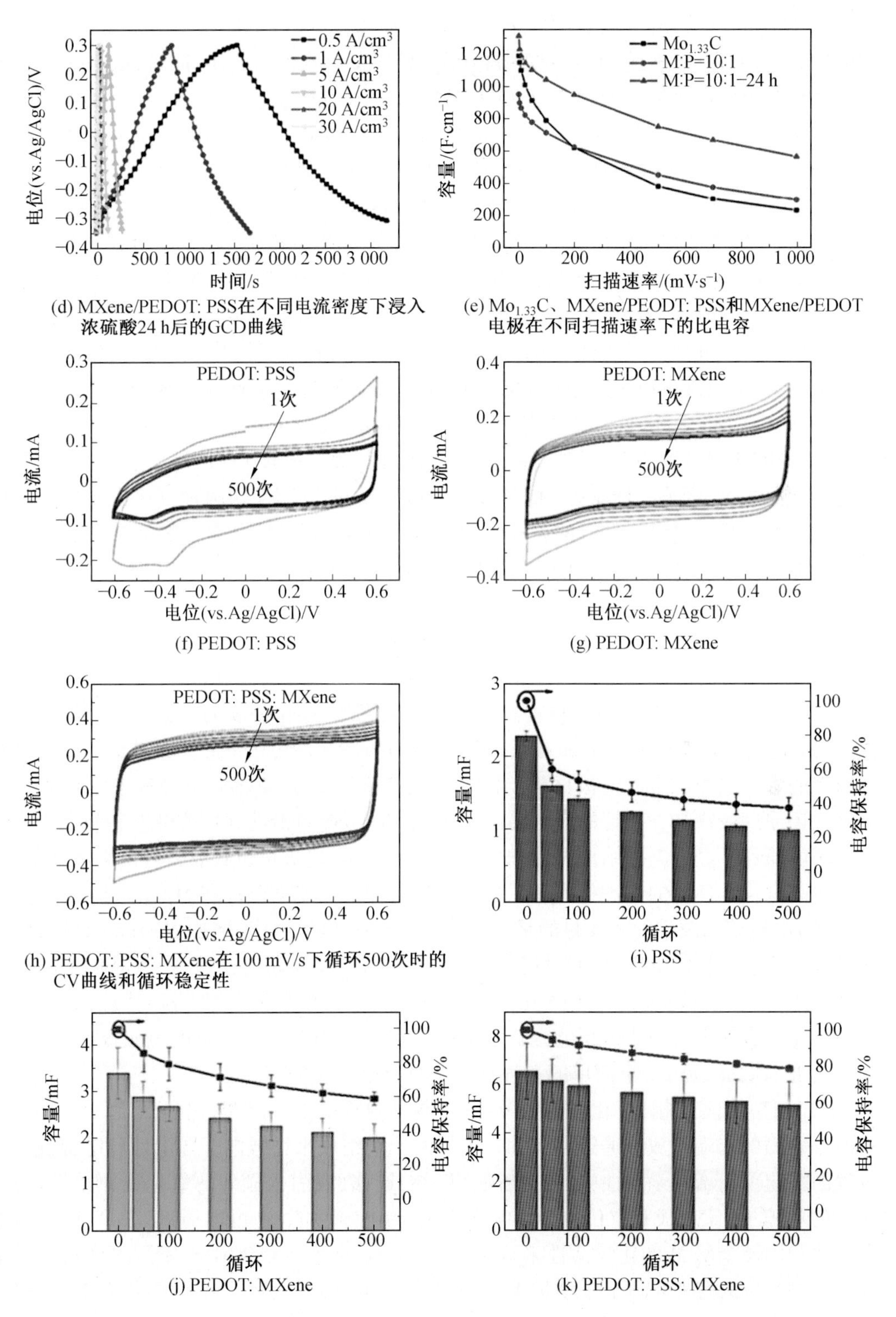

(d) MXene/PEDOT: PSS在不同电流密度下浸入浓硫酸24 h后的GCD曲线

(e) $Mo_{1.33}C$、MXene/PEODT: PSS和MXene/PEDOT电极在不同扫描速率下的比电容

(f) PEDOT: PSS

(g) PEDOT: MXene

(h) PEDOT: PSS: MXene在100 mV/s下循环500次时的CV曲线和循环稳定性

(i) PSS

(j) PEDOT: MXene

(k) PEDOT: PSS: MXene

续图 3.40

外,经过浓 H_2SO_4 处理后,复合膜的电阻率大大降低,电容值也提高了(最大体积电容达到 1 310 F/cm^3)。导电的 PEDOT 插层扩大了 MXene 片层的层间距,同时,取向的 PEDOT 纳米纤维在 MXene 片层之间构筑了网状结构,为离子传输提供了快速通道,实现了快速可逆的氧化还原反应。图 3.40(d)的 GCD 曲线和图 3.40(e)的电容曲线结果表明 $Mo_{1.33}C$ 质量比为 10∶1 的 MXene/PEDOT: PSS 薄膜经浓 H_2SO_4 处理后具有优异的比电容(2 m/V, 1 310 F/cm^3 或 452 F/g),优于之前文献报道的 MXene 基电极材料。

Wustoni 等[189]通过电化学聚合和共掺杂制备了 PEDOT:PSS:MXene 薄膜。与单一掺杂剂和 PEDOT 组成的薄膜相比,PSS 和 MXene 作为共掺杂剂与 PEDOT 的集成可以更好地结合 MXene 与 PEDOT 的特性,获得具有更高比电容和能量密度的聚合物复合材料。由图 3.40(f) ~ (h)的 CV 曲线和图 3.40(i) ~ (k)的循环曲线可以看出,在相同的条件下,PEDOT:PSS:MXene 薄膜((607±85.3)F/cm^3,500 次循环后的容量保留率为 78%)与 PEDOT:PSS((195.6±1)F/cm^3,37%)和 PEDOT:MXene((358.9±16.7)F/cm^3,58%)相比,有更高的体积电容和循环稳定性。共掺杂方法显著提高了 PEDOT 膜的电化学性能和稳定性,电化学聚合是一种简单易操作的单步聚合方法。[199-200]这两种方法为不同性能的高性能材料的组合提供了有效的途径。总的来说,MXene 与导电聚合物的结合可以显著提高其电化学性能,MXene/导电聚合物具有良好的应用前景。

总结与展望

MXene 是一种新兴的 2D 材料,具有良好的柔韧性、丰富的表面官能团和金属级导电性。自 2014 年在 $Ti_3C_2T_x$ MXene 中发现赝电容 H^+嵌入以来,MXene 一直被认为是一种很有前途的水性超级电容器电极材料。传统的制备方法赋予 MXene 良好的亲水性和大量的氧化还原反应终端。独特的嵌入赝电容机制与超级电容器的高倍率性能和高能量密度要求高度兼容。经过电极结构设计和化学改性,MXene 电极可以具有良好的电容性能。

提高电化学性能的先进技术有三类:电极结构改进、化学改性和 MXene 基复合材料。

(1)电极结构改进的主要目的是通过引入额外的离子通道、增加 MXene 的层间距离或设计高比表面积的电极结构来增强电解质离子的可及性和迁移性,扩大电化学活性区域并防止 MXene 片的堆叠。然而,过多的多孔结构不利于高密度的电极,并且 3D 多孔电极结构往往表现出较低的体积电容。垂直排列是一种相对令人满意的电极微观结构,但如何实现 MXene 通过一个简单的过程是一个具有挑战性的问题。

(2)与结构改进相比,化学改性更注重提高 MXene 的固有电化学活性。通过控制 MXene 表面的末端组成或通过调节 M—X 层的元素组成来增强电子导电性和电容性。多重表面终止可以增强亲水性,加速电解质离子的迁移,或引入额外的氧化还原活性位点。M—X 层中的元素组成和空位也会影响 MXene 的电容性能,这可以通过 M—X 层的电子导电性和过渡金属 M 的化学活性来改善。M—X 层的空位不会削弱 MXene 薄片的导电性。有序空位的存在可以显著增加 MXene 的层间距离,以增强 EDL 的能量存储。此外,还需要更多的原位表征,为化学修饰的 MXene 在碱性或中性电解质中的赝电容性、发生氧化还原过程的实际位置以及过程中元素氧化态的变化提供证据。

(3)MXene 的缺陷可以通过与其他优秀的电极材料复合来解决。MXene 复合材料的设计策略可以分为两类:一种是使用 MXene 作为其他活性材料的导电网络基底;另一种是通过与其他材料复合,使 MXene 参与能量协同存储,以增强电容并防止 MXene 的堆叠,这需要复合材料的工作条件触发 MXene 的赝电容机制,并确保两者具有相似的工作电势范围。

由于廉价的高性能赝电容材料的应用受到充电和放电过程中低电导率和体积变化的限制,MXene 的高电子电导率和足够的层间空间可以避免这些问题。总之,MXene 在水性超级电容器中的应用特别有前景,其独特的嵌入赝电容储能机制非常适合超级电容器的概念。在过去的十年里,MXene 在储能领域的研究得到了迅速发展。在 MXenes 的制备方法、储能机理和电化学性能增强方面取得了许多进展和突破。随着 WIS 电解质的出现,水性电容器窄电压窗口这一最严重的问题也将得到解决。最重要的是,WIS 中 MXene 的储能机制需要进一步研究,这将有助于 MXene 基水性电容器的利用。

参考文献

[1] ZHAO Yang, LI Xifeng, YAN Bo, et al. Recent developments and understanding of novel mixed transition-metal oxides as anodes in lithium ion batteries[J]. Advanced Energy Materials, 2016, 6(8):1-15.

[2] CHOUDHARY N, LI Chao, MOORE J, et al. asymmetric supercapacitor electrodes and devices[J]. Advanced Materials, 2017, 29(21):1-30.

[3] WANG Hou, WU Yan, YUAN Xingzhong, et al. Clay-inspired mxene-based electrochemical devices and photo-electrocatalyst: state-of-the-art progresses and challenges[J]. Advanced Materials, 2018, 30(12):1-12.

[4] ZHAO Mengqiang, TORELLI M, REN Chang, et al. 2D titanium carbide and transition metal oxides hybrid electrodes for Li-ion storage[J]. Nano Energy, 2016, 30:603-613.

[5] NAGUIB M, MOCHALIN V N, BARSOUM M W, et al. 25th anniversary article: mxenes: a new family of two-dimensional materials[J]. Advanced Materials, 2014, 26(7):992-1005.

[6] WANG Yuanming, WANG Xue, LI Xiaolong, et al. Engineering 3D ion transport channels for flexible mxene films with superior capacitive performance[J]. Advanced Functional Materials, 2019, 29(14):1-11.

[7] XIONG Dongbin, LI Xifei, BAI Zhimin. Recent advances in layered $Ti_3C_2T_x$ mxene for electrochemical energy storage[J]. Small, 2018, 14(17):1703419.

[8] KAJIYAMA S, SZABOVA L, SODEYAMA K, et al. Sodium-ion intercalation mechanism in mxene nanosheets[J]. ACS Nano, 2016, 10(3):3334-3341.

[9] MALESKI K, MOCHALIN V N, GOGOTSI Y. Dispersions of two-dimensional titanium carbide mxene in organic solvents[J]. Chemistry of Materials, 2017, 29(4):1632-1640.

[10] DÍAZ-GONZÁLEZ F, SUMPER A, GOMIS-BELLMUNT O, et al. A review of energy

storage technologies for wind power applications[J]. Renewable and Sustainable Energy Reviews,2012, 16(4):2154-2171.

[11] YOSHINO A. The birth of the lithium-ion battery[J]. Angewandte Chemie International Edition,2012, 51(24):5798-5800.

[12] TOMASZEWSKI R. Citations to chemical resources in scholarly articles: CRC handbook of chemistry and physics and the merck index[J]. Scientometrics, 2017, 112(3): 1865-1879.

[13] ZHAO Qing,HU Yuxiang,ZHANG Kai, et al. Potassium-sulfur batteries: a new member of room-temperature rechargeable metal-sulfur batteries[J]. Inorganic Chemistry,2014, 53(17):9000-9005.

[14] REN Xiaodi, WU Yiying. A low-overpotential potassium-oxygen battery based on potassium superoxide[J]. Journal of the American Chemical Society,2013, 135(8): 2923-2926.

[15] TAO Xinyong,LIU Yayuan,LIU Wei, et al. Solid-state lithium-sulfur batteries operated at 37 ℃ with composites of nanostructured $Li_7La_3Zr_2O_{12}$/carbon foam and polymer[J]. Nano Letters,2017, 17(5):2967-2972.

[16] JI Liwen,RAO Mumin,ZHENG Haimei, et al. Graphene oxide as a sulfur immobilizer in high performance lithium/sulfur cells[J]. Journal of the American Chemical Society, 2011, 133(46):18522-18525.

[17] WANG Xiaolei,LI Ge,LI Jingde, et al. Structural and chemical synergistic encapsulation of polysulfides enables ultralong-life lithium-sulfur batteries[J]. Energy & Environmental Science,2016, 9(8):2533-2538.

[18] PU Jun,SHEN Zihan,ZHENG Jiaxin, et al. Multifunctional Co_3S_4@ sulfur nanotubes for enhanced lithium-sulfur battery performance[J]. Nano Energy,2017, 37: 7-14.

[19] YU Xingwen, MANTHIRAM A. Enhanced interfacial stability of hybrid-electrolyte lithium-sulfur batteries with a layer of multifunctional polymer with intrinsic nanoporosity [J]. Advanced Functional Materials,2019, 29(3):1805996.

[20] XU Ruochen,XIA Xinhui,LI Shuhan, et al. All-solid-state lithium-sulfur batteries based on a newly designed $Li_7P_{2.9}Mn_{0.1}S_{10.7}I_{0.3}$ superionic conductor[J]. Journal of Materials Chemistry A,2017, 5(13):6310-6317.

[21] GU Sui,HUANG Xiao,WANG Qing, et al. A hybrid electrolyte for long-life semi-solid-state lithium sulfur batteries[J]. Journal of Materials Chemistry A, 2017, 5(27): 13971-13975.

[22] XIN Sen,YOU Ya,WANG Shaofei, et al. Solid-state lithium metal batteries promoted by nanotechnology: progress and prospects[J]. ACS Energy Letters, 2017, 2(6): 1385-1394.

[23] HAN Fudong, YUE Jie, FAN Xiulin, et al. High-performance all-solid-state lithium-sulfur battery enabled by a mixed-conductive Li_2S nanocomposite[J]. Nano Letters,

2016, 16(7):4521-4527.

[24] LEI Danni, SHI Kai, YE Heng, et al. Progress and perspective of solid-state lithium-sulfur batteries[J]. Advanced Functional Materials, 2018, 28(38):1707570.

[25] YAMAMOTO T, SHOJI T. Rechargeable Zn | $ZnSO_4$ | MnO_2-type cells[J]. Inorganica Chimica Acta, 1986, 117(2):L27-L28.

[26] NAGUIB M, COME J, DYATKIN B, et al. MXene: a promising transition metal carbide anode for lithium-ion batteries[J]. Electrochem Commun, 2012, 16:61.

[27] LI Chen, ZHANG Xiong, WANG Kai, et al. Accordion-like titanium carbide (MXene) with high crystallinity as fast intercalative anode for high-rate lithium-ion capacitors[J]. Chinese Chemical Letters, 2020, 31(4):1009-1013.

[28] SUN Dandan, WANG Mingshan, LI Zhengyang, et al. Two-dimensional Ti_3C_2 as anode material for Li-ion batteries[J]. Electrochemistry Communications, 2014, 47:80-83.

[29] KONG Fanyu, HE Xiaodong, LIU Qianqian, et al. Improving the electrochemical properties of MXene Ti_3C_2 multilayer for Li-ion batteries by vacuum calcination[J]. Electrochimica Acta, 2018, 265:140-150.

[30] XUE Ni, LI Xuesong, ZHANG Mengqi, et al. Chemical-combined ball-milling synthesis of fluorine-free porous MXene for high-performance lithium ion batteries[J]. ACS Applied Energy Materials, 2020, 3(10): 10234-10241.

[31] LU Ming, LI Haojie, HAN Wenjuan, et al. 2D titanium carbide (MXene) electrodes with lower-F surface for high performance lithium-ion batteries[J]. Journal of Energy Chemistry, 2019, 31:148-153.

[32] AHMED B, ANJUM D H, HEDHILI M N, et al. H_2O_2 assisted room temperature oxidation of Ti_2C MXene for Li-ion battery anodes[J]. Nanoscale, 2016, 8(14): 7580-7587.

[33] VAHIDMOHAMMADI A, HADJIKHANI A, SHAHBAZMOHAMADI S, et al. Two-dimensional vanadium carbide (MXene) as a high-capacity cathode material for rechargeable aluminum batteries[J]. ACS nano, 2017, 11(11):11135-11144.

[34] Wei Chuanliang, Fei Huifang, et al. Crumpled $Ti_3C_2T_x$ (MXene) nanosheet encapsulated $LiMn_2O_4$ for high performance lithium-ion batteries[J]. Electrochimica Acta, 2019, 309: 362-370.

[35] WANG Yesheng, LI Yanyan, QIU Zhipeng, et al. Fe_3O_4@Ti_3C_2MXene hybrids with ultrahigh volumetric capacity as an anode material for lithium-ion batteries[J]. Journal of Materials Chemistry A, 2018, 6(24):11189-11197.

[36] HUANG Yuan, XU Zihan, MAI Jiangquan, et al. Revisiting the origin of cycling enhanced capacity of Fe_3O_4 based nanostructured electrode for lithium ion batteries[J]. Nano Energy, 2017, 41: 426-433.

[37] JIAO Yuzhi, ZHANG Haitao, DONG Tao, et al. Improved electrochemical performance in nanoengineered pomegranate-shaped Fe_3O_4/rGO nanohybrids anode material[J].

Journal of Materials Science,2017, 52(6):3233-3243.

[38] XU Da, MA Kun, CHEN Ling, et al. MXene interlayer anchored Fe_3O_4 nanocrystals for ultrafast Li-ion batteries[J]. Chemical Engineering Science,2020, 212:115342.

[39] ALI A, HANTANASIRISAKUL K, ABDALA A, et al. Effect of synthesis on performance of MXene/iron oxide anode material for lithium-ion batteries[J]. Langmuir,2018, 34(38): 11325-11334.

[40] YAO, Jie, JIANG Wei, PAN Limei, et al. Hierarchical structure of in-situ Fe_2O_3 nanoparticles decorated on crumpled $Ti_3C_2T_x$ nanosheets with enhanced cycle performance as anode for lithium ion battery[J]. Ceramics International 2021, 47(15): 21807-21814.

[41] HUANG Pengfei, ZHANG Shunlong, YING Hangjun, et al. Fabrication of Fe nanocomplex pillared few-layered $Ti_3C_2T_x$ MXene with enhanced rate performance for lithium-ion batteries[J]. Nano Research,2021, 14(4): 1218-1227.

[42] VÁZQUEZ-LÓPEZ A, MAESTRE D, RAMÍREZ-CASTELLANOS J, et al. Influence of doping and controlled Sn charge state on the properties and performance of SnO_2 nanoparticles as anodes in Li-ion batteries[J]. The Journal of Physical Chemistry C,2020, 124(34): 18490-18501.

[43] LI Jianmin, LEVITT A, KURRA N, et al. MXene-conducting polymer electrochromic microsupercapacitors[J]. Energy Storage Materials,2019, 20: 455-461.

[44] SUN Xuan, LIU Yang, ZHANG Jinyang, et al. Facile construction of ultrathin SnO_x nanosheets decorated MXene(Ti_3C_2) nanocomposite towards Li-ion batteries as high performance anode materials[J]. Electrochimica Acta,2019, 295: 237-245.

[45] LUAN Sunrui, HAN Minze, XI Yaokai, et al. MoS_2-decorated 2D Ti_3C_2(MXene): a high-performance anode material for lithium-ion batteries[J]. Ionics,2020, 26:51-59.

[46] SHEN Changjie, WANG Libo, ZHOU Aiguo, et al. MoS_2-decorated Ti_3C_2MXene nanosheet as anode material in lithium-ion batteries[J]. Journal of the Electrochemical Society, 2017, 164(12): A2654.

[47] CHEN Chi, XIE Xiuqiang, ANASORI B, et al. MoS_2-on-MXene heterostructures as highly reversible anode materials for Lithium-ion batteries[J]. Angewandte Chemie International Edition, 2018, 57(7): 1846-1850.

[48] LI Jianmin, LEVITT A, KURRA N, et al. MXene-conducting polymer electrochromic microsupercapacitors[J]. Energy Storage Materials, 2019, 20:455-461.

[49] BRYAN A , SANTINO L , LU Y, et al. Conducting polymers for pseudocapacitive energy storage[J]. Chemistry of Materials,2016, 28(17): 5989-5998.

[50] BOOTA M, PASINI M, GALEOTTI F, et al. Interaction of polar and nonpolar polyfluorenes with layers of two-dimensional titanium carbide(MXene): intercalation and pseudocapacitance[J]. Chemistry of Materials,2017, 29(7): 2731-2738.

[51] LING Zheng, REN Chang, ZHAO MengQiang, et al. flexible and conductive mxene films and nanocomposites with high capacitance[J]. Proc atl cad Sci USA,2014, 111

(47): 16676.

[52] BOOTA M, ANASORI B, VOIGT C, et al. Pseudocapacitive electrodes produced by oxidant-free polymerization of pyrrole between the layers of 2D titanium carbide(MXene) [J]. Advanced Materials, 2016, 28(7): 1517-1522.

[53] CHEN Jing, CHEN Ke, TONG Dingyi, et al. CO_2 and temperature dual responsive "Smart" MXene phases[J]. Chemical Communications, 2015, 51(2): 314-317.

[54] QIN Leiqiang, TAO Quanzheng, LIU Xianjie, et al. Polymer-MXene composite films formed by MXene-facilitated electrochemical polymerization for flexible solid-state micro-supercapacitors[J]. Nano Energy, 2019, 60: 734-742.

[55] LUKATSKAYA M R, DUNN B, GOGOTSI Y. Multidimensional materials and device architectures for future hybrid energy storage [J]. Nature Communications, 2016, 7 (1): 12647.

[56] ZHAO MengQiang, XIE Xiuqiang, REN C E, et al. Hollow MXene spheres and 3D macroporous MXene frameworks for Na-ion storage [J]. Adv Mater, 2017, 29 (37): 1702410.

[57] PAN Qiwei, ZHENG Yongwei, KOTA S, et al. 2D MXene-containing polymer electrolytes for all-solid-state lithium metal batteries[J]. Nanoscale Advances, 2019, 1 (1): 395-402.

[58] SHEN Lei, ZHOU Xiaoya, ZHANG Xinglin, et al. Carbon-intercalated $Ti_3C_2T_x$ MXene for high-performance electrochemical energy storage[J]. Journal of Materials Chemistry A, 2018, 6(46): 23513-23520.

[59] PARK J W, LEE D Y, KIM H, et al. Highly loaded MXene/carbon nanotube yarn electrodes for improved asymmetric supercapacitor performance [J]. MRS Communications, 2019, 9(1): 114-121.

[60] WANG Rutao, WANG Shijie, ZHANG Yabin, et al. Graphene-coupled Ti_3C_2MXenes-derived TiO_2mesostructure: promising sodium-ion capacitor anode with fast ion storage and long-term cycling[J]. Journal of Materials Chemistry A, 2018, 6(3): 1017-1027.

[61] AIERKEN Y, SEVIK C, GÜLSEREN O, et al. MXenes/graphene heterostructures for Li battery applications: a first principles study [J]. Journal of Materials Chemistry A, 2018, 6(5): 2337-2345.

[62] BAO Weizhai, XIE Xiuqiang, XU Jing, et al. Confined Sulfur in 3-D MXene/reduced graphene oxide hybrid nanosheets for lithium-sulfur battery[J]. Chemistry-A European Journal, 2017, 23(51): 12613-12619.

[63] YAN Jing, JEONG Y G. Roles of carbon nanotube and $BaTiO_3$ nanofiber in the electrical, dielectric and piezoelectric properties of flexible nanocomposite generators [J]. Composites Science and Technology, 2017, 144, 1-10.

[64] ZHOU Zehang, PANATDASIRISUK W, MATHIS T S, et al. Layer-by-layer assembly of MXene and carbon nanotubes on electrospun polymer films for flexible energy storage

[J]. Nanoscale, 2018, 10(13): 6005-6013.

[65] LEVITT A S, ALHABEB M, HATTER C B, et al. Electrospun MXene/carbon nanofibers as supercapacitor electrodes[J]. Journal of Materials Chemistry A, 2019, 7(1): 269-277.

[66] AZADMANJIRI J, SRIVASTAVA V K, KUMAR P, et al. Graphene-supported 2D transition metal oxide heterostructures[J]. Journal of Materials Chemistry A, 2018, 6(28): 13509-13537.

[67] FAN Zhimin, WANG Youshan. Modified MXene/holey graphene films for advanced supercapacitor electrodes with superior energy storage[J]. Advanced Science, 2018, 5(10): 1800750.

[68] LIU Rui, ZHANG Aitang, TANG Jianguo, et al. Fabrication of cobaltosic oxide nanoparticle-doped 3-D MXene/graphene hybrid porous aerogels for all-solid-state supercapacitors[J]. Chemistry-A European Journal, 2019, 25(21): 5547-5554.

[69] ZHAO Chongjun, WANG Qian, ZHANG Huang, et al. Two-dimensional titanium carbide/rGO composite for high-performance supercapacitors[J]. ACS Applied Materials & Interfaces, 2016, 8(24): 15661-15667.

[70] YUE Yang, LIU Nishuang, MA Yanan, et al. Highly self-healable 3D microsupercapacitor with MXene-graphene composite aerogel[J]. ACS Nano, 2018, 12(5): 4224-4232.

[71] YANG Qiuyan, XU Zhen, FANG Bo, et al. MXene/Graphene hybrid fibers for high performance flexible supercapacitors[J]. J Mater Chem A, 2017, 5: 22113.

[72] DENG Yaqian, SHANG Tongxin, WU Zhitan, et al. Fast gelation of $Ti_3C_2T_x$ MXene initiated by metal ions[J]. Advanced Materials, 2019, 31(43): 1902432.

[73] LI Lu, ZHANG Mingyi, ZHANG Xitian, et al. New Ti_3C_2aerogel as promising negative electrode materials for asymmetric supercapacitors[J]. Journal of Power Sources, 2017, 364: 234-241.

[74] WANG Chunhui, CHEN Xiong, WANG Bin, et al. Freeze-casting produces a graphene oxide aerogel with a radial and centrosymmetric structure[J]. ACS Nano, 2018, 12(6): 5816-5825.

[75] LIU Ji, ZHANG HaoBin, XIE Xi, et al. Multifunctional, superelastic, and lightweight MXene/polyimide aerogels[J]. Small, 2018, 14(45): 1802479.

[76] NELSON I, NALEWAY S E. Intrinsic and extrinsic control of freeze casting[J]. Journal of Materials Research and Technology, 2019, 8(2): 2372-2385.

[77] DEVILLE S, SAIZ E, NALLA R K, et al. Freezing as a path to build complex composites[J]. Science, 2006, 311(5760): 515-518.

[78] BIAN Renji, HE Gaoling, ZHI Weiqiang, et al. Ultralight MXene-based aerogels with high electromagnetic interference shielding performance[J]. Journal of Materials Chemistry C, 2019, 7(3): 474-478.

[79] BAI Hao, CHEN Yuan, DELATTRE B, et al. Bioinspired large-scale aligned porous

materials assembled with dual temperature gradients[J]. Sci Adv,2015, 1: e1500849.

[80] ZHAO Sai, ZHANG Haobin, LUO Jiaqi, et al. Highly electrically conductive three-dimensional $Ti_3C_2T_x$ MXene/reduced graphene oxide hybrid aerogels with excellent electromagnetic interference shielding performances[J]. ACS Nano, 2018, 12(11): 11193-11202.

[81] HAN Meikang, YIN Xiaowei, HANTANASIRISAKUL K, et al. Anisotropic MXene aerogels with a mechanically tunable ratio of electromagnetic wave reflection to absorption[J]. Advanced Optical Materials, 2019, 7(10): 1900267.

[82] GUO Haichang, LV R, BAI Shulin. Recent advances on 3D printing graphene-based composites[J]. Nano Materials Science, 2019, 1(2): 101-115.

[83] AKUZUM B, MALESKI K, ANASORI B, et al. Rheological characteristics of 2D titanium carbide(MXene) dispersions: a guide for processing MXenes[J]. ACS Nano, 2018, 12(3): 2685-2694

[84] NATU V, SOKOL M, VERGER L, et al. Effect of edge charges on stability and aggregation of $Ti_3C_2T_z$ MXene colloidal suspensions[J]. The Journal of Physical Chemistry C, 2018, 122(48): 27745-27753.

[85] QUAIN E, MATHIS T S, KURRA N, et al. Direct writing of additive-free MXene-in-water ink for electronics and energy storage[J]. Advanced Materials Technologies, 2019, 4(1): 1800256.

[86] ZHANG Chaunfang, KREMER M P, SERAL-ASCASO A, et al. Stamping of flexible, coplanar micro-supercapacitors using MXene inks[J]. Advanced Functional Materials, 2018, 28(9): 1705506.

[87] BAO Weizhai, LIU Lin, WANG Chengyin, et al. Facile synthesis of crumpled nitrogen-doped MXene nanosheets as a new sulfur host for lithium-sulfur batteries[J]. Advanced Energy Materials, 2018, 8(13): 1702485.

[88] SHEN Kai, LI Bin, YANG Shubin. 3D printing dendrite-free lithium anodes based on the nucleated MXene arrays[J]. Energy Storage Materials, 2020, 24: 670-675.

[89] CAO Junming, LI Junzhi, ZHOU Liang, et al. Tunable agglomeration of Co_3O_4 nanowires as the growing core for in-situ formation of Co_2NiO_4 assembled with polyaniline-derived carbonaceous fibers as the high-performance asymmetric supercapacitors[J]. Journal of Alloys and Compounds, 2021, 853: 157210.

[90] ZHANG Sanliang, PAN Ning. Supercapacitors performance evaluation[J]. Advanced Energy Materials, 2015, 5(6): 1401401.

[91] KUMAR S, SAEED G, ZHU Ling, et al. 0D to 3D carbon-based networks combined with pseudocapacitive electrode material for high energy density supercapacitor: a review[J]. Chemical Engineering Journal, 2021, 403: 126352.

[92] LI J, QIAO Jinli, LIAN K. Hydroxide ion conducting polymer electrolytes and their applications in solid supercapacitors: a review[J]. Energy Storage Materials, 2020, 24:

6-21.

[93] LIU Huan, LIU Xuan, WANG Shulan, et al. Transition metal based battery-type electrodes in hybrid supercapacitors: a review[J]. Energy Storage Materials, 2020, 28: 122-145.

[94] XIA Junhua, LIU Jingyuan, HUANG Guoqing, et al. Morphology controllable synthesis of $NiCo_2S_4$ and application as gas sensors[J]. Materials Letters, 2017, 188: 17-20.

[95] WANG Yonggang, SONG Yanfang, XIA Yongyao. Electrochemical capacitors: mechanism, materials, systems, characterization and applications[J]. Chemical Society Reviews, 2016, 45(21): 5925-5950.

[96] ZHAI Yunpu, DOU Yuqian, ZHAO Dongyuan, et al. Carbon materials for chemical capacitive energy storage[J]. Advanced Materials, 2011, 23(42): 4828-4850.

[97] DENG Ting, ZHANG Wei, ARCELUS O, et al. Atomic-level energy storage mechanism of cobalt hydroxide electrode for pseudocapacitors[J]. Nature Communications, 2017, 8(1): 15194.

[98] ZHU Yuanen, YANG Leping, SHENG Jian, et al. Fast Sodium storage in TiO_2@CNT@C nanorods for high-performance Na-ion capacitors[J]. Advanced Energy Materials, 2017, 7(22): 1701222.

[99] BIESHEUVEL P, PORADA S, DYKSTRA J. The difference between faradaic and non-faradaic electrode processes[J]. ArXiv Preprint ArXiv, 2018, 1809:02930.

[100] GOGOTSI Y, PENNER R M. Energy storage in nanomaterials-capacitive, pseudocapacitive, or battery-like? [J]. ACS Publications, 2018, 12:2081-2083.

[101] AL-TEMIMY A, ANASORI B, MAZZIO K A, et al. Enhancement of Ti_3C_2MXene pseudocapacitance after urea intercalation studied by soft X-ray absorption spectroscopy [J]. The Journal of Physical Chemistry C, 2020, 124(9): 5079-5086.

[102] Zhou Yihao, Maleski K, Anasori B, et al. $Ti_3C_2T_x$ MXene-reduced graphene oxide composite electrodes for stretchable supercapacitors[J]. ACS Nano, 2020, 14(3): 3576-3586.

[103] EL-KADY M F, STRONG V, DUBIN S, et al. Laser scribing of high-performance and flexible graphene-based electrochemical capacitors[J]. Science, 2012, 335(6074): 1326-1330.

[104] LUKATSKAYA M R, KOTA S, LIN Z, et al. Ultra-high-rate pseudocapacitive energy storage in two-dimensional transition metal carbides[J]. Nature Energy, 2017, 2(8): 1-6.

[105] PERSSON I, EL GHAZALY A, TAO Q, et al. Tailoring structure, composition, and energy storage properties of MXenes from selective etching of in-plane, chemically ordered MAX phases[J]. Small, 2018, 14(17): 1703676.

[106] YI Shuang, LI Jinjin, LIU Yanfei, et al. In-situ formation of tribofilm with $Ti_3C_2T_x$ MXene nanoflakes triggers macroscale superlubricity[J]. Tribology International, 2021,

154:106695.

[107] WANG Hua, ZHU Bowen, JIANG Wencao, et al. A mechanically and electrically self-healing supercapacitor[J]. Advanced Materials, 2014, 26(22): 3638-3643.

[108] JIANG Qiu, KURRA N, ALHABEB M, et al. All pseudocapacitive MXene-RuO_2asymmetric supercapacitors[J]. Advanced Energy Materials, 2018, 8(13): 1703043.

[109] VAHIDMOHAMMADI A, MOJTABAVI M, CAFFREY N M, et al. Assembling 2D MXenes into highly stable pseudocapacitive electrodes with high power and energy densities[J]. Advanced Materials, 2019, 31(8): 1806931.

[110] SUN Shuijing, LIAO Chan, HAFEZ A M, et al. Two-dimensional MXenes for energy storage[J]. Chemical Engineering Journal, 2018, 338:27-45.

[111] XU Suaikai, WEI Guodong, LI Junzhi, et al. Binder-free $Ti_3C_2T_x$ MXene electrode film for supercapacitor produced by electrophoretic deposition method [J]. Chemical Engineering Journal, 2017, 317: 1026-1036.

[112] NAGUIB M, MASHTALIR O, CARLE J, et al. Two-dimensional transition metal carbides[J]. ACS Nano, 2012, 6(2): 1322-1331.

[113] ELGHAZALY A, ZHENG W, HALIM J, et al. Enhanced supercapacitive performance of $Mo_{1.33}C$ MXene based asymmetric supercapacitors in lithium chloride electrolyte[J]. Energy Storage Materials, 2021, 41: 203-208.

[114] SUGAHARA A, ANDO Y, KAJIYAMA S, et al. Negative dielectric constant of water confined in nanosheets[J]. Nature communications, 2019, 10(1): 1-7.

[115] NAGUIB M, MASHTALIR O, LUKATSKAYA M R, et al. One-step synthesis of nano-crystalline transition metal oxides on thin sheets of disordered graphitic carbon by oxidation of MXenes[J]. Chemical Communications, 2014, 50(56): 7420-7423.

[116] HU Minmin, HU Tao, LI Zhaojin, et al. Surface functional groups and interlayer water determine the electrochemical capacitance of $Ti_3C_2T_x$ MXene[J]. ACS Nano, 2018, 12(4): 3578-3586.

[117] LI Jian, YUAN Xiaotao, LIN Cong, et al. Achieving highpseudocapacitance of 2D titanium carbide(MXene)by cation intercalation and surface modification[J]. Advanced Energy Materials, 2017, 7(15): 1602725.

[118] DALL'AGNESE Y, LUKATSKAYA M R, COOK K M, et al. High capacitance of surface-modified 2D titanium carbide in acidic electrolyte[J]. Electrochemistry Communications, 2014, 48: 118-122.

[119] CHEN Chi, BOOTA M, URBANKOWSKI P, et al. Effect of glycine functionalization of 2D titanium carbide(MXene)on charge storage[J]. Journal of Materials Chemistry A, 2018, 6(11): 4617-4622.

[120] BAO Weizhai, TANG Xiao, GUO Xin, et al. Porous cryo-dried MXene for efficient capacitive deionization[J]. Joule, 2018, 2(4): 778-787.

[121] ZHAO Di, CLITES M, YING Guobing, et al. Alkali-induced crumpling of $Ti_3C_2T_x$

(MXene) to form 3D porous networks for sodium ion storage [J]. Chemical Communications, 2018, 54(36): 4533-4536.

[122] ZHAO Mengqiang, XIE Xiuqiang, REN C. E, et al. Hollow MXene spheres and 3D macroporous MXene frameworks for Na-ion storage[J]. Advanced Materials, 2017, 29(37): 1702410.

[123] GUTIÉRREZ M C, FERRER M L, DEL MONTE F. Ice-templated materials: sophisticated structures exhibiting enhanced functionalities obtained after unidirectional freezing and ice-segregation-induced self-assembly[J]. Chemistry of Materials, 2008, 20(3): 634-648.

[124] XIA Yu, MATHIS T S, ZHAO Mengqiang, et al. Thickness-independent capacitance of vertically aligned liquid-crystalline MXenes[J]. Nature, 2018, 557(7705): 409-412.

[125] Li K, Wang X, Li S, et al. An ultrafast conducting polymer@ MXene positive electrode with high volumetric capacitance for advanced asymmetric supercapacitors [J]. Small, 2020, 16(4): 1906851.

[126] CHANG T H, ZHANG Tianren, YANG Haitao, et al. Controlled crumpling of two-dimensional titanium carbide (MXene) for highly stretchable, bendable, efficient supercapacitors[J]. Acs Nano, 2018, 12(8): 8048-8059.

[127] YU Lianghao, FAN Zhaodi, SHAO Yuanlong, et al. Versatile N-doped MXene ink for printed electrochemical energy storage application [J]. Advanced Energy Materials, 2019, 9(34): 1901839.

[128] HU Tao, LI Zhaojin, HU Minmin, et al. Chemical origin of termination-functionalized MXenes: $Ti_3C_2T_2$ as a case study[J]. The Journal of Physical Chemistry C, 2017, 121(35): 19254-19261.

[129] JUNG N, KWON S, LEE D, et al. Synthesis of chemically bonded graphene/carbon nanotube composites and their application in large volumetric capacitance supercapacitors[J]. Advanced Materials, 2013, 25(47): 6854-6858.

[130] SHAO H, LIN Z, XU K, et al. Electrochemical study of pseudocapacitive behavior of $Ti_3C_2T_x$ MXene material in aqueous electrolytes[J]. Energy Storage Materials, 2019, 18: 456-461.

[131] SHAO Hui, LIN Zifeng, XU Kui, et al. Electrochemical study of pseudocapacitive behavior of $Ti_3C_2T_x$ MXene material in aqueous electrolytes [J]. Energy Storage Materials, 2019, 18: 456-461.

[132] SHAO Hui, XU Kui, WU YC, et al. Unraveling the charge storage mechanism of $Ti_3C_2T_x$ MXene electrode in acidic electrolyte[J]. ACS Energy Letters, 2020, 5(9): 2873-2880.

[133] WANG Xuehang, MATHIS T S, LI Ke, et al. Influences from solvents on charge storage in titanium carbide MXenes[J]. Nature Energy, 2019, 4(3): 241-248.

[134] WANG Han, WU Xinming. High capacitance of dipicolinic acid-intercalated MXene in

neutral water-based electrolyte [J]. Chemical Engineering Journal, 2020, 399, 125850.

[135] DJIRE A, BOS A, LIU Jun, et al. Pseudocapacitive storage in nanolayered Ti_2NT_x MXene using Mg-ion electrolyte [J]. ACS Applied Nano Materials, 2019, 2(5): 2785-2795.

[136] QIAN Aniu, HYEON S E, SEO J Y, et al. Capacitance changes associated with cation-transport in free-standing flexible $Ti_3C_2T_x$(TO, F, OH) MXene film electrodes [J]. Electrochimica Acta, 2018, 266: 86-93.

[137] LIN Zifeng, ROZIER P, DUPLOYER B, et al. Electrochemical and in-situ X-ray diffraction studies of $Ti_3C_2T_x$ MXene in ionic liquid electrolyte [J]. Electrochemistry Communications, 2016, 72: 50-53.

[138] JACKEL N, KRUNER B, VAN AKEN K L, et al. Electrochemical in situ tracking of volumetric changes in two-dimensional metal carbides (MXenes) in ionic liquids [J]. ACS Applied Materials & Interfaces, 2016, 8(47): 32089-32093.

[139] ZHAO Ruizheng, WANG Mengqiao, ZHAO Danyang, et al. Molecular-level heterostructures assembled from titanium carbide MXene and Ni-Co-Al layered double-hydroxide nanosheets for all-solid-state flexible asymmetric high-energy supercapacitors [J]. ACS Energy Letters, 2017, 3(1): 132-140.

[140] ZHOU Hua, LU Yi, WU Fang, et al. MnO_2 nanorods/MXene/CC composite electrode for flexible supercapacitors with enhanced electrochemical performance [J]. Journal of Alloys and Compounds, 2019, 802: 259-268.

[141] LIAN Peichao, DONG Yanfeng. Alkalized Ti_3C_2MXene nanoribbons with expanded interlayer spacing for high-capacity sodium and potassium ion batteries [J]. Nano Energy, 2017, 40: 1-8.

[142] NAGUIB M, KURTOGLU M, PRESSER V, et al. Two-dimensional nanocrystals produced by exfoliation of Ti_3AlC_2 [J]. Advanced Materials, 2011, 23(37): 4248-4253.

[143] DONG Yanfeng, WU Zhongshuai. Ti_3C_2MXene-derived sodium/potassium titanate nanoribbons for high-performance sodium/potassium ion batteries with enhanced capacities [J]. ACS Nano, 2017, 11(5): 4792-4800.

[144] FANG Yongzheng, HU Rong, LIU Boya, et al. MXene-derived TiO_2/reduced graphene oxide composite with an enhanced capacitive capacity for Li-ion and K-ion batteries [J]. Journal of Materials Chemistry A, 2019, 7(10): 5363-5372.

[145] ZHU Jiajia, WANG Ya, DING Bing, et al. Three-dimensional porous MXene-derived carbon/nickel-manganese double hydroxide composite for high-performance hybrid capacitor [J]. Journal of Electroanalytical Chemistry, 2019, 836: 118-124.

[146] LI Jingxiao, WANG Shun, DU Yulei, et al. Enhanced photocatalytic performance of TiO_2@C nanosheets derived from two-dimensional Ti_2CT_x [J]. Ceramics International,

2018, 44(6): 7042-7046.

[147] DONG Yanfeng, WU Zhongshuai, ZHENG Shuanghao, et al. Ti_3C_2MXene-derived sodium/potassium titanate nanoribbons for high-performance sodium/potassium ion batteries with enhanced capacities[J]. ACS Nano, 2017, 11(5): 4792-4800.

[148] YANG L, ZHENG W, ZHANG P, et al. MXene/CNTs films prepared by electrophoretic deposition for supercapacitor electrodes [J]. Journal of Electroanalytical Chemistry, 2018, 830-831: 1-6.

[149] LUKATSKAYA M R, MASHTALIR O, REN C E, et al. Cation intercalation and high volumetric capacitance of two-dimensional titanium carbide[J]. Science, 2013, 341 (6153): 1502-1505.

[150] RAKHI R B, AHMED B, HEDHILI M N, et al. Effect of postetch annealing gas composition on the structural and electrochemical properties of Ti_2CT_x MXene electrodes for supercapacitor applications [J]. Chemistry of Materials, 2015, 27 (15): 5314-5323.

[151] ZHANG Zhirong, YAO Zhongping, ZHANG Xiao, et al. 2D Carbide MXene under postetch low-temperature annealing for high-performance supercapacitor electrode[J]. Electrochimica Acta, 2020, 359: 136960.

[152] ZHAO Xin, WANG Zhe, DONG Jie, et al. Annealing modification of MXene films with mechanically strong structures and high electrochemical performance for supercapacitor applications[J]. Journal of Power Sources, 2020, 470, 228356.

[153] HU Yang, WANG Lin, LIN Tingrui, et al. Radiation-Induced Self-Assembly of $Ti_3C_2T_x$ with Improved Electrochemical Performance for Supercapacitor[J]. Advanced Materials Interfaces, 2020, 7(6): 1901839.

[154] TANG Jun, MATHIS T, ZHONG Xiongwei, et al. Optimizing ion pathway in titanium carbide MXene for practical high-rate supercapacitor[J]. Advanced Energy Materials, 2021, 11(4): 2003025.

[155] ZHENG Wei, HALIM J, EL GHAZALY A, et al. Flexible free-standing $MoO_3/Ti_3C_2T_z$ MXene composite films with high gravimetric and volumetric capacities[J]. Advanced Science, 2021, 8(3): 2003656.

[156] LI Hui, LIU Yangqiu, LIN Shuai, et al. Laser crystallized sandwich-like MXene/Fe_3O_4/MXene thin film electrodes for flexible supercapacitors[J]. Journal of Power Sources, 2021, 497, 229882.

[157] ZHANG Yuming, CAO Junming, YUAN Zeyu, et al. Assembling Co_3O_4 nanoparticles into MXene with enhanced electrochemical performance for advanced asymmetric supercapacitors[J]. Journal of Colloid and Interface Science, 2021, 599, 109-118.

[158] BO Zheng, YI Kexin, YANG Huachao, et al. More from less but precise: Industry-relevant pseudocapacitance by atomically-precise mass-loading MnO_2within multifunctional MXene aerogel[J]. Journal of Power Sources, 2021, 492, 229639.

[159] MAHMOOD M, RASHEED A, AYMAN I, et al. Synthesis of ultrathin MnO_2 nanowire-intercalated 2D-MXenes for high-performance hybrid supercapacitors[J]. Energy & Fuels, 2021, 35(4): 3469-3478.

[160] XIE Wanyi, WANG Yanzi, ZHOU Jie, et al. MOF-derived $CoFe_2O_4$ nanorods anchored in MXene nanosheets for all pseudocapacitive flexible supercapacitors with superior energy storage[J]. Applied Surface Science 2020, 534, 147584.

[161] LI, Lu, ZHANG, Na, ZHANG, Mingyi, ZHANG, Xitian, ZHANG, Zhiguo., Flexible $Ti_3C_2T_x$/PEDOT: PSS films with outstanding volumetric capacitance for asymmetric supercapacitors[J]. Dalton Transactions, 2019, 48(5): 1747-1756.

[162] LIU Changcheng, HUANG Que, ZHENG Kaihui, et al. Impact of lithium salts on the combustion characteristics of electrolyte under diverse pressures[J]. Energies, 2020, 13(20): 5373.

[163] WEI Yudi, LUO Wenlong, ZHUANG Zhao, et al. Fabrication of ternary MXene/MnO_2/polyaniline nanostructure with good electrochemical performances[J]. Advanced Composites and Hybrid Materials, 2021, 4(4): 1082-1091.

[164] LOTA K, KHOMENKO V, FRACKOWIAK E., Capacitance properties of poly(3, 4-ethylenedioxythiophene)/carbon nanotubes composites[J]. Journal of Physics and Chemistry of Solids, 2004, 65(2-3): 295-301.

[165] CAO Shan, GE Wenjiao, YANG Yang, et al. High strength, flexible, and conductive graphene/polypropylene fiber paper fabricated via papermaking process[J]. Advanced Composites and Hybrid Materials, 2022, 5(1): 104-112.

[166] ASLAM M.K, ALGARNI T.S, JAVED M S, et al. 2D MXene materials for sodium ion batteries: a review on energy storage[J]. Journal of Energy Storage, 2021, 37, 102478.

[167] NAN Jianxiao, GUO Xin, XIAO Jun, et al. Nanoengineering of 2D MXene-based materials for energy storage applications[J]. Small, 2021, 17(9): 1902085.

[168] WU Yuanji, SUN Yingjuan, ZHENG Jiefeng, et al. MXenes: advanced materials in potassium ion batteries[J]. Chemical Engineering Journal, 2021, 404, 126565.

[169] NASRIN K, SUDHARSHAN V, SUBRAMANI K, et al. Insights into 2D/2D MXene Heterostructures for Improved Synergy in Structure toward Next-Generation Supercapacitors: A Review[J]. Advanced Functional Materials, 2022, 32(18): 2110267.

[170] TANG Xiao, GUO Xin, WU Wenjian, et al. 2D metal carbides and nitrides(MXenes) as high-performance electrode materials for Lithium-based batteries[J]. Advanced Energy Materials, 2018, 8(33): 1801897.

[171] HUANG Jun. Hui, CHENG Xi, QUAN Wu, et al. Critical operation factors and proposed testing protocol of nanofiltration membranes for developing advanced membrane materials[J]. Advanced Composites and Hybrid Materials, 2021, 4(4): 1092-1101.

[172] BUCZEK S, BARSOUM M L, UZUN S, et al. Rational design of titanium carbide MXene electrode architectures for hybrid capacitive deionization [J]. Energy & Environmental Materials, 2020, 3(3): 398-404.

[173] YAN Jun, REN C. E, MALESKI K, et al. Flexible MXene/graphene films for ultrafast supercapacitors with outstanding volumetric capacitance [J]. Advanced Functional Materials, 2017, 27(30): 1701264.

[174] XU Huizhong, ZHENG Dehua, LIU Faqian, et al. Synthesis of anMXene/polyaniline composite with excellent electrochemical properties[J]. Journal of Materials Chemistry A, 2020, 8(12): 5853-5858.

[175] ZHAO Lianjia, WANG Kang, WEI Wei, et al. High-performance flexible sensing devices based on polyaniline/MXene nanocomposites[J]. InfoMat, 2019, 1(3): 407-416.

[176] GUO Jiang, CHEN Zhuoran, ABDUL W, et al. Tunable positive magnetoresistance of magnetic polyaniline nanocomposites[J]. Advanced Composites and Hybrid Materials, 2021, 4(3): 534-542.

[177] VAHIDMOHAMMADI A, MONCADA J, CHEN H, et al. Thick and freestanding MXene/PANI pseudocapacitive electrodes with ultrahigh specific capacitance [J]. Journal of Materials Chemistry A, 2018, 6(44): 22123-22133.

[178] WU Wenling, NIU Dongjuan, ZHU Jianfeng, et al. Organ-like Ti_3C_2Mxenes/polyaniline composites by chemical grafting as high-performance supercapacitors[J]. Journal of Electroanalytical Chemistry, 2019, 847: 113203.

[179] LI Yue, KAMDEM P, JIN Xiaojuan. Hierarchical architecture of MXene/PANI hybrid electrode for advanced asymmetric supercapacitors [J]. Journal of Alloys and Compounds, 2021, 850: 156608.

[180] MA Yong, HOU Chunping, ZHANG Hao, et al. Morphology-dependent electrochemical supercapacitors in multi-dimensional polyaniline nanostructures[J]. Journal of Materials Chemistry A, 2017, 5(27): 14041-14052.

[181] CHEN Zhongxing, WANG Yikun, HAN Jiyuan, et al. Preparation of polyaniline onto DL-tartaric acid assembled MXene surface as an electrode material for supercapacitors [J]. ACS Applied Energy Materials, 2020, 3(9): 9326-9336.

[182] JIAN Xuan, HE Min, CHEN Lu, et al. Three-dimensional carambola-like MXene/polypyrrole composite produced by one-step co-electrodeposition method for electrochemical energy storage[J]. Electrochimica Acta, 2019, 318, 820-827.

[183] ZHANG Chao, XU Shuaikai, CAI Dong, et al. Planar supercapacitor with high areal capacitance based on Ti_3C_2/Polypyrrole composite film[J]. Electrochimica Acta, 2020, 330, 135277.

[184] WEI Dan, WU Wenling, ZHU Jianfneg, et al. A facile strategy of polypyrrole nanospheres grown on Ti_3C_2-MXene nanosheets as advanced supercapacitor electrodes

[J]. Journal of Electroanalytical Chemistry, 2020, 877: 114538.

[185] WU Wenling, WEI Dan, ZHU Jianfeng, et al. Enhanced electrochemical performances of organ-like Ti_3C_2MXenes/polypyrrole composites as supercapacitors electrode materials[J]. Ceramics International, 2019, 45(6): 7328-7337.

[186] TONG Liang, JIANG Cong, CAI Kefeng, et al. High-performance and freestanding PPy/$Ti_3C_2T_x$ composite film for flexible all-solid-state supercapacitors[J]. Journal of Power Sources, 2020, 465, 228267.

[187] LE T A, TRAN N Q, HONG Y, et al. Intertwined titanium carbide MXene within a 3 D tangled polypyrrole nanowires matrix for enhanced supercapacitor performances. Chemistry-A European Journal, 2019, 25(4): 1037-1043.

[188] WAN Yanjun, LI Xingmiao, et al. Lightweight, flexible MXene/polymer film with simultaneously excellent mechanical property and high-performance electromagnetic interference shielding[J]. Composites Part A: Applied Science and Manufacturing, 2020, 130: 105764.

[189] WUSTONI S, SALEH A, EL-DEMELLAWI J K, et al. MXene improves the stability and electrochemical performance of electropolymerized PEDOT films [J]. APL Materials, 2020, 8(12): 121105.

[190] CHEN Zhongxing, HAN Yongqin, LI Tingxi, et al. Preparation and electrochemical performances of doped MXene/poly (3, 4-ethylenedioxythiophene) composites [J]. Materials Letters, 2018, 220: 305-308.

[191] LI Xia, YAN Jielu, ZHU K. Fabrication and characterization of Pt doped Ti/Sb-SnO_2electrode and its efficient electro-catalytic activity toward phenol[J]. Engineered Science, 2021, 15, 38-46.

[192] CHEN Chi, BOOTA M, XIE Xiuqiang, et al. Charge transfer induced polymerization of EDOT confined between 2D titanium carbide layers[J]. Journal of Materials Chemistry A, 2017, 5(11): 5260-5265.

[193] UMAR A, KUMAR R, ALGADI H, et al. Highly sensitive and selective 2-nitroaniline chemical sensor based on Ce-doped SnO_2nanosheets/Nafion-modified glassy carbon electrode[J]. Advanced Composites and Hybrid Materials, 2021, 4(4): 1015-1026.

[194] ZHENG Xianhong, SHEN Jiakun, HU Qiaole, NIE, et al. Vapor phase polymerized conducting polymer/MXene textiles for wearable electronics[J]. Nanoscale, 2021, 13 (3): 1832-1841.

[195] HUSSAIN S, LIU H, VIKRAMAN D, et al Characteristics of Mo_2C-CNTs hybrid blended hole transport layer in the perovskite solar cells and X-ray detectors[J]. Journal of Alloys and Compounds, 2021, 885: 161039.

[196] ZHANG Kaiyi, MA Zhuyu, DENG Hua, et al. Improving high-temperature energy storage performance of PI dielectric capacitor films through boron nitride interlayer[J]. Advanced Composites and Hybrid Materials, 2022, 5(1): 238-249.

[197] TAO Quanzheng, DAHLQVIST M, LU Jun, et al. Two-dimensional $Mo_{1.33}C$ MXene with divacancy ordering prepared from parent 3D laminate with in-plane chemical ordering[J]. Nature Communications, 2017, 8(1): 1-7.

[198] QIN Leiqiang, TAO Quanzheng, EL GHAZALY A, et al. High-performance ultrathin flexible solid-state supercapacitors based on solution processable $Mo_{1.33}C$ MXene and PEDOT: PSS[J]. Advanced Functional Materials, 2018, 28(2): 1703808.

[199] YAN Han, DAI Xiaojun, RUAN Kunpeng, et al. Flexible thermally conductive and electrically insulating silicone rubber composite films with BNNS@ Al_2O_3 fillers[J]. Advanced Composites and Hybrid Materials, 2021, 4(1): 36-50.

[200] HUANG Jinping, CHEN Qing, CHEN Shuaifeng, et al. Al^{3+}-doped $FeNb_{11}O_{29}$ anode materials with enhanced lithium-storage performance[J]. Advanced Composites and Hybrid Materials, 2021, 4(3): 733-742.

第4章　MXene在电磁屏蔽领域的应用

在过去几十年里，信息传播技术以惊人的速度发展，促使电子设备使用需求逐渐增加，定期升级的电子设备接收与传输能力也在更新迭代。电子设备的大规模使用导致了严重的EMI问题。过多的电磁干扰效应不仅会影响电子仪器的性能，还会干扰其设备正常工作，导致设备故障和环境污染[1-2]。电子设备变得越来越智能，体积越来越小，数量及种类每天都在增加。任何传输、分配或使用电能的电子设备都会产生EMI，对设备性能和周围环境均会产生不利影响。由于电子设备及其部件是以更快的速度运行和更小的尺寸存在于智能设备中，电磁干扰作用会大幅度地增加，这可能导致电子设备出现故障和退化。电磁波是现代军事行动重要的信息传输载体，有必要防止可能危及信息安全的电磁攻击。此外，长期暴露于电磁辐射范围内会对人类健康造成影响，包括眼睛和神经系统疾病以及癌症风险增加。因此，电磁屏蔽材料得到了发展，并逐渐成为研究人员关注的焦点。

电磁屏蔽是指材料依靠对电磁波的反射和吸收，阻止或衰减电磁能量在屏蔽区域和外部空间之间的传播。有效的电磁屏蔽材料必须具备既能减少劣势信号源的发射，又能保护智能电子部件免受其余器件散射出不良的外部信号影响。电磁屏蔽的主要功能是使用直接与电磁场（Electromagnetic Fields，EMF）相互作用的电荷载体来反射辐射。因此，电磁干扰屏蔽的第一种机制是电磁屏蔽需要具备导电能力，但仅仅只是具有良好的导电性并不是这类材料唯一的要求。由于材料的电偶极子和（或）磁偶极子与辐射相互作用，电磁干扰的第二种机制是需要吸收电磁辐射，高电导率是决定屏蔽层反射率和吸收特性的主要因素[3]。电磁干扰的第三种机制为多重内反射，此类机制研究较少，但对电磁干扰屏蔽效果有很大贡献。这些内部反射来自于屏蔽材料内的散射中心和界面或缺陷位置，导致电磁波（Electromagnetic Waves，EMWs）的散射和吸收[4-5]。因此，电磁屏蔽材料能够高效地处理电磁干扰，对经济、社会和国防建设至关重要。

4.1　电磁屏蔽材料演变

具有较高电导率的传统金属（如银、铜和铝）因其表现出良好的电磁屏蔽性能，是进行电磁屏蔽干扰的首选材料[6]。但是，由于传统金属材料具有高密度、难加工性和高腐蚀敏感性等特性，限制了这类传统金属在高度集成的现代移动电子产品中的应用。具有导电填料的各种非均相复合材料，比如一维填料物（CNFs和CNTs）、二维填料物（膨胀石墨、石墨烯、还原石墨烯氧化物、六方氮化硼和MoS_2）、磁性填料物（Fe_3O_4、Fe_2O_3和钡铁氧体）和介电填料物（$BaTiO_3$、钛酸锶钡（BST）、TiO_2和$PbTiO_3$）已被开发用于替代EMI屏蔽应用的金属。这些复合材料具有更轻的质量、更好的环境稳定性和优异的防腐性能[7-8]。然而，它们的低屏蔽能力限制了其广泛应用，需要轻质、低成本、高强度和易于制造的屏蔽材料。含有嵌入式导电填料物的聚合物基复合材料,由于其具有高加工性和低密度,已成为电磁屏蔽的一种流行替代品。碳基填料物,尤其是碳纳米管和石墨烯可以与具有磁性的材料成分结合,近年来引起了人们的极大兴趣,但迄今为止还没有任何突破性进展,故迫切需要能够超过下一代便携式设备和可穿戴设备要求的新型电磁屏蔽材料。

为迎合满足时代发展的脚步,以及随着对可重复使用能源需求的增加,科学家们做出了非凡的尝试,试图开发出一种名为 MXene 的新材料。MXene 是一种新型的二维材料,在 2011 年由 Naguib[9-10] 的科学小组在探索新型纳米级二维材料时推出,自此开启了二维材料世界转变的大门。MXene 的导电性与多层石墨烯非常相似,这些磁性能可能带来重要的应用,并引起不同领域研究人员的极大关注。MXene 的可调节表面化学性能为有序结构设计的复合材料的开发打开了大门,如多孔和隔离结构、逐层组装和紧凑层压板。MXene 可能在电磁屏蔽干扰领域显示出巨大的应用潜力,它具有高效电磁屏蔽材料必需的所有基本特性,包括广泛的表面积、轻质、导电性,最重要的是,由 MXene 制备而成的电磁屏蔽材料易于加工。2016 年 Han 发布了二维 $Ti_3C_2T_x$MXene 电磁干扰屏蔽的首要工作。研究人员开始关注 MXene 基化合物作为电磁干扰屏蔽材料的应用。本章重点介绍 MXene 在电磁干扰屏蔽领域中的广泛应用,基于最近的研究关注基于 MXene 的未来前景。

4.2 电磁屏蔽的机理

人们提出了各种可能的机制来有效屏蔽设备之间的电磁干扰和人体电磁辐射。屏蔽机制涉及撞击信号与试样表面和芯部之间的相互作用。当电磁波对准试样表面时,会发生吸收、反射、外表面多次反射和多次内反射(内散射),目前已经提出了入射电磁波与致密薄膜、逐层堆叠结构、多孔结构和分离结构之间的相互作用。发现在这些结构当中,一些能量被反射(E_R),另一些能量既没有被吸收,也没有被反射,而是通过表面的另一侧被传输(E_T)。如图 4.1 所示,当电磁波与屏蔽层发生相互作用时,由于屏蔽层和空气之间的阻抗不匹配,一部分入射功率(P_I)在正面和背面反射(P_R)。由于衰减或传输(P_T),剩余功率在屏蔽内被吸收并作为热能耗散[11]。

被吸收、反射和透射的波的部分,被定义为屏蔽层的质量或屏蔽层的屏蔽效能(SE)。下列式(4.1)、式(4.2)表示为电磁波成分(如电磁波和电波)衰减前和衰减后的能量比。

$$SE_T(dB)=20\lg\frac{E_T}{E_I}=10\lg\frac{P_T}{P_I} \tag{4.1}$$

$$SE=20\lg\frac{H_T}{H_I} \tag{4.2}$$

式中,P 和 E 分别表示功率和电场强度;下标 I 和 T 分别表示入射和透射的电磁波。

电磁辐射的衰减通过反射、吸收和多重反射机制发生[12]。Schelkunoff 理论[13-14] 指出,总 EMI 屏蔽效率(EMI SE_T)是通过反射(SE_R)、吸收(SE_A)和多次反射(SE_M)实现的衰减之和,如方程(4.3)所示。

$$SE_T=SE_A+SE_R+SE_M \tag{4.3}$$

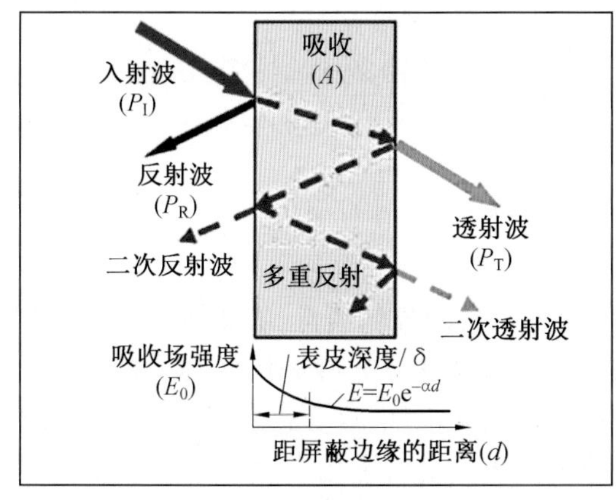

(a) 致密膜

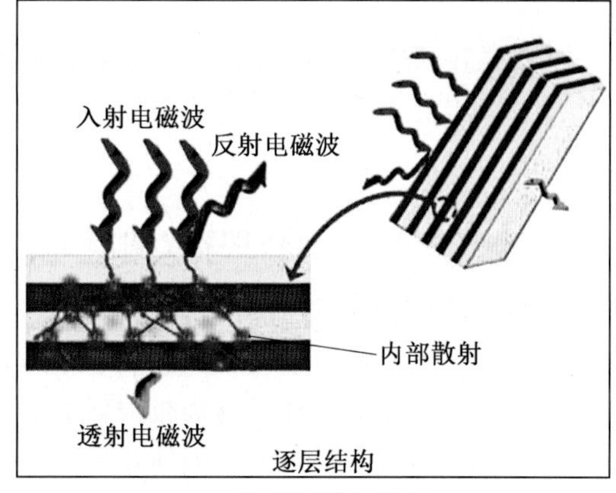

(b) 逐层堆叠形态

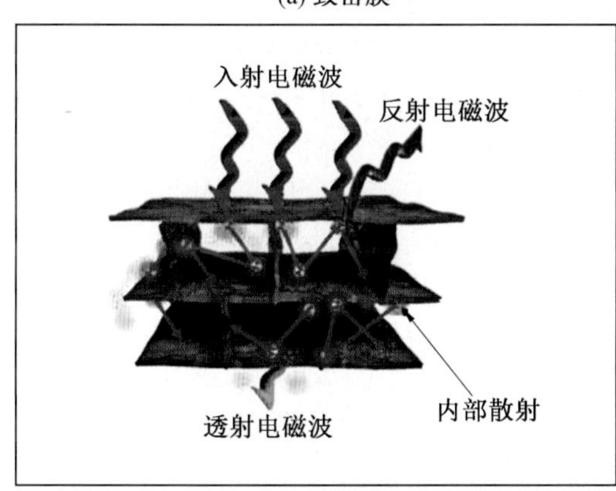

(c) 多孔结构

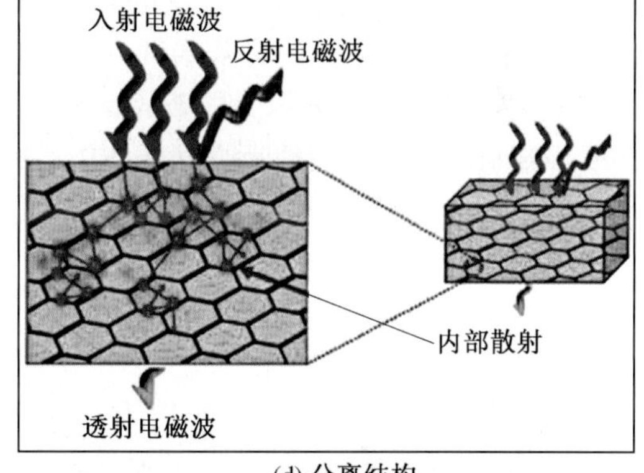

(d) 分离结构

图 4.1　入射电磁波与不同结构之间的相互作用[11]

在 SE 的数值方面,0 ~ 10 dB 表示屏蔽能力非常低,可以忽略不计;10 ~ 29 dB 表示屏蔽能力有限,可以满足一些商业用途;SE ≥ 30 dB 是工业和商业屏蔽应用的最佳 SE。当材料的 SE 达到 30 dB 时,它将衰减 99.9% 的电磁辐射。

4.2.1　反射衰减(SE_R)

反射是由具有不同阻抗或折射率的两种传播介质(例如空气和屏蔽)之间的界面或表面引起的主要电磁屏蔽干扰机制。对于高导电屏蔽,可以使用简化版的菲涅耳方程量化屏蔽表面前后的反射损耗大小,在屏蔽表面观察到的主要现象是反射。反射机制通常由两种阻抗和折射率不匹配的不同介质(如空气和屏蔽层)之间的表面实现[15]。屏蔽层的高导电性显著影响反射损失的大小。屏蔽体的电导率越大,反射损耗越大。入射电磁波必须与屏蔽表面可用的电子和孔洞相互作用,以通过反射屏蔽。反射衰减(SE_R)可通过菲涅耳方程计算,如下所示:

$$SE_R = 20\lg \frac{(\delta+\delta_0)^2}{4\delta\delta_o} = 39.5 + 10\lg \frac{\sigma}{2f\Pi\mu} \tag{4.4}$$

式中,δ 和 δ_0 表示屏蔽和空气的阻抗;σ 表示电导率;μ 表示屏蔽的磁导率;f 表示入射电磁波的频率。

SE_R 随电导率的增加而增加,这表明屏蔽材料的电导率必须很高才能实现强反射损耗。然而,电导率并不是影响反射损耗的唯一因素,屏蔽层的渗透率和电磁波的频率也起着作用。

4.2.2 吸收衰减/损失(SE_A)

吸收是由于电磁波在屏蔽体内传播而发生的第二种现象。通常,吸收机制取决于屏蔽层的厚度,当有损介质(屏蔽材料)具有电偶极子和磁偶极子与冲击信号(电磁波)通信时,可以看到增强的屏蔽。高吸收损耗取决于表面的高导电性,这导致入射波和电荷载体之间更重要的相互作用,电荷载体在形成几个纳米微电容器时有相当大的介电常数,并拓宽了与涡流损耗相关的磁导率。因此,吸收现象是由磁损耗、极化损耗和欧姆损耗引起的[16-17]。电磁波在衰减常数为 α 的有损介质(例如,屏蔽材料)中传播时被吸收。由于 $E=E_0e^{-\alpha}d$,在厚度为 d 的屏蔽层种,电磁波的强度或振幅(E)以指数形式减小。根据式(4.7),材料的 α 值可表示为屏蔽的 ω、μ、σ 和 ε 的函数。

屏蔽材料对电磁波的吸收衰减(SE_A)表示为

$$SE_A=20\frac{d}{\beta}\lg e=8.68\frac{d}{\beta}=8.7d\sqrt{\Pi f\sigma\mu}\,(\mathrm{dB}) \tag{4.5}$$

$$\beta=(\sqrt{\Pi f\sigma\mu})^{-1}\quad(\text{用于导电屏蔽}) \tag{4.6}$$

$$\alpha=\omega\sqrt{\frac{\mu\varepsilon}{2}\left[1+\left(\frac{\sigma}{\omega\varepsilon}\right)^2\right]-1} \tag{4.7}$$

式中,ω 表示角频率($2\pi f$);ε 表示介电常数;β 表示器件表面厚度。

表面厚度决定了上部以下的距离,在该距离处,电磁波的电场强度减少了电磁波实际强度的 1/e。高吸收损耗需要以下条件:①欧姆损耗的高电导率,这导致高电子密度和入射电磁波之间的相互作用增加;②介质损耗的介电常数较大,这是由于形成了多个微纳级的电容器;③与磁滞损耗和涡流损耗相关的磁损耗的大磁导率。任何吸收的能量都应以热能的形式消散。

非磁性和导电屏蔽材料的吸收损耗(SE_A)表示如下:

$$SE_A(\mathrm{dB})=20\lg e^{\alpha d}=20\frac{d}{\beta}\lg e=8.68\frac{d}{\beta}=8.7d\sqrt{\Pi f\sigma\mu}\,(\mathrm{dB}) \tag{4.8}$$

式中,δ 表示表面厚度或穿透深度,是一个关于屏蔽的专有术语,代表了电场强度下降到原始入射波强度的一个电子核的表面下的距离。对于导电屏蔽,表面深度表示为 $\delta=\frac{1}{\alpha}=(\sqrt{\pi f\sigma\mu})^{-1}$。

厚度和电导率对吸收起主要作用,而介电常数和磁导率决定吸收损耗。

4.2.3 多重衰减(SE_M)

在薄屏蔽中,由于多次反射,来自背面的反射会影响最终透射,因为反射的辐射会在正面重新反射,并有助于第二次透射。这可以重复,直到波浪能量完全消散(图 4.1)。屏蔽正面和背面之间的多次反射有助于降低电磁屏蔽多重反射。通常,如果穿透深度大于屏蔽层的厚度,即屏蔽层厚度较小,则此过程会降低入射电磁波的能量。通常,当屏蔽内的反射辐射从后表面重新反射时,会从屏蔽内背面发生多次反射,并导致第二次传输。这种反射会完全衰减入射光束的能量。多次反射引起的冲击波衰减表示为

$$SE_M(dB)=20\lg(1-e^{-\frac{2d}{\beta}})=20\lg e^{-2\alpha d} \tag{4.9}$$

多重反射导致的屏蔽效率高度依赖于厚度,并且当厚度接近或大于表面深度或当 SE_T 高于 15 dB 时。然而,如果厚度远小于表皮深度,在研究屏蔽效能时必须考虑多重反射;如果厚度高于表皮深度,则总屏蔽效率可忽略不计。这种机制通常在 EM 屏蔽的前表面和后表面之间进行。

4.2.4　通过内部多次反射衰减(内部多重反射)

任何材料的性能都可以通过加入新的电磁屏蔽界面来提高。引入具有失配阻抗的新界面有助于通过合并的材料界面粒子进行多重内反射,并提高吸收损耗。如果材料吸收了入射光束,屏蔽体内附加界面的粒子会尝试吸收光束的一些能量并传输剩余能量。透射光束与屏蔽体内的其他粒子碰撞,这些粒子吸收了部分能量。这意味着在最终传输之前,通过扩展传播路径长度,相互作用的概率更高,从而提供了电磁波。这个循环重复的次数与粒子碰撞次数和能量波传输次数相同。这种机制可以在多孔、分层和分离结构中获得。

屏蔽能力可以通过在屏蔽内引入额外的接口来提高。具有失配阻抗特性的界面会导致额外的内部散射,也称为内部多次反射,从而增加吸收损耗。通过可能的内部散射屏蔽机制的示意图(图 4.1),说明了屏蔽与电磁辐射在逐层形态、多孔结构和隔离结构中的相互作用。这些结构提供了额外的界面,其在屏蔽内引起大量内部散射。内部散射扩展了电磁波在传输之前的传播路径长度,并提供了更多的屏蔽和电磁辐射之间相互作用的机会,从而导致吸收的衰减增加[18-19]。内部散射应与多重反射区分开来。屏蔽内部额外的内部界面引起的内部散射始终有助于增加吸收损耗和总屏蔽效率,而多重反射发生在屏蔽的前表面和后表面之间,并降低屏蔽效率。

4.2.5　绝对屏蔽效能

轻量化是各种应用的关键要求,包括航空航天和智能电子,因此引入绝对屏蔽效能(SSE/t)来定义材料的可行屏蔽性能,同时考虑密度和厚度。SSE/t 是通过将电磁屏蔽干扰效能(EMI SE)除以密度(ρ)和厚度(t)来计算的,其中,在轻型屏蔽应用中更需要较高的 SSE/t,并在式(4.10)中表示为

$$SSE/t=SSE_t=EMI\ \frac{SE}{\rho/t}=(dB\cdot cm^2)/g \tag{4.10}$$

4.3 MXene 自身特性在电磁屏蔽的优势

4.3.1 MXene 高弹性强度

MXene 相应弹性强度和柔软性的强弱在很大程度上取决于它们的表面基团。研究表明,具有含氧端基的 MXene 具有高弹性刚度,而具有其他端基(—F 和—OH)的 MXene 则具备相对较低的弹性刚度[20],这与其表面具有不同端基的 MXene 拥有不同的晶格常数有关,可以很好地适配于电磁屏蔽的器件中。通常,表面基团为含氧基团的 MXene 的晶格常数小于含有—F 或—OH 的 MXene[21-22]。与纯 MXene 相比,经过官能化 MXene 具有更大的灵活性。以 Ti_2C 为例,Guo 等[23]发现官能化可以降低 Ti_2C 的弹性模量,但它可以承受比纯 Ti_2C 甚至石墨烯更大的应变。这是因为表面基团在 Ti_2C 拉伸变形下充当缓冲层,这减缓了钛层的坍塌并增加了 Ti_2C 断裂的临界应变值。

MXene 的原子层数由化学式 $M_{n+1}X_n$ 中的 n 决定,也影响 MXene 在电磁屏蔽中的力学性能(如弹性强度)。Yorulmaz 等[24]用经典分子动力学方法研究了无表面官能团 MXene 的弹性常数和弹性模量。他们发现,在所有 $Ti_{n+1}C_n$($n=1,2,3$)中,最薄的 Ti_2C 具有最高的弹性模量,其弹性常数几乎是 MoS_2 的两倍。对于电磁屏蔽功能化的 MXene, Borysiuk 等[25]研究表明,随着 n 的降低,$M_{n+1}X_nT_x$ 的强度和硬度逐渐增加。

实验发现,通过与聚合物或碳纳米管等材料形成 MXene 基复合材料,MXene 的弹性性能得到相应的提高。通过组合不同类型的聚合物,MXene 的柔韧性和抗拉抗压强度可以得到不同程度的增强。Mashtalir 等[26]发现,通过用浓盐酸和氢氟酸混合物刻蚀 MAX 相制备的 MXene 膜具有一定的柔性和强度,并且可以折叠。重复处理后,结构保持不变。在实际应用中,通常在 MXene 中添加其他材料以提高其机械性能。Li 等[27]发现聚乙烯醇(PVA)可以与 $Ti_3C_2T_x$ 紧密结合,形成交错的层状材料,其机械性能是单层 MXene 膜的 4 倍。由于分子间作用力较弱,纯 MXene 的力学性能不如石墨烯。因此,目前的大多数工作集中于通过引入其他材料来提高纯 MXene 的机械性能。

4.3.2 MXene 高导电特性

由于电磁屏蔽性能与材料的导电性直接相关,优化 MXene 基屏蔽中的电子输运至关重要。MXene 的电子性质在计算上得到了广泛的探索。然而,MXene 中的电子运输随组成、表面末端、缺陷、层排列等而变化,不容易建模。这里只介绍 MXene 薄片、MXene 薄膜和 MXene 基复合材料的实验结果。

在讨论 MXene 薄膜的电导率之前,关键是要了解单个 2D 薄片中的本征输运,这是用场效应晶体管(FET)设备测量的(图 4.2(a))。单层 $Ti_3C_2T_x$ 薄片的导电性达到 11 000 S/cm,场效应电子迁移率达到 6 cm^2/(V·S)(图 4.2(b))[28]。但是,它的电导率低于由真空辅助过滤堆叠的 $Ti_3C_2T_x$ 薄片制成的 $Ti_3C_2T_x$ 薄膜(>20 000 S/cm)。对于片状尺寸较大(>10 μm)的单层 $Ti_3C_2T_x$,电导率为 6 500 S/cm,电子迁移率为 4.2 cm^2/(V·S)[29]。有学者报道 $Nb_4C_3T_x$ 单层电导率约为 1 024 S/cm,高于 $Nb_4C_3T_x$ 薄膜。FET 器件的制造和 MXene 质量的变化(缺陷、氧化等)可能会影响单个 MXene 薄片的测量性能。因此,需要对各种 MXene 成分和各种表面化学成分的原始 MXene 薄片进行额外的测量。

由于存在片内效应和片间效应的电荷叠加,MXene 薄膜中的电子输运更为复杂。首先,随着近年来 MXene 质量的提高(化学计量、缺陷最小化、片状尺寸增大等),$Ti_3C_2T_x$ 薄

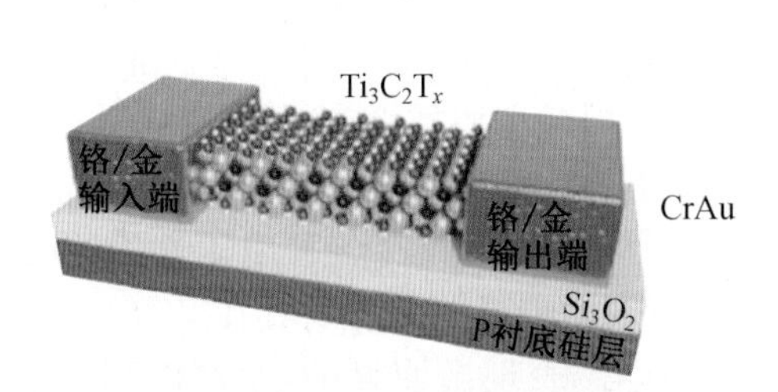

(a) 带有$Ti_3C_2T_x$ 通道的双端器件示意图,显示了单个MXene薄片的电子测量

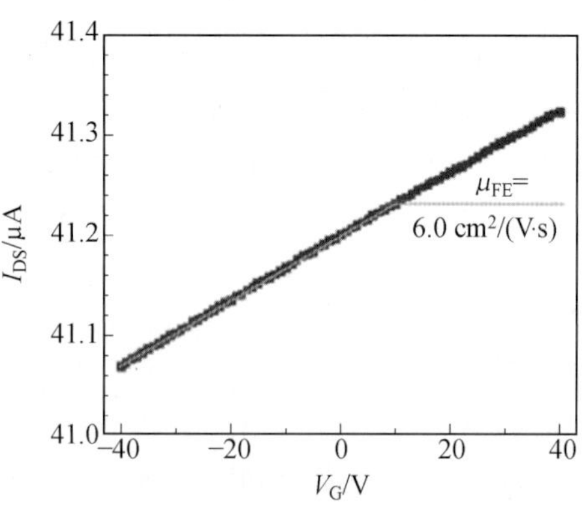

(b) 单层$Ti_3C_2T_x$场效应晶体管的双端转移特性(MXene薄膜)

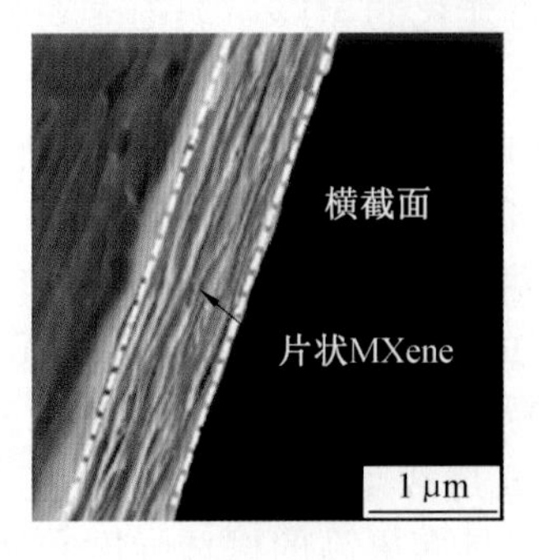

(c) 具有高度排列MXene薄片的叶片涂层$Ti_3C_2T_x$ 薄膜截面的SEM图像

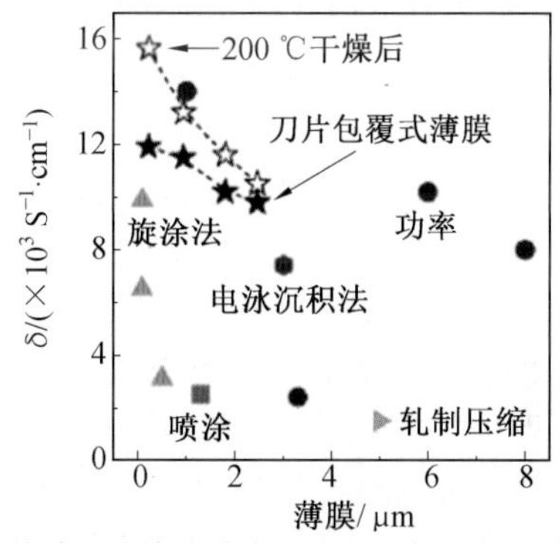

(d) 采用旋涂、喷涂、过滤、电泳、滚压等不同制备方法制备的 $Ti_3C_2T_x$ 薄膜

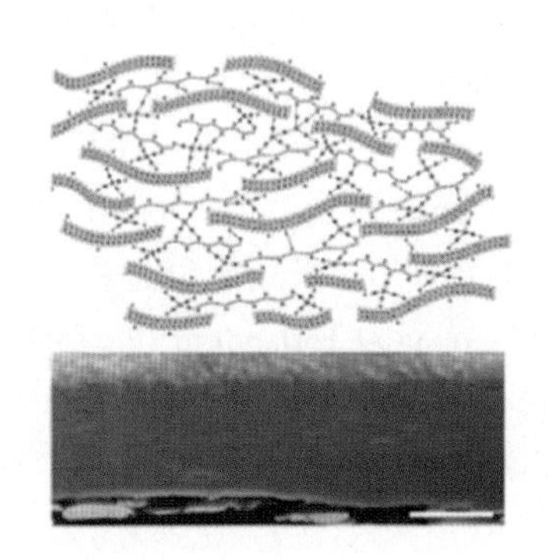

(e) 羧甲基纤维素钠序桥接MXene (SBM)膜的结构示意图和截面SEM图

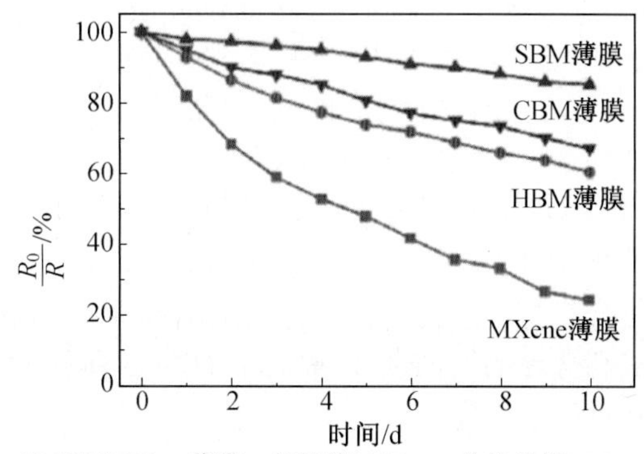

(f) 不同MXene薄膜,包括纯MXene、共价桥接MXene (CBM)、氢键MXene (HBM)和SBM薄膜在潮湿空气中的电导率随时间的函数

图 4.2 MXene 的形貌和电子特性[39]

膜的电导率显著提高,超过 20 000 S/cm[30-31];其次,由于 MXene 易于溶液加工,目前已有多种工艺制备 MXene 薄膜,不同的工艺导致 MXene 薄片在薄膜中的排列或排列方式不同,这对导电性能有深远的影响。例如,当使用液晶 MXene 分散体时,叶片涂层法可以生产具有高度排列薄片的 $Ti_3C_2T_x$ 薄膜(图 4.2(c))。与真空过滤薄膜(约 9 860 S/cm)相比,叶片涂层 $Ti_3C_2T_x$ 薄膜的电导率显著提高(约 15 100 S/cm)(图 4.2(d))。MXene 薄膜中的片状插层物也影响电子输运。经离子交换后,Li^+插层的 V_2CT_x 膜比四甲基铵离子插层的导电性能更好[32]。真空退火后插层离子的去除和表面基团的部分去除也降低了薄膜电阻[33]。此外,虽然 MXene 是金属的,但片间电子跳跃过程使得薄膜电导率的温度依赖性行为是独特的。在 10～300 K 范围内,电阻随温度升高而降低,与半导体而非金属的趋势相似。因此,MXene 薄膜的电导率可以通过插层、表面终止和薄片排列的调制来调节。

密度泛函理论表明,无论表面基团的影响如何,纯 MXene 都呈现类似金属的导电性(σ)[34]。然而,由于成分、表面官能化和厚度的多样性,MXene 具有各种电子性质,从金属、半导体到拓扑绝缘。官能化 MXene 的电子结构与表面端基的类型及其在二维平面上的取向有关。理论计算表明,具有—F 和—OH 的 Ti_3C_2 表现出明显的半导体特性[34]。Khazaei 等[35]使用第一原理计算研究了通过—F、—OH 和—O 基团的化学官能化修饰的 M_2C 和 M_2N 体系的电子性质。计算表明,没有表面官能化的 MXene 具有金属性。表面官能化后,一些 MXene 是半导体[36]。

当 A 层中的原子被刻蚀掉时,M 层中原子周围的电子将不可避免地重新排列,从而改变 MXene 的电子性质[37]。根据合成和分层方法,MXene 的电导率范围从小于1 S/cm 到数千 S/cm。通常,较温和的刻蚀和分层条件会产生 σ 较高的 MXene。例如,Shahzad 等[38]发现,对于轻度腐蚀和交替真空过滤膜,$Ti_3C_2T_x$ 的 σ 可以达到 4 600 S/cm,甚至高于溶液处理石墨烯的 σ。随着 $Ti_3C_2T_x$ 合成工艺的不断发展,其优异的 σ 使其成为 MXene 家族的热点,并进一步扩大了其在电池、超级电容器、EMI 屏蔽、波吸收等领域的应用。

与纯 MXene 相比,各种聚合物的 MXene 复合薄膜具有更高的机械强度和环境稳定性[39]。然而,MXene 片层之间聚合物的引入会影响导电网络。通过增强载流子传输通道来优化导电性是两种有效的策略。Wan 等通过氢和共价键剂的顺序桥接使 MXene 薄膜致密化,形成了强而导电的 MXene 复合材料(图 4.2(e))。羧甲基纤维素钠序桥接 MXene(SBM)薄膜的电导率达到 6 000 S/cm 以上,并在潮湿环境中保持不变(图 4.2(f)),这是由于层紧凑排列,空隙很少。另一种方法是使用逐层组装来制作层压结构[40-41]。例如,层压纤维素纳米纤维/$Ti_3C_2T_x$ 薄膜保持了高机械强度(>250 MPa)和低电阻(3.1 Ω^{-1}),使其在 7.7 μm 厚度下的 EMI SE 值为 60 dB[41]。采用旋喷逐层沉积法制备的 $Ti_3C_2T_x$/碳纳米管半透明薄膜在纳米级厚度下的电导率为 130 S/cm[42]。MXene 层在复合薄膜中的高度排列有利于局部导电网络的形成和电子跳变。通过优化 MXene 的合成和合理的结构设计,提高了 MXene 薄膜的导电性。然而,对片内和片间电子传递的基本理解还不完整。

1. MXene 电子传输性

MXene 电磁屏蔽研究一直具有较高热度的关键因素之一,还在于其无与伦比的电子传输性。如图 4.3(a)所示,导电碳化物芯在 MXene 的优异导电性中起着主要作用[43]。MXene 的电导率通常受到许多因素的影响,如表面基团、纳米片尺寸、缺陷浓度和薄片之间的接触电阻。

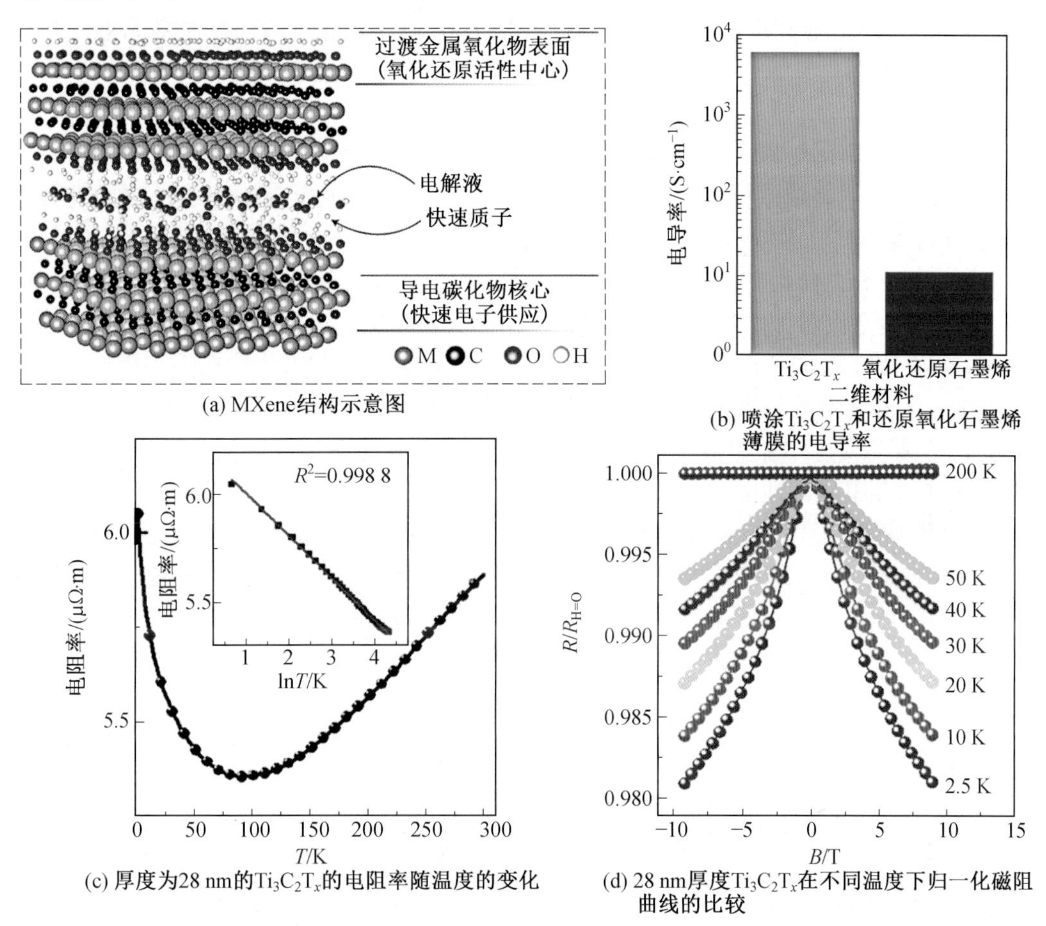

(a) MXene结构示意图
(b) 喷涂$Ti_3C_2T_x$和还原氧化石墨烯薄膜的电导率
(c) 厚度为28 nm的$Ti_3C_2T_x$的电阻率随温度的变化
(d) 28 nm厚度$Ti_3C_2T_x$在不同温度下归一化磁阻曲线的比较

图 4.3　MXene 电导率及阻抗性能[39]

密度泛函理论预测无官能团嫁接的 Ti_3C_2 单层是金属的，但依据之前的研究报道，调整表面基团的种类能够提供材料半导体特性[44]。Wang 等[45]通过在 600 ℃下对 Ti_3C_2 纳米片进行 1 h 的焙烧，减少了官能团并缩短了传导路径。在大多数情况下，制备过程直接决定 MXene 纳米片的尺寸和缺陷浓度。与 MXene 膜相比，具有较少缺陷的更大 MXene 片材更有可能以温和的导电性获得。这主要是因为冷冻干燥的 MXene 保持松散结构，不利于电子传输。相反，通过施加外部压力获得的高密度膜表现出更高的电导率。这些导电性变化主要是由于 MXene 纳米片之间的接触电阻不明显。

MXene 具有良好的片内导电性和片间导电性。就电导率而言，单层 $Ti_3C_2T_x$ 与石墨烯相当，远高于 1 T MoS_2[46]。Lipatov 等[47]基于单个 $Ti_3C_2T_x$ 片制作了 FET，场效应电子迁移率为(2.6±0.7)cm^2 · V/s，电导率为(4 600±1 100)S/cm。多层 $Ti_3C_2T_x$ 薄膜的电阻率比单个薄片的电阻率高一个数量级，表明 $Ti_3C_2T_x$ 薄片之间存在具有低电阻的电接触。

Ling[39]获得了真空过滤的 $Ti_3C_2T_x$ 薄膜，其电导率约为 2 400 S/cm，导电性是石墨烯的几倍。此后，他们在室温下测量了喷涂的 $Ti_3C_2T_x$ 和氧化石墨烯薄膜的电导率分别是

(6 400±120) S/cm 和 10 S/cm(图 4.3(b))。Ghidin 等[48]用四探针法测量了 $Nb_4C_3T_x$ 冷压盘的电阻率为 0.004 6 Ω · m(电导率为 2.17 cm^{-1}),这是通过冷压盘制备 MXene 文献中电导率最高的。

外部环境对导电性能的影响也很明显(图 4.3(c)、(d))。长期暴露于潮湿空气后,$Ti_3C_2T_x$ 薄片的氧化会显著降低导电性。$Ti_3C_2T_x$ 薄膜在 100 K 以上表现出金属导电特性,在 100 K 以下表现出负电阻温度系数,在低温状态下表现出负磁阻 MR,其电阻率和 MR 温度特性与其二维特性一致。

2. MXene **介电特性**

介电特性是设计微波吸收材料,特别是非磁性微波吸收材料的重要依据。由于基于 MXene 的微波吸收器引起了极大的关注,有许多关于 MXene 基吸收器在千兆赫频率(2 ~ 18 kMHz)的介电常数的报道。然而,该频率范围以外的介电特性的研究很少被报道。在这方面,作者简要总结了 MXene 在宽频率范围内的介电特性,这可能会启发学界深入探索 MXene 的频率依赖性电磁响应。

在可见光和近红外(Vis-NIR)范围内,MXene 薄膜的介电常数通常用光谱椭偏仪测量。随着波长的增加,实部变为负值,表明 $Ti_3C_2T_x$ 薄膜中自由载流子振荡的开始(图 4.4(a))。Ti_2CT_x、V_2CT_x 和 $V_4C_3T_x$ 薄膜也观察到了类似的趋势,这表明它们具有金属性质。

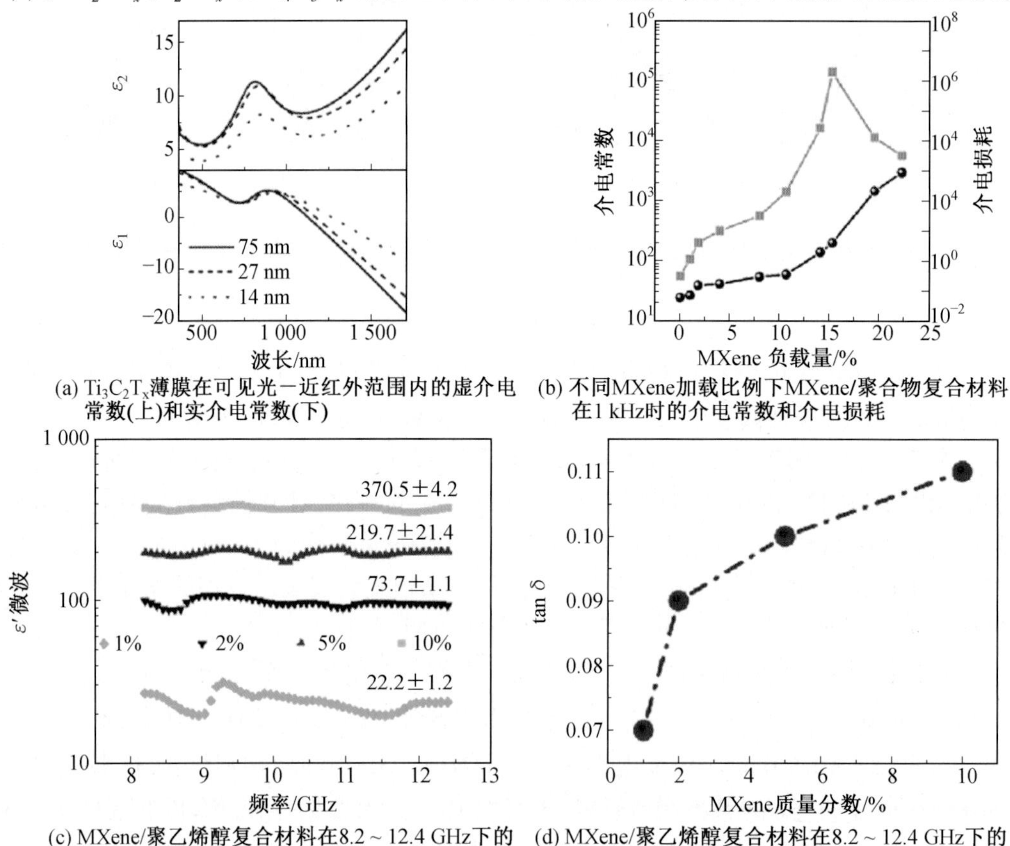

(a) $Ti_3C_2T_x$薄膜在可见光—近红外范围内的虚介电常数(上)和实介电常数(下)

(b) 不同MXene加载比例下MXene/聚合物复合材料在1 kHz时的介电常数和介电损耗

(c) MXene/聚乙烯醇复合材料在8.2 ~ 12.4 GHz下的实际介电常数 ε′ 和介电损耗tan δ

(d) MXene/聚乙烯醇复合材料在8.2 ~ 12.4 GHz下的实际介电常数 ε′ 和介电损耗tan δ

图 4.4　MXene 的介电特性[49]

当频率极低(例如 kHz)时,聚合物基体中 $Ti_3C_2T_x$ 填充量增加,介电常数显著增加,但当填充量小于10%时,介电损耗较低(图4.4(b))。介电增强归因于界面上电荷的积累,形成偶极子。同样,在千兆赫范围内,当聚合物中引入少量 $Ti_3C_2T_x$(约2%)时,实际介电常数很高(高达73),但介电损耗仅为0.09(图4.4(c)、(d))[49]。$Ti_3C_2T_x$/聚合物复合材料的这一特性已在文献[50-51]中被反复证实。这表明原始 $Ti_3C_2T_x$ 并不是微波吸收的有希望的候选者。

Tu 等[52]证明,使用 $Ti_3C_2T_x$MXene 纳米片作为填料的聚(偏二氟乙烯-三氟乙烯-氯氟乙烯)(P[VDF-TrFE-CFE])基复合材料(图4.5(a)),在1~100 kHz的频率范围内表现出显著增强的介电常数。MXene/P(VDF-TrFECFE)复合材料的介电常数可以高达10^5,接近15.3% MXene 负载的渗透极限(图4.5(b))。较高的 MXene 浓度将触发介电常数的降低。这与 MXene 纳米片之间的连接性增加导致的泄漏电流增加有关。如图4.5(c)、(d)所示,介电常数的提高主要是由于在外加电场下,MXene 填料和聚合物基体之间的表面上形成微观偶极子所引起的电荷积累。

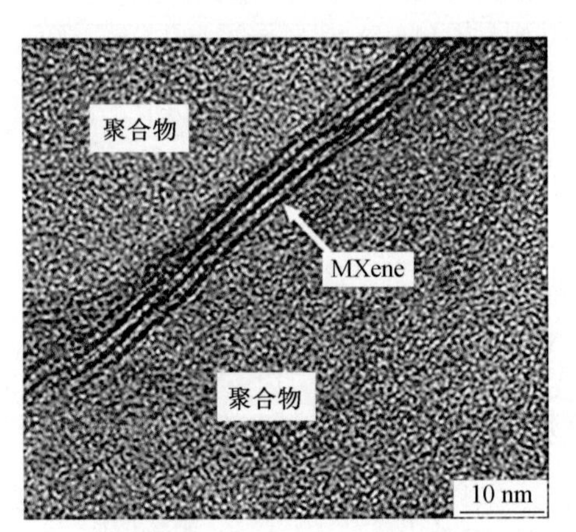

(a) 嵌入P(VDF-TrFE-CFE)矩阵的MXene薄片的TEM图像

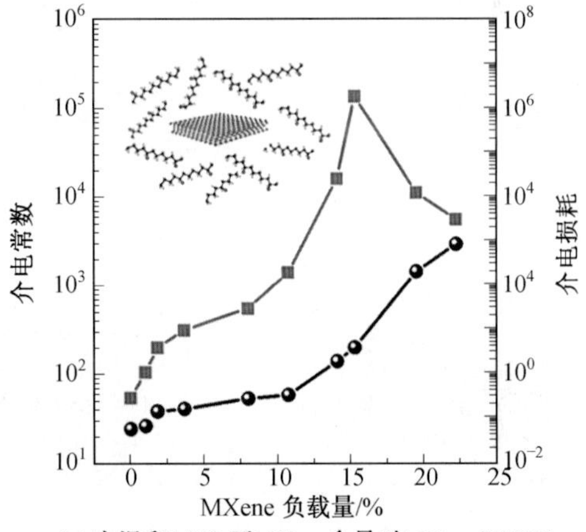

(b) 室温和1 kHz下MXene含量对MXene/P(VDF-TrFE-CFE)介电常数和介电损耗的影响

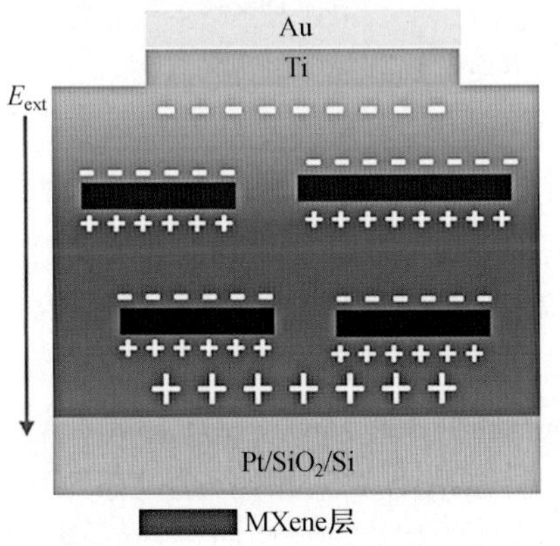

(c) 外电场下MXene/P(VDF-TrFE-CFE) MIM电容器中存在的极化电荷示意图

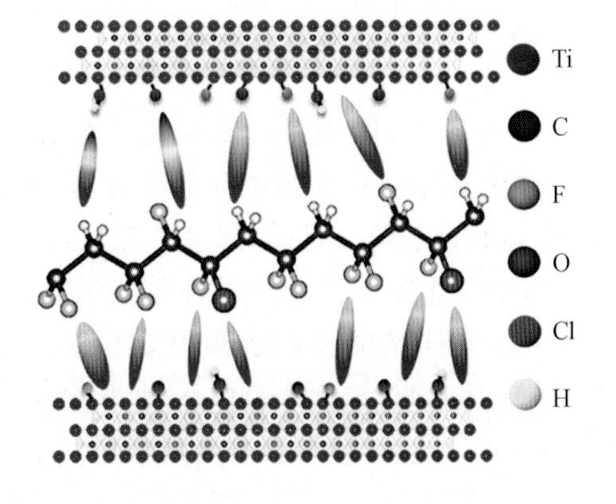

(d) MXene表面原子与聚合物主链上的H之间可能形成的偶极子

图4.5　P(VDF-TrFE-CFE)矩阵的 MXene 薄片形貌表征及介电特性[52]

值得注意的是，目前还缺乏对各种 MXene 在不同频率范围内的介电特性的系统研究。由于电子设备的工作频率各不相同，重要的是要考虑电磁保护在一个广泛或特定的频率范围内。MXene 的介电响应有很大的调整空间，这对电磁波吸收而不仅仅是“微波”吸收至关重要。

3. MXene 微波介电特性

除宏观上的介电特性外，MXene 在电磁屏蔽干扰中的应用还需注意微波介电特性。Han 等[50]比较了负载为 50% 的蜡基质中 Ti_3AlC_2、$Ti_3C_2T_x$ 和退火 $Ti_3C_2T_x$ 的介电性能（图 4.6）。酸刻蚀导致 Al 层被表面基团取代，并赋予 MXene 更高的导电性，这导致介电常数和 $\tan\delta$ 值显著增加。热处理改性了 $Ti_3C_2T_x$ 的活性表面以形成具有高介电常数的非晶碳，并且介电常数的实部和虚部的平均值分别增加到 $\varepsilon'=14.55$ 和 $\varepsilon''=5.42$。此外，在一定范围内，介电常数随着 MXene 负载的增加而增加。Luo 等[53]认为这一趋势与 MXene 纳米片之间连接的概率增加有关，衰减类型逐渐从纳米片之间的跳跃迁移损失转变为单个纳米片内的弛豫损失。

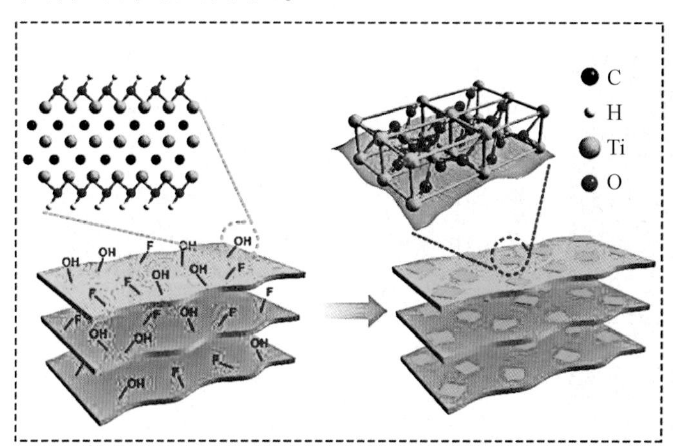

(a) $Ti_3C_2T_x$ MXene退火后的表面改性示意图

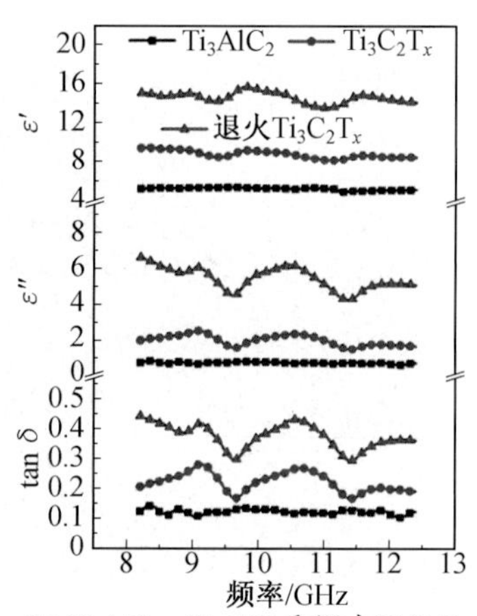

(b) Ti_3AlC_2、$Ti_3C_2T_x$ 和退火 $Ti_3C_2T_x$ 复合材料的 ε' 和 ε'' 以及 $\tan\delta$ 随频率的变化

图 4.6 MXene 结构示意图及介电常数[50]

Tong 等[54]发现，刻蚀时间在调整 MXene 的形态、结构、表面终止和介电性能方面起着重要性的作用。在刻蚀的初始阶段，随着刻蚀时间的增加，$Ti_3C_2T_x$ 的层状结构越来越明显，介电性能也随之增强（图 4.7(a)～(c)）。然而，由于 Ti 原子的损失和 C 原子的暴露，在刻蚀超过 24 h 后，介电性能正在下降（图 4.7(d)～(f)）。当然，刻蚀 24 h 的 $Ti_3C_2T_x$-24 h 样品显示了最好的电磁吸收性能。

Li 等[55]证明了不同氧化条件下 Ti_2CT_x MXene 向 Ti_2CT_x/TiO_2（CO_2-500）、C/TiO_2（CO_2-800）和 TiO_2（CO_2-900）的结构演变和相变。与原始 Ti_2CT_x 相比，通过在 500 ℃的 CO_2 气氛中氧化处理获得的 Ti_2CT_x/TiO_2 表现出更低的介电常数和切向损耗。当温度升高到 800 ℃时（图 4.8），实介电常数 ε'、虚介电常数 ε'' 和切向损耗显著增加。C/TiO_2 优异的介电性能主要来源于：①由生成的异质界面和更高的比表面积引起的增强的极化损耗；②由完全剥离的碳层引起的增强导电损耗；③有利于能量耗散的剩余多层结构。然

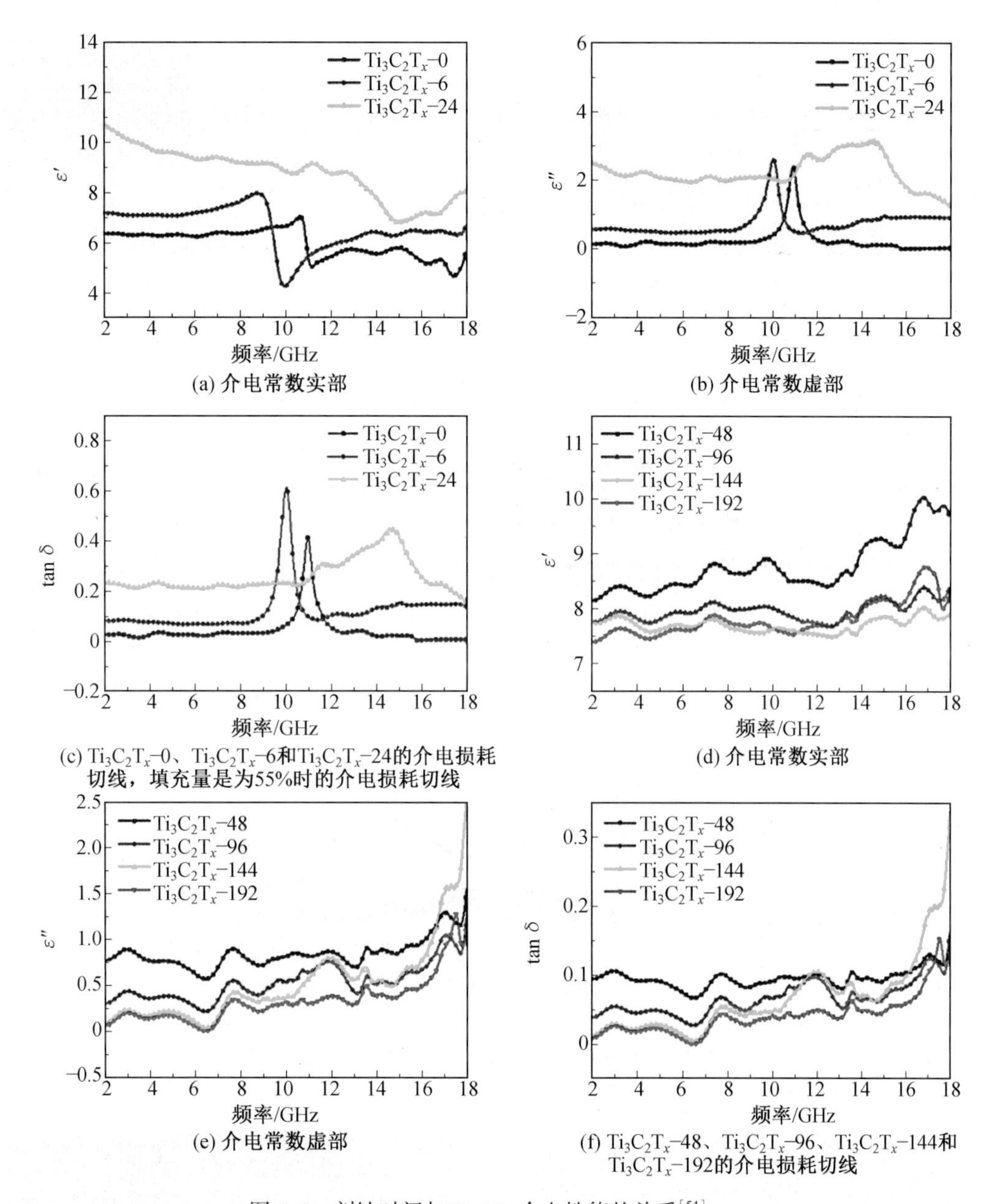

(a) 介电常数实部　(b) 介电常数虚部

(c) $Ti_3C_2T_x$-0、$Ti_3C_2T_x$-6和$Ti_3C_2T_x$-24的介电损耗切线，填充量是为55%时的介电损耗切线　(d) 介电常数实部

(e) 介电常数虚部　(f) $Ti_3C_2T_x$-48、$Ti_3C_2T_x$-96、$Ti_3C_2T_x$-144和$Ti_3C_2T_x$-192的介电损耗切线

图 4.7　刻蚀时间与 Ti_2CT_x 介电性能的关系[54]

而,TiO_2 的介电性能最差,这与二氧化钛的低介电常数有关。

Li 等[56]研究了 $Ti_3C_2T_x$/CNT 杂化物的介电性能(图 4.9(a)、(b))。从图 4.9(c)可以观察到,在 2～18 GHz 的频率范围内,比较了相同质量分数为 35% 的 $Ti_3C_2T_x$、a(退火)-$Ti_3C_2T_x$/CNT 杂化物的相对复介电常数。$Ti_3C_2T_x$/CNT 混合物在三个样品中保持最高的介电常数值(ε'和 ε'')和切向损耗,这主要是由于引入了高介电常数 CNT 和分层夹层微结构。

Qian 等[57]通过共沉淀法合成了类海胆 ZnO-$Ti_3C_2T_x$ 纳米复合材料(图 4.10(a)(b))。对于生长时间为 3.0 h 的 ZnO-$Ti_3C_2T_x$ 纳米复合材料,ε'和 ε''分别达到 11.83 和

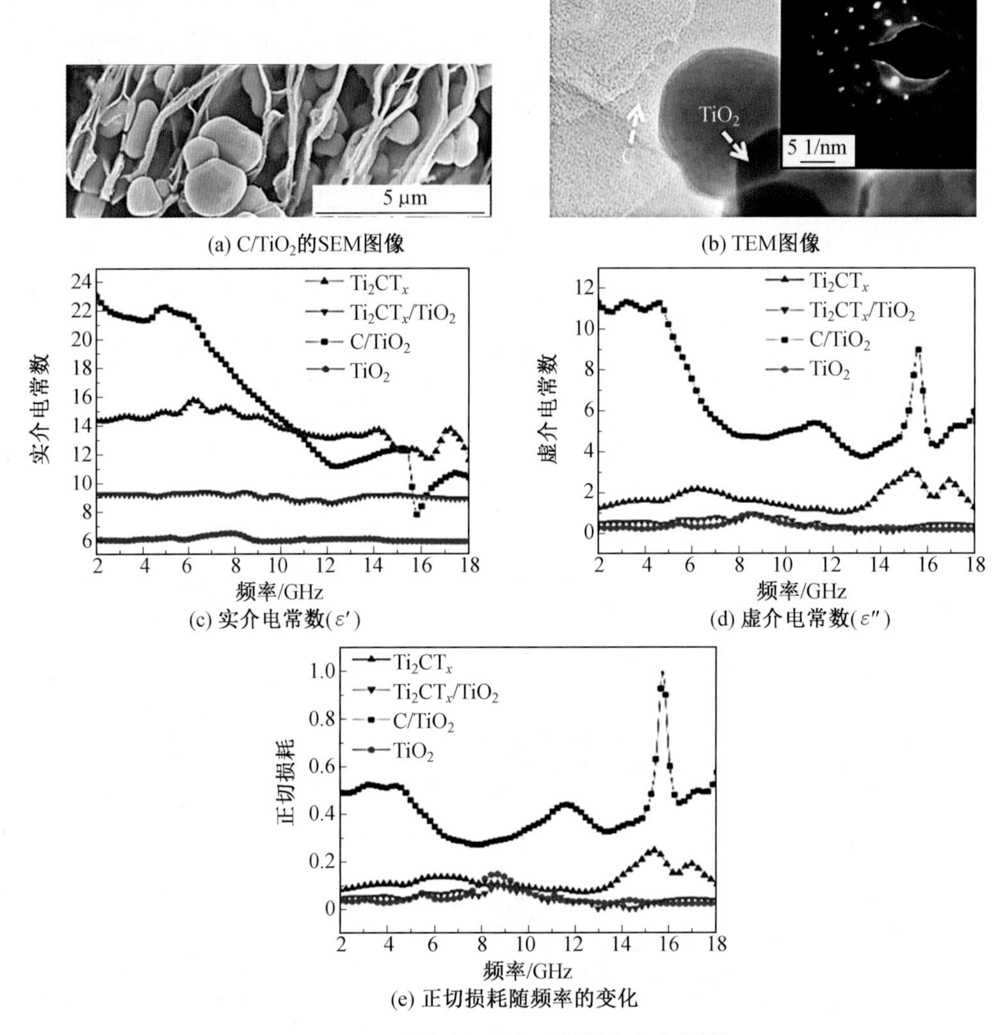

图 4.8　C/TiO_2 形貌表征及复合材料介电常数[55]

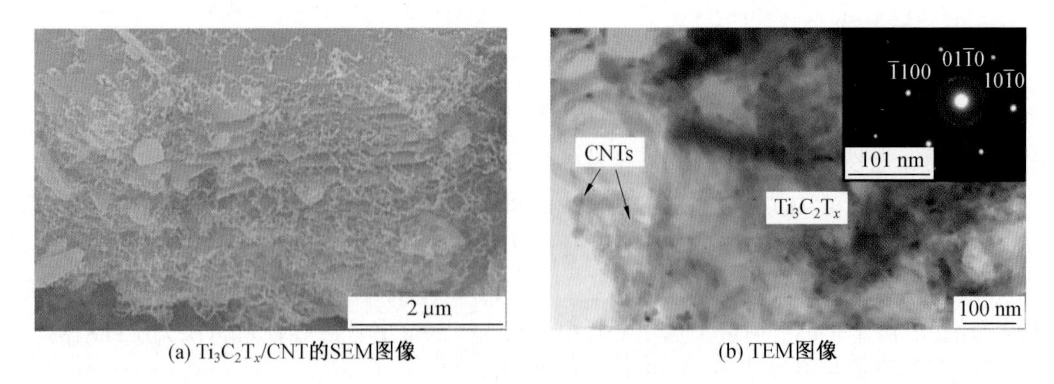

图 4.9　$Ti_3C_2T_x$/CNT 形貌表征及介电常数变化[56]

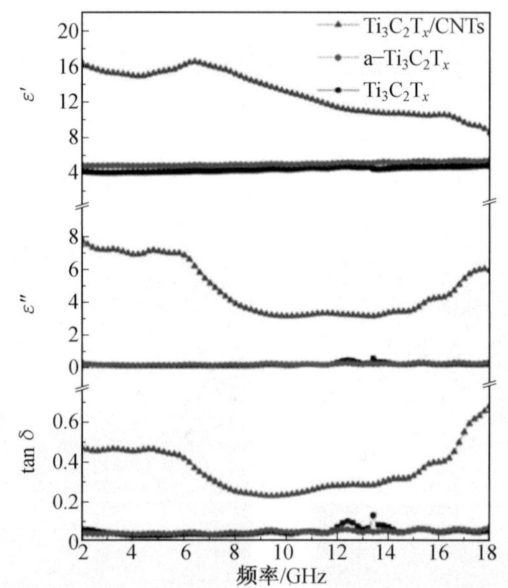

(c) 负载为35%时，$Ti_3C_2T_x$、a-$Ti_3C_2T_x$、$Ti_3C_2T_x$/CNT复合材料的介电常数(ε' 和 ε'')和正切损耗随频率的变化

续图 4.9

0.97，tan δ_ε随频率增加而增加(图 4.10(c)、(d))，ZnO 纳米棒的存在减少了羟基，这反过来增加了导电性。不仅如此，ZnO 纳米棒提供了更大的体积和界面，并且可以充当接收天线，将电磁能量转换为耗散电流。ZnO-$Ti_3C_2T_x$ 纳米复合材料的复磁导率和介电常数之间的完美平衡实现了优异的阻抗匹配。

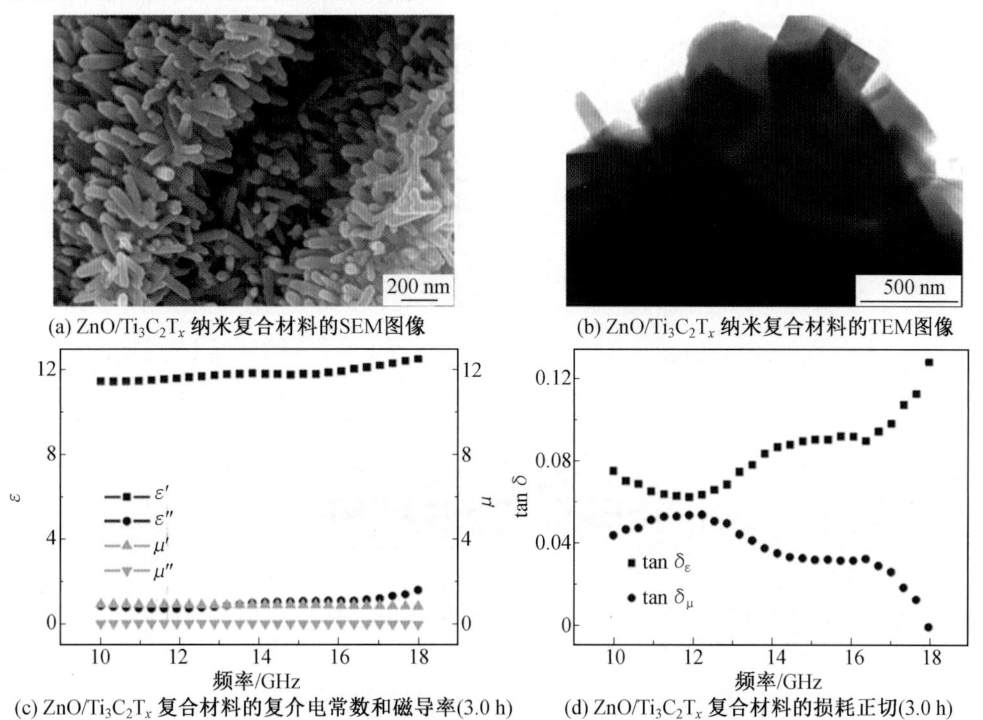

(a) ZnO/$Ti_3C_2T_x$ 纳米复合材料的SEM图像　(b) ZnO/$Ti_3C_2T_x$ 纳米复合材料的TEM图像

(c) ZnO/$Ti_3C_2T_x$ 复合材料的复介电常数和磁导率(3.0 h)　(d) ZnO/$Ti_3C_2T_x$ 复合材料的损耗正切(3.0 h)

图 4.10　ZnO-$Ti_3C_2T_x$ 纳米复合材料形貌表征和介电常数[57]

从图 4.11(a)、(b)可以看出,Ti_3C_2 片像鱼鳞一样垂直竖立在石墨/TiC(G/TiC)平面上[58]。如图 4.11(c)所示,与缺乏结构设计的其他材料相比,G/TiC/Ti_3C_2 具有最大的介电常数,尤其是虚部(ε'')和介电损耗($\tan\delta=\varepsilon''/\varepsilon'$)明显大于其他材料,这表明其对电磁能的强耗散能力。因此,负载量为 50% 的石蜡基质中的 G/TiC/Ti_3C_2 杂化物实现了最佳的微波吸收性能。

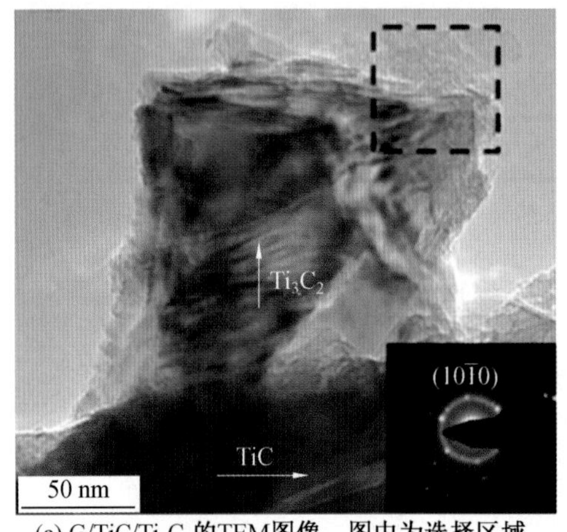

(a) G/TiC/Ti_3C_2的TEM图像，图中为选择区域电子衍射(SAED)图

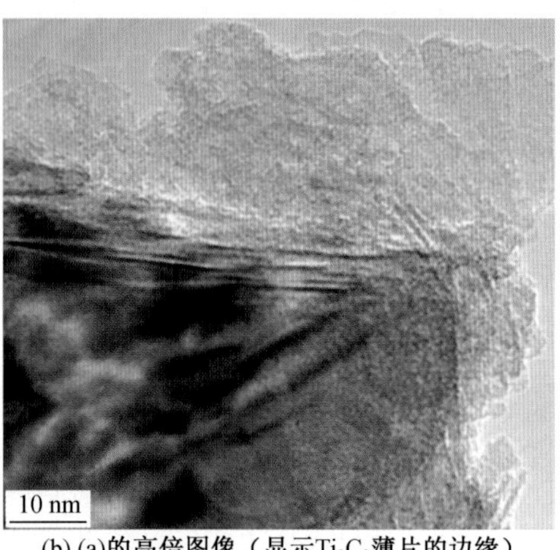

(b) (a)的高倍图像（显示Ti_3C_2薄片的边缘）

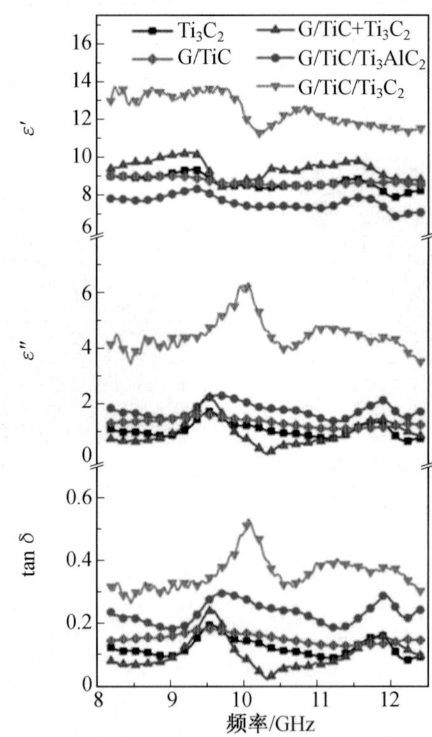

(c) 石蜡基体中G/TiC+Ti_3C_2、Ti_3C_2、G/TiC/Ti_3AlC_2、G/TiC和G/TiC+Ti_3C_2的复介电常数 ε'、ε''和介电损耗$\tan\delta=\varepsilon''/\varepsilon'$

图 4.11 G/TiC/Ti_3C_2 的 TEM 图和复介电常数[58]

氮掺杂石墨烯(N-GP)/Ti_3C_2 填充环氧复合材料(图 4.12(a)、(b))显示出增强的介电常数[59]。这种改进主要是由于其独特的微观结构、N-GP 和 Ti_3C_2 纳米片缺陷、大的内部边界层电容以及微电容网络的形成。复合材料的 ε' 和 ε'' 值可以通过调整填料含量来调节,如图 4.12(c)、(d) 所示。显然,与其他样品相比,样品 G2T30(2% N-GP 和 30% Ti_3C_2 纳米片填充复合材料)显示出最高的 ε'' 和 ε' 值。

图 4.12　样品 T40 和样品 G2T30 形貌表征及介电常数[59]

Li 等[60]在 0 GHz 的频率范围内测量了 $Ti_3C_2T_x/Ni_{0.5}Zn_{0.5}Fe_2O_4$ 复合材料的相对复介电常数和复磁导率。如图 4.13(a)、(b) 所示,$Ti_3C_2T_x/Ni_{0.5}Zn_{0.5}Fe_2O_4$ 复合材料的介电常数的实部和虚部随着 $Ti_3C_2T_x$ 含量的增加而增加,这主要是由于 $Ti_3C_2T_x$ 的高导电性。然而,添加小比例的非磁性 $Ti_3C_2T_x$ 对 $Ti_3C_2T_x/Ni_{0.5}Zn_{0.5}Fe_2O_4$ 的磁导率几乎没有影响(图 4.13(c)、(d))。因此,磁损耗由 $Ti_3C_2T_x/Ni_{0.5}Zn_{0.5}Fe_2O_4$ 导出。

4.3.3　MXene 的磁性能

除了优异的电子性能外,部分 MXene 还表现出良好的铁磁性。大多数磁性 MAX 相由 Cr 和 Mn 组成,如 Cr_2AlC、Cr_2GaC、Mn_2AlC 和 Cr_2TiAlC_2 等具有不同的磁性[61-62]。Xie 等[63]通过理论计算发现,通式为 $Ti_{n+1}C_n$ 和 $Ti_{n+1}N_n$ 的 MXene,如:M_2X、M_2MnC_2 和 Mo_3N_2F 等均具有磁性。然而,大多数 MXene 是非磁性的,这主要是因为 MXene 上有大量官能

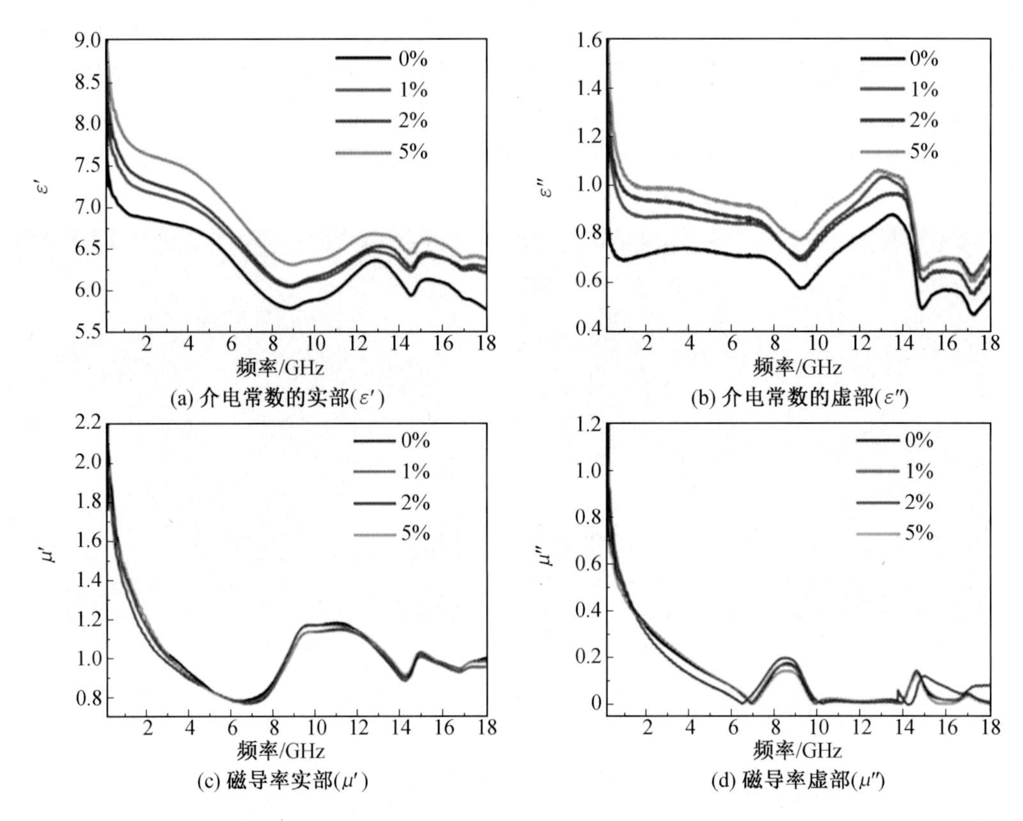

(a) 介电常数的实部(ε′)

(b) 介电常数的虚部(ε″)

(c) 磁导率实部(μ′)

(d) 磁导率虚部(μ″)

图 4.13 不同 $Ti_3C_2T_x$ 含量的 $Ti_3C_2T_x/Ni_{0.5}Zn_{0.5}Fe_2O_4$ 复合材料复介电常数(ε_r)和磁导率(μ_r)[60]

团[64]。目前,无论是否携带官能团,只有 Cr_2C 和 Cr_2N 表现出良好的铁磁性[35],其中 Ti_2N[65]、Ti_2C[66] 和 Cr_2C[67] 是顺铁磁性的,Cr_2N[65] 和 Mn_2C[68] 是反铁磁性的。Sheni 等[37] 表明,$Ti_{n+1}X_n$ 晶体一端的钛原子具有顺铁磁性,而钛原子的另一端具有反铁磁性,内部钛原子始终具有非磁性。目前,当 MXene 用于 EMI 屏蔽领域时,大多数 MXene 利用其优异的导电性引起的电损耗来达到屏蔽电磁波的目的。如何在保持优异导电性的同时提高 MXene 的磁性,并利用电损耗和磁损耗的协同效应来改善 MXene 的 EMI 屏蔽性能是一个主要的核心方向。

4.3.4 MXene 应用于电磁屏蔽的稳定性

尽管可调结构赋予 MXene 丰富的性能,但 MXene 在空气中很容易被氧化,这将严重影响其导电值[69-70]。Zhang 等[71] 发现,当将 MXene 胶体溶液置于开放容器中时,$Ti_3C_2T_x$ 层状结构的边缘开始降解,$Ti_3C_2T_x$ 薄片逐渐氧化为 TiO_2。由于溶解氧被消除,溶液在 5 ℃可以很好地保存。此外,辐射还导致 MXene 氧化[71]。因此,通过将 MXene 溶液置于黑暗环境中并在惰性气体保护下施用,可以减少 MXene 的氧化。Naguib 等[9] 发现,MXene 在低温环境中具有一定程度的抗氧化性,但氧化程度随着温度的升高而增加。MXene 在 1 150 ℃的空气中几秒钟内被氧化,形成 TiO_2 和 C 的复合产物。MXene 也会在水热和 CO_2 气氛下被氧化,它们的氧化温度在 150 ~ 500 ℃之间[9]。这表明低温可以减轻 MXene 的氧化程度，在实际应用中加热需要大气保护[72]。除了物理方法，研究人员还致力于通过化学修饰来解决 MXene 的氧化问题。常规制备的 MXene 的表面是负的，边缘带正电荷。因此，可以通过在 MXene 片的边缘上吸附聚阴离子基团以防止水分子的作用来防止 MXene 的氧化。已经证明，抗坏血酸[73]、抗坏血酸钠[74]、聚磷酸盐[75]和(3-氨基丙基)三乙氧基硅烷试剂[76]可以有效改善 MXene 的抗氧化性能。然而，这些方法只能保证 MXene 在一定时间内不会被氧化，而不能完全解决 MXene 的氧化问题。

4.3.5　其他

真空过滤的 $Ti_3C_2T_x$ 薄膜具有优异的柔韧性，可以很容易地折叠成各种形状，而不会造成严重损坏(图 4.14(a))[39]。3.3 μm 厚 $Ti_3C_2T_x$ 薄膜的拉伸强度为(22±2) MPa，弹性模量为(3.5±0.01) GPa。这与氧化石墨烯薄膜和碳纳米管薄膜相当，但 $Ti_3C_2T_x$ 薄膜的导电性更好。如图 4.14(b)所示，通过卷曲厚度为 4 ~ 5 μm 的 $Ti_3C_2T_x$ 薄膜制成的中空圆柱体具有机械强度。这些外观表明，导电 $Ti_3C_2T_x$ 薄膜的机械强度可以满足各种应用的要求。$Ti_3C_2T_x$MXene 也可以是陶瓷的有效增强材料[77]。通过冷烧结工艺(CSP)合成的 ZnO-MXene 陶瓷纳米复合材料的硬度和弹性模量显著提高。

当水滴在 $Ti_3C_2T_x$ 膜上时，接触角为 35°(图 4.14(c))，表明 $Ti_3C_2T_x$ 表面是亲水的[39, 78]。源自表面基团(—O 或—OH)的亲水性有助于水电解质的渗透，但不利于 MXenes 在潮湿环境中的耐久性。通过调整 MXenes 的表面官能团或增加膜表面的粗糙度，它可以表现出良好的疏水性并适应各种环境。例如，肼引发的 MXenes 泡沫的接触角为 94°[79]，三维 $Ti_3C_2T_x$ 薄膜达到 135°(图 4.14(d))[78]。

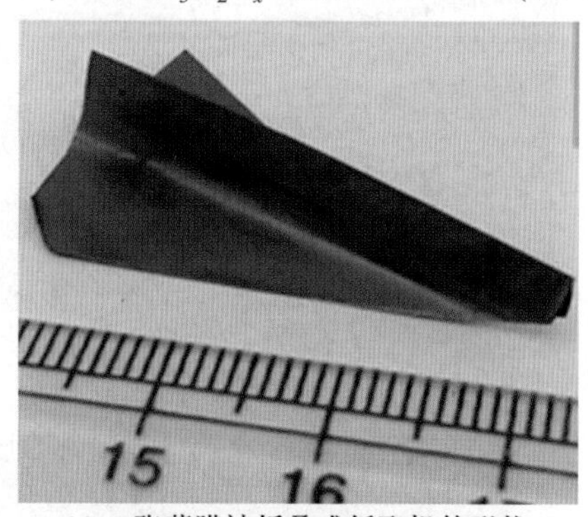

(a) 一张薄膜被折叠成纸飞机的形状

(b) 用5.1 μm厚的 $Ti_3C_2T_x$长条制成的空心圆柱体，其承载能力约为自身质量的4 000倍

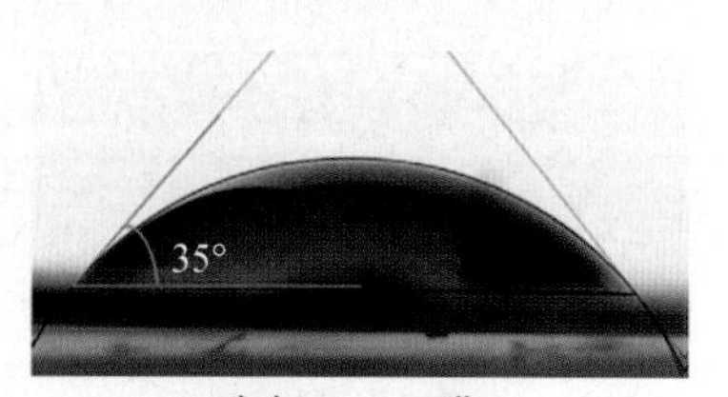

(c) 致密 $Ti_3C_2T_x$膜

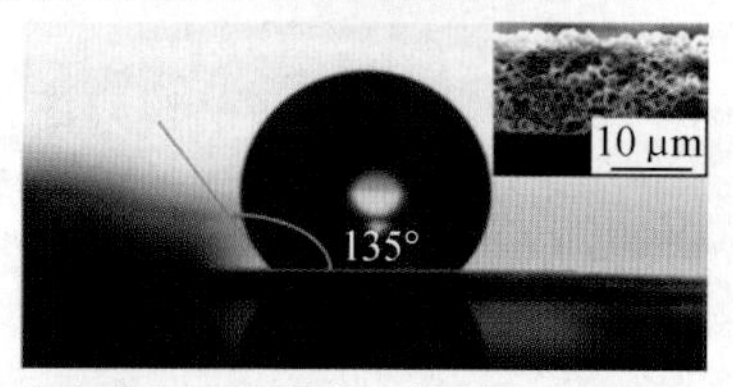

(d) 三维大孔$Ti_3C_2T_x$膜的水接触角(内为大孔$Ti_3C_2T_x$膜的SEM横截面图)

图 4.14　MXene 被折叠后的形状和接触角测试[78]

Maleski 等[80]系统地研究了 $Ti_3C_2T_x$ 在各种极性有机溶剂中的分散性,并在溶剂如 DMF、N-甲基-2-吡咯烷酮(NMP)、DMSO、PC 和乙醇中表现出优异的溶解度。在合适的有机溶剂中的分散防止 MXene 被水和氧降解。本研究为 MXene 在非水溶剂中的剥离、分层、保存、功能化和异质性提供了指导。除此之外,该研究对 MXene 基质复合样品的电磁参数表征处理具有重要意义。

4.4 MXene 薄膜作为电磁屏蔽干扰材料

4.4.1 MXene 紧凑结构

1. MXene 层状及其复合材料

4.3 节围绕 MXene 优异的特性介绍了相关电磁屏蔽的应用,关于 MXene 二维薄膜材料的结构已经报道了三种不同类型的 MXene 层状压片薄膜,包括单金属 $Ti_3C_2T_x$、有序双金属 $Mo_2TiC_2T_x$ 和 $Mo_2Ti_2C_3T_x$ MXene[38]。这项先前的研究使用选择性化学刻蚀方案从相应的 MAX 相合成了 MXene,使用真空辅助过滤其水分散体制备厚度为几微米的均匀排列的 MXene 层状压片薄膜(图 4.15(a)~(d))。分别与 $Mo_2TiC_2T_x$ 和 $Mo_2Ti_2C_3T_x$ 的 120 S/cm和 300 S/cm 相比,$Ti_3C_2T_x$ 表现出最大的电磁屏蔽干扰效率(约 5 000 S/cm)(图 4.15(e))。这项研究表明,电导率是屏蔽的关键参数(图 4.15(f))。$Ti_3C_2T_x$ MXene 在 X

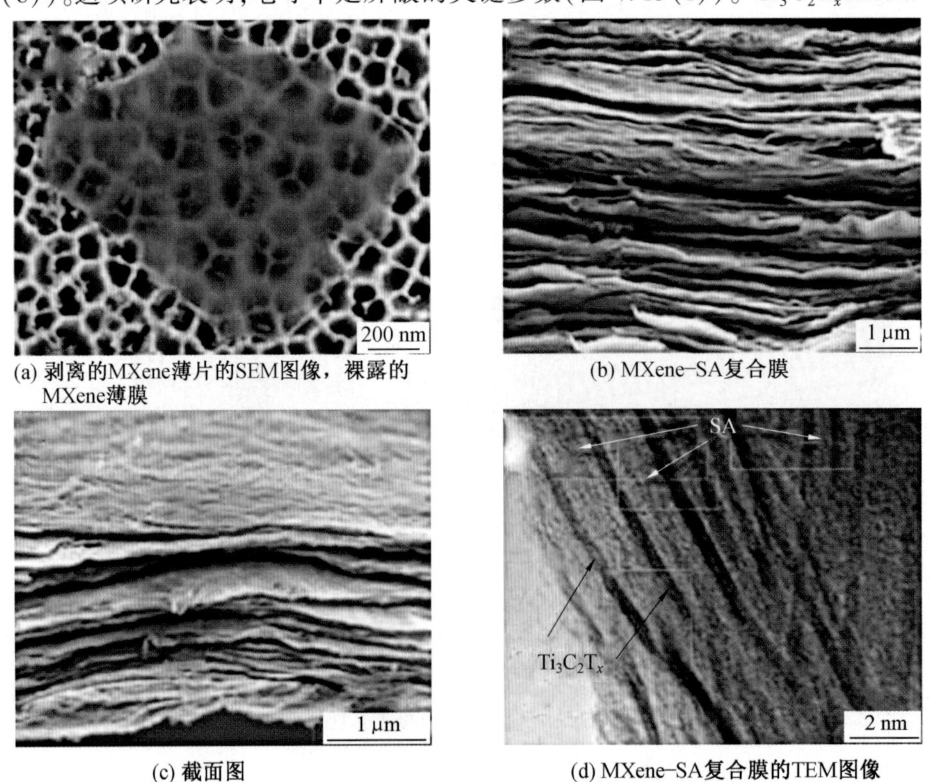

(a) 剥离的MXene薄片的SEM图像,裸露的MXene薄膜

(b) MXene-SA复合膜

(c) 截面图

(d) MXene-SA复合膜的TEM图像

图 4.15 MXene 及其复合材料的形貌表征和屏蔽效能[81]

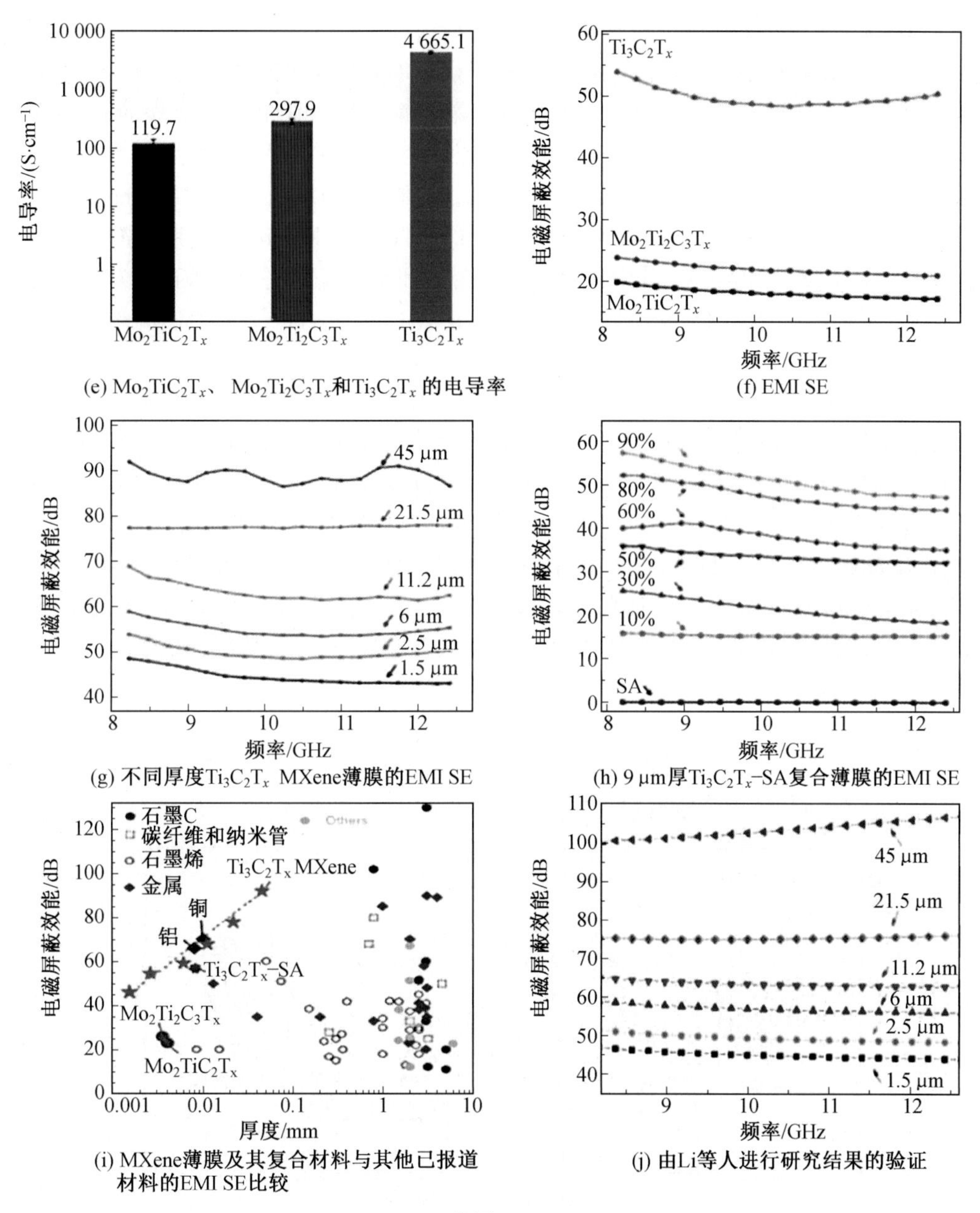

(e) $Mo_2TiC_2T_x$、$Mo_2Ti_2C_3T_x$ 和 $Ti_3C_2T_x$ 的电导率

(f) EMI SE

(g) 不同厚度 $Ti_3C_2T_x$ MXene薄膜的EMI SE

(h) 9 μm厚 $Ti_3C_2T_x$-SA复合薄膜的EMI SE

(i) MXene薄膜及其复合材料与其他已报道材料的EMI SE比较

(j) 由Li等人进行研究结果的验证

续图 4.15

波段频率范围(8.2～12.4 GHz)内表现出48～92 dB的卓越电磁屏蔽干扰效率,而平均厚度从1.5 μm增加到45 μm(图4.15(g))。有学者利用 $Ti_3C_2T_x$MXene 的亲水性,制备了具有生物相容性海藻酸钠(Sodium Alginate,SA)聚合物的复合材料,研究了不同的质量比以优化机械和抗氧化性能。厚度为9 μm的90% $Ti_3C_2T_x$-SA 复合膜显示出57 dB的优异电磁屏蔽干扰效率,最高绝对屏蔽效能值超过30 00 dB/(cm^2/g)。与之前报道的研究工作相比,在相同厚度水平下,$Ti_3C_2T_x$MXene 优于其他导电材料(石墨、石墨烯、CNF和CNT),并且与导电性大几个数量级的金属(如Ag和Cu)相当(图4.15(i))。这表明,

$Ti_3C_2T_x$MXene 绝对是轻质电磁屏蔽应用的最佳材料。

$Ti_3C_2T_x$MXene 薄膜具有优异的电磁屏蔽干扰效率归因于其优异的导电性，以及由于二维薄片的排列而形成的层压结构。当入射电磁波撞击高导电性 MXene 表面时，它们会被反射，因为 MXene 层中的大量电荷载流子（自由电子）会在 MXene 与空气界面处造成高阻抗失配。残余电磁波穿透 MXene 层状结构，并由于其与高电子密度 MXene 层的强烈相互作用而衰减，其中的机制包括涡流和欧姆损耗。$Ti_3C_2T_x$MXene 的优异 EMI 屏蔽结果得到了后来的研究[81]的支持，其中根据菲涅耳公式和衰减规则进行了理论计算。理论计算与实验结果一致（图 4.15（g）、（j）），并强调了 $Ti_3C_2T_x$MXene 作为 EMI 屏蔽材料的突出潜力。

最近的一项研究调查了纳米级厚度的 MXene 复合膜的屏蔽能力，并评估了多重反射（SE_M）的影响[82]。利用 MXene 薄片的界面自组装产生了大面积的组装单层 MXene 薄膜（图 4.16（a）），而通过单层薄膜的重复堆叠产生了多层薄膜（图 4.16（b）、（c））。组装的平均厚度为 2.3 nm 的单层 $Ti_3C_2T_x$MXene 薄膜表现出良好的柔韧性，透光率高于 90%，片状电阻为 1 056 Ω/cm^2。随着 $Ti_3C_2T_x$MXene 层数的增加，吸光度增加，片状电阻下降（图 4.16（d）），而电磁屏蔽逐渐增加（图 4.16（e））。虽然单层 $Ti_3C_2T_x$MXene 组装的薄膜（2.3 nm）表现出 1 dB 的 EMI SE，但厚度为 55 nm 的 24 L MXene 薄膜提供了 20 dB，屏蔽效率为 99%（图 4.16（f））。退火的薄膜最大绝对屏蔽效能为 3.89×10^6（dB · cm^2）/g。

对屏蔽机制进行了系统评估，其中考虑了两种不同的模型，即西蒙（Simon）公式[83]和转移矩阵法[84-86]。Simon 公式仅考虑反射（SE_R）和吸收（SE_A），而转移矩阵法考虑了所有可能的屏蔽机制，包括多重反射（SE_{MR}）、SE_R 和 SE_A。

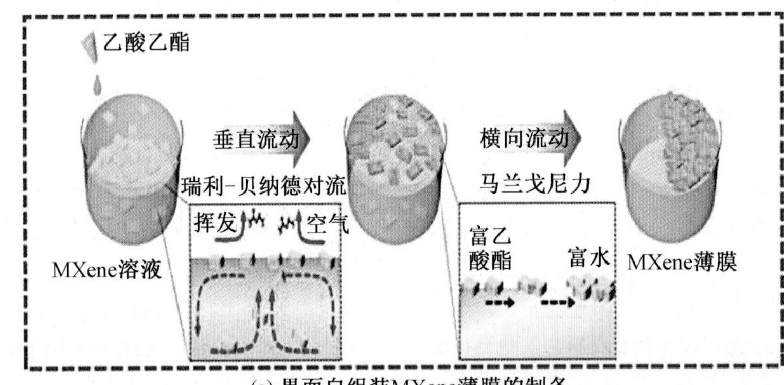

(a) 界面自组装MXene薄膜的制备

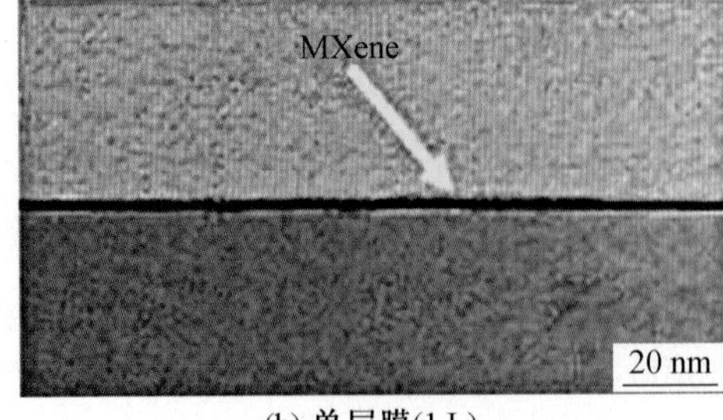

(b) 单层膜(1 L)

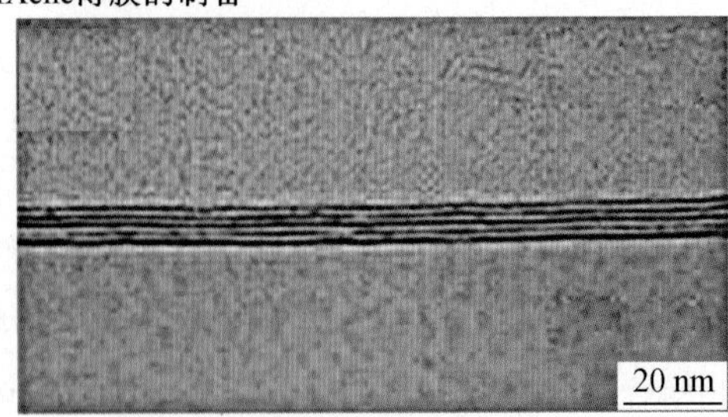

(c) 五层膜(5 L)的横截面图

图 4.16 MXene 制备流程及其电磁效能测试[86]

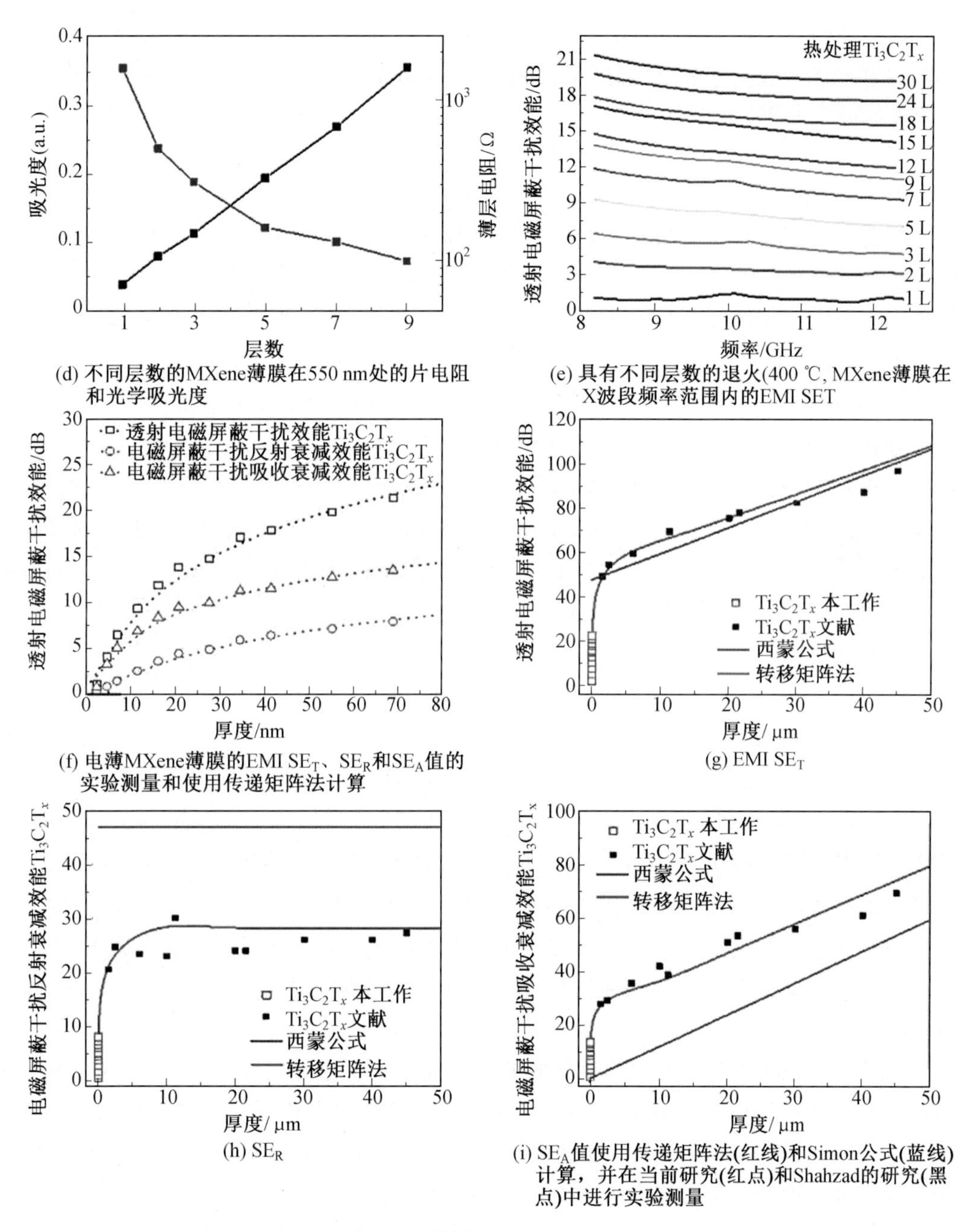

(d) 不同层数的MXene薄膜在550 nm处的片电阻和光学吸光度

(e) 具有不同层数的退火(400 ℃, MXene薄膜在X波段频率范围内的EMI SET

(f) 电薄MXene薄膜的EMI SE_T、SE_R和SE_A值的实验测量和使用传递矩阵法计算

(g) EMI SE_T

(h) SE_R

(i) SE_A值使用传递矩阵法(红线)和Simon公式(蓝线)计算，并在当前研究(红点)和Shahzad的研究(黑点)中进行实验测量

续图 4.16

对微米厚的 MXene 膜的研究发现,厚度超过 1.5 μm 时,SE_T 线性增加,如 Simon 公式所预测的(图 4.16(g) ~ (i))[38]。然而,西蒙公式无法预测厚度小于趋肤深度($Ti_3C_2T_x$ 为 7.86 μm)的实验结果,这突出了薄膜中多重反射的实质性影响。反射波在屏蔽材料内经历反复反射和吸收,直到波被透射或完全衰减(图 4.16(a)),导致 SE_T更低、SE_A更高和 SE_R更低。

使用真空过滤或 2D 薄片的界面组装,可以在 MXene 层压板内实现定制的结构,并且可以增加结构内入射电磁波的衰减。电薄 MXene 层压膜(厚度为纳米)表现出与电厚膜(微米)相同的吸收主导屏蔽机制($SE_A>SE_R$)。电薄膜易受多次反射的高入射率影响,纳米厚度的高效屏蔽性能显示出在先进、高度集成和轻质智能电子设备中屏蔽不需要的电磁波的前景。

图 4.17 评估了通过两种不同途径合成的 $Ti_3C_2T_x$MXene 的 EMI 屏蔽能力[87]。两种方案都涉及对 Ti_3AlC_2MAX 粉末的刻蚀,其中第一种方案在室温下使用 40% 氢氟酸 24 h 以获得手风琴状多层($M-Ti_3C_2T_x$)形态,第二种方案在 40 ℃下使用 LiF 和 HCl 16 h 以获得分层超薄($U-Ti_3C_2T_x$) MXene 片。$M-Ti_3C_2T_x$ 复合材料含有较多的氟基团,而 $U-Ti_3C_2T_x$ 复合材料含有许多的氧基团。将两种 $Ti_3C_2T_x$MXene 与不同质量分数(20%、40%、60% 和 80%)的 SiO_2 纳米颗粒的 EM 透明基质混合,并在 5 MPa 下冷压。在 MXene 质量分数为 60% 下,$U-Ti_3C_2T_x$(4.2×10^{-3} S/cm)比 $M-Ti_3C_2T_x$(6.3×10^{-5} S/cm)的电导率更高。在 8.2 ~ 12.4 GHz 的频率范围内,1 mm 厚的 80% $U-Ti_3C_2T_x$MXene 复合材料实现了 58 dB 的 EMI SE。$U-Ti_3C_2T_x$MXene 复合材料由于具有更高的电导率、更大的表面积和更多的导电网络,表现出比 $M-Ti_3C_2T_x$ 更好的 EMI 屏蔽能力。此外,$U-Ti_3C_2T_x$MXene 复合材料的较大暴露表面积包含大量的表面终止和点缺陷,这导致增加的偶极极化损耗和更多的衰减。

Li 等[88]研究了 Ti_2CT_xMXene,其使用稍微改进的 LiF 和 HCl 方法,通过化学刻蚀 Ti_2AlC MAX 相来生产。Ti_2AlC 和层状 Ti_2CT_xMXene 以 40% ~ 100% 的质量分数在石蜡基质中混合,并评估所得复合材料在 X 波段频率范围内的电导率和 EMI 屏蔽性能。尽管电导率较低,在 40% 时,Ti_2CT_xMXene 基复合材料的电导率值大于 Ti_2AlC MAX 基复合物的电导率值,其中 Ti_2CT_x/石蜡复合物和 Ti_2AlC/石蜡复合材料的值分别为 1.63×10^{-8} S/cm 和 5.57×10^{-9} S/cm。剥离的 Ti_2CT_xMXene 片材具有更大的表面积,即使在相对较低的质量分数下也能够有效地构建强导电网络。分层 Ti_2CT_xMXene 的优异导电性导致70 dB的较高 EMI SE,而厚度大于 0.8 mm 时,Ti_2AlC MAX 相的 EMI SE 为 46.2 dB(图 4.18(a) ~ (d))。

$Ti_3C_2T_x$MXene 的层压材料具有优异的 EMI 屏蔽效果,其电导率为 5 000 ~ 10 000 S/cm[89]。然而,在实际应用中,2D MXene 片材的较小薄片尺寸会导致较弱的机械性能和较差的抗氧化性。因此,强韧 MXene 混合材料和复合材料的开发越来越受欢迎。一维纳米纤维、纳米线或聚合物链均匀分散到二维 MXene 纳米片中协同赋予复合膜机械强度并提高 EMI 屏蔽效率。纳米纤维和纳米线可以作为张力下的应力分配器,而聚合物可以产生砖混结构,从而提供柔性、坚韧和机械强度强的结构。纳米纤维、纳米线和聚合物链的增强还引入了疏水性,以提高复合材料的抗氧化性[90-92]。

Cao 等[90]使用简单的真空辅助过滤方法制备了具有珍珠状结构的 $Ti_3C_2T_x$ 纤维素纳米纤维(MXene-CNF)复合材料,并评估了复合材料的 EMI 屏蔽和机械性能(图 4.19(a))。1D 纳米纤维的分布导致 2D MXene 纳米片之间的绝缘接触较少,这保持了高电导率,随着 MXene 含量的增加,电导率进一步增加(图 4.19(b))。含有 80% $Ti_3C_2T_x$ 的

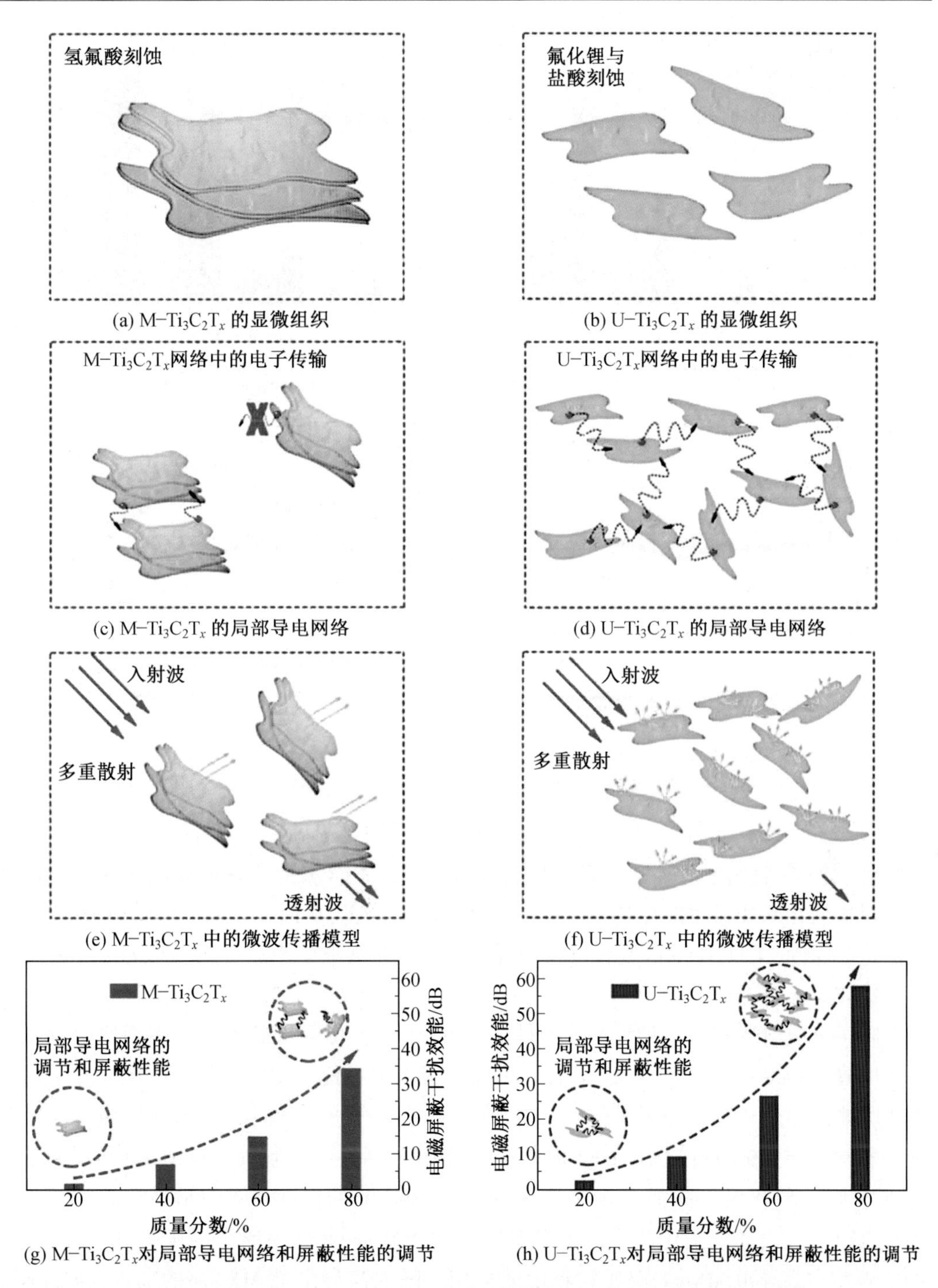

图 4.17　M-$Ti_3C_2T_x$ 和 U-$Ti_3C_2T_x$ 复合材料的结构形态和 EM 相互作用[87]

47 μm厚纳米复合材料的电导率为 1.155 S/cm，在 12.4 GHz 时，EMI SE 为 25.8 dB。韧性纳米纤维的加入改善了复合膜的机械性能，发现其优于纯 MXene，甚至纯 CNF 纸。在 50% $Ti_3C_2T_x$ 下获得 135.4 MPa 的极限拉伸强度和 16.7% 的应变断裂。这种强度归因于

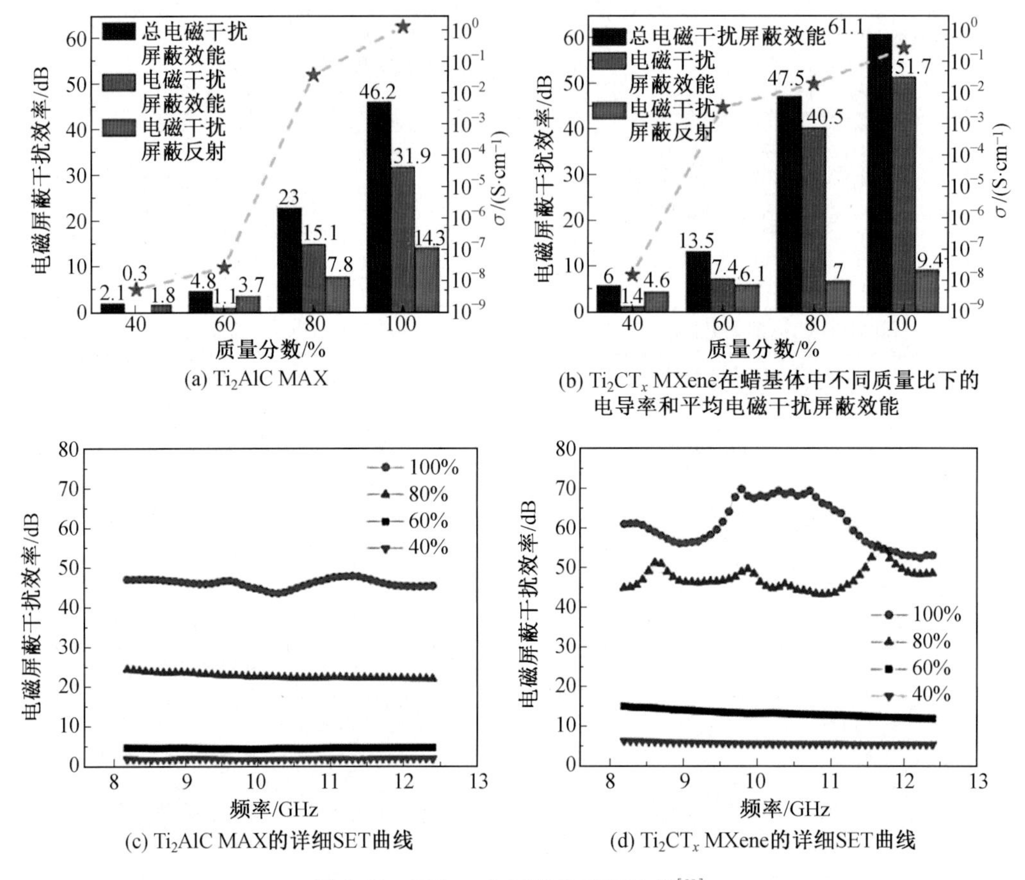

图 4.18 MXene 电导率及 EMISE 值[88]

CNF 和 MXene 表面上的羟基之间的强氢键而形成的复合膜的珍珠母型结构。氢键使复合材料即使在断裂后也能保持良好的堆叠和紧凑的形态，从而在拉伸下承受更大的应力。由于这些原因，柔性 MXene 复合材料是可折叠和可穿戴电子产品的热门候选材料。

2. MXene 复合膜

MXene 复合膜包含其他导电或磁性成分，以进一步增强屏蔽效果。多相协同增强了入射电磁波与结构之间的相互作用，并可以改善机械性能。Xiang 等[93]已经开发了用于 EMI 屏蔽应用的超薄和轻质 $TiO_2-Ti_3C_2T_x$/石墨烯混合层压薄膜。该团队使用真空过滤制备非常薄(5～9 μm)的 $Ti_3C_2T_x$/氧化石墨烯膜，然后在惰性氩气气氛中在 1 000 ℃下进行热处理，以氧化 MXene 片因为 $Ti_3C_2T_x$ 在高达 800 ℃的惰性气氛中是稳定的)，并制备 $TiO_2-Ti_3C_2T_x$/石墨烯杂化膜。制备了具有不同 MXene 含量的混合层压膜，以研究介电 TiO_2 颗粒在高导电 MXene 层压材料中的作用。随着高导电性 MXene 的加入，纯石墨烯薄膜的高表面电阻逐渐降低(7.5 Ω/cm²)，在 9.17 μm 的厚度下，复合膜的导电性提高到 28 dB 的良好 EMI 屏蔽效率。TiO_2 颗粒允许形成微型电容器状结构，其通过偶极极化机制和介电损耗耗散 EM 能量。

PVDF 中的柔性、轻质、疏水性 MXene 和石墨烯基杂化物采用经济高效的喷涂和溶剂

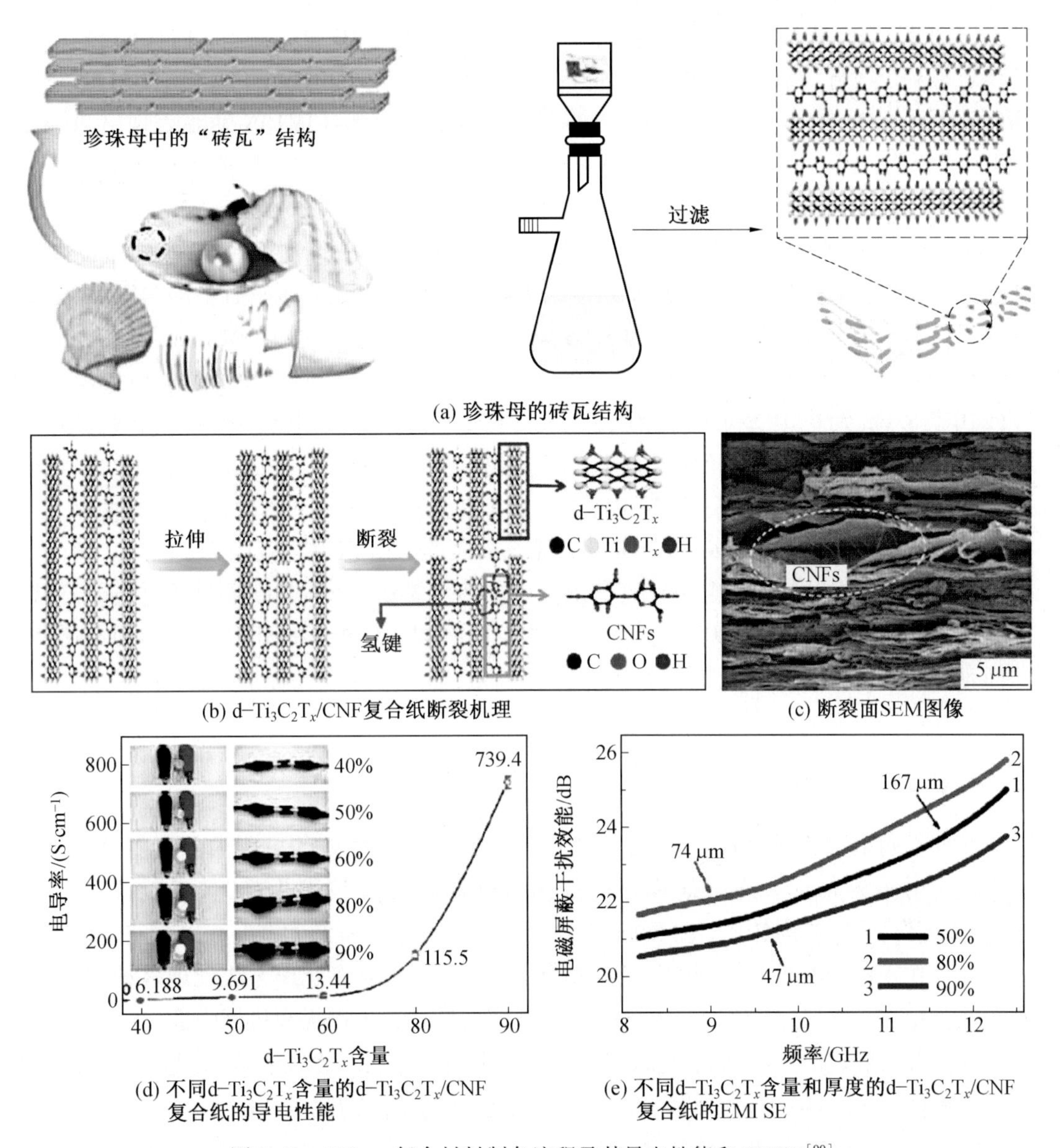

(a) 珍珠母的砖瓦结构

(b) d-$Ti_3C_2T_x$/CNF复合纸断裂机理

(c) 断裂面SEM图像

(d) 不同d-$Ti_3C_2T_x$含量的d-$Ti_3C_2T_x$/CNF复合纸的导电性能

(e) 不同d-$Ti_3C_2T_x$含量和厚度的d-$Ti_3C_2T_x$/CNF复合纸的EMI SE

图4.19　MXene复合材料制备流程及其导电性能和EMISE[90]

浇铸方法生产[94]。0.35 mm厚的MXene/石墨烯/PVDF混合物的电导率为13. S/cm，S波段的EMI SE为41 dB，X波段为54 dB，并且提高了热稳定性。这些MXene/石墨烯/PVDF复合材料可用于湿热环境，其他材料在环境条件下容易失效或降解。CaO等[91]研究了导电CNT和CNF对$Ti_3C_2T_x$ MXene中EMI屏蔽和机械性能的协同作用。复合膜的拉伸强度为97.9 MPa，而断裂应变为4.6%。38 μm厚的CNT/MXene/CNF复合膜显示出25.06 S/cm的电导率和38.4 dB的EMI SE，这远高于具有可比厚度的MXene-CNF纳米复合材料。

在广泛的频率范围内，有效的EMI屏蔽材料会出现介电损耗和磁损耗。Wang等[95]使用一种简单的溶液浇注方法，已经生产出了与PVDF的MXene/Ni链混合体，用于高效的 EMI 屏蔽。PVDF/MXene/Ni 链混合体包括紧密接触的 2D MXene 片和 1D Ni 链。电子传导得到了改善，其中 P-10M10N 混合体(10% 的 MXene 和 10% 的 Ni 链)的电导率最高达到了约 8.92 S/cm(图 4.20(a))。厚度为 0.1 mm 的 P-10M10N 薄膜表现出 20 dB 的 EMI SE 值(图 4.20(b))，在 0.36 mm 时进一步增加到 35 dB。一项类似的研究评估了在蜡基中不同 MXene 含量的 $Ti_3C_2T_x$MXene/Ni 纳米链混合体[96]。MXene/Ni 链混合体是用低温水热工艺(60 ℃，4 h)生产的。镍链的平均长度为 20 μm，由直径约为 300 nm 的相互连接的镍纳米颗粒组成。在固定的 10% 的镍质量分数下，制备了具有不同 MXene 质量分数的环形石蜡基复合材料(内径为 3.04 mm，外径为 7.00 mm)。当 MXene 质量分数为 50% 时(高于渗滤阈值)，高导电性的 MXene 极大地提高了保险层 PVDF 的电导率，从 7.1×10^{-14} S/cm 到 0.04 S/cm。随着 MXenes 和 Ni 链的加入，介电损耗切线($\tan\delta_\varepsilon$)和磁损耗切线($\tan\delta_\mu$)的总和呈正增长(图 4.20(c))，从而增强了对电磁辐射的吸收。镍链均匀地包覆 MXene 片产生了多个界面，这有助于在应用电磁场下实现大量的界面极化。在 1.3 mm 厚的 50% 的 MXene 混合体中实现了最大的 EMI SE 值，范围为 34 ~ 40 dB(图 4.20(d))。混合体出色的导电性导致了系统内的传导损失，并且电磁辐射通过电子迁移和电子跳动而被衰减(图 4.20(e))。MXene 的表面终端的偶极子极化和镍链的固有磁特性都有助于磁损失和吸收电磁辐射的吸收。因此，MXene 和磁性镍链的协同作用，在复合膜中实现出色的 EMI 屏蔽行为。

4.4.2 逐层结构化 MXene

具有不同阻抗的两相的逐层(LbL)组装可导致内部界面处的主要内部散射，并有助于衰减入射电磁辐射。逐层结构可以使用各种溶液处理技术生产，包括旋涂[97]、喷涂[98]、浸涂[99]、溶液浇铸[100]和界面组装[101]。由于其表面亲水性，可以制备剥离的 MXene 片在水性和有机溶剂中的稳定分散体，这允许使用溶液处理方法处理多种纳米结构和聚合物[80]。同时，采用两个不同交替层的逐层结构也可以提高机械强度。

有学者在旋转的玻璃基底上使用旋喷涂层，通过 $Ti_3C_2T_x$-PVA 和单/多壁 CNT-聚苯乙烯磺酸钠(CNT-PSS)分散体的 LbL 沉积制备出半透明的薄膜(图 4.21(a))[42]。薄膜的厚度和均匀性由分散体的数量和基底的旋转速度，以及 $Ti_3C_2T_x$-CNT 双层的数量系统地控制。压实的复合薄膜表现出良好的透明度，随着双分子层数量的增加而线性下降。一个厚度约为 200 nm 的双层薄膜具有 130 S/cm 的电导率，这归因于高导电性的 $Ti_3C_2T_x$MXene 和 CNTs，电磁干扰和绝对电磁干扰分别为 2.9 dB 和 58 187 dB/(cm^2 · g)。

Jin 等[102]使用 $Ti_3C_2T_x$MXene 和聚乙烯醇(PVA)的逐层组件，通过简单的液体浇铸方法制备了双功能 MXene/PVA 复合材料。将第一层 PVA 水溶液浇铸在干净的铁基底上，并在 45 ℃下完全干燥。将不同浓度的 MXene 层沉积在 PVA 层上并在相同条件下干燥。重复该过程，直到最终的 PVA 顶层达到预定厚度(图 4.22(a))。使用不同数量的堆叠循环生产具有不同 $Ti_3C_2T_x$MXene 质量分数(7.5%、13.9% 和 19.5%)的复合材料。由于将 PVA 与 $Ti_3C_2T_x$MXene 结合使用，其中每层厚度为 1 ~ 3 μm，多层压实膜表现出优异的机

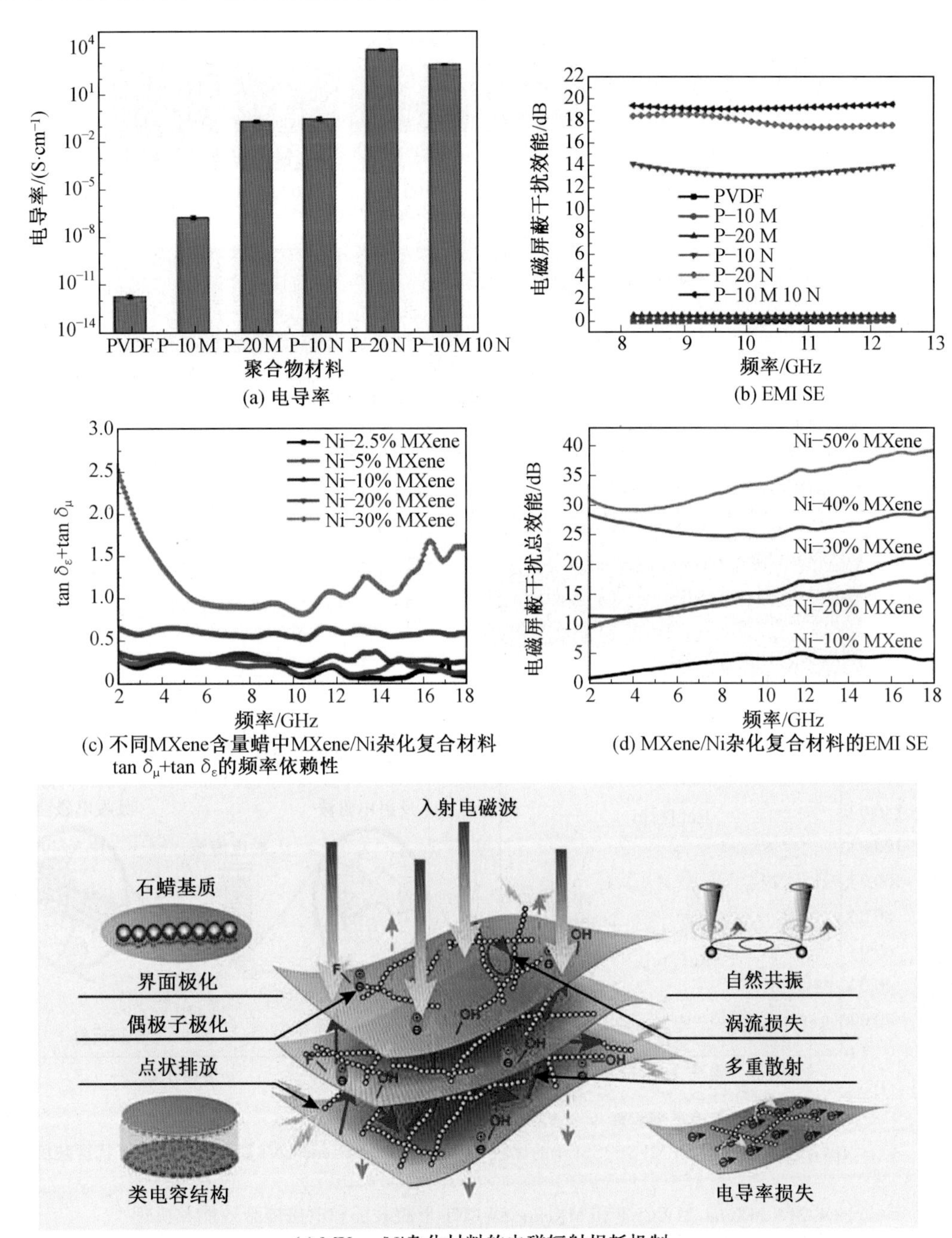

图 4.20　不同成分 PVDF/MXene/Ni 链复合膜[95]的电导率、EMI SE，不同 MXene 含量蜡中 MXene/Ni 杂化复合材料 $\tan\delta_\mu+\tan\delta_\varepsilon$ 的频率依赖性，MXene/Ni 杂化复合材料的 EMI SE 及电磁辐射损耗机制

PVDF—聚偏二氟乙烯；P-10M—聚偏二氟乙烯和 10% MXene；P-20M—聚偏二氟乙烯和 20% MXene；P-10N—聚偏二氟乙烯和 10% 镍链；P-20N—聚偏二氟乙烯和 20% 镍链；P-10M10N—聚偏二氟乙烯和 10% MXene 和 10% 镍链

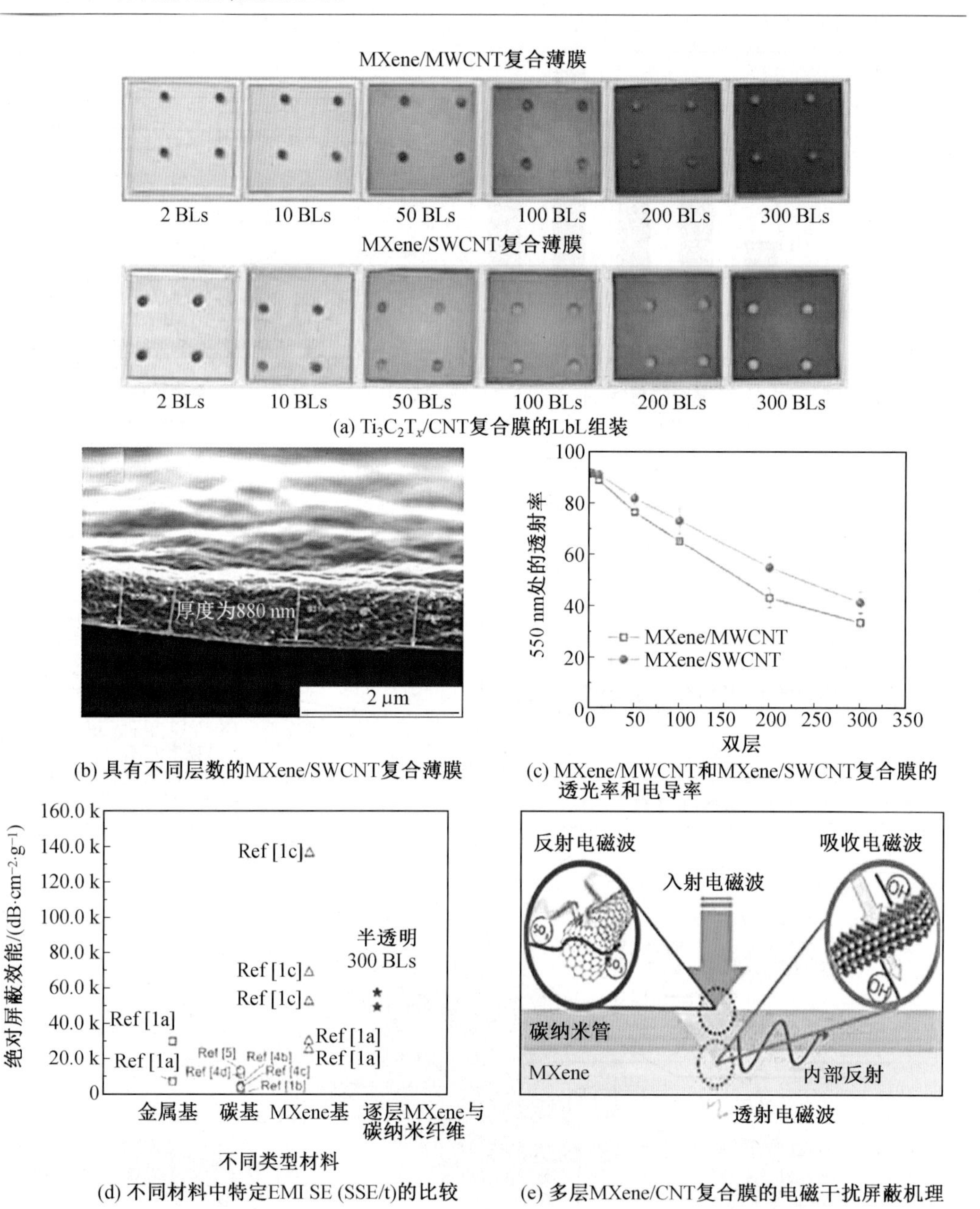

图 4.21 MXene-MWCNT 和 MXene-SWCNT 形貌表征和电磁屏蔽效能及机理[42]

械柔性。复合膜的电导率高达 7.16 S/cm 随着 $Ti_3C_2T_x$MXene 含量的增加而改善(图 4.22(f))。EMI 屏蔽遵循类似的趋势,在厚度为 25 μm 时,$Ti_3C_2T_x$MXene 含量最高时达到最大 44.4 dB(图 4.22(g))。具有交替导电和非导电层的多层堆叠 LbL 几何结构具有失配阻抗,并增强了 EM 辐射的内部散射和吸收。

Liu 等[103]使用真空辅助 LbL 喷涂生产 $Ti_3C_2T_x$MXene 和银纳米线(AgNW)装饰的丝绸织物$(MA_x)_n$,其中 M 是 MXene,A 是 AgNW,x 是 AgNW 浓度,n 是喷涂循环次数。使用

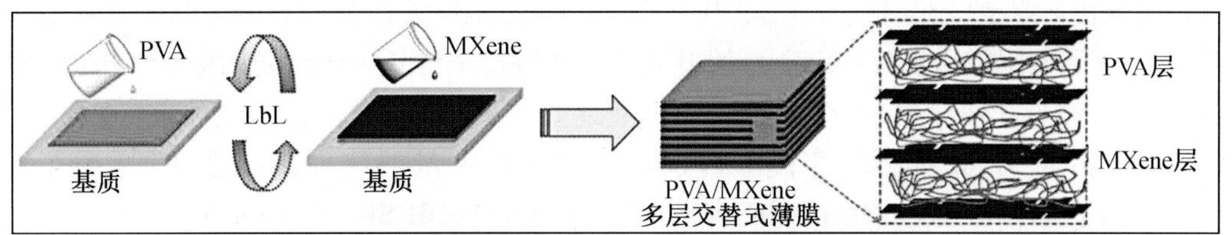

(a) 多层铸造法制备MXene/PVA多层复合薄膜

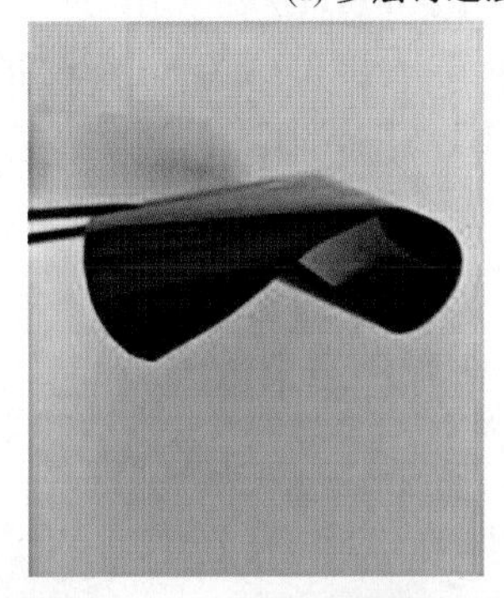

(b) 柔性MXene/PVA-AM-19.5薄膜的数字图像

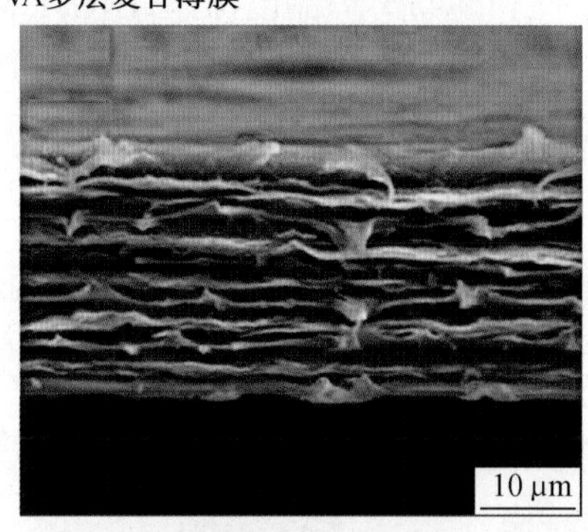

(c) MXene/PVA-AM-19.5膜在10 μm放大倍数下的SEM图像

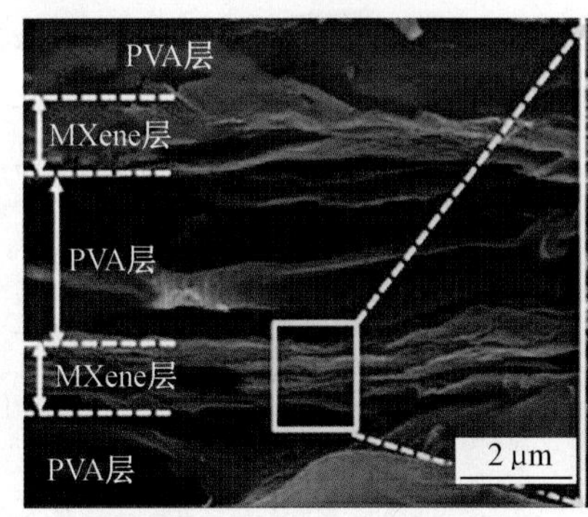

(d) MXene/PVA-AM-19.5膜在2 μm放大倍数下的SEM图像

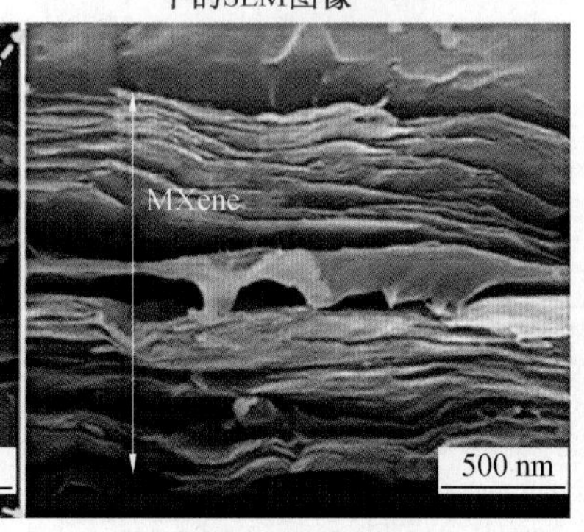

(e) MXene/PVA-AM-19.5膜在500 nm放大倍数下的SEM图像

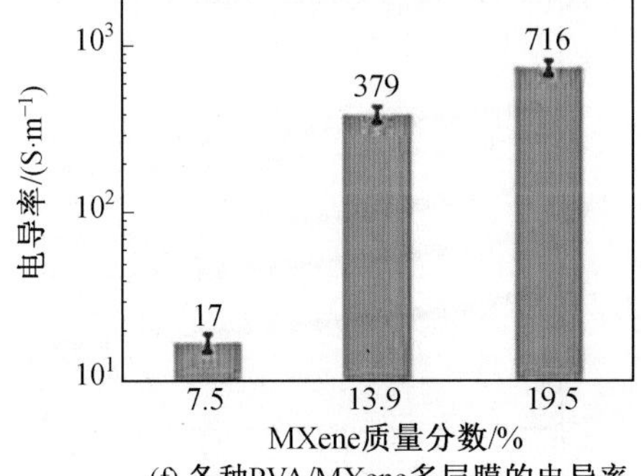

(f) 各种PVA/MXene多层膜的电导率

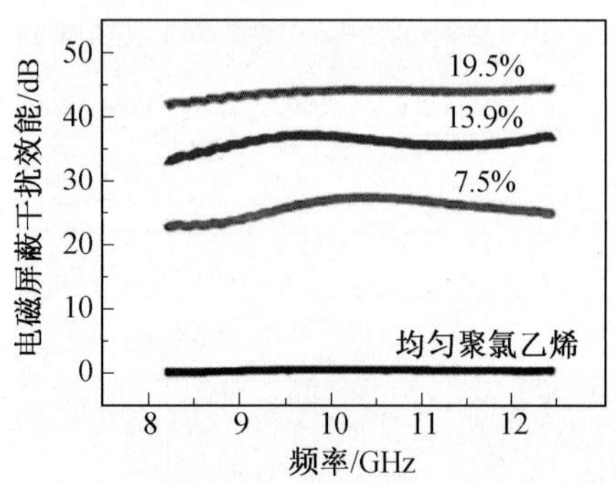

(g) 纯PVA和各种PVA/MXene多层膜在X波段频率范围内的EMI SE

图 4.22　MXene/PVA 制备流程及其屏蔽效率与机理[102]

雾化器将 $Ti_3C_2T_x$ 和 AgNW 分散体交替喷涂在丝绸织物上，并在基材的两面重复。复合材料表现出叶状纳米结构，$Ti_3C_2T_x$ 作为导电薄层，AgNW 作为导电脉（图 4.23（a）～（d））。薄层电阻随 AgNW 浓度（n）的增加而线性降低。然而，较高的浓度导致基材上的连续膜，这降低了复合材料的透气性。该团队分析了复合材料的透气性，用于柔性电极和 EMI 屏蔽测量。EMI 屏蔽效率随循环次数和 AgNW 含量的增加而线性增加（图 4.23（e））。叶状结构厚度为 120 μm，在 X 波段频率范围内 EMI SE 为 54 dB（图 4.23（f））。

柔性和耐磨纺织品已涂上 $Ti_3C_2T_x$MXene/PPy，用于 EMI 屏蔽应用[104]。将聚对苯二甲酸乙二醇酯（PET）织物反复浸入用原位聚合 PPy 链改性的 MXene 片材的分散体中。随后用硅涂覆织物以增强织物的疏水性。非导电 PET 织物的电导率随着 $Ti_3C_2T_x$MXene

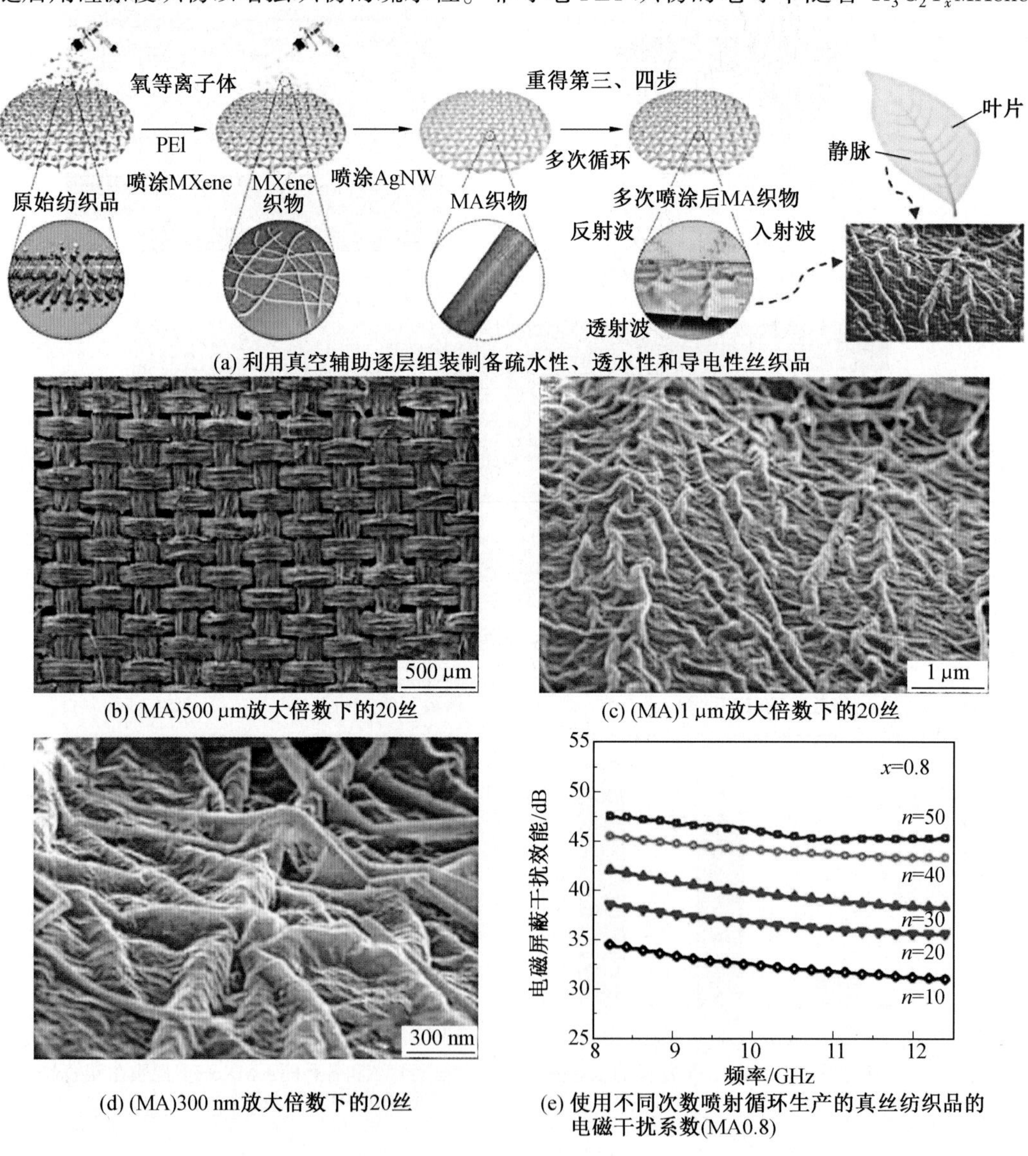

(a) 利用真空辅助逐层组装制备疏水性、透水性和导电性丝织品

(b) (MA)500 μm放大倍数下的20丝

(c) (MA)1 μm放大倍数下的20丝

(d) (MA)300 nm放大倍数下的20丝

(e) 使用不同次数喷射循环生产的真丝纺织品的电磁干扰系数(MA0.8)

图 4.23 MXene 真空制备流程及其屏蔽效能[103]

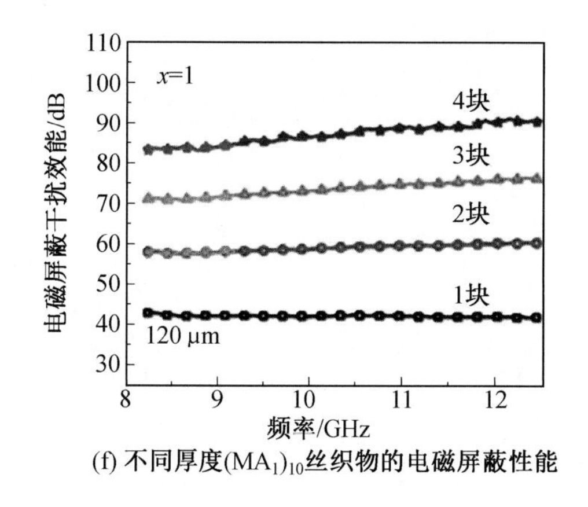

(f) 不同厚度$(MA_1)_{10}$丝织物的电磁屏蔽性能

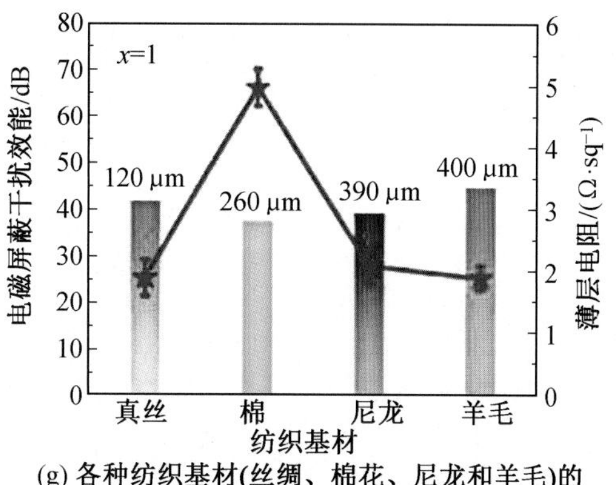

(g) 各种纺织基材(丝绸、棉花、尼龙和羊毛)的$(MA_1)_{10}$纺织品的电磁干扰屏蔽性能和片电阻

续图4.23

含量和浓度的增加而线性增加,10 S/cm 10个循环后为1次。导电性的提高导致了42 dB的出色EMI屏蔽,同时保持了织物的透气性。通过增加循环次数或组合大量MXene/PPy涂层织物,EMI SE进一步增加。通过层压3个0.45 mm厚的片获得了90 dB的最大值。额外的顶部硅涂层很少影响涂层织物的导电性和EMI屏蔽性能,但在长期和多次洗涤使用中有效地保持膜的疏水性。2D MXene片材的亲水性可用于产生定制的性能,如果最终应用需要,可与额外的疏水涂层配对。基于$Ti_3C_2T_x$MXene/串联重复蛋白(TR42)的油墨在加热至70 ℃时印刷在柔性PET基板上[105]。使用临界质量浓度为2.25 mg/mL的MXene/蛋白质分散体,实现了分辨率为120 μm的连续打印。厚度为1.35 μm的印刷板(电极)的EMI SE值为50 dB,这归因于其1 080 S/cm的良好导电性,该技术可用于开发具有定制特性的基于MXene的柔性电极。

逐层结构化适用于各种具有定制化学、机械和电气性能的潜在候选材料。形态对于减少导电材料中的趋肤效应至关重要[106],由于增强的内部散射,改善了层内EM波的相互作用,并产生了优异的EMI屏蔽能力。基于MXene的LbL复合材料还具有良好的自适应密度、电子性能和机械强度,这允许根据强制性标准修改EMI屏蔽效率。

4.4.3 纯单片层MXene薄膜

薄膜通常依赖于高电导率,导致阻抗失配,从而反射大量入射电磁波。考虑到MXene具有优异的导电性,Shahzad等[38]首先研究了$Ti_3C_2T_x$MXene薄膜(4 600 S/cm)的EMI屏蔽性能。45 μm薄膜显示出92 dB的EMI屏蔽,这是迄今为止生产的厚度相当的合成材料中最高的。同时,他们报道了16种不同纯MXene膜的EMI屏蔽性能[107]。所有MXene薄膜在薄厚度下都表现出优异的EMI屏蔽性能(图4.24(a)~(d))。特别是,$Ti_3C_2T_x$薄膜在厚度仅为40 nm时显示出21 dB的电磁屏蔽效能。这项工作表明,许多MXene薄膜可用于EMI屏蔽。此外,他们比较了惰性气体中的热退火对$Ti_3C_2T_x$膜和Ti_3CNT_x膜的EMI屏蔽性能的影响[108]。他们发现在350 ℃热处理后,40 μm厚的Ti_3CNT_x膜表现出116 dB的EMI SE,这比相同厚度的$Ti_3C_2T_x$膜(93 dB)更大。他们声称,如此优异的性能源于其层状结构中异常高的电磁波吸收。Rajavel等[109]研究了在不同剥离条件下获得的

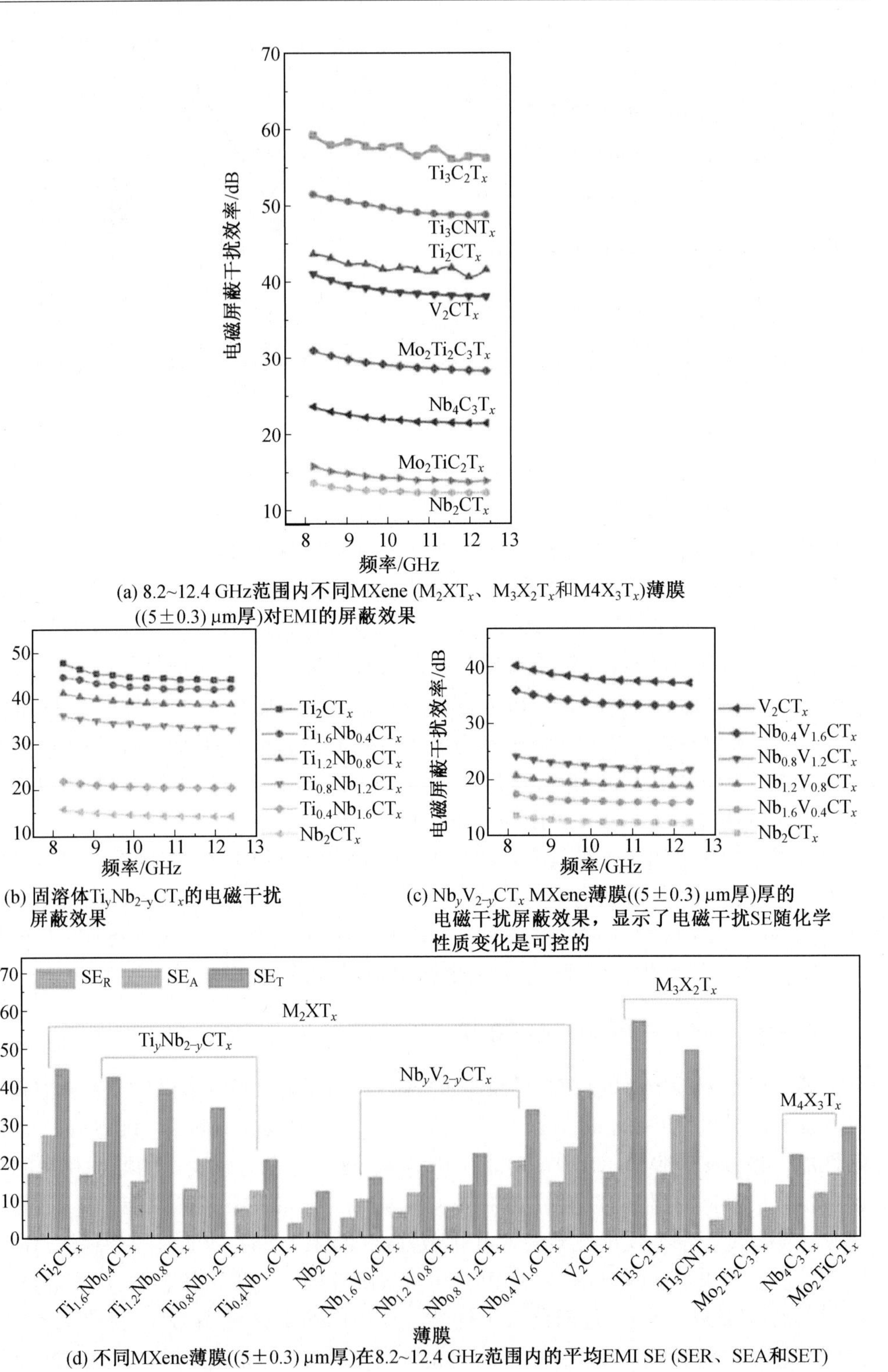

(a) 8.2~12.4 GHz范围内不同MXene (M_2XT_x、$M_3X_2T_x$和$M4X_3T_x$)薄膜((5±0.3) μm厚)对EMI的屏蔽效果

(b) 固溶体$Ti_yNb_{2-y}CT_x$的电磁干扰屏蔽效果

(c) $Nb_yV_{2-y}CT_x$ MXene薄膜((5±0.3) μm厚)厚的电磁干扰屏蔽效果，显示了电磁干扰SE随化学性质变化是可控的

(d) 不同MXene薄膜((5±0.3) μm厚)在8.2~12.4 GHz范围内的平均EMI SE (SER、SEA和SET)

图 4.24　不同 MXene 所展示出的屏蔽效能[109]

由$Ti_3C_2T_x$纳米片组成的$Ti_3C_2T_x$膜的EMI屏蔽性能。他们发现，质量（31.97 dB）和缺陷（3.164 dB）$Ti_3C_2T_x$纳米片之间的EMI屏蔽性能存在很大差异，因为缺陷和氧化产物中断了$Ti_3C_2T_x$纳米层压板之间的互连。

4.5　MXene/聚合物复合材料在电磁屏蔽中的应用

4.5.1　MXene/聚苯胺复合

PANI是一种典型的假电容导电聚合物，由于其易于合成、良好的热稳定性和环境稳定性、低成本、具有吸引力的氧化还原和简单的酸/碱掺杂/去掺杂，已被广泛研究（图4.25（a）和表4.1）。当MXene作为具有大表面积和骨架的活性材料时，纳米结构PANI可以容易地引入MXene的层状结构中，以形成分层的MXene/PANI基复合材料（图4.25（b））[110]。

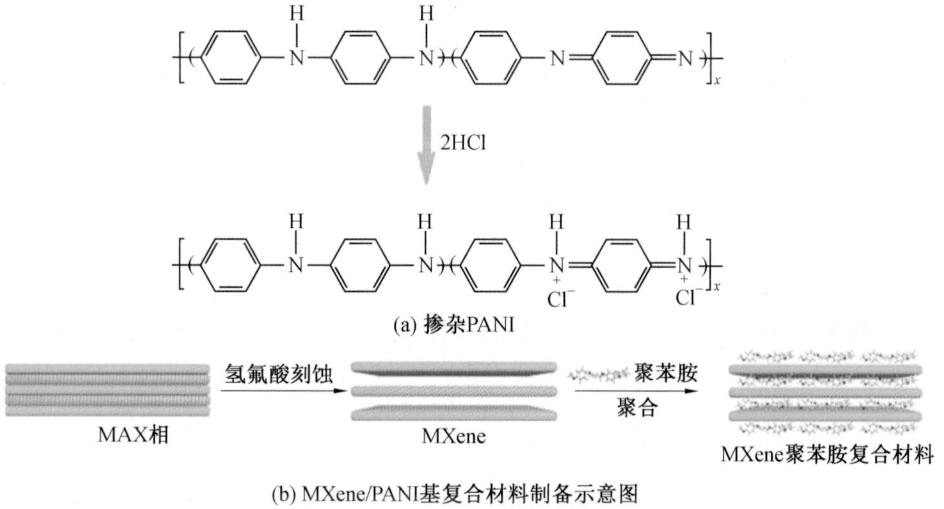

(a) 掺杂PANI

(b) MXene/PANI基复合材料制备示意图

图4.25　MXene结构式及制备[110]

MXene/PANI基复合材料可以通过多种方法获得，如原位聚合、界面聚合、电聚合、自组装、逐层组装、真空辅助过滤、机械共混、浸涂、喷涂和水热反应等。

尽管$Ti_3C_2T_x$膜（45 μm厚）表现出92 dB的EMI SE[38]，但$Ti_3C_2T_x$的高介电常数将导致阻抗失配，限制其电磁性能的进一步提高。$Ti_3C_2T_x$与PANI之间的协同作用，如界面极化和偶极取向极化、多个导电路径、改进的阻抗匹配和增加的介电损耗，有助于电磁波的衰减。因此，许多研究人员对MXene/PANI的纳米复合材料及其在EMI屏蔽中的应用表现出极大的兴趣（表4.1）[38, 111]。通常，当反射和吸收系数是电磁波反射和吸收的定量描述时，EMI SE是评估材料屏蔽电磁波的能力[112]。例如，二元MXene/PANI基复合材料已用于EMI屏蔽。Kumar等[111]报道，轻质Ti_3C_2/PANI复合材料具有良好的增强EMI屏蔽效率，具有优异比表面积的层压MXene在Ti_3C_2/PANI复合材料的增强微波吸收性能中起主导作用。基于优化的有机/无机（1D/2D）连续导电网络，Yin等开发了一种柔性、轻质和多功能的 PANI/MXene 基复合织物,具有优异的导电性(325 S/m)和优异的 EMI 屏蔽效率(SE≈35.3 dB),厚度仅为 0.376 mm。Zhang 等[112]制备了厚度为 40 μm、EMI SE 为 36 dB 的超薄柔性 $Ti_3C_2T_x$/c-PANI 复合膜,并表明随着 $Ti_3C_2T_x$/c-PANI 复合材料中 $Ti_3C_2T_x$ 含量的增加,屏蔽机制从等屏蔽机制变为反射主导屏蔽机制。

表 4.1 MXene/PANI 基复合材料的 EMI 屏蔽性能[111]

材料	电导率	屏蔽效能 /dB	厚度 /mm	频率 /GHz
MXene@PANI/mPP		23.5~39.8	12	5.38~8.17
$Ti_3C_2T_x/Fe_3O_4$@PANI	59 900	58.8	0.016 7	8.2~12.4
PANI/MXene-CF	24.57	26.0	0.55	8.2~12.4
MXene/PAT/PANI-PpAp	781.3	45.18	0.8	8.2
Ti_3C_2/PANI	—	22.7	1.5	10.8
$Ti_3C_2T_x$/c-PANI	2 440	36	0.04	8.2~12.4
PANI/MXene	325	35.3	0.376	8.2~12.4

随着便携式、可穿戴设备的日益普及,轻量化、低密度、柔韧性和优异的机械稳定性是电磁干扰屏蔽材料必不可少的新发展方向。Wang 等[113]制备了一种柔性和轻质的 $Ti_3C_2T_x/Fe_3O_4$@PANI 三元复合材料,其 EMI SE 为 62 dB,膜厚为 16.7 μm,在包装、可穿戴电子设备和军事领域显示出巨大的应用潜力。Yin 等[114]通过逐层策略制备了多层结构 PANI/MXene-CF 织物,该织物实现了高 EMI SE(26.0 dB)和特定 EMI SE(135.5 dB·cm^3/g)。此外,这种织物保持了织物基材的柔韧性、透气性和可洗性,显示出以吸收为主的屏蔽机制,从而有效减少了二次电磁波污染。

4.5.2 MXene/电纺纳米纤维复合

电纺纳米纤维膜具有质量轻、柔韧性好、透气性好的特点。更具体地说,MXene 纳米片可以通过膜的互连多孔结构渗透到织物中,并将其均匀且紧密地涂覆在纳米纤维上。此外,它还为电子传输提供了一个互连的高导电性高速公路网络,该网络能够反射电磁波,即使在很小的厚度下也能表现出非凡的 EMI 屏蔽和 MA 性能。如图 4.26 和表 4.2 所示,将 MXene 纳米片与电纺纳米纤维结合主要有四种方法,分别是浸涂(DC)法、真空辅助过滤(VAF)法、嵌入式(EM)法和喷涂(SC)法。

1. 浸涂法

Wang 等[115]使用静电纺丝将 Ni 颗粒嵌入 PAN 纤维中,并通过浸涂 $Ti_3C_2T_x$ 溶液构建电磁屏蔽复合膜(图 4.27(a)),并用多巴胺溶液修饰纤维膜,以加强纤维膜和 $Ti_3C_2T_x$ 之间的连接。PDMS 的引入可以防止 $Ti_3C_2T_x$ 在潮湿环境中的氧化或分解。一方面,夹层结构受到保护,使得复合膜可以在复杂的环境中适当地使用;另一方面,它还提供了复合膜的疏水性能。29 μm 厚的复合膜的接触角为 125.49°,电导率达到 71.91 S/cm(图 4.27(b))。$Ti_3C_2T_x$ 层的存在使复合膜形成独特的波浪状层状结构,并提供了优异的电磁屏

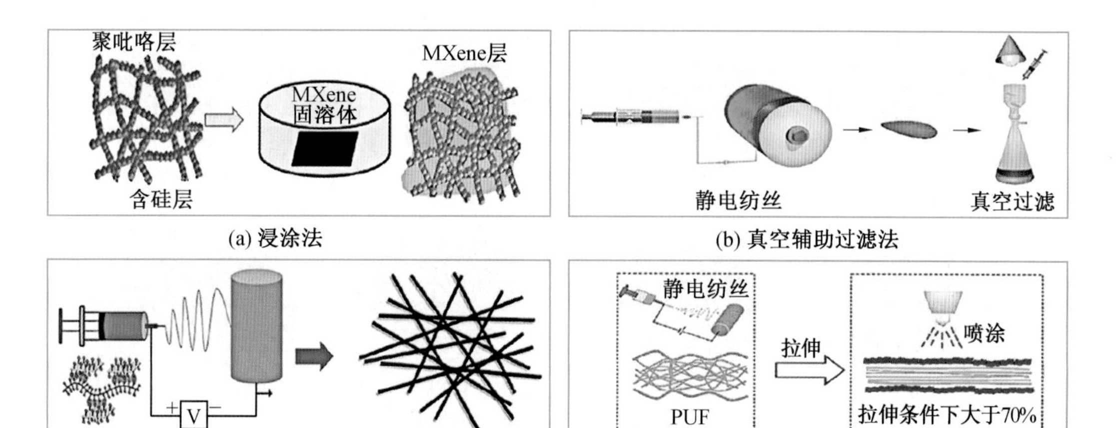

(a) 浸涂法　(b) 真空辅助过滤法　(c) 嵌入式法　(d) 喷涂法

图 4.26　MXene 与静电纺丝结合的四种方法[113]

蔽性能。平均 EMI 屏蔽效能和 SSE/t 分别达到 28.82 dB/(cm^2·g) 和 12 422.41 dB/(cm^2·g)(图 4.27(c)、(d))。当电磁波投射到 $Ti_3C_2T_x$ 上时,电磁波将被反射。反射损耗随着 $Ti_3C_2T_x$ 负载的增加而增加(图 4.27(e))。

表 4.2　静电纺丝结合 MXene 复合薄膜的电磁干扰屏蔽效果[113]

材料	方法	负载量	层间距	屏蔽效能/dB	电导率/(S·cm^{-1})	频率
PNP/PPy/m-$Ti_3C_2T_x$/PDMS	DC	—	45	37.71	62.15	8.2~12.4 GHz
PNP/$Ti_3C_2T_x$/PDMS	DC	1%	0.029	28.82	71.91	8.2~12.4 GHz
TPU/PAN/Fe_3O_4/$Ti_3C_2T_x$	DC	5 mg/mL	0.45	32.5	189	8~12 GHz
PAN/TiO_2/$Ti_3C_2T_x$	DC	1 mg/mL	0.045	32	92.68	8~12 GHz
PINF/$Ti_3C_2T_x$	DC	6 mg/mL	2.5	约 40.45(RL)	0.000 38	12.34~18 GHz
PVDF-AgNWs/$Ti_3C_2T_x$	VAF	0.5 mg/mL	—	47.8	—	8.2~12.4 GHz
$Ti_3C_2T_x$/PLA	VAF	4.8 mg/mL	0.15	55.4	3 978.0	8.2~12.4 GHz
d-$Ti_3C_2T_x$/r-CNFs	VAF	—	0.015	42.7	45	2~18 GHz
$Ti_3C_2T_x$-(Fe_3O_4/PI)	VAF	80%	—	66	1 500	8.2~12.4 GHz
$Ti_3C_2T_x$/PVDF-HFP	EM	2%	0.125	160(SSE)	—	8.2~12.4 GHz
PAN/$Ti_3C_2T_x$/AgNPs	EM	—	0.00234	12	约 90 000	0.2~1.2 THz
Fe_3O_4/$Ti_3C_2T_x$/PVA	EM	13.3%	0.075	40	1.2	8.2~12.4 GHz
PI/$Ti_3C_2T_x$/PI	SC	15 mg/mL	0.097	40.73	10.55	8.2~12.4 GHz
TPU/$Ti_3C_2T_x$	SC	0.417 mg/cm	—	30	—	8.2~12.4 GHz
PAN/PDA/$Ti_3C_2T_x$/Fe_3O_4	SC	—	0.033	43.83	35.39	8~26.5 GHz
$Ti_3C_2T_x$/PU	SC	2.5 mg/mL	—	21	115	8.2~12.4 GHz

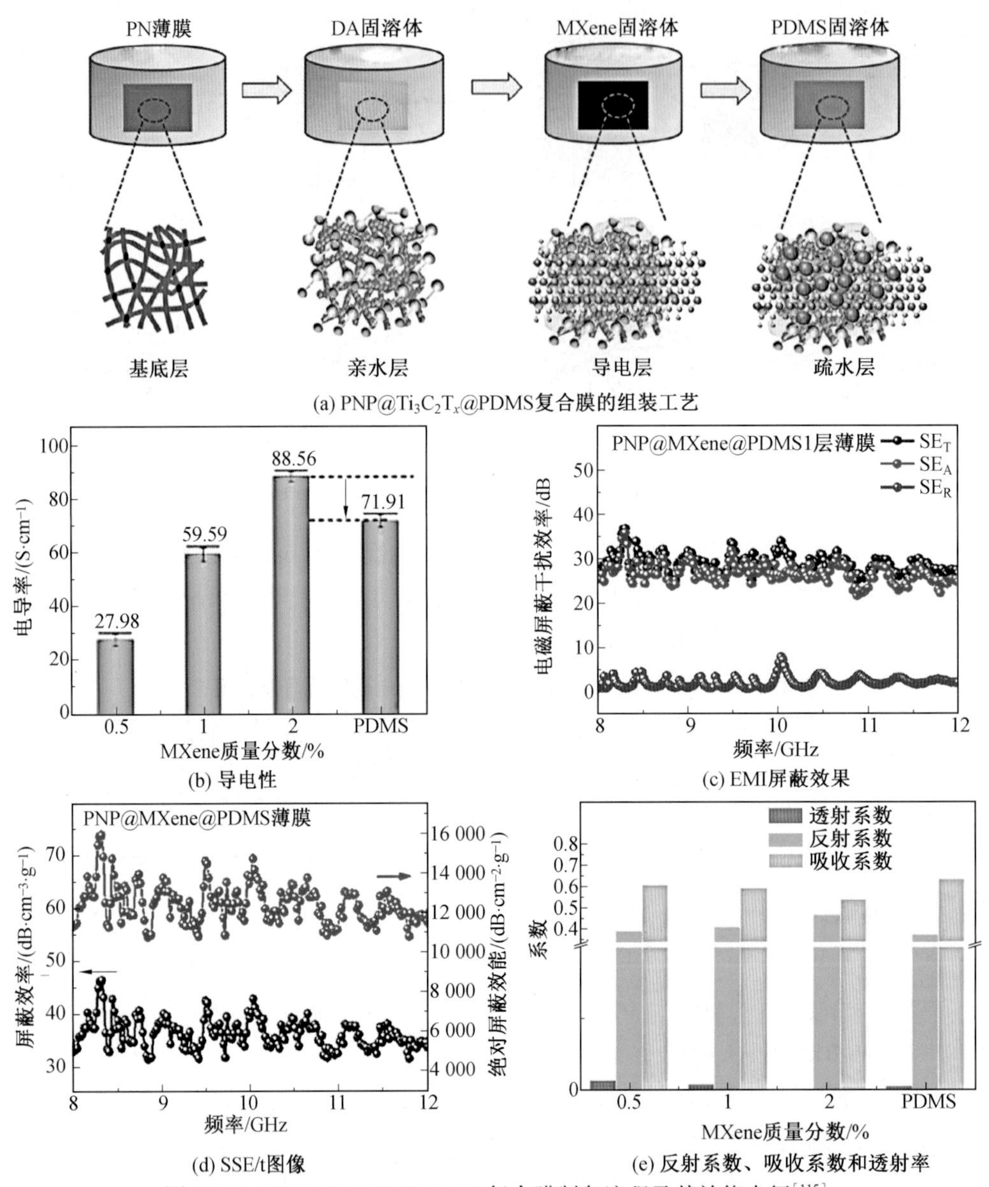

图 4.27 PNP@ $Ti_3C_2T_x$@ PDMS 复合膜制备流程及其效能表征[115]

Miao 等[116]使用 TPU 作为基体材料，PAN 作为黏合剂，将 Fe_3O_4 纳米颗粒均匀地锁定在 TPU/PAN 纳米纤维上，磁性纤维膜具有 18.9 emu/g 的高磁化强度通过静电纺丝制备。通过在 $Ti_3C_2T_x$ 溶液中浸涂并在空气中干燥，获得 TPU/PAN/Fe_3O_4/$Ti_3C_2T_x$ 复合膜。复合薄膜是电磁屏蔽网络，具有磁和电导率的双功能梯度（电导率达到最大值 18.9 S/m）。当 $Ti_3C_2T_x$ 负载在 TPU/PAN/Fe_3O_4 纤维上时，由于 PAN 的大分子链与 $Ti_3C_2T_x$ 表面的官能团之间产生氢键，$Ti_3C_2T_x$ 的导电层与衬底纤维之间的结合力提高。在磁性纳米颗粒和 $Ti_3C_2T_x$ 的协同作用下，其在 X 波段的 EMI 屏蔽效率最高可达 32.5 dB。此外，制备的 TPU/PAN/Fe_3O_4/$Ti_3C_2T_x$ 薄膜具有优异的力学性能。即使在 500 次弯曲循环后，复合膜仍保持优异的电磁屏蔽性能。

Wang 等[117]使用静电纺丝从 PAN 和 TiO_2 的混合溶液中制备纤维膜。然后,通过将 $Ti_3C_2T_x$ 分散体浸涂在 PAN@ TiO_2 纤维薄膜。该 PAN@ TiO_2 纤维膜作为增强材料力学性能的框架,添加生物黏附性聚多巴胺,利用 $Ti_3C_2T_x$ 与纤维膜之间的氢键将 $Ti_3C_2T_x$ 导电层牢固地黏附在纤维膜上,具有高拉伸强度(93.55 MPa)和优异导电性(92.68 S/cm)的复合膜(图 4.28(a))在 X 波段具有高达 32 dB 的 EMI 屏蔽效能,SSE/t 达到 4 085.92 dB/(cm^2 · g)(图 4.28(b)、(c))。电磁波在具有壳状层状和夹层结构的复合

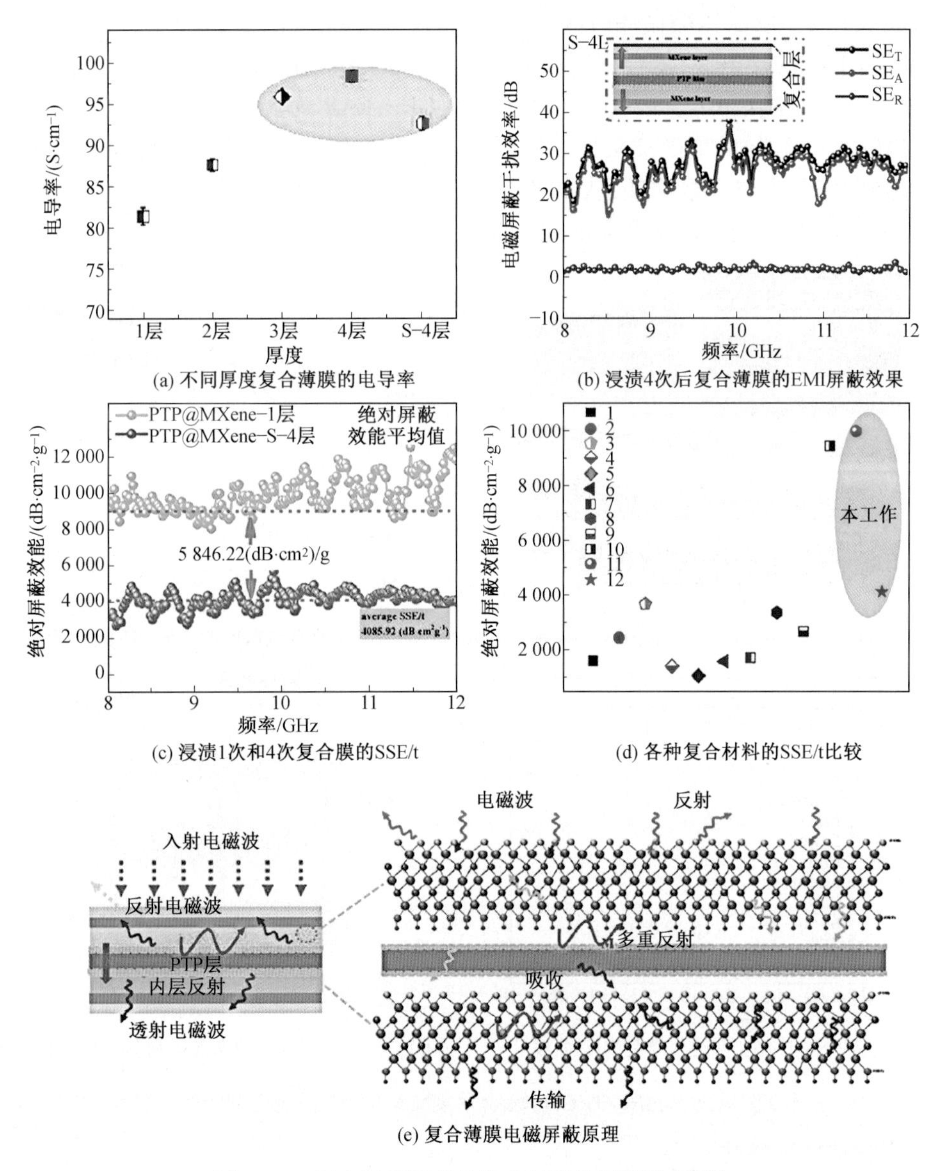

图 4.28　复合材料屏蔽效能表征及其屏蔽机理[116]

1—SS-M-1 层;2—银子杂化聚酰亚胺泡沫;3—PP@ AFPs 面料;4—CF/PC/Ni 片;5—双面 PPy/Ag/PET 面料;6—PVDF/CNT/石墨烯复合材料;7—碳/PN 树脂;8—石墨烯/PDMS;9—MXene/纤维素纳米纤维复合纸;10—$Ti_3C_2T_x$/rGO/环氧树脂;11—PTP@ MXene-1 层;12—PTP@ MXene-S4 层

膜中多次反射,导致电磁波的吸收和能量耗散,实现了优异的屏蔽效率。此外,经进一步疏水处理后,疏水复合膜具有自清洁功能。

Pu 等[118]受到建筑结构柱和叶脉的启发,通过使用电纺聚酰亚胺纳米纤维(PINF)作为交联和插层,构建了具有独特三维片层柱体微孔结构的 $Ti_3C_2T_x$MXene 复合气凝胶(图 4.29(a))。具有独特“三维片层柱体”微孔结构的复合气凝胶具有优异的压阻传感性能,压力范围为 0~8 kPa(50% 应变),22.32 kPa^{-1}的高压电阻灵敏度(图 4.29(b))。同时,复合气凝胶在 1 500 次压缩循环后保持了优异的压缩/回弹稳定性。此外,由于平行排列的薄片具有非凡的导电性,复合气凝胶表现出非凡的吸收性能。复合气凝胶的 RL 最小值为-40.45 dB,厚度为 2.5 mm,频率为 15.19 GHz,EAB 为 5.66 GHz(12.34~18 GHz)(图 4.29(c))。优异的电磁屏蔽性能归因于 3D 互连 PINF/$Ti_3C_2T_x$ 结构,其有助于构建连续导电路径,并促进介电损耗,从而将电磁波沿 3D 结构转化为电和(或)热。浸涂法为构建 3D 电纺 MXene 纳米片/聚合物复合组件提供了新的视角。

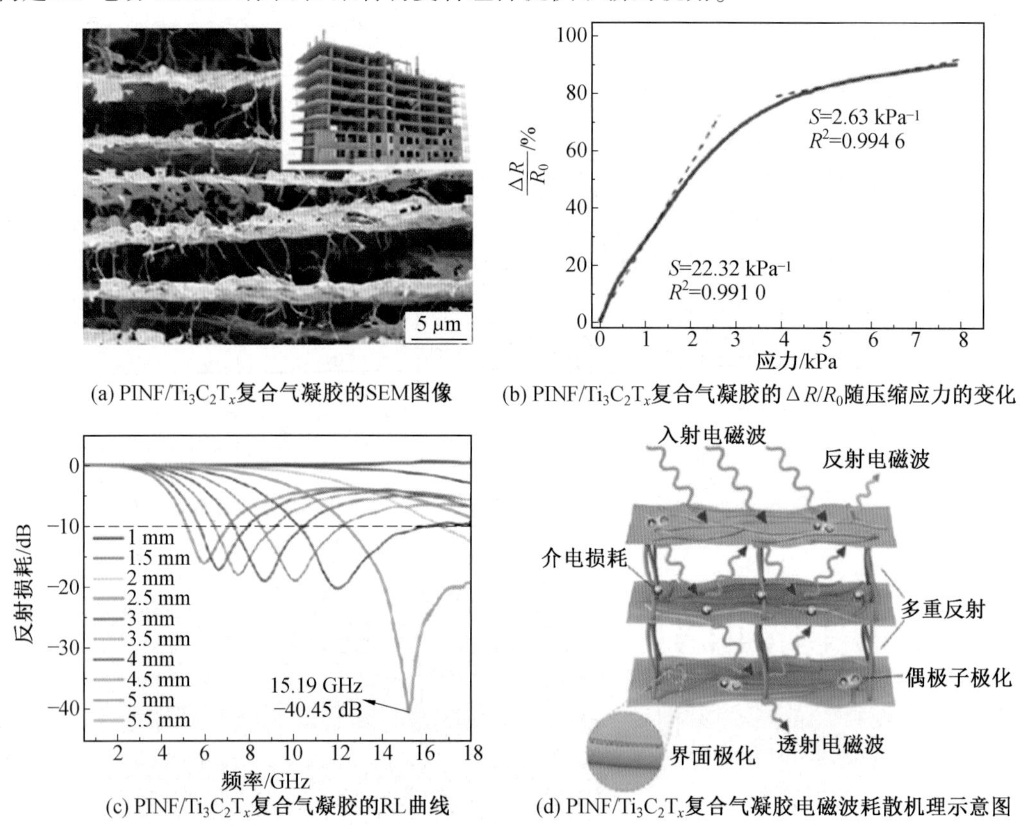

(a) PINF/$Ti_3C_2T_x$复合气凝胶的SEM图像　(b) PINF/$Ti_3C_2T_x$复合气凝胶的$\Delta R/R_0$随压缩应力的变化

(c) PINF/$Ti_3C_2T_x$复合气凝胶的RL曲线　(d) PINF/$Ti_3C_2T_x$复合气凝胶电磁波耗散机理示意图

图 4.29　PINF/$Ti_3C_2T_x$ 复合气凝胶结构及其屏蔽效能[118]

2. 真空辅助过滤法

Lagrange 等[119]选择了一种耐腐蚀、尺寸小、疏水性强的 PVDF 聚合物作为基质,并使用电纺丝制备了具有高过滤效率的多孔纳米纤维膜。然后,通过 VAF 方法在纳米纤维膜上依次过滤 AgNWs 分散体和 $Ti_3C_2T_x$ 分散体。最后,通过热压制备了具有优异 EMI 屏蔽的柔性夹层结构 PVDF-AgNW/$Ti_3C_2T_x$ 复合膜(图 4.30(a))。单独的 AgNW 层增强了复合膜的 EMI 屏蔽效果。质量分数为 1.28% 的 AgNW 在 X 波段具有高达 45.4 dB 的 EMI 屏蔽性能。将 $Ti_3C_2T_x$ 施加到 AgNW 层减少了 AgNW 的暴露，并增强了 $Ti_3C_2T_x$ 层到 AgNW 层的黏附力。这种复合纤维膜的 EMI 屏蔽性能高达 47.8 dB(图 4.30(b))。这是因为紧密连接的 AgNW 作为导电沟道提供了更高的电导率。在膜表面覆盖一层 $Ti_3C_2T_x$ 后，复合膜的 EMI 屏蔽性能进一步提高。值得注意的是，复合膜在 2 000 次弯曲循环后可以保持优异的 EMI 屏蔽性能(图 4.30(c))。此外，表面温度在 2.5 V 下可达 77 ℃，这表明复合膜表现出优异的电加热性能(图 4.30(d))。

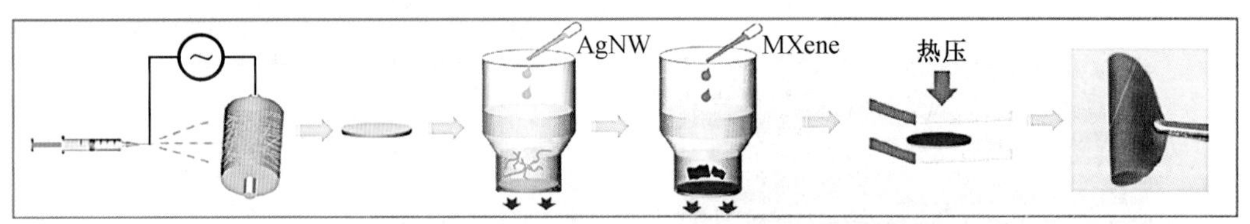

(a) PVDF-AgNW/$Ti_3C_2T_x$ 复合薄膜制备流程图

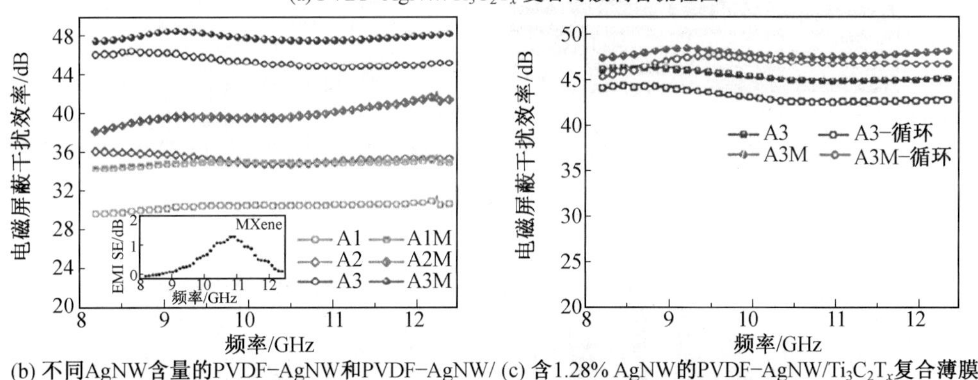

(b) 不同AgNW含量的PVDF-AgNW和PVDF-AgNW/$Ti_3C_2T_x$复合薄膜的EMI屏蔽效果图

(c) 含1.28% AgNW的PVDF-AgNW/$Ti_3C_2T_x$复合薄膜在2 000次弯曲－释放循环(50%弯曲应变)前后的电磁干扰屏蔽效果

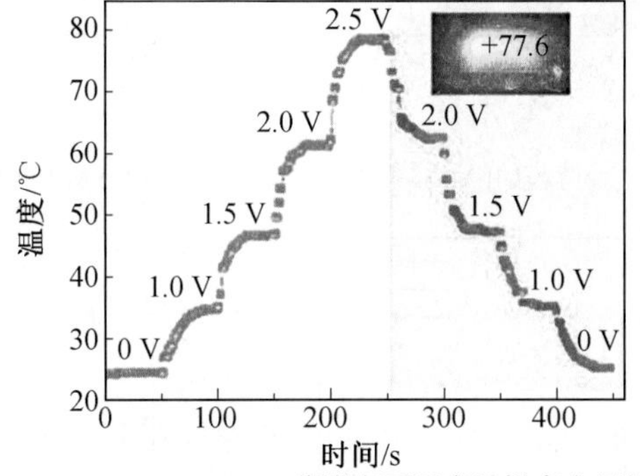

(d) PVDF-AgNW/$Ti_3C_2T_x$薄膜表面温度随梯度电压的变化

图 4.30　VDF-AgNW/$Ti_3C_2T_x$ 复合薄膜制备流及其屏蔽效能[119]

A1—0.32% 的 PVDF/AgNW 薄膜；A2—0.64% 的 PVDF/AgNW 薄膜；A3—1.28% 的 PVDF/AgNW 薄膜；A1M—0.32% 的 PVDF/AgNW/MXene 薄膜；A2M—0.64% 的 PVDF/AgNW/MXene 薄膜；A3M—1.28% 的 PVDF/AgNW/MXene 薄膜

Du 等[120]使用真空过滤将 $Ti_3C_2T_x$MXene 纳米片组装到电纺 PLA 纳米纤维膜上，以制备多层 MXene/PLA 复合膜(图 4.31(a))，研究了多层复合膜在 X 波段的电磁干扰屏蔽性能。多层组装膜具有低频依赖性,并且 EMI 屏蔽性能随着组装层数的增加而增加。具有单个 MXene 层(MP)的 MXene/PLA 复合膜的 SET、SEA 和 SER 分别为 31.8 dB、18.1 dB和 13.6 dB。而三个 MXene 层(PMPMPMP)复合膜的这些值分别显著提高到 55.4 dB、39.7 dB 和 15.7 dB。这是因为交替结构促进了 MXene 层之间的多次内部反射和吸收,这允许大量电磁能作为热量消散。本工作进一步研究了在相同样品的前提下,MXene 和 PLA 的逐层组装和非逐层组装之间的屏蔽效率差异。结果表明,逐层组装复合膜的屏蔽效率显著提高,表明交替结构配置的优越性(图 4.31(b)、(c))。同时,该工作

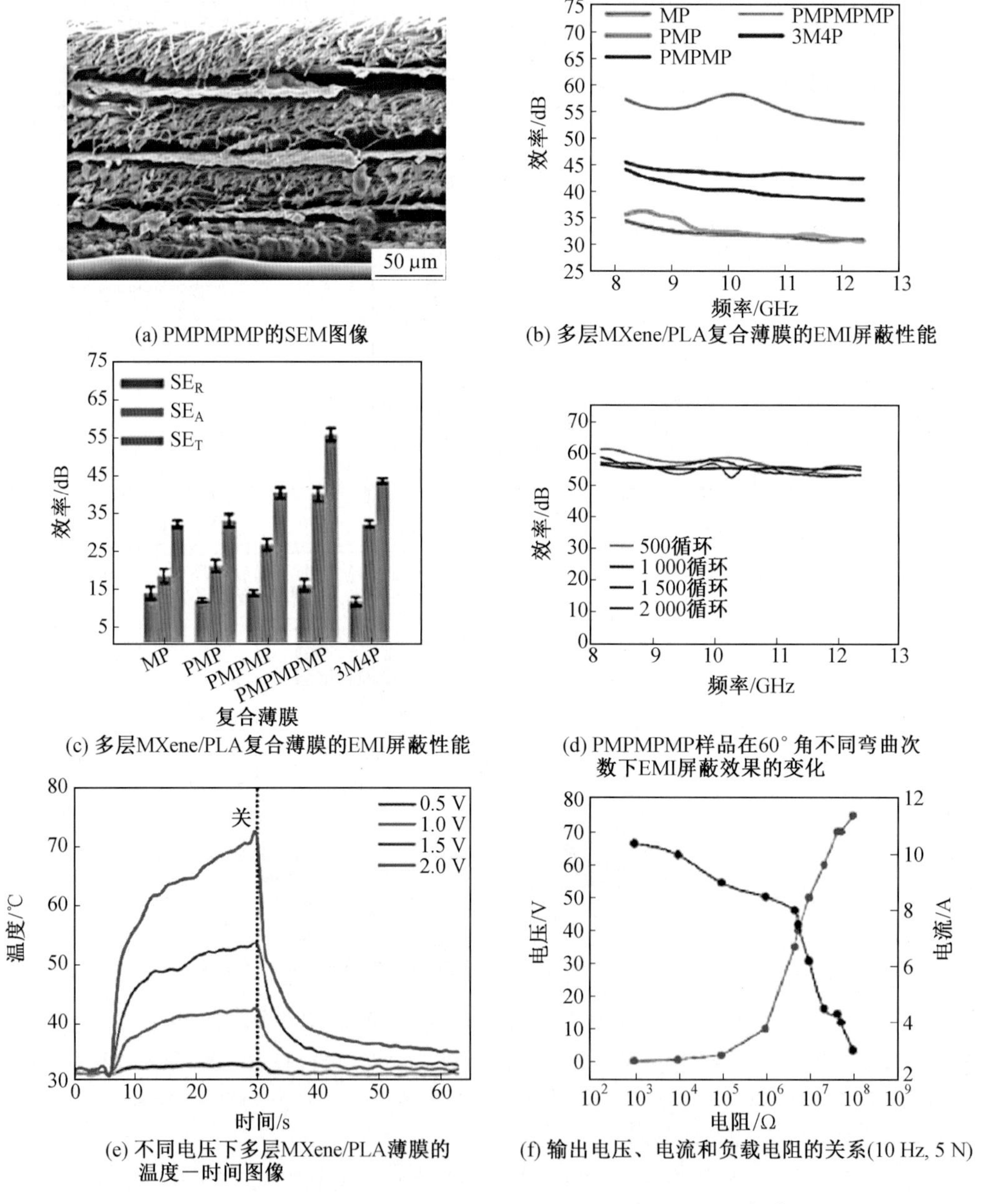

(a) PMPMPMP的SEM图像

(b) 多层MXene/PLA复合薄膜的EMI屏蔽性能

(c) 多层MXene/PLA复合薄膜的EMI屏蔽性能

(d) PMPMPMP样品在60°角不同弯曲次数下EMI屏蔽效果的变化

(e) 不同电压下多层MXene/PLA薄膜的温度—时间图像

(f) 输出电压、电流和负载电阻的关系(10 Hz, 5 N)

图 4.31 多层 MXene/PLA 复合材料的形貌及其性能表征[120]

还研究了多层组装 MXene/PLA 复合膜在60°弯曲实验中的 EMI 屏蔽变化。实验表明,在2 000 次耐久性循环后,EMI 屏蔽效果几乎没有变化(图 4.31(d))。由于高导电性 MXene,多层复合膜在应用于摩擦电纳米发电机时表现出显著的焦耳加热性能和能量产生性能(图4.31(e)、(f))。

Cui 等[121]使用静电纺丝结合真空过滤制造了柔性分层 $Ti_3C_2T_x$MXene/再生纤维素纳米纤维(d-$Ti_3C_2T_x$/rCNFs)。复合膜的 d-$Ti_3C_2T_x$ 涂层深度影响 EMI 屏蔽效果。具体而言,厚度为 6 μm 的薄膜的屏蔽效能达到 21.1 dB,11 μm 达到 35.3 dB,15 μm 达到42.7 dB。具有不同厚度的复合膜的 EMI 屏蔽仍以吸收为主。电磁波与 d-$Ti_3C_2T_x$ 相互作用,产生微电流并导致欧姆损失,这导致电磁波能量的降低。此外,d-$Ti_3C_2T_x$ 涂层复合膜表现出高达0.291 N 的优异拉伸强度。复合膜还表现出优异的柔性和 EMI 屏蔽稳定性,在500 次弯曲循环后 EMI 屏蔽效率为92.9%。沉积在薄膜顶部的 d-$Ti_3C_2T_x$ 可以形成许多不连续的界面,这些界面可以形成不同的传播路径。电磁波通过 d-$Ti_3C_2T_x$ 被一层一层地衰减。同时,电磁波在层状 d-$Ti_3C_2T_x$ 中被反射回来,可以吸收大量能量。因此,薄膜越厚,屏蔽效果越好。

Zhang 等[122]通过 VAF 和热酰亚胺化制备了 $Ti_3C_2T_x$-(Fe_3O_4/PI)复合膜,该复合膜的两面具有完全不同的性质。$Ti_3C_2T_x$ 具有亲水性和优异的导电性,而 Fe_3O_4/PI 侧由于PI 的存在而表现出非凡的疏水性和绝缘性。由于 $Ti_3C_2T_x$ 的存在,复合膜具有非凡的EMI 屏蔽性能。$Ti_3C_2T_x$-(Fe_3O_4/PI)复合膜在80%填料负载下表现出优异的 EMI 屏蔽性能(SET 值达到66 dB)。然而,当电磁波分别从两侧入射时,复合膜表现出不同的吸收屏蔽效果。当电磁波从 $Ti_3C_2T_x$ 侧入射时,复合膜的 SEA 为 39 dB,远低于电磁波从 Fe_3O_4/PI 侧入射时的复合膜 SEA(58 dB)。这是因为 $Ti_3C_2T_x$ 和空气之间的导电性差异将导致大的阻抗失配。当电磁波从 $Ti_3C_2T_x$ 侧入射时,具有高电导率的表面立即将电磁波反射回空气中。然而,当电磁波从 Fe_3O_4/PI 侧入射时,它首先与 Fe_3O_4 磁性粒子相互作用,导致磁滞损失并被严重吸收。在穿过 Fe_3O_4/PI 层之后,电磁波在遇到 $Ti_3C_2T_x$ 时被反射回来,再次引起滞后损耗。

3. 嵌入式法

Liu 等[123]将 $Ti_3C_2T_x$ 纳米片分散体添加到聚偏氟乙烯-六氟丙烯(PVDF-HFP)溶液中,并通过静电纺丝技术将 $Ti_3C_3T_x$ 纺丝成纳米纤维。制备了新型疏水性和耐酸碱性 $Ti_3C_2T_x$/PVDF-HFP 纳米纤维复合织物,根据不同厚度分别命名为 0M、8M、12M、16M、20M 和 24M。20M 复合织物显示出160 dB/mm 的优异比屏蔽效能(SSE)(图 4.32(a))。大多数复合材料的透射(T)值低于反射(R)值,这意味着电磁波在这种复合材料中被屏蔽而不是传播。反射是 EMI 屏蔽的主要方式(图 4.32(b)),因为所有复合织物的反射值远大于吸收(A)值。由于 PVDF-HF 的保护,即使在酸性、碱性或盐溶液中浸泡 10 天后,复合织物的 EMI 屏蔽效果也不会降低(图 4.32(c))。此外,这种复合织物具有非凡的透气性、优异的柔韧性以及更高的强度和模量。柔性复合织物的 SSE 值在 5 000 次弯曲后几乎保持不变(图 4.32(d))。嵌入 $Ti_3C_2T_x$ 的复合织物的极限强度达到20 MPa,比未处理的纯织物高33%。嵌入式 $Ti_3C_2T_x$ 和聚合物基体的保护使复合织物能够在恶劣的生活环境中使用。

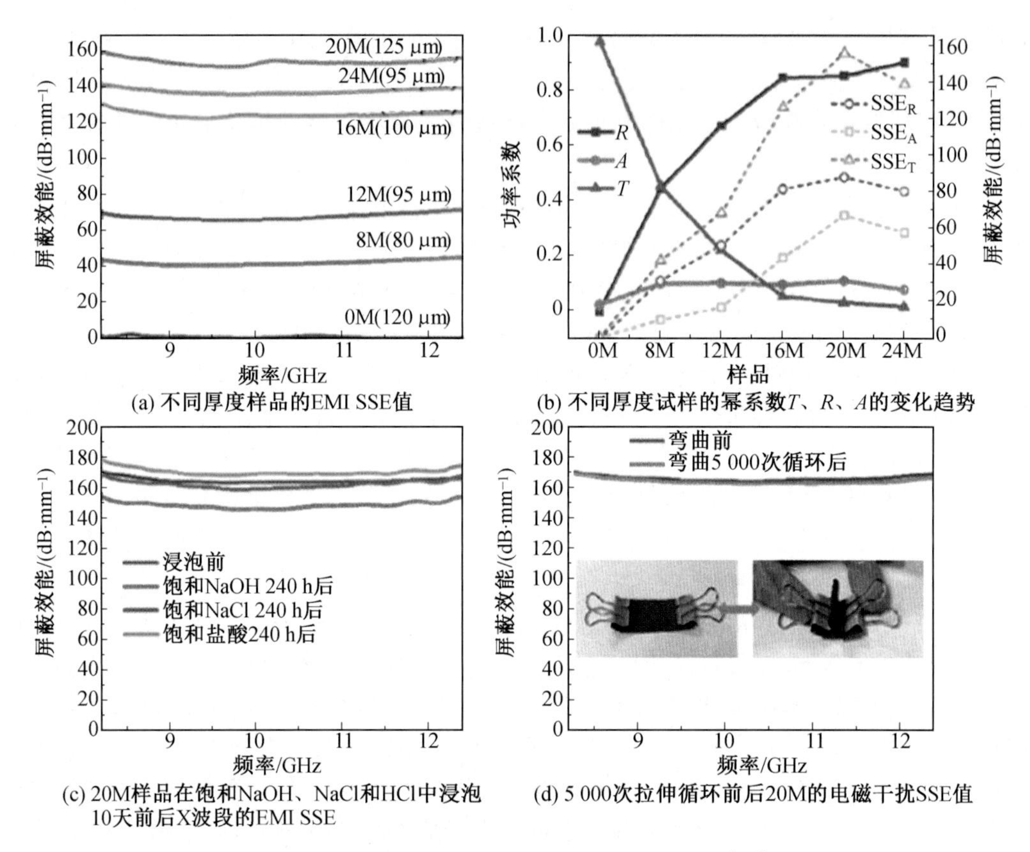

(a) 不同厚度样品的EMI SSE值
(b) 不同厚度试样的幂系数T、R、A的变化趋势
(c) 20M样品在饱和NaOH、NaCl和HCl中浸泡10天前后X波段的EMI SSE
(d) 5 000次拉伸循环前后20M的电磁干扰SSE值

图 4.32 不同样品所表示出来的电磁屏蔽效能[123]

Zou 等[124]将 $Ti_3C_2T_x$ 粉末和银纳米颗粒(AgNPs)分散在 PAN 溶液中。他们通过静电纺丝技术成功制备了嵌入 $Ti_3C_2T_x$ 和 AgNPs 的多孔复合纤维膜。系统地研究了复合纤维膜厚度和 AgNPs 含量对屏蔽太赫兹波段的影响。结果表明,纤维膜越厚,电磁屏蔽性能越好。随着 AgNPs 含量的增加,当厚度一定时,材料的 EMI 屏蔽性能逐渐提高。特别地,含有 1% AgNPs 的纤维膜具有最佳的 EMI 屏蔽效果,其电磁屏蔽干扰效能高达 12 dB。这主要是因为 AgNPs 的加入提高了复合纤维膜的导电性,增强了纤维内电磁波的反射,从而提高了 EMI 屏蔽性能。此外,制备的复合纤维膜还显示出良好的热稳定性,在250 ℃高温退火后 EMI 屏蔽效果几乎不变。

Zhang 等[125]通过静电纺丝技术将 Fe_3O_4 纳米颗粒和 $Ti_3C_2T_x$ 纳米片密封成纳米纤维,并以 Fe_3O_4/PVA 复合纳米纤维和 $Ti_3C_2T_x$/PVA 复合纳米纤维为中间层组装夹层结构 EMI 屏蔽复合膜。在厚度为 75 μm 的情况下,13.3% $Ti_3C_2T_x$ 填料和 26.7% Fe_3O_4 填料的夹层结构复合膜的 EMI 屏蔽效率可达 40 dB,高于相同填充负载(21 dB)下的共混复合膜。主要原因是,当电磁波遇到夹层结构复合膜的表面时,电磁波首先在 Fe_3O_4/PVA 层中产生 Fe_3O_4 纳米颗粒的滞后损耗,并消耗一部分电磁能。由于 Fe_3O_4/PVA 层和 $Ti_3C_2T_x$/PVA 层之间的导电性差异很大,因此它们之间存在很大的阻抗失配。因此,当电磁波遇到高导电性 $Ti_3C_2T_x$/PVA 层时,电磁波可以反射回 Fe_3O_4/PVA 层,并且磁滞损耗再次发生。在电磁波穿透 $Ti_3C_2T_x$ 层的过程中,可以产生微电流,这导致欧姆损耗并降低电磁能。因此,夹层结构复合膜可以表现出优异的EMI屏蔽性能。

4. 喷涂法

Zhang等[126]使用聚酰亚胺(PI)作为基质膜,通过静电纺丝、喷涂和热压技术将AgNWs PI/$Ti_3C_2T_x$MXene/AgNWs PI(APMAP)组装成“夹层结构”(图4.33(a))。PI纤维中嵌入的AgNW不仅有效地防止了AgNW的氧化,而且提高了纤维的导电性,从而改善了EMI屏蔽性能。AgNWs PI/$Ti_3C_2T_x$MXene膜($Ti_3C_2T_x$-MXene表面)的初始电导率和薄层电阻为10.55 S/cm和0.663 Ω(图4.33(b))。3个月后,复合膜的电导率降低了

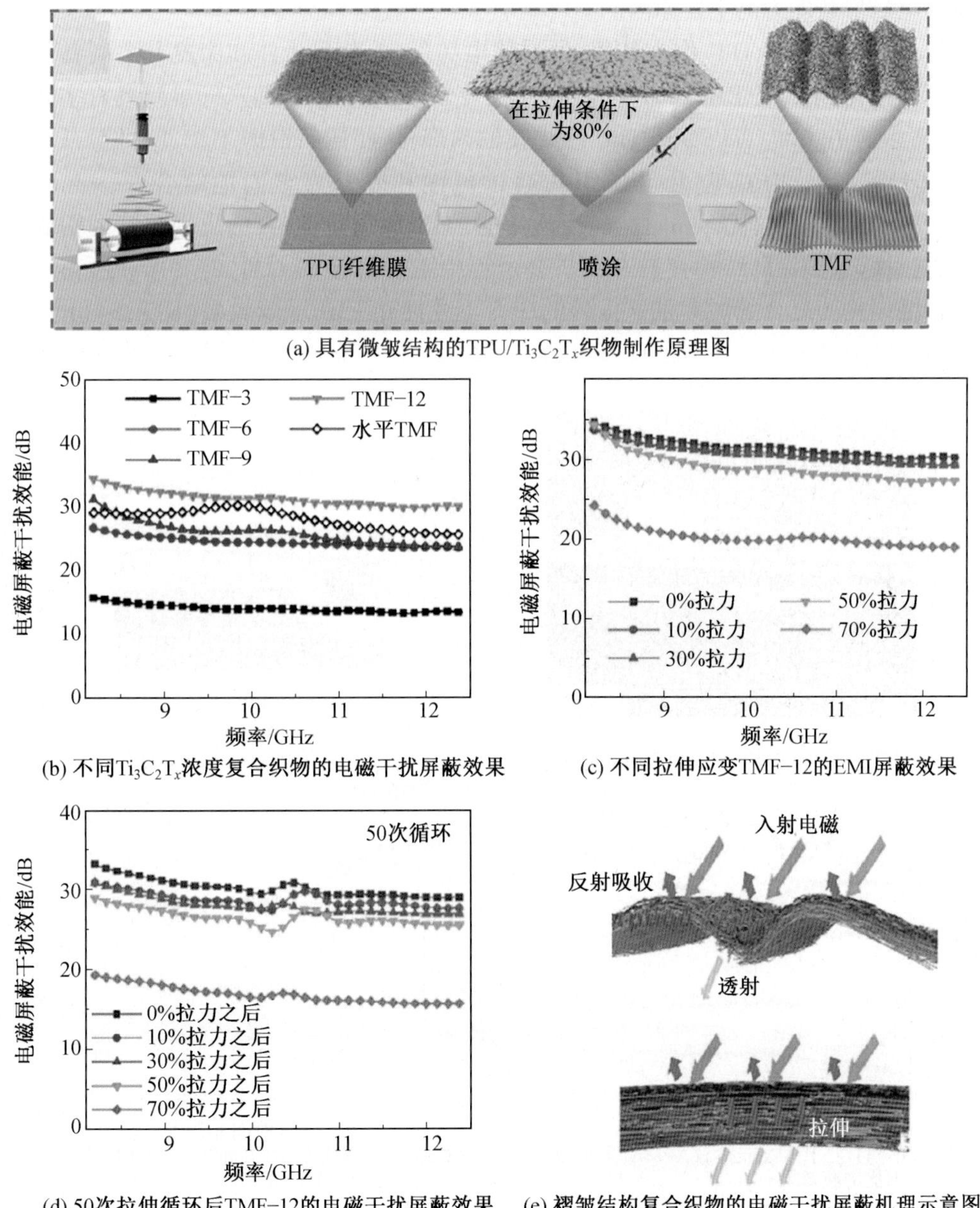

(a) 具有微皱结构的TPU/$Ti_3C_2T_x$织物制作原理图

(b) 不同$Ti_3C_2T_x$浓度复合织物的电磁干扰屏蔽效果　(c) 不同拉伸应变TMF-12的EMI屏蔽效果

(d) 50次拉伸循环后TMF-12的电磁干扰屏蔽效果　(e) 褶皱结构复合织物的电磁干扰屏蔽机理示意图

图4.33　TPU/$Ti_3C_2T_x$织物制备流程及其屏蔽效果[124]

38%,而薄层电阻增加了 2.6 倍。$Ti_3C_2T_x$ 在长时间暴露于空气中时容易被氧化,夹层结构可防止 $Ti_3C_2T_x$ 的氧化。因此,复合膜可以在高温和高腐蚀环境中长期使用。层状 $Ti_3C_2T_x$ 的存在为复合膜提供了优异的 EMI 屏蔽性能,有效地阻挡了电磁波的进入。当 $Ti_3C_2T_x$ 的喷涂量为 30 mg/cm,复合膜的最大 EMI 屏蔽效率高达 40.73 dB,屏蔽效率约为 99.99%(图 4.33(c))。此外,独特的夹层结构为复合膜提供了低导热系数(32.77 mW/(K·m)),表现出优异的高温耐久性。复合膜可以在 200 ℃的高温下保持相同的 EMI 屏蔽效果(图 4.33(d))。这表明拉伸过程中未损坏的 $Ti_3C_2T_x$ 涂层是复合织物具有可拉伸和持久电磁屏蔽能力的主要原因。

Dong 等[127]使用 TPU 作为基底,通过静电纺丝、单轴预拉伸和涂覆方法制备了可拉伸的褶皱结构 $Ti_3C_2T_x$ EMI 屏蔽复合织物(图 4.34(a))。电纺纳米纤维膜具有多孔网络结构,喷涂的 $Ti_3C_2T_x$ 可以穿透 TPU 纤维膜的内部,这些样品根据 $Ti_3C_2T_x$ 的量从TMF-3 命名为 TMF-12。$Ti_3C_2T_x$ 和电纺织物通过氢键和库仑力牢固地结合在一起。由于 $Ti_3C_2T_x$ 和织物之间的优异黏附性和模量失配,当释放预拉伸时,会出现独特的褶皱涂层结构,这种起皱的涂层结构在展开和折叠过程中不会引起 $Ti_3C_2T_x$ 的变形和脱落。不寻常的褶皱结构为复合织物提供了优异的应变不变性和 EMI 屏蔽效果(图 4.34(b))。当在 50% 拉伸应变下测试时,起皱结构仍然提供了大约 30 dB 的电磁屏蔽效果(图 4.34(c))。在 0~50% 的拉伸范围内,在 50 次拉伸释放循环后,所有织物的 EMI 屏蔽效果几

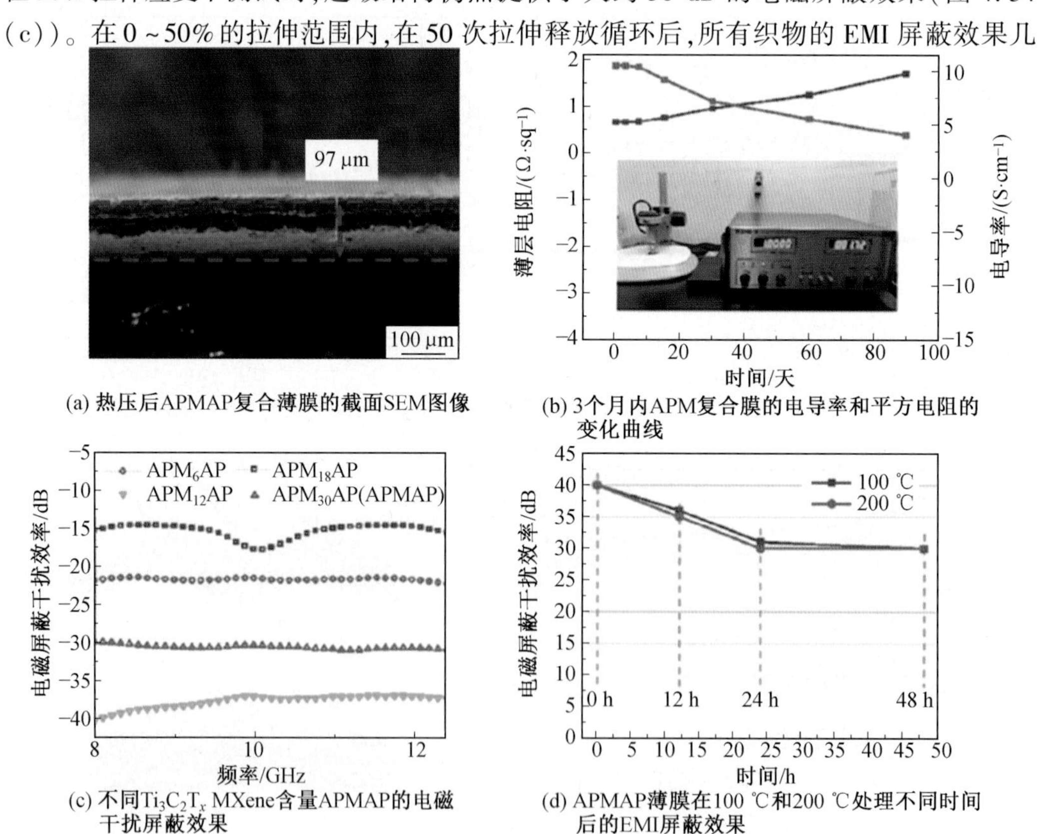

(a) 热压后APMAP复合薄膜的截面SEM图像

(b) 3个月内APM复合膜的电导率和平方电阻的变化曲线

(c) 不同$Ti_3C_2T_x$ MXene含量APMAP的电磁干扰屏蔽效果

(d) APMAP薄膜在100 ℃和200 ℃处理不同时间后的EMI屏蔽效果

图 4.34 热压后 APMAP 的形貌图及其屏蔽效果[124]

乎没有变化，证明了EMI屏蔽复合织物的优异耐久性(图4.34(d))。

Yang等[128]通过静电纺丝制备了用于EMI屏蔽和压力传感的双功能纳米纤维膜。在这项工作中，以聚丙烯腈纤维膜为骨架，通过喷涂方法将Fe_3O_4纳米颗粒和$Ti_3C_2T_x$纳米片沉积在纳米纤维膜上。复合膜具有高导电性和低密度。500次弯曲循环后，电导率没有显著变化。PAN纤维膜具有多孔结构，电磁波进入膜结构可以增强电磁波的损失。通过沉积$Ti_3C_2T_x$纳米片，在纳米纤维表面形成导电网络，产生EMI屏蔽的介电损耗。磁性Fe_3O_4纳米颗粒导致电磁屏蔽中的磁损耗。聚多巴胺涂层可以改善$Ti_3C_2T_x$与纤维膜之间的相互作用，增强界面连接。厚度为33 μm的复合光纤薄膜在8～26.5 GHz频段的EMI屏蔽效率为43.83 dB，SSE/t效率为9 221.21 dB/(cm^2·g)。结果表明，Fe_3O_4纳米颗粒形成的磁损耗和$Ti_3C_2T_x$引起的介电损耗的协同作用大大提高了EMI屏蔽效果。此外，该柔性复合膜在0～2.5 kPa的宽压力范围内具有5.53 kPa的高灵敏度、62.2 ms的快速响应时间和超过2 500次的高耐久性。

Yuan等[129]通过静电纺丝制造了具有优异柔韧性和拉伸性的褶皱结构$Ti_3C_2T_x$/PU织物。用喷枪将$Ti_3C_2T_x$溶液均匀喷涂在拉伸的电纺PU纤维膜的正面和背面上，以获得夹层结构的复合织物。根据导电性，单面和双面复合织物分别命名为SMPUF-X和DMPUF-X。喷涂的$Ti_3C_2T_x$溶液可以渗透到织物的空隙结构中，并均匀地附着在纳米纤维上，表现出优异的导电性和EMI屏蔽效果(图4.35(a)～(d))。由于PU纤维膜和$Ti_3C_2T_x$涂层之间的相对强度不匹配，在释放拉伸应变后，复合织物可以自主改变微观结构，并且可以获得具有褶皱结构的薄膜织物。起皱结构在拉伸和松弛下相对稳定，可以保持原有的导电性，在一定程度上可以更好地应对外部应变。因此，它在动态拉伸过程中仍然具有良好的EMI屏蔽效果。DMPUF-4在约4.0 MPa的高拉伸强度和30%的拉伸变形下，在X波段表现出超过20 dB的EMI屏蔽(图4.35(e)、(f))[130]。

4.5.3　MXene/天然木质复合材料

对于天然木质材料采用真空脉冲浸渍法成功地将多层或少层$Ti_3C_2T_x$纳米片插入多孔木结构中。$Ti_3C_2T_x$纳米片涂覆在三维木骨架上后，电导率可得到显著提高。厚度为2 mm的导电木材在X波段频率范围内的电磁干扰SE为27.3～28.2 dB。有望为制备轻

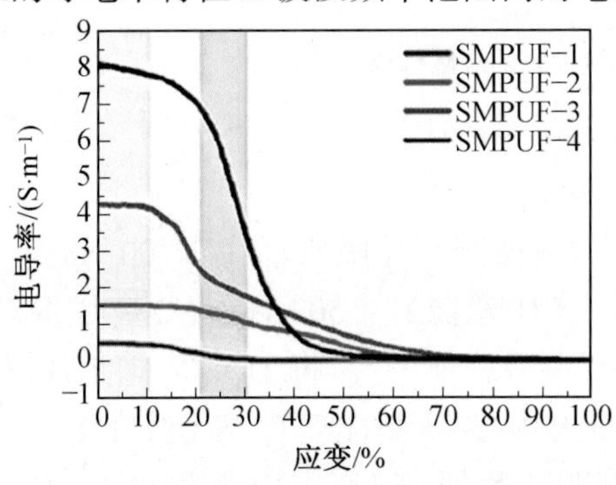

(a) 不同单面复合织物的导电性的拉伸量的变化

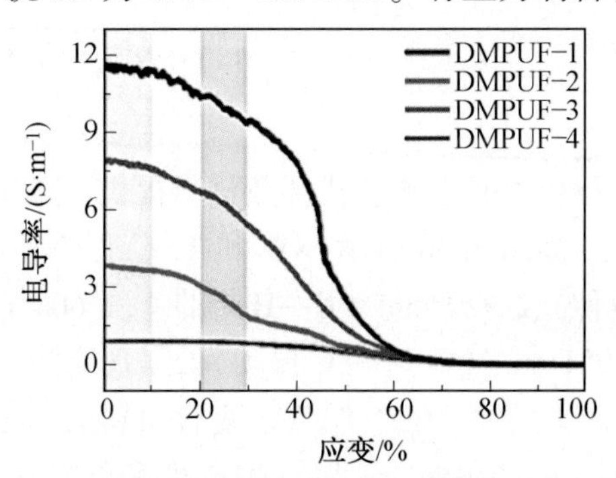

(b) 不同双面复合织物的导电性拉伸量的变化

图4.35　MXene复合织物电磁屏蔽效能[128]

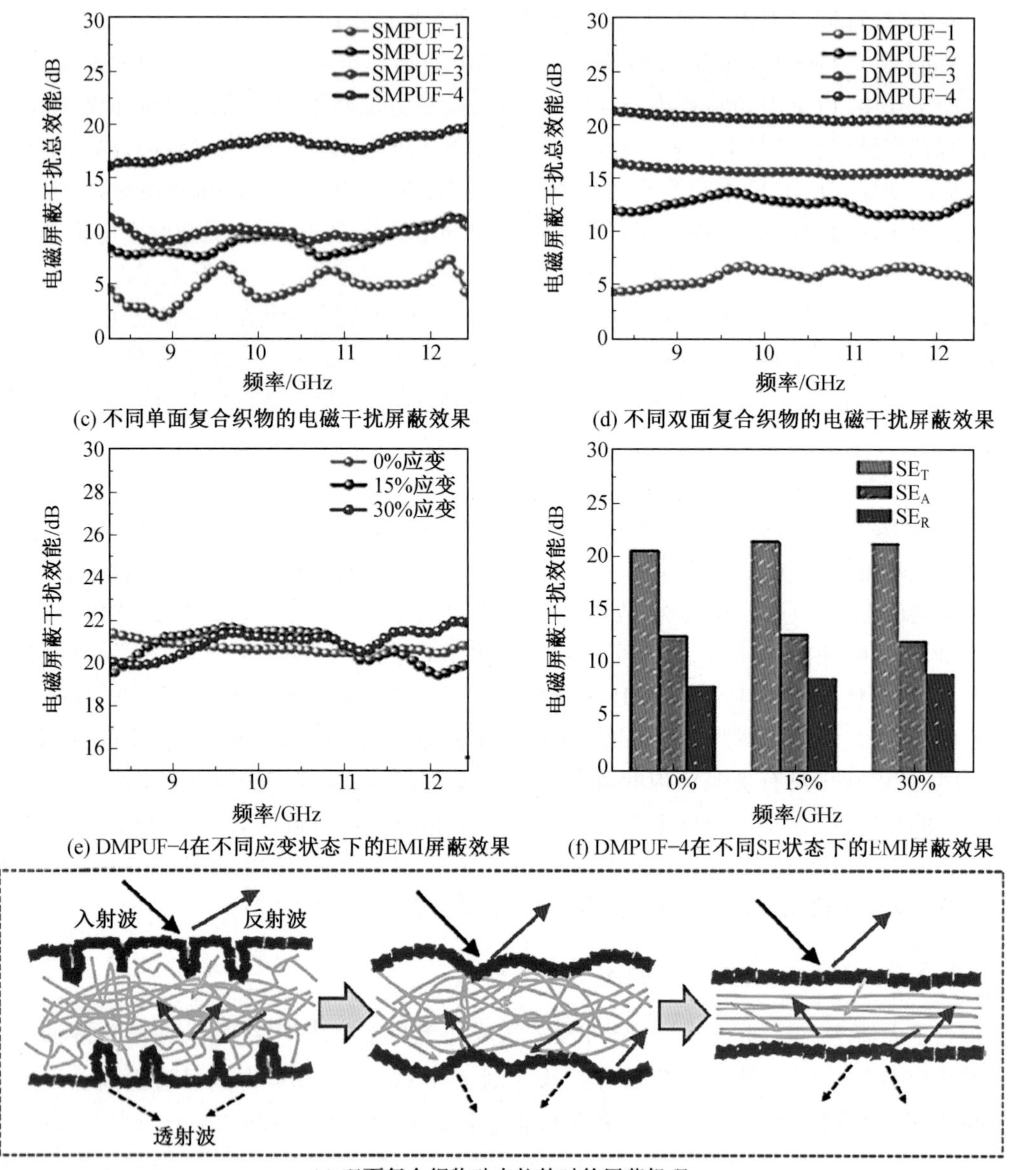

(c) 不同单面复合织物的电磁干扰屏蔽效果

(d) 不同双面复合织物的电磁干扰屏蔽效果

(e) DMPUF-4在不同应变状态下的EMI屏蔽效果

(f) DMPUF-4在不同SE状态下的EMI屏蔽效果

(g) 双面复合织物动态拉伸时的屏蔽机理

续图 4.35

质绿色木基电磁干扰屏蔽材料提供一条可行的途径。

如图 4.36 所示，NW 和 $Ti_3C_2T_x$/NW 复合材料的归一化吸收峰在 3 400 cm^{-1}(—OH 拉伸)、2 920 cm^{-1}(C—H 弯曲)、1 604 cm^{-1}(—OH 弯曲)、1 502 cm^{-1}(C ═C 振动)和 1 051 cm^{-1}(C—O—C 振动)处呈现宽频带，具有典型特征[131]。将 $Ti_3C_2T_x$ 纳米片浸渍到 NW 中后，在 $Ti_3C_2T_x$/NW 复合材料的 FTIR 光谱中观察到纯 $Ti_3C_2T_x$ 纳米片在 1 390 cm^{-1}(C—F)和 586 cm^{-1}(—OH)处的特征吸收带[90]。此外，表示—OH 基团的峰值移动了 42 cm^{-1}，这表明 MXene 纳米片与纤维素纤维之间发生了氢键断裂[132]。这证明了 $Ti_3C_2T_x$ 纳米片存在于 NW 的多孔结构中，并通过氢键与纤维素纤维成功组装。如图 4.37(a)所

示,NW和$Ti_3C_2T_x$/NW复合材料呈现类似的XRD图案,在2θ值为24.1°、29.5°和31.2°时呈现最大值[131]。这表明$Ti_3C_2T_x$与纤维素纤维的结合并没有改变细胞内的晶体结构。利用XPS谱对$Ti_3C_2T_x$和$Ti_3C_2T_x$/NW复合材料进行研究,进一步证明了$Ti_3C_2T_x$纳米片成功插入NW中。如图4.37(b)所示,纯$Ti_3C_2T_x$纳米片的O/Ti原子比和C/Ti原子比分别为1.42和3.57,远低于$Ti_3C_2T_x$/NW。这是由于NW中存在原子O和C[90]。将$Ti_3C_2T_x$纳米片成功插入NW后,$Ti_3C_2T_x$/NW复合材料中O/Ti和C/Ti的原子比均有所提高。

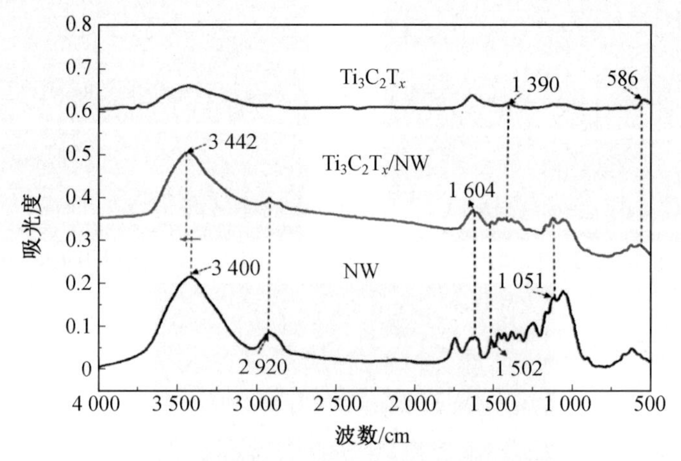

图4.36　NW、纯$Ti_3C_2T_x$纳米片和$Ti_3C_2T_x$/NW复合材料的FTIR光谱[131]

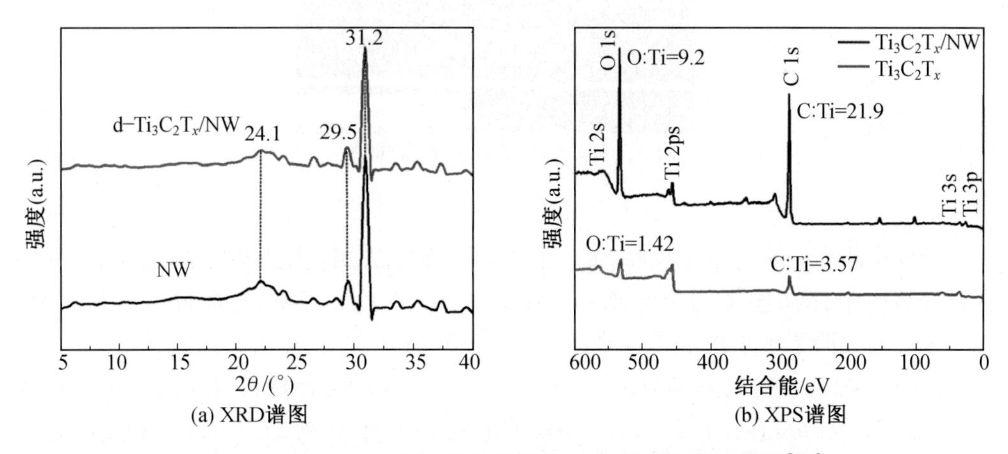

图4.37　NW和$Ti_3C_2T_x$/NW复合材料的XRD谱图和XPS谱图[131]

从图4.38的SEM和TEM图像可以看出,Ti_3AlC_2的内聚体经过刻蚀后形成了手风琴状的多层结构,在剧烈的振荡作用下进一步转变为分层的$Ti_3C_2T_x$纳米片。采用扫描电镜对NW和$Ti_3C_2T_x$/NW复合材料的形貌进行研究,对NW和$Ti_3C_2T_x$/NW复合材料的横截面和纵截面进行检测。从图4.39(a)可以看出,NW结构内部存在大量的管腔,形成了多孔结构。图4.39(b)显示,NW沿垂直生长方向呈长沟道结构。$Ti_3C_2T_x$/NW复合材料的截面(图4.39(c))和纵向(图4.39(d))SEM图像表明,$Ti_3C_2T_x$纳米片均匀分布在NW方向,形成了连续导电路径的结构。这一结果可以归因于$Ti_3C_2T_x$纳米片与NW之间的强相互作用。此外,$Ti_3C_2T_x$ 纳米片沿垂直生长方向的取向可以增加 $Ti_3C_2T_x$ 之间的接触面积。采用元素映射法研究该组分在 $Ti_3C_2T_x$/NW 复合材料中的分布。元素分析结果表明,碳、氧和钛在 $Ti_3C_2T_x$/NW 复合材料中分布均匀,表明这些组分具有良好的相容性和分布均匀性。

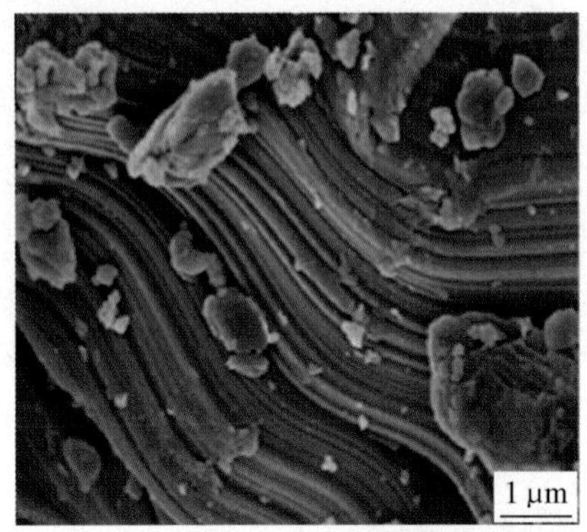

(a) Ti_3AlC_2的SEM照片

(b) 多层$Ti_3C_2T_x$ 纳米片的SEM照片

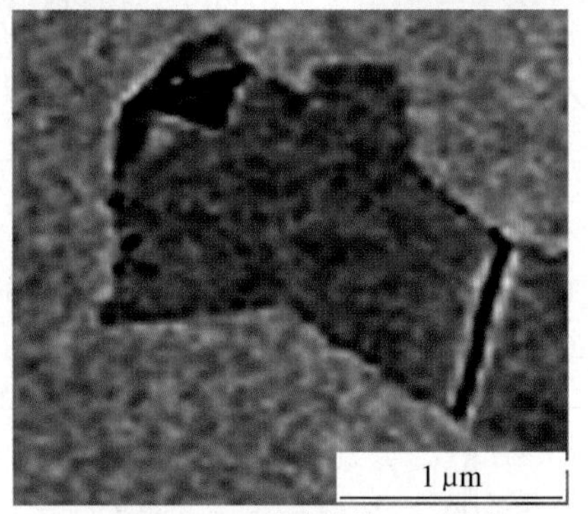

(c) 少层$Ti_3C_2T_x$ 纳米片的SEM照片

图 4.38 MXene 形貌表征[131]

电导率能在一定程度上反映 SE。采用四点探针法测量电导率,证明 $Ti_3C_2T_x$/NW 复合材料结构中存在连续的导电路径。结果表明,$Ti_3C_2T_x$/NW 复合材料的导电性高达 13.6 S/cm,证明了独立的木质容器之间具有良好的电连接。

如图 4.40(a)所示,制备好的 2 mm 厚 $Ti_3C_2T_x$/NW 复合材料表现出优异的 EMI SE。$Ti_3C_2T_x$/NW 复合材料在 8.2 ~ 12.4 GHz 的电磁干扰 SE 达到 27.3 ~ 28.2 dB,满足了商业电磁干扰屏蔽应用(大于 20 dB)的要求[133]。一般来说,入射电磁波穿过材料时会发生吸收、反射和透射的界面相互作用。根据 Schelkunoff 理论,$Ti_3C_2T_x$/NW 复合材料的总 EMI SE 可计算为

$$SE_{总}=SE_R+SE_A+SE_M$$

式中,SER 为微波反射;SEA 为微波吸收;SEM 为微波多次内反射。

当 SE 总和大于 15 dB 时,SEM 可以忽略不计。如图 4.40(b)所示,SER 和 SEA 在 12.4 GHz 时分别为 5.1 dB 和 23.1 dB,表明电磁波在 $Ti_3C_2T_x$/NW 复合材料中由于吸收和反射而衰减,从而导致微波辐射的能量消耗和作为热能的耗散[132, 134]。利用散射参数

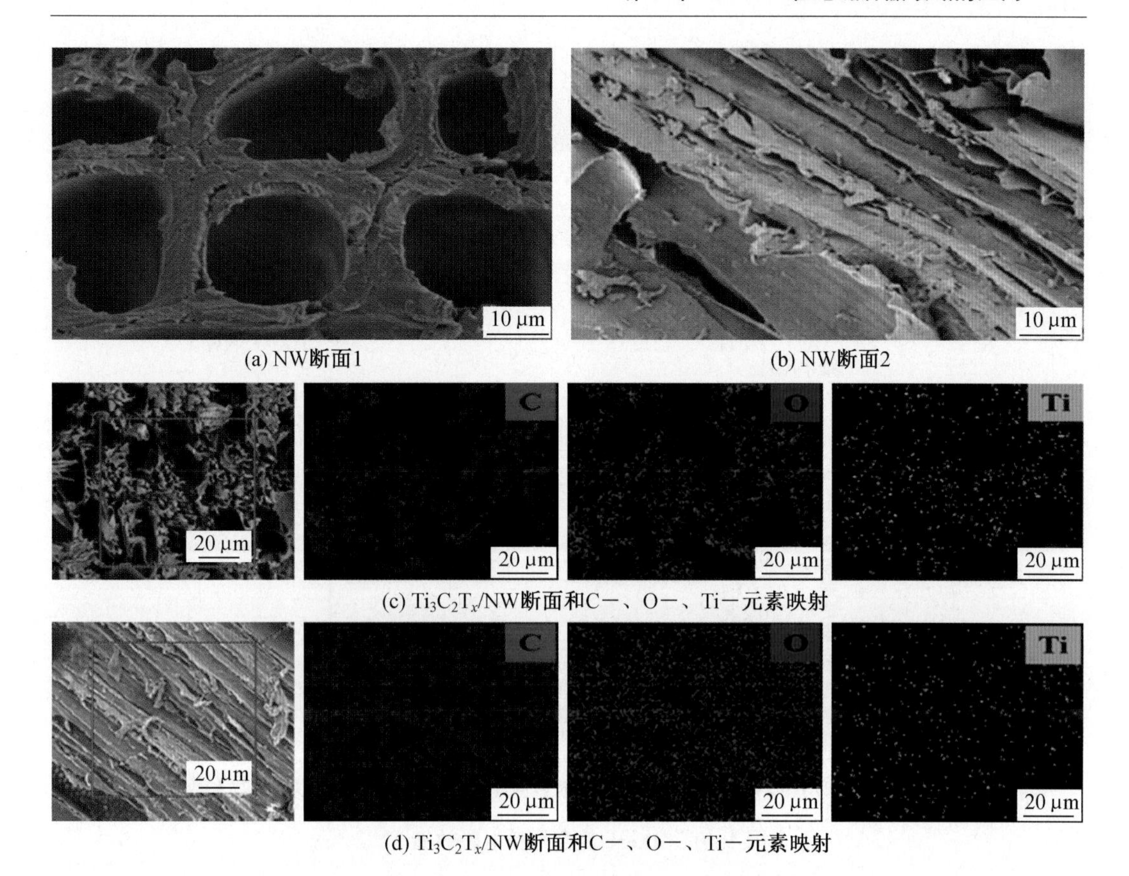

(a) NW断面1　(b) NW断面2

(c) $Ti_3C_2T_x$/NW断面和C—、O—、Ti—元素映射

(d) $Ti_3C_2T_x$/NW断面和C—、O—、Ti—元素映射

图 4.39　MXene 形貌表征及其内部元素检测[131]

计算 $Ti_3C_2T_x$/NW 复合材料的反射、吸收和透射效率，进一步研究了 $Ti_3C_2T_x$/NW 复合材料的 EMI 衰减性能。图 4.40(c)显示了 $Ti_3C_2T_x$/NW 复合材料的 R、A、T 系数。$Ti_3C_2T_x$/NW 复合材料的 R 和 A 系数在 12.4 GHz 时达到最大值，分别为 0.69 和 0.30。此外，$Ti_3C_2T_x$/NW 复合材料的 T 值远小于 A 系数和 R 系数，几乎可以忽略不计。产生上述现象的原因是由于 $Ti_3C_2T_x$/NW 复合材料的高 A 值和高 R 值导致 T 值明显下降，说明 $Ti_3C_2T_x$/NW 复合材料能够吸收和屏蔽更多的微波。SEA 和 SER 的值也可以证实这一点(图 4.40(a))。

综上所述，$Ti_3C_2T_x$/NW 复合材料具有优异的 EMI 屏蔽性能，主要原因如下：①$Ti_3C_2T_x$/NW复合材料具有连通通道和多孔结构，减少了阻抗失配，使入射电磁微波容易进入低反射的木质通道结构；②入射电磁微波沿 $Ti_3C_2T_x$/NW 复合材料狭长的木质通道传播，经过多次反射后衰减；③MXene 纳米片沉积在木细胞壁上，由于木材界面孔隙较大且不均匀，可以持续地消散和吸收电磁波，增加了 $Ti_3C_2T_x$/NW 复合材料内部的散射效应。$Ti_3C_2T_x$/NW 复合材料可视为具有高导电性的三维电磁波阱。天然的多孔结构和相互连接的通道使得电磁微波在被吸收和反射之前很难从复合材料中逸出。因此，该复合材料具有优异的电磁屏蔽性能[135]。

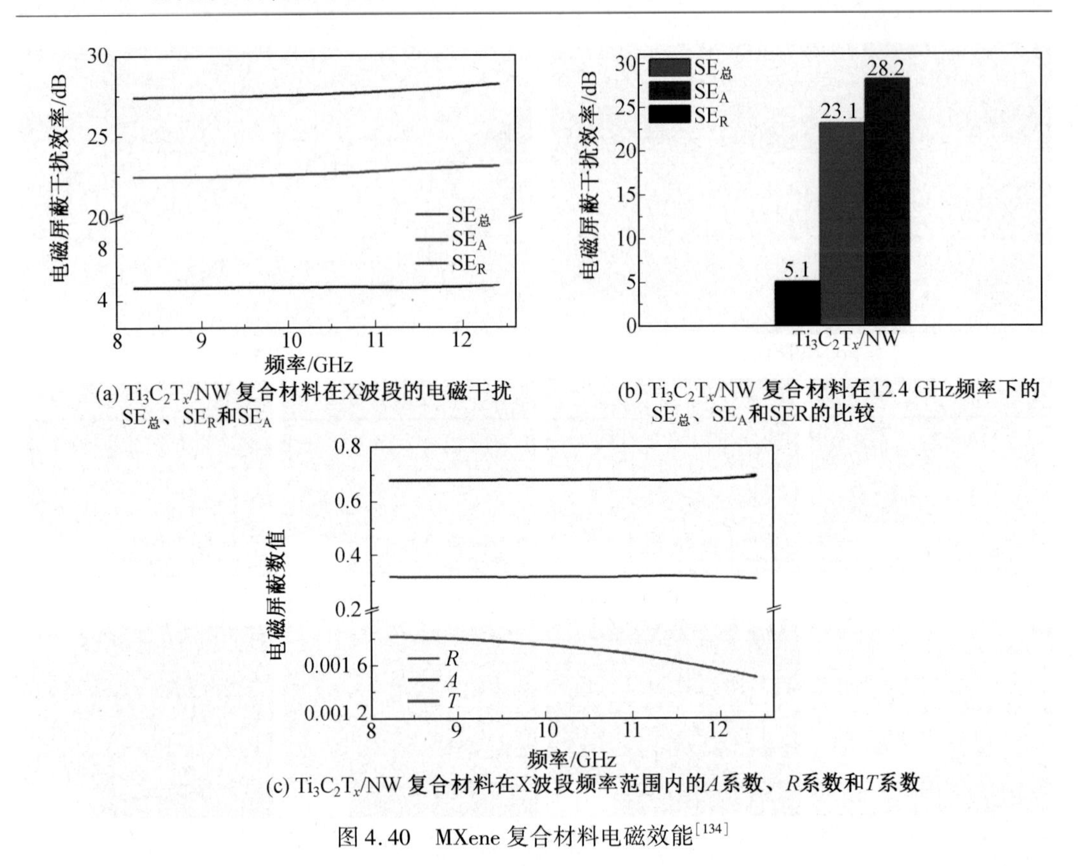

(a) $Ti_3C_2T_x$/NW 复合材料在X波段的电磁干扰 SE总、SE_R和SE_A

(b) $Ti_3C_2T_x$/NW 复合材料在12.4 GHz频率下的 SE总、SE_A和SER的比较

(c) $Ti_3C_2T_x$/NW 复合材料在X波段频率范围内的A系数、R系数和T系数

图 4.40 MXene 复合材料电磁效能[134]

4.6 MXene 多孔材料在电磁屏蔽中的应用

泡沫和气凝胶的多孔结构产生了额外的内部散射界面,将入射电磁辐射传播到屏蔽层的各处,导致由于吸收而产生额外的衰减。MXene 表面的终端也通过偶极极化损耗增强了电磁波的吸收。入射电磁波与孔状结构的相互作用如图 4.41 所示,在多孔结构中发生内部反射。MXene 泡沫和气凝胶具有低密度和良好的机械稳定性,是在军事、雷达和隐身技术应用中作为轻型电磁屏蔽材料的最佳候选材料[136]。

4.6.1 MXene 泡沫

通过在-65 ℃下对冷冻溶液进行简单真空干燥,然后在 300 ℃下热还原 1 h,制备了不同 MXene 与氧化石墨烯比例的混合泡沫。纯还原氧化石墨烯泡沫的密度为 3.1 mg/cm³,而 MXene 与石墨烯比例为 1∶1 的混合泡沫的密度为 7.2 mg/cm³。$Ti_3C_2T_x$ MXene 的密度比石墨烯高,因此加入 $Ti_3C_2T_x$ MXene 增加了混合泡沫的密度。当石墨烯含量增加到 1∶2 和 1∶3 时,混合泡沫的密度分别降低到 4.6 mg/cm³ 和 3.7 mg/cm³。同样,加入 MXene 后,纯还原氧化石墨烯泡沫的导电性显著提高,从 140 S/cm 提高到 1 250 S/cm。导电多孔结构对电磁干扰的屏蔽效率随着 MXene 含量的增加而提高。纯还原氧化石墨烯泡沫在 1.5 mm 厚度时表现出 15 dB 的中等 EMI SE,在 1∶1 MXene 杂化物中翻倍。高导电性

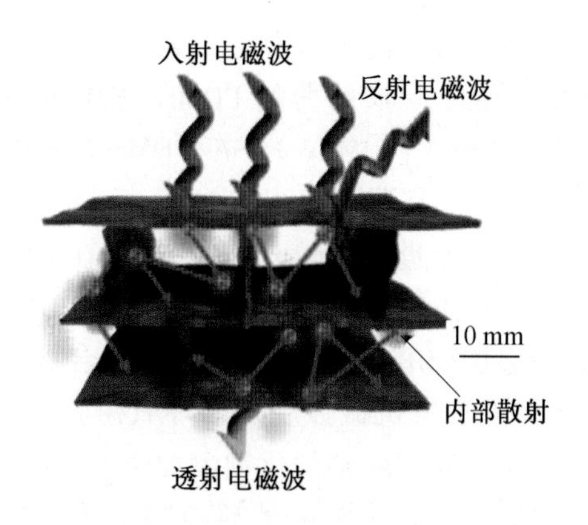

图4.41　入射电磁波与孔状结构的相互作用[136]

的 MXene 网络的内部散射是电磁干扰屏蔽效率提高的主要原因。当 MXene 与还原氧化石墨烯的比例为 1 : 2 时,杂化体的电磁干扰 SE 超过 50 dB,厚度增加 3 mm。

银纳米线 AgNW/$Ti_3C_2T_x$MXene 混合泡沫也具有良好的电磁干扰屏蔽性能[137]。三轴均匀压缩三聚氰胺甲醛(MF)多孔基板,制备弯曲三聚氰胺甲醛(BMF)泡沫。AgNW 经反复浸涂均匀生长,随着浸涂次数的增加,电导率逐渐增加。将导电泡沫浸入 $Ti_3C_2T_x$MXene 溶液中,然后进行定向冷冻和冷冻干燥,得到不规则的蜂窝状 MXene 结构。BMF/AgNW/$Ti_3C_2T_x$ 复合材料比单独的 BMF/AgNW 或 BMF/MXene 复合材料具有更大的导电性和电磁屏蔽性能。AgNW 和 $Ti_3C_2T_x$MXene 协同工作,在多孔结构中产生了更高的导电性,并表现出优越的电磁屏蔽效率(图 4.42)。2 mm 厚的 BMF/AgNW/$Ti_3C_2T_x$ 混合泡沫密度为 49.5 mg/cm^3,EMI SE 为 52.6 dB,而 BMF/AgNW 和 BMF/MXene 泡沫均为 40 dB。增强的屏蔽行为归因于改进的导电性,这导致了混合电路和空白空间之间的阻抗不匹配。此外,从导电多孔界面入射电磁波的内部散射增加,导致吸收主导屏蔽。

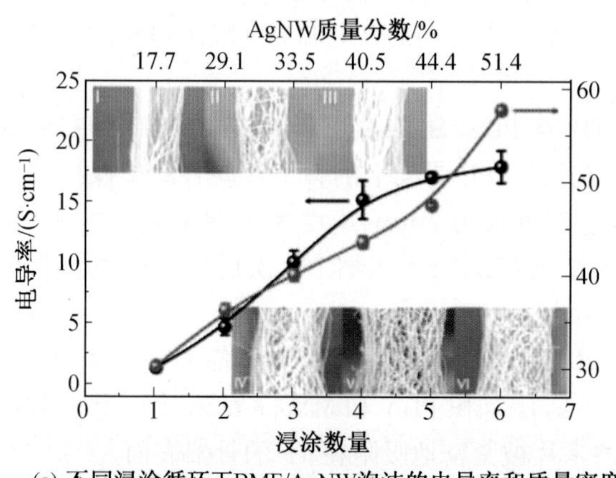

(a) 不同浸涂循环下BMF/AgNW泡沫的电导率和质量密度
插图：BMF海绵的AgNW涂层骨架的SEM图像

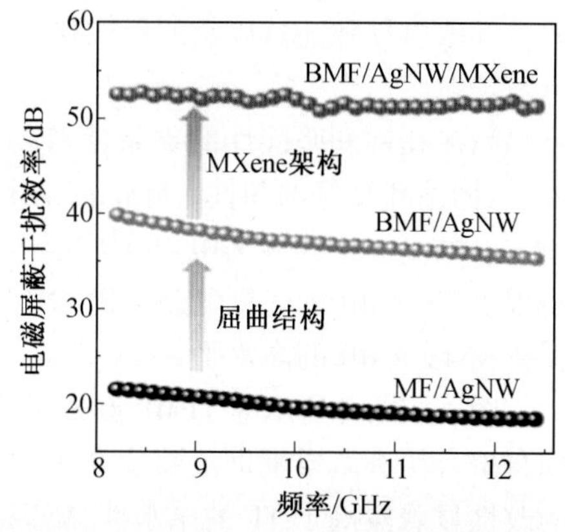

(b) BMF/MXene、BMF/AgNW和BMF/AgNW/MXene泡沫的电导率和质量密度质量密度

图4.42　不同浸涂下 MXene 泡沫的电学性能[137]

一种可压缩和耐用的 $Ti_3C_2T_x$MXene/海藻酸钠/聚二甲基硅氧烷(MXene/SA/PDMS)混合泡沫已通过简单的冷冻和冷冻干燥方法形成[138]。含 95% MXene 的 2 mm 厚轻质

MXene/SA 泡沫密度约为 20 mg/cm^3,电导率为 22.11 S/cm,电磁干扰 SE 为 72 dB。通过真空过滤在 MXene/SA 泡沫上涂上一层薄薄的 PDMS, EMI 屏蔽效率下降至 50 dB。然而,涂层增强了结构的稳定性和耐久性,MXene/SA/PDMS 混合泡沫在 500 次弯曲和压缩循环中保持了其电磁屏蔽效率。当将混合泡沫与 MXene/SA/PDMS 的简单混合物以及涂有固体 PDMS 层的 MXene/SA 泡沫进行比较时,多孔结构在电磁辐射衰减中的作用得到了突出体现。MXene/SA/PDMS 混合泡沫具有薄而均匀的 PDMS 涂层,其 EMI SE 最高,为 54 dB,其次为固体 PDMS 涂层(50 dB)和简单的混合复合材料(9 dB)。

采用溶胶-凝胶和热还原方法将机械强度强的环氧树脂浸渍到 $Ti_3C_2T_x$MXene-碳杂化泡沫中[139]。将间苯二酚、甲醛和碳酸钠催化剂添加到 10 mL $Ti_3C_2T_x$MXene 分散液中,进行超声处理,在 90 ℃下在氮气下固化 5 h,然后冷冻干燥。多孔泡沫在 400 ℃下退火 2 h,生成 MXene-碳杂化泡沫。在真空条件下将环氧溶液浸渍到多孔复合泡沫中。环氧树脂中 MXene-碳泡沫的质量分数为 4.25%(1.64% MXene 和 2.61% 碳),在厚度为2 mm 的全 X 波段频率范围内,电导率为 1.84 S/cm,EMI SE 为 46 dB。随着 MXene 含量的增加,复合材料的硬度为 0.31 GPa,弹性模量为 3.96 GPa,高于纯碳/环氧复合材料的硬度(分别为 0.28 GPa 和 3.51 GPa)。导电性 2D MXene 薄片对环氧基复合材料和混合泡沫材料的电学、力学和电磁屏蔽性能有重要影响。

Xu 等[140]对低反射 Ti_2CT_xMXene/PVA 复合泡沫进行电磁屏蔽应用评估,采用一种简单的自由干燥方法制备了 Ti_2CT_x/PVA 泡沫。MXene 的表面末端与 PVA 分子链之间的强氢键赋予了额外的灵活性和强大的机械强度。虽然 Ti_2CT_x/PVA 复合泡沫的导电性低于多孔 $Ti_3C_2T_x$,但它比其他碳基材料要高得多[141]。5 mm 厚、密度为 10.9 mg/cm^3 的 Ti_2CT_x/PVA 泡沫的电磁干扰 SE 范围为 26 ~ 33 dB。在 Ti_2CT_xMXene 质量分数很低(0.15%)的情况下,压缩泡沫结构的低密度使 SSE/t 为 5 136 dB · cm^2/g。多孔泡沫比致密的薄膜结构更有效地吸收入射电磁波,在致密的薄膜结构中,电磁波进入屏蔽层,强烈的内部散射导致能量以热的形式耗散。来自交变电磁场的介电和界面极化也有助于吸收电磁辐射。

高多孔性和坚固性的支架使获得的 TPU@ PDA/MXene 复合泡沫(TPMF)具有低密度、柔韧性和良好的弹性。MXene 纳米片在连续 TPU 骨架上的整个包层有助于保持原始 MXene 的高导电性和 EMI 屏蔽性能。因此,厚度仅为 2 mm,密度为 0.29 g/cm^3 的 TPMF 表现出 72.2 dB 的优良电磁干扰 SE。在大应变(50%)下压缩 100 次后,电磁干扰 SE 仍保持在 48.4 dB 的高水平。

图 4.43(a)所示为 TPMF 制备工艺示意图。首先采用盐模板法制备 TF,然后分别采用自聚合法和真空辅助浸渍法在 TF 骨架上有序沉积 PDA 和 MXene 纳米片。由于 PDA 的改性显著提高了 TF 的亲水性,MXene 纳米片被紧密地吸附在 TF 的骨架表面。

泡沫显示出很高的灵活性,允许它弯曲和扭曲而不损坏,并容易被切割成各种形状,如正方形、三角形和椭圆形(图 4.43(b))。TPU 泡沫的密度和孔隙率取决于 NaCl 与 TPU 的质量比。例如,TPM20F74 的密度较低,为 0.29 g/cm^3,孔隙率为 74%,MXene 质量分数较低,为 0.66%。上述结果表明,TPMF 具有质量轻、柔韧和多孔性,适用于柔性舒适的可穿戴电子设备。

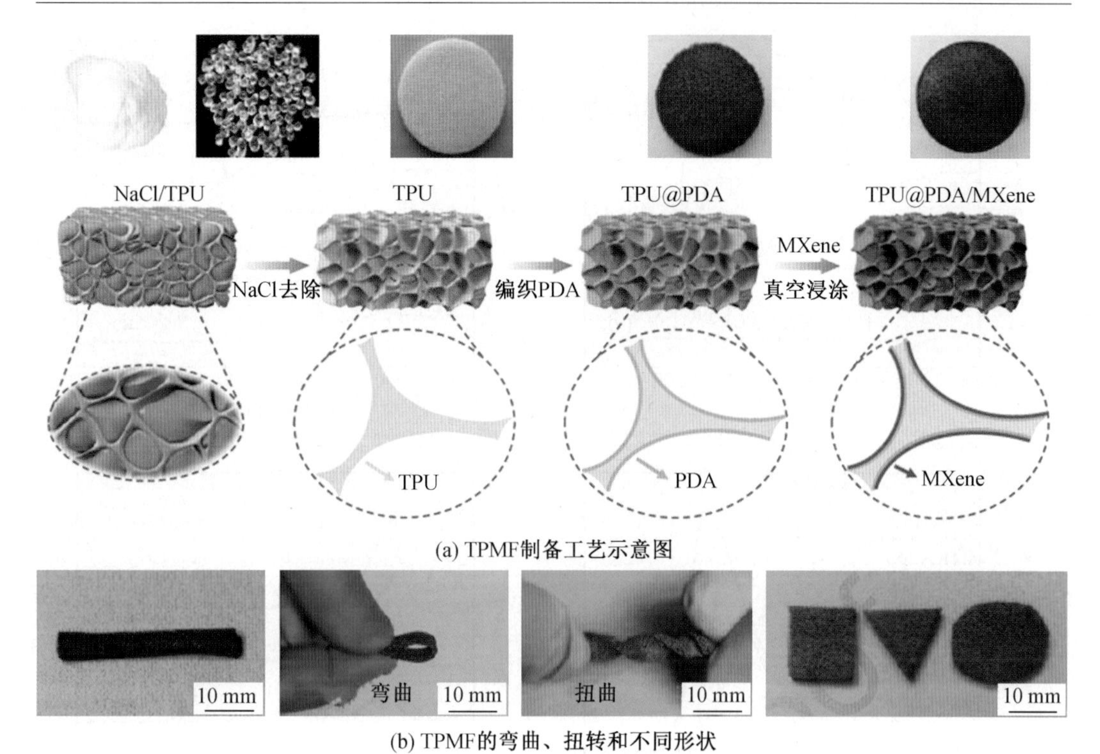

(a) TPMF制备工艺示意图

(b) TPMF的弯曲、扭转和不同形状

图4.43　TPMF制备流程及形状[141]

对复合泡沫材料的表面化学结构进行表征，验证TPU骨架与MXene的有效改性及其相互作用。由图4.44(a)可知，TF、TPF和TPMF的FTIR光谱分别在3 316 cm^{-1}和1 529 cm^{-1}、1 083 cm^{-1}、1 729 cm^{-1}和1 596 cm^{-1}附近发现了属于N—H、C—O—C、—H—N—COO—基团的TPU的典型IR峰。而PDA和MXene在这些光谱中几乎没有出现峰，这可能是由于这两种材料的加载量较小，FTIR对它们的灵敏度较弱。与TF和TPF相比，TPMF的红外峰减弱归因于MXene涂层。利用XPS谱进一步分析了复合泡沫材料的化学结构演变。如图4.44(b)所示，从TPMF的XPS谱上观测到MXene的Ti 2p(454.6 eV)、Ti 2s(562.1 eV)和F 1s(678.2 eV)的所有典型峰，证实了TPMF中存在MXene。此外，TPMF的高分辨率Ti 2p光谱如图4.38(c)所示。Ti^{2+} $2p_{3/2}$和Ti^{3+} $2p_{3/2}$峰从原始MXene的456.18 eV和457.38 eV下降到TPMF的455.87 eV和456.91 eV(图4.44(c))。这种结合能的降低可能是由于MXene纳米片与TPF之间存在丰富的氢键，这有助于增强界面黏附性和力学性能，提高泡沫的稳定性[142]。

从泡沫的XRD谱图可以看出，TPU在14°~29°范围内有一个以$2\theta=20.2°$为中心的独特衍射峰，这与TPU分子链上12个硬链段和软链段的短程规则排列和非晶态相的无序结构有关。PDA改性对TPU链结构影响不显著。涂覆MXene纳米片后，TPMF的XRD谱图中出现了位于61.2°位置的MXene明显的(110)峰，说明MXene纳米片成功引入TPF内部(图4.44(d))。TPU在$2\theta=20.2°$时的特征峰变弱，MXene的特定峰(002)左移。这表明导电填料与TPU基之间存在充分的相互作用，与FTIR和XPS结果一致[143]。利用扫描电镜对TF、TPF和TPMF的结构和形貌进行系统的表征。根据NaCl晶体的大

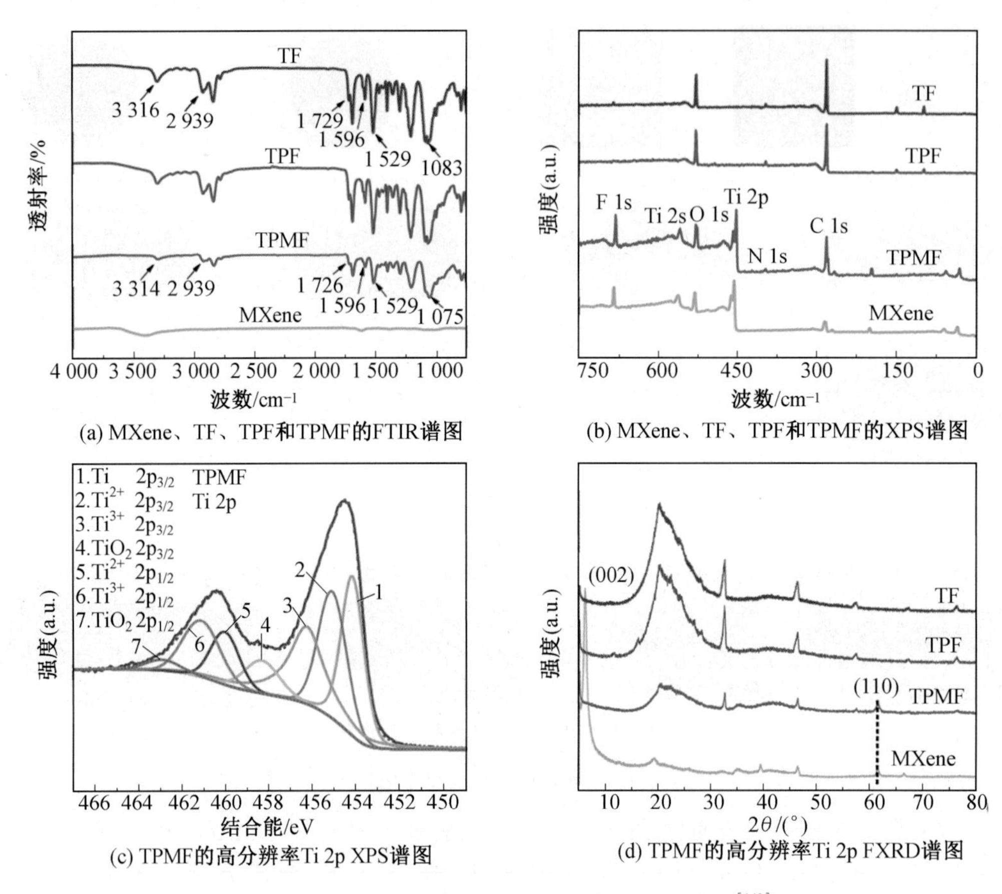

(a) MXene、TF、TPF和TPMF的FTIR谱图　(b) MXene、TF、TPF和TPMF的XPS谱图

(c) TPMF的高分辨率Ti 2p XPS谱图　(d) TPMF的高分辨率Ti 2p FXRD谱图

图 4.44　MXene、TF、TPF 和 TPMF 红外和 XPS 表征[142]

1—$Ti2p_{3/2}$;2—$Ti^{2+}2p_{3/2}$;3—$Ti^{3+}2p_{3/2}$;4—$TiO_2 2p_{3/2}$;5—$Ti^{2+}2p_{1/2}$;6—$Ti^{3+}2p_{1/2}$;7—$TiO_2 2p_{1/2}$

小,TF 显示微米大小的孔隙(121 ~ 472 μm)和光滑的孔细胞表面,这些孔细胞相互连接并维持多孔支架。随着 NaCl 含量的增加,TF 的连通孔逐渐增多,有利于三维网络的形成。但随着 NaCl 含量的增加,孔隙结构的完整性逐渐降低。与光滑 TF 相比,由于 PDA 的存在,TPF 的表面变得粗糙(图 4.45(d) ~ (f))。

将 TPF 浸泡在 MXene 水溶液中,均匀地将 MXene 纳米片加载在 TPF 骨架表面,形成致密导电层。与纯 TF 和 TPF 相比,制备的 TPMF 具有相同的微米大小的孔隙,但由于 MXene 纳米片的堆积,多孔骨架表面的粗糙度进一步增加,并且在孔壁上观察到层状覆盖(图 4.45(g) ~ (i))。PDA 层和 MXene 纳米片之间的强氢键相互作用使得 MXene 层紧密附着在 TPU 骨架上成为可能,提高了泡沫的稳定性(图 4.45(i))。由于相互连通的孔隙,MXene 涂层在 TPMF 中形成了一个连续的导电网络,有效地构建了电子传输路径,提高了导电性。此外,通过 EDS 元素映射可以观察到 Ti、C、O 元素的均匀分布(图 4.45(j)),说明 MXene 层均匀覆盖在 TF 表面,形成三维互联导电网络[144]。

电导率(σ)是预测 TPMF 电磁干扰 SE 的重要依据。在某些方面,EMISE 与 σ 有正相关。通过改变 MXene 的浓度和 TF 的孔隙率,可以有效地调整 TPMF 在 MXene 网络中的 σ 值。如图 4.46(a)所示,随着 TPMF 孔隙率从 61% 增加到 74%,σ 值随着导电网络密度

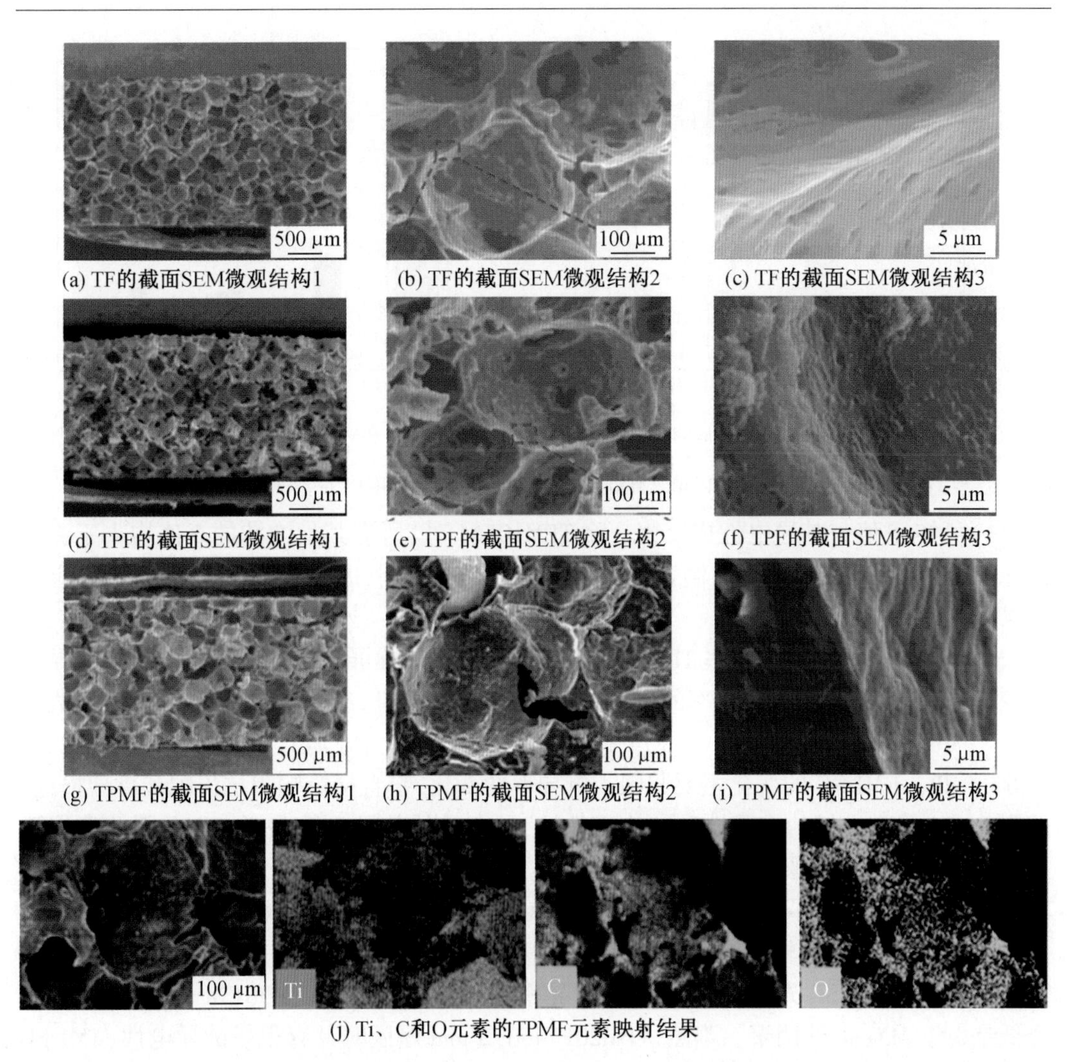

(a) TF的截面SEM微观结构1　(b) TF的截面SEM微观结构2　(c) TF的截面SEM微观结构3

(d) TPF的截面SEM微观结构1　(e) TPF的截面SEM微观结构2　(f) TPF的截面SEM微观结构3

(g) TPMF的截面SEM微观结构1　(h) TPMF的截面SEM微观结构2　(i) TPMF的截面SEM微观结构3

(j) Ti、C和O元素的TPMF元素映射结果

图4.45　TF、TPF和TPMF形貌表征及其内部元素检测[143]

的增加而相应增大。当孔隙度进一步增大到80%时,TPMF的σ值略有减小。这可能与高孔隙率有关,高孔隙率导致孔结构的完整性降低,并导致3D导电网络的断裂。增加MXene溶液的浓度可以增加骨架上MXene涂层的厚度,从而有效地提高σ值。然而,当增加到30 mg/mL时,与20 mg/mL样品相比,TPMF的σ值明显降低,这是由过量MXene的聚集引起的。相比之下,TPM20F74表现出290.8 S/m的最佳电导率。

此外,当样品厚度大于蒙皮深度(δ)时,EMI屏蔽材料通常是有效的,因为样品厚度显著影响EMI屏蔽性能。本例按式(4.11)计算:

$$\sigma=\sqrt{\frac{1}{\pi f\mu\sigma}} \tag{4.11}$$

式中,$\sigma \gg 2\pi f\varepsilon_0$, $\mu=\mu_0\mu_r$,其中ε_0为自由空间的介电常数(等于8.854×10^{-12} F/m);σ为样品的电导率;F为电磁波的频率;μ、μ_r和μ_0分别为磁导率、相对磁导率(在本例中$\mu_r=1$)和自由空间的磁导率(等于$4\pi\times10^{-7}$ H/m)。图4.46(b)显示了TPMF的δ值。由式

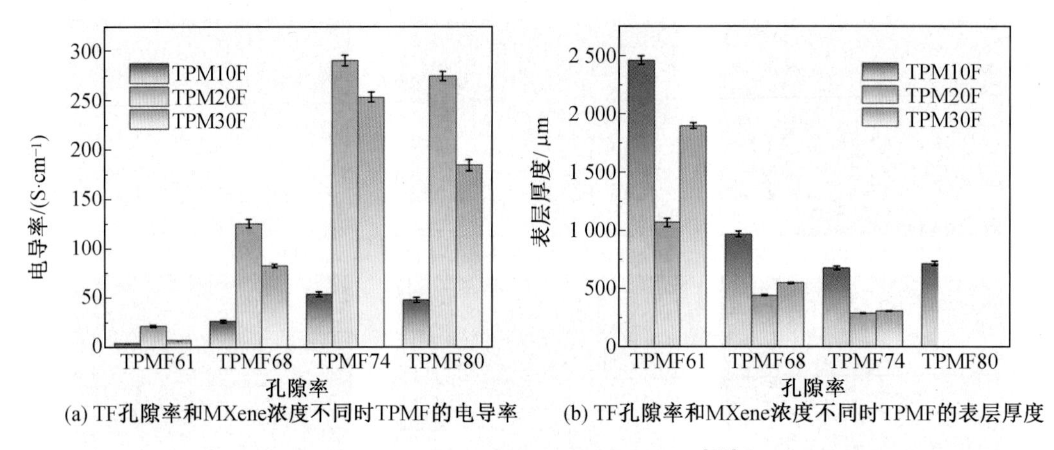

(a) TF孔隙率和MXene浓度不同时TPMF的电导率　(b) TF孔隙率和MXene浓度不同时TPMF的表层厚度

图 4.46　MXene 电导率及其表层厚度[144]

(4.11)可知,δ值与其导电性成反比。除 TPM10F61 外,所有其他泡沫的δ值均小于测试泡沫的厚度(2 mm),这使得制备的 TPMF 在高效电磁干扰屏蔽方面具有良好的应用前景。

图 4.47(a)为不同孔隙率 TPMF 在 X 波段的电磁干扰屏蔽性能。实验结果与电导率的变化趋势一致,即随着孔隙率的增加,EMI SE 值先增大后减小。TPM20F61 的 SE 值仅为 26.7 dB,而 TPM20F68、TPM20F74 和 TPM20F80 的 SE 值分别上升到 56.5 dB、72.2 dB 和 69.4 dB。EMI SE 的变化主要归因于电导率的变化,它直接影响阻抗失配和传导损耗。鉴于 TPMF 具有良好的连通性和结构完整性,具有最佳的导电性和 EMI SE,因此在接下来的研究中使用了孔隙率为 74% 的 TPMF。

图 4.47(b)显示了不同 MXene 浓度下 TPMF74 在 X 波段的电磁干扰 SE。纯 TPU 作为绝缘聚合物对 EMI 辐射是透明的,EMISE 小于 2 dB[145]。随着 MXene 浓度的增加,TPMF 的电磁干扰 SE 先增大后减小,与电导率的变化相对应。TPM30F74 的电磁干扰 SE 降低是由于 MXene 的团聚。当然,TPM20F74 在 2 mm 厚度时具有很好的导电性,EMI SE 达到了 72.2 dB 的最佳水平。屏蔽材料的厚度是影响吸收损失的重要因素,通过增加电

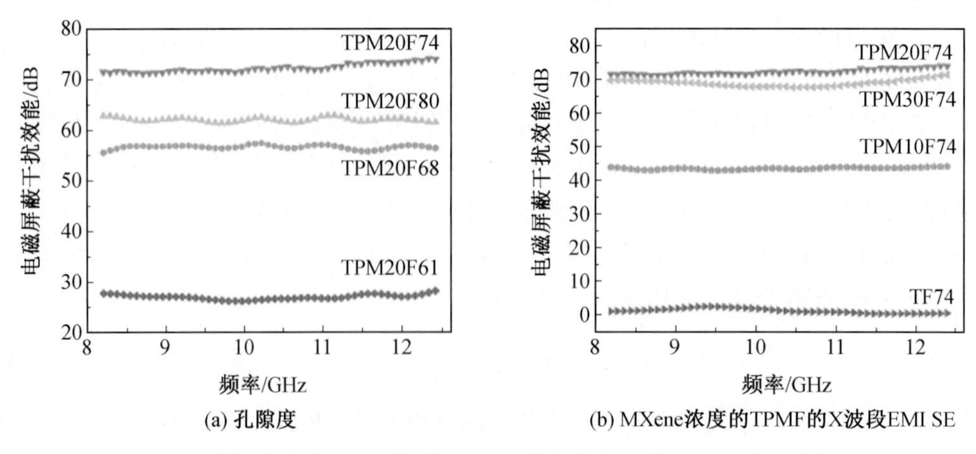

(a) 孔隙度　(b) MXene浓度的TPMF的X波段EMI SE

图 4.47　不同 MXene 复合材料电磁屏蔽效能及其机理图[144]

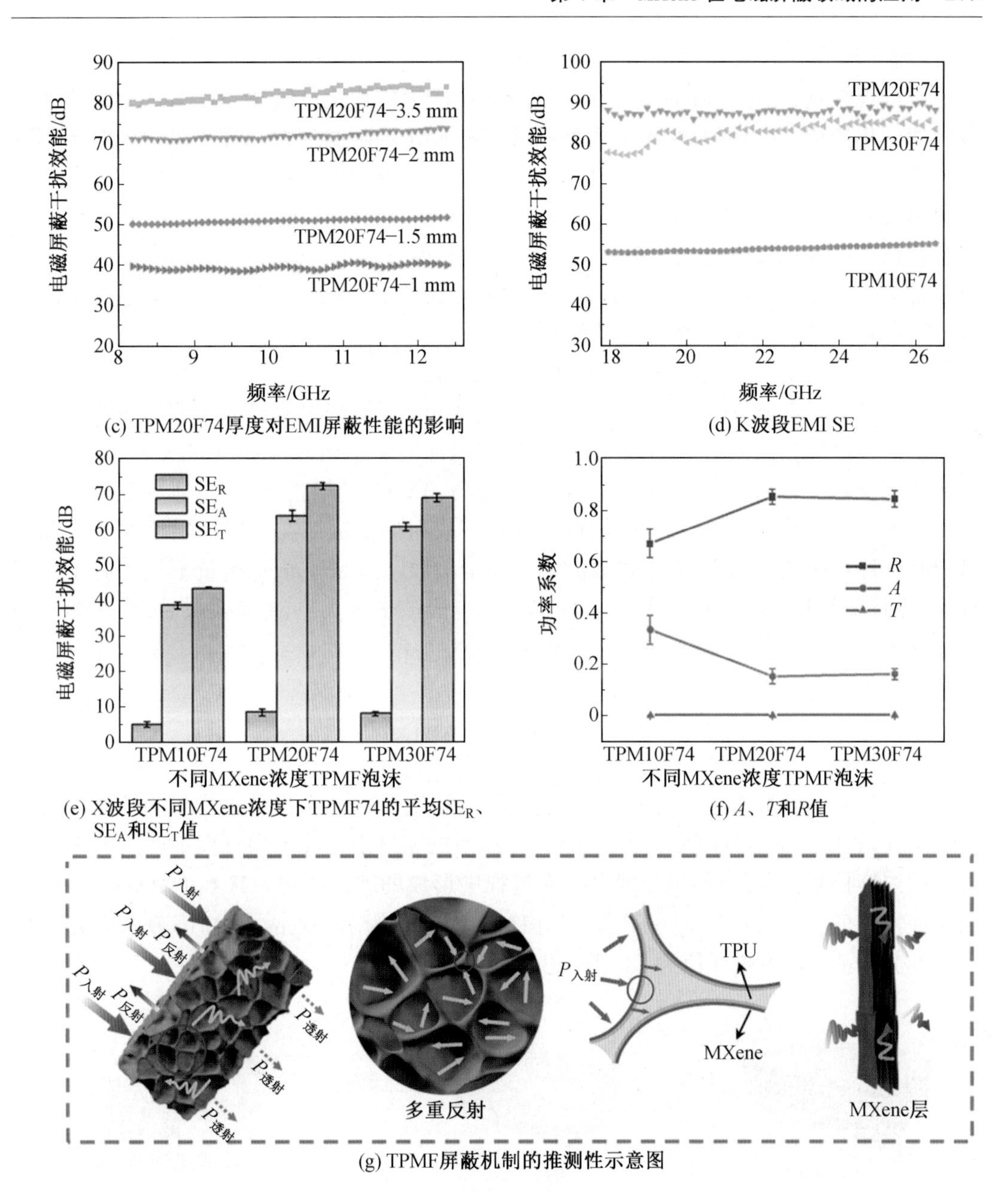

(c) TPM20F74厚度对EMI屏蔽性能的影响

(d) K波段EMI SE

(e) X波段不同MXene浓度下TPMF74的平均SE_R、SE_A和SE_T值

(f) A、T和R值

(g) TPMF屏蔽机制的推测性示意图

续图 4.47

磁波通过材料的传输路径,简单地增加厚度就可以获得更高的 EMI SE。以 TPM20F74 为例,增加泡沫厚度可以显著提高电磁干扰的 SE,3 mm 厚度的 TPMF 显示出 82.4 dB 的显著 SE(图 4.47(c)),足以阻挡超过 99.999 999 4% 的入射 EM 辐射。此外,TPM20F74 在 K 波段也表现出优异的 EMI 屏蔽性能(图 4.47(d)),EMI SE 值随频率增加而增大,这可以归因于导电网络的不规则性和 GHz 波段电磁波的强烈衰减。为了进一步探讨 TPMF 对入射电磁波的保护作用,图 4.47(e)显示了 SE_A、SE_R 对 X 波段 EMI 屏蔽性能的各自贡献。SE_T 可视为 SE_A、SE_R 和 SE_M 的总和,其中 SE_M 高度依赖于屏蔽材料的厚度,当厚度

超过集肤深度或 SE_T>15 dB 时，可以忽略不计[146]。

可以观察到，无论 MXene 含量的变化还是孔隙率的变化，SE_R 和 SE_A 都表现出与 SE_T 相同的变化趋势，这表明改变导电性都可以影响 EMI 屏蔽的反射和吸收机制。对于所有 TPMF，SE_A 对 EMI 和 SE 的贡献大于 SE_R。如 2 mm TPM20F74 的 SE_A、SE_R 和 SE_T 分别为 8.3 dB、63.9 dB 和 72.2 dB。然而，由于反射先于吸收，SEA 仅描述屏蔽材料衰减透射到复合材料中的电磁波的特性。此外，由于 EMI SE 的值与 EM 能量是对数的，巨大的 SE_A 仅仅意味着电磁波传输到泡沫中的衰减是由吸收主导的。对于本研究的所有复合泡沫而言，TPMF 的主要屏蔽 EMI 机制是反射。

基于以上讨论，提出了一种可能的电磁屏蔽机理。如图 4.47(g)所示，当包含电场和磁场的电磁波入射到 TPMF 表面时，由于阻抗失配，大部分电磁波被立即反射，空气和 MXene 涂层之间的巨大阻抗不匹配，进入泡沫内部的剩余电磁波连续多次被孔壁反射，直到它们穿透导电骨架[147]。被击穿的电磁波与 MXene 骨架相互作用，通过电荷载流子产生微电流，导致欧姆损失和电磁能量的消耗。入射的电磁波在一层一层地穿过毛孔和骨架时被逐步吸收，直到它们以热量的形式完全消散。高 MXene 负载量不仅提高了导电性能，而且使骨架上的 MXene 堆积层变厚。当电磁波击中 MXene 堆叠层后，会在 MXene 纳米片的内部发生多重反射，进一步增加 EM 能量耗散[148-149]。

4.6.2　MXene 气凝胶

除泡沫富有多孔类结构外，气凝胶也同样具备良好的结构特性，并与 MXene 进行复合表现出优异的屏蔽效能。Bian 等[150]利用不同浓度 MXene 分散体的常规冷冻干燥法制备了 $Ti_3C_2T_x$MXene 基气凝胶(图 4.48)。气凝胶的密度由冷冻干燥过程中使用的 MXene 溶液的浓度控制，而气孔的形态则由冷冻过程中形成的冰晶决定。$Ti_3C_2T_x$MXene 气凝胶的密度特别低，只有 20.7 mg/cm^3，但尺寸稳定，电导率为 22 S/cm，EMI 屏蔽率为 75 dB。当厚度为 2 mm 时，SSE/t 值为 18 116 dB · cm^2/g。

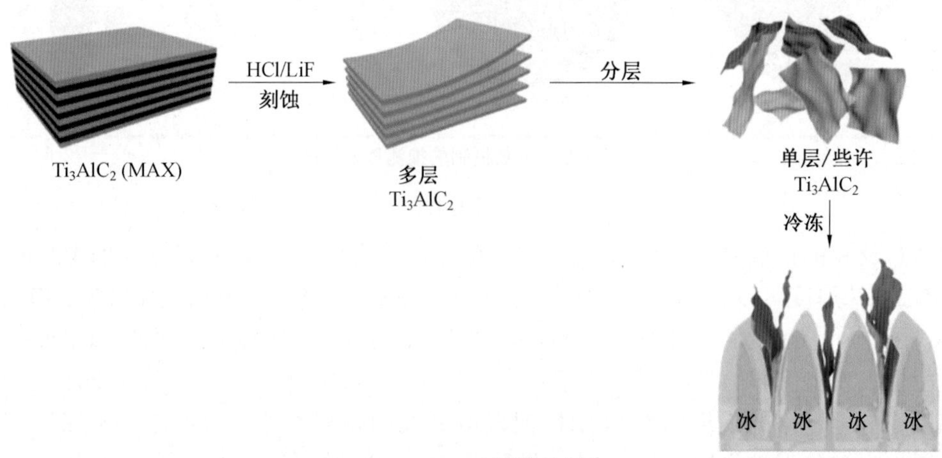

(a) $Ti_3C_2T_x$ MXene气凝胶的制备

图 4.48　MXene 气凝胶的制备及其屏蔽效能[150]

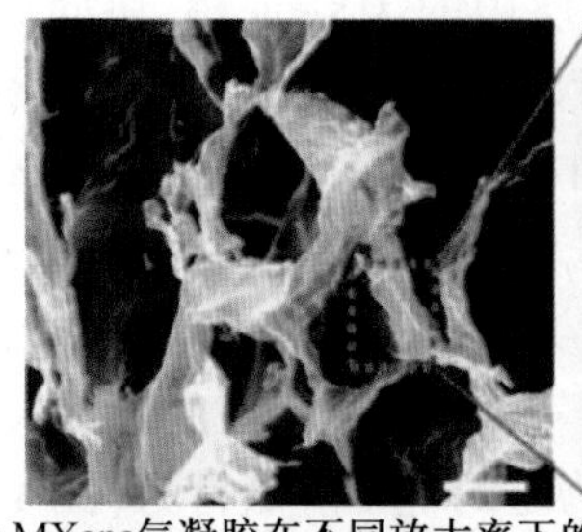

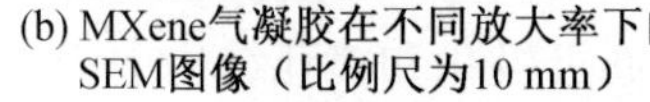

(b) MXene气凝胶在不同放大率下的SEM图像（比例尺为10 mm）　(c) MXene气凝胶在不同放大率下的SEM图像（比例尺为10 mm）　(d) 所得 MXene气凝胶的俯视图

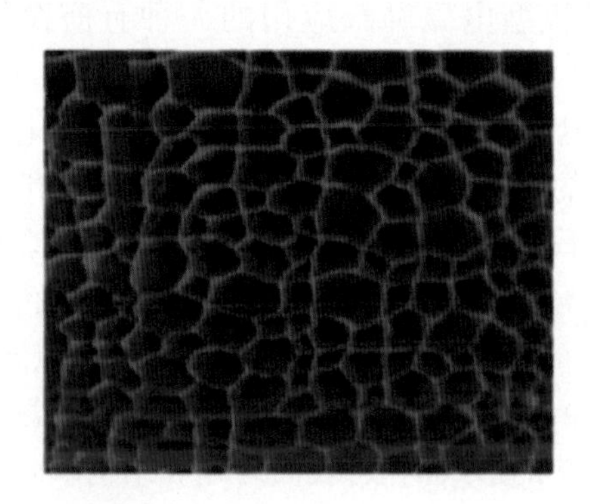

(e) 放在狐尾草上的极其轻的MXene气凝胶(35 cm³)

(f) 密度为20.7 mg/cm³的MXene气凝胶的EMI

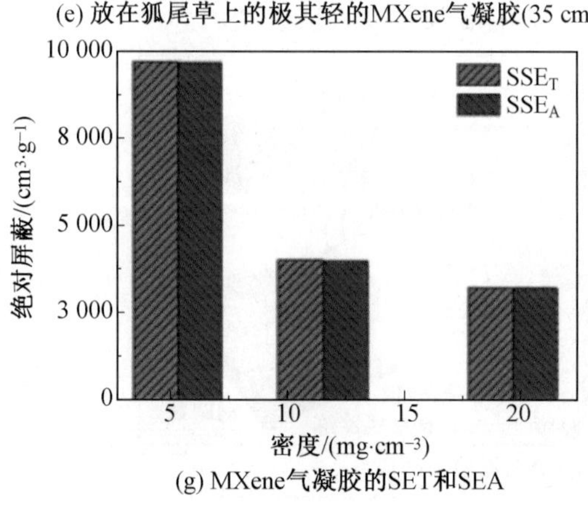

(g) MXene气凝胶的SET和SEA

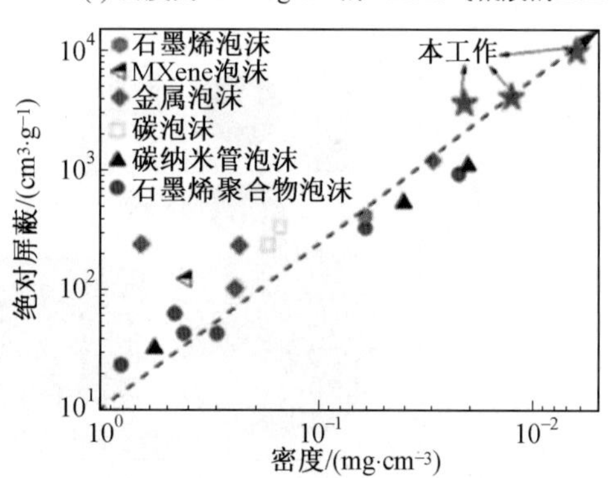

(h) 比较各种泡沫状材料的作为密度函数的比屏蔽

续图 4.48

Han 团队比较了使用三种不同 MXene（$Ti_3C_2T_x$、Ti_3CNT_x 和 Ti_2CT_x）的气凝胶（图 4.48(a)、(b)）采用双向冷冻干燥不同浓度的 MXene 溶液制备柔性气凝胶。通过常规冷冻干燥方法无法获得具有长范围排列层状结构的气凝胶。基于 MXene 的高导电性框架由多孔结构组成，MXene 片作为连接桥梁。含有较高质量浓度 MXene 的溶液（例如，11 mg/mL）形成了更导电、更耐用的结构。$Ti_3C_2T_x$、Ti_3CNT_x 和 Ti_2CT_x 气凝胶的导电性高于其他碳材料，导致了更大的 EMI SE 和 SSE/t 值。$Ti_3C_2T_x$、Ti_3CNT_x 和 Ti_2CT_x 气凝胶在 1 mm 厚度的 X 波段频段内的平均总 EMI SE（SE_T）值分别为 70.5 dB、69.2 dB 和54.1 dB。

MXene/CNT 杂化气凝胶是通过碳纳米管和 MXene 合成的（图 4.48(c)、(d)）[151]。

高导电性碳纳米管支撑了交替层中的 MXene 桥,协同提高了气凝胶的导电性和力学性能。对 MXCNT 气凝胶的压缩测试表明,与纯 $Ti_3C_2T_x$MXene 相比,MXCNT 气凝胶的抗压强度有所提高(图 4.48(e)、(f))。与纯 $Ti_3C_2T_x$MXene 气凝胶相比,不同 CNT 质量比(1∶1、1∶2 和 1∶3)的 $Ti_3C_2T_x$ 气凝胶的压缩模量分别增加了 3 898%、7 796% 和 9 661%。MXCNT13 气凝胶厚度为 3 mm, MXene 和 CNT 的质量比为 1∶3(图 4.48(g)),其中 SSE/t 值达到 8 253.9 dB · cm^2/g, EMI SE 值最大值超过 100 dB。多孔结构允许 $Ti_3C_2T_x$/CNT 气凝胶中以吸收为主的电磁屏蔽行为(图 4.48(h))。这种屏蔽机制受三个因素的影响,即电磁波电场引起的电子迁移、表面端点引起的偶极极化和多孔结构中的内部散射。机械坚固的 $Ti_3C_2T_x$/CNT 气凝胶是轻型电磁屏蔽应用的一种有前途的解决方案。

同样,Zhao 等[152]通过定向冷冻和冷冻干燥合成了 $Ti_3C_2T_x$MXene/还原氧化石墨烯(MXene/rGO)气凝胶,以提高 MXene 气凝胶的尺寸稳定性(图 4.49(a)),得到了导电 $Ti_3C_2T_x$MXene 片覆盖在石墨烯片壳上的高度致密对齐的胞状结构。更大的还原氧化石墨烯片材尺寸增强了框架的机械稳定性,而高导电性的 MXene 片材则有助于多孔结构的优良导电性(图 4.49(b))。当 $Ti_3C_2T_x$MXene 体积分数为 4% 时,在 2 m 厚的泡沫中,电导率为 10.85 S/cm, EMI SE 为 50 dB(图 4.49(c)、(d))。进入多孔材料的电磁辐射由于表面积大、界面多,内部散射,导致衰减或以热的形式消散,表面终端和结构缺陷通过介电极化损耗促进电磁波的吸收。因此,屏蔽层内的电磁辐射吸收损失增大。

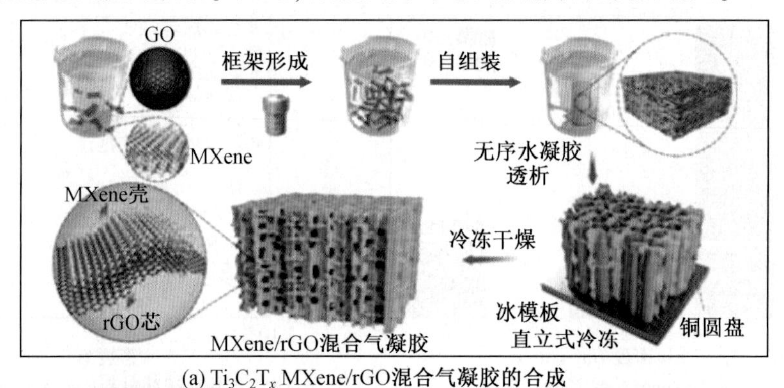

(a) $Ti_3C_2T_x$ MXene/rGO混合气凝胶的合成

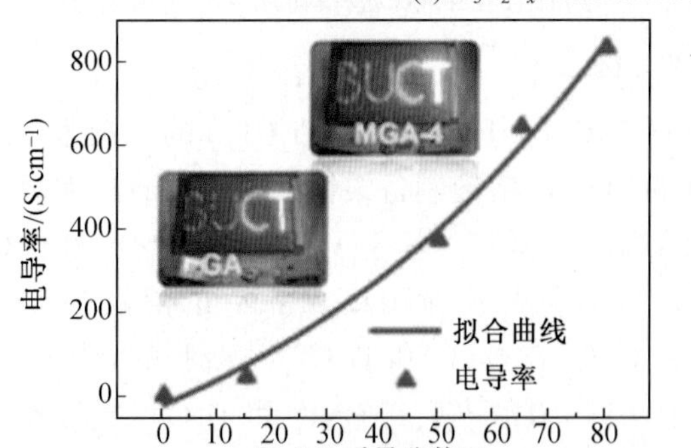

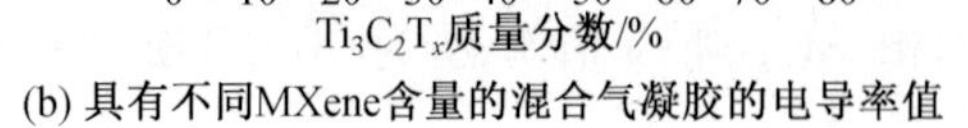
(b) 具有不同MXene含量的混合气凝胶的电导率值

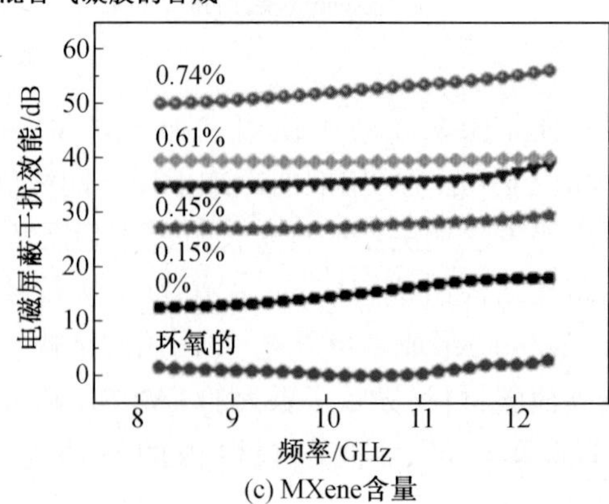

(c) MXene含量

图 4.49　$Ti_3C_2T_x$MXene/rGO 混合气凝胶流程及其屏蔽效能[152]

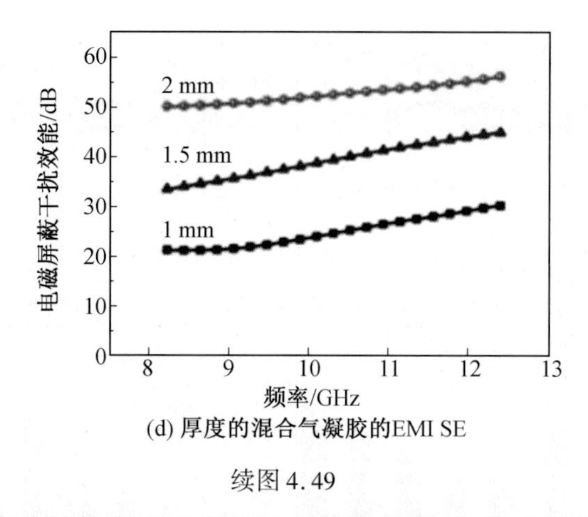

(d) 厚度的混合气凝胶的EMI SE

续图 4.49

泡沫和气凝胶的多孔结构产生了额外的内部散射界面，将入射的电磁辐射传播到整个屏蔽层，导致由于吸收而产生额外的衰减。MXene 表面的基团部分地通过偶极极化损耗增强了对电磁波的吸收。所提出的电磁波与泡沫或气凝胶之间相互作用的机制如图 4.41 所示。MXene 泡沫和气凝胶具有低密度和良好的机械稳定性，是军事、雷达和隐身技术应用中作为轻型电磁屏蔽材料的最佳候选材料。

4.6.3　Ag-MXene 杂化纳米结构的电磁干扰

众所周知，高导电性的材料具有显著的特点，可以实现卓越的 EMI 屏蔽性能。因此，将所制备的 MXene 杂化纳米结构与石蜡混合，并对其在 X 波段（8～12 GHz）和 Ku 波段（12～18 GHz）的 EMI 性能进行了评估。首先，将纯 Ag-MXene 和纯 Ag-MXene 与蜡以 60% 的质量比混合制备，以研究其 EMI 屏蔽能力，并根据测量的参数计算其屏蔽效能。图 4.50(a)～(d) 给出了 MXene 及其 Ag-MXene 杂化纳米结构的平均 EMI 屏蔽能力。在 X 波段和 Ku 波段 12 GHz 和 18 GHz 下，60% 纯 $Ti_3C_2T_x$ 复合材料的 EMI SE 值分别为 29.66 dB和 27.66 dB，其对应的直流电导率为 0.781 S/m（图 4.50(a)）。Ag-$Ti_3C_2T_x$ 杂化纳米结构在 X 波段和 Ku 波段的电磁干扰 SE 均随硝酸银浓度的增加而增加。例如，Ag-Ti-5、Ag-Ti-10、Ag-Ti-20 和 Ag-Ti-40 杂化纳米结构的 X 波段 SE 分别为 (33.38±1.88) dB、(43.23±1.55) dB、(59.92±2.33) dB 和 (66.55±2.34) dB。随着银含量的增加，SE_R 和 SE_A 均显著增加，SE_T 也显著增加。银添加量较高的 Ag-$Ti_3C_2T_x$ 蜡复合材料的 SE_R、SE_A 和 SE_T 值分别为 (9.25±0.87) dB、(57.31±1.79) dB、(66.56±2.66) dB。

对于纯的和 Ag-Nb_2CT_x/wax 复合材料，在 60% 载荷下，得到的 SE 值与 Ag-$Ti_3C_2T_x$ 复合材料相当（图 4.50(c)、(d)）。裸 Nb_2CT_x-MXene 的 X 波段 SE_R、SE_A 和 SE_T 值分别为 (4.32±0.33) dB、(7.76±0.89) dB 和 (12.08±1.23) dB，分别低于纯 Ti-MXene。显然，随着银纳米颗粒负载量的增加，X 和 Ku 波段的 EMI SE 值随之增加。Ag-Nb-5、Ag-Nb-10、Ag-Nb-20 和 Ag-Nb-40 样品的 X 波段 SET 值分别为 (21.61±1.88) dB、(43.11±1.55) dB、(55.82±2.33) dB、(68.76±2.67) dB。在 X 波段石蜡基质中加入相同质量负载 (60%) 的 Nb_2CT_x-MXene 高含量银纳米颗粒后，总 SE 增加了 5 倍。在 Ku 波段，Ag-Nb-5、Ag-Nb-10、Ag-Nb-20 和 Ag-Nb-40 不同银负载下制备的 Ag-Nb_2CT_x 复合材料的 SET

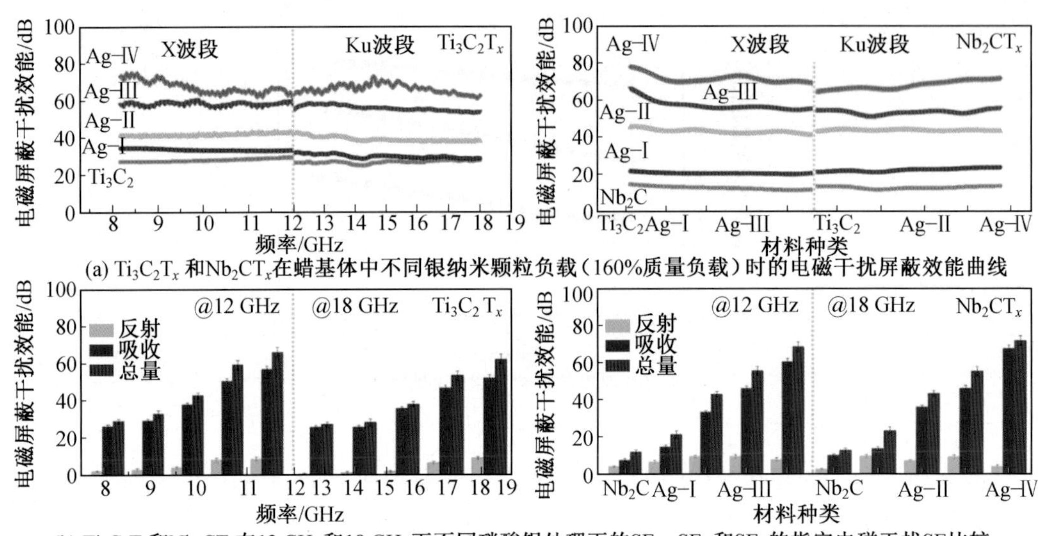

(b) $Ti_3C_2T_x$和Nb_2CT_x在12 GHz和18 GHz下不同硝酸银处理下的SE_R、SE_A和SE_T的指定电磁干扰SE比较

图 4.50 在 X 波段和 Ku 波段[152]

值分别为(23.54±1.88)dB、(43.49±1.55)dB、(55.75±2.33)dB 和(72.04±2.66)dB。高银负载 Nb_2CT_x-MXene 在 Ku 波段的 SET 比未处理 Nb_2CT_x-MXene 高 3 倍。在 Ku 区域的测试样品中，Ag-Nb-40 杂化纳米结构表现出有趣的 EMI SET 值特征(72.04±2.66)dB，高于类似硝酸银处理下的 Ag-Ti-40。然而，SE_T 值的增加归因于 Ag-MXene 杂化填料在石蜡基质中较高的渗透阈值和均匀分布。通过对 MXene/蜡复合材料的 SEM 表征，验证了填料颗粒在石蜡上的均匀分布。SEM 图像显示，填料颗粒在蜡基体中分布均匀，无聚集现象。进一步验证逾渗阈值，测量了纯 MXene 和 Ag-MXene 混合物与蜡复合物的 DC 电导率，结果如图 4.51(a)和(b)所示。

对于不同的银纳米颗粒负载量，所制备的 Ag-$Ti_3C_2T_x$ 复合材料表现出从(0.993±0.065)S/m到(3.813±0.178)S/m 的电导率。类似地，Ag-Nb-5、Ag-Nb-10、Ag-Nb-20 和 Ag-Nb-40 的电导率对应于(0.946±0.065)S/m、(1.503±0.059)S/m、(2.17±0.0842)S/m、(3.123±0.178)S/m。由于高电子迁移率银纳米颗粒的附着，混合纳米结构的组装可以将钛 MXene 的导电性提高约 4 倍，将铌 MXene 的导电性提高 9 倍。此外，MXene 表面的银纳米颗粒含量足够高，会促进绝缘基体中形成导电树。因此，钛和铌 MXene 样品的电导率随银负载级数的增加而增强，与它们的总 EMI SE 值的变化趋势一致(图4.51(c)、(d))。Ag-Ti-40 的电导率(3.813±0.178)S/m 比 Ag-Ti-40 的电导率(3.123±0.178 S/m)低，但铌基银杂化三元纳米结构的电磁辐射衰减明显。这可以归因于金属银纳米颗粒在 Nb-MXene 表面的组装，其与入射辐射的相互作用能力高于 Ag-$Ti_3C_2T_x$[153] 中凝聚的 Ag 海胆状形态。

反射系数(R)、吸收系数(A)和透射系数(T)在 Ag-MXene 杂化纳米结构整体 EMI 屏蔽性能中的贡献，作为银负载和频段(12 GHz 和 18 GHz)的函数，基于测量的 S 参数[154]，从公式中评估。如图 4.52(a) ~ (f)所示，在 MXene($Ti_3C_2T_x$ 和 Nb_2CT_x)杂化组合中，银纳米颗粒负载增加，X 波段和 Ku 波段的反射系数增大，透射系数减小。随着纳米银颗粒

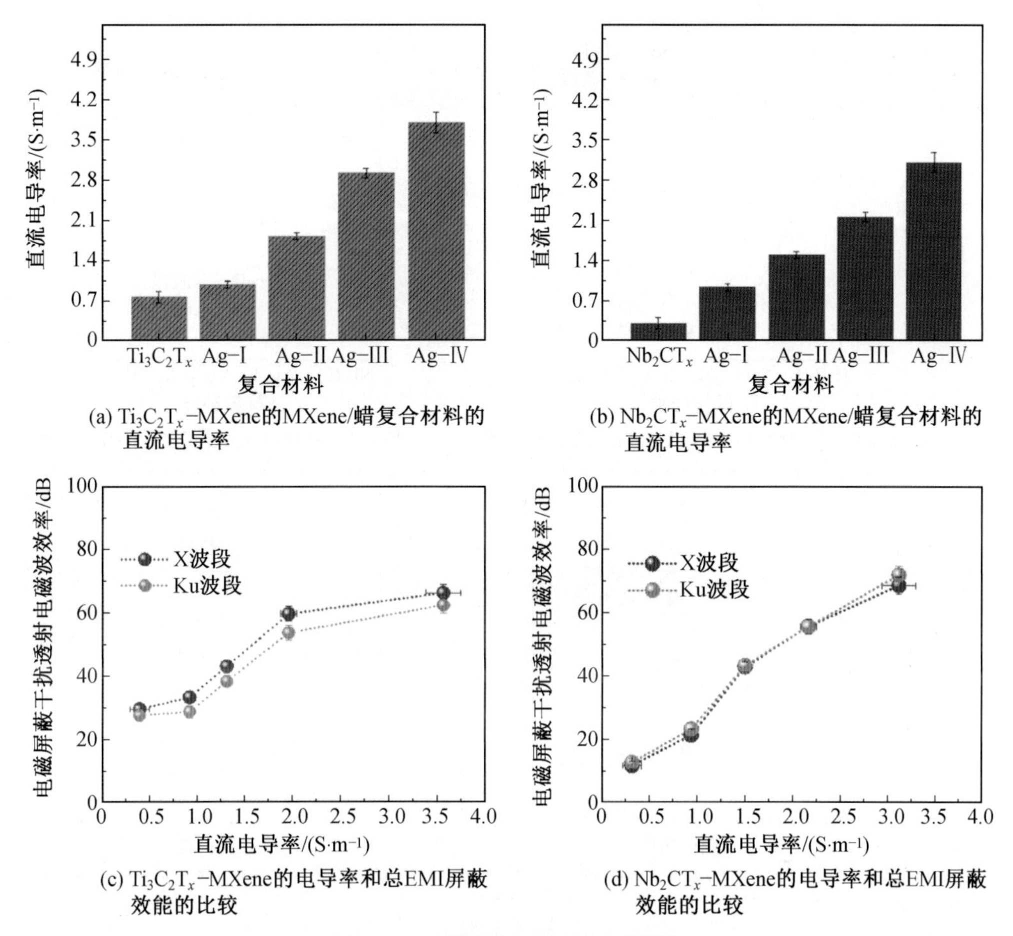

(a) $Ti_3C_2T_x$-MXene的MXene/蜡复合材料的直流电导率　(b) Nb_2CT_x-MXene的MXene/蜡复合材料的直流电导率

(c) $Ti_3C_2T_x$-MXene的电导率和总EMI屏蔽效能的比较　(d) Nb_2CT_x-MXene的电导率和总EMI屏蔽效能的比较

图4.51　不同银纳米颗粒负载[152]

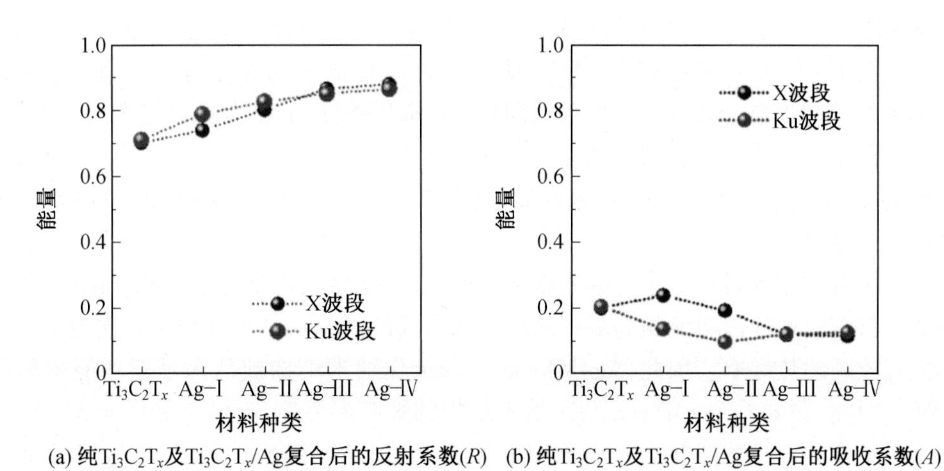

(a) 纯$Ti_3C_2T_x$及$Ti_3C_2T_x$/Ag复合后的反射系数(R)　(b) 纯$Ti_3C_2T_x$及$Ti_3C_2T_x$/Ag复合后的吸收系数(A)

图4.52　从纯Ag-MXene填充石蜡复合材料S参数测得的反射系数、吸收系数和透射系数对EMI屏蔽机制的贡献[154]

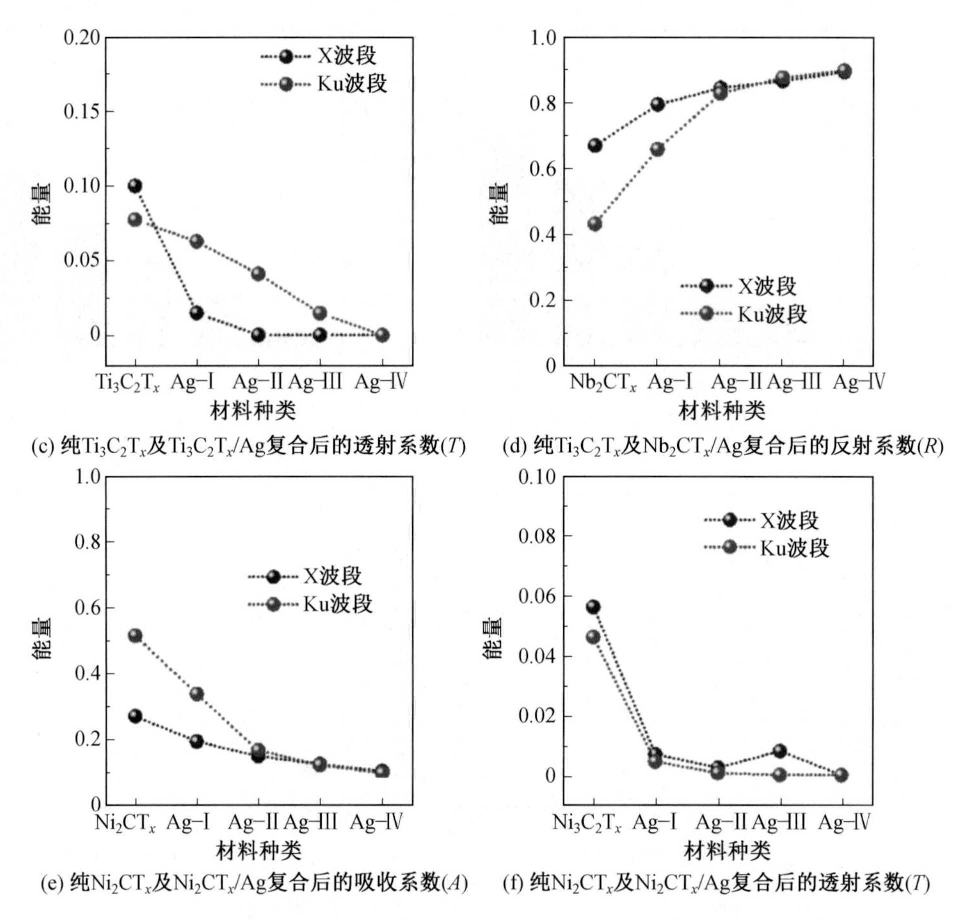

续图 4.52

的增加,两层 MXene 的吸收系数呈单调下降趋势。所有经硝酸银处理的 MXene 混合组件的反射系数均高于 A 和 T,表明样品与空气空间之间存在阻抗失配;因此,银纳米粒子中的带电粒子(自由电子或空穴)与电磁场之间具有很强的相互作用。此外,负载铌基 MXene 的银纳米粒子具有极大的反射阻挡 EM 辐射的能力,部分电磁波在 Ku 波段被吸收衰减。得益于独特的金属纳米颗粒负载氧化 MXene 样品和自组装的混合纳米结构,具有高导电性,达到了最大的 EMI 屏蔽性能,这意味着大于等于 99.999 999% 的 EM 污染可以通过反射衰减。

商用电磁屏蔽材料由于持续暴露在电磁波中,经常会出现过热现象。因此,通过 EMI 屏蔽材料有效地耗散热能是高端产品设计所需要的。金属纳米颗粒中自由电子的存在使其具有较高的热导率。因此,Ag-MXene 三元杂化纳米结构被认为是双功能材料的明显选择。因此,测量了 Ag-MXene 杂化纳米结构的瞬态温度响应,结果如图 4.53 所示。Ag-MXene 复合材料的散热能力通过将其粉末分散在乙醇溶剂中,然后涂在实验室滤纸上(2.5 cm×3.5 cm,质量负荷为 3 mg/cm)进行评估。将 MXene 覆盖滤纸置于热板上,设定温度为 70 ℃,放置约 3 min,用热红外摄像机记录温度分布。Ag-MXene 包覆滤纸的温度与纯 MXene 包覆滤纸和裸滤纸样品相比,从室温急剧升高至 49.2 ℃。Ag-Nb_2CT_x 达到热源颜色所需的时间更短，这意味着制备的杂化纳米结构的热导率更高。Ag-Nb_2CT_x 涂层滤纸从热板中取出后，其温度下降速度比其他测试样品更快。这意味着银 MXene 比纯 MXene 具有更好的散热性能。而且，温度下降的曲线异常快，并且曲线随时间呈指数衰减，对于所有测试的纳米结构。与加热过程相似，Ag-Nb_2CT_x 由于导热系数的变化，具有比其他纳米结构更高的热衰减效率。这些结果表明，在 MXene 上掺入高导电银纳米粒子后能量通过声子瞬间传递，这意味着氧化后的 MXene 与银纳米粒子之间的协同效应得到了改善，可能会减少三元界面上的声子散射，从而导致热阻的降低。因此，Ag-MXene 纳米复合材料所获得的更快的散热能力除了在电磁干扰吸收方面的应用外，还具有广阔的应用前景。

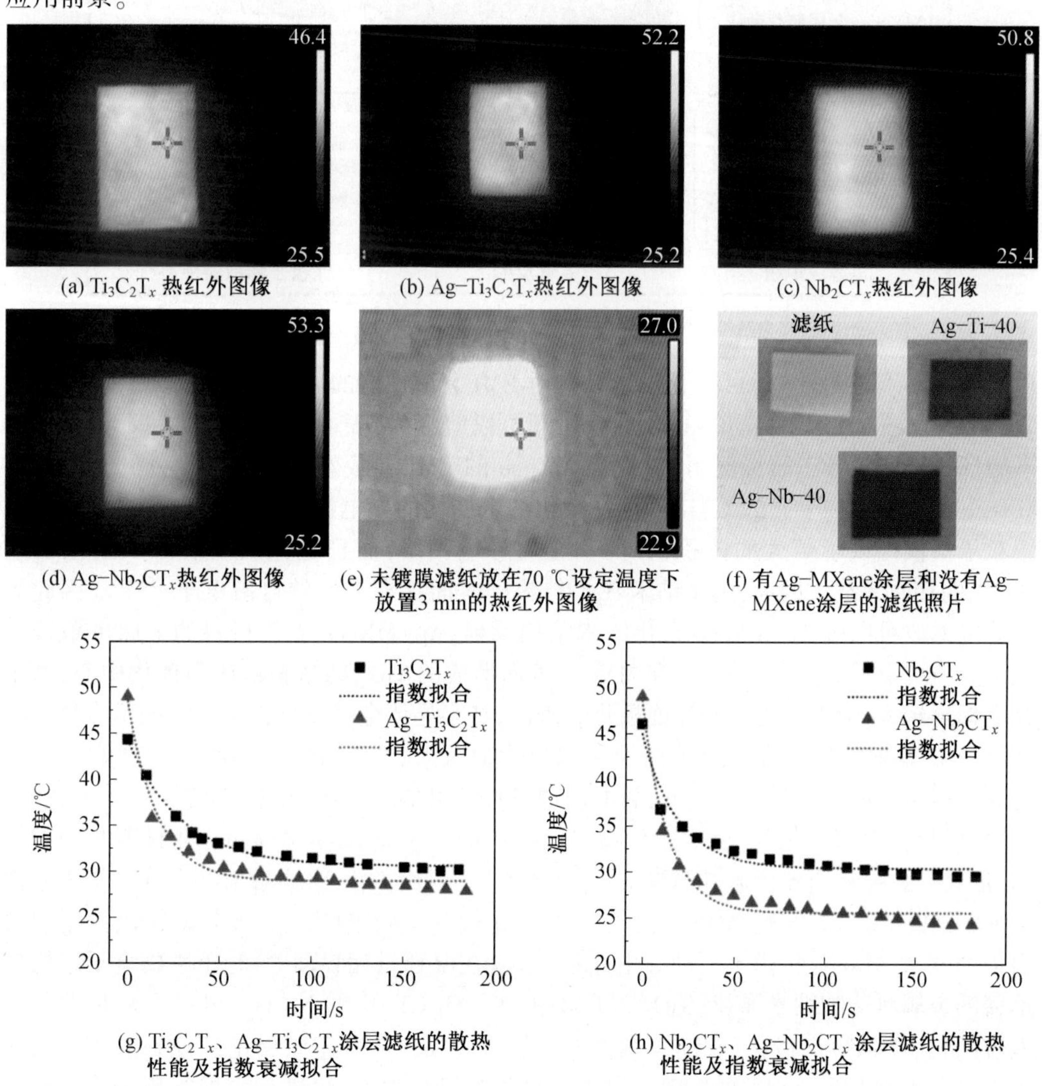

(a) $Ti_3C_2T_x$ 热红外图像　(b) Ag-$Ti_3C_2T_x$ 热红外图像　(c) Nb_2CT_x 热红外图像

(d) Ag-Nb_2CT_x 热红外图像　(e) 未镀膜滤纸放在70 ℃设定温度下放置3 min的热红外图像　(f) 有Ag-MXene涂层和没有Ag-MXene涂层的滤纸照片

(g) $Ti_3C_2T_x$、Ag-$Ti_3C_2T_x$ 涂层滤纸的散热性能及指数衰减拟合　(h) Nb_2CT_x、Ag-Nb_2CT_x 涂层滤纸的散热性能及指数衰减拟合

图 4.53　MXene 热红外图像及其屏蔽效能[155]

基于结构和形态表征，提出了 MXene 杂化纳米结构的电磁干扰屏蔽机理，如图 4.54 所示。金属银 Ag(0) 和半导体氧化物（TiO_2 和 Nb_2O_5）纳米颗粒分布在 MXene 堆叠组

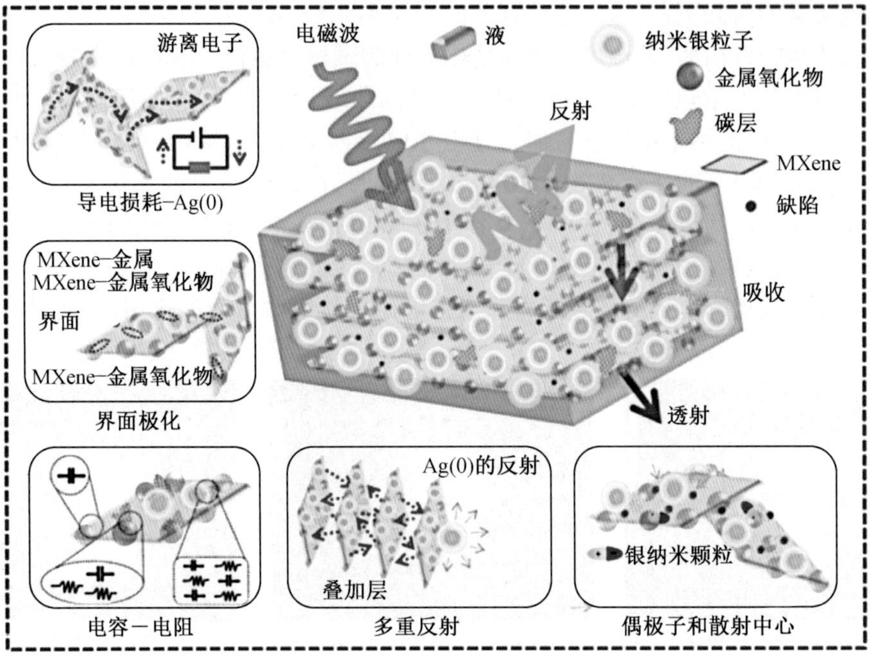

图 4.54 基于 Ag-MXene 杂化三元纳米结构的电磁干扰屏蔽机理[157]

件[57]中,解释了 Ag-MXene 杂化纳米结构对 EMI 衰减性能的显著增强。形成的 Ag-金属氧化物/MXene 三元化合物的 EMI 屏蔽机理可以解释为:表面附着的金属纳米银颗粒在不破坏二维层状形态的情况下,对提高 MXene 的 EMI 屏蔽效果做出了额外的贡献。在 MXene 悬浮液存在下硝酸银自还原后,杂化纳米结构的导电性显著提高。自组装的纳米银粒子不仅提供了更大的体积、界面和金属导电网络,而且还充当了衰减入射电磁能量[154]的接收天线。因此,由于纳米 Ag(0)粒子表面存在大量的自由电子[155-156],因此大部分电磁波可以被 Ag-MXene 杂化纳米结构反射;Ag-MXene 复合材料的电磁屏蔽透射电磁波值可以得到提高。另外,在 MXene 表面形成的 TiO_2 纳米颗粒作为极化中心,由于介电损耗较大,会引起更大的界面极化。因此,纯半导体金属氧化物纳米结构不支持微波区域[55]的辐射吸收。然而,小尺寸金属氧化物纳米颗粒的形成由于其低介电常数可以优化混合组装中的阻抗匹配。此外,表面浸渍过程还可形成金属-金属、金属-金属氧化物、金属氧化物-金属氧化物、金属氧化物-MXene、MXene-MXene、MXene -金属等非均相界面,这会导致强界面极化通过偶极极化、多次反射、界面极化、多次散射和电导率损失来消耗 EM 辐射[60, 157]。同时,MXene 在自还原氧化过程中脱落的碳层与金属氧化物之间有很强的联系,MXene 提供了一种导电路径,可以在混合三元界面[60]上迁移载流子。均匀覆盖的金属氧化物纳米颗粒(TiO_2 来自 $Ti_3C_2T_x$;Nb_2CT_x 中的 Nb_2O_5)可以形成足够的类电容结构,增强界面极化,有助于驱散电磁波[55]。最后,自还原氧化过程后基底 MXene 中大量与表面和空位相关的缺陷、边界、位错作为极化中心,将进一步抑制剩余的入射电子波。同时,MXene 中多层结构的存在,由于导电网络路径的延伸,有利于导电离子的传输。因此,剩余的电磁波将进入最后的核心 MXene 层,反复反射散射[51, 158]。除此之外,未衰减的剩余电磁波在三元杂化纳米结构中产生感应电流,进而产生涡流损耗,电磁波能量以热的形式耗散。因此,在微波以热的形式散失之前[157],微波很难从复合材料中透射出去。基于上述讨论,此类材料对入射微波有显著的清除作用。

总结与展望

通信技术和电子技术的飞速发展,对电磁辐射防护提出了新的迫切要求。被称为MXene的二维过渡金属碳化物和氮化物于2016年进入该领域,并迅速重塑了该领域的应用。本章从电磁屏蔽材料演变、电磁屏蔽机理、MXene优异的特性在电磁屏蔽中的优势、MXene薄膜、MXene/聚合物复合材料和MXene多孔材料在电磁屏蔽的应用等六个方面进行总结。MXene具有高弹性强度、高导电特性、磁性能和稳定性,在电磁屏蔽材料的应用中有优异表现。

要深入理解MXene电磁响应及其与电磁波相互作用,需要进行基于MXene屏蔽的预测建模和计算设计;尽管在特定性能方面已经取得了进步,但人们对MXene在不同频率范围内的电子和介电特性仍然知之甚少。未来的研究应该集中在建立物理模型和系统测量上。在交变电磁场下,二维MXene已经显示出与块状材料的差异,这有助于理解MXene与电磁波的相互作用,将应用场景扩展到千兆赫之外,特别是在更低的频率上。

在过去的十年中,MXene的化学和热稳定性得到了改善,而高质量MXene的可靠性和扩展需要进一步努力才能满足行业期望。要探索更复杂的制造MXene薄膜/涂层及其封装的方法,以确保在可变环境条件下(可能包括高湿度、高温、辐照等)稳定运行。进一步提高MXene薄膜/涂层的附着力、抗拉强度等力学性能也很重要。如将MXene用于超表面设计,可能会在宽频率范围内使用超薄和柔性薄膜进行选择性反射和吸收,MXene对电磁响应的主动控制可能对许多领域产生巨大影响。

参考文献

[1] YUN T Y, KIM H, IQBAL A, et al. Electromagnetic shielding of monolayer MXene assemblies[J]. Advanced Materials, 2020, 32(9): 1906769.

[2] WANG Lei, MA Zhonglei, ZHANG Yali, et al. Polymer-based EMI shielding composites with 3D conductive networks: a mini-review[J]. SusMat, 2021, 1(3): 413-431.

[3] DAS N C, LIU Yayong, YANG Kaikun, et al. Single-walled carbon nanotube/poly(methylmethacrylate) composites for electromagnetic interference shielding [J]. Polymer Engineering & Science, 2009, 49(8): 1627-1634.

[4] AL-SALEH M H, SAADEH W H, SUNDARARAJ U. EM Ishielding effectiveness of carbon based nanostructured polymeric materials: a comparative study[J]. Carbon, 2013, 60: 146-156.

[5] ZHANG Haobin, YAN Qing, ZHENG Wenge, et al. Tough graphene polymer microcellular foams for electromagnetic interference shielding[J]. ACS Applied Materials & Interfaces,

2011, 3(3): 918-924.

[6] GARGAMA H, THAKUR A K, CHATURVEDIOO S K. Polyvinylidene fluoride/nanocrystalline iron composite materials for EMI shielding and absorption applications[J]. Journal of Alloys and Compounds, 2016, 654: 209-215.

[7] SANKARAN S, DESHMUKH K, AHAMED M B, et al. Recent advances in electromagnetic interference shielding properties of metal and carbon filler reinforced flexible polymer composites: a review[J]. Composites Part A-Applied Science and Manufacturing, 2018, 114: 49-71.

[8] SAMBYAL P, IQBAL A, HONG J, et al. Ultralight and mechanically robust $Ti_3C_2T_x$ hybrid aerogel reinforced by carbon nanotubes for electromagnetic interference shielding [J]. Acs Applied Materials & Interfaces, 2019, 11(41): 38046-38054.

[9] NAGUIB M, MASHTALIR O, CARLE J, et al. Two-dimensional transition metal carbides [J]. ACS Nano, 2012, 6(2): 1322-1331.

[10] ANASORI B L, GOGOTSI Y. 2D metal carbides and nitrides(MXenes)for energy storage [J]. Nature Reviews Materials, 2017, 2(2): 16098.

[11] OTT H W. Electromagnetic compatibility engineering[M]. Hobnken: John Wiley & Sons, 2011.

[12] ANASORI B, GOGOSTI Û G. 2D metal carbides and nitrides(MXenes)[M]. Berlin: Springer, 2019.

[13] SCHELKUNOFF S. VAN N, Electromagnetic waves, princeton[J]. NJ, 1943: 51-52.

[14] SCHULZ R B, PLANTZ V, BRUSH D. Shielding theory and practice[J]. IEEE Transactions on Electromagnetic Compatibility, 1988, 30(3): 187-201.

[15] XIE Zhaoxin, CAI Yifan, ZHAN Yanhu, et al. Thermal insulatingrubber foams embedded with segregated carbon nanotube networks for electromagnetic shielding applications[J]. Chemical Engineering Journal, 2022, 435: 135118.

[16] ZHAN Yanhu, CHENG Yu, YAN Ning, et al. Lightweight and self-healing carbon nanotube/acrylic copolymer foams: toward the simultaneous enhancement of electromagnetic interference shielding and thermal insulation[J]. Chemical Engineering Journal, 2021, 417: 129339.

[17] ZHANG Yanhu, HAO Xuehui, WANG Licui, et al. Superhydrophobic and flexible silver nanowire-coated cellulose filter papers with sputter-deposited nickel nanoparticles for ultrahigh electromagnetic interference shielding[J]. ACS Applied Materials & Interfaces, 2021, 13(12): 14623-33.

[18] HAN Meikang, YIN Xiaowei, HANTANASIRISAKUL K, et al. Anisotropic MXene aerogels with a mechanically tunable ratio of electromagnetic wave reflection to absorption [J]. Advanced Optical Materials, 2019, 7(10): 1900267.

[19] LEE S H, YUShu, SHAHZAD F, et al. Density-tunable lightweight polymer composites

with dual-functional ability of efficient EMI shielding and heat dissipation [J]. Nanoscale, 2017, 9(36): 13432-13440.

[20] KURTOGLU M, NAGUIB M, GOGOTSI Y, et al. First principles study of two-dimensional early transition metal carbides [J]. MRS Communications, 2012, 2(4): 133-137.

[21] HU Chunfeng, LI Fangzhi, HE Lingfeng, et al. In situ reaction synthesis, electrical and thermal, and mechanical properties of Nb_4AlC_3 [J]. Journal of the American Ceramic Society, 2008, 91(7): 2258-2263.

[22] ZHA Xianhu, LUO Kan, LI Qiuwu, et al. Role of the surface effect on the structural, electronic and mechanical properties of the carbide MXenes [J]. Europhysics Letters, 2015, 111(2): 26007.

[23] GUO Zhonglu, ZHOU Jian, SI Chen, et al. Flexible two-dimensional $Ti_{n+1}C_n$ ($n=1$, 2 and 3) and their functionalized MXenes predicted by density functional theories [J]. Physical Chemistry Chemical Physics, 2015, 17(23): 15348-15354.

[24] YORULMAZ U, ÖZDEN A, PERKGÖZ N K, et al. Vibrational and mechanical properties of single layer MXene structures: a first-principles investigation [J]. Nanotechnology, 2016, 27(33): 335702.

[25] BORYSIUK V N, MOCHALIN V N, GOGOTSI Y. Molecular dynamic study of the mechanical properties of two-dimensional titanium carbides $Ti_{n+1}C_n$ (MXenes) [J]. Nanotechnology, 2015, 26(26): 265705.

[26] MASHTALIR O, NAGUIB M, DYATKIN B, et al. Kinetics of aluminum extraction from Ti_3AlC_2 in hydrofluoric acid [J]. Materials Chemistry and Physics, 2013, 139(1): 147-152.

[27] LI Zhengyang, WANG Libo, SUN Dandan, et al. Synthesis and thermal stability of two-dimensional carbide MXene Ti_3C_2 [J]. Materials Science and Engineering: B, 2015, 191: 33-40.

[28] LIPATOV A, GOAD A, LOES M J, et al. High electrical conductivity and breakdown current density of individual monolayer $Ti_3C_2T_x$ MXene flakes[J]. Matter, 2021, 4(4): 1413-1427.

[29] SHEKHIREV M, BUSA J, SHUCK C E, et al. Ultralarge flakes of $Ti_3C_2T_x$ MXene via soft delamination[J]. ACS Nano, 2022, 16(9): 13695-13703.

[30] MATHIS T S, MALESKI K, GOAD A, et al. Modified MAX phase synthesis for environmentally stable and highly conductive Ti_3C_2 MXene [J]. ACS Nano, 2021, 15(4): 6420-6429.

[31] SHUCK C E, HAN Meikang, MALESKI K, et al. Effect of Ti_3AlC_2 MAX phase on structure and properties of resultant $Ti_3C_2T_x$ MXene [J]. ACS Applied Nano Materials, 2019, 2(6): 3368-3376.

[32] MATTHEWS K, ZHANG Teng, SHUCK C E, et al. Guidelines for synthesis and processing of chemically stable two-dimensional V_2CT_x MXene [J]. Chemistry of Materials, 2022, 34(2): 499-509.

[33] HART J L, HANTANASIRISAKUL K, LANG A C, et al. Control of Mxenes' electronic properties through termination and intercalation[J]. Nature Communications, 2019, 10 (1): 522.

[34] NAGUIB M, KURTOGLU M, PRESSER V, et al. Two-dimensional nanocrystals produced by exfoliation of Ti_3AlC_2 [J]. Advanced Materials, 2011, 23 (37): 4248-4253.

[35] KHZZAEI M, ARAI M, SASAKI T, et al. Novel electronic and magnetic properties of two-dimensional transition metal carbides and nitrides [J]. Advanced Functional Materials, 2013, 23(17): 2185-2192.

[36] NAN Jianxiao, GUO Xin, XIAO Jun, et al. Nanoengineering of 2D MXene-based materials for energy storage applications[J]. Small, 2021, 17(9): 1902085.

[37] SHENI I R, IVANOVSKII A L. Graphene-like titanium carbides and nitrides $Ti_{n+1}C_n$, $Ti_{n+1}N_n$ ($n=1$, 2, and 3) from de-intercalated MAX phases: first-principles probing of their structural, electronic properties and relative stability[J]. Computational Materials Science, 2012, 65: 104-114.

[38] SHAHZAD F, ALHABEB M, HATTER C B, et al. Electromagnetic interference shielding with 2D transition metal carbides (MXenes) [J]. Science, 2016, 353 (6304): 1137-1140.

[39] LING Zheng, REN Changei, ZHAO Mengqiang, et al. Flexible and conductive MXene films and nanocomposites with high capacitance [J]. Proceedings of the National Academy of Sciences, 2014, 111(47): 16676-16681.

[40] LEE S, KIM E H, YU Shu, et al. Polymer-Laminated $Ti_3C_2T_x$ MXene electrodes for transparent and flexible field-driven electronics [J]. ACS Nano, 2021, 15 (5): 8940-8952.

[41] ZHOU Zehang, SONG Quancheng, HUANG Bingxue, et al. Facile fabrication of densely packed Ti_3C_2MXene nanocellulose composite films for enhancing electromagnetic interference shielding and electro-photothermal performance[J]. ACS Nano, 2021, 15 (7): 12405-12417.

[42] WENG Guoming, LI Jinyang, ALHABEB M, et al. Layer-by-layer assembly of cross-functional semi-transparent MXene-carbon nanotubes composite films for next-generation electromagnetic interference shielding[J]. Advanced Functional Materials, 2018, 28 (44): 1803360.

[43] LUKATSKAYA M R, KOTA S, LIN Zifeng, et al. Ultra-high-rate pseudocapacitive energy storage in two-dimensional transition metal carbides[J]. Nature Energy, 2017, 2

(8): 17105.

[44] XU Bingzhe, ZHU Minshen, ZHANG Wencong, et al. Ultrathin MXene-micropattern-based field-effect transistor for probing neural activity[J]. Advanced Materials, 2016, 28(17): 3333-3339.

[45] WANG Hongbing, WU Yuping, ZHANG Jianfeng, et al. Enhancement of the electrical properties of MXene Ti_3C_2 nanosheets by post-treatments of alkalization and calcination [J]. Materials Letters, 2015, 160: 537-540.

[46] SANG Xiahan, XIE Yu, LIN Mingwei, et al. Atomic defects in monolayer titanium carbide($Ti_3C_2T_x$) MXene[J]. ACS Nano, 2016, 10(10): 9193-9200.

[47] LIPATOV A, ALHABEB M, LUKATSKAYA M R, et al. Effect of synthesis on quality, electronic properties and environmental stability of individual monolayer Ti_3C_2 MXene flakes[J]. Advanced Electronic Materials, 2016, 2(12): 1600255.

[48] GHIDIN M, NAGUIB M, SHI Ci, et al. Synthesis and characterization of two-dimensional Nb_4C_3(MXene)[J]. Chemical Communications, 2014, 50(67): 9517-9520.

[49] MIRKHANI S A, SHAYESTEH Z A, ALIABADIAN E, et al. High dielectric constant and low dielectric loss via poly(vinyl alcohol)/$Ti_3C_2T_x$ MXene nanocomposites[J]. ACS Applied Materials & Interfaces, 2019, 11(20): 18599-18608.

[50] HAN Meikang, YIN Xiaowei, WU Heng, et al. Ti_3C_2MXenes with modified surface for high-performance electromagnetic absorption and shielding in the X-band [J]. ACS Applied Materials & Interfaces, 2016, 8(32): 21011-21019.

[51] HE Peng, CAO Maosheng, SHU Jincheng, et al. Atomic layer tailoring titanium carbide MXene to tune transport and polarization for utilization of electromagnetic energy beyond solar and chemical energy[J]. ACS Applied Materials & Interfaces, 2019, 11(13): 12535-12543.

[52] TU Shaobo, JIANG Qiu, ZHANG Xixiang, et al. Large Dielectric constant enhancement in MXene percolative polymer composites[J]. ACS Nano, 2018, 12(4): 3369-3377.

[53] LUO Heng, FENG Wanlin, LIAO Congwei, et al. Peaked dielectric responses in Ti_3C_2 MXene nanosheets enabled composites with efficient microwave absorption[J]. Journal of Applied Physics, 2018, 123(10): 104103.

[54] TONG Yuan, HE Man, ZHOU Yuming, et al. Electromagneticwave absorption properties in the centimetre-band of $Ti_3C_2T_x$ MXenes with diverse etching time[J]. Journal of Materials Science: Materials in Electronics, 2018, 29(10): 8078-8088.

[55] LI Xinliang, YIN Xiaowei, HAN Meikang, et al. A controllable heterogeneous structure and electromagnetic wave absorption properties of Ti_2CT_x MXene[J]. Journal of Materials Chemistry C, 2017, 5(30): 7621-7628.

[56] LI Xinliang, YIN Xiaowei, HAN Meikang, et al. Ti_3C_2 MXenes modified with in situ grown carbon nanotubes for enhanced electromagnetic wave absorption properties[J].

Journal of Materials Chemistry C, 2017, 5(16): 4068-4074.
[57] QIAN Yue, WEI Huawei, DONG Jidong, et al. Fabrication of urchin-like ZnO-MXene nanocomposites for high-performance electromagnetic absorption [J]. Ceramics International, 2017, 43(14): 10757-10762.
[58] LI Mian, HAN Meikang, ZHOU Jie, et al. Novel scale-like structures of graphite/TiC/Ti_3C_2 hybrids for electromagnetic absorption[J]. Advanced Electronic Materials, 2018, 4(5): 1700617.
[59] QING Yuchang, NAN Hanyi, LUO Fa, et al. Nitrogen-doped graphene and titanium carbide nanosheet synergistically reinforced epoxy composites as high-performance microwave absorbers[J]. RSC Advances, 2017, 7(44): 27755-27761.
[60] LI Youbing, ZHOU Xiaobing, WANG Jing, et al. Facile preparation of in situ coated $Ti_3C_2T_x/Ni_{0.5}Zn_{0.5}Fe_2O_4$ composites and their electromagnetic performance [J]. RSC Advances, 2017, 7(40): 24698-24708.
[61] ANASORI B, XIE Yu, BEIDAGHI M, et al. Two-dimensional, ordered, double transition metals carbides(MXenes)[J]. ACS Nano, 2015, 9(10): 9507-9516.
[62] LU Jing. , THORE A, MESHKIAN R, et al. Theoretical and experimental exploration of a novel in-plane chemically ordered $(Cr_{2/3}M_{1/3})_2AlC$ i-MAX phase with M = Sc and Y [J]. Crystal Growth & Design, 2017, 17(11): 5704-5711.
[63] XIE Yu, KENT P R C. Hybrid density functional study of structural and electronic properties of functionalized $Ti_{n+1}X_n$(X=C, N) monolayers[J]. Physical Review B, 2013, 87(23): 235441.
[64] KHAZAEI M, MISHRA A, VENKATARAMANAN N S, et al. Recent advances in MXenes: from fundamentals to applications [J]. Current Opinion in Solid State and Materials Science, 2019, 23(3): 164-178.
[65] GAO Guoying, DING Guangqian, LI Jie, et al. Monolayer MXenes: promising half-metals and spin gapless semiconductors[J]. Nanoscale, 2016, 8(16): 8986-8994.
[66] WANG Guo. Theoretical prediction of the Intrinsic half-metallicity in surface-oxygen-passivated Cr_2N MXene[J]. The Journal of Physical Chemistry C, 2016, 120(33): 18850-18857.
[67] SI Chen, ZHOU Jian, SUN Zhimei. Half-metallic ferromagnetism and surface functionalization-induced metal-insulator transition in graphene-like two-dimensional Cr2C crystals[J]. ACS Applied Materials & Interfaces, 2015, 7(31): 17510-17515.
[68] HU Lin, WU Xiaojun, YANG Jinlong. Mn_2C monolayer: a 2D antiferromagnetic metal with high néel temperature and large spin-orbit coupling[J]. Nanoscale, 2016, 8(26): 12939-12945.
[69] LI Hongyan, HOU Yang, WANG Faxing, et al. Flexible all-solid-state supercapacitors with high volumetric capacitances boosted by solution processable MXene and

electrochemically exfoliated graphene [J]. Advanced Energy Materials, 2017, 7 (4): 1601847.

[70] LU Yang, YAO Meihuan, ZHOU Aiguo, et al. Preparation and photocatalytic performance of $Ti_3C_2/TiO_2/CuO$ ternary nanocomposites[J]. Journal of Nanomaterials, 2017, 2017: 1978764.

[71] ZHANG Chuanfang, PINILLA S, MCEVOY N. et al. Oxidation stability of colloidal two-dimensional titanium carbides (MXenes) [J]. Chemistry of Materials, 2017, 29 (11): 4848-4856.

[72] LEE Yonghee, KIM S J, KIM Y J, et al. Oxidation-resistant titanium carbide MXene films[J]. Journal of Materials Chemistry A, 2020, 8(2): 573-581.

[73] ZHAO Xiaofei, VASHISTH A, PREHN E, et al. Antioxidants unlock shelf-stable $Ti_3C_2T_x$ (MXene) nanosheet dispersions[J]. Matter, 2019, 1(2): 513-526.

[74] WU Chienwei, UNNIKRISHNAN B, CHEN I W, et al. Excellent oxidation resistive MXene aqueous ink for micro-supercapacitor application[J]. Energy Storage Materials, 2020, 25: 563-571.

[75] NATU V, HART J L, SOKOL M, et al. Edge capping of 2D-MXene sheets with polyanionic salts to mitigate oxidation in aqueous colloidal suspensions[J]. Angewandte Chemie International Edition, 2019, 58(36): 12655-12660.

[76] JI Jingjing, ZHAO Lufang, SHEN Yanfei, et al. Covalent stabilization and functionalization of MXene via silylation reactions with improved surface properties[J]. FlatChem, 2019, 17: 100128.

[77] GUO Jing, LEGUM B, ANASORI B, et al. Cold sintered ceramic nanocomposites of 2D MXene and zinc oxide[J]. Advanced Materials, 2018, 30(32): 1801846.

[78] ZHAO Mengqiang, XIE Xiuqiang, REN Chang, et al. Hollow MXene spheres and 3D macroporous MXene frameworks for Na-ion storage[J]. Advanced materials, 2017, 29 (37): 1702410.

[79] LIU Ji, ZHANG Haobin, SUN Renhui, et al. Hydrophobic, flexible, and lightweight MXene foams for high-performance electromagnetic-interference shielding[J]. Advanced Materials, 2017, 29(38): 1702367.

[80] MALESKI K, MOCHALIN V N, GOGOTSI Y. Dispersions of two-dimensional titanium carbide MXene in organic solvents [J]. Chemistry of Materials, 2017, 29 (4): 1632-1640.

[81] LI Zhenyu, WANG Zeyu, LU Weixin, et al. Theoretical study of electromagnetic interference shielding of 2D MXenes films[J]. Metals, 2018, 8(8): 652.

[82] YUN Taeyeong, KIM H, IQBAL A, et al. Electromagnetic shielding of monolayer MXene assemblies[J]. Advanced Materials, 2020, 32(9): 1906769.

[83] SIMON R M. EMI shielding through conductive plastics[J]. Polymer-Plastics Technology

and Engineering, 1981, 17(1): 1-10.

[84] MOORE R. Electromagnetic composites handbook: models, measurement, and characterization [M]. Beijing: McGraw-Hill Education, 2016.

[85] BORN M, WOLF E. Principles of optics: electromagnetic theory of propagation, interference and diffraction of light[M]. Amsterdam: Elsevier, 2013.

[86] KATSIDIS C C, SIAPKAS D I. General transfer-matrix method for optical multilayer systems with coherent, partially coherent, and incoherent interference [J]. Applied optics, 2002, 41(19): 3978-3987.

[87] HE Peng, WANG Xixi, CAI Yongzhu, et al. Tailoring $Ti_3C_2T_x$ nanosheets to tune local conductive network as an environmentally friendly material for highly efficient electromagnetic interference shielding[J]. Nanoscale, 2019, 11(13): 6080-6088.

[88] LI Xinliang, YIN Xiaowei, LIANG Shuang, et al. 2D carbide MXene Ti_2CTX as a novel high-performance electromagnetic interference shielding material [J]. Carbon, 2019, 146: 210-217.

[89] FOWLES G R. Optical spectra in: introduction to modern optics. holtz, rinehart, winston eds[Z]. New York:Courier Dover Publications,1989.

[90] CAO Wentao, CHEN Feifei, ZHU Yingjie, et al. Binary strengthening and toughening of MXene/cellulose nanofiber composite paper with nacre-inspired structure and superior electromagnetic interference shielding properties[J]. ACS Nano, 2018, 12(5): 4583-4593.

[91] CAO Wentao, MA Chang, TAN Shuo, et al. Ultrathin and flexible CNTs/MXene/Cellulose nanofibrils composite paper for electromagnetic interference shielding [J]. Nano-Micro Letters, 2019, 11(1): 72.

[92] HE Peng, CAO Maosheng, CAI Yongzhu, et al. Self-assembling flexible 2D carbide MXene film with tunable integrated electron migration and group relaxation toward energy storage and green EMI shielding[J]. Carbon, 2020, 157: 80-89.

[93] XIANG Cheng, GUO Ronghui, LIN Shaojian, et al. Lightweight and ultrathin TiO_2-$Ti_3C_2T_x$/graphene film with electromagnetic interference shielding [J]. Chemical Engineering Journal, 2019, 360: 1158-1166.

[94] RAAGULAN K, BRAVEENTH R, JANG H J, et al. Electromagnetic shielding by MXene-graphene-PVDF composite with hydrophobic, lightweight and flexible graphene coated Fabric[J]. Materials, 2018, 11(10):23-32.

[95] WANG Shijun, LI Diansen, JIANG Lei. Synergistic effects between MXenes and Ni chains in flexible and ultrathin electromagnetic interference shielding films[J]. Advanced Materials Interfaces, 2019, 6(19): 1900961.

[96] LIANG Luyang, HAN Gaojie, LI Yang, et al. Promising $Ti_3C_2T_x$ MXene/Ni chain hybrid with excellent electromagnetic wave absorption and shielding capacity[J]. ACS Applied

Materials & Interfaces, 2019, 11(28): 25399-25409.

[97] JO J W, JUNG J W, LEE J U, et al. Fabrication of highly conductive and transparent thin films from single-walled carbon nanotubes using a new non-ionic surfactant via spin coating[J]. ACS NANO, 2010,4(9): 5382-5388.

[98] CAREY T, JONES C, LE M F, et al. Spray-coating thin films on three-dimensional surfaces for a semitransparent capacitive-touch device[J]. Acs Applied Materials & Interfaces, 2018, 10(23): 19948-19956.

[99] SUNDARAM H S, HAN Xia, NOWINSKI A K, et al. One-step dip coating of zwitterionic sulfobetaine polymers on hydrophobic and hydrophilic surfaces[J]. Acs Applied Materials & Interfaces, 2014, 6(9): 6664-6671.

[100] MEITL M A, ZHOU Yangxin, GAUR A, et al. Solution casting and transfer printing single-walled carbon nanotube films[J]. Nano Letters, 2004, 4(9): 1643-1647.

[101] YUN Taeyeong, KIM J S, SHIM J, et al. Ultrafast interfacial self-assembly of 2D transition metal dichalcogenides monolayer films and their vertical and in-plane heterostructures[J]. Acs Applied Materials & Interfaces, 2017, 9(1): 1021-1028.

[102] JIN Xiuxiu, WANG Jianfeng, DAI Lunzhi, et al. Flame-retardant poly(vinyl alcohol)/MXene multilayered films with outstanding electromagnetic interference shielding and thermal conductive performances [J]. Chemical Engineering Journal, 2020, 380: 122475.

[103] LIU Liuxin, CHEN Wei, ZHANG Haobin, et al. Flexible and multifunctional silk textiles with biomimetic leaf-like MXene/silver nanowire nanostructures for electromagnetic interference shielding, humidity monitoring, and self-derived hydrophobicity[J]. Advanced Functional Materials, 2019, 29(44): 1905197.

[104] WANG Qiwei, Zhang Haobin, Liu Ji, et al. Multifunctional and water-resistant MXene-decorated polyester textiles with outstanding electromagnetic interference shielding and joule heating performances [J]. Advanced Functional Materials, 2019, 29(7): 1806819.

[105] VURAL M, PENA F A, BARS P J, et al. Inkjet printing of self-assembled 2D titanium carbide and protein electrodes for stimuli-responsive electromagnetic shielding[J]. Advanced Functional Materials, 2018, 28(32):115-126.

[106] RAMIREZ H C A, GONZALES H, DE L T F, et al. electrical properties and electromagnetic interference shielding effectiveness of interlayered systems composed by carbon nanotube filled carbon nanofiber mats and polymer composites [J]. Nanomaterials, 2019, 9(2):1206.

[107] HAN Meikang, SHUCK C E, RAKHMANOV R, et al. Beyond $Ti_3C_2T_x$: MXenes for electromagnetic interference shielding[J]. ACS Nano, 2020, 14(4): 5008-5016.

[108] IQBAL A, SHAHZAD F, HANTANASIRISAKUL K, et al. Anomalous absorption of e-

lectromagnetic waves by 2D transition metal carbonitride Ti_3CNT_x (MXene) [J]. Science, 2020, 369(6502): 446-450.

[109] RAJAVEL K, YU Xuecheng, ZHU Pengli, et al. Exfoliation and defect control of two-dimensional few-layer MXene $Ti_3C_2T_x$ for electromagnetic interference shielding coatings [J]. ACS Applied Materials & Interfaces, 2020, 12(44): 49737-49747.

[110] LU Xiao, ZHU Jianfeng, WU Wenling, et al. Hierarchical architecture of PANI@ TiO2/$Ti_3C_2T_x$ ternary composite electrode for enhanced electrochemical performance [J]. Electrochimica Acta, 2017, 228: 282-289.

[111] KUMAR S, ART I, KUMAR P, et al. Steady microwave absorption behavior of two-dimensional metal carbide MXene and polyaniline composite in X-band[J]. Journal of Magnetism and Magnetic Materials, 2019, 488: 165364.

[112] ZHANG Yali, WANG Lei, ZHANG Junliang, et al. Fabrication and investigation on the ultra-thin and flexible $Ti_3C_2T_x$/co-doped polyaniline electromagnetic interference shielding composite films[J]. Composites Science and Technology, 2019, 183: 107833.

[113] WANG Zhen, CHENG Zhi, XIE Li, et al. Flexible and lightweight $Ti_3C_2T_x$ MXene/ Fe_3O_4 @ PANI composite films for high-performance electromagnetic interference shielding[J]. Ceramics International, 2021, 47(4): 5747-5757.

[114] YIN Guang, WANG Yu, WANG Wei, et al. Multilayer structured PANI/MXene/CF fabric for electromagnetic interference shielding constructed by layer-by-layer strategy [J]. Colloids and Surfaces A: Physicochemical and Engineering Aspects, 2020, 601: 125047.

[115] WANG Yanting, LI Tingting, SHI Bingchi, et al. MXene-decorated nanofiber film based on layer-by-layer assembly strategy for high-performance electromagnetic interference shielding[J]. Applied Surface Science, 2022, 574: 151552.

[116] MIAO Zhen, CHEN Xiaohong, ZHOU Honglei, et al. Interfacing MXene flakes on a magnetic fiber network as a stretchable, flexible, electromagnetic shielding fabric[J] 2022, 12(1):20.

[117] WANG Yanting, PENG Haokai, LI Tingting, et al. MXene-coated conductive composite film with ultrathin, flexible, self-cleaning for high-performance electromagnetic interference shielding[J]. Chemical Engineering Journal, 2021, 412: 128681.

[118] PU Lei, LIU Yongpeng, LI Le, et al. Polyimide nanofiber-reinforced $Ti_3C_2T_x$ aerogel with "lamella-pillar" microporosity for high-performance piezoresistive strain sensing and electromagnetic wave absorption[J]. ACS Applied Materials & Interfaces, 2021, 13(39): 47134-47146.

[119] LAGRANGE M, SANNICOLO T, MUNOZ R D, et al. Understanding the mechanisms leading to failure in metallic nanowire-based transparent heaters, and solution for stability enhancement[J]. Nanotechnology, 2017, 28: 055709.

[120] DU Ziran, CHEN Kang, ZHANG Yuxiang, et al. Engineering multilayered MXene/electrospun poly (lactic acid) membrane with increscent electromagnetic interference (EMI) shielding for integrated Joule heating and energy generating [J]. Composites Communications, 2021, 26: 100770.

[121] CUI Ce, XIANG Cheng, GENG Liang, et al. Flexible and ultrathin electrospun regenerate cellulose nanofibers and d-$Ti_3C_2T_x$ (MXene) composite film for electromagnetic interference shielding [J]. Journal of Alloys and Compounds, 2019, 788: 1246-1255.

[122] ZHANG Yali, MA Zhonglei, RUAN K, et al. Multifunctional $Ti_3C_2T_x$ (Fe_3O_4/polyimide) composite films with Janus structure for outstanding electromagnetic interference shielding and superior visual thermal management [J]. Nano Research, 2022, 15(6): 5601-5609.

[123] LIU Lixia, GUO Rui, GAO Jie, et al. Mechanically and environmentally robust composite nanofibers with embedded MXene for wearable shielding of electromagnetic wave[J]. Composites Communications, 2022, 30: 101094.

[124] ZOU Qi, SHI Chaofan, LIU Bo, et al. Enhanced terahertz shielding by adding rare Ag nanoparticles to $Ti_3C_2T_x$ MXene fiber membranes [J]. Nanotechnology, 2021, 32 (41): 415204.

[125] ZHANG Yali, Ruan K, GU Junwei. Flexible Sandwich-structured electromagnetic interference shielding nanocomposite films with excellent thermal conductivities [J]. Small, 2021, 17(42): 2101951.

[126] ZHANG Shan, WU Juntao, LIU Jingang, et al. $Ti_3C_2T_x$ MXene nanosheets sandwiched between Ag nanowire-polyimide fiber mats for electromagnetic interference shielding [J]. ACS Applied Nano Materials, 2021, 4(12): 13976-13985.

[127] DONG Jingwen, LUO Shilu, NING S, et al. MXene-coated wrinkled fabrics for stretchable and multifunctional electromagnetic interference shielding and electro/photo-thermal conversionapplications [J]. ACS Applied Materials & Interfaces, 2021, 13 (50): 60478-60488.

[128] YANG Mei, YANG Zijie, LV Chao, et al. Electrospun bifunctional MXene-based electronic skins with high performance electromagnetic shielding and pressure sensing [J]. Composites Science and Technology, 2022, 221: 109313.

[129] YUAN Wenjing, YANG Jinzheng, YIN Fuxing, et al. Flexible and stretchable MXene/Polyurethane fabrics with delicate wrinkle structure design for effective electromagnetic interference shielding at a dynamic stretching process[J]. Composites Communications, 2020, 19: 90-98.

[130] ZHANG Yurui, WANG Bingchang, GAO Shilong, et al. Electrospun MXene nanosheet/polymer composites for electromagnetic shielding and microwave absorption: a review

[J]. ACS Applied Nano Materials, 2022, 5(9): 12320-12342.

[131] HAN Xiaoshuai, YIN Yihui, ZHANG Qinqin, et al. Improved wood properties via two-step grafting with itaconic acid(IA) and nano-SiO2[J]. 2018, 72(6): 499-506.

[132] WANG Xixi, SHU Jincheng, CAO Wenqiang, et al. Eco-mimetic nanoarchitecture for green EMI shielding[J]. Chemical Engineering Journal, 2019, 369: 1068-1077.

[133] LIU Ji, ZHANG Haobin, SUN Renhui, et al. Hydrophobic, flexible, and lightweight MXene foams for high-performance electromagnetic-interference shielding[J]. Advanced Materials, 2017, 29(38): 1702367.

[134] CAO Maosheng, SONG Weili, HOU Zhiling, et al. The effects of temperature and frequency on the dielectric properties, electromagnetic interference shielding and microwave-absorption of short carbon fiber/silica composites[J]. Carbon, 2010, 48(3): 788-796.

[135] WANG Zhenxing, HAN Xiaoshuai, WANG Sijie, et al. MXene/wood-based composite materials with electromagnetic shielding properties[J]. Holzforschung, 2021, 75(5): 494-499.

[136] IQBAL A, SAMBYAL P, KOO C M. 2D MXenes for electromagnetic shielding: a review[J]. Advanced Functional Materials, 2020, 30(47): 2000883.

[137] WENG Chuanxin, WANG Guorui, DAI Zhaohe, et al. Buckled AgNW/MXene hybrid hierarchical sponges for high-performance electromagnetic interference shielding[J]. Nanoscale, 2019, 11(47): 22804-22812.

[138] WU Xinyu, HAN Bingyong, ZHANG Haobin, et al. Compressible, durable and conductive polydimethylsiloxane-coated MXene foams for high-performance electromagnetic interference shielding[J]. Chemical Engineering Journal, 2020, 381: 122622.

[139] WANG Lei, QIU Hua, SONG Ping, et al. 3D $Ti_3C_2T_x$ MXene/C hybrid foam/epoxy nanocomposites with superior electromagnetic interference shielding performances and robust mechanical properties[J]. Composites Part A: Applied Science and Manufacturing, 2019, 123: 293-300.

[140] XU Hailong, YIN Xiaowei, LI Xinliang, et al. Lightweight Ti_2CT_x MXene/poly(vinyl alcohol) composite foams for electromagnetic wave shielding with absorption-dominated feature[J]. ACS Applied Materials & Interfaces, 2019, 11(10): 10198-10207.

[141] LI Xinghua, LI Xiaofeng, LIAO Kaining, et al. Thermally annealed anisotropic graphene aerogels and their electrically conductive epoxy composites with excellent electromagnetic interference shielding efficiencies[J]. ACS Applied Materials & Interfaces, 2016, 8(48): 33230-33239.

[142] WAN Sijie, LI Xiang, CHEN Ying, et al. High-strength scalable MXene films through bridging-induced densification[J]. Science, 2021, 374(6563): 96-99.

[143] LI Siming, LI Ruiqing, González O G, et al. Highly sensitive and flexible piezoresistive

sensor based on c-MWCNTs decorated TPU electrospun fibrous network for human motion detection[J]. Composites Science and Technology, 2021, 203: 108617.

[144] QI Fengqi, WANG Lei, ZHANG Yali, et al. Robust $Ti_3C_2T_x$ MXene/starch derived carbon foam composites for superior EMI shielding and thermal insulation[J]. Materials Today Physics, 2021, 21: 100512.

[145] LIU Houbao, HUANG Zeya, CHEN Tian, et al. Construction of 3D MXene/silver nanowires aerogels reinforced polymer composites for extraordinary electromagnetic interference shielding and thermal conductivity[J]. Chemical Engineering Journal, 2022, 427: 131540.

[146] WAN Yanjun, ZHU Pengli, YU Shuhui, et al. Anticorrosive, ultralight, and flexible carbon-wrapped metallic nanowire hybrid sponges for highly efficient electromagnetic interference shielding[J]. Small, 2018, 14(27): 1800534.

[147] LIU Yalong, YE Lin, ZHAO Xiaowen. Reactive toughening of intrinsic flame retardant urea-formaldehyde foam with polyether amine: structure and elastic deformation mechanism[J]. Composites Part B: Engineering, 2019, 176: 107264.

[148] DU Qinrui, MEN Qiaoqiao, LI Ruosong, et al. Electrostatic adsorption enables layer stacking thickness-dependent hollow $Ti_3C_2T_x$ MXene bowls for superior electromagnetic wave absorption[J]. Small, 2022, 18(47): 2203609.

[149] LI Zhaoyang, SUN Yu, ZHOU Bing, et al. Flexible thermoplastic polyurethane/MXene foams for compressible electromagnetic interference shielding[J]. Materials Today Physics, 2023, 32:11-17.

[150] BIAN Renji, HE Gaoling, ZHI Weiqiang, et al. Ultralight MXene-based aerogels with high electromagnetic interference shielding performance[J]. Journal of Materials Chemistry C, 2019, 7(3): 474-478.

[151] SAMBYAL P, IQBAL A, HONG J, et al. Ultralight and Mechanically robust $Ti_3C_2T_x$ hybrid aerogel reinforced by carbon nanotubes for electromagnetic interference shielding [J]. ACS Applied Materials & Interfaces, 2019, 11(41): 38046-38054.

[152] ZHAO Sai, ZHANG Haobin, LUO Jiaqi, et al. Highly Electrically conductive three-dimensional $Ti_3C_2T_x$ MXene/reduced graphene oxide hybrid aerogels with excellent electromagnetic interference shielding performances[J]. ACS Nano, 2018, 12(11): 11193-11202.

[153] JIANG Dawei, MURUGADOSS V, WANG Ying, et al. Electromagnetic interference shielding polymers and nanocomposites–a review[J]. Polymer Reviews, 2019, 59(2): 280-337.

[154] LIU Chuanyun, KANG Zhixin. Facile fabrication of conductive silver films on carbon fiber fabrics via two components spray deposition technique for electromagnetic interference shielding[J]. Applied Surface Science, 2019, 487: 1245-1252.

[155] KELLY K L, CORONADO E, Zhao Linlin, et al. The optical properties of metal nanoparticles: the influence of size, shape, and dielectric environment[J]. The Journal of Physical Chemistry B, 2003, 107(3): 668-677.

[156] JI He, ZHAO Rui, ZHANG Nan, et al. Lightweight and flexible electrospun polymer nanofiber/metal nanoparticle hybrid membrane for high-performance electromagnetic interference shielding[J]. NPG Asia Materials, 2018, 10(8): 749-760.

[157] RAJAVEL K, LUO Suibin, WAN Yanjun, et al. 2D $Ti_3C_2T_x$ MXene/polyvinylidene fluoride (PVDF) nanocomposites for attenuation of electromagnetic radiation with excellent heat dissipation[J]. Composites Part A: Applied Science and Manufacturing, 2020, 129: 105693.

[158] DAI Binzhou, ZHAO Biao, XieXi, et al. Novel two-dimensional $Ti_3C_2T_x$ MXenes/nano-carbon sphere hybrids for high-performance microwave absorption [J]. Journal of Materials Chemistry C, 2018, 6(21): 5690-5697.

第5章　MXene 在催化领域的应用

随着工业化和制造业的迅猛发展，传统化石燃料（煤、石油、天然气）被大量消耗，全球正面临着日益严峻的能源危机、环境污染和气候变化等问题。世界各国都在积极改变能源结构，大力发展可再生绿色能源以减少对化石能源的依赖，这对于实现经济与环境的可持续发展具有重要的战略意义。

光催化技术（photocatalysis）能够直接将太阳能转化为化学能，是一种在能源和环境领域中具有着重要应用价值的绿色技术[1-3]。光催化技术具有以下优势：①反应温和，不需要高温高压等苛刻条件；②催化效率较高；③不产生副产物，无后续副产物处理问题；④运行成本低，操作简单，因此近年来受到研究者的广泛关注。光催化分解水制取氢能便是其中一例。氢能是一种高效、清洁的新能源，燃烧值高达 142.4 kJ/kg，远超化石燃料，可广泛用于氢能发电、氢动力汽车和氢燃料电池等，被誉为是 21 世纪的“终极能源”[4-5]。光催化技术同样可以应用于二氧化碳还原，将二氧化碳转化为高附加值的化学品被认为是解决全球气候变暖和能源供应短缺的最佳策略之一[6]。

电催化技术（electrocatalysis）是催化领域应用广泛的另一种技术，具有成本低、无污染和效率高等优点[7]。相比于太阳能，电能具有更高的能量密度，同时也可作为新能源和其他化学能之间的转化媒介。譬如，电催化合成氨由于条件较温和、设备简单和环保节能等特点，是目前最有前途的合成氨方法，为“绿色固氮”带来了新的契机。

尽管近年来这两种催化技术都得到长足发展，催化剂的设计和优化依旧是研究者们孜孜追求的目标之一。首先，大部分半导体光催化剂带隙较宽，吸光能力差，比如常用的二氧化钛（TiO_2）和氧化锌（ZnO）等仅在紫外光范围内响应，而紫外光仅占整个太阳光谱的4% ~5%，导致太阳能利用率很低[8-9]。此外，光催化过程中产生的光生电子-空穴对极易复合，据报道 10 ns 内近 90% 的载流子会重新复合，极大地限制了光催化活性，导致光催化技术无法在实际中得到广泛应用[10]。而电催化技术涉及多个电子的转移过程，在热力学和动力学上必须克服较大的活化能势垒才能发生[11]。贵金属 Pt 和稀有金属氧化物（如 IrO_2、RuO_2）分别是目前活性最高的析氢（Hydrogen Evolution Reactions，HER）和析氧（Oxygen Evolution Reactions，OER）电催化剂，然而资源匮乏和价格昂贵限制了两者的大规模使用。因此开发低成本、高活性的非贵金属催化剂是提升催化效率的关键。

MXene 基复合材料具有优异的导电性能、较大的界面接触面积、较短的电荷传输路径和较多的活性位点，自 2011 年首次报道以来便在催化等诸多领域被寄予厚望[12]。比如，MXene 能与半导体光催化剂复合形成紧密的异质结，使得电子能够从半导体转移到 MXene 表面进而促进电子转移过程。通过精准调控界面处的化学、电子和结构等，能够提高载流子浓度并构筑有效的电荷传输通道，促进光生电子和空穴的分离和转移，最终提高催化效率。相关工作表明 MXene 能够与其他半导体光催化剂通过肖特基势垒（Schottky barrier）形成异质结，增强光生载流子的分离与传输。例如，MXene 可与 TiO_2 在界面形成良好的异质结，由于两者能级存在差异，光生电子会从 TiO_2 的导带传至 MXene 表面，大量光生空穴则聚集在价带，造成 TiO_2 导带和价带弯曲，在 TiO_2 和 MXene 界面处形成肖特基势垒以阻止电子回传，实现光生电子空穴对的有效分离[13]。

本章将着重阐述 MXene 二维材料在催化领域的应用，主要分为光催化和电催化两个部分，包括光催化分解水产氢、光催化降解水体有机污染物和光催化二氧化碳还原，以及电催化分解水析氢、电催化分解水产氧、电催化二氧化碳还原和电催化氮气还原等。

5.1 MXene 在光催化领域的应用

太阳能是一种取之不尽、用之不竭的能源，而光催化技术是一种将太阳能有效转化为化学能的技术。如图 5.1 所示，当入射光能量大于或等于半导体的禁带宽度时，位于价带上的电子(e^-)被激发跃迁到导带，而在原来价带位置产生空穴(h^+)[14]。大部分的 e^- 和 h^+ 会在半导体内部进行复合并以热辐射或者光能的形式释放能量，仅有少部分 e^- 和 h^+ 迁移到材料表面参与氧化或还原反应。因此，加快光生电子-空穴对的分离是提升半导体光催化性能的关键。

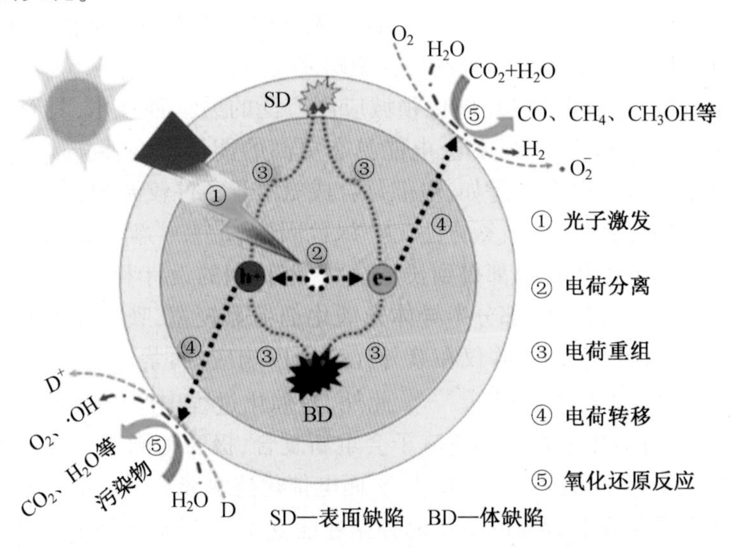

图 5.1 半导体光催化反应机理示意图[14]

MXene 是一种具有二维结构的新型纳米材料，具有较大的比表面积、丰富的活性位点和优异的电子传输性能等，常被用作一种优异的助催化剂来提高半导体材料的光催化性能。目前 MXene 基复合材料主要用于光催化分解水产氢、降解水体污染物、二氧化碳还原和氮气固定合成氨等。

5.1.1 MXene 光催化分解水制氢

自工业革命以来，化石燃料作为主要的能源驱动给社会带来了巨大的便利，在生产发展过程中起着核心作用。然而，化石燃料的大量使用对生态环境造成了严重污染，燃烧后会排放大量的温室气体，导致温室效应；同时化石燃料的过度消耗加剧了能源危机，这已成为人们不得不面对的全球性问题。因此迫切需要改变传统能源结构,开发绿色可再生新能源来替代化石燃料。氢能是一种清洁的能源载体,具有较高的能量密度值(1.2×10^5 kJ/kg),使用后仅产生水,绿色、无污染,被认为是一种可持续的替代型能源。早在1972年,Fujishima和Honda等发现TiO_2光电极在紫外线照射下能光催化分解水产氢,这一开创性的研究工作为催化分解水产氢奠定了基础[15]。迄今为止,大量半导体材料被广泛应用于光催化领域,然而很多催化剂仅在紫外光下(占太阳光谱的4%~5%)有响应,太阳能利用率低,同时催化剂内部光生载流子复合严重,很大程度上限制了光催化的大规模实际应用。因此,探索并开发高效的光催化剂一直是光催化技术发展的重要内容之一。

二维纳米材料具有较大的比表面积和丰富的活性位点,在光催化领域得到广泛关注。MXene基复合材料常作为助催化剂与半导体材料复合以提高光催化反应活性,主要存在以下几个特性:①MXene具有良好的金属导电性,可以加快光生载流子的转移;②表面带有负电荷,可以与半导体材料产生较强的相互作用;③MXene具有亲水性,可以吸附水分子至表面,促进光催化分解水产氢;④MXene表面存在较多的金属位点,可为光催化反应提供大量的活性位点;⑤部分MXene对氢的吸附吉布斯自由能几乎为零(ΔG_H=0.002 83 eV),有利于将H^+还原成H_2。MXene基复合半导体材料主要集中在二元及三元复合光催化剂,本节将据此进行阐述。

1. MXene基二元复合材料

(1)零维/二维异质结。

零维纳米材料的三维空间尺度均处于纳米尺度范围(1~100 nm),具有显著的量子尺寸效应,常见的如一些纳米颗粒、量子点、原子团簇等。由于零维纳米材料尺寸较小,极易团聚,因此可以将其负载在二维纳米片上,形成零维/二维(0D/2D)异质结复合材料,不仅能够提升零维材料的分散性,解决其容易团聚的问题,而且能够有效促进电荷分离和转移,显著提高光催化活性,在光催化领域得到广泛应用。2D层状结构MXene具有高比表面积和丰富的官能团,费米能级较低,可以作为光催化体系中的助催化剂与0D光催化剂复合,构建异质结以促进光生载流子分离和转移。

MXene基0D/2D复合材料主要通过水热法或溶剂热法制备而成。2019年,Tie等[16]采用简单的溶剂热法合成了一种ZnS/Ti_3C_2复合光催化剂,利用Ti_3C_2MXene纳米片原位修饰ZnS纳米颗粒以提高光催化产氢效率,如图5.2所示。Ti_3C_2的掺入促进了电荷转移并延长了光生载流子的寿命,合成的ZnS/Ti_3C_2复合光催化剂的产氢速率高达502.6 μmol/(g·h),比单独的ZnS(124.6 μmol/(g·h))提高4倍。作者认为超薄Ti_3C_2纳米片能充当电子陷阱(electron trap)以抑制光生电子-空穴对的复合,位于ZnS价带的电子可以通过ZnS和Ti_3C_2间的界面快速转移到导电性优异的Ti_3C_2表面,随后将H^+还原为H_2。这项工作证实2D Ti_3C_2MXene可作为助催化剂促进电荷转移进而增强光催化产氢性能。

Ran等[17]设计并制备Ti_3C_2纳米材料作为高效的助催化剂来替代昂贵且稀有的贵金属Pt,并借助密度泛函理论计算进行机理探究,对于实现大规模的太阳能光催化产H_2至关重要。如图5.3所示,他们通过水热法将Ti_3C_2纳米粒子与CdS进行复合,CdS和Ti_3C_2之间具有1 nm和0.36 nm晶格间距的异质界面,证实了CdS/Ti_3C_2两者能够形成异质

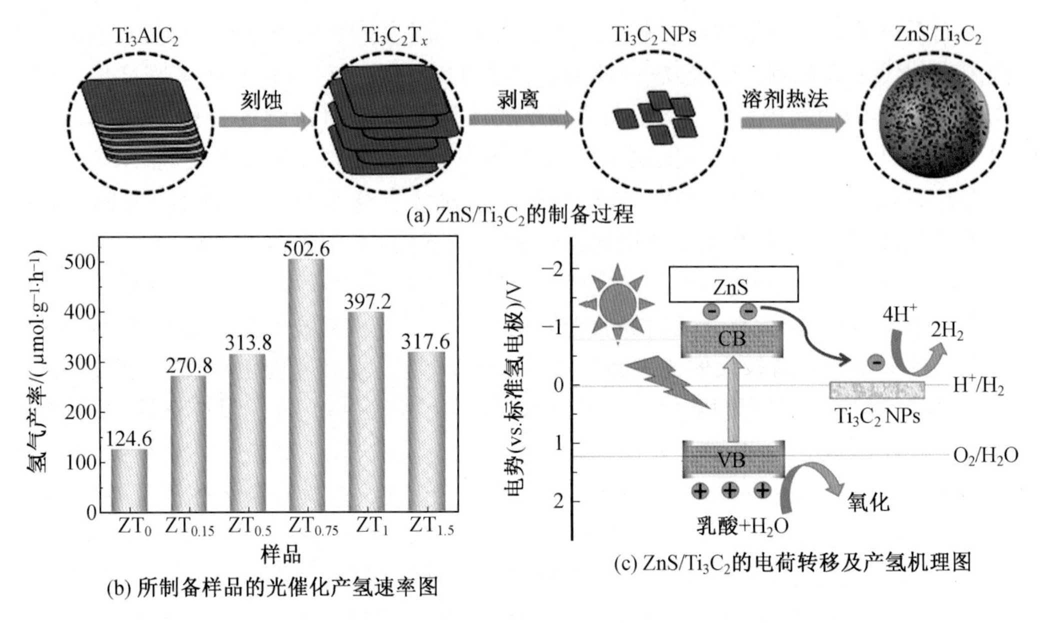

图 5.2 ZnS/Ti_3C_2 光催化产氢[16]

结。SEM 图像显示了尺寸为 400 ~ 500 nm 的 CdS/Ti_3C_2 具有纳米粒子自组装产生的球状形态。在可见光照射($\lambda>420$ nm)下，原始 CdS(CT0)显示较低的光催化活性，产氢速率仅为 105 μmol/(g·h)，而仅仅少量的 Ti_3C_2NPs(0.05%)的负载使得产氢速率大幅提升至 993 μmol/(g·h)，并且随着 Ti_3C_2NPs 负载量的增加，复合材料的光催化活性逐渐增强。令人惊讶的是，负载量为 0.25% 时光催化产氢速率高达 14 342 μmol/(g·h)，是 CT0 的 136.6 倍，这主要源于 Ti_3C_2 纳米颗粒较低的费米能级位置和优异的电导率。由于 CdS 纳米粒子中的空间电荷层厚度减小，CdS 的 CB 和 VB 向上弯曲，因此 CdS 的 CB 电子迁移到 Ti_3C_2 的费米能级，从而在 CdS 的 VB 中留下光生空穴。CdS/Ti_3C_2 中的肖特基结可以用作电子陷阱有效地捕获光生电子，促进电子从 CdS 转移至 Ti_3C_2 表面。而水溶液中的质子被 Ti_3C_2 上丰富的—O 末端的光生电子有效还原成 H_2 气体。因此，通过调控 Ti_3C_2 表面官能团的数量和类型可以优化 Ti_3C_2 的活性，进而对 CdS/Ti_3C_2 复合材料的光催化活性产生协同作用。

利用太阳能推动可再生生物质及其衍生物高效光催化转化为增值化学品，同时形成氢气是应对全球能源危机的绿色高效策略。Li 等[18] 通过低温湿化学法成功合成 $Ti_3C_2T_x$/CdS 复合材料，其中 CdS 和 $Ti_3C_2T_x$ 之间能够实现紧密的界面接触。这种复合材料可利用光激发产生的空穴和电子，不仅能够促进 H_2 的水相光氧化还原，还可以提高糠醛醇向糠醛的转化。机理研究表明，$Ti_3C_2T_x$ MXene 具有很强的光吸收能力、优异的导电性和独特的层状 2D 结构，可以用作助催化剂以增强复合催化剂的光吸收，加快了光生电荷载流子的分离和传输，从而改善光催化性能。这项关于 $Ti_3C_2T_x$/CdS 复合材料新应用的研究将为太阳能驱动生物质转化领域提供新的思路和方向。然而，金属硫化物一般存在光腐蚀的问题，构建具有肖特基结的 0D/2D MXene 基复合材料可缓解这一情况。Tao 等[19] 通过溶剂热原位生长的方法成功构建了具有异质结构的 0D $Cd_{0.5}Zn_{0.5}S$/2D Ti_3C_2 复

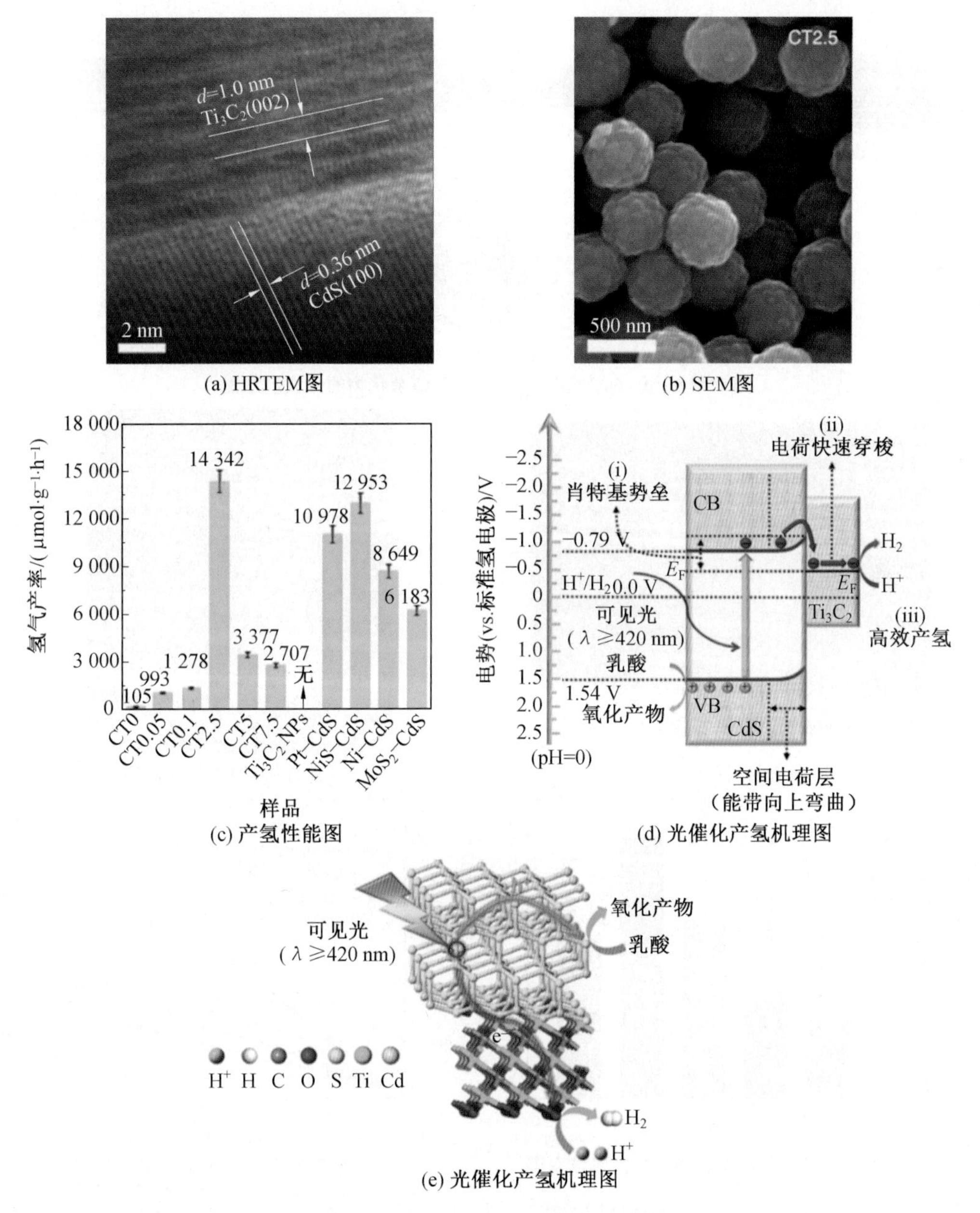

图 5.3　CdS/Ti_3C_2 光催化产氢[17]

合材料,如图 5.4 所示。表面蓬松的 $Cd_{0.5}Zn_{0.5}S$ 纳米球均匀地覆盖在超薄的 Ti_3C_2 纳米片上,从而增大接触面积,扩大光吸收面积,提高光照利用率。晶格条纹间距 0.23 nm 和 0.31 nm 分别对应于 Ti_3C_2 和 $Cd_{0.5}Zn_{0.5}S$ 的(103)和(111)面,证实了 $Cd_{0.5}Zn_{0.5}S/Ti_3C_2$ 异质结的成功构建。在可见光照射下,$Cd_{0.5}Zn_{0.5}S$/2D Ti_3C_2 光催化剂在乳酸中显示出 8.0 mmol/(g · h)的最大析氢速率,比原始 $Cd_{0.5}Zn_{0.5}S$ 高约 3.3 倍。引入适量的 Ti_3C_2 纳米片可以促进光生电子转移,从而增强光催化性能,然而过量添加 Ti_3C_2 会对光催化活性产生负面影响,导致产氢速率下降。

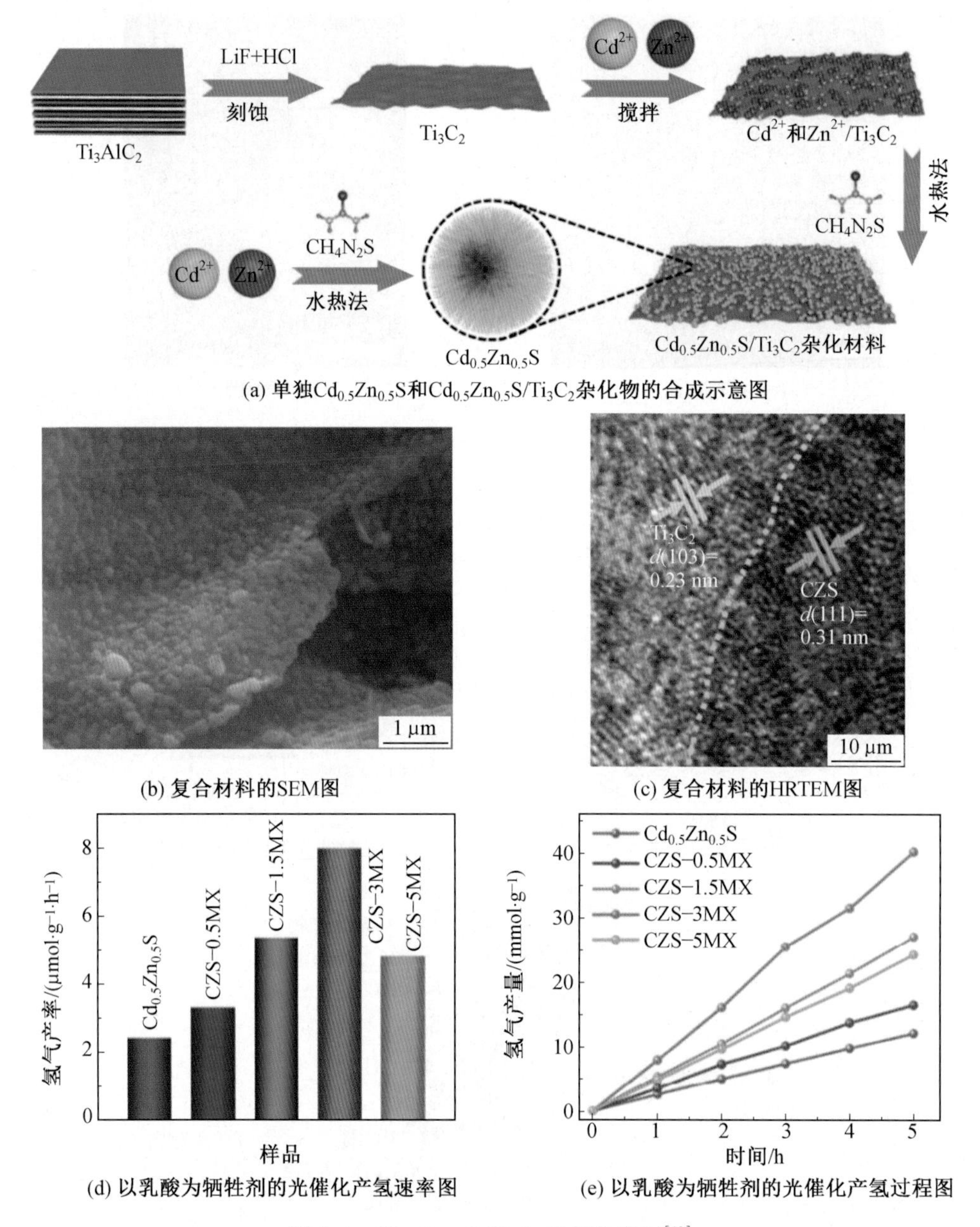

(a) 单独$Cd_{0.5}Zn_{0.5}S$和$Cd_{0.5}Zn_{0.5}S/Ti_3C_2$杂化物的合成示意图

(b) 复合材料的SEM图

(c) 复合材料的HRTEM图

(d) 以乳酸为牺牲剂的光催化产氢速率图

(e) 以乳酸为牺牲剂的光催化产氢过程图

图 5.4 $Cd_{0.5}Zn_{0.5}S/Ti_3C_2$ 光催化产氢[19]

通过等离子体处理方式，增加 Ti_3C_2 的表面含氧基团，从而提高亲水性，为 MXene 基复合材料提供更多的活性位点。Yang 等[20]通过原位非均相成核的溶剂热法成功制备了 $Ti_3C_2T_x/CdS$ 杂化物，如图 5.5 所示。经过等离子体处理的 $Ti_3C_2T_x$ 纳米片具有丰富的含氧基团，能有效捕获水分子和氢离子，同时也增强了 CdS 纳米粒子与 $Ti_3C_2T_x$ 纳米片之间的结合，为电子转移提供了稳定的通道，进而抑制光生电子-空穴对的复合。从 SEM 图像中观察到 CdS 纳米粒子成功嵌入 $Ti_3C_2T_x$ 层状结构中。在没有添加贵金属的情况下，含有 1.0% $Ti_3C_2T_x$ 的 $Ti_3C_2T_x/CdS$ 杂化物具有 825 μmol/(g · h)的产氢速率，明显高于单独的 CdS 纳米颗粒,表明高导电性的 $Ti_3C_2T_x/Ti_3C_2$ 改善了光催化剂的活性。总体而言,这项研究通过等离子体技术对 $Ti_3C_2T_x$ 表面进行改性处理,增加了 $Ti_3C_2T_x$ 的表面活性位点,并改善了 $Ti_3C_2T_x$/CdS 杂化物的光催化活性,为 Ti_3C_2MXene 在 H_2 方面的应用提供了新思路。

同样对 Ti_3C_2 表面官能团进行探索,Li 等[21]为探究具有 F 端基官能团的 Ti_3C_2 在光催化中的应用,通过简单煅烧 F-Ti_3C_2 成功合成了 Ti_3C_2MXene/TiO_2 杂化物。在煅烧过程中,Ti_3C_2 表面的氟含量急剧减少,从而降低了毒性并提高了材料的电导率。残留的 Ti_3C_2 可以作为助催化剂,通过从 TiO_2 中捕获光生电子来增强光催化产 H_2 的活性。研究发现,Ti_3C_2/TiO_2 杂化物中含有煅烧 F 端基 Ti_3C_2 比含有煅烧 OH 端 Ti_3C_2 的光催化产氢量高 2 倍,这项工作为制备用于光催化产氢方面的 Ti_3C_2MXene/TiO_2 杂化物提供了新的视角。

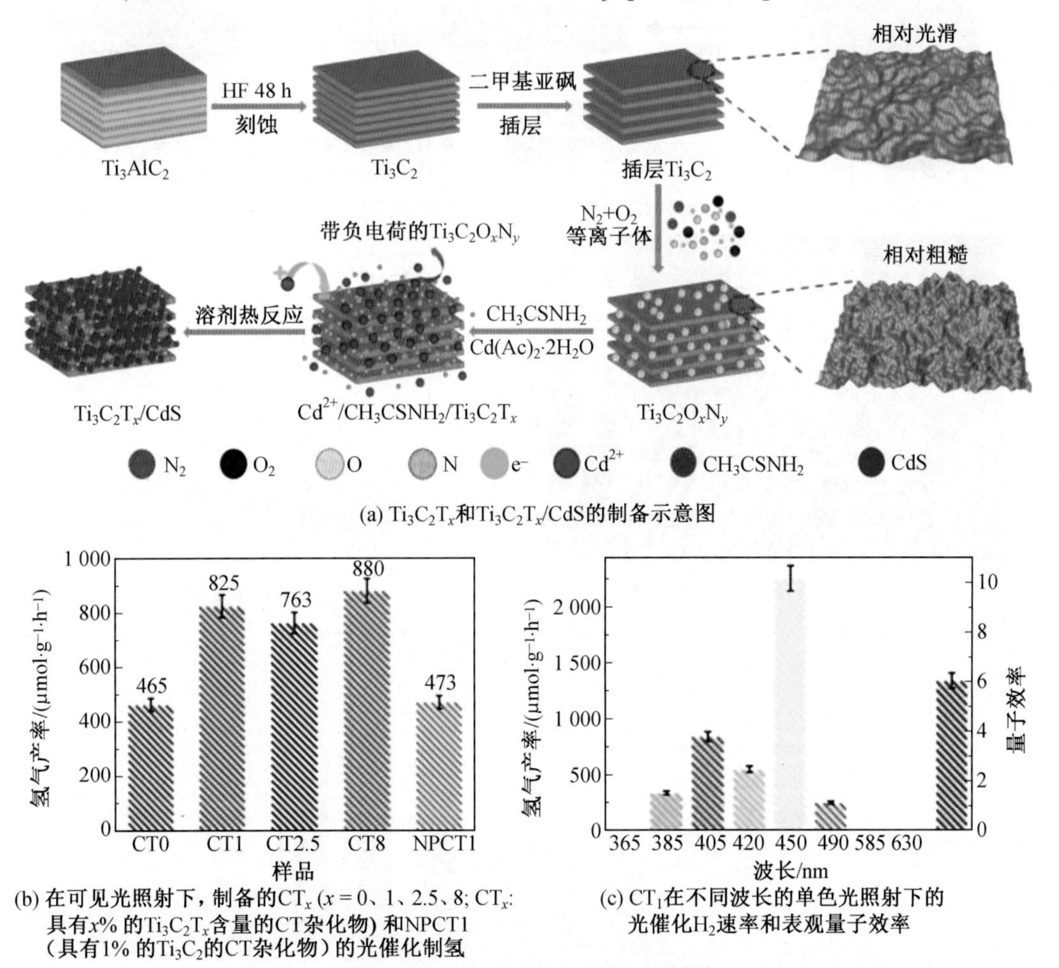

图 5.5　$Ti_3C_2T_x$/CdS 光催化产氢[20]

对于 MOFs 材料,MOF 本身的光催化效率受到低导电性的限制,导致光催化活性较低,但 MOFs 中的有机配体很可能与 Ti_3C_2 中的 Ti 配位形成一种相互作用模式,促进光生载流子的分离。Li 等[22]采用简单的溶剂热法成功制备了 Ti_3C_2@MIL-NH_2 复合材料,在 Ti_3C_2MXene 纳米片表面上原位生长 MIL-NH_2,其中 Ti_3C_2 充当 Ti 源,并与复合材料中的

NH_2 基团配位，Ti_3C_2 和 MIL-NH_2 之间产生紧密的界面，使得电子从 MIL-NH_2 转移到 Ti_3C_2（图 5.6），这种界面接触对于加速电子转移和提高光生电荷分离效率至关重要。MIL-NH_2 的自聚集得到有效抑制，复合材料原位生长的过程保证了 MIL-NH_2 均匀地固定在 Ti_3C_2 的表面上。原始 MIL-NH_2 的光催化产氢活性较低，然而 Ti_3C_2@MIL-NH_2 复合材料表现出显著增强的活性。具体来讲，优化后的 Ti_3C_2@MIL-NH_2-1.6 呈现最高效率（4 383.1 μmol/（g·h）），大约为 MIL-NH_2 的 6 倍。与其他 MOF 相比，Ti_3C_2@MIL-NH_2 复合材料显示出优异的活性，是目前所知最有效的 MOF 基光催化剂。这项工作说明了 MOFs 中的有机基团能够与 Ti_3C_2 中的 Ti 来构建新的电子途径。

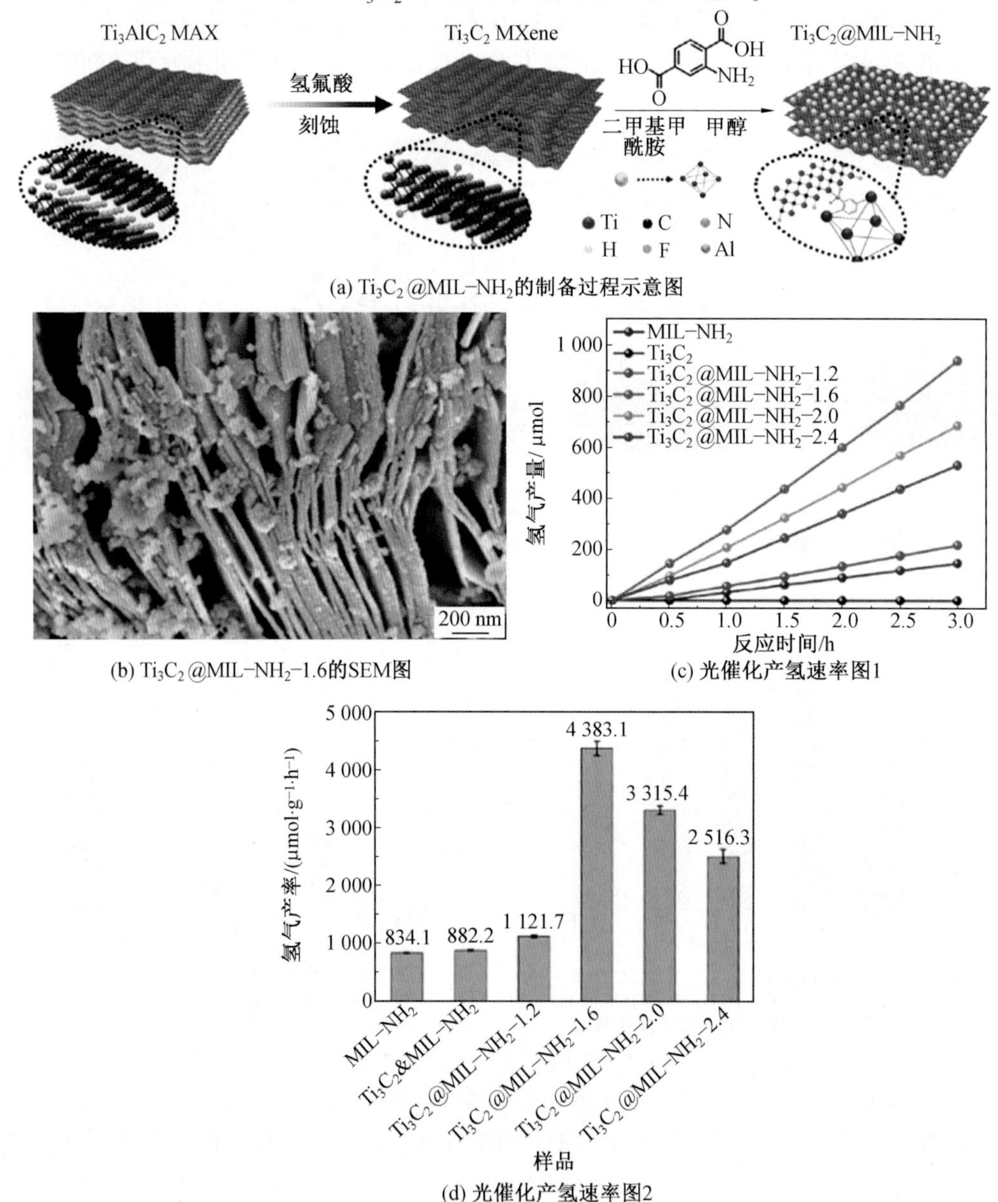

(a) Ti_3C_2@MIL-NH_2的制备过程示意图

(b) Ti_3C_2@MIL-NH_2-1.6的SEM图

(c) 光催化产氢速率图1

(d) 光催化产氢速率图2

图 5.6 Ti_3C_2@MIL-NH_2 光催化产氢[22]

Tian 等[23]通过一锅水热法将插层制备的 Ti_3C_2 纳米片进一步附着到多孔 MOF(UiO-66-NH_2)上,成功制备出 Ti_3C_2@UiO-66-NH_2 复合材料。Ti_3C_2 纳米片添加浓度达到10倍时,Ti_3C_2@UiO-66-NH_2 光催化材料呈现最高的产 H_2 速率,超过单独 UiO-66-NH_2 约8倍。这归因于 Ti_3C_2 纳米片边缘存在大量的活性位点,以及复合材料界面处的肖特基结促进了电荷载流子的空间分离和转移。DFT 计算也表明,O 端基的 Ti_3C_2 具有最大的正费米能级和最低的吉布斯自由能。

由于单层 $Ti_3C_2T_x$ 比多层助催化剂具有较大的比表面积和更多的活性位点,还缩短了光生电荷的迁移距离,因此,单层 $Ti_3C_2T_x$ 助催化剂可以有效地促进光生电子和空穴的分离。Su 等[24]通过简单的浸渍方法成功制备了单层 $Ti_3C_2T_x/TiO_2$ 复合材料,2D $Ti_3C_2T_x$ 的超薄纳米结构缩短了光生载流子到 $Ti_3C_2T_x$ 表面的传输距离,并且 $Ti_3C_2T_x/TiO_2$ 界面处形成的肖特基结也有助于电荷传输,这些都有利于提高光催化活性。从图5.7中可以明显观察到,单层 $Ti_3C_2T_x/TiO_2$ 复合材料的光催化析氢速率是单独 TiO_2 的9倍以上,是多层 $Ti_3C_2T_x/TiO_2$ 复合材料的2.5倍以上。增强的光催化活性归因于单层 $Ti_3C_2T_x/TiO_2$ 复合材料上的大量表面位点,以及单层 $Ti_3C_2T_x$ 和 TiO_2 之间形成的异质结,有利于电荷的有

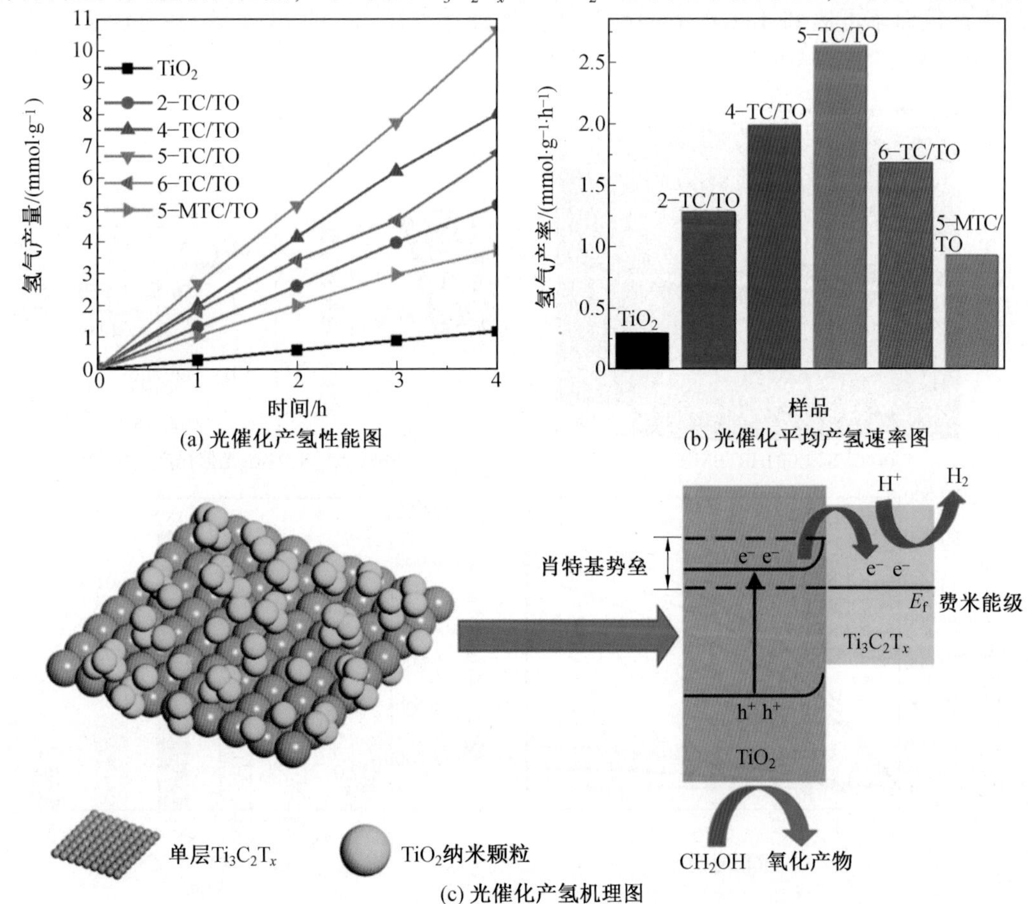

(a) 光催化产氢性能图

(b) 光催化平均产氢速率图

(c) 光催化产氢机理图

图5.7　$Ti_3C_2T_x/TiO_2$ 复合材料的光催化产氢[24]

效分离，显著提高了光生电荷的分离效率及电子在界面处的传输速率。$Ti_3C_2T_x/TiO_2$ 体系光催化产氢的机理如下：首先，在光照下光生电子和空穴分别在 TiO_2 导带（CB）和价带（VB）产生；其次，由于单层 $Ti_3C_2T_x$ 的优异导电性以及与 TiO_2 之间的界面接触，光生电子可以从 TiO_2 的 CB 迅速转移到 $Ti_3C_2T_x$ 表面；最后，在 $Ti_3C_2T_x$ 表面上积累的光生电子可以与 H^+ 反应生成 H_2。与多层 $Ti_3C_2T_x$ 相比，单层 $Ti_3C_2T_x$ 上暴露的表面活性位点更多，$Ti_3C_2T_x/TiO_2$ 界面密度更高，有利于光催化性能的提升。

Cheng 等[25]通过在 2D Ti_3C_2 纳米片上原位生长 $CdLa_2S_4$ 纳米颗粒，成功制备了一系列不同 Ti_3C_2 含量的 $CdLa_2S_4/Ti_3C_2$ 纳米复合材料（图 5.8）。他们对 $CdLa_2S_4/Ti_3C_2$ 光催化剂活性的机理进行了探究。$CdLa_2S_4$ 价带的电子跃迁到导带，在价带留下空穴，因 Ti_3C_2 的费米能级比 $CdLa_2S_4$ 的 CB 更低，电子可以迅速从 $CdLa_2S_4$ 转移到 Ti_3C_2 表面，并与 Ti_3C_2 表面吸收的水反应生成 H_2。同时，残留在 $CdLa_2S_4$ 价带中的空穴被牺牲剂消耗，该过程实现了光激发电子和空穴在 $CdLa_2S_4$ 光催化剂上的转移和分离，从而显著增强了光催化活性。所得的 $CdLa_2S_4/Ti_3C_2$ 纳米复合材料在可见光照下对水分解产生 H_2 表现出优异的光催化活性。当 Ti_3C_2 的质量分数为 1.0% 时，$CdLa_2S_4/Ti_3C_2$ 纳米复合材料的最大产氢速率可达 11 182.4 μmol/(g・h)，是原始 $CdLa_2S_4$ 的 13.4 倍，甚至优于负载 Pt 的 $CdLa_2S_4$。

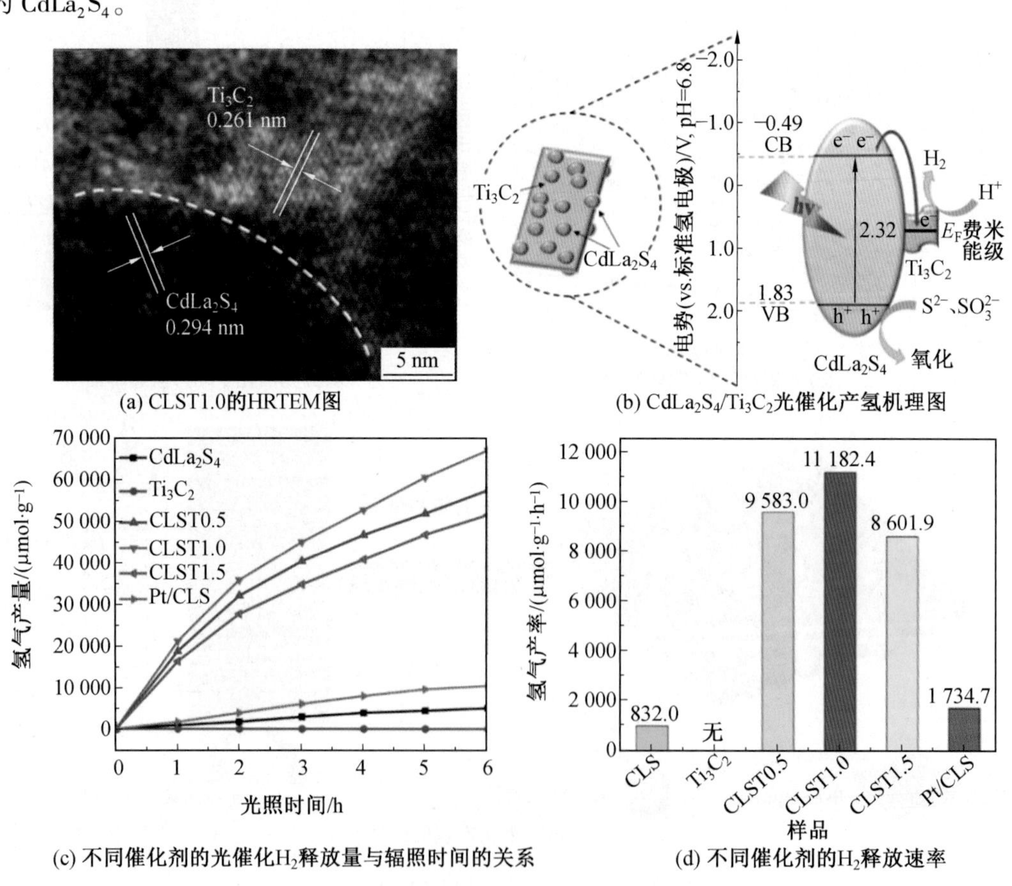

图 5.8 $CdLa_2S_4/Ti_3C_2$ 的光催化产氢[25]

(2)一维/二维异质结复合材料。

一维纳米材料在空间上有两个维度处于纳米尺度,具有较高的比表面积、长径比及各向异性,光生载流子可以沿轴向转移,极大减小了光生电子-空穴对的复合。常见的一维纳米材料主要有纳米线、纳米棒、碳纳米管等。由于一维纳米材料在尺度、纯度、结晶度及化学组成方面难以控制,因此在实际应用中受限。MXene 具有独特二维层状结构、丰富的表面官能团、良好的导电性和较高的载流子迁移率,将一维纳米材料与 MXene 复合构建 1D/2D 异质结复合材料,可以提高体系中光生载流子的分离和电子迁移率,从而有效提升光催化性能。

Xiao 等[26]借助原位组装溶剂热法在 Ti_3C_2MXene 纳米片上生成 CdS 纳米棒,成功制备了 CdS/Ti_3C_2 异质结复合材料。图 5.9 显示了 CdS/Ti_3C_2 复合材料的异质结构,CdS 纳米棒紧密地锚定在 Ti_3C_2MXene 纳米片的表面上,但复合材料中形成的 CdS 的长度明显短于原始 CdS 纳米棒的长度,这可能与超薄 Ti_3C_2MXene 纳米片引起的限制效应有关。CdS/Ti_3C_2 肖特基异质结中功函数(Φ)和 E_f-VBM(VBM:VB 最大值)值分别确定为 4.07 eV和 1.74 eV,与 M-S 曲线的结果(-0.43 V vs. NHE)一致,并且 VBM 可以确定为 -5.81 eV vs. 真空(1.31 V vs. NHE)。相应地,可以计算出价带公式为 $E_{CB}=E_{VB}-E_g$。根据上述结果,推测 MXene 纳米片表面存在大量亲水基团(例如—O 和 O—H),这使得 MXene 更容易与半导体之间构建异质结。当 CdS 纳米棒中的电子被激发时,光生电子可以从 CdS 通过肖特基结界面快速迁移到 MXene 表面,因为 MXene 比 CdS 的 E_{CB}具有更正

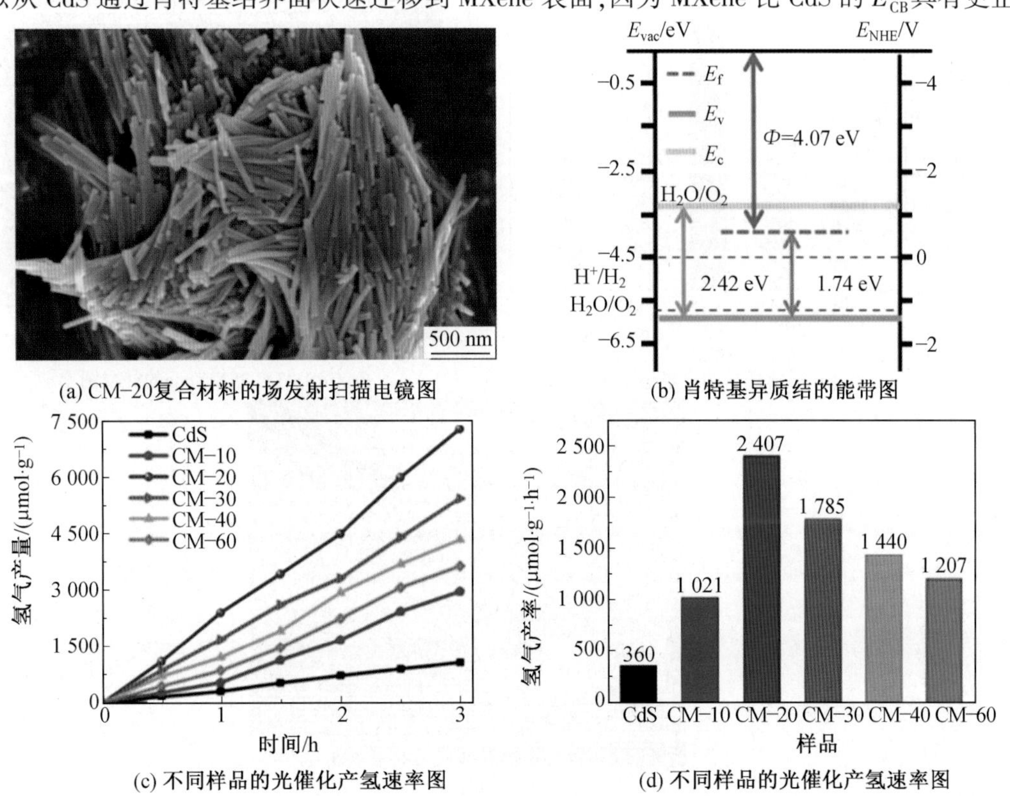

(a) CM-20复合材料的场发射扫描电镜图　(b) 肖特基异质结的能带图

(c) 不同样品的光催化产氢速率图　(d) 不同样品的光催化产氢速率图

图 5.9　1D CdS/2D MXene 光催化产氢[26]

的 E_f,此时,迁移到 MXene 的光生电子会在光照下与吸收的质子进一步反应生成氢气。MXene 优异的类金属导电性和 MXene-CdS 肖特基结上形成的电子汇,有效地促进了光生电子-空穴对的分离和转移,大大提高了 CdS 的光催化产氢活性。由于 CdS 的自腐蚀性,CdS 显示出 360 μmol/(g · h)的析氢速率,当 20 mg 的 Ti_3C_2 纳米片添加到 CdS/Ti_3C_2 复合材料时,复合光催化剂的产氢速率达到最高值(2 407 μmol/(g · h)),比 CdS 纳米棒高约 7 倍,表明 1D/2D CdS/MXene 异质结光催化剂具有显著的光催化活性。

$Ti_3C_2T_x$ MXene 具有良好的导电性和费米能级位置,因此可以促进光生电荷载流子的迁移和分离,从而促进半导体-MXene 基复合光催化剂的光催化性能。Li 等[27]将带负电的 $Ti_3C_2T_x$ MXene 和带正电的 CdS 纳米线(NWs)置于水中,通过静电自组装方法构建了 1D/2D CdS NWs-$Ti_3C_2T_x$ MXene(CdS-MX)复合材料(图 5.10)。CdS-MX 复合材料在可

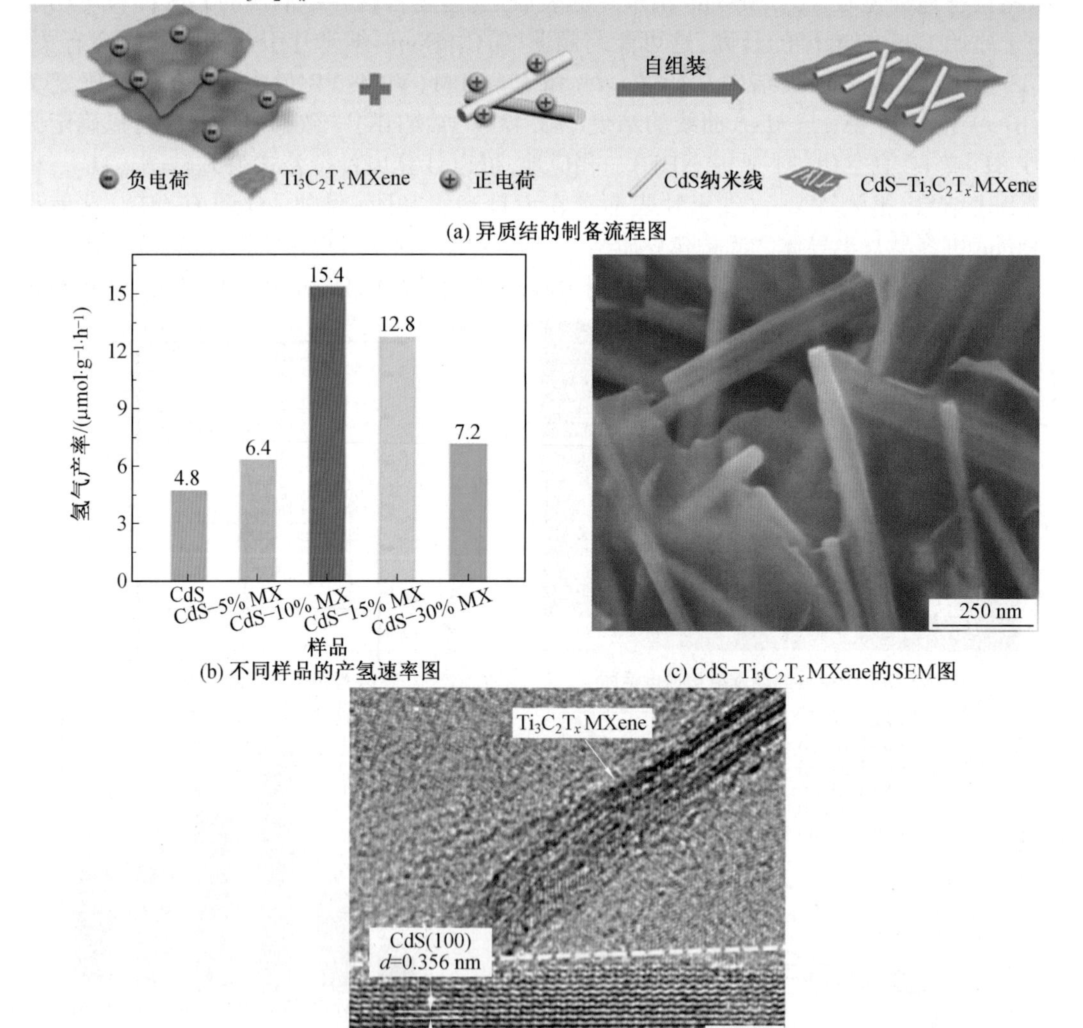

(a) 异质结的制备流程图

(b) 不同样品的产氢速率图

(c) CdS-$Ti_3C_2T_x$ MXene的SEM图

(d) CdS-$Ti_3C_2T_x$ MXene的HRTEM图

图 5.10　CdS -$Ti_3C_2T_x$ MXene 光催化产氢[27]

见光照射下，选择性地将乙醇转化为精细化学品（1,1-二乙氧基乙烷，DEE）和 H_2，与单独的 CdS NWs 相比，CdS-x% MX 复合材料的 H_2 释放效率明显提高，其中在 CdS-10% MX 复合材料上获得最佳的光催化产氢活性（15.4 mmol/(g · h)），是单独 CdS 的 3.2 倍（4.8 mmol/(g · h)）。从 SEM 图像可以明显观察到 MXene 和 CdS 通过静电作用成功地复合，CdS NWs 很好地分布在 MXene 表面上，其中二元复合材料中的 CdS NWs 具有 0.356 nm的晶格间距，这与 CdS 的(100)晶面一致。MXene 与 CdS 之间的匹配能级排列和界面接触不仅促进了光生电荷载流子的分离和迁移，而且还优化了孔结构和比表面积，这有利于光催化剂和反应物之间的接触。这项工作为设计半导体-MXene 基复合材料开辟了一条途径，通过充分利用光生电子和空穴，实现有机合成和 H_2 释放的有效光催化耦合氧化还原反应。

Sun 等[28]同样制备了独特的 1D/2D CdS 纳米棒@ Ti_3C_2MXene（CdS@ Ti_3C_2）复合材料（图 5.11）。在 CdS@ Ti_3C_2 复合材料中获得了合适的能带结构和优异的电子还原能力，有效地扩大了 CdS 的光吸收范围，增强了光催化性能。其中，添加 15 mg Ti_3C_2MXene 的最佳 CdS@ Ti_3C_2 样品表现出最高的光催化 H_2 释放速率（63.53 μmol/h）。

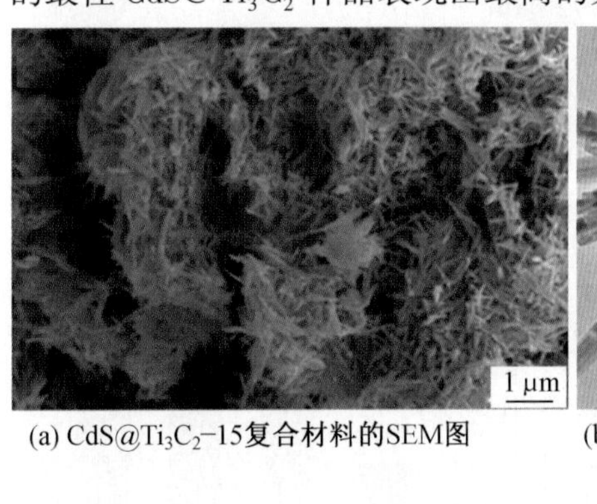

(a) CdS@Ti_3C_2-15复合材料的SEM图

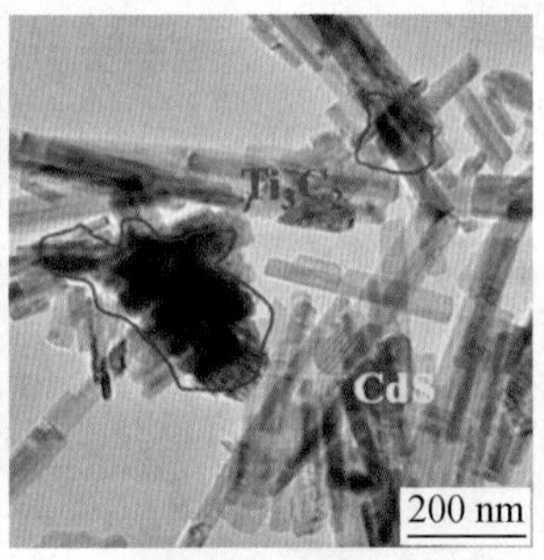

(b) CdS@Ti_3C_2-15复合材料的TEM图

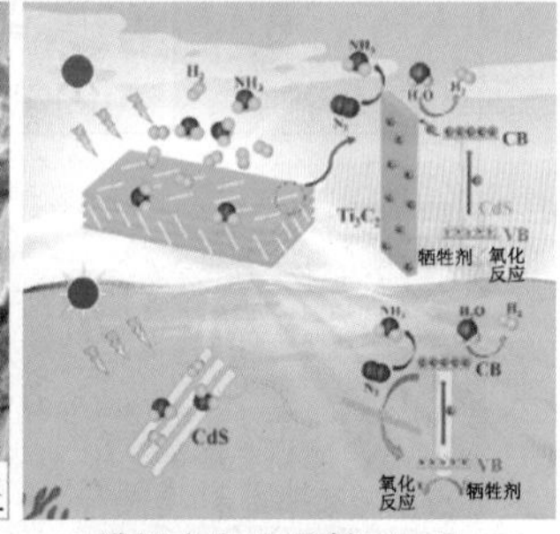

(c) 模拟太阳光照射下CdS NRs和CdS@Ti_3C_2复合材料的光催化产氢示意图

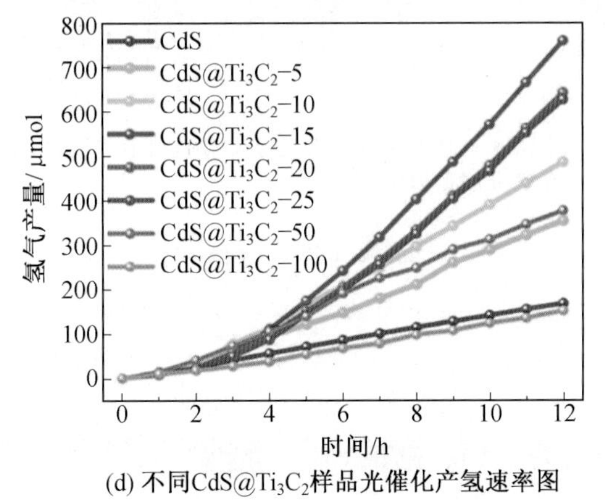

(d) 不同CdS@Ti_3C_2样品光催化产氢速率图

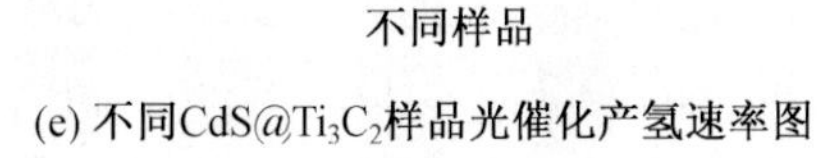

(e) 不同CdS@Ti_3C_2样品光催化产氢速率图

图 5.11　CdS@ Ti_3C_2 光催化产氢[28]

Ti_3C_2 表面具有丰富的官能团（—O、—OH 和—F）及可调节功函数，因此 Ti_3C_2MXenes 和其他半导体之间可以构建具有界面接触的肖特基结，以促进空间电荷分离和转移。Huang 等[29]采用静电自组装方法制备了新型的 1D/2D 磷掺杂管状 g-C_3N_4/

Ti_3C_2 复合材料(PTCN/TC),如图 5.12 所示。P 掺杂的管状 g-C_3N_4(PTCN)具有较窄的带隙和用于转移电子的 1D 通道,分层的 2D Ti_3C_2 纳米片用作电子转移通道,以促进光生电荷载流子的分离,从而提高光催化产 H_2 活性。在 HCl 的质子化和 Ti_3C_2 的表面修饰之后,PTCN/TC-2 样品中仍保持管状结构,但其长度略微减小,并且其表面被一些纳米片包裹。在模拟阳光照射下,g-C_3N_4(BCN)具有较低的产 H_2 速率,低于 PTCN(184 μmol/(g·h)),归因于 PTCN 具有更高的比表面积、电子-空穴分离效率以及本身的管状结构,PTCN 的导带边缘在 P 掺杂后随着带隙的变窄而转移到更正的位置,有利于光催化产氢。与原始 PTCN 相比,PTCN/TC 复合材料的光催化活性显著增强,其中优化的 PTCN/TC-2

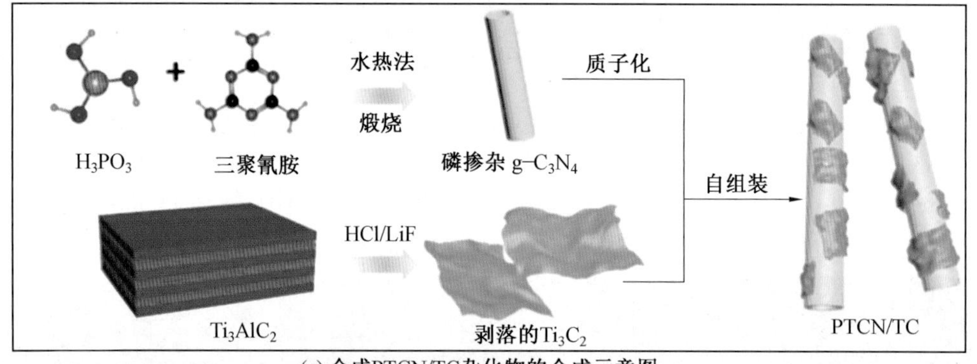

(a) 合成PTCN/TC杂化物的合成示意图

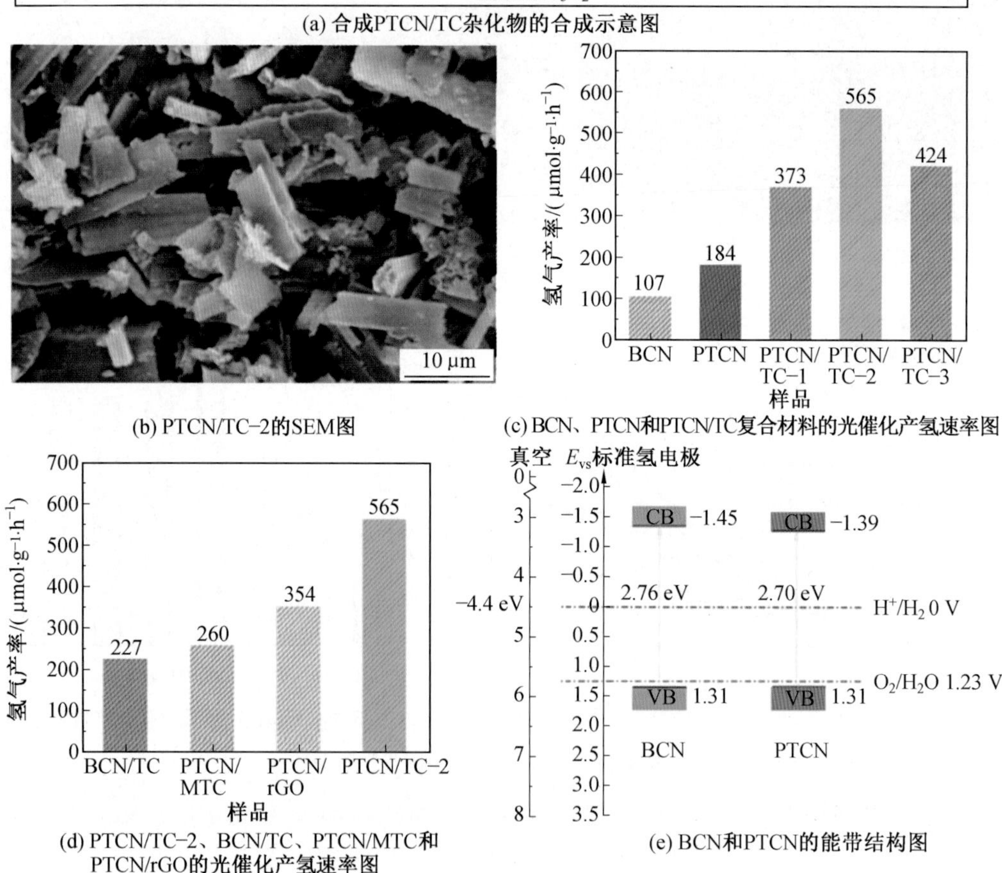

(b) PTCN/TC-2的SEM图

(c) BCN、PTCN和PTCN/TC复合材料的光催化产氢速率图

(d) PTCN/TC-2、BCN/TC、PTCN/MTC和PTCN/rGO的光催化产氢速率图

(e) BCN和PTCN的能带结构图

图 5.12 磷掺杂 g-C_3N_4/Ti_3C_2 光催化产氢[29]

样品具有的最高 H_2 释放速率(565 μmol/(g·h)),分别是 BCN 和 PTCN 的 5.3 和 3.0 倍。这种增强的效果归因于 Ti_3C_2MXene 薄片优异的电子传输性能、光吸收特性和肖特基效应。而 PTCN/TC-2 的光催化 H_2 释放速率是 PTCN/rGO 的 1.6 倍,原因之一是还原氧化石墨烯的亲水性较差,不利于 H_2 从水中释放,而 Ti_3C_2 具有许多亲水官能团(—OH 和—O),促进了其表面与水分子的强相互作用。

(3)2D/2D 异质结复合材料。

二维纳米材料具有独特的层状结构和较大的比表面积,能提供较多的活性位点。然而单一的二维材料中光生电子和空穴复合率高,表现出较低的光催化产氢活性。借助二维 MXene 优异的电子传输性能等特性,将其与其他二维半导体材料构建异质结形成 2D/2D 异质结复合材料,促使光生电子更容易从半导体转移到 MXene 表面,进而加快光生载流子的转移,最终提高光催化产氢活性。

Xu 等[30]设计并合成了新型质子化石墨氮化碳 PCN/Ti_3C_2MXene 异质结复合材料,用于可见光响应的光催化制氢。如图 5.13 所示,石墨相氮化碳(CN)粉末质子化 4 h 后,观察到粗糙的表面,表明质子化处理改变了 CN 的表面形态。当加入 20 mg 助催化剂

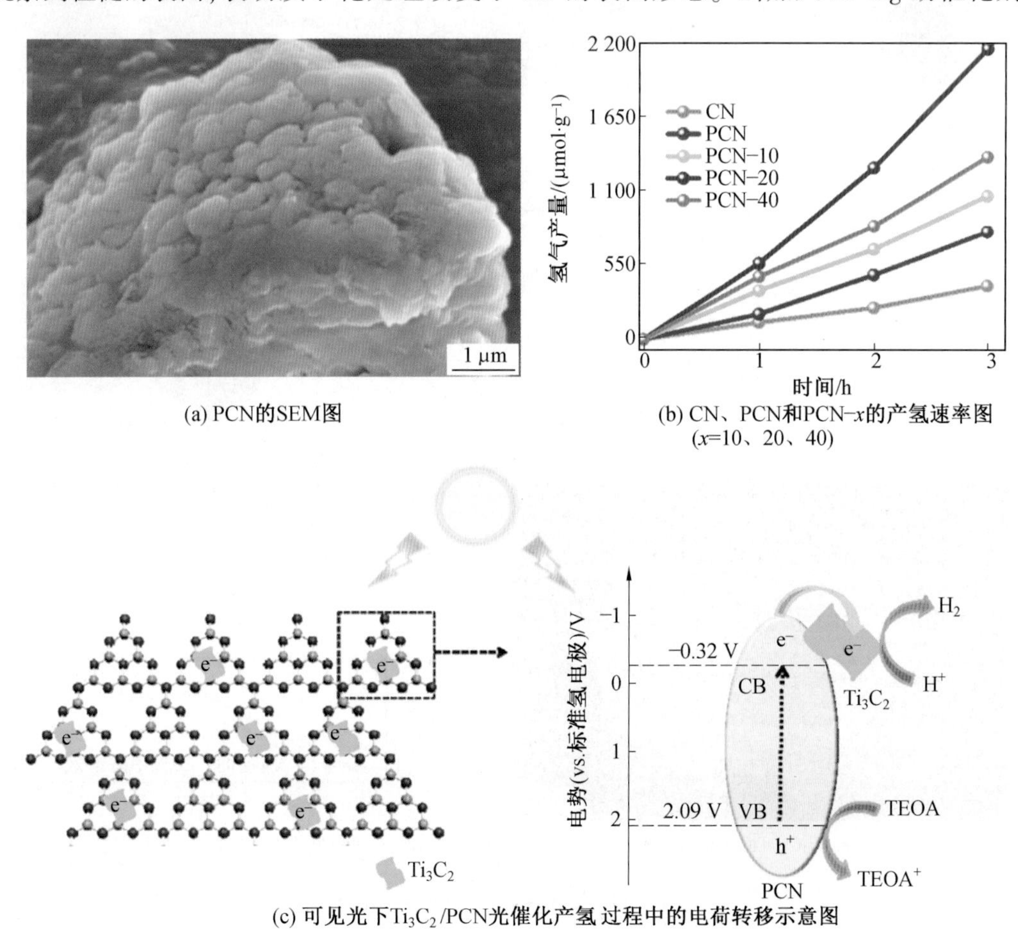

(a) PCN的SEM图

(b) CN、PCN和PCN-x的产氢速率图(x=10、20、40)

(c) 可见光下Ti_3C_2/PCN光催化产氢过程中的电荷转移示意图

图 5.13 Ti_3C_2/PCN 光催化产氢[30]

MXene 时，PCN-20 的产氢效率为 2181 μmol/g，其比单独 CN 和 PCN 的产氢效率高 5.5 倍和 2.7 倍，意味着 MXene 在增强 PCN 的产氢性能中起着至关重要的作用。带负电荷的 MXene 纳米片通过静电相互作用与质子化的 PCN 紧密结合，形成有效的界面。在光照下，改性 PCN 的 CB 中的电子可以快速转移到 MXene 表面并在活性位点聚集，从而促进光生电子-空穴对的分离，加速 H^+ 还原为 H_2。

Li 等[31]采用同时氧化/碱化的方式合成了 Ti_3C_2-TiO_2 纳米花，如图 5.14 所示。经过离子交换和热处理后的 Ti_3C_2-TiO_2 复合材料呈现出 3D 多孔的纳米花状结构，平均尺寸约为 3 μm。在 500 ℃ 的最佳煅烧温度下，Ti_3C_2-TiO_2 纳米花状结构在光催化产 H_2 反应中展示出较好的光催化产氢速率(783.11 μmol/(g·h))，远高于单独的 TiO_2 纳米线。作者认为 Ti_3C_2-TiO_2 复合材料的 3D 多孔纳米花状结构提供了更多的反应位点，同时 Ti_3C_2MXene 与 TiO_2 之间的紧密接触产生了协同效应和肖特基结，增强了电荷分离，有效抑制了光生电子-空穴对的复合，导致更多的电子参与到 H_2 的还原反应中。

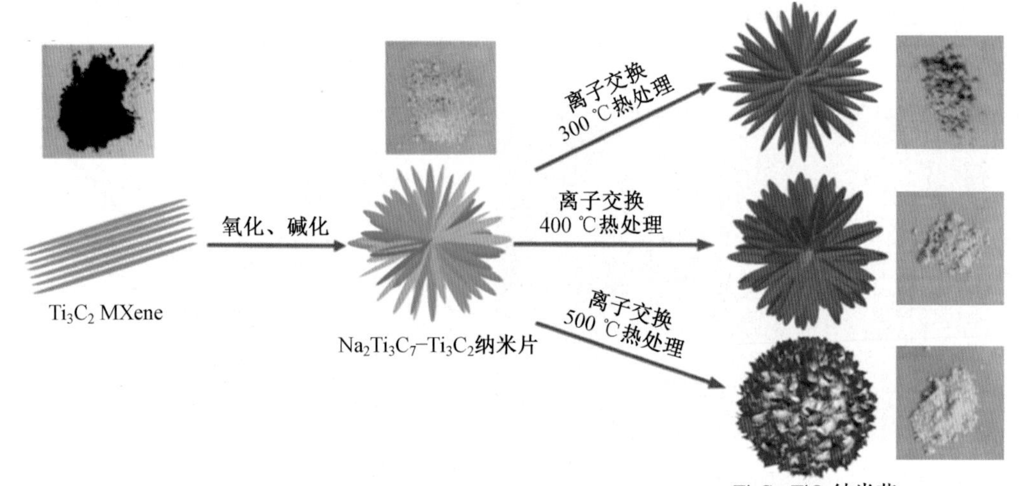

(a) Ti_3C_2-TiO_2纳米花的制备过程示意图

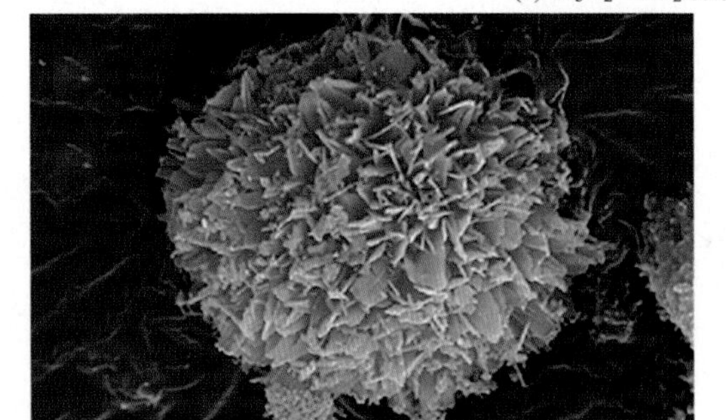

(b) Ti_3C_2-TiO_2的SEM图

(c) 不同温度下Ti_3C_2-TiO_2的光催化产氢速率图

图 5.14　Ti_3C_2-TiO_2 光催化产氢[31]

Li 等[32]采用水热法制得 Ti_3C_2-BiOBr 复合材料，显著提高了光催化产氢活性。在该反应系统中，Ti_3C_2 主要是作为空穴受体，通过能带弯曲提高光生电子的还原能力。

单层 Ti_3C_2MXene 的活性位点能够促进载流子分离，增强 H_2O 在光催化剂表面的吸附和活化。Guo 等[33]通过原位生长法成功合成了超薄 $Ti_3C_2/S_{vac}-ZnIn_2S_4$ 纳米片（图 5.15）。作者通过引入单层 Ti_3C_2MXene 调整超薄 $ZnIn_2S_4$ 纳米片的缺陷结构，有效提高了光催化产氢活性。两者之间的异质结构导致了超薄 $S_{vac}ZnIn_2S_4$ 和 Ti_3C_2 纳米片之间形成有效的界面。另外，S 空位的引入加速了电子从光催化剂转移到助催化剂，进一步促进了光催化反应。因此，$Ti_3C_2/S_{vac}-ZnIn_2S_4$ 光催化剂显示出高达 1 435.31 μmol/(g·h)的产氢速率，比 $S_{vac}-ZnIn_2S_4$ 纳米片高约 6.3 倍。

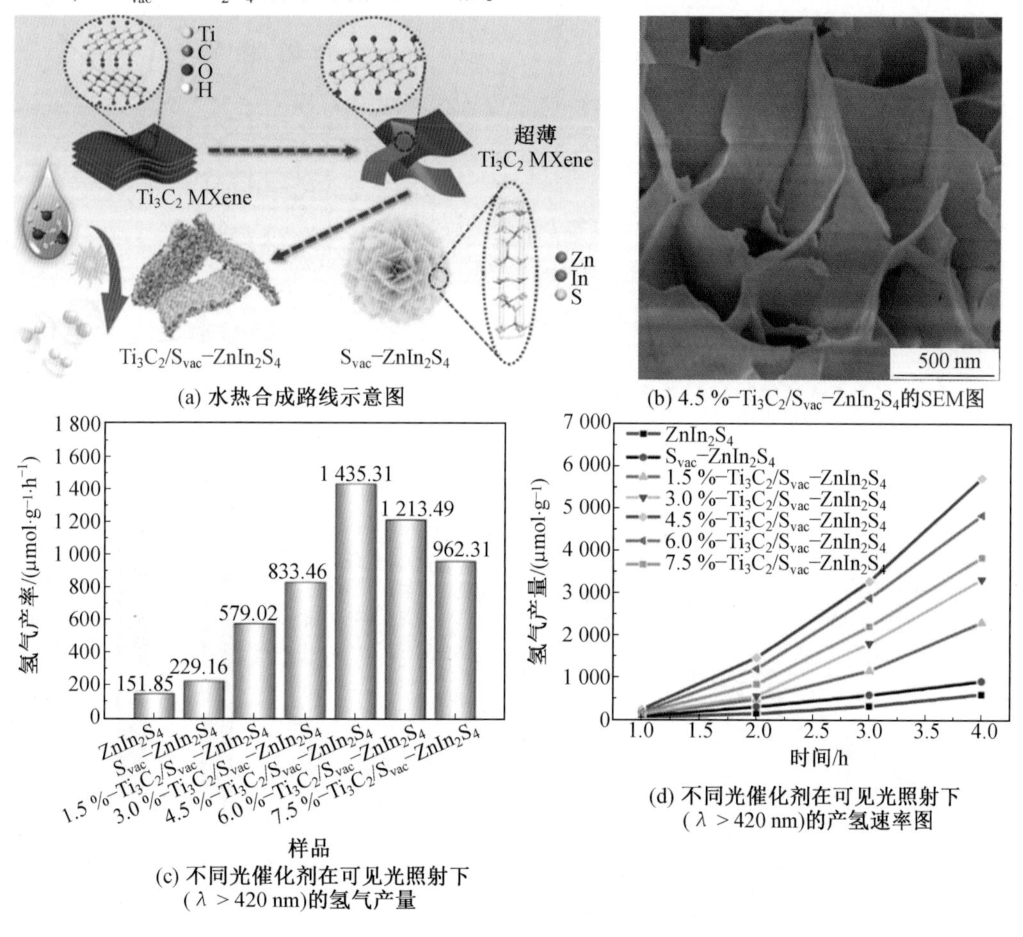

(a) 水热合成路线示意图

(b) 4.5 %–$Ti_3C_2/S_{vac}-ZnIn_2S_4$的SEM图

(c) 不同光催化剂在可见光照射下（λ > 420 nm）的氢气产量

(d) 不同光催化剂在可见光照射下（λ > 420 nm）的产氢速率图

图 5.15 $Ti_3C_2/S_{vac}-ZnIn_2S_4$ 纳米片光催化产氢[32]

Ding 等[34]采用溶剂热法合成了 2D/2D CdS/MXene 肖特基异质结材料。研究发现 $CdS/Ti_3C_2T_x$ 复合材料的构建显著提高了光催化产氢效率，其中添加 20 mg $Ti_3C_2T_x$ 的复合材料(3 226 μmol/(g·h))显示出比原始 CdS(615 μmol/(g·h))高 5 倍以上的产氢活性。

此外，MXenes 具有丰富的表面阴离子基团，其独特的 2D 结构有利于与其他 2D 半导体构建 2D/2D 异质结。Xie 等[35]采用水解法在超薄 Ti_3C_2 纳米片表面原位生长 Bi_5O_7Br，成功地制备了 2D/2D Bi_5O_7Br/Ti_3C_2 复合材料。Bi^{3+}阳离子和带有负电性的 Ti_3C_2 之间通过静电吸引作用,确保了 2D/2D 异质结的构建以及 Ti_3C_2 和 Bi_5O_7Br 之间的紧密界面接触,从而建立了独特的电子传输通道,缩短了电荷传输距离,提高了界面电荷传输能力。从图 5.16 中可以观察到,界面电子从 Bi_5O_7Br 转移到 Ti_3C_2,Ti_3C_2 活性位点的局部电子密度显著增加,这是提高光催化性能的关键因素。当 Ti_3C_2 的引入量到达 10% 时,Bi_5O_7Br/Ti_3C_2 的最大产氢速率达到 76.7 μmol/(g・h),是单独 Bi_5O_7Br(38.9 μmol/(g・h))的1.97倍。

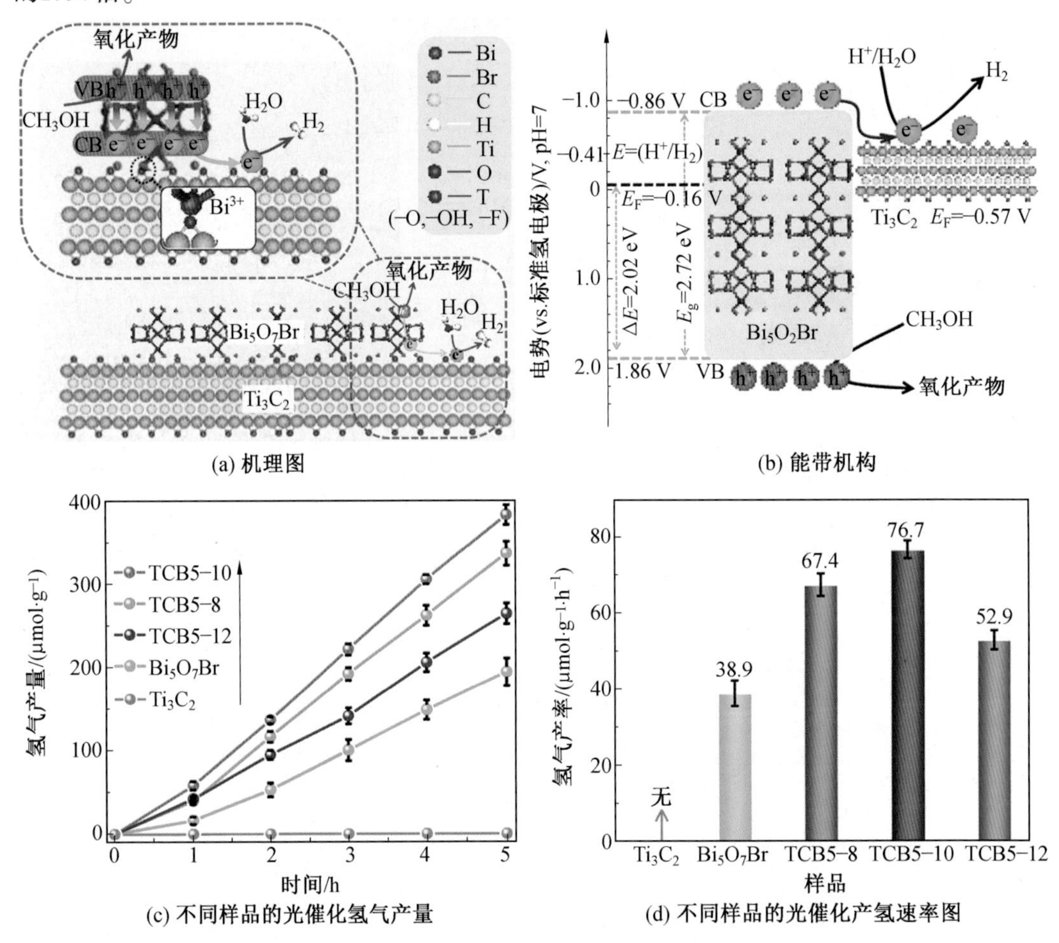

图 5.16　Bi_5O_7Br/Ti_3C_2 光催化产氢[35]

同样得益于单层 Ti_3C_2 上的高活性位点,Su 等[36]研究发现采用静电自组装合成的 2D/2D $Ti_3C_2/g-C_3N_4$ 复合材料具有更高的产氢速率,比单独 $g-C_3N_4$ 高 10 倍以上(图 5.17)。这种增强的活性主要归因于单层 Ti_3C_2 和 $g-C_3N_4$ 纳米片之间的紧密界面接触,2D/2D 界面提供了大的电荷转移通道,用于加速光诱导电子从 $g-C_3N_4$ 的导带到金属 Ti_3C_2 的转移。此外,肖特基结的构建进一步促进了光生电子-空穴对的分离,大大增强了光催化活性。

$Ti_3C_2T_x$(T=OH、F、O)MXene 上丰富的亲水官能团促进了其与水分子的强相互作用。Xu 等[37]采用等离子体处理手段对层状 $Ti_3C_2T_x$ MXene 进行处理,使其表面具有更高比例

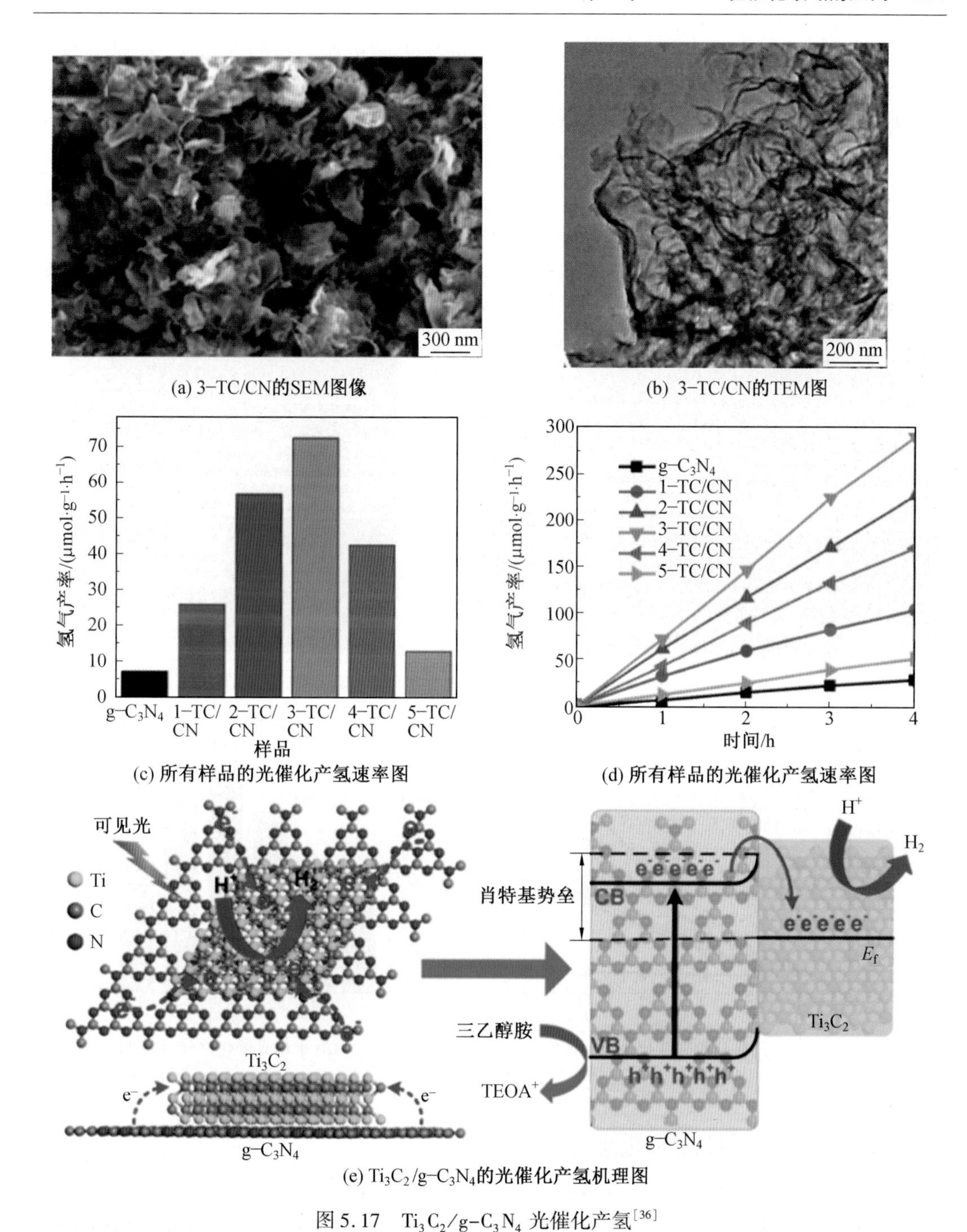

(a) 3−TC/CN的SEM图像　(b) 3−TC/CN的TEM图

(c) 所有样品的光催化产氢速率图　(d) 所有样品的光催化产氢速率图

(e) Ti_3C_2/g−C_3N_4的光催化产氢机理图

图 5.17　Ti_3C_2/g−C_3N_4 光催化产氢[36]

的 Ti—O 官能团，尤其是 Ti^{4+}。Ti^{4+}可以从 g-C_3N_4 捕获光生电子，进而改善光生电子-空穴对的分离，使得三明治状结构的 g-C_3N_4/p- $Ti_3C_2T_x$ 复合光催化剂显示出增强的光催化活性。

(4)3D/2D 异质结复合材料。

二维纳米材料还能够与三维材料进行复合，不仅保留了原本二维纳米材料的优异特性，避免了层状之间的堆积，而且还被赋予更大的比表面积和丰富的孔结构，有利于增大接触面积。

鉴于 Ti_3C_2MXene 出色的电子传输能力，Zhang 等[38]通过水热法制备了具有独特球状/片状结构的 3D/2D MoS_2/Ti_3C_2 催化剂。MoS_2 的球状结构具有较大的表面积，可为光催化产氢提供大量的活性位点（图 5.18）。MoS_2 和 Ti_3C_2 之间形成的电子通道加速了电荷传输，抑制了光生电荷复合，有利于光催化析氢反应。负载 30% Ti_3C_2 的 MoS_2/Ti_3C_2（T30）产氢速率最大，为 6 144.7 μmol/(g·h)，是单独 MoS_2 的 2.3 倍，表明 Ti_3C_2 的存在有利于促进光生电子的有效转移，提高催化析氢性能。

(a) MoS_2/Ti_3C_2(T30)异质结构的SEM图像

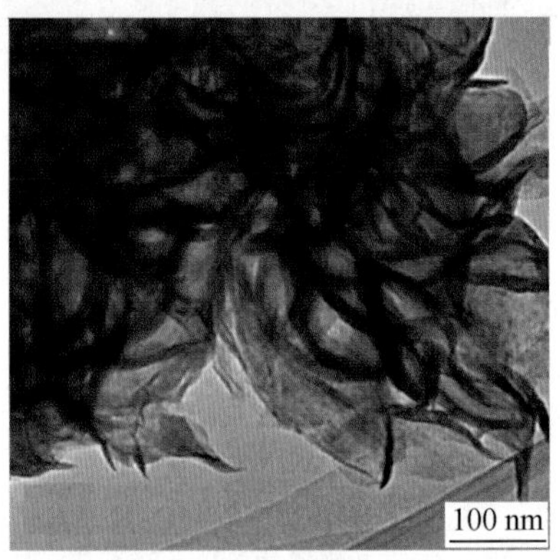

(b) MoS_2/Ti_3C_2 (T30) 异质结构的HRTEM图

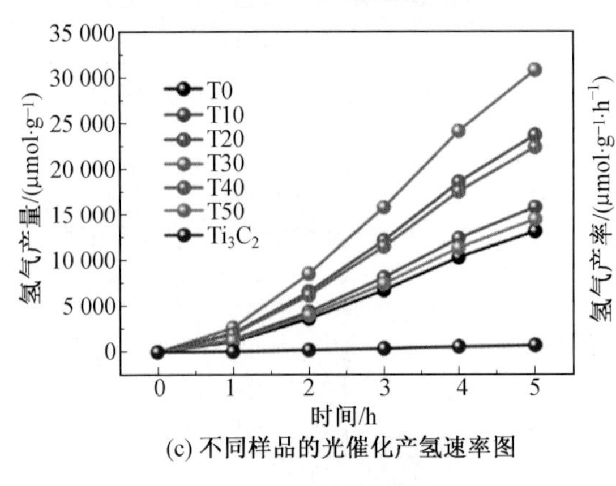

(c) 不同样品的光催化产氢速率图

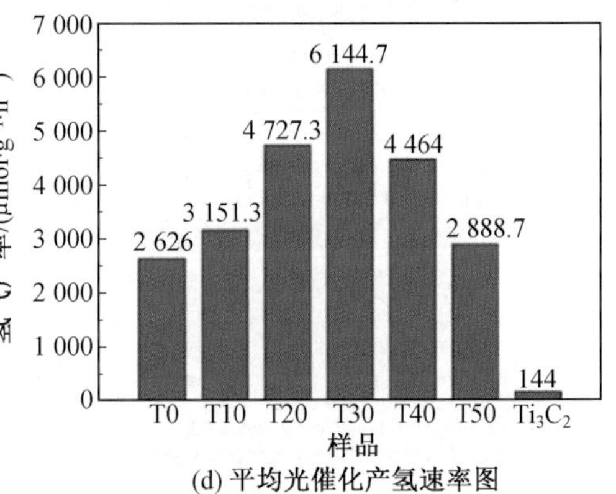

(d) 平均光催化产氢速率图

图 5.18　MoS_2/Ti_3C_2 光催化产氢[38]

（5）其他二元异质结光催化剂。

与 2D Ti_3C_2MXene 纳米片相比，0D Ti_3C_2MXene 量子点（QDs）具有较好的水溶性和丰富的活性位点。Li 等[39]通过自组装方法设计了 Ti_3C_2QDs 修饰的 g-C_3N_4 纳米片（NSs）（g-C_3N_4@Ti_3C_2QDs）（图 5.19），Ti_3C_2 量子点也可以作为电子受体加快载流子的转移。当 Ti_3C_2QDs 负载量为 5.5% 时，g-C_3N_4@Ti_3C_2QDs 的 H_2 产生速率达到 5 111.8 μmol/(g·h)，分别是单独 g-C_3N_4 NSs（196.8 μmol/(g·h)）、Pt/g-C_3N_4（1 896.4 μmol/(g·h)）和 Ti_3C_2MXene/g-C_3N_4（524.3 μmol/(g·h)）的 26 倍、3 倍和 10 倍。丰富的 Ti_3C_2QDs 均匀地固定在 g-C_3N_4 NSs 上，在模拟太阳光照射下，g-C_3N_4 NSs 被激发以产生光生电子和空

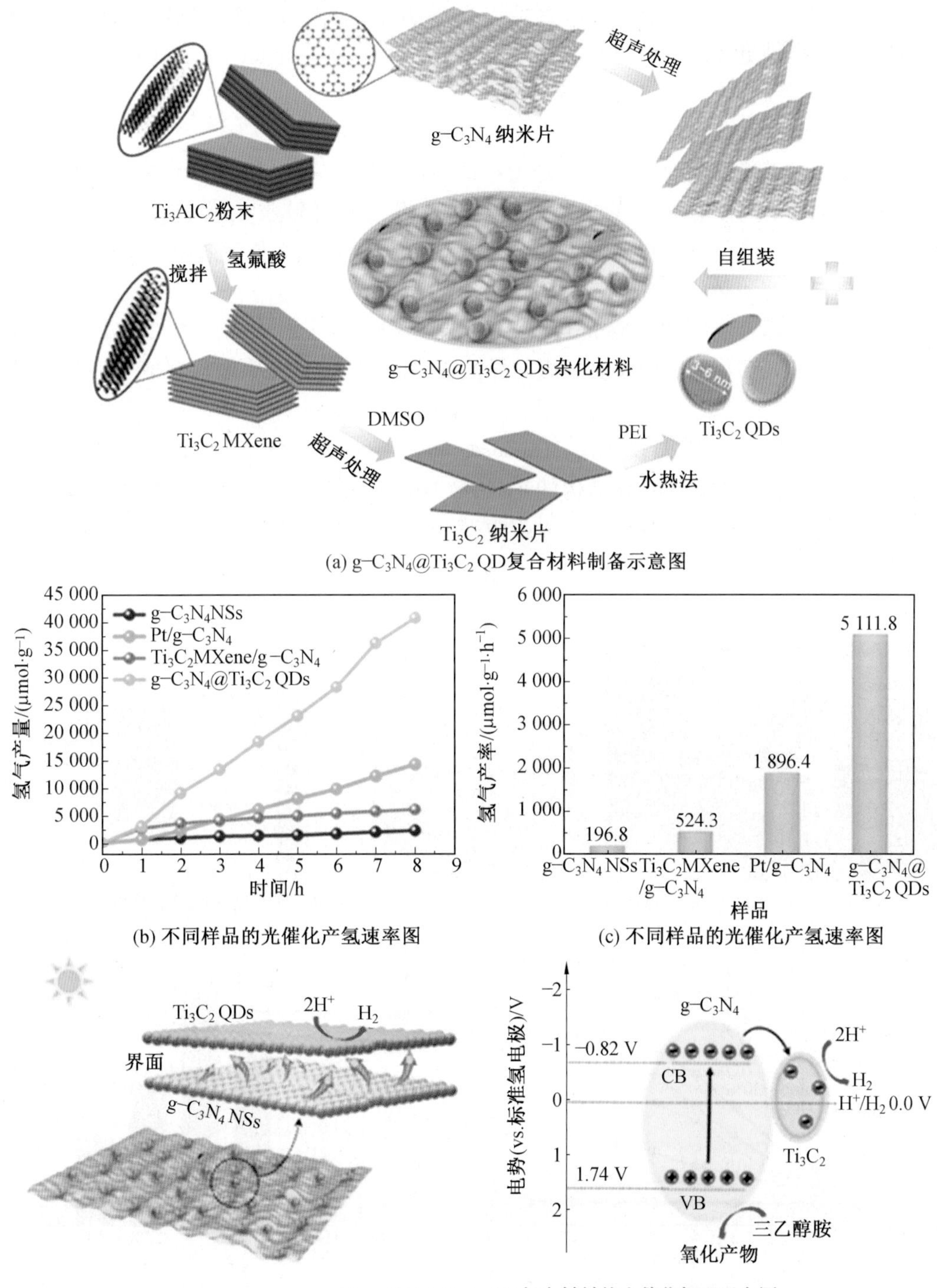

(a) $g-C_3N_4@Ti_3C_2$ QD复合材料制备示意图

(b) 不同样品的光催化产氢速率图

(c) 不同样品的光催化产氢速率图

(d) $g-C_3N_4@Ti_3C_2$ QD复合材料的光催化机理示意图

图5.19　$g-C_3N_4@Ti_3C_2QD$ 光催化产氢[39]

穴,由于界面之间的密切接触和 Ti_3C_2QDs 优异的导电性,光激发的电子迅速迁移到 Ti_3C_2QDs,减小了光生电子-空穴对的复合。Ti_3C_2QD 助催化剂的微小粒径,在提高比表面积的同时还提供更多的活性位点。该项工作表明廉价且易合成的 Ti_3C_2QDs 可以用作替代 Pt 和其他贵金属的产氢助催化剂。

2. MXene 基三元复合材料

通过构建二元光催化剂可以促进光生电子-空穴对的分离,然而二元复合材料仍存在比表面积相对较小、量子产率低等问题。通过将二元材料与二维 MXene 复合构筑 MXene 基三元异质结复合材料能够更好地促进电荷传输,提高光催化效率。

(1)半导体/半导体/MXene 三元光催化剂。

具有丰富表面官能团的 MXene 可与 2D 半导体材料复合形成 2D/2D/2D 异质结,从而在助催化剂和光催化剂之间建立牢固的界面接触,大大改善光生电荷载流子在异质结界面上的转移和分离。

Li 等[40]通过两步水热法在 Ti_3C_2MXene 和 MoS_2 纳米片(NSs)上原位生长 TiO_2NSs,成功制备了具有独特 2D/2D/2D 结构的 Ti_3C_2@TiO_2@MoS_2 复合材料(图5.20)。在光照射下,TiO_2 的导带和价带中分别产生光生电子和空穴。TiO_2 的暴露面(101)和(001)可以在单个 TiO_2 内形成表面异质结。由于 Ti_3C_2 的优异电子电导性,电子从 TiO_2 的(001)面迁移到(101)面及 Ti_3C_2 上,在 TiO_2 的(101)面上,电子传输到 MoS_2。因此,在 Ti_3C_2 和

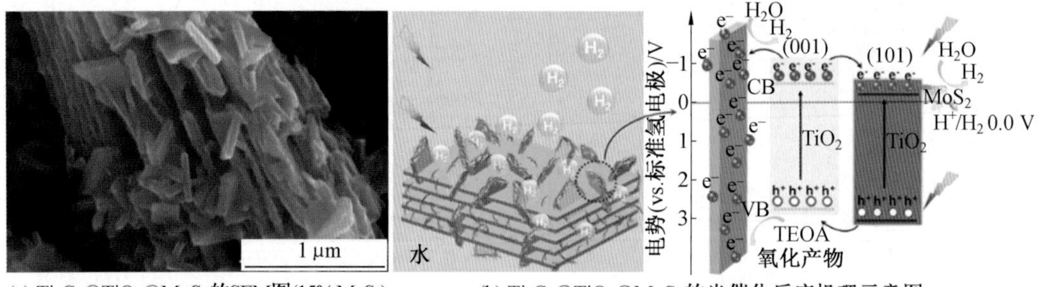

(a) Ti_3C_2@TiO_2@MoS_2的SEM图(15% MoS_2)　　(b) Ti_3C_2@TiO_2@MoS_2的光催化反应机理示意图

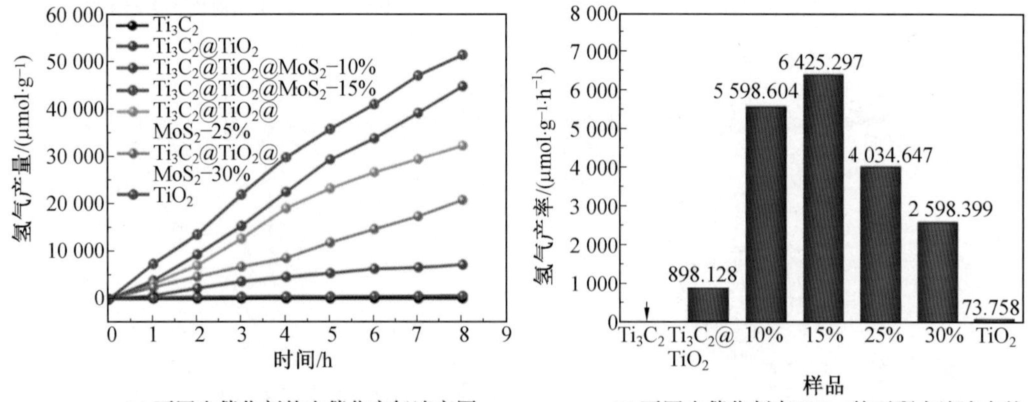

(c) 不同光催化剂的光催化产氢速率图　　(d) 不同光催化剂在TEOA的丙酮水溶液中的光催化产氢速率图

图 5.20　Ti_3C_2@TiO_2@MoS_2 光催化产氢[40]

MoS_2 的平面上获得了富含电子的环境,在该环境中的 H_2O 被还原以产生 H_2。实验结果表明,具有15% MoS_2 负载量的 Ti_3C_2@TiO_2@MoS_2 复合材料表现出最高的光催化产氢活性,其速率高达6 425.297 μmol/(g·h),远高于单独 Ti_3C_2@TiO_2 和 TiO_2NSs。这主要得益于复合材料独特的2D/2D/2D结构中较大的比表面积和为光催化反应提供了巨大表面活性位点的高活性(001)平面。

与二维 Ti_3C_2MXene 相比,零维 Ti_3C_2MXene 量子点(TC QDs)具有较大的表面积和更丰富的活性边缘位点,在光催化方面更具有优势。Du 等[41]制备的 $BiVO_4$@$ZnIn_2S_4$/Ti_3C_2MXene 量子点(QDs)光催化剂具有分层的核-壳结构,为光催化反应提供了更多的表面活性位点(图5.21)。在可见光照射下,$BiVO_4$@$ZnIn_2S_4$/Ti_3C_2QDs 的产 H_2 速率为6.16 μmol/h,远高于单独的 $BiVO_4$、$ZnIn_2S_4$/Ti_3C_2 及 Ti_3C_2/$BiVO_4$。优异的光催化性能可归因于有利于空间电荷分离的全固态Z型异质结。TC QDs 的费米能级 E_F 小于 $ZnIn_2S_4$ 的导带电势,因此 $ZnIn_2S_4$ 导带的电子倾向于转移到 TC QDs。特别地,Ti_3C_2QDs 具有优异的金属导电性,并且可以弯曲能带,形成肖特基势垒以捕获电子,并进一步抑制电荷复合的发生。

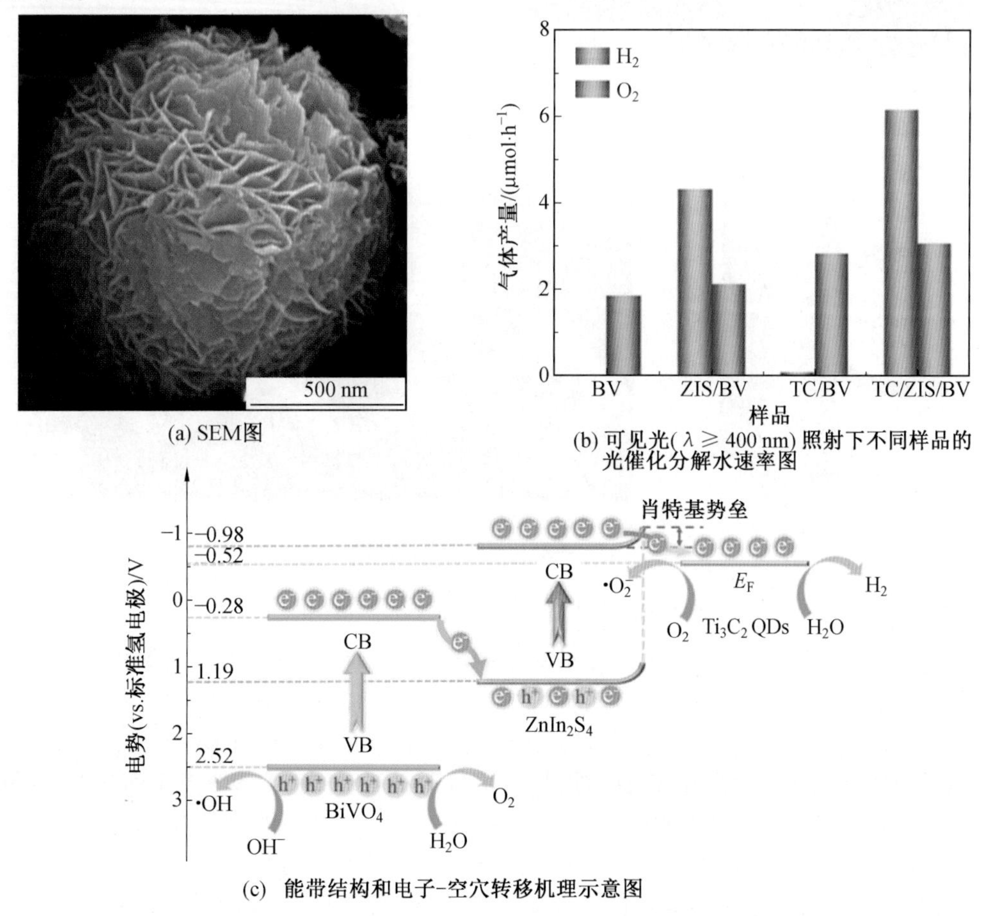

图5.21 $BiVO_4$@$ZnIn_2S_4$/Ti_3C_2MXene QDs 光催化产氢[41]

当 MXene 与半导体耦合时,它可以用作电子储层,从而促进光生电子和空穴的分离。Khan 等[42]采用简单的超声处理和分层方法设制备了 $Ti_3C_2/TiO_2/g-C_3N_4$ 复合材料,其中 TiO_2 颗粒和 $g-C_3N_4$ 均匀地分布在 Ti_3C_2 片的表面及表面之间(图 5.22)。TiO_2 颗粒和 $g-C_3N_4$ 纳米片形成的复合材料具有较高表面积和良好的分层结构,同时与 Ti_3C_2 层耦合,形成强的电子耦合提高电荷分离效率,从而产生优异的可见光响应能力和稳定性能。因此,$g-C_3N_4/TiO_2/Ti_3C_2$ 的 H_2 产率达到 83.2 μmol/g,比单独 TiO_2 高 9.85 倍。

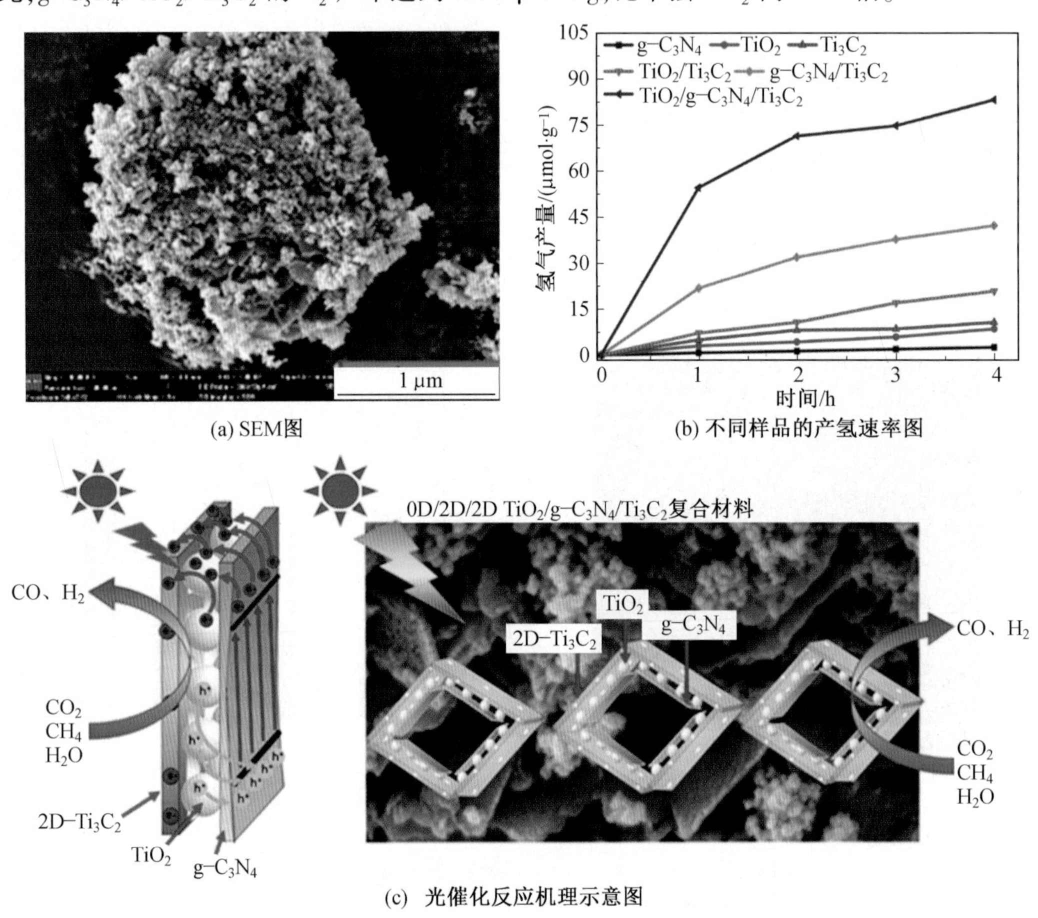

(a) SEM图

(b) 不同样品的产氢速率图

(c) 光催化反应机理示意图

图 5.22 $TiO_2/g-C_3N_4/Ti_3C_2$ 光催化产氢[42]

田健等[43]采用两步水热法设计了新型的 $1T-WS_2@TiO_2@Ti_3C_2$ 光催化剂。在水热过程中,$1T-WS_2$ 纳米颗粒均匀地分布在 $TiO_2@Ti_3C_2$ 复合材料表面上(图 5.23),Ti_3C_2MXene 和 1T WS_2 作为电子受体发挥重要作用。$1T-WS_2@TiO_2@Ti_3C_2$ 复合材料表现出极高的光催化产氢活性和稳定性,其中负载 15% WS_2 的 $1T-WS_2@TiO_2@Ti_3C_2$ 复合材料光催化产氢活性高达 3 409.8 μmol/(g · h),比 TiO_2NSs 的光催化活性高近 50 倍。主要原因归于以下两点:①$1T-WS_2$ 纳米颗粒的引入增大了材料的表面积和更多的活性位点;②Ti_3C_2MXene 和 $1T-WS_2$ 的电导率较高,大大提高了电子转移效率,从而实现了高效的空间电荷分离。

Ti_3C_2 具有丰富的活性位点,能够用作生产 H_2 的助催化剂,以提供丰富的活性位点。

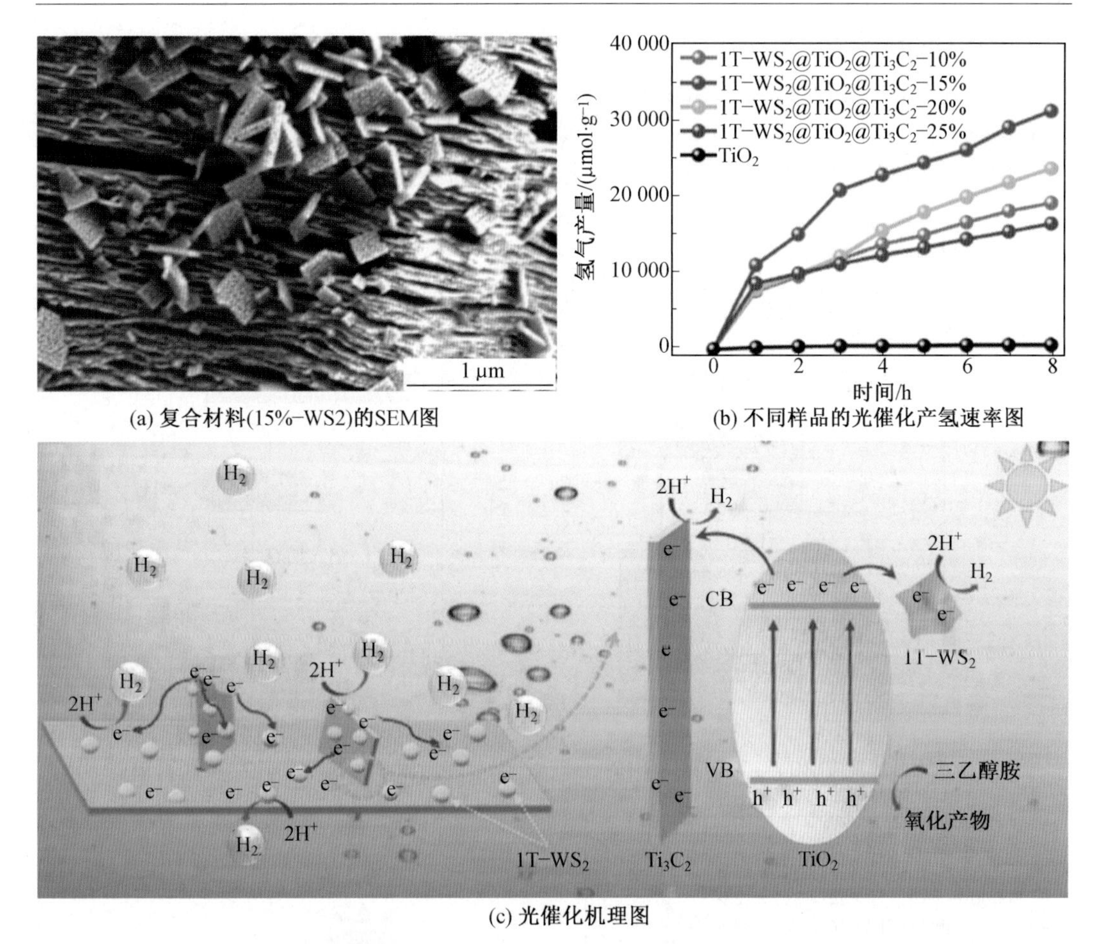

(a) 复合材料(15%−WS2)的SEM图　　(b) 不同样品的光催化产氢速率图

(c) 光催化机理图

图 5.23　$1T-WS_2@TiO_2@Ti_3C_2$ 光催化产氢[43]

Huang 等[44]通过两步水热制备了新型分层的 Ti_3C_2MXene@ $TiO_2/ZnIn_2S_4$ 异质结光催化剂。$ZnIn_2S_4$ 纳米片的引入可以与 TiO_2 纳米片形成Ⅱ型异质结,并与 Ti_3C_2 形成肖特基结,以建立电荷快速转移通道。优化的 Ti_3C_2MXene@ $TiO_2/ZnIn_2S_4$ 光催化剂的最佳 H_2 产率为 1 185.8 μmol/(g · h),分别比 Ti_3C_2MXene@ TiO_2 和单独 $ZnIn_2S_4$ 高 9.1 和 4.6 倍。$ZnIn_2S_4$ 的可见光吸收特性、TiO_2 纳米片的合适谱带位置和 Ti_3C_2 突出的特性(良好的导电性、光收集和丰富的活性位点)三者之间的协同作用起到主导作用,尤其是三种材料之间的紧密界面接触。

MXene 可以作为高效的贵金属助催化剂替代品,以最大限度地降低成本。Tahir 等[45]精心设计合成了二维分层的 $g-C_3N_4$(2D HCN)纳米片,该纳米片锚定在具有原位生长 TiO_2NPs 的多层 Ti_3C_2MXene 上。由于 $g-C_3N_4$ 和 Ti_3C_2 的费米能级不同,$g-C_3N_4$ CB 中的电子具有向 Ti_3C_2 迁移的潜力,从而实现了光生载流子的有效分离。在 $g-C_3N_4/Ti_3C_2$ 中,TiO_2NPs 充当介质,加速了电荷载流子的分离。TiO_2/Ti_3C_2 与 $g-C_3N_4$ 的协同作用可以进一步促进电荷载体的分离和迁移,从而有利于 H_2 的高效生产。

(2)金属/半导体/MXene 三元光催化剂。

通过构建金属−半导体非均相催化剂,可以促进光生电子−空穴对的分离。然而,不匹配的界面能带结构无法在异质结中形成理想的能垒,导致键合损失,电荷传输受到阻碍。为此,可通过复合 MXenes 构建金属/半导体/MXene 三元光催化剂,促进载流子的传递和转移。

MXene 的费米能级在很大程度上取决于表面的终止基团,这种独特的电子特性表明,MXene 具有可调节费米能级的能力。Peng 等[46]制备的 $Cu/TiO_2@Ti_3C_2T_x$ 光催化剂具有优异的产氢活性。在没有 $Ti_3C_2(OH)_x$ 的情况下,Cu_2O 纳米粒子和 TiO_2 纳米片复合材料的(001)暴露面生成 p-n 异质结。根据能带结构理论,Cu_2O(−1.4 eV)的 CB 位置比

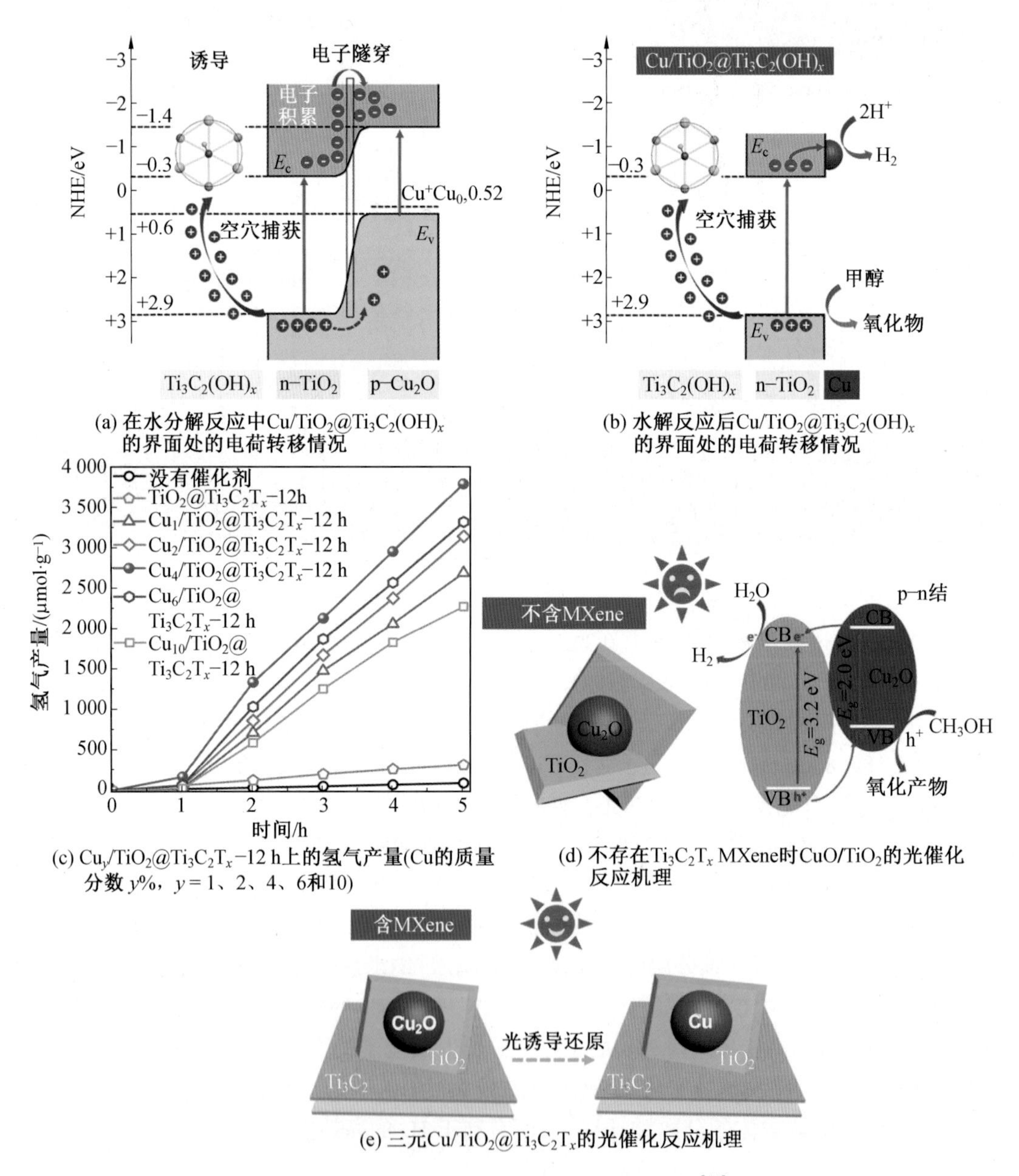

(a) 在水分解反应中 $Cu/TiO_2@Ti_3C_2(OH)_x$ 的界面处的电荷转移情况

(b) 水解反应后 $Cu/TiO_2@Ti_3C_2(OH)_x$ 的界面处的电荷转移情况

(c) $Cu_y/TiO_2@Ti_3C_2T_x$−12 h上的氢气产量(Cu的质量分数 y%, y=1、2、4、6和10)

(d) 不存在 $Ti_3C_2T_x$ MXene时 CuO/TiO_2 的光催化反应机理

(e) 三元 $Cu/TiO_2@Ti_3C_2T_x$ 的光催化反应机理

图 5.24　$Cu/TiO_2@Ti_3C_2(OH)_x$ 光催化产氢[46]

TiO_2(−0.3 eV)的 CB 位置更负，因此光生电子从 Cu_2O 的 CB 转移到 TiO_2 的 CB，同时 h^+ 从 TiO_2 的价带(VB)迁移到 Cu_2O 的 VB，导致 e^-/h^+ 分离效率提高，产氢活性高于 TiO_2@$Ti_3C_2(OH)_x$(图 5.24)。在 $Ti_3C_2(OH)_x$ MXene 存在下，TiO_2 激发的光生 h^+ 被 $Ti_3C_2(OH)_x$ 快速捕获，留下 e^- 积累在 TiO_2 和 Cu_2O 之间的界面上，TiO_2(001)表面的 CB 能量能够驱动 Cu 还原为 Cu^+(Cu^+/Cu，0.52 V vs. NHE)，Cu_2O 比 TiO_2 更高的 CB 能量可能阻止电子转移到 Cu_2O。由于负载的 Cu_2O 纳米颗粒的直径非常小(2.86 nm)，累积的电子可以克服能量势垒并从 TiO_2 的 CB 隧穿到 Cu_2O 的 CB，而剩余的电子使 Cu_2O 还原为金属铜。在原位形成的 Cu/TiO_2@$Ti_3C_2T_x$ 三元催化剂上，光生电子转移至金属 Cu 并参与产氢反应，同时 h^+ 迁移至 $Ti_3C_2(OH)_x$ 并与牺牲剂甲醇反应。显然，e^- 和 h^+ 的相反流动抑制了它们的复合，因此氢气生成效率显著提高。由于金属 Cu 作为还原助催化剂和 MXene 作为空穴介体，Cu_4/TiO_2@$Ti_3C_2T_x$-12 h 催化剂具有 764 μmol/(g·h)的最大平均产氢速率。

MXene 的表面终端基团强烈影响 MXene 的态密度和功函数。Liu 等[47]通过直接还原法制备了 Ti_3C_2/Ru 光催化剂，并进一步在其表面上原位形成 TiO_2 纳米片，从而制得 TiO_2-Ti_3C_2/Ru 三元光催化剂(图 5.25)。与单独 Ru 不同，TiO_2-Ti_3C_2/Ru 不需要 H_2 诱导期过程，因为 Ti_3C_2/Ru 的费米能级允许光生电子直接转移到 Ru 中心。随着水热处理时间(0～20 h)的增加，TiO_2 含量增加，光催化氢气产量亦增加，TiO_2-Ti_3C_2/Ru-20 的平

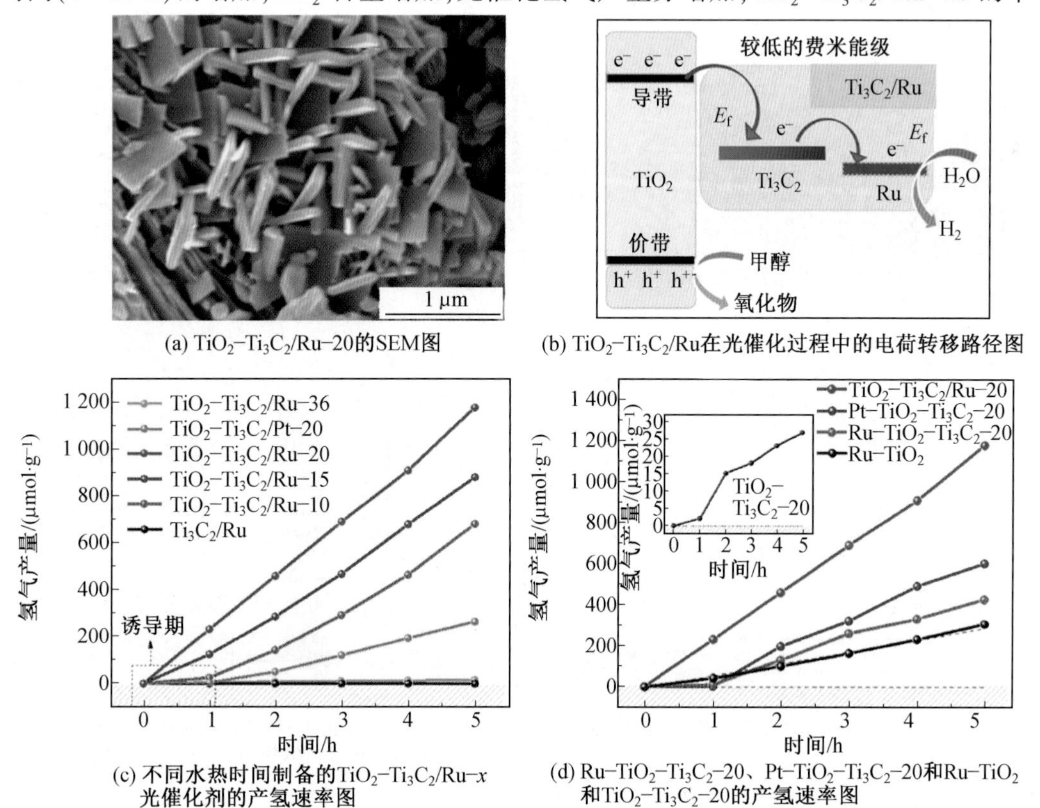

(a) TiO_2-Ti_3C_2/Ru-20的SEM图　(b) TiO_2-Ti_3C_2/Ru在光催化过程中的电荷转移路径图

(c) 不同水热时间制备的TiO_2-Ti_3C_2/Ru-x光催化剂的产氢速率图　(d) Ru-TiO_2-Ti_3C_2-20、Pt-TiO_2-Ti_3C_2-20和Ru-TiO_2和TiO_2-Ti_3C_2-20的产氢速率图

图 5.25　TiO_2-Ti_3C_2/Ru 光催化产氢[47]

均产氢速率达到最大 235.3 μmol/(g·h)。除了 TiO_2-Ti_3C_2/Ru-15 和 TiO_2-Ti_3C_2/Ru-20 之外，所有催化剂都需要大约 1 h 的诱导期，可能是 Ti_3C_2 和 Ru 在 Ti_3C_2/Ru 中的协同作用消除了诱导期。

提高光生载流子的分离效率和防止氢氧化反应是光催化制氢的两个关键。MXenes 丰富的表面亲水官能团(如—OH、—O 等)可以与其他半导体相互作用，促进电荷载流子在其表面上的有效迁移。李昱等[48]通过在 Ti_3C_2MXene 上原位生长 TiO_2 纳米片(改善电荷分离)和沉积 PtO 纳米点(减少氢氧化反应)来解决这两个问题(图 5.26)。从光催化分解水产氢实验中，可以明显观察到 PtO 纳米点沉积后，氢气生成效率显著提高，约为 2.54 mmol/(g·h)。为了探究 PtO@ Ti_3C_2/TiO_2 界面上电荷的分离和转移机制，采用 DFT 来计算 PtO 的静电势和功函数。在异质结中，PtO@ Ti_3C_2/TiO_2 复合材料产生的电子将迁移到 PtO，而空穴将转移到 Ti_3C_2。空穴通过与 Ti_3C_2 上的甲醇反应而被消耗，而电子与 PtO 上的质子反应生成氢，氢生产的逆反应被抑制。因此，光生电子和空穴沿相反方向流动以使分离效率更高，并同时抑制了氢氧化反应，从而提高了光生载流子分离和传输效率。

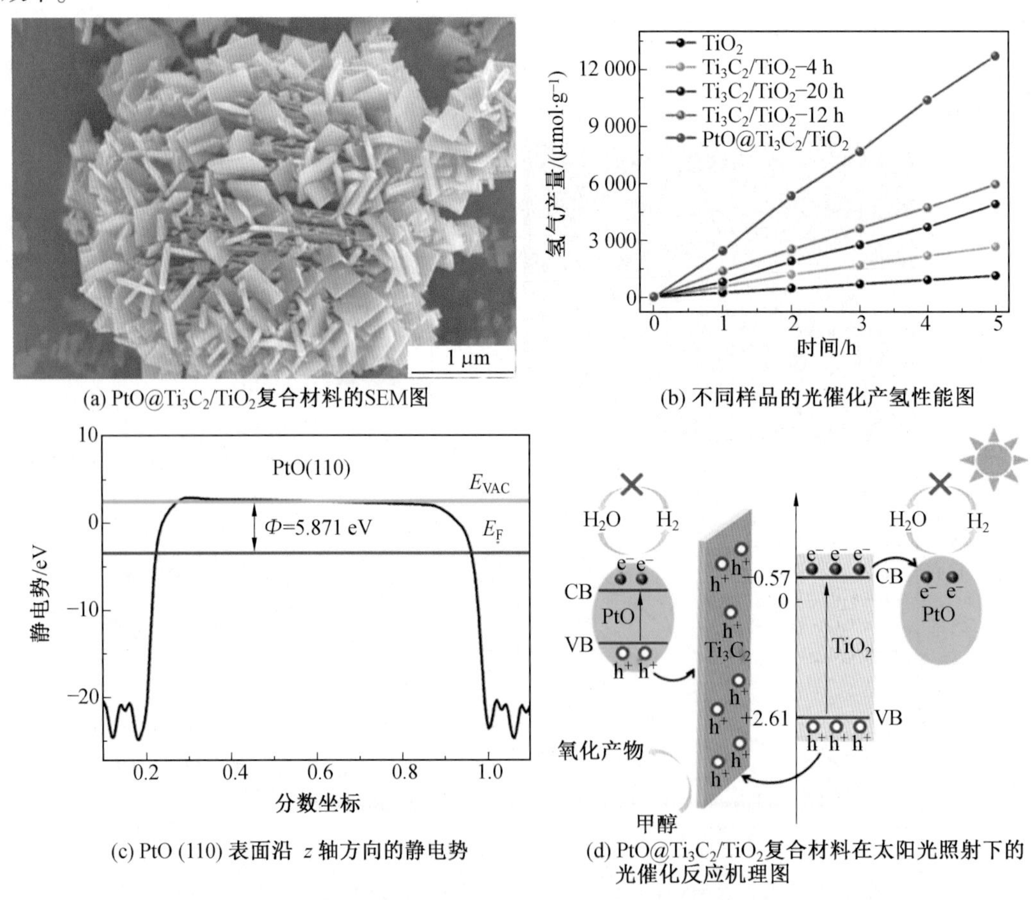

图 5.26 PtO@ Ti_3C_2/TiO_2 光催化产氢[48]

MXene 表面上的官能团和缺陷(空位)有助于通过静电相互作用吸附金属，从而可以作为高度分散的金属纳米颗粒、团簇甚至单个原子的锚定位点。在可见光照射下染料敏化体系中，Min 等[49]在 $Ti_3C_2T_x$ MXene 纳米片（$Ti_3C_2T_x$ NSs）上原位限制生长的 Pt 纳米颗粒（Pt NPs）提供了高活性的 $Ti_3C_2T_x$ NSs/Pt NPs 杂化催化剂。如图 5.27 所示，与其他典型的 2D 材料相比，$Ti_3C_2T_x$ NSs 明显优于石墨烯 NSs 和 g-C_3N_4 NSs，是 Pt 纳米颗粒（Pt NPs）在光催化产氢方面最有力的支持材料。在染料敏化体系中，$Ti_3C_2T_x$ NSs 的存在不仅可以改善 Pt NPs 的分散性，而且可以促进电子从染料向 Pt NPs 的转移，其中 $Ti_3C_2T_x$ NSs/Pt NPs 具有优异的光催化产氢活性，比游离的 Pt NPs 高约 30 倍。总之，$Ti_3C_2T_x$ NSs 较大的表面积和富含缺陷的表面赋予原位生长的 Pt NPs 催化剂高分散性，在 Ti-Pt/C-Pt 界面处形成强相互作用，提供了大量暴露的活性位点，并且独特的电子结构有利于提高产氢效率。

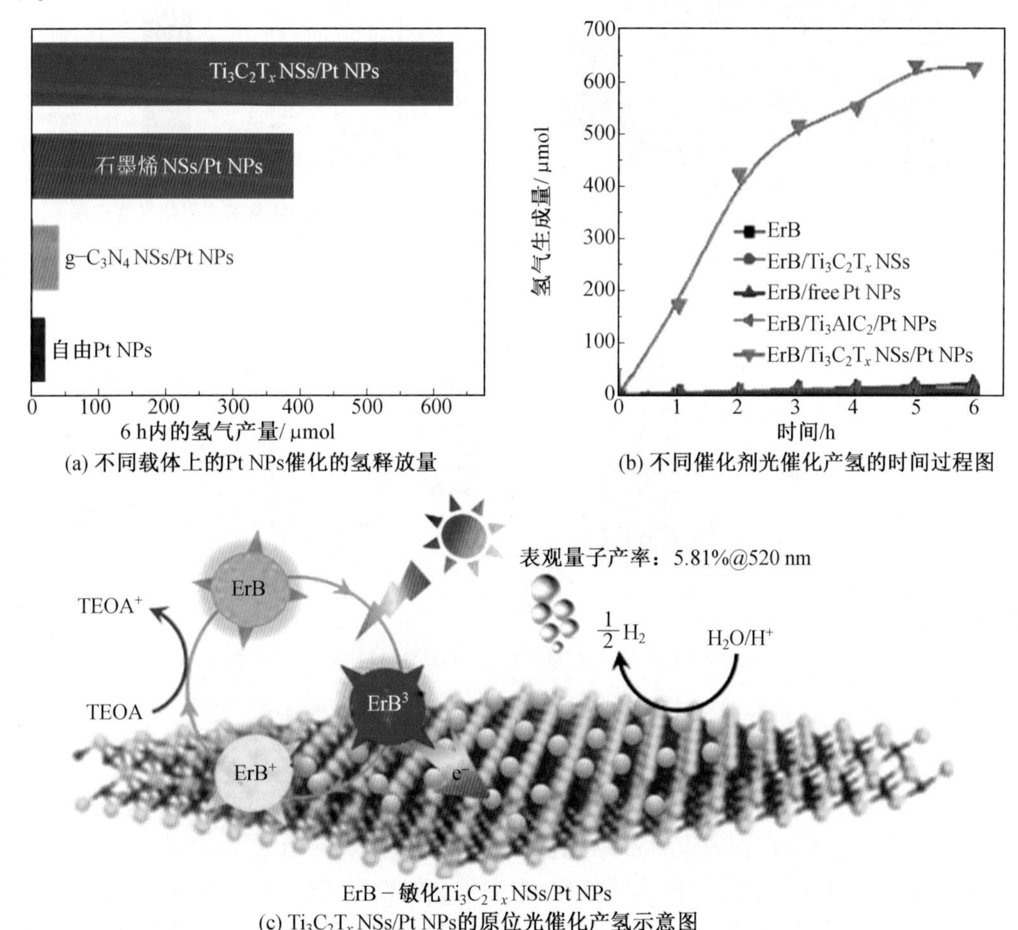

图 5.27　$Ti_3C_2T_x$ NSs/Pt NPs 在 ErB-TEOA 系统中光催化产氢[49]

Li 等[50]将叶绿素及其衍生物（Chl-1 和 Chl-2）与 $Ti_3C_2T_x$ MXene 复合，制备了 Chl-1@Chl-2@$Ti_3C_2T_x$ 光催化剂（图 5.28）。Chl-1@Chl-2@$Ti_3C_2T_x$ 光催化剂产氢速率高达 143 μmol/（g·h），远高于 Chl-1@$Ti_3C_2T_x$（20 μmol/（g·h））和 Chl-2@$Ti_3C_2T_x$ 光催化剂（15 μmol/（g·h））。此外，Chl-1、Chl-2 和 $Ti_3C_2T_x$ 的混合物（Chl-1+Chl-2+$Ti_3C_2T_x$）

的产氢性能较差，仅为 14 μmol/(g·h)。在可见光照射下，Chl-1@Chl-2@$Ti_3C_2T_x$ 复合材料受光激发后，Chl-1 从基态激发到激发态，Chl-1 激发态的电子转移到共催化的 $Ti_3C_2T_x$ MXene，$Ti_3C_2T_x$ 上的电子与 H^+在抗坏血酸(AA)水溶液中生成氢气，同时 Chl-1 的剩余空穴接受来自 Chl-2 的电子以再现 Chl-1。这种特殊的电子传输途径扩大了电子和空穴的电荷分离状态，提高了电子-空穴对的分离效率，同时抑制了它们的复合，从而产生了优异的光催化析氢活性。

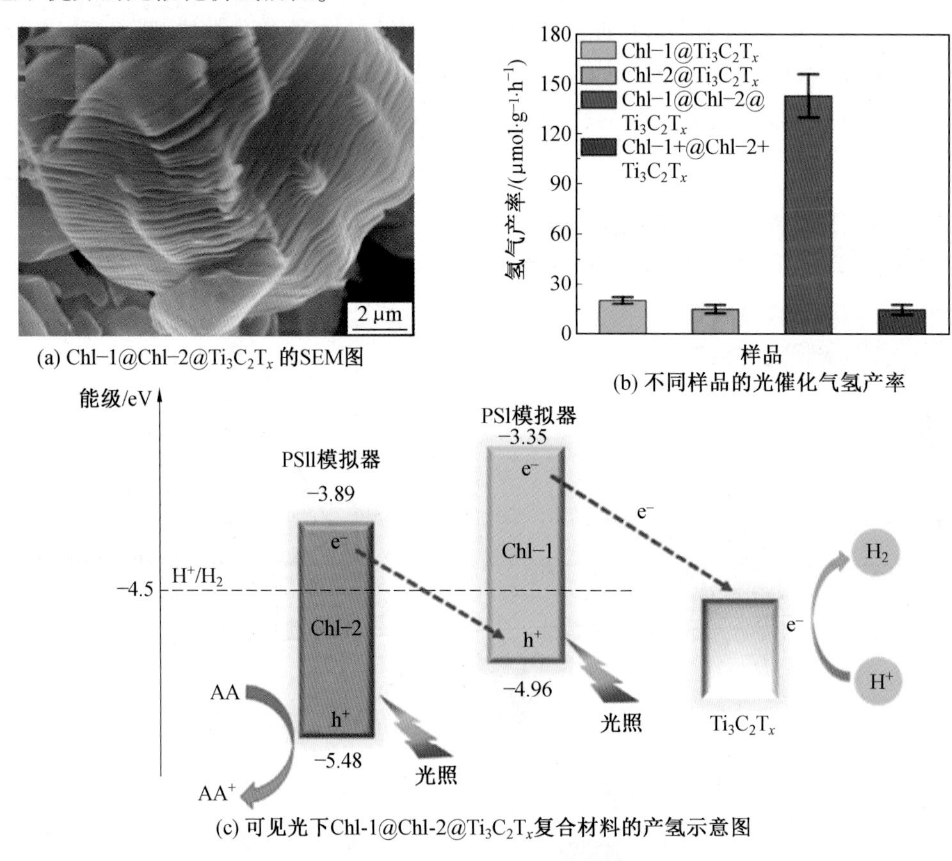

图 5.28 Chl-1@Chl-2@$Ti_3C_2T_x$ 光催化产氢[50]

5.1.2 MXene 基复合材料光催化降解水体污染物

水，是人类赖以生存的重要资源，但由于大量工业废水和生活污水的过度排放，造成严重的水污染现状，例如，水体富营养化、水中重金属离子超标、染料废水和抗生素浓度过高等问题。传统的污水处理技术(凝聚、沉淀、吸附和生物降解等)运行成本高，工艺流程复杂且不能彻底去除污染物。基于半导体的光催化技术是一种由太阳能驱动的绿色技术，可以将水体中的有机污染物光催化降解为低毒性小分子，甚至是二氧化碳和水。与其他水处理技术相比，光催化降解技术具有以下几方面的优势：①催化降解效率高，能够将污染物完全矿化；②不产生副产物，绿色无污染；③成本低廉，工艺流程简单；④反应温和，不需要高温或高压条件。因其巨大的潜力和发展前景，光催化技术被广大学者认为是解决环境污染问题的有效手段之一。

新型二维纳米材料 MXene 具有优异的导电性能、丰富的表面亲水基团、较大的比表面积，能够有效地促进光生载流子的分离和转移，成为廉价高效的助催化材料。因此，MXene 基复合材料在光催化降解水体污染物方面也具有广阔的应用前景。

1. 金属化合物/MXene 复合材料

(1)金属氧化物。

Ti_3C_2 与半导体形成的肖特基结可以有效促进电荷载流子的转移及其空间分离。Peng 等[13]通过简单的水热氧化法制备了(001)TiO_2/Ti_3C_2 复合材料(图 5.29)。在 160 ℃水热温度下制备的(001)TiO_2/Ti_3C_2 复合材料对 MO 的降解速率最高，因为在较高温度下 Ti_3C_2 氧化减少，TiO_2 纳米片不断增加，有利于异质结的形成。从功函数的角度来看，可以通过它们的界面建立肖特基势垒，由于 Ti_3C_2—OH 的功函数低于 TiO_2(001)表面的功函数，因此可以将光生空穴而非电子从 TiO_2 注入 Ti_3C_2—OH 表面。Ti_3C_2/TiO_2 界面处的肖特基势垒可以有效地防止空穴流回 TiO_2，因此实现了光生电子-空穴对的空间分离。增强的电荷分离效率和暴露的活性面极大地促进了甲基橙染料的光催化降解，这项工作为开发 MXenes 用于高性能光催化剂提供了新的思路和方向。

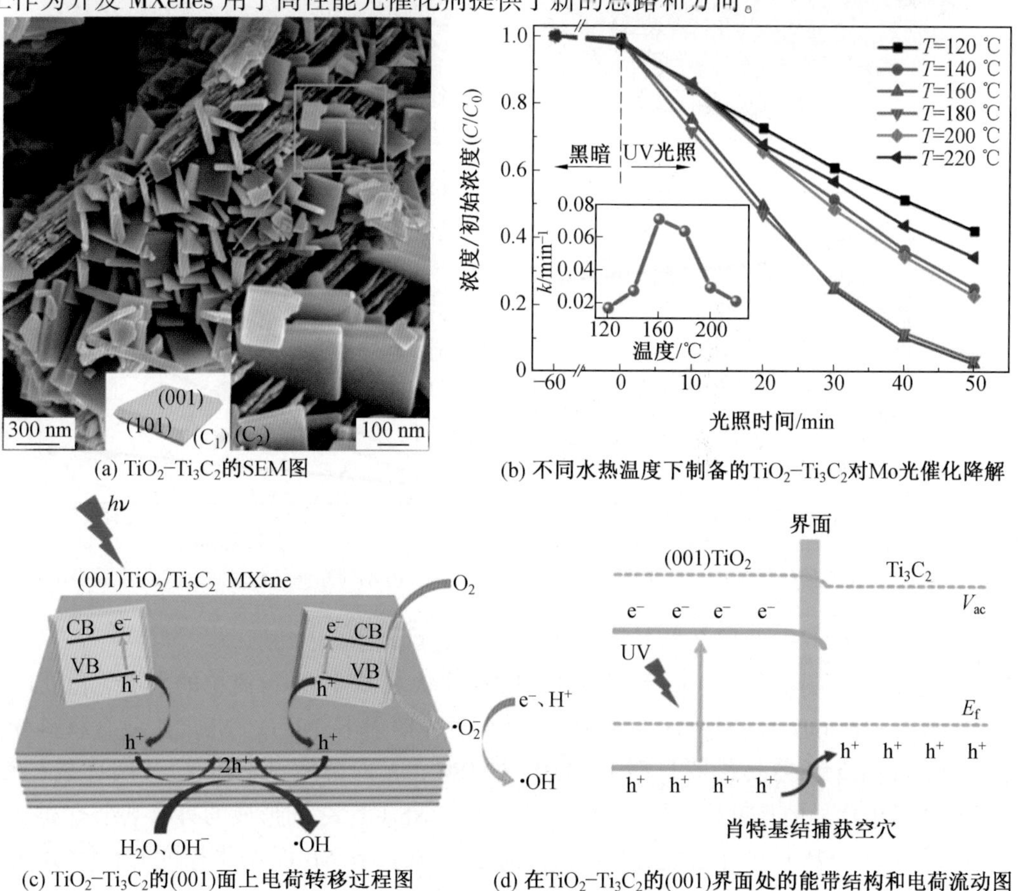

图 5.29 TiO_2-Ti_3C_2 光催化降解 MO[13]

Shen 等[51]通过水热法制备了立方体 CeO_2 和 2D 超薄 Ti_3C_2/MXene 纳米片复合的 CeO_2/Ti_3C_2/MXene 肖特基结复合材料(图 5.30)。在太阳光照射下,单独 CeO_2 在 60 min 内仅能降解 18.2% 的四环素(TC),而所有的 CeO_2/Ti_3C_2/MXene 复合材料在 TC 降解中显示出增强的光催化活性,其中 CeO_2/MX-5% 具有最优异的光催化性能,在 60 min 内降解 80.2% TC。经计算,CeO_2、CeO_2/MX-3%、CeO_2/MX-5% 和 CeO_2/MX-7% 的反应速率分别为 0.003 5 min^{-1}、0.016 2 min^{-1}、0.021 9 min^{-1} 和 0.014 6 min^{-1},可以发现 CeO_2/MX-5% 的 TC 降解速率是单独 CeO_2 的 6.3 倍。CeO_2/Ti_3C_2-MXene 活性的提高归因于 CeO_2 和 Ti_3C_2-MXene 之间内置电场构建的肖特基结,促进了电荷从 CeO_2 纳米片转移到 Ti_3C_2 MXene,从而提高了电荷转移和分离效率。

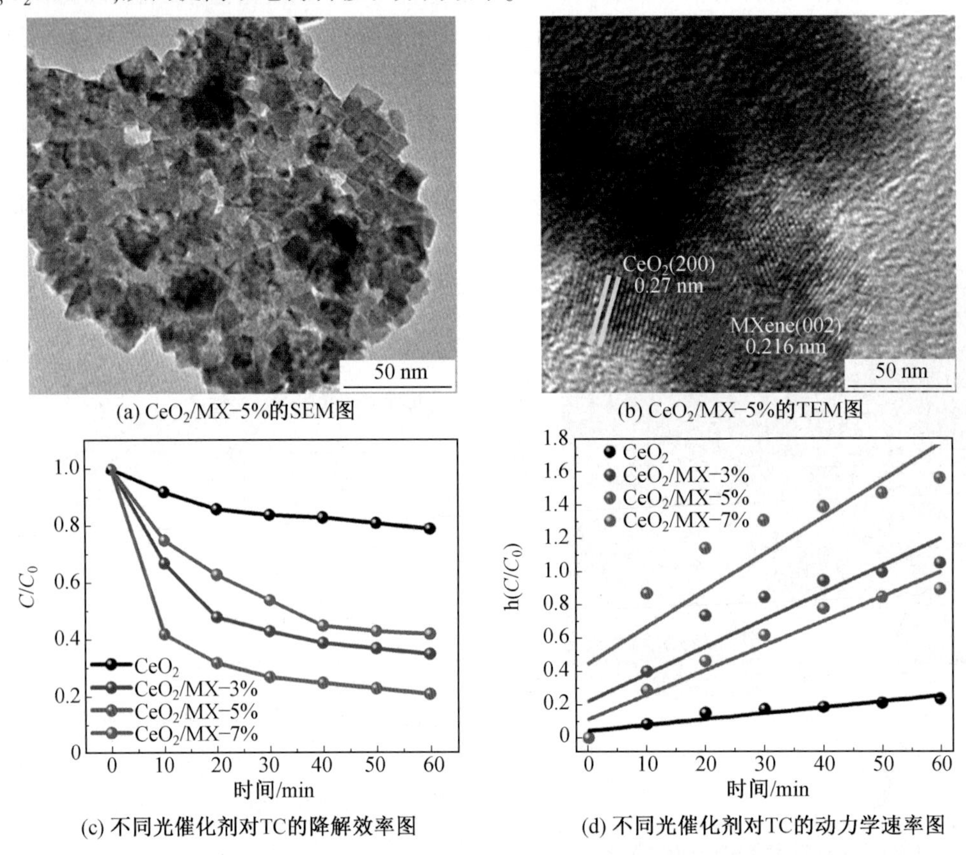

图 5.30　CeO_2/Ti_3C_2/MXene 光催化降解 TC[51]

基于类似的制备方法,Cui 等[52]通过对 2D 层状 Nb_2CT_x 进行简单的水热氧化处理合成了 Nb_2O_5/Nb_2CT_x 复合材料(图 5.31)。在可见光照射下,Nb_2O_5/Nb_2CT_x 复合材料分别在 120 min 内降解 98.5% 罗丹明 b(RhB)和 180 min 内降解 91.2% 盐酸四环素(TC-HCl),显示出优异的光催化活性。Nb_2O_5 纳米棒与 Nb_2CT_x 之间形成的肖特基结有利于光生载流子有效分离。在可见光照射下,电子被激发跃迁到 Nb_2O_5 纳米棒的 CB 中,并在价带位置产生空穴。由于低费米能级和 Nb_2CT_x 的导电性,大多数的电子从 Nb_2O_5 的 CB 转移到 Nb_2CT_x,然后可以通过 Nb_2O_5 和 Nb_2CT_x 界面处肖特基势垒,从而有效地抑制电子流

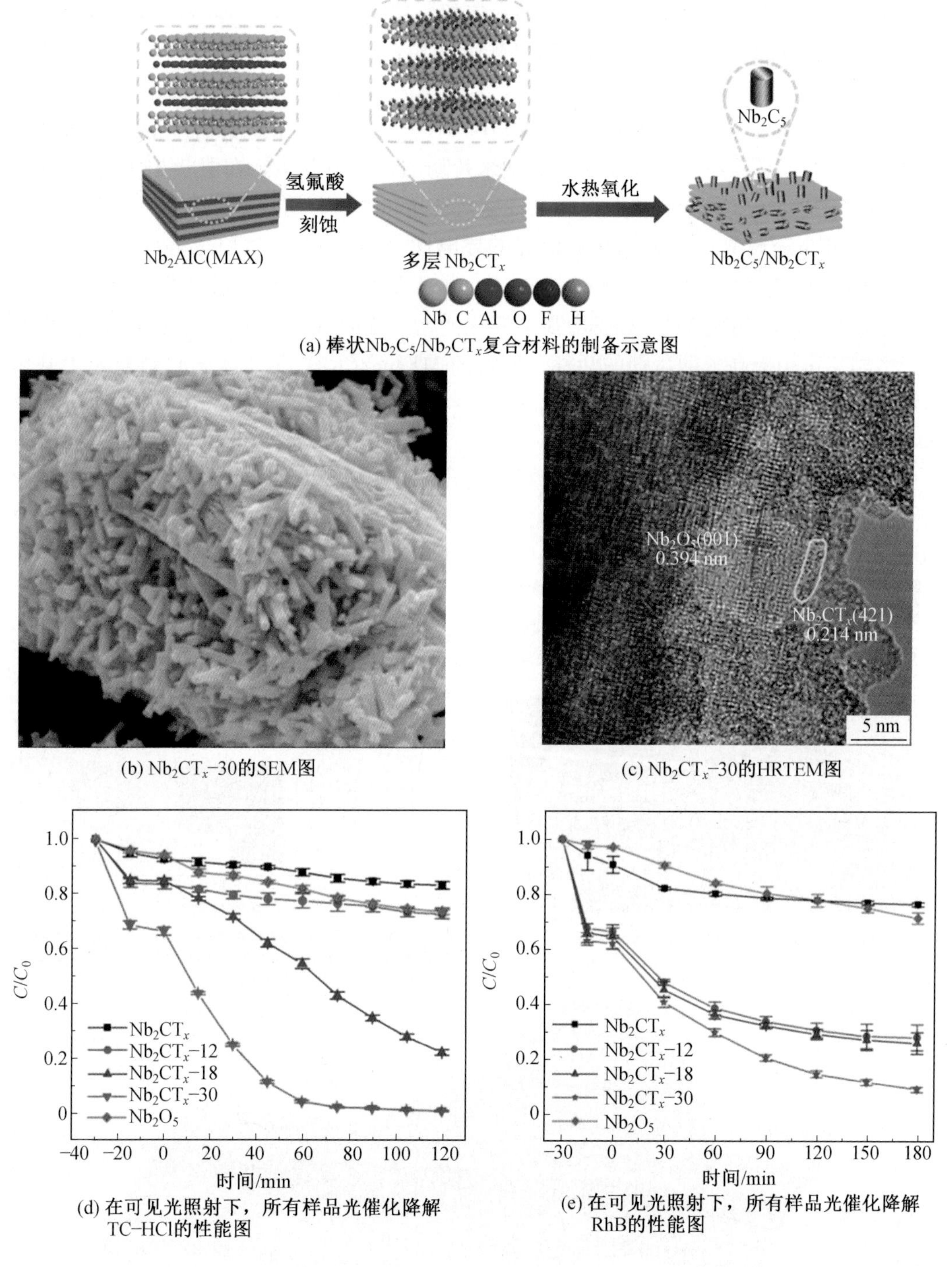

图 5.31　Nb_2O_5/Nb_2CT_x 光催化降解 RhB 和 TC-HCl[52]

回到 Nb_2O_5,有利于光生电子和空穴的分离。

Zhang 等[53]以均匀的 2D $\alpha-Fe_2O_3$ 纳米片和层状 Ti_3C_2MXene 为原料,通过简便的超声辅助自组装方法合成了 $\alpha-Fe_2O_3/Ti_3C_2$MXene 复合材料。在可见光照射下,通过光催化降解 RhB 研究了所制备样品的光催化活性,发现所有的 $\alpha-Fe_2O_3/Ti_3C_2$ 复合光催化剂显示出比单独 Ti_3C_2 更高的光催化活性,其中,$\alpha-Fe_2O_3/Ti_3C_2-2$ 的降解率最高,为 98%。光催化活性的提高得益于二维 $\alpha-Fe_2O_3$ 纳米片均匀地分散并锚定在层状 Ti_3C_2MXene 表面,形成多个异质结构界面,从而提高了可见光吸收和电荷分离效率。

基于 MXene 较高的比表面积和优异的导电性,Luo 等[54]通过原位溶剂热法合成了 Co_3O_4 纳米颗粒改性的 MXene(MXene/Co_3O_4)纳米复合材料。Co_3O_4 纳米复合材料均匀地锚定在 Ti_3C_2 片的表面上,从而增强了催化活性。同时,Co_3O_4 组分与 Ti_3C_2 底物之间的紧密相互作用提高了催化剂的活性。制备的 MXene/Co_3O_4 纳米复合材料对亚甲基蓝和罗丹明 B 具有良好的催化降解效果。

(2)金属硫化物。

MXene 具有较大的表面积,可作为基底在其表面组装其他催化剂。Jiao 等[55]利用水热法在 Ti_3C_2 上生长了垂直排列的 MoS_2 层(图 5.32),通过控制 MoS_2 的含量合成了一系列 MoS_2@Ti_3C_2 纳米杂化物,在 24 h 内对废润滑油进行光催化降解活性测试。可以明显

(a) MoS_2@Ti_3C_2纳米杂化物的SEM图

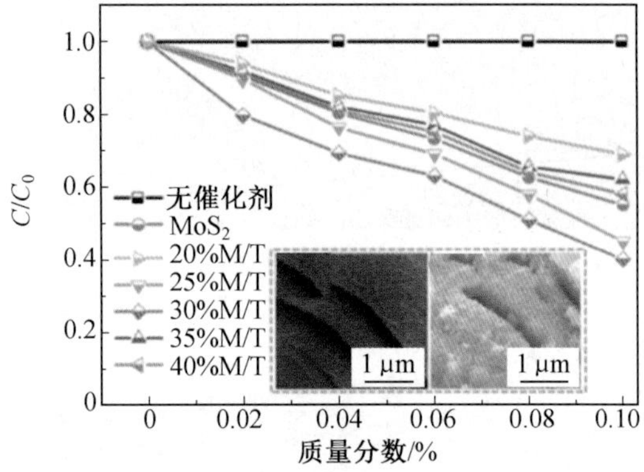

(b) 可见光照射下,不同质量分数的MoS_2样品在24 h内对废油的光催化降解活性(20% M/T表示MoS_2占MoS_2@Ti_3C_2纳米杂化物中质量的20%)

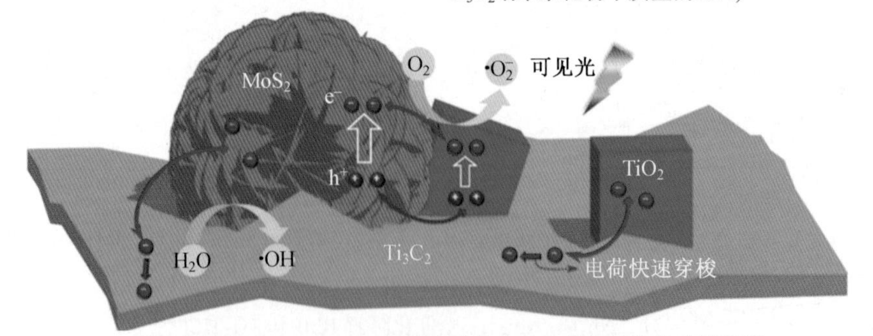

(c) 可见光照射下 MoS_2@Ti_3C_2纳米杂化物中的电荷分离和转移示意图

图 5.32 MoS_2@Ti_3C_2 光催化降解废润滑油[55]

看出,30% M/T 的光催化活性最佳。MoS_2@Ti_3C_2 纳米杂化物光催化性能的提高主要来自三个方面:第一,MoS_2 在 Ti_3C_2 上垂直生长,这确保了更多的活性位点可以暴露出来;第二,异质结和肖特基结的存在减少了光生电子和空穴的复合;最后,具有窄带隙的 MoS_2 和宽带隙的 TiO_2 的结合增加了太阳吸收的范围。随着 MoS_2 含量的增加,在 Ti_3C_2 的表面上 MoS_2 的厚度增加,并且在 MoS_2@Ti_3C_2 杂化物中出现了一些单独的 MoS_2,使得光催化性能降低。

Feng 等[56]将 Ag_2S 通过化学沉积和静电自组装的方式沉积在 3D MXene 凝胶球的表面上,形成均匀的异质结 MXene/Ag_2S 复合材料(图 5.33)。在可见光下,MXene/Ag_2S 比单独的 MXene 和 Ag_2S 具有更优异的光催化活性降解活性。MXene 和 Ag_2S 的对 MB 光催化降解效率仅为 51.59% 和 27.96%,而 MXene/Ag_2S 显示出更高的光催化降解效率(>98%)。同样,MXene 和 Ag_2S 对盐酸四环素的光催化降解效率相对较低,分别为 32.08% 和 56.21%,而 MXene/Ag_2S 肖特基结复合材料光催化降解效率高达 94.91%。MXene/Ag_2S 肖特基结的构建抑制了 e^-/h^+ 对的重组,MXene 的表面积较大,可减少 Ag_2S 团聚,增强光催化效果;同时 Ag 离子的等离子体共振协同效应进一步促进了强氧化还原自由基的生成。此外,MXene 表面的金属 Ti 具有很强的氧化还原反应性,提高了催化体系的氧化还原能力,促进了复合材料光催化降解持久性污染物。

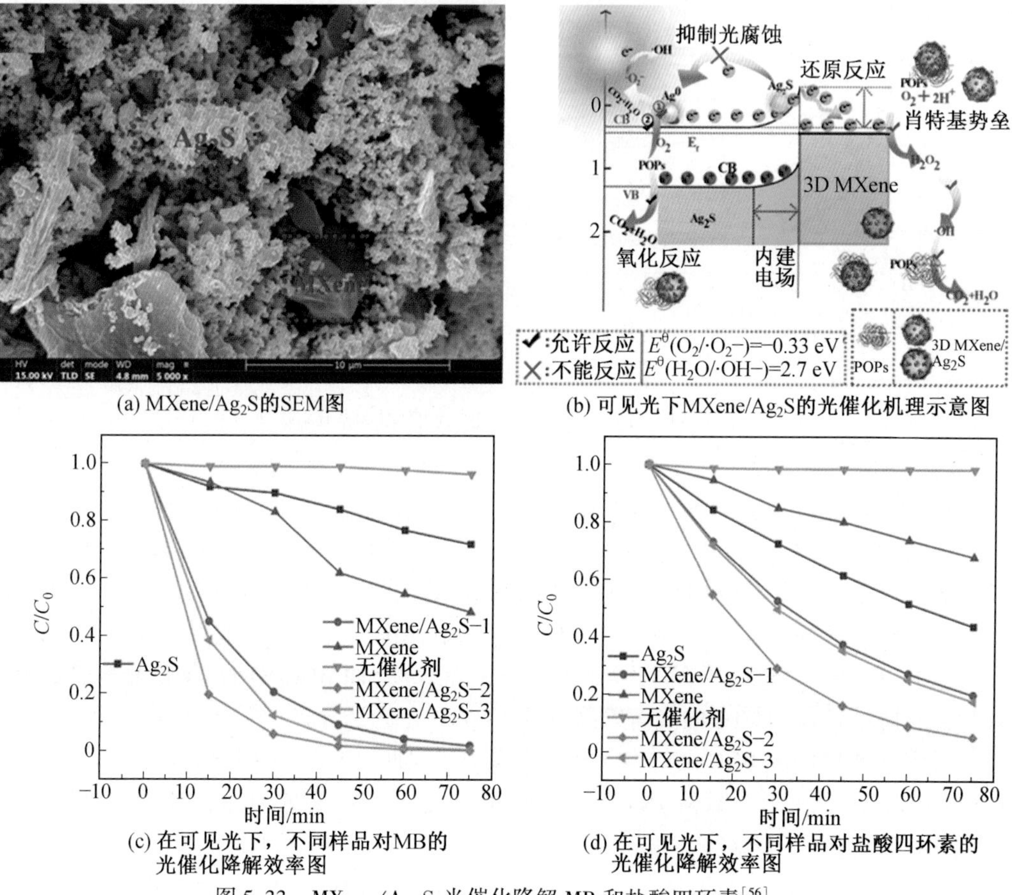

(a) MXene/Ag_2S的SEM图

(b) 可见光下MXene/Ag_2S的光催化机理示意图

(c) 在可见光下,不同样品对MB的光催化降解效率图

(d) 在可见光下,不同样品对盐酸四环素的光催化降解效率图

图 5.33　MXene/Ag_2S 光催化降解 MB 和盐酸四环素[56]

Zou[57]采用水热法制备了 Ti_3C_2MXene/MoS_2 复合材料。如图 5.34 所示，MXene/Ti_3C_2/MoS_2 复合材料具有明显的二维层状结构。另外，MoS_2 均匀地分布在 Ti_3C_2 层上，呈现明显的晶格状条纹，晶面间距约为 0.64 nm，可归属于(002)晶面。在可见光照射下，MXeneTi_3C_2/MoS_2 复合材料(MT-4)在 60 min 内表现出最佳的光催化性能，最高的雷尼替丁(RAN)降解率和矿化率分别为 88.4% 和 73.6%。Ti_3C_2/MoS_2 复合材料优异的光催化活性归因于两者的肖特基异质结，促进了电荷载流子的分离。

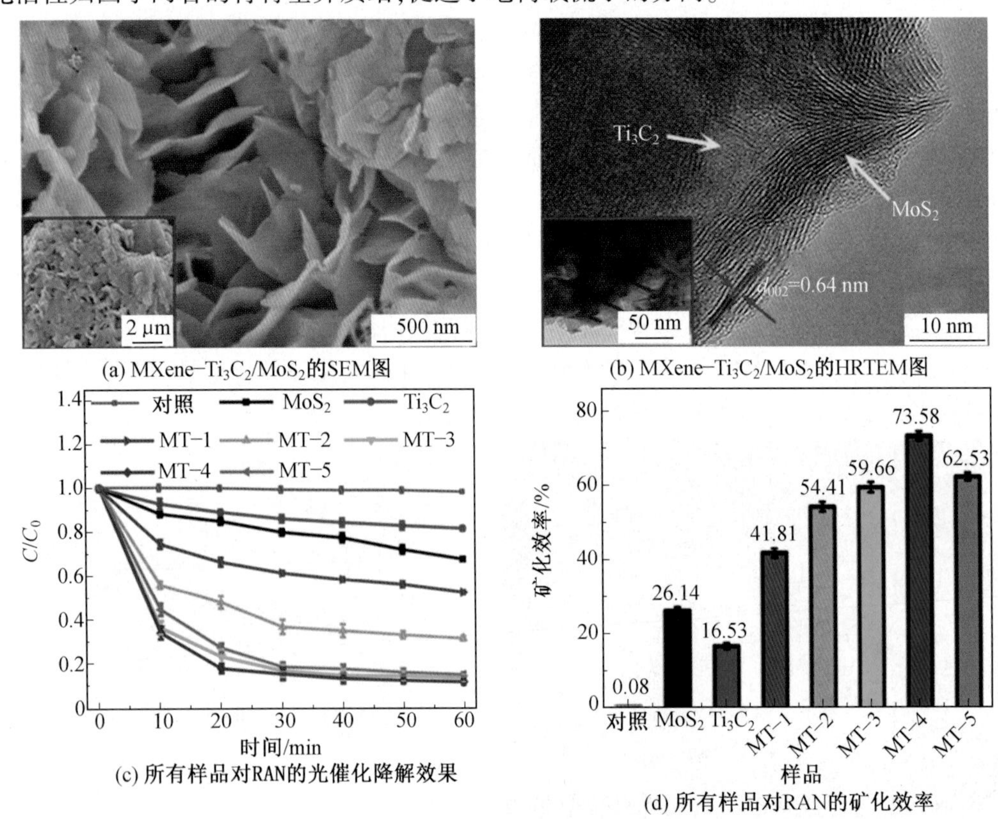

(a) MXene-Ti_3C_2/MoS_2的SEM图
(b) MXene-Ti_3C_2/MoS_2的HRTEM图
(c) 所有样品对RAN的光催化降解效果
(d) 所有样品对RAN的矿化效率

图 5.34 MXene Ti_3C_2/MoS_2 光催化降解 RAN[57]

(3)铋基半导体。

Tan 等[58]通过水热法成功地将 $Bi_2O_2CO_3$(BOC)负载在高导电性的 Ti_3C_2 表面上，形成了独特的 BOC/Ti_3C_2 异质结构的复合材料。从图 5.36 中明显观察到，BOC/Ti_3C_2 复合材料表现出堆叠的片状结构，并且片状 BOC 成功地加载到分层的 Ti_3C_2 上，两种二维片状复合材具有较大的比表面积，有利于暴露更多的活性位点。在可见光照射 120 min 后，单独的 BOC 和 Ti_3C_2 的 TC 降解效率分别为 43% 和 16%，而 BOC/Ti_3C_2 复合材料表现出良好的催化降解性能，对 TC 的降解效率约为 81%。在光诱导产生 e^-和 h^+的过程中，肖特基结可以有效地促进 BOC 上的电子转移到 Ti_3C_2 表面，而 Ti_3C_2 捕获的电子不能回流到 BOC 的 CB 中，从而减少载流子复合。随后，转移的 e^-与溶解的 O_2 反应以产生强氧化性超氧化物自由基($\cdot O_2^-$)($E_{O_2/\cdot O_2}$=-0.046 eV)。O_2 与水体中的 TC 反应，使得 TC 被氧化降解。此外，由于 H_2O/OH($E_{H_2O/OH}$=1.9 eV)的电位比 BOC(VB)的电位更正，h^+很难与

局部 H_2O 相互作用生成羟基自由基(· OH)，但可以直接氧化水中的 TC。

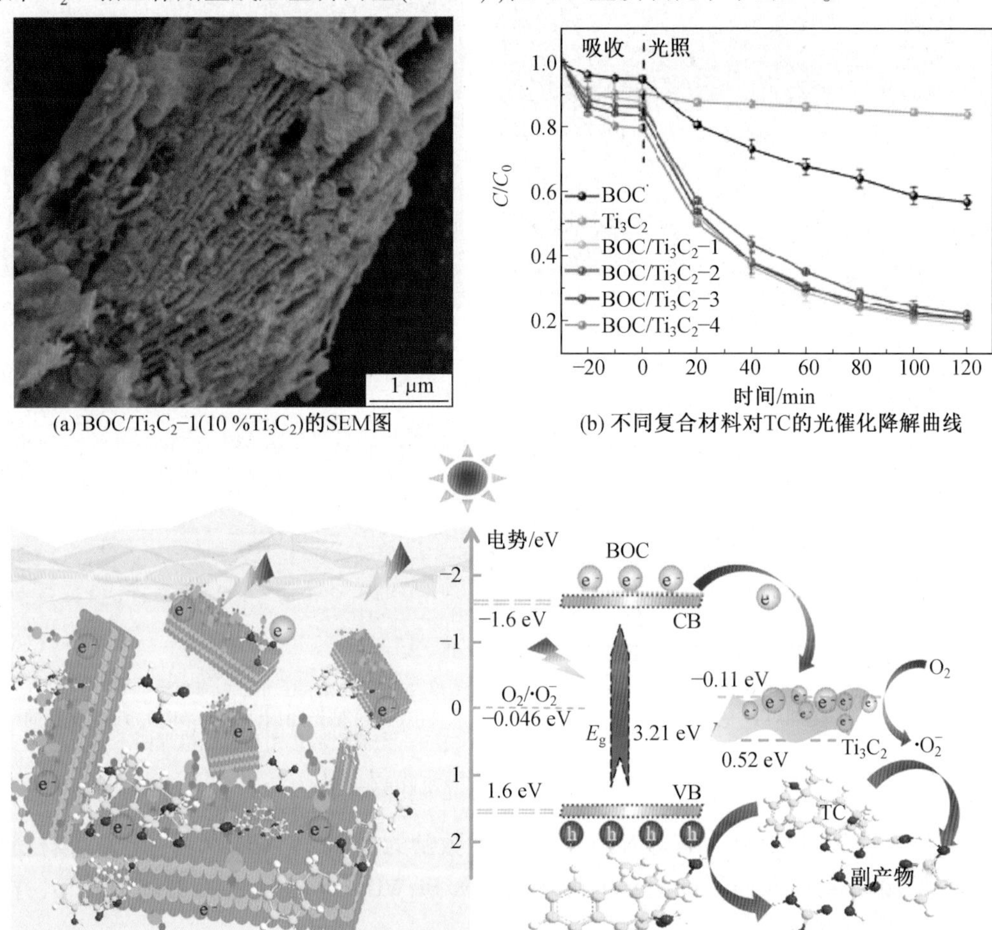

(a) BOC/Ti_3C_2-1(10 %Ti_3C_2)的SEM图　(b) 不同复合材料对TC的光催化降解曲线

(c) BOC/Ti_3C_2光催化降解TC的机理示意图

图 5.35　BOC/Ti_3C_2 光催化降解 TC[58]

Zhao 等[59]通过 CTAB 辅助方法合成了 2D Bi_2MoO_6 纳米片，随后将 Bi_2MoO_6 纳米片原位生长在 Ti_3C_2 纳米片表面上，形成了 2D/2D Bi_2MoO_6/Ti_3C_2MXene 异质结材料(图 5.36)。所有 Bi_2MoO_6/Ti_3C_2 复合材料均比单独的 Bi_2MoO_6 表现出更高的光催化活性，其中具有最佳降解效果的 Bi_2MoO_6/Ti_3C_2 在 30 min 内即可达到 99% 的盐酸四环素去除效率，为原始 Bi_2MoO_6 的 8.8 倍。DFT 表明，Bi_2MoO_6/Ti_3C_2 两者的相互作用促进了复合材料的极化电荷分布，从而进一步增强了光生电子与空穴的分离和转移。同时，Bi_2MoO_6/Ti_3C_2 可以提供新的吸附位点，有利于污染物分子与催化剂之间的相互作用，这表明在异质结光催化剂中高效的电荷分离和优异的吸附性能对改善光催化活性起着关键作用。

Cui 等[60]通过简便的水热法合成了超薄的 2D/2D Bi_2WO_6/Nb_2CT_x 纳米片光催化剂(图 5.37)。从中观察到，Bi_2WO_6/Nb_2CT_x 复合光催化剂为明显的花状结构，有利于扩大比表面积，提高反应活性位点。在可见光照射下，BN-2(含 2% Nb_2CT_x)对 RhB 和 MB 的降解效率分别为 99.8% 和 92.7%，具有最高的光催化活性，光降解速率常数分别是原始

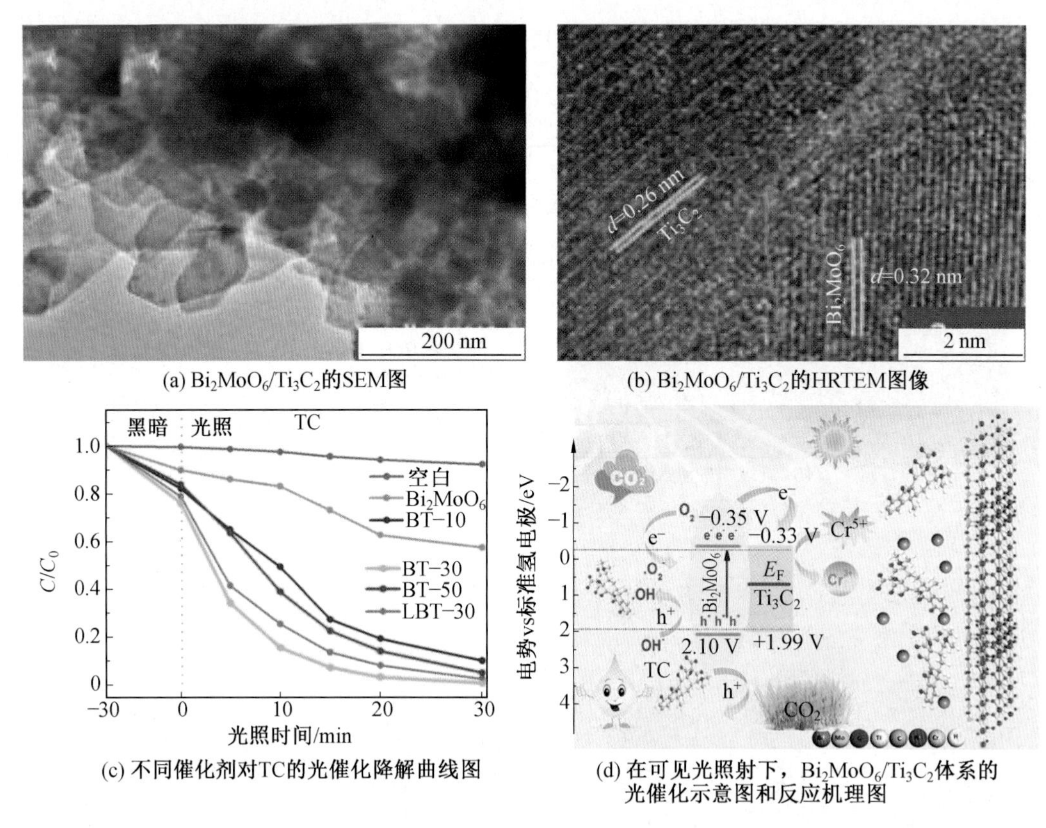

(a) Bi_2MoO_6/Ti_3C_2的SEM图　(b) Bi_2MoO_6/Ti_3C_2的HRTEM图像

(c) 不同催化剂对TC的光催化降解曲线图　(d) 在可见光照射下，Bi_2MoO_6/Ti_3C_2体系的光催化示意图和反应机理图

图 5.36　Bi_2MoO_6/Ti_3C_2 光催化降解 TC[59]

Bi_2WO_6 的 2.8 倍和 2 倍。随着 Nb_2CT_x 纳米片数量的增加，Bi_2WO_6/Nb_2CT_x 复合材料形成较大的接触界面，从而促进了光生荷载流子从 Bi_2WO_6 到 Nb_2CT_x 的分离和转移，并提高了光催化降解效率。

由于在刻蚀过程中，Ti_3C_2MXene 表面存在一些含 F 端基，在一定程度上限制了 MXene 基光催化剂的合成和开发。Liu 等[61]通过引入剥离蒙脱石（MMT_{ex}）有效地抑制水热合成过程中 Ti_3C_2 的氧化，同时削弱表面—F 端基的不利影响，实现 Ti_3C_2 的表面氧功能化（图 5.38）。首先，在氧官能化的 MMT_{ex}/Ti_3C_2 上组装微球 BiOBr；其次，通过原位共沉淀耦合和微波水热法成功制备三元 $BiOBr/Ti_3C_2/MMT_{ex}$。为了进一步研究可见光驱动的 $BiOBr/Ti_3C_2/MMT_{ex}$复合材料的光催化性能，多种典型的有机化合物（RhB、MB、TC 和 OTC）被用作目标污染物并用于光催化活性测试。$BiOBr/Ti_3C_2/MMT_{ex}$对这些有机物表现出优异的光催化性能，10 mg/L RhB 和 MB 的降解效率在 120 min 的内均高达 99%，而 20 mg/L TC和 OTC 的降解效率也达到了 84% 和 79%。TOC 也具有同样较高的去除效果。通常，BiOBr 的 CB 电子聚集在 Ti_3C_2/MMT_{ex}的表面，其具有比 $O_2/\cdot O_2^-$ 还原电位（−0.33 V）更负的电位（−0.38 V），因此，e^-可以与溶解的 O_2 迅速反应产生 $\cdot O_2^-$。此外，含 O 端基的 Ti_3C_2/MMT_{ex}提供了电子富集的环境并充当辅助催化剂，促进 O_2 的吸附以产生更多的活性物质，通过光生 e^-产生 · OH。此外，BiOBr 的 VB 中留有大量 h^+，可以直接氧化 OH^-生成 · OH。这些活性物种均可参与到光催化降解过程中，进而提升降解效率。

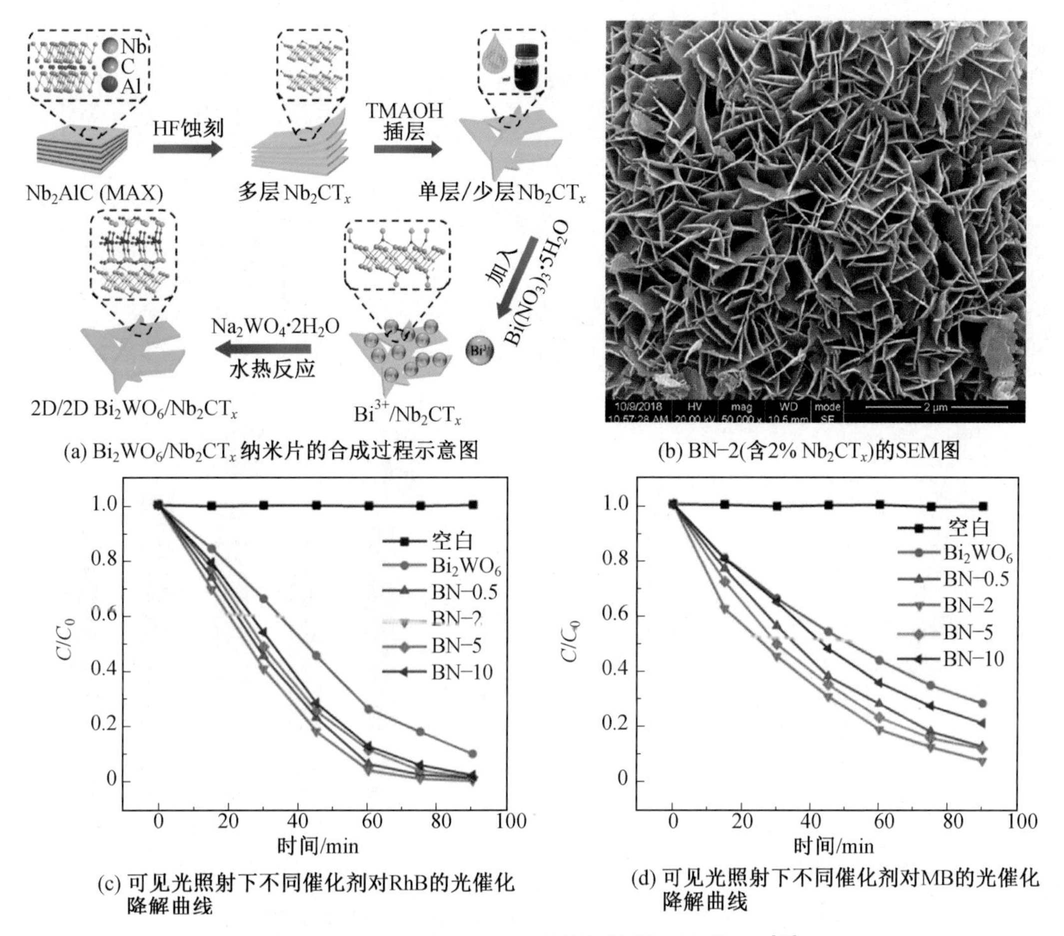

(a) Bi_2WO_6/Nb_2CT_x 纳米片的合成过程示意图

(b) BN-2(含2% Nb_2CT_x)的SEM图

(c) 可见光照射下不同催化剂对RhB的光催化降解曲线

(d) 可见光照射下不同催化剂对MB的光催化降解曲线

图 5.37　Bi_2WO_6/Nb_2CT_x 光催化降解 RhB 和 MB[60]

(4)其他化合物。

Cai 等[62]通过静电驱动自组装策略成功合成了 Ag_3PO_4/Ti_3C_2MXene 肖特基催化剂(图 5.39)。Ti_3C_2 可以大大增强 Ag_3PO_4 的催化活性和稳定性,主要源于:①Ti_3C_2 丰富的表面亲水官能团与 Ag_3PO_4 形成紧密界面接触,有利于载体的分离;②表面末端 Ti 位点的强氧化还原反应性促进了电子还原反应,以诱导更多 · OH 产生;③在 Ag_3PO_4/Ti_3C_2 界面处形成的肖特基结通过内置电场将电子及时转移到 Ti_3C_2 表面,从而抑制了由光生载流子的复合。Ag_3PO_4/Ti_3C_2 在降解有机污染物方面表现出优异的光催化活性,在降解氯霉素(CPL)、甲砜霉素(TPL)和盐酸四环素时均显示出最高的光催化活性。

Park 等[63]利用钴掺杂的方式改性处理合成了 $Co/ZnTiO_3$(ZTO)/$Ti_3C_2T_x$ MXene(ZC_xTM,x 表示 Co 负载的质量分数),如图 5.40 所示。在可见光照射下,研究不同光催化剂对四环素的降解效果,其中 ZTO(9.93%)和 ZC5TM(54.5%)具有最低和最高的 TC 降解率。而含有 MXene 的纳米杂化物显示出更高的降解速率,动力学常数按递增顺序如下:ZTO<ZC_3T<MXene<ZC_5T<ZC_3TM<ZC_5TM。原因归于 MXene 表面丰富的端基基团(—O、—F、—OH)存在下,产生更多活性物种地,光生电子-空穴对的重组概率更低,从而提高了催化剂的氧化还原能力。

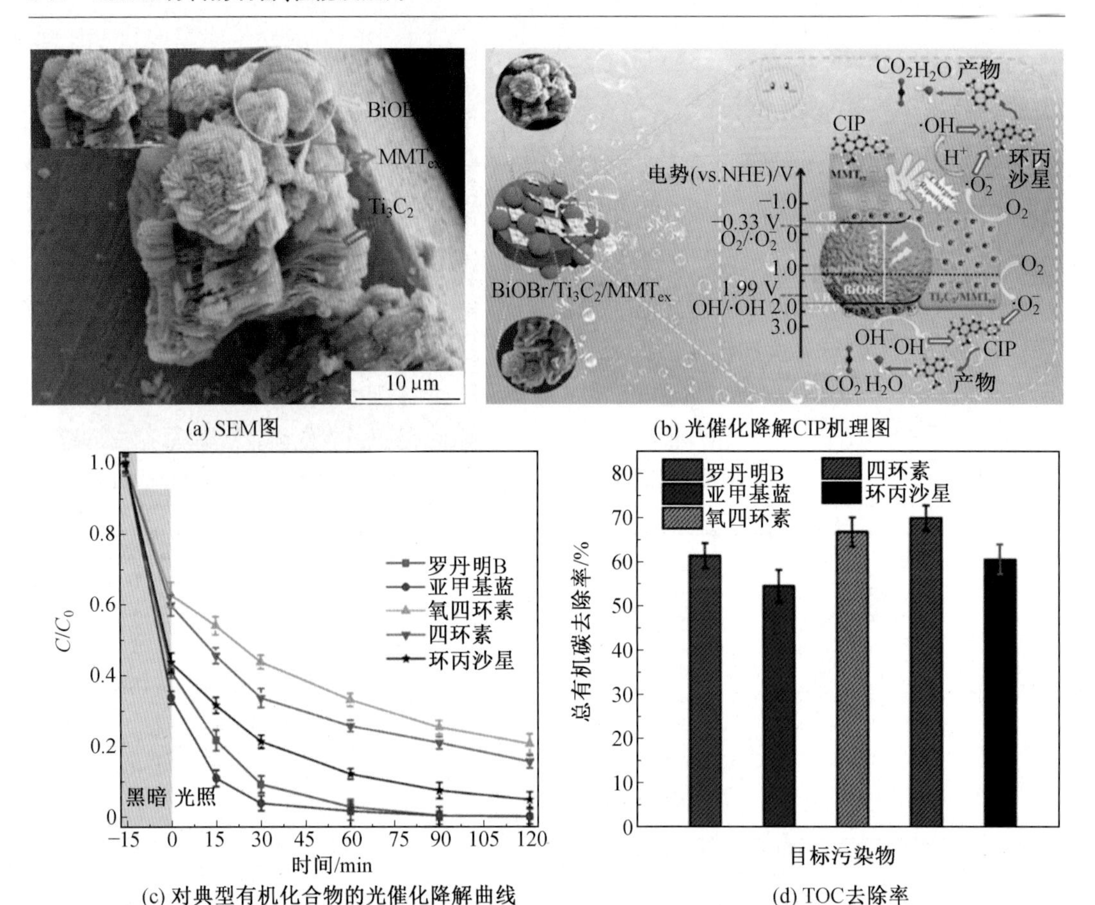

(a) SEM图

(b) 光催化降解CIP机理图

(c) 对典型有机化合物的光催化降解曲线

(d) TOC去除率

图 5.38 $BiOBr/Ti_3C_2/MMT_{ex}$光催化降解典型有机化合物[61]

2. $g-C_3N_4$/MXene 复合材料

$g-C_3N_4$ 是一种典型的具有二维结构的聚合物半导体,其结构中的 C 原子和 N 原子以 sp^2 杂化形成高度离域的 π 共轭体系,常被用于光催化材料。Zhou 等[64]通过煅烧法合成了 $g-C_3N_4/Ti_3C_2$ MXene/黑磷(CN/MX/BP、CXB)。如图 5.41 所示,在可见光照射下(λ>420 nm),$C_{0.2}X_{0.01}B_{0.01}$在60 min 内即可降解 99% 以上的环丙沙星(CIP)。$C_{0.2}X_{0.01}B_{0.01}$的光催化活性主要得益于 Z 型异质结和 P 桥效应的设计。P 桥接效应是根据 BP 纳米片中的活性 P 原子与制备的 CN 之间的反应设计的。通过 XPS 中的结合能位移和光生电荷的氧化还原能力可证实 CXB 是 Z 型异质结和 P—N/P ═N 键的结合。$C_{0.2}X_{0.01}B_{0.01}$的 Z 型异质结提供了更强的还原/氧化能力,以产生更多的活性自由基和更高的催化活性。

5.1.3 MXene 基复合材料光催化 CO_2 还原

随着化石能源的过渡使用,大量 CO_2 被排放到大气中,极大地影响了自然界碳循环的平衡,造成温室效应等气候变化问题,使得碳排放和能源危机成为科学研究的热点问题[65-66]。目前,迫切需要有效的二氧化碳捕获和利用技术来控制和减轻二氧化碳的排放。光催化技术可通过取之不尽的太阳能和低成本原料(CO_2 和水)还原为有价值的碳

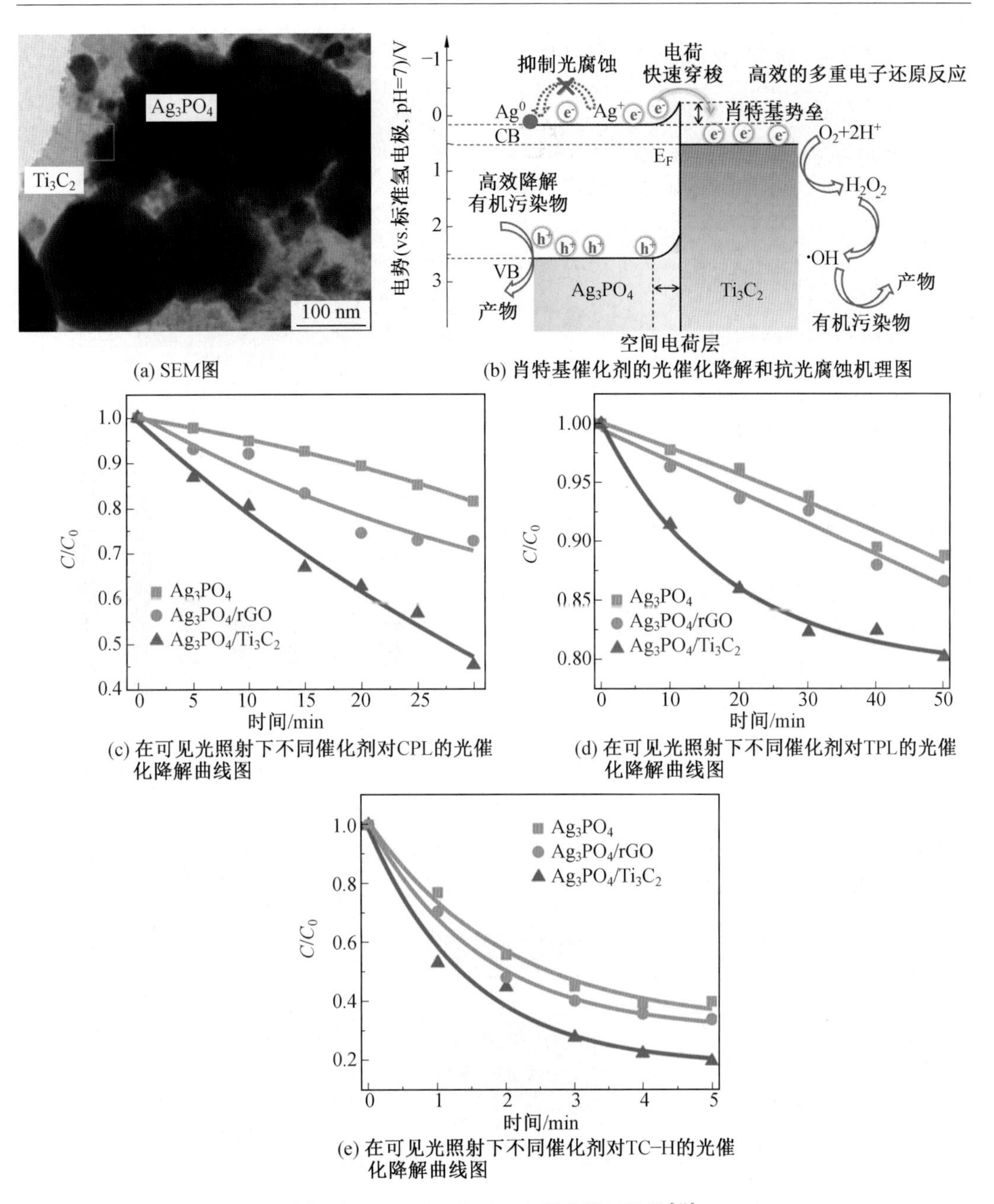

(a) SEM图　(b) 肖特基催化剂的光催化降解和抗光腐蚀机理图

(c) 在可见光照射下不同催化剂对CPL的光催化降解曲线图　(d) 在可见光照射下不同催化剂对TPL的光催化降解曲线图

(e) 在可见光照射下不同催化剂对TC-H的光催化降解曲线图

图5.39　Ag_3PO_4/Ti_3C_2 光催化降解性能[62]

氢化合物燃料，已被认为是解决日益严重的能源危机和环境问题最有前途的策略之一[67]。光催化 CO_2 还原的研究始于20世纪70年代。1979年，Inoue等[68]报道了在半导体如 TiO_2、ZnO、CdS、GaP和SiC的水悬浮液中通过光催化还原 CO_2 能够产生甲酸、甲醛和甲醇。在此以后，光催化 CO_2 还原被广泛研究[69]。

CO_2 的分子结构十分稳定，这是由于其拥有键合能为750 kJ/mol的C═O双键，相比于C—C(336 kJ/mol)、C—O(327 kJ/mol)和C—H键(411 kJ/mol)要大得多。通过光催

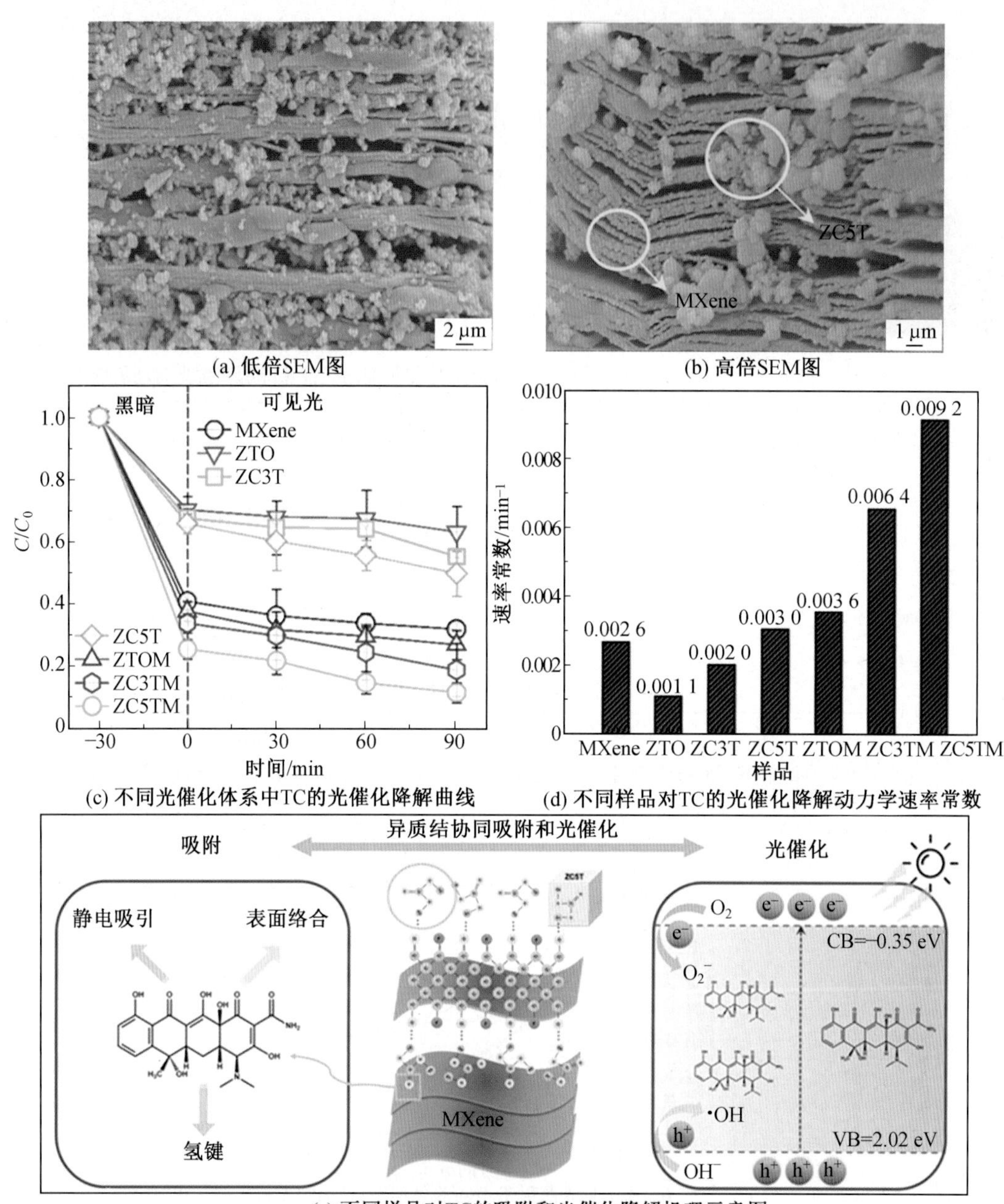

(a) 低倍SEM图

(b) 高倍SEM图

(c) 不同光催化体系中TC的光催化降解曲线

(d) 不同样品对TC的光催化降解动力学速率常数

(e) 不同样品对TC的吸附和光催化降解机理示意图

图 5.40 ZC5TM 光催化降解 TC[63]

化 CO_2 还原的方法在热力学上属于吸能反应,需要吸收大量的能量来破坏C ═O键[70-71]。CO_2 作为碳的最高氧化态,可以通过获得不同数量的电子和质子还原成多种产物,包括一氧化碳(CO)、甲酸(HCOOH)、甲烷(CH_4)等。除了这些 C_1 产物外,还可以在光催化 CO_2 还原反应中检测到源自 C—C 偶联反应的某些 C_2 产物乙烯(C_2H_4)、乙烷(C_2H_6)、乙醇(CH_3CH_2OH)等[72-73]。

光催化 CO_2 还原的典型过程如图 5.42 所示[65],一般由光吸收、电荷吸收、电荷分离、

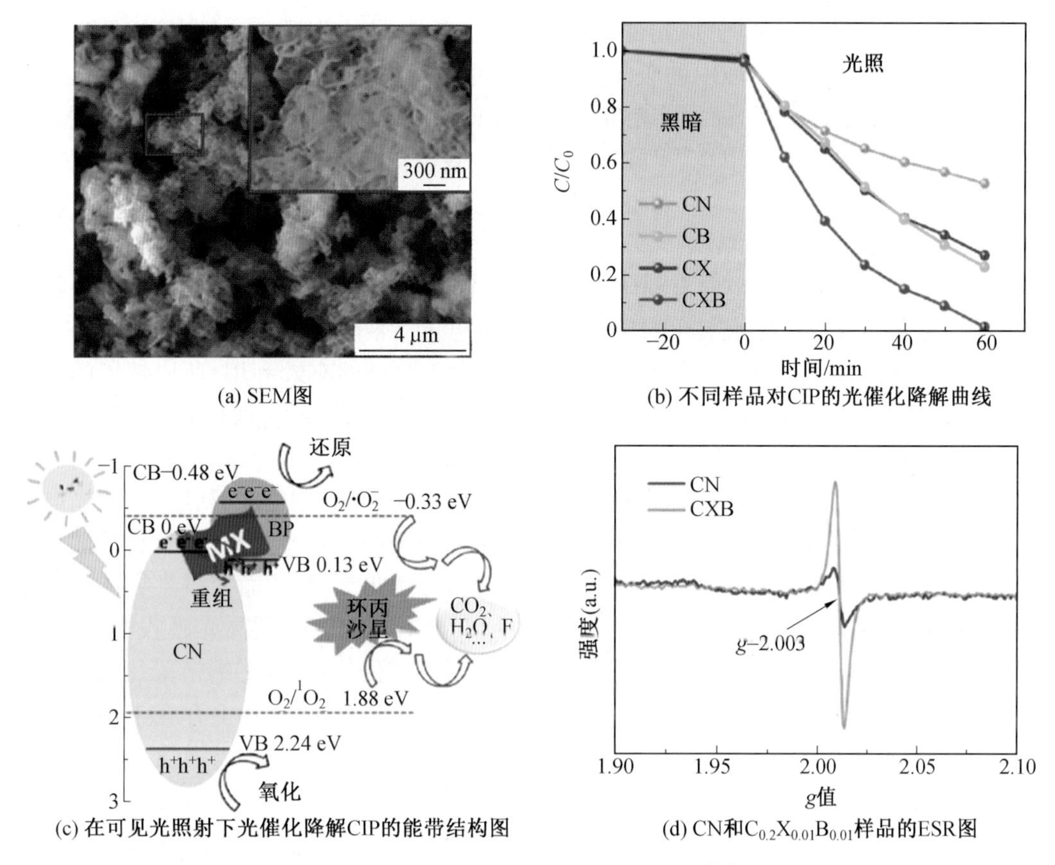

(a) SEM图

(b) 不同样品对CIP的光催化降解曲线

(c) 在可见光照射下光催化降解CIP的能带结构图

(d) CN和$C_{0.2}X_{0.01}B_{0.01}$样品的ESR图

图 5.41 $C_{0.2}X_{0.01}B_{0.01}$光催化降解 CIP[64]

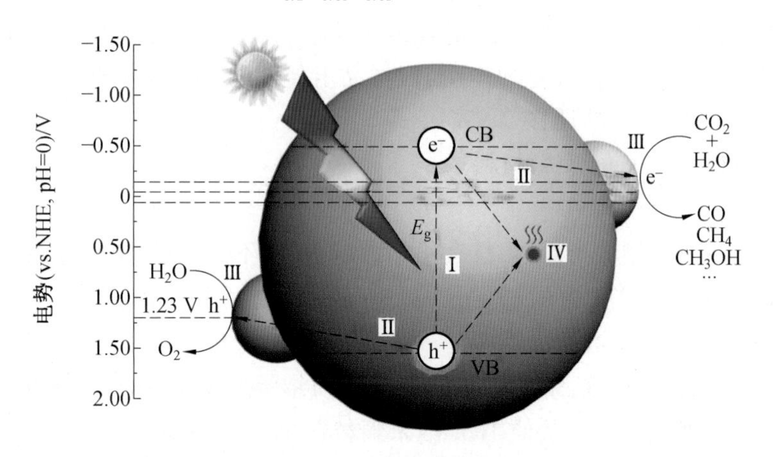

图 5.42 光催化二氧化碳还原机理图[65]

电荷吸附、表面氧化还原反应和产物解吸五个步骤组成。第一步是光催化剂吸收光子来产生电子和空穴对。用入射光照射光催化剂后,将电子从 VB 激发到 CB,并在 VB 留下相同数量的空穴。第二步是光生电子和空穴的空间分离,这一过程与电荷重组相互竞争,明显的重组会导致光生载流子的严重损失并且使得到的能量以热量的形式释放。因此,为了提高整体的光催化效率,需要提高光生载体的分离效率,并抑制光生电子的重组。第三

步是对 CO_2 的吸附,这是电子从光催化剂转移到 CO_2 分子的前提。一般来说,具有高比表面积的光催化剂可以为 CO_2 的吸附提供更多的活性位点。第四步是表面的氧化还原反应。在光生电子迁移到表面后,光生电子和空穴可以分别驱动不同的半反应,分别为光生电子将 CO_2 还原为 CO、甲烷、甲酸、甲醇或其他碳氢化合物,以及空穴将水氧化为 O_2。最后一步是产物的解吸。如果光催化产物不能及时从催化剂表面释放,则反应将会终止[69]。

为使这些光生电子或空穴有利于还原 CO_2,光催化剂的 CB 必须比 CO_2 还原的氧化还原电位更负,VB 应该比水氧化的氧化还原电位更正。带隙必须足够大,因为这两个电化学反应过电位较大。但带隙太大将限制它们对太阳光谱的有效利用,所以选用的光催化剂应该具有合适的能带结构,并且其材料的性质有利于电荷分离,拥有充足的活性位点等性质。目前报道的光催化还原 CO_2 的半导体光催化剂有 g-C_3N_4、TiO_2、CdS 等[72-73],但这些半导体光催化剂受自身性质的影响,具有局限性,例如对太阳能的利用不足,光电荷分离差,CO_2 分子的吸附性能差,以及对还原后特定的碳产物选择性低等[72]。光催化剂光生载流子的快速复合,导致光激发电子-空穴对的寿命非常短,从而使得半导体光催化剂的性能受到限制[71,74]。研究发现二维 MXene 可作为助催化剂,提高光吸收能力,同时改善光生电子与空穴分离和增强光生载流子传输[75]。其优势在于:①纳米薄片的形态和金属电导率保证电荷载流子从内部快速迁移到表面;②MXene 纳米片上存在丰富的亲水性表面官能团,不仅能够促进合成与半导体光催化剂之间的化学键,以增强界面电荷转移,而且能够促进它们与水分子的相互作用更加稳定;③由于 MXene 通常包含过渡金属的原子层作为其顶层和底层,这些金属位点可能具有很强的氧化还原活性[76-78];④MXene可接受光激发的电子,作为 CO_2 还原的活性位点[74-75];⑤MXene 表面存在丰富且可调的表面官能团能,增强对 CO_2 的吸附和活化。尽管 MXene 所导致光吸收的增强不能直接应用于光生电子-空穴对的产生,但样品上伴随的光热效应有利于加速反应物的吸附-解吸和电荷载流子的迁移[79]。

1. 金属氧化物/MXene 复合材料

(1) TiO_2。

TiO_2 作为一种典型的半导体,具有化学稳定性好、环境友好、光稳定性高以及研究成本较低的优势,常用于光催化的研究[80-81]。然而 TiO_2 带隙相对较宽(约 3.2 eV),对可见光的利用率不高,且光生电荷快速复合,因此光催化还原 CO_2 效率较低。通过对 TiO_2 进性表面改性、助催化剂负载、杂质掺杂和构筑异质结等来增强 TiO_2 的光催化性能[82-83]。Low 等[84]通过简单的煅烧方法使 TiO_2 纳米颗粒在 Ti_3C_2MXene 上原位生长,形成了具有较大比表面积的稻壳状结构(图 5.43)。通过调节煅烧温度调整 Ti_3C_2 上 TiO_2 纳米颗粒的负载量,优化后的 TiO_2/Ti_3C_2 复合材料(TT550)的 CH_4 产率比商业 TiO_2(P25)高 3.7 倍。作者提出了光催化增强 CO_2 还原的机理,如图 5.43 所示。首先,TiO_2 和 Ti_3C_2 两组分之间能够形成良好的异质界面,大大增加了光催化剂的比表面积,不仅保证了丰富的表面活性位点,而且提高了 CO_2 的吸附能力。其次,因 Ti_3C_2 的颜色为黑色,能够提高复合材料的光吸收性能,同时产生光热效应,使 MXene 可以有效地将吸收的可见光近红外太阳能转化为热能,用于促进光化学反应。最后,在导电 2D Ti_3C_2 上的原位生长会生成可以改性材料特性的异构界面,这种紧密接触与机械混合的方法相比能够促进载流子的迁移,从而实现有效的电子-空穴分离。

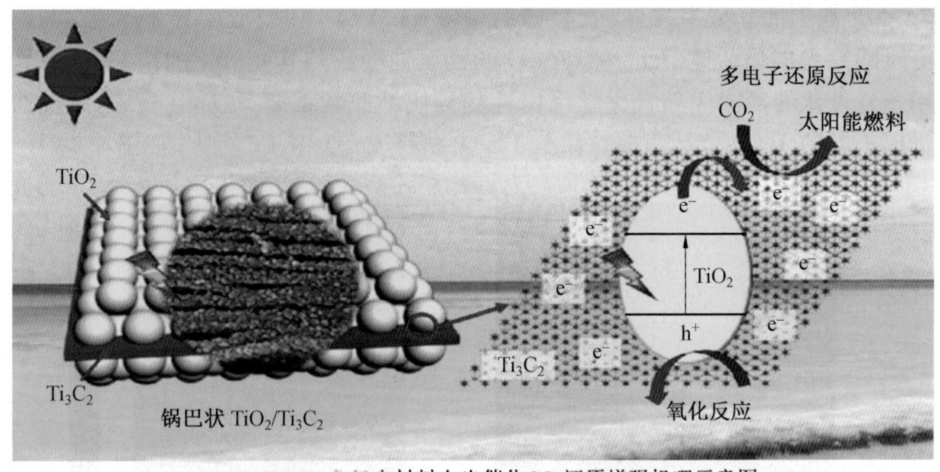

(c) TiO_2/Ti_3C_2复合材料上光催化CO_2还原增强机理示意图

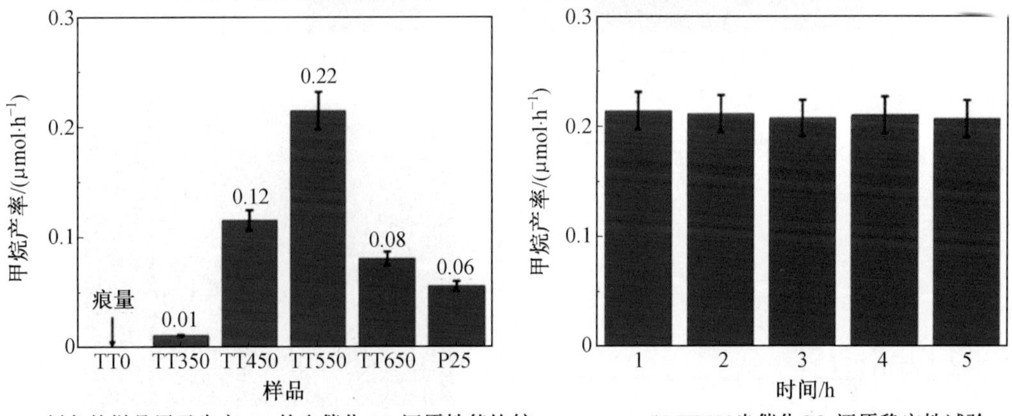

(a) 制备的样品用于生产CH_4的光催化CO_2还原性能比较　(b) TT550光催化CO_2还原稳定性试验

图5.43　TiO_2/Ti_3C_2MXene复合材料光催化 CO_2 还原[84]

除了光热效应能提升光化学反应,构筑质结也是研究者们常用的方法。Chen 等[85]通过改进的溶胶-凝胶法成功制备了 TiO_2/Ti_3C_2 复合材料,并将其应用于 CO_2 的光催化还原。TiO_2 纳米颗粒均匀地负载在多层 Ti_3C_2 的表面和层之间形成了紧密的界面和肖特基结,促进了光生电子和空穴的电荷转移和分离,从而导致 CO、CH_4 和 H_2 的产率达到最佳,分别是单独 TiO_2 的1.6倍、2.8倍、4.0倍。随着 TiO_2/Ti_3C_2 中 TiO_2 含量的增加,CO和 CH_4 的产量逐渐增加,8%-TiO_2/Ti_3C_2 在 CO_2 的光催化还原方面表现出最佳性能,这是由于 TiO_2 是激发光生电子的主要成分。Ti_3C_2 可以通过捕获电子来有效地增强光催化活性,但是随着 TiO_2 含量的增加,TiO_2 在 Ti_3C_2 表面聚集,限制了其与 Ti_3C_2 的接触,导致光生电子和空穴在 TiO_2 内部重新结合,因此降低了 CO 和 CH_4 的产率。

尽管 MXene 可以作为助催化剂增强 TiO_2 光催化还原 CO_2 的性能,然而长时间暴露在光照下 Ti_3C_2 可能被氧化为 TiO_2[75]。此外,过量的 Ti_3C_2 会与 TiO_2 竞争,会过多覆盖

TiO_2 的活性位点，这反而会减弱光催化还原过程。因此制备化学性能稳定的 MXene，并调控其与 TiO_2 的复合比例仍然需要深入研究。

(2) Cu_2O。

Cu_2O 是典型的 p 型半导体，具有窄的带隙（2.0 eV）和较低的导带电势，表现出对 CO_2 还原的高光催化活性[86-87]。但 Cu_2O 的光腐蚀会影响其光催化的性能，因此构建可有效用于光催化的性能优异且化学稳定性的异质结非常重要。Zhang 等[88]通过在水热条件下以不同的 Ti_3C_2 负载量原位生长 Cu_2O，获得 Cu_2O/Ti_3C_2 异质结（图 5.44）。所制备的 CuTi-10 显示出 CO_2 对 CO 的最高光催化还原活性，其光催化速率是纯 Cu_2O 的 3.1

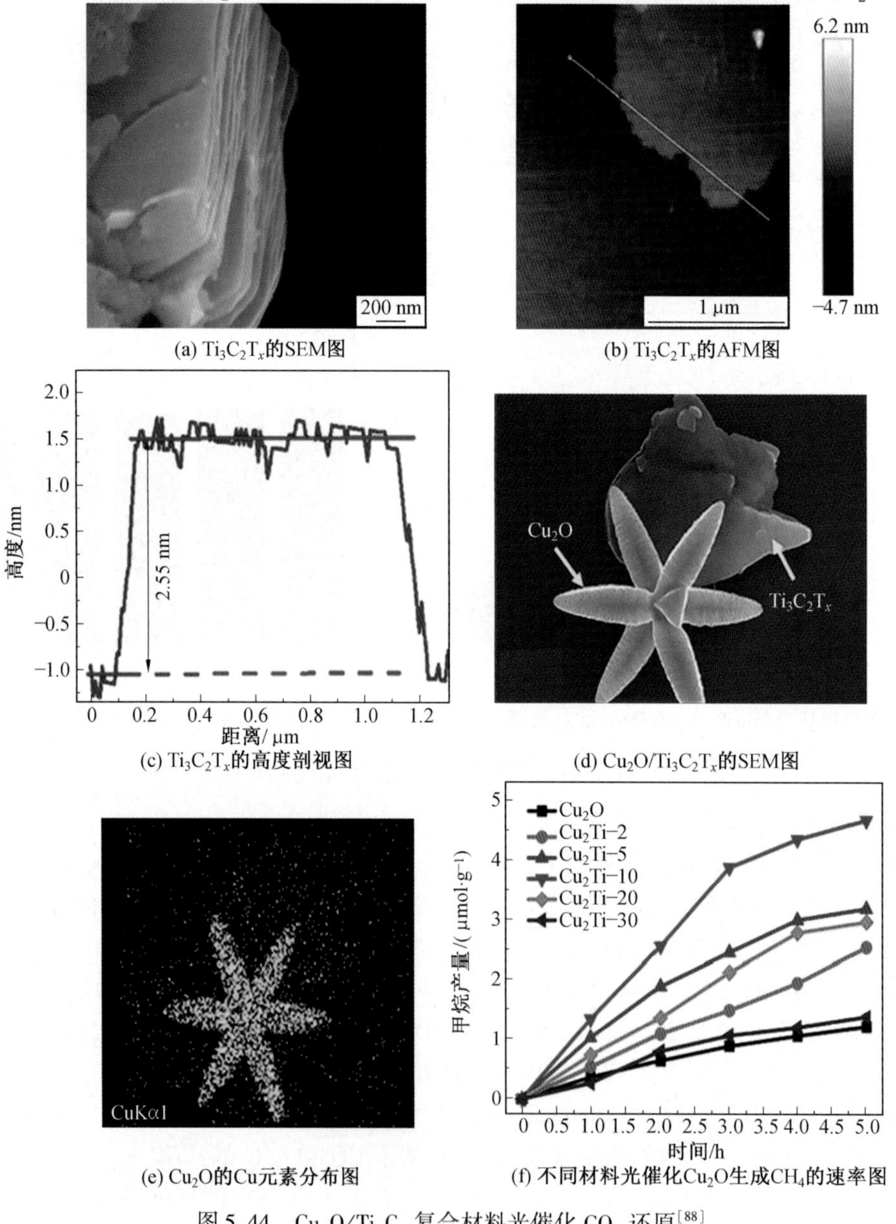

图 5.44　Cu_2O/Ti_3C_2 复合材料光催化 CO_2 还原[88]

倍。增强的光催化性能归因于 Ti_3C_2 和 Cu_2O 之间的协同作用,有助于分离光生电子-空穴对。$Ti_3C_2T_x$ 纳米片由于其独特的2D结构,匹配的导带能级和出色的导电特性而可以充当电子受体,从而促进光生电子的分离和转移,并有利于更多的电子参与光催化 CO_2 还原。

与2D的MXene相比,MXene量子点作为一种新兴的0D纳米材料拥有更好的可调性、更丰富的活性边缘位点和更好的分散性,可以弥补 Cu_2O NWs被光生载流子氧化或还原的问题。Zeng等[89]用 Ti_3C_2 量子点通过简单的静电自组装策略引入 Cu_2O 纳米线(NWs),构建了一种分级的异质结结构,用于改善光催化 CO_2 还原为甲醇的过程(图5.45)。特别是在Cu网格上的 Ti_3C_2QDs装饰的 Cu_2O NWs,其甲醇收率最高是 Cu_2O NWs/Cu的8.25倍。作者认为 Ti_3C_2 量子点不仅显著提高了 Cu_2O NWs的稳定性,而且通过增强电荷转移、电荷传输、载流子密度、光吸附以及通过减少光生电荷复合来大大改善其光催化性能。

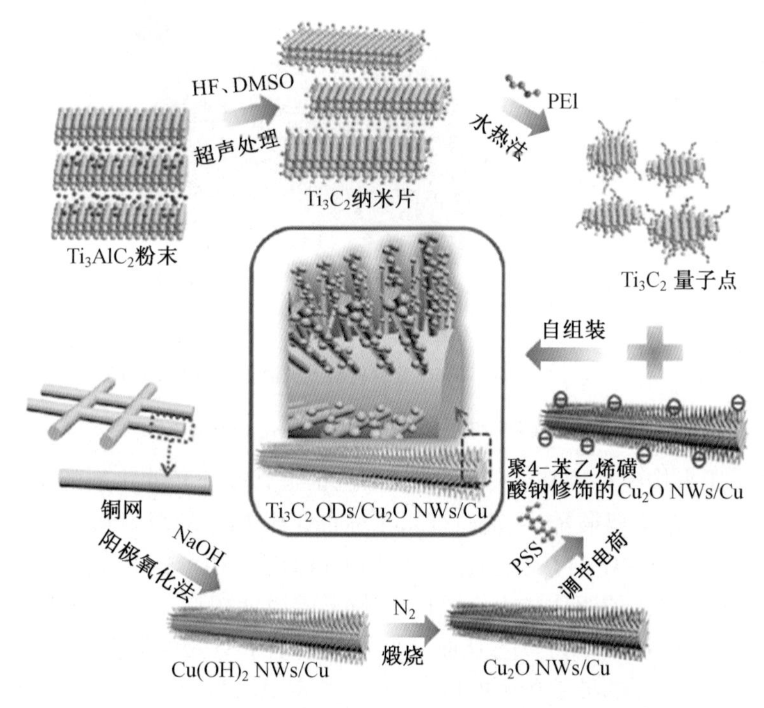

图5.45 Cu_2O NWs/MXene复合材料光催化 CO_2 还原[89]

(3)CeO_2。

二氧化铈(CeO_2)由于其相对合适的带隙、易于控制的结构、低成本、丰富的储量和氧空位迅速成为 CO_2 光还原的重要材料[90]。Shen等[91]使用超薄 Ti_3C_2MXene纳米片作为二维平台,通过简单的水热途径原位生长具有立方体结构的 CeO_2,制备了 CeO_2/Ti_3C_2MXene杂化物(图5.46)。通过表征发现 CeO_2/Ti_3C_2MXene杂化物中的良好接触产生了一个内置电场,该电场反过来诱发肖特基结,促进电荷从 CeO_2 纳米片转移到 Ti_3C_2MXene,从而增强电荷转移和分离效率。另外,CeO_2 和 Ti_3C_2MXene之间的强界面效应,可能导致电子转移路径的减少,从而阻止了 CeO_2 中光生电荷的复合。此外,复合材料在可见光区表现出比 CeO_2 更好的光吸收能力,有利于光催化反应,最终复合材料的

CO产率是单独CeO_2的1.5倍。

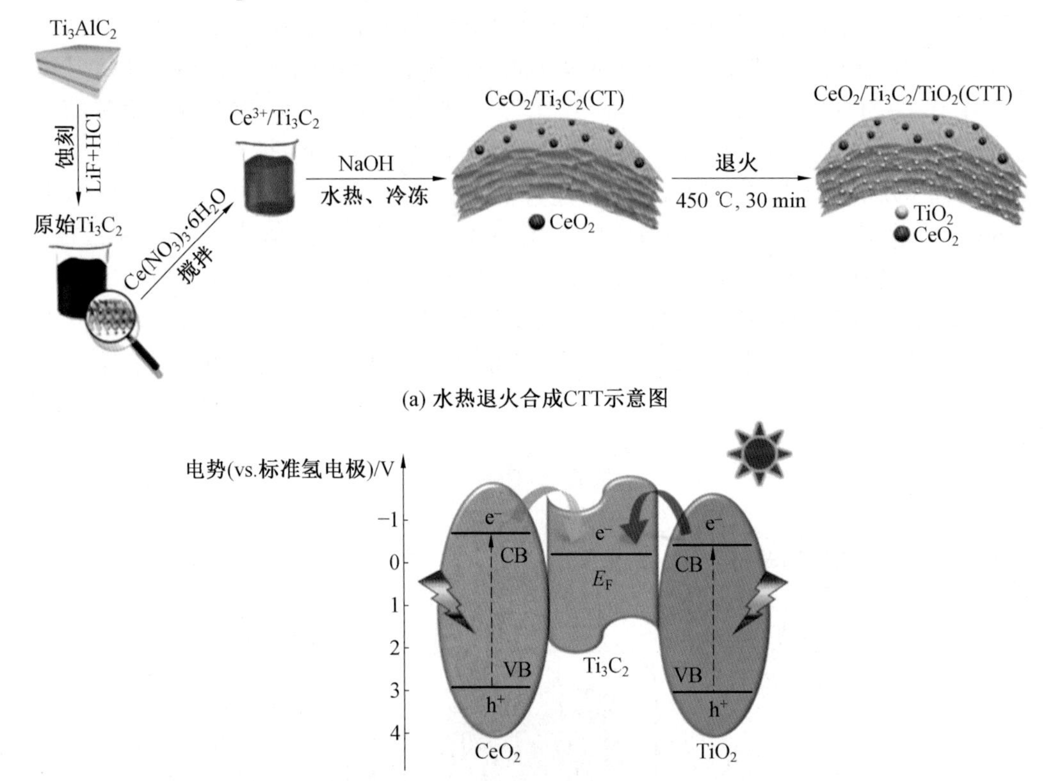

图5.46 CeO_2/Ti_3C_2复合材料光催化CO_2还原[93]

CeO_2除了用来构建肖特基结，丰富的氧空位也是其作为光催化剂的优势。氧空位不仅有利于可见光区的光吸收能力，而且促进了光催化中CO_2的吸附和活化[92]。Wu等[93]开发了一种“M型”光催化剂$CeO_2/Ti_3C_2/TiO_2$(CTT)用于CO_2还原和选择性生成CH_4，这种双异质结是通过退火前驱体CeO_2/Ti_3C_2原位形成锐钛矿型TiO_2来构建的。TiO_2仅在不被CeO_2占据的氧化空位处产生，从而减少了光生电子空穴的反向转移。Ti_3C_2不仅可以接收从TiO_2和CeO_2的导带产生的电子，而且还表现出与贵金属相似的导电性能，这有助于副产物H_2分子的分裂，并促进CH_4的合成。CO_2对CH_4的选择性在室温下达到70.68%，同时在较高温度下表现出较高的CH_4选择性。

2. 二维材料/MXene复合材料

(1) $g-C_3N_4$。

$g-C_3N_4$是一种类似于石墨烯的2D材料，由于其具有物化稳定性、可见光响应、合适的能带位置、成本低和无毒性引起了光催化CO_2还原研究者们的广泛关注[94]。然而，$g-C_3N_4$在实际应用中仍然存在一些不足，其中包括$g-C_3N_4$的光催化CO_2还原性能受到光生电子和空穴的高复合率的限制，同时$g-C_3N_4$表面活性位点很少，吸附和活化CO_2分子的能力较差，不利于表面催化反应的进行。研究者们为改善$g-C_3N_4$的光催化性能做出了很多研究，如原子掺杂、异质结构建、助催化剂改性等。Yang等[95]通过直接煅烧块状

Ti_3C_2 和尿素的混合物合成了超薄2D/2D $Ti_3C_2/g-C_3N_4$ 异质结，其中尿素不仅充当将 Ti_3C_2 剥离成纳米片的气体模板，而且还充当 $Ti_3C_2/g-C_3N_4$ 异质结中 $g-C_3N_4$ 的前驱体。结果表明，当 Ti_3C_2 与 $g-C_3N_4$ 复合时，光催化性能显著增强。最佳样品（10TC）显示 CO 和 CH_4 的产率分别为5.19 μmol/(g·h)和0.044 μmol/(g·h)，总 CO_2 转化率比单独 $g-C_3N_4$ 高8.1倍。作者认为光催化性能的显着提高源于超薄2D/2D $Ti_3C_2/g-C_3N_4$ 异质结的形成，这使得界面接触更加紧密和电子转移更加迅速，因此提高了光诱导电荷载流子的空间分离效率。此外，复合材料表现出很强的化学吸附作用，增强了 CO_2 的吸附能力，有利于 CO_2 的活化，进一步促进光催化反应的进行。

暴露在光催化剂表面的合适金属原子可以充当 CO_2 的吸附位点和反应位点[96-97]。由掺杂的金属原子诱导的反应位点可以接受来自光催化剂的光生电子，然后转移到反应物（例如 CO_2、H_2O 和中间体）进行氧化还原反应。有研究表明具有过渡金属空位的 MXene 的表面是还原性的，并且金属离子可以在 MXene 的表面上自发还原，而无须任何额外的还原剂[98]。Xiao 等[99]通过在 $Ti_3C_2T_x$ 表面上自发还原 Cu 离子来制备的 $Cu-Ti_3C_2T_x$ 纳米片与 $g-C_3N_4$ 偶联，通过静电自组装方法形成 $Cu-Ti_3C_2T_x/g-C_3N_4$ 光催化剂。$Cu-Ti_3C_2T_x$ 和 $g-C_3N_4$ 之间的紧密界面显著促进了 $g-C_3N_4$ 上光生电子和空穴的分离。此外，Cu 和 $Ti_3C_2T_x$ 均充当光生电子的快速传输通道，Cu 和 $Ti_3C_2T_x$ 之间的界面充当 CO_2 吸附和活化的活性位点。在反应4 h后，使其 CO 和 CH_4 的产率分别达到49.02 μmol/g 和3.6 μmol/g，分别是原始 $g-C_3N_4$ 的9.0倍和9.2倍。

黏土矿物是一类具有柱状层状结构的结晶物质，其中蒙脱石（Mt）和膨润土（Bt）具有比表面积大、来源丰富、成本低、多孔结构等优点。除了掺杂金属原子，将 Bt 引入 $g-C_3N_4/Ti_3C_2$ 复合材料中也能增强的光催化 CO_2 还原的能力。Tahir 等[100]成功研制了2D/2D/2D $g-C_3N_4/Bt/T_3C_2$ 异质结，MXene/Bt 复合材料具有高光吸收和更快的电荷分离和运输（图5.47）。黏土与 $g-C_3N_4$ 耦合可提供更高的分散性和更快的电荷分离。Bt 介体为 $Ti_3C_2/g-C_3N_4$ 肖特基结提供了新的电子转移通道，超薄 Ti_3C_2 纳米片的存在以及与 Bt 的良好相互作用加速了光激发载流子在 $g-C_3N_4$ 表面上的分离和传输，促进高效的 CO_2 还原和水氧化。作者发现将 Bt 引入 $g-C_3N_4/Ti_3C_2$ 复合材料中非常有利于 CO_2 的甲烷化，复合材料对甲烷有极高的选择性，复合的 $g-C_3N_4/Bt/Ti_3C_2$ 上的 CH_4 产量分别比使用 $g-C_3N_4/Bt/Ti_3C_2$、$g-C_3N_4/Ti_3C_2$ 和 $g-C_3N_4$ 样品高4.15倍、17.36倍和28.93倍。

研究者们常通过构建异质结构来改善电荷分离的问题，异质结种类的不同会对光催化剂带来不同程度的改变。其中，梯形异质结（S-scheme）可以赋予光催化剂强大的还原和氧化能力，从而最大限度地利用光生电子和空穴。He 等[101]通过界面自组装构建了由 MXene 量子点（TCQD）修饰的 TiO_2/C_3N_4 纳米片，形成了 TiO_2/C_3N_4 界面处的梯形异质结和 C_3N_4/TCQD 界面处肖特基异质结的特殊双异质结构。这种机制促进纳米片之间的零距离接触以及 C_3N_4 和 TCQD 的耦合，为电荷载流子提供了有效的传输通道。作者认为 TiO_2 和 C_3N_4 之间的梯形异质结有助于维持具有强氧化还原能力的光生载流子，而 TCQD 的存在加速了电子在 C_3N_4 的 CB 上的空间迁移，充当电子传输的通道和受体。因此，梯形异质结和 TCQD 的协同合作大大增强了光催化 CO_2 还原活性，产生4.39 μmol/(g·h)的 CO 释放速率，比单独使用 C_3N_4 或 TiO_2 产生的 CO 释放速率高3倍以上。

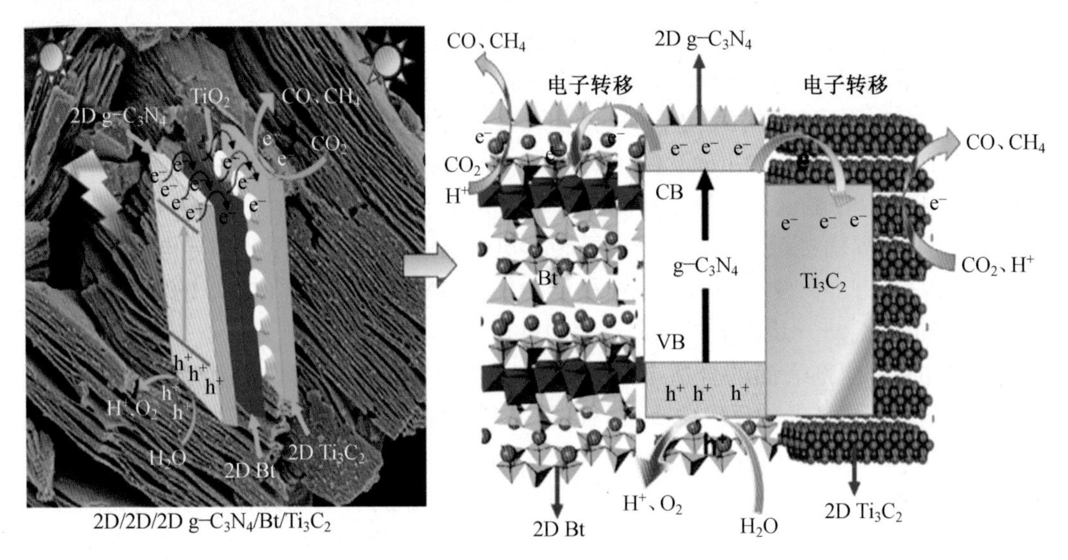

图 5.47 $g-C_3N_4/Bt/T_3C_2$ 复合材料光催化 CO_2 还原[100]

(2)金属卤化物钙钛矿(perovskite)。

金属卤化物钙钛矿的化学成分具有 ABX_3(A = Cs 或甲酰胺(FA),B = Pb 和 X = 卤族元素)的特点,其光致发光效率高、光谱范围宽、发射带窄、带隙可调,具有高动能的电荷载流子等优异的光电特性,受到了世界各国研究者的广泛关注[102]。然而,当作为光催化剂时,相对缺乏活性位点和对极性环境的敏感性限制了它们的氧化还原能力,同时含铅钙钛矿的毒性问题极大地限制了其作为高性能光催化剂的实际应用[75,103]。Que 等[104]使用简便的热注入和原位生长的方法使 2D $FAPbBr_3$ 纳米片与 2D Ti_3C_2 纳米片结合,形成 2D/2D $FAPbBr_3/Ti_3C_2$ 肖特基异质结,同时 $FAPbBr_3$ 纳米板锚定在 Ti_3C_2 纳米片的表面上。$FAPbBr_3/Ti_3C_2$ 界面上的肖特基异质结提供了丰富的电子通道,用于将光生载流子从 $FAPbBr_3$ 纳米片转移到 Ti_3C_2 纳米片。实验结果表明,用乙酸乙酯/去离子水作为 $FAPbBr_3/Ti_3C_2$ 复合材料的牺牲试剂,CO 产率为 93.82 μmol/(g·h),是原始 $FAPbBr_3$ 纳米板的 1.25 倍。该研究表明,引入 Ti_3C_2 纳米片可以促进光吸收,光生电子-空穴对的分离效率以及最大的氧化还原能力,增强了反应物和产物在 $FAPbBr_3/Ti_3C_2$ 复合材料表面上的吸附解吸平衡。所构建的二维异质界面可以有效地加速光生载流子的空间分离和转移,使得 $FAPbBr_3/Ti_3C_2$ 光催化剂具有优异的光催化活性和良好的稳定性。

为了避免含铅钙钛矿的毒性问题,Zhang 等[105]通过相互静电吸引在 MXene 纳米片表面上自组装了无铅双钙钛矿 $Cs_2AgBiBr_6$ 纳米晶体,MXene 纳米片的存在同样可以通过降低激子结合能有效地促进 $Cs_2AgBiBr_6$ 中自由电荷载体的形成。除此之外,金属卤化物钙钛矿也能以量子点的形式锚定到 Ti_3C_2 纳米片上,形成肖特基异质结。Que 等[106]将 $FAPbBr_3$ 量子点锚定在 Ti_3C_2 纳米片上,以在肖特基异质结内形成 $FAPbBr_3/Ti_3C_2$ 复合材料,用于光催化 CO_2 还原(图 5.48)。在可见光照射下,$FAPbBr_3/Ti_3C_2$ 复合光催化剂在去离子水存在下表现出较好的光催化性能。Ti_3C_2 纳米片充当电子受体,促进激子的快速分离并提供特定的催化位点。$FAPbBr_3$/0.2-Ti_3C_2 复合材料获得的最佳电子消耗速率为 717.18 μmol/(g·h),比原始 $FAPbBr_3$ QDs 提高了 2.08 倍。

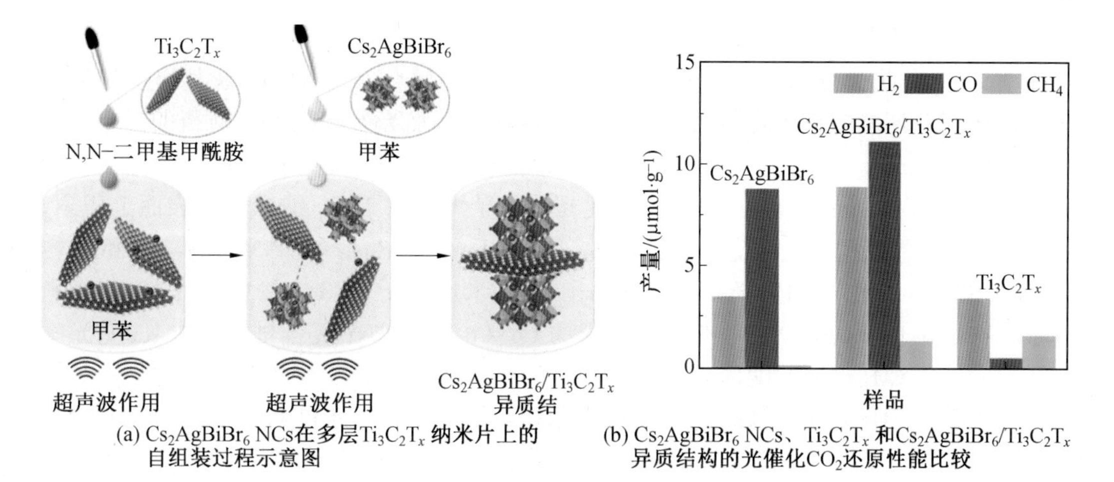

图5.48　$Cs_2AgBiBr_6/Ti_3C_2T_x$复合材料光催化CO_2还原[105]

(3)层状双氢氧化物(LDHs)。

LDHs是由数层带正电荷的金属层与存在其中间平衡电荷的阴离子组成的层状材料,因其拥有层状结构、高孔隙率、大表面积和易合成等优异的性能而吸引了人们对其在光催化CO_2还原方面的巨大兴趣[107-108]。该材料能用于与MXene构建异质结,增强其光催化性能。

层状双氢氧化物也能用来构建异质结构。Khan等[109]将嵌入TiO_2的Ti_3C_2与CoAlLa-LDH复合,并通过g-C_3N_4静电组装吸引形成双"S-scheme"异质结(图5.49)。由于g-C_3N_4、CoAlLa-LDH和Ti_3C_2与嵌入的TiO_2之间的静电吸引而产生的强耦合有助于界面电荷转移,并且由于形成了双"S-scheme"机制而阻止了光诱导电子-空穴对的复合。Ti_3C_2MXene不仅为g-C_3N_4和CoAlLa-LDH的分布提供了较高的表面积,而且还充当电子储存器以及捕获生成的电子。g-C_3N_4/Ti_3C_2T/CoAlLa-LDH的CO和H_2产率分别为55.25 μmol/(g·h)和54.72 μmol/(g·h)。这些CO和H_2的量比原始g-C_3N_4和LDH样品高出许多倍。

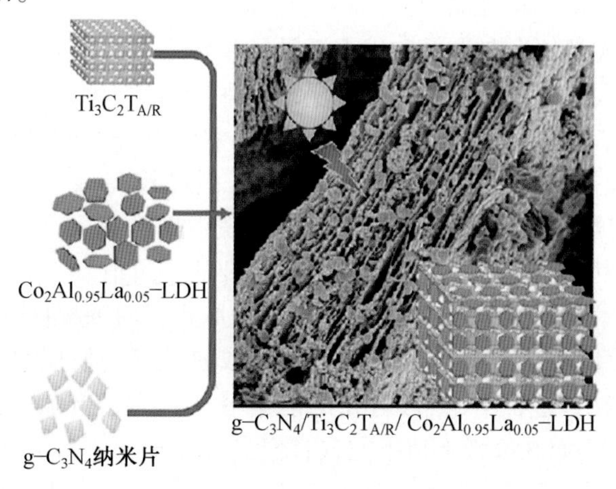

图5.49　g-C_3N_4/Ti_3C_2T/$Co_2Al_{0.95}La_{0.05}$-LDH复合材料的合成图[109]

金属有机骨架(MOFs)作为一种由金属离子和有机配体组成的新型多孔材料,具有孔隙率高、密度低、比表面积大、孔道规则、孔径可调等优点[110]。MOFs 及其衍生物已成为光催化 CO_2 还原的高效光催化剂。Ti_3C_2 与 MOFs 作为光催化剂偶联,对氢的释放表现出非常诱人的光催化活性[111]。性能的提高归因于 MOFs 和 Ti_3C_2 纳米片之间存在肖特基结,它阻碍了载流子和电子的复合,因此光生电子可以在 Ti_3C_2 纳米片的表面上积累。Ti_3C_2 与 MOF 偶联用于光催化 CO_2 还原的研究并不多,如 Chen 等[112]将 ZIF-67 MOF 转化为2D Co-Co LDH 垂直安插在剥离的 $Ti_3C_2T_x$ 纳米片上,产生 Co-Co LDH/$Ti_3C_2T_x$ 纳米片杂化物(Co-Co LDH/TNS)。他们将获得的 Co-Co LDH/TNS 复合材料用作 Ru 基光敏剂进行光催化 CO_2 还原的助催化剂,发现分层 Co-Co LDH/TNS 纳米阵列的优化样品对可见光驱动的 CO_2 还原效果具有明显增强效果,是原始 Co-Co LDH 纳米片产率的 2.2 倍。这可能源于高导电性的 MXene 和独特的纳米阵列结构的协同影响,导致快速的电子转移并为分离的电子提供足够的催化活性位点,除此之外材料也表现出了极好的稳定性。

(4) Bi_2WO_6 纳米片。

除了上述二维材料外将 MXene 负载到 Bi_2WO_6 纳米片的表面也可以加速光催化效率。Cao 等[113]通过在 Ti_3C_2 超薄纳米片的表面上原位生长 Bi_2WO_6 超薄纳米片,成功制备了超薄 Ti_3C_2/Bi_2WO_6 纳米片的新型 2D/2D 异质结。由于强烈的物理和电子耦合效应,尽管纳米片的堆叠可能导致较小的表面积,但这种具有紧密接触的 2D/2D 异质结可以极大地改善光诱导电荷载流子在异质结界面上的转移和分离。此外,具有大接触表面的紧密 2D/2D 异质结可以确保比 0D/2D 和 1D/2D 复合材料更好的结构稳定性。该材料在太阳辐射下与原始 Bi_2WO_6 纳米片相比,CH_4 和 CH_3OH 的生产率分别提高了 4 倍和 6 倍。这是因为 Ti_3C_2/Bi_2WO_6 2D/2D 异质结具有较大的界面接触面积和相当短的电荷传输距离,从而导致从光催化剂(Bi_2WO_6)到助催化剂(Ti_3C_2)的有效电子转移。此外,2D/2D 异质结的比表面积和孔结构明显增强了对 CO_2 的吸附能力,进一步促进了光催化反应。

5.1.4 MXene 基复合材料光催化氮气还原

固氮合成氨对人类的生存发展和生态系统的稳定平衡起到至关重要的作用。氨合成技术的发展解决了人口增长所带来的粮食匮乏问题,且该技术还具有解决氢储运问题的潜力。目前为止,工业上常用的氨气合成技术主要是哈柏固氮工艺(Haber-Bosch process)[114],该过程需要在高温高压条件下进行,能耗较高,而且会产生大量的温室气体,对环境造成一定影响。为解决这一问题,发展资源节约型和环境友好型社会,开发绿色低能耗和可持续发展的固氮合成氨技术具有重要研究价值。

光催化固氮技术以光能作为能量来源,氮气为原料,具有绿色低能耗、原料来源广泛、工艺成本低、设备简单等优点。光催化技术为合成氨技术的发展提供了新的研究方向。在光催化合成氨(NRR)过程中,当入射光的能量等于或大于带隙时,半导体价带中的电子被激发跃迁到导带,而在价带上留下空穴;随后,光生电子迁移到半导体表面的活性位点,与吸附的反应物质氮气 N_2 发生合成 NH_3 反应,而光生空穴则与电子供体(多为水或空穴牺牲剂)反应消耗,光催化固氮的总反应式为 $6H_2O+2N_2 \longrightarrow 4NH_3+3O_2$。

研究发现，N_2 还原合成 NH_3 过程中的理论电势与 HER 相当，但由于 NRR 的过电势、光激发过程中的电子能量损失以及 N_2 活化的能垒等，半导体导带的能量电势应比 NRR 的理论电势更负，固氮反应才会发生。因此，通过调节半导体材料的能带结构或引入助催化剂等方式来提高界面电荷转移效率和光生载流子的利用率，从而充分发挥光催化固氮的优势。

二维 MXene 具有独特的层状结构，表面具有许多亲水官能团，容易与许多半导体相互作用，构建异质结。另外，MXene 的费米能级较低，半导体导带上的电子容易转移到 MXene 表面，从而达到光生电子–空穴对分离的目的。DFT 理论计算研究发现，MXene 对 N_2 具有优异的吸附活性[115]，因此可将其作为助催化剂与半导体材料复合构建 MXene 基复合材料用于光催化固氮反应中。

Qin 等[116]为探索用于 N_2 还原反应的有效光催化剂，在 Ti_3C_2 纳米片表面原位生长不同比例的 0D $AgInS_2$ 纳米颗粒，得到 0D/2D $AgInS_2/Ti_3C_2$ 异质结复合材料（图5.50）。MXene 的最重要性质之一是在费米能级附近具有大量电子密度的类金属行为，$AgInS_2$ 和 Ti_3C_2 之间形成的肖特基结可以用作电子陷阱，以有效地捕获和聚集在 Ti_3C_2 表面的电子，有利于 N_2 还原反应。超薄 Ti_3C_2 的比表面积确保了丰富的表面活性位点，促进 N_2 吸附并增强光吸附能力。含 30% $AgInS_2$ 的 $AgInS_2/Ti_3C_2$（AT-30）复合材料在可见光照射下

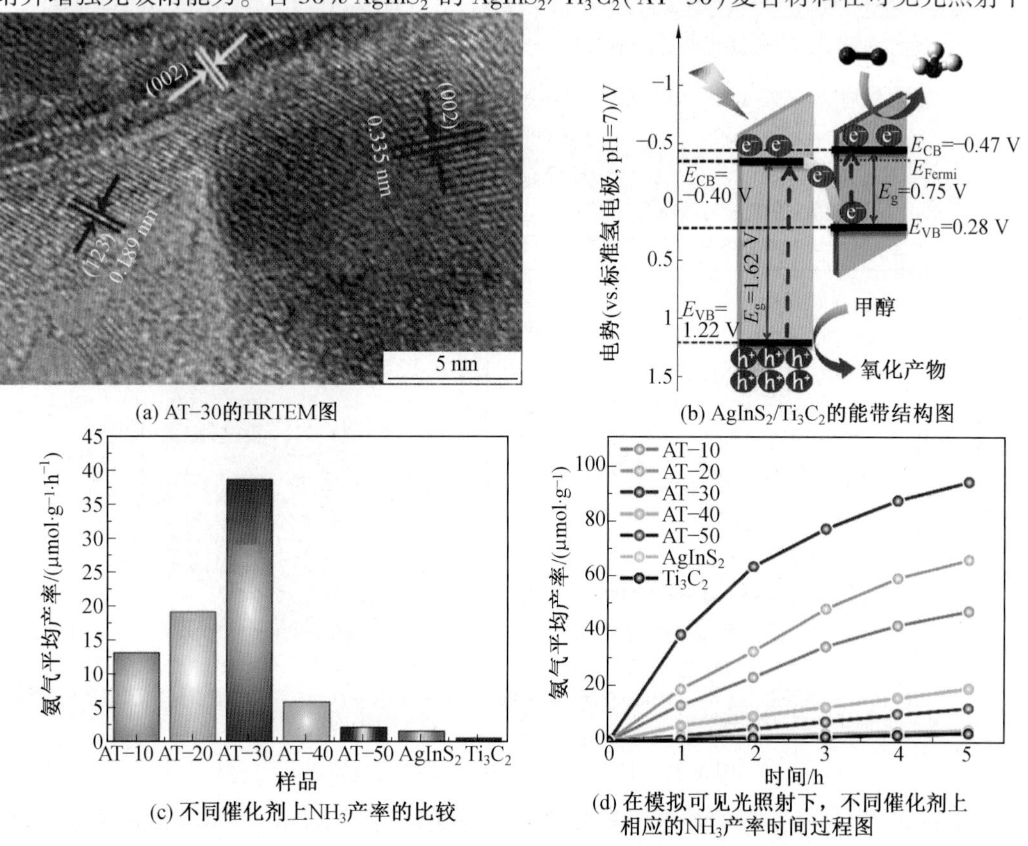

图 5.50　$AgInS_2/Ti_3C_2$ 光催化合成氨[116]

(λ>400 nm)具有 38.8 μmol/(g·h)的高氨产率。随着 $AgInS_2$ 的含量增加,催化剂性能反而下降,可能是由于过量的 $AgInS_2$ 而增强的光敏作用,因此 AT-30 被用于进一步讨论,在照射 5 h 后达到 94.4 μmol/g。

Liu 等[117]设计和制备了 MXene 衍生的 TiO_2@C/g-C_3N_4 异质结复合材料,其中 2D 纳米片 TiO_2 由 MXene $Ti_3C_2T_x$ 热衍生,并与原位形成的 g-C_3N_4 纳米片有效耦合(图 5.51)。这种结构具有丰富的表面缺陷、优异的给电子能力和强大的氮活化能力,被证明是一种优异的 NRR 光催化剂。在可见光照射下,TiO_2@C/g-C_3N_4 的 NH_3 产率高达 250.6 μmol/h,与先前报道的用于氮还原的光催化剂相比更具有优势。与 g-C_3N_4 相比,TiO_2 的 CB 和 VB 具有更高的正势,因此光诱导电子从 g-C_3N_4 的 CB 热力学转移至 TiO_2 的 CB,而空穴从 TiO_2 的 VB 转移至 g-C_3N_4 的 VB。这种界面电子跃迁行为有助于减少光诱导电子和空穴的复合。同时,TiO_2@C/g-C_3N_4 中的 Ti^{3+} 物种用作激活 N_2 的吸附位点和光激发电子的捕获位点,以促进有效的氮还原。

(c) 在可见光照射下(λ>420 nm)不同催化剂的光催化产NH_3的活性

(d) TiO_2@C/g-C_3N_4的能带结构和电子—空穴分离的示意图

图 5.51 TiO_2@C/g-C_3N_4 光催化合成氨[117]

Fang 等[118]通过简单的静电吸附和自组装方法制备了 BiOBr/Ti_3C_2MXene 复合催化剂(图 5.52)。所制备的 10% BiOBr/Ti_3C_2 在光催化 N_2 还原成 NH_3 方面具有最佳性能,NH_3 的释放速率高达 234.6 μmol/(g·h),分别比单独的 BiOBr 和 Ti_3C_2 高约 48.8 倍和

52.4 倍。BiOBr 和 Ti_3C_2 耦合后产生的内置电场有利于驱动局部界面处的电荷转移。更重要的是,2D MXene(V_{Ti}-Ti_3C_2)的缺陷结构与 V_O-BiOBr 具有结构耦合过程以建立协同效应,同时双空位诱导的不饱和电子结构显示出对催化固氮的异常响应,可以有效地激活和离解 N—N 键。

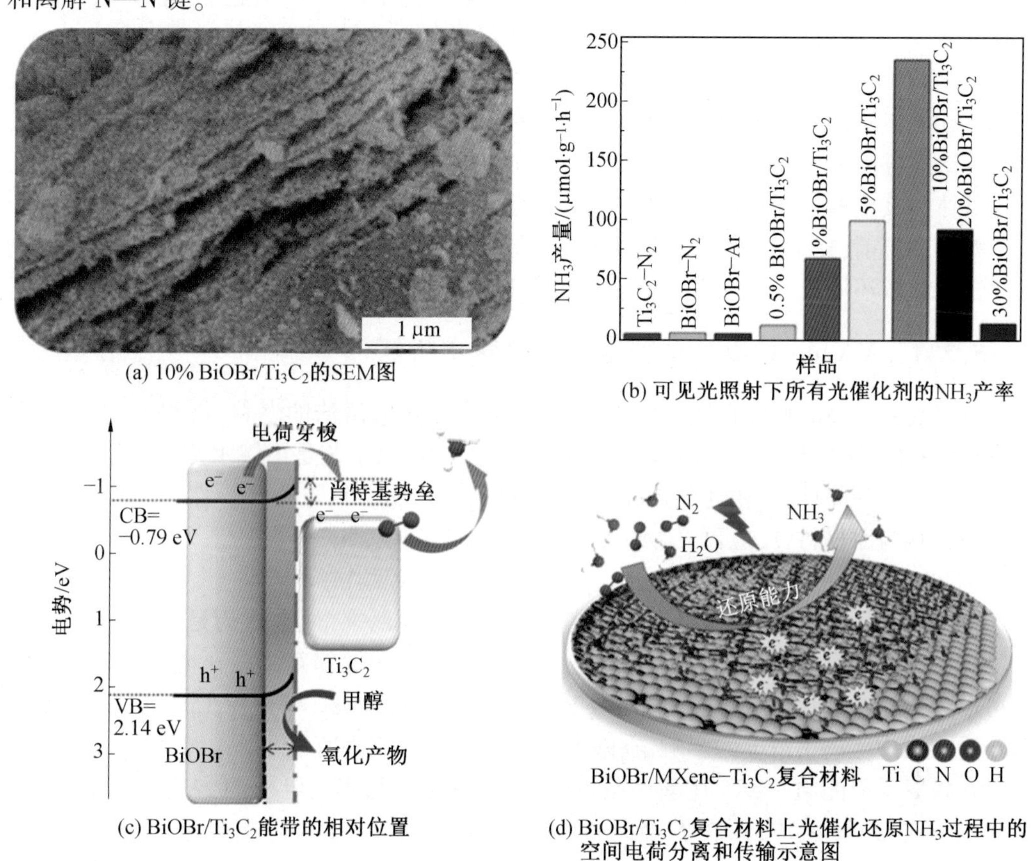

(a) 10% $BiOBr/Ti_3C_2$的SEM图

(b) 可见光照射下所有光催化剂的NH_3产率

(c) $BiOBr/Ti_3C_2$能带的相对位置

(d) $BiOBr/Ti_3C_2$复合材料上光催化还原NH_3过程中的空间电荷分离和传输示意图

图 5.52　$BiOBr/Ti_3C_2$ 光催化合成氨[118]

5.2　MXene 在电催化领域的应用

电催化是通过加速电极与反应物之间的电荷转移,使电化学反应更高效进行的一种催化作用,广泛应用于原电池与电解池反应中。由于电催化反应需要存在完整的电化学回路,因此其反应介质通常需要具有一定的导电性。常见的电催化反应介质有水溶液、熔融盐以及燃料电池系统。其中,水溶液是最常见的电反应介质,以水为介质的电化学反应已广泛应用于生产和生活中。电化学反应利用物理电流实现高效化学反应的本质,以及催化剂高效降低反应活化能的特性,使得电催化在多种领域都具有巨大的应用潜力。近几十年来,化石燃料的大量使用以及愈加庞大的能源需求引发了一系列资源和环境问题,急需寻找一种清洁的能源以代替或减少化石燃料的使用。电催化反应作为一种极具潜力的资源利用手段,不仅在当今许多能源转化设备中广泛应用,在许多新型能源利用手段中也大有前景。例如,电催化分解水制氢工艺是一种高效制备纯净氢气的方法,具有反应原理简单、原材料成本低廉和产物纯度高等诸多优势,是一种重要的制氢手段。不仅如此,利用电催化实现的二氧化碳还原反应也是太空氧循环回路的重要环节。而近几年出现的电催化合成氨反应作为一种能耗低、环境友好的氨合成方法,已经引起了国内外研究者的广泛关注,是一种极具前景的产氨工艺。

新兴的 MXene 基复合材料具有良好的导电性、丰富的活性位点以及可控的化学组成,自 2011 年问世以来便活跃于各种电催化领域,如电化学储能、光电催化、电催化制药、净水等诸多方面。许多学者通过改变 MXene 的端基以调节其催化活性,也可以以 MXene 作为载体与其他催化剂制备复合材料,利用其极大的比表面积以及良好的导电能力提升催化效果。目前,MXene 基复合催化剂广泛应用于电催化析氢反应、电催化析氧反应、电催化二氧化碳还原反应和电催化氮还原反应的研究中。

5.2.1 MXene 基复合材料电催化分解水析氢

氢气具有极高的热值且燃烧仅生产水,是迄今为止最清洁的燃料,被称为 21 世纪最具发展前景的清洁能源。目前,世界上应用最广泛的产氢工艺是甲烷水蒸气重整制氢法,该工艺反应机理简单、产物纯度较高且成本较低,适合用于批量生产。然而,这种方法使用化石燃料为原材料,反应副产物中存在大量温室气体 CO_2,引发一系列环境问题。因此,人们希望寻找一种清洁的制氢工艺以代替传统的高污染制备方法。

电解水制氢气工艺自 19 世纪末在实验室首次实现以来,便被认为是一种原理简单、产物纯度高的制氢方法,有望成为一种应用广泛的清洁能源储存手段。电解水的析氢反应可以分为三个基元反应步骤,分别为 Volmer 步骤、Heyrovsky 步骤和 Tafel 步骤,其中前两步受溶液中氢离子浓度的影响,在酸性和碱性条件下表现有所不同。Volmer 步骤必然发生在析氢反应的第一步。在酸性条件中,一个氢离子与阴极电极 M 结合,同时得到一个电子形成 M-H 配体;而在碱性条件中,一个水分子在阴极电极得到一个电子形成 OH^-,剩余的一个 H 与电极结合形成 M-H 配体,如式(5.1)和式(5.2)所示。在 Heyrovsky 步骤中,酸性条件下,一个氢离子在电极上得到一个电子,并与 M-H 上的 H 结合生成氢气;在碱性条件下,一个水分子在电极上得到一个电子,在生成 OH—的同时剩下的一个 H 与 M-H 结合生成氢气,如式(5.3)、式(5.4)所示。如果电极上存在较多的 M-H 配体无法及时通过 Heyrovsky 步骤消耗,则会发生另一种基元反应,即 Tafel 步骤,由两个 M-H 配体上的 H 互相结合产生氢气,如式(5.5)所示。

(1)Volmer 步骤:

$$H_3O^+ + M + e^- \longrightarrow MH + H_2O\text{(酸性条件下)} \tag{5.1}$$

$$H_2O + M + e^- \longrightarrow MH + OH^-\text{(碱性条件下)} \tag{5.2}$$

(2)Heyrovsky 步骤:

$$MH + H_3O^+ + e^- \longrightarrow M + H_2 + H_2O\text{(酸性条件下)} \tag{5.3}$$

$$MH + H_2O + e^- \longrightarrow M + H_2 + OH^-\text{(碱性条件下)} \tag{5.4}$$

(3)Tafel 步骤:

$$2MH \longrightarrow 2M + H_2 \tag{5.5}$$

一般来说,电解水分为 HER 与 OER 两个半反应,通过改变水中的溶质也可将其中一个半反应替换为其他反应。过电位(overpotential)是衡量电解反应能源转化率的一项重要指标,指由半反应热力学确定的还原电位与实际测得的氧化还原反应电位之间的电位差。电解水的理论电位仅为 1.23 V,但受现实因素引起的过电位影响,电解纯水所需的电势总是远大于理论值,常高于 1.70 V。因此,直接电解纯水不但反应速度缓慢,而且能源利用效率低下,必须使用一定的催化电极以及溶质降低反应的过电位。经过不断探索,人们发现金属催化剂,尤其是以 Pt 为代表的贵金属催化剂对电解水有着极强的催化作用。贵金属催化剂极佳的化学稳定性、丰富的空 d 轨道以及良好的导电性使之成为包括电解水在内的诸多电催化反应的优良催化剂,常被用作衡量新型催化剂实用性的基准。Pt 催化剂至今仍广泛应用于电解水产氢工艺中,然而,自然界中较少的存量以及昂贵的价格限制了该材料的大规模应用,难以满足日益庞大的能源需求。此外,电解水过程中一个氢分子的产生伴随着两个电子转移,而对应的阳极产氧反应需要 4 个电子转移以形成一个氧分子,传统贵金属催化剂的比表面积不足,活性位点较少,难以实现反应高效进行。

越来越多的研究者致力于寻找一种价格低廉、制备简单的电催化剂。MXene 基复合材料由于导电性良好、比表面积大、催化性强等优势,不断被成功应用于各种电解水工艺实验中。最早被应用于 HER 催化领域的是各种 M 金属不同、端基各异的 MXene。在众多的 MXene 中,一些由特殊的 M 金属以及端基组成的个体对 HER 具有相当的催化活性。例如早期由 HF 刻蚀法制得的含 F 端基 MXene 如 Ti_2CT_x,实验表明,F 端基能有效降低析氢反应的电子转移阻抗,减少反应所需的活化能[119]。然而,单 F 端基 MXene 无法稳定存在的弊端使其无法应用于实际生产。随着新型制备方法的出现,人们对一些其他端基 MXene 的催化能力进行了测试以及密度泛函理论计算,发现某些空端基、H 端基以及 O 端基的 MXene 也能大大降低该反应的过电位。早在 2016 年,Ling 等[120]就通过对十余种单金属以及双金属 MXene 的 HER 催化性能进行测试,经过一系列的理论计算建立出表面氧原子获得电子数与氢吸附自由能的绝对值的关系的火山曲线图(图 5.53),发现单金属 MXene 中的 W_2CO_2 与 Ti_2CO_2 具有良好的催化活性。此外,作者还发现许多双金属 MXene 具有比前两者更好的催化效果,例如 $TiVCO_2$ 极低的氢吸附吉布斯自由能甚至可以媲美主流的 Pt 金属催化剂。虽然这些具有高 HER 催化效率的源生 MXene 存在稳定性较差等缺陷,但随着新化学成分的 MXene 的不断出现,在不久的将来人们有望从中找到一种效率与稳定性并存的催化剂。

由于 MXene 具有良好的可塑性,可以通过各种手段和其他材料复合制备出多种复合材料,也有许多学者尝试以其为原材料制备新型 HER 催化剂。杂原子掺杂法是其中最常用的方法之一,通过向 MXene 中掺入一定的杂原子改变其化学组成,使其吸附性发生改变,可以起到调节电化学性质的作用,根据掺入的元素种类不同可以分为非金属掺杂和金属掺杂。非金属掺杂法最常用于 O 端基 MXene 的改性工艺中。氢键的存在使许多 O 端基 MXene 具有良好的 HER 催化活性,但过强或过弱的氢键同时又会对析氢反应的效率造成负面影响。此时,可以通过掺入一些合适的非金属,使 MXene 形成的氢键强度控制在合适的范围内,以获得具有良好催化性质的材料。Le 等[121]通过氨热处理法对 $T_3C_2T_x$ 进行氮掺杂,利用 N 将其中的 C 部分取代,并对各种可能产生影响的化学键进行了综合

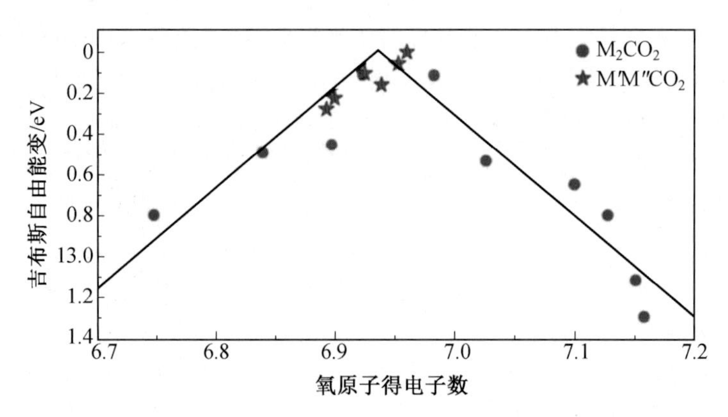

图 5.53　以各单金属、双金属 MXene 的吉布斯自由能及氧原子得电子数绘制的火山曲线图[120]

测试。作者认为，Ti—N 键、N—H 键以及 O—T—N 键较强的作用力可以有效减弱氢键强度，而结果表明经过 600 ℃煅烧退火的 N-$T_3C_2T_x$ 具有很好的 HER 催化活性。辅以密度泛函理论计算发现，在合适的煅烧温度下，该材料氢吸附吉布斯自由能有接近于 0 的趋势，证明了 N 掺杂较好的利用前景。同样可用于掺杂的非金属元素还有 P、S 等与 N、O 性质相近的元素，其核心思路均在于降低 H 的结合强度，促进析氢反应中 Heyrovsky 步骤与 Tafel 步骤的发生。Zheng 等[122]将机器学习计算（ML）与密度泛函理论结合，对 100 余种理论存在的 MXene 的吉布斯自由能 G_H进行了计算。发现其中一些 S 端基 MXene 如 $Sc_{n+1}N_nT_x$ 在 G_H趋于 0 时具有较好的氢覆盖率（1/9 ~ 4/9），表明其良好的 HER 催化能力。Wang 等[123]通过对 O 端基 MXene 催化剂 Ti_2CO_2 分别进行 S 和 P 掺杂，将 O 端基部分取代，得到的复合材料相比 Ti_2CO_2 具有更好的催化效果。他们认为，普通 O 端基 MXene 高达 1 eV 的带隙限制了该材料的催化效率，而掺杂形成的 O 空位与 P 空位不仅将材料带隙缩小至 0.3 eV 以下，还有效降低了析氢反应的势垒（图 5.54 和图 5.55）。

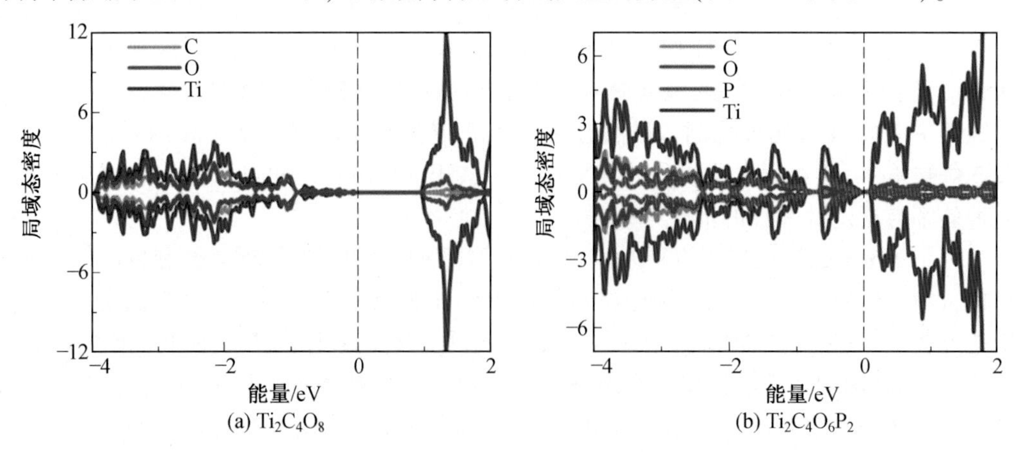

图 5.54　局域态密度（LDOS）对比图[123]

金属掺杂根据作用方式不同也可分为两种类型。一类是向 MXene 中掺入其他过渡金属元素调整氢键强度以提高析氢反应的效率，其作用原理与非金属掺杂类似。常用于

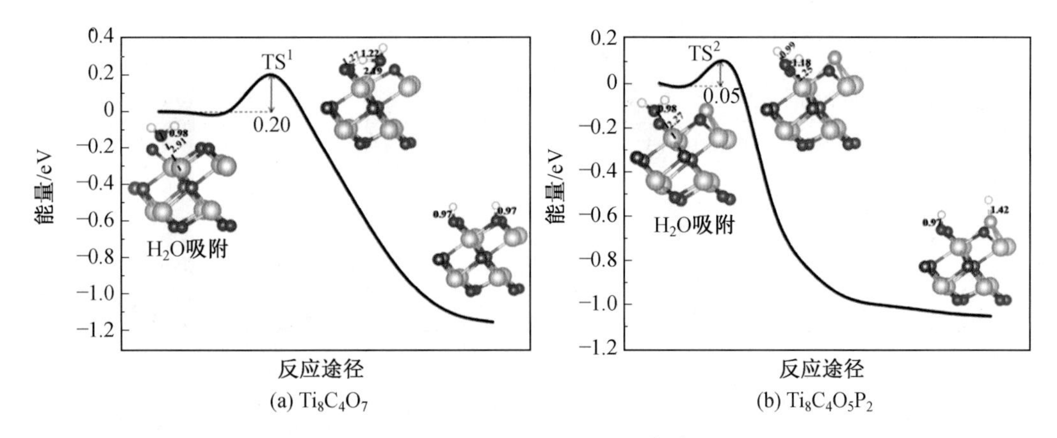

图5.55 HER反应过程图[123]

该插入法的金属为Co等后过渡金属元素，例如，Kuznetsov等[124]通过一种两步合成Co取代法从大块碳化钼中获得Mo_2CT_x:Co复合材料，经测试其为一种高效的HER催化剂。经过性能分析以及密度泛函理论计算，发现该材料相比原Mo_2CT_x具有更好的催化活性，主要原因是Co原子的插入改变了以其为中心的数个晶格的电子分布，促进了O—H键的形成，从而大大提高了析氢反应中Volmer步骤的发生，并使整个析氢反应更趋向于Volmer-Tafel路线进行。同时，Co的加入还使该材料有了更好的稳定性，使得该材料的综合催化性能达到与最好的非贵金属HER催化剂相当的水平。另一种金属掺杂法是向MXene中掺入贵金属如Pt以形成贵金属/MXene复合材料，这种方法将MXene作为高比表面积载体，使贵金属催材料与水分子充分接触以提高催化效果。Peng等[125]通过对MXene与Pt前驱体混合溶液进行超声处理，获得了由单原子掺杂形成的Pt(Single-Atom)/MXene复合材料，该材料具有比传统Pt/C电极更好的HER催化活性。密度泛函理论计算表明，该复合材料的催化性能来源于其独特的不对称结构。该结构中存在的极化电场改变了Pt(SA)/MXene的电子分布结构，降低了氢吸附和解吸的能阻，大大提高了HER反应效率。实验测得该材料在电流密度为10 mA/cm^{2}时的过电位仅为33 mV，媲美Pt/C电极，而质量活性则高达后者的29倍(图5.56)。此外，该材料还具有较好的稳定性，在持续工作27 h后仍具有很高的催化活性。虽然这种合成材料本质上也是由贵金属合成的催化剂，但极少的贵金属含量以及更好的催化效率，使其具有取代当下昂贵的纯贵金属材料的潜力。

此外，也有许多研究者尝试将MXene与其他半导体催化材料复合形成复合催化剂。异质结是将两种不同的半导体层叠排布形成的结构，其特殊的结构不但使材料的比表面积大大增加，还能改变层中电子分布状态，与电催化工艺具有良好的适配性，在这类MXene复合催化剂中得到广泛应用。在复合材料中，二维MXene通常充当其他催化材料的载体。Huang等[126]将HER催化剂MoS_2纳米片与Ti_3C_2结合，利用MXene载体以及异质结结构良好的导电性加速MoS_2纳米片的电荷转移，获得了具有更高催化效率的MoS_2/Ti_3C_2复合材料。经过计算，该材料在过电位为400 mV的条件下的HER催化效率可达原MoS_2纳米片的6.2倍，证明了MXene是构建HER复合催化剂的良好载体(图5.57)。也有研究者选择将本就具有一定催化能力的MXene与其他催化剂复合，制备具有更强催化

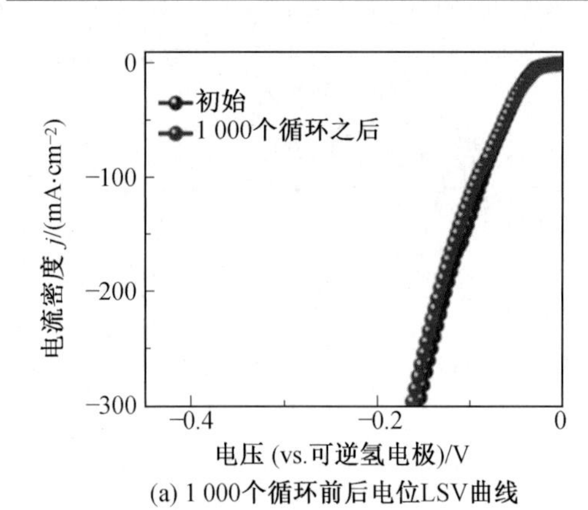

(a) 1 000个循环前后电位LSV曲线

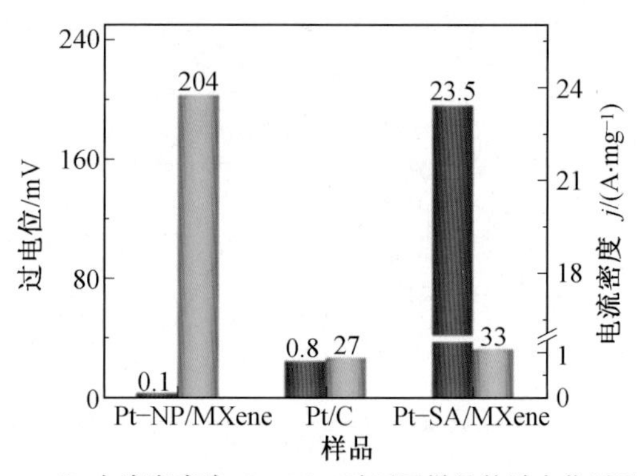

(b) 电流密度为10 mA/cm时不同样品的过电位以及过电位为100 mV时的质量活性对比图

图 5.56 Pt–SA/MXene 复合材料电催化性能图[125]

能力的复合催化剂。Liang 等[127]通过将 Co 掺杂 MoS_2 改性材料与 Mo_2CT_x MXene 复合，制得高效的 HER 复合催化剂。在该催化剂中，Mo_2CT_x 即充当活性材料又充当导电衬底，同时 Co 掺杂也改善了 MoS_2 的催化性能。经过测试，Co – MoS_2/Mo_2CT_x 复合催化剂在 10 mA/cm^{2}的电流密度下过电位可低至 112 mV。同时，该材料还在碱性条件下表现出良好的长期稳定性，具有较高的实用价值。

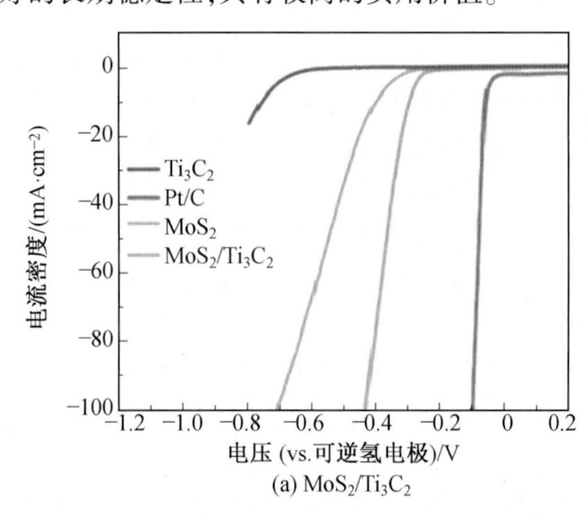

(a) MoS_2/Ti_3C_2

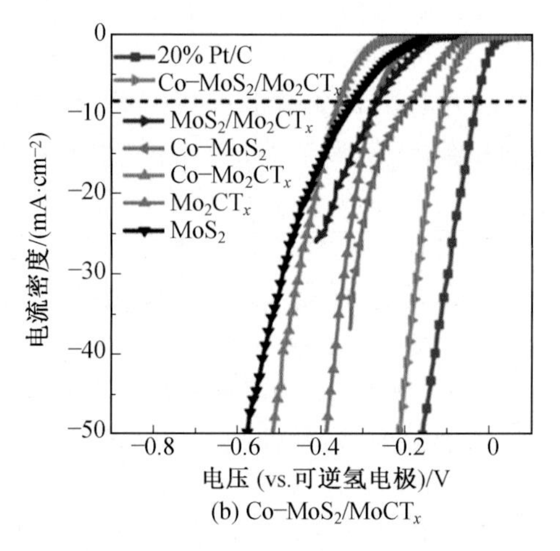

(b) Co–MoS_2/$MoCT_x$

图 5.57 不同材料的极化曲线比较图[127]

由于杂原子掺杂与半导体复合催化剂通常以性质较稳定但本体 HER 催化效率一般的 MXene 为原材料，其改性过程在提升催化效率的同时也保持或提高其稳定性，因此这类复合材料通常兼具稳定性与催化活性，具有广阔的利用前景。

5.2.2 MXene 基复合材料电催化分解水产氧及双功能产气系统

氧气是水电解工艺的阳极产物，通过电解水可以制得纯度较高的氧气。电解水的析氧反应大致可简化为五个步骤，其中某些步骤在酸性和碱性条件下的反应特征有所不同，反应示意图如图 5.58 所示。首先，电极 M 从水中获得一个 OH 形成 M—OH 配体。这一步骤在酸性条件下表现为从一个水分子中获取一个 OH，失去一个电子并放出一个质子；在碱性条件中则表现为—OH 直接与电极结合并失去一个电子。然后，M—OH 配体发生去质子化形成 M—O。酸性条件下的该步骤表现为配体失去一个电子并放出一个质子，碱性条件下该质子则会与 OH^- 进一步反应并以水分子的形式产出。随后，M—O 配体再重复一次与前两步反应类似的过程，先由 M—O 转化为 M—OOH，再发生去质子化，同时两个相互连接的 O 原子从电极上脱落，形成一个氧分子。整个过程伴随 4 个电子转移，各步骤反应式如下：

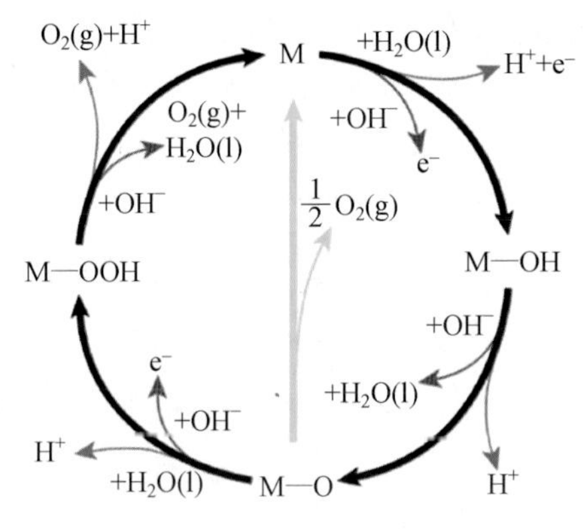

图 5.58　OER 反应示意图

酸性条件下：

$$M+H_2O -e^- \longrightarrow MOH+H^+ \tag{5.6}$$

$$MOH -e^- \longrightarrow MO+H^+ \tag{5.7}$$

$$MO+H_2O -e^- \longrightarrow MOOH+H^+ \tag{5.8}$$

$$MOOH -e^- \longrightarrow M+H^+ + O_2 \tag{5.9}$$

碱性条件下：

$$M+OH^- -e^- \longrightarrow MOH \tag{5.10}$$

$$MOH+OH^- -e^- \longrightarrow MO+H_2O \tag{5.11}$$

$$MO+OH^- -e^- \longrightarrow MOOH \tag{5.12}$$

$$MOOH+OH^- -e^- \longrightarrow M+H_2O+O_2 \tag{5.13}$$

此外，第二步中的 M—O 在一定条件下也会彼此结合产生氧气，发生的反应如下：

$$2MO \longrightarrow 2M+O_2 \tag{5.14}$$

不难看出，与电催化 HER 机理类似，电解水析氧反应同样存在配位吸附和解吸过程，因此，良好的 OER 电催化剂需要具有适宜的配位强度，目前性能较好的析氧反应催化剂主要为一些过渡金属氧化物。IrO_2 是迄今为止综合性能最好的 ORR 催化剂，其中的一些不饱和价态 Ir 对电解过程中的配位氧吸附强度适宜。此外，极佳的耐酸碱能力使其能在全 pH 条件下稳定高效地催化水电解反应。然而 Ir 极其高昂的价格（约为黄金的 3 倍）以及十分稀少的存量使其难以投入商业生产，即使用于科研层面的复合材料制作，其价格都难以为大多数科研人员所接受。目前对该材料的电解水 OER 催化效率改性实验仅有少量文献记载，尚没有研究者探究其与 MXene 制备复合催化材料的实例。而 RuO_2 以其相对较低的成本以及特定条件下更高的催化效率,成为主流的 OER 催化剂。

由于缺乏可吸附 O 原子的端基,纯 MXene 对 OER 反应的催化效率较差。有研究者尝试对空端基 MXene 进行 N 掺杂,其催化效率得到了一定的改善,但仍不理想。因此,MXene 通常以催化组分载体的形式活跃于对 OER 复合催化剂的研究中。Lu 等[128]通过热液处理的手段将 Co_3O_4 分子固定在 MXene 表面,形成分布均匀的 Co_3O_4/Ti_3C_2 复合材料。与 HER 催化剂中的 Pt/MXene 复合催化剂机理类似,该材料在保留了 Co_3O_4 对 OER 良好的催化性质的同时,解决了 Co_3O_4 本身存在的反应位点少、易聚合、导电性能较差等诸多问题,大大提高了催化效率(图 5.59)。Zhao 等[129]进行了将二维高性能金属-有机物复合催化剂与二维金属碳化物进一步复合的尝试。利用反应辅助扩散工艺将 1,4-苯二羧酸钴(COBDC)与 MXene 原位复合,得到的 $T_3C_2T_x$/COBDC 复合材料在一定条件下具有比 IrO_2 更好的催化活性,证明了 MXene 复合材料在 OER 工艺中良好的利用前景。

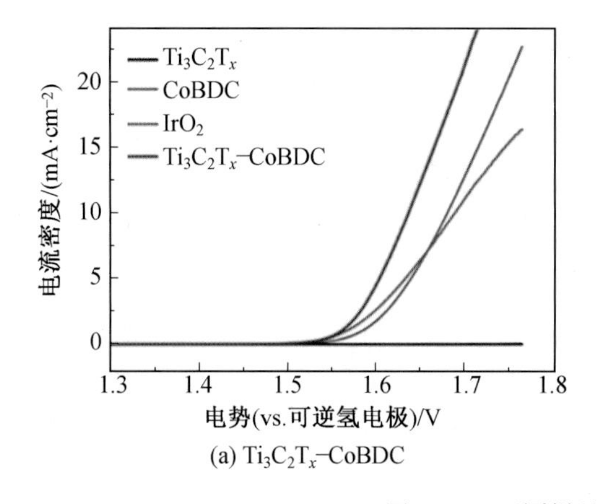

(a) $Ti_3C_2T_x$-CoBDC

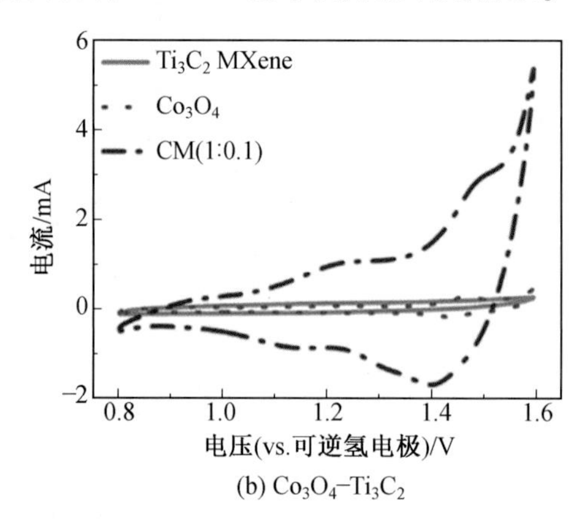

(b) Co_3O_4-Ti_3C_2

图 5.59 不同样品 CV 曲线图[128]

电解水的析氢反应与析氧反应各自的特性、常用催化材料以及 MXene 复合材料在其领域中的应用在前文中已经分别论述。与备受成为主流制氢工艺的 HER 工艺不同,OER 工艺的使用需求相对较少,主要是由于大部分用氧领域都具有可供选择的环境友好、制备效率高的其他制氧工艺。然而,对电催化 OER 工艺的探索依然至关重要,这是因为电解水反应是一个统一的电解池反应,其阴、阳极两个半反应具有高度的整体性,无论两个电极材料的理论催化效率差距如何,总反应产气量始终保持为氢气与氧气 2∶1 的体积比,而催化效率较差的一极会严重限制整体反应速率。因此,要想实现电解反应的高效进行,提高产气效率,需要为阴阳两极都配备催化效率良好的电催化剂,形成高效的双功能产气系统。

在实际研究中,鉴于现有的 OER 催化剂的催化效率普遍低于 HER 催化剂。例如在 HER 反应中,一些性质良好的 Pt 改性材料已经可以达到接近 0 mV 的理论过电位,而即使在理论材料中也难以找到同等效率的 OER 催化剂。因此对于 HER 极催化剂可以更多考虑成本与稳定性问题,而 OER 催化材料的研究重心则放在提升催化效率上,以得到综合催化效率高、成本合理、稳定性良好的复合催化系统。

基于上述原因,许多科研工作者在探究电解水催化材料时更倾向于研究双功能水电解催化剂，即使用一种对OER与HER都具有催化活性的材料，将其同时用于阴阳两极的反应中。相比于分别选用阴、阳两极反应的催化材料，双功能材料的优势在于研发和生产成本低、电极更换方便，且有利于避免两极活性不同引发的原电池反应。此外，这种催化材料的目的专一，仅以催化一个电解反应为设计目的，无须考虑与不同电极配合参与各种其他电解反应的情况，有效降低了设计难度。

MXene良好的催化能力、优秀的复合材料载体等性质使其成为制备双功能催化剂的热门原材料。Guo等[130]以双活性异质结Co-CoO为催化材料，巧妙利用了Co的HER催化活性以及CoO的OER催化活性，并使之与导电性能良好、高活性表面积的MXene协同耦合，得到的复合催化剂不但具有媲美Pt/C电极的HER催化效率，还具有高于RuO_2的OER催化效率，可由1.55 V的太阳能电池稳定驱动，具有极高的实践价值。而实际上由于反应原理的限制，在制备这种双功能催化剂时，只需保证其对HER的催化活性略高于OER活性，就能使材料达到最高的整体水电解催化效率，有利于降低原料与设计成本。Wang等[131]通过将FeNi纳米合金与金属掺杂MXene($Mo_2TiC_2T_x$)复合，使材料兼具$Mo_2TiC_2T_x$良好的HER催化效率以及FeNi良好的OER催化效率。同时，MXene的载体功能还有效提高了FeNi的比表面积，进一步提升了材料的OER催化效率。经测试，虽然该材料的HER过电位达到165 mV，在HER单功能催化剂中属于较差水平，但略低于其OER过电位(190 mV)。实验表明，在碱性条件下，以该材料为电极的水电解槽可以在1.74 V的外加电压下达到50 mA/cm^{2}的电流密度，同样表现出良好的综合催化能力(图5.60)。

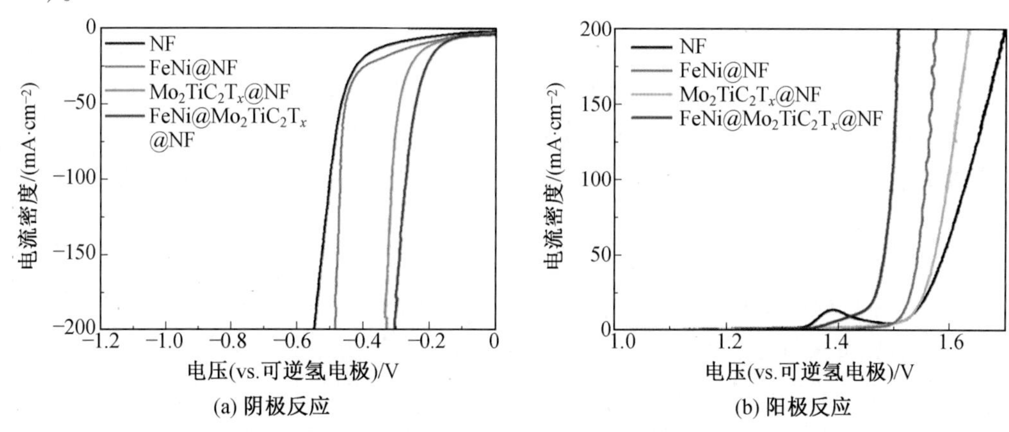

图5.60 双功能催化剂FeNi-$Mo_2TiC_2T_x$的CV曲线[131]

5.3.3 MXene基复合材料电催化CO_2还原

CO_2是温室气体最重要的组成部分之一，主要来源于化石燃料的燃烧。近年来，人们通过对化石燃料进行各种前处理，有效减少了化石燃料燃烧过程中其他有害气体的产生。然而CO_2是燃烧反应的最终产物，大量产生会引发温室效应等环境问题。目前公认可行的处理手段是通过外加能量将CO_2还原为碳氢化合物，以一种能源储存的形式循环利用，减少CO_2气体排放。电催化反应外加电流的特性使其具有很强的给电子能力，非常适用于强稳态物质的还原,是一种极具应用潜力的 CO_2 还原手段。

由于有机反应具有路线复杂、产物种类繁多、难区分等特性,如果完全使用传统实验方法进行实验以及产物鉴别,不仅需要进行相当数量的对比实验,还需要使用大量复杂的产物表征手段,时间与经济成本极高。甚至有些反应由于反应条件过于苛刻、反应产物性质极其接近等原因,研究者可使用的仪器难以满足实验和表征要求。因此,目前常用的 CO_2 电催化还原研究手段以密度泛函理论计算为主。DFT 是目前最完备的一套研究多电子系统的量子力学理论体系,广泛应用于物理与化学研究中。在运用于化学实验时,其核心是围绕材料的电子密度构建函数与泛函,通过代入一系列已知参数,利用自洽方程等手段确定泛函关系,达到理论实验的效果。相比于早期的其他理论模型,DFT 通过对电子波函数等变量进行近似简化,在大量减少变量的同时最大限度地保证了模拟的真实性,极大地扩展了其理论的应用范围。在电催化领域中,该理论不但可以用于催化材料筛选,通过分析其表面电子的波函数,从众多预选的催化材料中筛选出理论效率高的材料,还可以通过理论计算分析催化剂与反应物的理化性质,并预测电催化反应的结果。

CO_2RR 的核心机理在于破坏稳定的C═O双键,并通过引入质子和电子形成可利用的有机物。通常情况下,比较理想的还原目标物有 CH_4 和 CH_3OH 以及以一些双碳化合物,如 C_2H_6,这些物质具有良好的燃烧热值,可以以燃料形式储存,完成 C 元素从 CO_2 到资源的转化。以酸性条件为例,CO_2RR 工艺涉及的一系列反应式如下:

$$CO_2 + 2H^+ + 2e^- \longrightarrow CO + H_2O \tag{5.15}$$

$$CO_2 + 2H^+ + 2e^- \longrightarrow HCOOH \tag{5.16}$$

$$CO_2 + 4H^+ + 4e^- \longrightarrow HCHO + H_2O \tag{5.17}$$

$$CO_2 + 6H^+ + 6e^- \longrightarrow CH_3OH + H_2O \tag{5.18}$$

$$CO_2 + 8H^+ + 8e^- \longrightarrow CH_4 + 2H_2O \tag{5.19}$$

事实上,这些反应并不是相互独立的,而是由一系列反应步骤串联而成,具体步骤如下:

$$CO_2 \longrightarrow CO \longrightarrow HCOOH \longrightarrow HCHO \longrightarrow CH_3OH \longrightarrow CH_4$$

CO_2 还原过程中需要形成各种中间产物,仅将单个 CO_2 分子还原为 CH_4 就需要经过 8 个电子转移,此外,CO_2 还具有很稳定的直链结构,因此还原难度较大,至今仍没有对该工艺综合催化性能卓越的电催化剂出现。过渡金属催化剂是目前应用最广泛的 CO_2RR 催化剂,其在电催化 CO_2RR 中展示出一系列独特的性质,主要表现为不同过渡金属对催化产物的选择性。例如,对于同一条件下发生的 CO_2RR 反应,当使用 Au、Ag、Zn 等金属作为催化剂时,反应产物主要为 CO;当使用 Pb、Hg、Sn 等金属作为催化剂时,反应产物主要为 HCOOH;而当使用 Ni、Fe、Pt 等金属作为催化剂时,反应产物主要为 H_2,即实际上仅发生水电解反应。Cu 则较为特殊,其能产生包括 CH_4 与 CH_3OH 在内的全部 CO_2 还原产物,且具有最高的法拉第效率,但其对各种产物都缺乏选择性[132]。不难看出,金属催化剂中难以找到一种可以定向生成 CH_4 与 CH_3OH 的材料,因此无法单独作为 CO_2RR 催化剂。MXene 出现后,其极大的催化潜力引起了领域内研究者的关注。大量且可调节的活性位点使得 MXene 催化剂有望解决当下电催化 CO_2 还原反应存在的诸多难题。

最早被认定为具有电催化CO_2RR能力的MXene是一系列过渡金属碳化物，即无端基MXene。Li等[133]利用密度泛函理论对各种过渡金属碳化物进行了理论分析，发现其中M_3C_2型的Ⅳ～Ⅵ族前过渡金属碳化物，尤其是Cr_3C_2与Mo_3C_2展现出了极具潜力的电催化CO_2RR效果。空白条件下，Cr_3C_2和Mo_3C_2发生电催化CO_2还原反应形成单个CH_4分子所需的能量输入仅为1.05 eV与1.31 eV。此外，理论测试表明如果辅以O或OH端基，所需能量还有望进一步下降。随后，OH端基MXene的催化性能也得到了理论检验。Chen等[134]通过密度泛函理论计算及第一性原理假设对十余种OH端基MXene的CO_2RR电催化性能进行了测试，发现$Sn_2C(OH)_2$与$Y_2C(OH)_2$具有极其理想的电催化CO_2RR能力，二者能稳定产出CH_4的负极限电位分别为-0.53 V与-0.61 V。OH端基MXene的使用还意味着该反应有了在水溶液中高效进行的可能性。更重要的是，OH端基上的H原子可以以配位的形式与各步骤反应中间产物形成配体，减少了中间产物形成过程中的能源消耗，使反应耗能大大降低（图5.61）。这一特性使得OH端基MXene在该工艺中展现出极大的理论优势，大有成为实际应用催化剂的可行性。

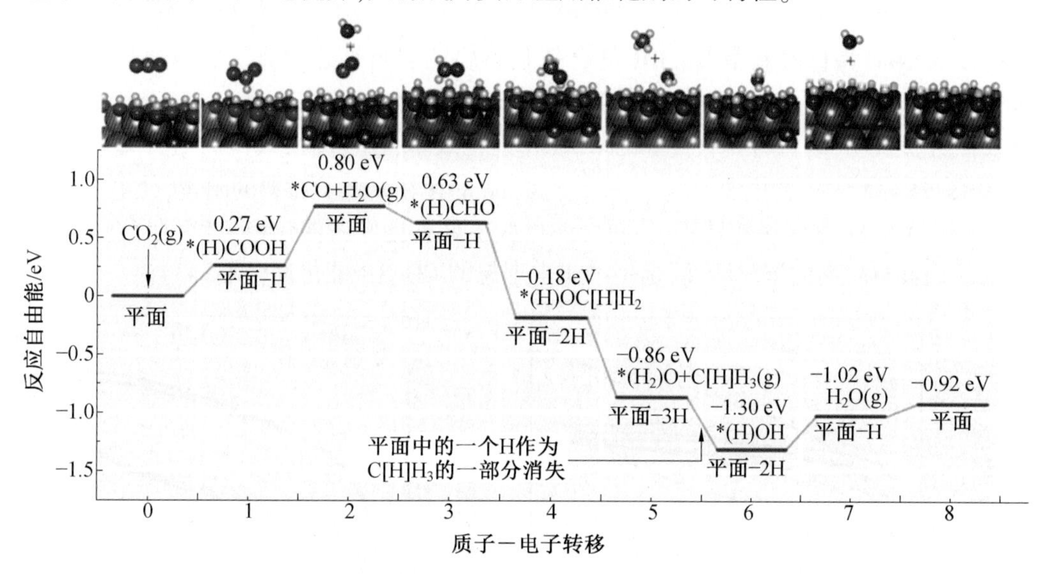

图5.61 OH端基MXene催化CO_2RR的过程示意图[134]

为了寻找催化性能更加优异的材料，也有许多研究者尝试以MXene为原材料制备复合催化剂。与HER工艺类似，由杂原子掺杂法制备的MXene复合催化剂同样活跃于CO_2RR工艺领域。通常选择的掺杂质为对CO_2RR电催化反应有较好催化效果的Cu、Ti等过渡金属元素。Li等[135]利用DFT计算发现，通过向Ti_2CN_2上掺杂不同的过渡金属元素，制成的复合催化剂基于掺入的元素种类的不同，可以获得对某一产物更好的选择性、更快的生成速度或更好的综合催化效率。这些材料在保留了过渡金属催化剂较高的综合催化效率的同时，部分解决了其存在的弊端，若能成功制备，则有望成为现有金属催化剂的良好替代品。而Zhao等[136]通过对四维含铜MAX相进行选择性刻蚀，在实验室制得了单原子铜掺杂的MXene复合材料Cu(SA)-$Ti_3C_2Cl_x$。经测试得出，该材料具有良好的催化稳定性以及接近60%的产CH_3OH法拉第效率，有望用于定向生产纯度较高的

CH_3OH(图 5.62)。辅以 DFT 计算以及 XAS 分析发现,单原子铜的不饱和电子结构为反应的速控步骤提供了较低的势垒,表明该材料同时具有良好的催化效率。这类过渡金属掺杂的 MXene 复合催化剂同样兼具两种反应物的综合优势,具有实际应用的潜力。

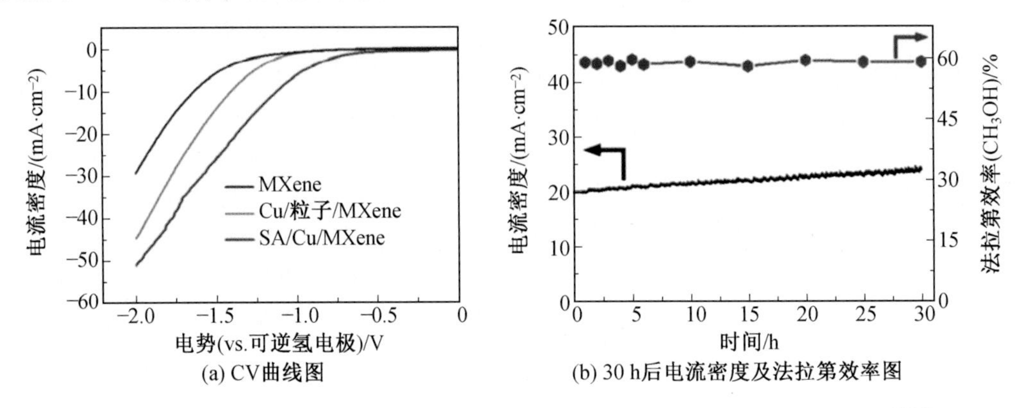

图 5.62 Cu(SA)-$Ti_3C_2Cl_x$ 的电化学性质图及 30 h 后电流密度及法拉第效率图[136]

以 MXene 为衬底制备 CO_2RR 复合催化材料的可行性也得到了初步证实。Kannan 等[137]利用热液处理等手段制得了具有六边形排列状的 ZnO/Fe/MXene 复合材料。循环伏安法分析表明,该材料具有良好的 CO_2RR 催化效率,在一个大气压的 CO_2 环境下具有高达 18.75 mA/cm^2 的电流密度。作者认为,Fe 的存在降低了材料的阻抗,使电子得以在 ZnO 层与 MXene 之间快速转移。同时,该材料还具有良好的催化稳定性,在1 000个反应周期后仍具有较高的催化活性,是一种非常理想的 CO_2RR 催化剂(图5.63)。

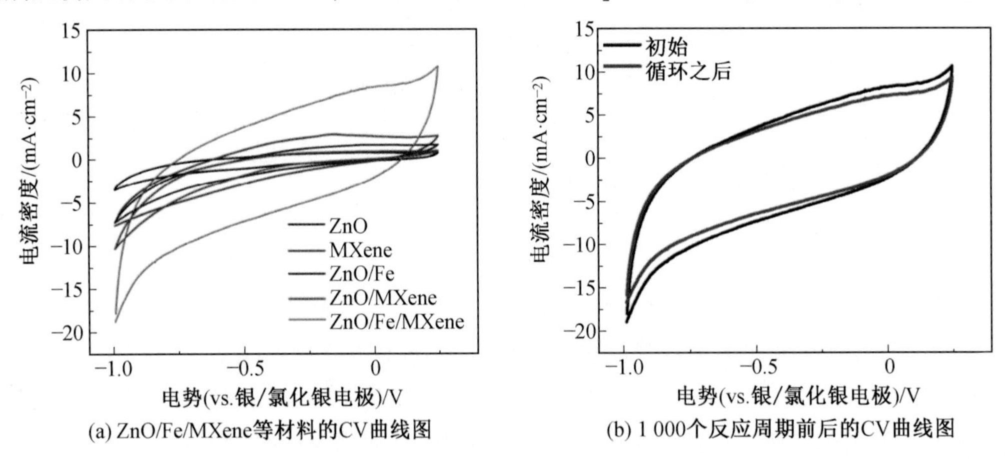

图 5.63 ZnO/Fe/MXene 等材料的电化学性质图[137]

此外,也有研究者期望采用 CO_2→CO→HC 的反应路径,即先将 CO_2 还原为 CO,再将 CO 还原为所需的目标产物,将 CO_2RR 工艺分两步实现。CO 是 CO_2 还原反应中的一个关键中间产物,其关键之处不但表现在 CO 本身的使用价值,还表现在其对于整个反应过程的地位。一方面,CO 是所有还原产物都必须经过的中间体;另一方面,对还原产物 CO 的选择性催化已经相当成熟。相比单步 CO_2RR 还原反应,这种方法的能源利用率虽然较低,但其降低了单步反应所需的过电位,同时减少了一种中间产物。既有利于反应高效进行,又有效提高了产物纯度。除此之外,以键能较低的 CO 为起始材料进行深度还原,相比对 CO_2 进行直接还原更容易形成 C_2 化合物,使反应产物覆盖更多应用领域。研究发现,MXene 合成材料在对 CO 进行电催化深度还原方面同样具有广阔的利用前景。Qian 等[138]基于 DFT 计算,通过对三种 O 缺陷 O_2MXene 的 CO_2RR 催化能力进行分析,发现其中 $Mo_2TiC_2O_2/2O_v$ 材料在催化 CO 还原时,对 C—C 键形成的势垒低于传统 Cu 催化剂,具有将 CO 高效还原为 C_2 化合物的潜力。同时,对比 Mo、Ti 双金属 MXene 与单金属 Mo MXene 在相同条件下的催化效果,作者认为双金属催化剂有效降低了反应势垒,具有更好的催化效果(图 5.64)。理论分析还表明在该材料上生成的乙醇很容易从催化剂表面脱附,表现出较高的理论催化效率,颇具实践可行性。

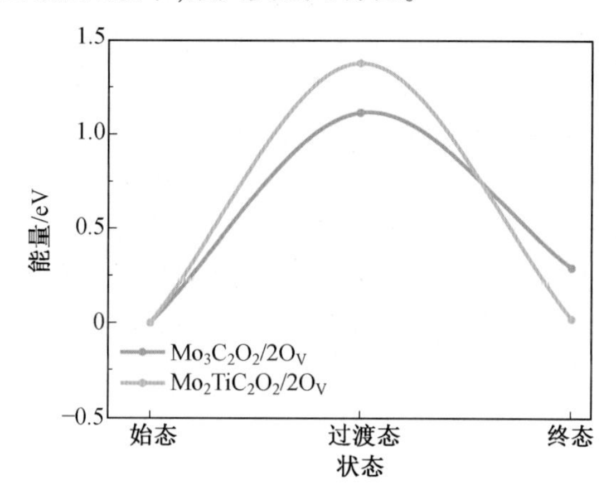

图 5.64　$Mo_2TiC_2O_2$-$2O_v$ 与 $Mo_3C_2O_2$-$2O_v$ 的反应势垒对比图[138]

5.2.4　MXene 基复合材料电催化氮还原制氨

氨气是一种重要的工业原材料,在农业生产、食品加工、炸药制作等诸多领域有着不可替代的作用。自然固氮工艺需要经过闪电和微生物的作用,难以进行人工模拟。目前应用最广泛的产氨手段是德国化学家 Haber 与德国工程师 Bosch 在 20 世纪初研发的 Haber-Bosch 制氨法,通过在将氮气与氢气在高温高压下与铁基催化剂接触实现。该工艺的出现解决了长期以来制氨手段的空白,大大降低了铵肥的成本,对 20 世纪农业的发展起到极大的促进作用。目前全世界氨气年产量约为 1.8 亿 t,绝大多数来源于这种传统制氨工艺。尽管如此,这种工艺会产出 3 倍于氨产量的 CO_2,严重污染环境。在环境保护日益得到重视的今天,人们迫切希望寻找另一种高效、清洁的新制氨手段代替高污染的 Haber-Bosch 法。Haber 早期也进行过在温和条件下进行制氨工艺尝试,然而受当时研究手段以及科技水平的限制,他提出该反应无法在常温常压下进行。随着近年来电催化技术的不断成熟,电化学合成氨已经在实验室得到了初步实现。

电催化合成氨工艺机理的研究目前还处在早期探索阶段,其中受到大多数认可的是一种分步断裂 $N\equiv N$ 键并在电极上逐个形成氨分子的反应机理,以酸性条件下为例,各步骤反应过程如下:

$$M+N_2 \longrightarrow MNN \tag{5.20}$$

$$MNN+H^+ + e^- \longrightarrow MNNH \tag{5.21}$$

$$MNNH+H^+ + e^- \longrightarrow MNNH_2 \tag{5.22}$$

$$MNNH_2 + H^+ + e^- \longrightarrow MN+NH_3 \tag{5.23}$$

$$MN+H^+ + e^- \longrightarrow MNH \tag{5.24}$$

$$MNH+H^+ + e^- \longrightarrow MNH_2 \tag{5.25}$$

$$MNH_2+H^+ +e^- \rightarrow M+NH_3 \tag{5.26}$$

由此可以看出，电化学制氨反应是一个 6 电子的反应，每还原一个氮分子伴随 6 个电子的转移，同时产出 2 个氨分子。反应的最主要难题仍然在于 N≡N 键的断裂，由于其键能高达 946 kJ/mol，即使采用分步手段也很难在温和的反应条件下断开，因此电催化 NRR 的速控反应通常为第一个质子化过程，即 MNN→MNNH 过程，而寻找一种高效的 NRR 催化剂活化氮分子是反应顺利进行的关键。

电催化 NRR 在近年被提出时，各种端基 MXene 的制备工艺已经较为成熟，这一活性表面积大、导电性能好、端基可控的新型材料迅速成为电催化 NRR 领域的热门催化剂。近几年来，不断有研究者提出 MXene 高效催化 NRR 反应的应用实例。许多研究者发现 M_2XT_x 型 MXene 对 NRR 具有良好的催化效率，其中 Mo_2C 作为目前催化效率最佳的纯 MXene 具有极低的活化势垒。Wang 等[139]基于前人对该型材料的研究，通过 DFT 计算对比活化势垒，分析了一系列ⅢB、ⅣB、ⅤB 族过渡金属 MXene 的电催化 NRR 效果。他们发现，一些 MXene 如 Mn_2C 和 Fe_2C 等由于金属良好的电子排列，具有比 Mo_2C 更低的活化势垒，电催化 NRR 效率更高。这些工作进一步拓展了纯 MXene 在电催化 NRR 领域的发展。

MXene 基复合材料如元素掺杂的 MXene 在 NRR 领域同样具有广阔的应用前景。Zeng 等[140]通过一种共掺杂手段同时将 N 和 S 元素掺入 MXene 中，制得 NS/$Ti_3C_2T_x$ 复合材料。实验表明，该材料相比单独 $Ti_3C_2T_x$ 的催化效率显著提高，在 −0.55 V 的电压和 0.05 mol/L H_2SO_4 电解液条件下电催化 NRR 的产率达 35 μg/(mg · h)(图 5.65)。作者借助 DFT 发现该材料更高的催化效率来源于掺杂 N 和 S 的协同作用，不但使得电子转移

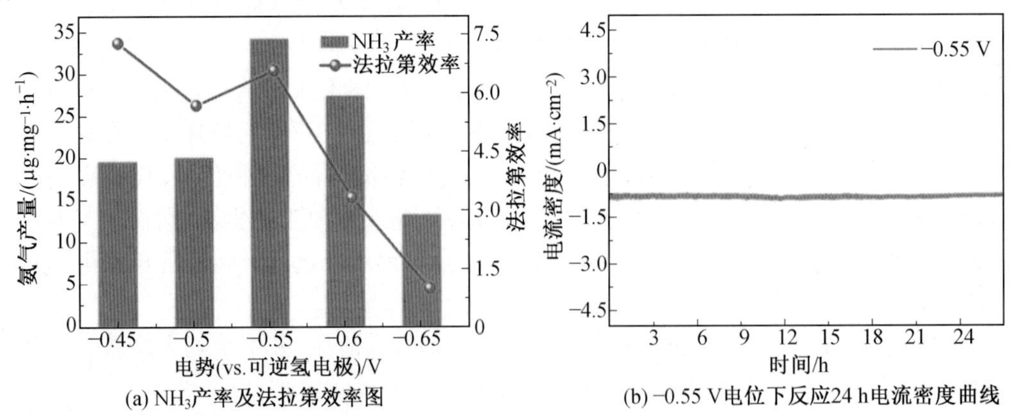

(a) NH_3产率及法拉第效率图
(b) −0.55 V电位下反应24 h电流密度曲线

图 5.65　不同电位下 NS/$Ti_3C_2T_x$ 的产氨性能图[140]

效率更高,而且显著增加了活性位点。此外,该复合材料还具有优异的稳定性,反应 24 h 后电催化效率基本没有降低,证实了掺杂改性对提高 MXene 电催化 NRR 活性和稳定性的可行性。

多组分复合催化材料在电催化 NRR 工艺中也得到运用。Luo 等[141]通过缺陷工程对 MXene 进行修饰,获得具有 S 缺陷的 $Bi_2S_{3-x}/Ti_3C_2T_x$ MXene 高效 NRR 催化剂。该复合材料存在大量活性位点,且 Bi_2S_{3-x} 均匀分布在 MXene 表面,大大提高了比表面积,因此 Bi 以及 S 空位对 NRR 的催化能力显著提升。经测试,该材料在-0.4 V 电压下具有 22.5% 的 NRR 法拉第效率,远远高于单独的 Bi_2S_{3-x} 和 $Ti_3C_2T_x$,同时还具有优异的稳定性(图 5.66)。

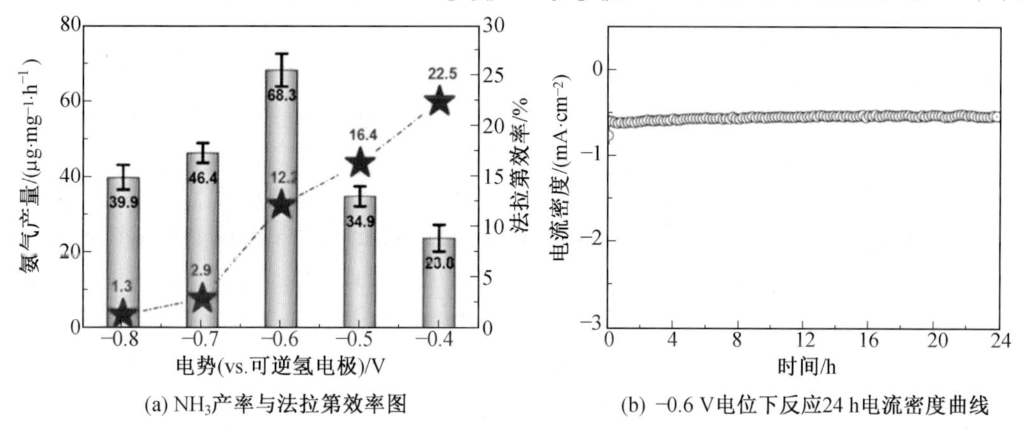

(a) NH_3产率与法拉第效率图　　(b) −0.6 V电位下反应24 h电流密度曲线

图 5.66　不同电位下 $Bi_2S_{3-x}/Ti_3C_2T_x$ 的电化学曲线[141]

总结与展望

MXene 基复合材料具有优异的导电性能、较大的界面接触面积、较短的电荷传输路径和较多的活性位点等优点,自 2011 年首次报道以来便在催化等诸多领域崭露头角。本章旨在讲述 MXene 基复合材料在光催化和电催化领域的研究进展,重点阐明了两种催化技术的反应原理及具体应用,包括分解水制氢、降解水体有机污染物、CO_2 还原和合成氨等。

尽管取得了长足的发展,MXene 基复合材料在催化领域仍面临诸多挑战。首先,相较于石墨烯等二维材料而言,MXene 具有化学组分可调等巨大优势。然而,大多数 MXene 仅由理论计算获得,并未实际合成成功,研究焦点仍是 $Ti_3C_2T_x$ 等少数 MXene。因此,拓展 MXene 的种类、设计不同原子的比例和排列等,不仅能够扩充 MXene 家族的成员,而且有望提升催化性能。其次,尽管研究者们已通过构建异质结、元素掺杂、形貌调控和缺陷工程等手段制备出物化性质各异的 MXene 基复合材料,然而目前 MXene 的催化应用仍处于实验室阶段,距离大规模应用还存在较大距离。如何提升 MXene 基复合材料的催化性能以及长期稳定性是推动光(电)催化技术从实验室走向实际生产的关键。再次,MXene 一般具有丰富的表面官能团,因此 MXene 基复合材料的催化机理较为复杂,目前仍缺乏普适性机理来阐明 MXene 在催化反应中的表面过程、活性位点等。一些研究者已借助模拟性强、体系完整的密度泛函理论来深入探究催化机制。希望今后加强这方面的研究,这对推动 MXene 复合催化剂的研究具有重要的理论意义。最后,目前报道的可实际应用于电催化技术的 MXene 仅处于理论计算阶段。尽管许多 MXene 表现出极高的理论电催化效率,然而实际合成并成功用于电催化的 MXene 少之又少,这也是研究者们今后着重努力的方向之一。通过理论计算和实验结果相结合的研究手段,相信这种新型的 MXene 在不久的将来会在光催化和电催化领域占据一席之地。

参考文献

[1] JIA Guangri, WANG Ying, CUI Xiaoqiang, et al. Asymmetric embedded benzene ring enhances charge transfer of carbon nitride for photocatalytic hydrogen generation[J]. Applied Catalysis B: Environmental, 2019, 258: 117959.

[2] KUMAR A, RAIZADA P, HOSSEINI-BANDEGHARAEI A, et al. C-, N-vacancy defect engineered polymeric carbon nitride towards photocatalysis: viewpoints and challenges [J]. Journal of Materials Chemistry A, 2021, 9(1): 111-153.

[3] WANG Wei, TADÉ M O, SHAO Zongping. Research progress of perovskite materials in photocatalysis and photovoltaics-related energy conversion and environmental treatment [J]. Chemical Society Reviews, 2015, 44(15): 5371-5408.

[4] PAN Aiqiang, LIU Jing, LIU Zhipeng, et al. Application of hydrogen energy and review of current conditions; proceedings of the IOP conference series: earth and environmental science, F, 2020[C]. IOP Publishing.

[5] BORISOVA-MUBARAKSHINA M M, TSYGANKOV A A, TOMO T, et al. International conference on "photosynthesis and hydrogen energy research for sustainability-2019": in honor of Tingyun Kuang, anthony larkum, cesare marchetti, and kimiyuki satoh[J]. Photosynthesis Research, 2020, 146: 5-15.

[6] ALHEBSHI A, SHARAF ALDEEN E, MIM R S, et al. Recent advances in constructing heterojunctions of binary semiconductor photocatalysts for visible light responsive CO_2 reduction to energy efficient fuels: a review[J]. International Journal of Energy Research, 2022, 46(5): 5523-5584.

[7] MCCRORY C C, JUNG S, PETERS J C, et al. Benchmarking heterogeneous electrocatalysts for the oxygen evolution reaction[J]. Journal of the American Chemical Society, 2013, 135(45): 16977-16987.

[8] SHEN Rongchen, REN Doudou, DING Yingna, et al. Nanostructured CdS for efficient photocatalytic H_2 evolution: a review[J]. Science China Materials, 2020, 63(11): 2153-2188.

[9] LIXubing, TUNG Chenho, WU Lizhu. Semiconducting quantum dots for artificial photosynthesis [J]. Nature Reviews Chemistry, 2018, 2(8): 160-173.

[10] ZHU Ting, WU Haobin, WANG Yabo, et al. Formation of 1D hierarchical structures

composed of Ni_3S_2 nanosheets on CNTs backbone for supercapacitors and photocatalytic H_2 production[J]. Advanced Energy Materials, 2012, 2(12): 1497-1502.

[11] GONG Ming, WANG Diyan, CHEN Chiachun, et al. A mini review on nickel-based electrocatalysts for alkaline hydrogen evolution reaction[J]. Nano Research, 2016, 9: 28-46.

[12] NAGUIB M, KURTOGLU M, PRESSER V, et al. Two-dimensional nanocrystals produced by exfoliation of Ti_3AlC_2[J]. Advanced Materials, 2011, 23(37): 4248-4253.

[13] PENG Chao, YANG Xianfeng, LI Yuhang, et al. Hybrids of two-dimensional Ti_3C_2 and TiO_2 exposing facets toward enhanced photocatalytic activity[J]. ACS Applied Materials & Interfaces, 2016, 8(9): 6051-6060.

[14] ZHANG Ziqing, BAI Linlu, LI Zhijun, et al. Review of strategies for the fabrication of heterojunctional nanocomposites as efficient visible-light catalysts by modulating excited electrons with appropriate thermodynamic energy[J]. Journal of Materials Chemistry A, 2019, 7(18): 10879-10897.

[15] FUJISHIMA A, HONDA K. Electrochemical photolysis of water at a semiconductor electrode[J]. Nature, 1972, 238(5358): 37-38.

[16] TIE Luna, YANG Siyu, YU Chongfei, et al. In situ decoration of ZnS nanoparticles with Ti_3C_2 MXene nanosheets for efficient photocatalytic hydrogen evolution[J]. Journal of Colloid and Interface Science, 2019, 545: 63-70.

[17] RAN Jingrun, GAO Guoping, LI Fatang, et al. Ti_3C_2 MXene co-catalyst on metal sulfide photo-absorbers for enhanced visible-light photocatalytic hydrogen production[J]. Nature Communications, 2017, 8(1): 13907.

[18] LI Yuehua, ZHANG Fan, CHEN Yan, et al. Photoredox-catalyzed biomass intermediate conversion integrated with H_2 production over $Ti_3C_2T_x$/CdS composites[J]. Green Chemistry, 2020, 22(1): 163-169.

[19] TAO Junnan, WANG Mingyuan, LIU Guiwu, et al. Efficient photocatalytic hydrogen evolution coupled with benzaldehyde production over 0D $Cd_{0.5}Zn_{0.5}S$/2D Ti_3C_2 Schottky heterojunction[J]. Journal of Advanced Ceramics, 2022, 11(7): 1117-1130.

[20] YANG Yali, ZHANG Dainan, XIANG Quanjun. Plasma-modified $Ti_3C_2T_x$/CdS hybrids with oxygen-containing groups for high-efficiency photocatalytic hydrogen production[J]. Nanoscale, 2019, 11(40): 18797-18805.

[21] LI Yang, ZHANGDainan, FENG Xionghan, et al. Truncated octahedral bipyramidal TiO_2/MXene Ti_3C_2 hybrids with enhanced photocatalytic H_2 production activity[J]. Nanoscale Advances, 2019, 1(5): 1812-1818.

[22] LI Yujie, LIU Yuanyuan, WANG Zeyan, et al. In-situ growth of Ti_3C_2@MIL-NH_2 composite for highly enhanced photocatalytic H_2 evolution[J]. Chemical Engineering Journal, 2021, 411: 128446.

[23] TIAN Pan, HE Xuan, ZHAO Lei, et al. Ti_3C_2 nanosheets modified Zr-MOFs with

Schottky junction for boosting photocatalytic HER performance[J]. Solar Energy, 2019, 188: 750-759.

[24] SU Tongming, HOOD Z D, NAGUIB M, et al. Monolayer $Ti_3C_2T_x$ as an effective co-catalyst for enhanced photocatalytic hydrogen production over TiO_2[J]. ACS Applied Energy Materials, 2019, 2(7): 4640-4651.

[25] CHENG Lin, CHEN Qian, LI Juan, et al. Boosting the photocatalytic activity of $CdLa_2S_4$ for hydrogen production using Ti_3C_2 MXene as a co-catalyst[J]. Applied Catalysis B: Environmental, 2020, 267: 118379.

[26] XIAO Rong, ZHAO Chengxiao, ZOU Zhaoyong, et al. In situ fabrication of 1D CdS nanorod/2D Ti_3C_2 MXene nanosheet Schottky heterojunction toward enhanced photocatalytic hydrogen evolution[J]. Applied Catalysis B: Environmental, 2020, 268: 118382.

[27] LI Jingyu, LI Yuehua, ZHANG Fan, et al. Visible-light-driven integrated organic synthesis and hydrogen evolution over 1D/2D CdS-$Ti_3C_2T_x$ MXene composites[J]. Applied Catalysis B: Environmental, 2020, 269: 118783.

[28] SUN Benteng, QIU Pengyuan, LIANG Zhangqian, et al. The fabrication of 1D/2D CdS nanorod @ Ti_3C_2 MXene composites for good photocatalytic activity of hydrogen generation and ammonia synthesis[J]. Chemical Engineering Journal, 2021, 406: 127177.

[29] HUANG Kelei, LI Chunhu, ZHANG Xiuli, et al. Self-assembly synthesis of phosphorus-doped tubular g-C_3N_4/Ti_3C_2 MXene Schottky junction for boosting photocatalytic hydrogen evolution[J]. Green Energy & Environment, 2023, 8(1): 233-245.

[30] XU Haotian, XIAO Rong, HUANG Jingran, et al. In situ construction of protonated g-C_3N_4/Ti_3C_2 MXene Schottky heterojunctions for efficient photocatalytic hydrogen production[J]. Chinese Journal of Catalysis, 2021, 42(1): 107-114.

[31] LI Yujie, DENG Xiaotong, TIAN Jian, et al. Ti_3C_2MXene-derived Ti_3C_2/TiO_2 nanoflowers for noble-metal-free photocatalytic overall water splitting[J]. Applied Materials Today, 2018, 13: 217-227.

[32] LI Zizhen, ZHANG Hongguang, WANG Liang, et al. 2D/2D BiOBr/Ti_3C_2heterojunction with dual applications in both water detoxification and water splitting[J]. Journal of Photochemistry and Photobiology A: Chemistry, 2020, 386: 112099.

[33] GUO Ya-nan, ZHANG Dongsheng, WANG Meijiao, et al. Synergistic modulation on atomic-level 2D/2D Ti_3C_2/Svac-$ZnIn_2S_4$ heterojunction for photocatalytic H_2 production[J]. Colloids and Surfaces A: Physicochemical and Engineering Aspects, 2022, 648: 129229.

[34] DING Mingye, XIAO Rong, ZHAO Chengxiao, et al. Evidencing interfacial charge transfer in 2D CdS/2D MXene Schottky heterojunctions toward high-efficiency photocatalytic hydrogen production[J]. Solar Rrl, 2021, 5(2): 2000414.

[35]XIE Fangxia, XI Qing, LI Houfen, et al. Two-dimensional/two-dimensional heterojunction-induced accelerated charge transfer for photocatalytic hydrogen evolution over Bi_5O_7Br/Ti_3C_2: electronic directional transport[J]. Journal of Colloid and Interface Science, 2022, 617: 53-64.

[36] SUTongming, HOOD Z D, NAGUIB M, et al. 2D/2D heterojunction of Ti_3C_2/g-C_3N_4 nanosheets for enhanced photocatalytic hydrogen evolution[J]. Nanoscale, 2019, 11(17): 8138-8149.

[37] XU Fang, ZHANG Dainan, LIAO Yulong, et al. Synthesis and photocatalytic H_2-production activity of plasma-treated $Ti_3C_2T_x$ MXene modified graphitic carbon nitride[J]. Journal of the American Ceramic Society, 2020, 103(2): 849-858.

[38] ZHANG Juhui, XING Chao, SHI Feng. MoS_2/Ti_3C_2heterostructure for efficient visible-light photocatalytic hydrogen generation[J]. International Journal of Hydrogen Energy, 2020, 45(11): 6291-6301.

[39] LI Yujie, DING Lei, GUO Yichen, et al. Boosting the photocatalytic ability of g-C_3N_4 for hydrogen production by Ti_3C_2MXene quantum dots[J]. ACS Applied Materials & Interfaces, 2019, 11(44): 41440-41447.

[40] LI Yujie, YIN Zhaohua, JI Guanrui, et al. 2D/2D/2D heterojunction of Ti_3C_2MXene/MoS_2 nanosheets/TiO_2 nanosheets with exposed (001) facets toward enhanced photocatalytic hydrogen production activity[J]. Applied Catalysis B: Environmental, 2019, 246: 12-20.

[41] DU Xin, ZHAO Tianyu, XIU Ziyuan, et al. $BiVO_4$@$ZnIn_2S_4$/Ti_3C_2 MXene quantum dots assembly all-solid-state direct Z-Scheme photocatalysts for efficient visible-light-driven overall water splitting[J]. Applied Materials Today, 2020, 20: 100719.

[42] KHAN A A, TAHIR M, BAFAQEER A. Constructing a stable 2D layered Ti_3C_2 MXenes co-catalyst assisted TiO_2/g-C_3N_4/Ti_3C_2 heterojunction for tailoring photocatalytic bireforming of methane(PBRM) under visible light[J]. Energy & Fuels, 2020, 34(8): 9810-9828.

[43] LI Y, DING L, YIN S, et al. Photocatalytic-H_2 Evolution on TiO_2 assembled with Ti_3C_2 MXene and metallic 1T-WS_2 as co-catalysts[J] Nano-Micro Letters, 2020, 12: 1-12.

[44] HUANG K, LI C, MENG X. In-situ construction of ternary Ti_3C_2 MXene@ TiO_2/$ZnIn_2S_4$ composites for highly efficient photocatalytic hydrogen evolution[J]. Journal of Colloid and Interface Science, 2020, 580:112-1120.

[45] TAHIR M. Investigating the influential effect of etchant time in constructing 2D/2D HCN/MXene heterojunction with controlled growth of TiO_2NPs for stimulating photocatalytic H_2 production[J]. Energy & Fuels, 2021, 35(8): 6807-6822.

[46] PENG C, WEI P, LI X, et al. High efficiency photocatalytic hydrogen production over ternary Cu/TiO_2@ $Ti_3C_2T_x$ enabled by low-work-function 2D titanium carbide[J]. Nano Energy, 2018, 53:12650.

[47] LIU Yunpeng, LI Yuhang, LI Xiaoyao, et al. Regulating electron-hole separation to promote photocatalytic H_2 evolution activity of nanoconfined Ru/MXene/TiO_2 catalysts [J]. ACS Nano, 2020, 14(10): 14181-14189.

[48] YANG J X, YU W B, LI C F, et al. PtO nanodots promoting Ti_3C_2MXene in-situ converted Ti_3C_2/TiO_2composites for photocatalytic hydrogen production[J]. Chemical Engineering Journal, 2021,(18): 129695.

[49] MIN Shixiong, XUE Yuan, WANG Fang, et al. $Ti_3C_2T_x$ MXene nanosheet-confined Pt nanoparticles efficiently catalyze dye-sensitized photocatalytic hydrogen evolution reaction [J]. Chemical Communications, 2019, 55:11560.

[50] LI Yuanlin, SUN Yuliang, ZHENG Tianfang, et al. Chlorophyll-based organic heterojunction on $Ti_3C_2T_x$ MXene nanosheets for efficient hydrogen production[J]. Chemistry, 2021:1205-1211.

[51] SHEN J, SHEN J, ZHANG W, et al. Built-in electric field induced CeO_2/Ti_3C_2-MXene Schottky-junction for coupled photocatalytic tetracycline degradation and CO_2 reduction [J]. Ceramics International, 2019, 45(18):125-137.

[52] CUI C, GUO R, REN E, et al. Facile hydrothermal synthesis of rod-like Nb_2O_5/Nb_2CT_x composites for visible-light driven photocatalytic degradation of organic pollutants[J]. Environmental Research, 2021, 193: 110587.

[53] ZHANG Huoli, Li Man, Cao Jianliang, et al. 2D a-Fe_2O_3 doped Ti_3C_2 MXene composite with enhanced visible light photocatalytic activity for degradation of Rhodamine B[J]. Ceramics International, 2018, 44(16):1302-1311.

[54] LUO Shanshan, WANG Ran, YIN Juanjuan, et al. Preparation and dye degradation performances of self-assembled MXene-Co_3O_4 nanocomposites synthesized via solvothermal approach[J]. ACS Omega, 2019, 4(2): 3946-3953.

[55] JIAO Songlong, LIU Lei. Friction-induced enhancements for photocatalytic degradation of MoS_2@ Ti_3C_2nanohybrid[J]. Industrial & Engineering Chemistry Research, 2019, 58 (39): 18141-18148.

[56] FENG X, YU Z, SUN Y, et al. 3D MXene/Ag_2S material as Schottky junction catalyst with stable and enhanced photocatalytic activity and photocorrosion resistance[J]. Separation and Purification Technology, 2021, 266(37): 118606.

[57] ZOU X, ZHAO X, ZHANG J, et al. Photocatalytic degradation of ranitidine and reduction of nitrosamine dimethylamine formation potential over MXene-Ti_3C_2/MoS_2under visible light irradiation[J]. Journal of Hazardous Materials, 2021, 413: 125424.

[58] Tan Bihui, Fang Yu, Chen Qianlin, et al. Construction of $Bi_2O_2CO_3/Ti_3C_2$ heterojunctions for enhancing the visible-light photocatalytic activity of tetracycline degradation[J]. Journal of colloid and interface science, 2021,25(1):112-130.

[59] ZHAO Danxia, CAI Chun. Preparation of Bi_2MoO_6/Ti_3C_2 MXene heterojunction photocatalysts for fast tetracycline degradation and Cr(vi) reduction[J]. Inorganic Chemistry Frontiers,

2020, 7(15): 2799-2808.

[60] CUI Ce, GUO Ronghui, XIAO Hongyan, et al. Bi_2WO_6/Nb_2CT_x MXene hybrid nanosheets with enhanced visible-light-driven photocatalytic activity for organic pollutants degradation[J]. Applied Surface Science, 2020, 505: 144595.

[61] LIU Kun, ZHANG Hanbing, FU Tian, et al. Construction of $BiOBr/Ti_3C_2$/exfoliated montmorillonite schottky junction: new insights into exfoliated montmorillonite for inducing MXene oxygen functionalization and enhancing photocatalytic activity [J]. Chemical Engineering Journal, 2022, 438: 135609.

[62] CAI Tao, WANG Longlu, LIU Yutang, et al. Ag_3PO_4/Ti_3C_2 MXene interface materials as a schottky catalyst with enhanced photocatalytic activities and anti-photocorrosion performance[J]. Applied Catalysis B: Environmental, 2018, 239: 545-554.

[63] PARK S, KIM S, YEA Y, et al. Adsorptive and photocatalytic performance of cobalt-doped $ZnTiO_3/Ti_3C_2T_x$ MXene nanohybrids towards tetracycline: kinetics and mechanistic insight[J]. Journal of Hazardous Materials, 2023, 443: 130165.

[64] ZHOU Yufei, YU Mingchuan, LIANG Huanjing, et al. Novel dual-effective Z-scheme heterojunction with g-C_3N_4, Ti_3C_2 MXene and black phosphorus for improving visible light-induced degradation of ciprofloxacin [J]. Applied Catalysis B: Environmental, 2021, 291: 120105.

[65] CHANG Xiaoxia, WANGTuo, GONG Jinlong. CO_2 photo-reduction: insights into CO_2 activation and reaction on surfaces of photocatalysts [J]. Energy & Environmental Science, 2016, 9(7): 2177-2196.

[66] TUWenguang, ZHOU Yong, ZOU Zhigang. Photocatalytic conversion of CO_2 into renewable hydrocarbon fuels: state-of-the-art accomplishment, challenges, and prospects [J]. Advanced Materials, 2014, 26(27): 4607-4626.

[67] HAN Na, WANG Yu, YANG Hui, et al. Ultrathin bismuth nanosheets from in situ topotactic transformation for selective electrocatalytic CO_2 reduction to formate[J]. Nature Communications, 2018, 9: 8.

[68] INOUE T, FUJISHIMA A, KONISHI S, et al. Photoelectrocatalytic reduction of carbon dioxide in aqueous suspensions of semiconductor powders [J]. Nature, 1979, 277 (5698): 637-638.

[69] WU Jinghua, HUANG Yang, YE Wen, et al. CO_2 reduction: from the electrochemical to photochemical approach[J]. Advanced Science, 2017, 4(11): 29.

[70] LIM R J, XIEMingshi, SK M A, et al. A review on the electrochemical reduction of CO_2 in fuel cells, metal electrodes and molecular catalysts[J]. Catalysis Today, 2014, 233: 169-180.

[71] HABISREUTINGER S N, SCHMIDT-MENDE L, STOLARCZYK J K. Photocatalytic reduction of CO_2 on $TiO_2$and other semiconductors[J]. Angewandte Chemie-International Edition, 2013, 52(29): 7372-7408.

[72] SHIT S C, SHOWN I, PAUL R, et al. Integrated nano-architectured photocatalysts for photochemical CO_2 reduction[J]. Nanoscale, 2020, 12(46): 33.

[73] PENG Wanxi, NGUYEN T H C, NGUYEN D L T, et al. A roadmap towards the development of superior photocatalysts for solar-driven CO_2-to-fuels production [J]. Renewable & Sustainable Energy Reviews, 2021, 148: 38.

[74] MARSZEWSKI M, CAO Shaowen, YU Jiaguo, et al. Semiconductor-based photocatalytic CO_2 conversion[J]. Materials Horizons, 2015, 2(3): 261-278.

[75] ZHAO Yang, QUE Meidan, CHEN Jin, et al. MXenes as co-catalysts for the solar-driven photocatalytic reduction of CO_2 [J]. Journal of Materials Chemistry C, 2020, 8(46): 16258-16281.

[76] SHERRYNA A, TAHIR M. Role of Ti_3C_2 MXene as prominent schottky barriers in driving hydrogen production through photoinduced water splitting: a comprehensive review[J]. Acs Applied Energy Materials, 2021, 4(11): 11982-12006.

[77] HONG Longfei, GUO Ruitang, YUAN Ye, et al. Recent progress of two-dimensional MXenes in photocatalytic applications: a review[J]. Materials Today Energy, 2020, 18: 26.

[78] GANGULY P, HARB M, CAO Zhen, et al. 2D nanomaterials for photocatalytic hydrogen production[J]. Acs Energy Letters, 2019, 4(7): 1687-1709.

[79] YU Jiaguo, JIN Jian, CHENG Bei, et al. A noble metal-free reduced graphene oxide-CdS nanorod composite for the enhanced visible-light photocatalytic reduction of CO_2 to solar fuel[J]. Journal of Materials Chemistry A, 2014, 2(10): 3407-3416.

[80] XIONG Zhuo, LEI Ze, KUANG C C, et al. Selective photocatalytic reduction of CO_2 into CH_4 over Pt-Cu_2O TiO_2 nanocrystals: the interaction between Pt and Cu_2O cocatalysts [J]. Applied Catalysis B-Environmental, 2017, 202: 695-703.

[81] BERA S, LEE J E, RAWAL S B, et al. Size-dependent plasmonic effects of Au and Au@ SiO_2 nanoparticles in photocatalytic CO_2 conversion reaction of Pt/TiO_2 [J]. Applied Catalysis B-Environmental, 2016, 199: 55-63.

[82] LOW Jingxiang, CHENG Bei, YU Jiaguo. Surface modification and enhanced photocatalytic CO_2 reduction performance of TiO_2: a review[J]. Applied Surface Science, 2017, 392: 658-686.

[83] PENG Chao, YANGXianfeng, LI Yuhang, et al. Hybrids of two-dimensional Ti_3C_2 and TiO_2 exposing facets toward enhanced photocatalytic activity[J]. Acs Applied Materials & Interfaces, 2016, 8(9): 6051-6060.

[84] LOW Jingxiang, ZHANG Liuyang, TONG Tong, et al. TiO_2/MXene Ti_3C_2 composite with excellent photocatalytic CO_2 reduction activity[J]. Journal of Catalysis, 2018, 361: 255-266.

[85] CHEN Liuyun, HUANG Kelin, XIE Qingruo, et al. The enhancement of photocatalytic CO_2 reduction by the in situ growth of TiO_2on Ti_3C_2 MXene[J]. Catalysis Science &

Technology, 2021, 11(4): 1602-1614.

[86] WANG Jichao, ZHANG Lin, FANG Wenxue, et al. Enhanced Photoreduction CO_2 activity over direct z-scheme alpha-Fe_2O_3/Cu_2O heterostructures under visible light irradiation[J]. Acs Applied Materials & Interfaces, 2015, 7(16): 8631-8639.

[87] WANG Lili, GE Jing, WANG Ailun, et al. Designing p-type semiconductor-metal hybrid structures for improved photocatalysis[J]. Angewandte Chemie-International Edition, 2014, 53(20): 5107-5111.

[88] ZHANG Junzheng, SHI Jingjing, TAO Sheng, et al. Cu_2O/Ti_3C_2 MXene heterojunction photocatalysts for improved CO_2 photocatalytic reduction performance[J]. Applied Surface Science, 2021, 542: 8.

[89] ZENG Zhiping, YAN Yibo, CHEN Jie, et al. Boosting the photocatalytic ability of Cu_2O nanowires for CO_2 conversion by MXene quantum dots[J]. Advanced Functional Materials, 2019, 29(2): 9.

[90] WANG Yuhang, LIU Junlang, WANG Yifei, et al. Tuning of CO_2 reduction selectivity on metal electrocatalysts[J]. Small, 2017, 13(43): 15.

[91] SHEN Jiyou, SHEN Jun, ZHANG Wenjing, et al. Built-in electric field induced CeO_2/Ti_3C_2-MXene Schottky-junction for coupled photocatalytic tetracycline degradation and CO_2 reduction[J]. Ceramics International, 2019, 45(18): 24146-24153.

[92] LIANG Mengfang, BORJIGIN T, ZHANG Yuhao, et al. Controlled assemble of hollow heterostructured g-C_3N_4@$CeO_2$with rich oxygen vacancies for enhanced photocatalytic CO_2reduction[J]. Applied Catalysis B-Environmental, 2019, 243: 566-575.

[93] WU Yizhang, XU Wei, TANG Wenchao, et al. In-situ annealed "M-scheme" MXene-based photocatalyst for enhanced photoelectric performance and highly selective CO_2 photoreduction[J]. Nano Energy, 2021, 90: 14.

[94] SUN Zhimin, FANG Wei, ZHAO Lei, et al. g-C_3N_4 foam/Cu_2O QDs with excellent CO_2 adsorption and synergistic catalytic effect for photocatalytic CO_2 reduction[J]. Environment International, 2019, 130: 10.

[95] YANG Chao, TANQiuyan, LI Qin, et al. 2D/2D Ti_3C_2 MXene/g-C_3N_4 nanosheets heterojunction for high efficient CO_2 reduction photocatalyst: dual effects of urea[J]. Applied Catalysis B-Environmental, 2020, 268: 11.

[96] GAO Guoping, JIAO Yan, WACLAWIK E R, et al. Single atom(Pd/Pt) supported on graphitic carbon nitride as an efficient photocatalyst for visible-light reduction of carbon dioxide[J]. Journal of the American Chemical Society, 2016, 138(19): 6292-6297.

[97] LIAN Peichao, DONG Yanfeng, WU Zhongshuai, et al. Alkalized Ti_3C_2 MXene nanoribbons with expanded interlayer spacing for high-capacity sodium and potassium ion batteries[J]. Nano Energy, 2017, 40: 1-8.

[98] ZHAO Fengnian, YAO Yao, JIANG Chengmei, et al. Self-reduction bimetallic nanoparticles on ultrathin MXene nanosheets as functional platform for pesticide sensing

[J]. Journal of Hazardous Materials, 2020, 384: 7.

[99] XIAO Ya, MEN Chengzheng, CHU Bingxian, et al. Spontaneous reduction of copper on $Ti_3C_2T_x$ as fast electron transport channels and active sites for enhanced photocatalytic CO_2 reduction[J]. Chemical Engineering Journal, 2022, 446: 15.

[100] TAHIR M, TAHIR B. 2D/2D/2D O-C_3N_4/Bt/$Ti_3C_2T_x$ heterojunction with novel MXene/clay multi-electron mediator for stimulating photo-induced CO_2 reforming to CO and CH_4[J]. Chemical Engineering Journal, 2020, 400: 19.

[101] HE Fei, ZHU Bicheng, CHENG Bei, et al. 2D/2D/0D TiO_2/C_3N_4/Ti_3C_2 MXene composite S-scheme photocatalyst with enhanced CO_2 reduction activity[J]. Applied Catalysis B-Environmental, 2020, 272: 12.

[102] SHYAMAL S, PRADHANN. Halide perovskite nanocrystal photocatalysts for CO_2 reduction: successes and challenges[J]. Journal of Physical Chemistry Letters, 2020, 11(16): 6921-6934.

[103] ZHANG Zhipeng, WANG Sisi, LIU Xinfeng, et al. Metal halide perovskite/2D material heterostructures: syntheses and applications[J]. Small Methods, 2021, 5(4): 36.

[104] QUE Meidan, CAI Weihua, ZHAO Yang, et al. 2D/2D Schottky heterojunction of in-situ growth $FAPbBr_3$/Ti_3C_2composites for enhancing photocatalytic CO_2 reduction[J]. Journal of Colloid and Interface Science, 2022, 610: 538-545.

[105] ZHANG Zhipeng, WANG Bingzhe, ZHAO Haibing, et al. Self-assembled lead-free double perovskite-MXene heterostructure with efficient charge separation for photocatalytic CO_2 reduction[J]. Applied Catalysis B-Environmental, 2022, 312: 9.

[106] QUE Meidan, ZHAO Yang, YANG Yawei, et al. Anchoring of formamidinium lead bromide quantum dots on Ti_3C_2 nanosheets for efficient photocatalytic reduction of CO_2 [J]. Acs Applied Materials & Interfaces, 2021, 13(5): 6180-6187.

[107] TOKUDOME Y, FUKUI M, IGUCHI S, et al. Ananoldh catalyst with high CO_2 adsorption capability for photo-catalytic reduction[J]. Journal of Materials Chemistry A, 2018, 6(20): 9684-9690.

[108] MOHAPATRA L, PARIDAK. A review on the recent progress, challenges and perspective of layered double hydroxides as promising photocatalysts[J]. Journal of Materials Chemistry A, 2016, 4(28): 10744-10766.

[109] KHAN A A, TAHIRM. Constructing S-scheme heterojunction of CoAlLa-LDH/g-C_3N_4 through monolayer Ti_3C_2-MXene to promote photocatalytic CO_2 Re-forming of methane to solar fuels[J]. Acs Applied Energy Materials, 2022, 5(1): 784-806.

[110] REDDY C V, REDDY K R, HARISH V V N, et al. Metal-organic frameworks (MOFs)-based efficient heterogeneous photocatalysts: synthesis, properties and its applications in photocatalytic hydrogen generation, CO_2 reduction and photodegradation of organic dyes[J]. International Journal of Hydrogen Energy, 2020, 45(13): 7656-7679.

[111] TIAN Pan, HE Xuan, ZHAO Lei, et al. Ti_3C_2 nanosheets modified Zr-MOFs with Schottky junction for boosting photocatalytic HER performance [J]. Solar Energy, 2019, 188: 750-759.

[112] CHEN Weiyi, HAN Bin, XIE Yili, et al. Ultrathin Co-Co LDHs nanosheets assembled vertically on MXene: 3D nanoarrays for boosted visible-light-driven CO_2 reduction[J]. Chemical Engineering Journal, 2020, 391: 8.

[113] CAO Shaowen, SHEN Baojia, TONG Tong, et al. 2D/2D heterojunction of ultrathin MXene/Bi_2WO_6 nanosheets for improved photocatalytic CO_2 reduction[J]. Advanced Functional Materials, 2018, 28(21): 11.

[114] SMIL V. Detonator of the population explosion[J]. Nature, 1999, 400(6743): 415-415.

[115] AZOFRA L M, LI Neng, MACFARLANE D R, et al. Promising prospects for 2D d_2-d_4 M_3C_2transition metal carbides(MXenes) in N_2 capture and conversion into ammonia [J]. Energy & Environmental Science: EES, 2016,8:2545-2549.

[116] QIN Jiangzhou, HU Xia, LI Xinyong, et al. 0D/2D $AgInS_2$/MXene Z-scheme heterojunction nanosheets for improved ammonia photosynthesis of N_2 [J]. Nano Energy, 2019,7:27-35.

[117] LIU Q, AI L, JING J. MXene-derived TiO_2 @ C/g-C_3N_4 heterojunctions for highly efficient nitrogen photofixation[J]. Journal of Materials Chemistry A, 2018, 6:1205.

[118] FANG Y, CAO Y, TAN B, et al. Oxygen and titanium vacancies in a BiOBr/MXene-Ti_3C_2 composite for boosting photocatalytic N_2 fixation[J]. ACS Applied Materials & Interfaces, 2021, 13(36): 42624-42634.

[119] LI Shuang, TUO Ping, XIE Junfeng, et al. Ultrathin MXene nanosheets with rich fluorine termination groups realizing efficient electrocatalytic hydrogen evolution[J]. Nano Energy, 2018, 47: 512-518.

[120] LING Chongyi, SHI Li, OUYANG Yixin, et al. Searching for highly active catalysts for hydrogen evolution reaction based on o-terminated MXenes through a simple descriptor [J]. Chemistry of Materials, 2016, 28(24): 9026-9032.

[121] THI A L, QUOC V B, NGOC Q T, et al. Synergistic effects of nitrogen doping on MXene for enhancement of hydrogen evolution reaction[J]. Acs Sustainable Chemistry & Engineering, 2019, 7(19): 16879-16888.

[122] ZHENG Jingnan, SUN Xiang, QU Chenglong, et al. High-throughput screening of hydrogen evolution reaction catalysts in MXene materials [J]. Journal of Physical Chemistry C, 2020, 124(25): 13695-13705.

[123] WANG Shuo, CHEN Liang, WU Yang, et al. Surface modifications of Ti_2CO_2 for obtaining high hydrogen evolution reaction activity and conductivity: a computational approach[J]. Chemphyschem, 2018, 19(24): 3380-3387.

[124] KUZNETSOV D A, CHEN Z, KUMAR P V, et al. Single site cobalt substitution in 2D mo-

lybdenum carbide (MXene) enhances catalytic activity in the hydrogen evolution reaction [J]. Journal of the American Chemical Society, 2019, 141 (44): 17809-17816.

[125] PENG Xianyun, BAO Haihong, SUN Jiaqiang, et al. Heteroatom coordination induces electric field polarization of single Pt sites to promote hydrogen evolution activity[J]. Nanoscale, 2021, 13(15): 7134-7139.

[126] HUANG Lan, AILUNHON G, WANG Mei, et al. Hierarchical MoS_2 nanosheets integrated Ti_3C_2 MXenes for electrocatalytic hydrogen evolution [J]. International Journal of Hydrogen Energy, 2019, 44(2): 965-976.

[127] LIANG Junmei, DING Chaoying, LIU Jiapeng, et al. Heterostructure engineering of Co-doped MoS_2 coupled with Mo_2CT_x MXene for enhanced hydrogen evolution in alkaline media[J]. Nanoscale, 2019, 11(22): 10992-11000.

[128] LU Yi, FANDeqi, CHEN Zupeng, et al. Anchoring Co_3O_4 nanoparticles on MXene for efficient electrocatalytic oxygen evolution[J]. Science Bulletin, 2020, 65(6): 460-466.

[129] ZHAO Li, DONG Biliang, LI Shaozhou, et al. Interdiffusion reaction-assisted hybridization of two-dimensional metal-organic frameworks and $Ti_3C_2T_x$ nanosheets for electrocatalytic oxygen evolution[J]. Acs Nano, 2017, 11(6): 5800-5807.

[130] GUO Dezheng, LI Xin, JIAO Yanqing, et al. A dual-active Co-CoO heterojunction coupled with Ti_3C_2-MXene for highly-performance overall water splitting[J]. Nano Research, 2022, 15(1): 238-247.

[131] WANG Jiayang, HEPeilei, SHEN Yongli, et al. FeNi nanoparticles on $Mo_2TiC_2T_x$ MXene@ nickel foam as robust electrocatalysts for overall water splitting[J]. Nano Research, 2021, 14(10): 3474-3481.

[132] NITOPI S, BERTHEUSSEN E, SCOTT S B, et al. Progress and perspectives of electrochemical CO_2 reduction on copper in aqueous electrolyte [J]. Chemical Reviews, 2019, 119(12): 7610-7672.

[133] LI Neng, CHEN Xingzhu, ONG WeeJun, et al. Understanding of electrochemical mechanisms for CO_2 Capture and conversion into hydrocarbon fuels in transition-metal carbides(MXenes)[J]. Acs Nano, 2017, 11(11): 10825-10833.

[134] CHEN Hetian, HANDOKO A D, XIAO Jiewen, et al. Catalytic effect on CO_2 electroreduction by hydroxyl-terminated two-dimensional MXenes [J]. Acs Applied Materials & Interfaces, 2019, 11(40): 36571-36579.

[135] LI Feifei, AI Haoqiang, SHI Changmin, et al. Single transition metal atom catalysts on Ti_2CN_2 for efficient CO_2 reduction reaction [J]. International Journal of Hydrogen Energy, 2021, 46(24): 12886-12896.

[136] ZHAO Qi, ZHANG Chao, HU Riming, et al. Selective etching quaternary MAX phase toward single atom copper immobilized MXene ($Ti_3C_2Cl_x$) for efficient CO_2

electroreduction to methanol[J]. Acs Nano, 2021, 15(3): 4927-4936.

[137] KANNAN K, SLIEM M H, ABDULLAH A M, et al. Fabrication of ZnO-Fe-MXene based nanocomposites for efficient CO_2 reduction[J]. Catalysts, 2020, 10(5): 15.

[138] QIAN Xu, LI Lei, LIYanle, et al. Theoretical investigation of defective MXenes as potential electrocatalysts for CO reduction toward C_2 products[J]. Physical Chemistry Chemical Physics, 2021, 23(21): 12431-12438.

[139] WANG Shuo, LI Bo, LI Lei, et al. Highly efficient N_2 fixation catalysts: transition-metal carbides M_2C(MXenes)[J]. Nanoscale, 2020, 12(2): 538-547.

[140] ZENG Yushuang, DU Xinchuan, LI Yaoyao, et al. Synergistic performance of nitrogen and sulfur co-doped $Ti_3C_2T_x$ for electrohydrogenation of N_2 to NH_3 [J]. Journal of Alloys and Compounds, 2021, 869: 8.

[141] LUO Yaojing, SHEN Peng, LI Xingchuan, et al. Sulfur-deficient Bi_2S_3-x synergistically coupling $Ti_3C_2T_x$-MXene for boosting electrocatalytic N_2 reduction[J]. Nano Research, 2022, 15(5): 3991-3999.

第 6 章　MXene 在传感器中的应用

传感器作为信息采集与信号转换的关键核心元器件,在人们日常生活和工业生产中起到至关重要的作用。

气体传感器是检测气体的重要元件,依靠待测气体在材料内部的扩散和吸附进行检测,将信息转化为电学信号输出,能够对低浓度范围的有害气体进行实时监控,在环境监测、安全监控、资源探测和医学诊疗等诸多领域具有重要应用价值。比如,空气质量问题是当前人们重点关注的环境问题之一。生产、生活中产生的废气,如氮氧化物(NO_x)、挥发性有机化合物(Volatile Organic Compounds,VOCs)等废气,通常无色、无味且不易察觉,长时间吸入对人类健康产生的危害不容小觑。在医学诊疗方面,通过对呼出的气体进行检测和识别,可以对一些疾病进行诊断,如肺结核、糖尿病等。气体传感器主要是对气敏性能指标进行考量,如响应值、响应时间和恢复时间、选择性、检测限、稳定性和工作温度等。目前报道的气体传感材料尚不能同时满足实际应用中高灵敏度、高选择性、室温工作和长期稳定性等要求。环境传感器可对环境中的污染物进行检测,比如重金属离子、农药等。随着工业的快速发展,大量重金属污染物被排放到土壤和水体中。重金属离子无法被微生物分解,经由食物链在动物和人体内大量积聚,超过一定程度将产生巨大危害。而一些农药在农业生产中被广泛使用,虽然提高了农业生产率,但过度使用则会导致环境污染问题,且在农作物中部分残留,最终危害人体健康。

探寻并设计合适的传感材料具有重要的科学意义和应用价值。二维 MXene 材料具有独特的层状结构、较大的比表面积、优良的电子传输特性、丰富的表面终端基团以及特殊的活性位点,是一类极具潜力的敏感材料。相对于其他二维材料如石墨烯和过渡金属硫族化合物而言,MXene 具有合成工艺简单、易于表面官能化和更丰富的组合类型等巨大优势,在传感器领域受到极大关注。尽管刚刚兴起,MXene 已被证实对多种气体表现出高灵敏度,包括容易得失电子的无机气体以及醇类、酮类与醛类等 VOCs,因此近几年来得到了快速发展。然而,开发实用的 MXene 基传感器仍面临着诸多挑战。比如,MXene 对各种气体都具有吸附能力,因而表现出较差的选择性,这种交叉干扰在传感器使用过程中会造成错误的气体识别和量化。研究者们通过多种策略对 MXene 进行有效的改性以实现 MXene 基传感器的高灵敏性、高选择性。

本章着重阐述 MXene 基复合材料在传感器领域的应用,主要分为气体传感器、环境污染物传感器两个部分。气体传感器部分主要讨论 MXene 基复合材料的气敏机理及其对 NH_3、NO_2 和 VOCs 的敏感性能。环境污染物传感器部分主要讨论 MXene 基复合材料用于检测水体中的重金属离子、农药等。

6.1 MXene基气体传感器

6.1.1 MXene气敏机理

常见的金属氧化物传感材料主要通过其表面的含氧官能团与目标气体分子发生相互作用,可能发生氧化还原反应,引起电阻率的变化。MXene气体传感机理与此不同,主要基于电荷的转移过程,取决于待测气体分子和MXene之间的电子电荷转移能力。另外,MXene表面带有丰富的终端基团,能与一些气体尤其是有机气体通过氢键发生相互作用,使得MXene的电阻或电导发生改变,进而达到检测气体的目的[1-5]。

6.1.2 MXene基NH_3传感器

NH_3是人类生产生活中最重要的化工原料之一,广泛应用于化工、制药、轻工、合成纤维等领域。除了植物释放、水环境中水体的蒸发和人体排放等自然过程外,NH_3主要通过农业化肥使用、化石燃料燃烧、机动车尾气排放等人类生产生活途径排放。NH_3对环境和人体都会造成不利影响,比如NH_3生成的气溶胶会降低空气能见度,是造成雾霾的原因之一,而NH_3对人体皮肤组织和上呼吸道有腐蚀刺激作用,严重时会危害人体健康,甚至有生命危险。因此,开发快速准确、高灵敏度、低成本的NH_3气体传感器具有重要意义。

二维MXene由于其优异的金属导电性、较大的比表面积和丰富的表面官能团等,成为近年来NH_3传感器的重要材料之一。优异的导电性使得MXene气体传感器在室温下即可工作,而大比表面积和表面官能团可为改性或气体吸附提供足够的位点。

在诸多MXene中,$Ti_3C_2T_x$由于性能优异、稳定性高,最先被应用在气体传感器上。Lee等[6]通过滴镀法将HCl/LiF刻蚀得到的$Ti_3C_2T_x$MXene集成在柔性聚酰亚胺膜上,制得性能优异的气体传感器(图6.1),在室温下即可检测四种极性气体,包括乙醇、甲醇、丙酮和NH_3等,表现出p型半导体行为。$Ti_3C_2T_x$膜暴露在400 mg/L气氛中几个循环,电阻均有所增加,其中对NH_3表现出最强的响应。作者将机理归因于$Ti_3C_2T_x$二维纳米片对所测气体表现出有效的吸附/脱附行为,使得表面的电气条件发生变化。对MXene来说,气体吸附行为可能发生在表面的活性缺陷位点,由静电引力等色散力驱动,由于分子间作用力较弱,电阻变化相对较小。气体吸附行为还可能由气体分子与MXene的表面官能团形成氢键或者更大结合能而引发,导致吸附剂和吸附气体之间电荷载流子转移,最终$Ti_3C_2T_x$膜的电阻变化较大。NH_3分子可与$Ti_3C_2T_x$表面的—O和—OH发生强烈作用,使得电阻发生显著变化,如下式所示:

$$2NH_3+3O^- \longrightarrow N_2+3H_2O+3e^- \tag{6.1}$$

$$NH_3+OH^- \longrightarrow NH_2+H_2O+e^- \tag{6.2}$$

Wu等[7]研究了室温条件下Ti_3C_2传感器对500 mg/L的NH_3、H_2O、H_2S、CH_4、NO、乙醇、丙酮和甲醇等气体的选择性响应,发现对NH_3的电阻响应值(6.13%)是对乙醇

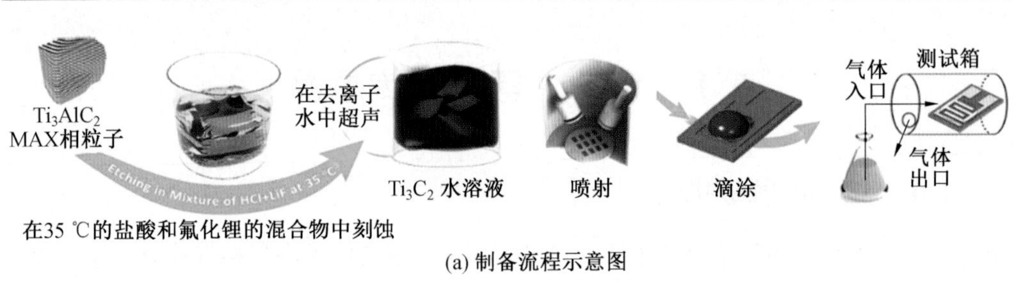

(a) 制备流程示意图

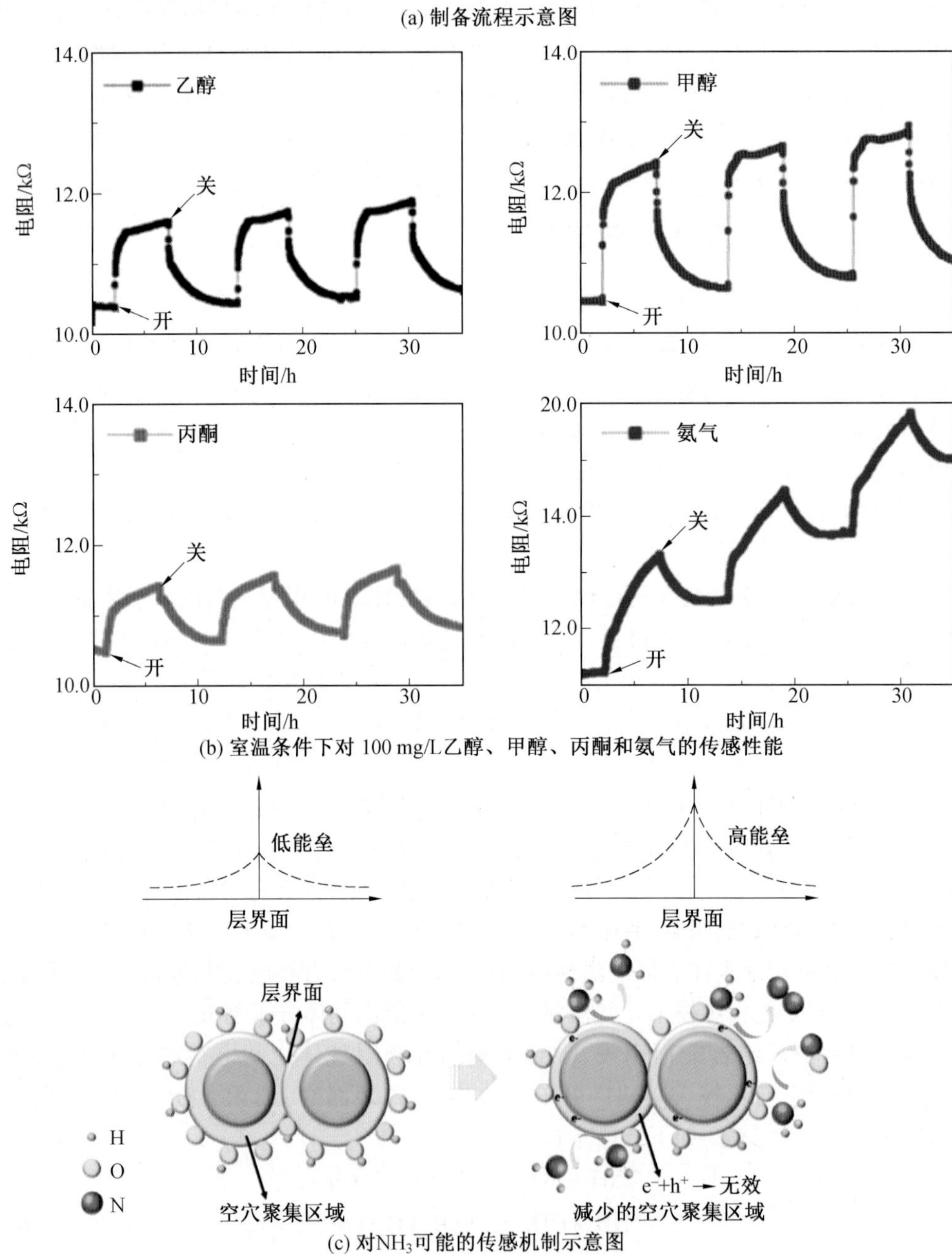

(b) 室温条件下对 100 mg/L 乙醇、甲醇、丙酮和氨气的传感性能

(c) 对NH_3可能的传感机制示意图

图 6.1 $Ti_3C_2T_x$ MXene 基 NH_3 传感器[6]

(1.5%)的4倍(图6.2)。在环境湿度为40%时,Ti_3C_2传感器对气体的电阻变化最大(以湿度30%为基准),随后慢慢降低,至湿度为60%时趋于稳定。通过理论计算发现MXene对NH_3的高选择性来源于吸附能、吸附几何结构和电荷转移的协同效应。$Ti_3C_2O_2$对NH_3的吸附能是所有气体中(NO除外)最负的,说明两者之间具有很强的作用。而吸附NH_3的$Ti_3C_2O_2$表面发生轻微变形,在其他气体中则未出现。此外,NH_3分子转移到$Ti_3C_2O_2$基底的电子明显比其他气体多(NO除外)。

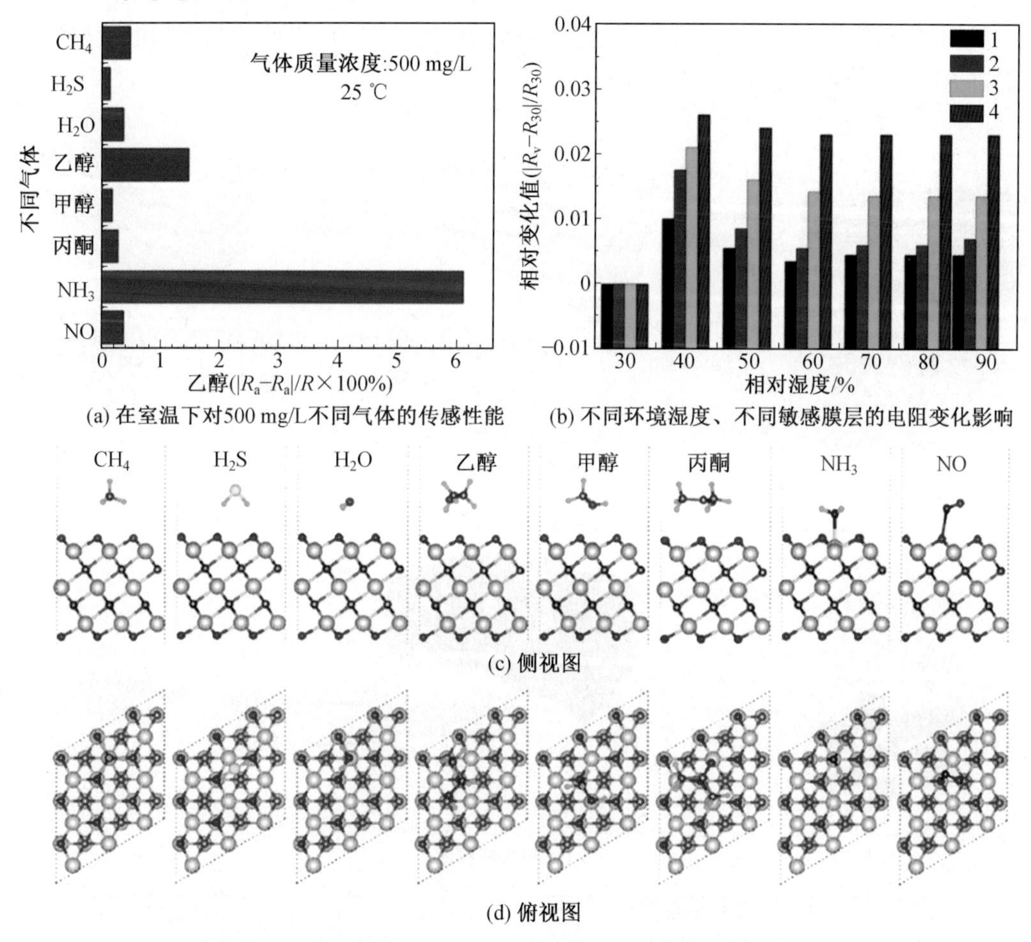

图6.2 Ti_3C_2MXene基NH_3传感器[7]

适当的表面改性是增强MXene气体传感性能的有效策略。MXene的—O和—OH末端可以用作气体吸附和反应的活性位点,但—F末端可以削弱气体传感性能。Yang等[8]通过NaOH碱性处理增加了$Ti_3C_2T_x$的—O末端并减少—F末端以优化气敏性能。与原始$Ti_3C_2T_x$传感器相比,碱化的$Ti_3C_2T_x$传感器对1×10^{-4} mg/L NH_3(28.87%)的响应是纯$Ti_3C_2T_x$的两倍,响应时间低至1 s。

此外,$Ti_3C_2T_x$ MXene可与一些半导体材料复合来提升气敏性能。由于$Ti_3C_2T_x$外部Ti层不稳定,$Ti_3C_2T_x$表面容易发生部分氧化,原位生成TiO_2。$Ti_3C_2T_x$和TiO_2之间存在协同效应,能够有效地形成肖特基势垒,显著改进气体传感器的性能。Zhang等[9]通过水

热法在多层 $Ti_3C_2T_x$ 上原位生长 TiO_2 纳米片(图 6.3)。得益于 $Ti_3C_2T_x$ 与 TiO_2 之间形成肖特基势垒,该传感器在检测低浓度 NH_3 时表现出高灵敏度。他们还发现紫外光(UV)照射可以进一步提高传感器的气敏性能,检测限可以低至156 mg/L,与没有 UV 照射的情况相比提高了两倍。这是由于紫外光能量大于 $Ti_3C_2T_x/TiO_2$ 的带隙,因此材料表面可以激发更多的电子-空穴对。Tai 等[10]使用简单的喷涂方法合成 TiO_2 负载的 $Ti_3C_2T_x$ 双层膜。与纯 $Ti_3C_2T_x$ 传感器相比,$Ti_3C_2T_x/TiO_2$ 传感器在室温下对 NH_3 的响应值提高了1.63倍,响应和恢复时间亦大幅减少,他们认为 $Ti_3C_2T_x$ 与 TiO_2 界面处的空间电荷层调节是促进 NH_3 传感性能提升的主要原因。

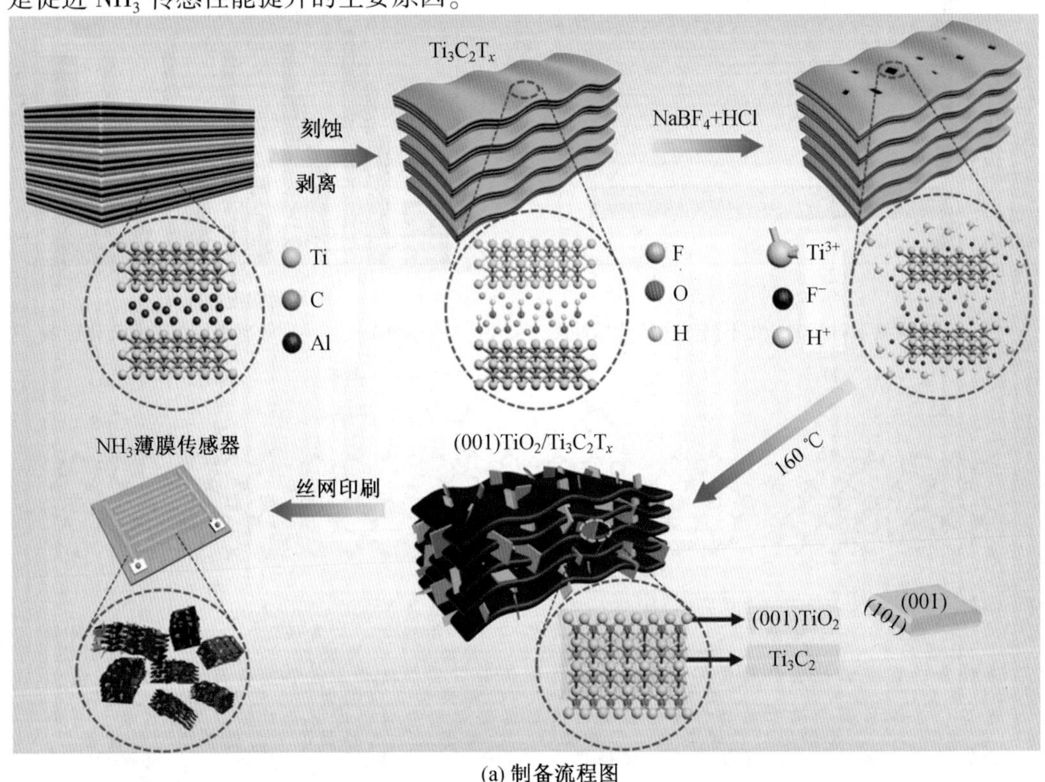

(a) 制备流程图

(b) 紫外光照对NH_3传感性能的影响

(c) 紫外光照对NH_3传感动力学常数的影响

图 6.3 $(001)TiO_2/Ti_3C_2T_x$ 基传感器[9]

除了 TiO_2 之外，其他半导体金属氧化物如 WO_3、CuO 和 SnO 也可被用来构建异质结以改善 MXene 的物化性质，在室温下即可对 NH_3 表现出优异的传感性能。Guo 等[11]采用超声波方法将 $Ti_3C_2T_x$ 和 WO_3 进行复合，研究了室温下 WO_3 含量与 NH_3 气体灵敏度的关系。从图 6.4 可以看出，当 WO_3 质量分数为 50% 时，$Ti_3C_2T_x/WO_3$ 复合传感器响应最大(22.3%)，远高于单独 $Ti_3C_2T_x$ 传感器(1.45%)。而 $Ti_3C_2T_x/WO_3$ 传感器的响应时间和恢复时间也比 $Ti_3C_2T_x$ 更快，这意味着 WO_3 的加入提高了 MXene 的气敏性能。作者将气体敏感性的提高归因于：①WO_3 分布在 $Ti_3C_2T_x$ 表面上，这种多孔结构有利于气体分子进入并扩散；②WO_3 的缺陷可作为复合材料表面上被测气体的吸附位点；③金属相 $Ti_3C_2T_x$ 和 n 型半导体 WO_3 结合形成金属-半导体接触。该项工作证实 $Ti_3C_2T_x/WO_3$ 具有优异的气体响应、短的响应和恢复时间以及对 NH_3 的较好的选择性。

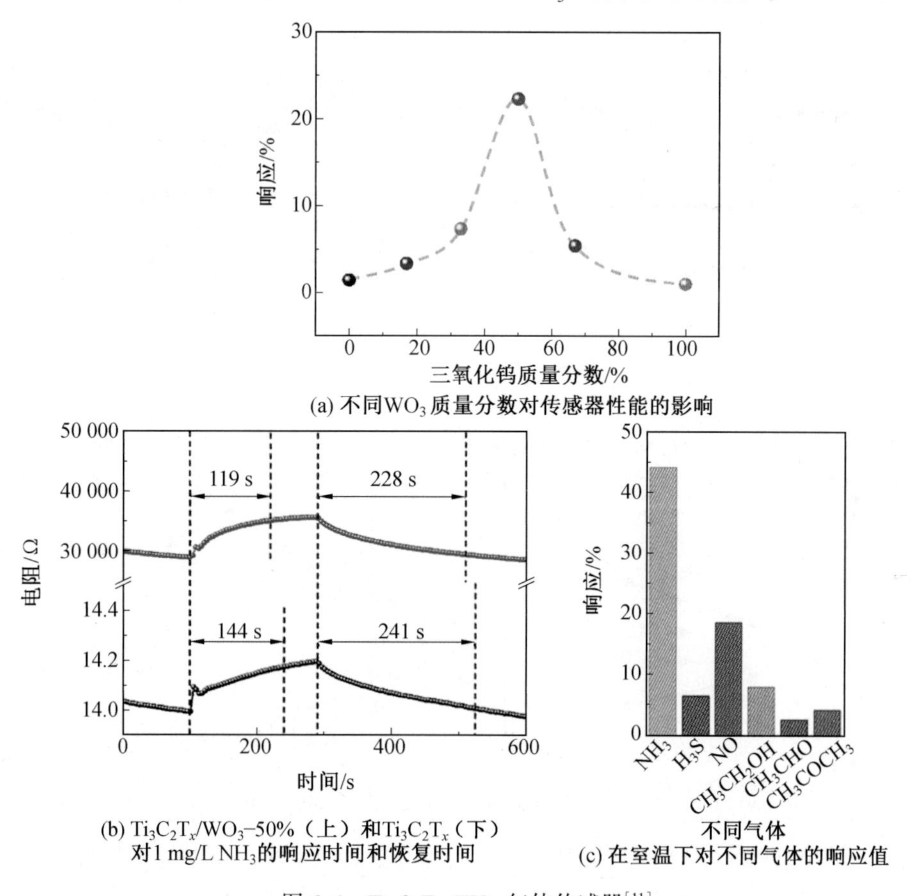

图 6.4　$Ti_3C_2T_x/WO_3$ 气体传感器[11]

He 等[12]使用水热法成功合成了 SnO_2 纳米颗粒修饰的二维 MXene，并研究了 MXene/SnO_2 传感器对 NH_3 的气体响应性能(图 6.5)。SnO_2 的引入增加了吸附氧的含量，吸附氧倾向于获得更多的吸附位点，以增强传感能力。由于 C—F 键容易受到温度的影响，在水热法过程中大多数—F 末端被去除，使得材料的表面亲水性更好。当原始 MXene 传感器检测到 NH_3 时，传感器的电阻增加，因此作者认为 MXene 显示出 p 型半导体特性。MXene 和 NH_3 的含氧末端产生强烈的相互作用，具有给电子特性的 NH_3 向

MXene 提供电子。电子和空穴重新组合，使得 MXene 中的载流子减少。这些电子干扰了 Ti-C 核心通道的金属导电性，导致导电性降低。然而，传感器在 NH_3 氛围下电阻降低，表明 MXene/SnO_2 是 n 型半导体。当 MXene/SnO_2 传感器在不同温度下工作时，随着温度升高，气体传感器响应降低，响应时间增加。它与金属氧化物制成的气体传感器相反，主要是在较高温度下 MXene 的—OH 末端含量减少，导致气体吸附活性位点减少。湿度对气体传感器的性能也有影响。当湿度为 45% 时，气体传感器的响应达到最高，能够满足日常气体检测的需要。与单独 MXene 传感器相比，MXene/SnO_2 传感器的气体性能得到了改善（对 50 mg/L NH_3 的响应为 40%，室温下的响应和恢复时间为 36 s 和 44 s）。提高气体灵敏度有两个原因：第一，MXene 与 NH_3 具有强烈的相互作用；第二，MXene 和 SnO_2 形成了异质结，异质结中的电荷转移富集了表面积中的电子，从而导致了灵敏度的提高。

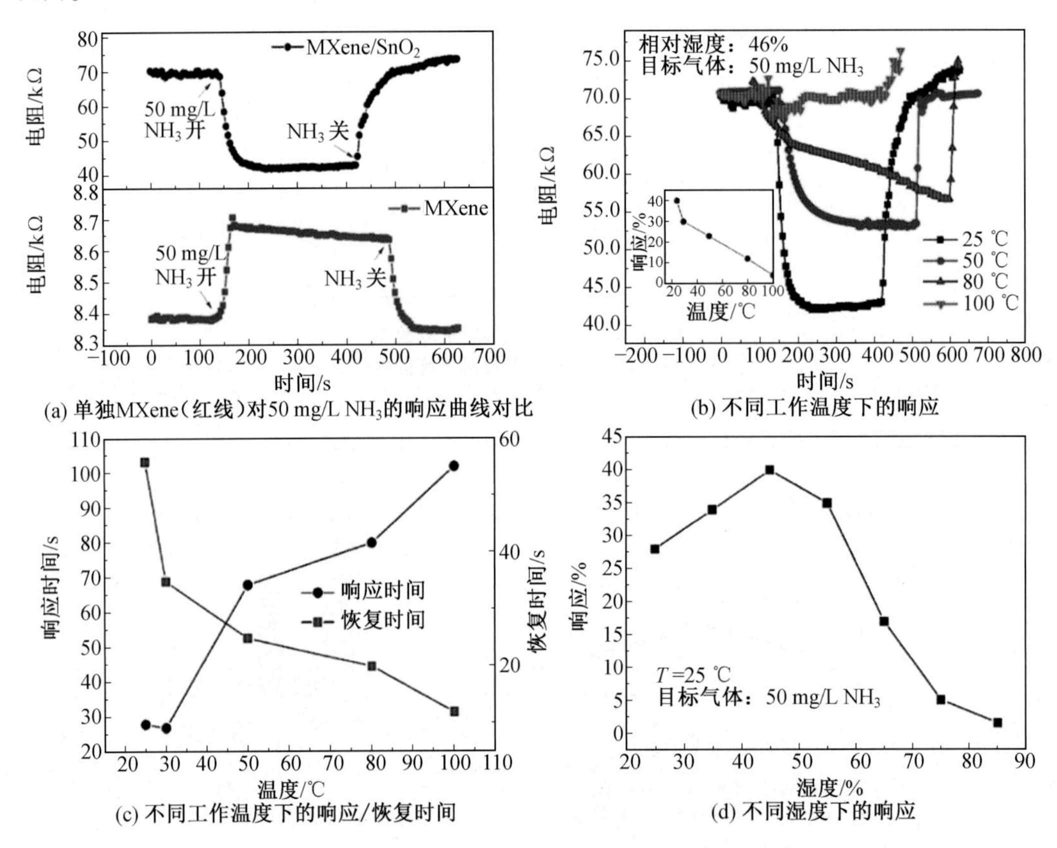

(a) 单独MXene（红线）对50 mg/L NH_3的响应曲线对比　(b) 不同工作温度下的响应

(c) 不同工作温度下的响应/恢复时间　(d) 不同湿度下的响应

图 6.5　基于 MXene/SnO_2 异质结的 NH_3 传感器[12]

导电聚合物，如 PANI、PPy 和聚噻吩（PTh）及其衍生物由于其易于制造、高灵敏度和低工作温度，在气体传感领域受到极大的关注。将具有高柔性的导电聚合物与 MXene 结合形成纳米复合材料是制备 MXene 基柔性气体传感器的有效方法之一。MXene 和聚合物的界面处也能形成异质结或肖特基结，可以显著提高气体传感器的灵敏度（图 6.6）。Li 等[13]报道了通过原位自组装法制备的 PANI/$Ti_3C_2T_x$ 复合材料，基于 PANI/$Ti_3C_2T_x$ 的传感器显示出优异的机械柔性，即使在弯曲不同角度 500 个循环后，传感器对 NH_3 的响应也未显著降低。PANI/$Ti_3C_2T_x$ 传感器对 NH_3 表现出高灵敏度和选择性，具有良好的重复性。PANI 的气敏行为主要与 PANI 的质子化（脱质子化）过程有关。与纯 PANI 相比，PANI/$Ti_3C_2T_x$ 复合材料中 PANI 的质子化程度显著提高，从而增加了 NH_3 的吸附位点数量。PANI 和 $Ti_3C_2T_x$ 界面处形成的肖特基结显著提高了气体传感器的灵敏度。Wang 等[14]将由 PANI 和 Nb_2CT_x 组成的复合材料 Nb_2CT_x/PANI 制成传感器，由简单的摩擦纳米发生器（TENG）驱动，并研究其对 NH_3 的气体敏感性。这种 TENG 包括两个铝电极和两个连接到 PET 衬底的摩擦电膜，可以用作驱动 NH_3 传感器的电源。Nb_2CT_x/PANI 比原始 PANI 具有更好的气体敏感性。随着 PANI 中 Nb_2CT_x 含量的增加，气体响应先增大后减小。这是因为当 Nb_2CT_x 纳米片被密集涂覆时，它会阻碍 NH_3 分子在 PANI 上的吸附。当传感器在室温下被置于 100 mg/L NH_3 中，显示出 301.31% 的高响应，响应和恢复时间分别为 105 s 和 143 s。当环境湿度达到 70% 时，Nb_2CT_x/PANI 传感器对 NH_3 实现了最高的气体响应，意味着 Nb_2CT_x/PANI 传感器可以用作高湿度环境中的 NH_3 传感器。

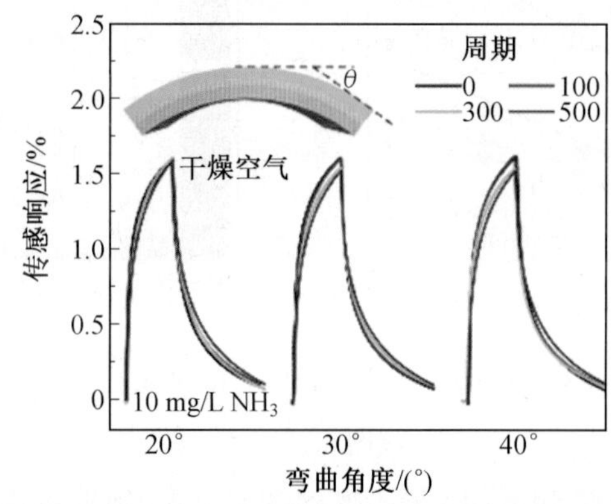

(a) 不同弯曲角度(20°、30° 和40°)和不同弯曲次数(100、300和500次)下$Ti_3C_2T_x$/PANI对10 mg/L NH_3的动态传感响应曲线(100%)

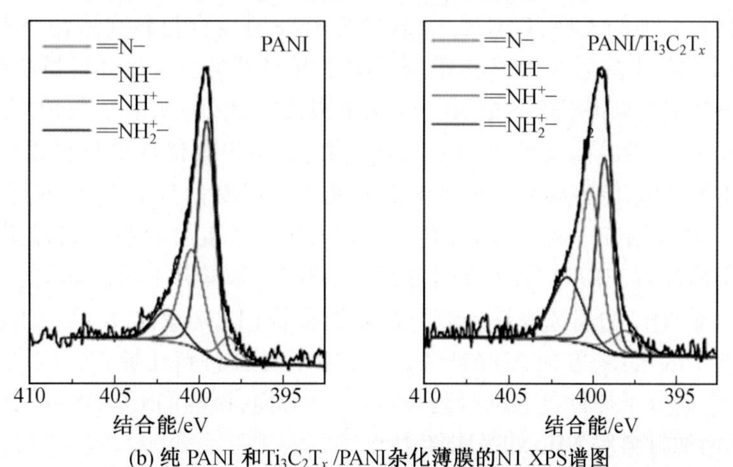

(b) 纯 PANI 和$Ti_3C_2T_x$/PANI杂化薄膜的N1 XPS谱图

图 6.6　基于 $Ti_3C_2T_x$/PANI 和 Nb_2CT_x/PANI 的 NH_3 气体传感器[13-14]

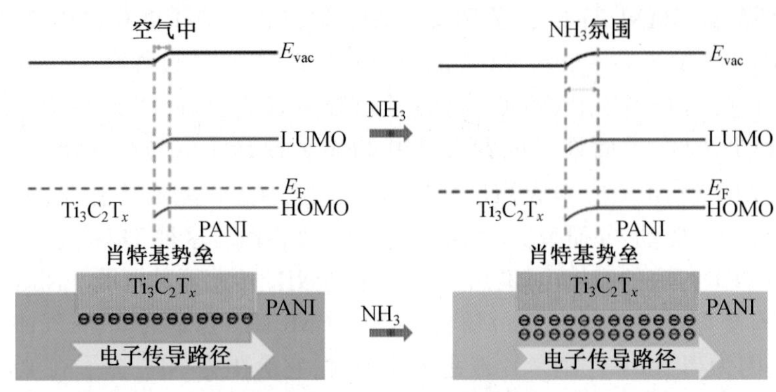

(c) $Ti_3C_2T_x$/PANI气敏膜在吸收NH_3分子前后的能级排列和电子传导路径

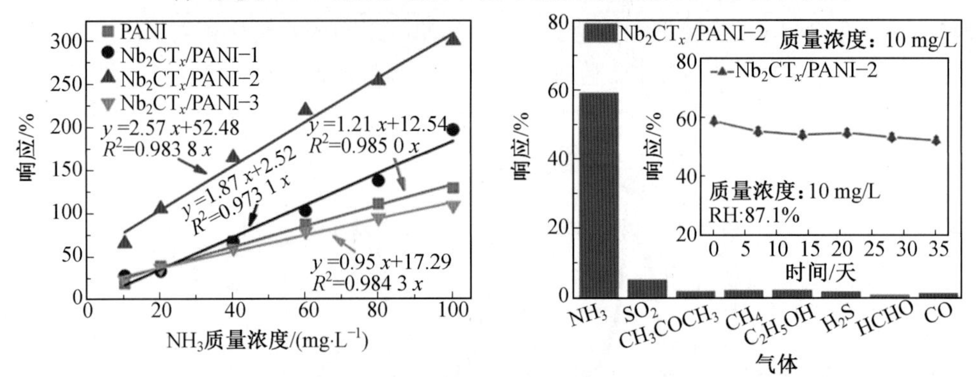

(d) Nb_2CT_x/PANI传感器在87.1%相对湿度下对NH_3的选择性　(e) Nb_2CT_x/PANI传感器对不同气体的响应

续图 6.6

PEDOT:PSS 是由 PEDOT 和聚(4-苯乙烯磺酸)(PSS)组成的复合物，由于其合成工艺简单且导电性高而备受欢迎。Jin 等[15]通过原位聚合制备了 PEDOT:PSS 和 $Ti_3C_2T_x$ 的纳米复合材料。他们发现，$Ti_3C_2T_x$ 负载量为 15% 时复合材料在室温下对 NH_3 的响应最好。考虑到 NH_3 去除后的快速恢复，他们认为传感器的主要气体传感机制是 NH_3 和复合物之间的直接电荷转移，而不是氧气的化学吸附。此外，无论弯曲角度如何(60°、120°、180°和 240°)，传感器都显示出相同的响应值，显示出其优异的机械柔性。Zhao 等[16]报道了用于柔性 NH_3 传感器的阳离子聚丙烯酰胺(CPAM)/$Ti_3C_2T_x$ 纳米复合材料。通过将多层 MXene 块黏结在一起，添加的 CPAM 大大提高了复合材料的机械柔性。即使在 60°弯曲 140 个循环后，CPAM/$Ti_3C_2T_x$ 传感器的响应也未显著下降。同时，CPAM/$Ti_3C_2T_x$ 传感器显示出对 NH_3 的高选择性，响应/恢复速度快(12.7 s/14.6 s)。出色的气敏性能主要归功于两个因素：一方面，CPAM/$Ti_3C_2T_x$ 纳米复合材料比原始 $Ti_3C_2T_x$ 具有更多的缺陷，从而为气体分子提供更多的吸附位点；另一方面，添加的 CPAM 可以与 NH_3 分子形成氢键，显著增加材料对 NH_3 的吸附能力。

石墨烯纤维也具有优异的机械柔韧性、导电性和可织性，意味着石墨烯纤维也可以与 MXene 复合制备气体传感器。Lee 等[17]通过湿法纺丝工艺制备了石墨烯基纤维(GFs)和 $Ti_3C_2T_x$ 复合材料，并研究了 GFs/MXene 传感器对 NH_3 的气敏性能。复合材料对 50 mg/L NH_3 的响应比纯 MXene 高 7.9 倍，当检测质量浓度低至 10 mg/L 时，复合材料的传感器仍显示 4.26% 的气体响应。GFs/MXene 柔性传感器比简单的 MXene 传感器更灵活和稳定,弯曲超过 2 000 次后电阻变化仅为±0.2%,这主要是由于 GFs 纤维材料优异的柔韧性和高弯曲性。这项工作为未来可穿戴传感器奠定了一定的理论基础。

除 $Ti_3C_2T_x$MXene 之外,Xiao 等[18] 研究了 NH_3 与具有不同电荷的—O 端 MXene(M_2CO_2,M=Sc、Ti、Zr 和 Hf)之间的相互作用。他们发现,NH_3 分子吸附在 M_2CO_2 表面时发生明显的电子转移,通过控制电荷注入可以容易地实现 NH_3 释放,表明这些 MXene 具有可重复使用的潜力。为了从理论上研究 MXene 的气敏特性,Wu 等[19] 使用 DFT 计算和双探针器件模型研究了单层 V_2CT_x 的输运特性(图 6.7),得以将器件水平上电导率的变化可视化(即 I–V 曲线斜率)。他们首先分析了 NH_3 吸附前后单层 V_2CO_2 的 I–V 曲线。沿 ZZ 方向(zigzag direction)通过传感器的电流大小约为沿着 AR 方向(armchair direction)的 3 倍,即 V_2CO_2 在吸附 NH_3 后(表示为 NH_3/V_2CO_2),I–V 曲线斜率减小,表明传感器电导率降低,电阻增强。这在实验测量中是一种"积极"的反应,可用抑制电子透射谱绘制

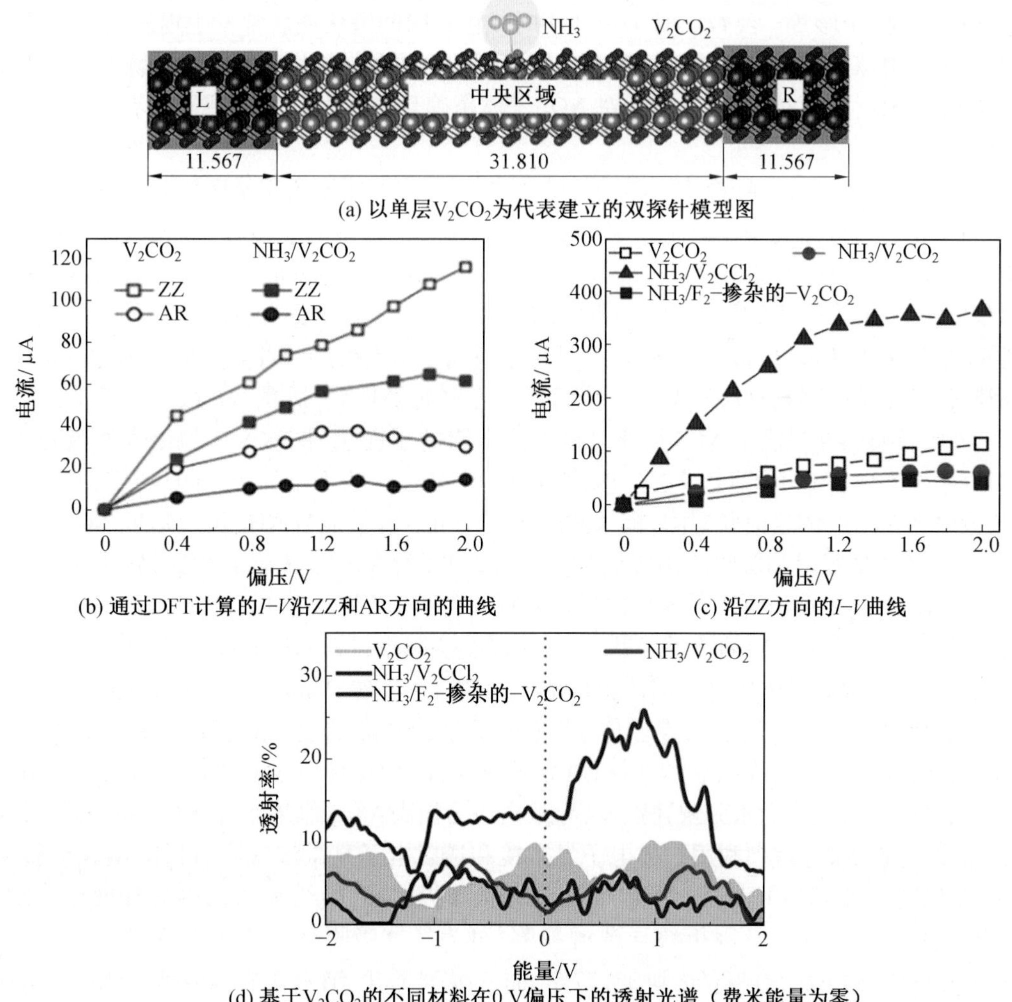

图 6.7　V_2CO_2 气体传感器[19]

图解释这种现象。吸附氨单层 V_2CO_2 诱发更多的背散射中心阻碍电流流动,产生增强电阻。此外,V_2CO_2 表面取代掺杂 Cl/F 原子对电子透射和电导率有显著影响,氨吸附后的 F 掺杂的 V_2CO_2 具有较低的电导率和较大的正响应;相反,氨吸附后的 V_2CCl_2 有更多的电导通道和更大的电流通过传感器,意味着具有较大的负响应。

6.1.3 MXene 基二氧化氮传感器

NO_2 是一种棕红色、高度活性的气态物质,它在臭氧的形成过程中起着重要作用。人为产生的 NO_2 主要来自高温燃烧过程的释放,比如机动车尾气、锅炉废气的排放等。NO_2 是酸雨的成因之一,所带来的环境效应多种多样,包括对湿地和陆生植物物种之间竞争与组成变化的影响,大气能见度的降低,地表水的酸化、富营养化(由于水中富含氮、磷等营养物藻类大量繁殖而导致缺氧)以及增加水体中有害于鱼类和其他水生生物的毒素含量。此外,NO_2 还会损害人的呼吸道,吸入气体初期仅有轻微的眼及上呼吸道刺激症状,如咽部不适、干咳等。经数小时至十几小时或更长时间潜伏期后常发生迟发性肺水肿、成人呼吸窘迫综合征,出现胸闷、呼吸窘迫等。因此,实时监测生活和工作环境中 NO_2 气体的成分和浓度尤为必要,而开发针对 NO_2 气体精确且高度敏感的传感器具有重要的实用价值。

对于层状 MXene 来说,气体夹层引起的层间膨胀可能导致其暴露于目标气体时电导率的变化。当目标气体分子插入 MXene 时夹层膨胀,使得电子传输受阻,具有层间膨胀的 MXene 电阻增加。相反,当目标气体分子被空气去除后,层间膨胀现象消失,MXene 的电阻降低。值得注意的是,气体夹层主要取决于水分子在 MXene 夹层中的扩散率。改变层间水分子扩散系数的有效策略之一是将金属离子引入夹层。Zhang 等[20]通过 NaOH 处理制备了由层间膨胀驱动的 V_2CT_x 传感器。经碱化处理后,适量 Na^+被引入 V_2CT_x 夹层中,使得传感器在暴露于 NO_2 氛围时显示出电阻的正变化(图 6.8),与由表面吸附驱动的原始 V_2CT_x 传感器不同。同时,碱化处理还在 MXene 表面增加了—OH 末端,水分子易被吸附到 V_2CT_x 的表面和层间,被吸附的水分子可以容易地与 NO_2 反应形成 NO,从而促进 NO_2 分子的吸附和层间的溶胀效应。因此,与原始 V_2CT_x 传感器相比,碱化 V_2CT_x 在检测 NO_2 方面表现出更优异的传感性能和更快的响应/恢复速度。

层堆叠是二维材料的常见问题之一,层堆叠会减小材料的比表面积,减少反应的活性位点,不利于提高气体传感器的传感性能。针对这一问题,Yang 等[21]将 MXene 基复合材料制备成具有波纹形貌的三维球体,大幅增加了传感器的表面积(图 6.9)。制备三维 MXene 球状结构的过程如下:①用超声分散 $Ti_3C_2T_x$ 前驱体,此时 $Ti_3C_2T_x$ 呈单个微雾颗粒状;②分散气凝胶的水分快速蒸发,导致内应力消失;③二维纳米片向内各向同性折叠,自组装形成三维球体。利用扫描电子显微镜和透射电子显微镜观察材料的微观形貌,发现 $Ti_3C_2T_x$ 三维球体的表面上形成了许多脊状皱折,与二维纳米片相比具有更高的比表面积和更多的边缘以及因折叠导致的缺陷,可为气体吸附提供更多的活性位点。三维 $Ti_3C_2T_x$ 球体对 NO_2 的响应达到 27.27%,而二维 $Ti_3C_2T_x$ 纳米片的响应低于 1%。此外,在三维 $Ti_3C_2T_x$ 球体表面沉积 ZnO 纳米颗粒可以进一步提高传感器的响应。在室温、1×10^{-4}mg/L NO_2 的环境中,该复合材料的响应率由 27.27% 提升至 41.93%,响应和恢复时

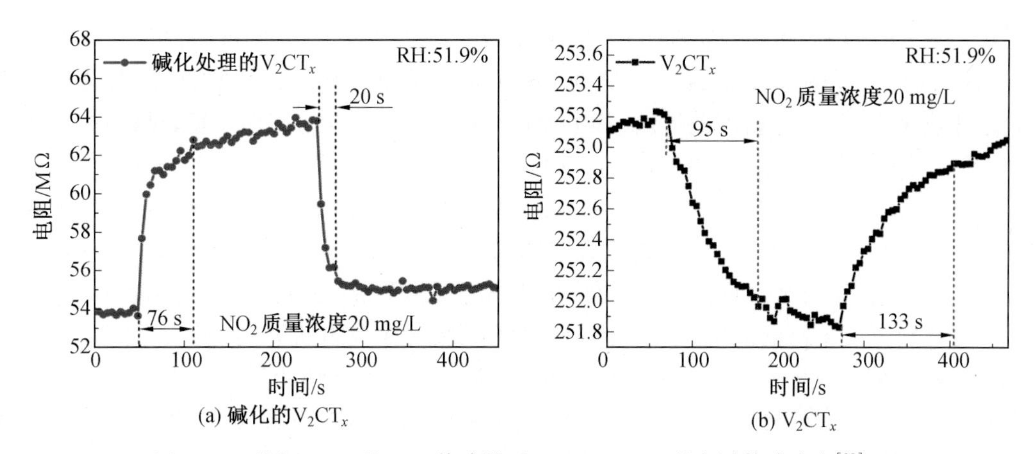

(a) 碱化的V_2CT_x　(b) V_2CT_x

图6.8　不同V_2CT_x基NO_2传感器对20 mg/L NO_2的实时传感响应[20]

间由53 s/5 min分别降低至34 s/105 s。这种三维$Ti_3C_2T_x$MXene/ZnO复合材料的气体敏感性能的增强有三个原因：首先，由于内部化学键的断裂，形成了更多的线缺陷和更多的吸附位点；其次，大量的氧气在室温下吸附在ZnO纳米颗粒表面，在气敏反应中发挥关键作用；最后，复合材料的含氧端增加，$Ti_3C_2T_x$MXene与ZnO两者之间形成p-n异质结。

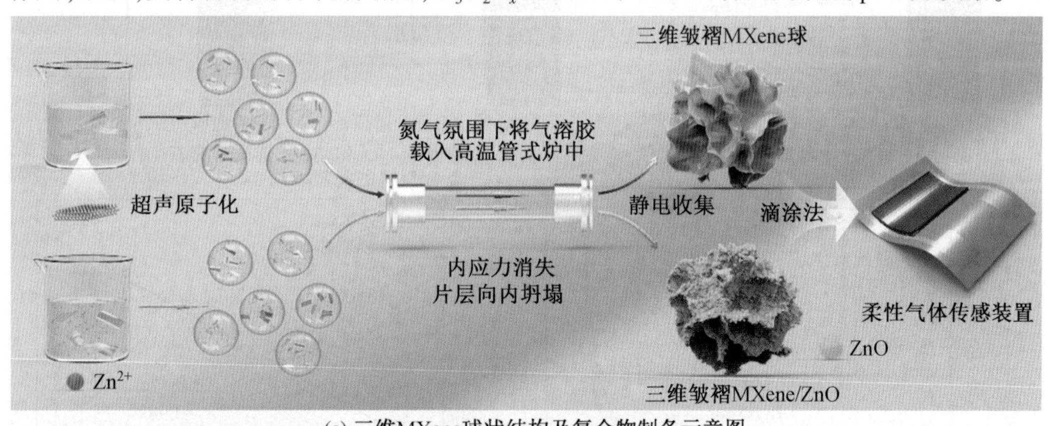

(a) 三维MXene球状结构及复合物制备示意图

(b) 复合材料低倍SEM图　(c) 复合材料高倍SEM图　(d) 复合材料TEM图

图6.9　$Ti_3C_2T_x$MXene/ZnO复合材料气体传感器[21]

由于$Ti_3C_2T_x$ MXene的外部Ti层不稳定，$Ti_3C_2T_x$表面可被部分氧化，原位生成TiO_2，而$Ti_3C_2T_x$和 TiO_2 之间存在协同效应,能够显著改进传感器的性能。Choi 等[22]首次证明了单层 $Ti_3C_2T_x$ 和原位衍生的 TiO_2 之间能够形成肖特基势垒。$Ti_3C_2T_x/TiO_2$ 复合材料是通过加热 $Ti_3C_2T_x$ 的水溶液获得的,其中加热 8 h 获得的 $Ti_3C_2T_x/TiO_2$ 复合材料在室温下对 NO_2 的响应值最高,是原始 $Ti_3C_2T_x/TiO_2$ 的 13.7 倍。他们把气敏性能的提高归因于肖特基结处的势垒调控(图 6.10)。Guo 等[23]采用环保、简便的水热法成功制备了 $Ti_3C_2T_x/CuO$ 纳米复合材料。实验结果表明,$Ti_3C_2T_x/CuO$ 纳米复合材料是介孔结构,比 $Ti_3C_2T_x$ 具有更高的比表面积,提供更多的气体吸附(扩散)区域。同时,$Ti_3C_2T_x/CuO$ 纳米复合材料具有丰富的氧空位和吸附氧,这将降低气体吸附所需的能量。而 $Ti_3C_2T_x$ 和 CuO 之间能够形成异质结,提供载流子迁移通道以加速氧化还原反应。因此,在室温下,$Ti_3C_2T_x/CuO$ 传感器对 5×10^{-5} mg/L NO_2 的响应(56.99%)是单独 $Ti_3C_2T_x$ 传感器(11.17%)的 5 倍,还表现出超快的响应/恢复时间(16.6 s/31.3 s)、出色的可逆性、优异的 NO_2 选择性以及长期稳定性(超过 40 天)。

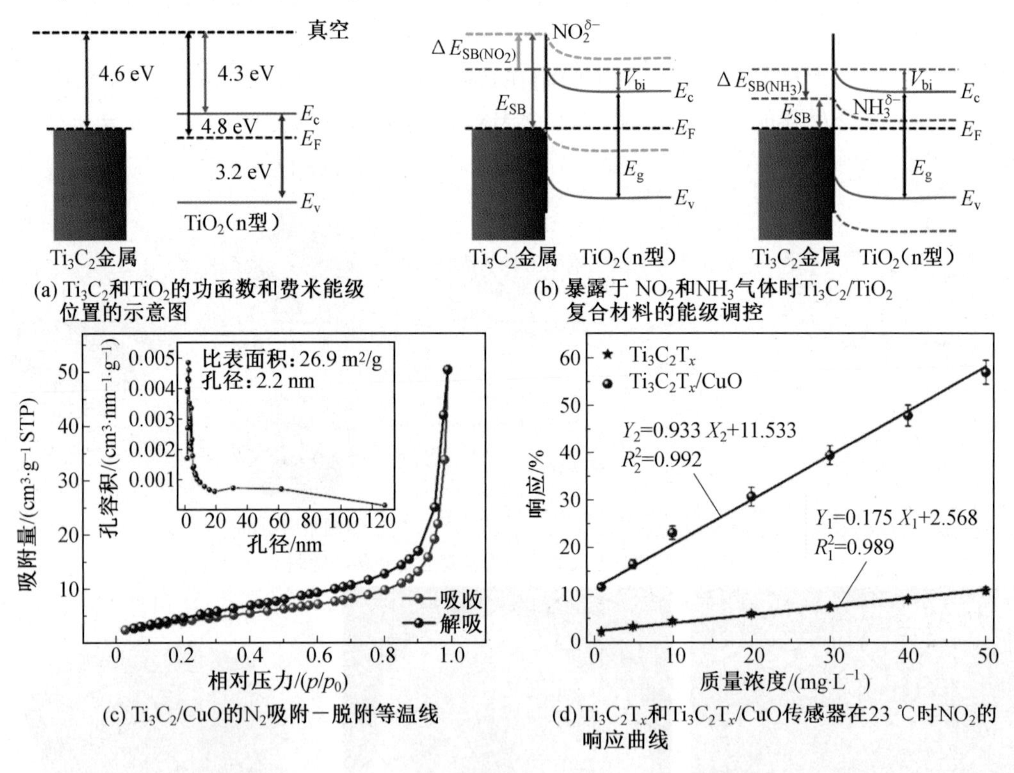

(a) Ti_3C_2和TiO_2的功函数和费米能级位置的示意图

(b) 暴露于 NO_2和NH_3气体时Ti_3C_2/TiO_2复合材料的能级调控

(c) Ti_3C_2/CuO的N_2吸附—脱附等温线

(d) $Ti_3C_2T_x$和$Ti_3C_2T_x$/CuO传感器在23 ℃时NO_2的响应曲线

图 6.10 Ti_3C_2 与氧化物复合材料的气体传感器[22-23]

MXene 也可以与一些过渡金属二醇化物(如 WSe_2 和 SnS_2)组成复合材料的气体传感器。过渡金属二醇化物具有大比表面积、高电导率和丰富的氧化还原反应活性位点,赋予传感器更高的气体响应性能。Chen 等[24]设计了基于 SnS_2 和二维 $Ti_3C_2T_x$/衍生 TiO_2 的复合材料气体传感器(SMT)。材料复合过程如图 6.11 所示:MXene 表面的负电荷与 Sn^{4+} 反应,原位形成 TiO_2,并在此过程中形成 SnS_2,最后构建异质结并增加复合材料表面积。该复合传感器对 NO_2 反应强烈,但对 H_2、NH_3 和 HCHO 等其他干扰气体反应较弱。该传

感器可以检测 NO_2 并表现出优异的气体传感性能(在室温下对 1 000 mg/L NO_2 气体的响应为 115%,响应和恢复时间为 64 s/10 s)。复合传感器性能的提高有两个原因:①SnS_2/TiO_2 之间形成异质结,有利于电荷更快传输;②比表面积增加,使得气体吸附位点总数增加。此外,该传感器具有优异的长期稳定性。

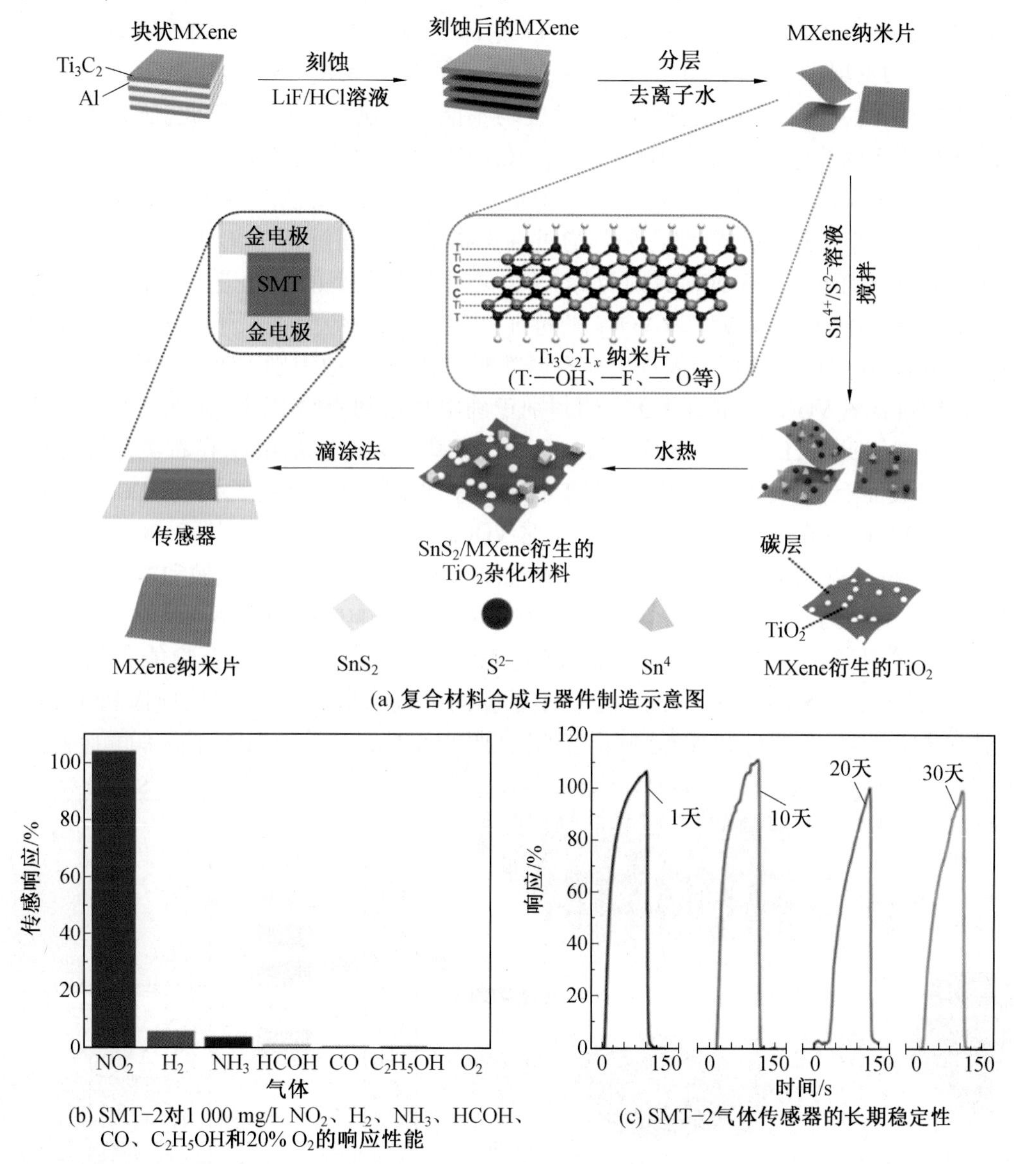

图 6.11　二维 $Ti_3C_2T_x$ 衍生 TiO_2 复合材料气体传感器[24]

6.1.4　MXene 基挥发性有机物传感器

VOCs 如甲醛、甲苯、丙酮是常见的空气污染物[25]。空气中 VOCs 过量排放会引起雾霾天气,并对人体有致畸性和致癌性。在人类呼出的气体中也能检测到约 200 种 VOCs,它们的含量反映了人的身体状况[6],因此许多 VOCs 被认为是有效标志物,用于疾病的早期诊断[26-27]。检测空气中和人类呼出气体中的 VOCs 对环境保护和医疗健康等具有重要意义。

二维 MXene 可被用于构建 VOCs 传感器。首先，MXene 具有较大的比表面积，对常见的 VOCs 分子具有较强的吸附能力；其次，MXene 表面官能团以—O 和—OH 等为主，可以通过强氢键与多种 VOCs 发生反应。2017 年，Lee 等[6]首次报道了一种 MXene 基 VOCs 传感器，他们发现 $Ti_3C_2T_x$ MXene 对丙酮、甲醇、乙醇与氨气等均有响应，并未表现出对某种气体的特异性吸附，因此选择性和灵敏度均不能令人满意[28]。基于此，研究者通过表面改性和结构调控等手段提升 MXene 基 VOCs 传感器的选择性和灵敏度。

虚拟传感器（VSA）是一种可生成多维信号的传感器[29]，这些多维信号可以对不同 VOCs 产生独特的响应模式。Li 等[29]通过在叉指电极表面沉积 $Ti_3C_2T_x$ 薄膜制作 VSA，能够准确地识别不同的 VOCs，并对目标 VOCs 在不同情景下的浓度进行预测。他们选择了 8 个 VSA 的代表性参数作为 VOCs 的特征，多参数的响应为每一个 VOCs 创建了独特的感知图谱，在主成分分析中表现出高数据维度，能更灵敏地识别 VOCs 种类。在线性判别分析中对含氧 VOCs 和混合 VOCs 的判别正确率都达到 90% 以上，比如乙醇浓度准确性为 93.4%。此外，Li 等[30]还通过将 $Ti_3C_2T_x$ 薄膜作为传感层沉积在石英晶体微天平（QCM）的表面上，开发了一种基于 QCM 的可用于 VOCs 的选择性检测的 MXene 基高输出维数的 VSA（图 6.12）。为了获得 VSA 对 VOCs 的高维响应，作者基于 QCM 传感器的巴特沃斯-范戴克（BVD）等效电路模型，通过同时监测 MXene 膜的机械和电性能的变化用于 VOCs 的检测。使用机器学习算法分析 VSA 的多维响应以识别不同类型的 VOCs，并量化多个背景下的目标 VOCs。结果表明，识别 VOCs 和 VOCs 混合物能力的精度为 95.8% 和 90%。VSA 对 VOCs 的响应在多维空间中显示出良好的线性，响应和恢复时间分别为 16 s 和 54 s。通过对志愿者呼出气的检测能以 95% 的准确性识别“糖尿病酮症患者”。

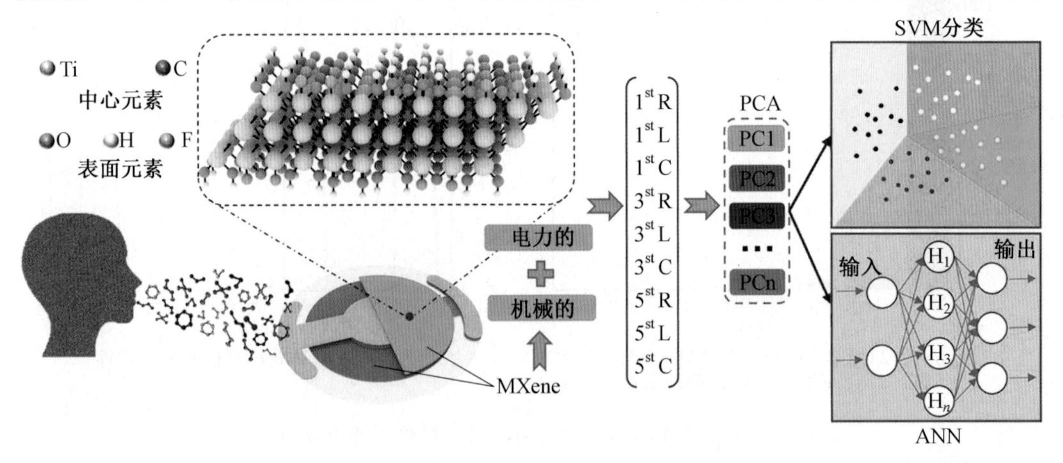

图 6.12　基于 QCM 和 MXene 的 VSA 示意图[30]

杂原子掺杂可以帮助 MXene 解决层间距不足的问题。Shuvo 等[31]研究了硫原子掺杂对 $Ti_3C_2T_x$ MXene 的性能影响及其在电导、化学电阻传感配置中 VOCs 气体的传感能力。掺杂后的 $Ti_3C_2T_x$ MXenes 对甲苯表现出独特的选择性，对 500 μg/L 甲苯有明显的响应以及长期稳定性。作者分析了硫掺杂后的传感机理，发现甲苯分子与—S—官能化的

MXene 的结合能显著增加。电子局域函数(ELF)表明,吸附气体分子周围的 S 原子电荷分布在掺杂时发生了变化,这可能是由于甲苯从 MXene 表面获得了电子,导致气体响应增强。

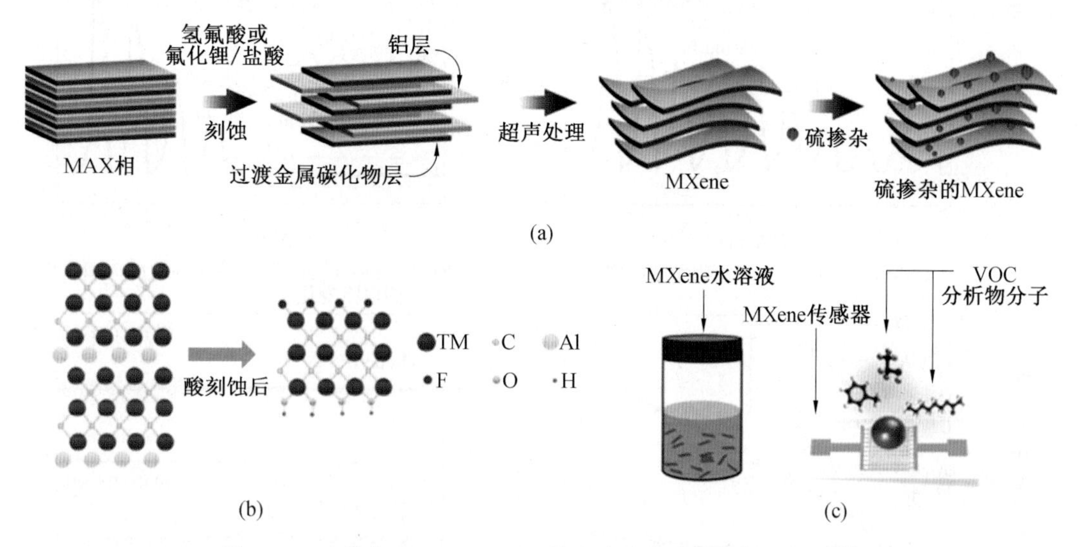

图 6.13　硫掺杂 $Ti_3C_2T_x$ MXene 的合成及传感器制备示意图[31]

除了 $Ti_3C_2T_x$ 外,Mo_2CT_x 也表现出优异的电导率。Guo 等[32]报道了一种用于检测甲苯的二维 Mo_2CT_xMXene 化学电阻传感器。电催化分析表明 Mo_2CT_x 比基于 Ti 的 MXene 更具化学活性,能够促进气体吸附并潜在地改善传感性能。Mo_2CT_x 还具有出色的稳定性和机械柔韧性,为构建稳定且灵活的传感设备提供了潜力。在室温下研究该传感器对不同浓度 VOCs 的传感性能,包括甲苯、苯、乙醇、甲醇和丙酮,发现其对甲苯具有更好的选择性,在最佳条件下,甲苯质量浓度为 140 mg/L 时显示出 220 μg/L 的检出限和 0.036 6 Ω/(mg · L)的灵敏度。

随着可穿戴电子设备的出现,人们非常希望将柔性传感器集成到可穿戴电子设备中,从而能够实时监测有害气体,新兴可穿戴电子产品需要满足可逆的机械变形,能够经常拉伸而不失去其功能。Tang 等[33]报道了一种基于 MXene/PU 芯鞘纤维制造的可拉伸、可穿戴式气体传感器。二维 MXene 纳米片具有超过其他纳米材料的固有金属电导率,可以提供较低的电噪声。同时,具有高拉伸性的 PU 纤维芯能够适应用于可穿戴电子设备大的机械变形。电荷转移和膨胀引起的拉伸协同效应为 MXene/PU 纤维传感器提供了对丙酮的高灵敏度、宽传感范围和高信噪比。为了进一步提高 MXene/PU 纤维的传感性能,在纤维护套中开发了包括微裂纹和微丝在内的微结构。微裂纹可以放大导电护套中的膨胀引起的电阻变化。此外,在 MXene 护套上设计微环,以适应人体皮肤变形。最后,作者将可拉伸的传感器编织到一块织物中,作为可穿戴电子设备的演示,该设备具有很高的透气性,并且能够实时收集丙酮浓度信息。

除 NH_3、NO_2 与 VOCs 外,MXene 及其复合材料可作为多功能敏感材料实现对其他气体如硫化氢、二氧化碳与甲烷等的检测。

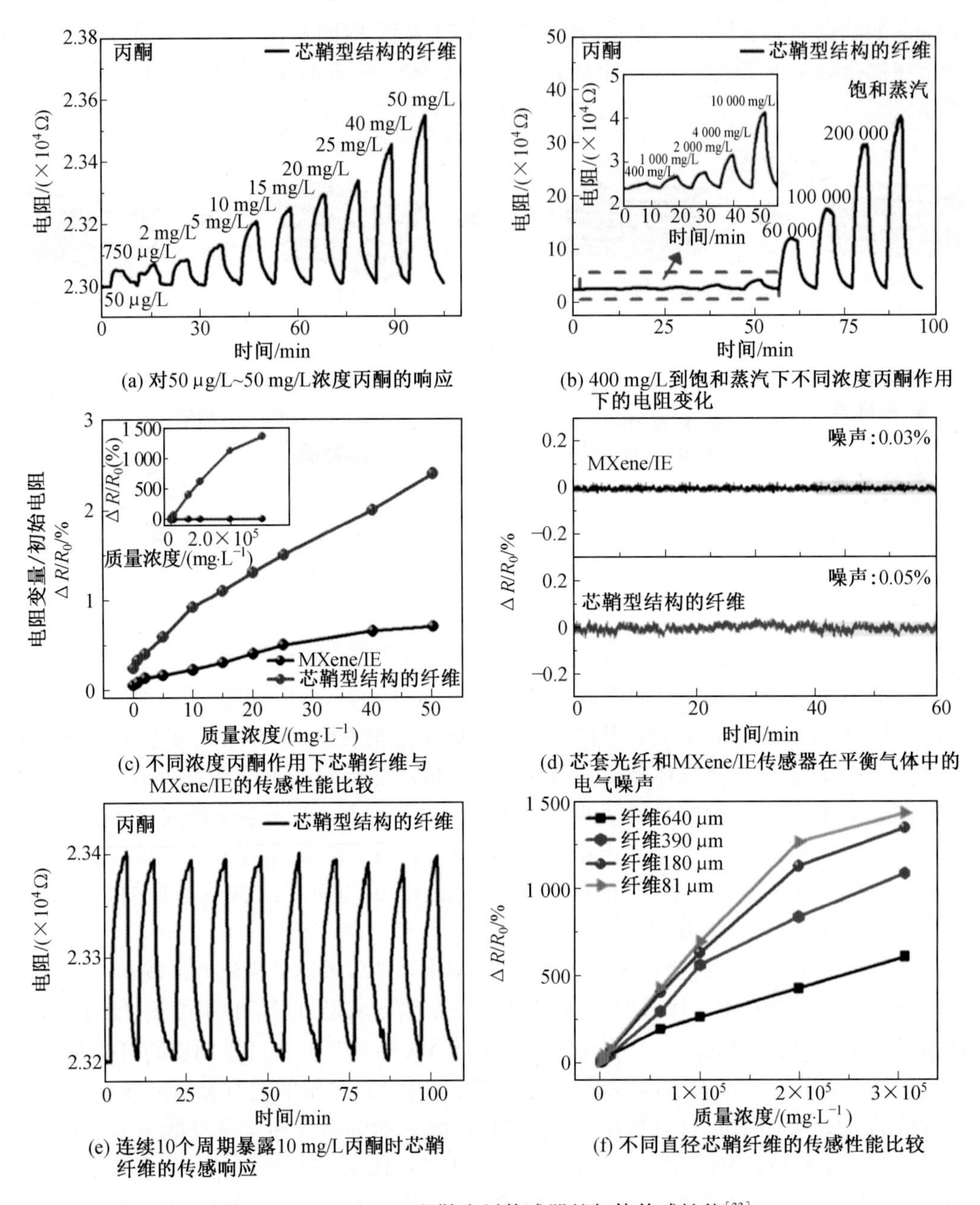

(a) 对50 μg/L~50 mg/L浓度丙酮的响应

(b) 400 mg/L到饱和蒸汽下不同浓度丙酮作用下的电阻变化

(c) 不同浓度丙酮作用下芯鞘纤维与MXene/IE的传感性能比较

(d) 芯套光纤和MXene/IE传感器在平衡气体中的电气噪声

(e) 连续10个周期暴露10 mg/L丙酮时芯鞘纤维的传感响应

(f) 不同直径芯鞘纤维的传感性能比较

图 6.14　MXene/PU 芯鞘光纤传感器的气体传感性能[33]

6.2　MXene 基环境传感器

6.2.1　MXene 基重金属离子传感器

随着工业的发展,大量重金属污染物被排放到环境中。重金属离子无法被微生物分解,经由食物链在动物和人体内大量积聚,如果累积超过一定程度将对人类健康产生巨大危害,比如一些类镉金属则会导致人类患上癌症[34]。重金属在土壤、水体中的环境污染问题,已成为当今环境科学研究的重要问题,因此能够及时地测量有毒、有害金属离子的存在和含量是非常重要的。MXene 已被证实对金属离子具有良好的检测能力。

1. Cd^{2+}和 Pb^{2+}的检测

阳极溶出伏安法(ASV)是一种检测金属离子的常用方法。为了实现有效检测,选择合适的电极材料是该方法的关键。MXene 显示出明显的手风琴状结构,具有较大的比表面积[35],而丰富的暴露金属位点以及丰富的官能团(—O、—F 或—OH)赋予了 MXene 丰富的表面化学性质和高度亲水性[36-37],可增强其离子交换能力和导电性。Chen 等[38]开发了一种氨基官能化的多层 $Ti_3C_2T_x$($NH_2/Ti_3C_2T_x$)电化学传感器(图 6.15),并将其应用于测定食品样品中的 Cd^{2+}和 Pb^{2+},检出限分别为 0.41 μg/L 和 0.31 μg/L。$NH_2/Ti_3C_2T_x$ 中富电子的氨基能与金属离子形成配位效应,促进金属离子的积累。受益于独特的多层结构、大比表面积、强吸附能力和优异的导电性,$NH_2/Ti_3C_2T_x$ 对 Cd^{2+}和 Pb^{2+}的测定具有令人满意的电化学性能。

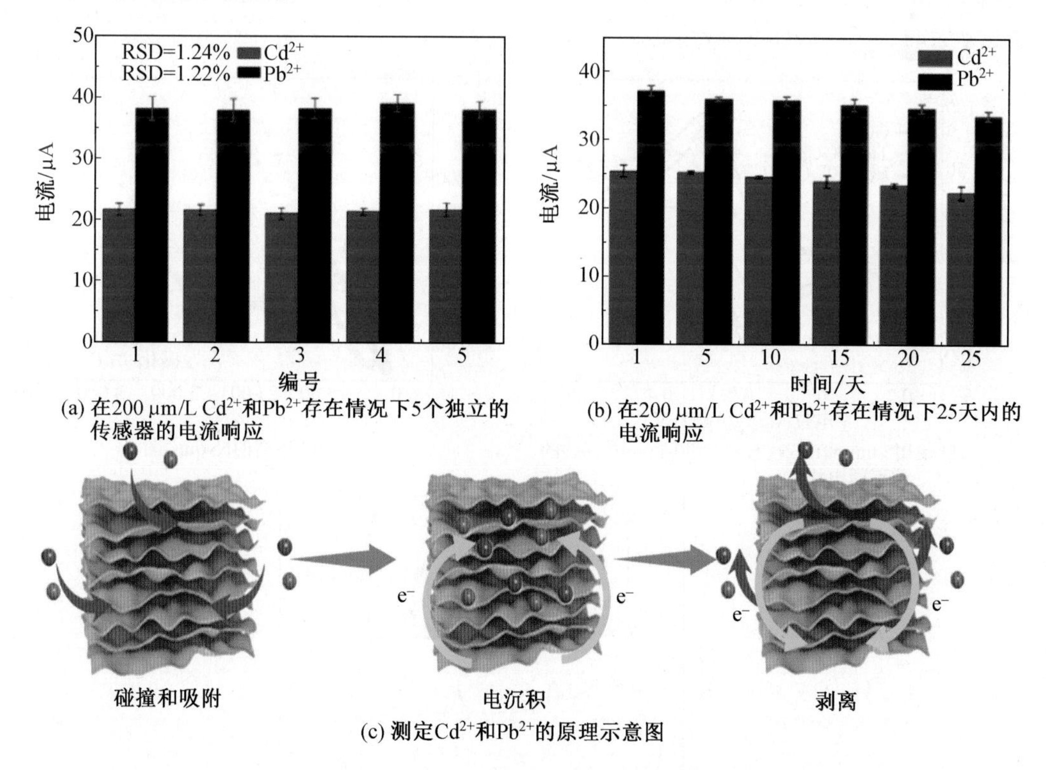

(a) 在200 μm/L Cd^{2+}和Pb^{2+}存在情况下5个独立的传感器的电流响应

(b) 在200 μm/L Cd^{2+}和Pb^{2+}存在情况下25天内的电流响应

(c) 测定Cd^{2+}和Pb^{2+}的原理示意图

图 6.15　$NH_2/Ti_3C_2T_x$ 电化学传感器[38]

方波阳极溶出伏安法(SWASV)因其灵敏度高、选择性好、操作方便、响应迅速等优点,也常用于现场监测痕量重金属离子。Zhu 等[39]报道了 Ti_3C_2MXene 碱液插层同时对汞、铜、铅和镉等金属离子进行电化学检测。在这种情况下,MXene 前驱体 MAX 通过在钛、铝和 TiC 以及石墨粉末中的无压煅烧混合物制备,然后通过选择性刻蚀方法制备 MXene。碱法修饰的 Ti_3C_2 电极具有良好的峰值电流,与裸玻碳电极(GCE)相比具有清晰的峰值。在改进的电极中,通过 EIS 特性测量界面特性。在该特性中,与裸电极(Rct

57.7 Ω)相比,碱改性 Ti_3C_2 电极的电荷转移电阻(Rct 2 323.0 Ω)较高,这表明电极界面处的氧化还原探针抑制了电子转移动力学。对镉、铅、铜和汞等不同浓度的金属离子进行 SWASV 测量,将其与裸电极的电流响应进行比较,在两个修饰电极上得到了明确的四个条纹峰。与裸 Ti_3C_2/GCE 电极相比,在碱性修饰电极中实现了高强度的铅和铜离子峰值电流。这是因为铅和铜的结合能非常小,并且在 MXene 中存在氟,这是基于 DFT 的原理。在这种情况下,存在的氟原子降低了铅和铜离子的吸附容量。该生物传感器的最佳条件是 pH、沉积电位和沉积时间均已知晓的情况。Cd(Ⅱ)、Pb(Ⅱ)、Cu(Ⅱ)和 Hg(Ⅱ)检测限分别为 0.098 μmol/L、0.041 μmol/L、0.032 μmol/L 和 0.130 μmol/L,如图 6.16 和图 6.17 所示。Zhu 等[40]还报道了一种创新的 Bi@ d-Ti_3C_2 纳米复合材料,并基于 SWASV 同时测定痕量的 Pb^{2+}、Cd^{2+} 和 Zn^{2+}。Bi@ d-Ti_3C_2 纳米复合材料通过静电吸引在分层的 Ti_3C_2 纳米片表面上积累 Bi^{3+} 并原位生长铋纳米棒而合成的。在优化的实验条件下,传感器在 1~20 μg/L 的质量浓度范围内对 Pb^{2+}、Cd^{2+} 和 Zn^{2+} 表现出线性响应,检测限分别为 0.2 μg^{-1}、0.4 μg^{-1} 和 0.5 μg^{-1}。Pb^{2+}、Cd^{2+} 和 Zn^{2+} 具有的良好传感性能归因于铋纳米棒在导电分层的 Ti_3C_2 上的均匀分散。

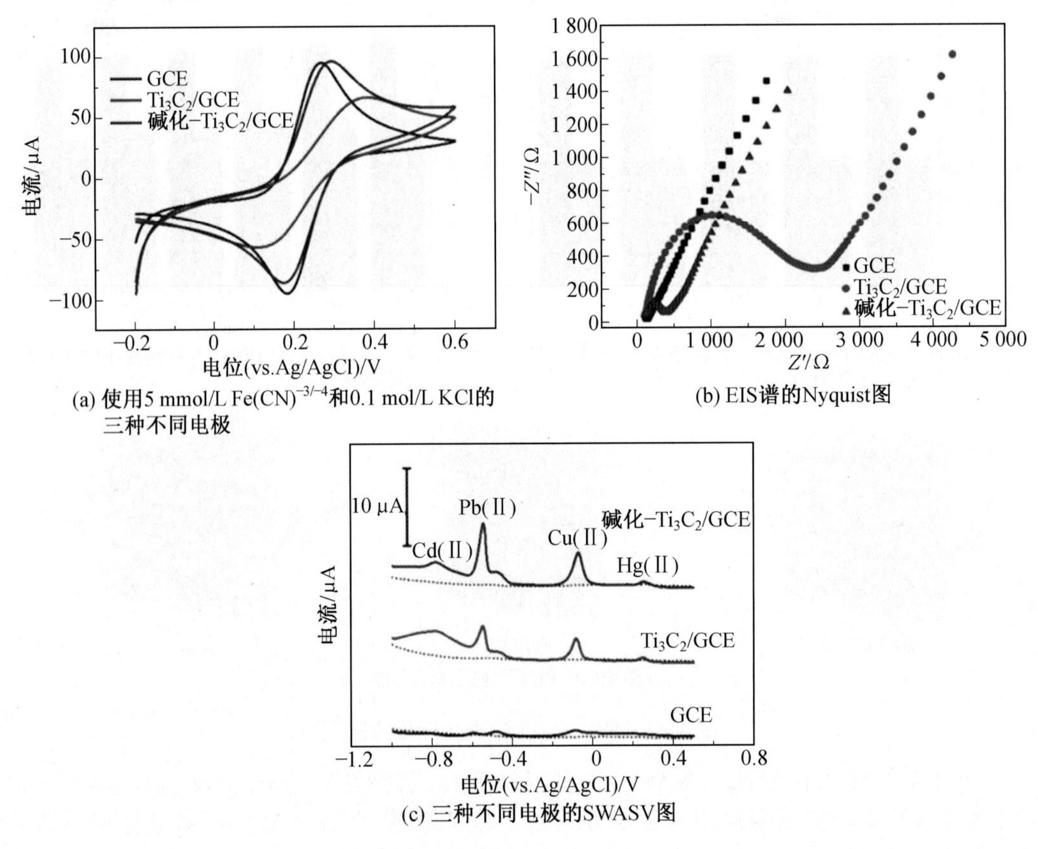

(a) 使用5 mmol/L $Fe(CN)^{-3/-4}$和0.1 mol/L KCl的三种不同电极

(b) EIS谱的Nyquist图

(c) 三种不同电极的SWASV图

图 6.16　碱化-Ti_3C_2/GCE 电极 CV 图[39]

Zhang 等[41]开发了一种基于氮掺杂碳涂层 Ti_3C_2/MXene 异质结构(Ti_3C_2@ N-C)的电化学传感器,通过 SWASV 法同时测定海水和自来水中的 Cd^{2+} 和 Pb^{2+}(图6.18)。氮掺杂

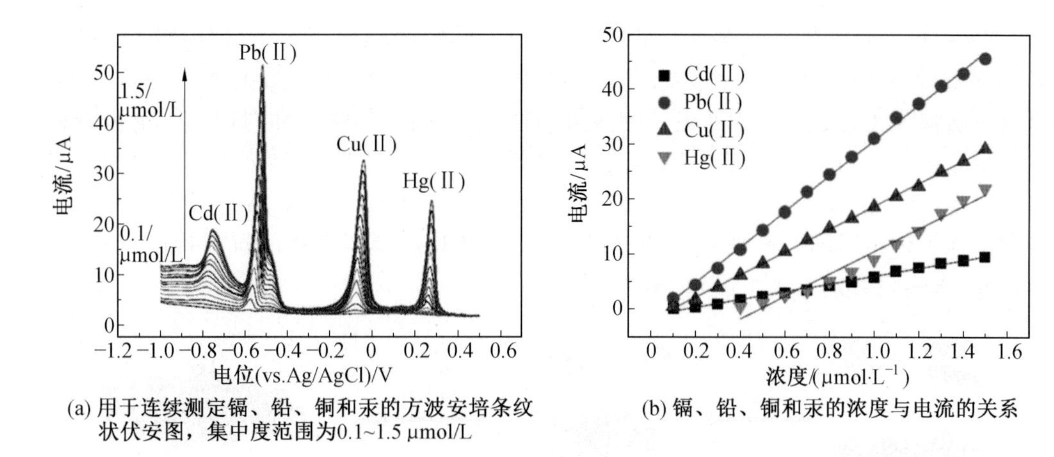

(a) 用于连续测定镉、铅、铜和汞的方波安培条纹状伏安图，集中度范围为0.1~1.5 μmol/L　(b) 镉、铅、铜和汞的浓度与电流的关系

图 6.17　碱化-Ti_3C_2 修饰 GCE 的性能图[39]

纳米多孔碳(N-NPC)增加了比表面积,由于丰富的微孔和更多的互穿通道渗入电解质,从而提供了更高的电活性表面积,这有利于重金属离子在电极界面处的传输。氮掺杂为电子提供了与重金属配位的吸附位点,由于异质结构和氮的配位,界面电荷转移增强,选择性吸附位点的数量增加,从而改善了金属的测定性能。在检测 Cd^{2+} 和 Pb^{2+} 表现出优异的稳定性和显著的灵敏度,检出限分别为 2.55 nmol/L 和 1.10 nmol/L,对 Pb^{+2} 检测更有利。

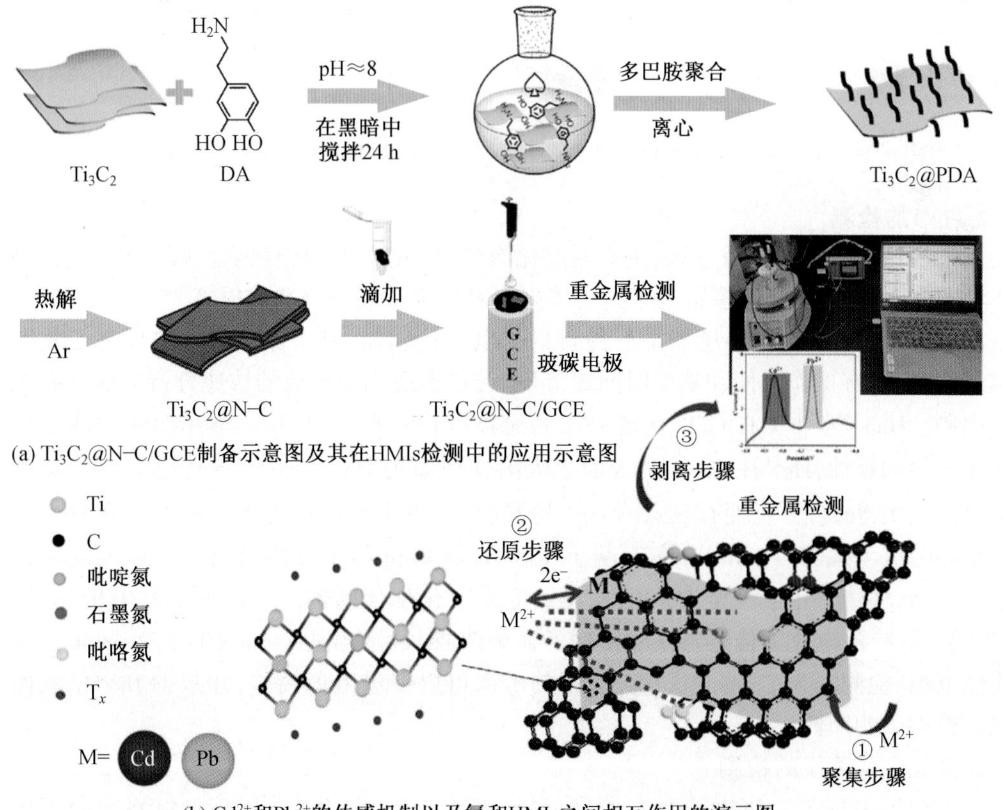

(a) Ti_3C_2@N-C/GCE制备示意图及其在HMIs检测中的应用示意图

(b) Cd^{2+}和Pb^{2+}的传感机制以及氮和HMIs之间相互作用的演示图

图 6.18　Ti_3C_2@N-C/GCE 重金属传感器[41]

Wen 等[42]通过在柔性碳布表面引入 MXene 气凝胶和 CuO 的复合物构建了一种新型的(MXA-CuO/CC)电化学传感器,并以 Cd^{2+} 和 Pb^{2+} 为检测目标(图 6.19)。CuO 丰富的氧空位增强了传感器电极捕获电子的能力,其对金属离子的强亲和力促进了电极表面把金属阳离子还原为单质金属。MXene 显著提高了 CuO 的导电性,增强了电极表面的电子传输速率。此外,作者还引入了可与 Cd^{+2} 和 Pb^{2+} 形成合金的 Bi^{3+}。氧空位与 Bi^{3+} 的协同富集增强了传感器同时检测 Cd^{2+} 和 Pb^{2+} 的性能,使其获得了良好的抗干扰性、稳定性和重现性,检测限分别为 0.3 μg/L 和 0.2 μg/L。

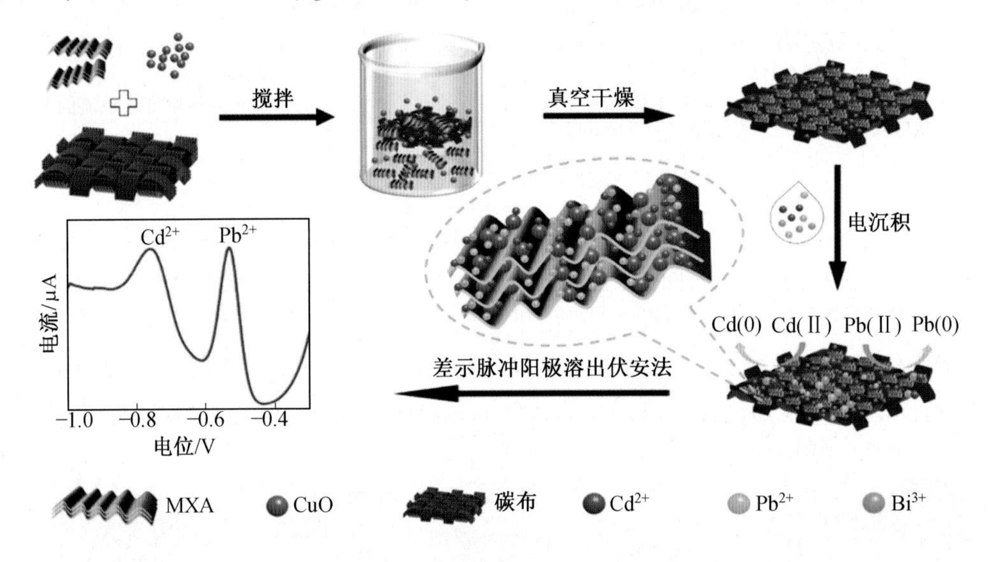

图 6.19 MXA-CuO/CC 传感电极的构建工艺及 Cd^{2+} 和 Pb^{2+} 同时检测示意图[42]

2. Hg^{2+} 的检测

汞作为最常见的有毒重金属,主要通过化石燃烧、化学生产、有色金属冶炼等途径进入环境中[43]。当汞离子过多富集于人类体内会对中枢神经系统造成损害[44]。

场效应晶体管(FET)传感器是一种新兴的电子传感器,基于晶体管的电导率变化产生感测信号,具有操作方便和响应时间短等优点,在实现化学物质的快速分析方面具有独特的优势。Hao 等[45]以 $Ti_3C_2T_x$ 构造 FET 传感器以检测水中的 Hg^{2+},显示出快速的响应以及优异的选择性,Hg^{2+} 在 $Ti_3C_2T_x$ 表面上吸附并还原为 Hg^+。此外,该传感器在高盐度环境(1 mol/L NaCl)下仍拥有较强的 Hg^{2+} 检测能力,表明其在真实水环境中检测 Hg^{2+} 时具有较好的抗干扰能力。Jiang 等[46]基于 $Ti_3C_2T_x$ MXene 与半导体材料 $BiVO_4$ 之间的肖特基异质结,构建了用于测定 Hg^{2+} 的高灵敏度光电化学传感器。与纯 $BiVO_4$ 电极相比,$BiVO_4/Ti_3C_2T_x$ 的电化学传感器性能得到了显著改善,显示出从 1 pmol/L 到 2 nmol/L 的宽线性范围,检测限为 1 pmol/L。$Ti_3C_2T_x$ 的引入可以促进电荷转移,并减少 $BiVO_4$ 表面上光生载流子的回流。

3. 其他金属离子的检测

Hui 等[47]设计了一种基于 $Ti_3C_2T_x$ 与多壁碳纳米管(MWNTs)复合材料修饰的柔性 Au/聚对苯二甲酸乙二醇酯(PET)电极的新型重金属传感器,用于无创检测人体中的

Cu^{2+}和Zn^{2+}(图6.20)。

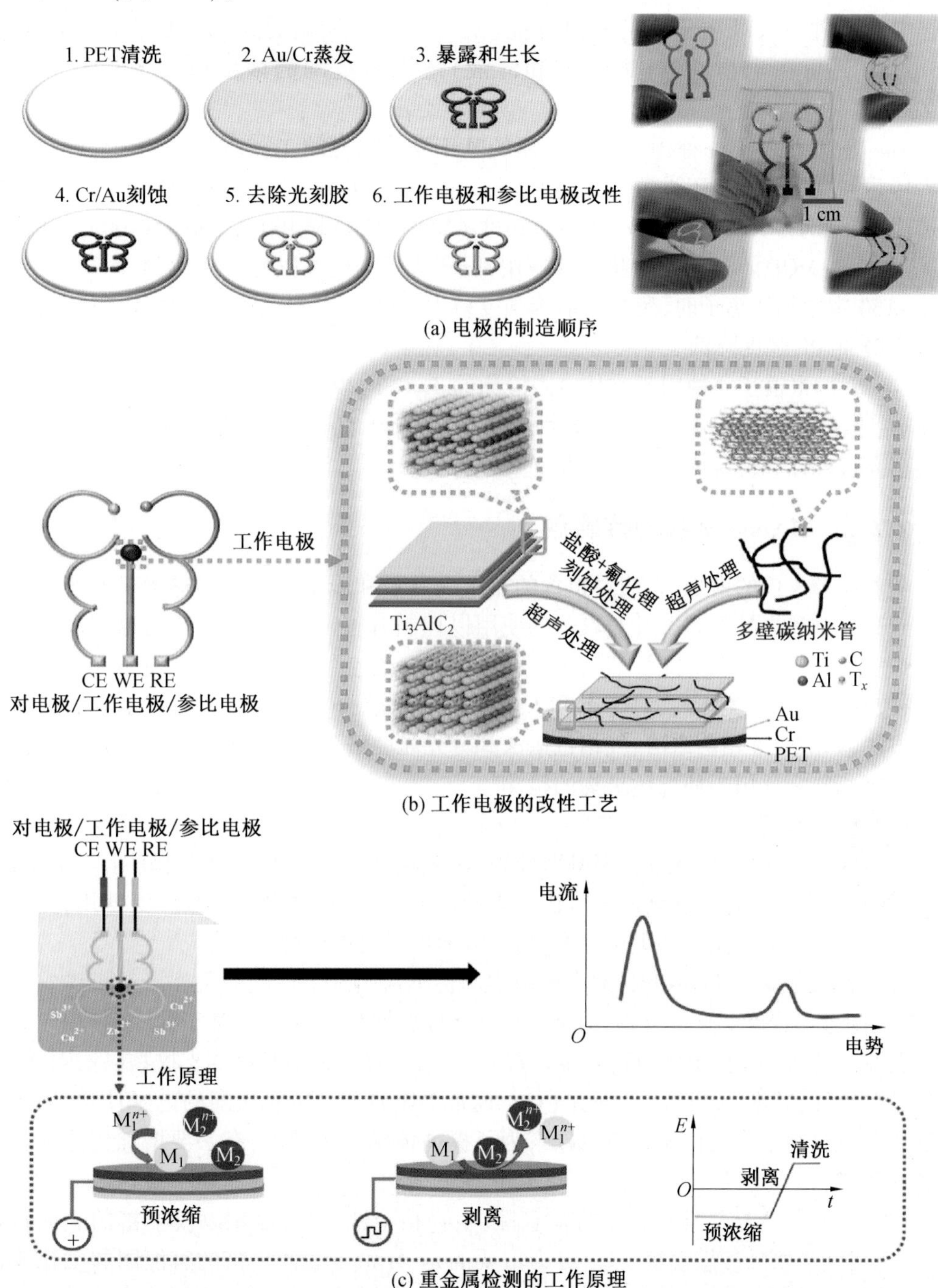

图6.20　$Ti_3C_2T_x$/MWNTs/Au/PET新型重金属柔性传感器[47]

MWNTs不仅可以减轻$Ti_3C_2T_x$层之间的聚集问题,暴露出更多的活性位点,而且可以与$Ti_3C_2T_x$产生协同作用,增强电化学性能。此外,引入的碳纳米管可以填充部分未被

$Ti_3C_2T_x$覆盖的空表面积，进一步增大电极的有效表面积。使用方波阳极溶出伏安法，在最佳实验条件下表现出出色的检测性能，Cu^{2+}和Zn^{2+}的检出限分别低至0.1 μg/L和1.5 μg/L，还可在生物流体（即尿液和汗液）中以宽范围的浓度成功地检测到Cu^{2+}和Zn^{2+}。

Xue等[48]开发了一种用于Zn^{2+}检测的基于光致发光的Ti_3C_2MXene量子点，这是首次为传感器应用开发基于光致发光的MXene量子点（MQD）。该团队开发了三种不同的制造温度，分别为150 ℃（MQD-150）、120 ℃（MQD-120）和100 ℃（MQD-100）。在这种情况下，这种MQD不适用于生物成像应用，但它适用于通过发光响应检测锌离子。当向MQD-150中添加锌离子时，荧光发射峰强度被大大淬灭，并且与各种金属离子相比，锌离子浓度增加，PL强度降低。

Liu等[49]报道了一种用于水体Ag^+检测的$Ti_3C_2T_x$ MXene FET传感器。通过MXene诱导Ag^+原位还原，并伴随着银纳米粒子的产生，使得$Ti_3C_2T_x$ MXene FET传感器对Ag^+表现出高选择性和灵敏度以及反应时间短的特点。

6.2.2 MXene基农药传感器

随着世界人口的增加，人们对粮食的需求在数量和质量上也逐年递增。农业生产想要达到高产量和高品质离不开对农药的使用以控制有害害虫，然而农药的滥用和误用引发了许多环境问题。农药能长期残留于环境中并随着空气流动、水循环遍布地球的各个角落，包括富集于人类体内，对生态和人类健康带来威胁[50-52]。目前已有多种农药残留分析方法，如高效液相色谱法、气相色谱法和分光光度法等[53]，而电化学传感器因操作简单、灵敏度高，广泛用于环境污染物的检测。

1. 有机磷农药

有机磷农药例如马拉硫磷、甲基对硫磷、对氧磷等，因其药效高、防治范围广、成本低、选择性高、危害小等特点逐渐成为有机氯农药的替代品，在世界各地被广泛使用，一方面可以保护农作物免受昆虫和害虫侵害，另一方面可以促进作物增产[54]。

基于乙酰胆碱酯酶（AChE）的有机磷农药传感器引起了广泛的关注。有机磷农药和AChE之间会形成磷酸化复合物，对AChE的活性有抑制作用[55]。基于此，各种用于有机磷农药测定的AChE传感器应运而生。首先，需要选择合适的基底或支撑物以锚固AChE并保持其活性；其次，AChE是一种蛋白质，通常会阻碍酶和电极之间的电子传递，因此需要加入导电材料以实现快速响应；最后，为了提高传感的灵敏度，有必要增加传感材料的比表面积[56]。

MXene基复合材料具有良好的亲水性、生物相容性、大表面积以及丰富的表面官能团，是合成纳米酶的理想模板[57]。更为重要的是，MXene表面丰富的官能团和大比表面积使其更容易掺杂金属离子[58]，不仅解决了纳米酶的扩散势垒大、溶解性或分散性差等问题，而且还表现出高效的催化性能。

Yu等[59]提出了一种基于钴掺杂Ti_3C_2MXene纳米酶的均质电化学传感器，用于有机磷农药高灵敏度检测，检出限为0.02 ng/mL（图6.21）。均质电化学传感器具有简单、快速、灵敏度好等优点，能有效地克服溶液中离子颜色的干扰，被认为是用于农药残留检测的理想工具。钴掺杂的二维 Ti_3C_2MXene 纳米片具有优异的过氧化物酶活性,在 H_2O_2 存在下催化氧化邻苯二胺,产生较大的阴极电流,适合作为信号分子进行电化学检测。有机磷农药通过抑制 AChE 活性来促进信号分子的产生,因此二维 Ti_3C_2MXene 纳米片的催化氧化反应所产生的电活性物质通过均质电化学传感器能很容易地检测有机磷农药。

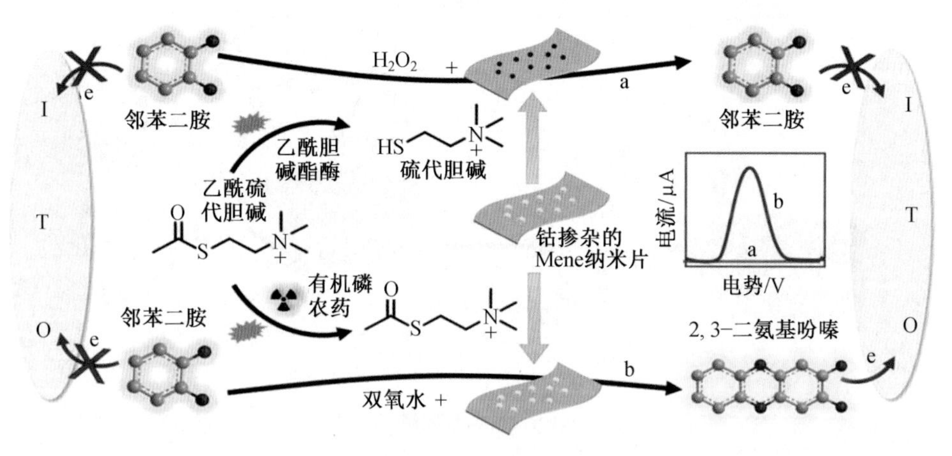

图 6.21　均相电化学(HEC)传感器示意图[59]

除了钴掺杂,金属纳米颗粒作为优异的零维纳米材料,同样可以增强 MXene 的电传导性能。Jiang 等[60]通过还原 $AgNO_3$ 法将 Ag 纳米颗粒引入至 $Ti_3C_2T_x$ 表面,形成 Ag@$Ti_3C_2T_x$ 纳米复合材料,并以此为纳米载体通过滴铸法制备了 AChE 传感器,基于酶抑制机制检测有机磷农药(图 6.22)。$Ti_3C_2T_x$ 的层状结构可以抑制 Ag 纳米颗粒聚集并促进电子转移,有效地改善 Ag 纳米颗粒的化学性质;而 Ag 纳米颗粒可以改善 $Ti_3C_2T_x$ 的电导率和生物相容性,两者协同作用使得纳米复合材料提高了酶的稳定性。在最佳条件下,AChE 传感器在 10^{-14} ~ 10^{-8} mol/L 的线性范围内检测到马拉硫磷,表现出优异的选择性、重现性和良好的稳定性,甚至可用于测定真实样品(自来水)中的马拉硫磷。

双金属纳米颗粒表现出更好的协同效应。Zhao 等[61]以超薄 MXene 纳米片为天然还原剂和载体,通过自还原工艺在室温下快速制得 Au-Pd 双金属纳米颗粒,最终得到 MXene/Au-Pd 纳米复合材料,用于电化学测定有机磷农药。MXene 纳米片充当天然还原剂和载体,Au-Pd 纳米颗粒具有优异的催化活性,可以与 AChE 协同有效催化碘代硫代乙酰胆碱(ATCh)的水解。优异的导电性和较大的比表面积,在电子转移和 AChE 固定化中起着重要作用,有利于乙酰胆碱酯酶的固定化。在优化的条件下,电流与对氧磷质量浓度在 0.1 ~ 1 000 μg/L 范围表现出良好的线性关系,检测限为 1.75 ng/L,所设计的传感器具有线性范围宽、检出限低、灵敏度高、样品适用性好等优势。

Zhou 等[56]制备了一种基于 MXene 纳米片和壳聚糖(CS)的新型 AChE 传感器,通过刻蚀法合成过渡金属碳化物,通过简单铸造法制备电极。CS 具有良好的附着力、生物相容性和优异的成膜能力,而 $Ti_3C_2T_x$MXene 具有优异的高导电性和较大的表面积,两者复合形成的 CS-$Ti_3C_2T_x$ 材料可以增加有效比表面积,促进电子传导,为 AChE 负载提供生物相容性环境,明显提高了传感器的灵敏性和稳定性。在最佳条件下,CS-$Ti_3C_2T_x$/GCE 传感器对马拉硫磷表现出灵敏度高、检出限低、线性范围宽、重现性好、稳定性好等优势,

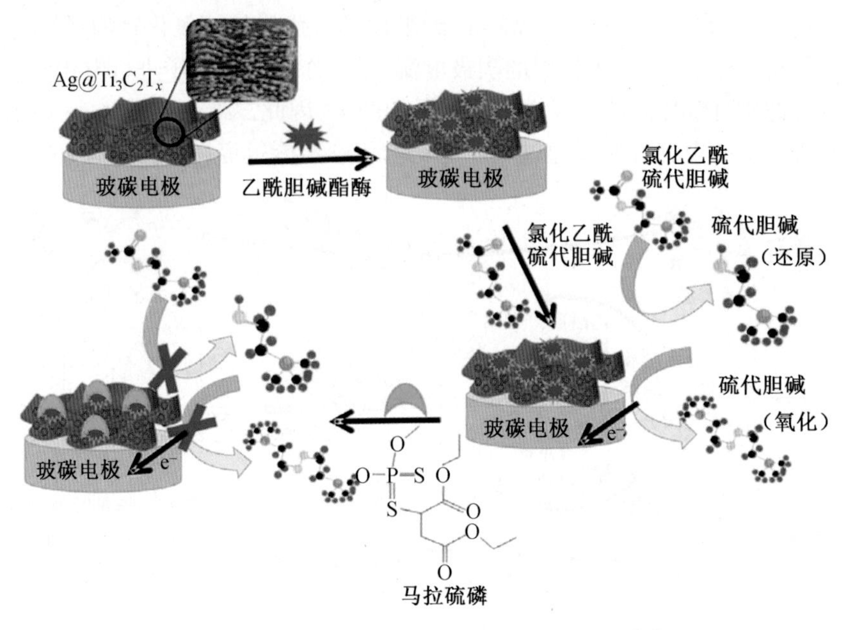

图 6.22　Ag@ $Ti_3C_2T_x$ 纳米复合材料的检测机理[60]

制备的 AChE/CS-$Ti_3C_2T_x$/GCE 纳米复合材料在-0.2～0.6 V电位范围内具有明显的氧化还原峰。与裸电极和酶基电极相比，CS-$Ti_3C_2T_x$ 纳米复合材料具有最高的峰值电流，可能是 CS-$Ti_3C_2T_x$ 具有更好的电导率和更高的电催化活性的原因，加速了电子速率的转移，并促进了氧化还原探针和电解质电池之间转移的电子。但是 AChE 是在 CS-$Ti_3C_2T_x$/GCE 生物传感器上制造的，峰值电流略有降低，这表明该生物传感器具有酶的绝缘性质，不能在 AChE 分子和电极之间传递电子。使用 Randles-Sevicik 方程评估电极的电活性表面，CS-$Ti_3C_2T_x$/GCE 纳米复合材料的有效表面积为 0.094 cm^2，与其他电极相比，它具有很大的有效表面积。界面特性由 EIS 测量执行。该结果表明，与裸 GCE 相比，CS-$Ti_3C_2T_x$/GCE 纳米复合材料具有非常小的电子转移电阻(Rct)，说明纳米复合材料加速了电子从电极的转移。当马拉硫磷浓度增加时，ATCl(氯化乙酰胆碱)的水解反应停止，然后在较低浓度下产生 TCh(巯基胆碱)，这是差分脉冲伏安法(DPV)测量中氧化电流较低的原因。此处，检测限为 0.3×10^{-14}mol/L。

除了 AChE 传感器外，免疫传感器也可用于检测有机磷农药，比如以抗原(ATG)和抗体(Ab)的特异性识别能力为特征的电化学免疫传感器可用于检测甲基对硫磷(PTM)。Su 等[62]引入自组装的 MXene/Au 作为信号探针，将亚甲基蓝(MB)和抗原吸附在 MXene/Au 上，形成 MXene/Au/MB/ATG 对 PTM 灵敏的比率型免疫传感器(图 6.23)。高导电性的 Au 纳米粒子为抗原和抗体的固定提供了大量活性位点，使得 MXene/Au/MB-ATG 探针竞争性地结合抗体与 PTM，不仅能加速免疫反应，还增加了抗干扰能力。这种传感器减少了免疫时间消耗，同时提供强大的比率信号，PTM 水平与传感器读数之间的对数线性关系建立在 0.02～38 ng/mL 中，检出限为 0.01 ng/mL。

Song 等[63]报道了通过使用 MOF 衍生的 MnO_2/Mn_3O_4 微立方体(具有分级有序的纳米片和 Ti_3C_2MXene/Au NP 复合材料)电化学检测农药(甲胺磷)，MXene 通过常规方法制备(图 6.24)。

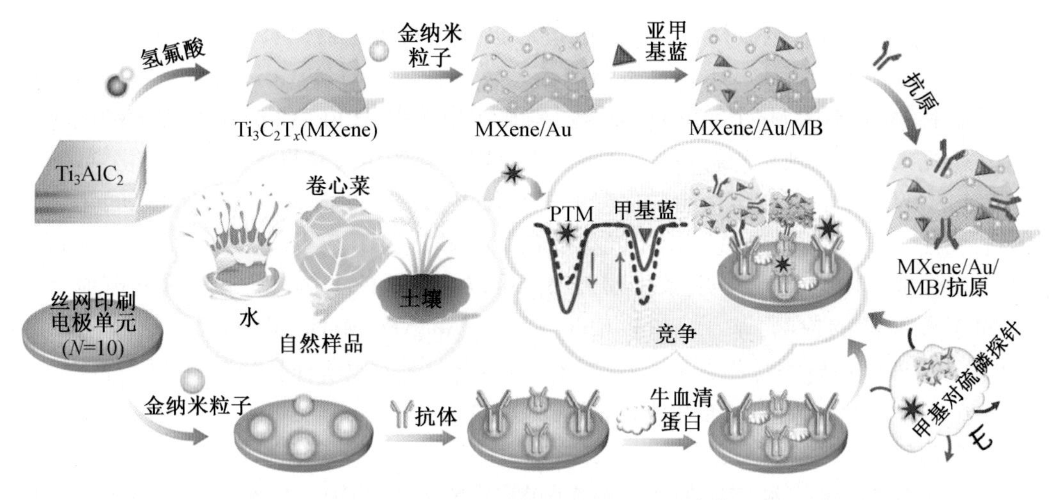

图 6.23　双电场免疫传感器示意图[62]

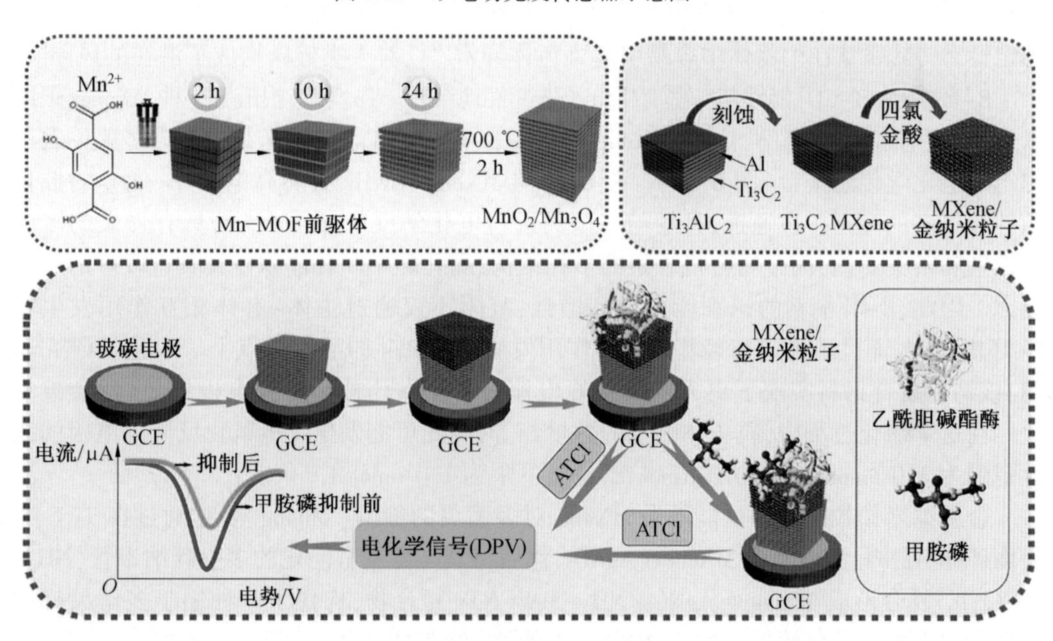

图 6.24　传感器过程示意图[63]

采用铸造法制备了 AChE Chit/MXene/Au NPs/MnO_2/Mn_3O_4/GCE 纳米复合材料。结果表明，插入的银/金纳米颗粒可以调节生物传感器应用的电导率和电化学性能。因此，这是第一次将高导电 MOF 衍生的 MnO_2/Mn_3O_4 纳米复合材料与这种类型的 MXene/Au NPs 基纳米复合材料相结合。通过溶剂热法在不同时间制备了层状 MOF 基 MnO_2/Mn_3O_4 复合材料，没有使用表面活性剂。不同修饰电极的奈奎斯特图证实 MXene/Au NP 和 MOF 衍生的 MnO_2/Mn_3O_4 的混合物被用作良好的电极材料，这表明它可以加速电化学反应中的电子转移（即在 12 Ω 下获得 Rct 值），具有优异的导电性。然后，制备灭活的 AChE，Rct 明显增加。表明 AChE 成功制造。研究人员使用不同的方式优化了生物传感器，例如将 AChE 作为生物识别元件探索 MXene/Au NP 的最优浓度和使用 MOF 基的

MnO_2/Mn_3O_4 纳米复合电极材料。上述改进对提高生物传感器的性能起了重要的作用，因为这些因素的值增加或减少会直接影响传感器的性能。对 ATCl 进行分析，MXene/Au 纳米粒子和 MOF 基的 MnO_2/Mn_3O_4 复合材料显示出比裸 AChE-Chit/GCE 更大的电化学响应。研究人员对该现象的解释是，这是由于不同材料的组合获得了良好的电化学结果。当 ATCl 的量增加时，氧化电流会随之降低。氧化电流的中间值和 ATCl 的量之间达到了良好的线性关系。此外，通过使用不同浓度的甲胺磷进行 DPV 测量，研究了这种传感器的电化学性能。DPV 结果表明，该生物传感器可以在较低的工作电压和较高的电流下工作。对于甲胺磷的检测，基于 AChE Chit/MXene/Au NPs/MnO_2/Mn_3O_4/GCE，检测限为 1.34×10^{-13}，该生物传感器具有优异的选择性、稳定性，并在真实样品分析中进行了测试，这是一种在环境条件下使用的优良生物传感器(图 6.23)。

2. 多菌灵

多菌灵(CBZ)是一种广谱苯并咪唑杀菌剂，一般用于叶面处理、种子处理和土壤处理预防和治疗真菌引起的各种作物疾病[64]。多菌灵可以在周围环境中长时间保持其化学稳定性[65]，其残基在生物体中容易引起染色体异常[66]，对人类健康构成了潜在的风险。

β-环糊精(β-CD)能够与一些有机分子选择性地结合。Tu 等[67]报道了一种 MXene/碳纳米角/β-环糊精/金属有机骨架(MXene-CNHs/β-CD/MOFs)的纳米结构作为多菌灵农药测定的电化学传感平台(图 6.25)。层状结构 MXene-CNHs 具有高电导率、优异的催化活性和更多的离子扩散通道，且易与多菌灵进行电化学反应，β-环糊精具有强大的多菌灵识别和富集功能，而金属有机骨架的多孔结构、高孔隙率和孔体积使其具有较好的吸附能力。因此，β-环糊精的识别能力得到增强，吸附不仅通过主体-客体相互作用发生在β-环糊精中，而且还通过与羟基的氢键作用发生在 MOFs 的活性位点上。电化学研究表明，该纳米复合材料实现了更大的氧化峰电流。一旦农药被添加到电极中，它就会被氧化。在这个氧化过程中，质子和电子的数量相等，因此可能发生了电氧化反应。电极的线性范围为 3.0 nmol/L 到 10.0 μmol/L，检测下限为 1.0 nmol/L。

金属纳米颗粒的修饰也能增强 MXene 对多菌灵的检测。Zhong 等[68]通过在 $Ti_3C_2T_x$ 表面还原 $AgNO_3$ 溶液制备 MXene@ AgNCs，然后将其与氨基官能化的多壁碳纳米管(NH_2-MWCNTs)复合形成 MXene@ AgNCs/NH_2-MWCNTs 复合物，构建了一种用于多菌灵检测的新型比率电化学传感器。嵌入 MXene 中的 Ag 纳米团簇不仅可以抑制 MXene 薄片的聚集，同时可以作为比率电化学检测器的内部参考探针。而NH_2-MWCNTs 的引入可以进一步改善多菌灵和 Ag 的电化学信号，提高灵敏度。传感器在 I_{CBZ}/I_{AgNCs} 和多菌灵浓度为 0.3 nmol/L～10 μmol/L 范围之间表现出良好的线性关系，检测下限为0.1 nmol/L。

Xie 等[69]提出了一种可用于电化学检测农药多菌灵的电极材料，通过简易的电化学沉积方法制备了 $Ti_3C_2T_x$ MXene 和电化学还原氧化石墨烯(ErGO)的复合材料，一方面保留了 MXene 的高电导率和大比表面积的优点，另一方面提升了电催化活性(图6.26)。ErGO 导电网络结构紧密连接 $Ti_3C_2T_x$ 的分离层及颗粒，改善了 $Ti_3C_2T_x$ 层与不同 $Ti_3C_2T_x$ 颗粒之间的电子电导率。而 $Ti_3C_2T_x$ 颗粒阻碍了 ErGO 片状材料的团聚，从而大大提高了复合材料的电催化活性。最终，该 MXene/ErGO 传感器表现出对多菌灵的高灵敏度检测，具有 2.0～10.0 μmol/L 的宽线性范围和 0.67 nmol/L 的低检出限。

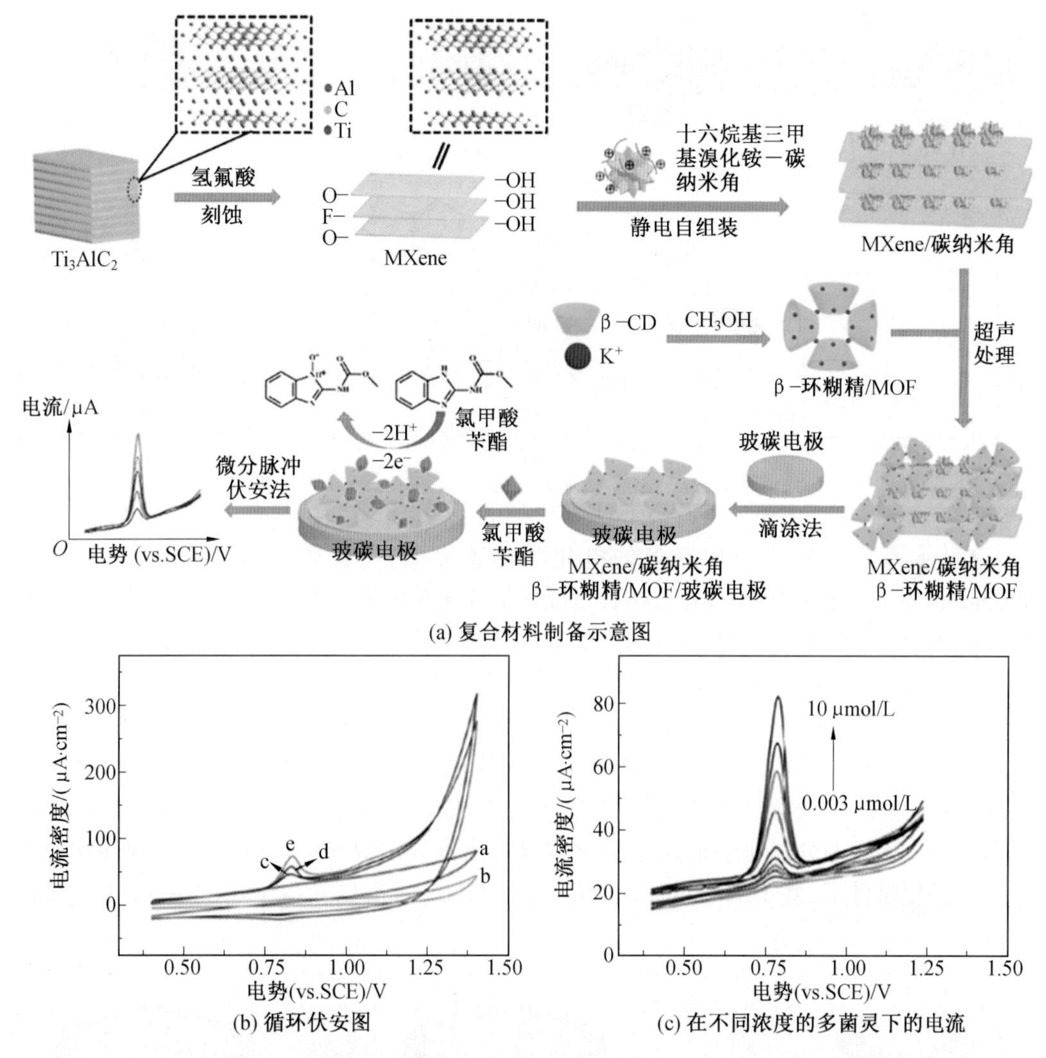

图 6.25　MXene/碳纳米角(CNHs)/β-CD/MOFs 农药传感器[67]

3. 其他农药

噻菌灵(TBZ)是一种苯并咪唑杀菌剂,已被广泛用于保持果蔬的新鲜以及控制作物由真菌引起的疾病。TBZ 具有良好稳定性,能够在正常环境条件下长期稳定存在,从而带来诸多环境问题。

Zhong 等[70]基于 Cu^{2+}和噻菌灵的络合,设计了具有异质结的 $Ti_3C_2T_x$-TiO_2 电化学传感平台用于噻菌灵检测。$Ti_3C_2T_x$-TiO_2 异质结构具有大的比表面积和丰富的带负电荷的表面官能团有利于 Cu^{2+}的吸附。噻菌灵可以诱导电活性 Cu^{2+}转化为非电活性的 Cu^{2+}-TBZ 络合物,导致电化学氧化电流信号大幅下降。作者通过差分脉冲阳极溶出伏安法在 $Ti_3C_2T_x$-TiO_2 修饰电极上发现 Cu^{2+}的强阳极剥离峰信号,间接检测噻菌灵的存在,检测浓度低至 0.1 nmol/L。而在实际样品检测中,该电化学传感器具有出色的抗干扰性、良好的重现性和高稳定性。

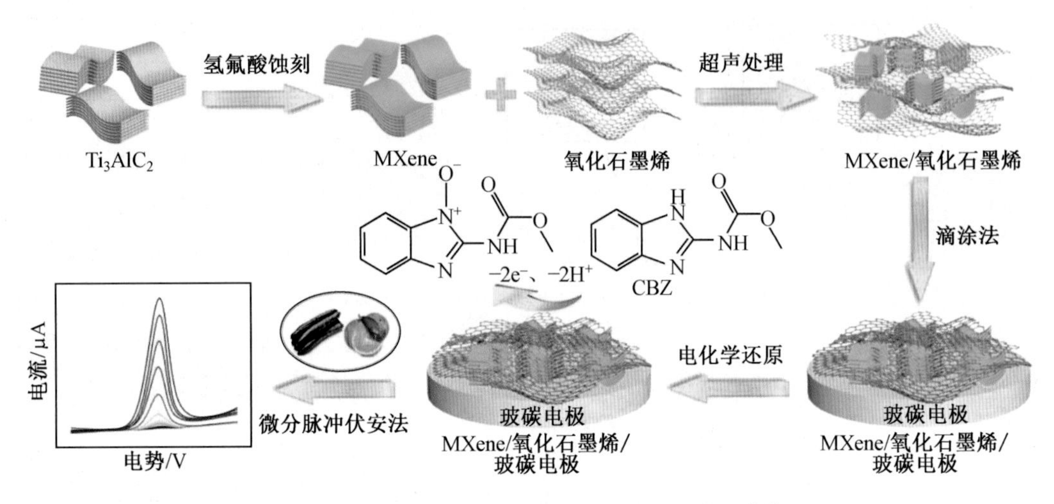

图 6.26　MXene/ErGO/GCE 的制备及传感策略[69]

Zhang 等[71]开发了一种新型的电化学传感界面，将纳米多孔金(NPG)，$Ti_3C_2T_x$ MXene 和分子印迹聚合物(MIPs)结合形成电极检测噻菌灵(图 6.27)。MIPs 不仅可以忍受温度和 pH 的变化，而且还具有物理稳健性、低成本和易于制备的优点，NPG 拥有大量的活性位点，优异的导电性，良好的稳定性，出色的耐腐蚀性。NPG 在金电极(GE)上沉积形成具有大量吸附位点的 NPG/GE 独特的多孔结构，为固定 $Ti_3C_2T_x$ MXene 提供了良好的平台。两种具有协同效应的纳米材料的异质成分促进了传感信号的放大并增强了灵敏度。通过一步电聚合将 MIPs 引入上述结构上，以提高用于 TBZ 测定的电化学传感器的选择性。构建的分子印迹电化学传感器显示出优异的灵敏度、选择性、重现性和稳定性。在优化条件下，基于 TBZ 浓度从 1 μmol/L 到 80 μmol/L，获得了 0.23 μmol/L 的低检出限。

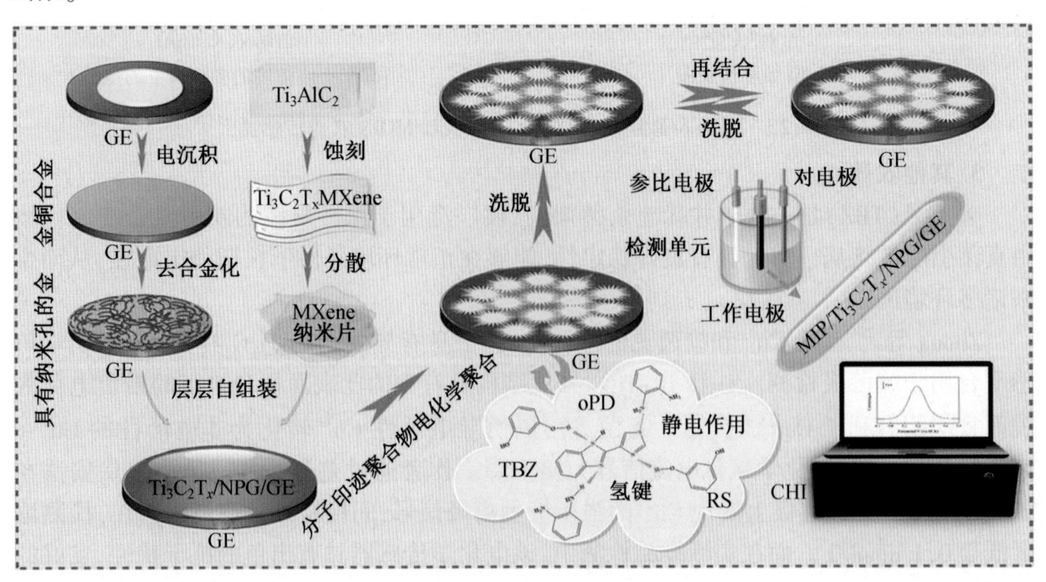

图 6.27　MIP/$Ti_3C_2T_x$/NPG/GE 的过程图和识别原理[71]

萘乙酸(NAA)是一种萘衍生的植物生长调节剂,它能增加农作物的蛋白质和脂肪含量,但也能残留在农作物体内,对人类健康造成不良影响。Zhu 等[72]提出了一种利用二维磷烯(BP)纳米杂化物与 $Ti_3C_2T_x$ MXene 复合制备的纳米酶柔性电极,通过机器学习(ML)对农田环境和农产品中的植物调节剂 α-萘乙酸残留进行智能超痕量分析的新策略。使用带有无线智能系统的便携式电化学微型工作站通过线性扫描伏安法(LSV)检测萘乙酸,在 0.02 ~ 40 μmol/L 的宽线性范围内表现出优异的电化学响应,最低检出限为1.6 nmol/L。

总结与展望

二维 MXene 材料具有独特的层状结构、较大的比表面积、优良的导电性能和丰富的表面官能团等优势,是一类极具潜力的传感材料,近年来开始被广泛应用于传感领域。本章主要阐述了 MXene 基复合材料在传感器领域中的应用,通过对 MXene 进行功能化处理或者负载纳米材料等诸多手段形成 MXene 基复合材料,对一些气体(NH_3、NO_2 和 VOCs 等)、重金属离子和农药等污染物表现出卓越的传感性能。

尽管如此,MXene 基传感器仍存在诸多挑战。首先,MXene 稳定性的问题。MXene 二维结构由于表面能较大,易于堆叠和团聚,影响其作为传感材料的性能。因此,开发新型、高效且绿色的制备方法或采用有效的策略对 MXene 进行改性,不仅可以保证二维层状结构的稳定性,而且能够提升材料物化性质,进而提升传感性能。其次,MXene 对许多气体都具有强吸附能力,因此存在交叉干扰问题,这对气敏性能非常不利,容易造成对气体的错误识别。如何提升 MXene 基传感器的选择性还有待深入研究。最后,MXene 的传感机理尚未研究透彻,目前主要归因于 MXene 较好的表面吸附能力和优秀的电子传输能力,而 MXene 多与半导体材料进行复合形成二元乃至三元材料,因此传感机理更为复杂。今后,可以借助理论模拟计算和实验相结合的手段,协助探究 MXene 基传感器的作用机制。

参考文献

[1] YANG Zijie, LV Siyuan, ZHANG Yueying, et al. Self-assembly 3D porous crumpled MXene spheres as efficient gas and pressure sensing material for transient all-MXene sensors[J]. Nano-Micro Letters, 2022, 14(1): 14.

[2] YANG Zijie, ZOU Hongshuai, ZHANG Yueying, et al. The Introduction of defects in $Ti_3C_2T_x$ and $Ti_3C_2T_x$-assisted reduction of graphene oxide for highly selective detection of ppb-level NO_2[J]. Advanced Functional Materials, 2022, 32(15): 10.

[3] HOU Ming, GAO Jiyun, YANG Li, et al. Room temperature gas sensing under UV light irradiation for $Ti_3C_2T_x$ MXene derived lamellar TiO_2-C/g-C_3N_4 composites[J]. Applied Surface Science, 2021, 535: 9.

[4] SUN Shibin, WANG Mingwei, CHANG Xueting, et al. $W_{18}O_{49}$/$Ti_3C_2T_x$ MXene nanocom-

posites for highly sensitive acetone gas sensor with low detection limit[J]. Sensors and Actuators B: Chemical, 2020, 304: 12.

[5] XU Qikun, ZONG Boyang, LI Qiuju, et al. H_2S sensing under various humidity conditions with Ag nanoparticle functionalized $Ti_3C_2T_x$ MXene field-effect transistors[J]. Journal of Hazardous Materials, 2022, 424: 13.

[6] LEE E, MOHAMMADI A V, PROROK B C, et al. Room temperature gas sensing of two-dimensional titanium carbide(MXene)[J]. ACS Applied Materials & Interfaces, 2017, 9(42): 37184-37190.

[7] WU Meng, HE Meng, HU Qianku, et al. Ti_3C_2 MXene-based sensors with high selectivity for NH_3 detection at room temperature[J]. ACS Sensors, 2019, 4(10): 2763-2770.

[8] YANG Zijie, LIU Ao, WANG Caileng, et al. Improvement of gas and humidity sensing properties of organ-like MXene by alkaline treatment[J]. ACS Sensors, 2019, 4(5): 1261-1269.

[9] ZHANG Dongzhi, YU Sujing, WANG Xingwei, et al. UV illumination-enhanced ultrasensitive ammonia gas sensor based on (001) TiO_2/MXene heterostructure for food spoilage detection[J]. Journal of Hazardous Materials, 2022, 423: 127160.

[10] TAI Huiling, DUAN Zaihua, HE Zaizhou, et al. Enhanced ammonia response of $Ti_3C_2T_x$ nanosheets supported by TiO_2 nanoparticles at room temperature [J]. Sensors and Actuators B:Chemical, 2019, 298:1233.

[11] GUO Xuezheng, DING Yanqiao, KUANG Delin, et al. Enhanced ammonia sensing performance based on MXene-$Ti_3C_2T_x$ multilayer nanoflakes functionalized by tungsten trioxide nanoparticles[J]. Journal of Colloid and Interface Science, 2021, 5956.

[12] HE Tingting, LIU Wei, LV Tan, et al. MXene/SnO_2 heterojunction based chemical gas sensors[J]. Sensors and Actuators B: Chemical, 2021, 329:129275.

[13] LI Xian, XU Jianlong, JIANG Yadong, et al. Toward agricultural ammonia volatilization monitoring: A flexible polyaniline/$Ti_3C_2T_x$ hybrid sensitive films based gas sensor[J]. Sensors and Actuators B: Chemical, 2020, 316:2231.

[14] WANG Si, LIU Bohao, DUAN Zaihua, et al. PANI nanofibers-supported Nb_2CT_x nanosheets-enabled selective NH_3 detection driven by TENG at room temperature[J]. Sensors and Actuators B: Chemical, 2021, 327:2150.

[15] JIN Ling, WU Chenglong, WEI Kang, et al. Polymeric $Ti_3C_2T_x$ MXene composites for room temperature ammonia sensing[J]. ACS Applied Nano Materials, 2020, 3(12): 12071-12079.

[16] ZHAO Lianjia, ZHENG Yiqiang, WANG Kang, et al. Highly stable cross-linked cationic polyacrylamide/$Ti_3C_2T_x$ MXene nanocomposites for flexible ammonia-recognition devices [J]. Advanced Materials Technologies, 2020, 5(7):110-115.

[17] LEE S H, EOM W, SHIN H, et al. Room-temperature, highly durable $Ti_3C_2T_x$ MXene/

graphene hybrid fibers for NH_3 Gas sensing[J]. ACS Applied Materials & Interfaces, 2020, 12(9): 10434-10442.

[18] XIAO Bo, LI Yanchun, YU Xuefang, et al. MXenes: reusable materials for NH_3 sensor or capturer by controlling the charge injection[J]. Sensors and Actuators B: Chemical, 2016, 23:235103-235109.

[19] WU Meng, AN Yipeng, YANG Ru, et al. V_2CT_x and $Ti_3C_2T_x$ MXenes nanosheets for gas sensing[J]. ACS Applied Nano Materials, 2021, 4(6): 6257-6268.

[20] ZHANG Yajie, JIANG Yadong, DUAN Zaihua, et al. Highly sensitive and selective NO_2 sensor of alkalized V_2CT_x MXene driven by interlayer swelling[J]. Sensors and Actuators B: Chemical, 2021, 344:221-236.

[21] YANG Zijie, JIANG Li, WANG Jing, et al. Flexible resistive NO_2 gas sensor of three-dimensional crumpled MXene $Ti_3C_2T_x$/ZnO spheres for room temperature application[J]. Sensors and Actuators B: Chemical, 2021, 326:145-156.

[22] CHOI J, KIM Y J, CHO S Y, et al. In Situ formation of multiple schottky barriers in a Ti_3C_2 MXene film and its application in highly sensitive gas sensors[J]. Advanced Functional Materials, 2020, 30(40):223-231.

[23] GUO Fuqiang, FENG Cheng, ZHANG Zheng, et al. A room-temperature NO_2 sensor based on $Ti_3C_2T_x$ MXene modified with sphere-like CuO[J]. Sensors and Actuators B: Chemical, 2023, 375:1423-129.

[24] CHEN Tianding, YAN Wenhao, WANG Ying, et al. SnS_2/MXene derived TiO_2 hybrid for ultra-fast room temperature NO_2 gas sensing[J]. Journal of Materials Chemistry C, 2021, 9(23): 7407-7416.

[25] KAMPA M, CASTANAS E. Human health effects of air pollution[J]. Environmental Pollution, 2008, 151(2): 362-367.

[26] CHAN L W, ANAHTAR M N, ONG T H, et al. Engineering synthetic breath biomarkers for respiratory disease[J]. Nature Nanotechnology, 2020, 15(9): 792.

[27] KIM S J, CHOI S J, JANG J S, et al. Mesoporous WO_3 nanofibers with protein-templated nanoscale catalysts for detection of trace biomarkers in exhaled breath[J]. ACS Nano, 2016, 10(6): 5891-5899.

[28] POTYRAILO R A, BONAM R K, HARTLEY J G, et al. Towards outperforming conventional sensor arrays with fabricated individual photonic vapour sensors inspired by morpho butterflies[J]. Nature Communications, 2015, 6: 12.

[29] LI Dongsheng, LIU Guang, ZHANG Qian, et al. Virtual sensor array based on MXene for selective detections of VOCs[J]. Sensors and Actuators B-Chemical, 2021, 331: 9.

[30] LI Dongsheng, XIE Zihao, QU Mengjiao, et al. Virtual Sensor array based on butterworth-van dyke equivalent model of QCM for selective detection of volatile organic compounds[J]. Acs Applied Materials & Interfaces, 2021, 13(39): 47043-47051.

[31] SHUVO S N GOMEZ A M U, MISHRA A, et al. Sulfur-doped titanium carbide MXenes

for room-temperature gas sensing[J]. ACS Sensors, 2020, 5(9): 2915-2924.

[32] GUO Wenzhe, SURYA S G, BABAR V, et al. Selective toluene detection with Mo_2CT_x MXene at room temperature[J]. ACS Applied Materials & Interfaces, 2020, 12(51): 57218-57227.

[33] TANG Yanting, XU Yanling, YANG Jinzheng, et al. Stretchable and wearable conductometric VOC sensors based on microstructured MXene/polyurethane core-sheath fibers[J]. Sensors and Actuators B-Chemical, 2021, 346: 9.

[34] MARTIN-YERGA D, ALVAREZ-MARTOS I, CARMEN BLANCO-LOPEZ M, et al. Point-of-need simultaneous electrochemical detection of lead and cadmium using low-cost stencil-printed transparency electrodes[J]. Analytica Chimica Acta, 2017, 981: 24-33.

[35] YAQUB A, SHAFIQ Q, KHAN A R, et al. Recent advances in the adsorptive remediation of wastewater using two-dimensional transition metal carbides(MXenes): a review[J]. New Journal of Chemistry, 2021, 45(22): 9721-9742.

[36] ZHAO Jiabao, WEN Jing, XIAO Junpeng, et al. Nb_2CT_x MXene: high capacity and ultra-long cycle capability for lithium-ion battery by regulation of functional groups[J]. Journal of Energy Chemistry, 2021, 53: 387-395.

[37] ANASORI B, XIE Yu, BEIDAGHI M, et al. Two-dimensional, ordered, double transitionmetals carbides(MXenes)[J]. ACS Nano, 2015, 9(10): 9507-9516.

[38] CHEN Yuanyuan, ZHAO Peng, HU Zhikun, et al. Amino-functionalized multilayer $Ti_3C_2T_x$ enabled electrochemical sensor for simultaneous determination of Cd^{2+} and Pb^{2+} in food samples[J]. Food Chemistry, 2023, 402: 8.

[39] ZHU Xiaolei, LIU Bingchuan, HOU Huijie, et al. Alkaline intercalation of Ti_3C_2 MXene for simultaneous electrochemical detection of Cd(Ⅱ): Pb(Ⅱ): Cu(Ⅱ) and Hg(Ⅱ)[J]. Electrochimica Acta, 2017, 248: 46-57.

[40] ZHU Xiaolei, LIU Bingchuan, LI Ling, et al. A micromilled microgrid sensor with delaminated MXene-bismuth nanocomposite assembly for simultaneous electrochemical detection of lead(Ⅱ): cadmium(Ⅱ) and zinc(Ⅱ)[J]. Microchimica Acta, 2019, 186(12): 7.

[41] ZHANG Xiao, AN Dong, BI Zhaoshun, et al. Ti_3C_2-MXene@N-doped carbon heterostructure-based electrochemical sensor for simultaneous detection of heavy metals[J]. Journal of Electroanalytical Chemistry, 2022, 911: 12.

[42] WEN Li, DONG Jiangbo, YANG Huisi, et al. A novel electrochemical sensor for simultaneous detection of Cd^{2+} and Pb^{2+} by MXene aerogel-CuO/carbon cloth flexible electrode based on oxygen vacancy and bismuth film[J]. Science of the Total Environment, 2022, 851: 9.

[43] MCNUTT M. Mercury and Health[J]. Science, 2013, 341(6153): 1430-1430.

[44] XU Mingdi, GAO Zhuangqiang, WEI Qiaohua, et al. Label-free hairpin DNA-scaffolded silver nanoclusters for fluorescent detection of Hg^{2+} using exonuclease Ⅲ-assisted target

recycling amplification[J]. Biosensors & Bioelectronics, 2016, 79: 411-415.

[45] HAO Sibei, LIU Chengbin, CHEN Xiaoyan, et al. $Ti_3C_2T_x$ MXene sensor for rapid Hg^{2+} analysis in high salinity environment[J]. Journal of Hazardous Materials, 2021, 418: 8.

[46] JIANG Qianqian, WANG Hengjia, WEI Xiaoqian, et al. Efficient $BiVO_4$ photoanode decorated with $Ti_3C_2T_x$ MXene for enhanced photoelectrochemical sensing of Hg(Ⅱ) ion [J]. Analytica Chimica Acta, 2020, 1119: 11-17.

[47] HUI Xue, SHARIFUZZAMAN M, SHARMA S, et al. High-performance flexible electrochemical heavy metal sensor based on Layer-by-Layer assembly of $Ti_3C_2T_x$/MWNTs nanocomposites for noninvasive detection of copper and Zinc Ions in human biofluids[J]. Acs Applied Materials & Interfaces, 2020, 12(43): 48928-48937.

[48] XUE Qi, ZHANG Huijie, ZHU Minshen, et al. Photoluminescent Ti_3C_2 MXene quantum dots for multicolor cellular imaging[J]. Advanced Materials, 2017, 29(15): 6.

[49] LIU Chengbin, WEI Xiaojie, HAO Sibei, et al. Label-free, fast response, and simply operated silver ion detection with a $Ti_3C_2T_x$ MXene field-effect transistor[J]. Analytical Chemistry, 2021, 93(22): 8010-8018.

[50] LU Donglai, WANG Jun, WANG Limin, et al. A Novel nanoparticle-based disposable electrochemical immunosensor for diagnosis of exposure to toxic organophosphorus agents [J]. Advanced Functional Materials, 2011, 21(22): 4371-4378.

[51] LECHENET M, DESSAINT F, PY G, et al. Reducing pesticide use while preserving crop productivity and profitability on arable farms[J]. Nature Plants, 2017, 3(3): 6.

[52] PUNDIR C S, CHAUHAN N. Acetylcholinesterase inhibition-based biosensors for pesticide determination: a review[J]. Analytical Biochemistry, 2012, 429(1): 19-31.

[53] KARADURMUS L, CETINKAYA A, KAYA S Irem, et al. Recent trends on electrochemical carbon-based nanosensors for sensitive assay of pesticides[J]. Trends in Environmental Analytical Chemistry, 2022, 34: 11.

[54] ISHAG A E S A, ABDELBAGI A O, HAMMAD A M A, et al. Biodegradation of chlorpyrifos, malathion, and dimethoate by three strains of bacteria isolated from pesticide-polluted soils in sudan[J]. Journal of Agricultural and Food Chemistry, 2016, 64(45): 8491-8498.

[55] SONGA E A, OKONKWO J O. Recent approaches to improving selectivity and sensitivity of enzyme-based biosensors for organophosphorus pesticides: a review[J]. Talanta, 2016, 155: 289-304.

[56] ZHOU Liya, ZHANG Xiaoning, MA Li, et al. Acetylcholinesterase/chitosan-transition metal carbides nanocomposites-based biosensor for the organophosphate pesticides detection[J]. Biochemical Engineering Journal, 2017, 128: 243-249.

[57] MALAKI M, MALEKI A, VARMA R S. MXenes and ultrasonication[J]. Journal of Materials Chemistry A, 2019, 7(18): 10843-10857.

[58] LI Ke, LIANG Meiying, WANG Hao, et al. 3D MXene architectures for efficient energy

storage and conversion[J]. Advanced Functional Materials, 2020, 30(47): 22.

[59] YU Lei, CHANG Jiafu, ZHUANG Xinyu, et al. Two-dimensional cobalt-doped Ti_3C_2 MXene nanozyme-mediated homogeneous electrochemical strategy for pesticides assay based on in situ generation of electroactive substances[J]. Analytical Chemistry, 2022, 94(8): 3669-3676.

[60] JIANG Yanjun, ZHANG Xiaoning, PEI Lijuan, et al. Silver nanoparticles modified two-dimensional transition metal carbides as nanocarriers to fabricate acetycholinesterase-based electrochemical biosensor [J]. Chemical Engineering Journal, 2018, 339: 547-556.

[61] ZHAO Fengnian, YAO Yao, JIANG Chengmei, et al. Self-reduction bimetallic nanoparticles on ultrathin MXene nanosheets as functional platform for pesticide sensing [J]. Journal of Hazardous Materials, 2020, 384: 7.

[62] SU Xiaoyu, WANG Huan, WANG Chengquan, et al. Programmable dual-electric-field immunosensor using MXene-Au-based competitive signal probe for natural parathion-methyl detection[J]. Biosensors & Bioelectronics, 2022, 214: 9.

[63] SONG Dandan, JIANG Xinyu, LI Yanshan, et al. Metal-organic frameworks-derived MnO_2/Mn_3O_4 microcuboids with hierarchically ordered nanosheets and Ti_3C_2 MXene/Au NPs composites for electrochemical pesticide detection [J]. Journal of Hazardous Materials, 2019, 373: 367-376.

[64] YANG Yue, XING Xinxin, ZOU Tong, et al. A novel and sensitive ratiometric fluorescence assay for carbendazim based on N-doped carbon quantum dots and gold nanocluster nanohybrid[J]. Journal of Hazardous Materials, 2020, 386: 10.

[65] TIEN SONG HIEP P, FU L, MAHON P, et al. Fabrication of beta-cyclodextrin-functionalized reduced graphene oxide and its application for electrocatalytic detection of carbendazim[J]. Electrocatalysis, 2016, 7(5): 411-419.

[66] WANG Kaiqiang, SUN DaWen, PU Hongbin, et al. A rapid dual-channel readout approach for sensing carbendazim with 4-aminobenzenethiol-functionalized core-shell Au@ Ag nanoparticles[J]. Analyst, 2020, 145(5): 1801-1809.

[67] TU Xiaolong, GAO Feng, MA Xue, et al. Mxene/carbon nanohorn/beta-cyclodextrin-Metal-organic frameworks as high-performance electrochemical sensing platform for sensitive detection of carbendazim pesticide[J]. Journal of Hazardous Materials, 2020, 396: 9.

[68] ZHONG Wei, GAO Feng, ZOU Jin, et al. MXene@ Ag-basedratiometric electrochemical sensing strategy for effective detection of carbendazim in vegetable samples[J]. Food Chemistry, 2021, 360: 7.

[69] XIE Yu, GAO Feng, TU Xiaolong, et al. Facile synthesis of MXene/Electrochemically reduced graphene oxide composites and their application for electrochemical sensing of carbendazim [J]. Journal of the Electrochemical Society, 2019, 166 (16):

B1673-B1680.

[70] ZHONG Wei, ZOU Jin, YU Qi, et al. Ultrasensitive indirect electrochemical sensing of thiabendazole in fruit and water by the anodic stripping voltammetry of Cu^{2+} with hierarchical $Ti_3C_2T_x$-TiO_2 for signal amplification[J]. Food Chemistry, 2023, 402: 8.

[71] ZHANG Bo, CHEN Qijie, LIU Dongmin, et al. Heterogeneous sensitization from nanoporous gold and titanium carbide (MXene) combining with molecularly imprinted polymers for highly sensitive and specific sensing detection of thiabendazole[J]. Sensors and Actuators B-Chemical, 2022, 367: 9.

[72] ZHU Xiaoyu, LIN Lei, WU Ruimei, et al. Portable wireless intelligent sensing of ultra-trace phytoregulator alpha-naphthalene acetic acid using self-assembled phosphorene/ Ti_3C_2-MXene nanohybrid with high ambient stability on laser induced porous graphene as nanozyme flexible electrode[J]. Biosensors & Bioelectronics, 2021, 179: 9.

第7章　MXene的生物医学应用

随着石墨烯材料变得越来越热门,二维材料领域引起了科学家们的广泛关注。因此,MXenes材料得到了快速的发展。具有结构和化学多功能性的二维材料因其光子、机械、电子、磁性和催化特性而引起了科学界的广泛兴趣,这些特性与大块材料相比具有卓越和显著的优势。石墨烯的巨大成功是现代科学史上的一个突破,它在材料、能源环境科学、催化、传感器和生物医学等领域引发了许多令人兴奋的发现。MXenes是一种新型的二维过渡金属碳化物和氮化物家族,一般是通过使用氢氟酸等将A元素从MAX相($M_{n+1}AX_n$)中刻蚀而合成的,其中M为前过渡元素,A为A族元素,X为碳或氮,具有独特的超薄层状结构以及良好的的电子、光学、磁性、机械和生物特性。这些优异的性能也使其在生物医学方面具有极大的潜力,包括再生医学、感染治疗、生物传感以及生物安全性等,并且揭示了许多新的基础科学的发现。

MXenes的历史始于2011年,Gogotsi的团队从Ti_3AlC_2MAX相剥落合成了二维层状$Ti_3C_2T_x$。初始的合成方法是基于弱Ti—Al金属键概念化的。这样可以很容易地从Ti_3AlC_2MAX相中去除Al原子,例如AlF_3,随后通过简单的清洗去除,从而形成多层手风琴状结构。这种刻蚀工艺被广泛应用于合成不同的MXenes,并在实际应用中优化了刻蚀时间和HF浓度等参数。由于处理过程中的高风险和HF的腐蚀性,已概念化了几种低风险替代方法。其中一些方法涉及化学制品,如NH_4HF_2、HCl/FeF_3、HCl/LiF、HCl/NaF、HCl/KF、$HCl/NH_4F/KF$和HCl/NH_4F,它们可以作为氟离子的原位来源,并在很大程度上提高操作安全性。如今,已经研发出一种新的、更安全的无氟合成方法作为MXene合成途径,以及许多创新的自上而下的合成路线,如电化学刻蚀[1]、热辅助电化学方法[2]、NaOH[3]和KOH溶液中的水热处理[4]、通过与Lewis酸熔盐反应进行元素置换[5]、引入盐模板方法[6]等。MXenes被发现适用于抗癌和药物递送、抗菌剂、光热疗法、生物传感器和组织工程等应用。然而,即使对MXene进行了深入的研究,这些材料的优异性能仍然不能满足各种生物医学应用的所有要求。为了赋予新功能并提高性能,人们对MXenes进行了功能化,并对其表面进行了修饰。最近,MXenes的功能修饰,MXene与3D[7]、2D[8]、1D[9]、0D[10]和聚合物材料[11]的结合,以及共价和非共价修饰,为生物医学应用的功能需求开辟了新的视野。有学者用硫[12]、磷[13]和氮[14]等杂原子对MXenes进行修饰,以生成功能性MXene。除此之外,通过掺杂硼[15]、铂[16]、铌[17]、硅和锗[18]、钒[19]以及碱金属和碱土金属阳离子[20],合成了性能增强的MXenes。作为生物医学应用的理想生物材料,MXenes及其复合材料可以设计成具有不同物理、机械或化学性质的材料[21],并且必须与生理环境相兼容,具有可靠的机械强度、可降解性和克服生物排斥的能力[22]。尽管人们对其研究较少,但一些MXenes及其复合物已被证明具有生物相容性,对生物体无毒[23],而诸如碳化铌等MXene已被证明在小鼠体内可生物降解[24],因此具有体内应用前景。

MXenes具有一些独特的电子、光学、机械和生物特性,使其特别适合作为多用途生物医学应用的替代生物材料。例如:①由于具有丰富的表面官能团,如 AO、AF 和 AOH, MXenes 在性质上具有亲水性,为客体分子在 MXene 表面接枝提供了机会,这对生物医学至关重要;②高度负的 Zeta 电位(-30 ~-80 mV)使 MXenes 具有易于形成的稳定胶体分散体的特性,在各种水溶液和有机溶剂中不会聚集[25-26];③与其他二维材料不同,单层或多层 MXene 薄片在含有氧气和水的环境中不稳定[27],这可能有利于生物降解;④过渡金属碳化物或氮化物主链的自由电子导致 MXenes 具有独特的金属导电性组合[28];⑤MXenes中的一些主要元素是 C、N、H 和 O,它们也是生物体中最常见的元素,同时一些过渡金属如 Ti、V 和 Mo 在生物过程中起着重要作用[29],这表明其具有良好的生物相容性;⑥根据制造工艺,MXenes 的横向尺寸从纳米到微米不等。由于 MXenes 仅有几个原子层厚,因此单层的 MXenes 厚度通常约为 1 nm。平面结构和巨大的表面积使得 MXenes 成为各种材料的强大运输工具,包括药物、基因和纳米材料(如超顺磁性氧化铁和多金属氧酸盐)[30-31]。本章系统地总结了 MXene 相关生物材料的最新进展,特别侧重于 MXene 的独特性质、生物效应,特别是 MXene 在纳米与生物界面处的性质,以及界面处活性与效应的关系。此外,还详细说明了用于各种生物医学领域(如生物组织工程和再生医学、抗菌药物、生物安全性、癌症的发现与治疗、生物传感等方面)的 MXene。最后,在现状的基础上深入讨论了 MXene 基生物材料未来发展的挑战和机遇,旨在促进其早日实现实际的生物医学应用。

正如前面所描述的,MXene 相关生物材料具有惊人的特性,如大的比表面积、丰富的表面官能团,以及优异的电子、光学、机械、磁性和物理化学性质,赋予它们在多种生物医学应用中的巨大潜力。然而,对 MXene 相关材料的生物效应的研究仍然非常有限。在实现其实际生物医学应用之前,应仔细研究基于 MXene 平台的毒理学效应、药代动力学特征和生物降解行为。

7.1　MXene 的优势与不足

7.1.1　MXene 的优势

与其他二维纳米材料不同,MXenes 具有优异的金属导电性和亲水性,以及优异的机械性能,具有令人期待的应用前景。MXenes 材料已经在包括电化学储能、海水淡化、电磁、催化、气体传感在内的各种应用中显示出巨大的前景,随着对 MXenes 的进一步探索, MXenes 在光热治疗、药物输送、生物成像等纳米生物医学应用中显示出多种优势。

首先,二维层状平面结构使 MXenes 具有丰富的锚定位点和极高的比表面积,是搭载治疗癌症的药物分子或其他蛋白质的优良递送载体。图 7.1 为 HF 处理 MAX 相前后的 SEM 图像,可以看出,经过短暂刻蚀后的 MXene 层与层之间互相剥离,呈现疏松的手风琴结构,这使 MXene 纳米片具有极大的比表面积。而延长刻蚀时间或加入促进分层的试剂等方法,还会使 MXene 继续分层,最终得到单层的纳米片结构,比表面积进一步增加。

MXenes 在近红外范围内具有优异的吸收性能,例如,Ti_3C_2 纳米片在 808 nm 近红外波长下显示出 20.1 L/(g · cm)的高质量消光系数,这与许多先进的光吸收材料相当。另

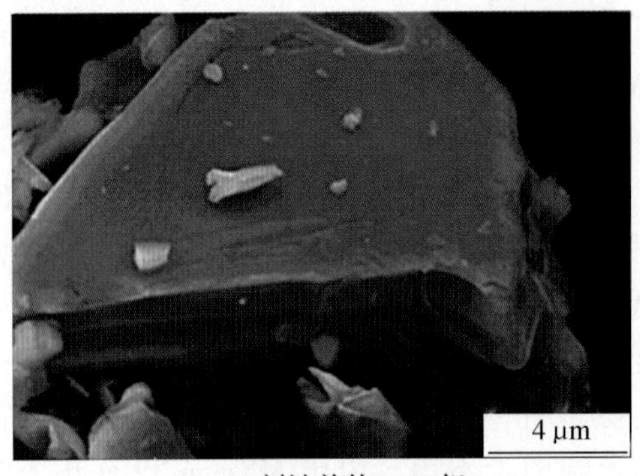

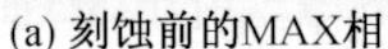
(a) 刻蚀前的MAX相

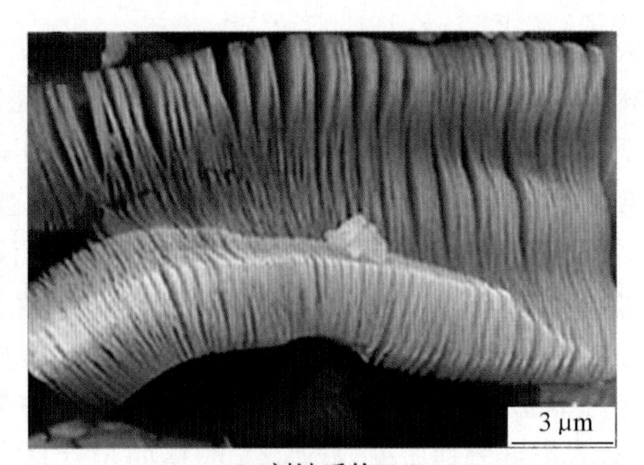

(b) 刻蚀后的Ti_3C_2

图 7.1 HF 处理 MAX 相前后的 SEM 图像[32]

外,MXenes 还具有高的光热转换效率(PTCE),可以实现激光照射下的高光热转换能力。基于这些独特优势,MXenes 材料已被设计用于包括药物输送纳米平台、体内光声(PA)成像和癌症光热治疗(PTT)等生物医学领域。利用 MXenes 的表面电荷吸附作用使阿霉素(DOX)与 Ti_3C_2 纳米片结合在一起,所获得的 Ti_3C_2 纳米片具有优异的生物相容性、应激药物释放和可以在肿瘤处额外积累的行为,通过光热疗法,可以在近红外光照射下实现肿瘤消融。Ta_4C_3 纳米片具有高 PTCE(34.9%),因此可用于激光照射下的高效肿瘤光热疗法,在较深的组织中进行 PA 成像和 PTT。

MXenes 在 MAX 相原始结构的合成中具有可调的形态和结构,因此可以通过合理的设计使 MXenes 结构特征和理化性质合理结合。金属碳化物芯层赋予 MXenes 金属导电性,高度可调的官能化表面又赋予它亲水性能,因此,MXenes 在可控合成、表面工程等方面值得探索。目前 MXenes 有许多改性方法,用于调整特定的应用形态、晶体结构和表面性质,通过表面改性可以降低细胞毒性,增强生物稳定性和组织相容性,为生物体内应用提供了可能。

7.1.2 MXene 的不足

由于纳米生物医学领域的 MXenes 的表面多功能化策略仍处于起步阶段, 二维 MXene 的多功能纳米平台在生物医学领域应用的安全问题有待探索,例如,MXenes 可能的体内代谢途径还不清楚,并且 MXenes 长期的体内循环可能会对正常组织产生损害。

另外,还需要考虑 MXenes 的储存问题。研究表明,MXenes 在其储存和使用过程中稳定性不足,当 MXenes 暴露于湿气或高温下时可能会发生降解。例如,一项详细研究表明:制备好的 Nb_2CT_x MXene 纳米片位于密排六方(hcp)表面部位的 Nb 原子在暴露过程中会与周围的氧键合,导致 Nb_2C 的六边形结构的稳定性被破坏,从而使其发生降解。此外,$Ti_3C_2T_x$ 场效应晶体管(FET)暴露于空气中 70 h 后,其初始电导率降低了约 20%。为了增强 MXenes 的稳定性,通常将合成后的 MXenes 储存在无氧、低曝光环境中,保存在强极性溶剂(例如 DMSO 和 N-甲基-2-吡咯烷酮-NMP)中,或采用溶液过滤器(MXenes 膜)。另外,通过优化刻蚀步骤减少 MXene 表面上的吸附原子也可以提高其稳定性。但是,对长期使用后的 MXenes 的评估仍有待探究。

7.2 MXene在再生医学方面的应用

再生医学通常指替换、改造或再生人体细胞、组织或器官以恢复或建立正常功能的过程,这已成为医学领域最热门的研究前沿之一。目前,它已发展成为一个跨学科领域,包括组织工程、纳米技术、基因治疗、生物材料和其他学科。特别是纳米技术和纳米材料在组织工程和再生医学中的巨大应用引起了研究者们巨大的研究兴趣。除了优异的物理和化学性质外,MXenes还具有优异的表面功能性、生物相容性、生物可降解性、机械强度和柔性,这使其成为应用于组织工程和再生医学的有利替代品。

将MXenes应用于组织工程的研究在2011年就开始了。Annunziata研究团队首次证实了钛等离子体在植入物表面上喷涂TiN涂层,以提高牙科植入物的美观和机械性能的可能性[33]。作为概念验证阶段的例子,Huang的实验团队报道了Ti_3C_2MXene纳米片与3D打印生物活性玻璃支架的成功复合,通过同时使用光子热疗和生物活性玻璃支架的骨组织再生实现骨肿瘤抑制(图7.2(a))[34]。合成的复合支架表现出Ti_3C_2MXene纳米片通过近红外激光照射在骨肿瘤消融中具有优异的光热转换效率的显著特征,从而在体内完全消除骨肿瘤异种移植体上的肿瘤。值得注意的是,Ti_3C_2MXene的复合有效促进了体内新生骨组织的生长。同样,他们还将Nb_2C MXene与S-亚硝基硫醇接枝介孔二氧化硅和3D打印生物活性玻璃支架通过一定的方法复合,以实现按需NO释放、肿瘤热消融和骨组织再生(图7.2(b))[35]。生物活性玻璃支架中原位生成的钙、磷组分也被生物降解,明显增强了骨再生的生物活性。此外,受控的NO生成在协同促进肿瘤消融、血管化和骨组织再生方面也发挥了关键作用。

MXenes除了在骨组织工程方面有极大的进步之外,它还在加速伤口愈合方面具有极大的潜在应用价值。例如,Mao等[36]在Ti_3C_2MXene和再生细菌纤维素的基础上制备了多功能水凝胶,实现了对细胞行为的电调制,以加速外部电刺激下的皮肤伤口修复。这种复合水凝胶表现出了优异的导电性能、良好的力学性能、理想的弹性、优异的生物降解性和生物相容性以及高吸水能力。更重要的是,通过体外和体内实验表明,这种基于Ti_3C_2 MXene的水凝胶在电刺激的辅助下,明显增加了NIH313细胞的增殖活性,加速了伤口的修复进程,为促进伤口愈合过程提供了一种协同治疗方法。最近,Wang等[37]发现二维Ti_3C_2 MXene具有非遗传的、光学的、更高时空分辨率的远程调节神经元电活动的能力。在单片级测定的Ti_3C_2MXene的光热响应导致808 nm和635 nm激光脉冲的局部温升分别为(3.30 ± 0.02)K和(2.31 ± 0.03)K。在亚细胞靶向分辨率下,使用极低单脉冲入射能量的Ti_3C_2MXene薄片和薄膜可对背根神经节神经元进行光热刺激,这表明从单细胞到组织工程的添加剂制造是一种很有前景的电生理调节方法。

MXene同样可以应用到生物医学的组织工程中。组织工程材料必须具有优异的生物相容性,并且具有一系列特定的机械性能。因此,MXene的良好机械强度、生物相容性和优良导电性能等的另一个应用是组织工程基质的制备。Zhang等[38]在体外和体内研究了多层$Ti_3C_2T_x$ MXene薄片的骨诱导性和引导骨再生能力,结果表明,MXene薄片在体外具有高度的细胞相容性和促进骨分化能力。当植入大鼠皮下和颅骨缺损部位时,

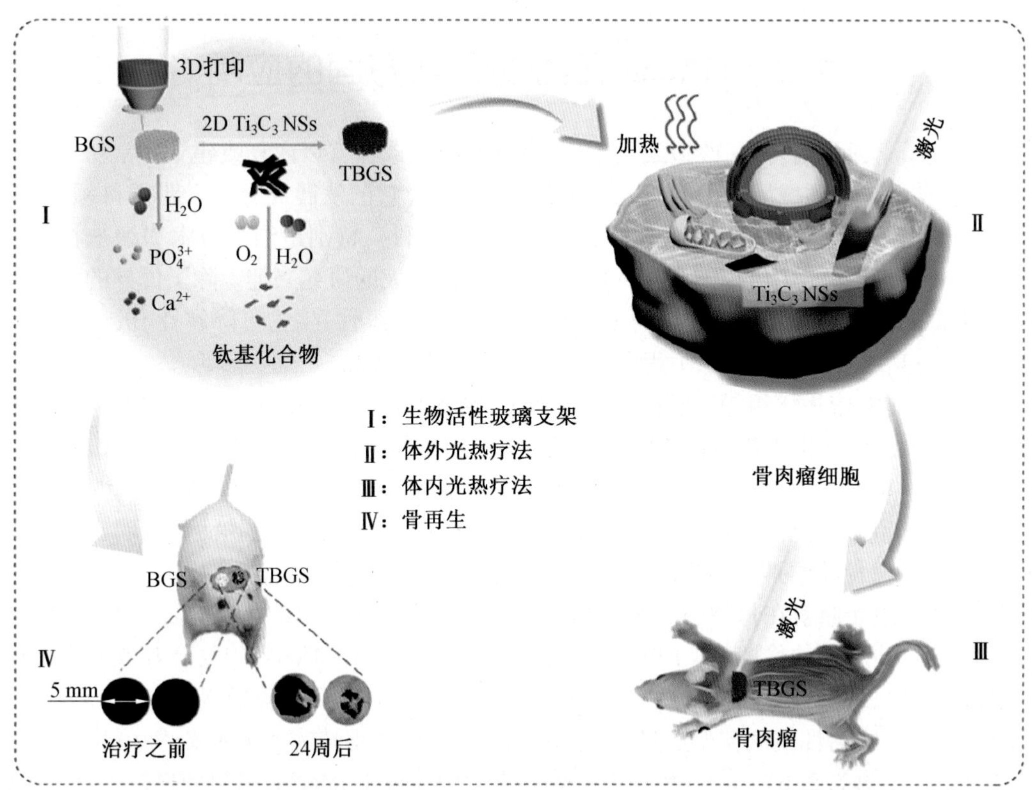

(a) Ti_3C_2生物活性玻璃支架的合成、骨肿瘤的光热消融和骨组织再生示意图

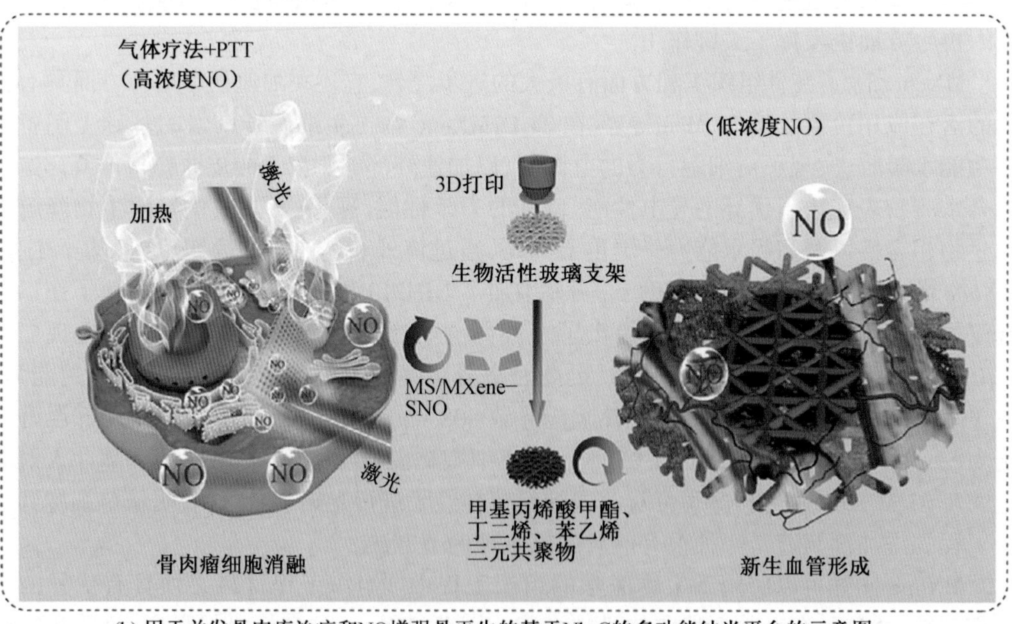

(b) 用于并发骨肉瘤治疗和NO增强骨再生的基于Nb_2C的多功能纳米平台的示意图

图 7.2 基于 MXene 的组织工程和再生医学[34-35]

MXene 薄片在体内显示出了良好的生物相容性、骨诱导性和骨再生活性。而且作者观察到黏附在 MXene 膜上的巨噬细胞活性增加,这一现象可能表明体内 MXenes 被生物降解的开始。

在 Huang 等[39]的工作中,他们通过静电纺丝和掺杂制备了含 MXene 的复合纳米纤维。由于引入了大量功能亲水基团,纳米纤维表现出了良好的亲水性。这些情况被证明为骨髓间充质干细胞(BMSC)的生长提供了良好的微环境。实验结果表明,所制备的 MXene 复合纳米纤维具有良好的生物相容性,并通过促进间充质干细胞向成骨细胞的分化而大大提高了细胞活性。

Pan 等[34]评估了由 Ti_3C_2MXene 和生物玻璃组成的 3D 基质对成骨细胞成骨潜能的影响。结果表明,这些集成的 Ti_3C_2MXene 复合支架有效地促进了新生骨组织的生长,同时为其提供了良好的黏附介质。此外,细胞丝足纤维发育良好,钙结节数量增加,并适度诱导细胞增殖。对 SD 大鼠(实验鼠)进行的进一步研究表明,与没有复合 MXene 的支架相比,MXene 融入 3D 支架后可以提高受损骨骼区域的成骨率 30%。因此,这些结果足以证明 MXenes 可以成为组织工程和控制骨组织再生的优良材料。

石墨烯和 MoS_2 等二维材料因组织工程应用而闻名。近年来,由于 MXene 的结构、生物、光学、电子和非凡的物理化学性质,它在组织工程中具有广阔的发展前景(表 7.1)。

表 7.1 MXene 复合材料组织工程应用的文献报道[42]

MXene/复合材料	应用	类型	引用
$Ti_3C_2T_x$ 增强聚乳酸纳米复合材料	引导骨再生	添加到 MC3T3 - E1 小鼠前成骨细胞中的 $Ti_3C_2T_x$ 聚乳酸复合物增强了体外黏附、增殖和成骨分化	[43]
电纺 MXene/PLLA-PHA 纳米纤维	细胞培养	MXene 复合纳米纤维增强 BMSC 向成骨细胞的分化	[39]
$Ti_3C_2T_x$-PEG 复合材料	心脏组织工程	3D 打印的 $Ti_3C_2T_x$ PEG 水凝胶使 iCMs 与 MYH7、TNNT2 和 SERCA2 的表达增加	[44]
$Ti_3C_2T_x$ 生物活性玻璃支架	组织重建	MXene 生物活性玻璃支架加速了新生骨组织的体内生长	[34]
多层 $Ti_3C_2T_x$	引导骨再生	多层 $Ti_3C_2T_x$ 在体外和体内的引导骨再生能力	[38]
$Ti_3C_2T_x$ 量子点壳聚糖水凝胶	组织修复	MXene 量子点壳聚糖水凝胶增强了组织修复和干细胞递送的物理化学性质	[45]
介孔二氧化硅@Nb_2C 支架	NO 增强骨再生	利用 3D 打印生物活性玻璃支架和精确释放的受控一氧化氮,对包裹 S-亚硝基硫醇介孔二氧化硅的 Nb_2C-MXene 进行 NIR 触发的热疗	[35]

续表7.1

MXene/复合材料	应用	类型	引用
还原氧化石墨烯-$Ti_3C_2T_x$ 水凝胶	3D 蜂窝网络形成	rGO-MXene 水凝胶增强了人细胞系 HeLa、SH-SY5Y 和 MSU 1.1 的 3D 细胞网络的形成	[46]
MXene 羟基磷灰石纳米颗粒复合材料	成骨特性	MXene 羟基磷灰石纳米复合材料促进了骨髓基质干细胞的生长和成骨分化	[47]
$Ti_3C_2T_x$-CSH 支架	颌面组织再生	MXene-CSH 支架刺激颌面骨的体内形成,并在体外诱导 MC_3T_3-E1 的成骨蛋白表达	[48]
Nb_2C@ Ti 片	组织再生	Nb_2C@ Ti 片从感染性组织环境中清除过量 ROS 来减轻促炎反应,从而有利于血管生成和组织再生	[49]
超薄 $Ti_3C_2T_x$ 纳米片	牙周再生	用 $Ti_3C_2T_x$ 预处理的人 PDLC 显示出良好的体内新骨形成和增强了的破骨细胞抑制作用	[50]

大量研究表明,具有刺激组织再生效应、调节放电行为和近红外光热转换的 MXene 支架有望用于组织工程。骨质流失被视为一个具有挑战性的领域,牙槽骨缺损的再生对外植体的整合和功能至关重要,MXenes 在通过骨诱导性引导骨再生方面发挥着重要作用。已发现诸如 $Ti_3C_2T_x$ 等 MXenes 可有效提高 PLA 支架的细胞增殖率和成骨分化能力。最近,发现 MXenes 可以增强细胞球体的生成。Jang 等[40]报道了使用 $Ti_3C_2T_x$ MXene 颗粒作为细胞黏附剂增强间充质干细胞球体的生成(图 7.3(a)~(c))。当 MXene 质量浓度大于 1 μg/mL 时,在 6 h 内诱导球状体形成,并且在 5 μg/mL 的 MXene 质量浓度下观察到最高产率。此外,在不需要成骨介质的情况下,所产生的球体可以促进成骨分化。在一项研究中,聚己内酯 MXene 的静电纺丝纤维诱导生物矿化活性,并导致硬化组织形成[41]。

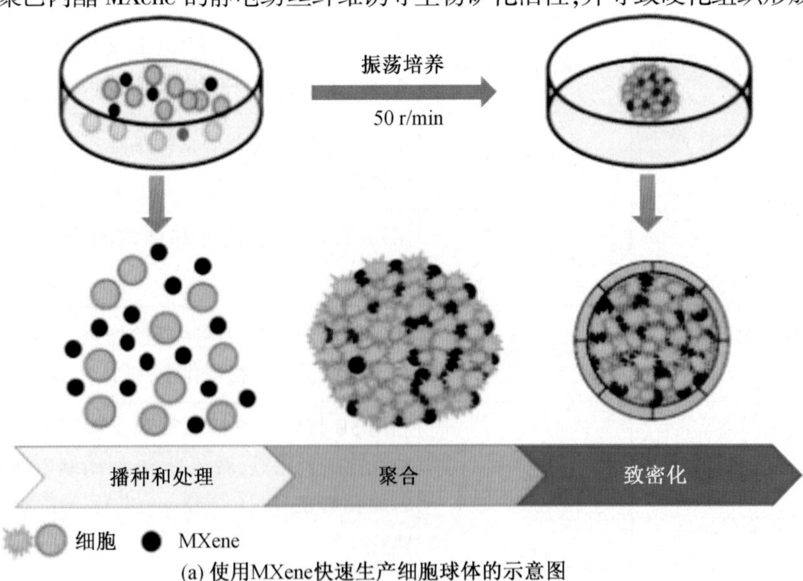

(a) 使用MXene快速生产细胞球体的示意图

图 7.3 MXene 颗粒作为细胞黏附剂增强间充质干细胞球体的生成[42]

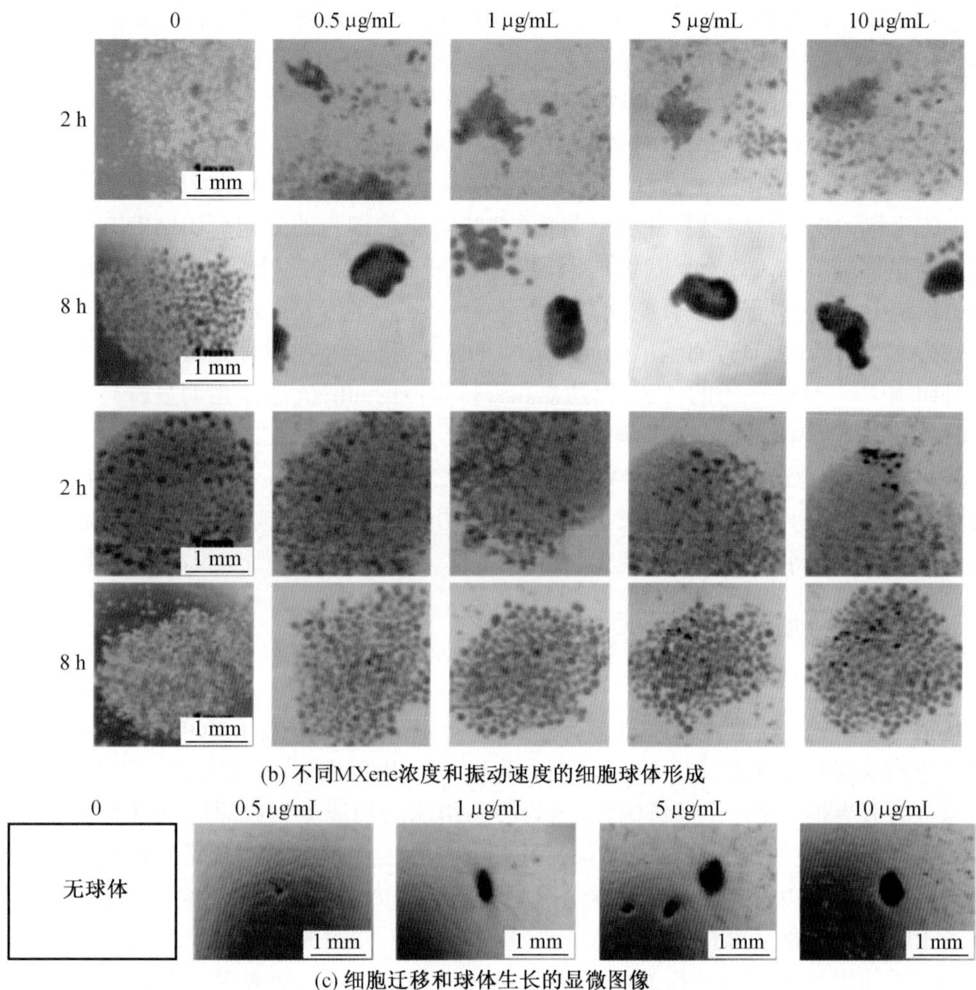

(b) 不同MXene浓度和振动速度的细胞球体形成

(c) 细胞迁移和球体生长的显微图像

续图 7.3

7.2.1　伤口愈合

手术和化疗的结合可能会存在一些缺点，这是因为组织损坏超过了自身愈合能力，从而导致骨癌患者的慢性疼痛。同时伤口的延迟愈合也会给人们带来经济和身体上的负担。血管系统提供充足的氧气和营养，在维持组织的生长和发育中起着至关重要的作用。在受损组织周围的巨噬细胞浸润后，它们会分泌生长因子和细胞因子，如血管内皮生长因子，这些因子可刺激骨组织和伤口中的血管生成、成骨细胞的成熟、骨化、再上皮化和胶原合成。因此，组织再生、重建和血管生成可被视为解决这些局限性的关键点。二维纳米材料因其高生物相容性和可生物降解的组织重建性能而备受关注。MXenes 具有良好的生物相容性，在细胞和组织再生方面也有优势。$Ti_3C_2T_x$ 是根据其与再生细菌纤维素的复合而开发的，具有良好的生物降解性和柔韧性，可加速皮肤创伤愈合过程。复合纳米纤维将 Ti_3C_2 嵌入纳米纤维中，引入官能团和增强亲水性，促进间充质干细胞的成骨分化和矿化。当 MXenes 与前成骨细胞一起培养时，与钛合金和纯钛相比，纳米片促进了前成骨样细胞的扩散、黏附和增殖。在成纤维细胞中,MXene 的增殖速度是成骨细胞的 3 倍。将 $Ti_3C_2T_x$ 嵌入 PLA 中,生成正辛基三乙氧基硅烷(OTES)-$Ti_3C_2T_x$/PLA 纳米复合膜,显著提高了极限拉伸强度。同样,前成骨细胞附着在细胞膜上,产生更多的蛋白质。与纯 PLA 膜相比,OTES-$Ti_3C_2T_x$/PLA 纳米复合膜上的成骨前细胞的活性和增殖更大。此外,MXenes 作为引导性骨再生膜(GBR)被制备出来。理想的 GBR 可作为诱导干细胞附着和骨细胞迁移的支架,这些膜还能够促进干细胞向成骨细胞的分化。UHAPNWs/MXene 纳米复合膜集成了 $Ti_3C_2T_x$ 纳米片和超长羟基磷灰石纳米线,引导骨细胞附着并且防止非成骨组织的干扰,以保持成骨空间并且促进骨再生。在用 MXene 纳米片培养后,碱性磷酸酶(ALP)的活性,即骨细胞早期成骨分化的常见标志物,在成骨介质和生长介质中均优于对照组[38]。MXene 组的 ALP、骨钙素和骨桥蛋白的 mRNA 水平也明显升高。在体内实验时,用黏附的 MXene 膜覆盖颅骨缺损的大鼠,8 周后,用 MXene 膜治疗的大鼠几乎痊愈,没有明显的感染或并发症。在显微 CT 下,实验发现 MXene 膜诱导产生均匀、连续的新骨,但没有明显错位,并且形成了骨岛,这表明骨组织从缺损边缘延伸并形成新骨。同时骨体积分数和小梁厚度评估证实,MXene 薄膜与骨组织和周围组织高度相容。

7.2.2 心脏组织工程

改善心脏组织再生的有希望的策略之一是设计和制造导电心脏贴片,以促进心脏贴片与宿主组织的电生理耦合。许多导电聚合物如石墨烯、金纳米棒和 MXenes 等颗粒已被整合到水凝胶或低温凝胶中,以增强心脏组织工程应用的电生理特性。为此,心肌细胞(CMs)的适当排列是一个关键因素,因为心肌组织的功能受到肌原纤维排列和它们的聚集成束,以及心室肌细胞的纵向形状及其相互连接的高度影响。气溶胶喷射打印(AJP)由于其高分辨率以及在硬组织和软组织上打印的能力,是实现细胞级打印图案的一种极好的策略。它非常适合在任何形状的水凝胶上打印,并生成混合组织结构。在一项研究中报道了使用 AJP 方法制备 MXene 集成复合材料作为人心脏贴片,将导电性的 $Ti_3C_2T_x$ MXene 以预先设计的图案印刷在 PEG 水凝胶上,并研究了人为诱导的多能干细胞衍生的心肌细胞(iCMs)在工程化导电心脏贴片上的排列[51]。为了研究细胞的附着和排列,将 $Ti_3C_2T_x$ 印刷在不同的基底上:玻璃、甲基丙烯酰化明胶(GelMA)和 PEG 水凝胶。在制作的支架中,$Ti_3C_2T_x$ MXene-PEG 水凝胶显示出 iCMs 的良好排列,具有很高的活性(图 7.4(a))。此外,研究表明,$Ti_3C_2T_x$ MXene 可以以不同的图案印刷在 PEG 水凝胶上,这使得细胞能够以不同的形状形成图案。在将 iCM 细胞接种在玻璃上印刷的直线图案的 $Ti_3C_2T_x$ MXene、PEG 水凝胶上印刷的未图案化的方形 $Ti_3C_2T_x$($1\ mm^2$)和 PEG 水胶体上印刷的 Hilbert 曲线图案的 $Ti_3C_2T_x$ MXene 上后,采用免疫染色、实时定量 PCR(qRT-PCR)和 Western 印迹技术,观察 MXene 和图案对 iCM 的表型和成熟度的影响(图 7.4(b)、(c))。孵育第 7 天的免疫染色结果显示,在所有组中,细胞间连接蛋白(CX43)和横纹肌体 α-肌动蛋白(细胞骨架肌动蛋白结合蛋白)均有表达(图 7.4(b))。此外,接种在玻璃样品上的直线图案 MXene 上的细胞黏附在玻璃上,而不是沿着直线排列。qRT-PCR 分析结果表明,与直线图案玻璃样品相比,希尔伯特曲线图案样品中心脏标记物的相对 mRNA 表达显著增加,并证实 iCMs 成熟度提高(图 7.4(c))。为了评估心脏斑块的收缩

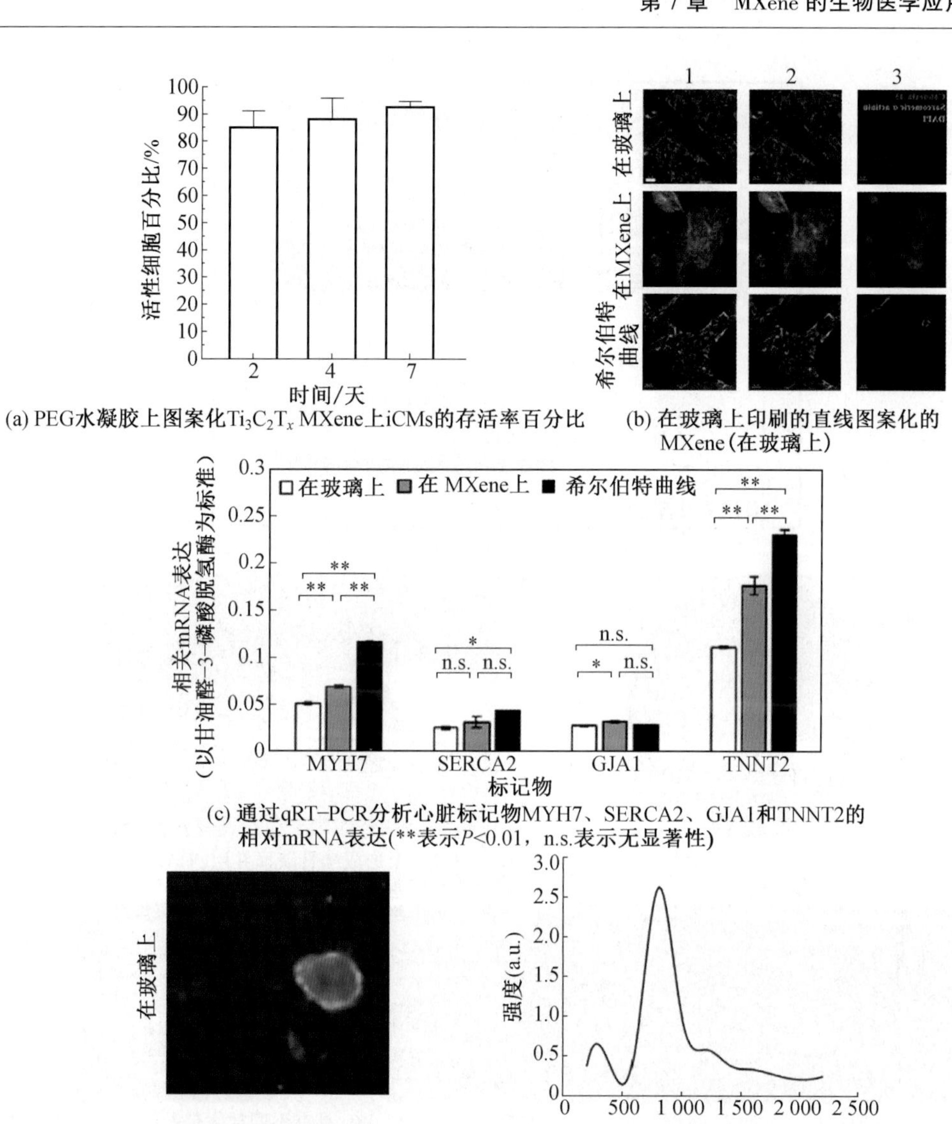

(a) PEG水凝胶上图案化$Ti_3C_2T_x$ MXene上iCMs的存活率百分比

(b) 在玻璃上印刷的直线图案化的MXene(在玻璃上)

(c) 通过qRT-PCR分析心脏标记物MYH7、SERCA2、GJA1和TNNT2的相对mRNA表达(**表示$P<0.01$，n.s.表示无显著性)

(d) 玻璃样品上钙通量时间倒影记录的单个快照(左)和钙通量时间倒影图像的强度(右)

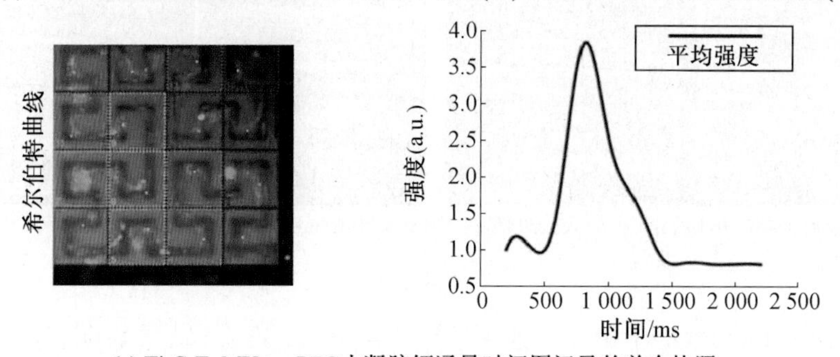

(e) $Ti_3C_2T_x$ MXene PEG水凝胶钙通量时间图记录的单个快照

图 7.4　使用 AJP 方法制备 MXene 集成复合材料作为人心脏贴片和超长羟基磷灰石纳米线并入 MXene 膜[51,54-56]

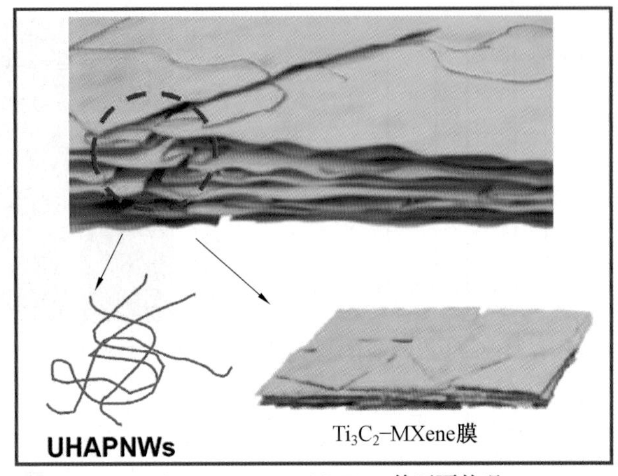

(f) 10% UHANWS/MXene的正面外观

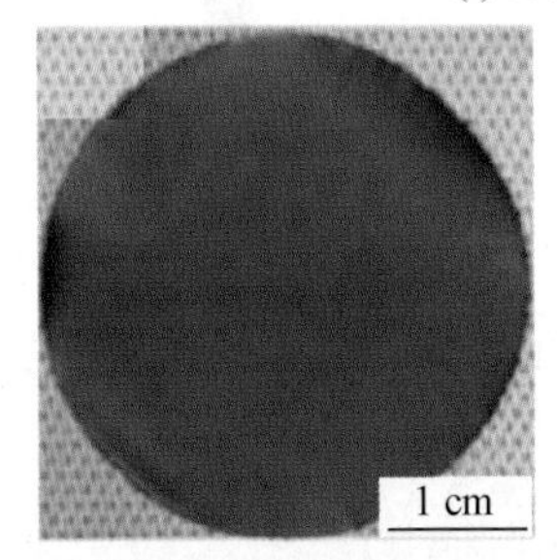

(g) 将10% UHANWs/MXene缠绕在塑料棒上

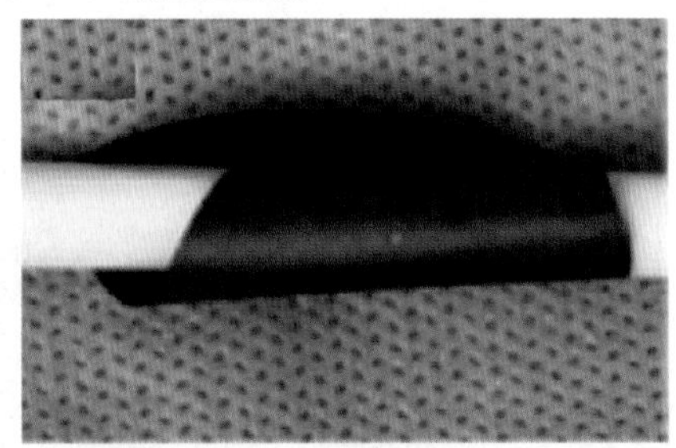

(h) 在大鼠模型上形成颅骨缺损并用UHAPNWs/MXene膜覆盖骨缺损的手术过程

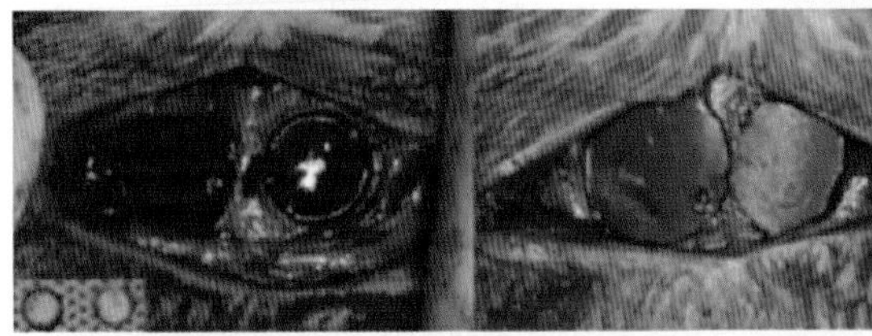

(i) 3D打印的$Ti_3C_2T_x$ MXene改性HA/SA支架的数码照片

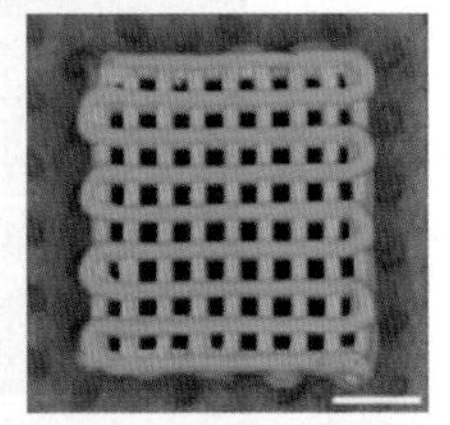

(j) 具有不同放大倍数的比例尺支架的数码照片：500 μm和200 μm

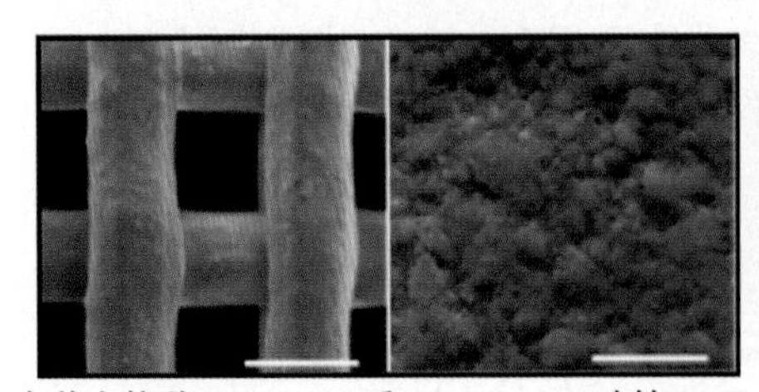

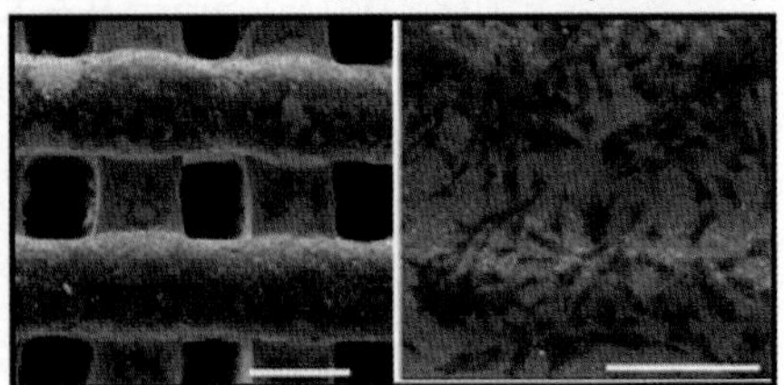

(k) 在其上接种BMSC 48 h后Ti_3C_2-MXene改性HA/SA支架(1mg/mL)的SEM图像，比例尺：500 μm和200 μm

续图 7.4

动力学，检查了 Ca^{2+} 的处理和传导速度（图 7.4（d）、（e））。结果表明，通过将 $Ti_3C_2T_x$ MXene 整合到非导电水凝胶中，iCMs 的同步化节律得到了改善。作为另一个例子，可注射形状记忆复合组织支架是通过将 $Ti_3C_2T_x$ MXene 量子点掺入壳聚糖水凝胶中制得的，用于体外应用[52]。这些支架可以支持细胞存活和增殖，并在细胞之间传递电信号。因此,壳聚糖-MXene 量子点复合材料可以作为组织工程的候选材料。在类似的工作中,制备了含有 $Ti_3C_2T_x$ MXene、蜂蜜和 0D 荧光碳点的壳聚糖水凝胶,并将其用于组织工程应用。这些水凝胶显示出与几种类型的干细胞的良好相容性以及抗炎和抗菌特性[53]。在另一项研究中,将 $Ti_3C_2T_x$ 纳米片添加到还原的氧化石墨烯水凝胶中,并探索不同的应用,特别是组织工程应用[46]。

7.2.3　骨再生

骨基质结合了有机材料、无机矿物质、细胞和生物活性因子[57]。由于人们在受伤后的自愈能力较差,因此骨缺损修复仍然是临床界最具挑战性的问题之一[58]。目前的大多数骨移植都有缺点,例如难以获得足够的结缔组织和免疫反应的可能性[59-60]。作为替代方案,已经开发了许多支架或骨替代生物材料来重建缺损并再生骨组织[60-61]。骨组织工程的关键要求之一是组织工程支架的设计和开发,该支架概括了骨的重要特征,以模拟天然骨组织功能,从而再生受损组织[62-63]。除了 Ti_3C_2-MXene 的抗菌性和生物相容性外,它们还具有促进成骨的 Ca^{2+}结合位点的优点[64-65]。具有 3D 打印生物活性玻璃支架的集成 Ti_3C_2-MXenes 已用于骨组织再生和癌症治疗[34]。在另一项研究中,开发了具有体外成骨分化能力的 Ti_3C_2-MXene 膜,以促进骨组织再生。体内研究表明,大鼠颅骨缺损具有足够的生物相容性和骨再生活性[38]。在另一项研究中,将超长羟基磷灰石纳米线并入 MXene 膜提高了成骨活性(图 7.4(f))[55]。体外和体内研究表明,纳米复合膜具有良好的生物相容性和卓越的骨诱导性。结果还证实,羟基磷灰石纳米线含量显著影响所设计的纳米复合膜的物理和机械性能。此外,在进行多次折叠并包裹在塑料棒周围而没有任何损伤的实验后,发现含有 10% 羟基磷灰石的纳米复合材料具有惊人的柔韧性(图 7.4(g)、(h))。在最近的一项研究中,基于挤出的 3D 打印技术用于制造用羟基磷灰石和海藻酸钠修饰的 Ti_3C_2-MXene 的纳米复合支架(图 7.4(i))。用大鼠骨髓间充质干细胞(BMSCs)研究了这些纳米复合支架(Ti_3C_2-MXene 修饰的 HA/SA)的体外生物相容性和成骨活性,支架具有相对粗糙的表面,可以改善细胞黏附、迁移、增殖、分化和新骨组织的形成(图 7.4(j))。此外,设计的支架的孔隙率有利于间充质细胞的迁移、营养运输和血管向内生长,提供了有利的成骨微环境。SEM 图像显示大量 BMSCs 均匀地黏附在 Ti_3C_2-MXene 复合支架的表面,而 BMSCs 的形态没有明显变化,证实了 BMSCs 优异的细胞黏附和生存能力(图 7.4(k))[56]。因此,发现 Ti_3C_2-MXene 修饰的 HA/SA 支架可以有效地促进颅骨缺损的再生,并且骨愈合比没有 Ti_3C_2-MXene 掺入的支架更高。

为了修复手术和化疗后受损的骨组织,Ti_3C_2-BG 支架有很大可能是一种理想的桥梁生物材料,可以为细胞行为和生理活动提供结构支持[34]。在 Ti_3C_2-BG 支架上,吸引人骨髓间充质干细胞(hBMSCs)黏附在支架表面上,表现出播散形式,并且延伸假足,特别是在 7 天后(图 7.5(a)、(b))。21 天后,成骨分化的茜素红 S 染色显示钙结节显著增加,表明 Ti_3C_2-BG 支架的成骨能力增强(图 7.5(c))。此外,成骨细胞相关基因的表达,包括Ⅰ型胶原(COLⅠ)、Runt 相关转录因子 2(RUNX2)、骨钙素(OCN)和骨桥蛋白(OPN),与对照组和 BGS 组相比显著增强(图 7.5(d))。植入 Ti_3C_2-BG 支架 24 周后,通过显微 CT

获得的 3D 重建图像显示,缺损颅骨顶点的组织发生了进一步的钙化,与基本定量参数的分析结果一致(图 7.5(e))。光热疗法引起的局部继发性炎症可以吸引前体细胞再生,类似于骨愈合的初级阶段。此外,与 BGS 组相比,有一些矿化骨组织促进了 TBGS 植入区周围新骨的形成,如 Goldner 染色所示(图 7.5(f))。在研究的 8 周内,成纤维细胞和巨噬细胞首先被吸引到 TBGS 的孔隙中。随后在支架周围形成红色骨样组织,到 16 周时 TBGS 同时降解。最后,缺损骨几乎完全恢复,并被矿化骨覆盖,同时没有任何可见的支架或明显的毒性、感染和炎症发生(图 7.5(g))。因此,添加 Ti_3C_2 可以有效地加速新骨组织的再生,更好地重建缺损骨。然后,研究人员应用热气和 3D 打印技术构建 MS-MXene BG SNO,将包裹 S-亚硝基硫醇(R SNO)接枝介孔二氧化硅的 Nb_2C MXene 和 3D 打印 BG 支架结合起来,以实现控制 NO 释放、肿瘤消融和骨组织再生[35]。MXene 支架周围增加的血管系统表明了其在新生血管的形成和骨再生中的协同作用。更重要的是,血管网有利于骨循环和支架降解。此外,一种新型植入物 SP@ MX/GelMA 由 Ti_3C_2 纳米片、甲基丙烯酸明胶(GelMA)水凝胶、可生物惰性磺化聚醚酮(SP)组成[66]。妥布霉素的引入使植入物具有抗菌活性和增强成骨性,这是修复术后损伤组织的一种很有前景的策略。MXenes 的高生物安全性和生物相容性为组织再生提供了有利条件,并具有良好的疗效。

(a) 接种1.0 TBGS后第1天hBMSC的SEM图像

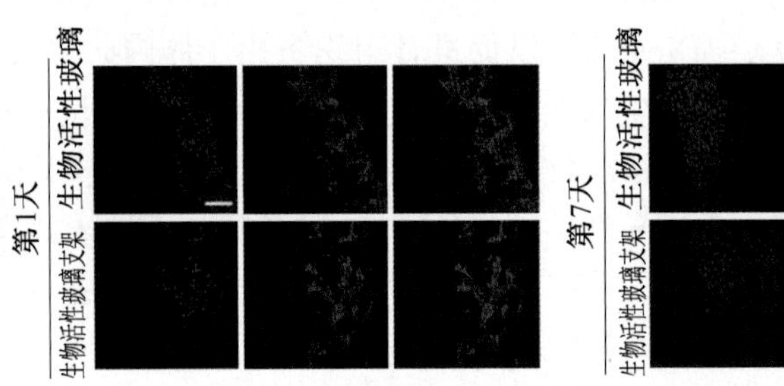

(b) 第1天和第7天BGS和TBGS上hBMSC的CLSM图像

(c) 第21天对照、BGS和TBGS的茜素红S染色

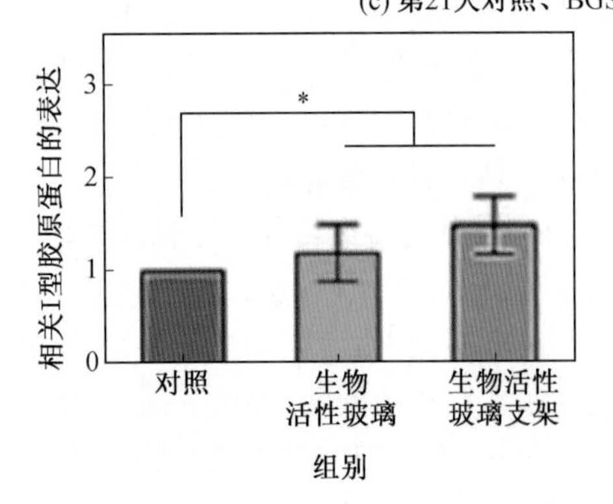

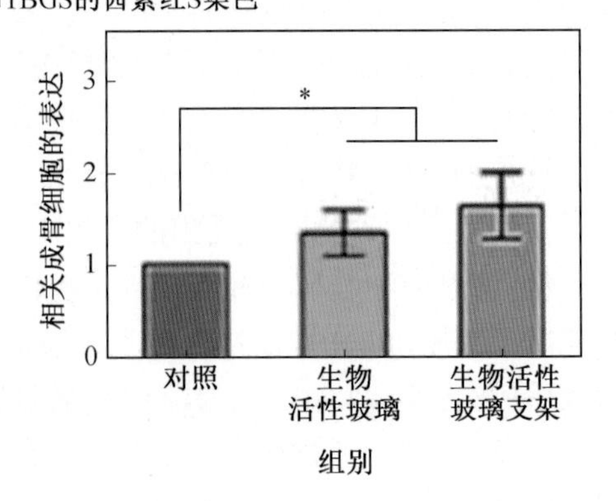

图 7.5　Ti_3C_2-BG 支架在骨再生方面的应用[67]

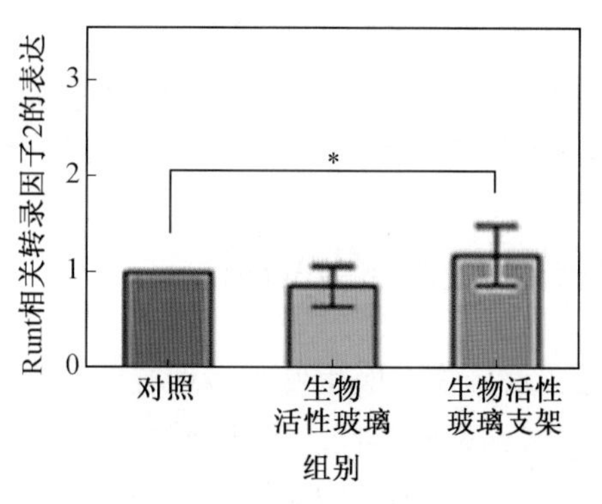

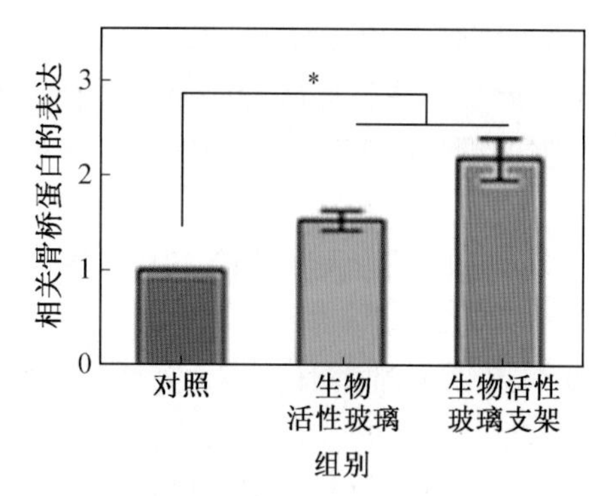

(d) 第1天对照组、BGS 组和TBGS组中hBMSC的成骨基因表达

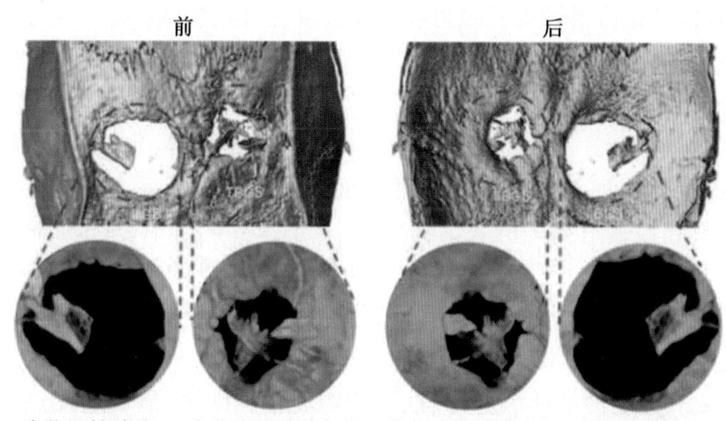

(e) BGS和TBGS的体内成骨性能

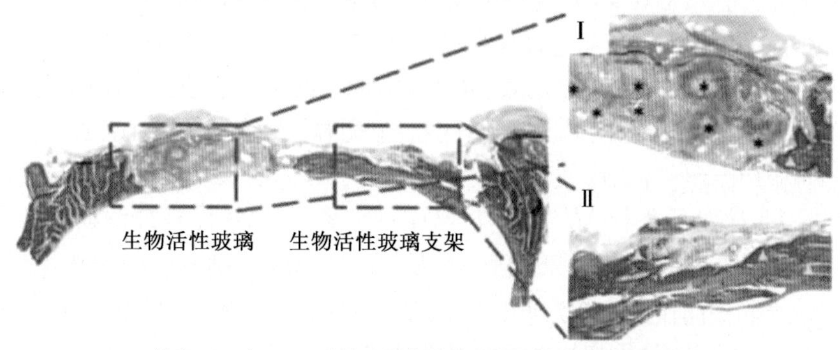

(f) 植入BGS和TBGS后第24周收获的大鼠颅骨的Goldner染色

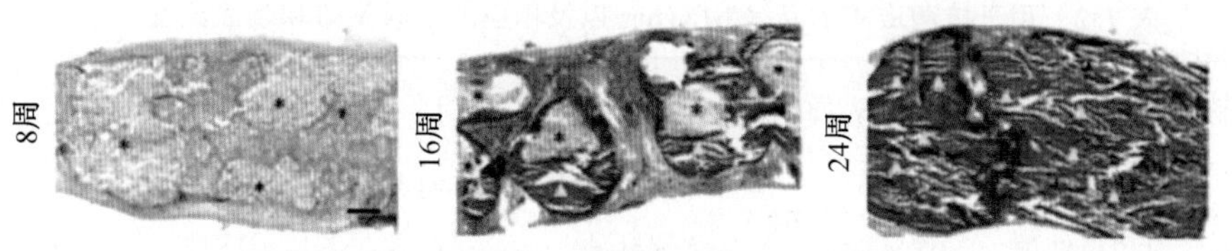

(g) TBGS组8、16和24周的Goldner染色

续图 7.5

Ti_3C_2 和 3D 打印支架的结合,再加上 MXene 的光热转换作用和支架的骨再生能力,促进了残余骨肿瘤细胞破坏后骨缺损的愈合。这些研究不仅为 MXenes 的生物医学应用提供了一个新的纳米平台,而且为其生物医学应用开辟了新的方向。

7.3 MXene 在感染治疗方面的应用

每年,世界各地都有许多人死于传染病,如腹泻和肺炎。医生使用多种抗生素来控制或减少微生物的生长。然而,过度使用杀菌剂会导致细菌耐药性。因此,研究人员致力于开发新型杀菌纳米材料并将其应用于医疗器械、食品包装、水处理纺织工业等公共卫生领域。其中,二微纳米材料,如石墨烯和 MoS_2 等的抗菌性能被广泛地研究,此外,人们还发现用纳米颗粒修饰氧化石墨烯等二维材料能够显著提升其抗菌性能。至于这些二维材料的抗菌机理,MoS_2 和石墨烯基材料对革兰氏阴性菌和革兰氏阳性菌的抗菌效果与物理和化学因素的协同作用有关。其中,主要的机制就是纳米片锋利边缘引起细胞膜的应力,从而导致细胞膜的物理损伤。而 MXnen 作为一种新兴二维材料,也具有优异的抗菌性能,其机理主要有以下四方面:①MXene 纳米片表面的负电荷及其高亲水性将增强细菌与膜表面的接触,这将导致黏附细菌的失活;②MXene 纳米片的含氧基团和细胞膜的脂多糖链之间的氢键可以通过阻止营养物质的摄入来抑制细菌的生长;③具有锐边的单层 MXenes 具有吸附微生物的能力,锐边上的细菌细胞暴露可能导致膜损伤;④MXene 纳米片还可以与微生物细胞壁和细胞质中的一些分子发生反应,从而破坏细胞结构并导致细菌死亡。MXenes 具有超薄的薄层形态、独特的物理化学性质、显著的光热性能和优异的生物相容性,然而,迄今为止,关于 MXene 抗菌活性的研究报道很少(表 7.2)。例如,Rasool 等[68]首次引入 MXenes 作为一种新兴的抗菌生物材料,并验证了其对革兰氏阴性大肠杆菌和革兰氏阳性枯草芽孢杆菌的优异抗菌性能。他们发现,与 GO 相比,$Ti_3C_2T_x$ MXene 纳米片显示出更高的抗菌功效,并且具有明显的浓度依赖性杀菌能力。如 TEM 和 SEM 图像、谷胱甘肽(GSH)耗竭实验和乳酸脱氢酶释放实验所揭示的,$Ti_3C_2T_x$ MXene 的抗菌机理归因于电子转移引起的氧化应激和锐边引起的膜破裂之间的协同作用。后来,Rasool 等进一步构建了微米厚的 $Ti_3C_2T_x$ MXene 纳米片,该片涂有聚偏氟乙烯(PVDF)载体,并证明了其优异的抗生物污染效率,因为 $Ti_3C_2T_x$ MXen 纳米片与锐边上形成的锐钛矿型 TiO_2 纳米晶协同作用。在这些已有的基础上,Pandey 等[69]制作了 Ag-NPs 改性的 $Ti_3C_2T_x$ MXene 纳米片,作为超快净水膜具有独特的抗生物污染性能。

表 7.2 用于抗菌应用的新兴 MXenes 以及相应的合成策略和表面改性

材料名称	MXenes 的合成方法	表面改性	细菌类型	描述(技术和性能)	引用
Ti_3C_2	LiF/HCl 刻蚀和超声处理	N. A.	大肠杆菌和枯草芽孢杆菌	对革兰氏阴性和革兰氏阳性细菌的抗菌活性	[70] [71]
Ag NPs@ Ti_3C_2	LiF/HCl 刻蚀和超声处理	Ag NPs	大肠杆菌	对大肠杆菌的可控渗透性和杀菌性能	[69]

续表7.2

材料名称	MXenes 的合成方法	表面改性	细菌类型	描述(技术和性能)	引用
Bi_2S_3/Ti_3C_2	HF 刻蚀、TPAOH 插层和超声	Bi_2S_3	大肠杆菌和金黄色葡萄球菌	生态友好型光响应肖特基结可有效消除细菌感染	[72]
Nb_2C	HF 刻蚀、TPAOH 插层	N. A.	大肠杆菌和金黄色葡萄球菌	破坏生物膜直接消除细菌的多模态抗感染功能	[49]
V_2C	藻类提取	N. A.	大肠杆菌和金黄色葡萄球菌	协同光热对大肠杆菌和金黄色葡萄球菌的抗菌作用	[73]

Mayerberger 等[74]通过在氩气(Ar)流下进行超声处理,从多层(ML)$Ti_3C_2T_x$ 中获得 $Ti_3C_2T_x$。然后,他们评估了制备的 $Ti_3C_2T_x$ 纳米片对大肠杆菌(*E. coli*)和枯草芽孢杆菌(*B. subtilis*)的效果,他们发现在 200 μg/mL 的 $Ti_3C_2T_x$ 溶液中放置两种细菌 4 h 后,观察到 98% 以上的细菌细胞被灭活(图 7.6(a))。Rasool 等[70]还通过在聚偏氟乙烯(PVDF)载体上过滤制备了微米厚的 $Ti_3C_2T_x$ MXene 膜,并测试了其抗菌活性。他们发现,新鲜 MXene 膜对枯草芽孢杆菌和大肠杆菌的抑制率分别为 73% 和 67%,而老化 MXene 膜在相同条件下对这两种细菌的抑制率超过 99%。这可能归因于 $Ti_3C_2T_x$ 纳米片和表面上形成的 TiO_2/C 之间的协同效应(图 7.6(b))。为了探索 MXene 纳米片的原子结构对其抗菌性能的影响,Jastrzębska 等[75]分别以 Ti_2AlC 和 Ti_3AlC_2-MAX 为原料,通过相同的工艺合成了 Ti_2C 和 Ti_3C_2-MXene 纳米片。相同的工艺确保两种纳米片具有相同的表面官能团(—F 和—OH),只是它们的分子结构不同。结果表明,Ti_3C_2-MXene 对大肠杆菌的生长有抑制作用,而 Ti_2C-MXene 没有抑制作用,这表明 MXene 的抗菌性能与其分子结构有关(图 7.6(c))。Pandey 等[69]合成了一种具有超快净水能力的 Ag 修饰 $Ti_3C_2T_x$-MXene 基复合膜,通过溶液中硝酸银的自还原将不同比例的银纳米粒子(AgNPs)修饰在 $Ti_3C_2T_x$-MXene 基复合膜表面。此外,由于 AgNPs 位于 MXene 纳米片层之间,形成了 1 ~4 nm 的狭缝间隙,所产生的间隙可以作为通道供水流动,所以所得的膜具有高的水通量。作者表征了修饰 21% 银的 $Ti_3C_2T_x$ 膜和 $Ti_3C_2T_x$ 膜对大肠杆菌的杀菌性能,并与 PVDF 膜相对比,发现银修饰的 $Ti_3C_2T_x$ 膜对细菌的生长抑制率超过 99%,而单独 $Ti_3C_2T_x$ 膜对细菌的生长抑制率则为 60% 左右。推测其原因可能有以下两点:①Ag 和 MXene 都具有良好的抗菌性能;② MXene 表面的银所带的正电荷对带负电荷细菌膜有静电吸附作用(图7.6(d)、(e))。

最近,为了克服日益增加的抗生素耐药性,Li 等[72]阐述了一种利用 Bi_2S_3 和 $Ti_3C_2T_x$ 之间的接触电势差,由 $Bi_2S_3/Ti_3C_2T_x$ 纳米复合材料的界面肖特基结组成的环保光电材料(图 7.7(a))。具有优异光催化活性的 $Bi_2S_3/Ti_3C_2T_x$ 纳米复合材料在 808 nm 激光照射下极大提高了 ROS 的生成(图 7.7(a))。在近红外辐射下,$Bi_2S_3/Ti_3C_2T_x$ 纳米复合材料在 10 min 内杀死了几乎全部的金黄色葡萄球菌(*S. aureus*)(99.86%)和大肠杆菌(99.92%),这由活/死荧光染色、扩散板和 SEM 观察证实。除了 $Ti_3C_2T_x$ MXene 之外,Yang 等[49]在 Nb_2C MXenes 钛板的基础上构建了一种具有多模式抗感染功能的临床植入

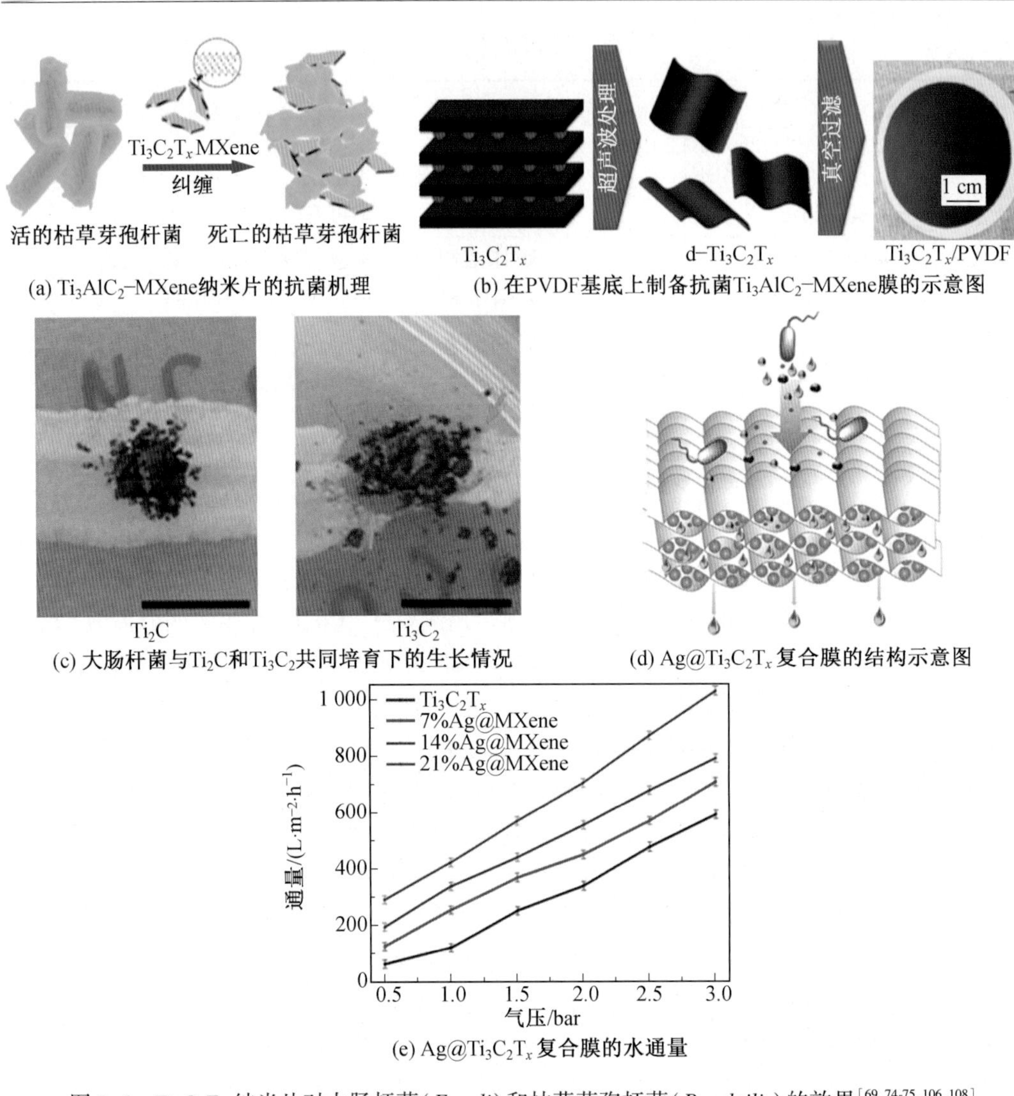

(a) Ti_3AlC_2-MXene纳米片的抗菌机理

(b) 在PVDF基底上制备抗菌Ti_3AlC_2-MXene膜的示意图

(c) 大肠杆菌与Ti_2C和Ti_3C_2共同培育下的生长情况

(d) Ag@$Ti_3C_2T_x$复合膜的结构示意图

(e) Ag@$Ti_3C_2T_x$复合膜的水通量

图 7.6 $Ti_3C_2T_x$ 纳米片对大肠杆菌(*E. coli*)和枯草芽孢杆菌(*B. subtilis*)的效果[69,74-75,106,108]

物,该植入物可以通过抑制生物膜形成、下调细菌能量代谢途径和增强形成的生物膜分离来破坏生物膜,从而直接杀死细菌(图 7.7(b))。这种临床植入物在光热转换的帮助下提高了细菌的致敏能力,从而降低了细菌清除所需的温度和对健康组织可能造成的损害。此外,基于 Nb_2C MXenes 的医用植入物能够通过清除感染性微环境中过量的 ROS 来减轻促炎反应,这可能有利于组织重塑和血管生成。特别是,Zada 等[73]发现,强大的近红外吸收和显著的光热转换能力使 V_2C-MXene 成为一种出色的杀灭细菌的光热剂。抗菌效率评估证实,V_2C MXene 在近红外激光照射 5 min 后,能有效杀死革兰氏阴性大肠杆菌和革兰氏阳性金黄色葡萄球菌,远高于之前关于 Ti_3C_2、Ta_4C_3 和 Nb_2C MXenes 抗菌活性的报道。鉴于 MXenes 的化学行为主要取决于过渡金属和表面终止官能团,各种物理化学特性与抗菌性能密切相关。Jastrzebska 等[75]发现,MXenes 的抗菌效果可能受到化学计量的影响。根据先前的研究,他们观察到 Ti_3CT_x MXene 可以抑制细菌的生长,而 $Ti_3C_2T_x$

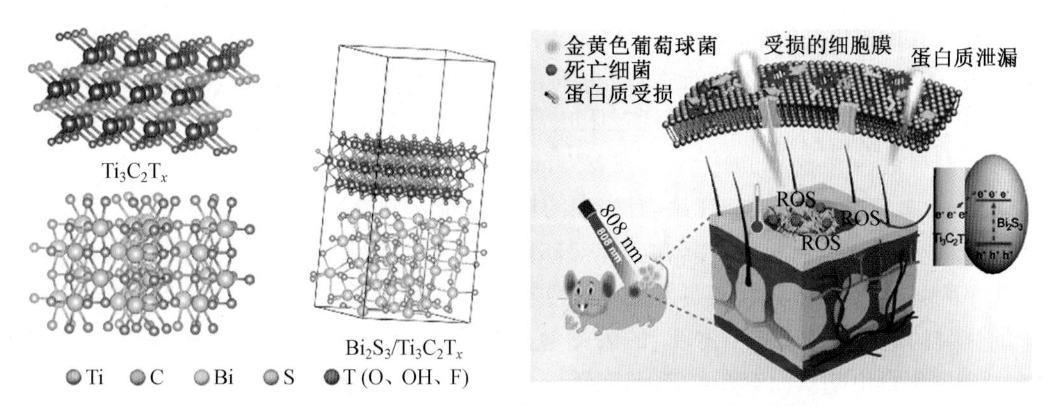

(a) 方案展示了优化后的Bi_2S_3、$Ti_3C_2T_x$和$Bi_2S_3/Ti_3C_2T_x$的晶体结构

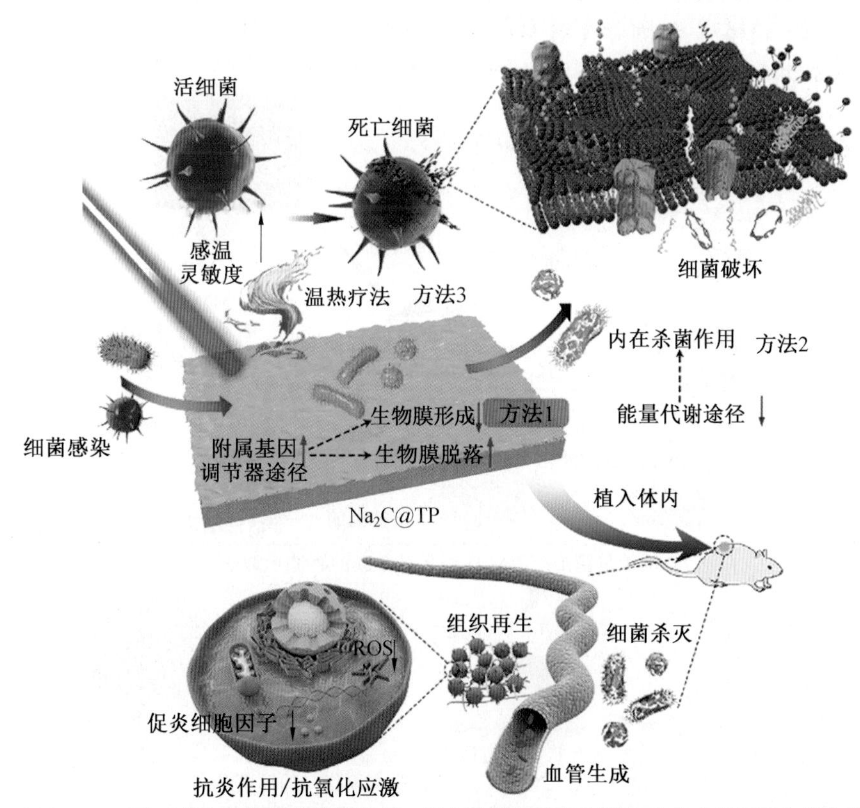

(b) Nb_2C-MXene的三联抗菌策略(生物膜抗性、固有杀菌效果和热消融)和体内组织再生能力的示意图

图 7.7　基于 MXene 的纳米系统的抗菌活性[49,72,76]

MXen 显示出可忽略的细菌抑制功能。XPS 结果表明，Ti_2CT_x 和 $Ti_3C_2T_x$ MXene 的表面化学性质相似，因此，具有独特化学计量的 MXenes 的抗菌活性归因于原子尺度上的结构差异。此外，Arabi 等[71] 证明，$Ti_3C_2T_x$ MXene 显示出与暴露时间和尺寸相关的抗菌活性。较小的纳米片对革兰氏阳性和革兰氏阴性细菌具有较高的抗菌性能。因此，对超薄 MXene 纳米片的精细调节对于为广泛和多种抗菌应用打开大门至关重要。

在各种二维材料中，MXenes（特别是 $Ti_3C_2T_x$）已成为一种有前途的候选材料，显示出比石墨烯氧化物更高的抗菌活性。MXenes 以其锐利的边缘、亲水性和细胞膜脂多糖的氢键作用,可以提高细胞膜的通透性,使得细菌细胞膜破裂,破坏 DNA,从而起到较好的抑菌作用。MXene 官能团也被报道通过阻止营养物质的摄入而抑制细菌的生长,导致细胞失活。据报道,MXenes 的原子结构在 MXene 的抗菌性能中起着关键作用[75]。据报道,一些 MXene 如 $Ti_3C_2T_x$ 和 $TiVCT_x$ 具有内在的抗菌性能。此外,通过在脂质双层上形成导电桥,将反应性电子从细菌细胞转移到外部环境,最终导致细胞死亡[77]。在影响 MXenes 抗菌效率的各种因素中,环境条件和细菌细胞壁结构起着至关重要的作用。环境条件有助于加速膜的老化,空气中 $Ti_3C_2T_x$ 的表面氧化导致形成锐钛矿型 TiO_2 纳米晶。形成的 TiO_2 会催化自由基从而刺激细菌细胞壁上的氧化反应,最终增强 $Ti_3C_2T_x$ 的抗菌性能。由于革兰氏阴性和革兰氏阳性细菌的肽聚糖厚度不同(在大肠杆菌中肽聚糖较薄[78],在枯草芽孢杆菌中较厚[79]),因此在对 MXene 的抗性方面观察到了相应的差异。在一项研究中,Xu 等[80]报道了基于 MXene 的多模式抗菌平台(图 7.8(a)、(b))。将阿莫西林、

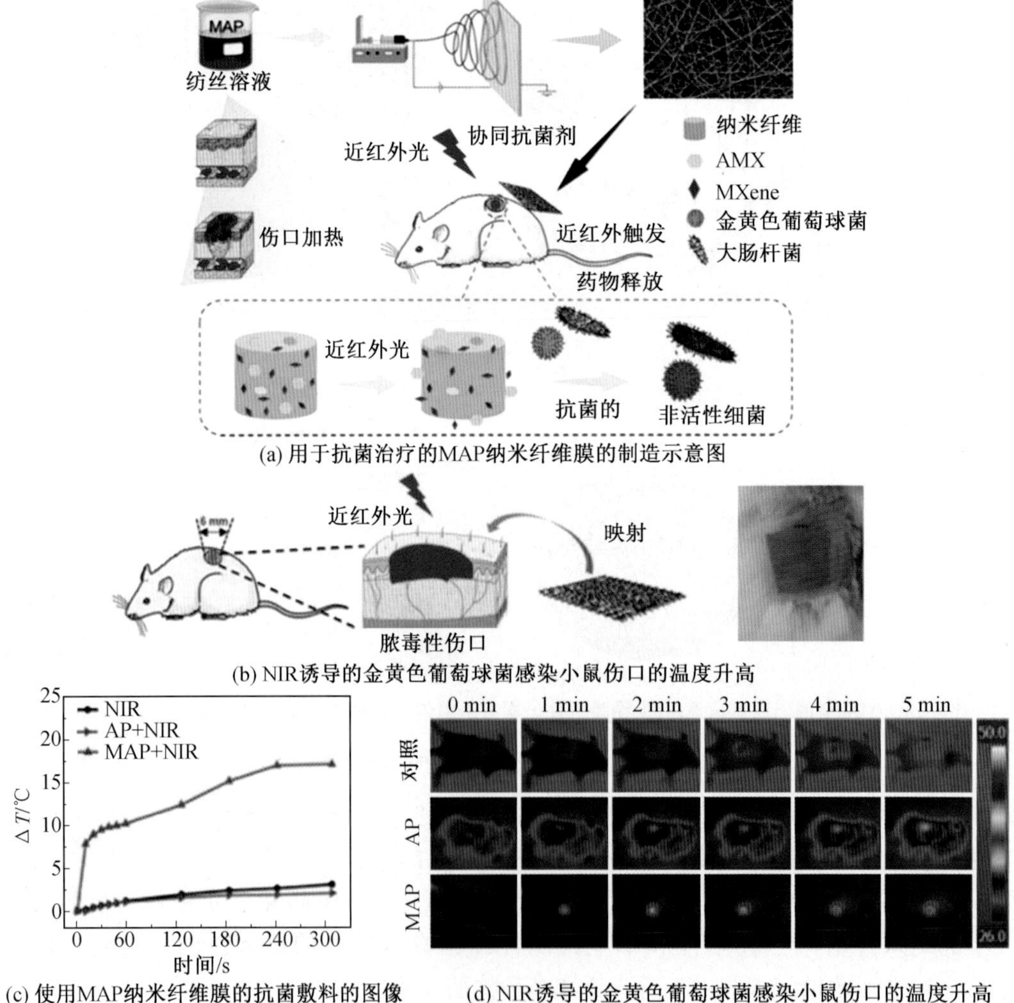

(a) 用于抗菌治疗的MAP纳米纤维膜的制造示意图

(b) NIR诱导的金黄色葡萄球菌感染小鼠伤口的温度升高

(c) 使用MAP纳米纤维膜的抗菌敷料的图像

(d) NIR诱导的金黄色葡萄球菌感染小鼠伤口的温度升高

图 7.8 基于 MXene 的多模式抗菌平台[42,80-81]

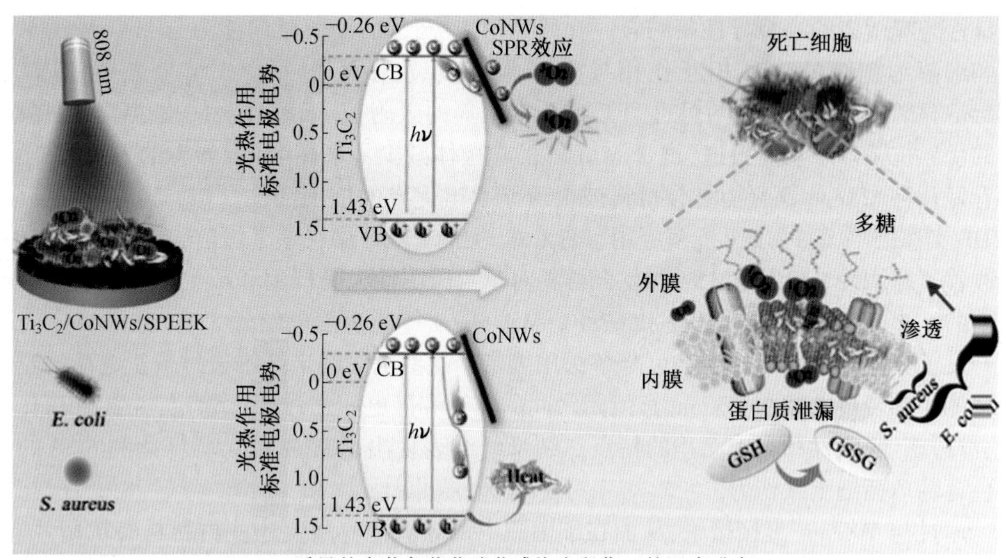

(e) NIR诱导的金黄色葡萄球菌感染小鼠伤口的温度升高

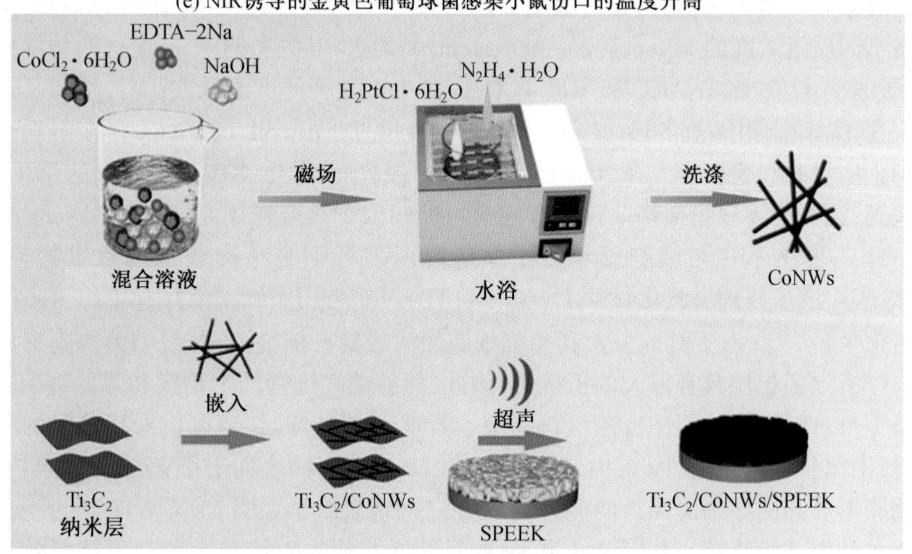

(f) 多孔SPEEK上$Ti_3C_2T_x$/CoNWs异质结涂层的合成工艺

续图 7.8

MXene 和聚乙烯醇电纺成纳米纤维抗菌膜。在该研究中，聚乙烯醇（PVA）基质控制阿莫西林的释放，而 MXene 将近红外光转化为热量，导致局部过热，从而促进阿莫西林的释放。最终，局部低温和阿莫西林的协同作用导致细菌失活。该实验中制备的膜不仅起到载体的作用，以共同负载阿莫西林和 MXene，而且还显示出高抗菌和加速伤口愈合的能力。Liu 等[81]报道了一种用于抗菌应用的有趣的近红外激活的 MXene-Co 纳米线 2D/1D 异质结（图 7.8(c)、(d)）。因为近红外诱导的高温和 ROS 的产生，应用于矫形植入物上的异质结在 20 min 内达到了 90% 的抗菌效率。

MXenes 与金属氧化物、聚合物、纳米颗粒和噬菌体结合也因其增强的抗菌性能而引起了广泛的研究兴趣。Mansoorianfar 等[82]报道了一种有趣的情况，即 $Ti_3C_2T_x$ 的固有抗菌特性与噬菌体的高特异性相结合。在研究中,噬菌体的细菌靶向能力与 MXene 纳米碎片和细菌细胞膜的物理相互作用导致细胞壁破裂,微生物死亡。结果表明,$Ti_3C_2T_x$ MXene 显著提高了噬菌体在水生环境中长期培养的吸附速率和稳定性,提供了对细菌靶标的优异抗菌效果。据报道,携带 MXene 的噬菌体减少了水样中 99.99% 的人为污染,已经有好几种 MXene 聚合物复合材料被报道显示出优异的抗菌活性。Rasool 等[70] 报道了 PVDF 支撑的 $Ti_3C_2T_x$ 用于抗菌应用。$Ti_3C_2T_x$ 上的 PVDF 涂层除了缓解膜中的大孔之外,还改善了疏水性。PVDF/MXene 复合材料对革兰氏阴性大肠杆菌和革兰氏阳性枯草芽孢杆菌的细胞减少率分别为 73% 和 67% 。Mayerberg 等通过静电纺丝 $Ti_3C_2T_x$ MXene 壳聚糖开发了具有抗菌性能的生物可降解医用绷带。这些电纺纳米纤维通过带正电荷的壳聚糖官能团和带负电荷的 MXene 官能团之间的氢键和静电相互作用而稳定,并具有高孔隙率、渗透率、吸收性和大表面积的特点。纳米纤维表现出了 95% 的大肠杆菌和 62% 的金黄色葡萄球菌细胞杀伤力。

通过与 MXenes 直接接触,从而在细菌膜中诱导氧化应激使这些材料具有抗菌性能,可用于健康和环境领域,包括公共卫生和水处理。研究人员研究了大肠杆菌和枯草芽孢杆菌与不同质量浓度的 MXenes(2 ~ 200 μg/mL)反应 4 h 的实验[68]。在这两种细菌菌株中,分层的 $Ti_3C_2T_x$ 比 Ti_3AlC_2 和多重 $Ti_3C_2T_x$ 产生更显著的抗菌活性,而且呈现了剂量依赖性。在 TEM 图像中,在 50 μg/mL、100 μg/mL 和 200 μg/mL 的 Ti_3C_2 存在下观察到明显的细胞质泄漏和膜损伤。在分层的 $Ti_3C_2T_x$ 上吸收后,微生物被浓度增加的 $Ti_3C_2T_x$ 纳米片包裹,这可能导致膜损伤。这些影响也可能归因于具有强还原活性的 MXene 和反应表面。$Ti_3C_2T_x$ 纳米片与细胞壁和分子反应可以破坏细胞结构并杀死微生物。最近,Nb_2C 纳米片被接枝到酰胺化钛片上(Nb_2C@ TP)以制备用于细菌清除和组织再生的生物功能治疗平台[49]。由于对抗生素和免疫细胞的渗透具有抵抗力,入侵细菌黏附形成的生物膜与浮游细菌相比具有很大的抵抗力;因此,能够破坏细菌的生物膜和降低细菌的生物抗性是一个材料可以被用作抗菌材料的基本要求。增加 Nb_2C 浓度仅导致轻微的细菌死亡,但活细菌生物膜衰退(图 7.9(a))。在 Nb_2C-3@ TP 的表面上细菌破裂,证明了其抑制生物膜形成和诱导细菌凋亡的能力。RNA 序列转录组学表明 Nb_2C@ TP 通过下调能量代谢相关基因并激活核心基因 Agr,进而显著影响细菌的生长和增殖产生抗菌效果。在 808 nm 激光下,Nb_2C@ TP 实验组中的金黄色葡萄球菌和大肠杆菌的菌落和存活率随着照射时间的增加逐渐降低。根据 TEM 成像,金黄色葡萄球菌和大肠杆菌的细胞壁和细胞膜变得模糊,被破坏了其中的气泡,并扭曲了细胞质结构(图 7.9(b))。由 Nb_2C@ TP 引起的过高热诱导了纤毛和鞭毛的脱落,减弱了细菌的传播,从而防止生物膜的形成。最后,细菌细胞质变空,只剩下一些无定形的碎片。乳酸脱氢酶(LDH)实验和邻硝基苯-β-半乳糖苷(ONPG)水解实验(图 7.9(c)、(d))阐明 Nb_2C@ TP 通过温热疗法可以破坏细菌膜并导致细菌死亡。为了抑制浮游细菌和生物膜的形成,Nb_2C@ TP 与激光治疗协同使用和 Nb_2C@ TP 单独使用相比较,Nb_2C@ TP 与激光治疗协同使用细菌的存活率更低(图7.9(e))。此外 Nb_2C@ TP 在激光的照射下可以避免过量的 ROS 产生,以减少促炎反应的发生并上调血管内皮生长因子,以促进血管生成、组织再生和伤口愈合。

研究人员还比较了 GO 的效果[83]。质量浓度为 200 μg/mL 的 GO 可以导致革兰氏阳

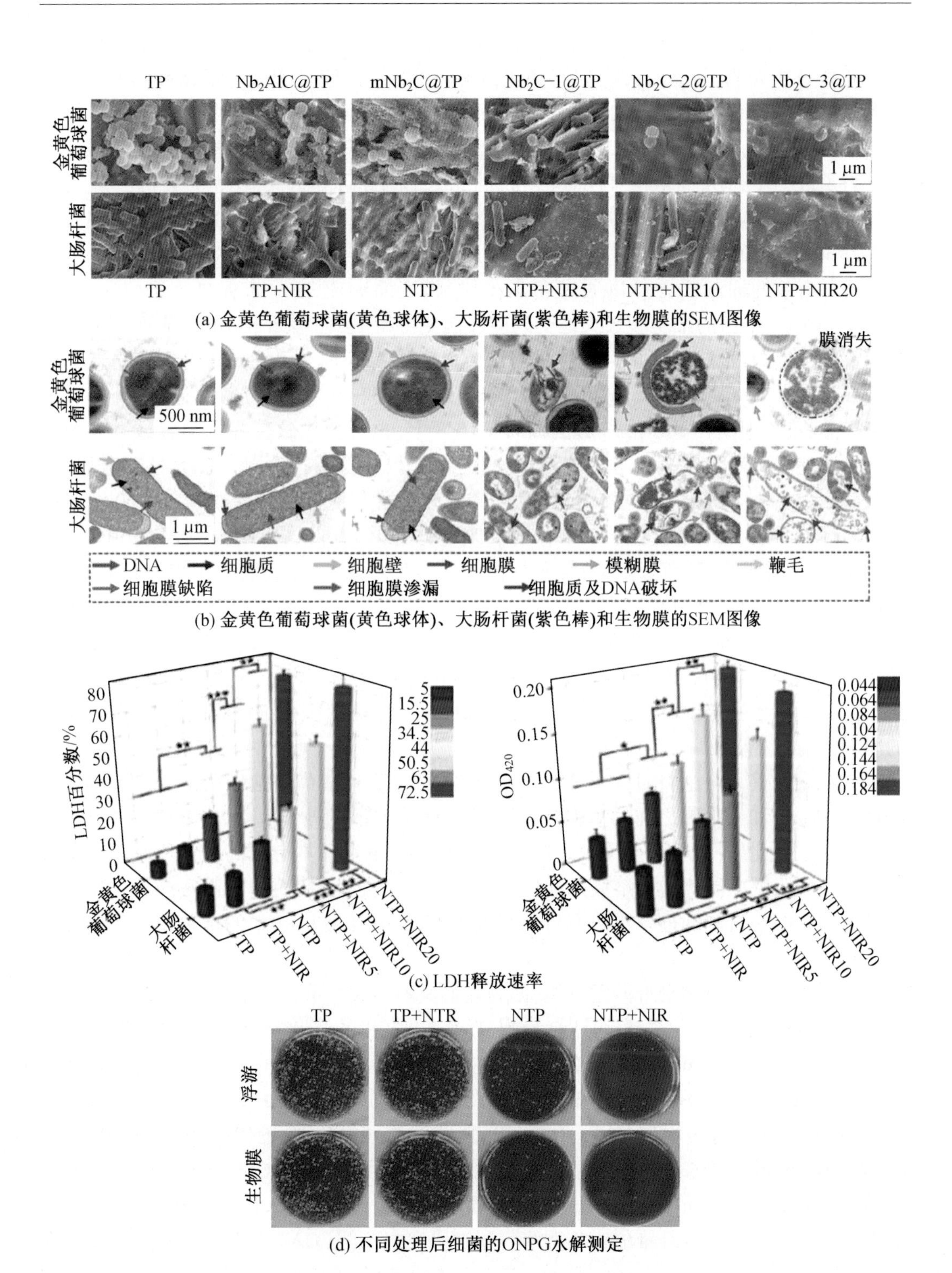

(a) 金黄色葡萄球菌(黄色球体)、大肠杆菌(紫色棒)和生物膜的SEM图像

(b) 金黄色葡萄球菌(黄色球体)、大肠杆菌(紫色棒)和生物膜的SEM图像

(c) LDH释放速率

(d) 不同处理后细菌的ONPG水解测定

图7.9　基于MXene的抗菌材料[49,67]

性枯草芽孢杆菌和革兰氏阴性大肠杆菌 90% 灭活,这低于相同浓度下 $Ti_3C_2T_x$ 的 98% 灭活。SEM 分析表明,与 rGO 复合材料相比,MXene-纤维素膜显著减少了金黄色葡萄球菌和大肠杆菌在表面的聚集。MXene-纤维素膜与大肠杆菌和金黄色葡萄球菌悬浮液孵育 24 h 后,几乎没有任何细菌分布在表面,这表明 MXene-纤维素膜的抗菌性能优于 rGO 膜。为了进一步研究 MXene 与细菌之间的相互作用,研究人员制备了聚偏二氟乙烯(PVDF)支撑的 $Ti_3C_2T_x$ 用于暴露于细菌悬浮液[70]。尽管老化的 $Ti_3C_2T_x$ 膜在室温下储存超过 30 天,但暴露于 $Ti_3C_2T_x$ 膜的细菌密度和存活率均低于暴露于对照组 PVDF 的细菌。这种有效的抑制活性可以通过在 $Ti_3C_2T_x$ 膜表面形成 TiO_2 来促进。研究还发现,$Ti_3C_2T_x$ 表面上细菌的细胞膜极大地受到破坏而变得粗糙,远不如 PVDF 组表面上的光滑和完整。此外,其他研究人员通过微量肉汤稀释法和 SYTO9 荧光法深入研究了抗菌作用模式[71]。$Ti_3C_2T_x$ 在 Terrific Broth(TB)培养基中的沉淀与经 $Ti_3C_2T_x$ 处理和未经处理的细菌样品相比,即使在 100 μg/mL 的高质量浓度下,也不会导致荧光的位置或高度出现任何显著差异。研究了细菌与 $Ti_3C_2T_x$ 之间的物理相互作用特性,与 $Ti_3C_2T_x$ 纳米片(横向尺寸 0.09 ~ 4.40 μm)共同孵育后,大肠杆菌和枯草芽孢杆菌的计数和 SYTO9 荧光强度显著降低。最小横向尺寸为 0.09 μm 的 $Ti_3C_2T_x$ 纳米片可以导致细菌种群约 50% 的分散,并且可以降低大肠杆菌和枯草芽孢杆菌的平均荧光强度,这表明 $Ti_3C_2T_x$ 对细菌包膜的破坏更大,抗菌活性更高。类似地,在长时间暴露后,细菌表现出 90% 以上的分散和大于 95% 的 DNA 从细菌胞质溶胶中释放。实验结果中的荧光强度和细菌死亡率的变化表明 $Ti_3C_2T_x$ 纳米片的抗菌性能与纳米片的大小和时间有关。同时,MXene 与超小金纳米粒子结合可以产生局部高浓度的活性氧,该活性氧可以持续氧化细菌膜脂质,以破坏细菌的膜和 DNA。

MXene 及其复合材料对大肠杆菌、金黄色葡萄球菌和枯草芽孢杆菌具有显著的抗菌活性。MXene 和细胞膜之间的直接接触会导致细菌分散的改变,并发生实质性损伤,导致细菌死亡。此外,具有更多尖锐边缘的较小 MXene 纳米片具有更高的穿透胞质溶胶和切割细菌细胞壁以渗透胞质溶胶并破坏膜完整性的可能性,从而释放胞质成分。对这种不可逆细胞损伤机制的进一步研究对于实现 MXenes 在生物医学中的抗菌作用具有重要意义。

静电纺天然聚合物绷带非常有用,因为它们具有抗菌、可生物降解、无毒和低成本的特性。Mayerberger 等[84]报道了具有分层 $Ti_3C_2T_x$ 薄片的壳聚糖纳米纤维的性能。图 7.10显示了具有不同 MXene 浓度的纺丝态电纺交联 $Ti_3C_2T_x$/CS 纳米纤维的 SEM 显微照片,比例尺是 5 μm。图 7.10(a)中的 SEM 图是具有均匀圆柱形纤维的初纺 $Ti_3C_2T_x$/CS(壳聚糖)纤维。形状均匀的 $Ti_3C_2T_x$/CS 纳米纤维可以以含有 0%、0.05%、0.1%、0.25%、0.5%或0.75%的 $Ti_3C_2T_x$ 制备,这是因为这些浓度的 $Ti_3C_2T_x$ 形成的是均匀且没有珠状颗粒的纤维。从图 7.10(b)~(f)中还可以明显看出,$Ti_3C_2T_x$/CS 纳米纤维显示出具有均匀直径的非织造纤维的密集网络。通过研究戊二醛(GA)交联电纺 $Ti_3C_2T_x$/CS 纤维的抗菌活性,图 7.11(a)~(b)显示了用大肠杆菌和金黄色葡萄球菌处理 4 h 后,含有 0.75% $Ti_3C_2T_x$/CS 的 GA 的抗菌活性。GA 交联的 $Ti_3C_2T_x$/CS 复合纳米纤维处理后,大肠杆菌的细菌细胞减少约 95%,金黄色葡萄球菌的细菌细胞减少约 62%,对大肠杆菌有

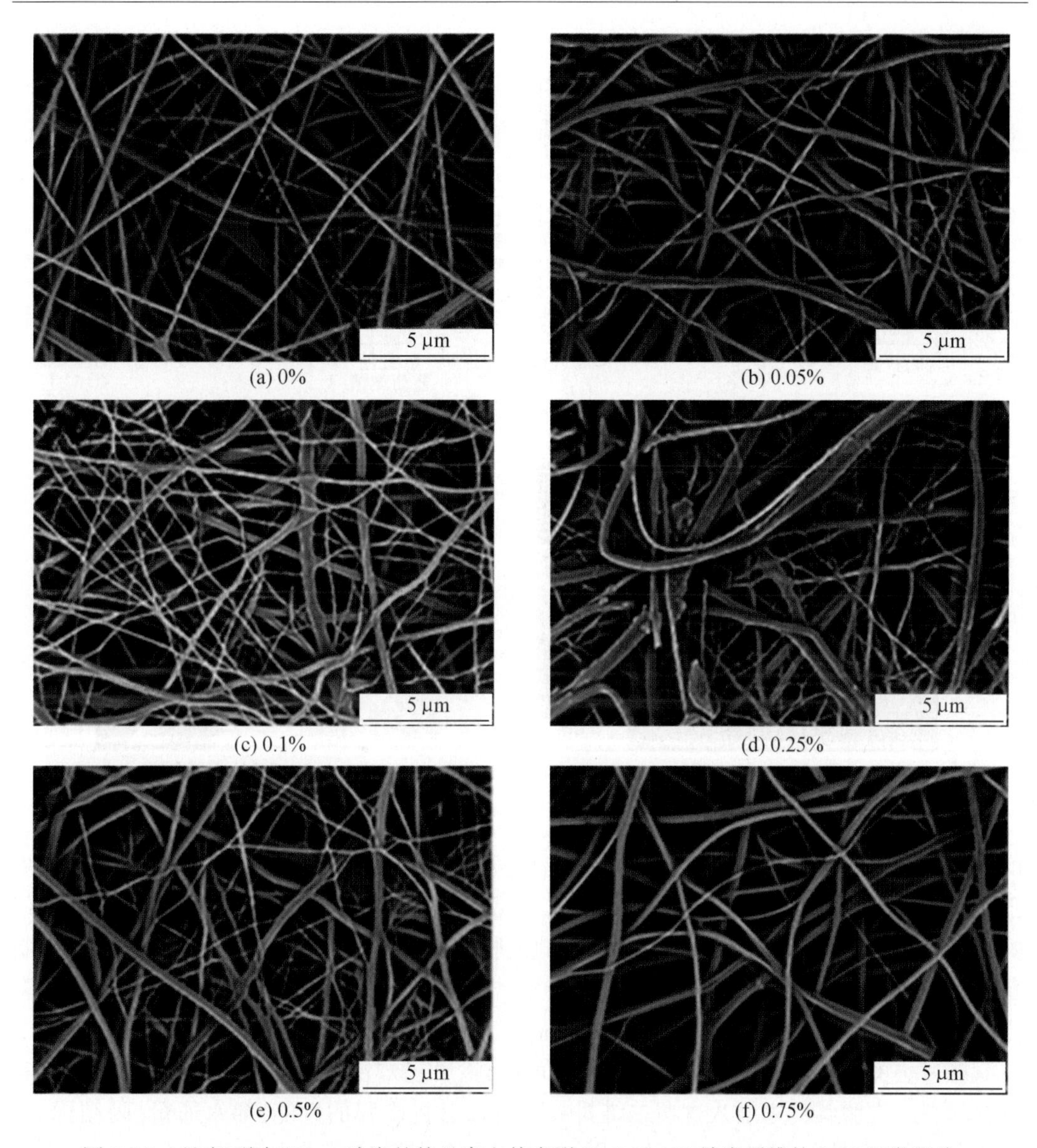

(a) 0%　(b) 0.05%　(c) 0.1%　(d) 0.25%　(e) 0.5%　(f) 0.75%

图7.10　具有不同MXene浓度的纺丝态电纺交联$Ti_3C_2T_x$/CS纳米纤维的SEM显微照片

更好的杀伤效果是由于GA修饰了CS纤维。相比之下,抗金黄色葡萄球菌的细胞减少较少是由于革兰氏阳性细菌的细胞壁较厚。图7.11(a)、(b)所示为大肠杆菌和金黄色葡萄球菌的抗菌活性。B-X和GA-X分别用NaOH和戊二醛处理过。图7.11(c)、(d)所示为SEM显微照片显示大肠杆菌完好无损,然后在0.75%的$Ti_3C_2T_x$/CS纳米纤维片上被破坏[74]。氢氧化钠交联的$Ti_3C_2T_x$/CS对相同细菌的抗菌活性较小。纳米纤维复合材料中的$Ti_3C_2T_x$显示出即使在低浓度下也具有显著的抗菌活性。

除了寻找高效抑菌的MXene基质材料外,MXene与其他抗菌剂的“强强联合”也是制备高性能抑菌材料的研究途径之一。Pandey等通过在纳米片表面自还原合成了一种银纳米颗粒(AgNPs)修饰的MXene复合膜。在该复合膜中,AgNPs位于层与层之间,使膜

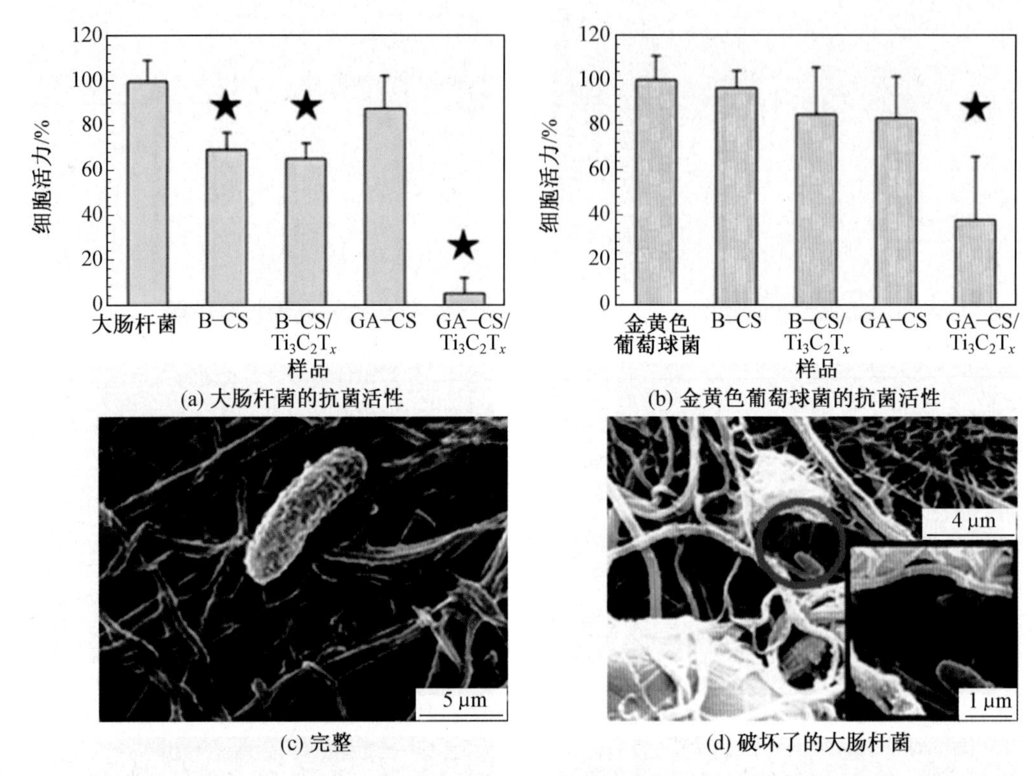

图 7.11 MXene 对大肠杆菌和金黄色葡萄球菌的抗菌活性[74]

的层间隙增大到 1 ~4 nm,这些层间隙可有效充当输水通道。因此,该复合膜不仅具有更强的杀菌能力,还同时提高了水的渗透率,显示出高效且超快的净水能力。MXene 不仅具有高效杀菌抑菌功能,还同时具有良好的成膜性,这也启发了研究人员利用该材料来制备抗菌膜,用于污水处理。目前,由实验合成 MXene 及其复合物种类多样且呈不断增多之势,其中不乏值得人们深入挖掘的 MXene。

在过去的几年里,MXenes 获得了广泛的关注,并已广泛地发展成各种类型、混合体和复合材料。在膜结构中引入这些二维材料可以显著提高膜的性能,如水通量、膜结构等。因此,这可以导致需要更低能量的过程,以及更长的膜的使用寿命。亲水的 MXene 膜已经证明了它的抗菌能力,表现出对多种细菌的巨大抗菌活性。种类繁多的细菌已经表明,含有 MXene 纳米颗粒的膜比不含 MXene 的膜具有更好的抗菌性能。为了制造出新的多功能抗菌材料,应该投入更多的精力来设计和开发适合未来生物医学用途的新 MXenes。

7.4 MXene 在癌症诊断与治疗方面的应用

与传统的抗癌方式如化疗和放疗相比,依赖光的疗法可以提供更高的空间特异性和操作可控性,这可能会提高治疗的有效性,同时最大限度地减少对健康细胞的附带损害。新型的二维纳米材料 MXene 已经被开发出来用于癌症的光疗,并且已经表现出强大的优势。由于量子束缚效应,二维纳米材料具有独特的电子结构,因此显示出独特的光子相互作用模式,其中一些对肿瘤的光治疗非常有用。二维纳米材料介导的光疗一般通过两种不同的方法实现,即肿瘤光热疗法(PTT)和肿瘤光动力疗法(PDT)。

在面对癌症时,需要解决使用传统诊断模式延迟诊断癌症的问题,以降低癌症死亡率。最近,二维纳米材料支持的先进生物传感器已显示出对癌症早期诊断的潜力。MXene 的高表面积、表面官能团可用性和优异的导电性使其成为制造疾病诊断的先进电化学生物传感器的二维材料的首选。MXene 使电化学适体传感器在检测具有 1×10^{-6} 检测极限的癌症生物标志物方面显示出巨大的前景。此外,MXene 能使适体传感器的稳定性、合成的容易性、良好的再现性和高度的特异性有望成为主流的诊断方法。最近,基于生物传感器的先进诊断方法已显示出早期诊断癌症和其他致命疾病的潜力。用于检测的几种技术是光学、电化学和压电。基于电化学的几种生物标志物的检测,如上皮细胞黏附分子(EpCAM)、分化抗原簇(CD44)、血管内皮生长因子(VEGF)、Mucin 黏蛋白 1(Mucin 1)、癌胚抗原(CEA)引起了极大的关注。电化学技术(安培法、伏阻法或电位法)为癌症生物标志物的早期检测提供了一个高度灵敏、快速且经济高效的平台。电化学装置的小型化有助于其方便使用。此外,电化学技术可以达到飞摩尔检测水平并提供高选择性。最近的研究表明,纳米材料在增强用于早期检测癌症的电化学装置性能方面发挥了关键作用。过去十年,二维材料的优异电、机械、电化学和光学特性在包括疾病诊断和治疗在内的各个领域的广泛应用引起了人们的广泛关注。

7.4.1　光热治疗

PTT 指的是利用光来治疗肿瘤,目的是通过热消融来物理地去除肿瘤组织,通常需要外源性光热传感器将入射光转换为热,从而利用过高热杀死肿瘤细胞。体内 PTT 的效率主要取决于肿瘤组织的位置及深度,光热材料在癌组织的积累,光热转化能力以及光剂量(即光激发时间和光功率密度)。MXene 衍生的纳米材料是一种无机二维材料,是由过渡金属的碳化物、氮化物或碳四化物形成的二维化合物,其中大多数是亲水的,并拥有高的光热能力。基于 MXenes 的二维光热纳米系统的一个显著例子是纳米片。Lin 等[85]在最近的研究中描述了纳米片的制备过程和相关优势。开发了一种两步剥离方法,包括 HF 刻蚀和氢氧化四丙铵插层的联合处理,从基质中合成纳米片。纳米片被进一步涂上相变的乳酸-乙醇酸(ploy),以防止含有金属的化合物内容物渗入人体,因此提高了其生物相容性。Xuan 等[86]优化了合成过程,并开发了一种有机碱驱动的方法来制备和功能化原子核的 PEG 化的纳米片。由于纳米片的表面被阴离子覆盖,纳米片在水溶液中表现出高度的稳定性,即使在高度氧化的条件下也没有发现明显的降解。此外,纳米片呈现出良好的光稳定性,与传统的光热剂相比,光热效率损失最小,这对重复性光热是有利的。

Shahazad 等[87]对 MXenes 的光吸收机制进行了研究,发现 MXenes 优异的导电性和薄膜的分层结构,使得其产生 EMI 屏蔽机制,如图 7.12(a)所示。入射电磁波进入 MXenes 的分层结构后,由于表面终止基团的大量电荷,除了穿过 MXenes 薄片,电磁波一部分会在层表面出现反复的光反射,出现重复的衰减现象,直至被 MXenes 完全吸收。EMI 屏蔽机制说明 MXenes 具有高效的电磁波吸收能力,能够有效吸收光能。Chaudhuri 等[88]利用连续 MXene 膜的光学特性,通过数值模拟的方法评估了 $Ti_3C_2T_x$ 纳米结构的性能。结果表明，在 TM/TE 偏振光的激发下，$Ti_3C_2T_x$ MXene 纳米结构中表现出了对偏振光的宽带吸收和明显的局域表面等离子共振（LSPR）效应。LSPR 效应常见于金、银、铂等贵金属纳米粒子，指的是入射光线的光子频率与贵金属纳米颗粒传导电子的整体振动频率相匹配时，纳米颗粒会产生对光子能量的强吸收，表现为在光谱上强的共振吸收峰。Fan 等[89]验证了 PEG/$Ti_3C_2T_x$ MXenes 基于强光吸收和 LSPR 效应的光热转换能力。图 7.12（b）所示为纯 PEG、PEG（80%）/GNs（石墨纳米片）和 PEG（80%）/$Ti_3C_2T_x$ 的 UV-Vis-NIR 吸收光谱。结果表明，PEG（80%）/$Ti_3C_2T_x$ 在整个 UV-Vis-NIR 范围内对光具有强吸收，且在可见光（610 nm）和近红外光（1 148 nm）处观察到两个吸收峰，说明 $Ti_3C_2T_x$ 与光产生了 LSPR 效应。

多项实验结果表明：MXene 对光的强吸收能力以及它的 LSPR 效应，使 MXene 表现出优异的光热转换性能，此外，再加上其金属性、窄带隙特性和高度非辐射性质，使得 MXene 能够作为光热治疗的高效光热剂。

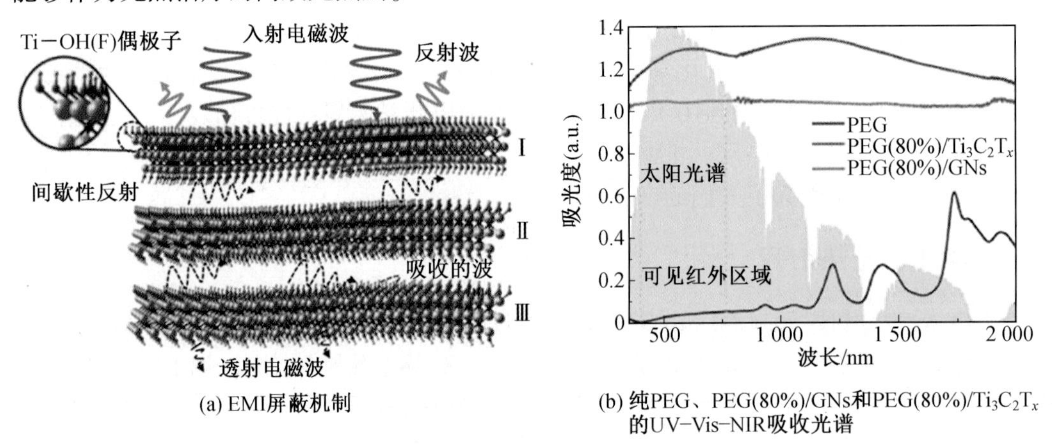

(a) EMI屏蔽机制

(b) 纯PEG、PEG(80%)/GNs和PEG(80%)/$Ti_3C_2T_x$的UV-Vis-NIR吸收光谱

图 7.12　MXenes 的光吸收机制

消光系数和光热转换效率是评估光热纳米材料性能的两项重要指标。以下明确了消光系数和光热转换效率的实验和计算方法[90]。

消光系数 ε 代表了光热纳米材料的光吸收能力，根据朗伯-比尔定律，有

$$A(\lambda)=\varepsilon LC \tag{7.1}$$

式中，$A(\lambda)$ 为 λ 波长处的吸光度；L 为吸收层厚度（1 cm）；C 为光热纳米材料的浓度。

消光系数 ε 等于单位浓度、单位吸收层厚度的对某波长光的吸光度，单位为 L/（g · cm）。配置不同浓度的光热纳米材料水悬浮液，用可见-近红外吸收光谱仪得到近红外吸收光谱图，如图 7.13（a）、（b）所示分别为 Nb_2C-PVP 纳米片的近红外吸收光谱图和线性拟合图。特定 NIR 波长的消光系数 ε 等于在该波长下单位吸收层厚度的吸光度 A/L 与浓度 C 线性拟合后的斜率。

光热转换效率 η 衡量了光热材料将光能转化为热能的能力。在整个光热过程中系统的总能量平衡[91]，即

$$\sum_i m_i C_{\mathrm{p},i}\frac{\mathrm{d}T}{\mathrm{d}t}=Q_{\mathrm{PTM}}+Q_{\mathrm{Dis}}-Q_{\mathrm{Surr}} \tag{7.2}$$

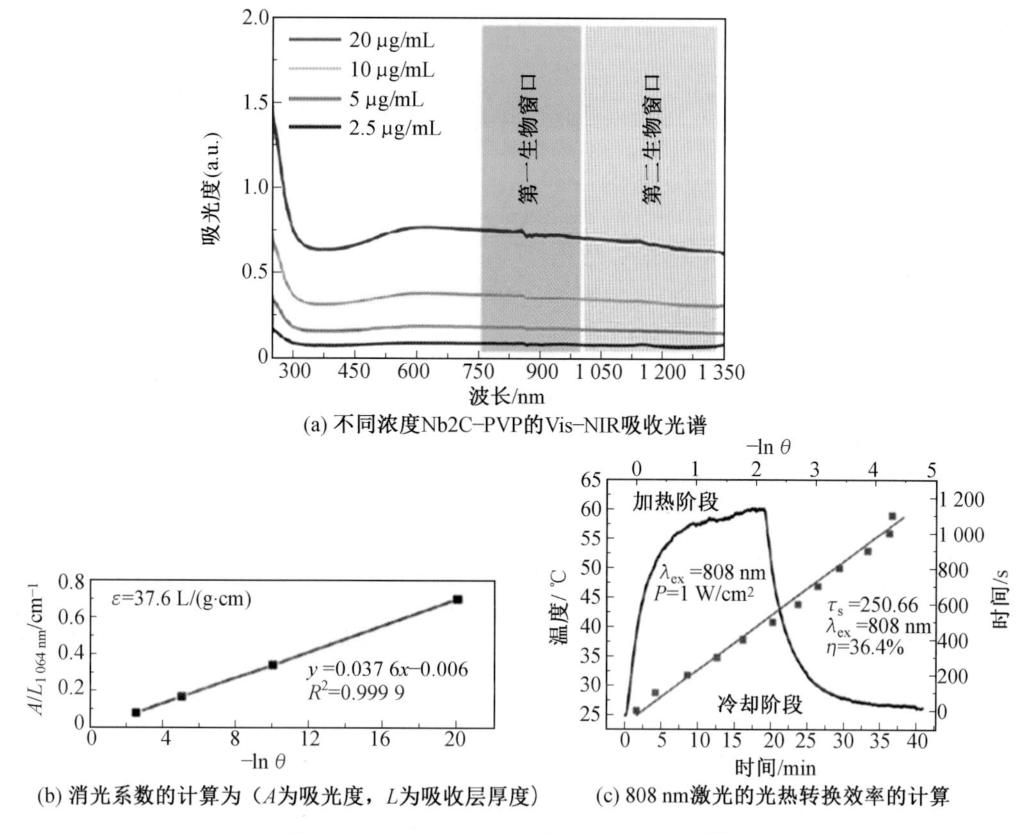

图7.13　Nb_2C-PVP纳米片的光吸收作用[24]

式中，C_p和m为热容量和溶剂(水)的质量；T为溶液温度；Q_{PTM}为光热纳米材料的能量输入；Q_{Dis}为样品池的基线能量输入；Q_{surr}为空气从系统表面传导出去的热量。

近红外(NIR)激光诱导的源项Q_{PTM}表示在NIR激光的照射下光热纳米材料表面上的等子立体激子的电子声子弛豫所散发的热量，即

$$Q_{PTM}=I(1-10^{-A\lambda})\eta \tag{7.3}$$

式中，I为入射激光功率(以mW为单位)；A_λ为光热纳米材料在NIR波长处的吸光度；η为光热转换效率。

Q_{dis}表示样品池本身光吸收散发的热量，使用仅含纯水的样品池测量得到

$$Q_{dis}=(5.4\times10^{-4})I \quad (\text{mW})$$

Q_{surr}表示温度相关参数，与热能输出成线性关系，即

$$Q_{surr}=hS(T-T_{surr}) \tag{7.4}$$

式中，h为传热系数；S为容器的表面积；T_{surr}为周围环境的温度。

使用NIR激光照射光热纳米材料的水悬浮液，直至达到最大温度后关闭激光，让悬浮液冷却至室温，每两分钟记录一次悬浮液温度，图7.13(c)为Nb_2C-PVP纳米片的光热转换系数实验图。按如下方式计算光热纳米材料光热转换效率η。

当NIR激光的功率确定后，热量输入$Q_{PTM}+Q_{dis}$是确定的，而随着温度升高，热量输出Q_{surr}逐渐增加，当热量输入等于输出时，系统温度达到最大值T_{Max}，由式(7.4)得

$$Q_{PTM}+Q_{Dis}=hS(T_{Max}-T_{surr}) \tag{7.5}$$

定义

$$\theta=\frac{T-T_{surr}}{T_{Max}-T_{surr}} \tag{7.6}$$

和系统传热时间常数

$$\tau_S=\frac{\sum_i m_i C_{p,q}}{hS} \tag{7.7}$$

与式(7.4)一起带入式(7.2)得

$$\frac{d\theta}{dt}=\frac{1}{\tau_S}\left(\frac{Q_{PTM}+Q_{Dis}}{hS(T_{Max}-T_{surr})}-\theta\right) \tag{7.8}$$

当无热量输入,即 $Q_{PTM}+Q_{Dis}=0$ 时,式(7.6)变为

$$\frac{d\theta}{dt}=-\frac{\theta}{\tau_S} \tag{7.9}$$

对 θ 积分得

$$\tau=-\tau_S\ln\theta \tag{7.10}$$

在系统冷却过程中,对时间 t 和 $-\ln\theta$ 进行线性拟合,得到图中蓝线,斜率即为系统传热时间常数 τ_S。接着,由式(7.7)可得到 hS 的值。由式(7.3)、式(7.5)得光热转换效率 η 为

$$\eta=\frac{hS(T_{max}-T_{Dis})}{I(1-10^{-A\lambda})} \tag{7.11}$$

无氟 Ti_3C_2 量子点可用于在非常低的浓度(10 mg/L)下实现将光能快速转换为热能。此外,光热转换效率可以达到52.2%,高于大多数以前的 PTT 试剂。使用高达 1×10^{-4}mg/L 的剂量对 HeLa、MCF-7、U251 和 HEK 293 细胞培养后,仅使用近红外激光照射,诱导 Ti_3C_2QD 发挥光热转换作用。在此实验条件下,合成的 Ti_3C_2 纳米片显示出优异的光热稳定性,在 NIR-Ⅰ(近红外一区)生物窗口中的光热转换效率(PTEC)为 59.8%,这高于 Ta_4C_3-SP 的44.7%和 Ti_2N QD 的48.62%和45.51%。用静脉注射 Ti_2N QDs 治疗乳腺肿瘤荷瘤小鼠,在 808 nm 和 1 064 nm 的照射下,肿瘤部位的温度分别从 37.3 ℃、37.2 ℃快速升高到 60.1 ℃和 69.2 ℃。值得注意的是,小鼠的肿瘤完全消失,没有任何复发,在照射部位留下黑色疤痕。有趣的是,研究人员将二维 Ti_3C_2 与 3D 打印生物活性玻璃(BG)支架(指定为 TBGS)集成,通过光子热疗破坏骨肿瘤,同时再生受损的骨组织。Pan 等[34]用不同剂量的 Ti_3C_2 水悬浮液浸泡3D 打印的 BG 支架,以获得最佳的改性 TBGS(图7.14(a))。与纯 BG 支架的粗糙和松散表面相比,TBGS 吸收纳米片的表面相对光滑。SEM 和元素映射分析均表明,Ti 和 C 信号从支架表面到内部趋于减少。除了能量色散光谱分析的结果之外,这些结果还揭示了涂覆 Ti_3C_2 层的 TBGS 的预想结构和元素分布。无论是干的还是湿的环境,最终平衡温度都会逐渐升高,在功率密度为 0.5 W、0.75 W 和 1.0 W时,最高温度超过 55 ℃。此外,5 个激光照射周期诱导的 TBGS 温度显示出很高的光热稳定性。在 808 nm 的激光照射下,不到 40%的 Saos-2 细胞在培养的 TBGS 中存活,并有效诱导凋亡,因此显示出其出色的肿瘤细胞破坏能力(图 7.14(b))。存活肿瘤细胞的数量随着照射时间、频率和功率密度的增大而减少。在一项涉及股骨远端或胫骨近端

骨肉瘤模型的研究中，植入 TBGS 并在肿瘤切除后进行光疗。在 808 nm 激光照射后，功率密度为 1.0 W/cm^2 持续 10 min，植入 TBGS 部位的温度迅速升高至 63 ℃，而 BGS 组的温度仅升高至 37 ℃。治疗后两周，在 808 nm 激光照射下，TBGS 组中的实体瘤被根除，且无复发（图 7.14(d)和(e)）。此外，H&E 染色和末端脱氧核苷酸转移酶介导的 dUTP 生物素缺口末端标记（TUNEL）表明，NIR－Ⅰ照射后 Saos－2 癌细胞的增殖受到抑制（图7.14(c)）。

与用于乳腺癌的经典 Ti_3C_2 和 Ta_4C_3 相比，Nb_2C、V_2C 和 Mo_2C 不仅作为 PTT 的新型 PTA 有效，而且能够实现无害降解和生物相容性。在 10 min 内，V_2C 溶液的温度在 200 μg/mL的质量浓度下升至 57.98 ℃，而光热转换效率（PTCE）表现突出，为 48%。此外，V_2C 纳米片对 MCF-7 细胞几乎没有细胞毒性。相比之下，在 808 nm 的激光照射下，只有癌细胞在体外通过优异的光热效应被杀死。随后，分布和血液循环表明，V_2C 在肿瘤中积累，并以 1.53 h 的血液循环半衰期从主要器官排出，这证实了 PTT 的效率。PTT 12 天后，MCF-7 肿瘤几乎消融，体重损失可忽略不计。在另一项研究中，Nb_2C-PVP 暴露于 NIR－Ⅰ和 NIR－Ⅱ生物窗的 PTCE 分别为 36.5% 和 46.65%，并伴随着五种不同密度的温度显著升高[24]。与金纳米棒和吲哚菁绿相比，这种材料表现出独特的持久和稳定的光热性能。在深组织 PTT 中，在不同水平的激光照射下，Nb_2C-PVP 可以在裸鼠肿瘤中穿透到 4 mm 的深度。肿瘤几乎被根除，Nb_2C-PVP 治疗组小鼠的平均寿命超过 50 天，这表明在 NIR－Ⅰ或 NIR－Ⅱ激光照射下，Nb_2C PVP 在促进癌细胞和实体瘤消融方面具有显著效果。随后的研究将 Nb_2C 与 PVP 微针系统（图 7.14(f)）和玉米醇溶蛋白结合用于浅表或局部肿瘤，开发了安全、精确和高效的肿瘤消融光热治疗策略（图 7.14(g)）[92-93]。

Lin 等[85]制备了粒径约为 150 nm 的纳米片，经大豆磷脂修饰之后具有良好的水溶性和生物相容性。将其经过尾静脉注射到小鼠体内，经血液循环到达肿瘤部位，然后使用近红外激光（波长 808 nm）照射进行光热治疗。治疗结果显示，注射纳米片并进行激光照射的小鼠肿瘤消失，而未注射纳米片的小鼠肿瘤没有明显改变（图 7.15(a)～(c)）。Lin 等[24]利用另一种 MXenes 碳化铌纳米材料实现了在不同的近红外激光下对肿瘤的光热治疗（图 7.15(d)）。近红外Ⅱ（NIR Ⅱ，激光波长为 1 000～1 300 nm）相比于近红外Ⅰ（NIR Ⅰ，激光波长为 700～1 000 nm）具有更深的组织穿透深度。将 MXenes 碳化铌纳米材料经尾静脉注射到小鼠体内，使用 NIR Ⅰ(808 nm)和 NIR Ⅱ(1 064 nm)两个不同波长的激光对肿瘤进行光热治疗，结果发现，经 NIR Ⅱ照射的小鼠肿瘤治疗情况比 NIR Ⅰ更加有效。这主要是由于在同样的肿瘤富集量情况下，NIR Ⅱ具有更深的组织穿透能力（图 7.15(e)）。Shao 等[94]制备的 TiN 纳米材料在 NIR Ⅰ和 NIR Ⅱ下具备同样优良的吸收性，在肿瘤治疗中，利用 NIR Ⅰ和 NIR Ⅱ激光照射均得到了良好的治疗效果。

氧化石墨烯及其衍生物是具有将入射光转化为热辐射能力的 2D 纳米材料的常见实例。从力学角度来看，氧化石墨烯/还原氧化石墨烯片可以吸收近红外范围内的光。由于缺乏辐射路径，激发能量将通过非辐射弛豫作为热量消散，这将为实体肿瘤的消融产生局部高温区域。例如，Guo 等[95]采用氧化石墨烯作为基底，并用 PEG 连接的柏油酸酯对其表面进行官能化，柏油酸酯是一类有机光热染料，可以吸收近红外区域的光（图 7.16）。额外的有机物含量显著延长了氧化石墨烯片的血液循环时间，并通过增强渗透性和保持

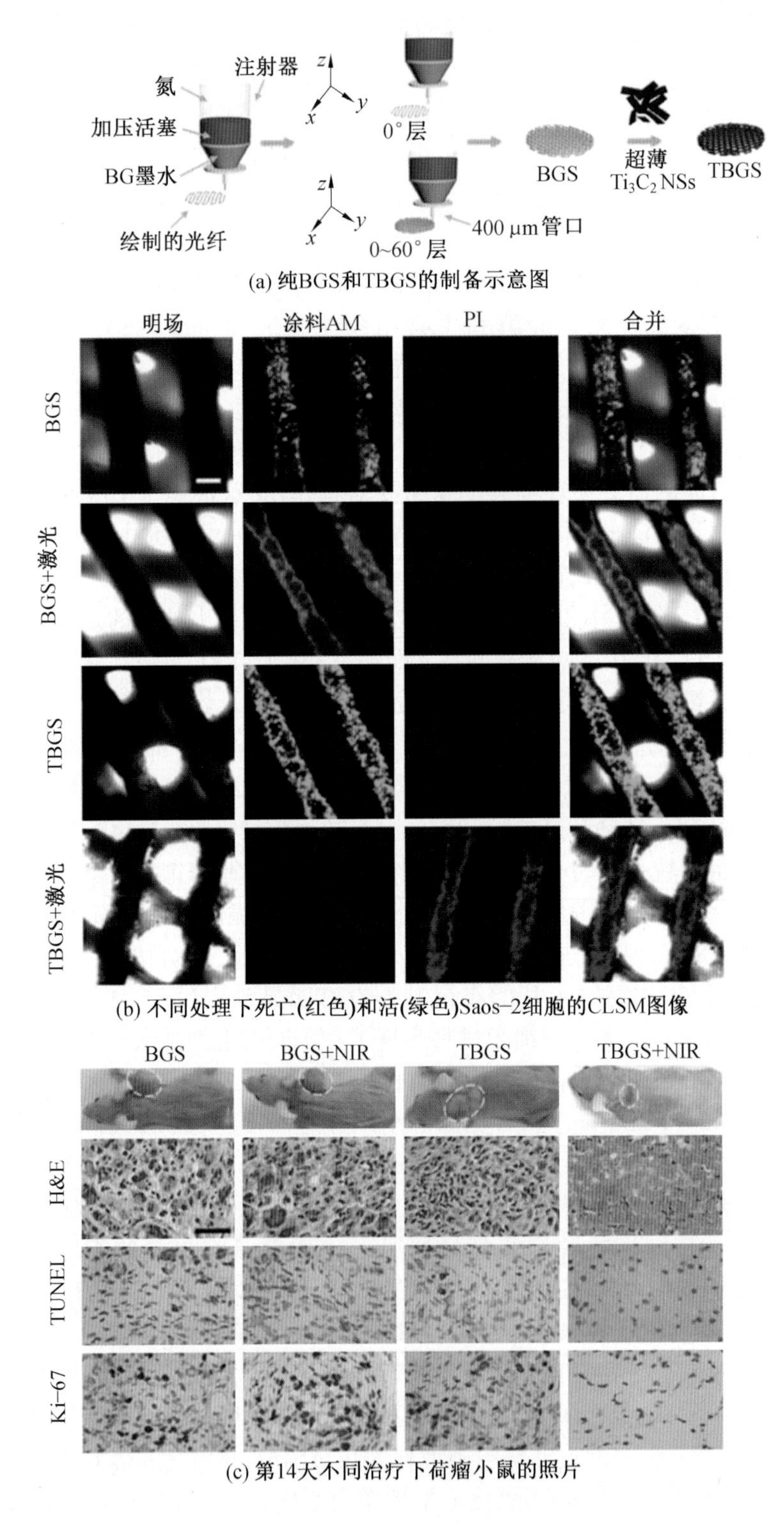

图 7.14 Ti_2N QDs 治疗乳腺肿瘤荷瘤小鼠[34,93]

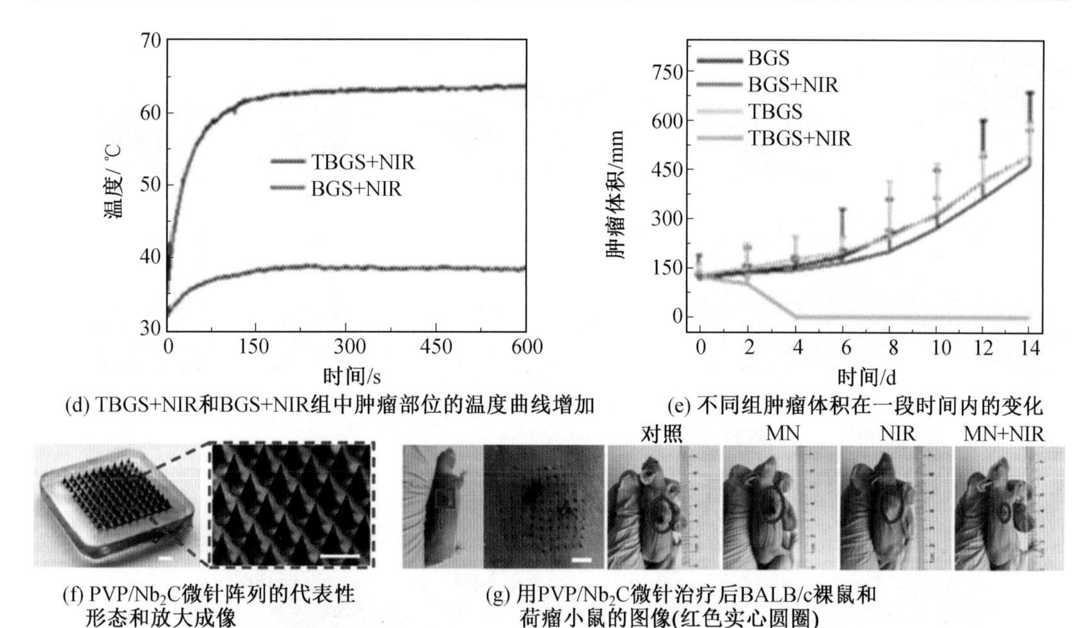

(d) TBGS+NIR和BGS+NIR组中肿瘤部位的温度曲线增加

(e) 不同组肿瘤体积在一段时间内的变化

(f) PVP/Nb_2C微针阵列的代表性形态和放大成像

(g) 用PVP/Nb_2C微针治疗后BALB/c裸鼠和荷瘤小鼠的图像(红色实心圆圈)

续图 7.14

力(EPR)效应促进了所获得的复合系统在肿瘤部位的积累。此外,在近红外照射下,由氰酸酯部分产生的近红外荧光(NIRF)可以通过 Förster 共振能量转移(FRET)被氧化石墨烯重新吸收,从而通过减少荧光诱导的能量耗散进一步提高光热转换效率。具体地说,在相同的光热持续时间 300 s 下酸性培养液的温度比 pH=7.4 时高 8 ℃。通过环己烷和氧化石墨烯的组合增强的光热效应可以有效地提高光热介导的肿瘤消融效果。在另一项研究中,Ma 等[96]使用氧化石墨烯与 β-磷酸三钙支架复合,所得的复合纳米结构可以通过近红外光下的热消融有效消除骨肿瘤细胞。其中,在体内评估期间,激光治疗 10 min 后,80% 以上的肿瘤细胞被杀死。其研究报道中的纳米复合材料的一个关键特征是生物陶瓷支架是使用 3D 打印技术生产的,氧化石墨烯改性纳米复合材料可用于增强骨再生的肿瘤治疗,从而修复肿瘤诱导的骨缺损。Kang 等[97]也利用了类似的机制,制备了包括夹在两层金纳米颗粒之间的氧化石墨烯层的混合纳米片,以提高发热效率(图 7.17)。如这些研究所证明的,这些基于石墨烯衍生物的纳米系统的一个共同优势是,可以使用具有低生物侵入性和高组织渗透性的近红外光远程进行发热。这一过程可以最大限度地提高深埋肿瘤的光热转换效率,同时减少激光治疗引起的附带损伤。

随着材料科学的最新进展,已经有新的报道证明新型非金属石墨烯类似物也可以用作光热剂。这些新兴二维纳米材料中的一个突出例子是黑磷纳米片,它是磷的同素异形体,具有优异的光学性能,如高 NIR 吸收系数和光热转换效率。此外,黑磷片在生物环境中很容易降解为无毒的磷酸盐和膦酸盐,因此可以在给药后将相关的长期健康风险降至最低。然而,当黑磷的尺寸减小到纳米级时,其反应性将会变得很强,这将需要额外的修饰以保持其体内的稳定性。最近,Sun 等[98]制备了超小型的黑磷量子点,并用 PEG 对其表面进行功能化。黑磷基质的聚乙二醇化显著增强了其水稳定性和生物相容性,同时在近红外照射下不影响其光热效率。因此,聚乙二醇化的黑磷量子点显示出 14.8 L/(g · cm)的

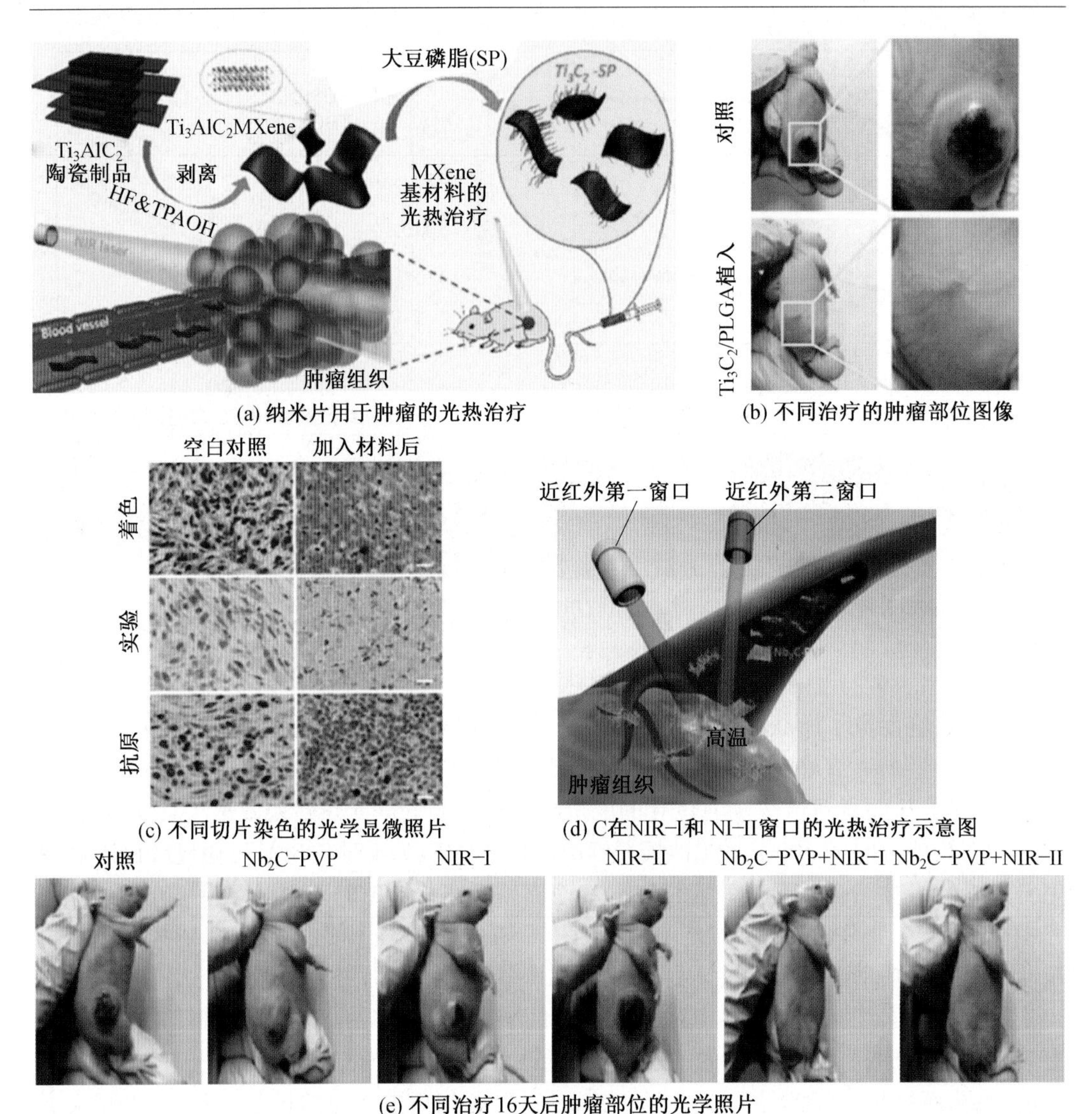

(a) 纳米片用于肿瘤的光热治疗
(b) 不同治疗的肿瘤部位图像
(c) 不同切片染色的光学显微照片
(d) C在NIR-I和 NI-II窗口的光热治疗示意图
(e) 不同治疗16天后肿瘤部位的光学照片

图 7.15 MXenes 二维纳米材料用于光热治疗[24,85]

大消光系数,光热转换效率高达 28.4%。除了高光热能力,这些超小尺寸的黑磷量子点可以促进它们进入癌细胞,显示出更大的 PTT 功效。Zhao 等[99]报道了通过重氮偶合用有机荧光染料成功修饰黑磷纳米片,这可以增强其在水环境中的稳定性,同时为体内成像提供了强大的 NIRF。这些实例揭示了黑磷纳米结构生物医学实现的一系列重要方法,如尺寸控制和表面修饰,共同证明了它们在临床 PTT 中的高潜力。

另一类重要的二维光热纳米材料是过渡金属二氢化物纳米片。最近,Liu 等[100]成功制备了厚度仅为 2 nm 的超薄二维二氧化锰纳米片,并用大豆磷脂包覆表面以提高其在生理环境中的稳定性。二维 MnO_2 纳米片在体外和体内显示出高的光热效率,并且可以在酸性和富含谷胱甘肽(GSH)的肿瘤微环境中分解以释放 Mn^{2+},从而允许肿瘤区域的 T_1 加权磁共振成像。重要的是,二维 MnO_2 纳米片的肿瘤敏感性不仅允许肿瘤的可视化和

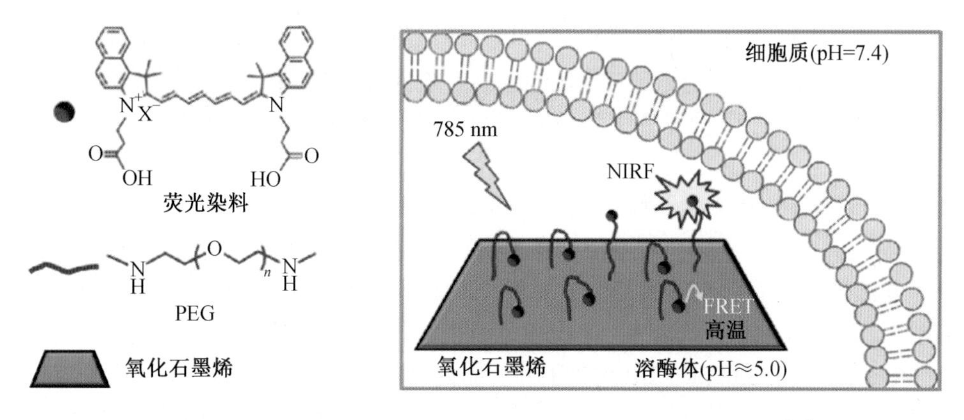

图7.16 通过PEG将环己烷偶联到氧化石墨烯上的示意图[95]

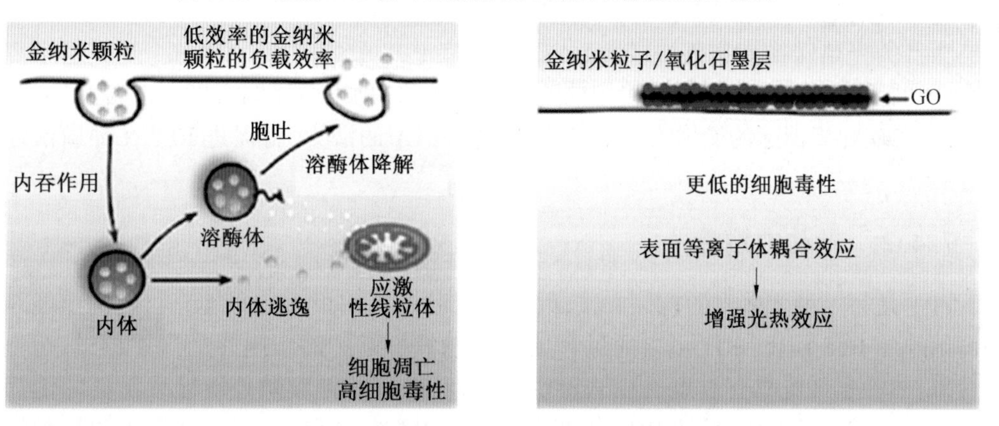

图7.17 金纳米粒子沉积的氧化石墨烯纳米片的结构和PTT示意图[97]

治疗反应的监测,而且有助于其快速排出,从而大大降低其长期安全性问题。Tan等[101]报道了超薄$Ti_xTa_{1-x}S_yO_z$纳米片的制备,该产品具有高达54.1 L/(g·cm)的消光系数,光热转换效率为39.2%。此外,即使在光照40 min后,纳米片的光热效率仍保持最小变化,这表明它们具有良好的光稳定性。$Ti_xTa_{1-x}S_yO_z$纳米片很容易用硫辛酸共轭的PEG官能化,这可以进一步降低其在PTT期间的靶外细胞毒性。此外,他们证明,通过使用本研究中介绍的制备方法,二维纳米片中的元素比例可以针对生物成像和药物递送等多种应用进行定制,从而增强其临床应用潜力。二维金属氧化物/硫化物基纳米结构的其他显著实例,包括MoO_x、MoS_2、WS_2和Cu_2S,也在体外和体内显示出在PTT中的潜在应用价值。

MXene衍生纳米材料是一种无机二维光热系统。MXenes是由过渡金属的碳化物、氮化物或碳氮化物形成的二维化合物,其中大多数是亲水性的,具有高光热能力。基于MXene的二维光热纳米系统的一个显著例子是Ti_3C_2纳米片。Lin等[85]最近的一项研究中描述了Ti_3C_2纳米片的制备过程和相关优势。采用HF刻蚀和氢氧化四丙基铵插层相结合的两步剥离法,从Ti_3AlC_2衬底上合成了Ti_3C_2纳米片。Ti_3C_2纳米片进一步涂有相变聚合物(乳酸-乙醇酸共聚物)以防止金属成分泄漏到人体中,从而增强其生物相容性。

从报道的方案上扩展，Xuan 等[86]优化了合成工艺，并开发了一种有机碱驱动的方法，用于制备和功能化原子厚度的聚乙二醇化的 Ti_3C_2 纳米片。当纳米片的表面被 $Al(OH)^{4-}$ 阴离子覆盖时，纳米片在水溶液中表现出高稳定性，即使在高度氧化条件下也没有检测到显著降解。此外，Ti_3AlC_2 纳米片表现出优异的光稳定性，与常规光热剂如吲哚菁绿和金纳米棒相比，在 0.8 W · cm^2 的 808 nm 激光处理 15 min 后，光热效率损失最小，这有利于重复光热处理。治疗考虑到 MXene 组合物的多种组合可能性，所报道的制备策略可用于开发具有优化生物医学性能的新型二维纳米材料。在 Dai 等[102]的另一项研究中，开发了基于 Ti_3C_2 的二维纳米复合材料，其中通过氧化还原反应在 Ti_3C_2 衬底上原位生长含锰纳米片（MnO_x）。沉积的 MnO_x 纳米片可用于体内肿瘤的反应性 T_1 加权磁共振成像，同时不存在额外的生物安全问题。报道的纳米复合材料随后被用于对比增强光声成像引导的肿瘤光热消融。

独特的光热转换效率促进了 MXenes 在癌症 PTT 中的应用。MXenes 及其纳米复合物在癌细胞中有效积累，用于精确靶向治疗。此外，各种表面修饰有助于改善光热特性。MXenes 实现肿瘤消除的能力突出了其作为优秀 PTA 的潜力，将促进 PTT 在肿瘤治疗中的进展。

7.4.2 光动力治疗

PDT 是另一种依赖光的抗癌方式，近年来引起了人们极大的兴趣。与使用热能杀死肿瘤细胞的 PTT 相比，PDT 可以通过释放单线态氧引起肿瘤细胞死亡，单线态氧是一种活性氧，对肿瘤细胞具有高度的细胞毒性。然而，缺氧的肿瘤微环境导致不良的治疗结果。在自由基介导的 PDT 中，ROS 的产生取决于局部氧含量。同样，如果内源性肿瘤过氧化氢浓度不足，则不会诱导羟基自由基产生。为了实现肿瘤的光动力治疗，基本上需要一类特殊的化合物来启动光化学反应，这就是光敏剂（PSs）。PDT 是在光照射下产生局部氧化应激以杀死癌细胞的一种治疗方法，具有特定波长激活光敏剂，从而造成致命伤害并导致肿瘤坏死。与传统肿瘤疗法相比，PDT 的优势在于能够精确进行有效的治疗，这种疗法的副作用也很小。PDT 过程中 Ps 的作用机理为

$$\mathrm{PS}+h\upsilon \longrightarrow 1\mathrm{PS}^* \tag{7.12}$$

$$\mathrm{PS}+\mathrm{O_2} \longrightarrow \mathrm{PS}+1\mathrm{O_2}^* \tag{7.13}$$

PS 经光辐照后可催化氧气，产生单线态氧和氧自由基，直接导致癌细胞的损伤。

传统的 PSs 通常是有机分子，它们的实际性能有几个缺点，如对紫外线照射的依赖，快速的光漂白和低水溶性。相比之下，二维纳米材料作为 PSs 可以有效地规避这些问题，同时也可进一步提高疗效。例如，Shen 等[103]发现黑磷纳米片有一个延伸到近红外范围的宽吸收带，具有 0.91 的高量子产率，在可见光或近红外光的照射下，显示出单线态氧的有效生成。此外，黑磷纳米片在光处理下可以降解为无毒的磷氧化物。这一特性比其他不含金属的光动力剂更有优势，因为它减少了安全问题。使用二维纳米材料进行 PDT 的另一个优势是许多二维纳米结构可以与现有的有机 PSs 协同工作，因为它们具有独特的光电性能。最近的研究已经确定了一些肿瘤的内源性就有可能阻碍肿瘤的光动力治疗。PS 介导的 ROS 生成是一个耗氧的过程。然而，大多数实体瘤处于持续的缺氧状态，导致

对光动力治疗有不同程度的抵抗。此外，由于谷胱氨肽（GSH）在肿瘤细胞中的过度表达，因此 PS 介导产生的 ROS 可能在 ROS 进行光动力治疗之前被 GSH 减少。因此，二维纳米材料的发展为克服这些障碍提供了新的机会。Liu 等[104]用激光照射纳米片，并用 1，3-二苯基异苯并呋喃（DPBF）检测 ROS 的产生情况，结果显示，纳米片在激光的照射下产生了活性氧。单线态氧的产生主要是基态氧原子（三线态氧分子）被激发后产生的，其原理与黑磷、石墨烯量子点的光动力作用类似。注射纳米片并在激光照射下的实验组，肿瘤治疗效果较其他组有明显。

将二维纳米材料用于 PDT 的另一个优点是，许多二维纳米结构可以与现有的有机 PS 协同作用，因为它们具有独特的光电特性，可以进一步提高光动力效率。Yan 等[105]报道了一个基于该机制的典型例子，其中聚乙二醇化的氧化石墨烯以 201.2% 的负载量负载了汉卟啉钠。汉卟啉钠是一种具有本征荧光的 PS，通过分子间电荷转移与氧化石墨烯络合可以显著增强其荧光强度。此外，通过 EPR 效应，所获得的负载汉卟啉钠的聚乙二醇化氧化石墨烯纳米片可以有效地在肿瘤组织中积累。所有这些特征的整合导致了体内肿瘤的完全切除，这个研究提出的改进策略为肿瘤的成像引导 PDT 提供了新的途径。Zhang 等[106]通过将还原的氧化石墨烯与 PEG 改性的磷光性的 Ru（Ⅱ）络合物结合，也报道了类似的纳米系统（图 7.18）。

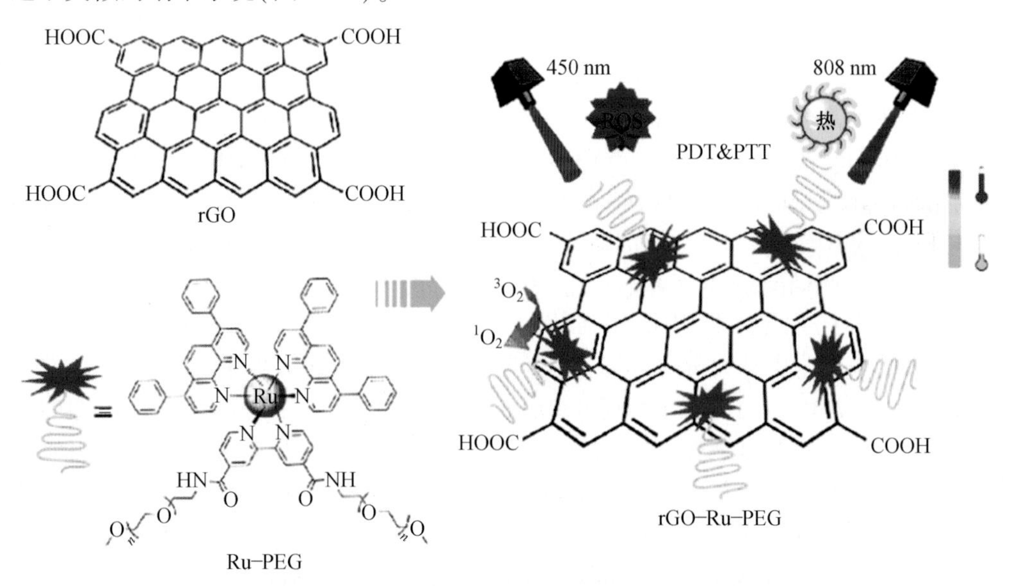

图 7.18　聚乙二醇化钌改性还原氧化石墨烯片的制备和治疗机制[106]

最近的研究发现了几种可能阻碍肿瘤光动力治疗的肿瘤固有问题。此外，由于肿瘤细胞中 GSH 的过度表达，在其进行光动力损伤之前，产生的 ROS 可能会减少[107]。因此，二维纳米材料的发展为克服这些障碍开辟了新的途径。据报道，二氧化锰（MnO_2）纳米片可用于逆转实体瘤的缺氧状态并增强 PDT 的疗效。MnO_2 纳米片的复氧机制是肿瘤微环境具有酸性 pH 和高浓度 H_2O_2，这可以容易地将 MnO_2 还原为 Mn^{2+}并产生氧气，导致肿瘤组织中的氧气水平快速增加。Fan 等[108]报道了一种基于 MnO_2 纳米片的热纳米平台，其中 MnO_2 纳米片用作负载 PS 的二氧化硅保护的上转换纳米颗粒（UCS）固定化的基质。

当到达酸性肿瘤微环境时,高水平的内源性 H_2O_2 可被 MnO_2 氧化并产生大量氧气,导致 O_2 饱和肿瘤血管增加 7%。之后,用 NIR 光照射掺入 PS 的上转换纳米颗粒,以快速生成 ROS 并发射上转换发光(UCL),用于高分辨率肿瘤成像(图 7.19)。

上转换纳米颗粒的双重作用可以为确定治疗反应以优化治疗提供信息。在 Zhang 等[109]的另一项研究中,用一氧化钛(TiO_2)涂覆的上转换纳米颗粒沉积 MnO_2 纳米片。除了 MnO_2 对肿瘤复氧的 H_2O_2 氧化作用外,在 NIR 照射下,上转换纳米颗粒的 UCL 可以照射 TiO_2 壳,通过水分解释放高度细胞毒性的单线态氧和羟基自由基,这会对肿瘤细胞造成额外损伤,并在超氧化物歧化酶催化下补充细胞内 H_2O_2。值得注意的是,这种协同纳米系统可以增强 PDT 的功效,同时提供多模式肿瘤成像能力。关于 GSH 介导的 ROS 还原,Fan 等[110]通过用 MnO_2 纳米片负载光敏剂 Chlorin e6(Ce6)开发了一种光动力纳米材料,其中 MnO_2 底物可以消耗细胞内 GSH 以提高光动力效率,同时抑制细胞外 ROS 的生成以最大程度地减少附带损害。结果进一步显示,纳米片介导的 PDT 对 GSH 耗尽细胞的癌细胞杀伤效率超过 95%,而仅使用游离 Ce6 时的杀伤率低于 20%。通过结合高 Ce6 递送效率和降低 GSH 相关 PDT 抗性,所报道的纳米系统显示出增强 PDT 功效的巨大前景。因此,这些结果明显证明了 MnO_2 纳米片在临床相关应用下具有增强 PDT 结果的高潜力。

在用催化剂葡萄糖氧化酶(GOD)和超顺磁性氧化铁纳米颗粒(Fe_3O_4,IONPs)修饰 MXene 纳米片后,肿瘤吸收葡萄糖被催化产生大量过氧化氢。然后肿瘤微环境中的 Fe_3O_4 纳米颗粒通过 Fenton 反应催化羟基自由基的产生。[111]研究人员制备了用于癌症治疗的非氧化 MXene-$Ti_3C_2T_x$ 量子点(NMQDs-$Ti_3C_2T_x$)(图 7.19(a)),根据超快低温微爆炸方法,其显示出规则的圆盘形状、显著的水分分散和 Fenton 样反应的特征。为了检测 OH 的产生,将 NMQDs-$Ti_3C_2T_x$ 添加到 H_2O_2 溶液中后,电子自旋共振(ESR)光谱显示典型的 1∶2∶2∶1 OH 信号(图 7.19(b))。与不含 NMQDs-$Ti_3C_2T_x$,2′,7′-二氯荧光素二乙酸酯(DCFH-DA)的癌细胞相比,用强绿色荧光染色的 ROS 荧光探针证实了 NMQDs-$Ti_3C_2T_x$ 处理的癌细胞中有大量的 ROS 产生(图 7.19(d))。因此,GSH 的浓度是正常细胞的 2~4 倍(图 7.19(c))。在治疗荷瘤 BALB/c 裸鼠的过程中,NMQDs-$Ti_3C_2T_x$ 组的肿瘤体积明显减小,体重没有减轻(图 7.19(e))。随着 NMQDs-$Ti_3C_2T_x$ 组中肿瘤内出血的观察(图 7.19(f)),研究人员推测 NMQDs-$Ti_3C_2T_x$ 可能与肿瘤微环境中过量的 H_2O_2 反应,以产生 OH,然后破坏肿瘤血管的完整性。

此外,在近红外激光照射下 MXenes 的光热转化的帮助下,局部温度升高,这进一步加速了催化反应和癌细胞的破坏。除此之外,2,2′-偶氮双[2(2-咪唑啉-2-基)丙烷]二氢氯化物(AIPH)分子由于热活化而分解,通过不依赖于氧水平的过程生成自由基。Nb_2C@mSiO_2 通过用介孔二氧化硅原位涂覆 Nb_2C 纳米片,以保证自由基引发剂的高负载和可控的自由基释放。[112]然后将 AIPH 引入纳米片以构建 AIPH@Nb_2C@mSiO_2(图 7.19(g)、(h)),其在 NIR-Ⅱ区域具有良好的光学稳定性和 PTCE,以允许精确控制用于癌症治疗的释放量。通过改变功率强度或激光照射时间以提高温度,AIPH 可以从 AIPH@Nb_2C@mSiO_2 中在癌细胞处被释放出来,累积量分别达到 45.5% 和 34.7%。在 1 064 nm激光照射 3 min 后,检测到自由基的强 ESR 信号峰(图 7.19(i))证实了 AIPH@

(a) NMQDs-$Ti_3C_2T_x$治疗肿瘤的作用机制示意图

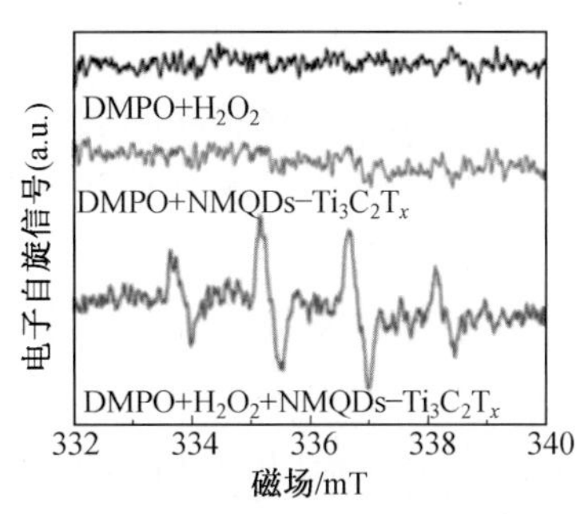

(b) NMQDs-$Ti_3C_2T_x$与H_2O_2在DMPO(pH 6.5)存在下的ESR光谱

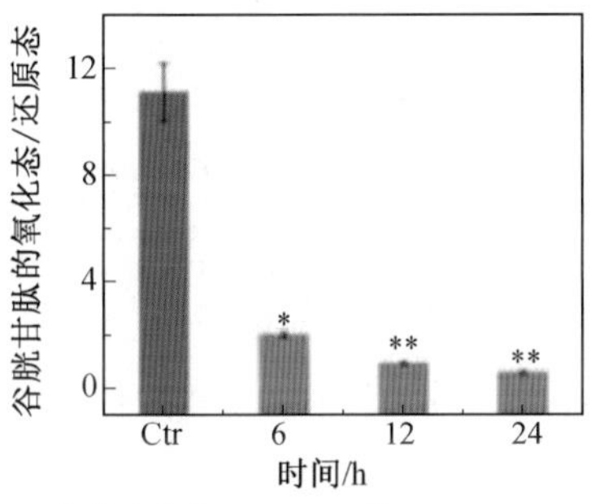

(c) HeLa细胞在加入150 μg/mL的NMQDs-$Ti_3C_2T_x$孵育前后的谷胱甘肽GSH（氧化态）/GSSG（还原态）

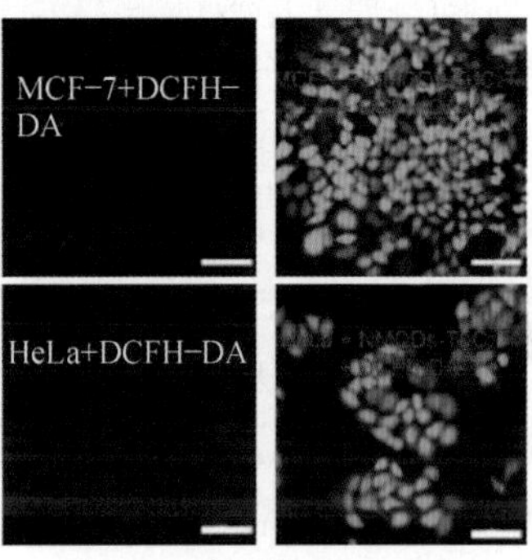

(d) HeLa和MCF-7细胞在150 μg/mL NMQDs-$Ti_3C_2T_x$处理6 h前后的ROS染色

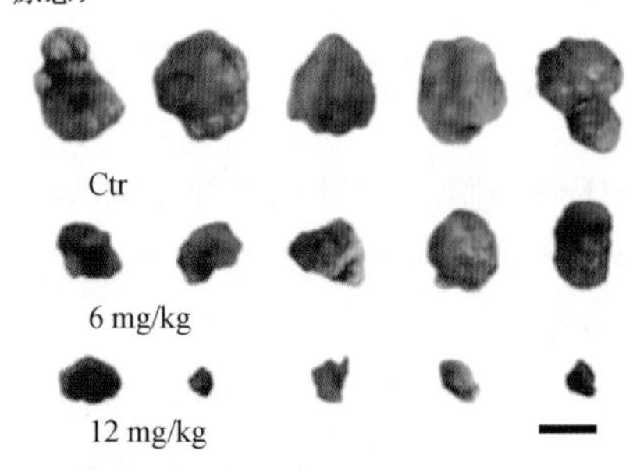

(e) HeLa和MCF-7细胞在150 μg/mL NMQDs-$Ti_3C_2T_x$处理6 h前后的ROS染色

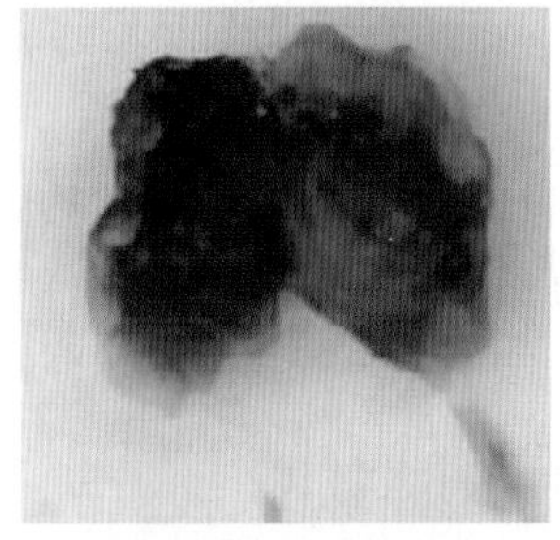

(f) 肿瘤内部结构的照片

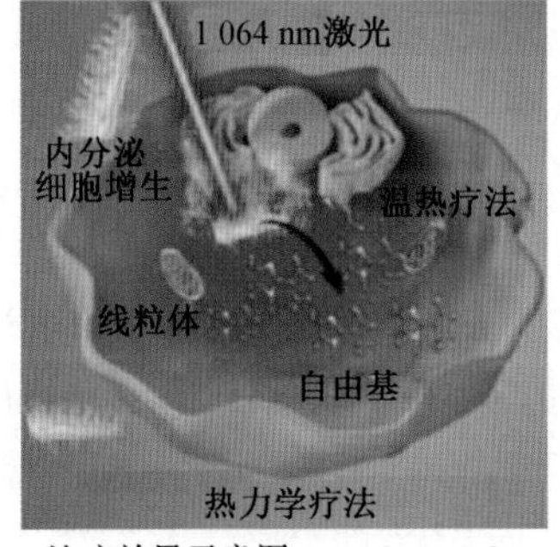

(g) 治疗效果示意图AIPH@Nb_2C@$mSiO_2$对癌细胞的作用

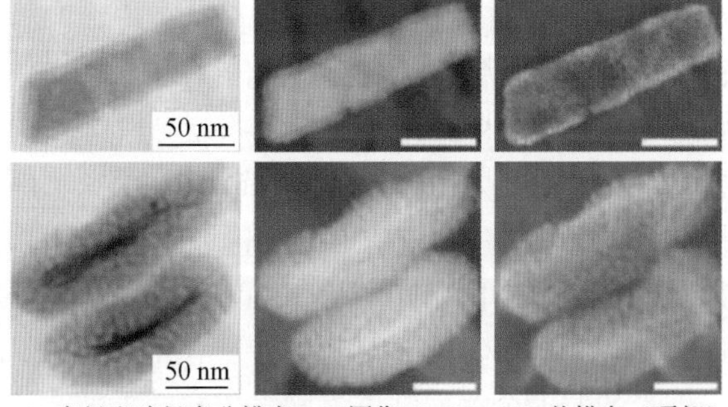

(h) 亮场和暗场高分辨率TEM图像Nb_2C@$mSiO_2$从横向（顶部）和垂直（底部）角度看

图 7.19　用于癌症治疗的非氧化 MXene-$Ti_3C_2T_x$ 量子点(NMQDs-$Ti_3C_2T_x$)[112-113]

Nb_2C@ $mSiO_2$ 生成自由基的能力和激光照射之间的关系。用于检测 AIPH 分解的 2,2-叠氮基-双(3-乙基苯并噻唑啉-6-磺酸)自由基($ABTS^+$ ·)的吸光度随辐射时间的增加而增加。此外,加热 AIPH@ Nb_2C@ $mSiO_2$ 纳米复合材料在常氧和缺氧环境中均诱导自由基(绿色荧光)的产生。在常氧或缺氧条件下与 4T1 细胞孵育后,细胞吸收的荧光强度增强约 15 倍。在 AIPH@ Nb_2C@ $mSiO_2$ 组的细胞凋亡率达到 85% 以上,并在 1 064 nm 的 NIR-Ⅱ激光照射下使细胞骨架变形。体内暴露 AIPH@ Nb_2C@ $mSiO_2$ 与 NIR-Ⅱ激光照射显著降低了肿瘤体积,并在 14 天的治疗期间伴随着细胞凋亡或坏死的增加。相比之下未经辐射的 AIPH@ Nb_2C@ $mSiO_2$ 对实体瘤的治疗效果微乎其微。

由于 Ta 的高原子序数($Z=73$),光热转换是 Ta 在基于 Ta_4C_3 的 MXene 纳米复合材料中的固有能力。测得 Ta_4C_3-IONP SP 复合材料的 α 和 η 在 808 nm 处为 4.0×10^7 L/(g · nm)和 32.5%,Liu 等[30]对其进行了研究。在 NIR 照射下,通过在 10 min 内将温度升高至约 48 ℃,该复合材料显示出优异的光热稳定性和癌细胞消融而无复发,即使在增加浓度(高达 200 mg/L)的同时也使 Ta_4C_3-IONP SP 纳米复合材料具有生物相容性和生物安全性。Dai 等[114]还展示了 MnO_x/Ta_4C_3 SP 纳米复合材料赋予的光热高温特性。α 和 η 分别为 8.67×10^7 L/(g · nm)和 34.9%。808 nm 近红外辐射引起的高温刺激肿瘤细胞的死亡。由于锰(Mn)是人类必需的元素,纳米复合材料是生物安全的,不会产生细胞毒性。2017 年,Lin 等[115]还报道了具有 SP 修饰的 Ta_4C_3 MXene 纳米片,其消光系数为 4.06×10^7 L/(g · nm)。1.59 h 为其血液循环半衰期,增强的渗透和滞留(EPR)效应有助于 1.41% ID/g 的 Ta_4C_3 SP 在肿瘤中的累积。高的光热转换效率(44.7%)使肿瘤处的温度可以升高至 60 ~ 68 ℃,从而实现肿瘤消融。

PDT 以具有良好靶向特异性的安全方式破坏癌细胞。作为光敏剂,MXene 复合物对癌细胞具有显著的抑制作用。不依赖氧的自由基生成与 MXene 纳米片的光热效应的结合为缺氧条件下的协同热力学癌症治疗提供了策略。

7.4.3 药物载体

近十年来,大量研究已证明二维纳米材料在药物递送应用方面具有许多优势,包括高载药量和易改性,可通过递送小分子抗癌药物、酶和治疗基因来增强肿瘤治疗的效果。2008 年,Liu 等[116]报道了 PEG 化的氧化石墨烯用于递送疏水性抗癌药物 SN38,显示出比 FDA 批准的 SN38 原药更显著的疗效。结果显示,由于大的表面积和特殊的基质药物相互作用,基于氧化石墨烯的纳米载体对 SN38 的药物负载能力为 10% 左右。目前,Liu 等将带正电的化疗药物盐酸 DOX 通过静电吸附作用负载在带负电的表面上,并通过层层组装的方式将带负电荷的透明质酸(HA)附着在 DOX 的顶部,实现了 DOX 诱导的化疗与 MXene 固有的 PDT/PTT 的协同治疗。Xing 等合成了基于纤维素的 MXene 复合水凝胶。808 nm 光的照射会触发纤维素网络中孔隙的放大,从而加速 DOX 的释放。研究表明,该纤维素/复合水凝胶具有突出的光诱导膨胀和双峰光热/化疗的抗癌活性。

因为 MXenes 二维纳米材料具有独特的片层结构,其也是一种理想的药物载体,可以携载抗肿瘤治疗药物到达肿瘤部位,从而在影像指导下实现精准的肿瘤药物治疗。Liu

等[104]利用纳米片与 DOX 表面电荷的差异，通过静电吸附实现了肿瘤治疗药物 DOX 的负载(图7.20(a)、(b))，装载率达到84.2%，从而通过纳米片的负载运输作用到达肿瘤部位。通过肿瘤内部酸性的微环境实现敏感药物 DOX 的释放，达到肿瘤药物治疗的目的。Han 等[117]利用类似的方法将抗肿瘤药物 DOX 装载到经大豆磷脂修饰的 MXene 纳米片表面，装载率可达211.8%，大大提高了抗肿瘤药物到达肿瘤部位的富集量，实现了肿瘤的药物治疗(图7.20(c)、(d))。Liu 等[118]通过构建 Ti_3C_2-Co 功能纳米材料来装载 DOX，实现了纳米材料的磁靶向和微酸响应与热响应控制的药物精准释放。目前大部分的药物附载都是通过静电吸附或物理吸附等非共价键连接的方式，药物容易脱落、药物释放不可控等问题严重限制了 MXenes 纳米材料作为药物载体在肿瘤治疗方面的应用，因此药物的可控释放与共价连接等方面还需要进一步研究。

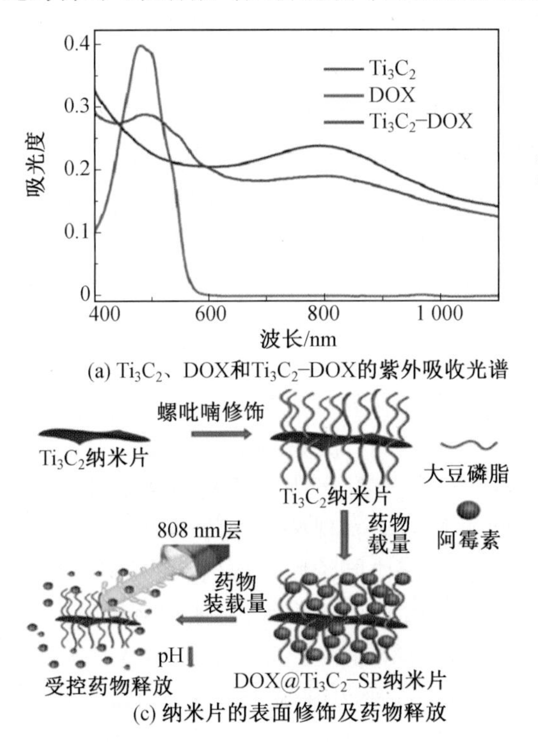

(a) Ti_3C_2、DOX和Ti_3C_2-DOX的紫外吸收光谱

(c) 纳米片的表面修饰及药物释放

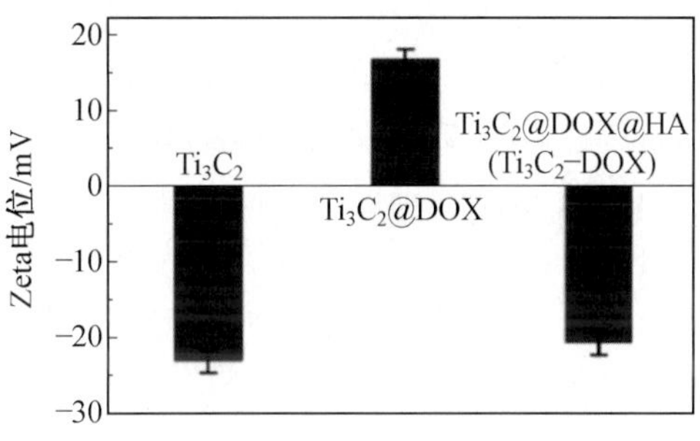

(b) Ti_3C_2、DOX和Ti_3C_2-DOX的紫外吸收光谱

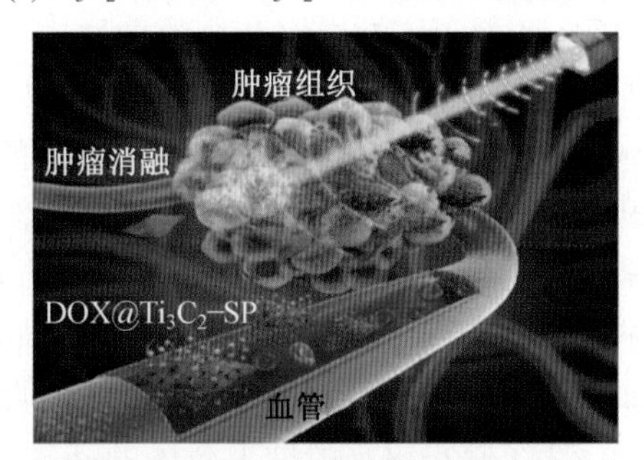

(d) 以$Ti_3C_2T_x$MXene为基础的药物释放系统在体内光热与化学治疗的示意图

图7.20　MXenes 二维纳米材料用于药物载体[104]

纳米载体的药物递送分为三个阶段：注射前、血液循环和细胞摄取后。药物递送纳米载体的重点在于设计纳米载体初步治疗策略，通过使用聚合物或靶向功能化剂提高其在生物环境中的稳定性和特定的靶向能力，增加体内化学疗法的稳定性。保证血液循环过程在足够长的血液循环时间内，能够增强纳米载体在肿瘤部位的蓄积，并且避免不必要的副作用，即减少对正常组织的有害影响。另外，通过靶向功能化剂或多刺激响应药物释放策略，增加纳米载体在药物肿瘤部位的释放量，保证在被细胞摄取后杀死癌细胞。

将 MXene 应用于药物传递的主要挑战之一是其结构中缺乏受限空间，无法承受药物分子的高负荷。迄今为止，研究人员多利用 MXene 的大比表面积与治疗分子结合，然而这种方法可能存在药物负载能力低及释放速率慢等问题。如果 MXene 与治疗药物分子通过共价键结合，药物的治疗功能可能被抑制，而且释放非常慢；如果治疗药物分子物理附着在 MXene 表面则会产生突释效应。在之后的研究中，为解决这个问题，研究人员采用简单的溶胶-凝胶化学方法对 Ti_3C_2MXene 进行了表面纳米孔的制备。在碱性合成条件下，用十六烷基三甲基氯化铵作为导向剂、正硅酸乙酯为硅前驱体，将 MXene 表面包覆一薄层介孔二氧化硅（Ti_3C_2@ mMSNs），以精氨酸-甘氨酸-天冬氨酸为靶配体、阿霉素为抗癌药物分子，MXene 表面纳米孔工程结合了 MXene 作为光热转化纳米剂和多孔二氧化硅作为药物载体的优点。

用于癌症治疗的常规化疗和放疗方法会对非恶性细胞和恶性细胞产生不良影响。与健康细胞相比，肿瘤细胞具有低 pH；因此，刺激响应材料的开发为现有抗癌治疗的缺点提供了一种补救方法，这些材料在特定的酶、温度或 pH 条件下被活化。MXene 表面上带负电荷的羟基或氟基团使得与带正电荷的药物分子容易发生静电相互作用。在这些纳米复合材料在血液中循环的过程中，药物受到层状聚合物（带负电）涂层的保护。这些载药 MXene 具有 pH 敏感性和温度的双重属性，监测化疗药物释放。MXene 固有的光热转换能力和 pH 敏感性确保了靶向药物释放和光热消融的协同效应。

Han 等[117] 以 Ti_3C_2 纳米片为基体设计了高负载量的抗癌药物递送平台（图 7.20（c））。Ti_3C_2 纳米片由于其大的比表面积以及与抗癌药物 DOX 之间的静电相互作用，载药量可以高达 211.8%，同时药物的释放还具有 pH 响应性和近红外光触发性，这是由于酸性环境下的 H^+会取代 Dox 与 MXene 结合，从而导致 Dox 的释放，而肿瘤部位为了让癌细胞充分生长，通过糖酵解过程产生大量氢离子、乳酸和丙酮酸等酸性物质，使得肿瘤部位的 pH 低于正常组织和血液循环中的 pH，所以，药物释放具有很好的肿瘤特异性。另外，利用 MXenes 良好的近红外光吸收能力，在 NIR 照射下，负载 Dox 的 MXene 温度会明显升高，而高温会削弱 MXene 与 Dox 的静电结合力，即 NIR 照射不仅能够使纳米片温度升高以达到光热治疗的效果，还能够增强药物的释放效率实现按需给药，从而使 Ti_3C_2 纳米片在近红外光下能够实现对肿瘤的光热治疗或化疗协同治疗。同时，为了防止 Ti_3C_2 纳米片在溶液中过度聚集和沉积，并提高它们在生理环境下的稳定性，通常会在 Ti_3C_2 表面上修饰生物相容的大豆磷脂（SP），得到 Ti_3C_2-SP 纳米片。

为了获得更高的纳米载体的药物递送效率，从而获得更好的化学疗效，Liu 等[104] 通过将 Ti_3C_2 纳米片和抗癌药物 DOX 及肿瘤靶向透明质酸（HA）逐层吸附，得到了具有主动靶向能力的 Ti_3C_2 复合纳米载体，载药量高达 84.2%（图 7.21）。HA 能够与 CD44+蛋白特异性结合，而 CD44+蛋白会在许多肿瘤细胞表面过表达。注射 Ti_3C_2-Dox 后其在肿瘤部位发生了明显的药物积累，而在脾脏、肺部和心脏中的 Dox 含量很低；而仅注射 Dox 后 Dox 在小鼠肿瘤部位几乎没有特异性积累，所以基于 EPR 效应的被动靶向和透明质酸 HA 与 CD44+受体特异性结合的主动靶向，Ti_3C_2-HA 复合纳米载体能够很好地实现对肿瘤的特异性治疗。此外，作者还探究了体外 pH（7.4、6.0、4.5）和温度（37 ℃、50 ℃）对 DOX 分子药物释放的影响。结果表明，pH=4.5 和经过激光照射升温至 50 ℃时，在全期具有最好的 DOX 分子释放效率。其中，对低 pH 的响应意味着 Ti_3C_2-DOX 在酸性环境的肿瘤部位会增加药物的释放；对光热效应的高温刺激响应，说明药物递送和光热治疗具有密切的协同治疗关系。Ti_3C_2-DOX 对酸碱度、温度的敏感响应，说明 Ti_3C_2-DOX 具有对肿瘤区域的靶向能力。在温度和酸碱度的刺激效应下，Ti_3C_2 纳米片上的DOX分子被释放，实现了靶向化学疗法。因此协同NIR辐射的光热疗法，使癌细胞内温度升高进行消融，同时增加化学抗癌药物的释放，从而获得更好的诱导癌细胞凋亡的效果。因此使用NIR激光和HA包被的 Ti_3C_2-DOX纳米载体进行体内协同肿瘤治疗。

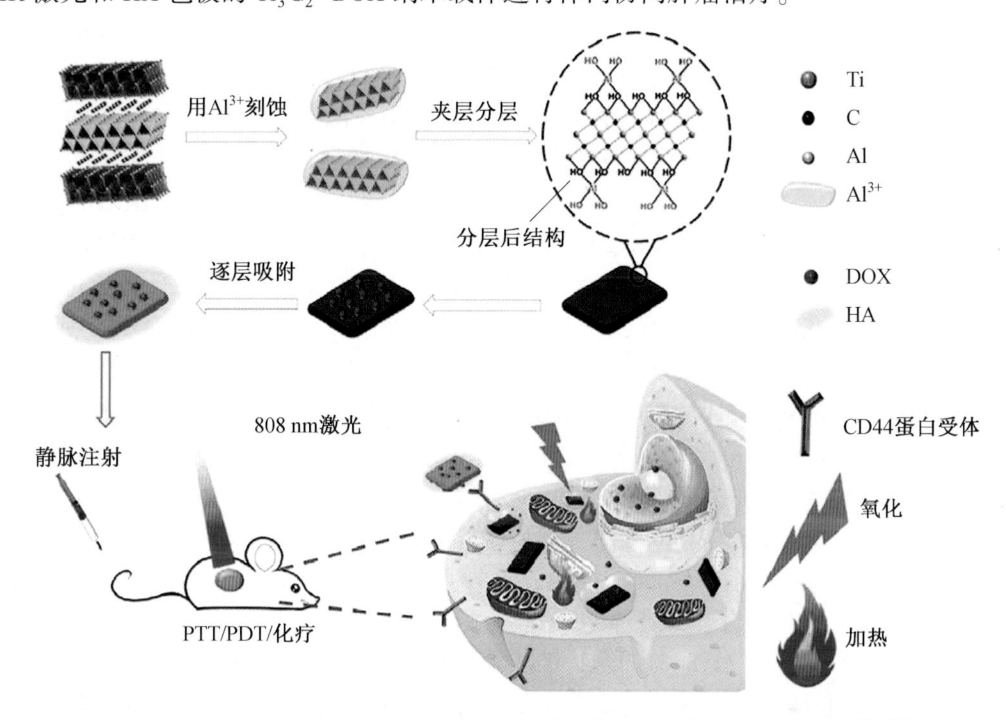

图7.21　Ti_3C_2 纳米平台的制备及肿瘤的光动力/光热/化疗协同作用示意图[104,117]

Xing等[119]制备了含水量为98%的三维网状结构纤维素/MXene水凝胶，用于协同光控释药和光热消融。与传统的二维MXene纳米片相比，这种3D结构显著提高了材料的生物相容性和稳定性。所制备的纤维素/MXene水凝胶具有三维网络结构，孔径可达数百微米，含水量高达98%，光热性能优异，物理性能柔软，其抗癌药物DOX负载量约为0.69 mg/mL。同时，由于其独特的三维网状结构以及生物相容性，这种纤维素/MXene水凝胶在水中能够实现二维纳米载体难以实现的缓慢释药。有趣的是，在808 nm的近红外光照射下，由于MXene的光热效应是三维结构中的孔隙膨胀，药物释放速率增加，所以可以通过近红外光来实现药物的控制释放。

纳米复合物的酸度响应特性可归因于药物与多孔壳之间的相互作用会随着pH的降低而减弱，从而促进肿瘤区域的共聚释放。此外，近红外激光对药物释放的超热刺激也会对药物释放产生积极影响。近红外功率的提高也可以提高药物的释放速率，因为热刺激下药物与二氧化硅壳层的强结合解离较快。Li等[120]已经报道了用基于二维MXene多官能化的表面纳米孔工程策略，实现了在二维MXene表面上均匀地涂覆纳米介孔二氧化硅层。与传统的MXene用于肿瘤光疗相比，在MXene上的表面纳米孔涂层集成了一些独特的特性来扩展MXene的生物医学应用，包括限制药物的传递空间、增强亲水性和分散性及丰富的靶向工程表面化学。该研究在MXene表面进行了纳米孔工程，合成了活性靶

向 Ti_3C_2@ mMSNs-精氨酸-甘氨酸-天冬氨酸，使 MXene 具有实现光热法、靶向化疗法和协同治疗法的功能，介孔纳米结构可以用于药物的传递和释放，也可以用于治疗肿瘤时的特异性活性靶向反应以及在光热疗法中担当光热转换的作用。近红外激光下精氨酸-甘氨酸-天冬氨酸靶向光热消融效果表明，随着激光能量的增加，与未经精氨酸-甘氨酸-天冬氨酸修饰的 Ti_3C_2@ mMSNs 相比，Ti_3C_2@ mMSNs-精氨酸-甘氨酸-天冬氨酸可杀死更多的肝癌细胞。同时，Ti_3C_2@ mMSNs- 精氨酸-甘氨酸-天冬氨酸在抑制肝癌细胞方面表现出明显的优势，因为锚定在 Ti_3C_2@ mMSNs 表面的精氨酸-甘氨酸-天冬氨酸肽与肝癌细胞膜具有活性靶向能力，从而促进了更多的协同治疗剂通过有效内吞作用靶向肝癌细胞。系统体外和体内评价显示了 Ti_3C_2@ mMSNs-精氨酸 -甘氨酸-天冬氨酸对肿瘤的高活性靶向能力，协同化疗和光热高温已完全根除了肿瘤。系统的体内生物相容性和体外生物相容性测试表明，这些复合的 MXene 基纳米片具有很高的相容性，且易于排泄。Li 等通过表面纳米孔工程显著拓宽了基于 MXene 纳米平台在抗癌方面的生物医学应用，为新型 MXene 基复合纳米材料的构建开辟了一条新途径，以满足多种生物应用需求。

温度和某些酶以低 pH 影响肿瘤细胞。传统的药物递送到癌细胞中对非恶性细胞不利，这可以通过在 MXene 表面上添加 OH^- 或 F^- 使药物分子带正电并在血液中循环来克服。MXenes 高光热转换和 pH 敏感性导致药物释放和恶性细胞消融的协同效应，分别如图 7.22 和图 7.23 所示。[22] Han 等[117] 发现 Ti_3C_2-MXene 表面修饰 SP 是这种纳米复合材料的一个例子，其抑制率为 74.6%，消融温度为 68.5 ℃，从而通过协同效应破坏肿瘤细胞。Xing 等[119] 于 2018 年合成了 Ti_3C_2MXene 纤维素水凝胶，并用作光热和化疗。复合材料的孔隙中有 98% 的水、84% 的药物被加载到其中，这表明在 808 nm 的 NIR 照射下具有生物相容性，并通过药物递送降低了毒性。发现使用 235.2 mg/L 的水凝胶 MXene，用 1.0 W/cm^2 的功率密度的 NIR 辐照 5 min，两周内 100% 的癌细胞被破坏。

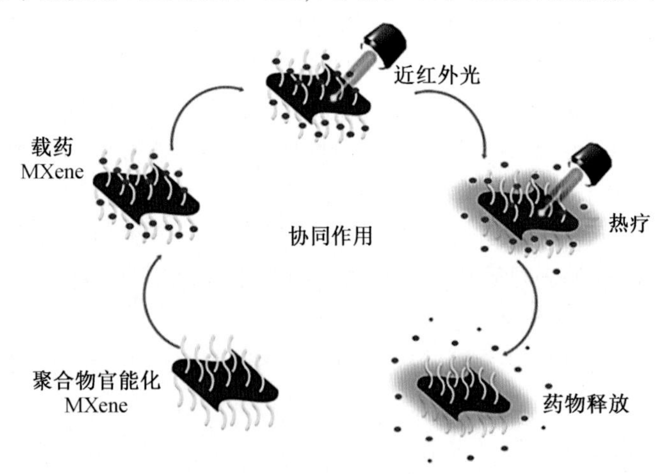

图 7.22　化疗和光热治疗过程显示出协同效应[22]

尽管过去几年的研究成果意义显著，并且通过对 MXenes 设计提高了药物传递和光疗能力，但是目前的设计方法缺乏尺寸分布和重现性控制，应该更多地致力于自下而上合成 MXenes，以更好地控制其尺寸、几何形状和表面终端。因此有必要开发新的合成方法

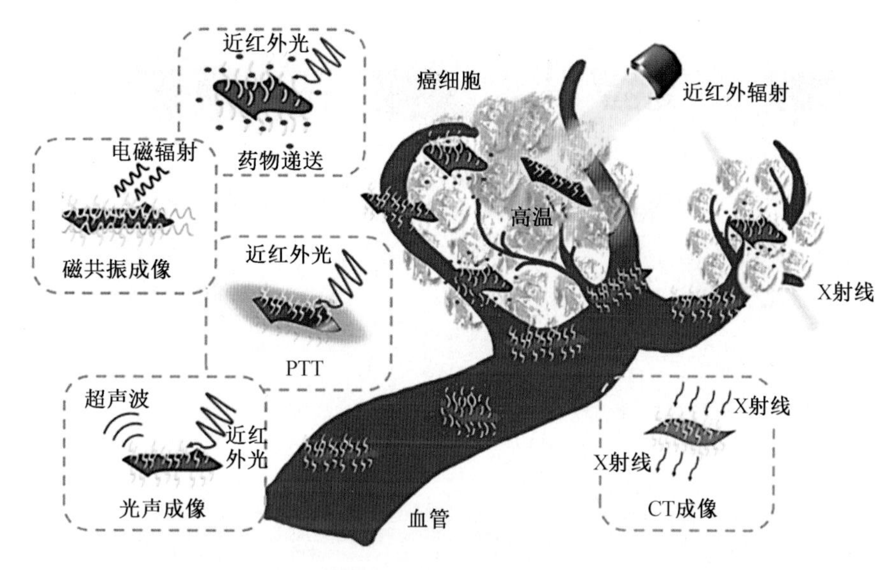

图 7.23　PTT/化疗示意图[22]

来制备纳米片以外的形貌,如纳米管、纳米颗粒或球形等。

7.4.4　联合治疗

目前对癌症协同治疗的研究涉及光热/光动力或化学动力疗法,或光热/化学疗法和热气体疗法。同成像方式一样,单一的肿瘤治疗方式一般很难满足治疗的需要,因此多种治疗方式的联合治疗给肿瘤治疗带来了更大的希望。基于 MXenes 二维纳米材料的联合治疗有多种。首先,以光热与化疗药物的结合。化疗在临床应用中使用较为普遍,但化疗药物有较大的副作用,且肿瘤部位吸收较为缓慢。在 MXenes 二维纳米材料的携载与光照的作用下,可以减少其副作用并提高肿瘤部位细胞对化疗药物的摄取。Han 等利用 Ti_3C_2 纳米片携载抗肿瘤药物 DOX 对肿瘤进行治疗,结果显示,DOX@ Ti_3C_2-SP+Laser 组肿瘤治疗效果最佳。通过电离辐射来诱导细胞 DNA 损伤从而使细胞凋亡的放疗也可以与光热治疗结合。肿瘤部位氧含量低,这大大限制了放疗的结果,而光热治疗可以促进血液的循环,增加氧含量,从而促进了放疗的治疗疗效。Tang 等构建了 Ti_3C_2@ Au 功能纳米材料,实现了光热治疗与放射治疗(RT)的联合治疗,并且 Ti_3C_2@ Au+PTT+RT 的治疗效果相较于其他治疗组最为优异(图 7.24(a)、(b))。最后,利用 MXenes 二维纳米材料实现两种以上的联合治疗方式,提高肿瘤治疗的效率,并降低药物自身的毒副作用。Liu 等[104]通过静电作用在纳米片上吸附治疗药物 DOX 实现光热-光动力-化疗的联合治疗方式(图 7.24(c)),治疗组治疗效果非常明显(图 7.24(d))。联合治疗的方式可以避免单一治疗方式的劣势,提高肿瘤的治疗效果。

在近红外辐射下,Mo_2C 产生显著的 ROS 水平,以实现 PPT 和 PDT 的协同结果。Mo_2C 已被用于负载多金属氧酸盐(POM)作为一种化学动力学(CD)试剂,诱导光和氧非依赖性协同 PTT 治疗的 ROS[122]。酸化 POM 簇导致其自组装成球形聚集体,有效增强了 NIR-Ⅱ激光照射的吸光度,并通过 EPR 效应促进肿瘤中的选择性积累。用 H_2O_2 处理

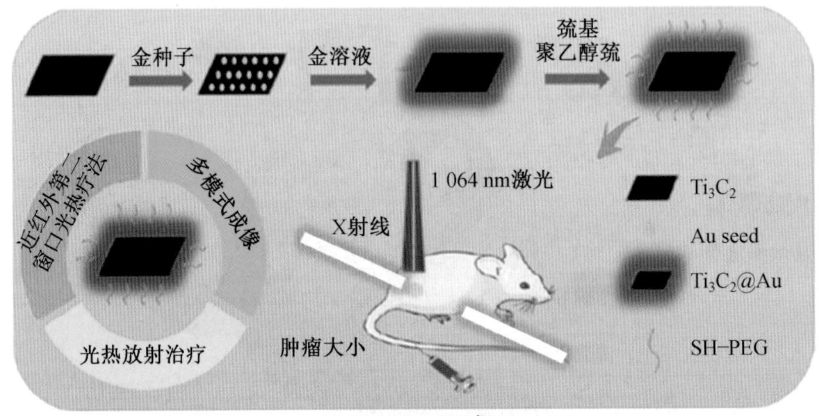

(a) Ti_3AlC_2 MAX相

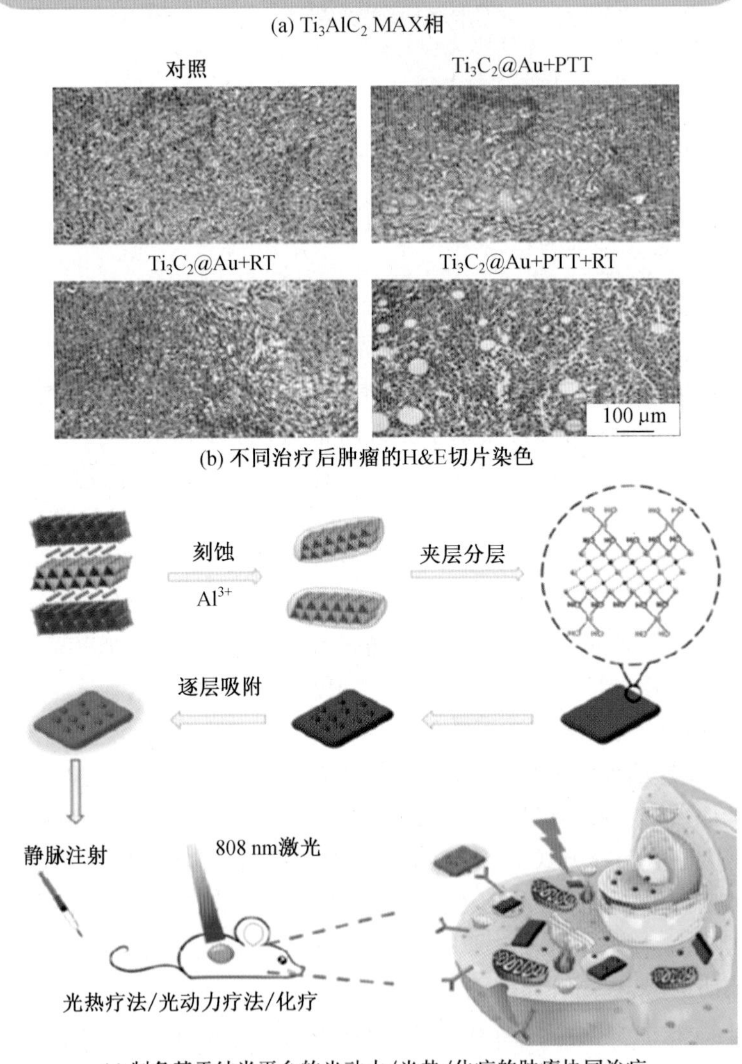

(b) 不同治疗后肿瘤的H&E切片染色

(c) 制备基于纳米平台的光动力/光热/化疗的肿瘤协同治疗

图 7.24 MXenes 二维纳米材料用于协同治疗[121]

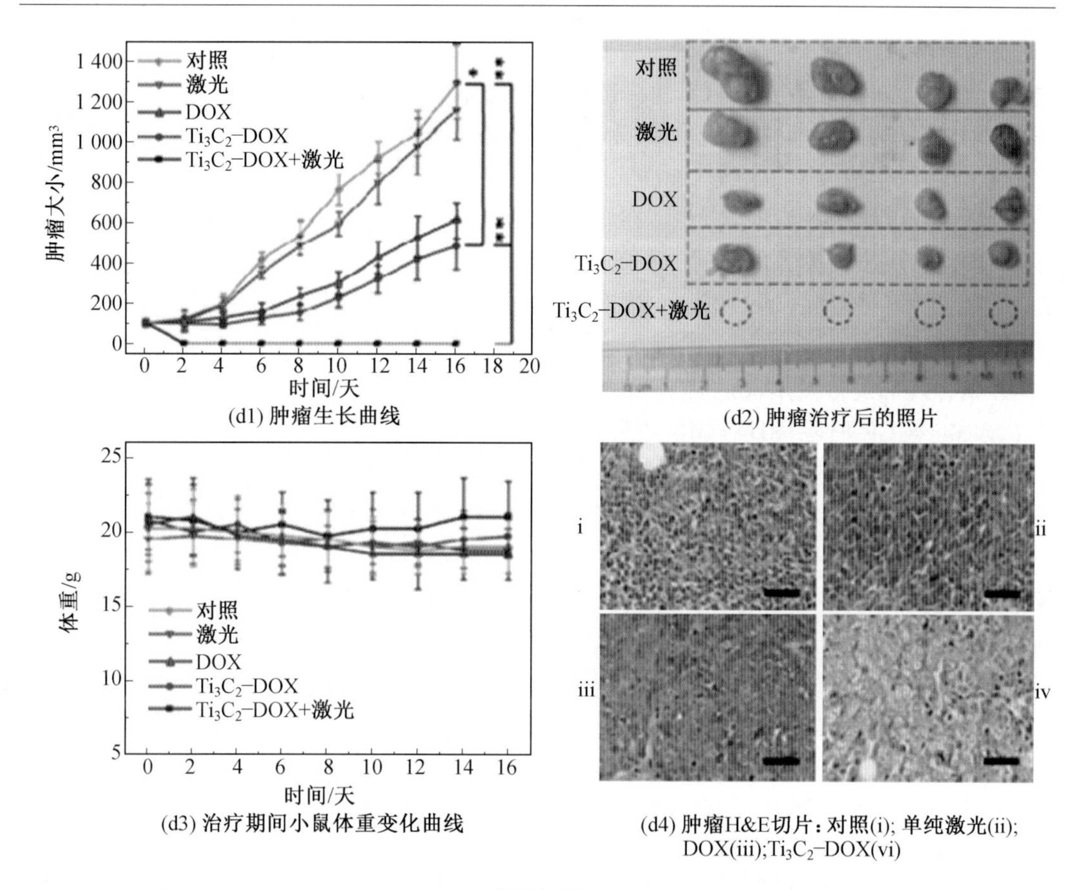

(d1) 肿瘤生长曲线

(d2) 肿瘤治疗后的照片

(d3) 治疗期间小鼠体重变化曲线

(d4) 肿瘤H&E切片：对照(i)；单纯激光(ii)；DOX(iii)；Ti_3C_2-DOX(vi)

续图 7.24

Mo_2C 衍生的 POM 可诱导高水平的 ROS，POM 被内源性还原剂复活以维持$^1O_2$ 的循环生产，使用荧光探针检测 ROS，显示出热促进了 HeLa 细胞中 ROS 产生的效率。ROS 破坏线粒体呼吸链的功能，导致肿瘤细胞的破坏，这一效果只能通过化疗和(或)PTT 实现。与对照组相比，POM 诱导肿瘤内 ROS 显著增加，尤其是在 1 060 nm 激光照射下，导致实体瘤尺寸减小甚至消除。十六烷基三甲基氯化铵(CTAC)可以在涂有正硅酸乙酯(TEOS)的 Nb_2C 上自组装，这会在 MXenes 表面产生均匀的具有治疗性的中孔层 CTAC@ Nb_2C-MSN[123]。将 CTAC 保留在中孔层内是该材料直接用作化疗剂所必需的。CTAC@ Nb_2C-MSN 不仅辅助化疗促进 PTT，而且确保了药物的装载能力，从而避免了表面活性剂提取和装载的复杂过程。与 RGD(一种靶向肽)的结合允许通过 CTAC@ Nb_2C-MSN-PEG-rGD 以实现化疗和 PTT 的协同作用。MXenes 还可以被开发用于递送具有双重功能的癌症化疗药物。Ti_3C_2 的大表面积为药物递送提供了丰富的锚定位点。Ti_3C_2 纳米片已被用作多功能纳米平台，通过使用逐层吸附法可以使 Ti_3C_2 纳米片对 DOX 和肿瘤靶向 HA 的负载能力提升为 84.2%[104]。Ti_3C_2-DOX 在注射后数小时内选择性且积聚在肿瘤部位。在另一项研究中，研究人员将化疗和 PTT 结合起来以 DOX@ Ti_3C_2-SP 作为癌症治疗的理想药物递送系统[117]。通过在 DOX 溶液中搅拌 Ti_3C_2-SP 纳米片，将 DOX 引入 Ti_3C_2-SP 的表面，获得了具有优异负载效率的异质结构碳化钛-钴纳米线(Ti_3C_2-CoNW)的纳米载体,对药物的负载率分别达到 211.8% 和 225.05%。随着 pH 的降低,DOX 释放加快。特别是,由于在 808 nm 激光照射下的局部热效应,Ti_3C_2-SP 和 Ti_3C_2-CoNW 的光热转换增强了 DOX 释放,使其具有 pH 响应性和 NIR 加速药物释放系统。此外,MXene 还可以用纤维素改性以生成 MXene/DOX@ cellulose 水凝胶,具有可膨胀的孔以及增强的光热和柔性物理性能,可用于肿瘤根除[119]。在辐射下,MXene/DOX@ cellulose 水凝胶膨胀的气孔导致 DOX 的快速释放。最近的一项研究设计了多功能 MXene,以实现癌症的光热/光动力/化疗。将二甲双胍(Met)和复合多糖(CP)吸附在 Ti_3C_2 纳米片表面,以建立纳米复合药物递送系统(Ti_3C_2@ Met@ CP,图 7.25(a))[124]。Ti_3C_2(图 7.25(b))展示了高表面积、PTCE 和有效单线态氧生成的优异特性。充足的照射时间和照射功率密度大大提高了 Ti_3C_2@ Met@ CP 消除 MDA-MB-231 细胞的效率(图 7.25(c)),其死亡率明显高于 808 nm激光照射 10 min 的其他组。然后,随后的动物实验证明 Ti_3C_2@ Met@ CP 在激光照射下具有良好的治疗效果,从而逐渐消融实体瘤而无转移和复发(图 7.25(d))。

最近,研究人员利用 MXenes 探索了一种新兴的热气癌症疗法[125]。通过用介孔二氧化硅层涂覆 Nb_2C 纳米片合成了 Nb_2C-MSNs-SNO 纳米复合材料,通过近红外光辐射 Nb_2C-MSNs-SNO 纳米复合材料提供 NO(图 7.25(e))。NO 是一种气体递质,用于通过氧化和亚硝化应激机制来诱导线粒体和 DNA 功能障碍,从而达到消除癌细胞的目的。Nb_2C-MSNs-SNO 纳米片不仅具有良好的 PTCE(光热转换效率),而且控制了 NO 的释放。在 1 064 nm 下照射 10 min 后,将 Nb_2C MS-Ns-SNO 溶液引入 Griess 测定,其中黑色溶液变为红色(图 7.25(f)),以表明纳米复合材料以激光功率密度和浓度依赖的方式有效释放 NO(图 7.25(g)、(h))。在不同浓度和激光功率密度下,Nb_2C-MSNs-SNO 复合材料的协同光子热气治疗模式仅在辐照后对癌细胞显示出显著的致死作用。此外,Nb_2C-MSNsSNO 对肿瘤体积的抑制作用大于 Nb_2C-MS-Ns PEG(图 7.25(i))。该材料诱导凋亡蛋白 Bid、caspase-3 和 caspase-7 的上调,以触发癌细胞凋亡,而不损伤正常细胞(图 7.25(j))。因此,热气疗法结合 PTT 代表了癌症治疗的新策略。

MXenes 的强近红外吸收和高效的光热转换在协同治疗的探索中引起了极大的关注。任何类型的协同治疗都基于 MXenes 的光热效应。由于表面修饰和多功能化,研究人员创造了各种柔韧和牢固的 MXenes 试剂在各种癌症协同治疗中。此外,由于协同作用的优势,MXenes 的治疗效果和靶向能力因低毒性而增强。因此,突出的光学特性赋予了 MXenes 在肿瘤消融方面的潜力。

7.5 MXene 的生物安全性

关于安全性,尽管许多初步研究已经证实,目前用于生物医学的 MXene 具有普遍较低的细胞毒性,其中一些具有生物降解性,但事实上,大多数研究是在体外水平上进行的,或是基于小动物(如斑马鱼胚胎和小鼠)的低剂量短期血液学分析。在大型动物模型(如猪和灵长类动物)中对 MXene 的长期生物安全性进行系统评估,包括生物相容性(如遗传毒性、慢性毒性和致癌性)、生物降解性、循环、药代动力学、生物分布、免疫原性和稳态调节,特别是用于临床应用,需要更多的纳米毒理学数据来进一步探索和收集。基于 MXene

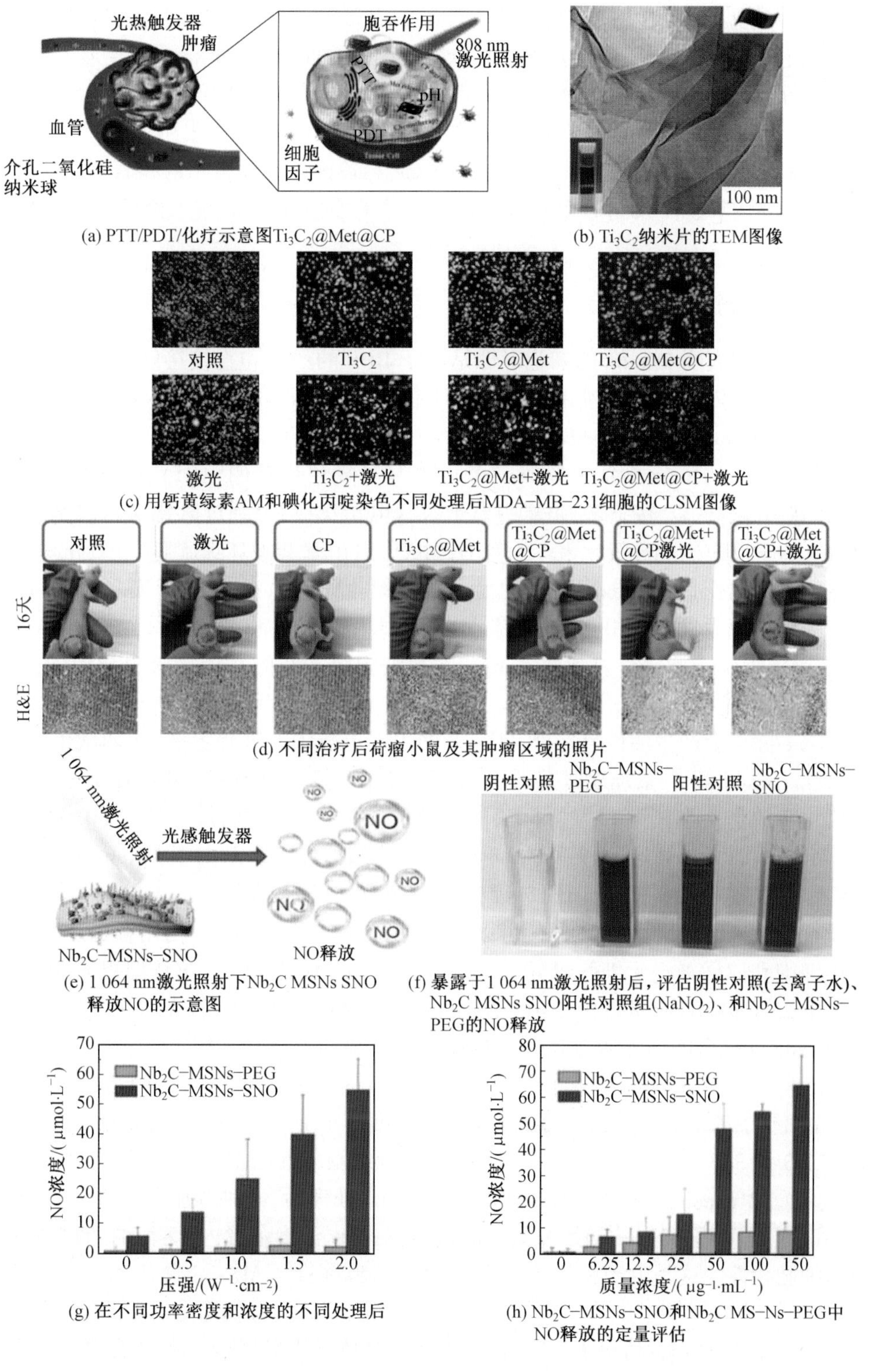

(a) PTT/PDT/化疗示意图Ti_3C_2@Met@CP　(b) Ti_3C_2纳米片的TEM图像

(c) 用钙黄绿素AM和碘化丙啶染色不同处理后MDA-MB-231细胞的CLSM图像

(d) 不同治疗后荷瘤小鼠及其肿瘤区域的照片

(e) 1 064 nm激光照射下Nb_2C MSNs SNO释放NO的示意图　(f) 暴露于1 064 nm激光照射后，评估阴性对照(去离子水)、Nb_2C MSNs SNO阳性对照组($NaNO_2$)、和Nb_2C-MSNs-PEG的NO释放

(g) 在不同功率密度和浓度的不同处理后　(h) Nb_2C-MSNs-SNO和Nb_2C MS-Ns-PEG中NO释放的定量评估

图 7.25　纳米复合药物递送系统实现癌症的光热/光动力/化疗[124-125]

的生物材料必须具有高度的生物安全性,对血液成分、基因表达、蛋白质结构和细胞功能(如生存、生长、增殖、迁移、分化等)的副作用最小。因此,研究 MXene 的生物相互作用、细胞摄取行为和细胞毒性机制至关重要,从而有助于设计和制造更安全的 MXene 基生物材料。MXene 的生物毒性需要在免疫系统、肺系统、心血管系统、生殖系统、胃肠系统和中枢神经系统中进一步评估。此外,了解 MXene 与各种过渡金属元素和表面终止基团复合后在生物体内环境中的毒性也非常重要,这对于评估 MXene 对人类的健康风险至关重要。

7.5.1 毒性机理

先前的研究表明 MXene 的细胞毒性是由于 ROS 的产生和直接接触。MXene 毒性的主要机制与细胞内 ROS 的产生有关,ROS 对蛋白质和 DNA 造成损害,导致细胞死亡,如图 7.26(a)和(b)所示。当 MXene 在水存在下穿过细胞膜时,会导致 ROS 的产生。MXene 悬浮液中的水分子会分裂成一个自由基氢氧化物基团(OH)、超氧化物阴离子(O^{2-})和氢离子(H^+)。接下来,超氧阴离子会与电子反应,得到过氧化氢自由基(HO_2^-),进而与氢离子反应生成过氧化氢[126],H_2O_2 和 O^{2-} 自由基会破坏细胞膜,过氧化氢穿透细胞膜并导致细胞死亡。MXene 毒性的另一机制是由于 MXene 与细胞膜之间的强附着。MXene 和细胞膜通过离子相互作用、疏水性、范德瓦耳斯力和受体配体结合直接相互作用,导致膜失稳和细胞完整性丧失。MXene 和细胞膜之间的直接接触也导致 MXene 积累,最终导致细胞死亡[126]。

MXene 除了会产生活性氧之外,MXene 的大小也被认为对活生物体(如微生物)具有细胞毒性。Arabi 等[71]系统地研究了 0.09~4.40 μm 范围内 Ti_3C_2-MXene 纳米片的不同横向尺寸对枯草芽孢杆菌和大肠杆菌的影响。结果表明,横向尺寸较小(0.09 μm)的 Ti_3C_2-MXene 纳米片对这两种细菌具有较高的抗菌活性。这是由于 MXene 较小的横向尺寸更容易进入胞质溶胶,从而损坏细菌 DNA 中的细胞质成分。Jastrzębska 等[127]已经报道了具有纳米横向尺寸的 MXene 可以被内吞入细胞。Wu 等[128]使用神经干细胞衍生的分化细胞和原代神经干细胞研究了 Ti_3C_2 纳米片的细胞毒性。TEM 结果表明,当质量浓度大于 25 μg/mL 时,宽度为 2 μm 的 Ti_3C_2 纳米片在神经干细胞中内化。这些结果表明用 MXene 处理后的细胞活力取决于 MXene 片的横向尺寸。

Shi 等[129]使用 MTT 法研究了 MXene 薄片/Cu NC 纳米簇在 3T3 小鼠成纤维细胞和 HEK293 细胞中的细胞毒性,所施加的 MXene 的横向尺寸约为 500 nm,处理 24 h 后立即对 HEK293 和 3T3 上的 MXene 薄片和 CuNC 进行细胞毒性测定。结果显示,在用 MXene 薄片(0~0.12 mmol/L)和 CuNC(0~0.1 mg/mL)处理后,两种细胞的细胞存活率均为 85%。培育 24 h 后,80% 的初始细胞存活,证明在测试浓度范围内,两种纳米材料仅具有轻微的细胞毒性。这是由于在低浓度下对两种细胞进行了 MXene 薄片和 CuNC 的细胞毒性测定,尺寸约为 500 nm 的 MXene 没有进入细胞并且没有表现出明显的细胞毒性。

在 MXene 量子点的情况下,研究了其大小对细胞活力的影响。在先前的一项研究中 Shi 等[129]使用 Cell Counting Kit-8(CCK-8)测定研究了 Ti_3C_2 和 Nb_2C MXene 量子点(QDs)对人脐静脉内皮细胞(HUVEC)的细胞毒性。HUVEC 暴露于不同质量浓度的

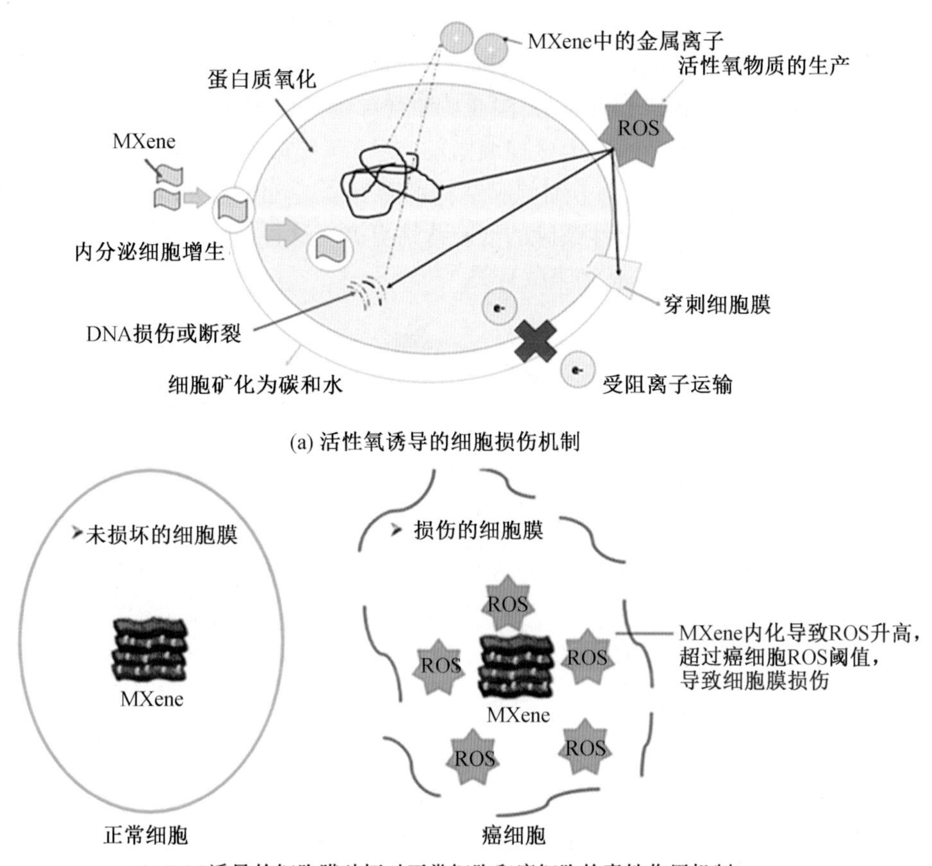

图7.26　MXene的毒性机制

Ti_3C_2 和 Nb_2C QDs(6.25 ~ 100 μg/mL),并通过CCK-8测定细胞活力。Ti_3C_2 和 Nb_2C MXene量子点的横向尺寸被控制在1.74 ~ 2.86 nm的范围内。两种类型的QDs都在细胞内内化,但注意到当 Ti_3C_2QD的浓度增加时检测到细胞内Ti元素的高积累。这项研究表明,不同大小的量子点能够穿透细胞膜并诱导细胞毒性。他们的结果表明,暴露于100 μg/mL的 Ti_3C_2QD将通过诱导自噬功能障碍而对HUVEC产生细胞毒性。

Zhou等[130]使用MTT法评估了 $Ti_3C_2T_x$ MXene的QDs对人胚胎肾细胞2937和MCF-7癌细胞的细胞毒性。使用 $Ti_3C_2T_x$MXene在溶剂如DMF中进行热处理,从层状MXene合成QD。$Ti_3C_2T_x$ 量子点的尺寸在4 ~ 10 nm的范围内确定。该报道显示了可信的结果,表明用50 μg/mL和100 μg/mL QD处理的两种细胞类型的细胞活力接近100%。将QDs质量浓度进一步增加至400 μg/mL只会略微降低细胞活力至90%。这可能是由于 $Ti_3C_2T_x$ QD中存在C—N基团,从而提高了MXene的细胞相容性。MXene表面存在的C—N基团将通过离子相互作用促进细胞附着到MXene表面,从而改善细胞扩散。对MXene QD的总体研究表明,MXene QDs的尺寸在1 ~ 100 nm范围内会诱导细胞毒性。因此,最近已经进行了通过用生物聚合物功能化MXene来减轻MXene的细胞毒性的研究

在体外实验中观察到的MXenes对细菌和动物细胞毒性的主要机制中,主要分为氧

化应激[131]和具有尖锐纳米片边缘对细胞膜的机械损伤[70,132](图 7.27)。这些数据与其他不溶性二维纳米材料(如石墨烯)的大量研究一致[133-134]。鉴于此类数据与纳米材料的遗传毒性和胚胎毒性的数据非常相似,因此应非常仔细地研究 MXene 对活生物体的长期影响。在对细菌细胞进行的研究中发现 MXenes 对革兰氏阳性菌的细胞毒性作用比对革兰氏阴性菌更明显,这可能是由于细胞膜结构的差异[70]。此外,大多数对动物细胞的研究表明,与正常细胞相比,对恶性细胞的细胞毒性更高。这种效应可能与亚细胞内化机制的改变以及 ROS 产生引起的氧化应激有关[135]。

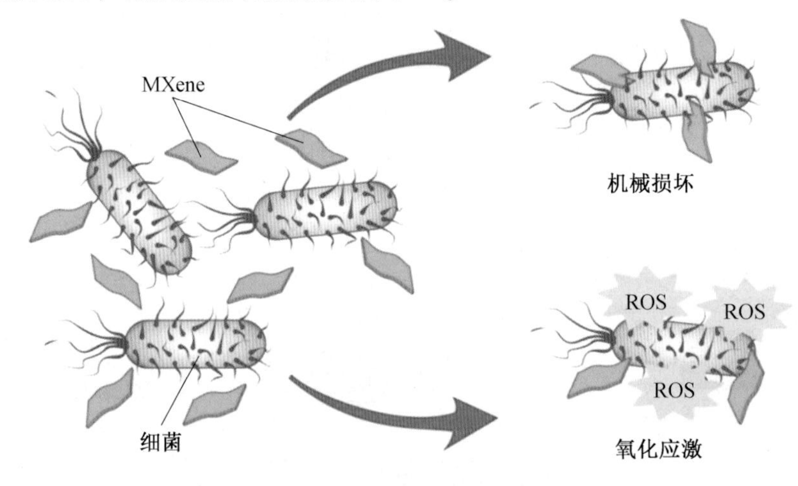

图 7.27 MXenes 对细菌细胞的细胞毒性作用机制

在实验室小鼠和斑马鱼胚胎的急性和亚急性期体内实验中,尚未观察到毒性作用。虽然如此,应注意,这些实验中没有发现 MXene 的毒性可归因于 MXenes 在生物流体中的高的聚合速率。粒子聚集达到临界尺寸可以解释在 Danio rerio 胚胎实验中死亡率随时间变化的峰值。聚集物也可能附着在胚胎细胞膜上并损坏它们。大量的聚集物会导致小的毛细血管突然堵塞,特别是心脏处的毛细血管,从而在一定时间后死亡。

基于对生物触发(例如温度、pH、酶)的优异响应性,MXene 可以设计和制造为“智能”生物反应纳米反应器,以优化治疗结果。例如,Wang 等[136]成功开发了基于二维 Ti_3C_2MXene 负载 DOX 的智能二维治疗纳米系统,用于 pH 和温度反应化疗和基于 PTT 的协同治疗(图 7.28(a))[120]。随着 DOX 的 pH 驱动质子化行为和肿瘤部位的温度升高,DOX 的快速释放被促进以促进肿瘤微环境(TME)特异性化疗。通过诱导智能反应和协同治疗结果,该策略有助于获得治疗结果,但同时也会对正常组织造成不可评估的损害。

与大多数无机纳米系统类似,二维 MXene 纳米片的生物降解性差是关键问题,这可能会阻碍其进一步的肿瘤学研究和临床应用。因此,系统评价 MXene 纳米片在复杂生理环境下的生物降解性能具有重要意义。Wang 等[136]研究了 MoC_2-PVA 纳米片在各种 pH 环境中的生物降解性(图 7.28(b)),以及 Nb_2C-PVP 纳米片的人髓过氧化物酶(hMPO)响应生物降解能力(图 7.28(c))[24,137]。当 MoC_2-PVA 纳米片在磷酸盐缓冲溶液(PBS)(pH=7.4)中孵育并且 Nb_2C-PVP 纳米片与 hMPO 混合 PBS 孵育 24 h 时,MoC_2-PPVA 和 Nb_2C-PPV 的特征二维平面结构几乎完全破坏,这使得它们能够在完成治疗功能后在体内容易降解。

体内循环和代谢行为对 MXene 的生物安全性具有根本性的影响。因此，系统评估体内生物分布、循环半衰期、肿瘤积聚和毒理学特征对于 MXene 的生物医学应用至关重要。它有望确定为最有前途的具有快速排泄和低毒性的纳米平台。到目前为止，已经对几种 MXene 进行了单独研究和逐案现象评估，包括 Ti_3C_2[85]、Ta_4C_3[138]、Nb_2C[24]、MoC_2[137]、V_2C[139] 和 TiN。V_2C 作为一个范例，体外和体内结果表明，V_2C 没有明显的细胞毒性和长期毒性（图 7.28（d）和（e））。14 天后，由于 V_2C 量子点的超小尺寸，大多数 V_2C 纳米片通过肝脏、脾脏和肾脏从主要组织代谢，表明 V_2C 可以从体内清除，长期毒性降低[139]。然而，MXenes 的这些生物效应目前仅在细胞和动物水平上进行初步评估，关于长期生物效应和生物安全的可靠数据仍然高度缺乏，这需要进一步系统和深入地评估。

MXene 的生物特性与其碳或氮含量有关，而碳或氮含量是所有生物的基本组成部分。虽然钛、钽和铌等早期过渡金属被认为基本无害，但越来越多的证据表明它们可能是有害的。因此，深入研究表明，探索简单、低成本和环境友好的技术来限制其潜在毒性是非常重要的。MXene 基纳米复合材料具有优异的性能，如可调的形态/结构、生物相容性、显著的生理稳定性、生物降解性和简单的功能化程序，可用于一系列临床和生物应用，因为这些特性是大多数有机物的常见障碍。另外，应彻底研究这些二维 MXene 的毒性、生物安全性和生物相容性问题，以及包括溶解度、分散性和长期毒性在内的关键因素。在一项研究中，Alhussain 等[140]研究了 MXene 纳米片在胚胎发生早期以及血管生成的潜在毒性，发现它们可能对胚胎发生的初期产生负面影响，其中约 46% 的 MXene 暴露胚胎在暴露后 1 ~ 5 天死亡。

通常，对 MXenes 在体外和体内产生毒性作用的机制没有深入的了解，大多数其他纳米材料也是如此。这种缺乏全面知识的原因是，纳米毒性取决于一系列因素，如颗粒形状和尺寸、缺陷和杂质的存在、表面性质以及与生物环境的相互作用等，这些特征中的每一个都有助于一般毒性。同时，不同研究团队或同一研究团队在几个合成周期中制造的形式上相似的纳米材料的性质存在很大差异。随后根据不同的方法和方案将获得的材料转化为生物可以使用的形式（例如，材料在生长培养基中分散或转化为用于黏附细胞培养的支架）。因此，不仅要确定准确的毒性因素和机制，甚至要获得可重复的结果，通常都是一个挑战。显然，今后必须对这一问题进行深入和全面的研究。

7.5.2　体外毒性

MXene 对人类和动物细胞培养物毒性的实验数据极为有限。PEG 修饰的 Ti_2C MXene 对 A375 人黑色素瘤细胞和 MCF-7 人乳腺癌细胞进行了毒性评估，将 HaCaT 和 MCF-10A 选为非恶性细胞系。将细胞培养物与不同剂量的 MXene（0 ~ 500 mg/L）孵育 24 h 和 48 h，并进一步分析潜在的形态学变化和细胞膜损伤。结果表明，HaCaT 和 MCF-10A 在高达 500 μg/mL 的质量浓度下保持了约 70% 的活力，并保持了正常状态，这表明了可接受的生物相容性。而 A375 和 MCF-7 细胞中活性氧种类在统计学上显著增加，这可能表明所研究的 MXene 对癌细胞具有选择性毒性。在使用 A549 和 A375 细胞培养物的 Ti_3C_2 实验中观察到类似的对癌细胞的选择性毒性[141]。

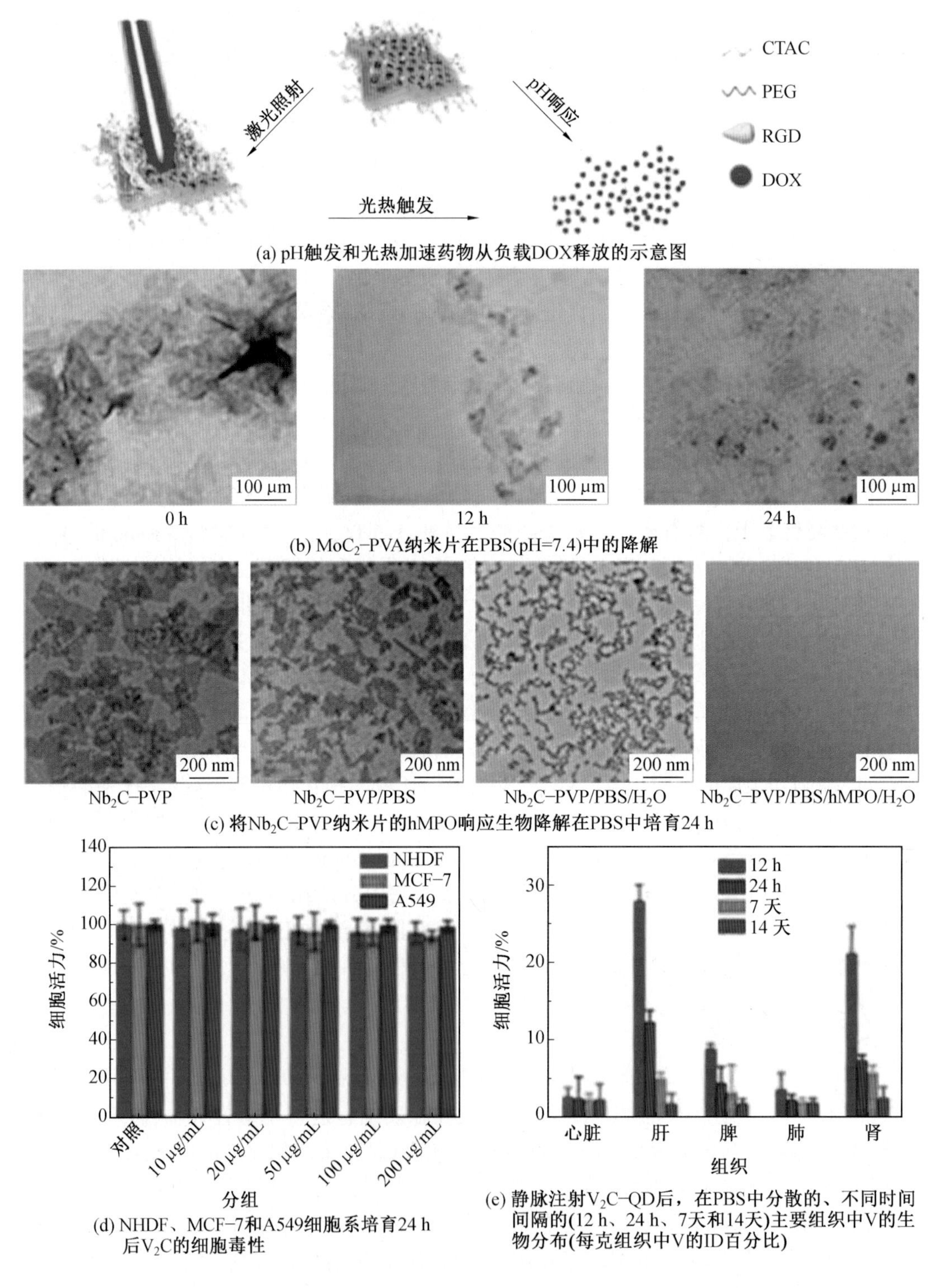

图 7.28 基于二维 Ti_3C_2 MXene 的协同治疗

在 Ti_2NT_x 研究中获得了类似的结果，表明具有选择性毒性。在体外评估 Ti_2NT_x MXene 对人皮肤恶性黑色素瘤细胞（A375）、人永生化角质形成细胞（HaCaT）、人乳腺癌细胞（MCF-7）和正常人乳腺上皮细胞（MCF-10A）的生物相容性。将 Ti_2NT_x 以 62.5 mg/L、125 mg/L、250 mg/L、375 mg/L 和 500 mg/L 的质量浓度加入细胞培养物中，随后培养 24 h。尽管 Ti_2NT_x 降低了所有研究细胞培养物的生存能力，但与正常细胞相比，研究的 MXene 对癌细胞系的毒性在统计学上更高。细胞活性的降低是剂量依赖性的，在某些情况下，在较高的 Ti_2NT_x 浓度下，对癌细胞的毒性是对正常细胞系的两倍[135]。

Ti_3C_2 具有负的 Zeta 电位，这与═O、—OH 和—F 等端基以及 TiO_2 表面钝化层的存在有关。带负电荷的 MXene 可能与细胞表面膜上的可用阳离子位点结合，导致膜破裂[134]。除此之外，MXene 表面带负电和带正电的磷脂酰胆碱脂质之间的强静电相互作用导致细胞膜完整性受损[134]。Scheibe 等[142]还研究了几种 $Ti_3C_2T_x$ MXene 及其前体对体外人成纤维细胞和 HeLa 细胞的细胞毒性作用。他们的结果表明，将这些细胞暴露于高质量浓度的 TiC 和 MAX 相（高达 400 μg/mL），通过机械损伤和氧化应激产生活性氧，诱导了显著的细胞毒性效应。Scheibe 等表明，如果质量浓度在 10～400 μg/mL 之间，$Ti_3C_2T_x$ MXene 与非恶性细胞的细胞相容性超过 80%。这与 Jastrzębska 等[141]报道的研究结果非常吻合。他们的结果表明，$Ti_3C_2T_x$ MXenes 及其前体显示出剂量和化学成分依赖的细胞毒性。Szuplewska 等[135]也获得了类似的发现。他们通过刻蚀和分层 Ti_2AlN MAX 相成功合成了多层 Ti_2NT_x MXene，使用 MTT 法在体外检测了多层 Ti_2NT_x MXene 在正常人乳腺上皮细胞（MCF-10A）、恶性黑色素瘤皮肤细胞（A375）、乳腺癌细胞（MCF-7）和永生化角质形成细胞（HaCaT）上的生物相容性。与 Ti_3C_2 类似，与正常细胞相比，Ti_2N MXene 对癌细胞系（MCF7 和 A365）表现出更高的毒性。Ti_2NT_x MXene 对 HaCaT 和 MCF-10A 细胞无毒。与 Jastrzębska 等[141]的研究结果不同，该研究表明，Ti_2N 的毒性是由于活性氧物种的产生和二维片的内化[135]。Jastrzębska 等[143]使用 A375 和 HaCaT 人类细胞系研究了单层和多层 V_2CT_zMXene 薄片的细胞毒性。用 0～200 μg/mL 的 V_2CT_z 浓度孵育 24 h 后，使用 MTT 法评估细胞活力，发现 V_2CT_z 的细胞毒性是由于 V_2CT_z 薄片或氧化钒的原位氧化。根据 Szuplewska 等[135]的研究，结果显示 MXene 具有显著的时间和剂量依赖性细胞毒性。在 24 h 用 50 μg/mL 的 V_2CT_z 处理两种细胞类型，导致细胞存活率约为 60%，随着暴露时间的增加而进一步降低，直到 48 h 细胞全部死亡。氧化的 V_2CT_z 薄片通过与细胞膜直接相互作用和细胞周期的特定干扰而起作用导致细胞膜解体。Jastrzebska 等[127]使用超声和热处理成功地将 $Ti_3C_2T_z$ 表面上的表面终止基团改性为 Ti_2O_3，然后使用 MTT 分析评估其细胞毒性。发现二维 $Ti_3C_2T_z$ MXene 在超声处理后表面氧化为 Ti_2O_3。结果表明，所有 MXene 样品均表现出 0～500 mg/L 的剂量依赖性细胞毒性，其中热氧化 $Ti_3C_2T_z$ MXene 薄片表现出最高的细胞毒性（在 500 mg/L 的最大处理质量浓度下约有 23% 的细胞活力），发现热氧化样品对癌细胞系具有选择性毒性。这表明使用该方法氧化 Ti_3C_2 薄片可以改变其对癌和非癌细胞系的毒性。

为了研究 MXene 细胞毒性的效应，Rozmysłowska-Wojciechowska 等[131]对原始的 Ti_3C_2、胶原修饰的 Ti_3C_2 和 Ti_2C MXene 进行了比较毒理学评估，以开发具有可控细胞毒性的 MXene。这项研究使用 MTT 法对 A375、HaCaT、MCF-7 和 MCF-10A 进行了研究。

将细胞与 1 mg/L、5 mg/L、10 mg/L、25 mg/L、62.5 mg/L 和 125 mg/L 的 MXenes 共同培育 24 h。获得的结果表明，在所有研究的培养物中，较高的 MXene 浓度导致细胞活力降低。然而，在胶原修饰的 MXene 存在下培育会导致所在组研究中的细胞培养物的生存能力显著增加。此外，细胞毒性效应在恶性细胞中更为明显。所获得的结果表明，胶原表面修饰在体外降低了 MXene 的毒性。

正如 Lin 等使用 $Ti_3C_2T_x$ MXene 与大豆磷脂（$Ti_3C_2T_x$SP）的研究所示，当用大豆磷脂修饰 MXene 表面时，可以减少潜在的毒性效应。通过标准 CCK-8 测定法评估小鼠乳腺癌细胞 4T1 的毒性。将细胞与不同浓度的 Ti_3C_2-SP（400 μg/mL、200 μg/mL、100 μg/mL、50 μg/mL、25 μg/mL、12 μg/mL、6 μg/mL 和 0 μg/mL）共同培育 24 h 和 48 h。结果表明，即使在 400 μg/mL 的浓度下，Ti_3C_2-SP 对 4T1 细胞的生存能力也没有显著影响[144]。Yu 等[145]合成了 Ti_3C_2-MXene 量子点作为癌症光热治疗应用的纳米剂。在6.25 mg/L、12.5 mg/L、25 mg/L、50 mg/L 和 100 mg/L 所研究的 MXene 存在下，在 48 h 培育下，通过 MTT 法检测 HeLa、MCF-7、U251 和 HEK 293 细胞培养物的体外细胞毒性。结果表明，即使在 MXene 最高浓度为 100 mg/L 时，所有选定的细胞系都没有毒性作用，这显著超过 PTT 应用中使用的浓度。Zong 等[146]研究了通过整合 GdW10 基多金属氧酸盐改性 Ti_3C_2MXene 的效果（GdW10@Ti_3C_2）在体外实验期间。该研究是在 $4T_1$ 小鼠乳腺癌细胞培养物上进行的。培养 24 h 和 48 h GdW10@Ti_3C_2 在高达 500 mg/L 的各种浓度下，显示对细胞培养物没有毒性作用，这表明所研究材料具有生物相容性。针对人类结肠癌细胞培养物 HCT-116，研究了基于 Ti_3C_2 的多功能纳米平台对阿霉素、Ti_3C_2 递送和毒性的研究。尽管作者指出，由于单纯的 Ti_3C_2 纳米片在生理条件下严重聚集，因此其毒性评估可能不可靠，但该材料没有显示毒性作用[104]。有研究表明，用横向尺寸为 150～250 nm 的 Ti_3C_2-MXene 在浓度为 6～600 mg/L 的范围内处理癌细胞后，没有明显的细胞凋亡或细胞毒性效应[102,117]。Jastrzebska 等[127]证明，Ti_3C_2-MXene 表面氧化可以获得对癌细胞的选择性细胞毒性，如对 MCF-7 和 A375 的实验所示。该实验中使用的对照组中氧化的 MXene 对 MCF-10A 和 HaCaT 没有毒性。Pan 等[34]对开发的基于 MXene 的组织工程基质进行了细胞毒性评估，该基质在 MXene 质量浓度高达 200 mg/L 时显示出零毒性作用，而低质量浓度（6 mg/L）则积极促进细胞增殖。基于 Ti_3C_2-MXene 的水凝胶的开发者研究了其对小鼠肝癌（HepAl-6）、人肝细胞癌（SMMC-7721 和 HepG2）、人胶质母细胞瘤（U-118MG）和人星形胶质瘤（U-251MG）培养物的体外毒性。结果表明 Ti_3C_2 对癌细胞活力没有影响[119]。Lin 等[24]对用聚乙烯吡咯烷酮（Nb_2C-PVP）修饰的 Nb_2C-MXene 纳米片进行了针对小鼠乳腺癌 4T1 和人类胶质母细胞瘤 U87 细胞系的毒理学研究。将该材料以0 μg/mL、12 μg/mL、25 μg/mL、50 μg/mL、100 μg/mL 和 200 μg/mL 的质量浓度添加到培养基中，并培育 24 h 和48 h。标准细胞活力测定 CCK-8 显示，即使在 200 μg/mL 的质量浓度下，Nb_2C-PVP 对 4T1 和 U87 细胞活力的影响也有限。

因此，MXene 表现出广泛的体外生物学效应，从无毒性到完全抑制细胞生长。同时，MXene 对细菌更具毒性，对人体细胞更安全。研究人员注意到剂量依赖性效应以及其他因素（如表面功能化）引起的毒性变化。一些研究表明对癌细胞有选择性毒性，尽管其他研究没有证实这一点。

7.5.3　体内毒性

基于MXene的制剂的毒性取决于剂量、治疗持续时间和给药方式(静脉内、腹膜内、口服肺给药和玻璃体内注射)。目前,静脉给药模式是研究MXene制剂体内毒性的最常用方法。研究MXene制剂体内毒性仍有很大的调查空间,特别是与其他药物实施的模式有关的调查。通过对小鼠模型给药20 mg/kg改性的MXene、Nb_2C-PVP纳米片进行体内研究[104],组织切片和主要器官染色未显示任何不良反应或病理毒性。生物化学参数和血液学指标测量进一步支持了这一发现。Liu等[104]使用斑马鱼胚胎模型进行了生态毒理学研究。在大气条件下,研究人员未观察到高达100 mg/mL Ti_3C_2的致畸作用。研究人员进行了神经毒性和运动实验,发现毒性作用微不足道,即使在给药50 μg/L的$Ti_3C_2T_x$后,也未发现对神经肌肉活动的有害影响,表明MXene无毒。

考虑到MXene在生物技术和生物医学中的巨大应用潜力,必须彻底评估材料对环境和生物的风险。Nasrallah等[147]使用斑马鱼胚胎模型对$Ti_3C_2T_x$ MXene进行了生态毒理学评估。在25 μg/mL、50 μg/mL、100 μg/mL和200 μg/mL的质量浓度下测试$Ti_3C_2T_x$的急性毒性。根据96 h乙状结肠死亡率曲线,计算出$Ti_3C_2T_x$的半致死浓度LC_{50}为257.46 μg/mL。发现对于$Ti_3C_2T_x$,观察到的最低效应水平(≥20%死亡率)为100 μg/mL,因为该浓度导致死亡率小幅增加(21%)。然而,在斑马鱼胚胎中没有观察到明显的致畸作用。由于50 μg/mL的$Ti_3C_2T_x$对神经肌肉活性没有不良影响,通过运动和神经毒性实验证实了这种毒性的缺失。由于$Ti_3C_2T_x$的LC_{50}大于100 μg/mL,因此可将其归类为“几乎无毒”组。尽管需要注意的是,暴露于100 μg/mL组的死亡率在72 h内为零,然后突然飙升至21%。死亡率的突然增加可归因于$Ti_3C_2T_x$在组织中的聚集,这种聚集随时间发生,最终达到斑马鱼胚胎的临界值。聚集的MXene也有可能附着在胚胎细胞膜上并损坏它们。大的聚集物会导致小毛细血管突然堵塞,特别是心脏的毛细血管,从而在一定时间后导致死亡。因此,在确定其安全性之前,需要对$Ti_3C_2T_x$进行进一步检查。Hussein等[148]发现,用Au颗粒修饰$Ti_3C_2T_x$可显著降低对斑马鱼胚胎的不良影响(LC_{50}>1 000 μg/mL),直至完全没有毒性或致畸表现。

Pan等[34]研究了基于生物玻璃和Ti_3C_2-MXene的3D复合支架对Sprague-Dawley大鼠骨组织再生的影响。植入24周后进行体内延迟毒性评估。血液学和组织学检查结果显示,与对照组相比,这些值没有显著变化,因此表明Ti_3C_2-MXene没有毒性作用。为了研究基于Ti_3C_2MXene的量子点的可能毒性,Yu等[145]在Balb/c小鼠模型上进行了体内研究。单剂量的材料以10 mg/kg静脉内给药。给药后的1天、7天和14天进行的全血细胞计数和心脏、肝脏、脾脏、肺和肾脏的组织学检查结果显示,10 mg/kg的Ti_3C_2MXene量子点毒性作用为零。研究人员认为,这些结果应该归功于他们的“绿色”合成方法,不含有毒有机溶剂和成分。Han等[117]对静脉注射6.25 mg/kg、12.5 mg/kg、25 mg/kg、50 mg/kg的Ti_3C_2-SP纳米片的急性毒性进行了评估。在第1天和第7天评估了小鼠器官(心脏、肝脏、脾脏、肺和肾脏)的组织相容性。与对照组相比,未观察到病理学证据和显著的组织形态学变化,表明Ti_3C_2-SP纳米片给药没有急性毒性和副作用。另外,他们还研究了人体排泄率和清除途径,48 h后,尿液和粪便的排泄率分别为18.70%和10.35%,表明研究物质很容易排出体外。

Dai等[102]研究了健康实验室小鼠单剂量静脉注射5 mg/kg、10 mg/kg和20 mg/kg MnO_x/Ti_3C_2-SP复合物后的体内生物相容性和生物安全性。结果显示,在30天的观察期内,所有主要生命体征均正常,没有偏离预期的控制。进一步的生化血液化验和靶器官检查显示没有毒性作用的迹象。

Zong等[146]在雌性昆明小鼠模型的体内实验中研究了Ti_3C_2-MXene纳米片的生物安全性,该纳米片是通过整合已开发的基于GdW10的多金属氧酸盐功能化二维碳化钛(GdW10@Ti_3C_2)复合物MXene而成的。为了评估物质排出体外的情况,以5 mg/kg、10 mg/kg或20 mg/kg的单剂量给药,同时在注射后2 h、6 h、12 h、24 h、36 h和48 h测量尿液和粪便中的Ti含量。根据结果,48 h后尿液和粪便中的Ti含量分别为注射量的9.1%和38.2%。对整体状况、肝肾功能测试、血液参数(包括平均红细胞血红蛋白、平均红细胞体积、血红蛋白、平均循环血小板体积以及白细胞和红细胞计数)的检查显示,无明显毒性影响。在整个观察期内,小鼠的主要生命体征或行为没有明显变化。心脏、肝脏、脾脏、肺和肾脏的组织学检查显示,组织中没有发生病理变化。对实验室小鼠的体内研究调查了MXene诱导的含Ti_3C_2水凝胶的肿瘤内注射的毒性。结果表明,这种凝胶无毒,对小鼠的心脏、肝脏、脾脏、肺和肾脏等器官没有负面影响。TNF-α、IL-6和IL-1β的测定结果没有偏离对照值,这表明研究材料的免疫毒性为零。

与Ti_3C_2纳米片相比,MXene碳化铌(Nb_2C)纳米片在生物降解和代谢方面具有更好的性能[24]。在水中分散几个月后,研究人员通过TEM观察获得了Nb_2C纳米片表面氧化的证据。当H_2O_2存在时,纳米片在24 h内失去其平面结构。在具有人髓过氧化物酶和H_2O_2的模拟人类环境中,Nb_2C纳米片在24 h内几乎完全降解。体内实验表明,静脉注射后2天内,20%的Nb将通过尿液和粪便从小鼠体内排出。在主要器官中,肝脏、脾脏和肺部积累的Nb最多。值得注意的是,肺中Nb含量的下降明显慢于其他主要器官。Nb元素在肿瘤部位的被动积累效率达到2.24% ID/g,血液半衰期约为1.31 h。随后,同一研究小组发现Nb_2C纳米片可以通过清除自由基保护身体远离电离辐射的危害[149]。平均尺寸为150 nm,厚度为0.5~1 nm,比表面积为2.997 m^2/g的Nb_2C纳米片可以通过选择性刻蚀辅助液相剥离法制备。在体外和体内实验中,Nb_2C纳米片对细胞和动物显示出明显的保护作用。注射后,纳米片分布在几乎所有的组织,包括肝、肺、脾、心脏、肾脏、睾丸和小肠中,这有利于对生物的全面保护。与之前的研究相比,Fan等[150]研究的Nb_2C纳米片显示出显著延长的血浆半衰期(3.8 h)。值得注意的是,在4~48 h的血流灌注指数表示,肝脏显示出最明显的Nb_2C纳米片的摄取和清除,表明可能的肝脏代谢途径,包括肝脏代谢和胆汁排泄。24 h时的血流灌注指数显示,修饰的Nb_2C纳米片在器官中的累积达到最大值,而在之前的研究中,器官中的Nb元素浓度在此时间点一直降低。这两项工作的不同结果可能是由于所使用的动物模型不同:之前的研究使用了免疫缺陷的裸小鼠,而这项工作使用了正常小鼠。与之前的研究类似,注射后48 h内,20%的Nb从尿液和粪便中排出,如图7.29(d)所示。注射后7天内,近80%的Nb从粪便(57%)和尿液(23%)中排出,这避免了潜在的长期毒性。

Lin等[24]对聚乙烯吡咯烷酮修饰的Nb_2C MXene纳米片(Nb_2C-PVP)进行了毒理学

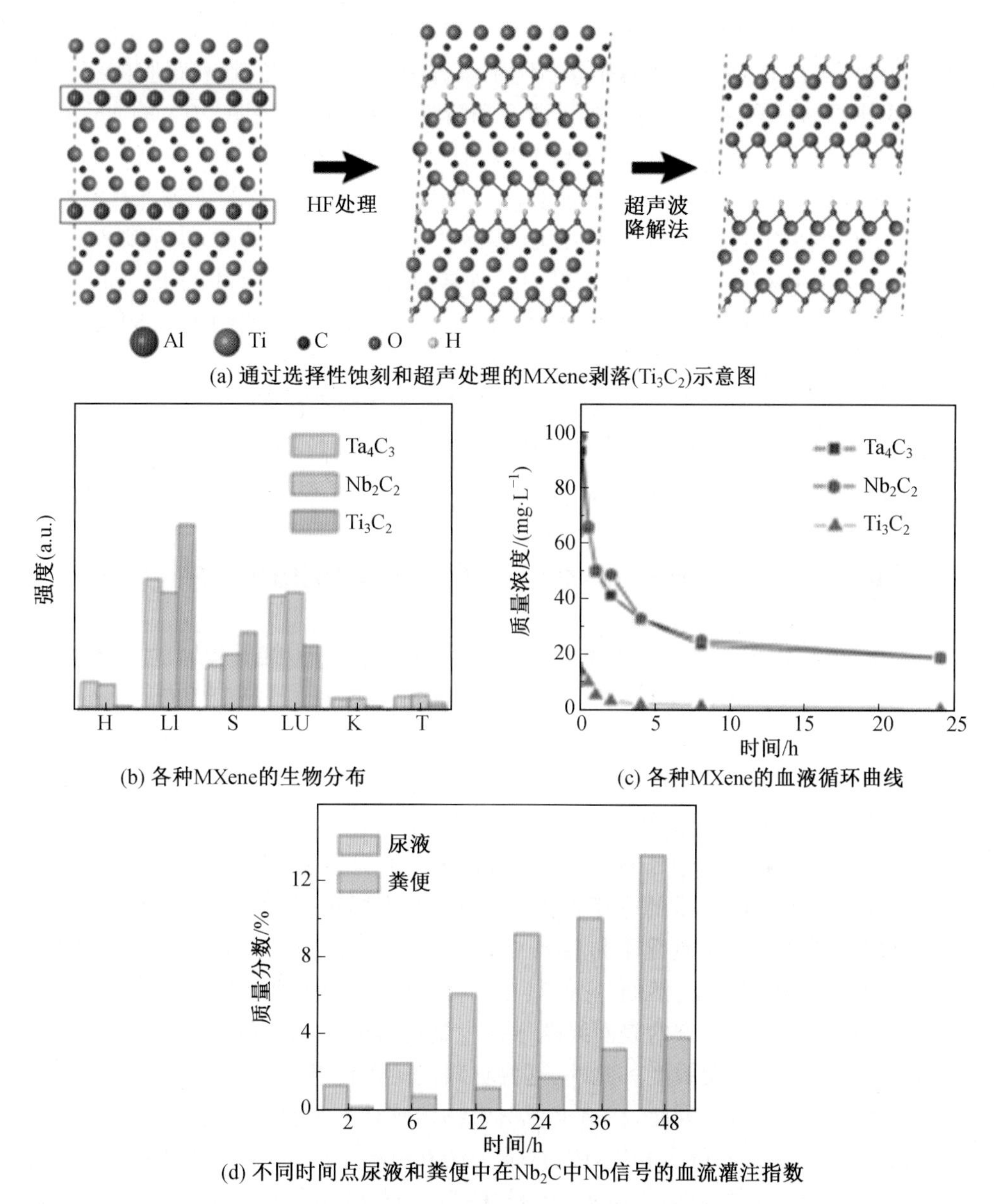

图7.29 MXene基材料在生物降解和代谢方面的效果[24,85]

评估。实验在健康的昆明小鼠上进行,将动物分为4组($n=15$):①对照组;②小鼠静脉注射Nb_2C-PVP,随后NIR-I(808 nm)照射10 min;③小鼠静脉内注射Nb_2CPVP,随后NIR-Ⅰ(1 064 nm)照射10 min;④小鼠在24 h人工日光下静脉注射Nb_2C-PVP。在3个实验组中,剂量为20 mg/kg。注射后1天、7天和24天检查组织学、血液学和生化血液参数。实验组动物的血液学参数,包括白细胞和红细胞计数、血小板计数、血红蛋白、平均循环血小板体积和平均红细胞血红蛋白,在整个实验过程中均与对照组相似。标准生化血液参数,如丙氨酸转氨酶(ALT)、天冬氨酸转氨酶(AST)、总蛋白、球蛋白、总胆红素、血尿素氮、肌酐(CREA)和白蛋白也保持在对照值内。因此,研究剂量中的Nb_2C-PVP不会对血液化学值产生不利影响。此外，由于 ALT、AST 和 CREA 是肾脏和肝脏的相关功能参数，可以假设 Nb_2C-PVP 没有明显的肾和肝毒性作用。心脏、肝脏、脾脏、肺和肾脏的组织学检查显示，组织中没有病理变化。对人体排泄率和清除途径的研究表明，20% 的 Nb 在 48 h 内随尿液和粪便排出。结果表明，Nb_2C-PVP 具有高生物相容性。

除了 Ti_3C_2 和 Nb_2C 之外，碳化钽（Ta_4C_3）纳米片显示出独特的优势。具有高原子序数（$Z=73$）的生物相容性 Ta 元素使 Ta_4C_3 纳米片成为一种有前途的 CT 造影剂。与 Ti_3C_2 类似，Ta_4C_3 纳米片在水中保持稳定数周。肿瘤部位 Ta_4C_3 纳米片的 PA 和 CT 信号在 24 h内持续增加。纳米片的最大被动累积效率为 1.41%，半衰期约为 1.59 h。Ta_4C_3 纳米片在小鼠的主要器官的富集出现在肝、肺、脾、心、肺以及肾脏。与 Nb_2C 相比，在临床应用前还需要做许多的工作，以了解 Ta_4C_3 纳米片的降解和代谢。

因此，大多数研究表明 MXene 没有体内毒性。然而，长期研究的结果尚不清楚。人们担心可能会产生累积毒性效应，对 MXene 的毒性的研究和临床应用还需要考察。

7.6　MXene 在生物传感方面的应用

近年来，生物传感已成为一个重要的研究领域，目前是传感器领域的主要焦点之一。生物传感器由于易于使用、定点监测和快速现场检测，是耗时且昂贵的实验室分析工具的良好替代品。为了制造具有低检测限的高效且灵敏的生物传感器，人们引入了低维材料来制造用于传感组件中生物认知元件的有效换能器和有效载体。在过去的几十年中，二维材料由于其维度和多功能特性而受到越来越多的关注。各种二维材料（例如原子薄石墨烯、过渡金属二醇化物（例如 MoS_2、WS_2）和黑磷）的大表面/体积比、催化行为和优异的光学性能提高了生物传感器的分析性能。例如，石墨烯提供了更大的电催化能力，MoS_2 光学生物传感器被认为比电化学传感器更好。这些已建立的二维系统显示出独特的特性，并产生有趣的物理现象，然而，它们具有一些局限性，例如细胞毒性和在生理环境中容易聚集。这些材料缺乏固有的表面终端导致生物受体在电极表面上的固定无效，从而增加了测定时间并降低了灵敏度。此外，这些材料的疏水性导致稳定性受损，低电导率限制了传感装置的信号转导。因此，在追求新型生物传感纳米平台的过程中，必须研究具有良好生物相容性、内在锚固位点和更好分散能力的新材料。MXenes 是一种具有早期过渡金属碳化物和（或）氮化物层状结构的二维材料家族，自 2011 年首次报道以来，已引起了极大的关注。MXene 具有优异的性能，已广泛应用于许多领域，如储能、电磁干扰屏蔽、生物医学工程、电催化、气体检测、光催化和水分解、磁性、超导性、磁输运等。MXenes 具有优异的光热转换能力，并已应用于各种应用中，如太阳能光热电极、太阳能海水淡化、药物递送、光热治疗和光声成像等生物医学应用。自其关于生物传感的早期报道以来，它已经引起了生物传感界的极大兴趣，过去 5 年可以被视为 MXene 生物传感的淘金热。金属导电性（约 20 000 S/cm）、丰富的表面化学性、可忽略的细胞毒性、固有的亲水性、形成稳定胶体悬浮液的能力和独特的光电性能使 MXene 成为生物传感器中的一种有前途的材料。MXenes 还为生物功能化提供了一个有效的界面，具有许多锚定位点，增强的电子传递使其成为一种高效的信号传感器，从而提高了检测灵敏度。可穿戴电子技术的快速发展和用于下一代应用(从临床诊断到个性化人体监测)的柔性传感器改变了生物传感的当前趋势。在这方面,导电聚合物(CP)由于具有高机械强度、易于合成和高环境稳定性等几个有前途的特性而非常有潜力。此外,CP提供了简单的酶固定化,并有效地促进了电荷转移,以开发各种生物传感器和设计生物燃料电池。然而,原始形式的CP存在一些局限性,如检测限高、反应时间慢、细胞毒性以及体外和体内研究的差异。为了克服这些限制,已经引入了各种策略来制造具有纳米材料的CP复合材料。众所周知,与石墨烯偶联导电聚合物相比,MXene不需要化学或热还原处理,这使得其更容易集成到CP中。MXene被赋予了新的功能,例如MXene的表面允许它们非常有效地黏附到CP,从而改善信号传导。官能团在高效应变传感器的制造中发挥了重要的作用,允许裂纹扩展,并通过在施加应力下大幅降低电阻来主导传感现象。因此,MXene有望克服与生物传感中使用的已知材料相关的限制,并实现最先进的电化学和光学生物传感平台,因此能够满足目前对用于生物传感应用的新型二维材料的需求。最近发表的基于MXene的电化学生物传感器、光学生物传感器[151]和生物燃料电池设计[152]的几篇综述,特别需要关注的是Ti_3C_2MXene。MXene作为生物传感应用的一种有前途的材料,在其他二维材料中脱颖而出。MXenes在生物传感方面的独特优点是其良好的生物相容性和可忽略的细胞毒性。此外,MXene为光学传感和与DNA更好的相互作用提供了广泛的吸附光谱。许多其他因素也与MXene相关,这些因素可以增强基于MXene的生物传感器的性能,例如金属导电性、固有表面功能化和亲水性。图7.30总结了MXene在生物传感器中不可或缺的所有重要特征。Ti_3C_2以及其他组分已经被广泛报道。很少有关于其他MXene及其与金属纳米颗粒的复合材料的报道,特别是在免疫传感器中。

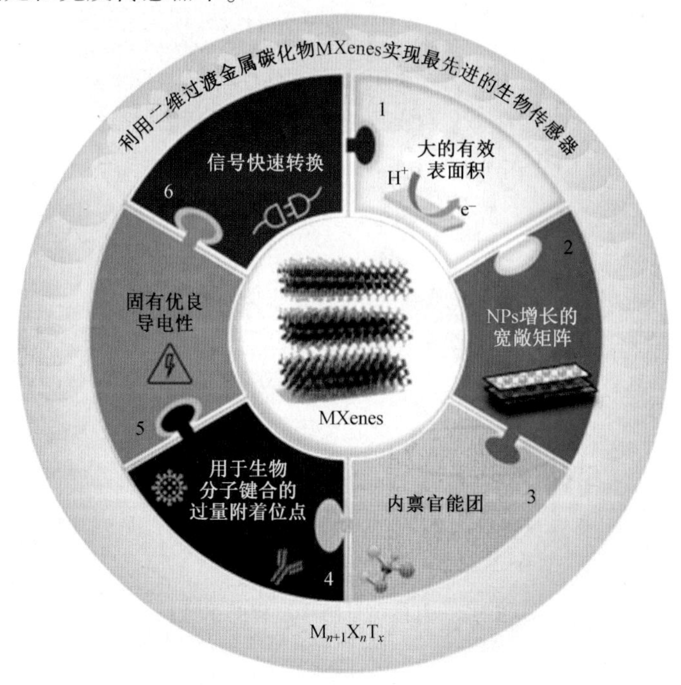

图7.30 MXene在生物传感中应用的关键特征的示意图

生物传感器是一种包含固定生物材料(酶、核酸、抗体、细胞)的分析装置,该固定生物材料可以与分析物(生物分子、有毒物质,如金属离子、气体、VOCs、农药)发生特异性相互作用,并产生可测量的电信号。为了人类和环境部门的安全,有必要通过传感器确定生物分子的浓度。生物传感器包含三个部分,包括生物受体、传感器和信号处理。生物受体结合在靶中,生物分子(酶、抗体、核酸、细胞和肽)作为识别元件。在这里,传感器在生物传感器中起着主要作用。因为它测量来自目标的信号,然后将信号传输到信号处理器中。因此,传感器材料的选择对生物传感器的应用非常重要。最佳传感器的主要特性是高电导率和大表面积(图 7.31)。由于这个原因,MXene 是一种适用于生物传感器应用的优良材料。MXene 显然与具有优异的导电性和丰富官能团的高表面积有关,这是选择 MXene 作为生物传感器应用的主要原因。其氧化还原性质和形态可以产生高信号输出。MXene 自然具有更快的电子传输,负的表面基团可以产生更低的检测下限和较宽的分析物范围信号输出。基于 MXene 的生物传感器的主要优点是其具有独特的形态和丰富官能团,从而使得酶和电极之间的直接电子转移很容易发生,而不改变酶的天然形式(图 7.32),这也是 MXene 具有高的电导率(4 600 S/cm)的原因。MXene 与其他纳米颗粒(如金属纳米颗粒、石墨烯、CNT 等)进行多金属化,提高了整体传感性能。由于这些特性,MXene 被用作生物传感器应用的传感器。基于 MXene 的生物传感器的优点和缺点见表 7.3。

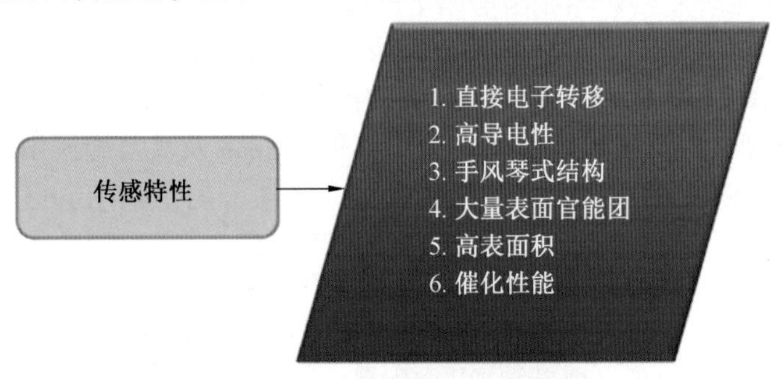

图 7.31　MXene 传感特性的示意图

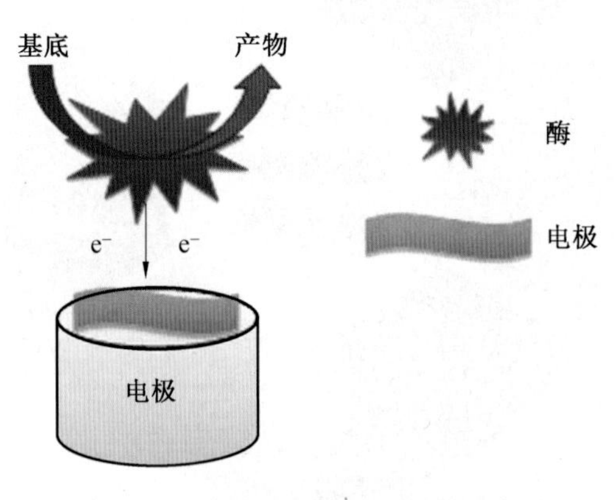

图 7.32　直接电子转移过程的示意图

表7.3　基于MXene的生物传感器的优点和缺点

优点	缺点
与其他二维材料相比,MXene具有优异的导电性[153]	大多数 $Ti_3C_2T_x$ 用于生物传感器应用,其他几乎不使用[154-155]
在改性电极中制造MXene主要使用滴铸法,这也是一种非常简单的制造方法[156]	氧化和降解影响MXene的表面[157-158]
MXene在其表面上具有丰富的官能团,这对分析物的选择性很有帮助[159]	通常只使用一种形态(片状)结构[160]
MXene是一种无毒材料,因此也用于体外和体内应用[152,161]	氟官能团不适用于生物传感器应用中的某些条件[162]
MXene的表面基团容易固定各种生物分子[163-164]	
由于MXene具有一种以上的元素(Ti、Mo和C),因此易于在各种亲和物与目标材料之间进行催化反应[165-166]	
MXene分散在普通溶剂中,并且它还具有数周的高稳定性,这种稳定的分散体不会影响MXene的电导率[167]	
可调谐的电子和带隙特性[168-169]	

7.6.1　葡萄糖检测传感器

葡萄糖是人类活动的主要来源,但在高血糖水平下会导致糖尿病。这是世界上的主要问题。有几种技术可以用来检测人们体内的葡萄糖含量。葡萄糖生物传感器的主要特点是低成本、高灵敏度和简单使用。Rakhi等通过使用Au/MXene纳米复合材料开发了基于葡萄糖氧化酶(GO_x)的葡萄糖传感器,这种葡萄糖传感器的传感机制是葡萄糖被氧化,并通过使用葡萄糖氧化酶作为催化剂将其转化为葡萄糖内酯和过氧化氢。将 GO_x 制备在Au/MXene/Nafion/GCE纳米复合材料上,MXene纳米片表面的Au纳米颗粒分散体提高了系统的电导率和电催化活性。该系统Au纳米粒子的存在用于改善 GO_x 和GCE之间的电子转移,纳米复合材料的Nafion涂层消除了信号的干扰,提高了传感器的选择性,具有良好的灵敏度、选择性和线性范围。李梦辉等使用3D多孔MXene/NiCo-LDH复合材料设计了一种高性能的非酶葡萄糖传感器。首次采用水热法合成了MXene/NiCo-LDH复合材料。在CV测量中,通过100 mV/s的扫描速率记录不同电极在有葡萄糖和无葡萄糖条件下的电化学电流响应。当与Ni-LDH和Co-LDH的氧化还原电位相同时,Ni^{2+}/Ni^{3+} 和 Co^{2+}/Co^{3+} 氧化还原峰重叠,仅观察到一对大的氧化还原峰。加入0.5 mmol/L葡萄糖后,电极的阳极峰值电流因葡萄糖的氧化而显著增加。该传感器的机理是在碱性溶液中,葡萄糖在NiCo-LDH表面的氧化开始于 $C_6H_{12}O_6$ 的脱质子化。Ni(Ⅲ)被还原为Ni(Ⅱ),Co(Ⅲ)还原为Co(Ⅱ)。因此,MXene/NiCoLDH/GCE的电流响应比NiCo-LDH/GCE的电流响应更强。MXene/NiCo-LDH(90.82 μA)的阳极峰值电流大于NiCo-LDH

(35.82 μA)。这是 MXene 优异导电性的原因,它加速了电子的转移速率,并增强了 NiCo-LDH 的催化氧化(图 7.33)。

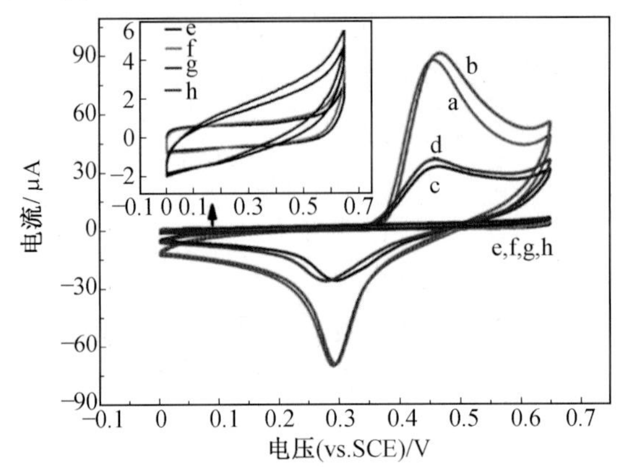

图 7.33 在 0.1 mol/L KOH 中的循环伏安法[170]

MXene/NiCo LDH 的多孔结构随着葡萄糖传感速率的增加而增加,灵敏度和线性范围通过计时电流测量技术实现。该过程在 500 mL 0.1 mol 氢氧化钾搅拌溶液中进行,工作电位为 0.45 V。当在碱性溶液中加入葡萄糖时,电流增加,达到稳定状态的电流所需时间仅为 3 s。该传感器的选择性、重现性和稳定性得到了极大的提高。该传感器的主要特点是:①复合材料的三维多孔结构为电解质的扩散和与活性材料的充分接触提供了更多的通道;②导电 MXene 的加入显著提高了复合材料的导电性并加速了电子转移速率。在此传感器中,还可以检测出真实样品中的血清分析。[170](图 7.33 ~7.36)。Hui 等开发了一种 3D 多孔 $Ti_3C_2T_x$ MXene 石墨烯杂化膜,通过简单混合、干燥方法用于 GO_x 固定化制备,MXene 通过湿刻蚀法合成通过 3D 多孔 MXene-石墨烯杂化膜和 MXene-碳烯杂化膜以不同比例(2∶1、1∶1、1∶2 和 1∶3)制备 $Ti_3C_2T_x$ MXene 纳米片和石墨烯片。在 GCE 上制备 MG 混合膜,将 3D 多孔 MG 混合膜($Ti_3C_2T_x$ MXene 石墨烯杂化膜)与 $Ti_3C_2T_x$ MXene 和纯石墨烯片进行了比较,以获得良好的传感性能。结果表明 3D 多孔 MG 混合膜获得了比未混合形式的 $Ti_3C_2T_x$ 和石墨烯膜更高的电流。与其他膜相比,固定在 MG 杂化膜上的 GO_x 具有清晰的氧化还原峰(-0.518 V 和-0.462 V),PEG/Ti_3C_2 纳米复合材料被红色碳点的荧光猝灭,并且基于 MG 混合膜的 GO_x 生物传感器的还原峰电流比其他两种混合膜大 2 ~3 倍。通过电位扫描速率测量了 GC/MG/GO_x 纳米复合材料的电化学性能。基于 GC/MG/GO_x 纳米复合材料的生物传感器在饱和磷酸盐平衡生理盐水(PBS)中不同气氛环境下的电化学性能,如氧气、空气和氮气。在这些情况下,在氧气和空气气氛中,基于 MXene 石墨烯膜的生物传感器中观察到阴极峰的明确增加和阳极峰的减少。这表明它是一种很好的葡萄糖检测方法。该传感器的灵敏度和选择性更高。最后,当该传感器应用于血清试样时,它对不同的健康人体血液样本具有良好的灵敏的测试结果[171]。对于葡萄糖的无标记检测,Zhu 等开发了基于特定荧光生物传感器的 DSPE-PEG/Ti_3C_2/RCDs 纳米系统。其中,红色碳点(RCD)是通过简单的溶剂热法合成的,然后通过简单的刻蚀方法制备 MXene。当加入 DSPE-PEG/Ti_3C_2 时,DSPE-PEG/Ti_3C_2 对 RCD 的荧光猝灭能力降低了荧光强度,这表明 DSPE-PEG/Ti_3C_2 抑制了 RCD 的荧光强度。这可能是由

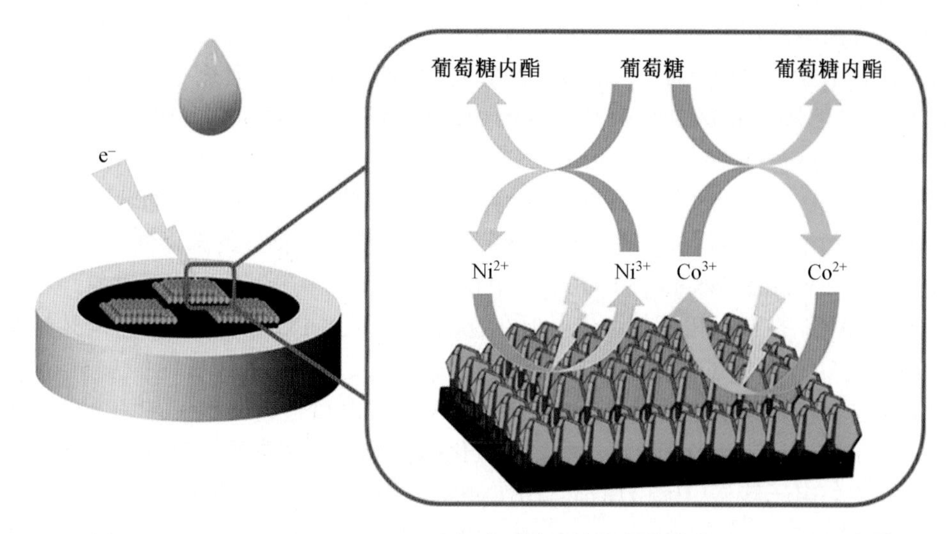

图 7.34　MXene/NiCo-LDH/GCE 电极在碱性溶液中催化葡萄糖的图解机制[170]

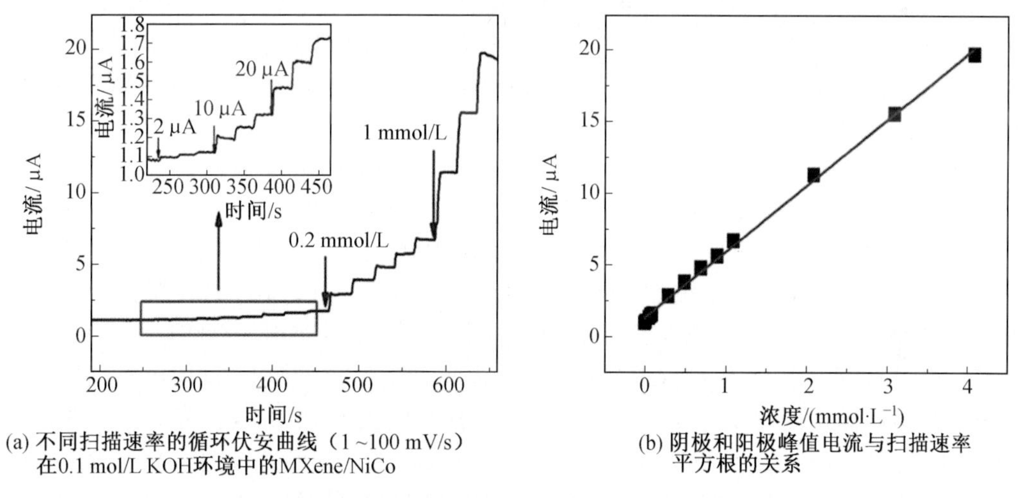

(a) 不同扫描速率的循环伏安曲线（1 ~100 mV/s）在0.1 mol/L KOH环境中的MXene/NiCo

(b) 阴极和阳极峰值电流与扫描速率平方根的关系

图 7.35　高性能的非酶葡萄糖传感器的循环伏安曲线性能[170]

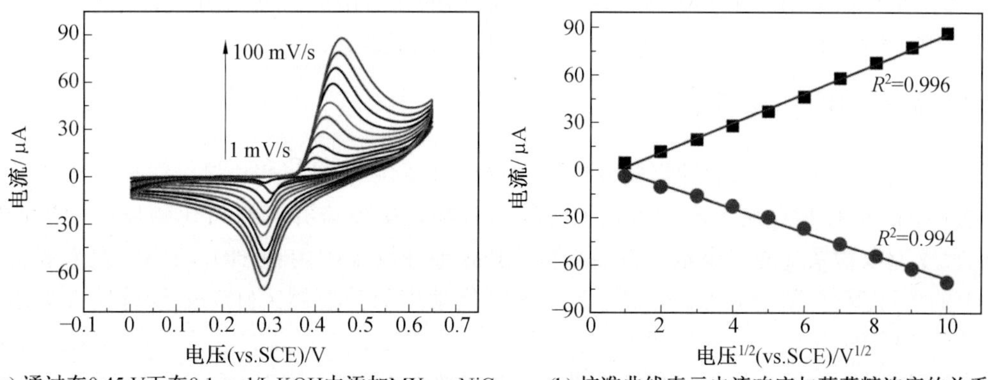

(a) 通过在0.45 V下在0.1 mol/L KOH中添加MXene NiCo-LDH/GCE的葡萄糖来进行安培测定法测定葡萄糖

(b) 校准曲线表示电流响应与葡萄糖浓度的关系

图 7.36　高性能的非酶葡萄糖传感器的电流响应[170]

于荧光蛋白福斯特共振能量转移(FRET)或鞭毛内运输(IFT)机制。他们还研究了不同浓度 H_2O_2 下 DSPE－PEG/Ti_3C_2/RCDs 纳米复合材料的荧光强度;当 H_2O_2 浓度从 0.1 mol/L增加至 20 mmol/L 时,荧光强度增加,检测限为 30 μmol/L。DSPE－PEG/Ti_3C_2 纳米复合材料被红色碳点的荧光猝灭,红色碳点被 GO_x 酶氧化葡萄糖产生的 H_2O_2 选择性氧化,导致 RCD 的荧光恢复。在同样的情况下,用于葡萄糖的检测。葡萄糖的检出限为 50 μmol/L。由其他生物分子进行选择性测试时,它表现了良好的选择性。Hui 等和他的团队开发了一种原始 MXene,用 TBAOH 分层,用于第二代葡萄糖生物传感器。在之前的实验下,Ti_3AlC_3 的 Max 相没有合成。但在这次实验中,MAX 相通过熔融盐工艺被制备出来,其中 Ti、Al 和石墨在 KBr 熔体中的化学计量摩尔比为 3∶1∶2。他们在 MAX 相采用刻蚀工艺进一步合成 Ti_3C_2－HF,Ti_3C_2－HF/TBA 刻蚀之后进行分层工艺。电极则通过移液枪吸取 Ti_3C_2－HF/TBAOH、GO_x(葡萄糖氧化酶)、戊二醛在常温下进行制备。该反应的原理是非均匀电子转移(HET)原理。HET 测量采用 CV 法,电压范围为－0.2～0.5 V,扫描速率为 50 mV/s。在此,5 mmol/L 的支持电解质用作 0.1 mol/L KCl 的铁/亚铁氰化物氧化还原探针。通过 HET 方法测定材料的传感能力。HET 测试显示,电极的传感能力顺序为 Ti_3C_2－HF/TBA<Ti_3AlC_2<Ti_3C_2－HF,表明 Ti_3C_2－HF/TBA 具有良好的异相电子转移能力和优异的电催化性能。这种第二代葡萄糖生物传感器检测电子的机制从葡萄糖转移到催化葡萄糖的黄素前嘌呤核苷酸(FAD)。然后,通过 FcMeOH 作为中介干预来复制 FAD－GO_x,并产生二茂铁离子(Fc+MeOH),最后当 Fc+MeOH 在电极上氧化生成 FcMeOH 介质时,产生一个兼容葡萄糖浓度的氧化信号。与其他电极相比,Ti_3C_2－HF/TBA 具有良好的葡萄糖电催化检测性能。这种优异性能的原因是,这些材料具有非常巨大的比表面积。然后 Ti_3C_2－HF 和 TBAOH 的分层形成少量的奇数的 Ti_3C_2－HF/TBA 层,与大块和剥离的对应物相比,这种材料减少了酶与电极之间的距离,这使得电子能够在电极和酶之间转移。在这种情况下,该生物传感器的选择性由各种生物分子如 L－抗坏血酸、多巴胺盐酸盐和尿酸决定。因为该生物传感器不会显著提高电流响应,所以它有很好的选择性。该生物传感器系统在 50～250 μm 和 750～27 750 μm 两个线性范围内检测葡萄糖,这是因为葡萄糖浓度范围只有在 50～27 750 μmol/L 之间是线性显示的。该生物传感器的定量限为 76.8 μmol/L。它显示出这种生物传感器的高灵敏度。该生物传感器还可用于血清、食物等样品的分析,并显示出良好的灵敏度和选择性。

7.6.2　H_2O_2 传感器

过氧化氢(H_2O_2)是一种重要的材料,因其具有更高的氧化和还原性能而被用于食品工业、临床、医疗和食品生产。当它和各种反应物发生反应并产生氧化酶反应的副产物时,就成为生物系统的一个重要组成部分。Fen 等开发了固定在 TiO_2－Ti_3C_2 纳米复合材料上的血红蛋白,用于 H_2O_2 检测的无介体电化学生物传感器。MXene 具有较大的表面积,因此在固定化后很容易保持 Hb 原本的形态。MXene 具有高的电子传导率,用于获得该生物传感器的直接电子转移。在此,采用水热法合成了 TiO_2－Ti_3C_2 纳米复合材料。H_2O_2 生物传感器的线性范围为 0.1～380 μmol/L。它具有非常低的检测限,该生物传感器获得了良好的稳定性(图 7.37)。Lenka 等设计了一种生物传感器,通过计时安培法检

测 H_2O_2，该方法采用的电极为 Pristine 电极和 $oTi_3C_2F_x$ 电极，检测范围为0.7 nmol/L。与前一个相比，该传感器的灵敏度也很好，为596 mA/(cm^2·mA)，但响应时间大约为10 s。Qiaoyun 等[173]设计了一种基于光致发光的 H_2O_2 和黄嘌呤的测定方法，使用氮掺杂的 MXene 量子点结合邻苯二胺（DAP）的氧化产物2,3-二氨基吩嗪作为纳米探针。该生物传感器的工作原理为双发射反向变化比度量传感器，基于光诱导电子转移效应定量监测 H_2O_2，其中 N-Ti_3C_2 量子点作为供体，DAP 作为受体。当催化反应发生时，黄嘌呤通过黄嘌呤氧化酶转化为 H_2O_2。该生物传感器对 H_2O_2 和黄嘌呤的检测限分别为0.57 mA 和0.34 mA（图7.38~7.40）。

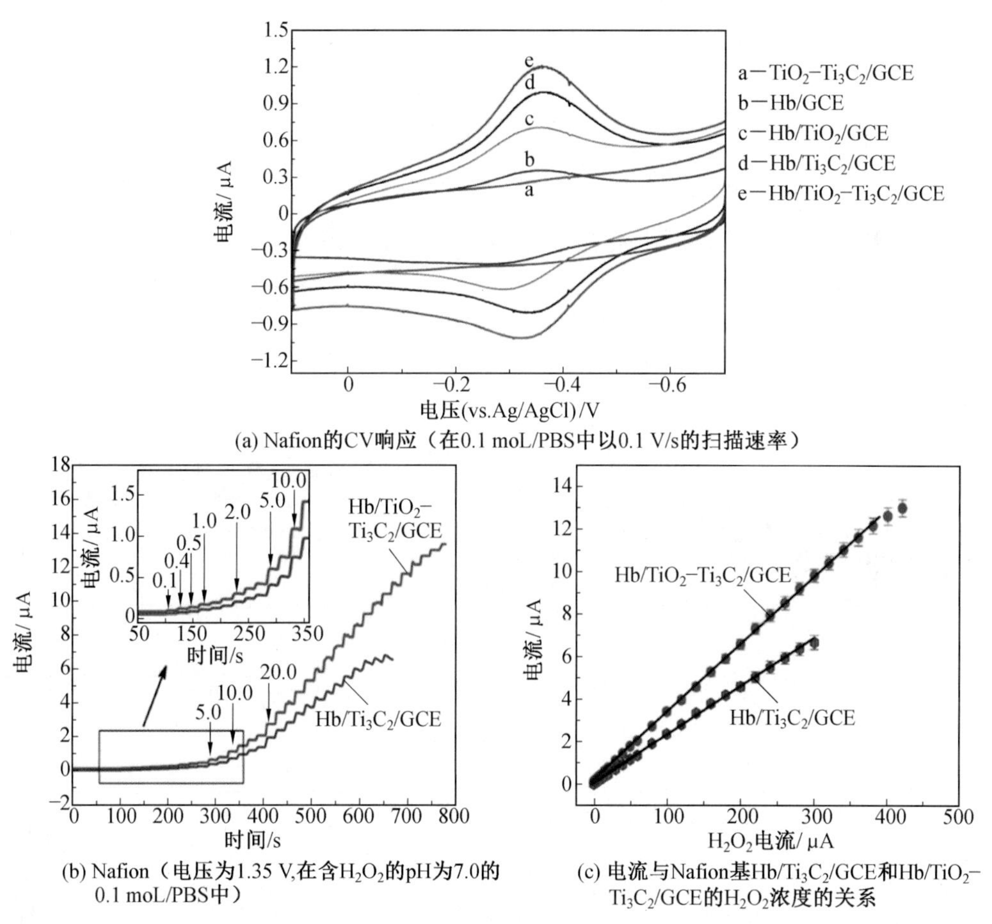

图7.37　H_2O_2 生物传感器[172]

7.6.3　基于酶的生物传感器

具有快速催化能力、高特异性和稳定性的酶可以用作电化学生物传感器的识别元件，并且大量基于酶的生物传感器已经用于商业分析。基于酶的生物传感器由两个模块组成，酶扮演识别元件和生物受体的角色，传感器能够产生光信号或电信号。根据基于酶的生物传感器的工作原理（图7.41），该酶能够特异性地识别系统中何时存在目标分析物，

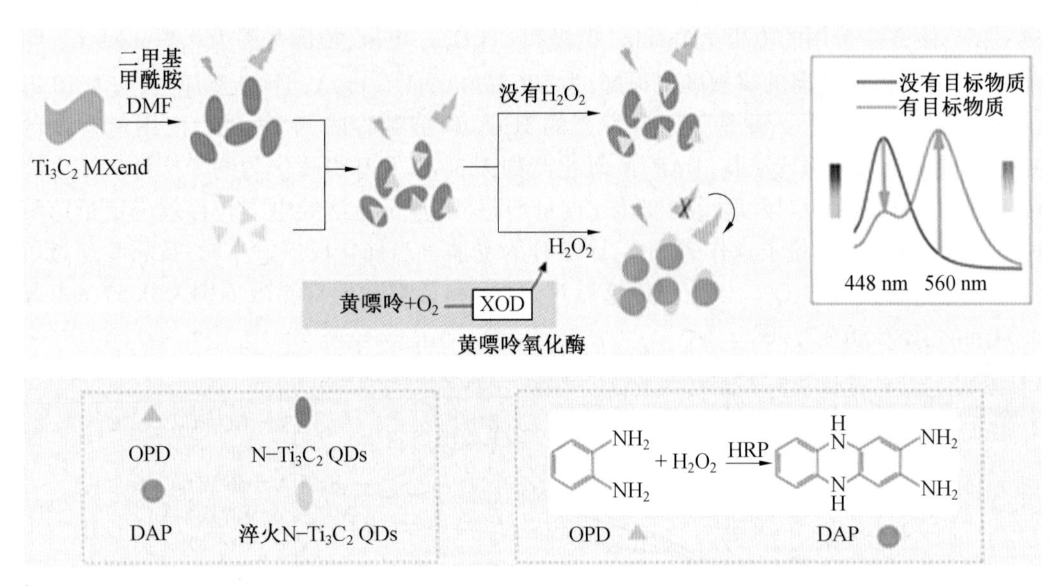

图 7.38 H_2O_2 和黄嘌呤的荧光测定示意图[173]

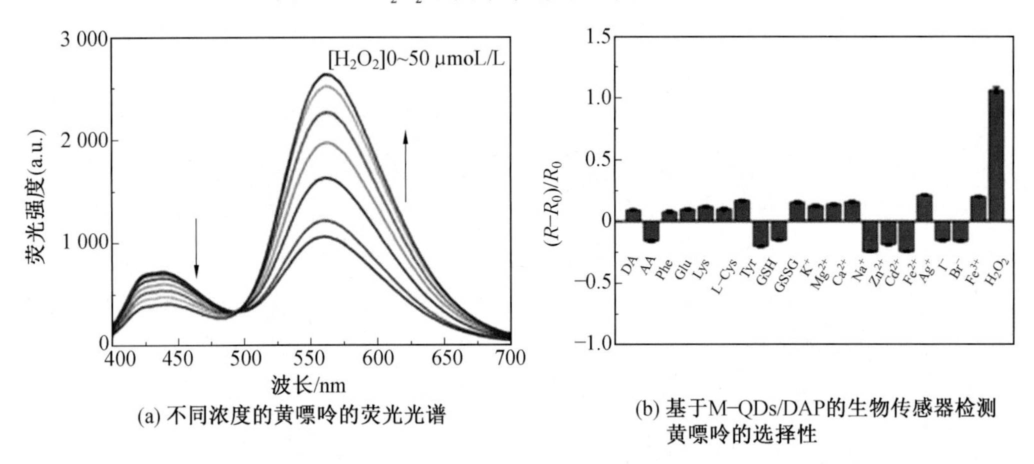

图 7.39 生物传感器对 H_2O_2 的检测[173]

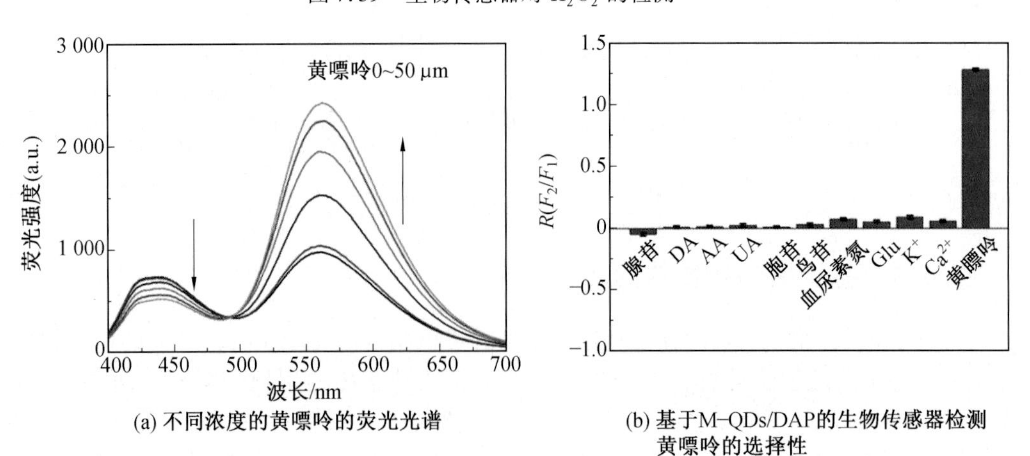

图 7.40 生物传感器对黄嘌呤的检测[173]

同时检测系统内发生颜色、物质、质量、光吸收或发射的变化,这些变化可导致生物传感器的电信号或光信号的变化。信号的强度与目标的浓度线性相关,这种基于酶的生物传感器不受颜色、浑浊度或颗粒大小的影响,并且仍然具有高特异性和高灵敏度等优势。同时,酶的卓越特异性和电化学传感器的高灵敏度的优势,以及基于酶的电化学生物传感器能够检测环境污染物、生物标志物等[174]。

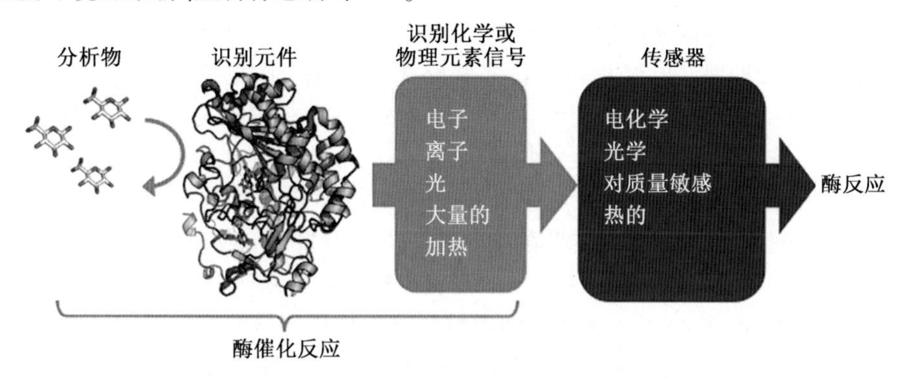

图7.41　酶的生物传感器的示意图

多年来,基于酶的生物传感器从第一代生物传感器发展到第三代生物传感器。在第一代生物传感器中,目标物质被氧化酶氧化,在高压下生成产物和 H_2O_2。反应方程式为基底+xO_2 ⟶产物+yH_2O_2。目标物质的含量可以通过检测 H_2O_2 的含量或 O_2 的消耗量来测量。然而,第一代生物传感器需要特定的高电压,这会氧化系统中存在的其他还原物质并影响结果。此外,第一代生物传感器必须包含 O_2,这限制了生物传感器的使用范围。第二代生物传感器是第一代生物传感器的改进,通过使用能够进行氧化还原反应的电活性物质作为介质,避免了 O_2 的参与。这种电活性物质分散在酶的活性中心附近,能够将电子从酶的活性位点转移到电极表面。在此过程中,电活性物质充当生物传感器进行介导电子转移(MET)的介质,也称为MET型生物传感器。电活性物质的加入允许第二代生物传感器在低电压下工作并避免共存电活性物质干扰。然而,这些电活性物质,包括Fc衍生物、铁氰化物和盐,通常是有毒的,不适合体内检测。第三代基于酶的生物传感器结构非常简单,仅由酶和电极两部分组成。操作原理依赖于酶和电极之间的直接电子转移(DET),避免使用各种介质。因此,这种类型的生物传感器也被称为DET型生物传感器,与第二代生物传感器相比,它可以避免使用的介质和污染物之间的发生反应从而影响传感器的测量灵敏度[175-176]。然而,酶的电活性中心通常在蛋白质内部,电子不能尽快在电活性中心和电极之间转移。纳米材料的引入可以解决这个问题,可以通过施加恒定电压等方式将纳米材料直接嵌入酶基生物传感器的表面,然后将酶吸附在纳米材料表面,从而达到加快电子转移的目的。MXene的大表面积和高电导率不仅能够装载大量酶,而且有助于增强界面DET[177]。因此,引入MXene是提高生物传感器灵敏度、释放更好信号并降低基于酶的电化学生物传感器检测限的可行策略。

细胞中 H_2O_2 的异常表达会增加癌症和神经系统疾病的风险,这表明监测 H_2O_2 的含量可以有效地预防身体疾病从而保障身体健康。Xu等[178]制备了辣根过氧化物酶(HRP)/Ti_3C_2/Nafion覆盖的GCE,用于测定 H_2O_2,LOD为1 μmol/L。其中,MXenes充当预载 HRP 的导电载体,向氧化剂分子提供明显的响应信号。结合 MXenes 的导电载体性质,多用途催化酶被用于测定不同的目标。Xia 等[179]通过剥离 Ti_3AlC_2 在 $Ti_3C_2T_x$ 表面上固定化胆固醇氧化酶(ChO_x)酶,以构建用于检测胆固醇的 $Chit/ChO_x/Ti_3C_2T_x$ 纳米复合材料,其 LOD 为 0.11 nmol/L。非常需要更多基于 MXene 的酶的电化学生物传感器来测定目标物质。

基于酶的生物传感器在诸如葡萄糖计、乳酸传感器和胆固醇传感器等传感器的商业化方面取得了巨大进展。已经提出了许多策略来提高基于酶的生物传感器的性能。然而,不可否认的是,仍有一些挑战需要科学家改进和解决:①很难控制酶的长期稳定性及其在苛刻条件下的反应性。酶是生物物质,在不同的 pH、温度和缓冲液中具有不一致的活性和稳定性。这些因素反过来影响基于酶的生物传感器的性能。为了应对这种情况,有必要加强具有稳定性和鲁棒性的非酶生物传感器的开发。②很难在不失活的情况下实现酶在电极表面上的稳定锁定。更重要的是,防止酶在多次反应后被过滤出去很重要。因此,与纳米材料的互连可以固定酶。纳米材料对生物传感器的检测限做出了重要贡献。新纳米材料的使用有助于解决酶不稳定性、失活等因素。③还应解决基于酶的生物传感器的表面生物污染问题。基于酶的生物传感器一般会暴露于多种生物基质中,传感器一旦吸附蛋白质就会导致表面污泥,从而使传感器钝化。这对生物传感器的灵敏度和稳定性产生不利影响。因此,可以在不影响其催化活性的情况下对酶进行表面修饰。

7.6.4 电化学免疫传感器

电化学免疫传感器结合了免疫测定的高选择性和电化学测定的高灵敏度,在过去几年中得到了迅速发展。电化学免疫传感器主要依赖抗原抗体结合的特异性识别。免疫传感器大多是夹心结构,其中目标抗原(Ag)与特异性抗体(Ab_1)结合,然后被二级抗体(Ab_2)识别。电化学免疫传感器的示意图如图 7.42 所示。电化学免疫传感器是基于亲和配体的生物传感器,其在换能器表面上经历免疫行为。当目标被识别时,会输出电化学响应,包括电流、电势、电导、电容或阻抗。电化学免疫传感器具有许多固有的优点,例如易于操作、高灵敏度、仪器的和设备小型化。基于这些突出特征,电化学免疫传感器在肿瘤标志物检测、食品安全和健康自我检查方面取得了巨大进展。靶向电化学免疫传感器的最新发展集中于抗体固定和信号放大。因此,导电 MXenes 纳米材料作为生物传感元件载体在免疫传感器中的成功应用归因于由活性基团官能化的表面、大表面和有利于电子转移的高导电性的优点。

Liu 等[181]报道了一种新型电化学免疫传感器,该传感器将 MXene 纳米材料与 PdPtBP 的非酶季铵纳米材料相结合,以治疗肾损伤分子(KIM-1)。纳米结构 $CuCl_2$ 用于改善电极环境,并进一步减小金纳米颗粒的粒径,以获得优异的导电性。最终的夹心型免疫传感器的检测限为 86 pg/mL。除此之外,Karaman 等[182]使用 C_3N_4 纳米复合物(hc-g-C_3N_4@CDs)构建了分析急性心肌梗死标志物 h-FABP 的传感器并且使用 Ti_3C_2 混合材料($Cd_{0.5}Zn_{0.5}S$/d-Ti_3C_2-MXene)作为来增大标志物的信号。所制造出的传感器获得了超短的检测时间和 3.30 fg/mL 的高灵敏度。此外,Chen 等[183]发现 MXene 可以催化 O_2 加速电化学发光(ECL)过程,以应用于法拉第笼型 ECL 传感器。在该免疫传感器的结构中,

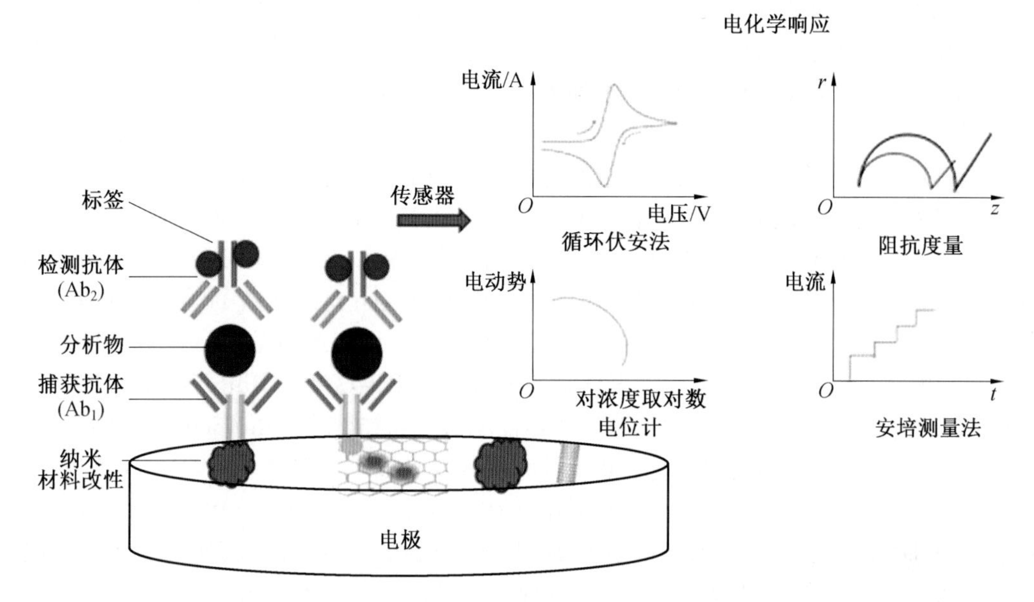

图7.42　电化学免疫传感器的示意图[180]

Fe_3O_4 捕获 Ab_1，MXene 捕获 Ab_2，当 Cry1Ab 存在时，检测限可以达到0.001 ng/mL。在这些实例中，MXene 充当生物传感元件的导电基质，并预装一种抗体（Ab_x）以检测由另一种抗体捕获的抗原（分析物）（Ab_y）。因此，MXenes 已被用于有效地增强控制实验中的信号强度。与其他三种生物传感器相比，具有目标 KIM-1 的 PdPtBP（一种四元金属/非金属合金组成元素为钯、铂、硼、磷）介孔纳米粒子（MNPs）/MXene 基生物传感器的差分脉冲伏安法（DPV）响应释放了最大约 96 μA 的强信号。DPV 响应的最强电流强度表明，PdPtBP MNPs（钯铂硼磷合金介孔纳米粒子）和 MXene 这两个因素对于生物传感器的改进具有积极的作用。

7.6.5　基于核酸的电化学生物传感器

关于使用核酸（DNA 或 RNA）作为识别元件，使用核酸探针可以特异性地识别目标并释放信号。核酸是一种稳定且廉价的聚合物，易于处理，因此将核酸应用至电化学生物传感器中是一个非常有前景的方法。基于核酸的电化学生物传感器结合核酸探针和电化学检测的优点，能够灵敏地检测核酸、蛋白质、小分子、和无机离子等分析物。通常，基于各种分析物的基于核酸的电化学生物传感器主要有两种类型：第一类是用于检测核酸序列的电化学 DNA 生物传感器，其检测原理是核酸序列之间的特异性结合；第二类是基于适体的生物传感器（适体传感器），用于检测蛋白质、盐和小分子。适体是一种合成的单链核酸，其与被测分析物特异性结合。这两种基于核酸的电化学生物传感器都具有快速、简单、高灵敏度和低成本的优点，广泛应用于遗传学、临床医学和食品安全。

凭借 Watson-Crick 碱基配对原理，带有互补 DNA 的原始 DNA 和 DNA 生物传感器的合作得到了极大的发展。电化学 DNA 生物传感器通过固定在电极表面的探针获得电化学信号，以捕获具有电化学标记的互补探针。电化学 DNA 生物传感器的原理如图7.43

所示，其中单链 DNA 序列固定在电极表面上，作为识别探针，在目标 DNA 存在的情况下，通过核酸链之间的杂交捕获互补标记的 DNA。通过优化杂交条件可以提高 DNA 生物传感器的灵敏度。Huang 等[184]研发了一种策略，其中多功能的 $Ru(bpy)_2(mcpbpy)^{2+}$(联吡啶钌配合物和 4-甲基-4′-(3-羧丙基)-2,2′-双吡啶的一种配合物)不仅可以用作电化学发光(ECL)的发光团，而且能够使所制备的 Ru@ MXene 纳米片具有优异的负载能力和导电性能。与由二维超薄非导电纳米材料和 $Ru(bpy)_2(mcpbpy)^{2+}$ 组成的其他配合物相比，基于 MXene 的生物传感器的 ECL 信号强度提高了 5 倍，ECL 效率提高了 1.7 倍。在几种扩增策略的支持下基于核酸的生物传感器 Ru@ MXene 对黏蛋白 1(MUC1)的超高灵敏度为 26.9 ag/mL。基于 DNA 的生物传感器不仅可以检测患者的基因组或基因序列，还可以检测入侵病原体的序列。本书作者的团队为 SARS-CoV-2 RdRp 基因合理设计了基于 MXene($T_{i3}C_2$)的纳米复合物生物传感器。Au@ Ti_3C_2@ PEI-Ru(dcbpy)$_{32+}$纳米复合材料被制备出来，并将其用作具有强稳定性和优异发光效率的 ECL 发射体。在该生物传感器中，SARS-CoV-2 RdRp 基因被用于开启 DNA 助行器的循环扩增策略，最终 ECL 信号被模型 DNA AgNCs 猝灭。当没有靶 DNA 时，强烈的 ECL 信号被保留。相反，当靶 DNA 出现时，达到了低信号峰值。因此，这种基于 DNA 的生物传感器可以根据 ECL 强度的变化检测 SARS-CoV-2 RdRp 基因。在另一项工作中，Fan 等[185]的小组根据电化学发光共振能量转移(ECL-RET)方法设计了 DNA 四面体生物传感器，以测定 SARS-CoV-2 RdRp 基因，其中金纳米粒子修饰 C_3N_4 作为供体材料，PEI-Ru@ Ti_3C_2@ AuNPs 作为优良的受体材料。该实验结合了熵驱动和两步 DNA 步进的循环扩增策略，最终给出了 7.8 amol/L的 LOD，显著提高了 SARS-CoV-2 RdRp 基因的敏感性。这两项工作表明，MXene 不仅可以作为 GCE 上生物传感元件的宿主基质，还可以作为客体基质。此外，CRISPR-Cas 集成电化学生物传感器在核酸相关诊断方面显示出巨大的潜力。Zhang[186]的小组利用 CRISPR-Cas12a 的反式切割活性，以探索具有 20.22 fmol/L 灵敏度的 Siglec-5 的新型 ECL 传感平台。这种新型 ECL 生物传感平台使用 MXene 复合材料作为电极表面改性剂和 ECL 信号发射器。Siglec-5 作用于特定的适体以产生中间单链 DNA，随后中间单链 DNA 通过参与催化发夹组装反应扩增生成大量的双链 DNA。然后，双链 DNA 可以利用恢复的 ECL 信号激活 Cas12a 蛋白，用于单链银纳米簇 DNA 的转运。因此，可以在生物医学中使用基于 CRISPR-Cas 的工具快速有效地检测蛋白质，并且 MXene 复合材料将是一种很有前途的材料。

适体(DNA 或 RNA 序列)，也称为短链核酸，于 1990 年被发现并引起了轰动[188]。容易合成和功能化的适体，也称为合成抗体，具有高亲和力、特异性和稳定性的优点。2003 年，适体首次应用于电化学传感器[189]。当适体识别目标物质时被转化为二级或三级结构，这种构象变化导致伴随着特定物质检测的信号变化。电化学适体传感器的工作原理如图 7.44 所示，其中用电信号标记修饰的茎环结构适体固定在电极上以获得强电信号。当目标被识别时，茎环结构打开，导致电信号标记远离电极表面，从而导致较弱的电信号。该适体传感器基于杂交前后适体传感器的构象变化来检测目标。随后，基于适体的电化学生物传感器保持了蓬勃发展。Wang 等[190]通过将 Ti_3C_2 与 ZIF-8 结合，探索了 Ti_3C_2/ZIF-8 的 ECL 适体传感器，其中适体可以有效识别 HIV-1 蛋白。Dobrzyniewski 等[191]基

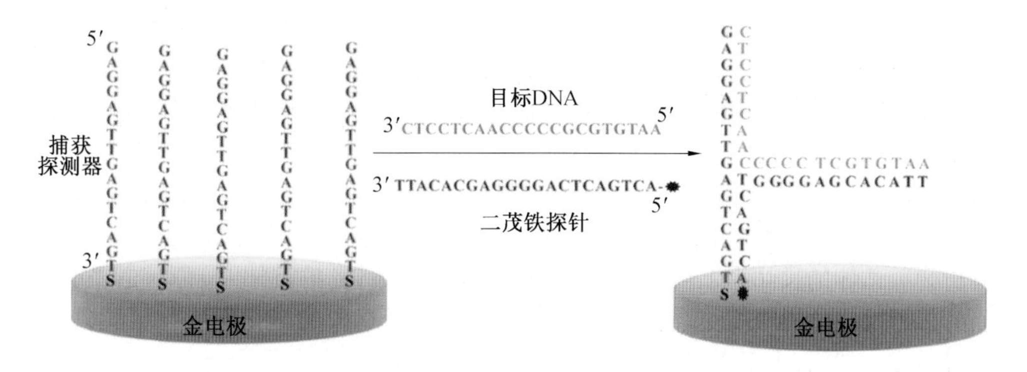

图7.43　电化学DNA生物传感器的示意图[187]

于适体接触目标时发生的构象变化，以及电解-绝缘体-半导体夹层结构作为适体传感器的转换装置，提出了 Ti_3C_2-适体用于蛤蚌毒素适体传感器分析。

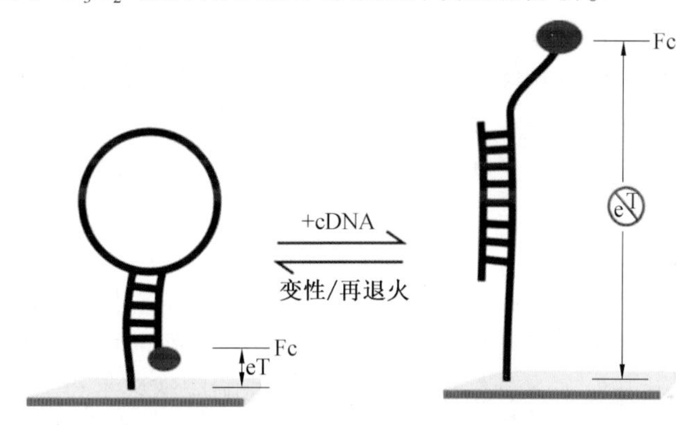

图7.44　电化学适体传感器示意图

Kashefi-Kheyrabadi 等[192]将 MoS_2 固定在 $Ti_3C_2T_x$ MXene 的表面上，以达到更高的比表面积和电极表面的电导率。适体传感器由 MoS_2@$Ti_3C_2T_x$MXene 检测甲状腺素(T4)。如检测原理所示，Fc 标记的适体(Fc 适体)固定在3D金纳米结构(3D-GN)/MoS_2/丝网印刷碳电极(SPCE)上。当系统中不存在T4时，Fc 适体折叠，随后产生强烈的电化学反应。然而，当T4出现在系统中时，Fc 适体变得拉伸，这导致 Fc 与电极表面之间的距离变远，释放微弱的电化学信号。然而，MoS_2@$Ti_3C_2T_x$MXene 制备的适体传感器显示出高灵敏度，在 $7.8\times10^{-1}\sim7.8\times10^{6}$ pg/mL 检测范围内 LOD 为0.39 pg/mL。作为肿瘤治疗和早期癌症诊断的标志物，外泌体是相关生物传感器的重要组成部分。Zhang 等[193]通过使用基于适体修饰的 Ti_3C_2 的纳米探针构建了用于外泌体测定的 ECL 生物传感器。适体 Ti_3C_2 探针可以有效地识别鲁米诺溶液中具有增强 ECL 强度的外泌体。该生物传感器对 MCF-7 外泌体的检测限达到125个/μL，并且也可以用于血清样本的检测。在第二项工作中，Zhang 等[194]报道了用于检测外泌体的金纳米粒子(Au-NPs)修饰的 MXene 结合适体(Au-NPs MXene Apt)的原位生成。这里，ECL 生物传感器的 MXene-Ti_3C_2 起到了还原剂和稳定剂的作用，Au-NP 使鲁米诺中的信号强度更强。最后，ECL 生物传感器检测限低至30个/μL。在最新的工作中，Zhang 等[175]利用 MXene 的还原和负载能力在低电压下捕获强电化学信号，实现了普鲁士蓝(PB)对 Ti_3C_2 表面的原位形成和改性。最后，将获得的 PB－MXene－适体探针应用于构建新型电化学传感器，并获得检测限低至229 个/μL的灵敏度，具有更大表面积（>100 m^2/g）的 3D MXene 将明显提高性能和参数。

基于 MXenes 纳米材料的电化学生物传感器扩展了一个新兴领域。MXenes 纳米材料主要用于增加电子转移能力和提高生物元素的固定化效率。对于这三种基于酶的生物传感器、免疫传感器和基于核酸的生物传感器，本书分析了它们的性能。灵敏度可以将信号强度和目标分析物浓度两者直接联系起来。高灵敏度生物传感器可以检测较低浓度的目标分析物。适体的尺寸为 1～2 nm，小于尺寸为 10～15 nm 的抗体－抗原，同时由于电极表面的传感反应位点密度更高，因此基于 MXenes 纳米材料的电化学生物传感器具有更高的灵敏度。然而，由于空间电位电阻，适体传感器仍然具有有限的灵敏度。选择性是生物传感器在多种物质存在下识别特定目标的能力。通常，适体传感器的特异性低于免疫传感器。基于核酸的生物传感器由于非特异性吸附而面临低选择性。基于酶的生物传感器和免疫传感器在这方面具有显著优势。再现性是生物传感器对多次测量的样品呈现相同结果的能力，反映了精确度和准确性。基于酶的生物传感器和免疫传感器容易受到环境干扰，例如 pH、稳定性和其他因素。但是适体传感器所产出的结果具有很高的可重复性。

总结与展望

本章综合阐述了二维 MXene 和基于 MXene 的生物材料的生物效应和生物医学应用方面的最新研究进展，并展示了迄今为止在生物医学中使用的多功能 MXene。在过去十年中，研究人员设计并开发了多种基于 MXene 的智能响应纳米平台，该平台可以实现疾病诊断和治疗的集成，尤其是癌症，为患者克服难治性疾病带来了新的策略和模式。MXene 生物应用主要包括抗癌、药物递送、抗菌、生物传感和组织工程。亲水性 $Ti_3C_2T_x$ MXene 膜已显示出对多种细菌的强大抗菌活性。现研究已经表明，含有 MXene 纳米颗粒的膜提高了抗菌性能，并且表现出比不含 MXene 的膜更好的抗菌性能。本章综述了靶向抗菌剂的 MXene 基膜的最新研究进展。在生物传感器应用领域，MXene 是检测 H_2O_2、葡萄糖、金属离子、农药和一些其他生物分子的优良材料。MXene 具有良好的导电性，由于表面基团的聚集（—OH、═O 和—F），具有高亲水性、简单的制备工艺和高产量，非常适合开发高性能生物传感器，特别是电化学生物传感器。

综上所述，MXene 在医学领域的应用有着广阔的前景，但开发各种 MXene 并创制相关生物医学产品、进而推进其临床应用的过程仍然非常漫长和曲折，需要来自各领域科学家的共同努力，以及医工交叉研究的不断深入。相信随着材料科学的不断进步，MXene 基医学材料家族将在不久的将来更好地造福人类。

参 考 文 献

[1] SUN Wudong, SHAH S A, CHEN Yingcai, et al. Electrochemical etching of Ti_2AlC to Ti_2CT_x(MXene) in low-concentration hydrochloric acid solution[J]. Journal of Materials

Chemistry A, 2017, 5(41): 21663-21668.

[2] PANG Sinyi, WONG Yunting, YUAN Shuoguo, et al. Universal strategy for HF-free facile and rapid synthesis of two-dimensional MXenes as multifunctional energy materials[J]. Journal of the American Chemical Society, 2019, 141(24): 9610-9616.

[3] LI Tengfei, YAO Lulu, LIU Qingfei, et al. Fluorine-Free synthesis of high-purity $Ti_3C_2T_x$ (T=OH, O) via alkali treatment[J]. Angewandte Chemie International Edition, 2018, 57 (21): 6115-6119.

[4] LI Gengnan, Tan Li, Zhang Yumeng, et al. Highly efficiently delaminated single-layered MXene nanosheets with large lateral size[J]. Langmuir, 2017, 33(36): 9000-9006.

[5] LI Mian, LU Jun, Luo Kan, et al. Element replacement approach by reaction with Lewis acidic molten salts to synthesize nanolaminated MAX phases and MXenes[J]. Journal of the American Chemical Society, 2019, 141(11): 4730-4737.

[6] URBANKOWSKI P, ANASORI B, HANTANASIRISAKUL K, et al. 2D molybdenum and vanadium nitrides synthesized by ammoniation of 2D transition metal carbides(MXenes) [J]. Nanoscale, 2017, 9(45): 17722-17730.

[7] XU Yanglei, ZHANG Kejian, CHEN Sheng, et al. Two-dimensional lamellar MXene/three-dimensional network bacterial nanocellulose nanofiber composite Janus membranes as nanofluidic osmotic power generators[J]. Electrochimica Acta, 2022, 412: 140162.

[8] DWIVEDI N, DHAND C, KUMAR P, et al. Emergent 2D materials for combating infectious diseases: the potential of MXenes and MXene-graphene composites to fight against pandemics[J]. Materials Advances, 2021, 2(9): 2892-2905.

[9] WANG Xin, LUO Dan, WANG Jiayi, et al. Strain engineering of a MXene/CNT hierarchical porous hollow microsphere electrocatalyst for a high-efficiency lithium polysulfide conversion process[J]. Angewandte Chemie International Edition, 2021, 60 (5): 2371-2378.

[10] CAO Bin, LIU Huan, ZHANG Xin, et al. MOF-derived ZnS nanodots/$Ti_3C_2T_x$ MXene hybrids boosting superior lithium storage performance[J]. Nano-Micro Letters, 2021, 13 (1): 202.

[11] WANG Binglin, LAI Xuejun, LI Hongqiang, et al. Multifunctional MXene/chitosan-coated cotton fabric for intelligent fire protection [J]. ACS Applied Materials & Interfaces, 2021, 13(19): 23020-23029.

[12] ZHANG Yajuan, LI Jinliang, GONG Zhiwei, et al. Nitrogen and sulfur co-doped vanadium carbide MXene for highly reversible lithium-ion storage[J]. Journal of Colloid and Interface Science, 2021, 587: 489-498.

[13] YOON Y, TIWARI A P, CHOI M, et al. Precious-metal-free electrocatalysts for activation of hydrogen evolution with nonmetallic electron donor: chemical composition controllable phosphorous doped vanadium carbide MXene[J]. Advanced Functional Materials, 2019, 29(30): 1903443.

[14] LIU Rui, CAO Wenkai, HAN Dongmei, et al. Nitrogen-doped Nb_2CT_x MXene as anode materials for lithium ion batteries[J]. Journal of Alloys and Compounds, 2019, 793: 505-511.

[15] ZHENG Shisheng, LI Shunning, MEI Zongwei, et al Electrochemical nitrogen reduction reaction performance of single-boron catalysts tuned by MXene substrates[J]. The Journal of Physical Chemistry Letters, 2019, 10(22): 6984-6989.

[16] KAN Dongxiao, WANG Dashuai, ZHANG Xilin, et al. Rational design of bifunctional ORR/OER catalysts based on Pt/Pd-doped Nb_2CT_2 MXene by first-principles calculations[J]. Journal of Materials Chemistry A, 2020, 8(6): 3097-3108.

[17] FATIMA M, FATHEEMA J, MONIR N B, et al. Nb-doped MXene with enhanced energy storage capacity and stability[J]. Frontiers in Chemistry, 2020: 168.

[18] BALCıE, AKKU Ü Ö, BERBER S. Doped $Sc_2C(OH)_2$MXene: new type s-pd band inversion topological insulator[J]. Journal of Physics: Condensed Matter, 2018, 30(15): 155501.

[19] GAO Z W, ZHENG Weiran, LEE L Y S. Highly enhanced pseudocapacitive performance of vanadium-doped MXenes in neutral electrolytes[J]. Small, 2019, 15(40): 1902649.

[20] HUANG Weichun, HU Lanping, TANG Yanfeng, et al. Recent advances in functional 2D MXene-based nanostructures for next-generation devices[J]. Advanced Functional Materials, 2020, 30(49): 2005223.

[21] THOMAS S, BALAKRISHNAN P, SREEKALA M S. Fundamental biomaterials: ceramics [M]. Woodhead Publishing, 2018.

[22] GEORGE S M, KANDASUBRAMANIAN B. Advancements in MXene-polymer composites for various biomedical applications[J]. Ceramics International, 2020, 46(7): 8522-8535.

[23] CHEN Ke, QIU Nianxiang, DENG Qihuang, et al. Cytocompatibility of Ti_3AlC_2, Ti_3SiC_2, and Ti_2AlN: in vitro tests and first-principles calculations[J]. ACS Biomaterials Science & Engineering, 2017, 3(10): 2293-2301.

[24] LIN Han, GAO Shanshan, DAI Chen, et al. A two-dimensional biodegradable niobium carbide(MXene) for photothermal tumor eradication in NIR-Ⅰ and NIR-Ⅱ biowindows [J]. Journal of the American Chemical Society, 2017, 139(45): 16235-16247.

[25] NAGUIB M, UNOCIC R R, ARMSTRONG B L, et al. Large-scale delamination of multi-layers transition metal carbides and carbonitrides "MXenes"[J]. Dalton Transactions, 2015, 44(20): 9353-9358.

[26] ANASORI B, LUKATSKAYA M R, GOGOTSI Y. 2D metal carbides and nitrides (MXenes) for energy storage[J]. Nature Reviews Materials, 2017, 2(2): 1-17.

[27] MASHTALIR O, COOK K M, MOCHALIN V N, et al. Dye adsorption and decomposition on two-dimensional titanium carbide in aqueous media[J]. Journal of Materials Chemistry A, 2014, 2(35): 14334-14338.

[28] ZHANG Yizhou, WANG Yang, JIANG Qiu, et al. MXene printing and patterned coating for device applications[J]. Advanced Materials, 2020, 32(21): 1908486.

[29] CRANS D C, KOSTENKOVA K. Open questions on the biological roles of first-row transition metals[J]. Communications Chemistry, 2020, 3(1): 1-4.

[30] LIU Zhuang, LIN Han, ZHAO Menglong, et al. 2D superparamagnetic tantalum carbide composite MXenes for efficient breast-cancer theranostics[J]. Theranostics, 2018, 8(6): 1648.

[31] LIU Zhuang, ZHAO Menglong, LIN Han, et al. 2D magnetic titanium carbide MXene for cancer theranostics[J]. Journal of Materials Chemistry B, 2018, 6(21): 3541-3548.

[32] SOLEYMANIHA M, SHAHBAZI M A, RAFIEERAD A R, et al. Promoting role of MXene nanosheets in biomedical sciences: therapeutic and biosensing innovations[J]. Advanced Healthcare Materials, 2019, 8(1): 1801137.

[33] ANNUNZIATA M, OLIVA A, BASILE M A, et al. The effects of titanium nitride-coating on the topographic and biological features of TPS implant surfaces[J]. Journal of dentistry, 2011, 39(11): 720-728.

[34] PAN Shanshan, YIN Junhui, YU Luodan, et al. 2D MXene-integrated 3D-printing scaffolds for augmented osteosarcoma phototherapy and accelerated tissue reconstruction[J]. Advanced Science, 2020, 7(2): 1901511.

[35] YANG Qianhao, YIN Haohao, XU Tianming, et al. Engineering 2D mesoporous Silica@MXene-integrated 3D-printing scaffolds for combinatory osteosarcoma therapy and NO-augmented bone regeneration[J]. Small, 2020, 16(14): 1906814.

[36] MAO Lin, HU Sanming, GAO Yihua, et al. Biodegradable and electroactive regenerated bacterial cellulose/MXene ($Ti_3C_2T_x$) composite hydrogel as wound dressing for accelerating skin wound healing under electrical stimulation[J]. Advanced Healthcare Materials, 2020, 9(19): 2000872.

[37] WANG Yingqiao, Garg R, Hartung J E, et al. $Ti_3C_2T_x$ MXene flakes for optical control of neuronal electrical activity[J]. ACS nano, 2021, 15(9): 14662-14671.

[38] ZHANG Jiebing, FU Yu, MO Anchun. Multilayered titanium carbide MXene film for guided bone regeneration[J]. International Journal of nanomedicine, 2019, 14: 10091.

[39] HUANG Rongkang, CHEN Xing, DONG Yuqing, et al. MXene composite nanofibers for cell culture and tissue engineering[J]. ACS Applied Bio Materials, 2020, 3(4): 2125-2131.

[40] JANG J, LEE E J. Rapid formation of stem cell spheroids using two-dimensional MXene particles[J]. Processes, 2021, 9(6): 957.

[41] AWASTHI G P, MAHARJAN B, SHRESTHA S, et al. Synthesis, characterizations, and biocompatibility evaluation of polycaprolactone-MXene electrospun fibers[J]. Colloids and Surfaces A: Physicochemical and Engineering Aspects, 2020, 586: 124282.

[42] KOYAPPAYIL A, CHAVAN S G, ROH Y G, et al. Advances of Mxenes; perspectives on

biomedical research[J]. Biosensors, 2022, 12(7): 454.

[43] CHEN Ke, CHEN Youhu, DENG Qihuang, et al. Strong and biocompatible poly(lactic acid) membrane enhanced by $Ti_3C_2T_z$(MXene) nanosheets for Guided bone regeneration [J]. Materials Letters, 2018, 229: 114-117.

[44] BASARA G, SAEIDI-JAVASH M, REN X, et al. Electrically conductive 3D printed $Ti_3C_2T_x$ MXene-PEG composite constructs for cardiac tissue engineering[J]. Acta Biomaterialia, 2022, 139: 179-189.

[45] RAFIEERAD A, YAN Weiang, SEQUIERA G L, et al. Application of Ti_3C_2 MXene quantum dots for immunomodulation and regenerative medicine[J]. Advanced Healthcare Materials, 2019, 8(16): 1900569.

[46] WYCHOWANIEC J K, LITOWCZENKO J, TADYSZAK K, et al. Unique cellular network formation guided by heterostructures based on reduced graphene oxide-$Ti_3C_2T_x$ MXene hydrogels[J]. Acta Biomaterialia, 2020, 115: 104-115.

[47] LI Chengcheng, CHU Dandan, JIN Lin, et al. Synergistic effect of the photothermal performance and osteogenic properties of mxene and hydroxyapatite nanoparticle composite nanofibers for osteogenic application[J]. Journal of Biomedical Nanotechnology, 2021, 17(10): 2014-2020.

[48] LI Fengji, YAN Yanling, WANG Yanyan, et al. A bifunctional MXene-modified scaffold for photothermal therapy and maxillofacial tissue regeneration [J]. Regenerative Biomaterials, 2021, 8(6): rbab057.

[49] YANG Chuang, LUO Yao, LIN Han, et al. Niobium carbide MXene augmented medical implant elicits bacterial infection elimination and tissue regeneration[J]. ACS nano, 2020, 15(1): 1086-1099.

[50] CUI Di, KONG Na, DING Liang, et al. Ultrathin 2D titanium carbide MXene($Ti_3C_2T_x$) nanoflakes activate WNT/HIF-1α-mediated metabolism reprogramming for periodontal regeneration[J]. Advanced Healthcare Materials, 2021, 10(22): 2101215.

[51] BASARA G, BAHCECIOGLU G, OZCEBE S G, et al. Myocardial infarction from a tissue engineering and regenerative medicine point of view: a comprehensive review on models and treatments[J]. Biophysics Reviews, 2022, 3(3): 031305.

[52] RAFIEERAD A, YAN Weiang, SEQUIERA G L, et al. Quantum Dots: application of Ti_3C_2 MXene quantum dots for immunomodulation and regenerative medicine (adv. healthcare mater. 16/2019)[J]. Advanced Healthcare Materials, 2019, 8(16): 1970067.

[53] RAFIEERAD A, YAN Weiang, SEQUIERA G L, et al. Sweet-MXene hydrogel with mixed-dimensional components for biomedical applications[J]. Journal of the Mechanical Behavior of Biomedical Materials, 2020, 101: 103440.

[54] MALEKI A, GHOMI M, NIKFARJAM N, et al. Biomedical applications of MXene-integrated composites: regenerative medicine, infection therapy, cancer treatment, and biosensing[J]. Advanced Functional Materials, 2022, 32(34): 2203430.

[55] FU Yu, ZHANG Jiebing, LIN Hua, et al. 2D titanium carbide(MXene) nanosheets and 1D hydroxyapatite nanowires into free standing nanocomposite membrane: in vitro and in vivo evaluations for bone regeneration[J]. Materials Science and Engineering: C, 2021, 118: 111367.

[56] MI Xue, SU Zhenya, FU Yu, et al. 3D printing of Ti_3C_2-MXene-incorporated composite scaffolds for accelerated bone regeneration [J]. Biomedical Materials, 2022, 17 (3): 035002.

[57] LIU Jiapeng, PENG Wenchao, LI Yang, et al. 2D MXene-based materials for electrocatalysis[J]. Transactions of Tianjin University, 2020, 26(3): 149-171.

[58] ABBASI N, HAMLET S, LOVE R M, et al. Porous scaffolds for bone regeneration[J]. Journal of Science: Advanced Materials and Devices, 2020, 5(1): 1-9.

[59] CUI Ya, LI Hairui, LI Yaxin, et al. Novel insights into nanomaterials for immunomodulatory bone regeneration[J]. Nanoscale Advances, 2022, 4(2): 334-352.

[60] WEI Hongpu, CUI Jinjie, LIN Kaili, et al. Recent advances in smart stimuli-responsive biomaterials for bone therapeutics and regeneration[J]. Bone Research, 2022, 10(1): 1-19.

[61] HA Yujie, MA Xiaojun, LI Shikai, et al. Bone microenvironment-mimetic scaffolds with hierarchical microstructure for enhanced vascularization and bone regeneration [J]. Advanced Functional Materials, 2022,1(2): 2200011.

[62] QIN Di, WANG Na, You X G, et al. Collagen-based biocomposites inspired by bone hierarchical structures for advanced bone regeneration: ongoing research and perspectives [J]. Biomaterials Science, 2022,25:1230.

[63] MIRKHALAF M, MEN Yinghui, WANG Rui, et al. Personalized 3D printed bone scaffolds: a review[J]. Acta Biomaterialia, 2022,23:2510.

[64] DING Li, WEI Yangying, WANG Yanjie, et al. A two-dimensional lamellar membrane: MXene nanosheet stacks[J]. Angewandte Chemie International Edition, 2017, 56(7): 1825-1829.

[65] XUE Qi, ZHANG Huijie, ZHU Minshen, et al. Photoluminescent Ti_3C_2 MXene quantum dots for multicolor cellular imaging[J]. Advanced Materials, 2017, 29(15): 1604847.

[66] YIN Jie, HAN Qiuyang, ZHANG Junchuan, et al. MXene-based hydrogels endow polyetheretherketone with effective osteogenicity and combined treatment of osteosarcoma and bacterial infection[J]. ACS Applied Materials & Interfaces, 2020, 12(41): 45891-45903.

[67] LIN Xiangping, LI Zhongjun, QIU Jinmei, et al. Fascinating MXene nanomaterials: emerging opportunities in the biomedical field[J]. Biomaterials Science, 2021, 9(16): 5437-5471.

[68] RASOOL K, HELAL M, ALI A, et al. Antibacterial activity of $Ti_3C_2T_x$ MXene[J]. ACS nano, 2016, 10(3): 3674-3684.

[69] PANDEY R P, RASOOL K, MADHAVAN V E, et al. Ultrahigh-flux and fouling-resistant membranes based on layered silver/MXene($Ti_3C_2T_x$) nanosheets[J]. Journal of Materials Chemistry A, 2018, 6(8): 3522-3533.

[70] RASOOL K, MAHMOUD K A, JOHNSON D J, et al. Efficient antibacterial membrane based on two-dimensional $Ti_3C_2T_x$(MXene) nanosheets[J]. Scientific Reports, 2017, 7(1): 1-11.

[71] ARABI S A, SHARIFIAN G M, ANASORI B, et al. Antimicrobial mode-of-action of colloidal $Ti_3C_2T_x$ MXene nanosheets[J]. ACS Sustainable Chemistry & Engineering, 2018, 6(12): 16586-16596.

[72] LI Jianfang, LI Zhaoyang, LIU Xiangmei, et al. Interfacial engineering of $Bi_2S_3/Ti_3C_2T_x$ MXene based on work function for rapid photo-excited bacteria-killing[J]. Nature Communications, 2021, 12(1): 1-10.

[73] ZADA S, LU Huiting, YANG Fan, et al. V_2C nanosheets as dual-functional antibacterial agents[J]. ACS Applied Bio Materials, 2021, 4(5): 4215-4223.

[74] MAYERBERGER E A, STREET R M, MCDANIEL R M, et al. Antibacterial properties of electrospun $Ti_3C_2T_z$(MXene)/chitosan nanofibers[J]. RSC Advances, 2018, 8(62): 35386-35394.

[75] JASTRZEBSKA A M, KARWOWSKA E, WOJCIECHOWSKI T, et al. The atomic structure of Ti_2C and Ti_3C_2MXenes is responsible for their antibacterial activity toward *E. coli* bacteria[J]. Journal of Materials Engineering and Performance, 2019, 28(3): 1272-1277.

[76] HUANG Hui, DONG Caihong, FENG Wei, et al. Biomedical engineering of two-dimensional MXenes[J]. Advanced Drug Delivery Reviews, 2022,21: 114178.

[77] KHATAMI M, IRAVANI P, JAMALIPOUR S G, et al. MXenes for antimicrobial and antiviral applications: recent advances[J]. Materials Technology, 2022, 37(11): 1890-1905.

[78] HUANG K C, MUKHOPADHYAY R, WEN B, et al. Cell shape and cell-wall organization in gram-negative bacteria[J]. Proceedings of the National Academy of Sciences, 2008, 105(49): 19282-19287.

[79] TOCHEVA E I, LÓPEZ-GARRIDO J, HUGHES H V, et al. Peptidoglycan transformations during B acillus subtilis sporulation[J]. Molecular Microbiology, 2013, 88(4): 673-686.

[80] XU Xia, WANG Shige, WU Hang, et al. A multimodal antimicrobial platform based on MXene for treatment of wound infection[J]. Colloids and Surfaces B: Biointerfaces, 2021, 207: 111979.

[81] LIU Yunxiu, TIAN Yu, HAN Qiuyang, et al. Synergism of 2D/1D MXene/cobalt nanowire heterojunctions for boosted photo-activated antibacterial application[J]. Chemical Engineering Journal, 2021, 410: 128209.

[82] MANSOORIANFAR M, SHAHIN K, HOJJATI-NAJAFABADI A, et al. MXene-laden bacteriophage: a new antibacterial candidate to control bacterial contamination in water [J]. Chemosphere, 2022, 290: 133383.

[83] ZHA Xiangjun, Zhaoxing, Pu Junhong, et al. Flexible anti-biofouling MXene/cellulose fibrous membrane for sustainable solar-driven water purification [J]. ACS Applied Materials & Interfaces, 2019, 11(40): 36589-36597.

[84] MAYERBERGER E A, STREET R M, MCDANIEL R M, et al. Antibacterial properties of electrospun $Ti_3C_2T_z$(MXene)/chitosan nanofibers[J]. RSC Advances, 2018, 8(62): 35386-35394.

[85] LIN Han, WANG Xingang, YU Luodan, et al. Two-dimensional ultrathin MXene ceramic nanosheets for photothermal conversion[J]. Nano letters, 2017, 17(1): 384-391.

[86] XUAN Jinnan, WANG Zhiqiang, CHEN Yuyan, et al. Organic-base-driven intercalation and delamination for the production of functionalized titanium carbide nanosheets with superior photothermal therapeutic performance [J]. Angewandte Chemie, 2016, 128 (47): 14789-14794.

[87] SHAHZAD F, ALHABEB M, HATTER C B, et al. Electromagnetic interference shielding with 2D transition metal carbides(MXenes)[J]. Science, 2016, 353(6304): 1137-1140.

[88] CHAUDHURI K, ALHABEB M, WANG Zhuoxian, et al. Highly broadband absorber using plasmonic titanium carbide (MXene) [J]. Acs Photonics, 2018, 5 (3): 1115-1122.

[89] FAN Xiaoqiao, LIU Lu, JIN Xin, et al. MXene $Ti_3C_2T_x$ for phase change composite with superior photothermal storage capability[J]. Journal of Materials Chemistry A, 2019, 7 (23): 14319-14327.

[90] ROPER D K, AHN W, HOEPFNER M. Microscale heat transfer transduced by surface plasmon resonant gold nanoparticles[J]. The Journal of Physical Chemistry C, 2007, 111(9): 3636-3641.

[91] LI Tianshu, Galli G. Electronic properties of MoS_2 nanoparticles[J]. The Journal of Physical Chemistry C, 2007, 111(44): 16192-16196.

[92] ZHOU Bangguo, PU Yinying, LIN Han, et al. In situ phase-changeable 2D MXene/zein bio-injection for shear wave elastography-guided tumor ablation in NIR-Ⅱ bio-window [J]. Journal of Materials Chemistry B, 2020, 8(24): 5257-5266.

[93] LIN Shiyang, LIN Han, YANG Mai, et al. A two-dimensional MXene potentiates a therapeutic microneedle patch for photonic implantable medicine in the second NIR biowindow[J]. Nanoscale, 2020, 12(18): 10265-10276.

[94] SHAO Jundong, ZHANG Jing, JIANG Chao, et al. Biodegradable titanium nitride MXene quantum dots for cancer phototheranostics in NIR-Ⅰ/Ⅱ biowindows [J]. Chemical Engineering Journal, 2020, 400: 126009.

[95] GUO Miao, HUANG Jie, DENG Yibin, et al. pH-responsive cyanine-grafted graphene oxide for fluorescence resonance energy transfer-enhanced photothermal therapy [J]. Advanced Functional Materials, 2015, 25(1): 59-67.

[96] MA Hongshi, JIANG Chuan, ZHAI Dong, et al. A bifunctional biomaterial with photothermal effect for tumor therapy and bone regeneration [J]. Advanced Functional Materials, 2016, 26(8): 1197-1208.

[97] KANG S, LEE J, RYU S, et al. Gold nanoparticle/graphene oxide hybrid sheets attached on mesenchymal stem cells for effective photothermal cancer therapy [J]. Chemistry of Materials, 2017, 29(8): 3461-3476.

[98] SUN Zhengbo, XIE Hanhan, TANG Siying, et al. Ultrasmall black phosphorus quantum dots: synthesis and use as photothermal agents [J]. Angewandte Chemie International Edition, 2015, 54(39): 11526-11530.

[99] ZHAO Yuetao, TONG Liping, LI Zhibin, et al. Stable and multifunctional dye-modified black phosphorus nanosheets for near-infrared imaging-guided photothermal therapy [J]. Chemistry of Materials, 2017, 29(17): 7131-7139.

[100] LIU Zhuang, ZHANG Shengjian, LIN Han, et al. Theranostic 2D ultrathin MnO_2 nanosheets with fast responsibility to endogenous tumor microenvironment and exogenous NIR irradiation [J]. Biomaterials, 2018, 155: 54-63.

[101] TAN Chaoliang, ZHAO Lingzhi, YU Peng, et al. Preparation of ultrathin two-dimensional $Ti_xTa_{1-x}S_yO_z$ nanosheets as highly efficient photothermal agents [J]. Angewandte Chemie International Edition, 2017, 56(27): 7842-7846.

[102] DAI Chen, LIN Han, XU Guang, et al. Biocompatible 2D titanium carbide (MXenes) composite nanosheets for pH-responsive MRI-guided tumor hyperthermia [J]. Chemistry of Materials, 2017, 29(20): 8637-8652.

[103] SHEN Yizhong, SHUHENDLER A J, YE D, et al. Two-photon excitation nanoparticles for photodynamic therapy [J]. Chemical Society Reviews, 2016, 45(24): 6725-6741.

[104] LIU Gongyuan, ZOU Jianhua, TANG Qianyun, et al. Surface modified Ti_3C_2 MXene nanosheets for tumor targeting photothermal/photodynamic/chemo synergistic therapy [J]. ACS Applied Materials & Interfaces, 2017, 9(46): 40077-40086.

[105] YAN Xuefeng, NIU Gang, LIN Jing, et al. Enhanced fluorescence imaging guided photodynamic therapy of sinoporphyrin sodium loaded graphene oxide [J]. Biomaterials, 2015, 42: 94-102.

[106] ZHANG DongYang, ZHENG Yue, TAN Caiping, et al. Graphene oxide decorated with Ru(Ⅱ)-polyethylene glycol complex for lysosome-targeted imaging and photodynamic/photothermal therapy [J]. ACS Applied Materials & Interfaces, 2017, 9(8): 6761-6771.

[107] LIU Jianan, BU Wenbo, SHI Jianlin. Chemical design and synthesis of functionalized probes for imaging and treating tumor hypoxia [J]. Chemical Reviews, 2017, 117(9):

6160-6224.

[108] FAN Wenpei, BU Wenbo, SHEN Bo, et al. Intelligent MnO_2 nanosheets anchored with upconversion nanoprobes for concurrent pH-H_2O_2-responsive UCL imaging and oxygen-elevated synergetic therapy[J]. Advanced Materials, 2015, 27(28): 4155-4161.

[109] ZHANG Chi, CHEN Weihai, LIU Lihan, et al. An O_2 Self-supplementing and reactive-oxygen-species-circulating amplified nanoplatform via H_2O/H_2O_2 splitting for tumor imaging and photodynamic therapy [J]. Advanced Functional Materials, 2017, 27 (43): 1700626.

[110] FAN Huanhuan, YAN Guobei, ZHAO Zilong, et al. A smart photosensitizer-manganese dioxide nanosystem for enhanced photodynamic therapy by reducing glutathione levels in cancer cells [J]. Angewandte Chemie International Edition, 2016, 55 (18): 5477-5482.

[111] GAO Lipeng, YU Jing, LIU Yang, et al. Tumor-penetrating peptide conjugated and doxorubicin loaded T1-T2 dual mode MRI contrast agents nanoparticles for tumor theranostics[J]. Theranostics, 2018, 8(1): 92.

[112] XIANG Huijing, LIN Han, YU Luodan, et al. Hypoxia-irrelevant photonic thermodynamic cancer nanomedicine[J]. ACS nano, 2019, 13(2): 2223-2235.

[113] LI Xuesong, LIU Feng, HUANG Dapeng, et al. Nonoxidized MXene quantum dots prepared by microexplosion method for cancer catalytic therapy [J]. Advanced Functional Materials, 2020, 30(24): 2000308.

[114] DAI C, CHEN Y, JING X X, et al. Tw-dimensional tantalum (MXene) composite nanosheets for multiple imaging-guided photothermal tumor ablation[J]. ACS Nano, 2017,11:12696-12712.

[115] LIN Han, WANG Youwei, GAO Shanshan, et al. Theranostic 2D tantalum carbide (MXene)[J]. Advanced Materials, 2018, 30(4): 1703284.

[116] LIU Zhuang, ROBINSON J T, SUN Xiaoming, et al. PEGylated nanographene oxide for delivery of water-insoluble cancer drugs[J]. Journal of the American Chemical Society, 2008, 130(33): 10876-10877.

[117] HAN Xiaoxia, HUANG Ju, LIN Han, et al. 2D ultrathin MXene-based drug-delivery nanoplatform for synergistic photothermal ablation and chemotherapy of cancer[J]. Advanced Healthcare Materials, 2018, 7(9): 1701394.

[118] LIU Yunxin, HAN Qiuyang, YANG Weizhong, et al. Two-dimensional MXene/cobalt nanowire heterojunction for controlled drug delivery and chemo-photothermal therapy [J]. Materials Science and Engineering: C, 2020, 116: 111212.

[119] XING Chengyang, CHEN Shiyou, LIANG Xin, et al. Two-dimensional MXene(Ti_3C_2)-integrated cellulose hydrogels: toward smart three-dimensional network nanoplatforms exhibiting light-induced swelling and bimodal photothermal/chemotherapy anticancer activity[J]. ACS Applied Materials & Interfaces, 2018, 10(33): 27631-27643.

[120] LI Zhenli, ZHANG Han, HAN Jun, et al. Surface nanopore engineering of 2D MXenes for targeted and synergistic multitherapies of hepatocellular carcinoma[J]. Advanced Materials, 2018, 30(25): 1706981.

[121] TANG Wantao, DONG Ziliang, ZHANG Rui, et al. Multifunctional two-dimensional core-shell MXene@ gold nanocomposites for enhanced photo-radio combined therapy in the second biological window[J]. Acs Nano, 2018, 13(1): 284-294.

[122] WANG Zhuo, HUANG Jianhang, GUO Zhaowei, et al. A metal-organic framework host for highly reversible dendrite-free zinc metal anodes[J]. Joule, 2019, 3(5): 1289-1300.

[123] HAN Xiaoxia, JING Xiangxiang, YANG Dayan, et al. Therapeutic mesopore construction on 2D Nb_2C MXenes for targeted and enhanced chemo-photothermal cancer therapy in NIR-Ⅱ biowindow[J]. Theranostics, 2018, 8(16): 4491.

[124] BAI Lei, YI Wenhui, SUN Taiyang, et al. Surface modification engineering of two-dimensional titanium carbide for efficient synergistic multitherapy of breast cancer[J]. Journal of Materials Chemistry B, 2020, 8(30): 6402-6417.

[125] YIN Haohao, GUAN Xin, LIN Han, et al. Nanomedicine-enabled photonic thermogaseous cancer therapy[J]. Advanced Science, 2020, 7(2): 1901954.

[126] GANGULY P, BREEN A, PILLAI S C. Toxicity of nanomaterials: exposure, pathways, assessment, and recent advances[J]. ACS Biomaterials Science & Engineering, 2018, 4(7): 2237-2275.

[127] JASTRZEBSKA A, SZUPLEWSKA A, ROZMYSLOWSKA W A, et al. On tuning the cytotoxicity of Ti_3C_2(MXene) flakes to cancerous and benign cells by post-delamination surface modifications[J]. 2D Materials, 2020, 7(2): 025018.

[128] WU Wei, GE Hongfei, ZHANG Long, et al. Evaluating the cytotoxicity of Ti_3A_2MXene to neural stem cells[J]. Chemical Research in Toxicology, 2020, 33(12): 2953-2962.

[129] SHI Yishuo, RAN Yingli, ZHANG Zhao, et al. A bicriteria algorithm for the minimum submodular cost partial set multi-cover problem[J]. Theoretical Computer Science, 2020, 803: 1-9.

[130] ZHOU Li, WU Fangming, YU Jinhong, et al. Titanium carbide ($Ti_3C_2T_x$) MXene: a novel precursor to amphiphilic carbide-derived graphene quantum dots for fluorescent ink, light-emitting composite and bioimaging[J]. Carbon, 2017, 118: 50-57.

[131] ROZMYSłOWSKA-WOJCIECHOWSKA A, SZUPLEWSKA A, WOJCIECHOWSKI T, et al. A simple, low-cost and green method for controlling the cytotoxicity of MXenes[J]. Materials Science and Engineering: C, 2020, 111: 110790.

[132] RASOOL K, HELAL M, ALI A, et al. Antibacterial activity of $Ti_3C_2T_x$ MXene[J]. ACS Nano, 2016, 10(3): 3674-3684.

[133] GURUNATHAN S, KIM J H. Synthesis, toxicity, biocompatibility, and biomedical applications of graphene and graphene-related materials[J]. International Journal of Nano-

medicine, 2016, 11: 1927.

[134] OU Lingling, SONG Bin, LIANG Huimin, et al. Toxicity of graphene-family nanoparticles: a general review of the origins and mechanisms[J]. Particle and Fibre Toxicology, 2016, 13(1): 1-24.

[135] SZUPLEWSKA A, ROZMYSŁOWSKA-WOJCIECHOWSKA A, POŹNIAK S, et al. Multilayered stable 2D nano-sheets of Ti_2NT_x MXene: synthesis, characterization, and anticancer activity[J]. Journal of Nanobiotechnology, 2019, 17(1): 1-14.

[136] WANG Yuemrei, FENG Wei, CHEN Yu. Chemistry of two-dimensional MXene nanosheets in theranostic nanomedicine[J]. Chinese Chemical Letters, 2020, 31(4): 937-946.

[137] FENG Wei, WANG Rongyan, ZHOU Yadan, et al. Ultrathin molybdenum carbide MXene with fast biodegradability for highly efficient theory-oriented photonic tumor hyperthermia[J]. Advanced Functional Materials, 2019, 29(22): 1901942.

[138] LIN Han, CHEN Yu, SHI Jianlin. Insights into 2D MXenes for versatile biomedical applications: current advances and challenges ahead[J]. Advanced Science, 2018, 5(10): 1800518.

[139] CAO Han, NING Puqi, WEN Xuhui, et al. A genetic algorithm based motor controller system automatic layout method[C]. 2019 10th International Conference on Power Electronics and ECCE Asia(ICPE 2019-ECCE Asia), 2019: 1499-1504.

[140] ALHUSSAIN H, AUGUSTINE R, HUSSEIN E A, et al. MXene nanosheets may induce toxic effect on the early stage of embryogenesis [J]. Journal of Biomedical Nanotechnology, 2020, 16(3): 364-372.

[141] JASTRZEBSKA A, SZUPLEWSKA A, WOJCIECHOWSKI T, et al. In vitro studies on cytotoxicity of delaminated Ti_3C_2 MXene[J]. Journal of Hazardous Materials, 2017, 339: 1-8.

[142] SCHEIBE B E, WYCHOWANIEC J K, SCHEIBE M, et al. Cytotoxicity assessment of Ti-Al-C based MAX phases and $Ti_3C_2T_x$ MXenes on human fibroblasts and cervical cancer cells[J]. ACS Biomaterials Science & Engineering, 2019, 5(12): 6557-6569.

[143] JASTRZEBSKA A M, SCHEIBE B, SZUPLEWSKA A, et al. On the rapid in situ oxidation of two-dimensional V_2CT_z MXene in culture cell media and their cytotoxicity[J]. Materials Science and Engineering: C, 2021, 119: 111431.

[144] FANG Yanfeng, YANG Xuecheng, CHEN Tao, et al. Two-dimensional titanium carbide (MXene)-based solid-state electrochemiluminescent sensor for label-free single-nucleotide mismatch discrimination in human urine[J]. Sensors and Actuators B: Chemical, 2018, 263: 400-407.

[145] YU Xinghua, CAI Xingke, CUI Haodong, et al. Fluorine-free preparation of titanium carbide MXene quantum dots with high near-infrared photothermal performances for cancer therapy[J]. Nanoscale, 2017, 9(45): 17859-17864.

[146] ZONG Luyan, WU Huixia, LIN Han, et al. A polyoxometalate-functionalized two-dimensional titanium carbide composite MXene for effective cancer theranostics[J]. Nano Research, 2018, 11(8): 4149-4168.

[147] NASRALLAH G K, AL-ASMAKH M, RASOOL K, et al. Ecotoxicological assessment of $Ti_3C_2T_x$(MXene) using a zebrafish embryo model[J]. Environmental Science: Nano, 2018, 5(4): 1002-1011.

[148] HUSSEIN E A, ZAGHO M M, RIZEQ B R, et al. Plasmonic MXene-based nanocomposites exhibiting photothermal therapeutic effects with lower acute toxicity than pure MXene[J]. International Journal of Nanomedicine, 2019, 14: 4529.

[149] REN Xiangpi, HUO Minfeng, WANG Mengmeng, et al. Highly catalytic niobium carbide (MXene) promotes hematopoietic recovery after radiation by free radical scavenging[J]. ACS Nano, 2019, 13(6): 6438-6454.

[150] FAN Taojian, YAN Li, HE Shiliang, et al. Biodistribution, degradability and clearance of 2D materials for their biomedical applications[J]. Chemical Society Reviews, 2022, 18:11-18.

[151] BHARDWAJ S K, SINGH H, KHATRI M, et al. Advances in MXenes-based optical biosensors: a review[J]. Biosensors and Bioelectronics, 2022: 113995.

[152] RAMANAVICIUS S, RAMANAVICIUS A. Progress and insights in the application of MXenes as new 2D nano-materials suitable for biosensors and biofuel cell design[J]. International Journal of Molecular Sciences, 2020, 21(23): 9224.

[153] KIM H, WANG Zhenwei, ALSHAREEF H N. MXetronics: electronic and photonic applications of MXenes[J]. Nano Energy, 2019, 60: 179-197.

[154] LEE E, VAHIDMOHAMMADI A, YOON Y S, et al. Two-dimensional vanadium carbide MXene for gas sensors with ultrahigh sensitivity toward nonpolar gases[J]. ACS sensors, 2019, 4(6): 1603-1611.

[155] DONG Luming, YE Cui, ZHENG Linlin, et al. Two-dimensional metal carbides and nitrides(MXenes): preparation, property, and applications in cancer therapy[J]. Nanophotonics, 2020, 9(8): 2125-2145.

[156] VENKATESHALU S, CHERUSSERI J, KARNAN M, et al. New method for the synthesis of 2D vanadium nitride (MXene) and its application as a supercapacitor electrode[J]. ACS omega, 2020, 5(29): 17983-17992.

[157] RASHEED P A, PANDEY R P, RASOOL K, et al. Ultra-sensitive electrocatalytic detection of bromate in drinking water based on Nafion/$Ti_3C_2T_x$ (MXene) modified glassy carbon electrode[J]. Sensors and Actuators B: Chemical, 2018, 265: 652-659.

[158] PU Junhong, ZHAO Xing, ZHA Xiangjun, et al. A strain localization directed crack control strategy for designing MXene-based customizable sensitivity and sensing range strain sensors for full-range human motion monitoring[J]. Nano Energy, 2020, 74: 104814.

[159] LI Shuang, MA Lang, ZHOU Mi, et al. New opportunities for emerging 2D materials in bioelectronics and biosensors[J]. Current Opinion in Biomedical Engineering, 2020, 13: 32-41.

[160] JIN Ling, WU Chenglong, WEI Kang, et al. Polymeric $Ti_3C_2T_x$ MXene composites for room temperature ammonia sensing[J]. ACS Applied Nano Materials, 2020, 3(12): 12071-12079.

[161] CHAMPAGNE A, CHARLIER J C. Physical properties of 2D MXenes: from a theoretical perspective[J]. Journal of Physics: Materials, 2020, 3(3): 032006.

[162] SOOMRO R A, JAWAID S, KALAWAR N H, et al. In-situ engineered MXene-TiO_2/$BiVO_4$ hybrid as an efficient photoelectrochemical platform for sensitive detection of soluble CD44 proteins[J]. Biosensors and Bioelectronics, 2020, 166: 112439.

[163] RIAZI H, TAGHIZADEH G, SOROUSH M. MXene-based nanocomposite sensors[J]. ACS Omega, 2021, 6(17): 11103-11112.

[164] VERMA C, THAKUR K K. Recent advances in MXene-based electrochemical sensors [J]. Eur J Mol Clin Med, 2020, 7: 4429-4450.

[165] CHEN Junyu, HUANG Qiang, HUANG Hongye, et al. Recent progress and advances in the environmental applications of MXene related materials[J]. Nanoscale, 2020, 12(6): 3574-3592.

[166] LEE E, KIM D J. Recent exploration of two-dimensional MXenes for gas sensing: from a theoretical to an experimental view[J]. Journal of The Electrochemical Society, 2019, 167(3): 037515.

[167] PEI Yangyang, ZHANG Xiaoli, HUI Zengyu, et al. $Ti_3C_2T_x$ MXene for sensing applications: recent progress, design principles, and future perspectives[J]. ACS Nano, 2021, 15(3): 3996-4017.

[168] MICHAEL J, QIFENG Z, DANLING W. Titanium carbide MXene: synthesis, electrical and optical properties and their applications in sensors and energy storage devices[J]. Nanomaterials and Nanotechnology, 2019, 9: 18479804.

[169] HUANG Kai, LI Zhongjun, LIN Jing, et al. Two-dimensional transition metal carbides and nitrides (MXenes) for biomedical applications[J]. Chemical Society Reviews, 2018, 47(14): 5109-5124.

[170] LI Menghui, FANG Liang, ZHOU Hua, et al. Three-dimensional porous MXene/NiCo-LDH composite for high performance non-enzymatic glucose sensor[J]. Applied Surface Science, 2019, 495: 143554.

[171] GU Hui, XING Yidan, XIONG Ping, et al. Three-dimensional porous $Ti_3C_2T_x$ MXene-graphene hybrid films for glucose biosensing[J]. ACS Applied Nano Materials, 2019, 2(10): 6537-6545.

[172] WANG Fen, YANG Chenhui, DUAN M, et al. TiO_2 nanoparticle modified organ-like Ti_3C_2 MXene nanocomposite encapsulating hemoglobin for a mediator-free biosensor with excellent performances[J]. Biosensors and Bioelectronics, 2015, 74: 1022-1028.

[173] LU Qiaoyun, WANG Jing, LI Bingzhi, et al. Dual-emission reverse change ratio photoluminescence sensor based on a probe of nitrogen-doped Ti_3C_2 quantum dots@ DAP to detect H_2O_2 and xanthine[J]. Analytical Chemistry, 2020, 92(11): 7770-7777.

[174] ROHAIZAD N, MAYORGA-MARTINEZ C C, FOJTÜ M, et al. Two-dimensional materials in biomedical, biosensing and sensing applications [J]. Chemical Society Reviews, 2021, 50(1): 619-657.

[175] ZHANG Huixin, WANG Zonghua, WANG Feng, et al. Ti_3C_2 MXene mediated Prussian blue in situ hybridization and electrochemical signal amplification for the detection of exosomes[J]. Talanta, 2021, 224: 121879.

[176] YAMASHITA Y, LEE I, LOEW N, et al. Direct electron transfer(DET) mechanism of FAD dependent dehydrogenase complexes: from the elucidation of intra-and inter-molecular electron transfer pathway to the construction of engineered DET enzyme complexes[J]. Current Opinion in Electrochemistry, 2018, 12: 92-100.

[177] CHIA H L, MAYORGA-MARTINEZ C C, ANTONATOS N, et al. MXene titanium carbide-based biosensor: strong dependence of exfoliation method on performance[J]. Analytical Chemistry, 2020, 92(3): 2452-2459.

[178] XU Wei, SAKRAN M, FEI Jianwen, et al. Electrochemical biosensor based on HRP/Ti_3C_2/Nafion film for determination of hydrogen peroxide in serum samples of patients with acute myocardial infarction[J]. ACS Biomaterials Science & Engineering, 2021, 7(6): 2767-2773.

[179] XIA Tianzi, LIU Guangyan, WANG Junjie, et al. MXene-based enzymatic sensor for highly sensitive and selective detection of cholesterol[J]. Biosensors and Bioelectronics, 2021, 183: 113243.

[180] YAO Bo, YAO Jiantao, FAN Zhengqiang, et al. Rapid advances of versatile MXenes for electrochemical enzyme-based biosensors, immunosensors, and nucleic acid-based biosensors[J]. Chem Electro Chem, 2022, 9(11): e202200103.

[181] LIU Changjin, YANG Wei, MIN Xun, et al. An enzyme-free electrochemical immunosensor based on quaternary metallic/nonmetallic PdPtBP alloy mesoporous nanoparticles/MXene and conductive $CuCl_2$ nanowires for ultrasensitive assay of kidney injury molecule-1[J]. Sensors and Actuators B: Chemical, 2021, 334: 129585.

[182] KARAMAN C, KARAMAN O, ATAR N, et al. Electrochemical immunosensor development based on core-shell high-crystalline graphitic carbon nitride@ carbon dots and $Cd_{0.5}Zn_{0.5}S$/d-$Ti_3C_2T_x$ MXene composite for heart-type fatty acid-binding protein detection[J]. Microchimica Acta, 2021, 188(6): 1-15.

[183] CHEN Xiaoshuang, ZHANG Dongyu, LIN Han, et al. MXene catalyzed faraday cage-type electrochemiluminescence immunosensor for the detection of genetically modified crops[J]. Sensors and Actuators B: Chemical, 2021, 346: 130549.

[184] HUANG Wei, WANG Yu, LIANG Wenbin, et al. Two birds with one stone: surface functionalization and delamination of multilayered $Ti_3C_2T_x$ MXene by grafting a

ruthenium(ii)complex to achieve conductivity-enhanced electrochemiluminescence[J]. Analytical Chemistry, 2021, 93(3): 1834-1841.

[185] FAN Zhenqiang, YAO Bo, DING Yuedi, et al. Rational engineering the DNA tetrahedrons of dual wavelength ratiometric electrochemiluminescence biosensor for high efficient detection of SARS-CoV-2 RdRp gene by using entropy-driven and bipedal DNA walker amplification strategy[J]. Chemical Engineering Journal, 2022, 427: 131686.

[186] ZHANG Kai, FAN Zhenqiang, YAO Bo, et al. Exploring the trans-cleavage activity of CRISPR-Cas12a for the development of a MXene based electrochemiluminescence biosensor for the detection of Siglec-5 [J]. Biosensors and Bioelectronics, 2021, 178: 113019.

[187] ZHANG Yanli, WANG Ying, WANG Haibo, et al. Electrochemical DNA biosensor based on the proximity-dependent surface hybridization assay[J]. Analytical chemistry, 2009, 81(5): 1982-1987.

[188] TUERK C, GOLD L. Systematic evolution of ligands by exponential enrichment: RNA ligands to bacteriophage T4 DNA polymerase [J]. Science, 1990, 249 (4968): 505-510.

[189] FAN Chunhai, PLAXCO K W, HEEGER A J. Electrochemical interrogation of conformational changes as a reagentless method for the sequence-specific detection of DNA [J]. Proceedings of the National Academy of Sciences, 2003, 100(16): 9134-9137.

[190] WANG Yunfei, SUN Wenjie, LI Yixiao, et al. Imidazole metal-organic frameworks embedded in layered $Ti_3C_2T_x$ MXene as a high-performance electrochemiluminescence biosensor for sensitive detection of HIV-1 protein[J]. Microchemical Journal, 2021, 167: 106332.

[191] DOBRZYNIEWSKI D, SZULCZYÑSKI B, DYMERSKI T, et al. Development of gas sensor array for methane reforming process monitoring [J]. Sensors, 2021, 21 (15): 4983.

[192] KASHEFI-KHEYRABADI L, KOYAPPAYIL A, KIM T, et al. A MoS_2@ $Ti_3C_2T_x$ MXene hybrid-based electrochemical aptasensor(MEA)for sensitive and rapid detection of thyroxine[J]. Bioelectrochemistry, 2021, 137: 107674.

[193] ZHANG Huixin, WANG Zonghua, ZHANG Qiuxia, et al. Ti_3C_2 MXenes nanosheets catalyzed highly efficient electrogenerated chemiluminescence biosensor for the detection of exosomes[J]. Biosensors and Bioelectronics, 2019, 124: 184-190.

[194] ZHANG Huixin, WANG Zonghua, WANG Feng, et al. In situ formation of gold nanoparticles decorated Ti_3C_2 MXenes nanoprobe for highly sensitive electrogenerated chemiluminescence detection of exosomes and their surface proteins [J]. Analytical Chemistry, 2020, 92(7): 5546-5553.